中國古農書集粹

王思明——主編

鳳凰出版社

目録

佩文齋廣群芳譜（中）

（清）汪灝等編修

花譜

荷花一

【原】荷爲芙蕖花爾雅云荷芙蕖詩箋云芙蕖之莖曰荷一名水芙蓉古今注云芙蓉一名荷花杜詩注云産于陸者曰木芙蓉産于水者曰草芙蓉一名水芝一名水芸一名澤芝一名水旦一名水華【增】三餘帖一名玉環

【原】花已發爲芙蕖未發爲菡萏詩正義云菡一作萏萏一作欿其莖茄其葉蕸其本蔤葉清明後生圓如蓋色青翠五六月開花有數色惟紅白二色爲多花心有黃蕊長寸餘大者花至百葉【增】本草花白者香紅者艷千葉者不結實以蓮子種者生遲藕芽種者易發湖澤陂池皆有之

而名亦異【原】花生池澤中最秀凡物先華而後實獨此華實齊生百節疏通萬竅玲瓏亭亭物表出淤泥而不染花中之君子也有重臺蓮一花既開從蓮房內又生一花不結子並頭蓮晉泰和間生于玄圃謂之嘉蓮今所在有之最易生能傷別蓮宜獨種一品蓮一本生三萼四面蓮周圍共四萼灑金蓮瓣上有黃點金邊蓮瓣周圍綠色微黃衣鉢蓮花盤千葉蕊分三色産滇池千葉蓮華山頂有池産千葉蓮花服之羽化今人家亦有之然頭重易萎多難開完黃蓮王韶之神鏡記云九疑山過半路皆行竹松下狹路有清澗澗中有黃色蓮芳氣竟各金蓮金池方數十里水石泥沙皆如金色其中有四足魚金蓮花洲人研之如泥以之彩繪光煇煥爛無異眞金分香蓮三堂往事云三堂使宅中有釣仙池一種蓮一歲再結每實子十隻花一時香兼桃菊梅英分枝荷拾遺記云漢昭帝穿琳池植分枝荷一莖四葉狀如駢蓋日照則葉低蔭根若葵之衛足名曰低光荷實如玄珠可以飾佩花葉難萎芬芳之氣徹十餘里食之令人口氣常香益人肌理

夜舒荷拾遺記云靈帝西園渠中植蓮大如蓋長一丈其葉夜舒晝卷一莖有四蓮叢生名曰夜舒荷亦云月出則舒也故曰望舒荷紅蓮麻姑壇記云壇東南池有紅蓮忽變碧今又白矣睡蓮北戶錄云葉如荇而大沉于水面其花布葉數重凡五種色當夏晝開夜入水底矣日復出生南海四季蓮儋州清水池其中四季荷花不絕臘月尤盛他如佛座蓮金鑲玉印蓮斗大紫蓮碧蓮錦邊蓮諸品尤爲絕勝王敬美曰蓮花種最多惟蘇州府學前者葉如傘蓋莖長丈許花大而紅結房曰百子蓮此最宜種大池中晉又見黃白二種黃名佳却微淡黃耳千葉白蓮亦未爲奇有一種碧臺蓮大佳花白而瓣上恒滴一翠點房之上復抽綠葉似花非花余嘗種之摘取瓶中以爲西方供近於南都李鴻臚所復得一種曰錦邊蓮蒂綠花白作蕊時綠苞已微界

一線紅矣開時千葉每葉俱似臙脂染邊眞奇種也余將以配碧臺蓮發二池對種亦可置大缸中爲几前之玩

【彙考】【原】詩鄭風隰有荷華　陳風彼澤之陂有蒲與荷　彼澤之陂有蒲菡萏　史記龜策傳龜千歲乃遊蓮葉之上　晉書藝術傳石勒召佛圖澄試以智術澄即取鉢盛水燒香咒之須臾鉢中生青蓮花光色曜日勒由此信之　宋書符瑞志文帝元嘉中蓮生建康額檐湖一莖兩花【增】宋書符瑞志元嘉十年七月華林天淵池芙蓉異花同蒂　元嘉十七年十月尋陽弘農祐幾湖芙蓉連理　梁書武帝本紀天監十年五月乙酉

嘉蓮一莖三花生樂遊苑 原〔陳書孫瑒傳〕瑒出鎮郢州乃合十餘船爲大舫於中立亭池植荷芰每良辰美景賓僚並集泛長江而置酒亦一時之勝賞焉 增〔魏書釋老志〕明帝嘗欲壞宮西佛圖外國沙門乃金盤盛水置於殿前以佛舍利投之於水乃有五色光起於是帝歎曰自非靈異安得爾乎遂徙於道東爲作周閣百間佛圖故處鑿爲濛汜池種芙蓉於中 原〔南史晉安王子懋傳〕子懋年七歲時母阮淑媛嘗病危篤請僧行道有獻蓮花供佛者衆僧以銅罌盛水漬其莖欲花不萎子懋流涕禮佛曰若使阿姨因此和勝願諸佛令花竟齋不萎七日齋畢花更鮮紅視罌中稍有根鬚當世

稱其孝感 增〔南史徐勉傳〕勉戒子崧書云瀆中並饒荷茷湖裏殊富芰蓮 〔宋史五行志〕紹興二十一年民家竈鼎生金色蓮花 萬州虔州放生池生蓮皆同蔕異萼 二十三年六月汀州生蓮同蔕異萼者十有二 〔樂志〕女弟子隊舞六曰採蓮隊衣紅羅生色綽子繫暈裙戴雲鬟髻乘綵船執蓮花 〔淮南子〕海閭生屈龍屈龍生容華〔注〕海閭浮草之先也屈龍游龍容華芙蓉草花 〔三輔黃圖〕漢昭帝琳池中植分枝荷宮人貴之每遊燕出入必皆含嚼或翦以爲衣或折以障日以爲戲弄 〔洞冥記〕北極玄坂去崆峒十七萬里日月不至其地自明有紫河萬里流沫千丈中有寒荷霜下方香茂也 〔杭中書〕玉京七寶山芝沼中蓮花徑度十丈 〔鄱陽記〕弋陽嶺上多密巖宋元嘉中有人見其巖內三鐵鑊鑊各容百斛中生蓮花他人往尋不知所在 原〔關令尹喜內傳〕關令尹喜生時其家陸地生蓮花光色鮮盛 〔拾遺記〕漢武時海中有人乂角面如玉色美髭髯腰蔽槲葉乘一葉紅蓮約長丈餘偃臥其中手持一書自東海浮來俄爲霧所迷不知所之東方朔曰此太乙星也 漢昭帝遊柳池有芙蓉紫色大如斗花素葉甘香氣襲人其實如珠 增〔拾遺記〕周穆王三十六年王東巡大騎之谷指春宵宮集諸方士仙術之要有冰荷者出冰壑之中取此花以覆燈不欲使光明遠也

原〔蓮社高賢傳〕謝靈運一見遠公肅然心服乃即寺築臺翻涅槃經鑿池植白蓮時遠公諸賢同修淨土之業因號白蓮社 〔元嘉起居注〕泰始二年八月嘉蓮一雙駢花並實合跗同莖生豫章鰐湖 六年雙蓮一蔕生東宮玄圃池 增〔幽明錄〕晉末黃昶至孝母病篤庭中稽顙俄頃天漢開明有一老翁以兩丸藥賜母服之衆患頓消翁曰汝入三月可泛河而來依期行見門題曰善福門內有水曰滷源池有芙蓉如車輪 〔洛陽伽藍記〕準財里內有開善寺入其後園見朱荷出池綠萍浮水飛梁跨樹層閣出雲咸皆嘖嘖 〔三國典略〕齊主還鄴高麗新羅並遣使來朝貢先是徐州產蓮花一莖兩

蔕占云異木連枝遠人入歛斯其應也　萬歲曆齊太
和二年烏程縣閣下生蓮花　靈異記貞觀二十年渝
州相思寺側泉內忽出紅蓮花面廣三尺旅遊往來無
不歎訝經月不滅　開元天寶遺事太液池千葉白
蓮開帝與妃子共賞指妃謂左右曰何如此解語花
增平泉草木記水物之美者荷有蘋洲之重臺蓮芙蓉
湖之白蓮　金陵芙蓉池記金陵城西有白芙蓉素萼
盈尺皎如霜雪江南梅雨麥秋後風景甚清蕩舟綠潭
不覺隆暑與嘉客泛舟終夕忘疲　原酉陽雜俎歷城
北二里有蓮子湖周環二十里湖中多蓮花紅綠間明
乍疑濯錦又漁船掩映罟罾疎布遠望之者若蛛網浮

杯也　歷城北有使君林魏正始中鄭公慤三伏之際
每率賓僚避暑於此取大蓮葉置硯格上盛酒二升以
簪刺葉令與柄通屈莖上輪囷如象鼻傳噏之名爲碧
筩杯歷下學之言酒味雜蓮氣香冷勝於水　霍光園
中鑿大池植五色睡蓮養鴛鴦三十六對望之爛若披
錦　增慧山寺記梁大同中有青蓮花育於此山因以
古華山精舍爲慧山寺　尚書故實宣平太傅相國盧
公應舉時寄居壽州安豐縣別墅嘗出遊芍陂見里人
負薪者持碧蓮花一朵已傷器久矣云陂中得之盧公
後從事浙西因使淮服話於太尉衛公公令搜訪芍陂
則無有矣又徧尋於江渚間亦終不能得乃知向者一

朶蓋神異焉　原北夢瑣言元和中蘇昌遠居吳中有
女郎素衣紅臉相與狎贈以玉環一日見檻前白蓮花
開花蕊中有物乃玉環也折之乃絶　增稽神錄婺源
尉朱慶源罷任方還家在豫章之豐城庭中地甚爽塏
忽生蓮一枝其家駭懼多方以禳之蓮生不已乃築堤
堰水以沼之遂成大池芙荷甚茂其年慶源授南豐令
後三歲入爲大理評事　原字說蕅藏於水其自處卑
無所加焉其所與汙潔白自若中有孔焉不偶不生若
此可以偶物矣茄無附枝泥不能汙水不能沒挺出而
立若此可以加物矣蓮既有以自白又會而屬焉若此
可以連物矣蕳蓄實若百曉昏昕闔闢爲蔤假根以立

而不如藕之有所偶假莖以出而不如茄之有所加假
華以生而不如蓮之有所連蕳蓄之有蓄也若此可謂
遐矣夫蓄物者終必吐連物者終於散偶物者或析之
加物亦不可謂常故遐在此不在彼也蔤退藏於無用
而可用可見者本焉若此可以密矣合此衆美則可以
荷物可以爲芙可以爲蕖故曰荷芙蕖也荷以荷物爲
義故通於負荷之字　縉紳脞說雍熙中張君房寓泊
廬山開先寺望黃石崖瀑布水中一大紅葉泛而下令
僧行急取之乃紅蓮一葉長三尺餘濶一尺三寸嘗觀
廬山記說沛水出雙劍峯頂有池濶數百尺其深莫測
又有淸源池生蓮花大如車輪今可信矣君房因分此

花葉遺好事者磨湯飲之其蓮香經宿不散〔增〕〔能改齋漫錄〕政和癸巳大晟樂成蔡元長以次膺薦詔乘驛赴闕次膺至都會禁中嘉蓮生遂屬辭以進名並蒂芙蓉上覽之稱善除大晟府協律郎〔原〕〔避暑錄話〕歐陽文忠公在揚州作平山堂壯麗爲淮南第一堂據蜀岡下臨江南數百里眞潤金陵三州隱隱若可見公每暑時輒凌晨攜客往遊遣人走邵伯取荷花千餘朵以畫盆分插百許盆與客相間遇酒行即遣妓取一花傳客以次摘其葉盡處則飲酒往往侵夜載月而歸余紹聖初始登第嘗以六七月之間館於此堂者幾月寺有一僧年八十餘及見公猶能道公時事甚詳邇來幾四十

年念之猶在目今余小池植蓮雖不多來歲花開當與山中一二客修此故事〔增〕〔彥周詩話〕世間花卉無踰蓮花者蓋諸花皆藉暄風暖日獨蓮花得意於水月其香淸涼雖荷葉無花時亦自香也梁江從簡爲採荷調云欲持荷作柱荷弱不勝梁欲持荷作鏡荷暗本無光此語嘲何敬容而波及蓮荷矣〔纘古叢編〕韓昌黎古意詩太華峯頭玉井蓮開花十丈藕如船始意退之自爲豪偉之辭後見眞人關令尹喜傳老子曰天涯之洲眞人遊時各坐蓮花之上花輒徑十丈有返香生蓮逆水聞三千里又北齊修文御覽有花生香一門專載此事諸家集注韓詩皆遺而不收特表出之〔花經〕蓮三

品七命〔演繁露〕洛陽無白蓮花白樂天自吳中帶種歸乃始有之有白蓮池泛舟詩曰白藕新花照水開紅窓小舫信風迴誰教一片江南興逐我殷勤萬里來又種白蓮詩曰吳中白藕洛中栽莫戀江南花嬾開萬里攜歸爾知否紅蕉朱槿不將來〔五色線〕河南志寶林禪院有雲錦二溪溪生雙荷花色香異於常者〔吳興園林記〕蓮花莊在月河之西四面咸水荷花盛開時錦雲百頃亦城中之所無也〔乾淳起居注〕太上同上至飛來峯看放水簾時荷花盛開太上指池心云此種五花同幹近伯圭自湖州進來前此未見也〔濟南行記〕水西亭之下湖曰大明其源出於舜泉其大占府城三

之一秋荷方盛紅綠如繡令人渺然有吳兒舟渚之想　繡江發源長白山下周圍三四十里府叅佐輩觴予繡江亭漾舟荷花中十餘里劇談豪飲抵暮乃罷〔原〕〔談撰〕宋召宣用臣卓有幹才元豐間被庭水殿落成嘉致既備偶失種蓮朱即購於都城得器缶所植者百餘本連缶沉水底再夕視之則蓮已開盈沼矣其幹辦可謂精敏〔增〕〔眞臘風土記〕草花甚多且香而艷水中之花更有多品其中正月亦有荷花〔原〕〔輟耕錄〕至正庚子秋七月九日飲松江泗濱夏氏淸樾堂上酒半折正開荷花置小金卮於其中命歌姬捧以行酒客就姬取花左手執枝右手分開花瓣以口就飲其風致過碧筒

遠甚余因名爲解語杯 【增】〔輟耕錄〕京師城外萬柳堂
亦一宴游處也野雲廉公一日於中置酒招疏齋盧公
松雪趙公同飲時歌兒劉氏名解語花者左手折荷花
右手執杯歌小聖樂云綠葉陰濃徧池亭水閣偏趁京
多海榴初綻朶朶蹙紅羅乳燕雛鶯弄語對高柳鳴蟬
相和驟雨過似瓊珠亂撒打遍新荷人生百年有幾念
良辰美景休放虛過富貴前定何用苦張羅命友邀賓
宴賞飲芳醑淺酌低歌且陶陶從教二輪來往如梭旣
而行酒趙公喜即席賦詩曰萬柳堂前數畝池平鋪雲
錦蓋漣漪主人自有滄洲趣遊女仍歌白雪詞手把荷
花來勸酒步隨芳草去尋詩誰知只尺京城外便有無

窮萬里思此詩集中無小聖樂乃小石調曲元遺山先
生所製而名姬多歌之俗以爲驟雨打新荷者是也
〔江郎山記〕江郎山在江山縣南五十里山有池產碧蓮
〔金陵諸園記〕杞園傍一池有金邊白蓮花甚奇 〔瓶
史〕蓮花以山礬玉簪爲婢 〔客越志〕西湖藕花雲錦燦
爛香氣十里 〔明月編〕蓮花渡靑葉田田花高於葉如
紅妝美人立翠盤中舞 〔秫水錄〕肥水東側有一湖三
春九夏紅荷覆水 唐城西北隅有湖俗謂之唐池蓮
荷被水勝遊多萃其上 〔三餘贅筆〕曾端伯以荷花爲
淨友張敏叔以蓮爲靜客 【原】〔花史〕宋元嘉六年賈道
子行荊上見芙蓉方發取還家聞花有聲尋得舍利白

如眞珠焰照梁棟 宋太平興國時內出玉津園瑞蓮
一盆示輔臣花與葉悉似合歡而生 宋孝宗於池中
種紅白荷花萬柄以瓦盆別種分列水底時易新者以
爲美觀 國初金陵張嘗於臘月索乾石蓮子亂撒池
中頃刻花開滿池香艷可愛剪紙爲舫置水中踏而登
焉鼓棹放歌往來花叢倏失所在 自百里芳至平陽
峙一百里皆荷花王羲之自南門登舟賞荷花即此地
也 〔華山志〕韓愈登華山蓮華峯歸謂僧曰峯頂有池
菡萏盛開可愛其中又有破鐵舟焉 〔蘇州府志〕府城
西華山老子枕中記云此地可度難山半有池曰天池
產千葉蓮昔人嘗服之羽化 正統戊午吳縣學池中

蓮一莖三花明年縣學施公槃狀元及第成化辛卯蘇
州府學池中蓮一莖二花明年吳公寬狀元及第 【增】
〔湖州府志〕芙蓉池在府城東白蘋洲上其中多千葉蓮
花 【原】〔處州府志〕仙都山在縉雲縣東二十三里一名
縉雲山一名丹峯山道書謂玄都洞天上有鼎湖產異
蓮 〔贛州府志〕興國縣放生池上蓮花彌望夾堤皆垂
柳羣山環列有浮圖突兀在雲烟紫翠間記稱江山之
勝頗似西湖 盤古山在會昌縣東南一百二十里四
面皆石壁有池廣一畝產瑞蓮 【增】〔贛州府志〕瑞蓮池
在雩都縣治西池產異蓮其葉曰雙捲劍脊其花曰雙
頭叉髻三萼二十四葉其實曰覆鍾金鋌移之他處輒

類常種僧傳雩山倒影所致【原】黃州府志馮茂山在
黃梅縣東北三十里即五祖大滿禪師道場山頂有池
生白蓮花又名蓮峯 雲南志滇池在雲南府城南周
廣五百餘里產千葉蓮
【集藻】表【增】唐崔融為百官賀千葉瑞蓮表伏奉恩旨垂
示臣等千葉瑞蓮觀其綠裏紅葩細莖素萼露搖珠點
霞坼金鬚百星交映羽蓋張而一色萬目齊明車輪合
而千狀謂鸞翔之欲舞若羣鵠之並飛峯形聳而半天
石勢蹲而臨海冲氣積其下惠風流其上服之可以登
仙採之可以駐壽雖復釋梵天王之國千影難覿善住
天子之地雙輝燦爛校之今日未可同年臣等謹按華

嚴經云蓮花世界是盧舍那佛成道之國一蓮花有百
億國無量清淨經云無量清淨佛七寶池中生蓮花上
夫蓮花者出塵離染清淨無瑕有以見如來之心有以
察如來之法道之行也會不徒然伏惟天冊寶金輪聖
神皇帝現此妙身當茲巨瑞符契冥合影響不差非常
之貺曠古未聞殊特之珍歷代一見手舞足蹈倍百常
情無任慶躍之至 權德輿中書門下賀神龍寺渠中
瑞蓮表今日中書某至奉宣進止示臣等神龍寺殿前
渠中瑞蓮花圖其花一莖兩房者伏惟陛下仁聖感通
弘被生植宥萬方之眠必順天心於九重之中別開佛
剎絪縕降祉菡萏敷榮端茲灼灼之花迥出田田之葉

吉祥殿外芳馥殊常功德池中光華交映扶疏發越並
秀相鮮玄功嘉應超冠圖牒彼芝稱三秀麥有兩岐雖
驗休祥豈階妙法覩雙芙之挺茂荷一雨之均霑陰騭
生成發輝嚴淨臣等忝居樞近倍萬歡心無任欣忭悅
懌之至 張仲素賀西內嘉蓮表臣伏見今月九日中
書門下宣示百官西內池中嘉蓮圖其蓮一本兩花者
臣聞明聖有作天人合應既彰化本必降祥符即事而
推昭昭可見伏惟陛下儲精要道憂濟羣方致理大同
猶懼不至所以恢弘聖教資福生靈玄造感通嘉瑞屢
降況茲菡萏儒釋同稱經文但喻乎淤泥詩人特歌於
彼澤豈比夫躍銅池煥靈沼傳芳丹禁濯影清流特發

孤莖以表清淨之源一致對敷雙葩是明內外之教齊
興天雖不言假物明意臣仰披圖牒遐覽古先豈無禎
祥莫此昭著望雲就日徒深抃躍之誠舞德歌功何報
恩私之重無任忭賀慶躍之至 柳宗元為王京兆賀
嘉蓮表今日某時中使某奉宣聖旨出西內神龍寺前
水渠內合歡蓮花圖一軸示百僚者祥圖煥開異彩交
映贊天地之合德表神人以同歡臣某誠歡誠慶稽首
頓首伏惟皇帝陛下道協重華慶傳種德調陰陽之粹
美孕造化之精英吉慶每見於天心發祥必自於禁掖
是使雙葩擢秀蓮蔕垂芳香激大王之風影耀天泉之
水煥開宮沼旁映給園靈既應期天龍護聖寶曆君超

於小劫神功允洽于大千臣某獲覩昇平濫居榮寵閒瑞應而稱慶仰續事而增歡無任抃蹈喜躍之至

說〔原〕宋周子愛蓮說水陸草木之花可愛者甚蕃晉陶淵明愛菊自李唐以來世人甚愛牡丹予獨愛蓮出淤泥而不染濯清漣而不妖中通外直不蔓不枝香遠益清亭亭淨植可遠觀而不可褻玩焉予謂菊花之隱逸者也牡丹花之富貴者也蓮花之君子者也噫菊之愛陶後鮮有聞蓮之愛同予者何人牡丹之愛宜乎衆矣

傳〔原〕明葉受君子傳君子諱蓮或又謂諱菡萏字芙蕖相傳爲神仙家流世居太華山玉井中始祖有諱碧藕者壽千歲成周時因西王母進見穆天子陪宴瑤池上

子孫散處其根派世襲其名亦曰藕咸潔白聰明意氣清虛自以仙流弗與生民伍隱遁不見於世苟可蔽身雖汚泥重淵沒齒不怨時人爲之謠曰平生水雲姿七尺羅心胸豈無絲毫益上裨天子聰而不自薦達胡爲乎泥中藏閒亦不介意世有好而訪之者輒强與歸竟不辭謝第求澡雪以往任其指使或療渴治病養老慈幼娛賓客供祭祀靡不順承雖刳股臠體不憚藕生茄茄嗣諸離立屹然有出塵之志茄生荷荷爲人圓渾能綴緝爲衣與楚畹蘭氏齊名見稱於三閭大夫又嘗爲栝棬屈體輪囷如象鼻狀授客吸酒號碧筩杯東坡見其遺製酌酒試之歎曰碧盌既作象鼻彎白酒猶帶荷心苦藝絕當時後人無能效之者傳十葉至君子君子賦稟氣盈心芳貌溢內視歆然不足外觀佩服鮮鑿光曄可愛盡得羽化之術飄然有高世之志因辟穀於人間世無所好惟日引清漣以自娛濯古有東昏侯寵貴嬪愛君子姿色令與潘妃進履君子愀然俟範金肖像代焉唐明皇鑿太液池與楊貴妃遊宴其中近臣將相或不得時至君子侍從其間不少刻舍左右會祿山之亂遂引去釋有金仙氏雅知君子齋潔留祭侍世尊君子惡其異已不果留釋刻木勒像遺之自是流落江湖甘同草芥不希薦達番禺程九齡過諸巷望見驚喜亟拜曰吾先夫子從周先生遊周先生友愛君子君子吾

先夫子師友也敢不拜時薰風徐來君子欣然起舞笑媚相迎恨相見之晚九齡固請以歸下榻佇壺汲清漣以奉頤諸子姓曰君子吾方外友也可善事之日鉤簾去屏薇灑掃左右惟恐失君子歡君子不時見每盛夏東日方興振衣起立吟風灑露逍遙欣躍已而徘徊顧望移午斂體握固槩不露半唇數日卸服委其心而蛻去至時復來來去皆在壺中人莫能窺其跡九齡益奇之謂曰昔費長房遇壺公能答鬼使社今吾其爲長房乎因自號小壺公神仙家自希夷之後不傳世無能知者君子知之亦嘗傳世顧非其人雖傳不解嘗以其畧示九齡不盡解因俟其去而覩其遺玉蝙纍纍私嘆之

瓊液滿嚥兩臉駸駸君子之色君子歸九齡有異人過而相曰何物老媪生此寧馨兒神清骨潤往來人世壽未可量也昔見其洛漢昭帝柳池中芳氣襲人又見其在華山頂上人得其丹服之輙羽化今已數百年顏在此九齡聞之愈敬信奉之不少怠

頌 增 宋顏延之碧芙蓉頌 澤芝芳艷擅奇水屬練氣紅荷比符縹玉擢麗淪池飛映雲屋實紀仙方名書靈躅

贊 增 晉郭璞芙蓉贊 芙蓉麗草一曰澤芝泛葉雲布映波赧熙伯陽是食饗比靈期

賦

御製西苑芙蕖賦 惟澤芝誌於爾雅菡萏詠於風詩繫金塘

之麗草允柳沼之朱儀夫其的爍輕莎翩躚清瀨玉節蟠根翠羽襞蓋縷黃作鬚蹄紫成帶蔭太液之漣漪蕩昆明之霧靄爾乃幽房晨折芳葩夜舒前迎丹殿後匝瑤除高披直道斜娛周廬萋萋川碧淼淼天虛光留錦鴛陰咬文魚葉漾珠而錯落影翻月而軒渠若夫黛罨如烟華濃似綺藻采橫洲靄雲披沚或雪沁瓊英螺含碧薾桃倩紅蔌翡分金蕊競秀揚輝爛兮出水如仰如俯似低復昂亭亭交倚田田並將宛若瑤林之四映矯如朱鷺之載翔至於萍合橋痕蒲牽波縠溪靜侈喧臺高樹複梅雨滴而浮馨麥飇扇而散馥佩氤氳於講席之書郁烈乎侍臣之服閒命棠之楫駕芙蓉之舟似峯華峯之種無待汾水之謳宴

羣工於在鎬聊悅豫以凝麻益其濯素挺生拔泥不滓外直中通花榮實旨潔比高人清同君子是以廬山則淵明厓焉濂溪則惇頤樂只余願賢士之釋荷裳乃聽幽姿而不自已

增 漢閔鴻芙蓉賦 乃有芙蓉靈草載育中川竦修幹以凌波建綠葉之規圓灼若夜光之在玄岫赤若太陽之映朝雲乃有陽文修嫮傾城之色揚桂櫂而來遊玩英華於水側納嘉賓兮傾筐珥紅葩以爲飾感夭桃而歌詩中關雎以自救嗟留夷與蘭芷聽鶗鴂而不鳴嘉芙蓉之殊偉託皇居以發英 魏曹植芙蓉賦 覽百卉之英茂無斯華之獨靈結修根於重壤泛清流而擢莖其

始榮也皦若夜光尋扶桑其揚暉也晃若九陽出暘谷芙蓉蹇產菡萏星屬絲條垂珠丹榮吐綠焜焜韡韡爛若龍燭觀者終朝情猶未足於是狡童媛女相與同遊擢素手於羅袖接紅葩於中流 晉孫楚蓮花賦 有自然之麗草育靈沼之清瀨結根繫於重壤森蔓延以騰邁爾乃紅花電發暉光熣熣仰曜朝霞俯照綠水潛緗房之奧密兮含珍藕之甘腴攢聚星列纖離相扶微若玄黎披幽夜粲若鄧林飛鵷雛 潘岳蓮花賦 偉玄澤之普衍嘉植物之並敷遊莫美於春臺華莫盛於芙蕖於是惠風動沖氣和眄清池歎蓮花舒綠葉挺纖柯結綠房列紅葩仰含清液俯濯素波修柯婀娜柔莖苒弱

流風徐轉迴波微激其望之也暅若皦日燭崑山其即之也晃若盈尺映藍田（芙蕖賦）蔭蘭池之豐沼育沃野之上腴課衆榮而比觀煥卓犖而獨殊狎獵雲布當咤星羅光擬燭龍色奪朝霞丹煇揮紅飛鬚垂的紛披施赫散煥熠爚流芬賦采風靡雲旋布蕤落蔓衍天閑發清陽而增媚潤白玉而加鮮（夏侯湛芙蓉賦）臨清池以遊覽觀芙蓉之麗華潛靈藕於玄泉擢修莖乎清波煥然蔭沼灼爾星羅若乃迴紫外散蘭暗內凝的出豔發葉恢花披綠房翠蒂紫飾紅敷黃螺圓出垂蕤散舒纓以金牙點以素珠固陂池之麗觀尊終世之特殊爾乃採淳葩摘圓質析碧皮食素實味甘滋而清美

同嘉異乎橙橘參嘉果以作珍長克御乎口實（宋傅亮芙蓉賦）考庶卉之珍麗實總美於芙蕖潛幽泉以育藕披翠莖而挺敷泛輕荷以冒沼列紅葩而曜除微旭露以滋采靡朝風而肆芳表甕觀於中沚播郁烈於蘭堂在龍見而萌秀於火中而結房豈呈芬於芷蕙將越味於沙棠詠三閭之被服美蘭佩而荷裳伊玄匠之有瞻悅嘉卉於中渠既暉映於丹墀亦納芳於綺疏

原（鮑照芙蓉賦）感衣裳於楚賦詠憂思於陳詩訪羣英之豔絕標高名於澤芝會春陂乎夕張搴芙蓉而水嬉抽我衿之桂蘭點子吻之瑜辭選羣芳之徽號美斯花之郁烈抱茲性之清芬稟若華之驚絕單盧陽之妙手測

滮池之光潔爍形輝之明媚粲雕霞之繁悅頳椒丘而非偶豈圓桃而能埒彪炳以蒨藻翠莖而紅葩青房兮規接紫的兮圓羅樹妖婬之弱幹散菡萏之輕荷上星光而倒景下龍鱗而隱波戲錦鱗而夕映曜繡羽以晨過結游童之湘吹起榜妾之江歌備日月之溫麗非盛明而謂何若乃當融風之暄盪承暑雨之平渥被瑤塘之周流繞金渠之屈曲排積霧而揚芳鏡洞泉而含綠葉折水以爲珠條集露而成玉潤蓬山之瓊膏鄉蔥河之銀燭冠五華於仙草超四照於靈木雜衆姿於開卷閱羣貌於昏明無長袖之容止信一笑之空城森紫葉以上擢紛緗蕊而不傾根雖割而琯徹柯既解而絲縈

感盛衰之可懷質始終而常清故其爲芳也綢繆其爲媚也奔發對妝則色殊比蘭則香越泛明彩於衍波飛澄華於曉月陋荆姬之朱顏笑夏女之光髮恨狎世而貽賤徒愛存而賞沒雖凌羣以擅奇終從歲而零歇

增（梁簡文帝採蓮賦）望江南兮清且空對荷華兮丹復紅臥蓮葉而覆水亂高房而出叢楚王暇日之歡麗人妖豔之質且棄垂釣之魚未論芳洲之實惟欲迴渡輕船共採新蓮傍斜山而屢轉乘橫流而不前於是素腕舉紅袖長迴巧笑墮鳴璫荷稠刺密亟牽衣而縮裳人喧水濺惜虧朱而壞妝物色雖晚徘徊未返畏風多而榜危驚舟移而花遠謌曰嘗聞蕖可愛採擷欲爲裙葉

滑不留緼心忙無暇薰于春誰與樂惟有妾隨君〔元帝採蓮賦〕紫莖兮文波紅蓮兮芰荷綠房兮翠蓋紫實兮黃螺於時妖童媛女蕩舟心許鷁首徐迴兼傳羽杯棹將移而藻挂船欲動而萍開爾其纖腰束素遷延顧步夏始春餘葉嫩花初恐沾裳而淺笑畏傾船而斂裾故以水濺蘭橈蘆侵羅襪菊澤未反梧臺迥見荇濕霑彩菱長繞釧泛柘舟而容與歌採蓮於江渚歌曰碧玉小家女來嫁汝南王蓮花亂臉色荷葉雜衣香因持薦君子願襲芙蓉裳〔昭明太子芙蓉賦〕色兼列彩體繁衆號初榮夏芬晚花秋曜興澤陂之微章結江南之流調〔江淹蓮華賦〕檢水陸之具品閱山海之異名珍爾

秀之不定乃天地之精英殖東國之流詠出西極而擅名方翠羽而結葉比碧石而爲莖蕊金光而葩色藕冰折而玉清載紅蓮以吐秀披絳葉以舒英故香氛感俗淑氣參靈躑躅人世茵薀祗冥青桂羞烈沉水慚馨於是生乎澤陂出乎江陰見彩霞之夕照覩雕雲之晝臨既翕葩於洲漲亦映暖於川潯奪夜月及熒光掩朝日與葩火出金沙而延曜被淥波而覃拖冠百草而絕羣出異類之衆夥故仙聖傳圖英隱留記一爲道珍二爲世瑞發青蓮於王宮驗奇花於陸地若其江淡澤芬則照電爍日池光沼綠則明璧洞室曜長洲而瓊文映青崖而火質或滉大淵之清峭或殖疏圃之蒙密故河北

櫂歌之姝江南採菱之女春水厲兮楫潺湲秋風駛兮舟容與著縹芰兮出波擘湘蓮兮映渚迎佳人兮北燕送上客兮南楚知荷華之將晏惜玉手之空佇迴爲謠曰秋雁度兮芳草殘琴柱急兮江上寒願一見兮道我意千里遠兮長路難若其花實各名根葉異辭既號芙蕖亦曰澤芝麗詠楚賦艷歌陳詩非獨瑞草爰兼上藥味靈丹砂氣驗青䕘乃可劍棄海岫龍舉雲崿畫臺殿兮霞蔚圖綠縞兮炳爍永含靈於洲渚長不絕兮川挐況洞庭兮紫波復瀟湘兮綠水或暑雨兮朝霽作涼飈兮暮起蕊葉青蔚炯周五湖紅葩絳蘤電爍千里尤見

原〔唐王勃採蓮賦〕非登高可以賦者惟採蓮而已矣

重於幽客信作謠於君子爾其珍族廣茂淑類博傳藻河渭之空曲被沮漳之淪漣燭澄灣而爛瀾亘修漲之田田豈直水區澤國江濆海壖是以吳娃越艷鄭婉秦妍感靈翹於上節悅瑞色於中年錦帆映浦羅衣塞川飛木蘭之畫楫駕芙蓉之綺船問子何去幽潭採蓮已矣哉誠不知其所以然賞由物召興以情遷故其游泳一致悲欣萬緒至若金室麗妃璇宮佚女傷鳳臺之寂寞厭鸞祠之閑處侍飲南津陪歡北渚見磯岸之紆直覩旌旄之低舉上苑神池芳林御陂樓陰架沚殿彩乘漪張拜洛之容衛備橫汾之羽儀簫鼓發兮龍文動鱗羽喧兮鷁首移咸靚妝而麗服各分鶩而並馳蘋縈槳

凝荇觸船危覗雲霞之沃蕩望林泉之蔽虧洪川泱泱
兮蕑菅積綠水湛湛兮芙蕖披惜歲時兮易晚傷君王
兮未知折緗房與湘菂攬紅葩及碧枝廼綃裙兮竊獨
歎步羅襪兮私自奇莫不驚香悼色畏別傷離復有灌
宮年少期門公子翠髮蛾眉頳唇皓齒傳粉蘭堂之上
偷香椒屋之裏亦復銜恩激誓佩寵緘慈承好賜之珍
席奉嬉遊之彩斿纚棟驪兮翠羽帳瑤塘瞻兮青翰舟
搴條拾蕊沿波泝流池心寬而藻薄浦口窄而荇稠和
橈姬之衛吹接榜女之齊謳去復去兮水色夕採復採
兮荷葉秋願承歡而卒歲長接席而寡仇於是薊北無
事關西始樂霧盡江垠氣恬海賓消怪氣於沅澧照榮

光於河洛殊方異類舞詠相錯王公卿士歌吹並作則
有侯家瑣第戚里芳園穿池斸岸之曲蓄水河陽之源
隄防谷口島嶼轇轕嘉木畢植靈草具繁沉桂北之丹
藕濯荊南之紫根鬱淒淒而霧合燦暉暉而霞翻洎乎
氣微都鄙景華川陸麥雨微凉梅飈淺燠命妖倡於石
城號娛朋於金谷乃使絲珠捧棹青琴理艫樽芳醪藉
珍餗汎玉潭之瀰漫遶金渠之隈隩石近水而苔濃岸
連山而樹複排芰末而爭遠託蘆間而競逐赴洄菱波
飛袿振羅風低綠幹水濺黃螺上客喧兮樂未已美人
醉兮顏將酡畏蓮色之如臉願衣香兮勝荷徘徊鄢調
悽慘燕歌念窮歡於水嬉誓畢賞於川阿結漢女邀湘

娥北溪蕊向密南汀花更多恨光景兮不駐指芳蘀兮
謂何若乃南楚義妻東吳信婦結褵整佩承筐奉帚忽
君子兮有行復良人兮遠征南討九眞百粵北戍雞田
雁城念去魂駭相視骨驚臨春渚兮一送見秋潭兮四
平與子之別烟波望絕念子之寒江山路難水淡淡兮
蓮葉紫風颯颯兮荷華丹翦瑤帶而猶欲折瓊英而不
歡旣而緣隈逗浦還棹歸橈聽芳草兮已殘憶離居兮
方苦延素頸於極漲擐皓腕於神潯惜佳期兮未由徒
增思兮何補又若倡姬蕩媵命侶招羣淇上洛表湘皐
汝墳望洲草兮翡翠色動浦水兮驪龍文願解佩以邀
子思褰裳而從君悲時暮愁日曛鳴鐶釧兮響窈窕豔

珠翠兮光繽紛憐曙埜之絳氣愛晴天之碧雲棹巡汀
而柳拂船向渚而菱分掇翠莖以翳景襲朱蕚以爲囊
梃楫凌亂風流雨散鳴榔絡繹霧羅烟釋狀飛蚪之蜿
蜒若驚鴻之奕奕艇怯奔潮篙憎淺石絲著手而偏繞
刺牽衣而屢襞乃有貴子王孫乘間縱觀何平叔之符
彩潘安仁之藻翰稅龍馬於金堤命鳧舟於石岸錦纜
翻灑銀橋照爛日側光沉風驚浪深紆北渚之新贈恣
東溪之密尋鴛鴦繡彩之文履瑇瑁瓊華之寶琴抑舵
擊榜吳歈越吟溱與洧兮葉覆水淮與濟兮花冒濤値
明月之夕出逢丹霞之夜臨茱萸歌兮衫姿思芍藥曲
兮傷人心伊採蓮之賤事信忘情之益寡雖迹兆於水

鄉遂風行於天下感極哀樂聲參鄭雅是以細察谷底窮覽地維北盡豐鎬滂潏南窮巴池越泝莫不候期應節沿濤汎瀲溥言採之興言服之發文肩之麗什動幽愰之情詩使人結眷令人相思宜其色震百草香奪九芝棲碧羽之神雀負青鱗之寶龜紫秭流記丹經秘詞豈徒加繡柱之光彩雕文井之華滋已矣哉向使時無其族代乏厥類獨秀上淸之境不生中國之地學鸞鳳而時來與鵷鵲而間至必能使衆瑞彩沒羣睨色沮湯武齋戒伊皋延佇豈俾夫秦童趙僕倡姬豔女狎而玩之擷而採之乎時有東鄙幽人西園舊客常陪帝子之輿經侍天人之籍詠綠竹於風曉賦彤管於日夕暑往

寒來忽矣悠哉蓬飄梗逝天涯海際似還邛之寥廓同適越之淫滯蕭索窮途飄飄一隅昔聞七澤今過五湖聽菱歌兮幾曲覩蓮房兮幾株共鄰地之宴語異雎苑之歡娛况復殊方別域重瀛複嶂虞翻則故鄉寥落許靖則生涯惆悵感芳草之及時懼修名之或喪誓剗迹穎上棲影渭陽枕箕岫之孤石泛磻溪之小塘餐素實兮吸絳芳荷爲衣兮芰爲裳永潔已於丘壑長寄心於君王且爲歌曰芳華兮修名奇秀兮異植紅光兮碧色稟天地之淑麗承雨露之霑飾蓮有藕兮藕有枝才有用兮用有時何當婀娜華實移爲君含香藻鳳池

宋之問秋蓮賦并序天授元年勑學士楊炯與之同分日於洛城西入閣每雞鳴後至羽林仗䦨人奏名請龜契佇命拱立於御橋之西玉池淸冷紅蕖菡萏謬履肩闥自春徂秋見其生視其長覩其盛惜其衰得終天年而無夭折者良以隔礙仙禁人莫由見向若生於瀟湘洞庭漆洧淇澳即有吳娃越客鄭女衛童芳心未成採擷都盡今委以白露順以涼風榮落有期秋分甚矣斐然願歌其事久之乃爲秋蓮賦焉若夫西城秘掖北禁仙流見白露之先降悲紅蕖之已秋昔之菡萏齊秀芬敷競發君門閟兮九重兵衛儼兮千列綠葉青枝綠溝覆池映連旗兮搖艷拂長劍兮陸離疏瀝兮裂縠交流兮相沃四繞兮丹禁三匝兮承明曉而望之若霓裳宛轉

朝玉京夕而察之若霞標灼爍散赤城既如秦女艷日兮鳳鳴又似洛妃拾翠兮鴻驚足使瑤草罷色芳樹無情複道兮詰曲離宮兮相屬飛閣兮周廬金鋪兮璧除君之駕兮旖旎蓮之葉兮扶疎萬乘顧兮駐綵騎六宮喜兮停羅袖仰仙遊而德澤縱幽覽而神慮豈與夫溪澗兮沼沚自生兮自死海泝兮江沱萬里兮烟波泛漢女遊湘娥佩鳴玉戲濤波中流欲渡兮木蘭櫂幽泉一曲兮採蓮歌江南兮峴北汀洲兮不極既有芳兮莎城長無艷兮水國豈知移植天泉香飄列仙嬌紫臺之月露含玉宇之風烟雜葩兮照燭衆彩兮相宣鳥翡翠兮丹青翰樹珊瑚兮林碧鮮夫其生也春風晝蕩爍日相

煎天桃盡兮穠李滅出大堤兮艷欲燃夫其謝也秋厭
度管金氣騰天宮槐疏兮井桐變搖寒波兮風颯然歸
根息艷兮八九月乘化無窮兮千萬年越人望兮已長
久鄭女採兮無由緣何深蔕之能固何穠香之獨全別
條綠醴盛燕臺人非楚材雲霧圖兮蘭爲閣金鈒酒兮
蓮作杯落英兮徘徊風轉兮哀哀入黃扉兮灑錦石縈
白蘋兮覆綠苔寒暑忙忙兮代謝故葉新花兮往來何
秋日之可表托芙蓉以爲媒 增 白居易荷珠賦迸水
所集輕荷正敷引修莖而出葉凝玉液以成珠淨綠田
田神龜之巢處斯在虛明皎皎靈鵲之銜來豈殊既羅

列其青蓋又昭章於白榆亂點的皪分規青瑩仰虛無
以上出掩晶熒而外映灑之不著湛兮逾淨時寄寓於
傾敧每因依於平正可止則止必荷之中央在圓而圓
得水之本性飈風既息而常凝魚鳥頻衝而不定爾乃
一氣晴後初陽照前宿雨霽而猶在曉露裛而正鮮熠
熠有光映空水而煥若纍纍無數遍池塘而炯然宛轉
而魚目廻視泮融而蚌胎未堅因霑濡而小大隨散合
以虧全輕彩蕩漾芳濃厭浥明璣而夜月爭光丹粟而
晨霞散入其息也與波俱停其動也與風皆急若轉於
掌乃是江妃之珠如凝於盤遂成泉客之泣冰壺捧之
而殊倫水鏡沉精而莫及則知氣有相假物有相資惟

雨露之留處當芙蓉之茂時雖賦象而無準必成形而
在茲喻於人則寄之生也擬於道則冲而用之自契玄
珠之妙何求赤水之遺 宋歐陽修荷花賦 步蘭堂以
清暑兮颯蘋風以中人擷杜若之春榮兮搴芙蓉於水
濆嘉丹葩之耀質出綠水而含新蔭曲池之清泚漾波
紋之淪漪披紅衣而耀彩寄清流而託根擬無華之淺
艷靡競寵乎先春抱生意以自得兮及蕙時之嘉辰若
夫夏畹蘭衰夢池草密慘羣芳之已銷獨斯蓮之迥出
可以嗅清香而折醒可以玩芳華而自逸況其晚浦烟
霞水亭風日投文竿而餌垂泳萍莖而波溢絲縈藕以
全折杯卷荷以半側墜紫菂以歙烟斂紅芳而向夕可

憐影兮相顧列金葩而返植清風過以似起碧露合而
乍失或兩兩以相扶漸亭亭而獨出發臙脂於北土生
異香於西域匪江妃之小腰即廣陵之清骨爾乃曲沼
微陽橫塘細雨逐橋上之歸鞍笑堤邊之遊女韋虹梁
而窺影倚風臺而欲舞覆翠被以薰香然犀燈而照浦
雙心並根千株泣露湛月白而風清杳池平而樹古送
艇子於西州鬧棹謳於北渚迎桃根而待桃逢宓妃而
未渡廼而覷之靚若星妃臨水而脉脉盈盈遠而望之
杳如峽女行雲而朝朝暮暮其妖麗也其閑雅也香苾
橈兮木蘭舟灣客與兮悵夷猶東西隨葉隱上下逐波
浮已見雙魚能比目應笑鴛鴦會白頭昔聞妃子責車

隣池上金花不染塵空留此日田田葉不見當時步步
人　明申時行瑞蓮賦并序惟聖皇御曆十有四年道
化滂流和氣翔洽於時崇慈寧之新構備尊養之上儀
大孝蹐孚靈貺昭答乃有嘉蓮獻異重臺發華萬乘臨
觀六宮燕喜信熙時之上瑞聚德之貞符爰付丹青用
垂琬琰命臣等賦之臣謹拜手稽首而作賦曰若夫璇
宮壯麗紫殿巍峩接蓬萊之仙苑環太液之恩波渟泓
玄澤醞釀醇和欣嘉生之咸包紛靈瑞其何多宛彼芙
蕖嫣然沼沚載以文罌陳之金戺覆碧葉兮田田漾清
漣兮沚沚被茜緑蘭抽黃曳紫既冉冉以流馨復重重
而結綺爾其艷外生艷華中吐華刓碧房兮敷絳蕚幻

珠實兮成丹葩粲英英其疊起芬郁郁其交加乃若旭
日方升卿雲有爛初抱赤兮若傾忽飛丹兮若煉如盤
如蓋臨金掌以曈曨非霧非烟照虹梁而璀璨又若桂
輪乍滿蕙露初零凝清輝兮湛湛激芳潤兮盈盈紺宇
層樓接銀潢而瀲灔雲鬟高髻開寶鏡以晶熒又若凉
雨纔收薰風徐送濯雲錦兮澄鮮舞霓裳兮飛動凌波
綽約宛洛浦之驚鴻鬬羽翩躚恍秦臺之儀鳳至於星
敷雀發霧變霞蒸觸景而生態隨物而賦形縱他卉之
穠麗未若茲花之最靈觀其托體慈闈敷榮秘殿耿蕩
并以生妍傍綺疏而呈倩焯煌三秀之庭搖曳五明之
扇載色載笑如承長樂之歡來游來觀每荷重瞳之迸

詫神物之有知信人寰之僅見豈比夫駢花并實連里
分枝縴骨生於漢圃合歡產於唐池太華峯頭徒咏如
船之異麻姑壇上虛傳變碧之奇斯蓋重申之佑命特
顯象於昌期猗歟我皇德如虞聖時業業以憂勤日孳
孳而祗敬承顏順志極尊養之隆解慍阜財布寬仁之
令故珍貺駢臻而奇祥疊應繩繩繼繼用彰累葉之休
赫赫明明式表重華之盛尙昤修於玄德庶永承乎天
慶　原申時行後瑞蓮賦有韓者華婉如清揚菡萏爲
簪芙蓉爲裳出五沃之上腴兮苞九疑之奇芳緊中通
而外直兮洵萬實而輝光德可比於君子兮又奚遜夫
國香羌託種於靈沼兮載移根於長樂挺翠蓋之團團

兮冐朱華之灼灼枝承莛以婀娜兮何揚翹之磊落採
珠菂以成葩兮煥重英之出蕚森濯穎於芝房兮儼敷
榮於菌閣朝晞髮於扶桑兮若葵赤之常傾夕弄影於
望舒兮象桂輪之載盈峩星冠於絳闕兮散霞標於赤
城鳳羽矯其翩翩兮蜃樓起而崢嶸恣意態之橫出兮
紛可炳於丹青彼新宮之巖業兮固神靈之所宅薰風
扇其渟和兮甘雨滋其薌澤卿雲助其爛熳兮膏露增
其的皪夫惟孕粹而鍾祥兮肆焜煌而昜奕乃其含芬
桂掖流暉椒塗承恩輝於黼幄兮分繡采於翟褕映畫
堂之甲帳兮迎紫蜀之金輿燦榮光於華渚兮鬱佳氣
於蓬壺宮伯忻忻而告瑞慈顏穆穆其歡愉何司花之

特巧始坤元之出符天子乃考祥圖披靈契徵素蓮於王母邇石葉於炎帝或一房而百子或一花而千歲兆多壽而多男允卜年而卜世於是羣臣効三呼之祝薦萬歲之觴陳瓜瓞椒聊之什詠竹苞松茂之章曰文子與文孫兮俾熾而昌曰聖母及聖皇兮俾壽而康如重臺之積累共乾坤而久長臣拜手而作頌庸昭示於無疆頌曰瞻彼璇宮臨紫極兮仙籞神池滙靈澤兮熀煜奇葩產禁掖兮綠葉朱華苞翠菂兮重英疊萼何葩赫兮地符山川帝申錫兮百世本支兆蕃碩兮慈齡聖算齊箕翼兮小臣獻頌揚休德兮福祿萬年子孫千億兮

文散句〔增〕〔楚屈原離騷〕製芰荷以爲衣兮集芙蓉以爲

裳〔九歌〕搴芙蓉兮木末　築室兮水中葺之兮荷蓋　芷葺兮荷屋　荷衣兮蕙帶儵而來兮忽而逝〔宋玉九辯〕被荷裯之晏晏兮然潢洋而不可帶〔招魂〕坐堂伏檻臨曲池些芙蓉始發雜芰荷些〔漢王襃九懷〕抽蒲兮爲坐援芙蓉兮爲蓋〔劉向九歎〕芙蓉蓋而蔆華車兮紫貝闕而玉堂

佩文齋廣羣芳譜卷第二十九

佩文齋廣羣芳譜卷第三十

花譜

荷花二

〔集藻〕〔四言古詩〕〔增〕〔晉傅玄芙蕖〕煌煌芙蕖從風芬葩照以皎日灌以清波陰結其實陽發其花金房綠葉素株翠柯

〔五言古詩〕〔增〕〔漢樂府相和曲〕江南可採蓮蓮葉何田田魚戲蓮葉東魚戲蓮葉西魚戲蓮葉南魚戲蓮葉北〔晉張華詠荷〕荷生綠泉中碧葉齊如規迴蕩流霧珠映水逐條垂照灼此金塘藻曜君王池不愁世嘗絕但畏盛明移〔陸雲芙蕖〕綠房含青實金條懸白璆俯仰隨

風傾煒曄照清流〔梁簡文帝採蓮曲〕晚日照空磯採蓮承晚暉風起湖難度蓮多摘未稀棹動芙蓉落船移白鷺飛荷絲傍繞腕菱角遠牽衣〔同庾肩吾詠蓮舟買荷度〕採蓮前岸隈舟子屢徘徊荷披衣可識風疏香不來欲知船度處當看荷葉開〔詠芙蓉〕圓花一帶卷交葉半心開影前光照耀香裏蝶徘徊欣隨玉露點不逐秋風催〔元帝賦得涉江採芙蓉〕江風當夜滿村檝逐流縈初疑京兆劍復似漢冠名荷香帶風遠蓮影向根生葉捲珠難溜花舒紅易傾日暮凫舟滿歸來度錦城〔昭明太子詠同心蓮〕江南採蓮處照灼本足觀況等連枝樹俱耀紫莖端同踰並根草雙異獨鳴鸞以茲

代萱草必使愁人歡〔沈約詠芙蕖〕微風搖紫葉輕露拂朱房中池所以綠待我泛紅光〔詠新荷應詔〕勿言草卉賤幸宅天池中微根纔出浪短榦未搖風寧知寸心裏蓄紫復含紅〔吳均採蓮〕錦帶雜花鈿羅衣垂綠川問子今何去出採江南蓮遼西三千里欲寄無因緣願君早旋反及此荷花鮮〔劉孝威採蓮曲〕金槳木蘭船戲採江南蓮蓮香隔浦渡荷葉滿江鮮房垂易入手柄曲自臨盤露花時濕釧風莖乍拂鈿〔劉緩詠江南可採蓮〕春初北岸涸夏月南湖通卷荷舒欲倚芙蓉生卽紅織小宜廻徑船輕好入叢釵光逐影亂衣香隨逆風江南少許地年年情不窮〔朱超詠同心芙蓉〕青山

麗朝景玄峰朗夜光未及淸池上紅蕖並出房日分雙蔕影風合兩花香魚驚畏蓮折龜上礙荷長雲雨留輕潤草木應嘉祥徒歌涉江曲誰見緝爲裳〔江洪詠荷〕澤陂有微草能花復能實碧葉喜翻風紅英宜照日移居玉池上託根庶非失如何霜露交應與飛蓬匹〔陳祖孫登詠城塹中荷〕白水攏金屏青荷承日暉葉似環城蓋香亂上橋衣岸高知水落影合見菱稀猶疑涉江處空望採蓮歸〔賦得涉江採芙蓉〕浮照滿川漲芙蓉承落光人來間花影衣度得荷香桂舟輕不定菱歌引更長采采嗟離別無暇緝爲裳〔周庾信賦得荷〕秋衣行欲製風蓋漸應欹若有千年蔡須巢但見隨〔隋辛

德源芙蓉花〕洛神挺凝素文君拂艷紅麗質徒相比鮮彩兩難同光臨照波日香隨出岸風涉江良自遠託意在無窮〔原〕〔杜公瞻詠同心芙蓉〕灼灼荷花瑞亭亭出水中一莖孤引綠雙影共分紅色奪歌人臉香亂舞衣風名蓮自可念況復兩心同〔增〕〔弘執恭秋池一株蓮〕秋至皆空落凌波獨吐紅託根方得所未肯卽從風〔殷英童採蓮曲〕蕩舟無數伴解纜自相催汗粉無庸拭風裙隨意開棹移浮荇亂船進倚荷來藕絲牽作縷蓮葉捧成杯〔唐太宗採芙蓉〕結伴戲方塘攜手上雕航船移分細浪風散動浮香遊鶯無定曲驚鳧有亂行蓮稀釧聲斷水廣棹歌長棲烏還密樹泛流歸建章〔鄭

愔採蓮曲〕錦絆沙棠艦羅帶石榴裙綠潭采荷芰淸江日稍曛魚鳥爭唼喋花葉相芬氳不覺芳洲暮棹歌處處聞〔原〕〔王昌齡越女〕越女作桂舟還將桂爲楫湖上水渺漫淸江不可涉摘取芙蓉花莫摘芙蓉葉將歸問夫壻顏色何如妾〔李白折荷有贈〕涉江翫秋水愛此紅蕖鮮攀荷弄其珠蕩漾不成圓佳期綵雲裏欲贈隔遠天相思無由見悵望涼風前〔古風〕碧荷生幽泉朝日艷且鮮秋花冒綠水密葉羅青煙秀色空絕世馨香竟誰傳坐看飛霜滿凋此紅芳年結根未得所願託華池邊〔感興〕芙蓉嬌綠波桃李誇白日偶蒙春風榮生此艷陽質豈無佳人色但恐花不實宛轉龍火飛零落

互相失誰知淩寒松千載長守一〔增〕李白子夜吳歌鏡湖三百里菡萏發荷花五月西施採人看隘若耶回舟不待月歸去越王家〔戎昱採蓮曲〕雖聽採蓮曲詎識採蓮心漾檝愛花遠回船愁浪深煙生極浦色日落半江陰同侶憐波靜看妝墮玉簪〔楊衡採蓮〕凝鮮霧渚夕揚豔綠波風魚遊乍散藻露重稍欹紅楚客傷暮節吳娃泣斂叢倪令芳本固寧望雪霜中〔李德裕重臺芙蓉〕芙蓉含露時秀色波中溢玉女擁朱裳重重映皓質晨霞耀丹景片片明秋月蘭澤多衆芳妍姿不相匹〔白居易東林寺白蓮〕東林北塘水湛湛見底清中生白芙蓉菡萏三百莖白日發光彩清飆散芳馨洩香

銀囊破瀉露玉盤傾我慚塵垢眼見此瓊瑤英乃知紅蓮花虛得清淨名夏萼敷未歇秋房結纔成夜深衆僧寢獨起繞池行欲收一顆子寄向長安城但恐出山去人間種不生〔京兆府新栽蓮〕汚溝貯濁水水上葉田田我來一長歎知是東溪蓮下有清泥汚馨香無復全上有紅塵撲顏色不得鮮物性猶如此人事亦宜然託根非其所不如遭棄捐昔在溪中日花葉媚清漣今年不得地顦顇府門前〔姚合蓮塘〕方塘菡萏高繁豔相照耀幽人夜眠起忽疑野中燒曉遶不知休白石岸亦峭〔宋范仲淹諸蓮〕武陵誰家子波面雙雙渡空積心中絲未成機上素似共織女期秋宵若霜露〔梅堯臣

起居退聞宣三館諸公觀瑞蓮〕來朝十二旒將出未央殿微聞嘉蓮開獨許侍臣見嘉蓮其如何層樓擁霞片玉輦下天泉日昃不知倦恩魚應亦喜跳沫珠欲濺誰憐與衆歸傅士臣疏賤〔蘇軾與王郎昆仲及兒子邁遶城觀荷〕昨夜雨鳴渠曉來風襲月蕭然欲秋意溪水清可啜環城三十里處處皆佳絕浦蓮浩如海時見舟一葉此間眞避世靑蒻低白髮相逢欲相問已逐鷗鷺沒〔蘇轍盆池白蓮〕白蓮生淤泥清濁不相干道人無室家心迹兩蕭然我住西湖濱蒲蓮若雲屯幽居常閉戶時聽遊人言色香世所共眼鼻我亦存鄰父閔我獨遺我數寸根潩水不入園庭有三尺盆兒童汲甘井日

晏泥水溫及秋尚百日花葉隨風翻舉目得秀色引息收清芬此心湛不起六塵空過門誰家白蓮花不受風霜殘〔千葉白蓮〕蓮花生淤泥淨色比天女臨池見千葉謫墮問何故空明世無匹銀瓶送佛所清泉養芳潔為我三日住蔫然落寶妝應返梵天去〔秦觀荷花〕方塘收雨腳落日半遙岑芙蕖淨娟娟麗服撫翠衾無言意自遠欲渡秋水深緬懷平生人對此詎可尋弄芳惜腕晚酒至誰與斟天涯有歸雲聊寄相思心心開獲清賞芙蕖一何綺美人豔新妝斂袂照秋水端如蕩子妻顧自良家子黃金邀燕趙搖落對江沚薄暮風雨來獨立淚如洗望君君詎知傾宮定誰似〔范成大萬州西

山湖亭秋荷叢薈忽明服山腰灎湖光列岫繞雲錦深林護風香西山即太華玉井餘新芳隔江招夲仙共擘雙蓮房〔楊萬里玉井亭觀荷〕葉仙初出波照日穉猶怯密排碧羅蓋低護紅玉頰館之水精宮環以琉璃堞珠明浮盤戲酒漾流杯臙青筆尖欲試綠䉤纖還摺老軀大於錢辛勤上團葉忽開人履聲入水一何捷〔金蕭貢古採蓮曲〕洋洋長江水渺渺瀰平湖田田青茄荷豔豔紅芙蕖酣酣斜日外冉冉涼風餘蕎蕎誰家子裊裊二八初兩兩並輕舟笑笑相招呼悠悠波二鴛潑潑蒲中魚采采不盈手依依欲何如〔元蘄璹飲府庠荷花池上又自韓園至鄧覺非家飲觀蓮〕清樽如有期初

涼意俱適肯來寂寞濱菡萏亦浮植陶然轉爽興徑度一圃碧遙指城南家臨水更展席酒狂易爲仙風便香堪食空宇無能塵物我皆醉色誰言鬱巳秋始得痛飲力願將花上露爲洗坐中客〔程鉅夫至洪王肯堂治書見示芙蓉詩次韻〕春風欺桃李秋雨深莓苔蕭然公館間得此奇種栽九天清露零一道紅雲開勻牽綠衣隊酣宴瑤池杯穠妝月鑑懸麗服霜刀裁瑞蓮湧平地妙色分五臺鬘陪飛仙游偏稱幽人懷終疑閬苑去嘉會何時諧此日眼雙明臨風首低徊長當歌離騷招得花神來〔李孝光采蓮曲〕采蓮復采蓮蓮生隔江水不愁無舟楫但愁波浪起〔夏日荷亭即事〕辟暑何所適

南亭俯中渚鷗鷺了不驚況復涼入髓水華露未晞香氣紛猗旋美人美無度嬋娟照江水翛翛玉雪姿何能畏秋暮南風從天來入我懷袖裏高氣行青雲且留吾白羽遁來不飲酒煮藥咽香蕊羣賢政自佳有作動盈紙但恐詩興闌遺此催詩雨〔胡天游觀蓮〕清池瑩人心俯見荷葉背南塘非不佳無此青錢蓋沈沈古鏡淨濯濯明妝對涼風似留人幽賞心獨會大父亦解事一雨不破塊小呼來陽雲洗此傾國態高盤捧跳珠錯落無小大恍疑逢二妃迎笑爭解佩低昂巧皺弄明月聚還碎馮夷不相容轉盻何所在人生總虛幻佇立增嘆慨聊將一餉間了我看花債濂翁不我待誰復同此愛

長嘯歸去來餘芳滿襟帶〔倪瓚池蓮詠〕翔翔波間風的歷葉上露清池結素彩華月映微步雲陰花房斂雨歛芳氣度欲去拾明璫躑躅惜遲莫〔薛玄曦次韻歐陽檢閱濠池觀荷〕行行濠池上亭亭見長荷瓊葩耀初日碧芰卷輕波深浦曉色亂微雨膩香多方舟時自移高軒或來過豈無河朔飲那復發商歌商歌一慷慨此物奈若何【原】〔明申時行晨起觀荷花〕水榭臨文漪晨曦出暘谷宛彼芙蕖花嫣然媚初旭燠若丹霞敷曄如錦雲簇穠豔復芬馡可以娛心目須臾日漸中斂華閟清馥匪之傾陽姿將無避炎燠舒卷固有時昕晡遞相續努力愛朝暉寸陰如尺玉

七言古詩【原】唐王勃採蓮曲採蓮歸綠水芙蓉衣秋風起浪鳧鴈飛桂棹蘭橈下長浦羅裙玉腕輕搖櫓葉嶼花潭極望平江讙越吹相思苦相思苦佳期不可駐塞外征夫猶未還江南採蓮今已暮採蓮花渠今那必盡娼家官道城南把桑葉何如江上採蓮花蓮花復蓮花花葉何稠疊葉翠本羞眉花紅强似頰佳人不在茲悵望別離時牽花憐共蒂折藕愛連絲故情無處所新物徒華滋不惜西津交珮解還羞北海鴈書遲采蓮歌有節采蓮夜未歇正逢浩蕩江上風又值徘徊江上月徘徊蓮浦夜相逢吳姬越女何丰茸共問寒江千里外征客關山路幾重　李白採蓮曲若耶溪傍採蓮女笑摘荷花共人語日照新妝水底明風飄香袂空中舉岸上誰家遊冶郎三三五五映垂楊紫騮嘶入落花去見此踟躕空斷腸　【增】韓愈奉酬盧給事雲夫四兄曲江荷花行見寄并呈上錢七兄閣老張十八助教曲江千頃秋波淨平鋪紅雲蓋明鏡大明宮中給事歸走馬來看立不正遺我明珠九十六寒光映骨睡驪目我今官閒得婆娑問言何處芙蓉多撐舟昆明度雲錦腳敲兩舷叫吳歌太白山高三百里負雪崑崙插花裏玉山前却不復來曲江汀瀅水平杯我時相思不覺一回首天門九扇相當開上界真人足官府豈如散仙鞭笞鸞鳳終日相追陪　李商隱贈荷花世間花葉不相倫花入金

盆葉作塵惟有綠荷紅菡萏卷舒開合任天真此花此葉長相映翠減紅衰愁殺人　【原】溫庭筠張靜婉采蓮曲蘭膏墜髮紅玉春燕釵拖頸抛盤雲城西楊柳向嬌晚門前溝水波潾潾麒麟公子朝天客珂馬璫璫度春陌掌中無力舞衣輕剪斷鮫綃破春碧抱月飄煙一尺腰麝臍龍髓憐嬌嬈秋羅拂水碎光動露重花多香不銷鸂鶒交交塘水滿綠萍金粟蓮莖短一夜西風送雨來粉痕零落愁紅淺船頭折藕絲暗牽藕根蓮子相留連郎心似月月易缺十五十六清光圓　【增】溫庭筠蓮浦謠鳴橈軋軋溪溶溶廢綠平煙吳苑東水清蓮媚兩相向鏡裏見愁愁更紅白馬金鞭大堤上西江日夕多風浪荷心有露似驪珠不是真圓亦搖蕩　鮑溶採蓮曲二首弄舟蝎來南塘水蓮葉映身摘蓮子暑衣鮮淨鴛鴦嬉作浪舞花驚不起殷勤護惜纖纖指水菱初熟多新刺　採蓮蝎來水無風蓮潭如鏡松如龍夏彩短袖交斜紅豔歌笑鬬新芙蓉戲魚住聽蓮花東　宋梅堯臣南軒盆植重臺蓮移種池形雲赤霧生綠房朝霞變蕊朱粉光白玉入泥不滿盎羽蓋裹露明月璫濁水一石亂蟲黽盤池五丈如斗方萍根科斗得自在荷芰明年出水央　徐積芰荷歌孔雀圖花翡翠鈿青皇抛盡買花錢滌魚飛膽大如拳琉璃瓦瑩紫微天湘妃曲譜誰可傳彩毫不動斜卷牋我家食客常三千杯盤一

樣青瑤圓廓姑下來尋水仙不見波瀾只見煙昨夜秋風吹洞房起來先著碧霞裳半含笑面齊鬬妝家家院落紺爲墻不道採花人在傍貪看飛來白紵郎亦有美人貞且貝獨在碧綃幃下藏（秦觀採蓮）若耶溪邊天氣秋採蓮女兒溪岸頭笑隔荷花共人語煙波渺渺蕩輕舟數聲水調紅橋晚棹轉舟回笑人遠腸斷誰家游冶郎盡日踟躕臨柳岸（林景熙荷珠）霞衣蔥珮來珊珊水晶之宮綠玉盤誰與馮夷作戲劇貝闕驪入神瓢翻又疑罷織鮫人泣碧窪融作水銀汁圓或爲璧方爲珪寒光滉瀁不可拾古來欹器戒覆傾貪宰之柄常惡盈季倫買笑輕百斛金谷轉首迷荊榛紛紛魚目爭貴

惜道眼獨懸諸幻息須臾海霽山日高綠雲萬柄淨如拭（元薩都剌芙蓉曲）秋江渺渺芙蓉芳秋江女兒將斷腸絳袍春淺護雲暖翠袖日暮迎風涼鯉魚吹浪江波白霜落洞庭飛木葉盪舟何處採蓮人愛惜芙蓉好顏色（許楨瑞蓮歌）太行山下溪名洹洹溪主人令得賢石渠分溜入方沼種出萬柄紅白蓮就中一莖發挺特艷妝雙出雲髻鬟有如二女降瀉洒翠裙紅袖相牽連吱分駭日未信宿里巷傳耳何啃鬬波神有爲獻嘉瑞要並太史書豐年主人謙德不敢有福善自是天行權亭亭植立萬花表可人適在亭之前日酣欲語轉嬌婉風動似舞尤輕便一時圖寫溢紈素十日車馬空市

廛昔聞蓂莢曾表異乃因士指與采椽景星鳳鳥豈常有考信前史眞宜傳醴湖蕪塞不復見而今乃濯土塘泉禎祥奕葉定不斷藕絲萬縷相纏綿幽人到此自怡悅膏肓泉石尤難痊要須紀錄入郡乘千年增重吾山川（于石西湖荷花）我昔扁舟泛湖去回望荷花浩無數誰家畫舫倚紅妝笑聲迴入花深處笙歌凄咽水雲寒花色似嫌脂粉汙夜深人靜月明中方識荷花有眞趣水天倒浸碧琉璃淨質芳姿濟相顧亭亭翠蓋擁羣仙輕風微顫凌波步酒暈潮紅淺渥唇膚如凝脂腰束素一捻香骨薄裁冰半破芳心嬌泣露湖光花氣滿衣襟月落波寒浸香霧恍然人在蘂珠宮便欲移家臨水

住回首落日低黃塵十年不到湖山路花開花落幾秋風湖上青山自如故（張昱蓮塘曲）青蘋風起柳塘水波聲夜聒鴛鴦睡一點芳心不自持露荷又作瓊珠碎藕絲織錦香滿樓裁成衣裳將遺誰只愁賤妾夢魂短不恨蕩子歸來遲花間鶗鴂依芳草等閒綠徧邯鄲道還應憶念蕩舟人滿架芙蓉鏡中老（吾丘衍古採蓮）濕風吹花生冷香馮夷爲舞冰絲裳霏霏粉金飄曉塘浮蘭舟鼓桂楫歌采蓮爲君發遲遲歸來弄明月（明王彝徐兩山寄蓮花）秋風吹皺銀塘水小雨芙蓉不勝洗誰揀新船折得來不怕綠芒傷玉指煙絲有恨自悠揚相惹相牽短復長雙頭並作幽修語一夜露痕黃粉

昔我有銀瓶秋水滿君心不似蓮心短綠房結子爲君
收種向明年應未晚 原〔任思庵荷花〕翠蓋佳人臨水
立寂寞雨中相對泣溫泉洗出玉肌寒檀粉不施香汗
濕一陣風來碧浪翻珍珠零落難收拾

五言律詩

御製初秋幸西苑觀荷命小船採蓮〔命駕臨西苑初秋向晚
天芰荷池沼滿鷗鷺夕陽邊頻使移輕舫時來獻採蓮離
宮闌檻外風動碧翩翩

增〔唐李嶠詠荷〕新溜滿澄陂圓荷影若規風來香氣遠
日落蓋陰移魚戲排緗葉龜浮見綠池魏朝難接採楚
服但同披〔李商隱荷花〕都無色可並不奈此香何瑤

席乘涼設金羈落晚過迴衾燈照綺渡襪水沾羅預想
前秋別離居夢櫂歌〔溫庭筠芙蓉〕刺莖澹蕩綠花片
參差紅吳歌秋水冷湘廟夜雲空濃艷香露裏美人清
鏡中南樓未歸客一夕練塘東〔李羣玉新荷〕田田八
九葉散點綠池初嫩碧纔平水圓陰已蔽魚浮萍遮不
合弱荇繞猶疎半在春波底芳心卷未舒〔晚蓮〕露冷
芳意盡稀疎空碧荷殘香隨暮雨枯蕊墮寒波楚客罷
奇服吳姬停櫂歌渉江無可寄幽恨竟如何〔韓偓荷
花〕鈿扇相欹綠香囊獨立紅浸淫因重露狂暴是秋風
逸調無人唱秋塘每夜空何由見周昉移入畫屏中
〔王貞白宮池產瑞蓮〕雨露及萬物嘉祥有瑞蓮香飄雞

樹近縈占鳳池先聖日臨雙麗恩波照並妍願同指佞
草生向帝堯前 原〔宋豐稷荷花〕桃杏二三月此花泥
滓中人心正畏暑水面獨搖風淨刹如金涌嘉賓照慕
紅誰歌采菱曲舟在晚霞東 增〔朱子奉酬圭父白蓮
之作〕忽傳藝府何廾送遠公蓮翠蓋臨風迥冰華浥露
鮮舞衣清縞袂倒景爛珠躔想象芙蓉闕冥冥絕世緣
〔岳珂荷花盛開以病何餘不至亭上偶成〕病襟慵策
杖天鏡恰開奩青蓋迷前浦紅妝閒曲檻藻窺知鷺下
萍破識魚潛會看吳公陣官蛙奏曉嚴〔林景熙荷錢〕
盈盈新疊碧難借柳條穿鑄景菰蒲外買鄰鷗鷺邊炎
官初掌柄水國不書年漸長薰風價折箭供酒船〔元

劉永之詠荷葉〕圓緘初出水規蓋已迎風色迷青鳥度
蔭密戲魚通裁衣偏覺爽酌酒乍如空向曉珠搖蕩時
瀉玉盤中〔明高啓荷葉〕楚服新裁得吳篘舊製成圓
應聞荇菜密欲翳蓮莖聲中亂雨至陰下一魚行桂棹
還思折江南日暮情〔新荷〕如蓋復如鈿初生雨後天
葉低浮水上莖弱裊風前乍覆遊魚戲難藏宿鷺眠佳
人休便折留蔭採蓮船〔楊基荷葉〕的的破蓬荳孤莖
上藕梢雨擎佩鷺屋風捲蔭龜巢溪友裁巾幘墟人作
飯包小娃曾已折新月裏潮坳〔陳憲章盆池栽蓮至
秋始花〕栽種已後時花發秋將遲雖無女伴采亦有山
蜂知葉稀因地力香遠是天貧安得三閭手臨軒賦楚

詞　秋露開炎藭非時不遣誇盆中玉井水溪上春陵
家酒醒凉風發詩成鈇月斜願爲若耶叟種水作生涯
原 張祥鳶蓮花日氣沉山紫荷花照水明香含風細
細影浸月盈盈妃子華清浴神君洛浦行向人嬌欲語
解語恐傾城　申時行蓮花碧沼渟寒玉紅蕖映綠波
妝凝朝日麗香逐晚風多游戲金鱗出驚飛翠羽過納
凉依水榭還續採蓮歌　增 薛蕙陳眞人館中賞荷花
作別館瀛洲麗新花菡萏香紅衣迷日色翠蓋寫波光
雨過金塘濕風生石檻凉客來脩竹下回首見瀟湘
原 馮琦秋蓮坐對芙蓉沼行歌棠棣吟相依香漠漠獨
立影沉沉人自憐芳艶誰當識苦心秋風漸蕭索結子

已如今

七言律詩

御製千葉蓮池夜聞雨滴之聲田田荷蓋雨聲齊傾蕊繽紛
向晚迷樹葉不愁點翠幄秋鍼豈憶灌靑畦密林有意通
宵響茂草無知徧地萋偶爾喜吟今歲好漫將詩句入新
題　千葉蓮禁苑初秋玉殿凉綠荷經瀨遍淸漪千英水
面重重艶幾度風前柄柄香宮女移船搖紺葉近臣載筆
詠紅芳定心坐對西山靜不管穠纖映夕陽
原 唐李紳重臺蓮綠荷舒卷凉風曉紅萼開縈紫菂重
雙女漢皋爭笑臉二妃湘浦並愁容自含秋露貞姿潔
不曉春妖艶態穠終恐玉京仙子識却持歸種碧池中

增 白居易題白蓮素房含露玉冠鮮紺葉搖風鈿扇
圓本是吳州供進藕今爲伊水寄生蓮移根到此三千
里結子經今六七年不獨池中花故舊兼乘舊日採花
船　包何闕下芙蓉一人理國致昇平萬物呈祥助聖
明天上河從闕下過江南花向殿前生慶雲垂蔭開難
落湛露爲珠滿不傾更對樂懸張簨簴歌工欲奏採蓮
聲　原 姚合詠南池嘉蓮芙蓉池裏葉田田一本雙花
照碧泉濃淡共妍香各散東西分艶蒂相連自知政術
無他異縱是禎祥亦偶然四野人聞知盡喜爭來入郭
看嘉蓮　增 溫庭筠和太常杜少卿東都脩行里有嘉
蓮春秋罷注直銅龍舊宅嘉蓮照水紅兩處龜巢淸露
裏一時魚躍翠莖東同心表瑞荀池上半面分妝樂鏡
中應爲臨川多麗句故持重艶向西風　吳融高侍御
話及皮博士池中白蓮因成一章寄博士兼呈侍御白
玉花開綠錦池風流御史報人知看來應是雲中墮偷
去須從月下移已被亂蟬催晼更禁凉雨動禪習
家秋色堪圖畫只欠山公倒接䍦　雍陶永樂殿亮藩
明府縣池嘉蓮詠靑蘋白石匝蓮塘水裏蓮開帶瑞光
露濕紅芳雙朵重風搖綠蔕一枝長同心栀子徒誇艶
合穗嘉禾豈解香不獨豐祥先有應更宜花縣對潘郎
李建勳重臺蓮斜倚秋風絕比倫千英和露染難勻
自爲祥瑞生南國誰把丹靑寄北人明月幾宵同綠水

牡丹無路出紅塵憐伊不算多時立贏得馨香暗上身
〔劉兼蓮塘霽望〕新秋菡萏發紅英向晚風飄滿郡馨
萬疊水紋羅乍展一雙鸂鶒繡初成採蓮女散吳歌闋
拾翠人歸楚雨晴遠岸牧童吹短笛蓼花深處信牛行
〔宋楊億賦荷花〕翠蓋飄香映綺襦鈿盤清曉露成珠
休誇為近鮫人室欲笑誰投玉女壺雲氣乍迴巫峽夢
水嬉猶記曲池圖金花却為何人步枉造凌波襪縷濡
〔錢惟演賦荷花〕欲綰珊瑚碧浪深橫塘斜日帶秋陰
漢宮此地留金餅洛浦何人遺錦衾舞學西城回雅態
歌傳南國有餘音韓憑恨魄如長在青骨香銷亦見尋
〔韓琦七夕會闕亭觀蓮逃暑娛賓〕大水西滿塘蓮豔

馥軒墀荷坳似學傘飛去房曲如將蓋倒垂肯把風流
欺儉幕且憑歌調擬吳姬從來拙宦老難巧任過靈光
醉不知〔榮歸堂觀蓮戲成〕風捲蓮香不斷頭田田荷
影動清流紅苞密障魚鷹坐綠蓋低容水馬遊時折嫩
梢供玉箸更裁圓葉代金甌何如滿艦傾醇酎醉向花
前打拍浮〔王安石鍾山西菴白蓮亭〕山亭新破一方
苔门帝留花滿四隈野艷輕明非傅粉秋光清淺不憑
材鄉窮自作幽人伴歲晚誰為靜女媒可笑遠公池上
客却因松菊賦歸來〔周必大次韻白蓮〕汀溝濁水葉
田田又見新栽京府蓮玉井漫傳青壁木雪膚如在射
山前泛紅人恭王家俗稱白開池陸予賢不用若耶溪

畔女蘭橈夜採月娟娟〔次韻紅白蓮間生〕開花不道
倚門墻獨把芙蕖冉冉香豔質施朱窺宋玉冰姿傅粉
試何郎青莖翠蓋原相映縞袂霞裾各自芳聞道金鑾
行豹直炬蓮先已兆嘉祥〔范成大州宅堂前荷花凌
波仙子靜中芳也帶酣紅學醉妝有意十分開曉露無
情一餉斂斜陽泥根玉雪元無染風葉青葱亦自香想
得石湖花正好接天雲錦畫船涼〔楊萬里西府直舍
盆池種蓮〕飛空天鏡墮莓苔玉井移蓮旋旋栽坐看一
花隨手長挨開半葉出頭來稍添荇藻相縈帶便有龜
魚數往回剩欲繞池三兩匝數聲排馬苦相催　西府
寒泉汲十尋深澆淺灑碧森森高花已照紅妝鏡小蓋

新抽紫玉簪鈿破尚餘新雨恨皺疏纔作半池陰〔西湖
瘦得如盆大更伴詩人恐不禁〔岳珂新荷出水〕貼水
初翻紫玉團忽驚矗立傍闌干瑤池七日來青鳥玉鑑
孤奩舞翠鸞曉露走盤珠顆瑩晚風飄蓋雪衣寒從今
十丈開花面太華峰頭更一看〔金趙渢盆池荷花〕一
泓寒碧樊波光雨後妖紅獨自芳不許纖塵汙秀質政
須清吹發幽香洛神初試凌波襪妃子來從驪石湯休
笑埋盆等兒戲要令引夢水雲鄉〔元劉因秋蓮〕瘦影
亭亭不自容淡香杳杳欲誰通不堪翠減紅銷際更在
江清月冷中擬欲青房全晚節豈知白露已秋風盛衰
老眼依然在莫放扁舟酒易空〔蒲道源覺和尚庵賞

白蓮冰雪肌膚出於泥伶俜寒影照漣漪曉風浮冷夢
初醒夜月嬋娟清更宜未要露濃垂別淚先看水滑洗
凝脂陶詩近體鶯兒女大笑廬山遠法師 原 薩都刺
三益堂芙蓉斑簾十二捲輕碧秋水芙蓉隔畫欄綵扇
搖風霞透影錦袍弄月酒生寒湘魂翠袖留江浦仙掌
紅雲濕露盤只恐淮南霜信早絳紗籠燭夜深看 增
宋无觀沈氏盆開雙頭蓮花一枝傾國又傾城笑並香
腮百媚生湘浦二妃窺寶鏡星宮雙女下銀潢金波影
儷嬋娟巧玉露心分沆瀣清曾向鴛鴦屏上看野花空
得合歡名 謝宗可藕花風舞落紅衣起未休水雲鄉
裏正颸颸五更清逼銀塘露六月涼生玉井秋颭恨低

翻霞影亂蔆波輕弄錦香浮莫教吹醒鴛鴦夢好送眞
人一葉舟 王士熙白蓮昆吾纖刃刻芳菲玉女新拋
織錦機無質易隨清露滴有情應化素雲飛青腰霜下
蟾房冷皓首天邊鳥使稀最憶齊州舊遊處日斜雙槳
折花歸 胡天游雙頭蓮一枝瑤柄倚風清兩面紅妝
鬬日明張孔斷魂埋玉井尹邢妖魄寄金莖雙鸞俯鏡
東西照百子分房向背榮若使此花還解語好將蘭臭
與誰平 陳基白芙蓉帝子西遊太液池一杯秋露為
君持空令越女羞容貌不與唐昌共本支婭姹最憐無
語處風流全在半開時自移長信宮中去學得班娘淡
畫眉 張雨碧筒飲採綠誰持作羽觴使君亭上晚尊

涼玉莖沁露心微苦翠蓋擎雲手亦香飲水龜藏蓮葉
小吸川鯨恨藕絲長傾壺誤展淋郎袖笑絕耶溪窈窕
娘 明邵亨貞泖濱見荷花每愛西湖六月涼水花風
動畫船香碧筒行酒從容醉紅錦遊帷次第張月殿承
恩露沆瀣星槎流影下鼓塘江南秋冷紅衣落獨立西
風舊恨長 李東陽內閣五月蓮花盛開和太子太保
劉公韻二首十分芳氣襲人清未羨蘭蕤更菊英盡去
穠華還古淡絕無言笑有風情根含瀛海波濤潤色藉
天家雨露榮見說中通能外直此心端合與花盟 天
輿靈委絕代清看渠直作水中英雲端別有栽培地江
上空多採擷情總是丹青終屬幻未經題品若為榮他

年自許歸來樂不結陶翁社裏盟 內閣五月蓮花盛
開奉和少傅徐公韻二首漫道西湖百畝寬新花尚怯
曉波寒內園自合先芳意道眼從來是別觀金掌溢時
清露委水仙多處綵雲攢人間不解眞顏色却愛紅妝
舞翠盤 兩池風物許平分新賞從來是舊聞空翠欲
沾衣上兩朵紅猶識殿東雲吟餘彩筆詩難就宴出芳
筒酒易醺紅杏碧桃今在否試將消息問東君 原 徐
階次韻張龍湖吏部院中觀蓮曲徑方池別館東荷開
殊勝昔年紅虛瞻玉井青冥上似覩金蓮紫禁中佳賞
豫知深雨露苦心原自耐霜風亭亭獨立煙波冷肯羨
春華在漢宮 沈周並蒂蓮花耶溪新綠露嬌凝雨面

紅妝倚一枝水月精魂同結願風花情性合相思趙家
阿妹春眠起楊氏諸姨曉浴時今日六郎顦顇盡爲渠
還賦斷腸詩　文徵明秋蓮九月江南花事休芙蓉宛
轉在中洲美人笑隔盈盈水落日還生渺渺愁露洗玉
盤金殿冷風吹羅帶錦城秋相看未用傷遲暮別有池
塘一種幽　陸樹聲芙蕖芙蕖香靄水雲多覽勝新從
學士過紅艷晴薰霞作錦冰綃寒作玉爲河如瀾墮珥
依仙渚若浣明妝出素波欲采芳華勞遠贈秋風其柰
獨看何　祕省仙居別苑東池開新長芰荷紅幽芳渺
渺三湘外疎影亭亭一水中香濕瓊衣迷曉霧塵銷羅
襪起秋風玉堂歸後青藜照競擬金蓮出上宮　黄佐

廣羣芳譜　花譜九　荷花二　卅

蓮花　水殿盈盈萬玉妃凌波長是步炎暉迢遙玉井峰
頭見縹緲瑤池月下歸洛浦露繁珠作珮楚臺風急翠
成幃若教解語應愁絕閒道金籠鎖雪衣　張祥鳶蓮
花梅雨絲絲草閣涼匡牀玄坐漫焚香四簷綠樹繁陰
合一卷黃庭白晝長細和禽言成樂府寬裁荷葉製衣
裳笑看溪水明於玉新水朝添一尺長　孫愼行芙蓉
一天霞采正流虹出水芙蕖欲吐紅縱是連宵困寒雨
終然危幹獨凌風乾坤尚鬱胚胎裏身世都忘水玉中
愼爾芳馨良自愛晴光早晚總天功　王衡大內蓮花
西山青落影娥池彼外芙蓉入照時薄雨未消初日暈
曉風欲語向人枝六宮香粉流紅膩三殿浮涼湛綠漪

的的夜舒人不見集靈臺畔露華知　張虛庵湖上賞
蓮湖上峰稠亂曉晴每逢佳處問山名偶因寺好頻停
舫貪爲波澄不記程斜抱連環千嶂合平分雙鏡六橋
橫更堪歲晏芙蓉冷水國西風日夜清　姚子雲芙蓉
東山來許謝公閒別墅偏開荷葉灣郭外沙堤新舊築
馬前雲樹有無間歌聞花底遙分韻影濕池邊近解顏
濯魄冰壺誰得似擎杯坐聽水潺潺　增吳孔嘉詠並
頭紅蓮碧池雙艷吐清風澹蕩平分出露叢姿比漢皐
聯珮錦苞疑合浦雨珠紅同心映日香胎淨並髻凌波
色蘊空好待月明棲翡翠花房借宿影濛濛　程嘉燧
張卿子湯稱舍泛舟看荷花主客瑱玕爛熳同快哉誰

廣羣芳譜　花譜九　荷花二　卅一

爲乞天公低昂霞綺船頭侭狼藉玻璃盞面風獨暑可
忘吹大小析醒聊復辨雌雄飛花度水來何處折盡西
陂勸酒筒
五言排律　增唐姚合和李補闕曲江看蓮花露荷迎曙
發灼灼復田田乍見神應駭頻來眼尚顛光凝珠有蔕
焰起火無煙粉膩黃絲蕊心重碧玉錢日浮秋轉麗雨
灑曉彌鮮醉艷酣千朵愁紅思一川綠莖扶萼正翠菂
滿房圓淡暈還殊衆繁英得自然高名猶不厭上客去
爭先景逼傾芳酒懷濃習綵牋海霞寧有態蜀錦不成
妍客至應消病僧來欲破禪曉多臨水立夜只傍堤眠
金似明沙渚鐙疑宿浦船風驚叢乍坼魚戲影微偏穠

彩燒晴霧殷妄擷碧泉畫工投粉筆宮女棄花鈿烏戀
鶩難起蜂偷困不前繞行香爛熳折贈意纏綿誰記江
南曲風流合管絃〔陳至芙蓉出水〕菡萏迎秋吐妖嬈
映水濱劒芒開寶匣蜂影寫蒲津下照參差荇高辭苒
弱蘋自當巢翠甲非止戲赬鱗莫以時先後而言色故
新芳香正堪翫誰報涉江人〔賈暮芙蓉出水〕的皪舒
芳艷紅姿映綠蘋搖風開細浪出沼觸清晨翻影初迎
日流香暗襲人獨披千葉淺不競百花春魚戲參差動
龜遊次第新涉江如可採從此免迷津〔宋劉錡荷花〕
水國開良宴霞天湛曉暉凌波宓妃至盪槳莫愁歸妝
淺休啼臉香清願襲衣即時聞鼓瑟他日問支機繡騎

翩翩過珍禽兩兩飛牢收交甫珮莫遣此心違〔再賦
荷花〕暮雨過湘渚微涼滿楚宮濺裙無限水障袂幾多
風浪跡嫌萍實塵勞笑菊叢氣清防麝損信密待魚通
游女歌爭發騷人思未窮佇傳江北意月冷魏池空〔
楊億荷花〕絕岸疎煙合回塘夕照和水仙猶度曲川后
自收波銀漢橋橫鵲蘅皐襪濺羅玉杯承露重鈿扇起
風多翠羽芳洲近青絲快騎過石城秋信斷搔首柰愁
何〔再賦荷花〕舒女瀞泉滿黃姑別渚通巴天迷峽雨
楚澤映江楓思逐鮫綃亂香愁翠被空灑從瓊蘂露吹
任石尤風怨淚連疎竹私書託過鴻雙魚應共戲休問
葉西東〔錢惟演荷花〕水潤雨蕭蕭風微影自搖徐孃

羞半面楚女妬纖腰別恨拋深浦遺香逐畫橈華鐙連
霧夕鈿合映霞朝淚有鮫人見魂須宋玉招凌波終未
渡疑待鵲為橋〔丁謂荷花〕相倚秋風立蘭言似有無
未饒霜女俊不愛月娥孤力弱煙披素心危露泣珠翦
裁隨楚思幽怨寄吳歈半坼香囊解微傾醉弁扶涉江
如可採百琲荅輕軀〔原〕〔王睢芙蓉〕菡萏初舒艷奇芬
暈碧霄中洲欣邂逅南浦自招搖瑩色涵香霧新袍坼
絳綃娉婷自珍愛穠郁更清超照水臨青鏡偎蘋倚彩
翹駢枝疑貫寵竝萼似爭嬌綽約霞初映披敷煙正銷
鬢蕤金粉嫩房闖玉冠喬月下仙人氅風前公子袍清
虛雲步濕沉浸瀣津饒濯濯靈修質盈盈神女標孤貞

無漫蔓雅則絕纖妖喜動文鴛舞光搖錦鯉跳瓊根託
紺潔翠蓋障炎囂靚賞聯瑤席芳搴集桂橈姚園多猥
俗陶徑亦蕭條華井分流潤天池引脈遙須移玄圃種
莫向若耶漂木末與幽芷濂溪結莫招懷之思遠道秋
入鬢蕭蕭

佩文齋廣羣芳譜卷第三十

佩文齋廣羣芳譜卷第三十一

花譜

荷花三

集藻 五言絕句 增 唐盧照鄰曲池荷 浮香繞曲岸圓影
覆華池常恐秋風早飄零君不知 原 王維臨湖亭 輕
舸迎上客悠悠湖上來當軒對樽酒四面芙蓉開 增
王維題蓮花塢 日日採蓮去洲長多暮歸弄篙莫濺水
畏濕紅蓮衣 郭恭秋池一枝蓮 秋至皆零落淩波獨
吐紅托根方得所未肯即隨風 原 劉方平採蓮歌 落
日晴江裏荊歌艷楚腰採蓮從小慣十五即乘潮 增
韓愈荷池 風雨秋池上高荷蓋水繁未諳鳴摵摵那似
卷翻翻 李羣玉蓮葉 根是泥中玉心承露下珠在君
塘下種埋沒任春蒲 朱景玄望蓮臺 秋臺好登望菡
萏發清池半似紅顏醉凌波欲暮時 陸龜蒙芙蓉 閒
吟鮑昭賦更起屈平愁莫引西風動紅衣不耐秋 宋
楊億白蓮 昨夜三更裏嫦娥墮玉簪馮夷不敢受捧出
碧波心 梅堯臣蓮塘 不畏塘雨急鈿葉自相遮文禽
忽驚去衝落波上霞 蘇軾和子由岐下荷花 田田抗
朝陽節節臥春水平鋪亂萍葉屢動報魚子 蘇轍和
文與可菡萏軒 開花濁水中抱性一何潔朱檻月明時
清香為誰發 原 曹修古荷葉罩芙蓉圖 青映嫩紅佳
人南陌上翠蓋立春風 增 元吳師道蓮藕花葉圖 玉

雪簇玲瓏紛披綠映紅生生無限意只在苦心中 楊
維楨采蓮曲 東湖採蓮葉西湖採蓮花一花與一葉持
寄阿侯家 鄭氏允端詠蓮 本無塵土氣自在水雲鄉
楚楚淨如拭亭亭生妙香 明陳憲章題茂叔蓮船 入
荷花內船銜荷葉開先生歸去後誰坐此船來 原 常
倫採蓮曲 棹發千花動風傳一水香傍人持並蒂含笑
打鴛鴦 屠隆與歡遊池上 荷生滿綠池朱花似歡面
素藕似歡肌 增 熊卓採蓮曲 採蓮復採蓮盈盈水中
路鴛鴦觸葉飛釣下團團露 原 于若瀛採蓮曲 入港
采芙蓉芙蓉動瀾淰游魚聚蜂房吹作波心錦

七言絕句

御製日講畢同翰林張英高士奇勵杜訥看荷 千隊芙蓉太
液池迎薰初散講筵時蜻蜓絕勝金蓮燭自有清香送曉
颸 夏燕新蓮 紫燕雙雙到案前天教霖雨足禾田臨窗
斜掠蓮花影雲與波光皆渺然 七夕觀千葉蓮 玉露初
分水殿涼滿池紅白雜芬芳香飄隨座皆秋色細月朧朧
挂未央
原 唐王昌齡採蓮曲 荷葉羅裙一色裁芙蓉向臉兩邊
開亂入池中看不見聞歌始覺有人來 增 陳去疾採
蓮曲 粉光花色葉中開荷氣衣香水上來棹響清謳見
斜影雙鴛何事亦相猜 白居易看採蓮 小桃閒上採
蓮船半採紅蓮半白蓮不似江南惡風浪芙蓉池在臥

粧前　〔階下蓮葉展影翻當砌月花開香散入簾風不如種在天池上猶勝生於野水中　〔劉商詠雙開蓮花菡萏新花曉並開濃妝美笑面相偎西方采畫嘉陵鳥早晚雙飛池上來　〔溫庭筠蓮花綠塘搖灔接星津軋軋蘭橈入白蘋應爲洛神波上襪至今蓮蘂有香塵　〔皮日休重臺蓮花欲紅婑媠力難任每葉頭邊半米金可得教他水妃見兩重元是一重心　〔白蓮但恐醍醐難並潔秪應薝蔔可齊香半垂金粉知何似靜婉臨溪照額黃　原陸龜蒙白蓮素蘤多蒙別豔欺此花眞合在瑤池還應有恨無人覺月曉風清欲墮時　增陸龜蒙重臺蓮花水國煙鄉足芰荷就中芳瑞此難過風情

爲與吳王近紅萼常教一倍多　〔白芙蓉濳然相對却成勞月染風裁箇箇高似說玉皇親謫墮至今猶著水霜袍　原鄭谷蓮葉移舟水濺差差綠倚檻風搖柄柄香多謝浣溪人未折雨中留得蓋鴛鴦　增孫光憲採蓮菡萏香蓮十頃陂小姑貪戲採蓮遲晚來弄水船頭濕更脫紅裙裹鴨兒　〔宋楊億荷花瑤水霓旌綺宴陳漢宮渠怨露華新誰然百炬金花燭波襪歌梁暗落塵　〔錢惟演荷花睡露金莖月似霜雲屏玉輦剩秋光不知惟有高唐夢翠被華鐙徹曙香　〔丁謂荷花夢散高唐夜正遙楚天何處不無憀秋風似會荆王意露落煙汀養細腰　原杜衍荷花鑿破蒼苔漲作池芰荷分得

綠參差曉開一朵煙波上似畫眞妃出浴時　增杜衍紅白蓮芙蓉照水弄嬌斜白白紅紅各一家近日新花出新巧一枝能著兩般花　〔雨中荷花翠蓋佳人臨水立檀粉不勻香汗濕一陣風來碧浪翻珍珠零落難收拾　原韓琦柳溪劚蓮清香奇色冠芳洲只得公餘一見休道是好花堪詫問幾時曾上美人頭　〔歐陽修荷葉池面風來波灩灩陂間露下葉田田誰于水上張青蓋罩却紅妝唱採蓮　增蔡襄泉州北藏院見初荷花初花纔過小荷身曉露霑紅點點勻莫爲愁心偏倚望清江元有未歸人　原邵雍並蒂蓮漢室嬋娟雙姊妹天台縹緲兩神仙當時儘有風流過謫向人間作瑞蓮

增王安石芙蕖芙蕖耐夏復宜秋一種今年便滿溝南蕩東陂無此物但隨深淺見遊儵　〔荷花亭亭風露擁川坻天放嬌嬈豈自知一舸超然他日事故應將爾當西施　原蘇軾橫湖貪看翠蓋擁紅妝不覺湖邊一夜霜卷却天機雲錦段從教匹練寫秋光　增蘇軾和文與可洋州園池菡萏亭日日移牀趁下風清香不盡思何窮若爲化作鍼千歲巢向田田萬葉中　〔沈諫議召游湖不赴明日得雙蓮於北山下作一絕持獻沈旣見和又別作一首因用其韻湖上棠陰手自栽問公更得幾回來水仙亦恐公歸去故遣雙蓮一夜開　〔許耆行捧縷金箋樂府應歌指府蓮莫忘今年花發處西湖

西畔北山前　〔同景文詠蓮塘〕塘上鈎簾對晩香不知
斜日已侵牀江妃自惜凌波襪長在高荷扇影涼　〔蘇
轍〕梁山泊見荷花憶吳興〔南國家家蕩槳艤芙蕖遠近
日微明梁山泊裏逢花發却憶吳興十里行　終日舟
行花尚多清香無柰著人何更須月出波光淨臥聽漁
家蕩槳歌　〔徐積〕白蓮花水一重重玉一重更無妖色
媚西風雖然物外能爲素又恐人間只愛紅　原〔趙鼎
臣〕嬌紅婭姹不勝姿只許行人半面窺恰似姑蘇明月
夜水晶宮殿貯西施　增〔范成大〕荷池方池留水勝埋
盆露入蓮腮浣粉痕鈴索無聲人不到小禽飛入鬧荷
根　〔再賦郡治雙蓮三絶〕館娃魂散碧雲沉化作雙蓮

寄恨深千載不償連理願一枝空有合歡心　池光欄
檻倚斜暉把酒看花醉不歸但許鴛鴦相對浴休驚翡
翠一雙飛　兩岐秀䆉已蔫萎春意還從菡萏回不是
使君和氣勝此花應向別人開　〔陸游〕荷花二首風露
青冥水面涼旋移野艇受清香猶嫌翠蓋紅妝句何況
人言似六郎　南浦清秋露冷時凋紅片片已堪悲若
教巨眼高人看風折霜枯似更奇　〔暑中久不把酒盆
池千葉白蓮忽開一枝欣然小酌因賦絶句〕千葉芙蕖
白玉膚一樽沆瀣碧琳腴極知但出氛埃外我亦秋風
山澤臞　我讀淵明止酒篇知渠本識玉池仙誰言見
而無多子高壓天魔萬二千　原〔楊萬里〕紅白蓮紅白

蓮花開共塘兩般顏色一般香恰如漢殿三千女半是
濃妝半淡妝　司花手法我能知說破當知未大奇亂
翦素羅裝一樹略將數朶蘸臙脂　增〔楊萬里〕過臨平
蓮蕩人家星散水中央十里芹葵菰飯香想得薰風端
午後荷花世界柳絲鄉　〔瓶中紅白二蓮〕紅白蓮花共
玉瓶紅蓮韻絶白蓮清空齋不是無秋暑暑被花銷斷
不生　揀得新開便折將忽然到晩斂花房只愁花斂
香還減求早重開別是香　白蓮半蕊未開時看作紅
蓮更不疑到得欲開渾別了玉膚洗退淡臙脂　〔曉坐
荷橋〕四葉青蘋照綠池千重翠蓋護紅衣蜻蜓空裏元
無見只見波間仰面飛　〔朱子次呂季克東堂愛蓮詠

聞道移根玉井旁開花十丈是尋常月明露冷無人見
獨爲先生引興長　原〔劉宰〕水邊舟子競招招陌上車
塵晩更囂只有幽人無个事荷花深處弄輕橈　〔鄭清
之〕一樣娉婷絶代無水宮魚貫出瓊鋪緣何買得凌波
女爲有荷盤萬斛珠　增〔林景熙〕荷花淨根元不競芳
菲萬柄亭亭出碧漪乘露醉肌渾欲洗無風清氣自相
吹　〔孔山萱草軒窓處處幽酒中不著客中愁芭蕉葉
上無多雨分與池荷一半秋　原〔江萬里〕結亭臨水似
舟中夜雨瀟瀟亂打篷荷葉曉看元不濕却疑悞聽五
更風　〔吳菊潭〕吳姬一曲採蓮歌回首秋風卷碧波翠
蓋不能擎雨露鴛鴦應怨夜寒多　〔虞可齋〕晩來一棹

鑑湖東隊隊峰巒人短蓬一色藕花三十里淡妝濃抹錦雲紅　〔王月浦〕雨餘無事倚闌干蟾水荷花粉未乾十萬瓊珠天不惜綠盤擎出與人看　〔陳古淵〕扇颺宮羅衣浸淋湘妃曉浴試紅妝闌干月滿難成夢風露侵人徹首凉　〔楊巽齋〕翠蓋紅幢耀日鮮西湖佳麗會羣仙波平十里鋪雲錦風度淸香趁畫船　增〔朱淑眞〕新荷平波浮動洛妃鈿翠色嬌圓小更鮮蕩漾湖光三十頃未知葉底是誰蓮　〔金趙渢〕荷花誰謂玉鑑瀉天光占斷人間六月凉日落沙禽猶未散也知受用藕花香　〔完顏璹〕池蓮輕輕姿質淡娟娟點綴圓池亦可憐數點飛來荷葉雨暮香分得小江天　〔段克己〕荷葉露仗

下華淸賜洛時溫泉香膩洗凝脂團花翠壁琉璃滑猥籍珠璣醉不知　〔段成己〕荷葉露泉客將歸返故淵西風渺渺碧波寒主人情厚無他贈一把眞珠泣翠盤　〔元何中〕荷花岀沼芙蓉映竹扉綠紅相倚擁雲霞生來不得東風力終作薰風第一花　〔貢性之〕蓮吳王宮殿水流香步屧廊深暑氣凉長日香風吹不斷藕花多處浴鴛鴦　〔顧瑛〕觀荷値雨湖山堂上看荷花亂舞紅妝萬髻丫細雨落衣凉似水書船五月客思家　〔明陳憲章〕茂叔愛蓮不枝不蔓體不具外直中通用乃神我即蓮花花即我如公方是愛蓮人　〔李東陽〕蓮花不見峰頭十丈紅別將芳思寫江風翠翹金鈿明鸞鏡疑是

湘妃出水中　原〔徐階〕盆蓮四面花開玉露滋曉風翻雨葉垂垂泉明酒思濂溪癖憑仗盆池借一枝　〔申時行〕應制題黃臺蓮二首九疑山下分奇種百子房中吐瑞姿朶朶黃雲團羽蓋爲迎金母下瑤池　芙蓉爲帶菊爲裳高結重臺散異香見說君王頻問寢名花長映御袍黃　〔于若瀛〕羣英的歷點蒼苔朶朶芙蓉並蔕開只恐西風易零落殿芳故寫嶺頭梅　〔丘雲霄〕輕雲疎雨一時來忽見荷花並蔕開睡起南薰情思懶夢深遙過楚王臺　〔丁明登〕朝來急雨湧山泉洗出芙蓉意態妍嬝嬝數莖欹竹嶼美人和露入淇園　〔馬德灃〕朶朶紅蓮映綠池微風吹動影參差深閨寂寞嫌長晝一點

芳心只自知　〔鄭德明〕曲曲闌干水殿凉紅綃扇底芰荷香按歌誤觸鴛鴦起宮漏今宵分外長　〔沈明臣〕晚凉風度玉池香看畫歸鴉入建章姿貌不如蓮樣好莫將明月比寒塘　〔許成名〕藕花塘上雨霏霏無數蓮房著水垂羞見鴛鴦交頸臥却將荷葉蓋頭歸　〔陶安〕絕艷蓮花水面浮綠雲香濕一沙鷗何時摘取池中葉篤作中流太乙舟

〔詩散句〕增〔古詩〕涉江採芙蓉蘭澤多芳草采之欲遺誰所思在遠道　〔唐上官儀〕密樹風煙積廻塘荷芰新　〔徐彥伯〕折藕絲能脆開花葉正圓　〔張九齡〕荷葉生幽渚芳華信在茲　原〔李白〕素手把芙蓉虛步躡太淸

增杜甫全紅開似鏡半綠卷如杯　成晚過雲霧亭深
到芰荷　韓愈蜂蟬碎錦纈綠池披菡萏　白居易偓
人栽菡萏買石造潺湲　冷碧新秋水殘紅半破蓮
元稹晚荷猶展卷早蟬遽蕭嘹　錢珝晚荷人不折留
取作秋香　杜荀鶴年年越溪上相憶採芙蓉　宋楊
億急雨度前軒池荷相對翻　梅堯臣嘉蓮如笑迎照
水呈丹顆　高城護湖光面面當紅蕖　原劉敞交陰
分擢秀茲葉爛齊芳　亂香清宿醉濃艷破狂愁　蘇
軾荷背風翻白蓮腮雨褪紅　增金劉昂霄何物媚遊
人微風動池荷　元李孝光樹湖中流碧蓮生隔浦香
唐韓愈曲江荷花蓋十里江湖生目思莫緘　來鵬

一夜綠荷霜剪破賺他秋雨不成珠　韓偓卷荷忽被
微風觸瀉下清香露一杯　宋趙抃江濆荷花開似錦
且同歸去採蓮舟　文彥博爲愛霜瑩寬白簡得隨律
閤看紅蓮　秦觀斜吹疎雨濕秋江霜風暗引芙蕖香
高翥膩玉肌膚潤玉房蘄蘄波面觀紅妝　金元好
問長白山前繡江水展放荷花三十里　元張翥虹影
連蜷山外雨荷香瀟灑颺來風　李孝光雨行雲樹忽
遠近十里荷花能白紅　原明丁明登輕霜約水淡無
痕竹裏芙蓉意態新　魏曹植朱華冒綠池　增宋謝
朓紅蓮搖弱荇　梁庾肩吾綠荷生綺葉　庾信初
蓮開細房　蓮花顏洗杯　蓮開長倒垂　陳徐陵荷

開水殿香　隋薛道衡荷心宜露泫　唐上官儀荷餉
裛露香　趙冬曦夏近未舒蓮　王維紅蓮落故衣
孟浩然荷風送香氣　原李白荷花嬌欲語　芙蓉老
秋霜　杜甫江蓮搖白羽　紅膩小池蓮　荷淨納凉
時　增杜甫霜倒半池蓮　李嘉祐間日荷新卷　王
灣盛香蓮近拆　原劉禹錫白蓮方出水　韋應物曉
露洗紅蓮　增柳宗元菡萏溢嘉色　孟郊荷折碧圓
傾　白居易霜潔白蓮香　紅芳照水荷　荷新鈿扇
圓　鄭谷荷密連池綠　露荷香自在　方干新荷露
壓傾　許渾荷香隨雨聲　朱慶餘秋水藕花明　宋
王安石荷氣馥初潦　蘇軾秋風靜芙蕖　新荷弄晚

凉　原唐杜甫棹拂荷珠碎却圓　點溪荷葉疊青錢
露冷蓮房墜粉紅　並蔕芙蓉本自雙　雨裛紅蕖
冉冉香　青春波浪芙蓉園　增白居易秋芳初結白
芙蓉　浪搖花影白蓮池　溫庭筠鏡方塘菡萏秋
方干池塘月撼芙蕖浪　陸龜蒙水國煙鄉足芰荷
吳融白波無際落紅蕖　杜荀鶴看引秋泉灌藕花
韋莊一岸野風蓮萼香　宋錢惟演水風猶獵敗荷
香　韓琦濃妝照檻秋蓮合　梅堯臣西風滿眼是秋
蕖　王安石荷葉相依萬蓋陰　蘇軾荷花夜開風露
香　陸游颭颭荷盤露欲傾　原虞可齋芰荷風起動
清秋　增金蔡珪荷鈿小小半溪香　王磵日映荷花

曉更紅　王元粹風動緑荷香滿溪　元馬祖常緑愛荷盤夏翦衣　郭鈺湖水浸秋藕花白　王逢水凉風攪一池荷　顧瑛蓮花池畔暑風凉

詞原宋李清照如夢令常記溪亭日暮沉醉不知歸路興盡欲回舟悞入藕花深處爭渡爭渡驚起一行鷗鷺　張鎡相見歡曉來閒立回塘一襟香下颭雲鬆風外數枝凉　相並渾如私語倚人膓飛去方知白鷺在花旁　增向子諲相見歡亭亭秋水芙蓉翠閣中又是一年風露笑相逢　天機畔雲錦亂思無窮路隔銀河猶解訴西風　秦觀調笑柳岸水清淺笑折荷花呼女伴盈盈日照新妝面　水調空傳幽怨扁舟日暮笑聲遠

對此令人腸斷　張鎡昭君怨月在碧虛中住人向亂荷中去花氣雜風凉滿船香　雲被歌聲搖動酒被詩情掇送醉裏臥花心擁紅衾　蘇軾浣溪沙四面垂楊十里荷問云何處最花多畫樓南畔夕陽和　天氣乍凉人寂寞光陰須得酒消磨且來花裏聽笙歌　原陳與義菩薩蠻南軒面對芙蓉浦宜風宜月還宜雨紅少緑多時簾前光景奇　繩牀烏木几盡日繁香裏睡起一餉新與花爲主人　增晏幾道采桑子湘妃浦口蓮開盡昨夜紅稀懶過前溪閒艤扁舟看鴈飛　去年謝女池邊醉曉雨霏微記得歸時旋折新荷蓋舞衣　元許有壬太常引幽人早起赴池亭初日照娉婷風蓋露

珠傾又勝似前時雨聲　水沉香裏錦雲深處雙槍插天青一葉釣舟輕似野渡無人自横　原宋葉夢得鷓鴣天曉日初開露未晞夕陽輕散雨還微暗搖錦霧游儵戲斜映紅雲屬玉飛　情脉脉恨依依沙邊空見棹船歸何人解舞新聲曲一試纖腰六尺圍　增金蔡松年鷓鴣天秀樾横塘十里香水光晩色靜年芳燕支雪瘦薰沉水翡翠盤高走夜光　山黛遠月波長暮雲秋影照瀟湘醉魂應逐淩波夢分付西風此夜凉　宋秦觀虞美人行行信馬横塘畔煙水秋平岸緑荷多少夕陽中知爲阿誰凝恨背西風　紅妝艇子來何處蕩槳偷相顧鴛鴦驚起不無愁柳外一雙飛去却回頭　趙

彥端鵲橋仙藕花亭上無塵無暑灧灧一池秋淨緑羅寶蓋碧瓊竽翠浪裏重重月影　一家姊妹兩般裝束濃淡施朱傅粉夜深風入覺微寒問誰在才林酒醒　原賀鑄踏莎行楊柳回塘鴛鴦別浦緑萍漲斷蓮舟路定無蜂蝶慕幽香紅衣脱盡芳心苦　返照迎潮行雲帶雨依依似與騷人語當年不肯嫁東風無端却被秋風誤　增蘇軾荷華媚霞苞霓荷碧天然地別是風流標格重重青蓋下千嬌照水好紅紅白白　每恨望明月清風夜甚低迷不語妖邪無力終須放船兒去清香深處住看伊顔色　原蘇庠臨江仙獵獵風蒲初暑過蕭然庭戶秋清野航渡口帶煙横晩山千萬疊別鶴兩

三聲　秋水芙蕖聊盪槳一樽同破愁城蓼花灘上白
鷗明暮雲連極浦急雨暗長汀　〔宋祁蝶戀花〕雨過蒲
桃新漲綠蒼玉盤傾墮碎珠千斛姬媵搴前紅簇簇溫
泉初試眞妃浴　驛使南來丹荔熟故翦輕綃一色頒
時服嬌汗易稀凝醉玉淸涼不用香綃撲　〔晏幾道蝶
戀花〕妖艷秋蓮生別浦紅臉靑腰舊識凌波女照影弄
妝嬌欲語西風豈是繁華主　可恨良辰天不與纔過
斜陽又值黃昏雨朝落暮開空自許竟無人解知心苦
〔蔣捷蝶戀花〕我愛荷花花最軟錦撥雲挨朶朶嬌如
顫一陣微風來自遠紅低欲蘸涼波淺　莫是羊家張
靜婉抱月飄煙舞得腰肢倦偸把翠羅香被展無眠卻

又顚翻轉　〔歐陽修蝶戀花〕一曲天香金粉膩蓮子心
中自有深深意薏密蓮深秋正媚將花寄恨無人會
橋上少年橋下水小棹歸時不許牽紅袂淚濺荷心圓
又碎無端欲擘相思淚　〔又〕水浸秋天風皺浪縹緲仙
舟只似秋江上和露採蓮愁一餉看花卻是啼妝樣
折得蓮莖絲未放蓮斷絲牽特地成惆悵歸棹莫愁花
蕩漾江頭有箇人相望　〔又〕越女採蓮秋水畔窄袖輕
羅暗露雙金釧照影摘花花似面芳心只共絲爭亂
鸂鶒灘頭風浪晚霧重煙昏不見來時伴隱隱歌聲歸
棹遠離愁引著江南岸　〔漁家傲〕荷葉田田靑照水孤
舟挽在花陰底昨夜蕭疎微雨墜愁不寐朝來又覺西

風起　雨擺風搖金蘂碎合歡枝上香房翠蓮子與人
長厮類無好意年年苦在中心裏　〔又〕爲愛蓮房都一
柄雙苞雙蘂雙紅影雨勢不來風色定池水靜仙郎綵
女臨鸞鏡　妾有容華君不省花令恩愛猶相並花卻
有情人薄倖心耿耿因花又染相思病　〔又〕葉有淸風
花有露葉籠花罩鴛鴦侶白錦頂絲紅錦羽蓮女妒驚
飛不許長相聚　日脚沉紅天色暮靑涼傘上微微雨
早是水寒無宿處須回步枉教雨裏分飛去　〔增〕〔歐陽
修漁家傲〕妾本錢塘蘇小妹芙蓉花共門相對昨日爲
逢靑傘蓋慵不採今朝斗覺凋零煞　愁倚畫樓無計
奈亂紅飄過秋塘外料得明年秋色在香可愛其如鏡

裏花顏改　〔又〕花底忽聞敲兩槳逡巡女伴來尋訪酒
盞旋將荷葉當蓮舟蕩時時盞裏生紅浪　花氣酒香
淸厮釀花腮酒面紅相向醉倚綠陰眠一餉驚起望船
頭閣在沙灘上　〔又〕葉重如將靑玉亞花輕疑是紅綃
挂顏色淸新香脫灑堪長價牡丹怎得稱王者　雨筆
露箋勻彩畫日爐風炭熏蘭麝天與多情絲一把誰厮
惹千條萬縷縈心下　〔又〕粉蘂丹靑描不得金鍼線線
功難敵誰傍暗香誰採摘風淅淅船頭觸散雙鸂鶒
夜雨染成天水碧朝陽借出臙脂色欲落又開人共惜
秋氣逼盤中已見新荷菂　〔又〕幽鷺漫來窺品格雙魚
豈解傳消息綠柄嫩香頻採摘心似織條條不斷誰牽

祒　珠淚暗和淸露滴羅衣染盡秋江色對面不言情
脉脉煙水隔無人說似長相憶　〔又〕楚國細腰元自瘦
文君膩臉誰描就日夜鼓聲催箭漏昏復晝紅顏豈得
長如舊　醉折嫩房紅蘂嗅天絲不斷淸香透郤傍小
闌凝望久風滿袖西池月上人歸後　〔高觀國祝英臺
近〕擁紅妝翻翠蓋花影暗南浦波面澄霞蘭艇採香去
有人水濺湘裙相招晚醉正月上涼生風露　兩凝佇
別後歌斷雲閒嬌姿黯無語魂夢西風端的此心苦遙
想芳臉輕顰凌波微步鎭輸與沙邊鷗鷺　原〔晁補之
新荷葉〕雨過回塘圓荷嫩綠新抽越女輕盈畫橈穩送
蘭舟波光艷粉紅相間脉脉嬌羞菱歌隱隱漸遙依約

凝眸　堤上郎心波間妝影遲留不覺歸時暮天碧月
如鉤風蟬噪晚餘霞映幾點沙鷗漁歌不到有人獨倚
危樓　增〔鄭斗煥新荷葉〕乳鴨池塘晴波漾綠鱗鱗宿
藕根香夏來生意還新蚨錢小鈿花貼翠相間萍星一
畨雨過一番暗展圓靑　魚戲龜游看來猶未勝情因
憶年時垂釣曾約輕盈玉人何處闌倚是半捲芳心簾
風一棹鴛鴦催起歌聲　〔金趙可驀山溪〕雲房西下天
共滄波遠走馬記狂遊正芙蕖平鋪鏡面浮空欄檻招
我倒芳尊看花醉把花歸扶路淸香滿　水楓舊曲應
逐歌塵散時節又新涼料開徧橫湖淸淺冰姿好在莫
道總無情殘月下曉風前有恨何人見　原〔宋劉光祖

洞仙歌〕晚風收暑小池塘荷淨獨倚胡牀酒初醒起徘
徊時有香氣吹來雲藻亂葉底游魚動影　空擎承露
蓋不見冰容惆悵明妝曉鸞鏡後夜月涼時月淡花低
幽夢覺欲憑誰省且應記臨流凭闌干便遙想江南紅
酣千頃　〔康與之洞仙歌〕若耶溪路別岸花無數欲斂
嬌紅向人語與綠荷相倚恨回首西風波淼淼三十六
陂煙雨　新妝明照水汀渚生香不嫁東風被誰誤遣
踟躕騷客意千里綿綿仙浪遠何處凌波微步想南浦
潮生畫橈歸正月曉風淸斷腸凝佇　增〔姜夔惜紅衣〕
枕簟邀涼琴書換日睡餘無力細灑冰泉并刀破甘碧
牆頭喚酒誰問訊城南詩客岑寂高樹晚蟬說西風消

息　虹梁水陌魚浪吹香紅衣半狼藉維舟試望故國
渺天北可惜渚邊沙外不共美人遊歷問甚時同賦三
十六陂秋色　〔張炎紅情〕無邊香色記涉江自採錦亭
雲密薿薿紅衣學舞波心舊曾識一見依然自語流水
遠幾回空憶動倒影取次窺妝玉潤露痕濕　閒立翠
屛側愛向人弄芳背酣斜日料應太液三十六宮土花
碧淸與凌風更爽正無數滿汀如昔泛片葉煙波裏臥
橫紫笛　〔周密綠蓋舞風輕〕玉立照新妝翠蓋亭亭凌
波步秋綺眞色生香明璫搖淡月舞袖斜倚耿耿芳心
奈千縷晴絲縈縈恨開遲不嫁東風顰怨嬌蘂　花底
漫卜幽期素手採珠房粉艷初洗雨濕鉛腮碧雲深暗

聚軟綃清淚訪藕尋蓮楚江遠相思誰寄棹歌回衣露
滿身花氣　原姜夔念奴嬌鬧紅一舸記年時常與鴛
鴦爲侶三十六陂人未到水佩風裳無數翠葉吹凉玉
容銷酒更灑菰蒲雨嫣然搖動冷香飛上詩句　日暮
青蓋亭亭情人不見爭忍凌波去只恐舞衣寒易落愁
入西風南浦高柳垂陰老魚吹浪留我花間住田田多
少幾迴沙際歸路　俞仲殊念奴嬌水楓葉下乍湖光
清淺凉生商素西帝宸遊羅翠蓋擁出三千宮女絳采
嬌春鉛華掩盡占斷鴛鴦浦歌聲搖曳浣紗人在何處
　應笑桂蘂一枝廣寒宮殿冷落淒愁苦雪豔冰肌羞
淡泊偷把臙脂勻注媚臉籠霞芳心泣露不肯爲雲雨

金波影裏爲誰長恁凝竚　增趙以夫憶舊遊望紅蕖
影裏冉冉斜陽十里沙平喚起江湖夢向沙鷗住處細
說前盟水鄉六月無暑寒玉散青冰笑老去心情也將
醉眼鎮爲花青　亭亭步明鏡似月浸華清人在秋庭
照夜銀河落想粉香濕露恩澤初承十洲縹緲何許風
引綵舟行尚憶得西施餘情裊裊煙水汀　呂同老水
龍吟冰肌不污天眞曉來玉立瑤池裏亭亭翠蓋盈盈
素靨時妝淨洗大液波翻霓裳舞罷斷魂流水甚依然
舊日濃香淡粉花不似人憔悴　欲喚凌波仙子泛扁
舟浩波千里只愁回首冰奩半掩明璫亂墜月影淒迷
露華零落小闌誰倚共芳盟猶有雙棲雪鷺夜寒驚起

張炎水龍吟仙人掌上芙蓉涓涓猶滴金盤露輕妝
照水纖裳玉立飄飄似舞幾度消凝滿湖烟月一汀鷗
鷺記小舟夜悄波明香遠渾不見花開處　應是浣紗
人妬褪紅衣被誰輕誤閒情雅澹冶姿清潤憑嬌待語
隔浦相逢偶然傾蓋似傳心素怕湘皐珮解綠雲十里
卷西風去　李居仁水龍吟藥仙羣擁宸遊素肌似怯
波心冷霜裳縞夜冰壺凝露紅塵洗盡弄玉輕盈飛瓊
綽約淡妝臨鏡更多情一片碧雲不捲籠嬌面回清影
　菱唱數聲乍聽藏名娃藕絲縈艇雪鷗沙鷺夜來同
夢曉風吹醒酒暈全消粉痕微漬色明香瑩問此花曷
貯瑤池應未許繁紅竝　趙汝鈉水龍吟露華洗盡凡

妝玉妃來侍瑤池宴風裳水佩冰肌雪豔清凉不汗解
語情多凌波步穩酒容消散想溫泉浴罷天然眞態渾
疑是宮妝淺　暗想淒愁別岸粉痕消香腮凝腕雪空
水冷此情誰許鷺知鷗見羽扇微搖翠帷低擁清凉亭
院待夜深月上闌于更邀取姮娥伴　周密水龍吟素
鷺飛下青冥舞衣半惹凉雲碎藍田種玉綠房迎曉一
奩秋意擎露盤深憶君凉夜暗傾鉛水想鴛鴦正結梨
雲好夢西風冷還驚起　應是飛瓊仙會倚凉飈碧簪
斜墜輕妝鬬白明璫照影紅衣羞避霽月三更粉香千
點靜聞十里聽湘絃奏徹冰綃偷翦聚相思淚　練怨
可水龍吟素姬初宴瑤池珮環誤落雲深處分香華井

洗妝湘渚天姿淡泞碧蕭吹凉玉冠迎曉盈盈笑語記當時乍識江明夜淨只愁被嬋娟誤　幾點沙邊飛鷺舊盟寒遠迷煙雨相思不盡纖羅曳水清鉛泣露玉鏡臺空銀瓶綆絕斷魂何許待今宵試採中流一葉共凌波去　王易簡水龍吟　綵裳微護冰肌夜深暗濕瑤臺露芳容淡泞風神蕭散凌波晚步西子殘妝環兒初起未須勻注看明璫素襪相逢憔悴當應被薰風誤　十里雲愁雪妬抱淒凉盼嬌無語當時姊妹朱顏褪酒紅衣按舞別浦重尋舊盟惟有一行鷗鷺伴玉顏月曉盈盈冷艷洗人間暑　唐鈺水龍吟　淡妝人更嬋娟晚奩淨洗鉛華膩泠泠月色蕭蕭風度嬌紅欲避太液池空

霓裳舞倦不堪重記歎冰魂猶在翠輿難駐玉簪為誰輕墜　別有凌空一葉泛清寒素波千里珠房淚濕明璫恨遠舊遊夢裏羽扇生秋瓊樓不夜尚遺仙意奈香雲易散綃衣半脫露凉如水　無名氏綠意　碧圓自潔向淺洲遠浦亭亭清絕猶有遺簪不展秋心能卷幾多炎熱鴛鴦密語同傾蓋且莫與浣紗人說恐歎怨斷花風碎却翠雲千疊　回首當年漢舞怕飛去漫皺留仙裙褶戀戀青衫猶染枯香還笑鬢絲飄雪盤心清露如鉛水又一夜西風聽折喜淨看匹練秋光倒瀉半湖明月　劉辰翁沁園春　淺碧芙蓉素艷亭亭前身阿嬌記湘浦露冷酥容倍潔華清水滑酒暈全消瑤簫豐肌雲

翻碎剪白羽鮮明時自搖風流處是古香幽韻時度鮮飈　瓊枝璧月清標對千朵嬋娟傾翠瓢況水晶臺榭低迷淨滌冰霜詞調隱約輕橈細認金房種奇朵秀已覺青衿横素腰西風晚看花開十丈玉井非遙　元張翥摸魚兒　問西湖舊家兒女香魂還又連理多情欲賦雙蕖怨鬧却滿奩秋意嬌旖旎愛照影紅妝一樣新梳洗王孫正擬喚翠袖輕歌玉箏低按凉夜為花醉　鴛鴦浦淒斷凌波夢裏空憐心苦絲腸吳娃小艇應偷採一道綠萍猶碎君試記還怕是西風吹作行雲起闌干漫倚待載酒重來尋芳已晚餘恨渺煙水

別錄

增　南史羊侃傳侃性豪侈善音律自造採蓮棹歌

兩曲甚有新致　原　庾杲之傳庾杲之字景行王儉用為衛將軍長史安陸侯蕭緬與儉書曰盛府元僚實難其選庾景行泛淥水依芙蓉何其麗也時人以入儉府為蓮花池　增　周書薛憕傳魏文帝造一欹器為二荷同處一盤相去盈尺中有蓮下垂器上以水注荷則出於蓮而盈乎器為鳧鴈蟾蜍以飾之謂之水芝欹器　唐書令狐綯傳綯為翰林承旨夜對禁中燭盡帝以乘輿金蓮華炬送還院　西京雜記卓文君臉際常若芙蓉　拾遺記沺流如沙塵足踐則陷其深難測大風吹沙如霧有石蕖青色堅而甚輕從風靡靡覆其波上一莖百葉千年一花　荊州記衡山有三峯極秀一峯名

芙蓉峯最爲竦桀自非清霽素朝不可望見〔世說〕顏
延之嘗問鮑明遠已詩與謝康樂優劣鮑曰謝五言如
初發芙蓉自然可愛君詩若鋪錦列繡亦雕繢滿眼
〔蓮社高賢傳〕釋惠安患山中無刻漏乃於水上立十二
葉芙蓉因波隨轉分定晝夜以爲行道之節謂之蓮花
漏　原〔捜神記〕王敦在武昌鈴下儀仗生蓮華五六日
而落　增〔九華山記〕青陽縣有九子山高數千丈上九
峯如蓮花〔北山錄〕徐陵浴佛以蓮葉露〔清異錄〕郭
進家能作蓮花餅餡有十五隔者每隔有一折枝蓮花
作十五色　隋宦者劉繼銓得芙蓉鷃二十四隻以獻
毛色如芙蓉　原〔成都記〕唐玄宗以芙蓉花汁調香粉

作御墨曰龍香劑　增〔畫品〕菡萏圖趙昌作昌善畫花
設色明潤筆跡柔美有名于蜀士大夫舊云徐熙畫花
傳花神趙昌畫花寫花形然比之徐熙則差劣其後鐔
宏王友之輩皆弗逮也荷花生泥汙之中出于水而不
著水昌此花標韻清遠能識此意爾〔緯畧〕顏延之碧
芙蓉頌曰澤芝芳艷擅奇水屬水屬二字全未見人用
劉孝威謝藕啓曰凡厥水羞莫敢相讋水羞二字亦新
〔續骫骳說〕參寥子嘗在臨平道中作詩云風蒲獵獵
弄輕柔欲立蜻蜓不自由五月臨平山下路藕花無數
亂汀洲東坡一見爲寫而刻諸石宗婦曹夫人善丹青
作臨平藕花圖人爭影寫蓋不獨寶其畫也〔陳輔之

詩話〕唐人牡丹詩云紅開西子妝樓曉翠揭麻姑水殿
春改春作秋全是蓮花詩〔老學庵筆記〕吳幾先嘗言
參寥詩云五月臨平山下路藕花無數滿汀洲五月非
荷花盛時不當云無數滿汀洲廉宣仲云此但取句美
若云六月臨平山下路便不佳矣幾先云只是君記得
熟故以五月爲勝不然只云六月亦豈不佳哉〔五色
線〕劉交居若耶溪忽聞有人採蓮喧笑聲交以溪左右
無人居甚訝之乃斷柳枝蔽身覘之忽見十餘女子從
一華林而出皆衣青綠年十六七入叢蓮相對而歌交
乃棹舟以逼之諸女皆化爲龜入水〔致虛雜俎〕六月
廿有四日謝文君獨處無侶命沈君攸製采蓮之曲以

解其悲愁之思援筆便成曰平川映晚霞蓮舟泛浪花
衣香隨岸遠荷影向流斜度手牽長柄轉檝避疎花還
船不畏滿歸路詎嫌賒謝贊歎久之〔圖繪寶鑑〕于青
年毗陵人嘉定間專畫荷花草蟲世號于荷　馮大有
自號怡齋寓居吳門專畫蓮荷精巧入格　僧希白善
白描荷花〔丹鉛雜錄〕左傳注楚有茄人城張揖音茄
曰荷古樂府鷺何食食茄下西京賦蔕倒茄于藻井披
紅葩之狎獵注茄藕莖也〔異林〕弘治乙卯苦蕒菜開
蓮花七日而謝又歲丙辰三月敘州楠樹生蓮花五十
餘朶〔避暑漫抄〕有神降于鄭絳家吟詩曰忽然湖上
片雲飛不覺舟中雨濕衣折得蓮花渾忘却空將荷葉

盖頭歸〔林泉隨筆〕周子愛蓮說一篇僅百餘字形容
蓮之可愛宛然如在目前蓋不必求太極於梅枝而全
體呈露矣【原】〔釵小志〕歐公知潁州有官妓盧媚兒姿
貌端秀口中常作芙蕖花香有蜀僧云此人前身爲尼
誦法華經二十年〔花史〕唐冀國夫人任氏女少奉釋
教一日有僧持衣求浣女欣然濯之溪邊每一漂衣蓮
花應手而出驚異求僧不知所在因識其處爲百花潭
房壽六月召客擷蓮花製碧芳酒　賈似道在揚州
時有道人求見問其所能曰善畫蓮秋壑館之于小金
山放鶴亭索絹四幅閉門不容觀者逾五六日似道自
往觀之僅畫一葉傾露珠滴滴流下滴於石上復散滴

於地秋壑見精妙令了之道人辭去約再來秋壑挂於
壁上每風起則荷葉動露珠傾盡已而復然道人不可
復索方知神仙也　昇元閣梁朝故物高二百四十尺
今名瓦棺寺西晉時地產青蓮兩朶閱之所司掘得瓦
棺開見一老僧花從舌根頂顱出詢及父老曰昔有僧
誦法華經萬餘卷臨卒遺言以瓦棺葬之此地　法華
山樵夫得青蓮一枝掘地有石匣藏一童子舌根不壞
花自舌出〔西湖志〕仙姥餘杭人嫁於西湖農家能釀
百花酒王方平常沽飲是後羣仙時降因授藥一丸以
償酒價姥服化去後十餘年有人見姥於洞庭仍賣百
花酒云今杭州北山有仙姥墩王安石詩云綠漪堂前

湖水綠歸來正復有荷花花前若見餘杭姥爲道仙人
憶酒家【增】〔黃山志〕雲谷禪院因營造伐木登擲鉢峰
見半壁有龕隴間生石蓮花一朶以斧截斷覷之色若
琥珀紅光耀目【原】〔贛州府志〕大龍山在信豐縣南一
百二十里層巒疊嶂遇夜或紅光燭天產異花如白蓮
【增】〔泉州府志〕蓮花峰在南安縣西北其山聳峙上開
八石若蓮花然〔台州府志〕芙蓉山在府城東二百里
出海口望之如紅蓮始開【原】栽種春分前栽則花出
葉上先將好壯河泥乾者少半缸築實隔以蘆席上用
河泥半尺築平有雨蓋之俟泥曬微裂方種蓋藕根上
行遇實始生花也次將藕壯大三節無損者順鋪在上

大者一枝小者二枝頭向南芽朝上用硫黃研碎紙撚
簪柄粗纏藕節一二道再用剪碎猪毛少許安在藕節
再用肥河泥次第填四寸厚藕芽勿露日中曬於泥逆
裂方可少加河水先加水止可四指深候擎荷大發再
加河水交夏水方可深如此種當年有花且茂盛管子
曰五沃之土生蓮故栽宜壯土然不可多加壯糞反至
發熱壞藕〔插瓶〕插瓶注溫湯蓋以紙削尖花梗隨手急
插或去根少許封以蠟或亂髮密纏折處仍以泥封目
其竅先插瓶中後注水或將竹釘十字扞藥使出白汁
方插瓶如此則耐久〔製用〕常氏日錄七月七日采蓮
花七分八月八日采藕根八分九月九日采蓮實九分

陰乾搗細煉蜜爲丸服之令人不老長生　蓮華服之
鎮心輕身駐顏

附錄山蓮

原百丈山有草花如蓮花

附錄西番蓮

原西番蓮花淡雅似菊之月下西施自春至秋相繼不絕亦花中佳品春間將藤壓地自生根隔年鑿斷分栽

附錄鐵線蓮

原鐵線蓮花葉俱似西番花心黑如鐵線

附錄朝日蓮

增益部方物畧記朝日蓮花色或黃或白葉浮水上翠厚而澤形如菱花差大開則隨日所在日入輒斂而自藏於葉下若葵藿傾太陽之比

集藻　贊　增宋宋祁朝日蓮贊素花碧葉浮秀波面日中則向日入還斂

佩文齋廣羣芳譜卷第三十一

佩文齋廣羣芳譜卷第三十二

花譜

牡丹一

原牡丹一名鹿韭一名鼠姑一名百兩金一名木芍藥（通志云牡丹初無名依芍藥得名故其初曰木芍藥本草又云以其花似芍藥而宿幹似木也）秦漢以前無考自謝康樂始言永嘉水際竹間多牡丹而劉賓客嘉話錄謂北齊楊子華有畫牡丹則此花之從來舊矣唐開元中天下太平牡丹始盛于長安逮宋惟洛陽之花爲天下冠一時名人高士如邵康節范堯夫司馬君實歐陽永叔諸公尤加崇尚往往見之詠歌洛陽之俗大都好花閱洛陽風土記可考鏡也天彭號小西京

以其好花有京洛之遺風焉大抵洛陽之花以姚魏爲冠姚黃未出牛黃第一牛黃未出魏花第一魏花未出左花第一左花之前惟有蘇家紅賀家紅林家紅之類花皆單葉惟洛陽者千葉故名曰洛陽花自洛陽花盛而諸花詘矣嗣是歲益培接競出新奇固不特前所稱諸品已也性宜寒畏熱喜燥惡濕得新土則根旺栽向陽則性舒陰晴相半謂之養花天栽接剔治謂之弄花最忌烈風炎日若陰晴燥濕得中栽接種植有法花可開至七百葉面可徑尺善種花者須擇種之佳者種之若事事合法時時著意則花必盛茂間變異品此則以人力奪天工者也　增廣雅白苿牡丹也　本草李時

珍曰牡丹以色丹者爲上雖結子而根上生苗故謂之
牡丹蘇恭曰生漢中劒南苗似羊桃夏生白花秋實圓
綠冬實赤色凌冬不凋根似芍藥長安謂之吳牡丹蘇
頌曰今丹延青越滁和州山中皆有花有黃紫紅白數
色此是山牡丹二月於梗上生苗葉三月開花花葉與
人家所種者相似但花瓣止五六葉五月結子黑色根
黃白色長五七尺近世人多貴重欲其花之詭異皆秋
冬移接培以壤土至春盛開其狀百變 原 花有姚黃
花千葉出民姚氏家一歲不過數朶禁院黃姚黃別品閒淡高秀可亞姚黃慶雲黃花葉重複
郁然輪囷以故得名甘草黃單葉色如甘草洛人善別花見其樹知爲奇花其葉嚼之不腥牛黃
千葉出民牛氏家比姚黃差小瑪瑙盤赤黃色五瓣樹高二三尺葉頗短蹙黃氣毬淡黃檀心

花葉圓正間背相承敷腴可愛御衣黃千葉色似黃葵淡鵞黃初開微黃如新鵞兒平頭後漸
白不甚大太平樓閣千葉以上黃類魏花千葉肉紅略有粉梢出魏丞相仁溥之家
樹高不過四尺花高五六寸闊三四寸葉至七百餘錢思公嘗曰人謂牡丹花王今姚花眞可爲王魏乃后也
一名寶樓臺石榴紅千葉樓子類王家紅曹縣狀元紅成樹宜陰映日紅細瓣
宜陽王家大紅紅而長尖微曲宜陽大紅西瓜瓤宜陽大紅舞青猊胎微
短花瓣小中出五青瓣宜陰七寶冠難開又名七寶旋心醉臙脂莖長每開頭垂下宜陽
大葉桃紅宜陰殿春芳開遲美人紅蓮蕊紅瓣似蓮花翠紅妝
難開宜陰陳州紅殊砂紅花葉甚鮮向日視之如猩血宜陰錦袍紅古名潛溪
緋深紅比寶樓臺微小而鮮粗高五六尺但枝弱開時須以杖扶恐爲風雨所折枝葉疎闊蕚芽小彎皺
葉桃紅葉圓而皺難開宜陰桃紅西瓜瓤胎紅而長宜陽以上俱千葉樓子大
紅翦絨千葉並頭其瓣如翦羊血紅易開錦袍紅石家紅葉稀不甚緊

壽春紅瘦小宜陽彩霞紅海天霞大如盤宜陽以上俱千葉平頭小
葉大紅千葉難開鶴翎紅醉仙桃外白內紅難開宜陰梅紅平頭深桃
紅西子紅圓如毬宜陰麤葉壽安紅肉紅中有黃蕊花出壽安縣錦屏山細葉者尤
佳丹州延州紅海雲紅色如霞桃紅線桃紅鳳頭花高
大獻來紅花大淺紅斂瓣如撮顏色鮮明樹高三四尺葉團張僕射居洛人有獻者故名祥雲
紅淺紅花妖艷多態而花葉最多如朶雲狀淺嬌紅大桃紅外瓣微紅而深嬌徑過五寸葉似粗葉
壽安頗捲嫩葱綠色嬌紅樓臺淺桃紅宜陰輕羅紅淺紅嬌嬌紅葉綠可愛
開最早花紅繡毬細瓣開圓如毬花紅平頭銀紅色銀紅毬外白內紅色極
嬌圓如毬醉嬌紅微紅出莖紅桃大尺餘其莖長二尺西子開圓如毬宜陰以上俱
千葉大紅繡毬花類王家紅葉微小罌粟紅茜花鮮粗開瓣合權深檀心葉如西施而
尖長花中之短煥者壽安紅平頭黃心葉粗細二種粗者香鞓紅單葉深紅張僕射齊賢自青州

以駱駝馱其種遂傳洛中因色類腰帶鞓故名亦名青州紅勝鞓紅樹高二尺葉尖長花紅赤煥然五
葉鶴翎紅多瓣花末白而本肉紅如鵝鶵羽毛細葉蓮花蕚多葉紅花青趺三重如蓮蕚
一尺紅深紅頗近紫花而大幾尺文公紅出西京潞公園亦花之麗者迎日紅醉西
施同類深紅開最早妖麗奪目彩霞其色光麗爛然如霞梅紅樓子嬌紅色如魏紅
不甚大紹興春祥雲子花也花尤富大者徑尺紹興中始傳金腰樓玉腰樓皆粉
紅花而起樓子黃白間之如金玉色與胭脂同類政和春淺粉紅花有絲頭政和中始出疊羅
中間瑣碎如疊羅紋勝疊羅差大於疊羅瑞露蟬亦粉紅花中抽碧心如合蟬狀乾花
分蟬旋轉其花亦大大千葉小千葉皆粉紅花之傑者大千葉無碎花小千葉則花蕚頂碎
桃紅西番頭難開宜陰四面鏡有旋葉以上紅類慶天香千葉樓子高五
六寸香而清初開單葉五七年則千葉矣年遠者樹高八九尺肉西千葉樓子水紅毬千葉叢生
宜陰合歡花一莖兩朶觀音面開紫不甚大叢生宜陰粉娥嬌大淡粉紅花如碗大

開盛者飽滿如饅頭樣中外一色惟瓣根微有深紅葉與樹如天香高四五尺諸花開後方開清香耐久以
上俱千葉醉楊妃二種一千葉樓子宜陽名醉春容一平頭極大不耐日色赤玉盤千葉
平頭外白內紅宜陰回回粉西細瓣樓子外紅內粉紅醉西施粉白花中間紅暈狀如酡
顏西天香開早初甚嬌三四日則白矣百葉仙人以上粉紅類玉芙蓉
千葉樓子成樹宜陰素鸞嬌宜陰綠邊白每瓣上有綠色玉重樓宜陰羊脂玉
大瓣白舞青猊中出五青瓣醉玉樓以上俱千葉樓子白剪絨千葉平頭
瓣上如鋸齒又名白纓絡難開玉盤盂大瓣蓮香白瓣如蓮花香亦如之以上俱千葉平頭
粉西施千葉甚大宜陰玉樓春多雨盛開類王蒸餅而高有樓子之狀萬卷書
花瓣皆卷筒又名波斯頭又名玉玲瓏一種千葉桃紅亦同名無瑕玉水晶毬慶
天香玉天仙素鸞玉仙妝檀心玉鳳瓣中有深檀色
玉繡毬青心白青心伏家白鳳尾白金絲白平

頭白盛者大尺許難開宜陰迓來白紫玉白瓣中有紅絲紋大尺許以上俱千葉
醉春容色似玉芙蓉開頭差小玉板白單葉長如拍板色如玉深檀心玉樓子
白花起樓高標逸韻自是風塵外物劉師哥白花帶微紅多至數百葉纖姸可愛玉覆盆一名
玉炊餅圓頭白華碧花正一品花淺碧而開最晚一名歐碧玉盌白單葉花大如盌玉天
香單葉大白深黃蕊開徑一尺雖無千葉而丰韻異常一百五多葉白花大如盌瓣長三寸許黃蕊
深檀心枝葉高大亦如天香而葉大尖長洛花以穀雨爲開候而此花常至一百五日開最先古名燈籠以
上白類海雲紅千葉樓子西紫深紫中有黃蕊樹生枯燥古鐵色葉尖長九月內棗芽鮮
明紅潤剪其葉遠望若珊瑚然即墨子色類墨葵丁香紫茄花紫又名藕絲紫
姑仙大瓣淡藕絲如吳中所染藕色淺紅絲相界宜陰綠胎紫莖花瓣中一以上俱千葉樓子
左花千葉紫花出民左氏家葉密齊如截亦謂之平頭紫紫舞青猊中出五青瓣紫
樓子瑞香紫大瓣平頭紫大徑尺一名眞紫徐家紫花大紫羅袍

又名旂色樓紫重樓難開紫紅芳煙籠紫色淺淡以上俱千葉紫
金荷花大盤而紫赤色五六瓣中有黃蕊花平如荷葉狀開時側立翩然鹿胎多葉紫花有白點如
鹿胎紫繡毬一名新紫花魏花之別品也花如繡毬狀亦有起樓者爲天彭紫花之冠乾道紫
色稍淡而暈紅潑墨紫新紫花之子也單葉深黑如墨葛巾紫花圓正而富麗如世人所戴葛
巾狀福嚴紫重葉紫花葉少如紫繡毬謂之舊紫朝天紫色正紫如金紫夫人之服色今作子
非也三學士錦團綠樹高二尺亂生成叢葉齊小短厚如寶樓臺花千葉粉紫色合紐如
撮瓣細紋多媚而欠香根旁易生古名波斯又名獅子頭滚繡毬包金紫花大而深紫鮮粗一枝僅
十四五瓣中有黃蕊大紅如核桃又似僧持銅擊子樹高三四尺葉髣髴天香而圓多葉紫深紫花止
七八瓣中有大黃蕊樹高四五尺花大如盌葉尖長紫雲芳大紫千葉樓子葉髣髴天香雖不及寶樓
臺而紫容深迥自是一樣清致耐久而欠清香蓬萊相公以上紫類青心黃花原
一本或正圓如毬或層起成樓子亦異品也狀元紅重葉深紅花其色與鞓紅潛緋相類天姿富貴

天彭人以冠花品金花狀元紅大瓣平頭微紫每瓣上有黃鬚宜陽金絲大紅平頭
不甚大瓣上有金絲毫一名金線紅臙脂樓深淺相間如臙脂染成重疊累萼狀如樓臺倒暈
檀心多葉紅花凡花近萼色深至末漸淺此花自外深色近萼反淺白而深檀點其心尤可愛九蕊
珍珠紅千葉紅花葉上有一點白如珠葉密蹙其蕊九叢添色紅多葉花始開色白經日漸
紅至落乃類深紅此造化之尤巧者雙頭紅並蒂駢萼色尤鮮明養之得地則歲歲皆雙此花之絕異
者也鹿胎紅鶴翎紅子花也色微帶黃上有白點如鹿胎極化工之妙潛溪緋千葉緋花出潛
溪寺本紫花忽于叢中特出緋者一二朶明年移在他枝洛陽謂之轉枝花一捻紅多葉淺紅葉杪
深紅一點如人以二指捻之舊傳貴妃勻面餘脂印花上來歲花開上有指印紅迹帝命今名富貴紅
花葉圓正而厚色若新染他花皆卸獨此抱枝而槁亦花之異者桃紅舞青猊千葉樓子中五
青瓣一名睡綠蟬宜陽玉兎天香青紅胎其花一色銀紅二種一早開頭微小一晚開頭極大中
出二鬚如兒耳蕚綠華千葉樓子大瓣羣花卸後始開每瓣上有綠色一名佛頭青一名鴨蛋青一名

綠蝴蝶得自永寧王宮中

葉底紫 千葉其色如墨亦謂墨紫花在叢中旁必生一大枝引葉覆其上其開比他花可延十日豈造物者亦惜之耶唐末有中官為觀軍容者花出其家亦謂之軍容紫

腰金紫 千葉腰有黃鬚一團

駝褐裘 千葉樓子大辦色類褐衣宜陰

蜜嬌 樹如樗高三四尺葉尖長頗潤厚花五瓣色如蜜蠟中有蕊根檀心 以上間色

大凡紅白者多香紫者香烈而欠清樓子高千葉多者其葉尖岐多而圓厚紅者葉深綠紫者葉黑綠惟白花與淡紅者畧同此花須殷勤照管酌量澆灌仔細培養花若開盛主人必有大喜忌栽宅內天井中

【增】鄞江周氏洛陽牡丹記

勝姚黃靳黃 千葉黃花也有深紫檀心開頭可八九寸許色雖深於姚然精采未易勝也但頻年有花洛人所以貴之出靳氏之圃因姓得名皆在姚黃之前洛人貴之皆不減姚花但鮮潔不及姚而無青心之異焉可以亞姚而居丹州黃之上矣

千心黃 千葉黃花也大率類丹州黃而近瓣碎蕊特盛異於衆花故謂之千心黃

閔黃 千葉黃花也色類甘草黃而無檀心出于閔氏之圃因此得名其品第蓋甘草黃之比歟

女眞黃 千葉淺黃色花也元豐中出于洛陽銀李氏園中李以為異獻于大尹潞公公見心愛之命曰女眞黃其開頭可八九寸許色類丹州黃而微帶紅溫潤勻瑩其狀端整類劉師閣而黃諸名圃皆未有然亦甘草黃之比歟

絲頭黃 千葉黃花也色類丹州黃外有大葉如盤中有碎葉一簇可百餘分碎葉之心有黃絲數十莖聳起而特立高出于花葉之上故目之為絲頭黃唯大黃寺僧房中一本特佳他圃未有也

御袍黃 千葉黃花也色與開頭大率類女眞黃元豐時應天院神御花圃中植山篦數百忽于其中變此一種因目之為御袍黃

狀元紅 千葉深紅花也色類丹砂而淺葉杪微淡近蕚漸深有紫檀心開頭可七八寸其色甚美迥出衆花之上故洛人以狀元呼之惜乎開頭差小于魏花而色深過之遠甚其花出于安國寺張氏家熙寧初方有之俗謂之張八花今流傳諸譜甚盛龍歲有此花又特可貴也

勝魏都勝 勝魏似魏花而微深都勝似魏花而差大葉微帶紫紅色意其種皆魏花所變歟豈寓于紅花本者其子變而為勝魏寓于紫花本者其子變而為都勝耶

瑞雲紅 千葉肉紅花也開頭大尺餘色類魏花微深然碎葉差大不若魏花之繁密也葉杪微卷如雲氣狀故以瑞雲目之然與魏花迭為盛衰魏花多則瑞雲少瑞雲多則魏花少

岳山紅 千葉肉紅花也本出嵩岳因此得名色深于瑞雲淺于狀元紅有紫檀心鮮潔可愛花唇微淡近蕚漸深開頭可八九寸

間金 千葉紅花也微帶紫而類金繫腰開頭可八九寸許葉間有黃蕊故以間金目之其花蕊黃蕊之所變也

金繫腰 千葉黃花也類間金而無蕊每葉上有金線一道橫于半花上故目之為金繫腰其花本出于緱氏山中

九蕚紅 千葉粉紅花也莖葉極高大其苞有青跗九重苞未拆時特異于衆花花開必先青拆數日然後色變紅花葉多皺蹙有類揉草然多不成就偶有成者開頭盈尺

劉師閣 千葉淺紅花也開頭可八九寸許無檀心本出長安劉氏尼之閣下因此得名微帶紅黃色如美人肌肉瑩白溫潤花亦端整然不常開率數年乃一見花耳

洗妝紅 千葉肉紅花也元豐中忽生于銀李圃山篦中大率似壽安而小異劉公伯壽見而愛之謂如美婦人洗去脂粉而見其天眞之肌瑩潔溫潤因命今名其品第蓋壽安劉師閣之比歟

蹙金毬 千葉淺紅花也色類間金而葉杪皺蹙間有黃稜斷續于其間因此得名然不知所出之因今安勝寺及諸園皆有之

探春毬 千葉肉紅花也開時在穀雨前與一百五相次開故曰探春毬其花大率類壽安紅以其開早故得今名

二色紅 千葉紅花也元豐中出于銀李園中于接頭一本上岐分為二色一淺一深深者類間金淺者類瑞雲始以為有兩接頭詳細視之實一本也豈其氣之所鍾而有淺深厚薄之不齊歟大尹潞公見而賞異之因命今名

蹙金樓子 千葉紅花也類金繫腰下有大葉如盤盤中碎葉繁密聳起而圓整特高于衆花碎葉皺蹙互相粘綴中有黃蕊間錯于其間然葉之多雖魏花不及也元豐中生于袁氏之圃

碎金紅 千葉粉紅花也色類間金每葉上有黃點數星如黍粟大故謂之碎金紅

越山紅樓子 千葉粉紅花也本出于會稽不知到洛之因近心有長葉數十片聳起而特立狀類重臺蓮故有樓子之名

彤雲紅 千葉紅花也類狀元紅微帶緋色開頭大者幾盈尺花唇微白近蕚漸深檀心之中皆瑩白類御袍花本出于月波堤之福嚴寺司馬公見而愛之目之為彤雲紅也

紫絲旋心 千葉粉紅花也外有大葉十數重如盤盤中有碎葉白許簇于瓶心之外如旋心芍藥然上有紫粉數十莖高出于碎葉之表故謂之曰紫粉旋心元豐中生于銀李圃中

富貴紅 **不暈紅** **壽妝紅** **玉盤妝** 皆千葉粉紅花

也大率類壽安而有小異富貴紅色差深而帶緋紫色不暈紅次之壽妝紅又次之玉盤妝最淺淡者也大葉微白碎葉粉紅故得玉盤妝之號

雙頭紅 **雙頭紫** 皆千葉花也二花皆並蒂而生如鞍子而不相連屬者也惟應天院神御花圖中有之亦有多葉者蓋地勢有肥瘠故有多葉之變耳培壅得地力有簇五者然開頭愈多則花愈小矣

紫繡毬 千葉紫花也色深而瑩澤葉密而圓整因得繡毬之名然難得見花大率類左紫云但葉杪色白不如左紫之唇白也此之陳州紫袁家紫皆大同而小異耳

安勝紫 紫花也開頭徑尺餘本出于城中千葉安勝院因此得名近歲左紫與繡毬皆難得花唯安勝紫與大宋紫特盛近歲皆有故名圃中傳接甚多

大宋紫 千葉紫花也本出于永寧縣大宋川豪民李氏之圃因謂大宋紫開頭極盛徑尺餘衆花無比其大者其色大率類安勝紫云

順聖 千葉花也色深類陳州紫每葉上有白纈數道自唇至萼紫白相間深淺同開頭可八九寸許熙寧中方有

陳州紫 **袁家紫** 一色花皆千葉大率類紫繡毬而圓整不及也

玉千葉 白花無檀心瑩白如玉溫潤可愛景祐中開于苑上書宅山篦中細葉繁密類魏花而白今傳接于洛中雖多然難得花不歲成千葉也

玉蒸餅 千葉

白花也本出延州及流傳到洛而繁盛過于延州時花頭大于玉千葉杪瑩白近萼微紅開頭可盈尺每至盛開枝多低亦謂之軟條花云

承露紅 多葉紅花也每朵各有二葉每葉之近萼處各成一箇鼓子花樣年自十二箇唯葉杪折展與衆花不同其下玲蘢不相倚著望之如雕鏤可愛凌晨如有甘露盎簡其香盎史繞旋與承露紫大率相類唯其色異耳

玉樓紅 多葉花也色類彤雲紅每葉上有白縷數道若雕鏤者然故以玉樓紅目之

【薛鳳翔亳州牡丹史】

大香一品 圓胎能成樹宜陰其花平頭大葉色如猩血出賈立家子生故一名賈立紅

萬花一品 色若榴寶花房緊密插架層起而色麗明媚有如丹飾浮圖

嬌容三變 初綻紫色及開桃紅經日漸至梅紅至落乃更深紅諸花色久漸褪惟此愈進故曰三變陰處陽處開者各不相類其色之變亦不止于三也歐記中有添色紅疑即其種袁石公記高美蔡三變其本原出方氏

赤朱衣 盧色尊翠得自許州花房齊次前起緊實小巧體態嬈變顏如渥赭凡花于一葉開色有深淺惟此花內外一如流丹近復得奪錦一種大紅深紅浮光變潤尤過于拏翠

覺紅 此花乃蜀僧居亳所種以僧名覺人遂呼為覺紅又謂佛土所產而紅色無出其右

者一名無上紅其胎紅尖花放平頭大葉房亦簇滿約有數層而艷過一品稍恨其單葉時多

大黃 綠胎最宜向陰養之愈久愈妙其花大瓣易開初開微黃垂殘愈黃簪瓶中經宿則色可等秋葵花

小黃 綠胎花之膚理輕纖弱子潤綃開有托擗

瓜瓤黃 質過大黃殊柔膩膚曼但一房不過四五層而近萼處微帶紫故少遜耳

金玉交輝 綠胎長餘其花大瓣黃蕊若貝珠皆出房外層葉最多至殘時開放尚有餘力勝于鋪錦此曹州所出爲第一品

八艷妝 蓋八種花也亳中僅得雲秀妝洛妃妝堯英妝三種雲秀爲最更有綠花一種色如豆綠大葉千層起樓出自鄧氏真爲異品

萬疊雪峰 千葉白花

黃絨鋪錦 此花細葉卷如絨縷下有四五葉差潤連綴承之上有黃鬚布滿若種金粟

銀紅嬌 其花大瓣丰姿綽約如絳雪綾枝

繡衣紅 肉紅胎花閒平頭大葉亦梅紅色花瓣相映渾然有黃氣如琥珀光明徹可鑒以夏侍御所出名繡衣云

軟瓣銀紅 幹長胎圓花瓣若蟬翼輕薄無礙其色等繡衣紅而上之

碧紗籠 出張氏向陽易開頭甚豐盈其色淺紅如秋雲羅帕實丹砂其中望之隱隱綠趺遮護更如翠幕故又名疊翠

新紅嬌艷 花乃梅紅之深重者艷質嬌麗如朝霞藏日光彩陸離又

若新染未乾故名新紅極勝始成千葉尤出一品上綠歲多單葉乃其病也方氏一種新紅繡毬趙氏一種新紅奇觀皆賸色動人然所傳多賸蓋以天香一品亂之

宮錦 此品碎瓣梅紅色開時必依花房滿實方爲大放然後漸成纈暈

花紅繡毬 紅胎圓小花開房緊葉繁周有托瓣易開且早綢繆布邊如疊碎霞命名繡毬者以其形圓聚也

銀紅繡毬 花微小而色輕

楊妃繡毬 **妬嬌紅** 色俱類花紅繡毬而體勢不同

花紅翠盤 紅胎枝上綠葉笮小條亦頗短房外有托瓣深桃紅色綠趺重萼

天機圓錦 青胎開花小而圓滿朱房嵌枝絢如剪綵

銀紅犯 有二種一紅豔過天香一品開花最難一色視一品稍淺易開俱長條大葉圓胎其花紫滿開期最後

飛燕妝 有三種一出方氏長枝長葉此花黃紅一出馬氏者雖深紅起樓遠不及方一出張氏者乃白花類象牙色差勝于馬

飛燕紅妝 一名花紅楊妃細瓣修長得自曹縣方家

海棠紅 喜陽易開綠葉細長常多秋發諸花皆以紅極稱佳獨此品通體金黃兼有紅彩人謂似蠻梗海棠而活色香艷皆過之盛時則房中四五葉參差突出其胎本紅在陰處則綠春來亦復紅也大都花胎多四時變易耳

海棠魂 謂得其神也亦

石氏自許州移至

新銀紅毬　方家銀紅二種色態頗類第樹頭綠葉稍別其色光彩動搖

碎辨無瑕玉　綠胎枝上葉圓宜陽乃白花中之最上乘又一種如芹葉者不及此

青心無瑕玉　豐偉悅人又一種葉幹頗大黃者亦名無瑕玉

梅州紅　性喜陰圓葉圓胎花鮮長短有序踈密合宜色近海棠紅但近萼處梢紫出曹縣王氏別號梅州云

勝嬌容　深紅色最耐殘必一莖有兩胎者如翦其一即不翦亦獨一胎能花花大可五六圍高可六七寸

醉玉環　方顯仁所種乃醉楊妃子花花房倒綴故以醉志之胎體圓綠其花下承五六大葉澗三寸許圍擁周匝如盆盂盛花狀質本白而間以藕色輕紅輕藍相錯成繡其母醉楊妃作深藕色

妬榴紅　胎圓如豆樹葉如菊最易成樹早開應時弟不耐炎日久之色褪

榴花紅　色近榴花

花紅疊萃　尖胎花身魁岸其下大葉五六層腰間襞積細瓣鬈曲碎聚頂上復出一層大葉花在綠樹之顛

秋水妝　肉紅圓胎枝葉秀長其花平頭易開花葉叢萃質本白而內含淺緋外則隱隱叢紅綠之氣夏侍御初得之方氏謂其爽氣侵人如秋水浴洛神遂命今名

老銀紅毬　花本深紅亦有水紅時而邊如施粉中如布朱其胎青紅

楊妃深醉

胎長花質酷似勝嬌容名深醉者謂其色深也

花紅神品　花葉之末色微微入紅漸紅漸黃蓋得自太康

花紅平頭　綠胎其花平頭潤葉色如火羣花中紅而照耀者獨此為冠世傳為曹縣石榴紅韓氏重貴得之邇來幾絕王氏田間藏一本購歸京暑圍但頂少渙散中露櫝心又一種千辦者兩里園有之凡花稱平頭謂其齊如截也

花紅舞青猊　宜陰老銀紅毬子花色亦似之開時結繡從花中抽五六青葉如翠羽雙艷

花紅魁　出張氏

萬花魁　出李氏

西萬花魁　巨麗尤甚方氏別有銀紅魁

絳紗籠　胎小花瓣有紫色一線分其中質紅如蜀

杜鵑紅　短莖綠胎樹葉尖厚花作深梅紅色細葉稠疊緊實如赤玉碎雕而成

大素小素　易開宜陰小素一名劉六白二花平頭房小初開結繡一叢常發數頭如素白樓子玉帶白皎潔更出其上

玉玲瓏

碧玉樓　如瓊樓玉宇

玉簪白　謂白如玉簪花

鸚鵡白　謂類鸚鵡頂上毛

賽羊絨　謂細瓣環曲如絨

白鶴頂　色甚白而鶴頂殷紅取名不類可怪

沈家白

綠珠墜玉樓　長胎花色皚然葉半有綠點如珠其色類佛頭青而體異也

界破玉　此花如白練花瓣中掌一畫如挑紅絲纈宛如約素片片皆同舊品中有桃紅線者乃淺紅花又非此種夏侍御新出一種類界破玉謂之紅線線外微似緋色組

花膏紅　梗胎俱紅其花大葉若膩紫點成光瑩如鏡但微根其花房多散漫耳

鳳尾花紅　尖胎平頭內外葉有數層名鳳尾者以葉似耳

纓葉桃紅　花瓣尖細層層密聚如簇絳緒弟色澤少暗嘉隆間最重之一時並出者更有大葉桃花其花稍不及纓葉

太真曉妝　此花千層小葉花房實滿葉葉相從次第漸高其色微紅而鮮潔如太真淚絹紅冰因其聯開故名曹縣一種名忍濟紅色相近忍濟者王氏齊名

卜寶紅　此花大鮮桃紅花面徑過一尺花之大無過于此亦得自曹州

銀紅錦繡　宜陰花形開法俱似三變其色微紅淺深得宜宛然若繡

烟粉樓　色同魂紅而易開張氏子種花也

賽幕嬌紅　郎縮頂嬌紅長胎柳綠長葉肉其莖短花在葉底其色梅紅起樓如千葉桃別有縮項一種葉單

花紅翦絨　花瓣纖細叢聚紫滿類文穀翦成大都與花紅纓絡同致

花紅纓絡　長枝大葉其花易開疊瓣穠密外衛以五六大片

念奴嬌　有二種俱綠胎能成樹出張氏者深銀紅色大而妓好出韓氏者色桃紅大次之

漢宮春

紅胎硬莖必獨本成樹方歲歲有花花葉直竦而立其色深紅出張氏

墨葵　大瓣平頭

油紅　高聳起樓與墨葵俱明如點漆黑擬松煙最為異色

墨翦絨　碎瓣柔軟

墨繡毬　圓滿緊聚

中秋月　綠胎尖小花房嵯峨瑩白無瑕

琉瓶灑朱　樹葉微圓末房攢密類隔琉璃而盛丹砂微嫌葉單根紫遇千葉時亦自妙品

藕絲平頭　花葉微潤繁可數層又藕絲纏遊好叢生易開而花小又藕絲樓子花大而房垂三種惟平頭為上繡毬次之樓子不逮遠甚

桃花萬卷書　細瓣如弱枝不棠花垂垂向下

喬家西瓜瓤　尖胎枝葉青長宜陽出自曹縣花如瓜中紅肉色類軟瓣銀紅

進宮袍　綠胎易開謂色如宮中所賜茜袍也其體質當以輕絨赤緒目之

嬌紅樓臺　胎莖似上家紅體似花紅繡昆色似宮袍紅而神彩允足銀紅樓臺色有深淺花實真之表裏

倚新妝　綠胎修幹花面盌尺大類辦桃色出自曹縣

合歡嬌　深桃紅色一胎二花托蒂偶並微有大小

轉枝　一莖二花紅白對開記其方向明歲紅白互異其處二花出鄢陵劉水山太守家亳中亦偉有矣鄢陵尚有萬卉含差

醴面嬌　南圖鶴翎紅枝上忽開一花二色紅白中分紅如脂膏白如膩粉時郡大夫嚴公造賞呼為太極圖余因六朝有取紅花

取白雪與兒醻面作光潔之詞乃易其名觀音現白花中微露銀紅舊有觀音面好叢生色深花差大弟平頂而散爲其癡耳非霞胎長花房高峙層層漸起葉在柯端花棲葉下色淺紅醉西紅胎青葉圓大成樹易開色作粉紅勝西施花大盈尺色粉白暈紅又一種香西施色亦相類花中香氣郁烈繡芙蓉與玉芙蓉相類出仝氏添色喜容綠胎柳綠葉宜陽易開花微小有托瓣房以內色深外微暈又一種青葉者名大添色喜容花瓣參差色亦不逮玉樓春雪花大如斗又一種玉樓春老色類鶴翎紅臙脂界粉粉葉朱絲文理交錯金精雪浪白花黃蕊互相照映花瓣微潤而厚硬近蕊猶紫常以此亂黃絨鋪錦玉美人大葉色白如勻粉白蓮花出自許州其中黃心如線寸許儼如蓮蕊珊瑚樓莖短胎長宜陽色如珊瑚蒨膏紅即如膏紅胎紅尖長此品亦梅紅色盛則花葉互峙翕則平頭大火珠綠胎色深紅內外掩映若燃光焰瑩流火齊紅其花畧白內赤太真冠長胎開早花瓣勁健外白內紅倚欄嬌肉紅胎淺桃紅色花頭長大又一種滿池嬌千瓣成樹色澤過之大嬌紅向陽易開色如銀紅嬌弟葉單又一種嬌紅色

如魏紅花微小而難接五雲樓花圓聚如毬稍長開則結繡頂有五旋葉邊有黃綠相間玉樓觀音現花白難開開時如水月樓臺過出塵外花與中秋月小異喬紅有二種皆紅胎色深重近木紅俱出沈氏潔白出朱氏舊有紫玉者花最大白瓣中紛布紅絲盤錯如繡睡鶴仙色淡紅宜陰其大如倚新妝花心出二葉脫紫留朱先紫而後深紅又花紅寶樓臺者亦然醉猩猩沈氏首出之花易開色深紅中微帶檀紫亞于花紅平頭緊密處却勝灑金桃紅黃鬚滿房皆布葉顛點點有度羅如星斗桃紅樓子小葉大紅皆起樓老僧帽一花五葉兩葉相參而立傍兩葉佐之一葉遷其後最下者如陳州紅臙脂紅大紅寶樓臺殿春魁平頭勝天香粉繡毬粉重樓膩粉紅有托瓣勝緋桃茄皮紫紫纓絡白纓絡出嘴白汴城白茄色樓藕色獅子頭縷金衣產自許州房高莖長倖旋綺錯其色紅極無類可方可爲神品之冠花紅獨勝魚鱗小瓣層層相承又一種花紅無徵小葉聚集重樓巍

然色相類亦五陵春奇色映日二花大葉能從樓臺盤鬱鬭艷絨瓣纖細金屋嬌層分碎葉疊疊若樓艷陽嬌小瓣嬌紅嬌白無雙楚素君白屋公卿連城玉皆千層大瓣黃白繡毬玉潤白養玉魁冰清白碧天一色皆碎瓣起樓瑤臺玉露絨葉緊聚雪素葉繁蕊香王家大白大過諸花藕絲霓裳面徑八寸許三春魁多葉桃紅房出樹表銀紅妙品銀紅艷妝銀紅絕唱俱下布數片大葉中間細瑣堆積又一種銀紅上乘大瓣簇滿其色皆如其名采霞綃千層大葉珊瑚鳳頭房開大瓣按原譜全載歐陽修牡丹花釋名陸游天彭牡丹記參用周氏牡丹記薛鳳翔牡丹史其未經採擇者續此

【彙考】【增】〔宋史五行志〕雍熙二年八月刑部尚書宋琪家牡丹三華 〔素問〕清明次五日田鼠化爲鴽牡丹華 〔海記〕隋帝闢地二百里爲西苑詔天下進花卉易州進

二十箱牡丹有頳紅䩄紅飛來紅袁家紅醉顏紅雲紅天外紅一拂黃軟條黃延安黃先春紅顫風嬌等名

【原】〔龍城錄〕洛人宋單父字仲孺善吟詩亦能種藝術凡牡丹變易千種紅白鬭色人不能知其術上皇召至驪山植花萬本色樣各不同賜金千餘兩內人皆呼爲花師亦幻世之絕藝也 〔開元天寶遺事〕初有木芍藥植于沉香亭前其花一日忽開一枝兩頭朝則深紅午則深碧暮則深黃夜則粉白晝夜之間香艷各異帝曰此花木之妖不足訝也 明皇與貴妃幸華清宮因宿酒初醒凭妃子肩同看木芍藥上親折一枝與妃子遞嗅其艷曰不惟萱草忘憂此花香艷尤能醒酒 上賜楊

國忠木芍藥數本植于家國忠以百寶裝飾欄楯雖帝
宮之内不能及也 〔楊妃外傳〕開元中禁中初重木芍
藥即今牡丹也得數本紅紫淺紅通白者上因移植于
興慶池東沉香亭前會花方繁開上乘照夜白妃以步
輦從詔梨園弟子李龜年手捧檀板押衆樂前將欲歌
上曰賞名花對妃子焉用舊樂辭爲遽命龜年持金花
箋宣賜翰林學士李白進清平調辭三章白欣承詔旨
猶苦宿酲未解援筆賦云雲想衣裳花想容春風拂檻
露華濃若非羣玉山頭見會向瑤臺月下逢一枝紅艷
露凝香雲雨巫山枉斷腸借問漢宮誰得似可憐飛燕
倚新妝名花傾國兩相歡長得君王帶笑看解釋春風

無限恨沉香亭北倚闌干龜年捧詞進上命梨園弟子
約畧詞調撫絲竹遂促龜年以歌妃持頗黎七寶盃酌
西凉州葡萄酒笑領歌意甚厚 〔摭異記〕太和開成中
有程修巳者以善畫得進謁會暮春内殿賞牡丹花上
頗好詩因問修巳曰今京邑傳唱牡丹詩誰爲首出修
巳對曰嘗聞公卿間多吟賞中書舍人李正封詩曰國
色朝酣酒天香夜染衣上聞之嗟賞移時笑謂賢妃曰
汝妝鏡臺前飲一紫金盞酒則正封之詩可見矣 〔增〕
國史補長安貴遊尚牡丹三十餘年每春暮車馬若狂
以不就觀爲耻人種以求利一本有直數萬者 〔杜陽
雜編〕穆宗皇帝殿前種千葉牡丹花始開香氣襲人一

朶千葉大而且紅上每覩芳盛嘆曰人間未有自是宮
中每夜即有黃白蛺蝶數萬飛集於花間輝光照耀達
曉方去上令張羅於空中遂得數百於殿内縱嬪御追
捉以爲娛樂遲明視之則皆金玉也其狀工巧無以爲
比而内人爭用絳縷絆其脚以爲首飾夜則光起妝奩
中其後開寶厨覩金錢玉屑之内有蠕蠕者有爲蝶者
宮中方覺焉 文宗於内殿前看牡丹翹足凭欄忽吟
舒元輿牡丹賦云俯者如愁仰者如語含者如咽吟罷
方省元輿辭不覺歎息 〔原〕酉陽雜俎東都尊賢坊田
令宅中門内有紫牡丹成樹發花千朶花盛時每月夜
有小人五六長尺餘遊于花上如此七八年人將掩之

輙失所在 〔增〕酉陽雜俎撿隋朝種植法七十卷中初
不記說牡丹則知隋朝花藥所無也開元末裴士淹爲
郎官奉使幽冀回至汾州衆香寺得白牡丹一窠植於
長安私第天寶中爲都下奇賞至德中馬僕射又得紅
紫二色者移於城中元和初猶少今與戎葵角多少矣
衞公言貞元中牡丹已貴柳渾詩言近來無奈牡丹
何數十千錢買一顆今朝始得分明見也共戎葵較幾
多成式又嘗見衞公圖中有馮紹正雞圖當時已畫牡
丹矣 韓愈侍郎有疎從子姪自江淮來年甚少韓爲
街西假僧院令讀書經旬寺主綱訴其狂率韓遽令歸
且責曰市肆賤類營衣食尚有一長處汝所爲如此竟

作何物姪拜謝徐曰某有一藝恨叔不知因指堦前牡丹曰叔要此花青紫黃赤惟命也韓大奇之遂給所須試之乃豎箔曲尺遮牡丹叢不令人窺掘窠四面深及其根寬容人坐唯賫紫鑛輕粉朱紅旦暮治其根凡七日乃塡坑曰其叔曰恨校遲一月時冬初也牡丹本紫及花發色白紅歷綠每朶有一聯詩字色分明乃是韓出關時詩一韻曰雲橫秦嶺家何在雪擁藍關馬不前十四字韓大驚異姪且辭歸江淮竟不願仕　興唐寺有牡丹一窠元和中著花一千二百朶其色有正暈倒暈淺紅淺紫深紫黃白檀等獨無深紅又有花葉中無抹心者重臺花者其花面徑七八寸　興善寺素師院

牡丹色絕佳元和末一枝花合歡　雲溪友議白樂天初為杭州刺史令訪牡丹花獨開元寺僧惠澄近於京師得之始植於庭闌圍甚密他處未之有也時春景方深惠澄設油幕覆牡丹自此東越分而種之矣會徐凝自富春來不知而先題詩云此花南地知難種慚愧僧閒用意栽海燕解憐頻睥睨胡蜂未識更徘徊虛生芍藥徒勞妬羞殺玫瑰不敢開惟有數苞紅幞在含芳只待舍人來白尋到寺看花命酒同醉而歸　劇談錄朔方節度使李進賢豪侈奉身雅好賓客有中朝宿德常話在名場日失意邊遊進賢接納甚至其後京華相遇時亦造其門屬牡丹盛開因以賞花為名及期而往廳事備陳飲饌宴席之間已非尋常舉杯數巡復引衆賓入內室宇華麗楹柱皆設錦繡列筵甚廣器用皆是黃金堦前有花數叢覆以錦帳妓妾俱服紈綺執絲簧善歌舞者至多客之左右皆有女僕雙鬟者二人所須無不畢至承接之意常日指使者不如芳酒綺肴窮極水陸至於僕乘供給靡不豐盛自午迄於明晨不覩杯盤狼籍　京國花卉之辰尤以牡丹為上至於佛宇道觀游覽者罕不經歷慈恩浴堂院有花兩叢每開及五六百朶繁艷芬馥近少倫比有僧思振常話會昌中朝士數人尋芳徧詣僧室時東廊院有白花可愛相與傾酒而坐因云牡丹之盛蓋亦奇矣然世之所玩者但淺

紅深紫而已竟未識紅之深者院主老僧微笑曰安得無之但諸賢未見爾於是從而詰之經宿不去云上人向來之言當是曾有所覩必希相引寓目春遊之願足矣僧但云曾於他處一逢蓋非輦轂所見及旦求之不已僧方露言曰衆君子好尚如此貧道又安得藏之今欲同看此花但未知不泄于人否朝士作禮而誓云終身不復言僧乃自開一房其間施設幡像有板壁遮以舊幕幕下啓門而入至一院有小堂兩間頗甚華潔軒廡欄檻皆是柏材有殷紅牡丹一窠婆娑幾及千朶初旭纔照露華半晞濃姿半開炫耀心目朝士驚賞留戀及暮而去信宿有權要子弟與親友數人同來入寺至

有花僧院從容良久引僧至曲江閒步將出門令小僕寄安茶笈裹以黃帕于曲江岸藉草而坐忽有弟子奔走而來云有數十人入院掘花禁之不止僧俛首無言唯自吁嘆坐中皆相眄而笑旣而郤歸至寺門見以大畚盛花舁而去取花者謂僧曰竊知貴院舊有名花宅中咸欲一看不敢預告恐難于見捨適所寄籠子中有金三十兩蜀茶二斤以爲酬贈〔淸異錄〕南漢地狹力貧不自揣度有欺四方傲中國之志每見北人盛誇嶺海之强世宗遣使入嶺館接者遺茉莉文其名曰小南强及鋹面縛到闕見洛陽牡丹大駭有縉紳謂曰此名大北勝　諸葛穎精於數晉王廣引爲參軍甚見親重

一日共坐王曰吾臥內牡丹盛開試爲一筭穎布策度一二子曰開七十九朵王入掩戶去左右數之政合其數有二蕊將開故倚欄看傳記伺之不數十行二蕊大發乃出謂穎曰君算得無左乎穎再挑一二子曰過矣乃八十一朵也王告以實盡歡而退　韓弘罷宣武節度歸長安私第有牡丹雜花命劚去之曰吾豈效兒女輩耶當時爲牡丹包羞　洛陽大內臨芳殿莊宗所建殿前有牡丹千餘本如百藥仙人月宮花小黃嬌雪夫人粉奴香蓬萊相公卵心黃御衣紅紫龍杯三雲紫等　〔增〕〔僧仲殊越中牡丹花品序〕越之好尚惟牡丹其絕麗者三十二種始乎郡齋豪家名族梵宇道宮池臺

水榭植之無間來賞花者不問親疏謂之看花局澤國此月多有輕雲微雨謂之養花天　〔南部新書〕長安三月五日看牡丹奔走車馬慈恩寺元果院白牡丹遲半月開故裴兵部璘題詩于佛殿壁上曰長安豪貴惜春殘爭賞先開紫牡丹別有玉杯承露冷無人肯向月中看太和中敬宗自夾城出芙蓉園因幸此寺見所題詩吟玩久之因令宮嬪諷念及暮此詩滿六宮矣〔洞微志〕中軍都虞侯金治所居堂東植牡丹一本著花三百朵其色如血謂之金含稜每瓶子頂上有碎金絲如自然蛺蝶之狀一城以爲殊異　〔原異人錄〕唐高宗宴羣臣賞雙頭牡丹賦詩上官昭容云勢如聯壁友心似臭

蘭人　張茂卿好事園有一樓四圍列植奇花接牡丹於椿樹之杪花盛開時延賓客推樓玩賞　〔事物紀原〕武后詔遊後苑百花俱開牡丹獨遲遂貶於洛陽故洛陽牡丹冠天下是不特芳姿艷質足壓羣葩而勁骨剛心尤高出萬卉安得以富貴一語概之　〔復齋漫錄〕孟蜀時禮部尚書李昊每將牡丹花數枝分遺朋友以興平酥同贈曰俟花凋謝卽以酥煎食之無棄濃艷其風流貴重如此　〔增〕〔王文正遺事〕上於後苑曲宴步于檻中自翦牡丹兩朵召公親戴有中貴人白公言此花昨日上選賜相公已于別叢擇下花請相公躬進公乃取花因酌一巵同獻上大喜引滿以杯示公從臣皆榮焉

盛事美談晁文元公迥在翰林以文章德行爲仁宗
所優異曲宴宜春殿出牡丹百餘盤千葉者纔十餘朶
所賜止親王宰臣眞宗顧文元及錢文禧各賜一朶
墨莊漫錄兩京牡丹聞于天下花盛時太守作萬花會
宴集之所以花爲屏帳至梁棟柱栱悉以竹筒貯水簪
花釘挂舉目皆花也　洛中花工宣和中以藥壅培白
牡丹如玉千葉一百五玉樓春等根下次年花作淺碧
色號歐家碧歲貢禁府價在姚黃上　原聞見錄錢惟
演爲留守始置驛貢洛花識者鄙之　李泰伯攜酒賞
牡丹乘醉取筆蘸酒圖之明晨嗅枝上花皆作酒氣
富鄭公留守西京府園牡丹盛開召文潞公司馬端明

邵康節先生諸人共賞客曰此花有數乎請先生筮之
既畢曰凡若干朶使人數之如先生言及問此花幾時
開盡先生再揲筮良久曰此花盡來日午時坐客皆不
答鄭公因曰來日食後可會于此以驗先生之言次日
食畢花尚無恙洎烹茶之際忽羣馬逸出與客馬相踶
嚙奔花叢中既定花盡毀折于是洛中愈重先生　增
東坡集看牡丹法當在午前過午則離披矣　成都記
彭城牡丹在蜀爲第一故有小洛陽之稱天彭謂之花
州牛心山下謂之花村　原童蒙訓王簡卿嘗赴張無
功鐵牡丹會云衆賓既集一堂寂無所有俄問左右云
香發未答曰已發命捲簾則異香自內出郁然滿座羣

妓以酒肴絲竹次第而至別有名姬十輩皆衣白凡首
飾衣領皆牡丹首戴照殿紅一妓執板奏歌侑觴歌罷
樂作乃退復垂簾談論自如良久香起捲簾如前別十
姬易服與花而出大抵簪白花則衣紫紫花則衣鵝黃
黃花則衣紅如是十杯衣與花凡十易所謳者皆前輩
牡丹名詞酒竟歌樂無慮數百十人列行送客燭光香
霧歌吹雜作客皆恍然如仙遊　康節訪趙郎中與章
子厚同會子厚議論縱横因及洛中牡丹之盛趙曰邵
先生洛人也知花甚詳康節因言洛人以見根撥而知
花之高下者上也見枝葉而知高下者次也見蓓蕾而
知高下者下也如公所說乃知花之下也章默然　增

廣客談吳逸谿名性謯檇李人家貧力學明春秋嘗中
江浙延祐丁巳鄉舉先是所居城廬手植牡丹一本多
年未花是歲前臘月忽作一花顏色鮮美無異暮春時
士大夫相率來觀者其門如市初亦未卜其休咎來秋
八月吳公領鄉薦邦人榮之以爲此花之徵　貴耳集
慈寧殿賞牡丹時椒房受冊三殿極歡上洞達音律自
製曲賜名舞楊花停觴命小臣賦詞俾貴人歌以侑玉
巵爲壽左右皆呼萬歲　乾淳起居注淳熙六年三月
車駕過宮恭請太上太后幸聚景園遂至錦壁賞大花
三面漫坡牡丹約千餘叢各有牙牌金字上張碧油絹
幕又別翦好色樣一千朶安頓花架並是水晶玻瓈天

青汝窑金瓶就中間沉香卓兒一隻安頓白玉碾花商尊約高二尺徑二尺三寸獨插照殿紅十五枝進酒三杯應隨駕宮人內官並賜兩面翠葉滴金牡丹一枝翠葉牡丹沉香柄金絲御書扇各一把〔輟耕錄〕陳隨應宋南渡行宮記云後苑植牡丹扁曰伊洛傳芳 原〔湧幢小品〕青城山有牡丹樹高十丈花甲一週始一作花永樂中適當花開蜀獻王遣使視之取花以回 陸成之宅牡丹一株百餘年矣朵朵茂盛顏色鮮明有李氏者欲得之既移其花朵朵皆面墻強之向人不能也未幾凋殘零落無復前觀 增〔吳寬詩注〕家有牡丹一株花後有二瓣稍張人名鳳尾〔花木考〕宋高宗紹興三

十一年饒州鄱陽縣民家籬竹間生重萼牡丹 正統四年閏二月十六日天香圃牡丹一品變成綠色凡開三朵憲宗畫其形色咏之以詩 崑崙山元陽觀後有牡丹花根株連抱問植者誰曰王仙所遺也 原〔花史〕錫山安氏園牡丹最盛天順中老僕徐奎悶園中嘆聲呪呪誦聽之聲出牡丹中云我等蒙主翁灌溉有年未獲善已來日厄又至奈何羣花咸若哽咽奎叱之乃止翌日主翁邀客攜酒詣圃奎以告客皆異之一惡少獨嗔其妄竟鬪姣且大者折以去 增〔花史〕陳郡謝翱舉進士能十字詩寓居長安昇道里庭中多植牡丹一日有美人年十六七色絕代乘金車來謁翱曰聞此地有

名花故來與君一醉耳卽設饌同歡食復請翱賦詩曰陽臺後會已無期碧樹烟深玉漏遲半夜香風滿庭月花前竟發楚王悲美人亦和云相思無路莫相思風裏花開只片時惆悵金閨却歸處曉鶯啼斷綠楊枝遂揮淚別去不復見〔帝京景物畧〕右安門外草橋其北土近泉居人以種花爲業冬則溫火暄之十月中旬牡丹已進御矣 都城牡丹時無不往觀惠安園者園在嘉興觀西二里堂前牡丹數百畝〔燕都遊覽志〕太傅惠安伯張公園牡丹花時主人製小竹兜以供遊客行花塍中 武清侯別業額曰清華園廣十里園中牡丹多異種以綠蝴蝶爲第一開時足稱花海〔五雜俎〕朝廷

進御常有不時之花然皆藏土窖中四周以火逼之故隆冬時卽有牡丹花計其工力一本至數十金 原〔如皐志〕宋淳熙二年春如皐縣孝里莊園牡丹一本無種自生明年花盛開乃紫牡丹也杭州推官某見花甚愛欲移分一株掘土尺許見一石如劒長二尺題曰此花瓊島飛來種只許人間老眼看遂不敢移以是鄉老誕日値花開時必往宴爲壽李嵩三月八日生自八十看花至一百九歲

集藻〔序〕原 宋歐陽修洛陽牡丹花品序 牡丹出丹州延州東出青州南亦出越州而出洛陽者今爲天下第一雒陽所謂丹州花延州紅青州紅皆彼土之尤杰者然

來洛陽纔得備衆花之一種列第不出三以下不能獨
立與洛花敵而越花以遠罕識不見齒然雖越人亦不
敢自譽以與洛陽爭高下是洛陽者果天下之第一也
洛陽亦有黃芍藥緋桃瑞蓮千葉李紅郁李之類皆不
減他出者而洛陽人不甚惜謂之果子花曰某花某花
至牡丹則不名直曰花其意謂天下眞花獨牡丹其名
之著不假曰牡丹而可知也其愛重之如此說者多言
洛陽居三河間古善地昔周公以尺寸考日出沒則知
寒暑風雨乖與順於此取正此蓋天地之中草木之華
得中和之氣者多故獨與他方異余甚以爲不然夫洛
陽於周所有之土四方入貢道里均乃九州之中在天

地崑崙磅礴之間未必中也又況天地之和氣宜徧被
四方上下不宜限其中以自私夫中與和者有常之氣
其推於物也亦宜爲有常之形物之常者不甚美亦不
甚惡及元氣之病也美惡隔并而不相和故物有極美
與極惡者皆得於氣之偏也花之鍾其美與夫癭木擁
腫之鍾其惡醜好雖異而得分氣之偏病則均洛陽城
圓數十里而諸縣之花莫及城中者出其境則不可植
焉豈又偏氣之美者獨聚此數十里之地乎此又天地
之大不可考也已凡物不常有而爲害乎人者曰災不
常有而徒可怪駭不爲害者曰妖語曰天反時爲災地
反物爲妖此亦草木之妖而萬物之一怪也然比夫癭

木擁腫者竊獨鍾其美而見幸於人在洛陽四見
春天聖九年三月始至洛其至也晚見其晚者明年會
與友人梅聖俞游嵩山少室緱氏嶺石唐山紫雲洞既
還不及見又明年有悼亡之戚不暇見又明年以留守
推官歲滿解去只見其早者是未嘗見其極盛時然目
之所矚已不勝其麗焉余居府中時嘗謁錢思公於雙
桂樓下見一小屏立座後細書字滿其上思公指之曰
欲作花品此是牡丹名凡九十餘種余時不暇讀之然
余所經見而今人多稱者纔三十許種不知思公何從
而得之多也計其餘雖有名而不著未必佳也故今所
錄但取其特著者而次第之

【增】蘇軾牡丹記序熙寧

五年三月二十三日余從太守沈公觀花於吉祥寺僧
守璘之圃圃中花千本其品以百數酒酣樂作州人大
集金槃綵籃以獻於坐者五十有三人飲酒樂甚素不
飲者皆醉自輿臺皁隸皆插花以從觀者數萬人明日
公出所集牡丹記十卷以示客凡牡丹之見於傳記與
栽植培養剝治之方古今詠歌詩賦下至怪奇小說皆
在余既觀花之極盛與州人共游之樂又得觀此書之
精究博備以爲三者皆可紀而公又求余文以冠於篇
蓋此花見重於世三百餘年窮妖極麗以擅天下之觀
美而近歲尤復變態百出務爲新奇以追逐時好者不
可勝紀此草木之智巧便佞者也今公自耆老重德而

余又愚惷迂濶舉世莫與爲比則其於此書無乃皆非其人乎然鹿門子嘗怪宋廣平之爲人意其鐵石心腸而爲梅花賦則清便艷發得南朝徐庾體今以余觀之凡託於椎陋以眩世者又豈足信哉余雖非其人强爲公記之公家書二萬卷博覽强記過事成書非獨牡丹也

〔陸游天彭牡丹花品序〕牡丹在中州洛陽爲第一在蜀天彭爲第一天彭之花皆不詳其所自出土人云曩時永寧院有僧種花最盛俗謂之牡丹院春時賞花者多集於此其後花稍衰人亦不復至崇寧中州民宋氏張氏蔡氏宣和中石子灘楊氏皆嘗買洛中新花以歸自是洛花散於人間花戸始盛皆以接花爲業大家

好事者皆竭其力以養花而天彭之花遂冠兩川今惟三井李氏劉村毋氏城中蘇氏城西李氏花特盛又有餘力治亭館以故最得名至花戸連畛相望莫得而姓氏也天彭三邑皆有花惟城西沙橋上下花尤超絕由沙橋至堋口崇寧之間亦多佳品自城東抵濛陽則絕少矣大抵花品近百種然著者不過四十而紅花最多紫花黃花白花各不過數品碧花一二而已今自狀元紅至歐碧以類次第之所未詳者姑列其名於後以待好事者

〔傳〕〔原〕明李珮姚黃傳 高陽國王諱黃字時重姓姚氏舜八十二代孫先世居諸馮之姚墟舜子商均出娥皇數

傳至中央而王於漢至晉子姓蕃衍富者貴者馨名上苑名園五傳而黃生思本娥皇易姓爲黃重出也黃爲天下正色祖中央也黃美丰姿肌體膩潤拔類絕倫游西京術者相之謂其有一萬八千年富貴楊勉見而奇之曰此皇王之胄奇種也開元初薦爲先春館上賓上以黃先朝富貴勳舊不敢易之命同游沉香亭時曉日倚欄東風拂翠上與黃酣樂見其冶容浥露檀口呼風愛幸特至命李白賦詩美之所謂解釋東風無限恨沉香亭北倚闌干蓋實錄云又召金臺御史紫霞仙官洪狀元佐飲於亭擊羯鼓爲樂黃每飲正色不逃得元吉風其醉而酣變幻萬狀向時如迎背時如訣忻時如語

含時如咽時俯而愁如時仰而悅如時側而跌如而曲之時則折如也凡作止動中規矩識者云豈獨風流冠西洛只疑富貴是東皇金臺御史連章上薦以爲富貴爲衆所宗宜膺爵土遂受封爲高陽郡公娶魏國公女紫英相傳魏本丹朱後名紫者從朱也當時有姚黃魏紫奕葉重華之讖黃出入禁苑紫車翠葆高牙大纛並擬王者安祿山嫉之謂其爲婚同姓上章極論楊勉爲表申解其畧曰舜堯同祖姚祁異姓此堯所以以二女觀舜也况數百代以降聖人易姓遺教彰人耳目于婚奚尤上從勉言置不問壽命黃就封之邪久之衆推戴日深尊爲高陽國王傳國甚遠

記〔增〕宋歐陽修風俗記洛陽之俗大抵好花春時城中無貴賤皆插花雖負擔者亦然花開時士庶競為游遨往往於古寺廢宅有池臺處為市井張幄帟笙歌之聲相聞最盛於月陂堤張家園棠棣坊長壽寺東街與郭令宅至花落乃罷洛陽至東京六驛舊不進花自今徐州李相迪為留守時始進御歲遣牙校一員乘驛馬一日一夕至京師所進不過姚黃魏花三數朶以菜葉實竹籠子藉覆之使馬上不動搖以蠟封花蒂乃數日不落大抵洛人家家有花而少大樹者蓋其不接則不佳春初時洛人於壽安山中斸小栽子賣城中謂之山篦子人家治地為畦塍種之至秋乃接接花工尤著者一

人謂之門園子豪家無不邀之姚黃一接頭直錢五千秋時立券買之至春見花乃歸其直洛人甚惜此花不欲傳有權貴求其接頭者或以湯中蘸殺與之魏花初出時接頭亦直錢五千今尚直一千接時須用社後重陽前過此不堪矣花之木去地五七寸許截之乃接以泥封裹用軟土擁之以蒻葉作庵子罩之不令見風日唯南向留一小戶以達氣至春乃去其覆此接花之法也種花必擇善地盡去舊土以細土用白斂末一斤和之蓋牡丹根甜多引蟲食白斂能殺蟲此種花之法也澆花亦自有時或日未出或日西時九月旬日一澆十月十一月三日二日一澆正月隔日一澆二月一日一

澆此澆花之法也一本發數朶者擇其小者去之只留一二朶謂之打剝懼分其脈也花纔落便翦其枝勿令結子懼其易老也春初既去蒻庵便以棘數枝置花叢上棘氣暖可以辟霜不損花芽他大樹亦然此養花之法也花開漸小於舊者蓋有蠹蟲損之必尋其穴以硫黃簪之其旁又有小穴如鍼孔乃蟲所藏處花工謂之氣窗以大鍼點硫黃末鍼之蟲乃死花復盛此醫花之法也烏賊魚骨用以鍼花樹入其膚花輒死此花之忌也〔周氏洛陽花木記〕余少時聞洛陽花卉之盛甲于天下嘗恨未能盡觀其繁盛妍麗竊有憾焉熙寧中長兄倅絳因自東都謁告往省親三月過洛始得遊精藍

名園賞及牡丹然後信向之所聞為不虛矣會追於官期不得從容游覽元豐四年余蒞官於洛吏事之暇因得博求譜錄得唐李衛公平泉花木記范尚書歐陽參政二譜按名尋討十得見其七八焉然范公所述五十二品可考者纔三十八歐之所錄者二篇而已其敘錢思公雙桂樓下小屏中所錄九十餘種但槩言其略耳至於花之名品則莫得而見焉因以余耳目之所聞見及近世所出新花參校三賢所錄者凡百餘品其亦殫於此乎〔李廌洛陽名園記〕洛陽花甚多種而獨名牡丹曰花凡園皆植牡丹而獨名此曰花園子蓋無他池亭獨有牡丹數十萬本凡城中賴花以生者畢家于此

至花時張幙幄列市肆管絃其中城中士女絕烟火遊之過花時則復為丘墟破垣遺竈相望矣今牡丹歲益滋而姚黃魏紫一枝千錢姚黃無賣者 【原】胡元質牡丹記大中祥符辛亥春府尹任公中正宴客大慈精舍州民王氏獻一合歡牡丹公即命圖之士庶創觀闐咽終日蜀自李唐後未有此花凡圖畫者惟名洛陽僞蜀王氏號其苑曰宣華權相勳臣競起第宅窮極奢麗皆無牡丹惟徐延瓊聞秦州董成村僧院有牡丹一株遂厚以金帛歷三千里取至蜀植于新宅至孟氏于宣華苑廣加栽植名之曰牡丹苑廣政五年牡丹雙開者十黃者白者三紅白相間者四後主宴苑中賞之花至盛

矣有深紅淺紅深紫淺紫淡黃鉅黃潔白正暈倒暈金含稜銀含稜傍枝副搏合歡重臺至五十葉蜀平花散落民間小東門外有張百花李百花之號皆培子分根種以求利每一本或獲數萬錢宋景文公初帥蜀彭州守朱君綽始取彭州園花凡十品以獻公在蜀四年每花時按其名往取彭州送花遂成故事公於十種花尤愛重錦被堆嘗為之賦蓋他圃所無也牡丹之性不利燥濕彭州丘壤既得燥濕之中又土人種蒔偏得法花開有至七百葉面可徑尺以上今品類幾五十種有一種色淡紅枝頭絕大者舍人程公厚倅是州目之為祥雲其花結子可種餘花多取單葉花本以千葉花接之

千葉花來自洛京土人謂之京花單葉時號川花朱彭州牡丹詩有蹄金黠鬢密璋玉鏤跗紅香惜持來遠春憾摘後空之句今西樓花數欄不甚多而彭州所供率下品錢公成大時以錢買之始得名花提刑程公泝頃會歎曰自離洛陽今始見花爾程公故洛陽人也 【增】張邦基陳州牡丹記洛陽牡丹之品見於花譜然未若陳州之盛且多也園戶植花如種黍粟動以頃計政和壬辰春予侍親在郡時園戶牛氏家忽開一枝色如鵞雛而淡其面一尺三四寸高尺許柔葩重疊約千百葉其本姚黃也而於葩英之端有金粉一暈縷之其心紫蕊亦金粉縷之牛氏乃以縷金黃名之以籧篨作棚屋

圍幛復張青帟護之于門首遣人約止遊人人輸千錢乃得入觀十日間其家數百千余亦獲見之郡守聞之欲翦以進於內府衆園戶皆不可曰此花之變易者不可為常他時復來索此品何以應之又欲移其根亦以此為辭乃已明年花開果如舊品矣 【原】陸游天彭風俗記天彭號小西京以其俗好花有京洛之遺風大家至千本花時自太守而下往往即花盛處張飲帟幕車馬歌吹相屬最盛於清明寒食時在寒食前者謂之火前花其開稍大火後花則易落最喜陰晴相半時謂之養花天栽接剔治各有其法謂之弄花其俗有弄花一年看花十日之語故大家例惜花可就觀不敢輕翦蓋

頭花則次年花絶少惟花戶則多植花以謀利雙頭紅初出時一本花取直至三十千祥雲初出亦直七八千今尚兩千州家歲常以花餉諸臺及旁郡蠟蔕筠籃旁午於道余客成都六年歲常得間然不能絶佳淳熙巳酉歲成都帥以善價私售于花戶得數百苞馳騎取之至成都露猶未晞其大徑尺夜宴西樓下爛焰與花相映發影搖酒中繁麗動人嗟乎天彭之花要不可望洛中而其盛已如此使異時復兩京王公將相築園亭以相誇尚余幸得與觀焉其動心盪目又宜何如也

【增】明袁宏道張園看牡丹記四月初四日李長卿邀余及顧升伯湯嘉賓鄭太初出平則門看牡丹主人為惠安

伯張公元善皓髮頳顏伺客甚謹時牡丹繁盛約開五千餘平頭紫大如盤者甚夥西瓜瓤舞青猊之類徧畦有之一種為芙蓉三變尤佳曉起白如珂雪巳後作嫩黃色午間紅暈一點如腮霞花之極妖異者主人自言經營四十餘年精神筋力强半疲於此花每見人間花實即採而歸種之二年芽始茁十五年始花久則變而為異種有蹤跡而樓子者有始常而終冶麗者巳老不復花則芟其枝時殘紅在海棠猶三千餘本中設緋幕絲肉遞作自籬落以至門屏無非牡丹可謂極花之觀最後一空亭甚敞亭周遭皆芍藥密如韭畦墻外有隙地十餘畝種亦如之約以開時復來廿六日偕升伯長卿及友人李本石龍君超丘長孺陶孝若胡仲修十弟寓庸時小修亦自密雲至遂同往觀紅者巳開殘惟空亭周遭數十畝如積雪約十餘萬本是日來者多高戶遂大醉而歸

雜著【增】明夏之臣評亳州牡丹吾亳牡丹年來澆盛嬌容三變猶在季孟之間等此而上有天香一品妬榴紅勝嬌容宮袍紅琉璃貫珠新紅種類不一惟雜紅最後出頗稱難得又有大黃一種輕膩可愛不減三變初開拳曲結銹不甚舒展須大開時方到極妙處為一病耳至如佛頭青為白花第一此時極多無難致大抵紅色以花子紅銀紅桃紅為上如紫色或如木紅則卑卑不

足數矣吾亳土脈頗宜花毋論園丁地主但好事者皆能以子種或就根分移其捷徑者惟取方寸之芽于下品牡丹全根上如法接之當年盛者長一尺餘即著花一二朵二三年轉盛如上三變之類皆以此法接之其種類異者其種子之忽變者也其種類繁者其栽接之捷徑者也此其所以盛也他處好事者目擊千葉大紅即以為至寶不遑深辨而上色上品即吾亳好事之家惟有力者能得之予向于牡丹亦止浮慕近且精其伎倆園丁好事之家窮搜而厚遺之故所得名品頗多草堂數武之地種蒔殆徧率以兩色併作一叢紅白異狀錯綜其間又以平頭紫慶天香先春紅三色插入花叢

間雜而成文章他時盛開爛然若錦點綴春光亦一奇也

佩文齋廣羣芳譜卷第三十二

佩文齋廣羣芳譜卷第三十三

花譜

牡丹二

集藻　賦　增　唐李德裕牡丹賦　余觀前賢之賦草木者多矣靡不言託植之幽深採斸之莫致風景之妍麗追賞之歡愉至於體物良有未盡惟牡丹未有賦者聊以狀之曰青陽既暮鶗鴂已鳴念蘭若之方歇歎桃李之陰成惟翠華之豔爚傾百卉之光英抽翠柯以布素綮紅芳而發榮其始也碧海霄澄驪珠躍出深波曉霽丹梓吐實煥神龍之銜燭皎若木之並日其盛也若紫芝連葉鴛雛比翼奪珠樹之鮮輝掩非烟之奇色倏忽摛錦

紛葩似織其落也明豔未衰紅衣如脫朱草柯折珊瑚枝碎霞既爍而轉妍紅欲消而猶縡爾乃獨含芳意幽怨殘春將獨立而傾國雖不言兮似人觀其露彩猶泫日華初照曈其晨葩情若微笑色雖美而自豔類河汾之窈窕逮乎的皪含景離披向風鉛華春而思蕩蘭澤晚而光融情放縱以自得凝若煥之冶容既而華豔恍惚繁華遽畢驚寶雉之乍廻想江妃而復出望獻璫之玉佩以薇光感懷珮之川悵然如失客顧余曰勿謂淑美難久徂芳不留彼妍華之閱世非人壽之可儔君不見龍驤閈宏池臺御溝堂挹山林峯連翠樓有百歲之芳叢無昔日之通侯豈暇當飛藿之時始嗟零落且欲

同樹萱之意聊自忘憂 原舒元輿牡丹賦并序古人
言花者牡丹未嘗與焉蓋遁乎深山自幽而芳不爲貴
重所知花則何遇焉天后之鄉西河也精舍下有牡丹
其花特異天后歎上苑之有缺因命移植焉由此京國
牡丹日月寖盛今則自禁闥洎官署外延士庶之家瀰
漫如四瀆之流不知其止息之地每暮春之月遨遊之
士如狂焉亦上國繁華之一事也近代文士爲歌詩以
詠其形容未有能賦之者余獨賦之以極其美曰圜玄
瑞精有星而景有雲而卿其光下垂遇物流形草木得
之發爲紅英英之甚紅鍾乎牡丹拔類邁倫國香欺蘭
我研物情次第而觀暮春氣極綠苞如珠清露宵偃韶

光曉驅動蕩支節如解凝結百脈融暢氣不可遏兀然
盛怒如將憤洩淑日披開照耀酷烈美膚膩體萬狀皆
絕赤者如日白者如月淡者如赭殷者如血向者如迎
背者如訣忻者如語含者如咽俯者如愁仰者如悅裛
者如舞側者如跌亞者如醉曲者如折密者如織疎者
如鈌鮮者如濯慘者如別初朧朧而下上炎鱗鱗而重
疊錦衾相覆繡帳連接晴籠晝薰宿露宵裛或的的騰
秀或亭亭露奇或颭然如招或儼然如思或帶風如吟
或泫露如悲或垂然如縋或爛然如披或迎日擁砌或
照影臨池或山雞已馴或威鳳將飛其態萬萬胡可立
辨不窺天府孰得而見乍疑孫武來此教戰其戰謂何

搖搖纖柯玉欄滿風流霞成波歷階重臺萬朵千窠西
子南威洛神湘娥或倚或扶朱顏色酡各衒紅釭爭翬
翠蛾灼灼夭夭逶逶迤迤漢宮三千艷列星河我見其
少孰云其多弄彩呈妍壓景駢肩席發銀燭爐升絳烟
洞府眞人會於羣仙晶熒往來金釭列錢凝睇相看曾
不晤言未及行雨先驚旱蓮公室侯家列之如麻咳唾
萬金買此繁華遑恤終日以言相誇列幄庭中步障開
霞曲廡重梁松篁交加如貯深閨似隔絳紗彷彿息嫣
依稀館娃我來觀之如乘仙槎脈脈不語遲遲日斜九
衢遊人駿馬香車有酒如澠萬坐笙歌一醉是競莫知
其他我按花品此花第一脫落羣類獨占春日其大盈

尺其香滿室葉如翠羽擁抱櫛比蕊如金屑妝飾淑質
玫瑰羞死芍藥自失夭桃斂迹穠李慙出躑躅宵潰木
蘭潛逸朱槿灰心紫薇屈膝皆讓其先敢懷憤嫉煥乎
美乎后土之産物也使其花如此而偉乎何前代寂寞
而不聞今則昌然而大來豈艸木之命亦有時而塞亦
有時而開吾欲問汝曷爲而生哉汝且不言徒留玩以
徘徊 增宋蔡襄季秋牡丹賦并序爽秋涉杪扶欄間
有牡丹舊枿輒吐芳棅亭亭上擢發紅葩一大可徑咫
扶欄當彩翠亭之右亭屹縣閫之西北闘閫直縣堂之
背縣介大江之南蓋漢元朔中江都易王上封其子敢
爲丹陽侯邑于蕪湖此其地歟今爲太平州繁時河間

凌公尹之行再期矣政休賦集又所泝江英游雅故受
署齋代被召將命者憧憧然率道其羈故觴詠之娛相
因無缺及此珍卉馨茂公有異時之貴趣張具高會于
其側所謂彩翠亭者酒三行濟陽蔡杲爵舉而言曰公
走文章聲二紀于茲顚蓯幾華位不過禁省二丞官不
過萬戸長吏而善禦外物屏頗休閑獨以浩博記書稱
道聖明爲事今是花也鞠英和緒揭麗蕭辰時雖後而
且大盛意者公其曰寖亨會才慮將有所售乎昔騷人
取香草美人以娩忠潔之士牡丹者亦其類歟請爲公
賦之其詞曰朔羽南翔建杓西宅霜天一清露草皆白
悲哉轉涼葉于亭皐兮悵穠華之閴寂均百草之不能

秋兮何此花天姿之的的使人觀之若披大暑兮臨清
湘剝層霾兮仰白日厥初槁壞潛春扶欄向夕芳枝舉
以融怡絳蕊局兮鬱壓賓霧宥籠鮮風曉妍麗或中人
香可專國剢紅炬以烘蔭綴彤霞而薦色鬱茀誰語丰
茸自持非倚瑟之神女抑善賦之文姬俯清都而時下
簸晴陽以孤嬉霽灝瀚兮排金扉氣硫碭兮張賓帷霓
瞧熤兮揭朱旗雲曈曨兮披縹衣襛絲尉兮嚬修袂娋
鮮蕚兮伸微辭沛怡愉兮新相知眇悽惻兮送將歸桃
有援兮溪之曲蓮爲媒兮澤之湄羞此物之善遠亶夫
君之後時君不聞佳麗皇州喧繁戚里清蘌迢迢名園
亹亹綺櫳曉兮金鋪聲繡墻明兮雨苔紫廞霞纔歸北

風乍起于是萬蔕駢紅交柯結翠密顫紆餘斜袂憚綺
文鴛搴飛鶴錦橫被瀫蕊攀聯緹裳積委則有姝外玉
人翩翩卿子賓鶵過兮飛電珠幰來兮流水擁翫佳辰
笑語成市彼瓊蕤美英繄葉新蘤羞不得借其餘光矧
標揭乎意氣兮何爲兮江之干地之卑兮歲將闌荆蕪
比兮霜月寒望下苑兮思上蘭嘉本擢兮蟠根盤泊淮
波兮鮮楚山是知元冶一陶昌生萬有無左右先容者
淪乎朽株當匠伯不顧者被之散木譬此花之賦命兮
亦飾暮而葩獨然貴賤反衍禍福倚伏其暮也何遽不
爲貴其獨也庸知不爲福噫化工物情吾以此卜 原
明徐渭牡丹賦何名花之盛美稱洛陽爲無雙東靑州

而南越曾不足以頡頏茲上代之無聞始絕盛乎皇唐
爾其月陂堤上長壽街東張家園裏汾陽宅中當春光
之既和謌亭榭之載營天宇曠霽兮絲遊景物招人而
事起彼公子兮王孫鼞遊龍于流水蓮茲葩而密坐籍
芳草而芊芊感盛年之若斯傷代謝之能幾爾則粉承
日華朱含霧雨翠蔕如翔交柯如拒凌晨併妝對客不
語衛尉出婢子於羅幃鄂君擁翠被于江渚當其百蕊
千芽照耀朱霞綠葉紛紜望之轉睐若儒生之授學列
女樂于絳紗迨夫背戸迎窗上下甍簷二三作隊嬌嬌
愈鮮飛燕進女弟于遠條夫人挾三國而朝天錦瓣重
捲檀心飛屑柔鬚夜殷怒苞曉決宛婥姑之反唇似相

猎而無說則有若盛時合沓諸娣從韓姞以同歸颯顏
凋衰漢主放宮人而憯別風蔫小爽雨委微溫楚妹舞
欲于章臺陳后泣罷于長門亦有細加巨上愼妃橫逼
座之勢紫侍黃側班姬抗同輦之尊或勁而昂婕妤當
逸熊于上殿或翹而望處子窺宋玉于東垠既離以拔
亦競而駢近不極態遠不盡姸大彷彿乎佳麗意所想
而隨存奚拔引之數姝可磬此而殫論
五言古詩【增】唐白居易和錢學士白牡丹城中看花客
旦暮去營營素華人不顧亦占牡丹名閉在深寺中車
馬無來聲惟有錢學士盡日繞叢行憐此皓然質無人
自芳馨衆嫌我獨賞移植在中庭留景夜不暝迎晨曙

先明對之心亦靜虛白相向生唐昌玉蕊花攀玩衆所
爭折來比顏色一種如瑤瓊彼因稀見貴此以多爲輕
始知無正色愛惡隨人情豈惟花獨爾理與人事并君
看入時者紫豔與紅英　秋題牡丹叢花叢白露夕衰
葉凉風朝紅豔久已歇碧芳今亦銷幽人坐相對心事
共蕭條　【原】白居易西明寺牡丹花時憶元九前年題
名處今日看花來一作芸香吏三見牡丹開豈獨花堪
惜方知老暗催何況尋花伴東都去未回詎知紅芳側
春盡思悠哉　買花帝城春欲暮喧喧車馬度共道牡
丹時相隨買花去貴賤無常價酬值看花數灼灼百朶
紅戔戔五束素上張幄幕庇旁織笆籬護水灑復泥封

移來色如故家家習爲俗人人迷不悟有一田舍翁偶
來買花處低頭獨長歎此歎無人諭一叢深色花十戶
中人賦【增】元稹和白樂天秋題牡丹叢敝宅豔山卉
別來長歎息吟君晚叢詠似見摧隤色欲識別後容勤
過晚叢側　永壽寺看牡丹曉入白蓮宮琉璃花界淨
開敷多喻草凌亂被幽徑壓砌錦地鋪當霞日輪映蝶
舞香暫飄蜂牽蕊難正籠處彩雲合露湛紅珠瑩結葉
影自交搖風光不定繁華有時節安得保全盛色見盡
浮榮希君了眞性　李端鮮于少府宅木芍藥謝家能
植藥萬簇相縈倚爛熳綠苔前嬋娟青草裏垂闌復照
戶映竹仍臨水驟雨發芳香迴風舒錦綺孤光雜新故

衆色更重累散碧出疎萼分黃成細蕊遊蜂高更下驚
蝶坐還起玉貌對應慙霞標方不似春陰憐弱蔓夏日
同短晷迴落報衰榮交關紅紫花信可未關詩情詎
能止上客屢移杖幽僧勞凭几初命雖薄劣幸得陪君
子致謝賢主人何庸樹桃李　【原】宋蘇軾雨中看牡丹
霧雨不成點映空疑有無時於花上見的皪走明珠秀
色洗紅粉暗香生雪膚黃昏更蕭索頭重欲相扶　明
日雨當止晨光在松枝清香入花骨肅肅初自持午景
發濃豔一笑當及時依然暮還歛每似惜幽姿　幽姿
不可惜後日東風起酒醒何所見含粉抱靑子千花與
百草共盡無姸鄙未忍汙泥沙牛酥煎落蕊　【增】張耒

與潘仲達淮揚牡丹花盛不如京雒姚黃一枝開衆豔氣如削亭亭風塵裏獨立朝百萼誰知臨老眼得到美葵藿（明李東陽鏡川先生宅賞白牡丹）玉堂天上淸玉版天下白幸從淸切地見此純正色露苞春始凝脂萼曉新坼檀深藹薰心絳淺微近積終焉保貞素不涴脂與澤先生無物玩聊以物自適澹哉君子懷富貴安可易臨軒撫流景愛此不忍摘我亦惜春心逢花作花客先生顧客笑偶此非宿昔客去花未闌嫣然共今夕

七言古詩【增】唐權德輿慈恩寺淸上人院牡丹歌澹蕩韶光三月中牡丹偏自占春風時過寶地尋香徑已見新花出故叢曲水亭西杏園北穠芳深院紅霞色擢秀

全勝珠樹林結根幸在靑蓮域艷蕊仙房次第開含烟洗露照蒼苔龎眉倚杖禪僧起輕翅縈枝舞蝶來獨坐南臺時共美閒行古刹情何已花開一曲奏陽春應爲芬芳比君子

【原】白居易牡丹芳牡丹芳黃金蕊綻紅玉房千片赤英霞爛爛百枝絳點燈煌煌照地初開錦繡段當風不結蘭麝囊仙人琪樹白無色王母蟠桃小不香宿露輕盈泛紫艷朝陽照耀生紅光紅紫二色間深淺向背萬態隨低昂映葉多情隱羞面臥叢無力含醉妝低嬌笑容疑掩口凝思怨人如斷腸穠姿貴彩信奇絕雜卉亂花無比方石竹金錢何細碎芙蓉芍藥苦尋常遂使王公與卿士遊花冠蓋日相望庳車軟轝貴公主香衫細馬豪家郎衛公宅靜閉東院西明寺深開北廊戲蝶雙舞看人久殘鶯一聲春日長共愁日照芳難住仍張帷幕垂陰涼花開花落二十日一城之人皆若狂三代以還文勝質人心重華不務實重華直至牡丹芳其來有漸非今日元和天子憂農桑卹下動天天降祥去年嘉禾生九穗田中寂寞無人至今年瑞麥分兩岐君心獨喜無人知無人知可歎息我願暫求造化力減却牡丹妖艷色少迴卿士愛花心同似吾君憂稼穡

【增】李賀牡丹種曲蓮枝未長秦蘅老走馬馱金劚春草水灌香泥却月盆一夜綠房迎白曉美人醉語園中烟晚華已散蝶又闌梁王老去羅衣在拂袖

風吹蜀國絃歸霞帔拖劉帳昏嫣紅落粉罷承恩檀郎謝女眠何處樓臺月明燕夜語（李咸用遠公亭牡丹）雁門禪客吟春亭牡丹獨逞花中英雙成膩臉偎雲屏百般姿態因風生延年不敢歌傾城朝暮雲雨愁娉婷蕊繁蟻腳粘不行蝶迷蜂醉飛無聲廬山根腳含精靈發妍吐秀叢君庭湓江太守多閒情欄朱繞絳留輕盈潺潺酥醴當風傾平頭奴子啾銀笙紅葩艷艷交童星左文右武憐君榮白銅堤上慙淸明

【原】宋歐陽修洛陽牡丹圖洛陽地脈花最宜牡丹尤爲天下奇我昔所記數十種于今十年半忘之開圖若見故人面其間數種昔未窺客言近歲花特異往往變出呈新枝洛人驚

誇立名字買種不復論家貲比新較舊難優劣爭先擅價各一時當時絕品可數者魏紅窈窕姚黃肥壽安細葉開尚少朱砂玉版人未知傳聞千葉昔未有只從左紫名初馳四十年間花百變最後最好潛溪緋今花雖新我未識未信與舊誰妍媸當時所見已云絕豈有更好此可疑古稱天下無正色似恐世好隨時移鞓紅鶴翎豈不美斂色如避新來姬何況遠說蘇與賀有類後世誇嬙施造化無情疑一槩偏此著意何其私又疑人心愈巧偽天欲鬬巧窮精微不然元化樸散久豈特近歲尤澆漓爭新鬬麗若不已更後百載知何為但令新花日愈好惟有我老年年哀 【增】歐陽修謝觀文王尚

書惠西京牡丹 京師輕薄兒意氣多豪俠爭誇朱顏事年少肯慰白髮將花插尚書好事與俗殊憐我霜毛苦蕭颯贈以洛陽花滿盤鬬麗爭奇紅紫雜兩京相去五百里幾日馳來足何捷紫檀金粉香未吐綠蕚紅苞露猶浥謂我嘗為洛陽客頗向此花曾涉獵憶昔進士初登科始事相公沿吏牒河南官屬盡賢俊洛城池籞相連接我時年纔二十餘每到花開如蛺蝶姚黃魏紫腰帶鞓潑墨齊頭藏綠葉鶴翎添色又其次此外雖妍猶婢妾爾來不覺三十年歲月纔如熟羊胛無情草木不改色多難人生自摧拉見花了了雖舊識感物依依幾抆睫念昔逢花必沽酒起坐驩呼屢傾榼而今得酒復

何為愛花繞之空百匝心衰力懶難勉强與昔一何殊勇怯感公意厚不知報墨筆淋漓口徒囁 梅聖俞牡丹 洛陽牡丹名品多自謂天下無能過及來江南花亦好絳紫淺紅如舞娥竹陰水照增顏色春服貼妥裁輕羅時結遊朋去尋玩香吹酒面生紅波粉英不忿付狂蝶白髮强插成悲歌明年更開余已去風雨摧殘可奈何 韓欽聖問西洛牡丹之盛 韓君問我洛陽花爭新較舊無窮已今年誇好方絕倫明年好更還相比君疑造化特著意果乃區區可羞恥嘗聞都邑有勝意既不鍾人必鍾此由是其中立品名紅紫葉繁矜色美萌芽始見長蒿萊氣焰旋看壓桃李乃知得地偶增異遂出

羣葩號奇偉亦如廣陵多芍藥閭井荒殘無可齒淮山邃秀付草樹不產髦英產佳卉人於天地亦一物固與萬類同生死天意無私任自然損益推遷定有彼彼盛此衰皆一時豈關覆幬為偏委呼兒持紙書此說為我緘之報韓子 【原】蘇軾惜花 吉祥寺中錦千堆前年買花真盛哉道人勸我清明來腰鼓百面如春雷打徹涼州花自開沙河塘上戴花回醉倒不覺吳兒咍豈知如今雙鬢催城西古寺沒蒿萊有僧閉門手自栽千枝萬葉巧剪裁就中一叢何所似碼碯盤盛金縷杯而我食菜方清齋對花不飲花應猜夜來雨雹如李梅紅殘綠暗吁可哀 楊萬里題周益公天香堂牡丹 君不見沉

香亭北專東風謫仙作頌天無功又不見君王殿後春第一領袖衆芳捧堯日此花同春轉化鈞一風一雨萬物春十分整頓春光了收黃拾紫歸江表天香染就山霓裳餘芬却染水雲鄉青原白鷺萬松竹被渠染作天上香人間何曾識姚魏相公新移洛陽裔呼酒先招野客看不醉花前爲誰醉 增〔元張養浩毛良卿送牡丹〕三年野處雲水俱逢春未始襟顔舒故人持贈木芍藥慰我意重明月珠入門神彩射人倒荒邨爭看傾城姝急呼瓶水浴紅翠明窗淨几相依於自言私第惟此本每開號轂窮朝晡樹高丈許花數十紫雲滿院春扶疎栽培直謂天上種熏染不類人間株有時風蕩香四出

舉國皆若蘭爲裾貧家蔀屋僅數椽照耀無異華堂居天葩如此忍輕負轉首夢斷巫山孤明當灑掃遲梟鳥未審官蹤荒寒無余聞感德良勤劬久習懶散倦世途深藏非是德公傲索居莫陋儀曹愚禁廚一臠味已得類推因可知其餘君持詩去爲花誦蜂蝶應亦相歡娛〔宋裴朝元宮白牡丹〕瑤圃廊落昆崙高霓旌豹節凌旋飈東門偷種來塵囂開雲鏤月百千瓣雪痕冰暈辭鏤瑚重臺複榭玉版白濕露擁出青霞嬌瓊娥愛春受春足香腴酥膩愁風消人間洛陽紅紫妖紫霞艷灩吹泰簫青鸞望極何當招 原〔明桑悅白牡丹〕一春無計消繁華坐香傍色餐流霞妖桃穠李俱小器指目晚看

花大家素質盈盈美無度何年摘下瑤臺路精神飛入銀河篇體態都歸洛神賦神樂觀主容臺卿空花壓眼真無情吾儕放浪爲無事東風斗酒消春晴曾聞二本歸天上幾度重瞳轉相向內園點綴黃金屋禁苑安排紫絲帳揭來此種留人間託根洞府非塵寰隨時窮達花不識天遊何必乘青鸞萬事到頭俱瑣瑣大觀萬物皆無我半醉題詩謝主人名花可鑄傳千古〔沈周吳瑞卿染墨牡丹〕雨晴風晴日杲杲趁此看花花更好澆紅要盡三百觴請客不須辭量小野僧栽花要客到急掃風軒破清曉知渠色相本來空未必眞成被花惱吳生又與花傳神紙上生涯春不老青春展卷無時無姚

家魏家何足道〔唐順之同院僚觀閣中牡丹作〕西掖衡連翡翠城籠烟裊霧百花明祇謂紫薇方吐萼忽言紅藥已敷英紅藥葳蕤艷盛陽萬年春色在文昌寧同鄴下芙蓉苑詎比洛陽桃李場裁成異瓣千般錦繡就同心一樣黃金閣披時渾是畫綺樓凝處并疑妝濯枝故向鳳池上裊露偏依仙掌傍仙掌嶙峋對鳳池詞郎侍直鷺鴛齊玲瓏玉佩花間映飄曳羅衫葉下迷花間葉下情無極含笑含嬌似相識羞將雞舌鬭馨香欲取雞冠並顏色翠幙分看態轉新朱闌斜倚不勝春未採孫根助靈液聊持芳蕊贈佳人〔王世貞季園賞白牡丹〕三月一出遊季園千奇萬麗攢爛斕紛紛紅紫盡辟

易中有一株白牡丹初疑龍池宴罷舞雙成盤又似洗頭盆暫卸天女冠姑射寒生雪膚粟藐儀風細霓裳單河宗攻玉作成斗鮻室淚珠叢作團優鉢曇名亦浪語璚花么麽何足觀太眞霞臉帶醉色覩此亦學江妃酸舉觴酬李郎化工在手汝不難得非揚州觀頭逢七七又何必善和坊裏延端端郎使宋入琢此瓣百歲那得兹花看老夫久寂寞爲爾暫爲歡再進金叵羅屬客莫留殘日落不落天闌干欲去不去心盤桓皎然秀色轉可餐他年倘許蕊珠會別跨長螭勝紫鸞 增陸師道昌公房看牡丹歌嘗聞樂府牡丹芳春來一城人若狂我今日日被花惱男乃花淫如洛陽吳中三月花如綺

百品千名鬭奇靡名園往往平泉莊禪宮處處西明寺我今曳杖登武丘昌公精舍花枝柔動如迎笑靜若醉頰白腮紅名玉樓此花初移得春淺六寸圓開天女面對花一飲三百杯醉裏題詩寫花片沈家白花涅不淄三花相亞玉交枝何郎膩粉拭香汗虢國新妝淡掃眉主人開筵浮大白爲花傳神贈賓客輕綃颯颯欲飄香琪樹盈盈轉生色酣酒爲言興未已邀看石佛千頭紫衣色相鮮繡佛前天芬似入衹林裏初來一朶如傾杯坐久數花相次開花神好客向客笑不用臨風羯鼓催三日看花花轉靚未似潘園稱最盛中庭一樹丈五高碧瓦雕簷錦叢映西齋亦是玉樓春數之二百花色勻壽安紅與細葉紫更有異種誇東鄰越羅蜀錦看不足艷裏明妝貯金屋身如遊蜂繞花戲月明還向花房宿也知天意自憐人但令到處花枝新況逢晴景與佳侶狂吟爛醉今經旬人生歡樂能幾許百病千愁更風雨安得年年似此遊作歌且紀千花譜

五言律詩

御製詠各種牡丹晨葩吐禁苑花蒔就新晴玉版參仙蕊金絲雜綠英色含潑墨發氣逐彩雲生莫訝淸平調天香自有情

原唐王建題所賃宅牡丹花賃宅得花饒初開恐是妖粉光深紫膩肉色退紅嬌且願風留著惟愁日炙燋可

憐零落蕊收取作香燒 李商隱僧院牡丹葉薄風才倚枝輕霧不勝開先如避客色淺爲依僧粉壁正蕩水緗幃初卷燈傾城唯待笑要裂幾多繒 增溫庭筠牡丹輕陰隔翠幃宿雨泣晴暉醉後佳期在歌餘舊意非蝶繁輕粉住蜂重抱香歸莫惜熏爐夜因風到舞衣韓琮詠牡丹未開者殘花何處藏盡在牡丹房嫩蕊包金粉重葩結繡囊雲凝巫峽夢簾閉景陽妝應恨年華促遲遲待日長 李咸用牡丹少見南人識識來嗟復驚始知春有色不信爾無情恐是天地媚暫隨雲雨生緣何絕尤物更可比妍明 王貞白白牡丹穀雨洗纖素裁爲白牡丹異香開玉合輕粉泥銀盤時貯露華濕

背傾月魄寒佳人淡妝罷無語倚朱欄〔裴説牡丹〕數
朶欲傾城安同桃李榮未曾貧處見不似地中生此物
疑無價當春獨有名遊蜂與蝴蝶來往自多情 原〔宋
梅堯臣延義閣牡丹〕花中第一品天上見應難近署多
紅藥層城有尉千生雖由地勢開不許人看天子何時
賞宮娥捧玉盤〔范鎮牡丹〕自古成都勝開花不似今
徑圍三尺大顏色幾重深未放香噴雪仍藏蕊散金要
知空相論聊見主人心 增〔韓絳次韻〕徑尺千餘朶矜
誇古復今錦城春物異粉面瑞雲深賞愛難忘酒珍奇
不貴金應知空色理夢幻即惟心〔韓維次韻〕勝事常
歸蜀奇葩又驗今仙冠裁様巧彩筆費功深白豈容拖

粉紅須陋間金不嗟珍賞異千里見君心 原〔范純仁
次韻牡丹〕開蜀國盈尺豈如今妍麗色殊衆栽培功倍
深矜誇傳萬里圖寫費千金難就朱闌賞徒搖遠客心
〔元王惲和仲常牡丹詩〕漢殿承恩早金盤薦露新色
酣中省樂香重錦窠春儘殿羣芳後誰辭載酒頻清如
司馬相也作插花人〔曹伯啓陪馬克修治書謁天游
孫眞人方丈堦前牡丹盛開戹酒同玩座中范捉黙索
詩〕拉友尋佳致琳宮引興長服膺思酒聖拭目待花王
逝水年華急行雲世態忙無因駐清景春色又斜陽
原〔明桑悅牡丹〕尤物開何晚餘香貯小亭繁華愁日暮
富貴自天成花合隋時寵根疑宋末生拂衣尋古色犀

角老松青〔申時行適適圃牡丹亭〕洛中移小景亭北
倚新妝題處皆名品開時正艷陽露凝酣酒色風度返
魂香解道稱姚魏繁華壓衆芳〔眭石詠牡丹〕繡幄擁
花王穠姿鬬艷陽枝枝承日彩片片引天香托植依餘
地含清逐後行獨憐春殿裏歌舞侍鸞觴
七言律詩 增〔唐韓愈戲題牡丹〕幸自同開俱隱約何須
相倚鬬輕盈凌晨并作新妝面對客偏含不語情雙燕
無機還拂掠遊蜂多思正經營長年是事皆拋盡今日
欄邊暫眼明 原〔李商隱牡丹〕錦幃初卷衛夫人繡被
猶堆越鄂君垂手亂翻雕玉珮折腰爭舞鬱金裙石家
蠟燭何曾剪荀令香爐可待熏我是夢中傳彩筆欲書

花葉寄朝雲 增〔李商隱回中牡丹爲雨所敗二首〕下
苑他年未可追西州今日忽相期水亭暮雨寒猶在羅
薦春香暖不知舞蝶殷勤收落蕊佳人惆悵臥空幃章
臺街裏芳菲伴且問宮腰損幾枝　浪笑榴花不及春
先期零落更愁人玉盤迸淚傷心數錦瑟驚絃破夢頻
萬里重陰非舊圃一年生意屬流塵前溪舞罷君回顧
并覺今朝粉態新〔溫庭筠牡丹〕水漾晴紅壓疊波曉
來金粉覆庭莎裁成艷思偏應巧分得春光最數多欲
綻似含雙靨笑正繁疑有一聲歌華堂客散簾垂地想
凭闌干歛翠蛾〔方干牡丹〕借問庭前早晚栽座中疑
是畫屏開花分淺淺臙脂臉葉墮殷殷膩粉腮紅砌不

須誇芍藥白蘋何用遲重臺殷勤爲報看花客莫學遊
蜂日日來　不逢盛暑不衝寒種子成叢用法難醉眼
莫爲抛去得狂心更擬折來看凌霜烈火吹無焰裛露
陰霞曬不乾莫道嬌紅怕風雨經時猶自未凋殘　原
韓琮牡丹桃時杏日不爭濃葉帳陰成始放紅曉艷遠
分金掌露暮香深惹玉堂風名遺蘭杜千年後貴擅聲
歌百醉中如夢如仙忽零落暮霞何處綠屏空　增李
山甫牡丹邀勸春風不早開衆芳飄後上樓臺數苞仙
艷火中出一片異香天上來曉露精神妖欲動暮烟情
態恨成堆知君也解相輕薄斜凭闌干首重迴　薛能
牡丹去年零落暮春時淚濕紅箋怨別詩常恐便同巫

峽散何因重有武陵期傳情每向馨香得不語還應彼
此知見欲闌邊安枕席夜深閒共說相思　牡丹愁爲
牡丹饑自惜多情欲瘦羸濃艷冷香初蓋後好花甘兩
正開時吟蜂徧坐無閒蕊醉客曾偷有折枝京國別來
誰占玩此花光景屬吾詩　秦韜玉牡丹折妖放艷有
誰催疑就山中旋折來圖把一春皆占斷故留三月始
教開壓枝金蕊香如撲逐朶檀心巧勝裁好是酒闌絲
竹罷倚風含笑向樓臺　唐彥謙牡丹真宰多情巧思
新故將能事送殘春爲雲爲雨徒虛語傾國傾城不在
人開日綺霞應失色落時青帝合傷神嫦娥婺女曾相
送留下鵶黃作蕊塵　吳融紅白牡丹不必繁絃不必

歌靜中相對更情多殷鮮一半霞分綺潔澈傍邊月颭
波看久願成莊叟夢惜留須倩魯陽戈重來應共今來
別風墮香殘襯綠莎　僧院白牡丹二首膩若裁雲薄
綴霜春殘獨自殿羣芳梅妝向日霏霏暖紈扇搖風閃
閃光月魄照來空見影露華凝後更多香天生潔白宜
清淨何必殷紅映洞房　侯家萬朶簇霞丹若並雙林
素艷難合影只應天際月分香多是畹中蘭雖饒百卉
爭先發還在三春向後殘想得惠休凭此檻肯將榮落
意來看　殷文圭趙侍郎宅看紅白牡丹因寄楊狀頭
贊圖遲開都爲讓羣芳貴地栽成對玉堂紅艷裛烟疑
欲語素華映月祗聞香剪裁偏得東風意淡薄如矜西

子妝雅稱花中爲首冠年年長占斷春光　李建勳晚
春送牡丹攜觴邀客繞朱欄腸斷殘春送牡丹風雨數
來留不得離披將謝忍重看氛氳蘭麝香初減零落雲
霞色漸乾借問少年能幾許不須推酒壓杯盤　殘牡
丹腸斷題詩如執別芳茵愁更繞閑鋪風飄金蕊看全
落露滴檀英又暫蘇失意婕妤妝漸薄背身妃子病教
扶迴看池館春歸也又是迢迢看畫圖　李中柴司徒
宅牡丹暮春闌檻有佳期公子開顏乍拆時翠幄密籠
鶯未識好香難掩蝶先知願陪妓女爭調樂欲賞賓朋
預課詩只恐卻隨雲雨去隔年還是動相思　張蠙觀
江南牡丹北地花開南地風寄根還與客心同羣芳盡

怯千般態幾醉能消一番紅舉世祇將華勝實眞禪原
喻色爲空近年明主思王道不許移栽滿六宮　【原】〈羅
隱牡丹〉似共東風別有因絳羅高捲不勝春若教解語
應傾國任是無情亦動人芍藥與君爲近侍芙蓉何處
避芳塵可憐韓令功成後辜負穠華過此身　【增】〈徐夤
牡丹〉萬萬花中第一流殘霞輕染嫩銀甌能狂紫陌千
金子也惑朱門萬戶侯朝日照開攜酒看暮風吹落繞
闌收詩書滿架塵埃撲盡日無人略舉頭　〈尚書座上
賦牡丹花其花自越中移植〉流蘇凝作瑞花精仙閣開
時麗日晴霜月冷銷銀燭焰寶甌圓印彩雲英嬌含嫩
臉春妝薄紅蘂香銷艷色輕早晚有人天上去寄他將

贈董雙成　〈依韻和尚書再贈牡丹花〉爛銀基地薄紅
妝羞殺千花百卉芳紫陌昔曾遊寺看朱門今再遶闌
望龍分夜雨資嬌態天與春風發好香多著黃金何處
買輕橈搖過鏡湖光　〈白牡丹〉蓓蕾抽開素練囊瓊葩
薰出白龍香裁分楚女朝雲片翦破姮娥夜月光雪句
豈須徵柳絮粉腮應恨貼梅妝檻邊幾笑東籬菊冷折
金風待降霜　〈憶牡丹〉綠樹多和雪霰栽長安一別十
年來王孫買得價偏重桃李落殘花始開宋玉鄰邊腮
正嫩文君爐畔錦初裁滄洲春夢空腸斷看盡猶將勸
酒杯　〈惜牡丹〉今日狂風揭錦筵預愁吹落夕陽天閒
看紅艷只須醉漫惜黃金豈是賢南國好偷誇粉態漢

宮宜摘贈神仙良時誰作鶯花主白馬王孫恰少年
劉兼〈再看光福寺牡丹〉去年曾看牡丹花蛺蝶迎人傍
綵霞今日再遊光福寺春風吹我入仙家當筵芬馥歌
唇動倚檻嬌羞醉眼斜來歲未朝京闕去依前和露載
歸衙　〈釋歸仁牡丹〉三春堪惜牡丹奇半倚朱闌欲綻
時天下更無花勝此人間偏得貴相宜偷香墨蟻斜穿
葉窺蝶黃鶯倒挂枝除却解禪心不動算應狂殺五陵
兒　【原】〈魚玄機賣殘牡丹〉臨風興歎落花頻芳意潛消
又一春應爲價高人不問却緣香甚蝶難親紅英只稱
生宮裏翠葉那堪染露塵及至移根上林苑王孫方恨
買無因　【增】〈宋寇準應制賦牡丹〉栽培終得近天家獨

有芳名出衆花香遙腰風飄御座葉籠輕靄襯明霞縱
吟宜把紅牋擘留賞惟張翠幄遮深覺侍臣千載幸許
隨仙仗看穠華　〈韓琦晝錦堂賞牡丹〉從來三月賞芳
妍開晚今逢首夏天料得東君私此老且留西子久當
筵柳絲偷學傷春緒榆莢爭飛買笑錢我是至和親植
者雨中相見似潸然　〈再賞牡丹〉錦堂重賞牡丹紅不
惜殘英數日空嘉艷豈無來歲好清歡難得故人同誰
言山下曾爲雨只恐身輕去逐風且共對花開口笑莫
持姚左較雌雄　〈趙抃禁省牡丹〉枝文春殿翁天闕內
蘂千葩放牡丹風捲異香來幕落日披濃艷出闌干芳
菲壽向禁中見憔悴憶曾江外看翦賜從臣君意重數

枝和露入金盤　胡宿憶薦福寺牡丹十日春風隔翠
岑祇應繁朶月成陰樽前可要人頹玉樹底遙知地側
金花界三千春渺渺銅槃十二夜沉沉雕盤分篸何由
得空作西州擁鼻吟　蔡襄陪提刑郎中吉祥院看牡
丹節候初臨穀雨期滿天風日助芳菲生來已占妙香
國開處全烘直指衣攬照儘教烏帽重放歌須遣羽觴
飛前騶不用傳呼急待與遊人一路歸　蘇軾常潤道
中有懷錢塘寄述古國色天嬈酒半酣去年同賞寄僧
檐但云撲撲晴香軟誰見森森曉態嚴穀雨共驚無幾
日蜜蜂未許輒先甜應須火急回征棹一片辭枝可得
黏　杭州牡丹開時周令作詩見寄次其韻羞歸應爲

負花期已見成陰結子時與物寡情憐我老遺春無恨
賴君詩玉臺不見朝酣酒金縷猶歌空折枝從此年年
定相見欲師老圃問樊遲　朱長文淮南牡丹奇姿須
賴接花工未必妖華限洛中應是春皇偏與色却教仙
女媿乘風朱欄共約他年賞翠幙休嗟數日空誰就東
吳爲品第清晨仔細閱芳叢　陸游牡丹吾國名花天
下知園林盡日斂朱扉蝶穿密葉常相失蜂戀繁香不
記歸欲過每愁風蕩漾半開却要雨霏微良辰樂事眞
當勉莫遣匆匆一片飛　原　楊萬里謝張公父送牡丹
病眼看書痛不勝洛花千朶喚雙明淺紅釅紫各深様
雪白鵝黄非舊名擡舉精神微雨過留連消息嫩寒生

蠟封水養松窗底未似雕欄倚半酲　詠重臺九心淡
紫牡丹　紫玉盤盛碎紫綃碎綃擁出九嬌嬈都將些子
鬱金粉亂點中央花片梢葉葉鮮明還互照亭亭丰韻
不勝妖折來細雨輕寒裏正是東風拆半苞　增　楊萬
里賦周益公平園白花青緣牡丹　東皇封作萬花王更
賜珍華出上方白玉杯將青玉緣碧羅領襯翠羅裳古
來洛口元無種今去天心別作香塗改歐家記文看此
花未出說姚黄　立春檢牡丹　牡丹又欲試春妝忙得
閒人也作忙新舊年頭將替换去留花眼費商量東風
從我袖中出小蕊已含天上香只道開時恐腸斷未開
先自斷人腸　春半雨寒牡丹殊無消息今歲芳菲儘

未忙去年二月牡丹香寒暄不足春光晚榮落儘遲花
命長纔一兩朝晴姟野又三四陣雨鳴廊對江魏紫拳
如蕨而况姚家進御黄　金　蔡珪和彦及牡丹時方北
趨薊門情見乎辭舊年京國賞春濃千朶曾開共一叢
好事祗今歸北圃知音誰與醉東風臨觴笑我官程遠
賦物輸君句法工却笑燕城花更晚直應趁得馬家紅
郝俣應制狀元紅　仙苑奇葩別曉叢緋衣香拂御爐
風巧移傾國無雙艷應費司花第一功天上異恩深雨
露世間凡卉謾鉛紅情知不逐春歸去常在君王顧眄
中　劉仲尹西溪牡丹爲雲爲雨定成虛醉臉籠嬌試
粉初舉國春風避姚魏換胎天質到黄徐百年金谷憑

闌袖三月揚州載酒車我欲禪房淨餘習湖灘枕石看游魚〔黨懷英應制粉紅雙頭牡丹〕卿雲分瑞雨嫣然鏡裏妝成穀雨天曉日倚闌開姊艷春風拾翠偶駢肩水南水北何曾見桃葉桃根本自仙夢想沉香亭北檻路修花譜記芳妍　春意應嫌芍藥遲一枝分秀伴雙鞋並肩翠袖初酣酒對鏡紅妝欲鬬奇上苑風烟工獻巧中天雨露本無私更看散作人間瑞萬里黃雲麥兩岐〔趙秉文五月牡丹應制〕好事天工養露芽陽和趁及六龍車天香護日迎朱輦國色留春待翠華穀雨曾沾青帝澤熏風又捲赤城霞金盤薦瑞休嗟晚猶是人間第一花〔元好問紫牡丹〕金粉輕黏蝶翅勻丹砂濃

抹鶴翎新儘饒姚魏知名早未放徐黃下筆親映日定應殊有淚凌波長恐襪生塵如何借得司花手偏與人間作好春　天上真妃玉鏡臺醉中遺下紫霞杯已從香國偏薰染更怕花神巧翦裁微度縴熏時約略驚移鸞影却低回洗妝正要春風句寄謝詩人莫浪來〔元吳澄次韻楊司業牡丹〕誰是舊時姚魏家喜從官舍得奇葩風前月下妖嬈態天上人間富貴花化魄他年鎖子骨點唇何處箭頭砂後庭玉樹閒歌曲羞殺陳宮說麗華　公詩態度靄祥雲綺語天香一樣新看葉雕鎪空費力揚花輕薄不勝春老成此日名園主俊乂同時上國賓樂事賞心涵造化撥根未遂洛中人〔袁桷單

臺牡丹〕暖風吹雨佐花開送我灤陽第四回內院賜曾傳側帶江南畫不數重臺廻黃抱紫傳真訣媲白抽青陋小才自是妖紅居第一他年折桂莫驚猜〔虞集謝吳宗師送牡丹〕輕風紫陌少塵沙忽見金盤送好花雲氣自隨仙掌動天香不許世人誇青春有態當窗近白髮多情插帽斜最愛尚書才思別解吟蝴蝶出東家〔貢師泰吳景文居牡丹〕韶光天遣屬君家猶是東京第一花金鼎夜寒團絳雪錦機春暖簇紅霞倚風忽作纏頭舞避日還將便面遮遮莫闌干同醉倚却憐孤客鬢先華〔李孝光牡丹〕富貴風流拔等倫百花低首拜芳塵畫欄繡幄圍紅玉雲錦霞裳踏翠裀天上有香能蓋

世國中無色可為鄰名花也自難培植合費天公萬斛春〔胡天游牡丹〕相逢盡道看花歸慚愧尋芳獨後時北海已傾新釀酒東風猶鏁半開枝掃空紅紫真無敵看到雲仍未可知但願倚闌人不老為公長賦謫仙詩〔吳志淳和李別駕賞牡丹〕絳羅密幄護風沙莫遣牛酥汙落花蝶夢不知春已暮鶴翎還似暖生霞詩呈金字懷仙客手印紅脂出內家獨羨沉香李供奉清平一曲度部華〔明錢洪賞牡丹〕國色天香映畫堂荼蘼芍藥避芬芳日熏絳幄春酣酒露洗金盤曉試妝三刀縈華傾洛下千年紅艷怨沉香看花判泥花神醉莫惹春愁點鬢霜〔張淮牡丹〕綠雲堆裏露精神依約如羞認

未真開落後天皆有數品題先漢却無人金鈴送響多驚鳥翠幄圍嬌不受塵何處托根偏得地年年獨讓魏家春　一捻殘脂暗有神至今猩血印來真蓮清誤得稱君子梅瘦虛曾化美人六曲闌前凝倦態五紋茵上委芳塵若爲得有韓湘術四序常逢富貴春　紛紛畫史筆通神誰與花王寫得真臨水似窺捐珮女倚風如畫墮樓人芙蓉只合稱凡品芍藥端教拔後塵輿慶池東誰更賞冷風凄雨不禁春　深深著色淺浮神恍惚麻姑舊日真似爾銜嬌寧有敵如儂鍾愛恐無人條風吹破當三月穀雨過來又一塵如此名花如此景可容孤負玉鈿春　誰道元輿賦有神個中風味語難真半

庭遲日情熏骨四座香風暖襲人枝弱不勝霞朶重葉疎難蔽露房庨浩歌日日宜歡賞積玉如山莫買春　碧池光裏巧傳神上下相輝一樣真點蟻根頭行識路狂蜂葉底去隨人飄來不冷臙脂雪落盡猶香錦繡塵更把清平舊時調翻成一闋沁園春　百味狂香三昧神就中誰解獨知真開臨玉女窺窓處賞許金貂換酒人鶴頂映來猶倘色馬蹄踏去易爲塵偏凭十二闌干曲一曲闌干一曲春　司花未省是何神不合教渠盡領真方半吐時偏愜意到全開日便愁人紅雲冷慘枝間露綠霧香流葉底塵一曲山香莫輕舞臨軒方欲賞長春〔回文〕華浮曰夜靜飛神妙出天工畫奪真斜葉

趁風搖翅蝶艷多嫌酒病心人賞翻麗質晴烘日露浥微香暖流塵家世古稱雍獨魏花飄未盡古芳春〔吳寬吏部後園牡丹〕嫣然國色眼中來紅玉分明簇一堆最愛倚欄如欲語緣卸興酒特先開洛中舊譜頭須按吳下新居手自栽若向花間求匹配揚州瓊樹是仙材〔東園送白牡丹〕故園雨後歲夢裡紅鳳尾花新百種空錦幄未能如富室死翁亦足慰袁翁一枝爭賣金錢滿三朶齊開玉盞同獨恨春深無暇賞暮歸吹落又狂風〔王世貞佛頭青〕百寶闌前百艷明號家眉淡轉輕盈狂蜂採去初疑葉么鳳藏來祇辨聲自是色香堪絕世不煩紅粉也傾城江南新樣誇天水調笑春風倍有情

原 申時行小園初植牡丹結亭垂就忽放一花時逼長至新除藥圃結亭臺傾國奇葩忽自開霜後著花還傲菊春前破萼肯輸梅韶華豈爲三冬借陽氣真從九地迴敢謂青皇私綠野名園桃李暗相猜　董其昌〔牡丹〕名園占領艷陽多未以沉冥廢嘯歌坐竹興仍修禊後看花愁奈送春何窓前散綺搖書帶臺畔凝香亂鉢羅莫向花叢問姚魏年來蝶夢不曾過　〔馮氏牡丹〕翠霧紅雲護短墻豪華端稱作花王浴陽宮裏楊妃醉吳國臺前西子妝芳露淡勻腮粉膩暖風輕度口脂香開時亦自知珍重靜鎮東風白晝長

佩文齋廣羣芳譜卷第三十三

花譜

牡丹三

集藻　五言排律　增　唐王建牡丹　此花名價別開艷益皐都香逼苓菱萎紅燒躑躅枯欹光籠細脉妖色暖鮮膚滿蕊攢黃粉含稜鏤絳蘇好和熏御衣堪畫入宮圖晚態愁新婦殘妝望病夫教人知箇數留客賞斯須一夜輕風起千金買亦無　同　于汝陽賞白牡丹　曉日花初吐春寒白未凝月光裁不得蘇合點難勝柔膩於雲葉新鮮掩鶴膺繞心黃倒暈側莖紫重稜作飲看如睡初開問欲應並香幽蕙死比艷美人憎價數千金貴形相

兩眼疼自知顏色好愁被彩光凌　白居易牡丹　絕代祗西子衆芳惟牡丹月中虛有桂天上漫誇蘭夜濯金波滿朝傾玉露殘性應輕菡萏根本是琅玕奪目霞千片淩風綺一端稍宜經宿雨偏覺耐春寒見說開元歲初令植御欄貴妃嬌欲比侍女妒羞看巧類鴛機織光攢麝月團暫移公子第還種杏花壇豪士傾囊買貧儒假乘觀葉藏梧際鳳枝動鏡中鸞似笑賓初至如愁酒欲闌詩人忘芍藥釋子愧栴檀酷烈宜名壽姿容想姓潘素光翻鷺羽丹艷挹雞冠燕拂驚還語蜂貪困未安倘令紅臉笑兼解翠眉攢少長呈連萼驕矜寄合歡息肩移九軌無歷到千官日曜香房拆風披蕊粉乾好酬

青玉案稱貯碧冰盤璧要連城與珠堪十斛判更思初甲拆那得異泥蟠騷詠應遺恨農經祗略刊晉般雖不得延壽筆將殫醉客同攀折佳人惜犯干始知來苑囿全勝在林巒泥濘常澆灑庭除又綽寬若將桃李並方覺效顰難　姚合和王郎中召看牡丹　葩蕚相重燒欄復照空妍姿朝景裏醉艷晚烟中乍怪霞臨砌還疑燭出籠繞行驚地赤移坐覺衣紅殷麗開繁朵香濃發幾叢裁綃樣豈似染茜色寧同嫩畏人看損鮮愁日炙融嬋娟涵宿露爛熳抵春風縱賞襟情合閒吟景思通客來歸盡懶鶯戀語無窮萬物珍那比千金買不充如今難更有縱有在仙宮　薛能牡丹　異色稟陶甄常疑

主者偏衆芳殊不類一笑獨奢妍顆拆羞含嫩叢虛隱陷圓亞心堆勝被美色艷于蓮品格如寒食精光似少年種堪收子子價合易賢賢迴秀應無妒奇香稱有仙深陰宜映幕富貴助開筵蜀水爭能染巫山未可憐數難忘次第立困戀傍邊遂日愁風雨和星祝夜天且從留盡賞離此便歸田　萬朵照初筵狂遊憶少年曉光如曲水顏色似西川白向庚辛受朱從造化研衆開成伴侶相笑極神仙見焰寧勞火聞香不帶煙自高輕月桂非偶賤池蓮影接雕盤動叢遭惡草偏招歎憂事阻就臥覺情牽四面宜綈錦當頭稱管絃泊來鶯定憶紛擾蝶何顛蘇息承朝露滋榮仰霽天壓闌多盡好敵國

貴宜然木落須迷醉因茲仔病纏八詳知極物空負感嬾篇 宋王禹偁牡丹艷絕百花懸花中合面南賦詩情莫倦中酒病先甘國色渾無對天香亦不堪遮須施錦帳戴好上瑤簪苞拆深擎露枝拖翠出藍半傾留粉蝶微亞摘宜男鄰妓臨妝妒胡蜂得蕊貪忽行晴吹動濃睡曉烟含話別年經一相逢月又三遣誰持白髮爲爾換新衫池館邀賓看衙庭放吏參仙娥喧道院魔女逗禪庵亂拆窠難惜分題韻更探歇歇殊未厭零落痛曾諳穀雨供湯沐黃鸝助笑談顏生如見此未免也醺酣 蘇軾謝郡人田賀二生獻花城裏田員外城西賀秀才不愁家四壁自有錦千堆珍重尤奇品艱難最後

開芳心困落日薄艷戰輕雷老守仍多病壯懷先已灰殷勤此粲者攀折爲誰哉玉腕揎紅袖金樽瀉白醅何當鑷霜鬢強插滿頭回 元貢奎賦牡丹曲檻春如錦晴開曉日妍樹搖風影亂枝滴露光圓玉珮停湘女金盤拱漢仙翠塡宮髻巧黃染御袍鮮力費青工造名隨綺語傳細翎層擁鶴弱翅獨迎蟬倚竹成雙立留華任衆先久看心已倦欲折意還憐洛譜今存幾吳園路憶千可應頻載酒相與醉華年

五言絕句 原 唐王維紅牡丹綠艷閒且淨紅衣淺復深花心愁欲斷春色豈知心 劉禹錫唐郎中宅與諸公飲酒看牡丹今日花前飲甘心醉數杯但愁花有語不爲老人開 增 劉禹錫渾侍中宅牡丹徑尺千餘朶人間有此花今朝見顏色更不問諸家 元稹牡丹二首簇蕊風頻壞裁紅雨更新眼看吹落地便別一年春繁綠陰全合衰紅展漸難風光一擡舉猶得暫時看 司空圖牡丹得地牡丹盛曉添龍麝香主人猶自惜錦幕護春霜 原 無名氏傾國姿容別多開富貴家臨軒一賞後輕薄萬千花 增 蘇軾三萼牡丹風雨何年別留眞向此邦至今遺恨在巧過不成雙 和子由岐下牡丹花好常患稀花多信佳否未有四十枝枝枝大如斗 范成大題張希賢紙本牡丹洛花紅肉姿蜀筆丹砂染生綃多俗格紙本有眞艷 楊萬里牡丹排日上

牙牌記花先後開看花不仔細過了郤重回

六言絕句

御製憶暢春園牡丹曉雨疎疎薄灑午風習習輕吹忽念暢春花事正當萬朶開時

增 宋范成大單葉御衣黃舟前鷺羽映酒裏上驄酥栽肪春工若與多葉應入姚家鴈行 水晶毬縹緲醉魂夢物嬌嬈輕素輕紅若非風細日薄直恐雲消雪融 壽安紅豐肌弱骨自喜醉暈妝光總宜獨立風前雨裏嫣然不要人持 疊羅紅襞積剪裁千疊深藏愛惜孤芳若要韶華展盡東風細細商量 崇寧紅勻染十分艷絕當年欲占春風曉起妝光沁粉晚來醉面潮紅

猩紅猩唇鶴頂太赤榴萼梅腮弄黃帶眼一般官樣祇
愁瘦損東陽 〔紫中貴〕沉沉色與露滴泥泥香隨日烘
滿眼艷妝紅袖紫綃終是仙風
〔七言絕句〕
御製暢春園衆花盛開最爲可觀惟綠牡丹清雅迥常世所
罕有賦七言絕以記之〕碧蕊青霞壓衆芳檀心逐朶韞真
香花殘又是一年事莫遣春光放日長
原〔唐李益牡丹〕紫蕊叢開未到家却教遊客賞繁華始
知年少求名處滿眼空中別有花 增〔陳標僧院牡丹〕
琉璃地上開紅艷碧落天頭散曉霞應是向西無地種
不然爭肯重蓮花 〔令狐楚赴東都別牡丹〕十年不見

小庭花紫蕚臨開又別家上馬出門回首望何時更得
到京華 原〔劉禹錫和令狐相公別牡丹〕平章宅裏一
欄花臨到開時不在家莫道兩京非遠別春明門外即
天涯 增〔劉禹錫賞牡丹二首〕庭前芍藥妖無格池上
芙蕖淨少情惟有牡丹真國色花開時節動京城 偶
然相遇人間世合在層臺阿姥家有此傾城好顏色天
教晚發賽諸花 原〔白居易白牡丹〕白花冷淡無人愛
亦占芳名道牡丹應似東宮白贊善被人還喚作朝官
增〔白居易看惲家牡丹戲贈李二十〕香勝燒蘭紅勝
霞城中最數令公家人人散後君須看歸到江南無此
花 〔移牡丹栽〕金錢買得牡丹栽何處辭叢別主來紅

芳堪惜還堪恨百處移將百處開 〔惜牡丹花二首〕惆
悵階前紅牡丹晚來唯有兩枝殘明朝風起應吹盡夜
惜衰紅把火看 寂寞萎紅低向雨離披破艷散隨風
晴明落地猶惆悵何況飄零泥土中 〔微之宅殘牡丹〕
殘紅零落無人賞雨打風摧花不全諸處見時猶悵望
況當元九小庭前 原〔元稹西明寺牡丹〕花向琉璃地
上生光風炫轉紫雲英自從天女盤中見直至今朝眼
更明 增〔元稹酬胡三憑人問牡丹〕竊見胡三問牡丹
爲言依舊滿西欄花時何處偏相憶寥落衰紅雨後看
〔贈李十二牡丹花片因以餞行〕鶯澀餘聲絮墮風牡
丹花盡葉成叢可憐顏色經年別收取朱欄一片紅

徐凝牡丹〕何人不愛牡丹花占斷城中好物華疑是洛
川神女作千嬌萬態破朝霞 〔張祜杭州開元寺牡丹
花〕穠艷初開小藥欄人人惆悵出長安風流却是錢塘
寺不踏紅塵見牡丹 〔周賁題牡丹〕萬葉紅綃翦盡春
丹青任寫不如眞風光九十無多日難惜樽前折贈人
〔段成式牛尊師宅看牡丹〕洞裏仙春日更長翠叢風
翦紫霞芳若爲蕭史通家客情願扛壺入醉鄉 〔溫庭
筠夜看牡丹〕高低深淺一欄紅把火殷勤繞露叢希逸
近來成懶病不能容易向春風 〔周繇看牡丹贈段何
古〕金蕊霞英疊彩香初疑少女出蘭房逡巡又是一年
別寄語集仙呼索郎 〔唐彥謙牡丹〕青帝于君事分偏

穠堆浮艷倚朱門雖然占得笙歌地將甚酬他雨露恩
〔吳融〕和僧詠牡丹萬緣銷盡本無心何事看花恨却
深都是支郎足情調墮香殘蕊亦成吟 〔韋莊〕白牡丹
閨中莫妒新妝婦陌上須慚傅粉郎昨夜月明渾似水
入門唯覺一庭香 〔宋王禹偁〕山僧送牡丹數枝香帶
雨霏霏雨裏攜來叩竹扉擬戴却休成悵望御園曾插
滿頭歸 【原】〔韓琦〕詠錦被堆不管鶯聲向曉催錦衾春
晩尚成堆香紅若解知人意睡取東君不放回 【增】〔石
延年〕牡丹春風晴晝起浮光玉作冰膚羅作裳獨步世
無吳苑艷渾身天與漢宮香 西園春色纔桃李絳已
成團雪作團更欲開花比北京洛故將姚魏接山丹 【原】

〔歐陽修〕白牡丹蟾精雪魄孕雲荄春入香腴一夜開宿
露枝頭藏玉塊暖風庭面倒銀杯 【增】〔蔡襄〕李閣使新
種洛花堂下朱欄小魏紅一枝穠艷占春風新聞洛下
傳佳種未必開時勝舊叢 〔司馬光〕雨中賞姚黃開呈
子駿堯夫小雨留春春未歸好花雖有恐行稀勸君披
取漁蓑去走看姚黃拂濕衣 〔王珪〕宮詞洛陽新進牡
丹叢種在蓬萊第幾峰壓曉看花傳駕入露苞先拆御
袍紅 〔沈遘〕奉陪穎叔賦鎖院牡丹昔年曾到洛城中
玉椀金盤深淺紅行上荆溪溪畔寺愧將白髮對東風
【原】〔邵雍〕謝君實端明惠牡丹霜臺何處得奇葩分送
天津小隱家初訝山妻忽驚走尋常只慣插葵花 〔蘇

軾〕雨中賞牡丹霏霏雨露作清妍爍爍明燈照欲然明
日春陰花未老故應未忍著酥煎 〔堂後白牡丹〕城西
千葉豈不好笑舞春風醉臉丹何似後堂冰玉潔遊蜂
非意不相干 〔和述古冬日牡丹〕一朶妖紅翠欲流春
光回照雪霜羞化工只欲呈新巧不放閑花得少休
花開時節雨連風却向霜餘染爛紅滿地春光私一物
此心未信出天工 當時只道鶴林仙能遣春光發杜
鵑誰信詩能回造化直教霜枿發春妍 不分清霜入
小園故將詩律變寒暄使君欲見藍關詠更倩韓郎爲
染根 【增】〔蘇軾〕吉祥寺花將落而陳述古期不至今歲
東風巧翦裁含情只待使君來對花無語花應恨直恐

明年花不開 〔述古聞之明日即來坐上復用前韻〕仙
衣不用翦刀裁國色初含卯酒來太守問花花有語爲
君零落爲君開 春光冉冉歸何處更向樽前把一杯
盡日問花花不語爲誰零落爲誰開 〔遊太平寺淨土
院看牡丹中有淡黃一朶特奇〕醉中眼纈自斕斑天雨
曼陀照玉盤一朶宮黃微拂掠輕紅魏紫不須看 小
檻徘徊日自斜只愁春盡委泥沙丹青欲寫傾城色世
上今無楊子華 〔常州太平寺觀牡丹〕武林千葉照觀
空別後湖山幾信風自笑眼花紅綠眩還將白首看輕
紅 〔黃庭堅〕效王仲玉少監詠姚花用其韻映日低風
整復斜綠玉眉心黃袖遮大梁城裏雖罕見心知不是

牛家花　九嶷山中萼綠華黃雲承韈到羊家貪詮蠹
蝕詩句斷猶託餘情開此花　仙衣襞積鴛黃鵠草木
無光一笑開人間風日不可耐故待成陰葉下來　湯
沐冰肌照春色海牛押簾風不開直言紅塵無路入猶
傍蜂鬚蝶翅來　原〔張耒移宛丘牡丹植圭竇齋前〕千
里相逢如故人故栽庭下要相親明年一笑東風裏山
杏江桃不當春　增〔張商英〕落日貧朋醉帽斜筵歌一
曲上雲車頗知春色隨軒去不見東庵滿眼花　〔范成
大戲題牡丹〕主人細意惜芳春寶帳籠堦護紫雲風日
等閒猶不到外間蜂蝶莫紛紛　〔蜀花以狀元紅為第
一金陵東御園紫繡毬為最〕西樓第一紅多葉東苑無

雙紫壓枝夢裏東風忺裏過蒲團藥鼎鬢成絲　〔題徐
熙風牡丹〕蕊珠仙馭曉驂鸞道服朝元露未乾天半罡
風如激箭綠綃飄蕩紫綃寒　寒入仙裙粟玉肌舞餘
全不耐風吹從教旅拒春無力細看腰肢嫋嫋時　〔簡
畢叔滋覓牡丹〕冷落韶光穀雨寒一年辜負倚闌干欲
知春色偏濃處須向香風徑裏看　〔再賦簡養正〕南北
梅枝噤雪寒玉梨皴雨淚闌干一年春色摧殘盡更覓
姚黃魏紫看　〔楊萬里和彭仲莊對牡丹上酒〕病身無
伴臥空山石友相從慰眼寒呼酒撚花談舊事牡丹正
似夢中看　〔催看黃氏南園牡丹〕愁雨留花花已闌作
晴猶喜兩朝寒山城春事無多子可緩黃園看牡丹

方岳次韻牡丹〕嬌紅深倚翠雲團髣髴三生與彩鸞詩
眼頓驚春富貴雨侵衫袖不知寒　原〔徐意一〕姚魏從
來洛下誇千金不惜買繁華今年底事花能賤緣是宮
中不賞花　〔程滄洲〕春工殫巧萬花叢晚見昭儀擅漢
宮可惜芳時天不惜三更雨歇五更風　〔宋淑真偶得
牡丹數本移植窻外將有著花意二首〕玉種先從上苑
分擁培圍護怕因循快晴快雨隨人意正為墻陰作好
春　香玉封春未著花露根烘曉見纖霞自非水月觀
音樣不稱維摩居士家　增〔金章宗雲龍川泰和殿五
月牡丹〕洛陽穀雨紅千葉嶺外朱明玉一枝地力發生
雖有異天公造物本無私　〔麗鑄未開牡丹〕國香半吐

醉顏酡炫耀春工已自多愛惜不教催羯鼓更澆卯酒
看如何　〔元劉秉忠新開牡丹〕四月新來三月還一春
光景鏡中看東風也逐情濃處吹落桃花放牡丹　〔馬
祖常送牡丹〕十五年前花發時仙翁邀賞醉瑤池如今
頭白無情思只見瑤池花滿枝　〔題折枝牡丹圖〕洛陽
春雨濕芳菲萬斛臙脂染舞衣帳底金盤承蜜露東家
蝴蝶不須飛　〔葉顒牡丹〕絳色羅裳綠色襦沉香亭北
理腰肢含風笑日嬌無力恰似楊妃睡起時　〔馬臻春
日雜興〕花底飛觴酒浪翻纔迎春至又春殘日斜客散
爐烟盡自洗窰瓶插牡丹　〔明寧獻王宮詞〕薄天旭日
敞金扉和氣氤氳滿禁闈寶殿晝長簾幙靜牡丹花下

蝶交飛　〔周憲王元宮詞〕上都四月衣金紗避暑隨鑾
郎是家兩鉢北來天氣冷只宜栽種牡丹花　〔李東陽
題畫牡丹〕彩毫和露寫名花紫艷分明出魏家應是洛
陽歸夢遠緇塵紅土半京華　〔吳寬牡丹初開甄奐張
幕以護春深喜見一枝紅翠幙高張日正中爲語兩郎
須記取愛身當與愛花同　〔儲巏歲寒亭前牡丹謝眼
看春去減穠華倚檻依依影共斜開向省中猶不賞錯
將飄泊怨天涯　〔文徵明題畫牡丹〕粉香雲暖露華新
曉日濃熏富貴春好似沉香亭上看東風依約可憐人
原〔薛蕙〕錦園處處鎖名花步障層層簇絳紗斟酌君
恩似春色牡丹枝上獨繁華　〔陸樹聲白牡丹〕洛陽春

色畫圖中幻出天然奪化工不泥繁華競紅紫一般清
艷領東風　〔馮琦牡丹〕百寶闌干護曉寒沉香亭畔若
爲看春來誰作韶華主總領羣芳是牡丹　數朶紅雲
靜不飛含香含態醉春暉東皇雨露知多少昨夜風前
已賜緋　瑤華脉脉殿春殘姑射仙人晝裏看月下敢
矜容似玉年來眞有臭如蘭　艷蕊連翩映彩霞獨將
傾國殿春華虛疑五色文通筆散作平章萬樹花　非
烟非霧倚雕欄珍重天香雨後看願以美人錦繡段高
張翠幕護春寒　〔王衡二色牡丹〕宮雲朶朶映朝霞百
寶欄前鬬麗華卯酒未消紅玉面薄施檀粉伴梅花
洛陽女兒紅顏饒血色羅裙賽抹腰借得霓裳半庭月

居然管領百花朝
詩散句〕原〔宋宋祁〕壓枝高下錦攢蕊淺深霞疊彩晞陽
婿鮮苞照露斜　〔夏竦〕紅芳爭並蔕緗葉競駢枝彩鳳
雙飛穩霞冠對舞欹　〔蘇轍〕千毬紫繡擎熏灶萬葉紅
雲砌寶冠直把醉容欺玉筍滿將春色上金盤　增〔張
耒〕擬王擬妃姚與魏歲歲年年千萬葉若將顏色定高
低綠珠雖美猶爲妾　〔穆修〕怨啼甄后土寒山貴妃湯
原〔宋祁〕晚蕊仍晞日斜柯但倚烟　濯水錦窠艷頹
雲仙髻繁　〔夏竦〕向日檀心並承烟翠幹孤　〔梅堯臣
紅樓金谷妓黃値洛川妃　〔蔡襄〕來如從月下去似逐
雲飛　〔唐白居易〕霧重不勝瓊液冷雨餘惟見玉容低

冰肌玉骨鍾瓊萼雪魄蟾魂孕秀根　增〔司空圖〕牡
丹極用三春力開得方知不是花　〔唐彥謙〕顏色無因
饒錦繡馨香惟解掩蘭蓀　〔宋王禹偁〕應是吳宮歌舞
罷西施因醉未施朱　〔宋祁〕金衣瑞羽迎風展琮栗仙
盃壓霧斜　〔韓琦〕絕艷好將金作屋淸香宜引玉飛錢
〔梅堯臣〕葉底風吹紫錦囊宮鑪應近更添香　原〔蘇
轍〕花從單葉成千葉家住汝南移洛南　〔黃庭堅〕露晞
春晚到春叢拂掠殘妝可意紅　不誇西子錦爲幄肯
送太眞雲想衣　邢嫌點汚青春面自汲寒泉洗醉紅
浴泉秦虢流丹粉臨渚娥英冷佩衣　〔劉巨濟〕初洗
退紅唇起絳半沾斜綠眼橫波　增〔周必大〕天香未染

蜂猶懶日幄先籠蝶已知　〔元朱德潤〕深院朱欄覆錦
茵百花開盡牡丹春　原〔唐元稹〕牡丹經雨泣斜陽
增〔溫庭筠〕雨後牡丹春睡濃　原〔宋韓琦〕一枝香折瑞
雲紅　〔張耒〕天女奇姿雲錦裳　增〔周必大〕頃刻常開
七七花　〔元劉秉忠〕牡丹香散一簾風
詞　原〔宋吳潛如夢令〕一餉園林綠就柳邑鶯聲遠透輕
暖與輕寒又是牡丹時候時候時候歲歲年年人瘦
增〔王十朋點絳唇〕庭院深深異香一片來天上傲春遲
放百卉皆推讓　憶昔西都姚魏聲名旺堪惆悵醉翁
何往誰與花標榜　〔李銓點絳唇〕十二紅欄帝城穀雨
初晴後粉拖香逗易惹春衫袖　把酒題詩遐想歡如

舊花知否故人消瘦常憶同攜手　〔唐孫光憲生查子〕
清曉牡丹芳紅艷疑金蕊乍占錦江春永認笙歌地
感人心爲物瑞爛熳烟花裏戴上玉釵時迴與凡花異
原〔明陳繼儒攤破浣溪沙〕晏起還嗔中酒時玉牌分
得牡丹枝花下自調新樂府寫烏絲　付與紫衣傳別
院夜來翻入管絃吹賺得老夫重醉也有情癡　〔宋曾
覿朝中措〕華堂欄檻占韶光端不負年芳依倚東風向
晚數行濃淡仙妝　停杯醉折多情多恨絕豔眞香只
恐去爲雲雨夢魂時惱襄王　〔范成大玉樓春〕雲橫水
繞芳塵陌一萬重花春拍拍藍橋仙路不崎嶇醉舞狂
歌容倦客　眞香解語人傾國知是紫雲誰敢覓滿蹊

桃李不能言分付仙家君莫惜　〔明李東陽浪淘沙〕春
去有餘春且付花神天香滿地不沾塵報道夜來新雨
過雨過還新　芳意比佳人誰寫花眞碧雲爲蓋草爲
茵剛道花王誰不信疑是前身　〔宋賀鑄鷓鴣天〕雪弄
輕陰穀雨乾半垂雲幙護殘寒化工著意呈新巧翦刻
朝霞飣露盤　輝錦繡掩芝蘭開元天寶盛長安沉香
亭子鉤欄畔偏得三郎帶笑看　〔辛棄疾鷓鴣天〕翠蓋
牙籤幾百株楊家姊妹夜遊初五花結隊香如霧一朶
傾城醉未蘇　開小立困相扶夜來風雨有情無愁紅
慘綠今宵看却似吳宮教陣圖　濃翠深黃一畫圖中
間更有玉盤盂先裁翡翠裝成蓋更點臙脂染透蘇

香瀲灩錦模糊主人長得醉工夫莫攜弄玉欄邊去羞
得花枝一朶無　占斷雕闌只一株春工費盡幾工夫
天香夜染衣猶濕國色朝酣酒未蘇　嬌欲語巧相扶
不妨老幹自扶疎恰如翠幙高堂上來看紅衫百子圖
增〔李廷忠鷓鴣天〕洛浦風光爛熳時千金開宴醉爲
期花方著雨猶含笑蝶不禁寒總是癡　檀暈吐玉華
滋不隨桃李競春菲東君自有回天力看把花枝帶月
歸　原〔張掄臨江仙〕玉宇暖浮清禁曉丹葩色照晴空
珊瑚敲碎玉玲瓏人間無此種來自廣寒宮　雕玉闌
干深院靜嫣然頻笑東風曲屏須占一枝紅且圖歡醉
枕香到夢魂中　〔王釆蝶戀花〕燕子來時春未老紅蠟

團枝費盡東君巧煙雨弄晴芳意惱雨餘時地殘妝好斜倚青樓臨遠道不管傍人密共東君笑都見嬌多情不少丹青傳得傾城貌 增 毛滂蝶戀花 三疊闌干鋪碧甃小雨新晴纔過清明候初見花王披袞繡嬌雲瑞日明春晝 彩女朝眞天質秀寶髻微偏風卷霞衣皺莫道東君情最厚韶華半在東堂手 曾覿定風波 上苑穠芳初雨晴香風嫋嫋泛軒楹猶記洛陽開小宴嬌面粉光依約認傾城 流落江南重此會相對金蕉蘸甲十分傾怕見人問春更好問道如今老去尚多情 方岳江神子 窓綃深掩護芳塵翠眉顰越精神幾雨幾晴做得這些春切莫近前輕著語題品錯怕花嗔

碧壺難貯玉粼粼碎苔茵曉風頻吹得酒痕如洗一番新只恨謫仙渾懶事辜負却倚欄人 楊纘八六子 怨殘紅夜來無賴雨催春去匆匆但暗水新流芳恨蝶淒蜂慘千林嫩綠迷空 那知國色還逢柔弱華清扶倦輕盈洛浦臨風細認得凝妝點脂勻粉露蟬聳翠蕊金團玉成叢幾許愁隨笑解一聲歌轉春融眼朦朧憑欄半醒醉中 吳文英漢宮春 花姥來時帶天香國豔羞掩名姝日長半嬌半困宿酒微蘇沉香檻曲比人間風異煙殊春恨重盤雲墜髻碧花番吐瓊盂 洛苑舊移仙譜向吳娃深館曾奉清娛猩唇霞紅未洗客鬢霜鋪蘭詩沁碧過西園重載雙壺休漫道花扶人醉醉花却

要人扶 晁補之夜合花 百紫千紅占春多少共推絕世花王西都萬家俱好不爲姚黃漫腸斷巫陽對沉香亭北新妝記清平調詞成進了一夢仙鄉 天葩秀出無雙倚朝暉半如酣酒成狂無言自有檀心一點偷芳念往事情傷又新豔曾說滁陽縱歸來曉君王醒後別是風光 王沂孫水龍吟 曉寒慵揭珠簾牡丹院落花開未玉闌干畔柳絲一把和風半倚國色微酣天香乍染扶春不起自眞妃舞罷謫仙賦後繁華夢如流水池館家家芳事記當時買栽無地爭如一朵幽人獨對水邊竹際把酒花前剩拚醉了醒來還醉怕洛中春色匆匆又入杜鵑聲裏 紫姑瑞鶴仙 覘嬌紅細捻是西

子當日留心千葉西都競栽接好園林臺榭何妨日涉輕羅慢褶費多少陽和調燮向曉來露浥芳苞一點醉紅潮頰 雙歷姚黃國豔魏紫天香倚風羞怯雲鬟試插都引動狂蜂蝶況東君開宴賞心樂事莫惜獻酬頻疊看相將紅藥翻階尚餘媵妾 趙以夫大酺 正綠陰濃鶯聲懶庭院寒輕煙薄天然花富貴逞妖紅殷紫疊葩重萼醉豔酣春妍姿挹露翠羽輕明如削檀心鵞黃嫩似離情愁緒萬絲交錯更銀燭交輝玉瓶微浸宛然京洛 朝來風雨惡怕僝僽低張青油幕便好倩佳人插帽貴客傳箋趁良辰賞心行樂四美難并也須拚醉莫辭盃酌被花惱情無著長笛何處一笑江頭高閣極

目水雲漠漠〔原〕劉克莊六州歌頭維摩病起兀坐等枯株清晨裏誰來問是文殊遣名姝奪盡羣花色浴纔出酲初解千萬態嬌無力困相扶絕代佳人不入金張室却訪吾廬對茶鐺禪榻笑殺此翁癯瑤砌金壺始消渠　憶昇平日繁華事修成譜寫成圖奇絕甚歐公記蔡公書古來無一自京華隔問姚魏竟何如多應是彩雲散刼灰餘野鹿銜將花去休回首河洛丘墟漫傷春弔古夢繞漢唐都歌罷欷歔

〔別錄〕〔增〕雲仙雜記宋曇語常帶華藻李穪安曰時方三月坐間生無數牡丹花矣　清異錄吳越有一種玲瓏牡丹鮓以魚葉鬬成牡丹狀既熟出盎中微紅如初開

牡丹　畫史徐熙風牡丹圖葉幾千餘片花只三朶一在正面一在右一在衆枝亂葉之背　墨客揮犀歐公嘗得一古畫牡丹叢其下有一猫永叔未知其精妙丞相正肅吳公與歐公家相近一見曰此正午牡丹叢何以明之其花敷妍而色燥此日中時花猫眼黑睛如線此正午猫眼也有帶露花則房斂而色澤猫眼早暮則睛圓正午則如一線耳此亦善求古人之意也　漁隱叢話裴璘白牡丹詩時稱絕唱以余觀之語句凡近不若胡武平詠白牡丹詩云璧堂月冷難成寐翠幄風多不耐寒其語意清遠過裴璘遠矣如皮日休詠白蓮詩云無情有恨何人見月冷風清欲墮時若移作白牡丹詩有何不可覺更清切耳　升庵詞品朝天紫本蜀牡丹花名其色正紫如金紫大夫之服色故名後人以爲曲名今以紫作子非也　花木考花石在慈和縣武口寨石上有花如堆心牡丹枝葉繚繞雖精於畫者不能及或以物擊碎其花擁拭復見重疊非一　花史唐末劉訓者京師富人京師春遊以牡丹爲勝賞訓邀客賞花乃繫水牛累百於門人指曰此劉家黑牡丹也〔原〕

〔移植〕移牡丹宜秋分後如天氣尚熱或遇陰雨九月亦可須全根寬掘以漸至近勿損細根將宿土洗淨再用酒洗每窠用熟糞土一斗白蘞末一斤拌勻再下小麥數十粒于窠底然後植于窠中以細土覆滿將牡丹提

與地平使其根直易生土須與幹上舊痕平不可太低太高勿築實勿腳踏隨以河水或雨水澆之窠滿即止待土微乾略添細土覆蓋過三四日再澆封培根土宜成小堆以手拍實免風入吹壞花根每本約離三尺使葉相接而枝不相擦風通氣透而日色不入乃佳不可太密防枝相磨致損花芽不可太稀恐日曬土熱致傷嫩根小雪前後用草薦遮障勿使透風若欲遠移將根用水洗淨取紅淤土羅細末趁濕勻粘花根隨用軟棉花自細根尖纏至老根再用麻紙纏定以水灑之枝上紅芽用香油紙或磬綿紙包扎籠住不得損動即萬里可致也或曰中秋爲牡丹生日移栽必旺　〔分花〕揀長

成大顆茂盛者一叢七八枝或十數枝持作一把捽去土細視有根者劈開或一二枝或三四枝作一窠用輕粉加硫黃少許碾爲末和黃土成泥將根上劈破處擦勻方置窠內栽如前法〔種花〕六月中看枝間角微開露見黑子收置向風處晒一日以濕土拌收瓦器中至秋分前後三五日擇善地調畦土要極細畦中滿澆水候乾以水試子擇其沉者用細土拌白蘞末種之隔五寸一枚下子畢上加細土一寸冬時蓋以落葉來春二月內用水澆常令潤濕三月生苗最宜愛護六月中以蓆遮日勿致曬損夜則露之至次年八月移栽若待角乾收子出者甚少即出亦不旺以子乾而津脉少耳

〔接花〕花不接不佳接花須秋社後重陽前過此不宜將單葉花本如指大者離地二三寸許斜削一半取千葉牡丹新嫩旺條亦用利刀斜削一半上留二三眼貼于小牡丹削處合如一株麻紕緊扎泥封嚴密兩瓦合之壅以軟土罩以蒻葉勿令見風日向南留一小戶以達氣至來春驚蟄後去瓦土隨以草薦圍之仍樹棘數枝以禦霜茂者當年有花是謂貼接或將小牡丹新苗旺盛者離地二三寸用利刀截斷以尖刀劃一小口取上品牡丹枝上有一二芽者截二三寸長一段兩邊斜削插于劃處比量召合麻紕扎緊細濕土壅高一尺瓦盆蓋頂待二七開視茂者其芽紅白鮮麗長及一寸此極

旺者若未發再培之三七開看活者即發否則腐爛活者仍用土培盆合至春分去土恐有烈風仍用盆蓋時常撿點至三月中方放開全見風日又恐茂者長高被風吹折仍以草罩罩之接頭枝如及時截取者藏新蔞潤土十餘日行數百里亦可接活立春若是子日茄根上接之不出一月花即爛熳二三月間取芍藥根大如蘿蔔者削尖如馬耳將牡丹枝劈開如燕尾插下縛緊以肥泥培之即活當年有花一二年牡丹生根割去芍藥根成眞牡丹矣又椿樹接者高丈餘可於樓上賞玩唐人所謂樓子牡丹也　牡丹一接便活者逐年有花若初接不活削去再接只當年有花　王敬美云牡丹

本出中州江陰人能以芍藥根接之今遂繁滋百種幻出余澹圃中絕盛遂冠一州其中如綠蝴蝶大紅獅頭舞青猊尺素最難得開南都牡丹讓江陰獨西瓜瓤爲絕品余亦致之矣後當于中州購得黃樓子一生便無餘憾人言牡丹性瘦不喜糞又言夏時宜頻澆水亦殊不然余圃中亦用糞乃佳又中州土燥故宜澆水吾地濕安可頻澆大都此物宜於沙土耳南都人言分牡丹種時須直其根屈之則死深其坑以竹虛插培土後拔去之此種法宜知〔澆花〕尋常澆灌或日未出或夜既靜最要有常正月一次須天氣和暖如凍未解切不可澆二月三次三月五次四月花開不必澆澆則花開不

齊如有雨任之亦不宜聚水于根旁花卸後宜養花一日一次十餘日後暫止視該澆不澆六月暑中忌澆恐損其根鬚來春花不茂雖旱亦不澆七月後七八日一澆八月翦枯枝並葉上坑土五六日一澆九月三五日一澆澆頻恐發秋葉來春不茂如天氣寒則澆更宜稀一時枝上櫜芽漸出可見澆灌之功也十月十一月一次或二次須天氣和暖日上時方澆適可即止勿傷水或以宰猪湯連餘垢候冷透澆一二次則肥壯宜花十二月地凍不可澆春間開凍時去坑土澆時緩緩為妙不可濕其榦雨水河水為上甜水次之鹹水不宜最忌犬糞〔養花〕凡打掐牡丹在花卸後五月間止留當頂

一芽傍枝餘朶摘去則花大欲存二枝留二紅芽存三枝留三紅芽其餘盡用竹鍼挑去芽上二層葉枝為花棚芽下護枝名花牀養命護胎尤宜愛惜花自有紅芽至開時正十箇月故曰花胎培養常在八九月時隔二年一次取角屑硫黃碾如麪拌細土粉挑動花根壅入土一寸外用土培約高二三寸地氣既暖入春漸有花蕾多則懼分其脉俟如彈子大時撿之不實者摘去止留中心大者二三朶氣聚則花肥開時甚大色亦鮮艷開時必用高幕遮日則耐久花纔落便翦其蒂恐結子則奪來春之氣翦勿太長恐損花芽伏中仍要遮護花芽勿令曬損候日不甚炎方撤去八月望後翦去葉留

梗寸許存其津脉不上溢以養櫜芽其花棚花牀愼不可翦九月初培以細土使下另生芽冬至北面豎草薦以障風寒冬至日研鍾乳粉和硫黃少許置根下土中不茂者亦茂每掐一枝須用泥封紙固否則久必成孔蜂入水灌連身皆枯愼之〔衛花〕牡丹根甜多引蟲食栽時置白蘞末于根下蟲不敢近花開漸小由蠹蟲害之尋其穴鍼以硫黃末其旁枝葉有小孔乃蟲所藏處或鍼入硫黃或以百部塞之則蟲死而花復盛又有一種小蜂能蛀枝梗秋冬即藏枝梗中又有紅色蠹蟲能蛀木心尋其穴塡硫黃末或杉木釘釘之花生白蟻以眞麻油從有孔處澆之則蟻死而花愈茂又法于秋冬

葉落時看有穴枯枝折開捉盡其蟲亦妙又五月五日用好明雄黃研細水調每根下澆一小鍾不生蟲桂及烏賊魚骨刺入花梗必死又最忌麝香桐油生漆一著其氣味即時萎落汴中種花者園旁種辟麝數株枝葉類冬青花時辟麝正發新葉氣味臭辣能辟麝凡花為麝傷焚艾及雄黃末上風薰之能解其毒忌用熱手摩撫搖撼忌栽木斛不耐久花旁勿令長草奪土脉不可踏實地氣不升初開時勿令穢人僧尼及有體氣者採折使花不茂〔變花〕周日用曰愚聞熟地栯生菜蘭持硫黃末篩于其上盆覆之即時可待用以變白牡丹為五色皆以沃其根紫草汁則變紫紅花汁則變紅又根

下放白朮末諸般顏色皆變㬠金又白花初開用筆蘸白礬水描過待乾以臙黃和粉調淡黃色描之即成黃牡丹恐為雨濕再描清礬水一次 〔翦花〕花宜就觀不可輕翦欲翦亦須短其枝庶不傷餘又須急翦庶不傷根既翦旋以蠟封其枝翦下花先燒斷處亦以蠟封其蔕置瓶中可供數日玩或養以蜂蜜芍藥亦然如已萎者翦去下截爛處用竹架之水缸中盡浸枝梗一夕復鮮若欲寄遠蠟封後每朶裹以菜葉安竹籠中勿致搖動馬上急遞可致數百里 〔煎花〕牡丹花煎法與玉蘭同可食可蜜浸

附錄 魚兒牡丹

【集藻】七言律詩 【增】〔宋周必大詠魚兒牡丹并序〕魚兒牡丹得之湘中花紅而蕊白狀類雙魚纍纍相比枝不勝壓而下垂若俯首然鼻目良可辨葉與牡丹無異亦以二月開因是得名其幹則芍藥也余命曰花嬪而賦是詩 聞江東山谷間甚多天教姚魏主芳菲合有宮嬪次列妃玉頸圓瑳宜粉面霞裙深染學翬衣枝頭窈窕魚雙貫風裏蹁躚鳳對飛莫把根苗方芍藥留春不似送將歸 〔太守趙山甫示和篇次韻為謝〕阿嬌金屋聚芳菲當御連環衆妾妃龍女墜天頩素頰鮫人出水襪纈衣袖垂戶外瞻雙引燕在宮中第一飛不用蟲魚箋爾雅使君行合左符歸 〔李子權時中坐上示及和花妃詩即席次韻〕姚皇去後幾芳菲湘水依然從二妃雙淚時紅作鬣連枝千載綠為衣檻前斑竹應同伴波面文鴛欲共飛吟徧世間閑草木何如江月詠沂歸 〔楊廷秀秘監萬花川谷中洛花甚富乃用野人韻為魚兒牡丹賦詩光榮多矣惡語敘謝〕萬花川谷第春菲也許湘靈媵伏妃翠葉迎風牽荇帶紅綃浴日濕宮衣共船不妬龍陽釣警乘猶疑洛浦飛誰把荒園一魚目換將五十六珠歸

附錄 纏枝牡丹

【增】〔本草〕纏枝牡丹一名旋蒿一名筋根（其根似筋）一名續筋根（言其根主續筋）一名㹠腸草（象其形也）一名美草一名天斂草一名鼓子花（其花不作瓣狀如軍中所吹鼓子）〔保昇云〕所在川澤皆有蔓生葉似薯蕷而狹長花紅色根無毛節〔李時珍曰〕秋開花如白牽牛花粉紅色亦有千葉者色似粉紅牡丹 【原】〔草花譜〕柔枝倚附而生花有牡丹態度甚小纏縛小屏花開爛然亦有雅趣 〔花史〕芒種時開芽萌長出方可分種

附錄 秋牡丹

【原】秋牡丹草本徧地蔓延葉似牡丹差小花似菊之紫鶴翎黃心秋色寂寥花間植數枝足壯秋容分種易活肥土為佳

佩文齋廣羣芳譜卷第三十四

佩文齋廣羣芳譜卷第三十五

花譜

海棠一

【增】沈立海棠記海棠根色黃而盤勁木堅而多節外白而中赤其枝柔密而修暢其葉類緑色小者淺紫色其香清酷不蘭不麝 【原】海棠有四種皆木本貼梗海棠叢生單葉枝作花磬口深紅無香不結子新正卽開亦有四季花者花五出初極紅如臙脂點點然及開則漸成纈暈至落則若宿妝殘粉矣垂絲海棠樹生柔枝長蔕花色淺紅蓋由櫻桃接之而成故花梗細長似櫻桃其瓣叢密而色嬌媠重英向下有若小蓮西府海棠枝梗畧堅花色稍紅木瓜海棠生子如木瓜可食 海棠盛於蜀而秦中次之其株翛然出塵俯視衆芳有超羣絕類之勢而其花甚豐其葉甚茂其

枝甚柔望之綽約如處女非若他花冶容不正者比蓋色之美者惟海棠視之如淺絳外英英數點如深臙脂此詩家所以難爲狀也以其有色無香故唐相賈耽著花譜以爲花中神仙花木錄曰南海海棠枝多屈曲有刺如杜梨花繁盛開稍早四季花叢生花紅如臙脂無大木卽貼梗又祝家桃花同西府對微堅瑣碎錄曰一種黃者木性類海棠青葉微圓而色深光滑不相類花半開鵞黃色盛開漸淺紅矣葉間或三或五蕊如金粟鬚如紫絲實如梨大如櫻桃至秋熟可食其味甘而微酸 【增】本草李時珍曰飲膳正要果類有海紅不知出處此卽海棠梨之實也狀如木瓜而小二月開紅花實至八月迺熟鄭樵通志云海棠子名海紅卽爾雅赤棠也

【彙考】【增】平泉草木記凡花木以海爲名者悉從海外來如海棠之類是也 【原】王禹偁詩話石崇見海棠歎曰汝若能香當以金屋貯汝 【增】東坡雜記海棠似絹花 【原】復齋漫錄仁宗朝張冕學士賦蜀中海棠詩沈立取以載海棠記中云山木瓜開千顆顆水林檎發一攢攢注云大約木瓜林檎初開皆與海棠相類若冕言江西人正謂棠梨花耳惟紫綿色者謂之海棠似木瓜林檎六出者非眞海棠也晏元獻云巳定復搖春水色似紅如白海棠花亦與張冕同意 〔紺珠集〕徐儉樂道隱

於藥肆中家植海棠結巢其上引客登木而飲 〔冷齋夜話〕少游在黃州飲於海棠橋老書生家海棠叢開少游醉臥宿於此明日題其柱曰喚起一聲人悄衾暖夢寒窗曉瘴雨過海棠開春色又添多少社甕釀成微笑半破癭瓢共舀覺健倒急投牀醉鄉廣大人間小東坡甚愛之 范石湖每歲移家泛湖賞海棠 〔閱耕餘錄〕宋淳熙間秦中有雙株海棠其高數丈翛然在衆花之上與江淮所產絕不類荊南官舍亦有兩株畧如之姿艷柔婉豐富之極 昌州海棠獨香其木合抱每樹或二十餘葉號海棠香國太守於郡前建香霏閣每至花時延客賦賞 蜀嘉定州海棠有香獨異他處 【增】古

今詩話〕東坡謫黃州居於定惠院之東雜花滿山而獨
海棠一株土人不知貴東坡爲作長篇平生喜爲人寫
人間刻石者自有五六本云吾平生最得意詩也〔石
林詩話〕韓持國雖剛果特立風節凜然而情致風流絕
出時輩許昌崔象之侍郎舊第今爲杜君章所有廳後
小亭僅丈餘舊有海棠二株持國每花開時輒載酒日
飲其下竟謝而去歲以爲常至今故吏猶能言之余嘗
於小亭柱間得公二絕句其一云濯錦江頭千萬枝當
年未解惜芳菲而今得向君家見不怕春寒雨濕衣尚
可想見當時氣味韓忠憲嘗帥蜀持國兄弟皆侍行尚
少故前二句云爾其二云長條無風亦自動柔艷著雨

更相宜漫其後何曾存之家池島上亦有海棠十餘株
余爲守時歲亦與王幼安諸人席地屢飲然此公勝處
不能繼也〔陳思海棠譜〕閩中曹宇修貢堂下海棠極
盛三面共二十四叢長條修幹頃所未見每春著花眞
錦繡段其間有如紫綿揉色者亦有不如此者蓋其種
類不同不可一概而論也至其花落則皆若宿妝淡粉
矣余三春對此觀之至熟大率富沙多此官舍人家往
往皆種之並是帚子海棠正與蜀中者相類斯可貴耳
今江浙間別有一種柔枝長蔕顏色淺紅垂英向下如
日蔫者謂之垂絲海棠全與此不相類蓋強名耳〔金
城記〕黎舉嘗曰欲以梅聘海棠但恨時不同耳〔牡丹

榮辱志〕重葉海棠曰花命婦〔花經〕海棠六品四命垂
絲海棠三品七命〔詞話〕曾覿取友於十花海棠名友
也〔三柳軒雜識〕海棠爲蜀客　原〔學圃餘疏〕海棠品
類甚多曰垂絲曰西府曰棠梨曰木瓜曰貼梗就中西
府最佳而西府之名紫綿者尤佳以其色重而瓣多也
此花特盛於南都余所見徐氏西園樹皆參天花時至
不見葉西園木瓜尤異定是土產所宜耳垂絲以櫻桃
木接問久甚可厭第最先花與玉蘭同時植之傍掩映
不可廢也貼梗草本郡城中種之極高大當訪求種法
以備一種紫綿宋苕溪漁隱叢話備載之　增〔滇中記〕
垂絲海棠高數丈每當春時鮮媚殊常眞人間尤物自

十理至永昌沿山歷澗往往而是〔瓶史〕浴海棠宜韻
致客　海棠以蘋婆林檎丁香爲婢　原〔花木考〕錢塘
縣舊有吳越時羅江東隱手植海棠一本王黃州元之
嘗題詩云江東遺跡在錢塘手植庭花滿院香若使當
年居顯位海棠今日是甘棠觀此杭州海棠亦香不獨
昌州然也　增〔徐渭游紀〕春日與友人攜觴俎探禹穴
就十峰山人馬丈飲於小園林卉雲繁索得海棠秋二
本穿籬過別畦又掘竹母數根而去因紀一詩云春來
攜酒醉春蘿乞得春花一兩窠不若取將松竹去成陰
留待主人過〔燕都游覽志〕回龍觀舊多海棠旁有六
角亭每歲花發時上臨幸焉〔兩堤桃柳議〕望湖亭前

有西府海棠一株所謂漢宮三千趙姊第一良非虛語〔饒州志〕蜀錦亭在府治慶朔堂右宋范仲淹植海棠二株其後鄒柯築亭題曰蜀錦王十朋詩亭廢名猶在春來花自芳猶餘蜀中錦愛惜比甘棠〔南寧府志〕海棠橋在橫州西橋南北皆植海棠有書生祝姓者居此宋秦觀嘗醉宿其家〔順慶府志〕海棠川在西充縣環繞縣治上多海棠因名〔黎州志〕海棠池在城西北五里環池皆植海棠爲郡守賓僚遊宴之地〔保寧府志〕海棠溪在府治南因上多海棠故名〔原〕敘州府志長寧縣有海棠洞昔郡人王氏環植海棠每春花時郡守宴寮友於其下〔嘉定州志〕海棠山在州西山多海棠爲郡守宴賞之地

〔集藻〕〔序〕〔增〕宋沈立海棠記序蜀花稱美者有海棠焉然記牒多所不錄蓋恐近代有之嘗聞眞宗皇帝御製後苑雜花十題以海棠爲首章賜近臣唱和則知海棠足與牡丹抗衡而可獨步於西州矣因搜擇前志惟唐相賈元靖耽著百花譜以海棠爲花中神仙誠不虛美耳近世名儒巨賢發於歌詠淸辭麗句往往而得立慶曆中爲縣洪雅春多暇日地富海棠幸得爲東道主惜其繁艷爲一隅之滯卉爲作海棠記敘其大概及編次諸公詩句於右復率蕪拙作五言百韻詩一章四韻詩一章附於卷末好事者幸無誚焉〔陳思海棠譜序〕世之花卉種類不一或以色而艷或以香而妍是皆鍾天地之秀爲人所欽羨也梅花占於春前牡丹殿於春後騷人墨客特注意焉獨海棠一種豐姿艷質固不在二花下自杜陵入蜀絕吟於是花世因以此薄之其後都官鄭谷已爲舉似本朝列聖品題雲章奎畫烜燿千古此花始得顯聞於時盛傳於世矣今採取諸家雜錄及彙次唐以來諸人詩句以爲一編目曰海棠譜雖纂集未能詳盡聊預衆譜之列云開慶改元長至日敘〔明宋濂春日看海棠花詩序〕春氣和煦海棠名花競放浦陽鄭太常仲開宴觴客於衆芳園時日已西沒乃列燭花枝上花既娟好而燭光映之愈致其妍於是衆咸悅銜

杯詠詩亹亹不自休酒半酣金華宋濂乃揚言曰李格非書洛陽名園記謂園圃之興廢爲天下盛衰之候今者衣冠雍容酬倡於俎豆間花雖不解言亦散影婆娑若相與爲娛樂者不知何自而致之亦曰聖天子在上廓淸四海化呻吟爲謳歌所以有斯樂耳帝力所被如天開日明萬物熙熙皆有春意世道之盛兆見于此苟不能詩則止能則烏可已也雖然經有之無已太康職思其居吾儕今夕無乃過於太康矣乎宜卿好樂之無荒而爲良士之瞿瞿可也所賦詩自太常君而下凡三十人其三則賓客餘皆其昆弟子姓云

〔贊〕〔增〕宋宋祁重葉海棠贊修柯柔蕽淺繁總盛則重

藹不常厥種
五言古詩〔增〕宋歐陽修折海棠戲贈聖俞二首搖搖墻頭花笑笑弄顏色荒凉衆草間露此紅的皪草木本無情及時如自得青春不可恃白日忽已昃遶之重吟哦歸坐成嘆息人生淚自苦得酒且開釋不見宛陵翁作詩頭早白　搖搖墻頭花豔豔爭青蛾朝見開尚少暮看繁已多不惜花開繁所惜時節過昨日枝上紅今日隨流波物理固如此古來知奈何達人但飲酒壯士徒悲歌　梅堯臣依韻答永叔海棠二首搖搖墻頭花蒨蒨有好色高枝笑粲粲低枝明皪皪但與風相撩不與風相得風吹莫苦急遊子嘆日昃彭祖與顏回相去猶

瞬息每觀形影篇曷在神所釋不可廢我吟畢竟焉免白　搖搖墻頭花一一如舞蛾春風買豔逸豔逸此何多不爲遊蜂撩即爲狂蝶過日光若給給曾叟白波波人生若朝菌不飲奈老何揚雄寂寞居豈若阮生歌
劉子翬海棠洲煌煌海棠洲錦樹臨清灣常恨灣頭風吹花走潺湲潺湲去不息花亦無由還　朱子山館觀海棠景暄林氣深雨罷寒塘綠置酒此佳晨尋幽慕前躅芳樹麗烟華紫綿散清馥當由懷別恨寂寞向空谷
陸游張園觀海棠朝陽照城樓春容極明媚走馬蜀錦園名花動人意嚴妝漢宮曉一笑初破睡定知夜宴歡酒入妖骨醉低鬟羞不語困頓嬌欲閉雖豔無俗姿太息真富貴結束吾方歸此別知幾歲黃昏廉纖雨千點寫紅淚　海棠今日春已半風雨停出游瓶中海棠花數酌相獻酬尚想錦官城花時樂事稠金鞭過南市紅燭宴西樓千林誇盛麗一枝賞纖柔狂吟恨未工酩酊醉不休那知茅簷底白髮見花愁花亦如病姝掩抑向客羞尤物終動人要非桃杏儔東風萬里恨浩蕩不可收　金元好問海棠妍花紅粉妝意態工媚嫵窈窕春風前霞衣欲輕舉金盤渺華屋國艷徒自許依依如有意脈脈不得語詩人太冷落愁絕殘春雨　元郝經儀真館後園海棠兩花於秋因爲小酌賦詩二年海棠秋幽妍對寥索霜後輒著花枯株吐纖弱化工爲詩人

故令造物錯木落出奇芬風度亦不惡尖黃簇短葉膩翠光欲鑠蹙縮苞紅聚殷濃入深萼稀疏生意怯靜麗尤綽約飛絲照青蟲蠨蛸共連絡深閨養春嬌霜華滿珠箔賴得西風輕微薰小陰作盈盈出宮妝新寒翠綃薄空庭自顏色含恨誰附著息入捲無言意婉心不樂琵琶怨昭陽所遇非所託獨有未歸人相看慰孤酌却似海南時坡仙政漂泊有酒仍有花世事且高閣後時亦何遲適遇今猶昨香霧沾新橙頳酒兩蒸嚼銀燭更高燒秋花易零落
七言古詩〔原〕宋蘇軾寓居定惠院之東雜花滿山有海棠一株土人不知貴也江城地瘴蕃草木只有名花苦

幽獨嫣然一笑竹籬間桃李滿山總粗俗也知造物有深意故遣佳人在空谷自然富貴出天姿不待金盤薦華屋朱唇得酒暈生臉翠袖捲紗紅映肉林深霧暗曉光遲日暖風輕春睡足雨中有淚亦悽愴月下無人更清淑先生食飽無一事散步逍遙自捫腹不問人家與僧舍拄杖敲門看修竹忽逢絕豔照衰朽歎息無言揩病目陋邦何處得此花無乃好事移西蜀寸根千里不易到銜子飛來定鴻鵠天涯流落俱可念為飲一樽歌此曲明朝酒醒還獨來雪落紛紛那忍觸

增 趙次公和東坡定惠院海棠化工妙手開羣木酷向海棠私意獨殊姿豔豔雜花裏端覺神仙在流俗睡起臙脂懶未

勻天然賦理遠豐肉繁華增麗態度遠婀娜含嬌風韻足豈惟婉孌彤管姝真同窈窕關雎淑未能奔往白玉樓要當貯以黃金屋顧雖風暖欲黃昏脉脉難禁倚修竹可憐俗眼不知貴空把容光照山谷此花本出西南地李杜無詩恨遺蜀高才沒世孰雕龍後輩補亡難刻鵠貂裘季子客齊安相逢忽慰羈人目當年甫白君可繼為花重賦陽春曲把酒因澆礨磈胸搜句輒傾空洞腹多情恐作深雲收兒童莫信來輕觸

原 陸游海棠歌我初入蜀鬢未霜南充樊亭看海棠當時已謂目未睹豈知更有碧雞坊碧雞海棠天下絕枝枝似染猩猩血蜀姬豔妝肯讓人花前頓覺無顏色扁舟東下八千里桃李真成奴僕爾若使海棠根可移揚州芍藥應羞死風雨春殘杜鵑哭夜夜寒衾夢還蜀何從乞得不死方更看千年未為足

增 陸游二月十六日賞海棠當年春半花事竟今年春半花始盛放翁不減少年狂走馬直與飛蝶競妍華有露洗愈明纖弱無風搖不定莫放飄零作紅雨剩看倩笑臨妝鏡溪梅枯槁墮巖谷山杏輕浮真妾媵欲誇絕豔不勝說縱欠濃香何足病華燈銀燭搖花光翠杓金船豪酒興夜闌感事獨淒然繁枝空折堪誰贈

張園海棠洛陽春信久不通姚魏開落塵沙中揚州千葉昔曾見已歎造化無餘功西來始見海棠盛成都第一推燕宮池臺掃除凡木盡天地眩

轉花光紅慶雲墮空不飛去時有絳雪縈微風蜂蝶成團出無路我亦狂走迷西東此園低樹猶三丈錦繡却在青天上不須更著刀尺裁乞與齊奴開步障

錦亭天公為我齒頰計遣飫黃柑與丹荔又憐狂眼老更狂令看廣陵芍藥蜀海棠周行萬里逐所樂天公與我元不薄貴人不出長安城寶帶華纓真汝縛樂哉今從石湖公大度不計聾丞聾夜宴新亭海棠底紅雲倒吸玻璃鍾琵琶絃繁腰鼓急盤鳳舞衫香霧濕春醪凸盞燭光搖素月中天花影立遊人如雲環玉帳詩未落紙先傳唱此邦句律方一新鳳閣舍人今有樣

驛舍見屏風畫海棠有感厭煩只欲長面壁此心安得頑如石柱

門復出嘆習氣止酒還開懋定力成都二月海棠開錦
繡裹成迷巷陌蕪宮最盛號花海霸國雄豪有遺蹟猩
紅鸚綠極天巧疊蕚重跗眩朝日繁華一夢忽吹散閉
眼細思猶歷歷憂樂相尋豈易知故人應記醉中詩夜
闌風雨嘉州驛愁向屏風見折枝〔楊萬里海棠〕帝城
二三月海棠可萬株向來青女輕縢六戲與一撼即日
枯東皇夜遣司花女手挼紅藍滴青露染成片片淨綠
酥亂點稍稍酣日樹蓬萊仙人約老翁寄箋招喚陸龜
蒙爲花一醉夜不息就中一事最奇特海棠兩岸繡帷
裳是間橫著雙胡牀龜蒙踞牀忽倒臥烏紗自落非風
墮花吹滿面雪霏霏起來索筆手如飛臥去起來都是

韻是醉是醒君莫問好倚海棠花下醉臥圖如今畫手
誰姓吳〔薛季宣香海棠詩并序〕舊說海棠無香惟昌
州海棠有香驗之蜀道信然以爲不易之論藥圃有棠
三本其花亦香乃知非蜀棠獨香香棠自有種耳世間
原有無窮恨海外棠花宮錦爛燒炙東風春未半濃妝
獨立情撩亂博山爐冷沉烟斷記語洛妃池側畔袿衣
透濕飄香汗舞罷霓裳高燭看吳苑散花灘彼岸亦有
當初舊游觀棠梨古徑霞光燦薔薇露冷衣新盥卷袖
臙脂紅入腕噴人蘭芷芳都貫天然種性眞奇玩嶺海
誠知煎可爨擬擷桑柯燃熾炭裛取緗巾永傳玩他年
留得重公案　原〔潘從哲海棠〕江皐春早饒花木花品

神仙此稱獨當年坡老一題詩到今標格超凡俗我來
黃州亦再閏五見此花燦東谷孤根自結白蓮社婧姿
不貯黃金屋日華濃艷澹生唇霧縠繁紅微映肉宛如
初浴出華清詎是朝酣睡未足有時著雨更妖嫺無力
勝風轉嬌淑我欲題詩和坡老拙思未得還捫腹把酒
徘徊倚嘯臺行吟繞徧西池竹苦無藻麗發巧心數傷
花枝舒拙日問花何以擬甘棠緣同太守來西蜀花容
詩句總絕世高風渺渺翔鴻鵠歲歲年年花自開游人
幾和陽春曲悠悠不盡古人情啼鶯語燕紛相觸　增
〔元陳樵海棠〕東風吹墮緗雲影別院春遲宮漏永繡帷
寶帶綰流蘇夢入瑤臺呼不醒熒熒銀燭花蕊多城頭
烏啼奈曉何〔劉詵賦歐園海棠和羅起初〕蜀州海棠

錦成畦昌州海棠芳氣菲名花自古恨不見東風吹在
西家西美人壓酒紅珠落半笑新晴半含蕚玉膚柔薄
絳袖寒妝淚輕盈脂臉怍太眞姣睡金屋春綠珠夜燕
宮蠟薪一時羣花盡妾媵娉娉嫋嫋眞仙人雨餘繁枝
深綠淨好及佳時入觴詠花容相對易新故人事無情
有衰盛我昔曾同花下歡寶釵插映鴉髮盤只今便能
日日爲花醉欲挽朱顏應已難〔袁士元海棠〕主人愛
花如愛珠春風庭院如畫圖搴衣曲徑步花影翩翩夜
月飛長裾海棠睡起春正美花貌參差玉人似主人吟
賞夜不眠直欲題詩壓蘇子〔明楊基西省海棠詩并

序山西陳則威以晉無梅花以管勾職初來江西卽求識之省左掖東檻有海棠一小株則威尤鍾愛之日數至花下風雨晨暮弗忍去也嘗索余賦詩余時迫於案牘不暇舟行湘中衆杏桃李每得縱觀獨無海棠因賦詩以補其闕山西公子虬髯客到處尋梅認香白春風省掖海棠開暫去還來拋不得嗟我有癖常自笑不意逢君同此癖曉慇雲暖風日姸數朶娉婷春半拆睡損紅綃膩有痕舞酣金殿嬌無力銀燈不如微月照珠簾更著疎烟隔飛燕輕盈富貴姿玉環態度神仙格此日凝妝青瑣外當時檀籠沉香北繁開似妬却冥冥半吐欲言終默默豈惟人愛亦自愛不獨春惜當誰惜細雨

重陰也看來臾對空枝漫相憶〔邀方員外看花〕金昌亭西萬株花臙脂玉雪爭紛拏春風攜酒看花去騎馬徑到山人家花深樹密無徑入下馬徘徊映花立紫萼風微翠袖香紅絲露重烏巾濕別來幾負看花期客裏匆匆見一枝白下橋邊寒食後廣陵城外綠陰時今年花最逢春早準擬淸樽對花倒人意方邀酒伴來花枝已向東風老花雖漸老仍堪折猶勝紛紛滿溪雪且共芙蓉帳裏人坐看海棠枝上月

〔五言律詩〕增 唐顧非熊〔斜谷郵亭玩海棠花〕忽識海棠花令人只嘆嗟豔繁唯共笑香近試堪誇駐騎忘山險持杯任日斜何川是多處應饒羽人家〔溫庭筠題磁嶺海棠花〕幽態竟誰賞歲華空與期川回香盡處泉照豔濃時蜀彩澹搖曳吳妝低怨思王孫又誰恨惆悵下山遲〔宋眞宗海棠詩二首〕春律行將半繁枝忽競芳霏霏含宿霧灼灼艷朝陽戲蝶棲輕蕊遊蜂逐遠香物華留賦詠非獨務雕章　翠萼凌晨綻淸香逐處飄高低臨曲檻紅白間纖條潤比攢溫玉繁如簇絳綃盡堪圖畫取名筆在僧繇〔郭震海棠〕西蜀傳芳日東君著意時鮮葩猩薦血紫萼蠟融脂絳闕疑流落瓊欄合護持無詩杜工部今有省郎知〔劉筠奉和眞宗御製後苑海棠〕遲景烘初綻鮮風惜未飄蝶魂迷密徑鶯語近新條芳蕙薰宮錦丹漿暈海綃維時奉宸唱賡和愧咎

繇〔晏殊奉和眞宗御製後苑海棠〕太液波才綠靈和絮未飄霞文光啓旦珠琲密封條積潤涵仙露濃陰奪海綃九陽資造化天意屬喬繇〔海棠〕香靄何驚目鮮姸欲蕩魂向人無限思當晝不勝繁浩露晴方浥遊蜂暖更喧只應春有意留贈子山園〔和樞密侍郎因看海棠憶禁苑此花最盛〕靑瑣曾留盼珍叢宛未移幸分霖雨潤猶見豔陽姿岸幘來朱檻攀條憶絳羝能令人愛樹不獨召南詩〔梅堯臣海棠二首〕江燕入朱閣海棠繁錦條醉生燕玉頰瘦聚楚宮腰曾不分香去尤宜著意描誰能共吹笛樹下想前朝　要識吳同蜀須看線海棠臙脂色欲滴紫蠟蒂何長夜雨偏宜著春風一

任狂當時杜子美吟徧獨相忘〔朱子山館觀海棠〕春
草池塘綠忽驚花蘸紅亂英深淺色芳氣有無中置酒
賓朋集披襟賞詠同若非摹寫得應逐彩雲空〔沈立
海棠〕占斷香與色蜀花徒自開園林無郎俗蜂蝶落仍
來青帝若爲意東風無限才古今吟不盡白額愧空裁
〔謝翱雨中海棠〕風吹簾網動對爾惜芳菲蜀雨何人
在吳宮祇燕歸燭消春粉盡淚濕野香微抱蘤殘青子
鳥銜隨處飛 原〔明張祥鳶海棠〕好鳥啼春晝晴雲護
草堂日高忘盥櫛天暖減衣裳洗硯抄花譜鈎簾看海
棠闌干閒徙倚巢燕落泥香〔薛蕙海棠畫扇〕西蜀繁
花樹春深亂蕊紅還憐彩扇上宛似錦城中影轉團團

月香含細細風江淹才力減賦爾若爲工〔王叔承雨
中看垂絲海棠〕江花低拂座窈窕雨中枝濕翠濃芳樹
嬌紅裊碧絲驪山濤被處越水浣紗時可奈風前態逢
春映酒巵
七言律詩 增〔唐李紳海棠〕海邊佳樹生奇彩知是仙山
取得栽瓊蕊籍中聞閬苑紫芝圖上見蓬萊淺深芳萼
通宵換委積紅英報曉開寄語春園百花道莫爭顏色
泛金杯〔薛能海棠〕四海應無蜀海棠一時開處一城
香晴來使府低臨檻雨後人家散出牆閒地細飄浮淨
蘚短亭深綻隔垂楊從來看盡詩誰苦不及憐遊與畫
將 原 鄭谷海棠春風用意勻顏色消得攜觴與賦詩

濃麗最宜新著雨嬌嬈全在欲開時莫愁粉黛臨窗懶
梁廣丹青點筆遲朝醉暮吟看不足羨他蝴蝶宿深枝
增〔鄭谷擢第後入蜀經羅利路見海棠盛開偶題〕上
國休誇紅杏豔沉溪自照綠苔磯一枝低帶流鶯睡數
片狂和舞蝶飛堪恨路長移不得可無人與畫將歸手
中已有新春柱多謝烟香更入衣〔劉兼海棠花〕淡淡
微紅色不深依依偏得似春心烟輕虢國顰歌黛露重
長門斂淚襟低傍繡簾人易折密藏香蕊蝶難尋良宵
更有多情處月下芬芳伴醉吟〔宋太宗海棠〕每至春
園獨有名天然與染半紅深芳菲占得歌臺地妖豔誰
憐向日臨莫道無情閒笑臉任從折戴上冠簪偏宜雨

後看顏色幾處金杯爲爾斟〔晏殊海棠〕輕盈千結亂
櫻叢占得年芳近碧櫳逐處間勻高下萼幾番分破淺
深紅烟晴始覺香纓綻日極猶疑蠟蒂融數夕朱欄未
飄落再三珍重石尤風〔宋祁和晏尚書海棠〕媚柯攢
仄倚春暉封殖寧同北枳移台嶺分霞爭抱萼蜀宮裁
錦鬭纏枝不憂輕露蒙時潤正恨尖風獵處危把酒凭
欄堪併賞莫容私恨爲披離〔邵雍遊海棠西山示趙
彥成〕東風吹雨過溪門白白朱朱亂遠村灘石已無回
棹勢岸楓猶出繫船痕時平不厭江山僻客好惟知笑
語溫莫上南岡看春色海棠花下却銷魂〔范鎮海棠
不知眞宰是誰專生得韶光此樹偏吟筆偶遺工部意

賦辭今職翰林權風翻翠幕晨香入霞照危墻夕影連移植上園如得地芳名應在紫薇先（石揚休海棠花）工裁翦用功專濯錦江頭價最偏酷愛幾思憑畫手難題渾覺挫詩機豔凝絳纈深深染樹認紅綃密密連因想當年武平一枝枝脊賜侍臣先（詠海棠）開盡夭桃落盡梨淺苞深萼照華池都緣西蜀盤根遠豈是東君屬意遲烟慘別容聽宿酒露凝啼臉失臙脂須知買相風流甚曾許神仙品格奇（李定海棠）青帝行春信自專精心知向海棠偏不露工部風騷力猶占勾芒造化權倚檻半開紅朶密遶池初應翠枝連誰人與拔栽瓊苑看與花王鬭後先（和石著作海棠）輕紅如杏素遮

梨直似佳人照碧池巳是化工教豔絕莫嫌青帝與開遲烟滋綽約明雙臉雨借妖嬈入四肢西蜀有名須得地瓊林高壓百花奇（郭稹海棠）朱欄明媚照橫塘芳樹交加枕短墻傳得東君深意態染成西蜀好風光破紅枝上仍施粉繁翠陰中旋撲香應爲無詩怨工部至今含露作啼妝（程琳海棠）海外移根灼灼奇風情閒麗比應稀晶熒寶萼排珠琲旖旎芳叢簇繡帷繁極只愁隨暮雨飄多何計駐春暉浣花溪上年年意露濕烟霞拂客衣（高覿海棠次韻）錦里花中色最奇妖嬈天賦本來稀綺霞忽照迷紅障轂霧輕籠設翠帷繁朶有情裝媚景纖枝無力帶殘暉好將繡向羅裙上永作香

閒楚楚衣（范純仁西園海棠）丹葩翠葉競妖濃蜂蝶翩翩弄暖風濯雨正疑宮錦爛媚晴先奪曉霞紅芬菲劒外從來勝歡賞天涯爲爾同却想鄉關足塵土只應能見畫圖中（吳中復海棠）靚妝濃豔蕊蒙茸高下池臺細細風却恨韶華偏蜀土更無顏色似川紅尋香只恐三春暮把酒欣逢一笑同子美詩才猶閣筆只今寂寞錦城中（陳與義陪粹翁舉酒君子亭亭下海棠方開）世故驅人殊未央卽隨地主借繩牀春風浩浩吹游子暮雨霏霏濕海棠故國衣冠無態度隔簾花葉有輝光使君禮數能寬否酒味撩人我欲狂（劉子翬海棠）幽姿淑態弄春晴梅借風流柳借輕種處靜宜臨野水

開時長是近清明幾經夜雨香猶在染盡臙脂畫不成詩老無心爲題拂至今惆悵似含情（吳芾和澤民求海棠）君是詩中老作家笑將麗句換名花花因詩去情非淺詩爲花來語更嘉須好栽培承雨露莫令顦顇困塵沙他年爛熳如西蜀我欲從君看綺霞（見市上有賣海棠者悵然有感）連年蹤跡滯江鄉長憶吾廬萬海棠想得春來增絕麗無因歸去賞芬芳偶然擔上逢人賣猶記尊前爲爾狂何日故園修舊好臘燒銀燭照紅妝（陸游海棠）誰道名花獨故宮東城盛麗足爭雄橫陳錦幛闌干外盡吸紅雲酒盞中貪看不辭持夜燭倚狂直欲擅春風拾遺舊詠悲零落瘦損腰圍擬未工

夜宴賞海棠醉書便便癡腹本來寬不是天涯强作歡
燕子歸來新社雨海棠開後却春寒醉誇落紙詩千首
歌費纒頭錦百端深院不聞傳夜漏忽驚蠟淚已堆盤
〔懷成都海棠〕碧雞坊裏海棠時彌月兼旬醉不知馬
上難尋前夢境樽前誰記舊歌辭目窮落日横千嶂腸
斷春光把一枝說與故人應不信茶烟禪榻鬢成絲
原〔楊萬里垂絲海棠〕垂絲别得一風光誰道全輸蜀海
棠風攬玉皇紅世界日烘青帝紫衣裳懶無氣力仍春
醉睡起精神欲曉妝舉似老夫新句子看渠桃李敢承
當 增〔楊萬里海棠二首〕小園不到負今晨覓喚嬌紅
伴老身落日爭明那肯暮豔妝一出更無春樹間露坐

看搖影酒底花光併入唇銀燭不燒渠不睡梢頭恰恰
挂冰輪　競豔嬌紅最是他教人嫌少不嫌多初酣曉
日紅千滴晚笑東風靨一渦自是花中無國色非關格
外占春窠開時慳與渠儂醉却恨飄零可若何〔徐儉
海棠〕子美無詩到海棠酒邊游戲畧平章日烘不睡却
成睡風暖無香亦自香花事一番勞應接春光强半被
分張速來窠上尋徐老同醉花前作楚狂〔方岳海棠
盛開而雨閉門十日雨淋漓洗盡紅香了未知纔一霽
晴齊睡去幾何人見半開時世無解語玉條脫春欲負
予金屈巵自是晦明天不定非干工部欠渠詩〔金蔡
松年黄海棠〕清陰不數晚晴芳縹緲緗雲翠袖長萼綠

江花輸帶葉醉紅蜀豔恨無香南州氣味連三月東晉
風流共一觴老眼寒來易愁絕溫柔乞與醉中鄉〔梁
特勝海棠〕野杏山桃委路塵芳菲都屬錦城春只緣造
物偏留意任使無香亦可人粉白漫誇宮樣巧臙脂難
染睡痕新沉香亭子勾欄畔消得君王比太眞〔元牟
巘和劉朔齋海棠〕人物當今第一流以花爲屋玉爲舟
曉妝未許搴幃看夜醉何妨秉燭遊錦里宣華思舊夢
杭州定慧起新愁何如歸伴徐公飲穩結一巢花上頭
〔王惲海棠〕桃李無光分落英海棠姿色占春榮雲鬟
綠攏妝初罷醉臉紅勻睡未醒任使無香眞可意故教
千葉更多情光風流轉都無幾莫惜沙頭倒玉瓶〔張

昱鄰園海棠〕自家池館久荒凉却過鄰園看海棠日色
未嫣紅錦被露華猶濕紫羅囊掌中飛燕還能舞夢裏
朝雲自有香銀燭莫辭深夜照幾多佳麗負春光〔顧
瑛絳雪亭秋日海棠花〕怪底海棠能狡獪今年當暑著
花鮮露黏粉蝶生珠汗日炙猩紅上紫綿夢斷馬嵬春
信遠神遊金谷晚妝妍獨憐向歲題詩者不見燒燈花
樹前　〔明楊基祁陽道中見海棠〕桂陽江口望祁陽疊
疊烟雲入渺茫高樹綠陰千嶂濕野棠疎雨一籬香縱
無春在猶回首况有鵑啼合斷腸惆悵東湖堤上柳暖
風輕絮正悠揚 原〔吳國倫海棠〕仙署名花海國移半
開風雨倍含姿紅妝向客寒猶膩翠幔留春豔不支欹

側漫同妃子醉婆娑解乞沈郎詩梁園多少靑陽景始煞君家赤玉枝（張祥鳶海棠花朝會與故人期夜敞柴關遲所思小閣憶君同倚處曲欄憐我獨凭時望中落日靑絲騎夢裏東風瓊樹枝可是海棠如有待春分猶自著花遲

佩文齋廣羣芳譜卷第三十五

佩文齋廣羣芳譜卷第三十六

花譜

海棠二

集藻（五言排律）增（唐薛能海棠）酷烈復離披玄功莫我知靑苔浮落處暮柳閒開時帶醉游人插連陰被叟移晨前淸露濕宴後惡風吹香少傳何計妍多畫半遺島蘇漣水脈庭從粒松枝偶泛因沈硯閒飄欲亂碁遶山生玉壘和郡徧坤維負賞慙休飲牽吟分失儀明年應不見留此贈巴兒（宋王禹偁商山海棠）錦里名雖盛商山艷更繁別疑天與態不類土生根淺著紅蘭染深於絳雪噴待開先釀酒怕落預呼魂香裏無勍敵花中

是至尊桂須辭月窟桃合避仙源浮動冠頻側霓裳袖忽翻莘夫臨水石窺客出墻垣贈別難饒柳忘憂肯讓萱輕輕飛燕舞脈脈息嬀言蕙陋虛侵徑梨凡浪占園論心留蝶宿低面厭鶯喧不忝神仙品何辜造化恩自期栽御苑誰使擲山村綺孪荒祠畔仙娥古洞門烟愁思舊夢雨泣怨新婚晝恐明妃恨移同卓氏奔祇教三月見不得四時存繡被堆籠勢臙脂浥淚痕戴車春未去應得伴芳樽（石延年和楓密侍郎因看海棠憶禁苑此花最盛）君看海棠格羣花品詎同嬌嬈情自富薾散艷非窮舊穀斑吳苑梅羅碎蜀宮錦窠杯裏影繡段陳前烘心亂香無數莖柔動滿叢意分巫峽雨腰細漢

臺風盛若霞藏日鮮於血灑空高低千點赤深淺半開
紅妝指朱殘布膏唇檀更融色焦無可壓體瘦不成豐
枝重輕浮外苞疎密鬧中難勝蜂不定易入蝶能通
宋祁蜀海棠蜀國天餘煦珍葩地所宜濃芳不隱葉併
艷欲燃枝裊影分羣萼均霞點萬蘂同文錦成後夾煎
燎烘時蜂蕊迎銜密鶯梢向坐危淺深雙絕態啼笑兩
奸姿絳節排烟竦丹釭落蒂垂童容嗁畏薄便面到晏
遲媚日能徐照暄風肯遽吹惜歡當婉娩留恨付離披
麗極都無比繁多僅自持損香饒麝柏照影欠瑤池畫
要精併色歌須巧騁辭舉樽頻語客細摘玩芳期海
棠西域流根遠中都屬賞偏初無可並色竟不許勝妍

薄暝霞烘爛平明露濯鮮長衾繡作地密帳錦爲天淺
影才欹檻橫柯欲照筵愁心隨落處醉眼著繁邊的的
誇妝靚番番恃笑嫣何嘗問蘭婿要是掩櫻然艷足非
他譽香輕且近傳所嗟名後出遺載楚臣篇楊諤和
燕龍圖海棠西漢歎盧橘東陽愛野棠許昌奇此遇子
美欠先揚杜宇三春艷蠶叢一國香臙脂點亂雨生色
麗斜陽富艷東君節暄妍白帝方錦樓祈水色玉壘換
山光風格林檎細腰肢郁李長天生笑容質時樣舞衣
裳少吐深深染全開淡淡妝烟媒護綠蒂風陣損朱房
旋失因臨水間飄弗過墻佩亡愁殺市簪脫即遐羨蝶
舞萎花照鶯啼罨畫堂仙如弄玉少墜似綠珠常不見

還成悔相思幾欲狂春深濯錦水日晚浣紗方臥對移
簾枊吟看近筆牀池淸滿園倒鳥起一枝昂紫燕銜泥
急黃蜂趁蜜忙化工眞用意銷得與攜觴沈立海棠
百韻蜀地千里海棠花獨妍萬株佳麗國二月艷陽
天叢萼勻如布修蘂巧似編彤雲輕點綴赤玉碎雕鐫
瑟瑟光輸瑩猩猩血借鮮淺深相向背疎密遞勻牽輕
蒨重重染丹砂細細研蕊纖金粟拱鬚嫩紫絲拳紅蠟
隨英滴明璣著顆穿初莖爭裊娜翹榦共蹁躚絕代知
無價生香不減錢分靈應桂苑鍾粹定星躔木帝經邦
相花王入室賢祥飆如翦拂卿靄共陶甄眞宰陰推轂
勾芒與著鞭不須憂薄命好爲惜流年贊翼施生柄扶

持煦嫗權主張韶令正調燮淑威宣和氣高低洽芳心
次第還金釵人十二珠履客三千雲雨迷巫峽風波怨
洛川嬋娟宜在楚妖冶合居燕繡被通宵展華燈徹曙
燃橫披前檻外半出假山巔暗誤遊蜂採偷輸蟻穴沿
瘦嫌珠澗瀨柔怯女蘿纏蓄恨憑誰訴無言只自憐文
君酒壚畔揚子草堂前品格生來別風流到老全繁中
生悵望衆裏見喧闐暄暖精神出晴明意態便關關鶯
對語兩兩燕高鶱天上宜封殖人間偶苟延共櫻閨別
館與杏據斜阡淸暖簾爭卷黃昏幕尚褰低籠金纈縟
高映畫鞦韆忽認梁園妓深疑閬苑仙忽忽來蕙圃遠
遠別芝田羞隱暝濛霧輕如淡蕩烟乍逢開羽扇初喜

下雲駢髣髴向星曆依稀帶翠鈿五銖衣宛轉七寶帳
翩翾獨立挨霓節成行列彩旃困宜欹虎枕步好襯金
蓮舞定休回袖妝濃不傅鉛蓋張松鬱鬱茵藉草芊芊
馥郁蘭供夢扶蘇柳伴眠軀輕彌綽約腰細更便嬛嬛
姹常顫若幽柔自灑然侍兒羅白苧婢子列芳荃卩卩
濃檀注腮腮薄粉塡解圍施葉幄買笑有榆錢旖旋環
瑤席婆娑俪玳筵嬌依屛曲曲泣對露涓涓南陌輕埃
菽東郊夕照連幾時休縹緲從此識嬋娟是處遺簪珥
誰家不管絃妬姬貪恐失戲稚惜何顚折閃搔頭褪擊
摐約腕拉戴遮鬟上鳳裝壓鬢邊蟬汲引新懽聚消磨
宿忿蠲縱觀須倒載命宴必加籩翻曲敎歌媛更詞送

酒船鄕心須暫解病眼當時痊迢遞來油壁從容住錦
韉雅宜交讓比儂與棣華聯不憤參朱槿寧甘混木綿
酴醾潛失色躑躅敢差肩素柰思投迹天桃恥備員梧
桐愧金井芍藥濫花磚併壓辛夷俗潛排寶馬薦天恩
無久恃人寵莫長專布影交三徑敷榮徧一廛凝眸方
瞔瞔回首旋翩翩可忍驚飈挫胡煩急景煎珊瑚隨手
碎絳雪繞枝旋拂漢霞初散當樓月自圓飄零隨蟻螺
散亂逐漪漣灼灼寵城外亭亭錦水邊抱愁應慘蹙有
淚即潺湲午影迷蝴蝶朝寒怨杜鵑物情元倚伏人意
莫拘攣擢秀高羣木稱珍極八埏未開獨脈脈憂落固
悁悁別著新文紀重尋舊譜箋共知紅艷好誰辨赤心

堅實似涪朱李根宜灌醴泉栽須鄰竹柏樹莫繞烏鳶
恥託膏腴茂當隨富貴遷爲多猶底滯因遠尚迍邅客
思易成亂心期未省愆畫思摩詰筆吟稱薛濤牋醉目
休頻送詩情豈易緣薛能誇麗句鄭谷賞佳篇止感芳
姿美那憐託地偏山經猶罕記方志未多傳巧詠憂才
竭冥搜得意詮遐陬寡眞賞僻境忍輕捐抽祕慚非據
探奇敢讓先援毫敘名卉聊用旅懷焉　程敦厚和冬
曦海棠花中名品異人重比甘棠芭嫩相思密紅深琥
珀光好風傳馥郁凡卉愧芬芳斕熳雲成瑞蕤蕤女有
嬌生來先蜀國開處始朝陽賞即笙歌地題稱翰墨場
烟霞容易散蜂蝶等閒忙誰是多情侶欄邊重舉觴

七言排律　增　宋張洎內署書閣前海棠花盛開率爾七
言八韻寄長卿諫議去歲海棠花發日曾將詩句詠芳
妍今來花發依舊君已雄飛玉案前驟隔淸塵樞要
地獨攀紅萼艷陽天疎枝高映銀臺月嫩葉低含綺閣
烟花落花開懷勝賞春來春去感流年淸辭早綴巴人
唱妙翰猶緘蜀國箋共仰芳圖方赫奕自嗟衰鬢轉皤
然因思鸞蝶傳消息莫忘蓬萊有病仙　張冕海棠海
棠栽植徧塵寰未必成都欲詠難山木瓜開千顆顆水
林檎發一攢攢初疑紅豆爭頭綴忽覺臙脂叩手丸西
蜀僧家根撥小南荆官舍樹枝寬高穿翠木無因敵平
倚危樓最好看十畝園林渾似火數方池面恐如丹錦

袍萬丈仍連秋珠被齊光更合歡風嫋細腰妝止罷露睎銅雀淚新乾晨曦遠借彤雲暖秋魄微侵甲帳寒會識豈勞供幄幔採香應見費龍檀穠嬈遊女青絲髮殷染妖姬白玉冠寶席半移隈茜綬使車多熱簇雕鞍層層排朶縈飛蝶密密交柯宿翠翰詩客早懸矜鏤管畫工誰敢衒霜紈本期相伴千觴醉可忍輕邀百卉殘川路尚移隨迅瀨蒼船猶折出長瀾飄零絳雪深盈尺收拾晴霞散結團時去獨應賢者識色空潛有達人觀譜爲仙子終須美實作寒梅况不醆五六年來離別恨春宵頻夢石臺盤 〔元馬祖常畫海棠圖〕石家五尺珊瑚樹海國千房火齊珠風雨春寒圍錦護艷陽天暖倚欄

扶浣時應貯芙蓉水香處重熏翡翠爐紅膩不隨蜂蔫蝕粉勻終爲蝶身敷葳蕤縧結盤仙綬襞積雲羅落舞孺青帝化成非幻有杜陵吟老郄知無催開毋賴揭鸚鵡吹落還因唱鷓鴣曾見赤城花亞蕊丹鉛此去不須圖

五言絕句〔增〕〔宋晏殊海棠〕濯錦江頭樹移根藥砌中只應春有意偏與半妝紅 〔陳與義海棠〕花葉兩分明春陰耿簾幕東風吹不斷日暮臙脂薄 〔洪适黃海棠〕漢宮嬌半額雅澹稱花仙天與溫柔態妝成取次妍 〔垂絲海棠〕脉脉似崔嶶朝朝長著地誰能解倒懸扶起雲鬟墜 〔楊萬里海棠〕艷翠春鋪骨妖紅醉入肌花仙別無訣一味惱臙脂

七言絕句〔原〕〔唐賈島海棠二首〕名園對植幾經春露蕊烟梢畫不眞多謝許昌傳雅什蜀都曾未遇詩人 昔聞遊客話芳菲濯錦江頭幾萬枝縱使許昌持健筆可憐終古媿幽姿 〔增〕〔鄭谷蜀中賞海棠〕濃淡芳春滿蜀鄉半隨風雨斷鶯腸浣花溪上空惆悵子美無心爲發揚 〔原〕〔吳融海棠〕雪綻霞鋪錦水頭占春顏色最風流若教更近天街種馬上多逢醉五侯 〔增〕〔宋光宗會僚屬賞海棠偶有題詠〕濃淡名花產蜀鄉半含風露浥新妝嬌嬈不減舊時態誰與丹青爲發揚 〔王禹偁別堂後海棠〕一堆紅雪媚青春惜別須教淚滿巾好在明年

莫憔悴校書兼是愛花人 〔郭震海棠〕又隨桃李一時榮不逐東風處處生疑是四方嫌不種敎於蜀地獨垂名 〔宋祁海棠〕萬萼霞乾照曙空向來心賞已多同未知此日家園樂數徧繁枝豕豕紅 〔趙抃答韻縣錢顗著作移花〕令尹憐花意思勤海棠多種郡園新自從西蜀年年見今日欄邊似故人 〔韓維展江亭海棠四首〕占盡人間麗與華白頭判得醉流霞誰將法錦翻新樣紅綠裝成徧地花 昔年曾到蜀江頭絕艷牢心幾十秋今日欄邊見顏色夢魂不復過西州 紅縿裝條嫋嫋長人間不合有天香千觴未足酬佳麗回首東風更斷腸 又避寒風與暖曦年年長此探花期如今太守

九珍愛只許宮娥戴一枝 〔王安石海棠〕綠嬌隱約眷
輕掃紅嫩妖嬈臉薄妝巧筆寫傳功未盡清才吟詠與
何長 〔文同和何靖山人海棠〕爲愛香苞照地紅倚欄
終日對芳叢夜深忽憶南枝好把酒更來明月中 【原】〔
蘇軾海棠〕東風嫋嫋泛崇光香霧霏霏月轉廊只恐夜
深花睡去高燒銀燭照紅妝 【增】〔趙次公和東坡海棠〕
露氣熏微帶曉光枝邊燦煥映廻廊細看素臉原無玉
初點臙脂駐靚妝 〔張舜民移岳州去房陵道中見海
棠〕馬息山頭見海棠羣仙會處錦屏張天寒日晚行人
絕自落自開還自香 〔張耒晁二家海棠去歲花開呼
杜卿家小娃歌舞花下今春花復開而杜已出守戲以

詩調之〕頗疑蜂蝶過隣家知是東墻去歲花駿馬無因
迎小玄賜夷何用強隨車 【原】〔崔鶠海棠〕渾是華清出
浴初碧綃斜掩見紅膚便教桃李能言語要比嬌妍比
得無 【增】〔陳與義海棠三首〕海棠點點要詩催日暮紫
綿無數開欲識此花奇絕處明朝有雨試重來　紅妝
翠袖一番新久向園林作好春却笑華清誇睡足只今
羅韈久無塵　深院無人春日長遊蜂來往燕飛忙海
棠嬌甚成羞澀憑仗東風催曉妝 〔周必大次韻楊廷
秀并序萬花川谷主人爲海棠賦二首妙絕古今斷章
有平生不帶看花福不是愁中即病中之歎代花次韻〕
江國羣芳自有餘詩才酒興不愁無却憐西蜀移根遠

醉向東風落筆初　傅粉施朱淡復濃不辭沐雨更梳
風豈知命似佳人薄不在吾公樂事中 〔范成大垂絲
海棠〕春工葉葉與絲絲怕日嫌風不自持曉鏡爲誰妝
未辦沁痕猶有淚臙脂 〔賞海棠三絕〕芳春隨分到貧
家兒女多情惜歲華聊爲海棠修故事去年燈燭去年
花　燭光花影兩相宜占斷風光二月時但得常如妃
子醉何妨獨欠少陵詩　憶向宣華夜倚欄花光妍暖
月光寒如今蹋颯嫌風露且只銅瓶滿插看 〔聞石湖
海棠盛開亟攜家過之〕東風花信十分開細意留連待
我來開過十分風不動更無一片點蒼苔　家人扶上
錦城頭蜂蝶團中爛熳遊報答春光須小醉紅雲洞裏

按伊州　低花妨帽小攜筇深淺臙脂一萬重不用高
燒銀燭照暖雲烘日正春濃 〔陸游海棠二首〕十里迢
迢望碧雞一城晴雨不曾齊今朝未得平安報便恐飛
紅已作泥　蜀地名花擅古今一枝氣可壓千林譏彈
更道無香處常恨人言太刻深 〔楊萬里張功父南湖
海棠杖藜走筆〕看盡都城種海棠只將一徑引教長約
齋妙出春風手人在中央花四傍　天公信手灑明霞
若遣停勻未必佳却得數株多葉底殷勤襯出密邊花
〔垂絲海棠〕無波可照底須窺與柳爭嬌也學垂破曉
驟晴天有意生紅新曬一鉤絲 〔張栻所思亭海棠初
開折贈兩使者〕未須比擬紅深淺更莫平章香有無過

雨夕陽樓上看千花容有此膚腴　東風著物本無私
紅入花梢特地奇想得霜臺春思滿一枝聊遣博新詩
〔陳傅良海棠〕淡月看花似霧中遽呼燈燭倚花叢夜
來月色明如晝却向庭蕪數落紅　〔吳芾寄朝宗海棠〕
已作十分妝細看妖嬈更異常不得與君同勝賞空燒
銀燭照紅光　〔和陳子良海棠四首〕春來人物盡熙熙
紅紫無情亦滿枝正引衰翁詩思動舉頭那更得君詩
花開春色麗晴空惱我狂來只遶叢試問妖嬈誰與
比一株勝却萬株紅　雨後花頭頓覺肥細看還是舊
風姿坐餘自有香芬馥不許凡人取次知　十年栽種
滿園花無似茲花豔麗多已是譜中推第一不須還更

問如何　〔海棠〕海棠元自有天香底事詩人故謫傷不
信請來花下坐惱人鼻觀不尋常　〔王之道題苦竹寺
海棠洞〕翠袖朱脣一笑開倚風無力競相偎陽城豈是
倡家物端恐齊奴步障來　〔戴復古海棠〕十月園林不
雨霜朝曦赫赫見秋陽夜來聽得游人語不見梅花見
海棠　〔劉克莊海棠三首〕萬紅來路笑相迎髣髴前身
石曼卿若向花中論富貴芙蓉城劣海棠城　幾樹繁
紅映碧灣苧羅山下見芳顏分明消得黃金屋却墮荒
溪野徑間　色深作擣守宮紅片片低隨蛺蝶風到得
離披無意緒精神全在半開中　〔程敦厚惜海棠〕聯開
今年春色可勝嗟二月山中未見花長憶去年今夜月

海棠花影到窗紗　〔雨中海棠〕玉腮紅輕不耐寒無端
風雨苦相干曉來試卷珠簾看簌簌飛香滿畫闌　〔僧
惠洪海棠〕酒入香腮笑未知小妝初罷醉兒癡一枝柳
外墻頭見勝却千叢著雨時　〔金蔡松年黃海棠〕輕如
紅豆排冰雪一捻新鵝色更奇不覺濃陰破明玉有情
誰解賞離披　〔王世昌方城東寺海棠〕苦薺如鍼草有
芒桃花輕薄絮顛狂少陵倒有詩沾丐只枉無言到海
棠　〔元好問同兒輩賦未開海棠二首〕翠葉輕籠豆顆
勻臙脂濃抹蠟痕新殷勤留著花梢露滴下生紅可惜
春　枝間新綠一重重小蕾深藏數點紅愛惜芳心莫
輕吐且教桃李鬧春風　〔元黃庚海棠〕臉暈輕紅酒力

微真妃半醉夜深時杜鵑叫落花梢月獨倚東風睡不
知　〔歐陽玄爲浪溪題折枝海棠〕點綴春光只一枝此
花猶是半開時更令老杜如今見便是無情也賦詩
〔尹廷高臘月海棠〕尤物真能奪化工臘前偷泄數枝紅
霜花不上臙脂面强飾春妍嫁北風　〔楊維楨折枝海
棠〕金屋銀釭照宿妝一枝分得錦雲鄉梅郎底事多餘
恨怪殺珊瑚不肯香　〔馬臻海棠〕殷紅含露滴朝寒疑
是春工畫未乾底事詩人吟不穩直須燒燭夜深看
〔明高啓西齋庭前海棠〕寂寥銀燭與金盤睡足簾前怯
曉寒不是詩人賞幽興雨中深院有誰看　〔楊慎興教
寺海棠〕雨樹繁花占上春多情誰是惜芳人京華一朵

千金價肯信空山委路塵〔貫〕姬水天妃宮看西域海棠仙觀臺荒蔓草中海棠一樹太憎紅可憐亦是星槎物不學葡萄入漢宮〔董少玉〕海棠花小樓風定月初斜紫玉新枝縮落霞睡起不堪重秉燭春來愁煞海棠花 【原】〔張新〕雨滋霞襯入朱顏月下疑從姑射還最是春工多乃思著將色在淺深間

詩散何 【原】〔宋楊萬里〕不關殘酒醉難醒不爲春愁懶散中自是新晴生睡思起來無力對東風〔斯菴〕宛轉風前不自持妖嬈微傳淡臙脂花如翦彩層層見枝似輕絲裊裊垂〔唐韓偓〕海棠花在否側臥捲簾看 【增】〔宋王十朋〕詩裏稱名高惟幾使梅休妬白仙杏已輸紅

〔王十朋〕詩裏稱名友花中占上游〔唐張蠙〕獨倚闌干正惆悵海棠花裏鷓鴣啼 【原】〔韓偓〕鬱鬱蒼髯眞道友絲絲紅萼是鄉人海棠花下鞦韆畔背人撩鬢道匆匆 【增】〔宋王安石〕纔經暖律移新歲旋見繁紅滿故枝〔蘇轍〕驟暄不爲海棠計長晝只添鸚鵡愁〔陳與義〕燕子不禁連夜雨海棠猶待老夫詩〔范成大〕遲日溫風護海棠十分顏色醉春妝 【原】〔陸游〕露章夜奏通明殿乞借春陰護海棠 曉來强自試新妝倦整金蓮看海棠〔楊萬里〕故園今日海棠開夢入江西錦繡堆 【增】〔王十朋〕杜陵應恨未曾識空向成都結草堂〔陳傅良〕未曉啼鶯相喚語海棠飛盡一庭紅〔嚴粲〕過了海棠人不省夢中姑

自詠梅花 【原】〔杜佺〕海棠正好東風惡狠籍殘紅襯馬蹄 【增】〔宋淑眞〕桃羞艷冶應回首柳妬妖嬈祇皺眉〔元潘伯修〕春寒玉帳花陰合夜照香篝藥氣濃〔釋至仁〕月裏精神今更好雨中顏色向來新〔宋戴復古〕紅透海棠嬌〔元黃庚〕錦棠紅濯雨〔宋陳與義〕暮雨霏霏濕海棠〔陸游〕萬枝猩血海棠紅〔元劉秉忠〕海棠微露濕臙脂

〔詞〕【增】〔宋吳潛如夢令〕江上綠楊芳草想見故園春好一洞海棠花昨夜夢魂飛繞驚曉驚曉窻外一聲啼鳥〔王十朋點絳唇〕絲蕊垂垂嫣然一笑新妝就錦亭前後燕子來時候 誰恨無香試把花枝嗅風微透細熏錦

袖不止嘉州有〔王安石菩薩蠻〕海棠亂發皆臨水君知此處花何似凉月白紛紛香風隔岸聞 囀枝黃鳥近隔岸聲相應隨意坐莓苔飄零酒一杯〔劉儗菩薩蠻〕東風去了秦樓畔一川烟草無人管芳樹雨初晴黃鸝三兩聲 海棠花已謝春事無多也只有牡丹時知他歸不歸〔葉夢得卜算子〕嬌艷醉楊妃輕裊憐飛燕人在昭陽睡足時初試妝深淺 一段錦新裁萬里來何遠高燭休教照夜寒蜡臉融春暖〔劉克莊卜算子〕片片蝶衣輕點點猩紅小道是天工不惜花百種千般巧 朝見樹頭繁暮見枝頭少道是天工果惜花雨洗風吹了〔又〕盡是手裁成合得天饒借風雨於花有底

雋者意相陵藉　傲暖逼教開傲冷催教謝不負明年花下人只負栽花者　原晏殊訴衷情海棠枝綴一重重清曉近簾櫳臙脂誰與勻染偏向臉邊濃　看葉嫩惜花紅意無窮如花如葉歲歲年年共占春風　增張孝祥錦園春醉痕潮玉愛柔英未吐露華如簇絕艷矜春分流芳金谷　風梳雨沐耿空抱夜闌清淑杜老情疎黃州賦冷誰憐幽獨　李膺南鄉子十月小春天紅葉紅花半雨烟點滴紅酥眞耐冷爭先奪取梅魂鬬雪妍　坐待曉鶯遷織女機頭蜀錦鮮枝上綠毛幺鳳子飛仙乞取雙雙作被眠　原范成大醉落魄馬蹄塵撲春風得意笙歌逐歘門不問誰家竹只揀紅妝高處燒

銀燭　碧雞坊裏花如屋燕王宮下花成谷不須悔唱關山曲只爲海棠也合來西蜀　增京松坡醉落魄芳塵休撲名花喚我相隨逐淺妝不比梅欺竹深注朱唇妝面稱紅燭　阿嬌合貯黃金屋是誰却遣來空谷酡顏偏倚闌干曲一段風流不枉到西蜀　王道輔蝶戀花濯錦江頭春欲暮枝上繁紅著意留春住祇恐東君嫌面素新妝勝把臙脂傅　曉夢驚寒初過雨寂寞珠簾問有餘花否悵望草堂無一語丹青傳得凝情處　張材甫蝶戀花前日海棠猶未破點點臙脂染就眞珠顆今日重來花下坐亂鋪宮錦春無那　勝摘繁枝簪幾朶痛惜深憐只恐芳菲過醉倒何妨花底臥不須紅

袖來扶我　明仁宗蝶戀花烟抹霜林秋欲困吹破臙脂便覺西風潤翠袖怯寒愁一寸誰家庭院黃昏信明月修容生遠恨旋摘餘嬌簪滿佳人鬢醉倚小欄花影近不應先有春風分　宋張奕端人嬌多少臙脂勻成點就千枝亂攢紅堆繡花無長好更光陰去後對景憶艮朋故應招手　曾記年時花開把酒枉淋淋春衫濕透文園今病悶速能來否却道有荼蘼牡丹時候　張孝祥感皇恩常歲海棠時偷閑須到多病尋芳懶春老偶來恰值半謝妖嬈猶好便呼詩酒伴同顛倒　繁枝高蔭疎枝低繞紅底杯盤花影照多情一片怪我歸來不早斷腸銷碎錦門前道　陳濟翁踏青游濯錦江

頭羞殺艷桃穠李縱趙昌丹青難比暈輕紅留淺素千嬌百媚照綠水恰如下臨鸞鏡妃子弄妝猶醉　詩筆因循不曉少陵深意但滿眼傷春珠淚燕來時鶯啼處年年憔悴便除是秉燭凭欄吟賞莫教夜深花睡　晁補之洞仙歌羣芳未盡是海棠時候雨過寒輕好晴晝最妖嬈一樹全是初開雲鬟小塗粉施朱未就　全開還自好駘宕春餘百樣宮羅鬬繁纈縱無語也應心恨我來遲恰柳絮將春歸後醉猶倚柔枝恰黃昏一點愁須共花同瘦　劉克莊滿江紅老子年來頗自許心腸鐵石尚一點銷磨未盡愛花成癖懊惱姮娥寒勒住丁寧莫被晴烘拆柰瘟風烈日太無情如何得　張晝燭

頻頻惜憑素手輕輕摘更幾番雨過彩雲無迹〔今日不來花下飲明朝空向枝頭覓對殘紅滿院杜鵑啼添愁寂〔劉處靜燭影搖紅蜀錦華堂寶箏頻送花前酒妖嬈全在半開時人試單衣後花面圍春競秀如紅潮玉頰微透欲甦還睡淺酒扶頭朦朧晴晝　金屋名姝恨情空貯閒眉岫世間還有此娉婷拚盡珠暈斗眞艶可令消受倩鶯催天香共袖冷烟庭院淡月梨花空教春瘦〔劉凝木蘭花慢〕衞秋空向晚被風雨趲重陽正木落疎林海棠枝上忽見紅妝料應妬他蘭菊任年年獨自占秋光故把春風嬌面向人逞艶呈芳　看來畢竟此花強祇是欠些香悄一似五陵公子却厭膏粱昔來

水邊竹下與幽人相對說淒凉只恐夜深花睡五更微有清霜〔謝邁念奴嬌〕綠雲影裏把明霞織就千重文繡紫膩紅嬌扶不起好是未開時候半怯新寒半宜晴色養得臙脂透小亭人靜嫩鶯啼破清晝　猶記攜手芳陰一枝解帶嬌艶波雙秀小語輕憐花總見爭得似花長久醉淺休歸夜深同睡明月還相守免教春去斷腸空歎詩瘦〔馬莊父水龍吟〕東君直是多情好花一夜都開盡杏梢零落藥欄遲暮不教寧靜風度秋千日移簾幕翠紅交映正太眞浴罷西施濃抹都沉醉嬌相稱　磨徧綠膩銅鏡攪春衫不堪比並暮雲空谷佳人何處碧苔侵徑睡裏相看酒邊凝想許多風韻問因何

那欠一些香味惹旁人恨〔方岳水龍吟〕晝長庭院深深春柔一枕流霞睡朦朧欲醒嬌羞還困錦屏圍翠豆蔻初肥櫻桃微綻玉欄同倚記華清欲起渭水流波暖紅漲棄脂水　燕子來時天氣儘韶風與他爲地芳叢雨歇霞痕日爛英英仙意莫恨無香最憐有韻天然情致待問春能幾五更猶是拚今宵醉〔王十朋二郎神〕深深庭院夜雨過簾櫳高捲正滿檻海棠開欲半仍朶朶紅深紅淺遙認三千宮女面匀點點臙脂未徧更微帶春醪宿醉裊娜香肌嬌嬾　日暖芳心暗吐含羞輕顫笑繁杏夭桃爭爛熳愛容易出牆臨岸子美當年遊蜀苑又豈是無心眷戀都只爲天然體態難把詩工裁

剪〔劉克莊摸魚兒〕甚春來冷烟淒雨朝朝遲了芳信驀然作暖晴三日又覺萬株嬌困霜點鬢潘令老年年不帶看花分才情減盡悵玉局飛仙石湖絕筆辜負這春韻　傾城色懊恨佳人薄命墻頭岑寂誰問東風日暮無聊歎吹得臙脂成粉君試認花共酒古來二事天尤吝年光去迅謾綠葉成陰青子徧地敵取異時恨・

【別錄】王禹偁詩話杜子美避地蜀中未嘗有一詩說著海棠以其生母名海棠也【增】韻語陽秋杜子美居蜀累年吟咏殆徧海棠奇艶而詩章獨不及何耶鄭谷詩云浣花溪上空惆悵子美無心爲發揚是已本朝名士賦海棠甚多往往皆用此爲實事如石延年云杜甫

句作詻辭能詩未工錢易詩云子美無情甚都官著意頻李定詩云不露丁部風騷力猶占勻芒造化權獨王荆公用此作梅花詩最爲有意所謂少陵爲爾牽詩興可是無心賦海棠也 〔墨客揮犀〕李丹大夫客都下一年無差遣及授昌州倅議者以去家遠乃改授鄂州彭淵材聞之吐飯大步往謁李曰誰爲大夫謀昌佳郡也柰何去之李驚曰供給豐乎曰非也民訟簡乎曰非也曰然則何以知其佳淵材曰海棠無香昌州海棠獨香非佳郡乎聞者傳以爲笑 【原】〔蜀檮杌〕潘炕有嬖妾解愁姓趙氏其母夢吞海棠花蕊而生頗有國色善爲新聲 〔冷齋夜話〕彭淵材曰平生所恨者五事人問其故

淵材不言久之曰吾論不入時聽恐汝曹輕易之問者力請乃答曰第一恨鰣魚多骨二恨金橘太酸三恨蓴菜性冷四恨海棠無香五恨曾子固不能詩聞者大笑淵材瞠目答曰諸子果輕易吾論也 東坡海棠詩曰只恐夜深花睡去故燒銀燭照紅妝事見太真外傳明皇登沉香亭召太真妃於時卯醉未醒命力士使侍兒扶掖而至妃子醉顏殘妝鬢亂釵橫不能再拜明皇笑曰豈妃子醉直海棠睡未足耳 【增】〔冷齋夜話〕前輩作花詩多用美女比其狀如曰若教解語應傾國任是無情也動人誠然哉山谷作酴醾詩曰露濕何郎試湯餅日烘荀令炷爐香乃用美丈夫比之特若出類而吾叔

淵材作海棠詩又不然曰雨過溫泉浴妃子露濃湯餅試何郎意尤工也 〔詩話總龜〕東坡謫居齊安時以文筆游戲三昧齊安樂籍中李宜者色藝不下他妓他妓因燕席中往往得詩宜獨以語訥不能請及坡將移臨汝於飲餞處宜奉觴再拜取領巾乞書公顧視久之令宜磨硯墨濃取筆大書東坡五歲黃州住何事無言及李宜即擲筆袖手與客笑談坐客相謂語似凡易又不終篇何也至將徹具宜復拜請坡大笑曰幾忘出場繼書云恰似西川杜工部海棠雖好不留詩一座擊節盡歡而散 〔就印錄〕張寶用鴨卵殼以金絲鏤海棠花名鮫胎盞 〔雲蕉館紀談〕明昇在重慶取浮江青蝀石爲

茶磨令宮人以武隆雪錦茶碾之焙以大足縣香霏亭海棠花味倍於常海棠無香獨此地有香焙茶尤妙

【原】〔栽接〕海棠性多類梨核生者十數年方有花都下接工多以嫩枝附梨而贅之則易茂種宜壚壤膏沃之地貼梗海棠臘月於根傍開小溝攀枝著地以肥土壅之自能生根來年十月截斷二月移栽櫻桃接貼梗則成垂絲梨樹接貼梗則成西府又春月取根側小本種之亦易活或云以西河柳接亦可海棠色紅接以木瓜則色白亦可以枝插不花取巳花之木納於根罅間即花花謝結子翦去來年花盛而無葉 〔澆灌〕瑣碎錄云海棠花欲鮮而盛於冬至日早以糟水澆根下或肥水澆

或盦過[illegible]之厚密纔到春暖則枝葉自然六層著花亦繁密矣一云此花無香而甚臭故[illegible]一云性貼梗忌糞西府垂絲亦不甚忌止惡純濃者耳（插瓶）薄荷包根或以薄荷水養之則花開耐久

附錄　秋海棠

原　一名八月春草本花色粉紅甚嬌豔葉綠如翠羽此花有二種葉下紅筋者爲常品綠筋者開花更有雅趣

彙考　原　（採蘭雜志）昔有婦人懷人不見恒灑淚於北墻之下後灑處生草其花甚媚色如婦面其葉正綠反紅秋開名曰斷腸花卽今秋海棠也　于若瀛曰秋海棠

喜陰生又宜卑濕莖岐處作淺絳色綠葉文似朱絲婉媚可人不獨花也　增　（學圃餘疏）秋海棠嬌好宜于幽砌北牕下種之傍以古拙一峰菖蒲翠筠草皆其益友也　（荊溪疏）春後洞秋時海棠千本并著花一壑皆丹　（瓶史）秋海棠嬌然有酸態鄭康成崔秀才之侍兒也　（瓶花譜）秋海棠四品六命

集藻　（五言律詩）原　明王士騏題秋海棠　是花偏灼灼開處幾叢叢弱質不禁露幽懷欲訴風空庭聊取媚傍石若爲容黃菊紛相應餐英未許同　（鍾惺詠秋海棠）墻壁因吾分烟霜亦是恩光輕偏到蒂命薄幸餘根笑泣誰能喻榮衰不敢論年年秋色下幽獨自相存

（七言絕句）原　明俞琬綸詠秋海棠　薄羅初試怯風淒小樣紅妝著雨低一段妖嬈描不就非關子美不能詩　春色先應到海棠獨留此種占秋芳稀疎點綴猩紅小堪佐黃花薦客觴

別錄　原　性好陰而惡日一見日卽瘁喜淨而惡糞宜盆栽寘南墻下時灌之枝上有種落地明年自生根夏便開花四圍用碎瓦鋪之則根不爛老根過冬者花更茂浸花水飲之害人

佩文齋廣羣芳譜卷第三十六

佩文齋廣羣芳譜卷第三十七

花譜

玉蘂 按宋祁曰維揚州后土廟有花正白曰玉蘂王禹偁愛賞之更稱曰瓊花曾慥目今揚花即玉蘂花魯直更其名爲山礬皆非也今以周必大玉蘂辨證爲據分爲三譜諸說詳載於後以備參考

原 周必大玉蘂辨證 條蔓如荼蘼冬凋春茂柘葉紫莖玉蘂花苞初甚微經月漸大暮春方八出鬚如冰絲上綴金粟花心復有碧筩狀類膽瓶其中別抽一英出衆鬚上散爲十餘蘂猶刻玉然 增 全芳備祖 玉蘂枝條髣髴葡萄葉類柘葉之尖圓梅葉之厚薄花類梅而萼瓣縮小心微黄類小淨瓶暮春初夏盛開葉獨後凋其

花白玉色其香殊異其高丈餘是名玉蘂

彙考 原 劇談錄 上都安業坊唐昌觀舊有玉蘂花甚繁每發若瑤林瓊樹元和中春物方盛車馬尋玩者相繼忽一日有女子年可十七八衣繡綠衣乘馬峩髻雙鬟無簪珥之飾容色婉約迥出於衆從以二女冠三女僕僕者皆丱頭黄衫端麗無比既下馬以白角扇障面直造花所異香芬馥聞於數十步之外觀者以爲出自宮掖莫敢逼而視之佇立良久令小僕取花數枝而出將乘馬迴謂黄冠者曰曩者玉峰之約自此可以行矣時觀者如堵咸覺烟霏鶴唳景物輝煥舉轡百步有輕風擁塵隨之而去須臾塵滅望之已在半天方悟神仙之

遊餘香不散者經月餘日時嚴給事休復元相國劉賓客白醉吟俱有聞玉蘂院真人降詩 增 李德裕招隱山觀玉蘂樹詩注 內署沈大夫所居閣前有此樹每花落空中回旋久之方集庭際大夫草詔之夕皆邀予同玩 原 蔡寬夫詩話 李衛公玉蘂花詩云玉蘂天中樹金鑾昔共窺注以爲禁林有此木吳人不識自文饒賞玩始得名此爲潤州招隱山作也碑今裂爲四段在通判廳中而招隱無復有此花矣詢之士人皆莫知爲何物或云即今揚州后土祠瓊花是已自王元之始易其名晏元獻常以李善文選注質之曰瓊乃赤玉與此花不類也 漁隱叢話 沈倚師奉酬浙西尚書九丈招隱

山觀玉蘂戲書即事見懷之作丹徒令書其後云招隱玉蘂花以二公詩著名累經兵燹花偶存而刻本久失好事尋訪每不滿意住持置弗問者幾人矣普覺來主其席求用治刻本礲石重鐫游客玩花讀詩頓還三百年舊觀良足嘉美自晉宋招隱名甲京口古松脩竹清泉幽洞播在談詠誇詡勝絕遊者探伐童豬寔不副名覺師培植掃剔立志弗倦加以年序蒼翠環合景物增邃師與此寺此詞同永其傳尚勉之哉 增 高齋詩話 唐人題唐昌玉蘂詩云一樹瓏鬆玉刻成飄廊點地色輕輕女冠夜覓香來處惟有堦前碎月明今揚花即玉蘂花也介甫以比瑒謂當用此瑒字蓋瑒玉名取其白

耳魯直又更其名爲山礬謂可以染也盧陵段謙叔多聞士也家藏異書古刻至多有楊汝士與段二十二帖云唐昌玉蘂以少故見貴耳自來江南山山有之土人取以供染事不甚惜也則知瑒花之爲玉蘂斷無疑矣傅子容見此帖乃作絕句云比瑒更礬總未佳要須博物似張華因觀異代前賢帖知是唐昌玉蘂花余放浪林泉之日久矣屢從樵夫野叟問所謂鄭花者指其木謂余曰此鄭木也其葉如凍青高二三丈或有小者亦丈餘暮春開花如凍青花雖香而甚烈全不旖旎但山谷云江南野中有一種小白花木高數尺春開極香與余所見全不類〔韻語陽秋〕江南野中有小白花木高

數尺春間極香土人呼爲瑒花瑒玉名取其白也魯直云荊公欲作傳而陋其名予請名曰山礬野人取其葉以染黃不借礬而成色故以名爾嘗有絕句云高節亭邊竹已空山礬獨自倚春風是也近見曾端伯高齋詩話云此花即唐昌玉蘂花也所謂一樹瓏鬆玉刻成飄廊點地色輕輕者以余觀之恐未必然玉蘂佳名也此花自唐流傳至今當以玉蘂得名不應舍玉蘂而呼瑒魯直亦不應舍玉蘂而呼山礬也豈端伯別有所據耶[illegible]希見爲珍不必異種也長安唐昌觀玉蘂[illegible]花又名米囊黃魯直易山礬者在江東彌山亘野殆與榛莽相似而唐昌所產至於神女下遊折

花而去以踐玉峰之期不特俗士罕見雖神仙亦不識也〔玉蘂辨證〕唐人甚重玉蘂故唐昌觀有之集賢院有之翰林院亦有之皆非凡境也予往因親舊自鎮江招隱來遠致一本種之軒檻再歲始著花不久當成樹花蘂猶刻玉然花名玉蘂乃在於此宋子京劉原父宋次道博洽無比不知何故疑爲瓊花王元之知揚州但言未詳何木俗呼爲瓊花子京何故以誣元之蔡君又引晏同叔之言以爲證甚無謂也劉夢得雪蘂瓊絲之句最爲中的何必拘李善赤玉爲之注耶楮音陣南史劉杳傳所謂楮酒者予嘗得醞法芳烈異常山谷似不必以杳傳爲據循俗訛楮作鄭而江南鄉音又呼鄭爲

瑒復疑未安於是創山礬之名然二詩幷序初未嘗及玉蘂止因好事者僞作唐人帖故曾端伯洪景盧皆信之其實諸公猶未見此花所謂信耳而不信目也 以玉蘂爲瑒起於曾端伯予與段謙叔之子元愷同里巷往還至熟其父初無楊汝士帖小說難信類此〔原全芳備祖〕戴顒字仲若捨宅爲招隱寺寺在京口放鶴門外古竹院相望數里孤處於萬山荒凉之巔所由山徑石卵纍纍不絕如綫是名招隱寺有米元章隸碑以紀仲若之出處方丈有閣號招華梁昭明選文於中閣之左有亭名虎跑其泉清冽閣之右有亭名玉蘂蘿扁其上亭之下有玉蘂二株對峙一架土人僉言此花自唐

迄今天下只二株亦猶瓊花之於維揚千餘年間凡幾遭兵燹幸存今唐長安白玉等觀及御史所居閣前往往不可稽考而僅餘此寺巋然李德裕沈傳師詩句可以究其終始欲天下皆知此花非山礬非瓊花其負出鮮儔而自成一家也故詳紀其本末云 長安志安業坊唐昌觀舊有玉蘂花乃唐昌公主所植

集藻 五言古詩 原 唐王琪玉蘂花 玉蘂生禁林地崇姿亦貴散漫溪谷中蓬茨復何異清芬信幽遠素彩非妖麗蒼煙蔽山日瓊瑤爲之晦歲久自扶疎巖深愈幽邃請觀唐相吟俗眼無輕視 唐昌觀中樹曾降九天人鑾駕久何許雪英如舊春豈無遺佩者來效捧以羅

七言古詩 增 宋徐積玉女花二首并序 部使者林公作玉蘂二詩同使趙公屬和亦以見命因吟之爲玉女焉 楊花可與名玉妃楚花可與名玉女天上瑤臺是本居人在月宮合同處一點難容赤水霞平生冷笑巫山雨此女持身已太嚴玉壁如盤求不許 國艷雖殊情太少蛾眉不畫雙瞳瞭新就明河洗面來更佩明珠躡瑤草不用朱鸞與紫霞玉麒麟駕白雲車君看面上都無邪更看身上都無瑕越王國女金可邀卓王孫女琴可挑更有秦王家弄玉嫁人只被愛吹簫 原 鄭域維揚后土廟瓊花安業唐昌宮玉蘂判然二物本不同嗅作一般看未是瓊花雪白輕壓枝大率形模八仙耳山溪行路多見之樵夫摧殘如獼薙比之玉蘂似實非金粟冰絲那有此花鬚中有碧膽瓶別出瓏璁高半指清馨靜夜衝九天招引瑤臺玉仙子乘風躍馬汗漫遊偷折繁香分月姊紫莖栢葉茶蘼條少到尋常人眼底翰林內苑集賢閣雨露承天近尺咫後人不識天上花又把山礬輕擬比葉皺而澀供染黃不著霜縑偏入紙江鄉老少知此名鄭椿瑒音無正字方言土諺隨舌訛烏馬成焉固應爾

五言律詩 原 唐李德裕招隱山觀玉蘂樹戲書即事奉寄江西沈大夫閣老 玉蘂天中樹金閨昔共窺落英閑舞雪密葉乍低帷舊賞煙霄遠前歡歲月移今來想顏

色還似憶瓊枝 沈傳師奉酬浙西尚書九丈招隱山觀玉蘂樹戲書即事見懷之作 曾對金鑾直同依玉樹陰雪英飛舞近煙葉動搖深素萼年年密衰容日日侵勞君想華髮僅欲不勝簪 增 羊士諤故蕭尚書瘦柏齋前玉蘂樹與王起居吏部孟員外同賞 柏寢閑何時瑤華自滿枝天清凝積素風暖動芬絲留步蒼苔暗停觴白日遲因吟茂陵草幽賞待妍詞

七言律詩 增 宋徐積瑤眞詩二首有序 淮南轉運林公次中所居之府有花一株舊名玉蘂公改曰瑤眞即瓊花之別本也瓊赤玉也名其花者蓋誤矣楊楚二花同爲一物而楚花獨得瑤名也眞者天下之良貴也故因

物而寓之則存乎其心者不問可知蓋未嘗不在乎其
眞也旣名其花遂名其館謂山陽學官曰子能賦之否
乎於是得律詩二章其亦庶乎述而賦之也此花所在
宜開館彼玉維瑤合比君毋到黃昏成淡月却臨曉後
作團雲人間偶采何如貲物裏孤芳自勝羣應笑馬嵬
坡下女太眞爲號繫黃裙　不知記得瑤林否故國曾
陪閬苑春色貌易分渾是正性情難辨總歸眞紅塵世
上無雙物白雪宮中第幾人若問誰何名玉女一般嚴
靜敵霜神　【原】楊東山題玉蘂花纔入平園便有聲唐
昌觀裏久知名已堆玉琖分金粟更插銀花入翠罍蘿
蔓春風滕薛長山礬香氣晉齊盟世間百卉應無限不

遇王公枉一生　【增】周必大去夏孫從之示玉蘂佳篇
時過未敢賡和今年此花盛開輒次嚴韻并以新刻辨
證爲獻食菜曾饕三百囷種花重看一番新洞仙舊賞
淪無跡工部高吟必有神豔雪雅宜歌白雪送春仍欲
買青春向來偶帖今氷釋從此佳名徧廣輪　次韻廷
秀待制玉蘂姑射山前雪照人長安水畔態尤眞步搖
翹玉中心整瓔珞塗金四面勻常笑荼蘪藏琪藥獨陪
芍藥殿餘春自從唐氏來天女直到平園見後陳　趙
正則彥法司戶沿檄而歸玉蘂已過追賦車字韻詩奉
答春深遊客競繁華寶馬香輪帶麴車不爲來看招隱
樹有誰肯傾野人家飛飛粉蝶鬚相耿岐岐鈿蜨邑共

詩今得審言詩勝畫傳神何必趙昌花
五言絕句　【增】唐鄭谷中臺題玉蘂唐昌樹已荒天意眷
文昌日晚微風起春時雪滿牆
七言絕句　【原】唐嚴休復聞玉蘂院眞人降二首味道齋
心禱玉宸魂銷冷眼未逢眞不如滿樹瓊瑤蘂笑對藏
花洞裏人　羽車潛下玉龜山塵界何由覩蕣顏惟有
無情枝上雪好風吹綴綠雲鬟　武元衡唐昌觀玉蘂
花琪樹年年玉蘂新洞中長閉彩霞春日暮落英鋪地
雪獻花無復九天人　張籍同嚴給事聞唐昌觀玉蘂
院近有仙過因成絕句二首千枝花裏玉塵飛阿母宮
中見亦稀應共諸仙鬭百草獨來偷折一枝歸　五色

雲中紫鳳車尋仙來到洞仙家飛輪回處無蹤跡惟有
斑斑落地花　劉禹錫和嚴給事聞唐昌觀玉蘂花下
有遊仙二首玉女來看玉樹花異香先引七香車攀枝
弄雪時回首驚怪人間日易斜　雪蘂瓊絲滿院春羽
衣輕步不生塵君平簾下徒相問長記吹簫別有人
白居易酬嚴給事聞玉蘂花下有遊仙嬴女偷乘鳳下
時洞中潛歇弄瓊枝不緣啼鳥春饒舌青瑣仙郎可得
知　惜玉蘂花有懷集賢王校書起芳意將闌風又吹
白雲離葉雪辭枝集賢讐校無閑日落盡瑤華君不知
【增】元稹酬嚴給事聞玉蘂花下有遊仙弄玉潛過玉
樹時不教青鳥出花枝的應未有諸人覺只是嚴郎卜

得知 【原】楊巨源唐昌玉蘂花 晴空素艷照霞新香灑
天風不到塵持贈昔聞將白雪蘂珠宮上玉華春 楊
凝唐昌觀玉蘂花 瑤花玉蘂種何年蕭史秦嬴向紫烟
時控綵鸞過舊邸摘花持獻玉皇前 【增】宋徐鉉和賈
員外戲見贈玉蘂花栽瓊瑤一簇帶花來便劚蒼苔手
自栽喜見唐昌舊顏色爲君判病酌金罍
詩散句 【增】宋楊萬里團酥刻玉比未暇雅靜居然不塵
汙須信掇之天上奇細吐冰絲說心愫 劉允叔江南
春晚經行地臙有唐昌玉蘂花露彩烟絲無限態冰清
玉潤白成葩 劉克莊玉蘂春陰密瑣玕晚暑清 【原】
唐劉禹錫鳳池西畔圖書府玉樹玲瓏景氣閑 宋趙

清臣正是清燈深雨夜空傳玉蘂發春晴 唐鄭畋小
閣凉添玉蘂風

瓊花 聚八仙附見譜內

【增】澠水燕談揚州后土廟有瓊花一株潔白可愛歲久
木大而花繁俗目爲瓊花不知實何木也 齊東野語
揚州后土祠瓊花天下無二本絕類聚八仙色微黃而
有香仁宗慶曆中嘗分植禁苑明年輒枯遂復載還祠
中敷榮如故淳熙中壽皇亦嘗移植南內逾年憔悴無
花仍送還之其後宦者陳源命園丁取孫枝移接聚八
仙根上遂活然其香色則大減矣今后土之花已薪而
人間所有者特當時接本髣髴似之耳

【增】聞見雜錄揚州后土廟有瓊花一株宋丞相郊
構亭花側榜曰無雙謂天下無別株也 廣陵志后土
廟瓊花本大而花繁天下無之孫冕過維揚使人訪之
謂山中甚多但歲苦樵斧野燒故木不能大而花不能
盛遂不爲人所貴復傷之以詩曰可憐遐僻地常化燎
原灰其說蓋謂以聚八仙爲此花耳聚八仙花雖類瓊
花而瓊花之異者其香如蓮花清馥可愛雖剪折之餘
韻亦不減此聚八仙之所無也 韻語陽秋瓊花惟揚
州后土祠中有之其他皆聚八仙近似而非鮮於子駿
詩云百蘤天下多瓊花天上希結根託靈祠地著不可
移八蔀冠羣芳一株攢萬枝而宋次道春明退朝錄云

瓊花一名玉蘂按唐朝唐昌觀有玉蘂花王建詩所謂
女冠夜覓香來處惟有階前碎月明是也長安觀亦有
玉蘂花劉禹錫所謂玉女來看玉樹花異香先引七香
車是也唐內苑亦有玉蘂花李德裕與沈傳師草詔之
夕屢同玩賞故德裕詩云玉蘂天中樹金閨昔共窺傳
師和云曾對金鑾直同依玉樹陰是也招隱山亦有玉
蘂花李德裕所謂吳人初不識因余玩賞乃得此名是
也由是論之則玉蘂花豈一處有哉其非瓊花明也東
坡瑞香詞有后土祠中玉蘂花之句者非謂玉蘂花止
謂瓊花如玉蘂之白耳 西溪叢語唐昌觀玉蘂花今
之散水花揚州瓊花今之聚八仙但木老耳 花經瓊

花二品八命聚八仙六品四命〔山房隨筆〕揚州瓊花天下祇一本士大夫愛重作亭花側扁曰無雙德祐乙亥北師至花遂不榮趙棠國炎有絕句弔曰名擅無雙氣色雄忍將一死報東風他年我若修花史合傳瓊妃烈女中〔代醉編〕傳記所載揚州瓊花天下祇一本及觀西吳里語復云宋時德清嶽祠廡下有瓊花一本春時盛放每告朔設會特開數朵時號月旦花則彼時此花已有二本矣〔花史〕景定間濠州曾主簿入廣西宿某驛傍民舍主人邀坐丰儀甚雅庭有奇花數盆曾曰曾見廣陵瓊花否主人曰有卽人折一枝以授曾持入驛同顧民舍無有矣視瓊花茅也

〔集藻〕

〔辨〕宋鄭與裔瓊花辨瓊花天下無雙昨因北騎侵軼或謂所存非舊疑黃冠以聚八仙補種其處未知然否屬自合肥易鎮來此所覩郡圃中聚八仙若驟然過目大率相類及細觀熟玩不同者有三瓊花大而瓣厚其色淡黃聚八仙花小而瓣薄其色漸青不同者一也瓊花葉柔而瑩澤聚八仙葉麤而有芒不同者二也瓊花蘂與花平不結子而香聚八仙蘂低於花結子而不香不同者三也余尚未敢自信嘗取花雜示兒輩皆能識而別之始乃無疑適后土祠宇頹敝鳩工撤舊鼎爲增建時當季夏非花放之日忽一枝負然特開於其杪郡人競觀莫不嘉歎余生平信奇詭倘非目擊則謂好事者誇誕今觀此靈豈非司花之神鑒予之信心乎故爲之辨以驗來者〔明郞瑛瓊花辨〕雍錄辨梔子花卽玉蘂花改之爲山礬者王荊公以其花葉可以染黃不借礬而成色之故野客叢書又載揚州后土廟玉蘂花序文序文以玉蘂卽瓊花也改之爲瓊花者宋王元之之更也予意瓊花在宋極名之勝今作詩與序者又皆宋人必不差矣使果一種則梔子江南到處有之胡爲至貴而揚州者名傳千古耶及考揚志謂瓊花或云唐植今雍錄亦以玉蘂唐惟長安一株元白等賦詩貴重又曰花白心黃三四月間開時芬芳滿野高可數丈意卽今之梔子千葉者耶但花大樹高如粉團耳不

然何二書相符後世不傳惜江南未能收護使高大也況生于陝移于揚亦在彼亦自爲奇矣但齊東野語以色微黃似與雍錄一樹瓏鬆玉刻成小有間也昨見宋畫瓊花眞似野八仙但多一頭九朶簇成者然亦未知孰是

〔記〕宋杜斿瓊花記余自京口過揚州尋訪舊事知世所傳后土瓊花在今城之蕃釐觀亟往謁蕃釐觀瓊花猶在然余聞紹興辛巳之變金人入揚州已揭其本而去何從復得此種也觀壁有諸公所紀載直排世俗僞謂道士以聚八仙嗣其名聚八仙葉瓣色香皆不類余曾不及見二花開時類不類不得知獨怪金人旣揭其

本復何從得此種也有老道士出鬚髮皓然自言生於崇寧間今八十有六歲矣能敘今花本末余與對坐於花之亭西改容而問道士指花之根幹而言曰此某手所培護而至此者也指觀之大門而言曰此向之殿廬處也指所坐之亭曰此向之無雙亭處也花舊在無雙亭下殿西之北自紹興十五年向龍圖子謹以殿廬而勢狹小徙置轉後則花當殿西之南更三十一年知郡事劉澤復命移花於殿之前即今之花處乃是歲八月十五日也初二十四年時直花之東南離三四尺許儵然一小根枝葉日茂其下大徑寸至其放時鄉疎皆密移之不敢易又十一月金人渡淮趨揚州直入觀揭花

本去其小者翦而誅之于時某方避亂奔走初亦不知也寇既退某始以十二月來舊地是時訓練官成平領兵馬依觀屯寨其軍人接某曰觀主至耶瓊花已壞鹵手旁有一小根微見地面可識認非其種乎某心知之難以口舌定惟告以瓊花若剔其根皮投之火則臭達于鼻于是剔其根皮投之火果臭達于鼻軍人皆喜歎某即默禱后土移植之花處日往護之越明年二月既望夜中天大雷雨某詰朝起視兩廡蚯蚓布地皆滿往所植根旁則勃然三蘖從根出矣自是遂條達不已至于今三十年之久見其婆娑偃蓋常不忘斷根時也道士既言余爲之竦然曰盛衰感應之理豈可不知其故哉夫他日不生小根而儵然起于二十四年兆先見也去辛巳八年者以養稱也離離且三四尺許者不併揭也翦而復萌者終盛也天大雷雨蚯蚓布地而三蘖勃然者蚯蚓伏深壤陽氣驟趣之則動植俱奮也以人事言之不知趙孤漢孤之不亡何以異是自微而存存而有力扶植成就以至後日則程嬰丙吉之功道士宜獲其報今之亭上壽倘有相之者余恐道士亡後來者無以知今花本末而其疑不解也故序而書之其間歲月事故之叅錯煩委有可附見者悉不敢畧以知其不誣若其他靈異甚多未暇及也道士姓唐名大寧余實金華杜斿紹興二年記

賦 宋張問瓊花賦揚州后土祠瓊花經兵火後枯而復生今歲尤盛邦人喜之以爲和平之證也乃賦之賦曰偉赤縣之奧都滋黑壤之饒沃萃溫潤之秀氣發英華于地軸是爲瓊花異于凡木香凝嬌服之蘭色瑩光明之玉托根后土之祠擢幹蜀岡之麓曾不知其歲年亦弗紀于圖錄欲問司花之女但注詩人之目謂天下之一株冠羣葩之芬馥豈唐昌之餘芳藏後庭之遺曲者乎當其風入琳宮春歸華屋萼拆青綃色凝寒綠枝珊瑚兮鏤雪冰蘂珠璣兮爛金粟眞庭靜兮翦孅羅其纖穠仙蘂深兮瑞露滋其芬郁瑤林瑰艷之蔭蒨閬苑琪英之燿煜若蓋而繡似璧而縠如黃琮鳴璫璀璨千

禋壇而文珠珮環玲瓏乎木輈佳娥競爽借月影于冰蟾阿母來觀下雲軿于皓鵠儷靚容于茉莉抗素馨于蒼蔔笑玫瑰于塵凡鄙荼蘼于淺俗惟水仙可並其幽閒而江梅似同其淸淑貞絕代之無雙久獨芬于幽谷若乃聚八仙之殊種玉蝴蝶之別族葉扶疎而韻不勝色近似而香不足猶瑾瑜琬琰之粹溫豈碔砆堅珉之碌碌蓋艷冶爭妍者衆之所同而獨潔尚白者我之所獨是以兵火不能焚邊塵不能辱根常移而復還本已枯而再續疑神明之護持偏化工之茂育抑將薦瑞于太平而致祥于玉燭

元郝經瓊花賦并序　中統二年春三月制使李公致瓊花數枝是年冬十月而夢二客

相邀至維揚之后土祠飲於花下嘯歌爲樂既醉而覺乃作賦焉辭曰江風吹雲枕壓霜月神不棲目軼思超越栩栩曳曳境與世別天宇闢凡蹤絕歷蘭路開桂闕飄飄乎馮高御空不知身之幾何而造乎虛白已而扶搖顛旗恍惚莫量疑在鈞天亦如巫陽孤鶴飛來縞衣玄裳翩然負予背風翱翔下視淮海雉堞相望貝錯珠瑩接犀連牆繡簾瑚櫳綺疏綠房十里一市金紗煌煌混灝海之魚龍駭飛埃而陸梁忽丹霄之二仙翳靑鳥以相將指仙花以爲言可躡月而飛觴是閬苑之仙根來瑞世而呈芳析膩雪以擣碧刻春冰而帶黃噴蘂蝶於花心引輕絲而不狂天風收其落英不委地而飄揚彼衆卉則俗死漫紅妖而綠倡玉陰婆娑徙倚徜徉淸香忽來莫知其方乃誦明月之曲歌窈窕之章倚歌横簫鏘鳳鳴凰挹芳瀾之浩淼傾墜露之淋浪卷瓊瑤於杯盤吸霜露於肺腸欲扳枝而不敢懼貞宰之或傷且對花而舉酒續遯世之菭蘇倏焉玉女隔花而語髣髴花神是爲花主謫自瑤華以臨后土翦冰綃以爲裳染麝塵於金縷拂白霓而下征曳秋霞而輕舉現仙姿於塵寰寓風神於月府且曰有妹其字飛瓊適來瑤池善爲新聲與君佐酒以薦予誠遽作穿雲振搖瓊英說仙家之幽香詠蓬壺與赤城閱花朝以逍遙駐芳姿以輕盈嗟胡爲乎斯世而沉冥於此生也時予既醉二仙亦

去花落尊空歌殘玉樹斗轉參橫脫兔驚寤餘香冉冉月滿牕戶乃爲記夢之歌歌曰玉宇春兮花始開與二仙兮飄然而來花亦喜兮搖搖乎瓊瑰掇飛英兮泛酒杯飛仙爲我兮歌且舞舞亦既醉兮胡不歸花滿袖兮香滿懷謂予是夢兮余不疑嗟時之人兮孰非夢之爲

五言古詩　宋韓琦后土廟瓊花　維揚一株花四海無同類年年后土祠獨此瓊瑤貴中含散水芳外圍蝴蝶戲酴醾不見香芍藥暫多媚扶疎翠蓋圓散亂真珠綴不從衆格繁自守幽姿粹嘗聞好事家欲移京轂地既違孤潔情終誤栽培意洛陽紅牡丹適時名轉異新榮托舊枝萬狀呈妖麗天工借顏色深淺隨人智三春愛

賞時車馬喧如市草木稟賦殊得失豈輕議我來首見

花對花聊自醉

七言古詩 增 宋徐積瓊花歌春皇自厭花多紅欲得花

顏如玉容春皇青女深相得先教斂與秋霜色乃有雪

月供光星榆獻白斗暈銀漢琉璃濕人間美玉搗作灰

荆山崑山鬼神泣天上有人名玉女投壺之外能爲素

姑射神人解種花先須此物爲根芽天鑄地鍛掬精粹

蟾身驪頷偷光華其時正值天地交二氣上下陰陽調

此花孕育得其正其間邪氣無纖毫所以其色爲正色

出乎其類拔乎萃一如君子有諸內睟然其色見於外

三月將盡四月前百花開盡春蕭然揚州日暖花開未

春香不動花房閉仙掌秋高玉露濃鮫人泣下珠璣碎

黃鸝本是花中客啼盡好聲求不得春皇費盡養花心

春風使盡開花力春歸鶯去花始開誰人放出深閨來

唐家天子太平時太眞浴罷華清池紅裳繡袂厭君眼

更作地仙披羽衣麻姑睡起蓬萊島風吹玉面秋天曉

洛川女子能長生水中肌骨成瑤瓊褒姒不見諸侯兵

盡日不笑如無情宋玉移家安在哉東鄰不畫臙脂腮

卓文君去成都遠錦衣金翠慵裝束吹簫容貌果何如

見說其人名弄玉若比此花俱不足淫妖惟艷文之累

一如婦人有賢德不爲邪色亂正色孀居之女能自持

終身惟著大練衣又如正色立朝者不以柔媚爲姦欺

以此論之乃可重人之不正將胡爲論德乃是花之傑

論色乃是花之絶洛陽花名古云好看花須向揚州道

君不見去年花下吹黑風霹靂閃電搜玉龍此時半夜

花光中不覺屈曲蟠長虹又不聞天上琳琅樹種在烟

霞最深處白雲枝葉白玉英此花莫是琳琅精此花愛

圓不愛缺一樹花開似明月襄王半夜指爲雲謝女黃

昏吟作雪杏花俗艷梨花麤柳花細碎梅花踈桃花不

正其容冶牡丹不謹其體舒如此之類無足奇此花之

外更有誰世非紅紫不入眼此花何用求人知詩人自

與花相期長告年年乞一枝 方岳非瓊花舊聞瓊花

無與雙專奇擅美名此邦江南淸夢入詩府安得一念

令心降去年騎鶴揚州住斗酒屢眠雲霧窗月寒雪冷

花未吐正爾俗葉凡株椿心朗妙處在眞實不假羽節

青霓幢今春訪花吾第一自折繁枝盛翠紅横看倒覗

掉頭語前詩後賦何其嗟眞珠碎簇玉蝴蝶直與八仙

同一腔聞名見面是笑殺癡爲花辨幾愚憃有如巨賢

雜翠小巧而可識爲奇厖陳餘張耳信相似一等人耳

無純厖忠耶佞耶豈難別祝鮀不類關龍逢試持此論

訊后土謂予不信如長江 再用韻酬朱行甫夢中翠

鳳飛來雙鶩言后土游名邦手持玉簡判紅紫斂衽欲

以詩城降粹容喜動日月角揖我入對玲瓏窓爲言瓊

花返蓬閬下界久矣無根椿乃今存者贋本耳補亡以

紿靑油幢人間識眞蓋亦寡栽酒嘉賓寧論缸黃冠誕謫謹勿信傳訛聽姘其言哤爲花作辨誰氏子謬妄譜人黃鐘胜耳庸目陋惑世俗其罪不能三赦惷朱雲之孫亦奇士文有氣骨豐而厖謂瓊亦玉匪爲白不比俗論紛葺尨詩筒往來提干響夜發巖鼓聲逢逢呑爾岳爲謝此老壯哉寸管飛濤江　元趙文瓊花上天歌瀕風吹沙堆浪白二十四橋沈冷月顚風夜半撼蕪城雪萼瓊絲萩空碧金餅歲歲獻君王玉罌泛酒連花香明光殿暗沙漠遠人自無情花斷腸落葉飛天識天路何如拔樹飛昇去唐昌游女再歸來城中只有瓊花露江南俘客吟如呌想像裁辭不成調天宮夜半按霓裳玉

女擘花紫皇笑　謝應芳瓊花行送盛克明教授歸維揚揚州好花非不多奈爾絕品無雙何水沈香漬素玉蘂琉璃滑葉靑瑤柯東風二月花時節二十四橋香浸月小山叢桂避芳塵東閣官梅褪殘雪向來名士多品題括香御史今亦知何日移春獻天子不負此花天下奇

七言律詩增宋劉敞無雙亭觀瓊花贈聖民東方萬木競紛華天下無雙獨此花那有雪英凌暖日不爲琪樹隔流沙嗣城寂寞春空老江雨冥濛日易斜仙品國香俱妙絕少傾高興藹流霞　方岳約黃成之觀瓊花子不及從以詩代簡杜宇聲中鬢欲華春風將綠又天涯欠隨江夏無雙士共看揚州第一花想像煙雲人跨鶴淋漓詩句字棲鴉寒驢不管唐衫濕醉兀歸鞍暮雨斜　王洋瓊花變奇造物剪瓊瑰爲鎖蘆祠特地栽事紀揚州千古勝名居天下萬花魁何人斫却依然在甚處移來不肯開浪說八仙模樣似八仙安得有香來　鄭艮嗣和王洋瓊花玉立祠庭久不衰俄經剪伐重能栽端知妙護有神力更喜當時孅厥魁種不他傳焉得子年將豐稔輒多開天生異物初無伴只許翻階近侍來　徐意一謝瓊花瓊䔥走送寶瓶花愧乏詩情游拜嘉一種淸香來月殿十分雅態出仙家細看后土春冰薄未覺劉郎日影斜擬跨胎禽塵幾隔珠簾十里自繁華

賈似道瓊花寂寂蕃釐觀裏花伊誰封植得名嘉應知天下無他本惟有揚州是爾家種雪春溫圓影密攢冰香重壓枝斜倚闌莫問榮枯事付與東風管物華　王月滿瓊花蕃釐觀裏瓊花樹天地中間第一花此種從何探原委東風無處著繁華千鬚簇蝶團淸馥九蕚聯珠異衆葩幾見朱衣和露翦金瓶先進帝王家

五言絕句增宋俞淸老瓊花因此瓊花發維揚勝洛陽若無三月雨占斷一春香

七言絕句增宋王禹偁后土廟瓊花詩二首并序揚州后土廟有花一株潔白可愛且其樹大而花繁不知實何木也俗謂之瓊花因賦詩以狀其態云誰移琪樹下

仙鄉二月輕冰八月霜若使壽陽公主在自當羞見落
梅妝　春冰薄薄壓枝柯分與清香是月娥忽似暑天
深澗底老松擎雪白婆娑（劉敞移瓊花詩并序）自淮
南遷東平移后土廟瓊花植於濯纓亭此花天下只一
株耳永叔爲揚州作無雙亭以賞之彼土人別號八仙
花或云李衞公玉蘂花即此種淮海無雙玉蘂花異時
來自八仙家魯人未覩天中樹乞與春風賞物華（秦
觀瓊花）無雙亭上傳觴處最惜人歸月上時相見異鄉
心欲絕可憐花與月應知（呂本中謝人送瓊花）凝烟
欲滿讀書窗忽有瓊花樹小缸更喜風流好名字百金
一朶號無雙　斷腸風味久難尋尚有名花寄此心折

盡春枝春已晚只宜良月不宜陰（趙師秀瓊花）香得
坤靈秀氣全蘂珠團外蝶翩翩親會后土祠中看不是
人間聚八仙（鄭之宿瓊花）后土祠中三月暮瓊花放
後有蜂來東君不怕春歸去留待詩人一夜開（元尹
廷高瓊花）無雙亭下萬人看欲覓殘陰一片難夜靜月
明猿夜嘯誤翻玉雪墮闌干（舒頔蕃釐觀）天上奇花
玉色浮祇留一種在揚州如今后土無根蔕蜂蝶紛紛
各自愁　（楊維楨宮詞）后土璚仙屬內家揚州從此絕
名花君王題品容誰並萼綠宮中萼綠華
詩散句　增　（元宋无）雪讓玲瓏巧冰銷刻鏤瑕人間惟獨
爾地上更何加萬蘤殊寥落羣芳避艷邪玫瑰誠執御

芍藥等泥沙（宋韓琦）千點眞珠擎素蘂一環明玉破
香葩（陳傅良）且將書寄南來雁爲問瓊花果是非
（唐曹唐）雲隴瓊花滿地香（元郝經）東風吹落瓊花雨
詞　增　（宋劉克莊昭君怨）后土祠中標韻天上人間一本
道號玉眞妃字瓊姬　我與花曾半面流落花前重見
莫把玉簫吹怕驚飛（向子諲醜奴兒無雙亭下瓊花）
樹玉骨雲腴傾國稱姝除却揚州是處無　天教紅藥
來驂乘桃李先驅總作花奴翠擁紅遮到玉都（又虞
美人）去年不到瓊花底蝶夢空相倚今年特地趂花來
却欲不教同醉過花開　花知此恨年年有也伴人俱
瘦一枝和淚寄東風應把舊愁新恨入眉峯（又）去年

雪滿長安樹望斷揚州路今年看雪在揚州人望蓬萊
深處若爲愁　而今不恨伊相誤自恨來何暮平山堂
下舊嬉游只有舞春楊柳似風流（晁補之下水船）百
紫千紅翠惟有瓊花特異便是當年唐昌觀中玉蘂尚
記得月裏仙人來賞明日喧傳都市　甚時又分與揚
州本一朶冰姿難比曾向無雙亭下半酣獨倚似夢覺
曉出瑤臺十里猶憶飛瓊標致（馬莊父滿庭芳）共慶
春時滿庭芳思一枝玉蘂非常少年游冶何但折垂楊
曾向瑤臺月下逢解佩玉女翻香風光好眞珠簾捲都
勝早梅芳　人間無比並蝴蝶樹爭敢相方既春歸後
此意難忘夜夢揚州萬玉飛魂共紫燕歸梁須行樂馬

家花圖不肯醉紅妝　（鄭覺齋揚州慢）弄玉輕盈飛瓊淡泞薇塵步下迷樓試新妝纔了炷沉水香毬記曉翦春冰馳送金瓶露濕緹綺新流甚中天月色被風吹夢南州　樽前相見似羞人蹤跡萍浮問弄雪飄枝無雙亭上何日重遊我欲纏腰騎鶴煙霄遠舊事悠悠但凭闌無語煙花三月春愁　（趙以夫揚州慢）十里春風二分明月蕊仙飛下瓊樓看冰花翦翦擁砌玉成毬想長日雲階竚立太眞肌骨飛燕風流歛羣芳淸麗精神初付揚州　雨窓數朶夢驚回天外香浮似閬苑花神憐人冷落騎鶴來游爲問江淮風景長空淡煙水悠悠又黃昏羌笛孤城吹起新愁　（周密瑤花）朱鈿寶玦天上

飛瓊比人間春別江南江北曾未見謾擬梨雲梅雪淮山春晚問誰識芳心高潔消幾番花落花開老了玉關豪傑　金壺翦送瓊枝看一騎紅塵香度瑤闕韶華正好應自喜初識長安蜂蝶杜郎老矣想舊事花須能說記少年一夢揚州二十四橋明月　（張翥喜遷鶯）東風吹盡但一片綠陰空留春恨后土祠荒飛瓊謫久還喜玉容堪認二十四橋夜月二十四番花信便載酒怕芳菲易老陰晴難穩　嬌困羞起晚竚立晝闌淨洗閒脂粉沉水濃薰蜂黃淡染自有絕塵香韻也知世間無對肯許浮花相近鳳簫遠待數枝折與玉峰人問　（劉克莊賀新郎）算負東風約憶曾將淮南草木筆端籠絡后土祠中明月夜忽有瑤姬跨鶴迥不比水仙低弱天上人間惟一本倒千鍾瓊露花前酹追往事怎忘卻　移根應費仙家藥謾回頭關山信斷壘城笳作問訊而今平安否莫遣玉簫驚落但畫卷依稀描着白髮愧無渡江曲與君家子敬相酬酢新舊恨兩交錯　（馬莊父賀新郎）客裏傷春淺問今年梅蘂因甚化工不管陌上芳塵行處滿可計天涯近遠見說道迷樓左畔一似江南先得煖向何郎庭下都尋徧辜負了看花眼　古來好物難爲伴只瓊花一種傳來仙苑獨許揚州作珍產便勝了千千萬萬又卻待東風吹綻自昔聞名今見面數歸期屈指家山晚歸去說也稀罕　（施芸隱摸魚兒）柳

蒙茸暗凌波路煙霏慘淡平楚七香車駐倪璚掩遙認翠華雲母芳景暮鸞驂斂佾銖衣來按飛瓊舞淒涼洛浦漸玉漏沉沉淸陰滿地乘月步虛去　銷凝處誰說三生小杜翔螭聲斷簫鼓情知禁苑酥塵凝羞與倡紅同譜春幾度想依舊苔痕長印唐昌土風流千古人在小紅樓珠簾半捲香注玉壺露

山礬花（原作芸香入卉譜按山礬木本非古所謂芸草自沈括筆談以爲七里香而李時珍本草綱目遂以爲芸香不知芸草與山礬或皆有七里香之名而反疑芸香之非一種也誤矣　今分山礬入花譜芸草别見卉譜）

【原】山礬一名椗花一名瑒花（周必大云椗音陣出南史荆俗訛椗爲鄭呼爲鄭礬江南又訛鄭爲瑒也瑒音暢）一名春桂一名七里香黃庭堅易其名

爲山礬 增學圃餘疏山礬一名海桐樹婆娑可觀花碎白而香宋人灰其葉造黝紫色 本草生江淮湖蜀野中樹大者株高丈許其葉似巵子葉生不對節光澤堅强畧有齒凌冬不彫三月開花繁白如雪六出黄蘂甚芬芳結子大如椒青黑色熟則黄色可食其葉味濇人取以染黄及收豆腐或雜入茗中

彙考 增 三柳軒雜識山礬爲幽客 錦花譜山礬四品六命 瓶史山礬潔而逸有林下風魚玄機之綠翹也 原 春風堂隨筆辛丑南歸訪舊至南浦見堂下盆中有樹婆娑鬱茂問之曰此海桐花卽山礬也因憶山谷賦水仙花云山礬是弟梅是兄但白花爾却有歲寒之

意 四川志邛縣出山礬花色白如雪香氣極遠

集藻 七言古詩 增 宋清非居士黄龍山中春事晚山谷道人上山坂鼻端山礬花氣濃怪底經行衆芳苑一種風姿極可人幽姿正色相鮮新素馨簪甚不足意黄淡羞澀終非真 明許伯旅題林周民山礬圖山礬入畫古所少我昔見之倪瓚家問君何處得此本水屋十月來春花東風著樹香滿雪長鬚露滴金粟結一枝獨立霜霰餘巳覺江梅是同列惜哉此物知者稀深林大谷多所遺牧豎樵童爾何苦翦伐每同荆棘歸林君本是鰲頭客高臥雲間人莫識酒酣揮袖卷新圖一笑西山眼中碧

五言律詩 增 宋薛季宣梔花 唐玉蘂花介甫謂之瑒花魯直謂之山礬武昌山中多有之其葉可供染事土人用之釀酒松絲吐琉珉冷然郭外村仙人來玉蘂文士立山礬芳澤留絲素風流付酒樽莫言瑒酷似香處不勝繁

五言絕句 增 宋趙汝鐩山礬七里香風遠山礬滿嶺開野生人所賤移動却難栽

七言絕句 原 宋黄庭堅題高節亭邊山礬花幷序江南野中有一種小白花木高數尺春開極香野人謂之鄭花王荆公嘗欲作詩而陋其名予請名曰山礬野人采鄭花葉以染黄必借礬而成色故名山礬海岸孤絕處補陀山譯者謂小白花山予疑卽此花爾不然何以觀

音老人端坐不去耶高節亭邊竹巳空山礬獨自倚春風二三名士開顏笑把斷花光水不通 北嶺山礬取次開輕風正用此時來生平習氣難料理愛著幽香未擬回 增 曾幾山礬青雲葉底雪花繁只與田家插鬢鬟不枉涪翁初著句能令大士久開顏 謝薖山礬一樹山礬宮樣妝曉風微送雨中香鼻端空寂誰知許莫恠狂風取次狂 方岳山礬只有江梅合是兄水仙終似號夫人季方正爾難爲弟每恨詩評未逼真 原 張季霖山礬漫山白蘂殿春華多片清香野老家須向風前招蝶使秘通家籍省梅花 鄒[illegible] 山山礬折來隨意

插銅壺能白能香雪不如匹 輸一著枝肥葉密
欠清癯〔祝穆山礬〕玲瓏葉底雪光寒春盡香熏草木
間移植小軒共燕坐恍疑身在普陀山
詩散句【原】〔宋曾幾〕可惜不當梅蘂破幽香合在弟兄間
【增】〔楊萬里〕玉花小朶是山礬香殺行人只欲顛【原】
明孫蕡山礬花落春風起
詞【原】〔宋徐俯南柯子〕細葉黃金嫩繁花白雪香共誰連
璧向河陽自是不須湯餅試何郎　婀娜璁瓏髻輕盈
淡薄妝莫令韓壽在伊傍便逐遊蜂驚蝶過東牆
別錄【原】〔種植〕此物最易生春月分而壓之俟生根移種

佩文齋廣羣芳譜卷第三十七

佩文齋廣羣芳譜卷第三十八

花譜

木蘭

【原】木蘭一名木蓮一名黃心一名林蘭一名杜蘭（其香如蘭 其花如蓮 其心黃色）一名廣心樹（見白氏長慶集）似楠高五六丈枝葉扶
疎葉似菌桂厚大無脊有三道縱紋皮似板桂有縱橫
紋花似辛夷內白外紫四月初開二十日即謝不結實
亦有四季開者又有紅黃白數色其木肌理細膩梓人
所重十一二月採皮陰乾出蜀韶春州者名異
【彙考】【增】〔述異記〕木蘭洲在潯陽江中多木蘭樹昔吳王
闔閭植木蘭於此用構宮殿也七里洲中有魯班刻木

蘭爲舟舟至今在洲中詩家云木蘭舟出於此〔酉陽
雜俎〕東都敦化坊百姓家太和中有木蘭一樹色深紅
後桂州觀察使李勃看宅人以五千買之宅在水北經
年花紫色【原】〔太真外傳〕上宴諸王於木蘭殿時木蘭
花發皇情不悅妃醉中舞霓裳羽衣一曲天顏大悅
〔續神仙傳〕北海于君病癩見市有賣藥姓公孫名帛者
問之曰明日木蘭樹下當授卿明日于君往授素書二
卷以之消災治病無不愈者〔嵐齋錄〕張搏爲蘇州刺
史植木蘭花於堂前嘗盛開燕客命即席賦之陸龜蒙
後至張連酌浮之徑醉強索筆題兩句云洞庭波浪渺
無津日日征帆送遠人頹然醉倒客欲續之皆莫詳其

意旣而竊蒙秋曰幾度木蘭船上望不知元是此花身遂爲絶唱 增 西溪叢語洞庭春水綠於雲日日征帆送遠人曾向木蘭舟上過不知元是此花身一小說唐末舘閣數公泛舟以木蘭爲題忽一貧士登舟作此諸公覽詩大驚物色之乃李義山之魄時義山下世久矣又嵐齋集載此詩陸龜蒙於蘇守張搏座上賦此木蘭堂詩未知孰是 全唐詩話王播少孤貧嘗客揚州慧照寺木蘭院隨僧齋餐僧厭怠乃齋罷而後擊鐘後二紀播自重位出鎭是邦因訪舊游向之題者皆以碧紗幙其詩播繼以二絶句二十年前此院遊木蘭花發院新修如今再到經行處樹老無花僧白頭又上堂

已了各西東慚愧闍黎飯後鐘二十年來塵撲面而今始得碧紗籠

集藻 賦 原 晉成公綏木蘭賦并序許昌西園中木蘭樹余往觀之遂爲賦曰覽衆樹之列植嘉木蘭之殊觀至於玄冥授節猛寒嚴烈峩峩堅冰霏霏白雪木應霜而枯零草隨風而摧折翁青翠之茂葉繁旖旎之弱條諒抗節而矯時獨滋茂而不凋 增 唐李華木蘭賦并序華容石門山有木蘭樹鄉人不識伐以爲薪餘一本方操柯未下縣令李部行春見之息馬其陰喟然歎曰功列桐君之書名載騷人之詞生於遐深委於薪爒天地之產珍物將焉用之爰戒虞衡禁其翦伐按本草木蘭似桂而香去風熱明耳目在木部上篇乃採斫而歸理疾多驗由是遠近從而採之斡剖枝分殆枯槁矣士之生世出處語默難乎哉部余從子也嘗爲余言感而爲賦云泝長江以遐覽愛楚山之寂寥山有嘉樹兮名木蘭鬱森森以苕苕當聖政之文明降元和於九霄祛祲沴之爲虐貫冬夏而不凋白波潤其根柢玄雪暢其枝條沐春雨之濯濯鳴秋風以蕭蕭素膚紫肌綠葉緗帶疎密聳附高卑陰薇華如霜雪實若星麗節勁松竹香濃蘭桂宜不植於人間聊獨立於天際徒翳薈兮爲隣挺堅芳兮此身嘉名列於道書墜露飮乎騷人至若靈山霧歇藹藹林樾當楚澤之晨霞耿洞庭之夜月發清

明於視聽洗煩濁於心骨韻衆壑之空峒潛微雲之滅沒露草白兮山凄凄鶴旣唳兮猿復啼窅深林以冥冥覆百仞之玄谿彼逸人兮有所思戀芳陰兮步遲遲悵幽獨兮人莫知懷馨香兮將爲誰惋樵夫之無惠混衆木而皆盡指晝類而揮斤遇仁人之不忍方甘心而勦絶俄固抵於傾殞憐春華而搴芳顧落日而廻軫達者有言巧勞智憂養命蠲疲人胡不求枝殘體剝澤盡枯留顦顇空山離披素秋鳥避弋而高翔魚畏網而深游不材則終其天年能鳴則免於俎羞奚此木之不終獨隱見而離憂自昔淪芳於朝市墜實於林丘徒鬱咽而無聲可勝言而計籌者哉吾聞曰人助者信神聽者直則

藏倉譖言宣尼失職出處語默與時消息則子雲投閣方回受殛故知天地無心死生同域紜紜品物物有其極至人者委性循於自然不任夫智之與力也雖賢愚各全其好草木不夭其生植已而已而繫不可得（徐鉉木蘭賦有序）頃歲鉉左宦江陵官舍數畝委之而去庭樹木蘭因移植於宗兄之家及鉉徵還席不暇煖又竄於舒庸吾兄感春物之栽華擬古詩而見寄吟翫感歎謹賦以和焉雖不足繼體物之作庶幾申騷客之情爾伊庭中之奇樹有木蘭之可悅外爛爛以凝紫內英英而積雪芬芳兮謝客之囊旖旎兮仙童之節許蒲茸之竊比聽蘭芽之並列於是辭下土之卑濕歷上京之

繁華恥衒價於豪門乃托根於貧家賓幽人之賞豫有好事之稱嗟一旦逐客程遠君門路睽削闈籍與印組豈獨留乎此花憶人屣還棄花猶得地分兎苑之餘陰向潘房而吐媚授簡多暇攀條屬思持香草以寄比效騷辭而我寄感此生之百憂何斯物之足貴悲夫客館長吟山城夕陰想馨香之不改歎歡晏之難尋憑歸夢於飛翼寫商歌於素琴歌曰光景兮愁暮別離兮易久貞宰兮無黨貞心兮不朽誠知異日重滋田氏之荆但恐相逢共歎桓公之柳

文賦散句（增）楚屈原離騷朝搴阰之木蘭兮夕攬中洲之宿莽（九章）擣木蘭以矯蕙兮鑿申椒以為糧（漢司馬相如子虛賦）椒桂木蘭

七言古詩（原）宋劉僎木蘭曉來隨手抹新妝半額娥眉宮樣黃銖衣洗就薔薇露觸處聞香不炷香君不見同時素馨與茉莉究竟帶些脂粉氣又不見錢塘欲語嬌荷花麤枝大葉忒爭華何如箇樣隱君子色香不俗真有味根苗在處傲炎凉敢與松栢爭雪霜椒桂萸猶君雜處小窓相對無相忘

五言律詩（增）唐方干陳秀才亭際木蘭昔見初栽日今逢成樹時存思心更感遶看步還遲蝶舞搖風蕊鶯啼含露枝徘徊不忍去應與醉相宜

五言排律（增）唐劉長卿題靈祐上人法華院木蘭花庭

種南中樹年華幾度新已依初地長獨發舊園春映日成華蓋搖風散錦茵色空榮落處香醉往來人菡萏千燈遍芳菲一雨均高柯倘為楫渡海有良因（原）李商隱木蘭二月二十二木蘭開拆初初當新病酒復自久離居愁絕更傾國驚新聞遠書紫絲何日障油壁幾時車弄粉知傷重調紅或有餘波痕空映襪烟態不勝裾桂嶺含芳遠蓮塘屬意疎瑤姬與神女長短定何如

七言絕句（原）唐白居易戲題木蘭花紫房日照臙脂拆素艶風吹膩粉開怕得獨饒脂粉態木蘭曾作女郎來（題令狐家木蘭花）膩如玉指塗朱粉光似金刀翦紫霞從此時時春夢裏應添一樹女郎花

詩散句【原】宋鄭獬未識春風面先聞樂府名洗妝儂出
塞進艇客登瀛（唐鄭畋）落殿聽秋倘中謝殘英猶可
醉瓊杯（裴廷裕）微風微雨寒食節半開半合木蘭花
（徐殷）木蘭花謝可憐條遠道音書轉寂寥（明王應
鳳）庭草黃昏隨意綠子規啼上木蘭花

辛夷

【原】辛夷一名辛雉一名侯桃一名木筆一名迎春（本草云夷者荑也其苞初生如荑而味辛也雉與夷聲相近也未發時苞如小桃子有毛故名侯桃初發如筆頭北人呼為木筆其花最早南人呼為迎春）一名房木生漢中魏興梁州川谷樹似
杜仲高丈餘大連合抱葉似柿葉而微長花落始出正
二月花開初出枝頭苞長半寸而尖銳儼如筆頭重重

有青黃茸毛順鋪長半分許及開似蓮花而小如盞紫
苞紅焰作蓮及蘭花香有桃紅及紫二色又有鮮紅似
杜鵑俗稱紅石蕎是也入藥用紫者須未開收已開不
佳用須去毛毛射人肺令人欬花落無實夏杪復著花
如小筆宋掌禹錫云苑中有樹高三四丈枝葉繁茂係
興元府進初僅三四尺有花無實經二十餘年方結實
蓋年淺者不實非二種也至花開早晚各隨方土節氣
苞治鼻淵鼻鼽鼻窒鼻瘡及痘後鼻瘡並研末入麝少
許葱白蘸入數次甚良分根傍小株插肥濕地即活本
可接玉蘭

【彙考】【增】（唐書文藝傳）王維別墅在輞川有辛夷塢（茗

溪漁隱叢話）木筆迎春自是兩種木筆色紫叢生二月
方開迎春白色高樹立春已開（花經）辛夷四品六命

【集藻】文賦散句【增】（楚屈原九歌）辛夷楣兮葯房　辛夷
車兮結桂旗（漢東方朔七諫）列新夷與椒楨（王褒
九懷）辛夷兮擠臧（揚雄甘泉賦）列辛雉於林薄

五言古詩【原】（宋韓琦題辛夷花）辛夷吐高花衞公曾手
植根洗今已非不改舊時色平泉幾易主況乃刺史宅

七言古詩【增】（唐韓愈感春）辛夷花房忽全開將衰正盛
須頻來清晨輝輝燭霞日薄暮耿耿和煙埃朝明夕暗
已足歎況乃滿地成摧頹迎繁送謝別有意誰肯留念
少環迴

【原】（元稹辛夷花問韓員外）問君辛夷花君言

已斑駁不畏辛夷不爛開顧我筋骸官束縛縛遣推囚
名御史狼藉囚徒滿田地明日不推緣國忌依然不得
花前醉韓員外家好辛夷開時乞取三兩枝折枝為贈
君莫惜縱君不折風亦吹

【增】（明朱曰藩辛夷花曲）昨
日辛夷開今日辛夷落辛夷花房高刺天邱共芙蓉亂
紅萼小山桂樹猶連卷五湖荷花空綽約連卷綽約宜
秋日端居獨養微君疾高枝朵朵豔木蓮密葉層層賽
盧橘山鬼已見駕香車文人應是夢綵筆辛夷辛夷何
離奇照水偏宜姑射姿蕭晨東海霞光爛玄夜西園露
氣滋檀心倒卷情無限玉面低回力不支見說東都便
露坐惟應御史殢風吹此花愛逐東風暖故人邈韻稽

中散山陽聞有合歡齋石湖亦築辛夷館嫋嫋巃嵸碧
樹圓紛紛欄戶香花滿塢裏王孫舊路長卷中裴廸新
詩短新詩已舊不堪聞江南荒館隔秋雲多情不改年
年色千古芳心持贈君
五言律詩【原】唐李德裕憶平泉辛夷昔年將出谷幾日
對辛夷倚樹憐芳意攀條惜歲滋淸陰須暫憩秀色正
堪思只待揮金日殷勤泛羽卮 【增】宋朱長文辛夷楚
客曾留詠吳都獨擅奇風霆存老幹桃李避芳時名入
文房夢功資妙手醫紫薇顏色好先占鳳凰池
七言律詩【增】唐皮日休揚州看辛夷花臘前千朵亞芳
叢細膩偏勝素柰功螓首不言披曉雪麝臍無主任春

風一枝拂地成瑤圃數樹參庭是蕊宮應為當時天女
服至今猶未放全紅 【陸龜蒙奉和皮襲美揚州看辛
夷花次韻】柳疎梅墮少春叢天遣花神別致功高處朵
稀難避日動時枝弱易為風堪將亂蕊添雲肆若得千
株便雪宮不待羣芳應有意等閒桃杏即爭紅 【宋徐
鉉遊蔣山題辛夷花寄陳奉禮】今歲遊山已恨遲山中
獨喜見辛夷簪纓且免全為累桃李猶堪別作期晴後
日高偏照灼晚來風急漸離披山郎不作同行伴折得
何由寄所思
五言絕句【增】唐王維辛夷塢木末芙蓉花山中發紅萼
澗戶寂無人紛紛開且落 【原】裴廸辛夷塢縈堤春草

合王孫自流歎況有辛夷花色與芙蓉亂 【增】明陳淳
題辛夷花東風日夜發桃李不禁吹檢點穠華事辛夷
落較遲 【原】陳繼儒辛夷春雨濕窗紗辛夷弄影斜曾
窺江夢彩筆筆忽生花
七言絕句【原】唐白居易題靈隱寺紅辛夷花戲酬光上
人紫粉筆含尖火燄紅臙脂染小蓮花芳情香思知多
少惱得山僧悔出家 【增】吳融木筆花嫩如新竹管初
齊粉膩紅輕樣可攜誰與詩人偎檻看好於箋墨併分
題 【李羣玉二辛夷】狂吟亂舞雙白鶴霜翎玉羽紛紛
落空庭向晚春雨微却斂寒香抱瑤萼 【原】歐陽炯辛
夷花含鋒新吐嫩紅芽勢欲書空映早霞應是玉皇曾

擲筆落來地上長成花 【增】明李東陽木筆泚露和烟
曉未乾多情獨自倚欄干春風為報眞消息不是江郎
夢裏看 【原】張新木筆花夢中曾見筆生花錦字還將
氣象誇誰信花中原有筆毫端方欲吐春霞 【馮文度
木筆花】木筆花名映碧欄詞臣相對動毫端曉來似惹
松烟濕擬向春風詠牡丹
詩散句【增】宋陸游粲粲女郎花忽滿庭前枝繁華雖少
減高雅亦足奇 【金高士談】今年淸明飲高花見辛夷
【原】元宋无乙鳥歸來社辛夷開過春 【唐杜甫】辛夷
始花亦已落況我與子非壯年 【錢起】谷口春殘黃鳥
稀辛夷花發杏花飛 【增】韓愈辛夷高花最先開青天

露坐始此廻〔李商隱〕簾外辛夷定已開開時莫放豔
陽廻〔宋王安石〕試問春風何處好辛夷如雪柘岡西
〔元成廷珪〕山扉寂寂僧歸晚落盡辛夷一樹花【原】
明王叔承〕夢散黃鸝滿上林辛夷花下理瑤琴〔徐賁
繡罷春衫出閣遲辛夷花下立多時【增】〔宋沈約〕陽隰
採辛夷〔唐白居易〕晴催木筆花〔宋王安石〕辛夷屋
角搏香雪〔陸游〕木筆凋零霧雨中　木筆猶開第一
花

玉蘭

【原】玉蘭花九瓣色白微碧香味似蘭故名叢生一幹一
花皆著木末絕無柔條隆冬結蕾三月盛開澆以糞水

則花大而香花落從蔕中抽葉特異他花亦有黃者最
忌水浸寄枝用木筆體與木筆並植秋後接之
【彙考】【增】〔餅花譜〕玉蘭六品四命〔弇山園記〕弇山之陽
曠朗為平臺可以收全月左右各植玉蘭五株花時交
映如雪山瓊島【原】〔學圃餘疏〕玉蘭早於辛夷故宋人
名以迎春今廣中尚仍此名千幹萬蕊不葉而花當其
盛時可稱玉樹樹有極大者籠蓋一庭然樹大則花漸
小不可不知【增】〔小輞川記〕聚遠樓之東有廡廡南有
臺遶以朱欄植玉蘭環之題曰木蘭柴【原】〔一統志〕華
容縣觀音寺一株輪囷盤鬱高十餘丈望之如玉山
五代時南湖中建烟雨樓樓前玉蘭花瑩潔清麗與翠

柏相掩映挺出樓外亦是奇觀　蘭谿產玉蘭下有杳
溪即蘭谿支流也
【集藻】七言律詩【原】〔明文徵明〕玉蘭綽約新妝玉有輝素
娥千隊雪成圍我知姑射真仙子天遣霓裳試羽衣影
落空階初月冷香生別院晚風微玉環飛燕元相敵笑
比江梅不恨肥〔陸樹聲〕玉蘭葱蘢芳樹雨初乾樽酒
花前洽笑歡日晃簾櫳晴噴雪風迴齋閣氣生蘭參差
玉佩排空出爛熳香鱗擁醉看自是東君苦留客莫教
絃管易吹殘〔張茂吳〕玉蘭千花紅紫豔陽看素質搖
光獨立難但有一枝堪比玉何須九畹始徵蘭唐昌的
的春猶淺漢掌亭亭露欲溥幾曲後庭傳樂府張星和

月正闌干【增】〔方大治〕黃山玉蘭深谷名花何處移森
森玉樹媚清猗國真漫擬猗蘭操香色還同冰雪姿山
氣凝寒開獨後靈根穿石意偏奇與君採折充瓊佩獨
笑傍人應未知
五言排律【原】〔明王世貞〕玉蘭 暫藉辛夷質仍分薝蔔光
微風催萬舞好雨淨千妝月向瑤臺並春還錦障藏高
枝凝漢掌艷蕊勝唐昌神女曾捐珮宮妃欲試香誰為
後庭奏一曲按霓裳
五言絕句【增】〔明王穀祥〕玉蘭 皎皎玉蘭花不受緇塵垢
莫漫比辛夷白賁誰能偶
七言絕句

御製玉蘭瓊姿本自江南種移向春光上苑栽試比羣芳眞
皎潔冰心一片曉風開
【增】明沈周題玉蘭翠條多力引風長點破銀花玉雪香
韻友自知人意好隔簾輕解白霓裳　陸師道玉蘭渺
渺微風約佩環楚江晴落硏屏間玉人心遠瑤琴歇一
卷離騷對掩關　【原】睦石玉蘭霓裳片片晚妝新束素
亭亭玉殿春已向丹霞生淺暈故將淸露作芳塵　【增】
陳淳玉蘭花開不是辛夷種自得凝香繞紫苞昨夜月
明庭下看恍疑羅袖拂瓊瑤
【別錄】【原】製用花瓣擇洗淨拖麪麻油煎食至美

雪毬

【原】繡毬木本皺體葉青色微帶黑而澀春月開花五瓣
百花成朶團圞如毬其毬滿樹花有紅白二種宜寄枝
用八仙花體　【增】巖棲幽事蜀有紫繡毬　葯圃同春
雪毬玉團俱在三月開雪毬色白喜陰常澆以腴鮮秀
異常花大如斗近覺微香玉團卽小雪毬喜腴宜陰極
香
【彙考】【增】玉堂雜記東窻閣下甃小池久無雨則涸傍植
金沙月桂之屬又有海棠郁李玉繡毬各一株西偏植
金橘花開時香滿院　金陵諸園記杞園繡毬花一本
可千朶
【集藻】五言古詩【原】明于若瀛繡毬花春色變園姿虛亭
裊娜霧綠萼間瓊朶團圞低入戶一夜折繁枝凄凄風
雨妬錯落水晶毬苔痕雜委露凌晨發永歎躑躅傷延
佇
七言律詩【增】元張昱繡毬花次兀顏廉使韻繡毬春晚
欲生寒滿樹玲瓏雪未乾落過楊花渾不覺飛來蝴蝶
忽成團釵頭懶戴應嫌重手裏閒拋却好看天女夜涼
乘月到羽輪偷駐碧欄干　明陳鴻詠雪毬花盈盈初
發幾枝寒映戶流蘇百結團正恐東風先颭盡不愁遲
日易消殘淡姿向曉迷蝴蝶豔色爭春笑牡丹惟有三
郎兒戲甚還疑蹋踘繞叢看
五言絕句【增】明陳淳繡毬東風吹琪樹幻出冰雪姿虛

亭落淸影夜半月明時
七言絕句【原】宋楊巽齋繡毬紛紛紅紫競芳菲爭似團
酥越樣奇料想花神閒戲擊隨風吹起墜繁枝　琢玉
英標不染塵光含月影愈淸新靑皇宴罷呈餘技拋向
東風展轉頻　【增】宋長文玉蝶毬玉蝶交加翅羽柔八
仙瓊蕚並含羞春殘應恨無花採翠碧枝頭戲作毬
明謝榛繡毬花高枝帶雨壓雕闌一蒂千花白玉團怪
殺芳心春歷亂捲簾誰向月中看　【原】張新繡毬散作
千花簇作團玲瓏如琢巧如攢風來似欲擬明月好與
三郎醉後看

楝花

【增】爾雅翼楝葉可練物故謂之楝子如小鈴熟則黃色本草一名苦楝實名金鈴子處處有之唐蘇恭曰有雌雄兩種雄者無子雌者有子宋蘇頌曰木高丈餘葉密如槐而長三四月開花紅紫色芬香滿庭實如彈丸生青熟黃李時珍云楝長甚速三五年即可作椽　草花譜苦楝發花如海棠一蓓數朶滿樹可觀

【彙考】【增】淮南子七月官庫其樹楝注楝實鳳凰所食　風俗通獬豸食其葉　陶弘景別錄俗人五月五日取楝葉佩之云佩惡也　歲時記蛟龍畏楝故端午以葉包糉投江中祭屈原　二十四番花信風始梅花終楝花　三柳軒雜識楝花爲晚客

【集藻】七言古詩【增】宋梅堯臣楝花紫絲暈粉綴鮮花綠羅布葉攢飛霞鶯舌未調香萼醉柔風細吹銅梗斜金鞍結束果下馬低枝不礙無闌遮長陵小市見阿姊濃熏馥郁升鈿車莫輕貧賤出閭巷迎入漢宮人自誇

五言律詩【增】唐溫庭筠苦楝花院裏鶯歌歇墻頭舞蝶孤天香薰羽葆宮紫暈流蘇晻曖迷青瑣氤氳向畫圖只應春惜別留與博山爐

七言絕句【增】宋張蘊楝花綠樹菲菲紫白香猶堪纏黍弔沉湘江南四月無風信青草前頭蝶思狂

詩散句【增】宋陳師道密葉已成陰高花初著枝　王安石小雨輕風落楝花細紅如雪點平沙　陸游風度楝花香

紫荊

【原】紫荊一名滿條紅叢生春開紫花甚細碎數朶一簇無常處或生本身之上或附根上枝下直出花花罷葉出光緊微圓園圃庭院多植之花謝即結莢子甚扁味苦平無毒皮梗花氣味功用並同能活血消腫利小便解毒

【彙考】【增】齊諧記京兆田眞兄弟三人共議分財生貲皆平均惟堂前一株紫荊樹共議欲破三片明日就截之其樹即枯狀如火然眞往見之大驚謂諸弟曰樹本同株聞將分斫所以顦顇是人不如木也因悲不自勝不

復解樹樹應聲榮茂兄弟相感合財寶遂爲孝門眞仕至大中大夫　老學菴筆記僧行持明州人有高行而喜滑稽嘗在餘姚貧甚有頌曰大樹大皮裹小樹小皮纏庭前紫荊樹無皮也過年　天台山記寒巖下有通海池植纖色紫荊樹

【集藻】五言絕句【增】唐韋應物見紫荊花雜英粉已積含芳獨暮春還如故園樹忽憶故園人

七言絕句【增】唐元稹紅荊庭中栽得紅荊樹十月花開不待春直到孩提盡驚怪一家同是北來人

詩散句【增】唐杜甫風吹紫荊樹色與春庭暮　晉陸機三荊歡同株

別錄原種植冬取其莢種肥地春即生又春初取其根傍小條栽之即活性喜肥惡水　製用花未開時採之滾湯中焯過鹽漬少時點茶頗佳或云花入魚羹中食之殺人　增廣州志紫荊可以作床

紫薇

增湧幢小品紫薇一名滿堂紅　原紫薇一名百日紅四五月始花開謝接續可至八九月故名一名怕癢花人以手爪其膚徹頂動搖故名一名猴剌脫樹身光滑花六瓣色微紅紫皺蒂長一二分每瓣又各一蒂長分許蠟跗茸萼赤莖葉對生一枝數穎一穎數花每微風至妖嬌顫動舞燕驚鴻未足爲喻唐時省中多植此花

取其耐久且爛熳可愛也紫色之外又有紅白二色其紫帶藍焰者名翠薇于若瀛曰花攢枝杪若翦輕縠盛開時爛熳如火幹無皮愈大愈光瑩枝葉亦柔媚可愛

彙考原唐書百官志開元元年改中書省曰紫薇省中書令曰紫薇令　增宋史五行志政和四年荊門軍紫薇木連理　酉陽雜俎紫薇北人呼爲猴郎達樹謂其無皮猿不能捷也北地其樹絕大有環數夫臂者　原東坡詩注虛白臺前有紫薇兩株俗傳樂天所種　增湘山野錄咸平中翰林李昌武宗諤初知制誥至西掖追故事獨無紫薇自別野移植聞今庭中者院老吏相傳猶是昌武手植晏元獻寫賦於壁曰得自羊野來從召園有昔日之絳老無當時之仲文覩茂悅以懐舊指蔽芾以思人　三柳軒雜識紫薇爲高調客　花經紫薇六品四命　原學圃餘疏紫薇有四種紅紫淡紅白紫却是正色閩花獨紫薇作淡紅色最醜本野花種也白薇近來有之示異可耳殊無足貴

集藻五言古詩增唐楊於陵郡齋有紫薇雙本自朱明接於徂暑其花芳馥庭宇之內迥無其倫予嘉其美而能久因詩紀述晏朝受明命繼夏走天衢逮茲三伏候息駕萬里途省躬旣跼蹐結思多煩紆簿領幸無事宴休誰與娛內齋有嘉樹雙植分庭隅綠葉下成幄紫花紛若鋪摛霞晛舒艷凝露朝垂珠炎沴晝方鑠幽姿閒

且都夭桃固難匹芍藥寧爲徒懿此時節久詎同光景驅陶甄誠一致品彙乃散殊濯質非受彩無心那奪朱粵予負羈絷留賞益踟躕通夕靡云倦西南山月孤

劉禹錫奉和郴州楊侍郎二丈翫郡齋紫薇花十四韻幾年丹霄上出入金華省暫別萬年枝看花桂陽嶺南方足奇樹公府成佳境綠陰交廣除明艷透蕭屛雨餘人吏散燕語簾櫳靜懿此含曉芳翛然忘簿領紫茸垂組綬金縷攢鋒穎露溽暗傳香風輕徐弄影苒弱多意思從容占時景得地在侯家移根近仙井開尊好凝睇倚瑟仍回頸游蜂駐綵冠舞鶴迷煙頂興生紅藥後愛與甘棠並不學夭桃姿浮榮在俄頃　宋歐陽修聚星

堂前紫薇花亭亭紫薇花向我如有意高烟晚湞濛淸露晨點綴豈無陽春月所得時節異靜女不爭寵幽姿如自喜前戲將期誰顧盼獨伴我憔悴而我不彊飲繁英行亦墜相看兩寂寞孤詠聊自慰　程俱秋花無幾向有紫薇相對婉花如寒女不識時世妝幽然草間秀紅紫相低昂榮木事已休重陰閟深蒼尙有紫薇花亭亭表秋芳扶疎綴繁柔無復粉艷光空庭一飄委已覺巾裾涼手中蒲葵箑雖復未可忘仰視白日永凄其感冰霜

七言古詩 增 明皇甫洋紫薇花行並序叔氏虞部貽余梢亭懷舊詩未遑報章秋日散步亭隅薇花爛目徘徊

久之亭故余讀書處也昔嘗眷戀此花爲之賦有曰淸風時動明月徵娟悠悠我心誰與晤言悲春華之不實絢紫閣而空傳巖開庭以載歎時徙倚而屢遷垂貞嘉於餘藻永封殖於茲軒後余屢遊京臺累踐華省淪飄河魏返跡敝廬顧瞻此花宛焉如昨而余白髮被鬢凄其改容春華之句永矣悼心貞嘉餘藻竟何徵耳因作紫薇花行以洩懷舊之思并以報叔氏云英菲菲兆綠窓前艷影扶疎翠凡連玉衡含紫姸華夕金風弄彩沉寥天流風逝水驚離索十載幽棲對花萼無情羈宦劫歸來有客傷秋歎榮落蘭宮桂殿鳳凰樓帝臺仙客忝攀遊可堪殘月鑪江夢不奈連雲騎省秋言追漁父賦歸歟寂寞蓬蒿掩敝廬旖旎繁英重入賦婆娑生意最愁余人情感物多惆悵白髮紅顏兩相向東籬併就菊松姿北山豈孤猿鶴望靑葱擣藻記甘泉潘陸春華此棄捐未忘溫室瑣瑤樹虛擬湘源杜若篇

五言律詩 原 唐劉禹錫和令狐相公郡齋對紫薇花明麗碧天霞丰茸紫綬花香聞荀令宅艷入孝王家幾歲自榮落高情方歎嗟有人移上苑猶足占年華　增 明薛蕙紫薇紫薇開最久爛熳十旬期夏日逾秋序新花續故枝楚雲輕掩冉蜀錦碎參差臥對山窗下猶堪比鳳池　原 潘允哲紫薇種自金華省分來竹素堂蟠枝凝瑞露接葉逗淸光不向仙郎伴還移野老傍三秋花

爛熳相遲一飛觴

七言律詩 原 唐白居易紫薇花對紫薇翁名目雖同貌不同獨占芳菲當夏景不將顏色托春風潯陽官舍雙高樹興善僧庭一大叢何似蘇州安置處花堂欄下月明中　增 李商隱臨發崇讓宅紫薇一樹穠姿獨看來秋庭暮雨類輕埃不先搖落應爲有已欲別離休更開桃綬含情依露井柳綿相憶隔章臺天涯地角同榮謝豈要移根上苑栽　李太舍池上翫紅薇花低池小水泙泙花落池心片片輕酩酊不能羞白鬢顛狂猶自聰紅英乍爲旅客顏常厚每見同人眼暫明京洛園林歸未得天涯相顧一含情　韓偓甲子歲夏五月

自長沙抵醴陵入南小江村雜之次忽見紫薇花因思玉堂及西掖廳前皆植是花遂賦詩四韻聊寄知心職在內庭宮闕下廳前皆種紫薇花眼明忽傍漁家見魂斷方驚鳳闕賒淺色暈成宮裏錦濃香染著洞中霞此行若遇支機石又被君平驗海槎　〔原〕宋梅堯臣閣後紫薇花盛開禁中五月紫薇樹閣後近聞都著花薄薄嫩膚搔鳥爪離離碎葉翦晨霞鳳凰浴去池波響鳷鵲陰來日影斜六十無名空執筆頰毛應笑映簪花〔增〕梅堯臣次韻和韓子華內翰於李右丞家移紅薇子種學士院紅薇花樹小扶疎春種秋芳賞愛餘丞相舊園移帶土侍臣清署看臨除薄膚痒不勝輕爪嫩幹生宜

近禁廬此地結根千萬歲聯華棨莫比茅茹〔蔡襄過眞慧寺上人院見紅薇盛開因思西閣後軒數枝遂成短章寄翰林院原叔八丈禹玉閣長八月吳天覺早京翠叢初折碎朱房繁枝欲臥不勝力落片將飛猶自香西閣二年臨書夢金刀一夕掩春芳欄邊想像頻回首漸覺星垣迥漢傍

五言絕句〔原〕宋王十朋紫薇盛夏綠遮眼此花紅滿堂自慚終日對不是紫薇郎

七言絕句〔原〕唐白居易紫薇花絲綸閣下文章靜鐘鼓樓中刻漏長獨坐黃昏誰是伴紫薇花對紫薇郎〔見紫薇花憶微之〕一叢闇淡將何比淺碧籠裙襯紫巾除却微之見應愛人間少有別花人〔杜牧紫薇花〕曉迎秋露一枝新不占園中最上春桃李無言又何在向風偏笑艷陽人〔宋蘇軾次韻錢穆父紫薇二首〕虛白堂前合抱花秋風落日照橫斜閱人此地知多少物化無涯生有涯　折得芳蕤兩眼花題詩相報字傾斜篋中尚有絲綸句坐覺天光照海涯〔陶弼紫薇〕人言清禁紫薇郎草詔紫薇花影傍山木不知官況別也隨紅日上東廊〔楊萬里紫薇〕晴霞艷艷覆簷牙絳雪霏霏點砌沙莫管身非香案吏也移床對紫薇花〔增〕〔楊萬里凝露堂前紫薇花兩株每自五月盛開九月乃衰〕似凝如醉弱還佳露壓風欺分外斜誰道花無紅百日紫薇

長放半年花〔陸游廳前紫薇花二本甚盛戲題絕句〕紅藥紫薇西省春從來惟慣對詞臣閒冗自是麤官分無奈名花解笑人〔紫薇〕鐘鼓樓前官樣花誰令流落到天涯少年妄想今除盡但愛清樽浸晚霞〔原〕〔劉克莊紫薇〕風標雅合對詞臣映砌窺窗伴演綸忽發一枝深谷裏似知茅屋有詩人

詩散句〔增〕唐杜牧山鳥飛紅帶亭薇折紫花〔明張祥鳶〕紫薇低覆砌冉冉露花團〔宋周必大〕歸到玉堂清不寐月鉤初上紫薇花〔洪平齋〕唱徹五更天未曉一池月浸紫薇花〔原〕唐白居易紅薇花尚薰〔溫庭筠〕濃陰似帳紅薇晚〔宋王安石〕紫薇花點綠苔斑

詞原宋陳景沂點絳唇今古凡花詞人尙作詞稱慶紫
薇名盛似得花之聖　爲底時人一曲希流詠花端正
花無節病似亦歸之命　祝穆賀新郎此木生林野自
唐家絲綸置閣托根其下常伴詞臣揮帝制因號紫薇
堪詫常縹緲紫薇仙駕料想紫薇曾降種紫薇郎況是
名同者兼二美作佳話　一株乃冒臨茅舍肌膚薄長
身挺立扶疏瀟灑定怯麻姑爬癢爪只許素商陶冶擎
絳雪柔枝低亞我意香山東坡老只小詩便爲增聲價
後當有繼風雅
別錄原栽種以二瓦或竹二片當叉處套其枝實以土
俟生根分植又春月根傍分小本種之最易生此花易

植易養可作耐久交

巵子

增本草巵子李時珍云巵酒器也巵子象之故名今俗加木作梔一名木丹　格
物總論一種花葉差大者謝靈運目爲林蘭　原梔子
一名越桃見陶弘景別錄一名鮮支見上林賦有兩三種處處有之
一種木高七八尺葉似兎耳厚而深綠春榮秋瘁入夏
開小白花大如酒杯皆六出中有黃蕊甚芬芳結實如
訶子狀生靑熟黃中仁深紅可染繒帛入藥用山梔子
皮薄圓小如鵲腦房七稜至九稜者佳一種花小而重
臺者園圃中品一種嶽州梔子小枝小葉小花高不盈
尺可作盆景山谷詩話云染梔子花六出雖香不濃郁
山梔子花八出一株可香一圃酉陽雜俎云相傳即西
域薝蔔花或曰薝蔔金色花小而香西方甚多非梔也
此花喜肥宜糞澆然太多又生白虱宜酌之
彙考原史記貨殖傳千畝巵茜其人與千戶侯等　晉
宮閣名華林園梔子五株　晉令諸宮有秩梔子守護
者置吏一人　藝文類聚漢有梔茜園　遊名山記樓
石山多梔子　地境圖望氣占人家黃氣者梔子樹也
萬花谷蜀孟昶十月宴芳林園賞紅梔子花其花六
出而紅淸香如梅　增野人閒話蜀主昇平嘗理園苑
異花草畢集其間一日有靑城山申天師入內進花兩
栽曰紅梔子種賤臣知聖上理苑囿輙取名花兩樹以

助佳趣賜與東帛皆至朝市散於貧人遂不知去處宣
令內園子種之不覺成樹兩株其葉婁婁則梔子花矣
其花斑花六出其香襲人蜀主甚愛重之或令圖寫於
團扇或繡入於衣服或以絹素鵝毛倣作首飾謂之紅
梔子花及結實成梔子則異於常者用染素則成赭紅
色甚妍翠其時大爲貴重　三柳軒雜識梔子爲禪客
三餘贅筆曾端伯以梔子爲禪友　花經薝蔔三品
七命　澄懷錄韓熙載云對花焚香薝蔔宜檀　長物
志薝蔔淸芬佛家所重古稱禪友殆非虛言昔宰相杜
悰建薝蔔館形亦六出器用之屬皆象之　四川志白
上坪在銅梁縣東北六十里地宜梔子家至萬株望如

積雪香聞十里
集藻 賦散句 增 宋謝靈運山居賦 林蘭近雪而揚猗
五言古詩 增 齊謝朓詠墻北梔子 有美當堦樹霜露未能移金蕡發朱采映日以離離幸賴夕陽下餘景及西枝還思照綠水君堦無曲池餘榮未能已晚實猶見奇復留傾筐德君恩信未貲 原 梁簡文帝詠梔子花 素花偏可喜的的半臨池疑爲霜裏葉復類雪封枝日斜光隱見風還影合離 增 宋梅堯臣種梔子 舉世多植蘗而我學種梔顏色固不別良楛誠異宜團團綠堦下豈畏秋風吹同心誰可贈爲詠昔人詩 原 曾肇梔子 林蘭擅孤芳性與凡木異不受霜霰侵自足中和氣欲

知清淨身卽此林蘭是 增 明黃朝薦詠梔子花 蘭葉春以榮桂華秋露滋何如炎炎天挺此冰雪姿松栢有至性豈必歲寒時幽香無斷續偏於靜者私解酲試新茗夢魂理殘碁寧冒觸嫌涼清風匝地隨
五言律詩 原 唐杜甫梔子 梔子比衆木人間誠未多於身色有用與道氣相和紅取風霜實青看雨露柯無情移得汝貴在映江波 增 劉禹錫和令狐相公詠梔子花 蜀國花已盡越桃今又開色疑瓊樹倚香似玉京來且賞同心處那憂別葉催佳人如擬詠何必待寒梅
宋楊萬里梔子花 樹恰人來短花將雪樣看孤姿姸外淨幽馥暑中寒有朶篸瓶子無風忽鼻端如何山谷老只爲賦山礬
五言絕句 原 宋王十朋梔子 禪友何時到遠從毘舍園妙香通鼻觀應悟佛根源 僧北澗詠梔子 一花分六出十葉是重臺玉潔渾無玷金黃漫奪胎 增 明陳淳梔子 薝蔔花開日園林香霧濃要從花裏去雨後自扶筇 薝蔔含妙香來自天竺國笑殺葵與榴空斯好顏色 王穀祥薝蔔 六出吐奇葩風清香自遠樹如天竺林人在瑤華館
七言絕句 增 宋朱子劉平甫分惠水梔小詩爲謝二首 年來衰懶罷書淫偶向盆山寄此心何事涼陰老居士便分幽賞助淸吟 何處飛來薝蔔林老枝樛屈更蕭

槮淒涼杜老江頭坐又對行吟得自箴 楊巽齋薝蔔 標名自寶坊蕙風開遍一庭霜閑來掃地跏趺坐受用此花無盡香 原 蔣梅邊 淸淨法身如雪瑩肎來林下現孤芳對花六月無炎暑省爇鑪匜幾炷香 潘鄭臺 未說司花刻玉工已知名與佛相同可憐結了薰風子依舊身歸色界中 朱淑眞梔子 一根曾寄小峯巒薝蔔香淸水影寒玉質自然無暑意更宜移就月中看
增 李東陽梔子花 抽黃媲白總稱才誰遣山梔入畫來似爲詩家少知己杜陵吟罷不曾開 沈周薝蔔 雪魄冰花涼氣淸曲闌深處艷精神一鉤新月風牽影暗送嬌香入畫庭 陳淳梔子 竹籬新結度濃香香處盈盈

雪色妝知是異方天竺種能來詩社攬新腸〔陸游〕落
詩散何【增】〔宋顏彥〕濯雨時擕素當颷獨舍芬
日桐陰轉微風梔子香〔明沈周〕薰風吹結子白玉銜
新花【原】〔唐杜甫〕桃蹊李徑年雖古梔子紅椒艷復殊
〔宋蘇軾〕六花薝蔔林間佛【增】〔陸游〕淸芬六出水梔
子〔全蔡松年〕薝蔔花中碧霧鬟【原】〔明于若瀛〕冷香
亂墮水晶毬

詞【原】〔宋王十朋〕點絳脣毘舍遙遙異香一炷馳名久妙
馨希有鼻觀深參透　問訊東來知是誰先後稱仙友
十花爲偶近有西江守〔張鎡〕風入松芳叢族族水濵
生勾引午風淸六花大似天邊雪又幾時雪有三層明

艷射囘蜂翅淨香薰透蟬聲　晚簷人共月同行疎影
動銀屏指尖輕撚都如玉聽畫欄嬌囀流鶯道是花枝
比得不成花也多情〔馬莊父〕最高樓花解笑冷淡不
求知長是殿衆芳時鮮鮮秀頸磋圓玉洛陽翠珮鵝琉
璃向人前迎茉莉送荼蘼　幾欲把淸香換春色費多
少黃金酬不得梅雨妬麥風欺溷㕓空戀當時蕊同心
猶結舊年枝謝家娘將遠寄待憑誰

【別錄】【原】〔栽種〕帶花移易活芒種時穿腐木板爲穴塗以
泥汚剪其枝插板穴中浮水面候根生破板密種之或
梅雨時以沃壤一團插嫩枝其中置鬆畦內常灌糞水
候生根移種亦可荼蘼素馨皆同千葉者用土壓其傍
小枝逾年自生根十月內選子淘淨來春作畦種之覆
以糞土如種茄法〔製用〕大朶重臺者梅醬糖蜜製之
可作羮果　折枝挼碎其根實以日鹽則花色久而不
改可插瓶【增】〔野蔌品〕採花洗淨水漂去腥用麪入糖
鹽作糊花拖油煠食　採半開花礬水焯過入細葱絲
大小茴香花椒紅麴黃米飯研爛同鹽拌勻醃壓半日
食之用礬焯過用蜜煎之其味亦美

佩文齋廣羣芳譜卷第三十八

佩文齋廣羣芳譜卷第三十九

花譜

杜鵑

【增】〔本草〕杜鵑花一名紅躑躅一名山石榴一名映山紅一名山躑躅處處山谷有之高者四五尺低者一二尺春生苗葉淺綠色枝少而花繁一枝數萼二月始開花如羊躑躅而帶如石榴花有紅者紫者五出者千葉者小兒食其花味酸無毒〔湧幢小品〕杜鵑花以二三月杜鵑鳴時開有二種其一先敷葉後著花者色丹如血其一先著花後敷葉者色差淡人多結縛為盤盂翔鳳之狀嘉泰志云近時又謂先敷葉後著花者為石巖以

別之然前人但謂之紅躑躅不知石巖之名起于何時今江南在在皆稱石巖〔學圃餘疏〕花之紅者曰杜鵑葉細花小色鮮瓣密者曰石巖〔草花譜〕杜鵑花出蜀中者佳謂之川鵑花內十數層色紅甚出四明者花可二三層色淡〔雲南志〕杜鵑有五色雙瓣者永昌蒙化多至二十餘種

【彙考】【增】〔續仙傳〕鶴林寺在潤州有杜鵑花高丈餘每至春月爛熳僧相傳云貞元中有僧自天台移栽之其後有殷七七字文祥周寶舊識之及移鎮浙西嘗飾其花院鎖閉時或窺見有二女子共游林下俗傳花神也寶一日謂七七曰鶴林之花天下奇絕嘗聞能作非時花今重九將近能開此花以副此日乎七七乃前一日往鶴林焉中夜女子來謂七七曰妾為上帝所命司此花今與道者開之然此花不久歸閬苑矣于是女子瞥然不見及九日爛熳如春寶驚異遊賞累日俄不見其後兵火焚寺樹失根株信歸閬苑矣〔平泉草木記〕已未歲得稽山之四時杜鵑〔容齋隨筆〕物以希見者為珍不必異種也潤州鶴林寺杜鵑乃今映山紅又名紅躑躅在江東彌山亘野殆與榛莽相似而鶴林之花至以為外國僧鉢盂中所移上帝命玉女下司之已踰百年終歸閬苑是不特士俗罕見雖神仙亦不識也王建宮詞云大儀前日暖房來囑向昭陽乞藥栽勅賜一窠紅

躑躅謝恩未了奏花開其重如此則宮禁中亦鮮之〔三柳軒雜識〕杜鵑為仙客〔花經〕杜鵑八品二命躑躅七品三命〔閩部疏〕閩中大都氣暖春花皆先時放方二月下旬已見躑躅〔越中雜記〕五泄多穠花異草紅白青綠燦爛如錦映山紅有高七八尺者與他山絕異〔草花譜〕映山紅若生滿山頂其年豐稔人競採之〔黃山志〕雲外峯上有杜鵑花繞峯而生

【集藻】五言古詩【增】〔宋梅堯臣〕九月十八日山中見杜鵑花復開

山中泉壑暖幽木寒更華春鳥各噤口遊子未還家云誰未及還對此重興嗟何必因啼血顏色勝曙霞

七言古詩【增】唐元稹紫躑躅紫躑躅滅紫櫳裙倚山腹
文君新寡乍歸來羞怨春風不能哭我從相識便相憐
但是花叢不迴目去年春别湘水頭今年夏見青山曲
迢迢遠在青山上山高水濶難容足願爲朝日早相暾
願作輕風暗相觸紫躑躅我向通川爾幽獨可憐今夜
宿青山何年却向青山宿山花漸暗月漸明月照空山
滿山綠山空月午夜無人何處知我顏如玉　白居易
山石榴寄元九山石榴一名山躑躅一名杜鵑花杜鵑
啼時花撲撲九江三月杜鵑來一聲催得一枝開江城
上佐閒無事山下斸得廳前栽爛熳一欄十八樹根株
有數花無數千房萬葉一時新嫩紫殷紅鮮麴塵淚痕

裛損臙脂臉剪刀裁破紅綃巾謫仙初墮愁在世姹女
新嫁嬌泥春日射血珠將滴地風翻焰火欲燒人閑折
兩枝持在手細看不似人間有花中此物是西施芙蓉
芍藥皆嫫母奇芳絕艷别者誰通州遷客元拾遺拾遺
初貶江陵去去時正值青春暮商山秦嶺愁殺人山石
榴花紅夾路題詩報我何所云若云色似石榴裙當時
叢畔唯思我今日欄前只憶君憶君不見坐銷落日西
風起紅紛紛
五言律詩【增】唐孟郊酬鄭毗躑躅詠不似人手致豈關
地勢偏孤光衆餘翠獨影舞多妍迸火燒閑地紅星墮
遠天忽驚物表物嘉客爲留連　方干杜鵑花未問移
栽日先愁落地時疏中從間葉密處莫燒枝郢客敎誰
探胡蜂見自知周迴兩三步常有醉鄉期　成彥雄杜
鵑花杜鵑花與鳥怨艷兩何賒疑是口中血滴成枝上
花一聲寒食夜數朵野僧家謝豹出不出日遲遲又斜
七言律詩【增】唐白居易喜山石榴花開忠州州裏今日
花廬山山頭去年樹已憐根損斬新栽還喜花開依舊
數赤玉何人少琴軫紅纈誰家合羅袴但知爛熳恣情
開莫怕南賓桃李妬　題山石榴花一叢千朵壓欄干
剪碎紅綃却作團風嫋舞腰香不盡露消妝臉淚新乾
薔薇帶刺攀應懶菡萏生泥翫亦難爭及此花簷戶下
任人採弄盡人看　玉泉寺南三里澗下多深紅躑躅

繁艷殊常感惜題詩以示遊者玉泉南澗花奇怪不似
花叢似火堆今日多情唯我到每年無故爲誰開寧辭
辛苦行三里更與留連飲兩杯猶有一般辜負事不將
歌舞管絃來　李咸用題僧院杜鵑花若比衆芳應有
在難同上品是中春牡丹爲性疏南國朱槿操心不滿
旬留得却緣眞達者見來寧作獨醒人鶴林太盛今空
地莫放枝條出四隣　宋眞山民杜鵑花愁鎖巳雲往
事空只將遺恨寄芳叢歸心千古終難白啼血萬山都
是紅枝帶翠烟深夜月魂飛錦水舊東風至今染出懷
鄉恨長掛行人望眼中
七言小律【增】唐白居易題孤山寺山石榴花山榴花似

結紅巾容艷新妍占斷春色相故關行道地香塵擬觸
坐禪人瞿曇夘子君知否恐是天魔女化身
五言排律 增 唐白居易山石榴花 曄曄復煌煌花中無
比方艷天宜小院條短稱低廊本是山頭物今爲砌下
芳千叢相向背萬朶互低昂照灼連朱檻玲瓏映粉牆
風來添意態日出助晶光漸綻燕支萼猶含琴軫房離
披亂剪綵斑駁未勻妝絳焰燈千炷紅裙妓一行此時
逢國色何處覓天香恐合栽金闕思將獻玉皇好差青
鳥使封作百花王
五言絕句 增 唐曹松寒食日題杜鵑花 一朶復一朶併
開寒食時誰家不禁火總在此花枝

七言絕句
御製詠杜鵑花賜高士奇 石巖如火本天台秀質丹心日月
催移根禁苑清蔭句來夏山林惜茂才
增 唐李白宣城見杜鵑花 蜀國曾聞子規鳥宣城還見
杜鵑花一叫一迴腸一斷三春三月憶三巴 張籍寄
李渤五度溪頭躑躅紅嵩陽寺裏講時鐘春山處處行
應好一月看花到幾峰 白居易戲問山石榴 小樹山
榴近砌栽半含紅萼帶花來爭知司馬夫人妬移到庭
前便不開 杜牧山石榴 似火山榴映小山繁中能薄
艷中閒一朶佳人玉釵上祗疑燒卻翠雲鬟 雍陶歎
靈鷲寺山石榴 水蝶巖蜂俱不知露桃凝艷數千枝山

深春晚無人賞即是杜鵑催落時 吳融送杜鵑花 春
紅始謝又秋紅息國亡來入楚宮應是蜀冤啼不盡更
憑顏色訴西風 韓偓淨興寺杜鵑花 一園紅艷醉坡
陀自地連梢簇蒨羅蜀魄未歸長滴血祗應偏滴此叢
多 宋劉敞杜鵑花 嫩紅輕紫仙姿貴合是山中寂寞
開九陌風塵官相顧可憐空使下山來 蘇軾趙昌躑
躅 楓林翠壁楚江邊躑躅千層不忍看開卷便知歸客
路劒南樵叟爲施丹 楊萬里杜鵑花二首 泣露啼紅
作麼生開時偏值杜鵑聲杜鵑口血能多少恐是征人
滴淚成 何須名苑看春風一路山花不負儂日日錦
江呈錦樣清溪倒照映山紅 趙成德白杜鵑花三首

雲樹重重和淚冷故宮遺廟有知音秦吳萬里皆芳草
染到山花恨最深 春山未有杜鵑啼花發杜鵑知不
知寄語催歸儘哀怨莫將啼血污仙姿 冰肌玉骨擅
無雙不與山花鬬艷妝欲染啼紅冤杜宇爭如傅粉伴
何郎 楊巽齋杜鵑花 鮮紅滴滴映霞明盡是冤禽血
染成羈客有家歸未得對花無語兩含情 易寓言杜
鵑花 輕翦梢頭薄薄羅子規湔血恨難磨園林莫道香
飛盡嫩綠枝頭不用多 僧北澗杜鵑花 露凝丹臉粲
芳肌不御鉛華亦自奇強學海棠春睡足如何學得未
醒時 元鄭部李雲山畫杜鵑花 金井西頭萼綠仙霞
裙風帳影翩翩隴西才子多清思漫把春雲染杜鵑

明張獻翼杜鵑花花花葉葉正含芳麗景朝朝夜夜長何事江南春去盡子規聲裏駐年光

詩散句【增】宋張俞夏園無雜英灼灼山榴開落日杜鵑苦花仍萋蒼苔　唐韓愈三月松少步躑躅紅千層　李白杜鵑花開春已闌歸向陵陽釣魚晚　李紳澗底紅花奪火然搖風有毒愁行客　韓愈前年嶺隅鄉思發躑躅成山開不算　山榴躑躅少意思照耀黃紫徒爲叢　司空圖莫怪行人頻悵望杜鵑不是故鄉花　宋蘇軾當時只道鶴林仙能遣秋光放杜鵑　南漪杜鵑天下無披香殿上紅氍毹　王十朋造物私我小園林此花大勝金腰帶　徐似道牧童出捲烏鹽角越女

歸簪謝豹花　陳錦山一聲杜宇啼春風明朝緋挂千山叢　吳仲孚梨花瘦盡東風懶商畧平生到杜鵑　唐白居易杜鵑花落杜鵑啼　曉葉尚開紅躑躅　韋莊杜鵑花發鷓鴣啼　宋寇準杜鵑啼處花成血　王安石躑躅江頭挽醉紅　躑躅萬樹紅相圍

詞【增】宋高觀國浪淘沙啼魄一天涯怨入芳華可憐零血染烟霞記得西風秋露冷曾浣司花　明月滿窗紗倦客思家故宮春事與愁賒冉冉斷魂招不得翠冷紅斜　辛棄疾定風波百紫千紅過了春杜鵑聲苦不堪聞却解啼教春小住風雨空山招得海棠魂　一似蜀宮當日女無數猩猩血染赭羅巾畢竟花開誰作主記

取大都花屬惜花人

【別錄】【增】花鏡杜鵑性最喜陰而惡肥每早以河水澆置之樹陰之下則葉青翠可觀亦有黃白二色者春鵑亦有長丈餘者須種以山黃泥澆以羊糞水方茂若用映山紅接者花不甚佳切忌糞水宜豆汁澆

附錄　黃杜鵑

【增】本草黃杜鵑一名黃躑躅一名老虎花一名驚羊花一名羊不食草一名玉枝一名羊躑躅一名鬧羊花陶弘景曰羊食其葉躑躅而死故名鬧當作惱惱亂也　韓保昇曰小樹高二尺葉似桃葉花黃似瓜花蘇頌曰所在有之春生苗似鹿葱葉似紅花莖高三四尺夏開花似凌霄花山石榴輩正黃

色李時珍曰其花五出蕊瓣皆黃氣味皆惡有毒

附錄　山枇杷

【增】李紳文集駱谷多山枇杷毒能殺人其花明艷與杜鵑花相似樵者識之

【集藻】七言古詩【原】唐元稹山枇杷山枇杷花似牡丹殷潑血往年乘傳過青山正值山花好時節壓枝凝艷已全開映葉香苞纔半裂緊搏紅袖欲支頤慢解絳囊初破結金線叢飄繁蕊亂珊瑚朵重纖莖折因風旋落裙片飛帶日斜看目精熱亞水依巖半傾側籠雲隱霧多愁絕緣珠語盡身欲投漢武眼穿神漸滅穠姿秀色人皆愛怨媚羞容我偏別說向閑人人不聽曾向樂天時

一說昨來谷口先祖問及到山前已消歇左降通州十日遲又與幽花一年別山枇杷爾託深山何太拙天下萬里看不精帝在九重聲不徹園中杏樹良人醉陌上柳枝年少折因爾幽芳喻昔賢磻溪冷坐權門咽

七言律詩 增 唐白居易山枇杷 深山老去惜年華況對東谿野枇杷火樹風來翻絳焰瓊枝日出曬紅紗回看桃李都無色映得芙蓉不是花爭奈結根深石底無因移得到人家

七言絕句 增 唐白居易山枇杷花二首 萬重青嶂蜀門口一樹紅花山頂頭春盡憶家歸未得低紅如解替君愁　葉如裙色碧綃淺花似芙蓉紅粉輕若使此花兼

解語推囚御史定違程

木槿

原 木槿一名椵一名櫬〔白日椵紅日櫬〕一名日及一名王蒸〔爾雅云椵木槿櫬木槿註云別二名也或呼日及亦日王蒸〕一名蕣〔本作舜取僅榮一瞬之義〕一名朝菌〔見莊子〕一名朱槿一名赤槿一名朝開暮落花木如李高五六尺多岐枝色微白可種可插葉繁密如桑葉光而厚末尖而有椏齒花小而艷有深紅粉紅白色單葉千葉之殊五月始開朝開暮落結實輕虛大如指頂秋深自裂其中子如榆莢馬兜鈴之仁嫩葉可茹作飲代茶味平滑無毒潤燥活血除濕熱小兒忌弄令病瘧俗名瘧子花　增 酉陽雜俎 那提槿花紫色兩重葉外重葉卷心心中抽莖高寸餘葉端分五瓣如帶瓣中紫蕊莖上黃葉

彙考 原 詩鄭風 有女同車顏如舜華　有女同行顏如舜英傳英猶華也　禮記月令 仲夏之月木槿榮　增 宋書樂志 雨水方降木槿榮　莊子 朝菌不知晦朔註朝菌亦名日及　淮南子 莊生貴支離悲木槿　原 抱朴子 木槿楊柳斷殖之更生倒之亦生橫之亦生生之易者莫過斯木然埋之既淺又未得久乍刻乍剝或搖或拔雖壅以高壤浸以春澤猶不脫於枯瘁者以其根荄不固不暇吐其萌芽津液不得遂結其生氣也　增 晉宮閣名 華林園有木槿三株　外國圖 君子之國多

木槿之花人民食之去瑯琊三萬里　原 羯鼓錄 汝陽王璡寧王子也姿容妍美秀出藩邸嘗戴砑絹帽打曲上自摘紅槿花一朶置於帽上笪處二物皆極滑久之方安遂奏舞山香一曲而花不墜落上大喜笑賜璡金器一廚因誇曰花奴資質明瑩肌髮光細非人間人必神仙謫墮也　埤雅 詩曰顏如舜華又曰顏如舜英顏如舜華則言不可與久也顏如舜英則愈不可與久矣蕣榮而不實者謂之英　增 爾雅翼 木槿仲夏夜陰而榮月令取之以為候詩云有女同車顏如舜華舜乃華之甚茂者又枝葉相當有同車之象　花經 木槿九品一命　三柳軒雜識 姚氏殘語以木槿為時客今改為

莊客
集藻序原晉潘尼朝菌賦序朝菌者蓋朝華而暮落世謂之木槿或謂之日及詩人以爲舜華莊周以爲朝菌其物向晨而結建明而布見陽而盛終日而殞不亦異乎何名之多也　嵇含朝生暮落樹賦序草木春榮秋悴此樹朝生暮落　增蘇彥舜華詩序其爲花也色甚鮮麗迎晨而榮日中則衰至夕而零莊周載朝菌不知晦朔況此朝不及夕者乎苟映采於一朝燿穎於當時焉識夭壽之所在哉余既翫其葩而歎其榮不終日
咸公綏日及賦序日及者華甚鮮茂榮於仲夏訖於孟秋

頌增宋顏延之赤槿頌日御北至夏德南宣玉蒸榮心氣動上玄華纓間物受色朱天是謂珍樹含艷丹間
賦原晉盧諶朝華賦覽庭隅之嘉木慕朝華之可玩脩浸潤之泉壤仰睎影於雲漢　增羊徽木槿賦有木槿之初榮藻衆林而間色在青春而資氣逮中夏以呈飾挹宵露以舒采暉神景而吸葩　夏侯湛朝華賦合神樹之修異實積陽之純精蜿潛根以誕節據川壤以擢莖晈日升而朝華玄景逝而夕零逮明晨而繁沸若静夜之衆星長莖攢起柔條列布擢靈柯於時雨滋逸采於豐露灼煌煌以煒煒獨崇朝而達暮於是茂樹蒼蒼纖枝翩翩潛光玉朗綠葉翠鮮　傅咸舜華賦覽中唐之奇樹稟中梓之至清應青春而敷蘂逮朱夏而誕英布夭夭之纖枝發灼灼之殊榮紅葩紫蔕翠葉素莖含暉吐曜爛若列星朝暘照灼以舒暉逸藻采粲而光明蕃天壤而莫儷何菱華之足榮　原陳江總南越木槿賦日及多名藩賓肇生東方記乎夕死郭璞贊以朝榮潘文體其夏盛嵇賦閔其秋零此則京華之麗木非于越之舜英南中羣草衆花之寶雅什未名騷人失藻雨來翠潤露歇紅燥疊蕚疑擎低莖若倒朝霞映日殊未妍珊瑚照水定非鮮千葉芙蓉詎相似百枝燈花復羞然暫欲寄根對滄海大願移華厠綺錢井上桃蟲難可雜庭中桂蠹豈見憐乃爲歌曰啼眉梁冀婦紅妝蕩子

家若持花並笑宜笑不勝花趙女垂金珥燕姬插寶珈誰知紅槿艷無因寄狹邪徒令萬里道攀折自咨嗟
文散句增漢東方朔與公孫弘借車馬書木槿夕死朝榮士亦不長貧也　晉傅玄朝華賦序朝華麗木也
五言古詩增唐李白詠槿一首園花笑芳年池草艷春色猶不如槿花嬋娟玉階側芬榮何夭促零落在瞬息豈若瓊樹枝終歲長翕葩　白居易秋槿風露颯已冷天色亦黄昏中庭有槿花榮落同一晨秋開已寂寞夕隕何紛紜正憐少顏色復歎不逡巡感此因念彼懷哉聊一陳男兒老富貴女子晚婚姻頭白始得志色衰方事人後時不獲已安得如青春　元劉詵詠木槿數花

出籬㛹耿耿照夜闌月寒客獨起恍若山雪殘天風泠然來坐久身欲翰夢酌瓊宫漿薦以雕玉盤羣妃霓裳泠天姣環青鸞世言朝暮落耐此十日看始知潔白姿煩勝施朱丹大鈞縱萬物爾本羞蕙蘭同類偶自別亦復得賞歎勗哉勵貞節相期在歲寒　舒頔白槿花素質不自媚開花向秋前澹然超羣芳不與春爭妍涼夜弄清影縞衣照嬋娟佳人分寂寞零落祇自憐鮮鮮碧雲樹皎皎萬玉懸朝開暮還落物理乃自然嗟彼擁腫木徒爾全天年　木槿愛花朝朝開憐花暮即落顏色雖可人賦質無乃薄亭亭映清池風動亦綽約彷彿芙蓉花依稀木芍藥炎天衆芳彫而此獨凌鑠慰目聊娛

情蒼松在巖壑　明吳寬槿南方徧短籬木槿每當路北地少爲貴翻編短籬護要知一物耳貴賤以地故夏末蕊纍纍生意含曉露花開亦可觀別種更相妬獨憐一夕問顏色巳非素蕊多因應爾此理眞自悟不見萱草花開落只朝暮

五言律詩原唐楊凌詠槿花羣玉開雙槿丹榮對絳紗含烟疑出火隔雨怪舒霞向晚爭辭蕊迎朝鬭發花非關後桃李爲欲繼年華　增羊士諤玩槿花何乃詩人興妍詞屬舜華風流感異代窈窕比同車凝艷垂清露驚秋隔絳紗蟬鳴復蟲思惆悵竹陰斜　李商隱槿花二首燕體傷風力雞香積露文殷鮮一相雜啼笑兩難分月裏寧無姊雲中亦有君三清與仙島何事亦離羣　珠館熏然久玉房梳掃餘燒蘭才作燭襞錦不成書本以亭亭遠翻嫌脉脉疎迴頭問殘照殘照更空虛　朱槿花蓮後紅何患梅先白莫誇殘飛建章火又落赤城霞不卷錦步障未登油壁車日西相對罷休澣向天涯　勇多侵露去恨有礙燈還嗅自微微白看成杳杳殷坐忘疑物外歸去有簾間君問傷春句千詞不可刪　宋楊億槿花宿霧初披縠晨霞暫照粱千金輕換笑七篤未成章塵暗神妃襪衣殘侍史香深情傳寶瑟終古怨清湘　錢惟演槿花綺霞初結處珠露未晞時寶樹寧三尺華燈更九枝亭亭方自喜黯黯欲成悲欲作

非煙散猶憐反照遲　劉隲槿花號國妝初罷高唐夢始迴霓裳猶未解繡被巳成堆赤帝宮簾捲華陽洞戶開神仙有良會淸唱在瑤臺　謝翶槿樹白犬吠行人西風杵日新洗香澄宿水曝髮向秋隣野草依溝盡宮花入帽頻人家小門徑憐爾獨相親

七言律詩原宋楊萬里木槿夾路疎籬錦作堆朝開暮落復朝開抽苞粔籹輕拖縿近帶臙脂釄抹顋占破半年猶道少何曾一日不芳來花中却是渠長命換舊添新底用催　明陸深白木槿曾聞鄭女詠同車更愛丰標澹有華欲傍莓苔橫野渡似將鉛粉鬭朝霞品題從此添高價物色仍煩築短沙漫道春來李能白秋風一

種玉無瑕

五言絕句【增】唐劉庭琦詠木槿樹題武進文明府廳物情良可見人事不勝悲莫恃朝榮好君看暮落時【原】楊凌槿花綠樹競扶疏紅姿相照灼不學桃李花亂向春風落【增】崔道融槿花槿花不見夕一日一回新東風吹桃李須到明年春　白居易和微之歎槿花朝榮殊可惜暮落實堪嗟若向花中比猶應勝眼花　元劉詵白木槿潔比何郎白淨如寶兒憨秋風竹籬逕日暮道人巷　明張以寧木槿花朝昏看開落一笑小窓中別種蟠桃子千年一度紅

七言絕句【增】唐戎昱題槿花自用金錢買槿栽二年方

始得花開鮮紅未許佳人見蝴蝶爭知早到來　紅槿花花自深紅葉麴塵不將桃李共爭春今日驚秋自憐客折來持贈少年人【原】白居易白槿花秋蕣晚英無艷色何因栽種在人家使君自別羅敷面爭解回頭愛白花　李商隱槿花風露淒淒秋景繁可憐榮落任朝昏未央宮裏三千女但保紅顏莫保恩　宋張俞木槿朝菌一生迷晦朔靈萁千歲換春秋如何槿艷無終日獨倚闌干為爾羞　張登甲子雖推小雪天刺桐猶綠槿花然陽和長養無時歇郤是炎州雨露偏　陸鎣野槿扶疏當補籬山深不用掩山扉客來蹋破松梢月鶴向主人頭上飛　僧紹隆朱槿朱槿移栽釋梵中老僧

非是愛花紅朝開暮落關何事秪要人知色是空

詩散句【增】宋楊萬里曉艷欲開孫武陣晚風爭墜綠珠樓來如急電無因駐去似驚鴻不可收　唐楊炯綠琪千歲樹黃槿四時花　韓偓插槿作藩籬叢生覆小池　宋劉筠紫霧函燈紫形霞逼綺寮【原】黃庭堅吾聞調羹槿異味及枌榆　唐竇鞏籬外涓涓澗水流槿花半照夕陽愁　宋秦觀槿籬護藥紅遮徑竹筧通泉白徧郵【增】晉阮籍木槿耀朱華　唐上官儀槿散凌風縟　凌敬日槿落青跗　于鵠槿籬生白花【原】白居易蕭條槿花風　槿枝無宿花【增】杜牧槿墮初開艷　皮日休籬疎從綠槿　宋王安石薄槿臙脂染　范

成大槿花紅未落　槿心傾穠露　元龔璛花繞槿籬秋　唐王維山中習靜觀朝槿【原】白居易槿花一日自為榮【增】張籍紅槿開當宴客亭　蟬聲滿樹槿花疎　金張庭玉蝴蝶穿花木槿開

【別錄】【原】扦插　二三月間新芽初發時截作段長一二尺如插木芙蓉法即活若欲插籬須一連插去若少住手便不相接　取用　湖南北多植為籬障花與枝兩用皮及根甘平滑無毒作飲服令人能睡　花作湯飲治風皮治瘡癬川中者色紅氣厚力優尤效

扶桑

【增】本草　扶桑一名佛桑一名朱槿一名赤槿一名日及

東海日出處有扶桑樹此花光艷照日其葉如桑因以比之後人訛爲佛桑乃木槿別種故日及諸名亦與之同 【原】高四五尺產南方枝葉婆娑葉深綠色光而厚微澀如桑花有紅黃白三色紅者尤貴呼爲朱槿葉及花性甘平無毒 【增】（稽含草木狀）扶桑出南京郡花深紅色五出大如蜀葵重敷柔澤有蕊一條長如花葉上綴金屑日光所爍疑若焰生一叢之上日開數百朵朝開暮落自五月始至中冬乃歇插樹即活 （清漳志）佛桑比朱槿顏耐久葢二種也 （臨漳志）花似槿四時常開婦人簪帶之

【集藻】七言律詩 【原】宋蔡襄〈耕園驛佛桑花詩并序〉明道中予爲漳州軍事判官晚秋嘗至州西耕園驛驛庭有

佛桑數十株開花繁盛念其寒月窮山方自媚好乃作耕園驛佛桑花詩一首既而乘桴東下又作溪行一首慶曆七年予使本路明年夏四月自汀來漳復至是驛花尚仍舊追感昔遊因紀前事併載舊篇龕於西壁云

溪館初寒似早春寒花相倚媚行人可憐萬木凋零盡獨見繁枝爛熳新清艷夜沾雲表露幽香時過轍中塵名園不肎爭顏色灼灼天桃野水濱 使船迢遞到天涯候館遷延感歲華白髮却攀臨砌樹青條猶放過墻花悲來惟有金城柳醉後曾乘海客槎欲問昔遊無處所曉州生水日沉沙 （明）桑悅〈詠佛桑〉南無麗卉鬭猩紅淨土門傳到此中欲供如來嫌色重謂藏宜聖詠枝同葉深似有慈雲擁蕊邪偏驚慧日烘賞玩何妨三宿戀只愁燒破太虛空

詩散句 【原】宋蔡襄〈野人家家焰燒紅有扶桑 （蘇軾）焰焰燒空紅佛桑 【增】（楊萬里）佛桑解吐四時艷

【別錄】【增】（荔支譜）荔支以鹽梅浸佛桑花爲紅漿漬之曝乾色紅而甘酸

合驩

【原】合驩一名合昏一名夜合一名青棠 棠或作裳 【增】（本草）合驩一名萌葛一名烏賴樹 金光明經名爲尸利灑樹俗呼馬纓花 【原】處處有之枝甚柔弱葉纖密圓而綠似槐而小相對生至暮而合枝葉互相交結風來輒改不相牽綴五月開

花色如蘸暈線下半白上半肉紅散垂如絲至秋而實作莢子極薄細花中異品也根側分條藝之子亦可種主安和五臟利心志令人驩樂于若瀛曰夜合生宛朐及荆山花俯垂有姿鬚端紫點手拈之即脫才破萼香氣襲人金陵盆植者無根而花花後不堪留即留亦無能再花

【集考】【增】（崔豹古今注）欲蠲人之忿則贈之青棠青棠一名合懽合懽則忘忿 合歡樹之階庭使人不忿嵇康種之舍前 【原】（晉宮閣名）晉華林園有合歡四株 （女紅餘志）杜羔妻趙氏每端午取夜合花置枕中羔稍不樂輒取少許入酒令婢送飲便覺歡然 【璽】（橘簡贅筆

閑花野草亦隨時輕重唐人詩中多言夜合石竹如遼陽春盡無消息夜合花前日又西山花插寶髻石竹繡羅衣是也至今唐畫宮殿池臺多作二花自然有富貴氣令人絶不知重矣〔花經〕夜合七品三命〔餅花譜〕夜合四品六命

【集藻】〔文賦散句〕【原】〔晉嵇康養生論〕合歡蠲忿萱草忘憂

〔宋陸佃刻漏銘〕合昏暮捲蕢莢朝開

五言古詩【原】〔晉楊芳合歡詩〕南鄰有奇樹乘春挺素華豐翹被長條綠葉蔽朱柯因風吐微音芳氣入紫霞我心羨此木願徙著余家夕得游其下朝得弄其葩爾根深且固余宅淺且洿移植良無期歎息將如何〔宋韓

琦夜合〕俗人之愛花重色不重香吾今得眞賞似矯時之常所愛夜合花清芬踰衆芳葉葉自相對開斂隨陰陽不慙曆草滋獨擅堯階祥得此合歡名憂忿誠可忘茸茸紅白姿肖和從風颺沉水燎庭檻薰陸紛纓裳爾月固未歇況兹夏景長凡目不我貴馥烈徒自將仲尼失滅明史遷疑子房以貌不以行舉世同悲傷予欲先馨德群艷孰可方直饒妖牡丹須遜花中王【增】〔元吳師道合歡〕木合歡愛嘉名矧復知昏旦淮土產特多葱蘢蔭溝岸離離青葉解冉冉紅茸散靜抑宿露卷動與微風戀物意豈悅人和樂自堪玩蹇予寡所諧觸事多忿悁亦擬學稽生植根向庭畔

五言律詩【原】〔唐白居易對晚開夜合花贈皇甫郎中〕移晚栽一月花遲過半年紅開杪秋日翠合欲昏天白露滴未死凉風吹更鮮後時誰肯顧惟我與君憐〔元稹夜合〕綺樹滿朝陽融融有露光雨多疑濯錦風散似分妝葉密烟蒙火枝低繡拂墻更憐當暑見留詠日偏長

【增】〔元稹感小株夜合〕纖幹未盈把高條纔過眉不禁風苦動偏受露先萎不分秋同盡深嗟小便衰傷心落殘葉猶識合昏期

七言律詩【增】〔元袁桷題玉堂合歡花初開〕一樹高花冠玉堂知時舒卷欲雲翔馬嘶不動游纓聳雉尾初開翠扇張舊渴未須餐玉屑嘉名端合紀青裳雲窗霧冷文

書靜留取餘清散遠香

五言小律【增】〔唐李頎題合歡〕開花復卷葉艷眼又驚心蝶逺西枝露風披東榦陰黃衫漂細蕊時拂女郎砧

五言絶句【原】〔明于若瀛夜合花〕一莖兩三花低垂泣朝露開簾弄幽色時有香風度

七言絶句【增】〔唐白居易東墻夜合樹去秋爲風雨所摧今年花時悵然有感〕碧芨紅縷今何在風雨飄將去不回惆悵去年墻下地今春惟有薺花開【原】〔宋韓琦中書東廳夜合〕合昏枝老拂簷牙紅白開成蘸暈花最是清香合蠲忿累旬風送入窗紗【增】〔明李東陽夜合花二絶〕夜合枝頭別有春坐含風露入清晨任他明月能

相照斂盡芳心不向人　袂掩芳塵欲避春羞將月夕
換風晨向來花品看應熟不待開時已可人〔陸師道
題夜合花〕夜合花開香滿庭翠枝拂蘸玉娉婷詩人賸
有高陽興相對泠然宿酒醒【原】〔王野遠遊消息斷天
涯燕子空能到妾家春色不知人獨自庭前開遍合歡
花〔陳繼儒梅雨晴時處處蛙尋常家釀不須賒老親
醉後盤餐散瓶裏初開夜合花
詩散句〕【原】〔唐杜甫〕合歡尚知時鴛鴦不獨宿【增】〔宋蘇
軾〕可憐夜合花青枝散紅茸【原】〔明申時行〕隙地不栽
無果樹中庭那有合歡花〔王韋〕碧紗籠裏銀缸影照
見深宮夜合花〔古詩〕消忿贈合歡【增】〔梁沈約〕合歡

葉蕁卷〔宋韓琦〕合歡香影拂西齋
【別錄】【增】〔詩話〕心胸填錯取合歡掌大一枝水煮服之故
後山詩云探囊一試合昏湯〔普濟方〕髮落不生合歡
木灰二合墻衣五合鐵精一合水萍末二合生油調塗
〔百一選方〕撲損折骨取合歡皮去粗皮炒黑色四兩
芥菜子炒一兩爲末每服二錢溫酒臥時服以滓傅之
接骨甚妙〔子母秘錄〕小兒撮口夜合花枝濃煎汁拭
口中并洗之

附錄　有情樹

【原】〔花史〕遜頓國有樹晝開夜合名曰夜合亦云有情樹
若各自種則無花

木芙蓉

【原】木芙蓉一名木蓮一名華木一名拒霜花一名桃木
一名地芙蓉本草云此花豔如荷花故有芙蓉木蓮之名八九月始開故名拒霜俗呼爲桃皮樹相如賦謂之華木註云皮可爲索也有數種惟大紅千瓣白千瓣半白半
桃紅千瓣醉芙蓉朝白午桃紅晚大紅者佳甚黃色者
種貴難得又有四面花轉觀花紅白相間八九月間次
第開謝深淺數榮最耐寒而不落不結子總之此花清
姿雅質獨殿衆芳秋江寂寞不怨東風可稱俟命之君
子矣欲染別色以水調靛紙蘸花蕊上仍裹其尖開花
碧色五色皆可染種池塘邊映水益妍氣味辛平無毒
清肺涼血散熱解毒消腫毒惡瘡排膿止痛有殊效俗

傳葉能爛獺毛
【彙考】【增】〔平泉草木記〕已未歲得會稽之百葉木芙蓉又
得鍾陵之同心木芙蓉〔清異錄〕錢俶以弟信鎭湖州
後圖芙蓉枝上穿一黃玉玦枝梢交雜不知從何而穿
也信截幹取玦以獻人謂眞仙來遊留此以驚世耳
〔益部方物畧記〕添色拒霜花生彭漢蜀州花常多葉始
開白色明日稍紅又明日則若桃花然【原】〔歸田錄〕石
曼卿去世後其故人有見之者云我今爲仙主芙蓉城
欲呼故人共游不諾忿然騎一素驢而去〔石林燕語〕
慶曆中有朝士將曉赴朝見美女三十餘人靚妝麗服
兩兩並馬而行觀文丁度按轡於其後朝士驚曰丁素

儉約何姬之衆耶有一人最後行朝士問曰觀文將宅
眷何往曰非也諸女御迎芙蓉館主耳俄聞丁卒 增
東坡集九月十日君猷置酒秋香亭有拒霜獨向君猷
開坐客喜笑以爲非使君莫可當此故作詩詞以記之
原 成都記孟後主於成都城上遍種芙蓉每至秋四
十里如錦繡高下相照因名錦城以花染繒爲帳名芙
蓉帳 增 二老堂詩話唐人哀劉禹錫嘉話云進士陳
標詠黃蜀葵詩云能共牡丹爭幾許得人憎處只緣多
予嘗語客花多固取輕於人何憎嫌之有因論木芙蓉
全似芍藥但患無兩平字易牡丹字欲改此句作得人
輕處只緣多衆以爲善且謂移芍藥二字在句首則可

矣予以失全句爲疑或云本草芍藥一名餘容因綴一
絕云花如人面映秋波拒傲清霜色更和能共餘容爭
幾許得人輕處只緣多白樂天和錢學士白牡丹詩云
唐昌玉蕊花攀玩衆所爭折來比顏色一樹如瑤瓊彼
因稀見貴此以多爲輕固知輕字爲勝 吳興園林記
端肅和王家後臨顏魯公池依城曲折亂植拒霜號芙
蓉城 見聞後錄李太白詩云昔作芙蓉花今爲斷腸
草按陶弘景仙方注云斷腸草不可食其花美好名芙
蓉 錦里新聞錦城因錦江之水濯錦而名人又謂蜀
王衍命蜀城遍栽芙蓉花得名亦新 花經芙蓉九品
一命 餅花譜芙蓉六品四命 蜀都雜抄蜀城謂之

芙蓉城傳自孟氏今城上間栽有數株兩歲著花予適
閱視見之皆淺紅一色花亦凋瘵殊不若吳中之爛然
數色也 泉南雜志芙蓉有產於山者余解後手插一
枝未半載扶疏出牆名曰木芙蓉花最繁盛不下數百
大如甌其色有朝紅暮白者此則惟粉紅一色耳 弇
山園記蓮池東西可七丈許南北半之長夏醉而臨池
不落而醒游客每徙倚其地輒詫謂予此何必減王衛
軍芙蓉池也余謝不敢當而會吾鄉有從廢圃下得一
石刻曰芙蓉渚是開元古隸或云范石湖家物因樹之
池右池從南得小溝宛轉與後溪合傍皆紅白木芙蓉
環之蓋亦不偶云 原 學圃餘疏芙蓉特宜水際種類

不同先後開故當雜植之大紅最貴最先開次淺紅常
種也白最後開有曰三醉者一日間凡三換色亦奇客
言曾見有黃者芙蓉入江西俱成大樹人從樓上觀吾
地如榛荊狀故須三年一斫却 花史溫州江心寺文
丞相祠中有木芙蓉盛開其本高二丈幹圍四尺花幾
萬餘暢茂散漫 芙蓉有二種出於水者謂之草芙蓉
出於陸者謂之木芙蓉又名木蓮樂天詩曰水蓮開盡
木蓮開謂此 邛州有弄色木芙蓉一日白二日淺紅
三日黃四日深紅比落色紫人號爲文官花 許智老
爲長沙有木芙蓉二株可庇畝餘一日盛開賓客盈溢
坐中有王子懷者言花朶不踰萬數若過之願受罰智

老許之子懷因指所攜妓賈三英胡錦鼎文帔以酬直智老乃命厮僕羣採凡一萬三千餘朶予懷褫帔納主人而遁

集藻 頌 增 〔梁江淹木蓮頌〕迸采泉壑騰光淵丘緗麗碧巘紅艷桂洲山人結侶盡俗共遊時至不採爲予淹留

贊 增 〔宋宋祁添色拒霜花贊〕自濃而淡花之常態今顧反之亦不之怪

五言古詩 增 〔唐柳宗元湘岸移木芙蓉植龍興精舍〕有美不自蔽安能守孤根盈盈湘西岸秋至風露繁麗影別寒水穠芳委前軒芰荷諒難雜反此生高原 〔巽公院芙蓉亭〕新亭俯朱檻嘉木開芙蓉清香晨風遠溽彩

寒露濃瀟灑出人世低昂多異容嘗聞色空喻造物誰爲工留連秋月晏迢遞來山鐘 原 〔宋歐陽修拒霜花〕芳菲能幾時顏色如自愛鮮鮮弄霜曉裊裊含風態蕙蘭殞秋香桃李媚春醉時節雖不同盛衰終一致莫笑黃菊花離根守憔悴 增 〔司馬光未開木芙蓉〕木末采芙蓉騷人歌所無何言霜花艷不與水芝殊香苞嬖膩結茂葉桐陰敷豈若龜巢類飄零老五湖 〔蘇軾王伯敭所藏趙昌芙蓉〕清飈已拂林積水漸收潦溪邊野芙蓉花水相媚好坐看池蓮盡獨作霜菊槁幽姿强一笑暮景迫摧倒凄凉似貧女嫁晚驚衰早誰寫少年容樵人劍南老 〔陳與義拒霜〕拒霜花已吐吾宇不凄凉天

地雖蕭殺草木有芬芳道人宴坐處侍女古時妝濃露濕丹臉西風吹絳裳 〔范成大荼平齋小池兩涘木芙蓉盛開有懷故園〕洞戶掩秋深晝橋横晚靜娟娟芙蓉風池光弄花影懷我白鷗邊錦障繚千頃明湖拍岸平紅綠染天鏡釣船無畔岸收拾入蒲領牆籬束院落寒窘令人癭 〔楊萬里山寺觀木芙蓉〕初約山寺遊端爲秋怪奇石郎如雲水鄉化作錦繡國入門徑深深過眼寂寂隔竹小亭明獨紅滿疎碧山僧引幽踐絕巘忝往陟三步綺爲障十步霞作壁四圍盡芙蓉山僧所手植秋英側耀淡此花獨腴澤郊憶禰外時朝士作祖席是間萬株梅冷射千崖白舊遊不可尋雪枝半榛棘 〔金

党懷英西湖芙蓉〕林飈振危柯野露委荒蔓孤芳爲誰妍一笑聊自獻明妝炫朝麗醉態羞晚困脈脈懷春情悄悄驚秋怨豈無桃李媒不嫁惜嬋媛悠哉清霜暮共抱蘭菊恨 〔元朱德潤題芙蓉花屏〕夾城遺芳栽搖落及千年芙蓉發靚妝絕艷秋江邊臨風拂羅幃紅裳擁三千素抱拒霜質亭亭赤城仙會攜一枝去生綃記餘妍

五言律詩 原 〔唐韓愈木芙蓉〕新開寒露叢遠比水間紅艷色寧相妒嘉名偶自同採江官渡晚搴木古祠空恃勤來看無令便逐風 增 〔宋梅堯臣詠王宗說園黃木芙蓉〕水中兼木末相擬有嘉花玉蕊坼蒸粟金房落

晚霞涉江從楚女采菊聽陶家事與離騷異吾將搴以
誇〔陶弼木芙蓉〕孤芳託寒木一曉一番新春色不爲
主天香勸動人丹楓見流落黃菊坐因循莫訝偏相愛
衰遲似我身 原〔明申時行芙蓉〕洗羣芳搖落後秋色
在林塘艷態偏臨水幽姿獨拒霜漢皐霞作佩湘曲錦
爲裳白首滄江上相看醉夕陽
七言律詩 增〔唐劉兼詠木芙蓉〕素靈失律詐風流強把
芳菲半載偷是葉葳蕤霜照夜此花爛熳火燒秋謝蓮
色淡爭留種陶菊香濃亦合羞誰道金風能肅物因何
厚薄不相侔〔宋徐鉉題殷舍人宅木芙蓉〕憐君庭下
木芙蓉嫋嫋纖枝淡淡紅曉吐芳心零宿露晚搖嬌影

媚清風似含情態悲秋雨暗減馨香借菊叢默飲數杯
應未稱不知歌管與誰同〔范成大攜家石湖賞拒霜〕
水上晴雲綵蝀橫許多蜂蝶趁船行漁樵引入新花塢
兒女扶登小錦城艷粉發妝朝日麗濕紅浮影晚波清
誰知搖落霜林畔一段韶光畫不成 原〔楊萬里拒霜〕
花木葉何似水芙蕖同個聲名各自都風露商量借膏
沐臙脂深淺入肌膚喚回春色秋光裏饒得紅妝翠蓋
無字曰拒霜渾不惡却愁霜重要人扶〔方岳木芙蓉〕
綠裳丹臉水仙容不謂佳名偶自同一朶方酣初日色
千枝應發去年叢莫驚墜露添新紫更待微霜暈淺紅
却笑牡丹猶淺俗但將濃艷醉春風 增〔元浦道源紅

芙蓉〕豐肌弱骨與秋宜宿酒酣來不自持豈爲嚴霜成
槁質要憑初日發妍姿燕姬入畫猶嫌陋蜀錦團窠未
足奇獨對芳叢寄幽興子高真是遇仙時〔轉觀芙蓉〕
露涼風冷見溫柔誰挽春還九月秋午醉未醒全帶艷
晨妝初罷尚含羞未甘白紵居寒素也著緋衣入品流
若信牡丹南面貴此花應自合封侯〔明袁凱浦上木
芙蓉〕盛開約黃鶴山人共觀江浦芙蓉色正深青霜點
染更沉沉孤舟向日曾親見短褐於今欲遠尋已擬攜
尊同野客不妨展席對沙禽明年肯痛應全愈移遍東
園野木陰 原〔申時行小園看芙蓉〕西園試詠鄴中詞
正及朱華冒綠池綽約偏多臨水態逍遙獨抱拒霜姿

吳姬曉鏡臨妝早楚客霞裳集錦遲最愛秋江留晚色
儘教白首醉頹巵
五言絕句 原〔宋宋祁木芙蓉〕皓露侵細蕊尖風獵絳英
繁霜不可拒切弗受空名　江南江北樹秋至僅成叢
向晚誰爭艷酡顏淺作紅 增〔梅堯臣拒霜〕木杪芙蓉
花開非紅艷早常畏晚霜寒朱華競衰草 原〔石延年
木芙蓉〕深淺霜前後應同舊落紅羣芳坐衰歇聊自舞
秋風〔朱子木芙蓉〕紅芳曉露濃綠樹秋風冷共喜巧
回春不妨閑弄影〔楊萬里木芙蓉〕染露金風裏宜霜
玉水濱莫嫌開最晚元自不爭春
七言絕句 增〔唐李嘉祐秋朝木芙蓉〕水面芙蓉秋已衰

繁條割是著花時平明露滴垂紅臉似有朝開暮落悲
〔白居易木芙蓉下招客飲〕曉凉思飲兩三杯召得江
頭酒客來莫怕秋無伴醉物水蓮花盡木蓮開 〔黃滔
木芙蓉三首〕黃鳥啼煙二月朝若教開卽牡丹饒天嫌
青帝恩光盛留與秋風雪寂寥 却假青腰女翦成綠
羅囊綻綵霞呈誰憐不及黃花菊只遇陶潛便得名
須到露寒方有態爲經霜裏稍無香移根若在秦宮裏
多少佳人泣曉妝 原〔宋歐陽修木芙蓉〕種處雪消春
始動開時霜落雁初過誰栽金菊叢相近織出新番蜀
錦窠 增〔司馬光和秉國芙蓉五章〕清曉霜華漫白濃
獨憑佳日養殘紅勸君秉燭須勤賞閶闔難禁一夜風

北方稀見誠奇物筆界輕綵指捻紅楚蜀可憐人不
賞牆根屋角數無窮 平昔低頭避桃李英華今發歲
云秋盛時已過渾如我醉舞狂歌插滿頭 後時獨立
誠難事猶賴堦庭有菊叢綽約霜前弄姿態非如羣木
萬林紅 但見涉江求水際豈知綠木采霜中微紅未
肎全衰歇正似酡顏鶴髮翁 原〔王安石木芙蓉〕水邊
無數木芙蓉露染臙脂色未濃正似美人初醉著強擡
青鏡欲妝慵 〔拒霜花〕落盡羣花獨自芳紅英渾欲拒
嚴霜開元天子千秋節戚里人家承露囊 增〔文同芙
蓉〕蜀國芙蓉名二色重陽前後始盈枝畫調粉筆分班
處纖引金針鬪刺時 原〔蘇軾和述古拒霜花〕千林掃

作一番黃只有芙蓉獨自芳喚作拒霜知未稱細思却
是最宜霜 增〔張耒芙蓉〕今年古寺摘芙蓉憔悴眞成
澤畔翁聊把一枝閒照水明年何處對霜紅 〔范成大
窓前木芙蓉〕辛苦孤花破小寒花心應似客心酸更憑
青女留連得未必愁紅怨綠看 〔題莘年齋外木芙蓉〕
慵妝酣酒夕陽濃洗盡霜痕看綺叢綠地團花紅錦障
不知庭院有西風 〔陸游拒霜〕滿庭黃葉舞西風天地
方收肅殺功何事獨蒙青女力牆頭催放數苞紅 原
〔劉珵木芙蓉〕翠幄臨流結絳囊多情常伴菊花芳誰憐
冷落清秋後能把柔姿獨拒霜 〔劉克莊芙蓉二絕〕湖
上秋風起櫂歌萬株映柳更依荷老來不作繁華夢一

樹池邊已覺多 池上秋開一兩叢未妨冷淡伴詩翁
而今縱有看花意不愛深紅愛淺紅 增〔劉圻父木芙
蓉〕曉妝如玉暮如霞濃淡分秋染此花終日獨醒于底
事晚知爛醉是生涯 〔陳經國木芙蓉〕紫茸排萼露微
紅不比春花對日烘冷落半秋誰是侶可憐妖艷嫁西
風 原〔鄭域木芙蓉〕妖紅弄色絢池臺不作匆匆一夜
開若遇春時占春榜牡丹未必作花魁 增〔元虞集木
芙蓉〕九月襄陽宴渚宮霓旌翠羽度雲中滿汀山雨衣
裳濕宋玉愁多賦未工 〔宋褧長安驛道中觀芙蓉寄
嘲伯循〕玉溪橋畔淡朝霞照影紅妝泣露華說似分司
才御史水邊花勝驛中花 〔盧琦題錢舜舉木芙蓉〕紅

妝初映酒杯酣斜倚西風轉不堪霜後池塘秋欲盡令人惆悵憶江南　明徐賁雨後慰池上芙蓉池上新晴偶獨過芙蓉寂寞照寒波相看莫厭秋情薄若在春風怨更多　【原】謝遷芙蓉傍水施朱意自眞幽棲非是避芳塵已呼晚菊為兄弟更為秋江作主人　【增】吳孔嘉木芙蓉半臨秋水照新妝澹靜丰神冷艷裳堪與菊英稱晚節愛他含雨拒淸霜　徐文湛題畫芙蓉江邊誰種木芙蓉寂寞芳姿照水紅莫怪秋來更多怨年年不得見春風

詩散句【原】宋歐陽修湖上野芙蓉含思秋脈脈娟娟如靜女不肯傍阡陌詩人杳未來幽艷冷難宅　李覯甚

疑牡丹叢但病皮骨老不宜入水看只可隔水眺　【增】唐韓愈四隅芙蓉樹擢艷皆猗猗　【原】宋宋祁麴塵輕抱蕊宮纈巧裝叢　梅堯臣託根地雖卑凌霜花亦茂　【增】文同何人露秋纈不管著秋霜　許棐霜樹不知醜葉與花爭紅　明沈周秋風吹冷艷晨露濕新妝　【原】唐高蟾芙蓉生在秋江上不向東風怨未開　【增】宋宋祁情知邊地風霜惡不肯將花剩占秋　文同落晚自憐窺露沼忍寒誰念倚霜籬　秦觀芙蓉露濃紅壓枝幽禽感秋花畔啼　黃庭堅術花留得紅妝面酌盡齋中竹葉瓶　客興不辜春竹葉年華全屬拒霜叢　【原】韓駒舊時憶在延眞館玉作芙蓉院院明　【增】楊萬里亂剪素羅妝一樹巧將敗朶點臙脂　徐似道一帶拒霜三十里又催簫鼓作秋聲　張俞待教滿地妖紅落獨與秋風作主人　【原】戴復古就中一種芙蓉別只染鵝黃學道妝　翁卷芙蓉不分秋蕭索鬭折柔紅滿樹頭

詞【增】葉夢得卜算子曉雨洗新妝艷艷驚衰眼不趁東風取次開待得淸霜晚　曲港照回流影亂微波淺作態低昂好自持江闊煙村遠　【原】范成大菩薩蠻冰明玉潤天然色淒涼拚作西風客不肯嫁東風殷勤霜露中　綠窗梳洗晚笑把琉璃盞斜日上妝臺酒紅和困來　高觀國菩薩蠻紅雲半壓秋波急艷妝泣露嬌啼

色佳夢入仙城風流石曼卿　宮袍呼醉醒休捲西風錦明日粉香殘六橋煙水寒　晏殊少年遊霜華滿樹蘭凋蕙慘秋艷入芙蓉臙脂嫩臉黃金輕蕊猶自怨春風　前歡往事當歌對酒無限到心中更凭朱檻憶芳容腸斷一枝紅　【增】蘇軾定風波兩兩輕紅半暈腮依依獨為使君回若道使君無此意何謂雙花不向別人開　但有低昂煙雨裏不已勸君休訴十分杯更問尊前狂副使來歲花開時節與誰來

【別錄】【原】種植十月花謝後截老條長尺許臥置窖內無風處覆以乾壤及土候來春有萌芽時先以硬棒打洞入糞及河泥樂木灌滿然後插入上露寸餘遮以爛草

即活當年即花若不先打洞傷其皮即死　製用皮柔
韌連條風戾之至春漚丁池以紏綆索甚能勝水多種
之歲可長用

佩文齋廣羣芳譜卷第三十九

佩文齋廣羣芳譜卷第四十

花譜

巖桂 按牡桂箘桂入藥巖桂不入藥原合[illegible]入藥譜今分巖桂入花譜牡桂箘桂別見藥譜

原 巖桂似箘桂而稍異葉有有鋸齒如枇杷葉而麤澀者有無鋸齒如梔子葉而光潔者叢生巖嶺間謂之巖桂俗呼爲木犀紋理如犀故名木犀其花有白者名銀桂黃者名金桂紅者名丹桂有秋花者春花者四季花者逐月花者花四出或重臺徑二三分瓣小而圓皮薄而不辣不堪入藥花可入茶酒浸鹽蜜作香茶及面藥澤髮之類天竺桂即今閩粵浙中山桂台州天竺最多生子如蓮實或二或三離離下垂天竺僧稱爲月桂其花時常不絕枝頭葉底依稀數點亦異種也

彙考 增 晉書陸機傳論蘭植中塗必無經時之翠桂生幽壑終保彌年之丹　原 唐書五行志垂拱四年三月雨桂子於台州旬餘乃止　增 唐書后妃傳太宗賢妃徐惠八歲自曉屬文父孝德嘗試使擬離騷爲小山篇曰仰幽巖而流盻撫桂枝以凝想將千齡兮此遇荃何爲兮獨往孝德大驚知不可掩于是所論著遂盛傳太宗聞之召爲才人　山海經招搖之山其上多桂　皐塗之山上多桂木　呂氏春秋物之美者招搖之桂　禮斗威儀君乘金而王其政訟平芳桂常生　增 天地

運度經〕泰山北有桂樹七十株天神青腰玉女三千人守之其實赤如橘人食之一年仙官迎之常有九色飛鳳寶光珠雀鳴集於此〔三輔黃圖〕甘泉宮南有昆明池中有靈波殿以桂爲柱風來自香〔洞冥記〕有遠飛雞夕則還依人曉則絶飛四海嘗銜桂實歸於南土

增〔西京雜記〕上林苑栴桂十株〔拾遺記〕岱輿山北有玉梁十丈駕玄流之上傍有丹桂紫桂白桂皆直上百尋可爲舟航謂之文桂之舟　王母與燕昭王遊於燧林之下說炎帝鑽火之術取緑桂之膏然以照夜忽有飛蛾銜火狀如丹雀來拂於桂膏之上　宣帝元鳳二年於琳池之南起桂臺以望遠氣東引太液之水有一

連理桂樹上枝跨于渠水下枝隔岸而南生與上枝同一株〔金樓子〕桂花不實玉巵不當

原〔廬山記〕山有三石梁廣不盈尺俯盼杳然無底吳猛將弟子過此梁見老翁坐桂樹下以玉杯盛甘露與猛

增〔平泉山居草木記〕有剡溪之紅桂鍾山之月桂曲阿之山桂永嘉之紫桂剡中之眞紅桂〔酉陽雜俎〕舊言月中有桂有蟾蜍故異書言月桂高五百丈下有一人常斫之樹創隨合人姓吳名剛西河人學仙有過謫令伐樹釋氏書言須彌山南面有閻扶樹月過樹影入月中或言月中蟾桂地影也空處水影也此語差近〔國史補〕南中有山洞一泉往往有桂葉流出好事者因目爲流桂泉

原〔本草拾遺〕江東諸處每至四五月後嘗於衢路拾得桂子大如貍豆破之辛香故老相傳是月中下也北方獨無者非月路也

增〔南部烟花記〕陳主爲張麗華造桂宮於光昭殿後作圓門如月障以水晶後庭設素粉罘罳庭中空洞無他物惟植一株桂樹樹下置藥杵臼使麗華恒馴一白兎時獨步於中謂之月宮〔清異錄〕韓恭叟離合巖桂二字爲巖山圭木〔南部新書〕杭州靈隱山多桂寺僧曰月中種也至今中秋夜往往子墜寺僧亦嘗拾得招賢寺僧植桂香紫可愛郡守白公號紫陽花

原〔東坡詩注〕天竺昔有梵僧云此山自天竺鷲山飛來八月十五夜嘗有桂子落〔羅湖野錄〕黃公

魯直館黃龍山從晦堂和尚遊晦堂因語次舉孔子謂弟子以我爲隱乎吾無隱乎爾請公詮釋而至於再晦堂不然其說公怒形於色沈默久之時當暑退涼生秋香滿院晦堂乃曰聞木犀香乎公曰聞晦堂曰吾無隱乎爾公欣然領解

增〔彥周詩話〕先伯父熙寧九年四月二十七日夜夢至一處牓曰清香館東邊有別院東壁有詩牌云題冀公功德院山東李白其詩曰秋風吹桂子只在此山中待得春風起還應生桂叢桂叢日已滿清香何時斷只爲愛清香故號清香館伯父自作記夢一篇書之甚詳〔老學庵筆記〕張子韶對策有桂子飄香之語趙明誠妻李氏嘲之曰露花倒影柳三變桂

子飄香張九成〔原〕話腴明之象山士子史本有木犀忽變紅色異香因接本獻闕下高廟雅愛之畫爲扇面仍製詩以賜從臣云月宮移向日宮栽引得輕紅入面來好向烟霄承雨露丹心一點爲君開又云秋入幽巖桂影團香深粟粟照林丹應隨王母瑤池宴染得朝霞下廣寒自是四方爭傳其本歲接數百史氏由此昌焉一冉之微香色稍異能動至尊入品題且昌其主可以人而不如木乎〔增〕學齋呫嗶花中惟巖桂四出余謂土之生物其數皆五故草木花皆五惟桂乃月中之木居西方地四乃西方金之成數故花四出而金色且開於秋云此桂之在離騷以喻君也先師魏鶴山巖桂詩

云虎頭點點開金粟犀首纍纍佩印章自注云顧虎頭善畫金粟佛公孫衍佩五國相印眞善借喻而體物矣余亦嘗賦巖桂云四出花中異三開格外芳名高評月品韻勝霸秋香或者頗許之以爲弗可移賦他花木也 澄懷錄韓熙載云對花焚香木犀宜龍腦 三餘贅筆會端伯以巖桂爲仙友張敏叔以桂爲仙客 客座新聞衡神祠其徑綿亘四十餘里夾道皆合抱松桂相間連雲蔽日人行空翠中而秋來香聞十里計其數云一萬七千株眞神幻佳境 弇山園記吳蓉池之西北度有小橋崇阜若馬脊皆植桂凡數十百樹曰金粟嶺

〔原〕學圃餘疏木犀吾地爲盛天香無比然須種早黃毬子二種不惟早黃七月中開毬子花密爲勝即香亦馥郁異常丹桂香減矣以色稍存之餘皆勿植又有一種四季開花而結實者此眞桂也閩中最多常以春中盛開吾地亦間有之宜植以備一種 花之四季開者蘭桂而外有月桂長春菊月桂閩種爲佳〔增〕閩部疏延平多桂亦能多瘴福南四郡桂皆四季花而反盛於冬凡桂四季者有子唐詩所云桂子月中落此眞桂也江南桂入九月盛開無子此木犀也 湧幢小品蘭溪高子章先世封樹之地兩桂當庭取東坡何氏讀書堂語扁曰香入雲杜端父爲之賦曰絲曾分月種故發入雲香子章曰似矣請更散語端父再屬長篇云山麓有

庭存古意不種凡花惟種桂苔封蘚剝逝鱗皴雪勁霜頑聳蒼翠栽培豈解一日成愛惜至今尤不易來人不必問典刑對此儼然前輩是樹前翁仲不可求樹下子孫能幾世子孫立竹滿庭除前人於此見心事近年喬木幾家存是中林壑何陰翳前人種樹愛讀書種時已喻書中義後人讀書念前人對樹類能歌薇芾八月九月秋風高金丹變化乘飄飄朝元復祖歸寒燬仙香直入于雲霄老兎癡蟾開鼻孔奏徹虛皇應得寵虛皇錫賚萬瓊瑤賞君愛護月中種 紹定閒舒岳祥讀書舘中中秋月色皎然聞瓦上聲如撒雹甚怪之其祖拙齋啟門視之乃曰此月中桂子也我嘗得之天台山中呼

童子就西庭中拾得二升大如豫章子無皮色白如玉有紋如雀卵其中有仁嚼之作芝麻氣味囊之雜菊花作枕清芬襲人其收拾不盡散落甎隙者旬輒出樹子葉柔長經冬猶秀尋徙植盆中久之失其所在〔瓶史〕洛木犀宜清慧兒　木犀以芙蓉爲婢〔七曲山記〕文昌殿後爲桂香殿丹粟秋飄一邑盡染彌月猶馥【原】〔杭州府志〕月桂峯在武林山宋僧遵式序云天聖辛卯秋八月十五夜月有濃華雲無纖翳天降靈實其繁如雨其大如豆其圓如珠其色有白者黃者黑者殼如芡實味辛識者曰此月中桂子好事者播種林下一種即活　張君房爲錢塘令夜宿月輪山寺僧報曰桂子下

塔遶起望之紛如烟霧回旋成穗散墜如牽牛子黃白相間咀之無味〔花史〕無瑕嘗著素裳折桂明年開花潔白如玉女伴折取簪髻號無瑕玉花

【集藻】〔騷〕【原】漢淮南小山招隱士桂樹叢生兮山之幽偃蹇連蜷兮枝相繚山氣巃嵸兮石嵯峨谿谷嶄巖兮水曾波猨狖羣嘯兮虎豹嘷攀援桂枝兮聊淹留王孫遊兮不歸春草生兮萋萋歲暮兮不自聊蟪蛄鳴兮啾啾坱兮軋山曲岪心淹留兮洞荒忽罔兮沕憭兮栗虎豹穴叢薄深林兮人上慄嶔岑碕礒兮碅磳磈硊樹輪相糺兮林木茷骫青莎雜樹兮薠草靃靡白鹿麏麚兮或騰或倚狀貌崯崯兮峨峨淒淒兮漇漇獼猴兮熊羆慕類兮以悲攀援桂枝兮聊淹留虎豹鬬兮熊羆咆禽獸駭兮亡其曹王孫兮歸來山中兮不可以久留

〔賦〕【增】唐崔琪桂林一枝賦偉彼衆木者其桂林一枝淮南擢秀月上標奇光雨露之新沐拂香風以徐吹故能使顥氣凌空孤陰耀質心既丹而不二花又白而純一凝霜隕而色鮮嚴景凋而葉密若然者固將與大椿而爭長豈徒挺小山而間出至如孫弘已落郄詵未第沮塵色與灰心然粒玉而爐桂孰謂連卷衛半死之質特達承再生之惠淹留君之庭芳郁君之砌惜矣哉向使便辭仙客永棄幽林委根不用之境滅影空山之陰又焉能擅崑玉之高價吐歲寒之宿心彼徒見零落焦梧

再斲恩深于既往殊不知摧殘朽桂一枝重遇于當今

〔趙蕃月中桂樹賦〕圓月如霜有仙桂兮宛在中央映澄澈之素彩逗歲豩之冷光杳杳低枝拂孤輪而挺秀依依密樹侵滿魄而含芳觀其皓爾方凝翛然不改隨升沉而自若貫盈缺而長在負纂纂而臨空杳萋萋而發彩同蟾蜍之片影似濯瑤池異珊瑚之幽叢徒生滄海埃壒初歇關山正秋空泬寥而逾淨色冉弱而彌幽謂扇花薄如珪玷浮望玉露之初垂遙疑滴瀝聽金風之乍起遠若颼颼皎皎孤懸亭亭相向纔分杳靄之質微辨輪囷之狀諒攀援而莫及寧欲淹留歎音塵之未期空勞曠望嘉其棟本無地分輝有餘轉低影於穹碧

擢幽姿于顥初訝姮娥之繪成文迴霾靡並秦鏡之照出勢白蕭疎斯所以亘雲路委天衢弱質中植纖條外扶亂彩時搖起飛飛之驚鵲澄波靡隔掩歷歷之高榆是故邈彼輕霄呈茲永夕紛披遠瑩儇蹇旁射夾餘霞而暫丹經斜漢而彌白臨紫極而天香不散指北斗而仙花可摘況其遠象朣朧桂子寘空悄迢遞而遐想況嬋娟而內融素色不彫自挺霜雪之外清陰迴互頻移霄漢之中何必詠招隱臥幽叢庶高枝兮可折願逍遙于蟾宮

楊眞弘月中桂樹賦月滿于東桂芳其中因澄輝之皎潔見幽茂之玲瓏炫凝冷于清夜寫濃纖于碧空遠莫致之詎攀折以盈手光可鑒也覺清明之在

躬夫擢木陰靈流形永夕稟玉燭之和氣潤金泥之滋液枝徘徊而若垂葉霾靡以如積同作繢于團扇想孚尹于尺璧悠悠歷歷宜乎凜秋滿虛輪而挺秀瑩白暈以含幽天邊無風卒香氣而不散草上有露泛花光而若浮異夫高謝地靈妙融眞宰籠玄兎以不動映素娥而如在太陽讓美收若木之餘暉列宿懷慙掩白榆而沉彩既寒暑無變亦古今不殊是知托其所終乃異顚而不扶二氣初分誰見栽生之質三光不息斯無朽蠹之虞與燃蘄而殊患同瑞草之共舒事相傳于摭實勢終類于憑虛樓上含華映綱軒而列耀園中委照益嘉木之蕭疎千里共瞻九霄之上冬春無淸淨之景朒朓闘婆娑之狀及素秋之節信謂逢時當明德之年何憂掩望耻片玉以齊價笑三珠之可尙彼叢生因地森挺凌霜驗植物之斯美杳神功之可量垂蔭何方乃傳天之下界結根何處宛在月之中央又安能較其小大齊其短長冀一枝兮可得敢驟首以觀光

宋楊萬里木犀花賦秋氣已末秋日已夕楊子傷客客醉欲出偶雲物之淨盡吐霽月之半璧楊子鼻觀若有觸焉瀆空山之何有驚妙香之郁然急謂客曰是必有異吾與子盍小觀之行而求之無物可即也舍而不求又不能自息也天風忽來其香浩蕩楊子乃凝神而從之忽欣然而獨往蓋吾屨未出於柴門之裏吾身已超於廣寒之上

矣水國湛湛不足以爲其空明而深靚也雪宮皚皚不足以爲其高寒而迴映也玉階之前有團其陰蔚乎瑠璃之葉檝乎琴瑟之音天葩芬敷匪玉匪金細不逾粟香滿天地蓋向者之所聞乃於茲其良是摩挲玉蟾蜍而問焉亦不知其名而字之曰桂吾甚愛之欲求其裔將刈其枝以修身之玉斧淪其根於銀河之秋水移之以歸藝我庭砌羿妃頫然而不悅曰余將白之於帝楊子聳然而寤月尚未午客亦未去顧而見木犀之始花宛其若天上之所覩笑而問客曰吾之茲遊夢邪醉邪惘然不知其處

文賦散句【原】楚屈原九歌美要眇兮宜修沛吾乘兮桂

舟　桂櫂兮蘭枻　桂棟兮蘭橑　結桂枝兮延佇羌
愈思兮愁人　援北斗兮酌桂槳　辛夷車兮結桂旗
〈遠遊〉嘉南州之炎德兮麗桂樹之冬榮　〈大招〉茝蘭
桂樹鬱彌路只　〈東方朔七諫〉登巒山而遠望兮好桂
樹之冬榮　飲菌若之朝露搆桂木而爲室　增〈王褒
九懷〉步驟桂林兮超驤卷阿　〈劉向九歎〉結桂樹之旖
旎兮紉荃蕙與辛夷　原〈王逸九思〉桂樹列兮紛敷吐
紫華兮布條　增〈晉左思吳都賦〉丹桂灌叢
五言古詩　增〈梁庾肩吾詠桂〉新叢入望苑舊幹別層城
請視今移處何如月裏生　〈周王褒詠永定寺桂樹〉歲
餘凋晚葉年至長新圍月輪三五映烏生八九飛　原

〈唐王績春桂問答二首〉問春桂桃李正芳華年光隨處
滿何事獨無花　春桂答春花詎能久風霜搖落時獨
秀君知否　增〈王績古意〉桂樹何蒼蒼秋光花更芳自
言歲寒性不知露與霜幽人重其德徙植臨前堂連拳
八九樹偃蹇二三行枝枝自相糾葉葉還相當去來雙
鴻鵠棲息兩鴛鴦榮蔭誠不厚斧斤亦勿傷赤心許君
時此意那可忘　原〈李白詠桂〉世人種桃李皆在金張
門攀折爭捷徑及此春風暄一朝天霜下榮耀難久存
安知南山桂綠葉垂芳根清陰亦可託何惜植君園
增〈柳宗元自衡陽移桂十餘本植零陵所住精舍〉謫官
去南裔清湘繞靈岳晨登蒹葭岸霜景霽紛灕離披得

幽桂芳本欣盈握火耕困煙燼薪採久摧剝道傍且不
顧岑嶺況悠邈傾筐壅故壤棲息期鸞鷟路遠清涼宮
一雨悟無學南人始珍重微我誰先覺芳意不可傳丹
心徒自渥　〈李德裕紅桂樹〉昔聞紅桂樹獨秀龍門側
越叟移數株周人未嘗識不生愛此樹攀翫無由得君
子知我心因之爲羽翼豈煩嘉客譽且就清陰息來自
天姥岑長疑翠嵐色芳芬世所絕偃蹇枝漸直瓊葉潤
不凋珠英粲如織猶疑翡翠宿想待鵷鸞食寧止暫淹
留終當更封殖　〈白居易有木詩〉有木名丹桂四時香
馥馥花團夜雪明葉翦春雲綠風影清似水霜枝冷如
玉獨占小山幽不容凡鳥宿匠人愛芳直裁截爲厦屋

幹細力未成用之君自速重任雖大過直心終不曲縱
非梁棟材猶勝尋常木　〈廬山桂〉偃蹇月中桂結根依
青天天風繞月起吹子下人間飄零委何處乃落匡廬
山生爲石上桂葉如翦碧鮮枝幹日長大根荄日牢堅
不歸天上月空老山中年廬山去咸陽道里三四千無
人爲移植得入上林園不及紅花樹長栽溫室前　〈皮
日休詠公齋小桂〉一子落天上生此青壁枝欻從山之
幽劚斷雲根移勁挺隱珪質盤珊緹油姿葉彩碧髓融
花狀白毫蕤稜層立翠節偃蹇樛青螭影澹雪霽後香
汎風和時吾祖在月竁孤貞能見怡願老君子地不敢
辭喧卑　〈陸龜蒙和襲美詠公齋小桂〉諷賦輕八植擢

名方一枝才高不滿意更自寒山移宛宛別雲態蒼蒼出塵姿烟歸助華杪雪點迎芳蕤青條坐可結白日如奔蝸誸無劑翦憂即是蕭森時洛浦雖有蔭騷人聊自娛終爲濟川楫豈在論高卑　宋梅堯臣和韓子華桂花莫以天下桂皆爲月中物猶言月有兎豈無狡窟空山桂花多艷色粲然發樵客不知貴奈何薪爨屈臨軒桂山櫨無惡木但有綠桂叢幽芳尚未歇飛鳥銜殘紅不見離騷人憔悴吟秋風　奉和永叔得辛判官伊陽所寄山桂數本封殖之後遂成雅韻以見貺圖幽綠桂叢本自幽巖得惠好知不忘青葱寧改色香生蓮幕開花白萱堂側月露夜偏滋瓊枝相翁施　原歐陽

修謝人寄雙桂樹子有客賞芳叢移根在幽谷爲懷山中趣愛此巖下綠曉露秋暉浮淸陰藥闌曲更待繁華白邀君弄芳馥　曾肇詠桂團團桂叢孤枝葉寒更媚託根庭宇間自有幽人致何必問嫦娥青雲借餘地劉子翬木犀古風畫工客幽香斑斑被花木氤氳寒巖桂高韻羞羣馥無人畫日芳守志何幽獨士介恥求知女貞慚自鬻凄涼楚山秋樛枝吐金粟淺水映輕明微飈發含蓄樓端靜忽聞馬上遙相逐躑躅爲延佇但見林巒綠駢罽誰折贈淸芬閟廬屋久處不自知乍至彌鬱郁客悲芳歲暮夢遶寒溪曲長吟小山詞古意恐難復　增宋松月桂花窓前小桂叢著花無曠月月行脟

朔周一再閱復歇初如醉肌紅忽作絳裙色誰人相料理耿耿自開落有如貧家女信美乏風格春風木芍藥穠艷傾一國芳根雖無恙歲晚但枯枿　陸游寄題廬陵王晉輔先輩桂堂楚人記草木桂在椒蘭中我懷小山何妙絕窮化工唐人作山水亦以桂配松丹葩間綠葉錦繡相疊重不知始何時巖桂開秋風楚人所稱者委棄等蒿蓬嗚呼各有時士豈怨不逢我作桂堂詩廣子雲夢胸　張孝祥桂花天心不重金富媼不復藏居然土同價散作草木芳英英園中葵一心傾太陽采采籬下菊令汝壽命康惟此木中犀更貯萬斛香雄姿傲霜雪鱗甲森青蒼三賢鼎足立正色凜相望豈比桃李

徒紅紫紛披昌聊息貪者心未上君子堂歲晚從我游寘汝兄弟行　金鄭權木犀菊小未堪摘荒池悴芙蕖窮秋不慰眼幽獨將焉如殷勤蕊宮子種桂庭之除乘閒弄餘花散落荒山隅從茲雲月夕漂泊生江湖娟娟耐凍枝便與羣芳殊琉璃翦芳葆蛾黃拂仙裾啞袖花點碧漱金粟生膚好風一披拂九里香縈紆蘭蕙不敢友荃蓀正僮奴妄意此尤物化工巽吹噓不然九天香安得獨付渠託物寄深繼古今一三閭收攬名草木自比君子徒惟茲不挂口無乃聖不居抑夫古簡編斷絕秦火餘君看齊魯臣史筆逸其書惜哉不可曉臨風爲嗟吁尤憐元祐前不及附歐蘇末路益可惜側進宣和

初仙根豈易致百死不一甦昔遊汴離宮識此傾城姝
摩挲三品石尙想狎客娛却後十五年嶶霜半黏鬢一
枝再經眼相對憐羈孤不知苦何事玉骨乃爾癯故人
憐我老尺書遠招呼要趁秋香濃共此碧玉壺遙知嬋
娟客與我一笑俱〔明〕陳憲章和陶飲酒 木犀冷於菊
更後十日開淸風吹芳香芳香襲人懷千回嚥入腹五
內無一垂雖靡鸞鳳吟亦有鶺鴒棲昔者東籬飲百榼
醉如泥那知此日花復與此酒諧一曲盡一杯酩酊花
間迷赤脚步明月酒盡吾當回 王寵飲錢二孔周宅
桂花下 嘉樹蔭團團團團露華白本自招搖山植君靑
霞宅不意凌寒姿占此瑤墀隙高枝挂珠網卑條敷綺

席萋萋布葉陰茸茸吐花積風飄遠近香月映盈虧魄
既集佳麗人亦招隱淪客幸承金樽薦親勞玉腕摘歌
曲出玲瓏舞袖隨寬窄條繁每罥釵花落常黏額戲羽
必成雙棲禽無單隻及此芳菲時荷君千金惜不醉且
淹留看朱已成碧

七言古詩【增】〔唐〕陳陶殿前生桂樹 仙娥玉宮秋夜明桂
枝拂檻參差瓊香風下天漏丁丁牛渚翠梁橫淺淸羽
帳不眠恨吹笙棲鳥暗驚仙子落步月鬟雲墮金雀蕙
樓凉簟翠波空銀縷香寒鳳凰薄東海即爲郎斟酌綺
疏長懸七星杓【原】〔宋〕毛滂桂花歌 玉階桂影秋綽約
天空爲捲浮雲幕嬋娟醉眠水晶殿老蟾不守餘花落
蘙苔忽生霜月裔仙芬凄冷眞珠萼娟娟石畔爲誰妍
香霧著人淸入膜夜深醉月寒相就荼蘼却作傷心瘦
弄雲仙女淡紵衣烟裙不著鴛鴦繡眼中寒香誰同惜
冷吟徑召梅花魄小蠻爲洗玻璃杯晚來秋興蒲桃碧
【增】〔謝〕翱後桂花引 脩月仙人飯玉屑瑤鴨騰騰何處
熱吳剛生愁樹合刹毫飄玉斧高枝折此時待罪扣帝
庭素蛾騎蟾涕淚零月中落子如雨星至今收拾無六
丁〔元〕顧瑛玉山亭館分題得金粟影 飛軒下瞰芙蓉
渚檻外幽花月中吐天風寂寂吹古香淸露冷冷濕秋
圃雲梯萬丈手可攀居然夢落淸虛府庭中擣藥玉兎
愁樹下乘鸞素娥舞瓊樓玉殿千娉婷中有癯仙淡眉

宇問我西湖舊風月何似東華軟塵土寒光倒落影娥
池的皪明珠承翠羽但見山河影動搖獨有淸輝照今
古覺來作詩思茫然金粟霏霏下如雨〔明〕楊基宜秋
軒桂 宜秋軒東一株桂香葉婆娑擁寒翠秋堂夜靜風
滿簾時覺幽芳來拂鼻淸晨曳履訪幽獨一徑靑苔雙
戶閉離離嫩蕊胥蟲絲蔌蔌輕花落深砌黏金泫露濃
更密苞粟凝珠疏復細半粒能含萬斛香一枝解奪千
姝麗當年此地競攀折月戶雲窗倣秋霽金尊瀲泛綠
色酒翠袖凉簪寶妝髻西風幾度人跡絶獨有幽花能
點綴村荒地僻霜露繁摧折紅蘭凋紫蕙黯然一見衆
憂失不意孤懷得佳麗更深月出擬再來明日紛紛嗟

滿奩〔陳憲章擬移木犀於上游黃雲示民澤〕木犀金粟散天香在秋之季廬山陽湛生期我上游兆移根千丈黃雲罔萬丈黃雲千丈山金粟花開不等閒金粟氤氳塞兩間吁嗟乎金粟丈人與爾同歲闌

五言律詩 原〔唐李嶠詠桂花〕未植蟾宮裏寧移玉殿幽枝生無限月花滿自然秋俠客條爲馬仙人葉作舟願君期道術攀折可淹留 增〔李德裕紅桂樹〕欲求塵外物此樹是瑤林後素含餘絢如丹見本心妍姿無點辱芳意托幽深願以鮮葩色凌霜照碧潯〔月桂〕何年霜夜月桂子落寒山翠幹生巖下金英在世間幽崖空自老清漢未知還惟有涼秋夜嫦娥來暫攀〔山桂〕吾愛

山中樹繁英滿目鮮臨風飄碎錦映日亂飛烟影入春潭底香凝月榭前豈知幽獨客賴此當朱絃〔于武陵山中桂〕日暖上山路鳥啼知已春忽逢幽隱樹如見獨醒人石冷開常晚風多落亦頻樵夫應不識歲久伐爲薪〔宋會幾巖桂〕粟玉黏枝細青雲翦葉齊團團巖下桂表表木中犀江樹風蕭瑟園花氣慘淒濃薰不如此何以慰幽棲〔劉子翬巖桂〕涼颸振遠村寂寞度清芬山路不知處月窗時夜聞孤根寒抱石落子半飄雲袖手空延佇無才可賦君 原〔朱子巖桂〕山中綠玉樹蕭灑向秋深小閣芬微度書帷氣欲侵披懷清露曉遇賞夕嵐陰珍重王孫意天涯淚滿襟 亭亭巖下桂歲晚獨芬芳葉密千層綠花開萬點黃天香生淨想雲影護仙妝誰識王孫意空吟招隱章 增〔朱子詠巖桂〕露浥黃金蕊風生碧玉枝千株向搖落此樹獨華滋木末難同調籬邊不並時攀援香滿袖歎息共心期 原〔方九功巖桂〕西墅絕喧囂秋侶葉亂飄獨憐青桂樹金粟綴柔條泛酒香偏細入詩景更饒小山風可仰招隱此逍遙 增〔元倪瓚桂花〕桂花留晚色簾影淡秋光靡靡風還落菲菲夜未央玉繩低缺月金鴨罷焚香忽起故園想泠然歸夢長 原〔明申時行詠適適圃桂林〕巖壑同棲處風霜獨秀時晴飄雲隱粟高擢廣寒枝露氣侵衣袂天香撲酒卮桂叢吾自密不負小山期〔郭鯤演詠

桂〕西嶺千年桂陰森人翠微瓊枝雲外綠金粟雨中肥影落浮杯酒香飄襲客衣當年和露折曾向廣寒歸

七言律詩 增〔唐劉禹錫酬令狐相公使宅別齋初栽桂樹見懷之作〕清淮南岸家山樹黑水東邊第一栽影近畫梁迎曉日香隨綠酒入金杯根留本土依江潤葉起寒稜映月開早晚陰成比梧竹九霄還放綵雛來 原〔宋蘇軾八月十七日天竺山送桂花分贈元素〕月缺霜濃細蕊乾此花原屬桂堂仙鷲峯子落驚前夜蟾窟枝空記昔年破裓山僧憐耿介練裙溪女鬭清妍願公採擷紉幽佩莫遣孤芳老澗邊 增〔羅從彥和延年巖桂〕幾樹芬芳氣欲沉枝枝若占郄家林風搖已認飄殘菊

日照渾疑綴散金仙窩移來成美景東堂分去結淸陰
我今不願蟾宮折待到秋宵把酒吟〔范成大次韻王
浚明詠新居木犀〕月窟移來有貴名一簾金碧照東榮
鼻端入妙睡魔醒眼底會眞詩句生日氣𧂐𧂐無奈醉
露華凌亂不勝淸君家傾國何時見淡掃蛾眉撚夕英
〔陸游嘉陽絶無木犀偶得一枝戲作〕久客紅塵不自
憐眼明初見廣寒仙只饒籬菊同時出尙占紅梅一著
先重露濕香幽徑曉斜陽烘蕊小窗妍何人更與蒸沉
水金鴨華燈惱醉眠 原〔楊萬里巖桂〕塵世何曾識桂
林花仙夜入廣寒深移將天上衆香國寄在梢頭一粟
金露下風高月當戶夢回酒醒客聞砧詩情惱得渾無

那不爲龍涎與水沉 增〔楊萬里栽桂〕分得吳剛斫處
林鵝兒酒色不須深系從犀首名干木派列黃香字子
金衣濺薔薇兼水麝韻和月杵應霜砧餘芬熏入旃檀
骨從此人間有桂沉 〔昨日訪子上不遇裴回庭砌觀
木犀而歸再以七言乞數枝〕昨攜兒輩叩雲關繞遍巖
花恣意看苔砌落深金布地水沉蒸透粟堆盤寄詩北
院貽秋色供我西窗當晚餐小朵出叢須折却莫教衝
破碧團圞 〔呂聲之桂花〕獨占三秋壓衆芳何誇橘綠
與橙黃自從分下月中種果若飄來天際香淸影不嫌
秋露白新叢偏帶晚烟蒼高枝已斷郄生手萬斛奇芬
貯錦囊 〔徐集孫〕重重簾幙護金猊小樹花開遍㵎臍
寒色十分新軫粟春心一點暗通犀香延棋畔仙人斧
影駐燈前太乙藜從此再周花甲子伴公長醉玉堂西
原〔楊濟翁翠圍侍女擁紅幢霞臉調朱笑額黃共醉
東君千日酒更翻西母九霞觴人間天上高低影月下
風前自在香輸與廣寒宮裏客年年綠鬢賞秋光 增
金王萬鍾元氏桂軒爲敏之賦〕簾捲堂前桂子涼一軒
燈火夜初長月中春好元無價天上風來別有香棠棣
一家同映秀詞林百世繼餘芳閑花野草空無數掩盡
人間獨擅場 〔元方夔木犀二首〕下土花中第一流移
根自笑此生浮獨依上界淸虛府滿貯青冥沆瀣秋稜
葉風翻低散亂蒼皮蟲蝕老雕鎪醉來逕向高寒處自

駕青鸞擁玉虯 蒼蒼珠樹俯寒流析木津頭戲拍浮
碣鳳摶風朝紫極覘蟾滴露瀉淸秋返魂香倩羅裳貯
凝月枝憑玉斧鏤夜景未闌淸入骨瀟瀟鱗甲臥癡虯
〔木犀花〕曾住仙山九折巖夜凉蘿荔挂衣衫月窺尊
裏如相伴人立花邊自不凡叢綠聯環瑲玉佩殘黃瑣
骨現金函枝空蟾窟今誰記猶道東陵繫舊銜 〔李孝
光冬日見桂花〕北風吹倒碧瑣玕金粟棲枝露未乾翠
氣遙連仙掌曉天香微墮玉壺寒明蟾照影臨丹闕青
女銷香著畫欄可是天翁露消息小春先得一枝看
原〔明申時行秋夜飲桂花下〕招隱曾緣桂樹留追歡仍
愛小山幽尊前露氣浮青漢雲裏天香散碧秋老𩐅已

分蟾窟種艮宵堪續兎園遊靈椿晩歲能相傍花底何
妨醉白頭 增 吳孔嘉月下看桂 西風吹綻一林黃玉
露溥溥金粟香蟾冷不分天上影兎肥應戀月中光飄
來少女明河淨撥去仙郎秋苑長坐久衣裾清夜濕小
山疑種廣寒傍
五言排律 增 唐張喬華州試月中桂 與月轉洪濛扶疎
萬古同根非生下土葉不墮秋風每以圓時足還疑缺
處空影高羣木外香滿一輪中未種丹霄日應虛玉兎
宮何當因羽化細得問玄功 顧封人月中桂 芬馥天
邊桂扶疎在月中能齊大椿長不與小山同皎皎舒華
色亭亭麗碧空虧盈寧委露搖落不關風歲晚花應發

春餘質詎豐無因遂攀折常欲望青葱 羅隱秋風生
桂枝 涼吹從何起中宵景象清漫隨雲葉動高傍桂枝
生漠漠看無際蕭蕭別有聲遠吹斜漢轉低拂白榆輕
寥泬工夫大乾坤歲序更因悲未歸客長望一枝榮
明陳憲章月桂自白石移來 金粟初分我花仙不吝人
烟霞三畝宅草木百年身影入青霄舊香傳白石新爲
誰工態度本自惜精神翠竹旁通徑緋桃正隔津生憂
兒女狎莫摘老夫嗔坐久風迴席行遲露在巾當時尊
玉茗平地隱冰輪收斂還眞性生成荷大鈞相逢山水
地一笑武陵春
五言絕句 原 唐盧僎題殿前桂葉 桂樹生南海芳香隔

楚山今朝天上見疑是月中攀 增 宋朱子木犀 喬木
生夏涼芳蘂散秋馥未覺歲時寒扶疎方遶屋 原 楊
萬里巖桂 不是人間種移從月裏來廣寒香一點吹得
滿山開 增 明李東陽月桂 一月一花開花開應時節
未須誇雨露愼與藏冰雪 陳淳題桂花 金粟花開日
天香散玉墀嫦娥解人意折贈最高枝
七言絕句 增 唐白居易東城桂二首 子墮本從天竺寺
根盤今在闔閭城當時應逐南風落落向人間取次生
遙知天上桂花孤試問嫦娥更要無月宮幸有閑田
地何不中央種兩株 廳前桂 天台嶺上凌霜樹司馬
廳前委地叢一種不生明月裏山中猶校勝塵中 方

干題黃山人庭前孤桂 映窗孤桂非手植子落月明聞
落時仙客此時頭不白看來去有枯枝 皮日休天
竺寺八月十五日夜桂子 玉顆珊珊下月輪殿前拾得
露華新至今不會天中事應是嫦娥擲與人 曹鄴寄
陽朔友人 桂林雖產千株桂未解當天影日開我到月
中收得種爲君移向故園栽 陳陶雙桂詠 青冥結根
易傾倒沃州山中雙樹好琉璃宮殿無斧聲石上蕭蕭
伴僧老 宋謝逸咏巖桂 輕薄西風未辦霜夜揉黃雪
作秋光摧殘六出猶餘四正是天花更著香 原 韓駒
木犀 揄雪凝酥點嫩黃薔薇清露染衣裳西風掃盡狂
蜂蝶獨伴天邊桂子香 增 陳與義微雨中賞月桂獨

酌人間跌宕簡齋老天下風流月桂花一壺不覺叢邊
盡篘雨霏霏欲濕鴉〈鄭仲熊〉天公憐我太岑寂每歲
殷懃兩度開收拾落英將底用搏山香裏鷓清杯〈范
成大〉次韻馬少伊木犀月窟飛來露已涼斷無塵格染
蜂黃纖纖裁碎排金粟何處能容九里香　水尾山腰
樹影蒼一天風露不供香誰家鏡裏能消得付與詩人
古錦囊　密密嬌黃侍翠輿避風遮日小扶疎畫闌想
見懸秋晚無限宮香總不如〈孫木犀〉秋半秋香花信
遲攀枝擘葉看纖微昨朝尚作茶槍瘦今雨催成粟粒
肥〈眞瑞堂前丹桂〉血色凡花太俗生花工新意染秋
英袍紅太重鞓紅淺畫不能摹句寫成　官忙風月鎖

長閒開遍香紅酒尚寒若要與花相領略千巖隨分有
闕于〈壽櫟堂前假山成移丹桂于馬城自嘲〉堂前趣
就小嶙峋未許蹣跚杖屨親更遣移花三百里世間眞
有大癡人〈巖桂二首〉越城芳徑手親栽紅淺黃深次
第開不用小山招隱賦身如强健日千迴　一株蕭索
倚宜華東苑香風屬內家丹碧脂蘇銀燭照平生奇絕
象山花〈中秋後二日自上沙回閶千巖觀下巖桂盛
開復檥石湖留賞一日賦兩絕〉金粟枝頭一夜開故應
金得小詩催籃輿緩緩隨兒女引入天香洞裏來　千
巖觀下碧瑤林歲晚青青共此心隱士歸兮花未老每
年來把一杯深〈楊萬里凝露堂木犀〉雪花四出剪鵝

黃金粟千麩糝露裏看去看來能幾大如何著得許多
香　夢騎白鳳上青空涇度銀河入月宮身在廣寒香
世界覺來簾外木犀風〈原〉朱子次劉彥集木犀韻〈衆
芳搖落九秋期橫出天香第一枝莫似寒梅太孤絕更
教遙夜笛中吹　仙衣纔試鬱金黃便覺秋風滿院芳
定觀極知先透徹通心豈是故迎將　秋到寒巖桂樹
叢小山吟罷思悲翁不妨更作淹留計古取人間十里
風〈王十朋〉學仙深愧似吳郎賴有吾廬兩字蒼疑是
廣寒宮裏種一秋三度送天香　丹霄休歎路難通學
取燕山種桂叢異日天香滿庭院吾廬當似廣寒宮
〈方岳〉木犀誰遣秋風開此花天香來自玉皇家鬱金裳

浥薔薇露知是仙人萼綠華〈鄧志宏〉雨過西風作晚
涼連雲老翠入新黃清風一日來天闕世上龍涎不敢
香〈增〉〈何菊潭〉露洗金蟲一半開層層碧玉映樓臺西
風昨夜吹香過人在欄干待月來〈原〉朱貫之多應仙
國山邊種豈是姮娥月裏香願爲兒孫積陰德東堂常
占一時芳〈增〉〈朱貫之〉人間植物月中根碧樹分敷散
寶薰自是莊嚴等金粟不將妖艷比紅裙〈徐介軒〉翠
葉金花小膽瓶輕拈欵覷不勝情從教矢陷沉烟裏驀
地薰心夢也淸〈原〉〈朱淑眞桂花〉彈壓西風擅衆芳十
分秋色爲伊忙一枝淡貯書窗下人與花心各自香
月待圓時花正好花將殘後月還虧須知天上人間物

何稟清秋在一時 增 元張雨桂枝詞桂樹叢生枝婀
娜㴨粟黃雲欲成朶薰醒秋衣嬾下床金蟾齧斷燒香
鎖 明史謹直房間桂香松陰池館晝偏凉何處飄來
桂子香起傍雕欄看秋色廣寒宮殿近昭陽 沈周桂
花高攀才子沾衣綠爭插佳人壓鬢黃誰向蟾宮分得
種年來人月滿庭芳 丹桂迎風稽首開摘來斜插竟
相偎淸香不與羣芳並仙種原從月裏來 文嘉木犀
黃金宮闕鬱嵯峨萬斛淸芬散綺羅夾下高枝原有種
天香莫怪屬君多 原 張新金風飄處識天香淸影分
明載魄光莫向高枝輕易折須知紅是狀元郎
詩散句 增 魏曹植桂之樹桂之樹桂生一何麗佳揚朱

華而翠葉流芳布天涯上有棲鸞下有盤螭 晉謝靈
運南州實炎德桂樹凌寒山 唐崔翹獨有幽庭桂年
年奈自芳 姚崇桂含秋樹晚波入夜池寒 原 李白
相思在何處桂樹青雲端 有客留攀桂無勞問轉蓬
不采桂樹枝反棲惡木根 增 李白桂枝日已綠拂
雪披雲端 每年海樹霜桂子落秋川 原 杜甫天開
金粟藏人立廣寒宮 斫却月中桂淸光應更多 轉
蓬行地遠攀桂仰天高 故園松桂發萬里共淸輝
增 王維山中有桂花莫待花如霰 原 王建桂熟常收
子蘭生不作畦 增 李德裕何年霜夜月桂子落寒山
杜牧手把一枝物桂花香帶雪 許渾桂樹綠層層

風微煙露凝 宋朱子幽人起晤歎桂香發窗間 林
高隱近方叢藹黃遠比茉莉小 元何中西風一夜雨
丹桂滿林花 唐李賀書欄佳樹懸秋香三十六宮土
花碧 李商隱昨夜西池凉露滿桂花吹斷月中香
月中桂樹高多少試問西河斫樹人 宋秦觀魚鱗甃
空排嫩碧桂露悄寒挂團璧 原 張舜民天將秋氣蒸
寒馥月借金波滴小黃 增 孫覿碧玉旋螺插暮烟遙
看桂子落僧前 原 韓駒月中有客曾分種世上無花
敢鬭香 增 陸游賣花醉叟剝紅桂種藥高僧寄玉芝
原 楊萬里憶曾風露飄寒粟自領兒童拾薄金 增
楊萬里夾路兩行森翠蓋西風半夜散麩金 天開金

粟如來藏人立廣寒宮殿秋 釋道潛長抱秋蟾遊夜
氣偶搖風露墜階除 原 晉嵇康仙籍桂香浮 微風
動桂華 增 謝靈運桂枝徒攀翻 梁簡文帝北榮下
飛桂 浦桂半新栽 原 沈約秋風生桂枝 增 周庾
信桂白小山秋 星橋觀桂花 唐玄宗小山秋桂馥
王勃桂馥淸溪裏 趙冬曦秋風楮桂棘 李嶠桂
香浮半月 張九齡桂花秋皎潔 原 李白靑桂隱遙
月 增 李白幽桂有芳根 原 杜甫吾將守桂叢 賞
月延秋桂 增 杜甫丹桂風霜急 柳宗元露密前山
桂 孟郊古香淸桂岑 白居易桂露光參差 姚合
秋風長桂聲 許渾圓桂露溟溟 于鵠桂花濕溟溟

〔韋莊〕桂和秋露滴　〔宋楊億〕霜華裹桂叢　原〔唐李
白〕巖霜五月摧桂枝　增〔王渙〕桂花曾對月嬋娟　〔白
居易〕山寺月中尋桂子　秋月腕生丹桂實　〔皮日休〕
桂寒自落翻經案　原〔李賀〕聯翩桂花墜秋月　增〔許
渾〕露墮桂花棋局濕　原〔李商隱〕兎寒蟾凉桂香白
增〔曹唐〕露風清宴桂花疎　桂樹三天雲澹澹　〔唐
球〕桂冷香聞十里間　〔羅隱〕巖畔早凉生紫桂　〔韋莊〕
仙桂年年折又生　〔宋錢惟演〕月露暗從孤桂滴　原
〔蘇軾〕江雲漠漠桂花濕　增〔蘇軾〕林深對桂寒無子
原〔陳與義〕清露香浮黃玉枝　增〔戴復古〕桂子吹香風
露深　〔朱子〕桂樹無端一夜秋　〔金元好問〕畫欄桂樹
廣羣芳譜　花譜十九　巖桂　丟
雨聲寒　桂樹秋香月三五　〔元鄭元祐〕桂花霏雪綵
鸞翔　〔袁桷〕桂花浮魄滿香輪　〔倪瓚〕垂露成帷桂花
發
詞　增〔宋向子諲生查子〕我愛木中犀不是凡花數清似
水沉香色染薔薇露　薌休月冷時玉筍雲深處歸夢
托西風夜夜江頭路　〔毛翊浣溪沙〕綠玉枝頭一粟黃
碧紗帳裏夢魂香曉風和月步新凉　吟倚畫欄懷李
賀笑持王斧恨吳剛素娥不嫁爲誰妝　原〔趙彥端憶
秦娥〕香葳蕤小山叢桂烘溫玉烘溫玉酒愁花惱沈腰
如束　煩君剩與賜春曲爲君細拂羅衾馥羅衾馥一
春幽夢與君相續　增〔趙希彰霜天曉角〕姮娥戲劇手

種長生樹寶斧婆娑千古飄芳吹滿虛碧　韻色檀露
滴入間秋第一金粟如來境界誰移在小亭側　〔謝懋
霜天曉角〕綠雲剪葉低護黃金屑古斷花中聲譽香共
韻兩清潔　勝絕君聽就是他來處別試看金衣猶帶
金庭露玉階月　原〔劉敞清平樂〕小山叢桂最有留人
意拂葉攀花無限思雨濕濃香滿袂　別來過了秋光
翠簾昨夜新霜多少月宮顏色嫦娥與借微芳　增〔蘇
庠清平樂〕斷崖流水香度青林底元配騷人蘭與芷不
數春風桃李　淮南叢桂小山詩翁合得攀翻身到十
洲三島心遊萬壑千巖　原〔陳與義清平樂〕黃衫相倚
翠葆層層底八月江南風日美弄影山腰水尾　楚人
廣羣芳譜　花譜十九　巖桂　毛
未識孤妍離騷遺恨千年無住庵中新事一枝喚起幽
禪　增〔朱敦儒清平樂〕人間花少菊小芙蓉老冷淡仙
人偏得道買住西風一笑　前身應是紅梅黃如點破
冰肌只道暗香猶在參橫清似南枝　原〔辛棄疾清平
樂〕少年痛飲憶向吳江醒明月團圓高樹影十里薔薇
水冷　大都一點宮黃人間直恁芬芳怕是秋天風露
染教世界都香　〔又〕月明秋曉翠蓋團團好剪碎黃金
教恁小都著葉兒遮了　折來好似年時小窗能有高
低無頓許多香處只消三兩枝兒　〔朱淑真菩薩蠻〕也
無梅柳新標格也無桃李妖嬈色一味惱人香羣花爭
敢當　情知天上種飄落深巖洞不管月宮寒將枝比

並看　續趙與仁柳梢青露冷仙梯霓裳散舞記曲人
歸月度層霄雨連深夜誰管花飛　金鋪滿地苔衣似
一片斜陽木移生怕清香又隨凉信吹過東籬　原李
易安鷓鴣天暗淡輕黃體性柔情疎迹遠只香留何須
淺碧深紅色自是花中第一流　梅定妒菊應羞詩書
閒處冠中秋騷人可煞無情思何事當年不見收　向
子諲蝶戀花巖桂秋風南埭路牆外行人十里香隨步
此是鄰林遊戲處誰知不向塵根住　今日對花非浪
語憶昨明光早荷君王顧生怕青蠅輕點污思鱸何似
思花去　張掄臨江仙玉宇凉生清禁曉丹葩色照晴
空珊瑚敲碎小玲瓏人間無此種來自廣寒宮　雕玉

欄干深院靜嫣然凝笑西風曲屏須占一枝紅且圖歆
醉枕香到夢魂中　續鄭域蓦山溪嫣然一笑風味入
間沒來自廣寒宮直偷得天香入骨軟金縷屑點綴碧
瓊枝花藏葉葉籠花剛被風吹拂　道人衾帳不用沉
烟熨插滿枕屏山覺身在藍橋仙窟一觴一詠消得九
秋愁籬邊菊晚中蘭甘避芳塵不　吳文英古香慢怨
蛾墜柳離佩搖葓霜訊南浦謾掩橋屏倚竹袖寒日暮
還問月中游夢飛過金風翠羽把殘雲剩水萬頃暗薰
冷麝凄苦　漸浩渺凌山高處秋澹無光殘照誰主露
粟侵肌夜約羽林輕誤翦碎惜秋心更腸斷珠塵蘚路
怕重陽又催近滿城風雨　原向子諲滿庭芳月窟蟠

根雲巖分種絕知不是塵凡琉璃翦葉金粟綴花繁黃
菊周旋避舍友蘭蕙羞殺山礬清香遠秋風十里鼻觀
已先參　酒闌聽我語平生半世江北江南經行處無
窮綠水青山常被此花相惱思共老結屋中間不知爾
鄰林底事遊戲到人寰　續劉子翬滿庭芳秋入微陰
凉生平遠小山愁絕天南似聞還斷飛策徧千巖葉底
輕黃纂纂惱人是微裂方緘倏然勝清真冷淡無艷寄
塵凡　澄潭欲雨岸波光搖動碧影相參任西風十里
吹度松杉我自寒灰槁木凝神處不覺醺酣歸來晚飛
花無迹明月滿空涵　元顧瑛水調歌頭金粟綴仙樹
玉露浣人愁誰道買花載酒不似少年遊最是宮黃一

點散下天香萬斛來自廣寒秋蝴蝶逐人去雙立鳳釵
頭　向樽前風滿袖月盈鉤縹緲羽衣天上遺響遏雲
流二十五聲秋點三十六宮夜月橫笛按伊州同躡彩
鸞背飛過小紅樓　宋僧仲殊金菊對芙蓉花則一名
種分三色嫩紅妖白嬌黃正清秋佳景雨霽風凉郊墟
十里飄蘭麝瀟灑處旖旎非常自然風韻開時不惹蝶
亂蜂狂　攜酒獨揖蟾光問花神何屬離兌中央引騷
人乘興廣賦詩章許多才子爭攀折嫦娥道三種清香
狀元紅是黃爲榜眼白探花郎　續陳亮桂枝香天高
氣肅正月色分明秋容新沐桂子初收三十六宮都足
不辭散落人間去怕羣花自嫌嫌俗向他秋晚喚回春

意幾曾幽獨　是天上餘香賸馥怪一樹香風十里相續坐對花傍但見色浮金粟芙蓉只解添愁思況東籬淒凉黃菊入時太淺背時太遠愛尋高躅　增〈晁補之〉木龍吟〈晁〉智瓊嬌額塗黃為誰種作秋風蕊爽香半露緣幃深護猶問十里山礬生膺水沉削蠟一時羞避向錢塘江上中秋月下有人暗尋遺子　不奈書生習氣對羣花領略風味騷人已去欲紉幽佩重為湘酎天賦風流友梅兄蕙與桃奴李向明窗棐几纖枝未老眼明如水

別錄 原〈晉書郤詵傳〉詵遷雍州刺史武帝於東堂會送問詵曰卿自以為何如詵對曰臣舉賢良對策為天下

第一猶桂林之一枝崑山之片玉帝笑　增〈世說〉客有問陳季方足下家君太丘有何功德而荷天下重名季方曰吾家君譬如桂樹生泰山之阿上有萬仞之高下有不測之深上為甘露所霑下為淵泉所潤當斯之時桂樹焉知泰山之高淵泉之深不知有功德與無也

原〈翰林雜事鈔〉武帝謂東方朔孔顏之道德何勝方朔曰顏淵如桂馨一山孔子如春風至則萬物生　〈詩話〉竇禹鈞有五子俱登科馮道贈之詩曰靈椿一株老丹桂五枝芳　增〈率貞筆記〉關關將俞本明以青華酒杯酌酒輒有異香在內或有桂花或梅或蘭視之宛然取之若影酒乾亦不見矣俞寶之　原 石桂英似桂樹而質石生巖穴中　〈製用〉〈談苑〉桂漿殆今之桂花釀酒法魏有頻斯國人來朝壺中有漿如脂乃桂漿也飲之壽千歲　〈便民圖纂〉花開時擇枝繁處帶花刪下連葉陰乾收貯來年伏中將葉泡湯服溫臚去暑　桂花點茶香生一室菊英次之入茶為清供之最有甘菊種更宜茶二花相為先後可備四時之用　增〈清供錄〉天香湯白木犀盛開時清晨帶露用杖打下花以布被盛之揀去蒂萼頓在淨磁器內候聚積多然後用新砂盆擂爛如泥木犀一斤炒鹽四兩炙粉草二兩拌勻置磁瓶中密封曝七日每用沸湯點服一名山桂湯一名木犀湯

原〈移種〉花時移栽高阜半日半陰處臘雪高擁於根

則來年不灌自發忌人糞宜豬糞冬月以撏豬湯澆一次妙又麻糝久浸候水清澆亦佳蠶沙壅根澆以清水來年愈盛北方地寒九月十月間將樹以土培根高尺許外苦蓋周密嚴塗以泥半腰向南留一小牖暖日開之以透太陽之氣寒則塞之春分後去其寒清明後去其苦無有不活　〈插接〉〈種樹書〉接宜冬青又春月攀枝著地土壓之五月生根逾年截斷含蕊移栽木犀接石榴花必紅　〈防患〉〈物類相感志〉木犀蛀者月芝麻梗帶殼束懸樹上

佩文齋廣羣芳譜卷第四十

佩文齋廣羣芳譜卷第四十一

花譜

山茶一

【原】山茶一名曼陀羅樹高者丈餘低者二三尺枝幹交加葉似木樨硬有稜稍厚中闊寸餘兩頭尖長三寸許面深綠光滑背淺綠經冬不脫以葉類茶又可作飲故得茶名花有數種十月開至二月有鶴頂茶大如蓮紅如血中心塞滿如鶴頂來自雲南曰滇茶瑪瑙茶紅黃白粉爲心大紅爲盤產自溫州寶珠茶千葉攢簇色深少態楊妃茶單葉花開早桃紅色焦萼白寶珠似寶珠而蕊白九月開花清香可愛正宮粉賽宮粉皆粉紅色石榴茶中有碎花海榴茶青蒂而小菜榴茶躑躅茶類山躑躅眞珠茶串珠茶粉紅色又有雲茶磬口茶茉莉茶一捻紅照殿紅鄒經詩注云山茶大者曰月丹又大者曰照殿紅千葉紅千葉白之類葉各不同或云亦有黃者不可勝數就中寶珠爲佳蜀茶更勝虞衡志云廣州有南山茶花大倍中州色微淡葉薄有毛結實如梨大如拳有數核如肥皂子大于若瀛云寶珠山茶千葉含苞歷幾月而放殷紅若丹最可愛聞滇南有二三丈者開至千朵大于牡丹皆下垂稱絕豔矣【增】雲南志土產山茶花謝肇淛謂其品七十有二趙璧作譜近百種大抵以深紅軟枝分心卷瓣者爲上【原】紅花爲末入薑汁童便酒調服治吐血衄血下血可代鬱金研末麻油調塗湯火傷灼

彙考【增】劒南詩注成都海雲寺山茶一樹千苞特爲繁麗海雲寺山茶開放事宴集甚盛　花經山茶七品三命　瓶花譜黃白山茶二品八命蜀茶三品七命　光福山記海雲院有連理山茶【原】學圃餘疏滇陽陶狄祠山茶一株幹大盈抱枝蔭滿庭二月三日祭時花特盛好事者分種之竟無一活紹興曹娥廟亦有之生如拱把之半土人云千年外物也　黃山茶白山茶紅白茶梅皆九月開山茶花大而多韻亦茶中之貴品楊妃山茶稍後與白菱同時開楊妃是淡紅殊不爲佳爲是冬初花當具一種耳　吾地山茶重寶珠有一種花大而心繁者以蜀茶稱然其色類殷紅嘗聞人言滇中絕勝余官莆中見士大夫家皆種蜀茶花數千朵色鮮紅作密瓣其大如杯云種自林中丞蜀中得來性特畏寒又不喜盆栽余得一株長七八尺舁歸植澹園中作屋幕于隆冬春時拆去蘖多輒摘却僅留二三花更大【增】閩部疏滇茶不實珠而色鮮好嬌于寶珠茶其大如盌瓣有重臺交覆可當芍藥莆人林大輅中丞宦彼帶一株歸今傳種家有之開時千朵豔發綠葉掩映大是佳卉　瓶史山茶鮮妍石氏之翾風羊家之靜婉也　黃白山茶韻勝其姿郭冠軍之春風也　滇中茶花記茶花最甲海內種類七十有二冬末春初盛開大於牡丹一望若火齊雲錦爍日蒸霞南城邵直指有茶花百韻詩言茶有數絕一壽經三四百年尚如新植一

枝榦高竦四五丈大可合抱一膚紋蒼潤黯若古雲氣
鏤礨一枝條黝斜狀如麈尾龍形一蟠根輪囷離奇可
憑而几可藉而枕一豐葉森沉如幄一性耐霜雪四時
常靑一次第開放歷二三月一水養瓶中十餘日顏色
不變〔滇雲紀勝書〕山茶花在會城者以沐氏西園爲
最西園有樓名簇錦茶花四面簇之凡數十樹樹可二
丈花簇其上樹以萬計紫者朱者紅者紅白兼者映日
如錦落英鋪地如坐錦茵此一奇也僕嘗以花時登簇
錦賞之有十丈錦屏開綠野兩行紅粉擁朱樓之句及
登太華則山茶數十樹羅殿前樹愈高花愈繁色色可
念不數西園矣〔滇南太華山記〕兩堦山茶樹八本皆

高二丈餘枝葉團扶萬花如錦

集藻 賦 **增**〔宋黄庭堅白山茶賦并序〕姨母文城君作白
山茶賦興寄高遠蓋以自況類楚人之橘頌感之作後
白山茶賦孔子曰歲寒然後知松柏之後凋也麗紫妖
紅爭春而取寵然後知白山茶之韻勝也此木產于臨
川之崔嵬是爲巘源第三谷仙聖所廬金堂瓊榭故是
花也稟金天之正氣非木果之匹亞乃得骨于崑閬非
乞靈于施夏造物之手執丹青而無所用析蓀之斤雖
睥睨而幸見赦高潔皓白清修閑暇裴回冰雪之晨偃
蹇霜月之夜彼細腰之子孫與莊生之物化方培戶以
思濕故無得而陵跨蓋將與日月爭光何苦與洛陽爭

價惟是當時而見尊顯處于瑤臺玉堦之上是以閉藏
而無悶淡然于乾楓枯柳之下江北則上徐庾江南則
數鮑謝蓋不能刻畫嫦娥藻飾姑射諒無地以寄言故
莫傳于膾炙況乎見素抱樸難乎郢人故徐熙趙昌秖
筆和鉛而不敢畫或謂山丹之皓質足以爭長而更霸
知我如此不幾乎黑離瓊華明后土之祠白蓮秀遠公
之社皆聲名籍甚俗態不捨挾脂粉之氣而雜蘭麝與
君周旋其避三舍

五言古詩 **增**〔宋梅堯臣山茶花樹子贈李廷老〕南國有
嘉樹華若赤玉杯曾無冬春改常冒霰雪開客從天目
來移此瓊與瑰贈我居大梁蓬門方塵埃舉武尚有礙

何地可以栽毋游平棘侯大第夾青槐朱欄植奇卉磨
碧爲壅臺於此豈不宜亟致勿徘徊將看榮茂時莫嗟
寒園梅〔和普公賦東園山茶〕紅蘤勝朱槿越丹看更
大臘月冒寒開楚梅猶不奈曾非中土有流落思江外
〔蘇軾王伯敭所藏趙昌山茶〕蕭蕭南山松黃葉隕勁
風誰憐兒女花散火冰雪中能傳歲寒姿古來惟丘翁
趙叟得其妙一洗膠粉空掌中調丹砂染此鶴頂紅何
須誇落墨獨賞江南工 **原**〔徐致中山茶〕山茶本晚出
舊不聞圖經花深嫌少態曾入蘇公評邇來亦變怪紛
然著名稱黃香開最早與菊爲輩朋粉紅更妖嬈玉環
帶春酲偉哉紅百葉花重枝不勝尤愛南山茶花開一

尺盈月丹又其亞不滅紅帶輕吐絲心柚鬚鋸齒葉翦
稜白茶亦數品玉磬九晶明桃葉何處來派別疑武陵
愈出愈奇怪一見一歎驚 增 明釋道衍茶軒爲陳惟
寅賦千苞凛冰雪一樹當窓几晴旭曉微烘遊蜂掠芳
蘂澹香匀密露繁豔照煙水幽人賞詠遲毎恨殘紅委
七言古詩 增 宋曾鞏山茶花山茶花開春未歸春歸正
値花盛時蒼然老樹昔誰種照耀萬朶紅相圍蜂藏鳥
伏不得見東風用力先吹噓追思前者葉蓋地萬木慘
慘攢空枝寒梅數綻小顏色霰雪滿眾常相迷豈如此
花開此日絳豔獨出凌朝曦爲憐勁意似松柏欲攀更
惜長依依山榴淺薄豈足比五月霧露空芳菲 明蘇

伯衡中丞劉先生齋閣前山茶一枝並蒂因效柏梁體
朔風翦冰雨雪霽萬木蕭條凍且僵青藜丈人鈴閣傍
山茶作花紅鉛妝中有一枝並蒂香符彩爛若雙鴛鴦
嫣然占盡三春光皇英來自雲中央赤旗翠節兩作行
阿母笑執瑤池觴仙童雙雙吹鳳凰綵女齊綰珊瑚璫
麗色照耀青霞裳芳氣氤氳滿中堂大君尺劍空八荒
牛歸桃林馬華陽百度既貞四維張禮樂誰云謙未遑
制作直欲追虞唐丈人今之杜與房主臣合德眞明良
朝夕左右扶維綱餘子議論安敢當一朝嘉惠錫后皇
乃是人文發禎祥玉局仙子喜欲狂更祝人文壽而康
黼黻鴻猷煥天章嘉樹呈瑞垂無疆

五言律詩 增 宋朱長文次韻司封使君和練推官再詠
山茶珍木何年種繁英滿舊枝開從殘雪裏盛過牡丹
時對日心全展凌風幹不欹藥階如賦詠欠此尚相思
七言律詩 增 宋曾鞏以白山茶寄吳仲庶山茶純白是
天眞筠籠封題摘尚新秀色未饒三谷雪清香先得五
峰春瓊花散漫情終蕩王蘂蕭條跡更塵遠寄一枝隨
驛使欲分芳種更無因 原 蘇軾和子由開元寺山茶
舊無花今歲盛開長明燈下石闌干長共松杉鬬歲寒
葉厚有稜犀甲健花深少態鶴頭丹久陪方丈曼陀雨
羞對先生苜蓿盤雪裏盛開知有意明年歸後更誰看
增 蘇轍宛丘開元寺殿下山茶一株數年不開頃從

子瞻遊此毎以爲恨今二月中山茶開千餘朶因作詩
奉寄古殿山花叢百圍故園曾見色依依淩寒强比松
筠秀吐豔空驚歲月非冰雪紛紜眞性在根株老大衆
園稀山中草木誰擕種潦倒塵埃不復歸 謝薖玉茗
花佳園昨夜變春容清曉驚開玉一叢素質定欺雲液
白淺妝羞退鶴翎紅似聞金谷初無種欲畫鴉溪恐未
工底事餘花避三舍孤高元有使君風 騷人漫說庾
源谷本在風流刺史家直與瑤林共高徹可須梅影鬬
橫斜芳尊莫待紅妝賞幽豔長令烈士嗟憑仗邊鸞折
枝手應宜展障玉鴉叉 范成大十二月十八日海雲
賞山茶追趁新晴管物華馬蹶鬆快帽簷斜天南臘盡

風睎雪冰下春來水漱沙巳報主林催市柳仍從掌故
問山茶豐年自是歡聲沸更著牙前畫鼓撾　十一月
十日海雲賞山茶門巷歡呼十里村臘前風物已知春
兩年池上經行處萬里天邊未去人客鬢花身俱歲晚
妝光酒色且時新海雲橋下溪如鏡休把冠巾照路塵
原 楊萬里山茶樹子團團耿碧岑初看喚作木犀林
誰將金粟銀絲膾簇飣朱紅菓椀心春早橫招桃李妬
歲寒不受雪霜侵題詩畢竟輸坡老葉厚有稜花色深
王十朋族兄文通贈山茶野性無端喜種花吾兄得
得贈山茶鶯聲老後移雖晚鶴頂丹時看始佳雨葉鱗
鱗成小蕊春枝艷艷首羣葩自慙欲報無瓊玖來往同

看本一家　劉克莊山茶青女行霜下曉空山茶獨殿
衆花叢不知戶外千林縞且看盆中一本紅性晚每經
寒始拆色深却愛日微烘人言此樹尤難養暮溉晨澆
自課童 增 元郝經月丹小艇移來江漲橋蟠盤矮矮
格仍嬌丹霞皺月瑚紅玉香霧凝春翦絳綃一種是花
偏富貴三冬無物比妖嬈廣寒記憶曾攀折滿殿光搖
照紫霄
五言絕句 原 明于若瀛山茶丹砂點雕蘂經月獨含苞
既足風前態還宜雪裏嬌 增 陳淳山茶丹葩間碧葉
雪中自重疊山人倚醉時柰可映頳頰　窮冬多雪霰
柔脆已先摧不是丹砂質寧能醉後開

七言絕句 原 宋陶弼山茶淺為玉茗深都勝大白山茶
小海紅名譽漫多朋擾少年年身在雪霜中　江南池
館厭深紅零落空山煙雨中却是北人偏愛惜數枝和
雪上屏風　蘇軾邵伯梵行寺山茶山茶相對阿誰栽
細雨無人我獨來說似與君君不會爛紅如火雪中開
趙昌山茶游蜂掠盡粉絲黃落蘂猶收蜜露香待得
春風幾枝在年來殺菽有飛霜 增 范成大玉茗花折
得瑤華付與誰人間鉛粉弄妝遲直須遠寄驂鸞客鬢
脚飄飄可一枝　陸游山茶一樹自冬至清明後著花
不已東園三日雨兼風桃李飄零掃地空惟有小茶偏
耐久綠叢又放數枝紅　山茶雪裏開花到春晚世間

耐久孰如君憑闌歎息無人會三十年前宴海雲 原
俞國寶花近東溪居士家好攜樽酒款攜茶玉皇收拾
還天上便恐鈞陽無此花　王潔冰寒自一家地偏驚
對此山茶歸來不負西游眼曾識人間未見花 增 金
段克己山茶雪孃子宮中儀體新八姨羞把舊妝勻畫
羅瑞錦難相稱故著龍香簇絳巾　元馬祖常趙中丞
折枝山茶火齊珠紅拂翠翹石家步障曉寒消千枝蠟
炬燒春夜羯鼓催花打六么　薩都剌阻風南露筋過
羅漢寺看山茶野寺尋春酒未醒不知幾日過清明小
闌干外東風急一樹山茶落晚晴　明沈周白山茶犀
中凌寒碧葉重玉杯擎處露華濃何當借壽長生酒只

恐茶仙未肯容〔紅山茶〕老葉經寒壯歲華猩紅點點雪中葩願希葵藿傾忠膽豈是爭妍富貴家 原〔張新寶珠茶〕臙脂染就絳裙襴琥珀裝成赤玉盤似共東風解相識一枝先已破春寒〔楊妃茶〕曾將傾國比名花別有輕紅暈臉霞自是太眞多異色品題兼得重山茶

詩散句 原〔宋張舜民〕葉硬經霜綠花肥映雪紅 增〔曾惠洪〕千朶鶴頂紅染此叢間綠〔明沈周〕雪後無顏色凌寒見此花 原〔宋王十朋〕道人贈我歲寒種不是尋常兒女花〔曾季貍〕惟有山茶殊耐久獨能深月占春風〔無名氏〕勁節不摧峴嶺雪芳姿偏受建溪風〔元郝經〕秦樹怨離拋翡翠漢宮愁絕冷臙脂

別錄 增〔莉闈同春〕蜀茶紅白二色淸而喜腴秋時用烏豆水灌之其花益妍 原〔栽接〕春間臘月皆可移栽四季花寄枝宜用本體黃花香寄枝宜用茶體若用山茶體花仍紅色白花寄枝同上一種玉茗如山茶而色白黃心綠萼磬口花宜子種以單葉接千葉者則花盛樹久以冬靑接十不活一

蠟梅

增〔本草〕蠟梅一名黃梅花〔黃庭堅詩序云香氣似梅類女工撚蠟所成京洛人因謂蠟梅范成大梅譜云本非梅類以其與梅同時而香又相近色酷似蜜脾故名蠟梅王世懋學圃餘疏云考蠟梅原名黃梅故王安國熙寧間尚詠黃梅至元祐間蘇黃命爲蠟梅人言臘時開故名臘梅非也爲色正似黃蠟耳〕 原 蠟梅小樹叢枝尖葉木身與葉類桃而濶大尖硬花亦五出色欠晶明以子種出經接過花疏雖盛開常半含名磬口梅〔梅譜云言似僧磬之口也學圃餘疏云出河南花史云楚中荊襄者最佳色深黃圓瓣如白梅若瓶一枝香可盈室〕次曰荷花〔學圃餘疏云出松江花史云瓣有微尖形似荷花〕又次曰九英〔梅譜云子種不經接花小香淡其品最下謂之狗蠅後訛爲九英〕又有開最先色深黃如紫檀花密香濃名檀香梅此品最佳此花多宿葉結實如垂鈴尖長寸餘子在其中

彙考 增〔王直方詩話〕蠟梅山谷初見之戲作二絕緣此盛於京師 原〔梅譜〕蠟梅香極淸香殆過於梅初不以形狀貴也故難題詠山谷簡齋但作五言小詩而已

增〔賓朋宴語〕王直方父家多侍兒而小鬟素兒尤妍麗王嘗以蠟梅花送晁無咎無咎以詩謝之有云芳菲意

淺姿容淡憶得素兒如此梅〔竹坡詩話〕東南有蠟梅蓋自近時始余童時猶未之見元祐間魯直諸公方有詩前此未嘗有賦此詩者政和間李端叔在姑谿元夕見之僧舍中嘗作兩絕其後篇云程氏園當尺五天千金爭賞凭朱欄莫因今日家家有便作尋常兩等看觀端叔此詩可以知前日之未嘗有也〔梅溪詩注〕東南臘梅葉落始開峽中地暖花開而葉不落〔三柳軒雜識〕姚氏殘語以蠟梅爲寒客今改爲久客〔花經〕蠟梅一品九命〔瓶史〕浴蠟梅宜淸瘦僧然寒花性不耐浴當以輕綃護之　蠟梅以水仙爲婢〔京口諸山記〕焦山觀音閣蠟梅一株輕風翩反若傳隱士神者

集藻 七言古詩 原 宋蘇軾蠟梅一首贈趙景貺 天工點酥作梅花此有蠟梅禪老家蜜蜂採花作黃蠟取蠟爲花亦其物天工變化誰得知我亦兒嬉作小詩君不見萬松嶺上黃千葉玉蘂檀心兩奇絕醉中不覺度千山夜聞梅香失醉眠歸來却夢尋花去夢裏花仙覔奇句此間風物屬詩人我老不飲當付君君行適吳我適越笑指西湖作衣缽

陳師道和蘇公蠟梅 化人巧作細襟花何年落子空王家羽衣霓裳滌香蠟從此人間識尤物青瑣朱郎却未知天公下取仙翁詩烏丸雞距寫玉葉却怪寒花未清絕北風驅雪度關山把燭看花夜不眠明朝詩成公亦去長使詩仙誦佳句湖山信美更

須人已覺西湖屬此君坐想明年吳與越行酒賦詩聽擊缽

陳與義蠟梅 智瓊額黃且勿誇回眼視此風前葩家家融蠟作杏蒂歲歲逢梅是蠟花世間眞僞非兩法映日細看眞是蠟我今嚼蠟已甘腴況此有韻蠟不如只愁繁香欺定力薰我欲醉須人扶不辭花前醉倒臥經月是酒是香君試別

增 周必大次韻王龜齡省中黃梅 化工未約酴醾菊先放緗梅伴羣玉幽姿著意慕鉛黃正色何心輕蕚綠妝成自淺風味深對此寧辭食無肉可憐涪翁被渠惱中歲梅屛栖枸酥

楊萬里蠟梅 次坡公韻 梅花已自不是花冰魂謫墮玉皇家不餐煙火更餐蠟化作黃姑織造物後山未覺坡先知東坡勾引後山詩金花勸飲金荷葉兩公醉吟許孤絕人間姚魏漫如山令人眼暗只欲眠此花寒香來又去惱損詩人難覔句月兼花影却三人欠箇文同作墨君吾詩無復古清越萬水千山一瓶缽

劉詵和羅昌逢蠟梅 梅兒不見今幾時黃塵盡涴冰玉姿却疑來從金仙國已覺顏貌俱近之水邊林下恍如昨都非都似驚相嬉額黃萬斛塗未了瓶怒半落宮簷枝縹裾下壓紺裙裼緗袖醉枕紅膚脂天寒鵝兒凍凝酒日明蜂戶光分脾暗香著人欲襲骨妙意未必和靖知小窗靜晝膽瓶古長廊微雪珠簾垂一枝几案誰所置便覺春意生睫看勿嫌吟詩苦不似酒觴更倒黃金巵

五言律詩 增 宋尤袤蠟梅 破臘驚春意凌寒試曉妝應嫌脂粉白故染麴塵黃綴樹蜂懸室排箏雁著行團酥與凝蠟難學是生香

原 楊萬里蠟梅 栗玉圓彫蕾金鐘細著行來從眞臘國自號小黃香夕吹撩寒馥晨曦透暖光南枝本同姓喚我作他楊

增 朱子蠟梅 風雪催殘臘南枝一夜空誰知荒草裏却有暗香同姿瑩輕黃外芳騰淺絳中不遭岑寂侶何以媚芳叢

七言律詩 增 宋王安國黃梅花 庾嶺時開媚雪霜梁園春色占中央莫教鶯過毛無色已覺蜂歸蠟有香弄月似浮金屑水飄風如舞麴塵場何人剩著栽培力大液池邊想菊裳

陸游荀秀才送蠟梅與梅同譜又同時

我爲許香似更奇痛飲便判千日醉清狂頓減十年衰
色疑初割蜂脾蜜影欲平欺鵠膝枝插向寶壺猶未稱
合將金屋貯幽姿　王十朋蠟梅　天工著意點酥不
與江梅鬬雪膚露滴蜂房釀崖蜜日烘龍腦噴金爐萬
松張蓋黄尤好三峽藏春緑不枯題品倘非坡與谷世
人應作小蟲呼　原　樓鑰詠蠟梅水仙二妹巧笑出蘭
房玉質檀姿各自芳品格雅稱仙子態精神疑著道家
黄宓妃漫詫凌波步漢殿徒翻半額妝一味真香清且
絶明窗相對古冠裳　增　金趙秉文古瓶蠟梅石冷銅
腥苦未清瓦壺溫水照輕明土花暈碧龍紋澀燭淚痕
疎鳫字横未許功名歸鼎鼐且收風月入瓶罌嬌黄喚

醒朝陽夢漢苑荒涼草棘生　元耶律楚材蠟梅越嶺
仙姿迥異常洞庭春染六銖裳枝横碧玉天然瘦蕾破
黄金分外香反笑素英渾淡抹却嫌紅豔太濃妝臨風
浥此薔薇露醉墨淋漓寄渺茫
五言絶句　原　宋黄庭堅戲詠蠟梅二首　金蓓鎖春寒惱
人香未展雖無桃李顔風味極不淺　體熏山麝臍色
染薔薇露披拂不滿襟時有暗香度　陳師道蠟梅異
色深宜晚生香故觸人不施千點白別作一家春　增
陳師道和豫章公黄梅寒裏一枝春白間千點黄道人
不好色行處若爲香　色輕花更豔體弱香自永玉質
金作裳山明風弄影　舊鬢千絲白新梅百葉黄留花

知有待述國更煩香　冉冉樹頭緑婷婷花下人欲傳
千里信暗折一枝春　黄裏含真意春容帶薄寒欲知
誰稱面偏插一枝看　花真重重葉釵頭點點黄祇應
報春信故作著人香　原　陳與義蠟梅黄羅作廣袂絳
帳作中單人間誰收著留得護春寒　一花香十里更
值滿枝開承恩不在貌誰敢鬬香來　增　陳與義蠟梅
朱朱與白白著意待春開那知洞房裏已傍額黄來
花房小如許銅剪黄金塗中有萬斛香與君細細輸
來從底處所黄露滿衣濕緣憨翻得憐亭亭倚風立
奕奕金仙面排行立曉晴殷勤夜來雪小住作珠纓
亭亭金步搖朝日明漢宮當時好光景一似此園中

韻勝誰能合色莊那得親朝陽一映樹到骨不留塵
王十朋蠟梅蝶採花成蠟還將蠟染花一經坡谷眼名
字壓羣葩
七言絶句　原　宋黄庭堅從張仲謀乞蠟梅聞君寺後野
梅發香蜜染成宫樣黄不擬折來遮老眼欲知春色到
池塘　天工戲翦白花房奪盡人工更有香埋玉地中
成故物折枝鏡裏憶新妝　臥雲莊上梅花發香似早
梅開不遲淺色春衫弄風日遣來當爲作新詩　增　晁
補之謝王立之送蠟梅五首未教落素混冰池且看輕
黄綴雪枝越使可因千里致春風元自未曾知　恐是
凝酥染得黄月中清露滴來香定知何遜牽詩興借與

穿簾一點光　上林初就名羣臣紫蔕同心各自新誰見小園春雪裏破春一萼更驚人　詩報蠟梅開最先小奩分寄雪中妍水村映竹家家有天漢橋邊絕可憐去年不見蠟梅開準擬新年恰恰來芳菲意淺姿容淡憶得素兒如此梅　晁沖之和王立之蠟梅茅簷竹塢兩幽奇岸幘尋花醉亦知崖蜜已成蜂去盡夜寒惟有露房垂　老去攀翻興益奇招攜風月作新知但令春釀常如此百罰深杯亦倒垂　荼蘼架倒花仍發薜荔墻摧石亦移此地與君凡幾醉年年同賦蠟梅詩步屧穿花醉晚風翻枝摘蘂與何窮他年上苑求佳種越白江紅掃地空　原韓駒蠟梅路入君家百步香隔

簾初試漢宮妝只疑夢到昭陽殿一簇輕紅繞淡黃　增張孝祥蠟梅滿面宮妝淡淡黃絳紗封蠟貯幽香遥憐未識花消息乞與一枝收斷腸　周必大蠟梅蘤黃織就費天機付與園林晚出枝詩老品題猶誤在紅梅未是獨開遲　范成大從巨濟乞蠟梅寂寥人在曉雞窗若憶花前續斷腸全樹折來應不惜君家眞色自生香　次韻漢卿舅蠟梅垂垂瘦萼泫微霜蒴蒴纖英鎖暗香金雀釵頭金蛺蝶春風傳得舊宮妝　湘衭朝天紫錦裳光風微度絳霄香壽陽信美無仙骨空把心情學淺妝　楊萬里蠟梅江梅珍重雪衣裳薄相紅梅學杏裝渠獨小黍黃面老額間艷艷發金光　蜜蜂底物

是生涯花作餱糧蠟作家歲晚略無花可採却將香蠟吐成花　天向梅梢別出奇國香未許世人知殷勤滴蠟緘封却偷被霜風折一枝　香蜜栽葩分外工疎枝數點綴雛蜂嬌黃染就宮妝樣香暖猶宜愛日烘　王十朋蠟梅劉郎不獨種桃花蠟蘂柔香更可佳臭味相同林下友從今花木亦通家　謝翱蠟梅冷艷清香受雪知雨中誰把蠟爲衣蜜房做就花枝色留得寒蜂宿不歸　吳承齋蠟梅惹得西湖處士疑如何顏色到鵝兒清香全與江梅似只欠橫斜照水枝　原金趙伯成蠟梅二首凍蕾含香蠟點勻古來幽谷有佳人詩家只怨和羹晚不道紅梅別是春　冷艷疎香寂寞濱欲持

何物向時人東風自是清狂手辦作竹籬茅舍春　增元耶律楚材謝王巨川惠蠟梅雪裏冰枝破冷金前村籬落暗香侵令人多謝王公子分惠幽芳寄好音　馮子振蠟梅洗却鉛膏飾道裝檀心淺露紫香囊從今宮額翻新樣變作眉間一點黃

詩散句　增宋曾肇紫蔕黃苞破臘寒清香旋逐角聲殘

李鷹底處嬌黃蠟樣梅幽香解向北寒開　蘇伯業花鬚醞藉共稱美蜜脾翦花噴沉水　周必大東觀奇童承詔後南昌故尉欲仙時

詞　原宋王十朋點絳唇蠟換梅姿天然香韻初非俗蝶馳蜂逐蜜在花梢熟　歲晚深藏幾載甘幽獨因坡谷

一標題目高價掀蘭菊〔李芸子卜算子〕蜜葉蠟蜂房花下頻來往不知辛苦為誰甜山月梅花上　玉骨紫金衣香雪隨風蕩人間喚作返魂梅仍是蜂兒樣〔韓元吉菩薩蠻〕江南雪裏花如玉風流越樣新裝束恰恰縷金裳濃薰百和香　分明籬菊豔却作梅妝面無處奈君何一枝春已多〔趙彥端好事近〕一種歲前春誰辨額黃腮白風意只吟羣木與此花全別　此花佳處似佳人高韻帶詩格君子歲寒相許有芳心難結〔馬莊父浪淘沙〕嬌額尚塗黃不入時妝十分輕麗奈風霜幾度細腰尋得蜜錯認蜂房　東閣久淒涼江路悠長休將顏色較芬芳無奈世間真若偽賴有幽香〔毛滂

踏莎行〕栗玉玲瓏甕酥浮動芳酙染得臙脂重風前蘭麝作香寒枝頭烟雪和春凍　蜂翅初開蜜房香弄佳人寒睡愁如夢鵝黃衫子茜羅裙風流不與紅梅共馬莊父破陣子〕點綴莫窺天巧名稱却道人為香醞蜜脾分幾點色映烏雲倚一枝遙看倒逶遲　映水不嫌疏影嬌春也自同時紅樹落殘風乍暖塞管聲長曉更催此花知不知〔葉夢得千秋歲〕曉煙溪畔曾記東風面化工與重裁翦額黃明豔粉不共妖紅軟凝露臉多情正似當時見　誰向滄波岸特地移閒館情一縷愁千點煩君搜妙語為我催清燕須細看紛紛亂蘂空凡豔〔吳文英天香〕蟬葉粘霜蠅苞綴凍生香遠帶風峭嶺上寒多溪頭月冷枝北瘦枝南小玉奴有姊先占立墻陰春蚤初試宮黃淡泊偷分壽陽纖巧　銀燭淚珠水曉酒鍾慳貯愁多少記得短亭歸馬暮衙蜂鬧荳蔻釵頭恨裏但悵望天涯歲華老遠信難封吳雲鴈杳

【增】〔張翥水龍吟〕玉人栀貌堪憐曉妝一洗鉛華盡此花應是菊分顏色梅分風韻萼點酡酥口攢金磬心凝檀粉甚女貞染就仙衣絕勝蜂兒重鵝兒嫩　說與玉龍莫品怕宮波一般流恨故人堪寄折枝代取江南春信沉水全薰蘗絲密綴額黃深暈作燕姬未識是花是蠟笑偎人問

【別錄】【原】〔取用物類相感志〕蠟梅樹皮浸水磨墨發光彩

〔本草〕花氣味辛溫解暑生津〔禁忌花史〕蠟梅人多愛其香但可遠聞不可近嗅嗅之頭痛屢試不爽〔種植〕子既成試沉水者種之秋間發萌故葉澆灌得宜四五年可見花　一法取根旁自出者分栽易成樹

瑞香

【原】瑞香一名露甲一名蓬萊紫一名風流樹高者三四尺許枝榦婆娑柔條厚葉四時長青葉深綠色有楊梅葉枇杷葉荷葉攣枝冬春之交開花成簇長三四分如丁香狀共數種有黃花紫花白花粉紅花二色花梅子花串子花皆有香惟攣枝花紫者香更烈枇杷葉者結子其始出於廬山宋時人家種之始著名攣枝者其節

攣曲如斷折之狀其根綿軟而香葉光潤似橘葉邊有黃色者名金邊瑞香枝頭甚繁體幹柔韌性畏寒冬月須收暖室或窖內夏月置之陰處勿見日此花名麝囊能損花宜另種

彙考 原 清異錄廬山瑞香花始緣一比丘晝寢盤石上夢中聞花香酷烈及覺求得之因名睡香四方奇之謂為花中祥瑞遂名瑞香 增 花經紫風流一品九命 三餘贅筆曾端伯以瑞香為殊友張敏叔以瑞香為佳客 灌園史瑞香名始於廬山比丘則似前此未之有矣乃楚辭所載露甲或復以瑞香當之是時佛教未東豈得先有比丘耶意此花本名露甲至有廬山一事始

易今名耳

集藻 序 原 宋呂大防瑞香圖序 瑞香芳草也其木高纔數尺生山坡間花如丁香而有黃紫二種冬春之交其花始發檻之庭檻則芳馨出於戶外野人不以為貴宋景文亦闕而不載乎今春城後二十年守成都公庭僧圃靡不有也乎恐其沒於草一日見知於時殆與人事無異感而圖之因為之序

五言古詩 原 宋蘇軾次韻曹子方龍山真覺院瑞香花 幽香結淺紫來自孤雲岑骨香不自知色淺意殊深移栽青蓮宇遂冠薝蔔林紉為楚臣佩散落天女襟君持風霜節耳聆歌笑音一逢蘭蕙質稍回鐵石心置酒要

妍暖養花須晏陰及此陰晴間恐致慳嗇霖淫雲知易散鷤鴂憂先吟明朝便陳迹試著丹青臨 增 葉適新移瑞香舊曾作文忘之因今追憶云 一株當三春名花不易得百年等壽丈不博千乘國野人三十本强賣青銅百應憐跗萼具苦為薪米迫移栽向明陽妃嫒儼行列土膏合根性功用成夙昔除香出淺紫泣露輕脈脈含愁欲誰訴折去惜更惜方求薇蕪陰未受搔攉厄嗟余自羇旅何以慰新客殷勤深夜來少待山月白

七言古詩 增 宋范成大瑞香花 萬粒叢芳破雪殘曲房深院閉春寒紫紫青青雲錦被百疊薰籠晚不翻酒惡休拈花蘂嗅花氣醉人釀勝酒大將香供惱幽禪恰在

蘭枯梅落後 明宣宗瑞香花 瑞香花葉如纖其葉非一狀花開亦殊色或如碼碯之殷紅或如玉雪之姿容或含淺絳或深紫細蕊疊萼芬玲瓏臘後春前花未放先春獨占梅花上繞枝芳意露蓓蕾萬卉千葩總相讓曈曨旭日照堦墀淡蕩香風拂面時初疑沉檀爇寶鼎亦似蘭麝薰人衣瑞香花樹高三尺强山桃野杏動踰丈得以幽叢紛馥香

五言律詩 原 宋楊萬里詠瑞香 外著明霞綺中裁淡玉紗森森千萬萼旋旋兩三花小礙迎風喜輕寒索幔遮香中真上瑞蘭麝敢名家 短短薰籠小團團錦帕圍浮陽烘酒思沉水著人衣茉莉通家遠椒花具體微春

愁渾瘦盡別有瘦中肥 增俗惠洪次韻真覺大師瑞香花淺色耿華堂清寒熏夜香應持燕尾翦破此麝臍囊有恨成春睡無人見洗妝故山煙雨裏寂寞爲誰芳

七言律詩 原宋蘇軾刁景純賞瑞香花憶先朝侍宴次韻上苑夭桃自作行劉郎去後幾回芳厭從年少追新賞閑對宮花識舊香欲贈佳人非沅洧好紉幽佩弔沉湘鶴林神女無消息爲問何年返帝鄉 增周必大次韻楊廷秀待制瑞香花灞橋忍凍兩相攢漢殿含春別一般粉面固宜垂紫袖錦裳何必著中禪禁庭侍史今同宿宮帽花枝故自欒吼爵新詩懷舊直刺貪寧不愧河檀 原楊萬里瑞香花侵雪開花雪不侵開時色淺

未開深碧團圞裏萄成束紫蓓蕾中香滿襟別派近傳廬阜頂孤芳元是洞庭心詩人自有薰籠錦不用衣篝炷水沉 瑞香花盛開呈周益公二首近看丁香萬粒攢遠看却與紫球般誰將玉膽薔薇水新濯瓊膚錦繡禪淨界薰修爾芳馥無人覿別自檀欒下元前至上元後省得龍沉與麝蘭 鍼來大萄束仍攢作麼開時色兩般荷令金爐炷沉水貽咨紫袖襯中禪同花異葉株株異一種欒枝節節欒雪裏寒香得三友溪邊梅與雪邊蘭 增方岳種瑞香花自種幽香傍短檣荷鋤正用雨冥冥山家安得瑞龍腦春事不專紅鶴翎持問東風論甲乙與遮西日費丁寧何年得似熏籠錦著盌時時爲乞靈 原劉克莊謝太守送瑞香花一樹婆娑幣復斜使君輟騎到田家自慙甕牖繩樞子不稱香囊錦傘花小借暖風爲破萼旋澆新水待抽芽丁寧兒子勤封植留與甘棠一樣誇 朱淑真詠瑞香玲瓏巧蹙紫羅裳令得東君著意妝帶露欲開宜暖日臨風微困怯春霜發揮名字來廬阜彈壓芳菲入醉鄉最是午窗初睡醒熏籠贏得夢魂香 增元郝經孟少保後園瑞香羽葆層層簇細花甲栴斜映隔山茶兩三叢裏氤氳氣數百年來富貴家雕玉香濃團瑞雪翠翹春暖插輕霞主人一去無消息庭戶蕭疎落晚鴉 明陳憲章次韻張廷實瑞香花開有懷三徑歸來鬭草萊偶逢名士乞花

栽莫愁冷艷無人愛正遞寒香別圃開年光暗逐東流水春信纔通半樹梅必有比鄰高二仲手擕花樹共徘徊

五言絶句 增宋陳造瑞香花鈎窓玩孤芳殘月衣上明紫囊拆蘭麝小風弄初晴 范成大瑞香三首小檻移秀色端來媢禪房道人不解飲醺然醉天香 紫雲飃繡被團團覆衣篝濃薰百和韻香極却成愁 一叢三百朶細細拆濃檀簾幕護花氣不知窓外寒 原王十朋瑞香花真是花中瑞本朝名始聞江南一夢後天下仰清芬 增明陳淳題瑞香花穠香拆麝臍細蘂秀鴒頂東風故飄蕩薰人醉不醒

七言絕句原宋楊萬里瑞香花織錦天孫矮作機紫茸
翻了白花枝更將沉水濃薰却日淡風微欲午時　移
瑞香花斛夜綴香窠沐露華書移翠斛覆牕紗將身扶
起簾帷看生怕簾帷挨著花　鄭清之瑞香粉面芳心
碧玉裳持來宛作故山香征途不覺春如許更問蘭芽
幾寸長　白氏集詠紫瑞香廬阜當年春睡濃花名從
此擅春工紫葩四迸呈鮮粉如爇仙香透錦籠　白瑞
香繁花簇粉烘晴日藹有濃香透暖風六曲闌干凝睇
處錦籠爭似玉爲籠　增元楊維楨瑞香花一團華蓋
翠亭亭萬箇丁香露欲零日炙錦薰眠不得玉人扶起
酒初醒

詩散句增宋蘇籀芳蕤何蒨絢尤物眞旖旎五葉映雕
闌三椏駢粉蘂妍分春月魂香徹肌骨髓　原樵隱居
士衆妙與春競紛紛持所長此花最幽遠如以禮自將
猗蘭敢回步蘅蒻亦退藏　韓駒著葉團青蓋開花炷
寶薰　楊萬里紫袖染難透瓊膚曬轉香　曾肇風雨
離披枝葉瘦可憐終不減清香　張舜民檻中紫豔纔
盈握天上花香暗襲人　陳克沉香殿裏春風早紅錦
薰籠二月時　沁枝清露濯幽葩醉質斕斑襯曉霞
楊萬里齊開忽作攢枝錦未拆猶疑紫素馨　王十朋
世人競重薰籠錦子素何曾怯瑞香　劉克莊便覺麝
囊無遠韻頻挑蟻蠹有新芽　陳古淵曉露染成雞舌

紫東風吹作麝臍香　陶弼玉英金寶碧琳枝
詞原宋趙彥端點絳唇護雨烘晴紫雲縹緲來深院晚
寒誰見紅杏枝頭怨　絕代佳人萬里沉香殿光風轉
夢餘千片猶恨相逢淺　王十朋點絳唇欄檻陰沉紫
雲呈瑞餘寒凜捲簾欹枕香逼幽人寢　入夢何年廬
阜聞名稔風流甚阿誰題品喚作薰籠錦　張孝祥浣
溪沙臘後春前別一般梅花枯淡水仙寒翠雲裘裏紫
霞冠　妙品只今推第一寶香元不是人間爲君更酌
小龍團　蘇軾西江月公子眼花亂發老夫鼻觀先通
領巾飄下瑞香風驚起謫仙春夢　后土祠中玉蘂蓬
萊殿裏鞓紅此花清絕更纖穠把酒何人心動　增張

掄西江月翦就碧雲關蘂刻成紫玉芳心淺春不怕峭
寒侵暖徹薰籠瑞錦　花裏清芬獨步尊前勝韻難禁
飛香直到玉杯深消得厭厭夜飲　原程垓瑞鷓鴣東
風冷落舊梅臺猶喜仙花拂面開紺色染衣春意淨水
沉薰骨晚風來　柔條不學丁香結矮樹仍參茉莉栽
安得方盆載幽植道人隨處作香材　方岳水龍吟當
年睡裏聞香阿誰喚作花間瑞巾飄沉水籠薰古錦擁
青綾被初日酣晴和風送暖十分清致掩牕紗待香凝
酒醒儘消受這春思　縱把萬紅排比想較伊更爭些
子詩仙老手春風妙筆要題教似十里揚州三生杜牧
可曾知此趁紫唇微綻芳心半透與騷人醉　增金蔡

松年江神子慢紫雲點佩葉巖樹小婆娑歲寒節占高潔纖苞暖釀出梅魂蘭魄照濃碧著盌添春花氣重芸腮曉濛濛浮霽月小眠鼻觀先通廬山夢舊清絕薌閑平生淡泊獨芳溫一念猶未衰欹種種陳迹而今老但覓茶煙禪榻寄閑寂風外天花無夢也鴛鴦債從渠千萬劫夜寒回施幽香與愁客

別錄 原 栽種梅雨時折其枝插肥陰之地自能生根一云左手折下旋即扦插勿換手無不活者一云芒種時就老枝上剪其嫩枝破其根入大麥一粒纏以亂髮插土中即活一說帶花插於背日處或初秋插於水稻側俟生根移種之移時不得露根露根則不榮 澆灌 瑞

香惡太濕又畏日曬以撏猪湯或宰雞鵝毛水從根澆之甚肥蚯蚓喜食其根覺葉少萎以小便澆之令出即尋逐之須河水多澆之以解其鹹以頭垢擁根則葉綠大槩香花怕糞瑞香爲最尤忌人糞犯之輒死

附錄 結香

原 結香餘葉如瑞香而枝甚柔韌可綰結花色鵝黃比瑞香稍長開與瑞香同時花落始生葉

佩文齋廣羣芳譜卷第四十一

佩文齋廣羣芳譜卷第四十二

花譜

迎春花

原 迎春花一名金腰帶人家園圃多種之叢生高數尺有一丈者方莖厚葉如初生小椒葉而無齒面青背淡對節生小枝一枝三葉春前有花如瑞香花黃色不結實葉苦澀平無毒雖草花最先點綴春色亦不可廢花時移栽土肥則茂燖牲水灌之則花蕃二月中可分

彙考 增 三柳軒雜識 迎春花爲僭客 花經 迎春花七品三命 瓶花譜 迎春花六品四命 學圃餘疏 余一迎春花盆景結屈老幹天然得之嘉定唐少谷人以爲

寶

集藻 七言絕句 增 唐白居易 代迎春花招劉郎中 幸與松筠相近栽不隨桃李一時開杏園豈敢妨君去未有花時且看來 翫迎春花贈楊郎中 金英翠萼帶春寒黃色花中有幾般憑君語向遊人道莫作蔓菁花眼看 宋韓琦 中書東廳迎春 覆闌纖弱綠條長帶雪衝寒折嫩黃迎得春來非自足百花千卉共芬芳 迎得春入舊科獨先嘉卉占陽和今年頓被寒摧折應爲尖頭送暖多 劉敞 閣前迎春花 穠李繁桃刮眼明東風先人九重城黃花翠蔓無人顧浪得迎春世上名 沉沉華省鎖紅塵忽地花枝覺歲新爲問名園最深處不

知迎得幾多春　華省當時絲鬢郎金樽美酒醉紅芳
今日對花不成飲春愁已與草俱長
詩散句〔增〕宋晏殊淺艷作鶯羽纖條結兎絲偏凌早春
發應諸衆芳避
詞〔原〕宋趙師俠清平樂纖穠嬌小也解爭春早占得中
央顏色好裝點枝枝新巧　東皇初到江城殷勤先去
迎春乞與黃金腰帶壓持紅紫紛紛

金雀花

〔原〕金雀花叢生莖褐色高數尺有柔刺一簇數葉花生
葉傍色黃形尖旁開兩瓣勢如飛雀甚可愛春初即開
采之滚湯入少鹽微焯可作茶品清供春間分栽最易

繁衍
〔集藻〕七言絕句〔原〕宋翁元廣金雀花管領東風知幾春
也將俗態染香塵有人不具看花眼惱殺飄蓬老病身

酴醿

〔原〕酴醿一名獨步春一名百宜枝杖一名瓊綬帶一名
雪纓絡一名沉香蜜友藤身灌生青莖多刺一穎三葉
如品字形面光綠背翠色多缺刻花青跗紅萼及開時
變白帶淺碧大朶千瓣香微而清盤作高架二三月間
爛熳可觀盛開時折置書册中冬取插鬢猶有餘香本
名荼蘼一種色黃似酒故加酉字〔增〕益部方物畧記
蜀酴醿多白而黃者時時有之但香減於白花　四川
志成都縣出酴醿花有三種曰白玉碗曰出爐銀曰雲
南紅色香俱美
〔彙考〕〔增〕清異錄酴醿木香事事稱宜故賣插枝云百宜
枝杖此洛社故事也　花經酴醿一品九命　澄懷錄
韓熙載云對花焚香酴醿宜沉水〔原〕誠齋雜記范蜀
公居許下造大堂名以長嘯前有酴醿架高廣可容十
客每春季花繁燕客其下約曰有飛花墮酒中者嚼一
大白或笑語喧譁之際微風過之滿座無遺時號飛英
會〔增〕三餘贅筆曾端伯以荼蘼爲韻友張敏叔以荼
蘼爲雅客　花木考酴醿色作淺紅香氣不足閱唐宋
詩詞多用粉面額黃香瓊香雪等字心竊疑之及考此

花本作荼蘼以酒號酴醿花色似之遂復從酉則花作
白色似無可疑矣王敬美學圃雜疏乃疑酴醿爲白木
香不知陶學士穀云洛社故事賣酴醿木香插枝者均
謂百宜枝杖二花並列豈能無別耶　廣東志酴醿海
國所產爲盛出大西洋國者花大如中國之牡丹蠻中
遇天氣淒寒零露凝結他草木乃冰澌葉萎殊無香韻
惟酴醿花上瓊瑤清瑩芬芳襲人若甘露焉夷女以澤
體膩髮香經月不滅國人貯以鉛缾行販他國
〔集藻〕記〔增〕宋張耒咸平縣丞廳酴醿記咸平五年詔以
陳留之通許鎮爲咸平縣先是章聖皇帝幸亳祠老子
道通許築宮以待幸既爲縣即以宮爲令治所主簿居

中書府而樞密府爲尉舍熙寧某年始置丞於是遷縣尉於外而丞居焉丞居之堂庭有酴醾問之邑之老人則其爲樞密府時所種也既老而益茂延蔓庇覆占庭之大半其花特大於其類邑之酴醾皆出其下蓋當時禁室種植以待天子之所必有珍麗可喜之物而役敢陳是以獨秀於一邑而莫能及也

贊【增】宋宋祁酴醾贊 人情尚奇賤白貴黃厭英畧同實寡於香

五言古詩【原】宋蘇軾杜沂遊武昌以酴醾花見餉 酴醾不爭春寂寞開最晚青蛟走玉骨羽蓋蒙珠幰不妝艷已絕無風香自遠淒凉吳宮闕紅粉埋故苑至今微月

夜笙簫來翠巘餘妍入此花千載尚清婉怪君呼不歸定爲花所挽昨宵雷雨惡花盡君應返【增】崔鶠酴醾 依柏引蔓上冒其顛春風亦已老自献丹采嫱獨留白雪花灑此千尺翠嵯峨珠籠冠縹緲冒佛髻幽香勿襲人恐爲眞色累但願保明姿終日奉清對要之萬物夥汙潔自有類 元貢奎茶蘼架 西園撿春事積雨斷餘紅茶蘼壓高架皎皎曬日烘翠蔓點殘雪清香度微風幽人對之坐瑩然此心同徘徊不忍去片月來高空宛如萬玉娥素袖舞雲中珠璣露顆綴翠珮煙光籠愛花不受折枝柔刺盈叢攜酒醉其下慰此良夜終 明吳寬酴醾 酴醾發長條叢生類蓍草毎記衆花開此種開獨早南方色多紅黃色見者少但嫌易零落蜂蝶食不飽曲闌强遮護童子日必掃花落當復開豈似主人老往昔詩客來覓句步頻繞載誦此感傷誰來慰幽抱

七言古詩【增】宋司馬光修酴醾架 貧家不辦構堅木縛竹立架擎酴醾風搖雨漬不耐久未及三載俱離披往來遂復廢此徑舉頭礙冠行挂衣呼奴改作豈得已抽新換故拆四籬來春席地還可飲日色不到香風吹 蘇轍次韻詠酴醾 蜀中酴醾生如積開落春風山寂寂已憐正發香晻曖猶愛未開光的皪半垂野水弱如墜直上長松勇無敵風中娜娜應數丈月下煌煌眞一色故園閑道開愈繁老人自恨歸無日百花已過春欲暮

燕坐繩牀空歎息朝來滿把得幽香案頭亂插銅瓶濕一番花蘂轉頭空誰能往問天台拾 【原】楊萬里和羅武岡茶蘼長句 花飛十不啻五六青子團枝朱紫簇江南桃李總成陰不論少城與韋曲茶蘼珍重不浪開晚堆綠雲點水玉體熏山麝非一膀水洗銀河費千斛滴成小蓓密於糝亂走長條柔可束醉眸須及月下來破鼻試從風裏觸先生未必被花惱偶與門人暮春浴爲憐壓架十萬枝小立旁邊領新馥剩拆好語寵瓊蕤更掇清英付醽醁先生何得便杜門霜鬢猶須玉堂宿

【彙】楊萬里走筆謝張功父送酴醾 西湖野僧夸藏冰半年化作眞水精南湖詩人笑渠拙不知儂家解乾雪藏

氷窨子山之幽鏡透九地山鬼愁儂家藏雪有妙手分
明驪在翡翠樓向來巽二拉滕六玉妃夜投玉川屋剪
氷作花吹朔風探雲爲粉散寒空醉揮雨袖拂銀漢梢
頭萬斛冷不融瓊田孝月拾翠羽砌成重樓天半許盤
作青蛟吐綠霧亂飄六出熏沉炷人間雪腕那可藏天
上雪落何曾香三月盡頭四月首南湖香雪今誰有分
似誠齋老詩叟碎挼玉花泛春酒一飲一石更五斗
王十朋次韻程泰之酴醾青春果作堂堂去啼鳥喚春
春不住明珠萬顆玉爲錢欲買風光嗟已暮蓬山地冷
花木稀秋有寒梅已先吐誰遣虬枝上高架稍覺雲陰
覆行路雨餘景物猶未佳葉底精神不多露鼻觀疑聞

班馬香姿比何郎更風度平生惜春如惜別老眼待花
如待嘯幽芳相對止三人草草杯盤爲花具　元華幼
武茶蘼歌丹葩醉染猩猩血素萼便娟比霜雪呈妖逞
艷豈足貴含芳嗜潔誇清絕茶蘼範浥春雨膏玲瓏翦
刻英瓊瑤千金腦麝和淑質萬箇玉蝶瑩柔條坐看明
月花梢上便應題作清虛膀醉眠花底不須歸狠籍苔
茵空撫掌先生愛花何太濃對花一飲揮千鍾昔逢端
伯稱韻友我欲結好慚衰容莫教搖落西風後賈島留
題傳不朽憐君爲作茶蘼歌多情又釀茶蘼酒
五言律詩 增 宋梅堯臣有折景福殿後酴醾花至者有
烏銜花出清香不畏風初從上林發來過未央中簇簇

霜苞密層層玉葉同誰將作美酒醉看月生東 原 陳
與義酴醾雨過無桃李唯餘雪覆墻青天映妙質白日
照繁香影動春微透花寒韻更長風流到尊酒猶足助
詩狂　明王象晉酴醾皓齒舞霓裳飄飄翠帶長何郎
初傅粉荀令乍薰香玉蘂休誇白金沙敢並芳可憐蜂
與蝶早晚引風狂
七言律詩 原 宋黃庭堅觀王主簿家酴醾肌膚冰雪熏沉
水百草千花莫比芳露濕何郎試湯餅日烘荀令炷爐
香風流徹骨成春酒夢寐宜人入枕囊輸與能詩王主
簿瑤臺影裏據胡牀 增 晁補之次韻李秬酴醾天紅
瑣碎競春嬌後出何妨便奪標雲鶴嬉晴來萬隻玉龍

驚震上千條蕁收晃蕩風前仗剪綠飄颻月下綃曾向
瓊林亭畔見天涯相遇一魂銷 原 劉子翬次韻張守
酴醾榮華休羨黑頭公且對芳晨賞麗叢十萬青條寒
掛雨三千粉面笑臨風莫將擬雪才情賦盍與觀梅況
味同只恐春歸有遺恨典刑猶在濁醪中 增 劉子翬
酴醾颭風急雨退花晨翠葉銀苞照眼新高架攀緣雖
得地長條盤屈總由人橫斂數朵開猶小撲酒餘香韻
絕倫惟有金沙顏色好年年相伴殿殘春 原 劉克莊
酴醾青蛟蛻骨萬條長玉架盤雲護曉窗外面看來些
子葉中間著得許多香一枝縞色分明好百卉含羞不
敢芳飛敍銜花雙海燕被渠勾引一春忙　朱淑真詠

酴醿花神未許春歸去故遣仙姿殿衆芳白玉體輕蟾
魄瑩素紗囊薄麝臍香夢思洛浦嬋娟態愁託瑤臺淡
泞妝勾引詩人清絕處一枝和雨在東墻 增金劉仲
尹酴醿相看絕似好交友著眼江梅季孟中海窟坐簫
來鶴背月林冰雪穠春風滿前玉蘂名尤重特地黎花
夢不同安得涪翁香一瓣稱成聊供小南豐
五言排律 增宋蘇轍次韻孔文仲酴醿蒼地凍不死輕
素暖仍歸落蘂時吹面繁香自撲檐光凝真照夜枝輭
或牽衣似厭風霜苦應思霧雨霏開樽迎最盛掃地見
初稀賴有清陰在金波肯發揮 原黃庭堅見諸人倡
和酴醿詩輒次韻戲詠梅殘紅藥遲此物共春暉名字

因壺酒風流付枕幃墜鈿香徑草飄雪淨垣衣玉氣晴
虹發沉材鋸屑霏直知多可厭何忍摘令稀常恨金沙
學韋時正可揮
五言絕句 增宋蘇轍和文與可洋州園池茶蘼洞猗猗
翠蔓長藹藹繁香足綺席墮殘英芳樽漬餘馥 朱子
茶蘼結棲遂芳植覆墻擬深翠還當具春酒與客花下
醉 明李東陽茶蘼買種已經年貪看亦云久未惜雨
沾衣應防刺傷手
七言絕句 原宋韓維酴醿平生為愛此香濃仰面常迎
落架風每至春歸有遺恨典刑猶在酒杯中 增韓維
酴醿細蘂繁英次第開攀條盡日未能回不如醉臥春

風底時使清香拂面來 惜茶蘼天意再三珍雅艷花
中最後吐奇香狂風莫掃殘英盡留與佳人貯錦囊
原歐陽修酴醿清明時節散天香輕染鵝兒一抹黃最
是風流堪賞處美人取作浥羅裳 劉攽茶蘼明紅暗
紫競芬芳送盡東風不自知占得餘香慰愁眼百芳無
得似茶蘼 蘇軾和文與可洋州園池酴醿洞長憶故
山寒食夜野茶蘼發暗香來分無素手簪羅髻且折霜
蕤浸玉醅 蘇轍和王晉卿都尉茶蘼後圃茶蘼手自
栽清於芍藥釅於梅售來酒客今無幾三嗅馨香懶舉
杯 張舜民酴醿冰肌雪艷映殘春煥日薰風人四鄰
任是主人能愛惜也拚一半與遊人 黃庭堅酴醿漢

宮嬌額半塗黃入骨濃薰賈女香日色漸遲風力細倚
闌偷舞白霓裳 張仲謀家堂前酴醿委地沉水衣籠
白玉苗不嘗澗拂苦無聊煩君斫取西莊柳扶起春風
十萬條 增秦觀賞茶蘼有感春來百物不入眼惟見
此花堪斷腸借問斷腸緣底事羅衣曾似此花香 原
王庭珪酴醿東皇收拾春歸去獨遣茶蘼殿後塵憐我
寒窗賦愁寂時看玉面送殘春 增楊萬里坡仙閣上
觀茶蘼仰架遥看時見些登樓下瞰脫然佳酴醿蝴蝶
渾無辨飛去方知不是花 酴醿約我早來看及至來
看花已殘動地寒風君莫怯亂吹香雪灑闌干 陸游
東陽觀酴醿福州正月把離杯已見酴醿壓架開吳地

春寒花漸晚北歸一路摘香來〔薛季宣〕酴醾花謝有
感當初曾醉浣花春席地棠梨當錦茵今日酴醾飄似
雪閑忙不比舊時人 原〔盧祖皐〕酴醾雪槃雲條一架
春洒中風度夢中閒東風不是無顏色過了梅花便是
君〔徐似道〕酴醾紛紛紅紫落莓苔帶月和煙特地開
疑是玉妃新浴出翠雲梯上舞風臺〔戴復古〕酴醾東
風滿架索春饒三月梁園雪未消勝馥何人炷蘭麝柔
條無力帶瓊瑶 增〔方岳〕茶蘪山徑陰陰雨未乾春風
已暖却成寒不緣天氣渾無準要護茶蘪欒牡丹 手
插春風十萬條野香落架玉搖搖黃鸝莫惧看花眼等
得南薰雪未消〔陳三聘〕布葉敷條翠作圍自生芒刺

護裳衣莫嫌野興難拘束只伴春風亦見幾 原〔謝幼
謙〕酴醾香雪支離半墜風柔條無柰不成叢阿蠻如許
風流骨打困秋千細雨中〔任拙齋〕一年春事到茶蘪
香雪紛紛又撲衣盡把檀心好看取與留春住莫教歸
〔周方泉〕茶蘪架倒無人架全似老夫狂醉時昨夜一
番溪雨橫又添苔蘚到花枝〔湛道山〕雨後溪流半沒
沙粉墻賣酒是誰家客中不覺春深淺開了茶蘪一架
花 一春多雨少晴光眼底青春去意忙已恨點衣紅
作陣絕憐滿架雪生香〔無名氏〕穠華先占早春芳色
別仙容五樣妝步屧東郊風力輭吹來只是一般香
增〔金元好問〕茶蘪枕幛餘韻最清真夢裏猶來著莫人

掀借濃陰作羅幕玉纓多處臥殘春〔元葉顒〕酴醾一
點檀心氣味長向人無語舞霓裳千紅萬紫消磨盡猶
有風吹不斷香

詩散句 原〔宋謝堯仁〕下騰赤岐身上袖碧龍頭千枝蟠
一蓋一蓋簪萬球花要帶月看香要和露收一點落衣
袂經月氣未休一摘入釀瓮經歲味尚留〔宋祁〕來自
蠶叢國香傳弱水神析酲疑破鼻併艷欲留春〔王十
朋〕風枝張雨蓋露臉汗何郎收拾歸醞釀芳姿韻更香
〔梅堯臣〕京師三月茶蘪開高架交垂白爲洞素蘂層
層紫蘂香釀歸光祿春生瓮 增〔石悉〕獨清合作諸蘭
佩深白未數楊花綿春風欄幔倚墻角一月不復燒龍

涎 原〔劉敞〕瓊林殿側玉鈎欄雪覆新花四月闌密影
可容千客坐柔條何處萬龍蟠〔程敦厚〕獨嫌朱臉花
顏俗全學瑶臺玉女妝素月共成中夜色好風分散四
鄰香 增〔种放〕綠葉排圓翠青苞蓄異香 原〔宋祁〕無
華真國色有韻自天香〔晏殊〕玉女雕瓊蘂仙禽借菊
衣 增〔蔡襄〕側月光豔薄餘芳香氣微〔蘇轍〕光凝真
照夜枝輭或牽衣〔張舜民〕青春逐流水素質獨輕微
原〔曾肇〕國艷寧施粉天香自染衣 增〔張耒〕臨風難
自持爲舞白霓裳〔陸游〕桃李擅春事酴醾爲之殿
〔戴復古〕林塘飛翡翠籬落帶酴醾 原〔徐致中〕葳蕤扶
金蘂微風動弱枝 增〔宋祁〕娟娟無力倚風長架作圓

陰覆坐凉 【原】〔晏殊〕與將梅蘂要同韻羞殺梨花不敢
香 〔劉攽〕强挽春風留一醉露香還可析朝酲 【增】〔張
耒〕風霜老枯壁龍蛇中有青春白玉葩 【原】〔王庭珪〕殘
春鈴閣無公事來就酴醾放晚衙 【增】〔范成大〕不用忙
催銀燭上酴醾如雪照黃昏 快晴似爲酴醾計急雨
還妨燕子飛 【原】〔楊萬里〕走上松梢遶却好爲他滿插
一頭花 白玉梢頭千點韻綠雲堆裏一枝斜 〔張栻〕
玉立春深雪不如生香透骨雪應無 【增】〔劉克莊〕還將
廬舍全身面換却何郎粉色衰 【原】〔吳潛〕可堪收拾歸
屛枕頗欲浮沉付酒杯 〔徐致中〕青蛟暖霽拏雲上白
雪深春壓架香 〔鄭子聃〕玉斧無人解修月珠裙有意

欲留仙 〔盧元贊〕姑射眞人玉骨香淡月微風惜良夜
〔楊元素〕高唐神女蘭供澤姑射仙人雪瑩肌 〔司馬
光〕酴醾雪擁簷 春老酴醾香 〔范成大〕酴醾乃天香
〔元方回〕酴醾綖綠長 〔宋張耒〕酴醾輕盈飛燕身
〔周必大〕滿架氷肌含碧雲 〔金張蘂〕酴醾架小縱橫春
〔詞〕【原】〔宋無名氏如夢令〕今夜荼蘼風起須是玉消瓊碎
淡蕩滿城春惱破愁人春睡須醉須醉莫待黃梅雨細
〔王十朋點絳唇〕羽蓋垂垂玉英亂簇春光滿韻淸香
遠暖日烘庭院 露泡瓊枝暈透何郎臉情何限古人
不見誰與花評點 〔又〕野態芳姿枝頭占得春長久怕
鉤衣袖不放攀花手 試問東山花似當時否還依舊

謫仙去後風月今誰有 〔向子諲浣溪沙〕翠羽衣裳白
玉人不將朱粉汚天眞淸風爲伴月爲鄰 枕上解隨
良夜夢壺中別是一家春同心少綰更尖新 【增】〔朱子
浣溪沙〕壓架年來雪作堆珍叢也是近移栽肯令容易
放春回 却恐陰晴無定度從教紅白一時開多情蜂
蝶早飛來 【原】〔趙師俠柳梢青〕紅紫凋零化工特地翦
玉裁瓊碧葉叢芳檀心點素香雪團英 柔風喚起娉
婷似無力斜敧翠屛細細吹香盈盈浥露花裏傾城
〔向子諲西江月〕紅退小園桃杏綠生芳草池塘誰家芍
藥殿春光不似荼蘼宮樣 翠蓋更裳朱幰熏爐剩熨
沉香娟娟風露滿衣裳獨步瑤臺月上 〔少年游〕去年

同醉荼蘼下健筆賦新詞今年君去荼蘼欲破誰與醉
爲期 舊曲重歌斟別酒風露泣花枝漳水能長湘水
遠流不盡兩相思 〔晁端禮鷓鴣天〕紅紫飄零綠滿城
春風於此獨留情誰將十幅紅綾被撲向熏籠一夜明
風不定雨初晴曉來苔上拾殘英速教貯向鴛鴦枕
猶有餘香入夢淸 〔張元幹臨江仙〕鶯喚屛山驚睡覺
嬌羞須倩郎扶荼蘼斗帳冷薰爐翠穿金落索香汎玉
流蘇 長記枕痕消醉色日高猶倦妝梳一枝春瘦想
如初夢迷芳草路望斷素鱗書 〔韓元吉臨江仙〕不恨
綠陰桃李過荼蘼正向人開一樽淸夜月徘徊花如人
意好月爲此花來 未信人間香有許却疑同住瑤臺

紛紛殘雪度深杯直教攀折盡猶勝酒醒回（劉克莊最高樓）司春有序排次到荼蘼預報在庭知藥珠宮裏晨妝罷披香殿下曉班齊探花正驅使問賞花期　元不遜梅花浮月影也不妬棃花帶雨枝偏恨柳絲條垂與其向晚包圍絮不如對酒折芳甤謝東君收拾在牡丹時　增（元段弘章洞仙歌）一庭晴雪了東風孤注睡起濃香占窓戸對翠蛟盤雨白鳳迎風知誰見愁與飛紅流處　想飛英弄玉共駕蒼煙欲同人間挽春住清淚滿檀心如此江山都付與斜陽杜宇是曾約梅花帶春來又自趁棃花送春歸去（宋趙彥端滿江紅）千種繁香香已去酴醾無迹誰信道荼蘼枝上靜中收得曉

鏡洗妝非粉白晚衣弄舞餘衫碧粲寶鈿珠珥不勝持濃陰夕　金翦度還堪惜霜葉壓無從覓知多少好詞清夢釀成冰骨天女散花無聖酒仙人種玉斷香德悵攀條記得鬢絲青東風客（史可堂聲聲慢）羞朱妬粉染霧裁雲淡然蒼佩仙裳半額蜂妝莫道梳洗家常碧羅亂縈小帶翠蚪寒一架清香春思苦倚晴嬌無力如待韓郎　密幄籠芳吟夜任露沾輕袖月轉空梁弱骨柔姿偏解勾引詩狂遺鈿碎金滿地恨無情風送韶光閒晝永看青青垂蔓過墻（曹邍玲瓏四犯）一架幽芳自過了梅花猶占清絕露葉檀心香滿萬條晴雪肌素靜洗鉛華似弄玉乍離瑤闕看翠蚪白鳳飛舞不管暮煙啼鴂　酒中風格天然別記唐宮賜尊芳冽玉甤嗅得餘春住猶醉迷飛蝶天氣乍雨乍晴長是伴牡丹時節夜散瓊樓宴金鋪深掩一庭春月（盧祖皐水龍吟）蕩紅流水無聲暮煙細草粘天遠低徊倦蝶往來忙燕芳期頓懶綠霧迷墻翠蚪騰架雪明香暖笑依依欲挽春風教住還疑是相逢晚　不似梅妝瘦減占人間丰神蕭散攀條弄蘂天涯猶記曲欄小院老去情懷酒邊風味有時重見對枕幃空想東窓舊夢帶將離恨　原（劉克莊賀新郎）曾與瑤姬約恍相逢翠裳搖曳珠瓔聯絡風露青冥非人世攬結玉龍驂鶴怕不奈千條輕弱禱祝花神憐惜取到開時晴雨須斟酌枝上雪莫消却

惱人還似中狂藥凭危欄燭光交映樂聲遙作身上春衫香重透看到參橫月落算茉莉猶低一著坐有緱山王郎子倚玉簫度曲難爲酢君不顧鑄成錯（又）想赴瑤池約向東風名姬駿馬翠韉金絡太液池邊鵠羣下又似南樓呼鶴晝不就濃纖嬌弱羅帕封香來天上瀉銅盤沆瀣供清酌春去也被留却　芳魂再返應無藥似詩吟絲衣黃裏感傷而作愛惜尚嫌蜂採去何況流鶯蹙落且放下珠簾遮著除却江南黃九外有何人敢與花酬酢君認取莫教錯（又）淺把宮黃約細端相普陀巖裏金身珠絡蕚綠華輕羅襪小飛下祥雲彩鶴朶朶賽蜂腰纖弱已被色香撩病思儘鵝兒酒美無多

鬧看不足怕殘卻　人間難得傷春樂更枝頭流鶯喚起少年狂作留取姚家花相伴羞與萬紅同落臉肯護臘梅先著樂府今無黄絹手問斯人清唱何人醉休草草認題錯〔劉過賀新郎〕院宇重重掩醉沉沉庭陰正午繡簾高捲金鴨香濃薰寶篆驚起雕梁語燕正架上荼蘼開徧嫩萼梢頭舒素態似嫦娥初試宮妝淺風力嫩異香輭　佳人無意拈鍼線遶朱欄徘徊六曲爲他留戀試把花心輕輕數暗卜歸期近遠奈數了依然重怨把酒問春春不管枉教人只恁空腸斷腸斷處合消遣

別錄 **原** 景龍文館記唐制召侍臣學士食櫻桃飲酴醾

酒盛以琉璃盤和以香酪 **增** 春渚紀聞蔣子有家藏東坡先生於吳㡬上手書一詞是爲餘杭通守時字云紅杏了夭桃盡獨自占春芳不比人間蘭麝自然透骨生香對酒莫相忘似佳人兼合明光只憂長笛吹花落除是寧王既不知曲名常以問先生門下士及伯達與仲虎叔平諸孫皆云未之見也又不知兼合明光是何等事或云是酴醾也 **原** 舒雅作青紗連二枕滿貯酴醾木犀瑞香散蘂甚益鼻根蜀人取酴醾造酒味甚芳烈

附錄　金沙

原 金沙羅似酴醾花單瓣紅艷　日

彙考 **增** 〔玉堂雜記〕東閣窗下甃小池傍植金沙月桂之屬〔花經〕金沙花六品四命

集藻 〔五言律詩〕**增** 〔宋梅堯臣金沙花〕金有披沙得花應不可多栽培由地力艷色與天和玉座君王賞朱欄將相羅稱觴千萬壽繁葉奈香何

〔七言律詩〕**增** 〔宋楊萬里金沙花〕金沙道是殿羣芳不道荼蘼輸一籌十里紅妝踏青出一張錦被灑晴香只須舊蔭已無暑更走新條如許長若恨昨朝來草草夜來風雨更禁當

〔五言絕句〕**原** 〔宋王安石池上看金沙花數枝過酴醾架盛開〕故作酴醾架金沙祇謾栽似矜顏色好飛度雪前

開

〔七言絕句〕**增** 〔宋王安石池上看金沙花〕午陰寬占一方苔映水前年坐看栽紅蘂似嫌塵染污青條飛上別枝開　酴醾一架最先來夾水金沙次第栽濃綠扶疎雲對起醉紅撩亂雪爭開　海棠開後數金沙高架層層吐絳葩咫尺西城無力到不知誰賞魏家花〔黄庭堅以金沙酴醾送公壽〕天遣酴醾玉作花紫綿揉色染金沙憑君著意樽前看便與春工立等差〔周必大〕閣前金沙花滿架冰肌合碧雲翻堦碧袖助紅裙玉堂只有金沙在伴直明年又屬君〔楊萬里金沙花〕獨種荼蘼冷卻伊金沙作伴暖相依荼蘼枯了來年補且看金沙

也自奇　雙松樹子碧團欒紅錦纏頭白錦冠儘放花枝過墻去不妨分與路人看

薔薇

原 薔薇（本草經作牆蘼李時珍曰草蔓柔靡依牆援而生故名）一名刺紅（本草作刺花）一名山棘一名牛勒一名牛棘（本草云其莖多刺勒人牛喜食之故有此名）一名買笑藤身叢生莖青多刺喜肥但不可多花單而白者更香結子名營實堪入藥其類有朱千薔薇（赤色多葉花大葉粗最先開）荷花薔薇（千葉花紅狀似荷花）刺梅堆（千葉色大紅如刺繡所成開最後）五色薔薇（花亦多葉而小一枝五六朵有深紅淺紅之別）黃薔薇（色蜜花大韻雅態嬌紫莖修條繁豔可愛薔薇上品也）淡黃薔薇鵝黃薔薇（易盛難久）白薔薇（類玫瑰）又有紫者黑者肉紅者粉紅者（名粉團）四出者重瓣厚

疊者長沙千葉者開時連春接夏清馥可人結屏甚佳別有野薔薇號野客雪白粉紅香更郁烈法於花卸時摘去其蒂花發無已如生莠蟲以魚腥水澆之傾銀爐灰撒之蟲自死他如寶相金鉢盂佛見笑七姊妹十姊妹體態相類種法亦同又有月桂一種花應月圓缺

彙考 原〔賈氏說林〕武帝與麗娟看花時薔薇始開態若含笑帝曰此花絕勝佳人笑也麗娟戲曰笑可買乎帝曰可麗娟遂取黃金百斤作買笑錢奉帝為一日之歡薔薇名買笑自麗娟始　〔寰宇記〕梁元帝竹林堂中多種薔薇康家四出薔薇白馬寺黑薔薇長沙千葉薔薇並以長格校其上花葉相連其下有十間花屋枝葉交

馥芬芳襲人　增〔平泉草木記〕已未歲得會稽之百葉薔薇又得稽山之重臺薔薇　〔益部方物記〕錦被堆花出彭州其色一似薔薇有刺不可玩俗謂薔薇為錦被堆花　〔花經〕薔薇七品三命　〔三餘贅筆〕張敏叔以薔薇為野客　原〔花史〕徐知誥會客令賦薔薇詩先成者賜以錦袍陳濬先得之　東平城南許司馬後圃薔薇花太繁欲分於別地栽插忽花根下掘得一石如雞五色燦然遂呼薔薇為玉雞苗　〔湖廣志〕鴻軒在景陵縣張耒謫居日建亭其側植薔薇臨別題詩云他年若問鴻軒人堂下薔薇應解語　增〔浙江志〕薔薇洞在上虞縣東山之半李白詩不到東山久薔薇幾度花白雲他

自散明月落誰家

集藻 贊 增〔宋宋祁錦被堆贊〕花跗芬修叢刺於根不可把玩艷以妍整

賦 增〔明俞允文黃薔薇賦有序〕周于舜得斯卉一莖植於園亭迄今七載矣顧見兩花始驗其異意甚玩之遂作斯賦有中園之嘉卉兮體天質之純清陋衆芳之穠豔兮昭粹色之奇英羌移根而來託兮遂挺栽乎前庭含內美以俟時兮越七禩而始榮解輕黃於綠苞兮乃夭矯乎朱明潤瓊膏於夕露兮漱金芽於朝陽綴雨絲之霏微兮灩浮靄而委傾送遙芬於柔颸兮斂綽態於弱莖枝裊長而施散兮葉鱗次而繁與乍纚縱以鈎帶

兮忽飄遠其若驚合厚陰於階墀兮育翠景於軒檽匹
芳離而慚烈兮比崇蘭而匪馨彼美人之採掇兮奚遠
涉乎江濆顧斯種之獨珍兮宜象德而肖形豈絕遠而
遵晦兮聊故記於幽經肆予情而流詠兮庶斯蹟夫修
名

五言古詩【增】宋謝朓詠薔薇低枝詎勝葉輕香幸自通
發萼初攢紫餘采尚霏紅新花對白日故蘂逐行風參
差不俱曜誰肯盼薇叢 梁簡文帝詠薔薇燕來枝益
輭風飄花轉光氳氳不肯去還來階上香【原】元帝看
摘薔薇倡女倦春閨迎風戲玉除近叢香影密隔樹望
釵疎橫枝斜綰袖嫩葉下牽裾墻高攀不及花新摘未

舒莫疑插鬢少分入猶有餘 柳惲詠薔薇當戶種薔
薇枝葉太葳蕤不搖香已亂無風花自飛春閨不能靜
開匣理明妃曲池浮采采斜岸列依依或聞好音度時
見銜泥歸且對清酤湛其餘任是非 劉緩看美人摘
薔薇新花臨曲池佳麗復相隨鮮紅同映水輕香共逐
吹繞架尋多處窺叢見好枝矜新猶恨少將故復嫌萎
釵邊爛熳插無處不相宜 鮑泉詠薔薇經植宜春館
霏靡上蘭宮片舒猶帶紫半捲未全紅葉疎難蔽日花
密易傷風佳麗新妝罷含笑折芳叢【增】唐孟郊邀人
賞薔薇花蜀色庶可比楚叢亦應無醉紅不自力狂豔
如索扶麗蘂惜未掃宛枝長更紆何人是花侯詩老强

相呼 宋梅堯臣依韻和中道寶相花嘉卉得所託植
君之渼陽開榮同此春淡豔自生光不爲露益色不爲
風盡香節換葉已密尚可見餘芳 明顧璘薔薇洞百
丈薔薇枝繚繞成洞房密葉翠幄重穠花紅錦張對著
工局棊遣此朱夏長香雲落衣袂一月留餘芳

七言古詩【增】唐儲光羲薔薇歌裊裊長數尋青青不作
林一莖獨秀當庭心數枝分作滿庭陰春日遲遲欲將
半庭影離離正堪玩枝上嬌鶯不畏人葉底飛蛾自相
亂秦家女兒愛芳菲畫眉相伴採葳蕤高處紅鬚欲就
手低邊綠刺已牽衣葡萄架上朝光滿楊柳園中暝鳥
飛連袂蹋歌從此去風吹香氣逐人歸 孟郊和薔薇

歌仙機札札織鳳凰花開七十有二行天霞落地攢紅
光風枝嫋嫋時一颺飛散葩馥繞空王忽驚錦浪洗新
色又似宮娃逞妝飾終當一使移花根還比葡萄天上
植 韓偓自撫州往南城縣舟行見拂水薔薇因有是
作江中春雨波浪肥石上野花枝葉瘦枝低波高如有
情浪去枝留如力鬬綠刺紅房戰裊時吳娃越豔醺酣
後且將濁酒伴清吟酒逸吟狂輕宇宙【原】無名氏紅
薔薇九天碎霞明澤國造化功夫潛剪刻淺碧羇長約
細枝深紅刺短鉤春色晴日當樓曉香歇錦帶盤空欲
成結謝豹聲催麥隴秋春風吹落猩猩血【增】宋梅堯
臣宋次道家摘寶相花歸清平里往歲見此花開逞手

擷羣芳因醉嗅今來須約爛熳看及過風雨又已後主
人爲我特殷勤架底深深擬孤秀密枝陰蔓不爭開薄
紅細葉尖相鬬先時已落已掃除最晚堪憐子所厚呼
童歸遺不可緩金盤付與急奔驟暮還已見雪映鬢初
拈尚覺香在袖官橋夜市正沽酒沽酒共賞莫待晝
明楊基詠七姊妹花紅羅鬭結同心小七蘂參差弄春
曉盡是東風兒女魂蛾眉一樣青螺髻三姊娉婷四妹
嬌綠窗虛度可憐宵八姨秦國休相妒腸斷江東大
喬
五言律詩 原 唐朱慶餘題薔薇花四面垂條密浮陰入
夏清綠攢傷手刺紅墮斷腸英粉著蜂鬚膩光凝蝶翅

明雨中看亦好況復值初晴 增 李羣玉臨水薔薇堪
愛復堪傷無情不久長淚搖千臉淚風舞一叢芳似濯
文君錦如啼漢女妝所思雲雨外何處寄馨香 李咸
用僧院薔薇客引擎茶看離披曬錦紅不緣開淨域爭
忍負春風小片當吟落清香入定空何人來此植應故
惱休公 原 宋楊萬里謝薔薇及酒海外薔薇水中州
未得方旋偷金掌露淺染玉羅裳已換桃花骨何須賈
氏香更煩麴生輩同訪墨池楊 增 姜特立野薔薇擬
花無品格在野有光輝香薄當初夏陰濃蔽夕暉籬根
堆素錦樹杪挂明璣萬物生天地時來無細微 原 高
麂晃美人芳樹下笑語出薔薇細草輭侵步香風輕拂

衣情隨游蝶去意逐彩雲飛無限傷春思花前未忍歸
七言律詩 增 唐白居易薔薇正開春酒初熟因招劉十
九張大夫崔二十四同飲甕頭竹葉經春熟階底薔薇
入夏開似火淺深紅壓架如餳氣味綠粘臺試將詩句
相招去倘有風情或可來明日早花應更好心期同醉
卯時杯 原 方干朱秀才庭階薔薇繡難相似畫難真
明媚鮮妍絕比倫露壓盤條方到地風吹豔色欲燒春
斷霞轉影侵西壁濃麝分香入四鄰看取後時歸故里
庭花應讓錦衣新 增 陸龜蒙薔薇倚墻當戶自橫陳
致得貧家不似貧外布芳菲雖笑日中含芒刺欲傷人
清香往往生遙吹狂蔓看看及四鄰遇有客來堪玩處

一端晴綺照煙新 皮日休和薔薇次韻誰繡連延滿
戶陳暫應遮得陸郎貧紅芳掩斂將迷蝶翠蔓飄颻欲
挂人低拂地時如墜馬高臨墻處似窺鄰祇應是董雙
成戲翦得神霞寸寸新 李建勳薔薇二首萬蘂爭開
照檻光詩家何物可相方錦江風撼雲霞碎仙子衣飄
黼黻香裛露早英濃壓架背人狂蔓暗穿墻繚牋蠻榼
聲爛熳時萬倍馨香勝玉蘂一生顏色笑西施忘歸醉
句休日欲名觀賓看一塲 拂簷拖地對前墀蝶影蜂
客臨高架恃寵佳人索好枝將並舞腰誰得及惹衣傷
手盡從伊 宋徐積錦被堆春風蕭索爲誰張日暖仍
熏百和香遮處好將羅作帳襯來堪用玉爲牀風吹亂

展文君宅月下還鋪宋玉墻好向謝家池上種綠波深
處蓋鴛鴦 原 劉克莊薔薇浥露含風匣樹開呼童淨
掃架邊苔湘紅染就高張起蜀錦機成年翦裁公子但
貪桃夾道貴人自愛藥翻階寧知野老茅茨下亦有繁
英送一杯 增 明王韋李少卿宅薔薇弱香柔蔓不勝
寒十二圍屏錦繡攢秦殿曉妝俱窈窕習家春事未闌
珊憐將清奏愁中聽競折高枝醉後看好待詩成酬勝
賞東風休遣露華乾

五言排律 原 唐劉禹錫薔薇花聯句似錦如霞色連春
接夏開劉禹錫 波紅分影入風好帶香來裴度 得地依東閣
當階奉上台白行式 淺深皆有態次第暗相催劉禹錫 滿地愁

英落緣堤惜棹回裴度 芳濃濡雨露明麗隔塵埃行式 似著
臙脂染如經巧婦裁白居易 奈花無別計只有酒殘杯張籍
增 白居易裴常侍以題薔薇架十八韻見示因廣為
三十韻以和之花質依高架攢華對小堂晚開春去後
獨秀院中央霽景朱明早芳時白晝長穠因天與色麗
共日爭光嬿碧排千萼研朱染萬房煙條塗石綠粉蘂
撲雌黃根動彤雲湧枝搖赤羽翔九微燈炫轉七寶帳
熒煌淑氣熏行徑清陰接步廊照梁迷藻棁耀壁變雕
墻爛若叢然火殷於葉得霜臙脂含臉笑蘇合裛衣香
浹洽濡晨露玲瓏漏夕陽合羅排勘纈醉暈淺深妝乍
見疑迴面遙看誤斷腸風朝舞飛燕雨夜泣蕭娘桃李
慚無語芸蘭讓不芳山榴何細碎石竹苦尋常蕙慘偎
欄避蓮羞映浦藏怯教蕉葉戰妬得柳花狂豈可輕嘲
詠應須痛比方畫屏風自展繡幟蓋誰張翠錦挑成字
丹砂印著行猩猩凝血點瑟瑟蹙金匡散亂萎紅片尖
纖嫩紫芒觸僧飄毳褐留妓罥羅裳寡和陽春曲多情
騎省郎緣誇美顏色引出好文章東顧辭仁里西歸入
帝鄉假如君愛殺留著莫移將 韓偓寒食日沙縣雨
中看薔薇何處遇薔薇殊鄉冷節時雨聲籠錦帳風勢
偃羅帷通體全無力酡顏不自持綠疏微露刺紅密欲
藏枝愜意凭欄久貪吟放醆遲傍人應見訝自醉自題
詩 宋徐鉉依韻和薔薇綠樹成陰後羣芳稍歇時誰

將新濯錦挂向最長枝卷箔香先入凭欄影任移賞頻
嫌酒渴吟苦怕霜髭架迥籠雲幄庭虛展繡帷有情縈
舞袖無力冒遊絲嫩蘂鶯偷采柔條柳伴垂荷池波自
照粱苑客嘗窺玉李尋皆謝金桃亦暗衰花中應獨貴
庭下故開遲委艷裝苔砌分華借槿籬仰昂勻灼爍濃
淡變參差幸植王宮裏仍逢宰府知芳心向誰許醉態
不能支芍藥天教避玫瑰眾共嗤光明烘晝景潤膩裛
輕霏麗似期神女珍如重衛姬君王偏屬詠士子盡搜
奇

七言排律 增 唐徐夤尚書會仙亭詠薔薇結綠根株翡
翠莖勾芒中夜刺猩猩景陽妝趁嚴鐘出楚峽神教暮

雨情鄰鬭豈能同日語玫瑰方可一時呈風吹嫩帶香
苞展露灑啼腮淚點輕阿母藥宮期索去昭君榆塞鬭
齊行叢高恐礙含光燕架穩宜棲報曉鶯鬭日只憂燒
密葉映堦疑欲讓雙旌含煙散纈佳人惜落地遺鈿少
妓爭丹渥不因輸繡段錢圓誰把買花聲海棠若要分
流品秋菊春蘭兩恰平

五言絕句【增】唐吳融薔薇萬卉春風度繁花夏景長館
娃人盡醉西子始新妝　宋王十朋佛見笑學得酴醾
白更能相繼芳金仙粲然笑鼻觀不多香　明曾鉌飲
薔薇下獨酌薔薇下花陰亂午風有時殘露滴剛著酒
杯中

七言絕句【增】唐白居易戲題新栽薔薇移根易地莫憔
悴野外庭前一種春少府無妻春寂寞花開將爾當夫
人　和王十八薔薇澗花時有懷蕭侍御兼見贈霄漢
風塵俱是繫薔薇花委故山深憐君獨向澗中立一把
紅芳三處心　戲題盧祕書新移薔薇風動翠條腰嫋
娜露垂紅萼淚闌干移他到此須爲主不愛花人莫使
看【原】張祜薔薇花曉風抹盡臙脂顆夜雨催成蜀錦
機當晝開時正明媚故鄉疑是買臣歸　賈島題興化
園亭破却千家作一池不栽桃李種薔薇薔薇花落秋
風起荊棘滿庭君始知　杜牧薔薇朵朵精神葉葉柔
雨晴香拂醉人頭石家錦障依然在閒倚狂風夜不收

皮日休重題薔薇濃似猩猩初染素輕于燕燕欲凌
空可勝細麗難勝日照得深紅作淺紅　陸龜蒙重題
薔薇穠華自古不得久況是倚春春已空更被夜來風
雨惡滿堦狼籍許多紅　裴說薔薇一架長條萬朵春
深紅嫩綠小窠勻只因根下千年土曾葬西川織錦人
【增】牛嶠紅薔薇曉啼珠露渾無力繡簇羅襦不著行
若綴壽陽公主額六宮爭肯學梅妝　徐夤薔薇朝露
灑時如濯錦晚風飄處似遺鈿重門剩著黃金鎖莫被
飛瓊摘上天　宋韓琦錦被堆碎翦紅綃間綠叢風流
疑在列仙宮朝真更欲熏香去爭擲霓裳上寶籠　不
管鶯聲向曉催錦衾春晚尚成堆香紅若解知人意睡

取東君不放回　鄭剛中薔薇一架薔薇四面垂花工
不肯費臙脂淡紅點染輕隨粉浥徧幽香清露知　范
成大寶相花誰把柔條夾砌栽壓枝萬朵一時開爲君
也著詩收拾題作西樓錦被堆【原】楊萬里野薔薇紅
殘綠暗已多時路上山花也則稀藞苴餘春還子細燕
支濃抹野薔薇【增】楊巽齋詠佛見笑芳葩豐美折輕
紅想是祇園秀氣鍾解使金仙猶動色鏡欄誰不解愁
容　僧如璧薔薇薔薇作架高一丈準擬春風如許長
可憐條間一寸葉中有嫩色三月香【原】僧北澗薔薇
紫透紅殷態度濃露葵生色借芳新春風便是黃金屋
羞殺黃金屋裏人【增】元錢惟善粉團花下夜飲萬花

碎蒻玉團團晴雪飛香夜不寒恰似玉人相對立酒尊
移月近前看　原明張新黃薔薇並占東風一種香爲
嫌脂粉學姚黃饒他姊妹多相妒總是輸君淺淡妝
王象晉薔薇滿架青龍爭鼓奮幾行紅粉競輝光倏然
一陣微飔起大地氤氳滿異香　爭愛濃香一抹紅壅
培締架費人工何如吉貝東皐上冬底猶能禦凜風
詩散句　原梁簡文帝石榴珊瑚藥木槿懸星葩豈如茲
草麗逢春始發花迴風舒紫萼照日吐新芽　增唐孟
郊忽驚紅琉璃千豔萬豔開佛火不燒物淨香空徘徊
元劉因色染女眞黃露凝天水碧　明潘之恒淺紅
疑中酒微靨似窺人　原宋王禹偁紅萼似嫌塵點汚

青枝飛上別林開　夏竦攀折若無花底刺豈教桃李
獨成蹊　劉敞解向人開占五色風流不盡是荼蘼
增王安石晴香一陣逐風起知有薔薇澗底花　盧琦
等閒點檢春多少牆角薔薇幾樹花　陳水崖好把膽
瓶收露水亦須南渡貶薔薇　張谷山可惜荼蘼都過
了纔離猶自有薔薇　趙蔗境薔薇野性難拘束過了
鄰家屋上紅　唐沈佺期幽葉吐薔薇　李白石道牛
薔薇　煙窗引薔薇　徐品薔薇一架紫　李商隱一
丈紅薔擁翠筠　碧鸚鵡對紅薔薇　金吳激滿池春
水照薔薇　元方夔薔薇幾度老春風
詞　原宋李廷忠生查子玉女擎帷薰香粉開妝面不是

占春遲羞被羣花見　纖手折柔條縈雪飛千片流人
紫金卮未許停歌扇　增周邦彥六醜正單衣試酒悵
客裏光陰虛擲願春暫留春歸如過翼一去無迹爲問
家何在夜來風雨葬楚宮傾國釵鈿墮處遺香澤亂點
桃蹊輕翻柳陌多情更誰追惜但蜂媒蝶使時叩窗槅
東園岑寂漸蒙籠暗碧靜遶珍叢底成歎息長條故
惹行客似牽衣待話別情無極殘英小强簪巾幘終不
似一朵釵頭顫裊向人欹側漂流處莫趁潮汐恐斷鴻
尚有相思字何由見得
別錄　增妝樓記周顯德五年昆明國獻薔薇水十五瓶
云得自西域以灑衣衣敝而香不滅　陳輔之詩話林

和靖梅花詩云疏影橫斜水清淺暗香浮動月黃昏近
似野薔薇也　原薔薇露出大食國占城國爪哇國回
回國番名阿剌吉灑衣經歲其香不歇能療人心疾不
獨調粉爲婦人面飾而已　種植立春折當年枝連梢
橾插陰肥地築實其傍勿傷皮外留寸許長則易瘁或
云芒種及三八月皆可插黃薔薇春初將發芽時取長
條臥實土內兩頭各留三四寸即活須見天不見日處
一云芒種日插之亦活

佩文齋廣羣芳譜卷第四十二

花譜

玫瑰

原 玫瑰一名徘徊花灌生細葉多刺類薔薇莖短花亦類薔薇色淡紫青槖黃蕊瓣末白嬌艷芬馥有香有色堪入茶入酒入蜜栽宜肥土常加澆灌性好潔最忌人溺溺澆即萎燕中有黃花者稍小於紫嵩山深處有碧色者 增 嚴棲幽事 天台有白玫瑰

彙考 增 西京雜記 樂遊苑中有自生玫瑰樹 鼠璞 玫瑰叢有似薔薇而異其花葉稍大者時人謂之枚櫰實語訛強名也當呼爲梅槐在灰部韻音回案江陵記云洪亭村下有梅槐樹嘗因梅寘槐合生遂以名之今似薔薇者得非分枝條而演佾花至今葉形尚處梅槐之間取此爲證不乃近乎且未見枚櫰之義也直使便爲玫瑰字豈百花中獨珍是耶取象於玫瑰耶瑰亦音回不音環其瑰字音瓌者是瓊瑰之音回者是玫瑰字書亦有證也 花經 玫瑰七品三命 瓶花譜 玫瑰五品五命 原 學圃餘疏 玫瑰非奇卉也然色媚而香甚旖旎可食可佩園林中宜多種 南游諺云蚍珠千枚不及玫瑰玫瑰美珠也今花中亦有玫瑰蓋貴之因以爲名

集藻 五言律詩 原 唐唐彥謙玫瑰 麝炷騰清燎鮫紗覆綠蒙宮妝臨曉日錦段落東風無力春煙裏多愁暮雨中不知何事意深淺兩般紅

七言律詩 增 唐徐夤司直巡官無諸移到玫瑰花 芳菲移自越王臺最似薔薇好並栽穠艷盡憐勝彩繪嘉名誰贈作玫瑰春成錦繡風吹拆天染瓊瑤日照開爲報朱衣早邀客莫教零落委蒼苔 原 宋楊萬里紅玫瑰 非關月季姓名同不與薔薇譜牒通接葉連枝千萬綠一花兩色淺深紅風流各自臙脂格雨露何私造化工別有國香收不得詩人薰入水沉中

五言絕句 增 明陳淳玫瑰 色與香同賦江鄉種亦稀鄰家走兒女錯認是薔薇

詩散句 增 宋宋祁 寒光欲銜斗迥秀難藏葉 誰碎辟邪香氤氳飛作蝶 明陳淳 清香疑紫玉何必數薔薇 唐溫庭筠 玫瑰拂地紅

別錄 原 種植 株傍生小條不可久存即宜截斷另植既得滋生又不妨舊叢不則大本必枯瘁 夏間生嫩枝時有黑翅黃腹飛蟲名鐫花娘子以臀入枝生子三五日出小蟲黑嘴青身傷枝食葉大則又變前蟲薔薇月季亦生此蟲俱宜捉去 製用 採初開花去其蒂蕊並白色者取純紫花瓣搗成膏白梅水浸少時順研細布絞去澀汁加白糖再研極勻磁器收貯任用最香甜亦可印作餅曬乾收用全花白梅水浸去澀汁蜜煎亦可食

刺蘼

原刺蘼灌生莖多刺葉圓細而青花重葉狀似玫瑰下大艷麗可愛惜無香耳春時分根旁小株種之亦易活

學圃餘疏有紅黃刺蘼二種絕似玫瑰而無香黃者出京師

集藻五言古詩增明吳寬刺蘼荼蘼有數種同名而異字花開欲折難鋸鉤如棘刺白者餘獨長紅者香更膩種之小徑傍所恨胃衣袂插竹加編縛步障差可類石家金谷園恐乏此佳致

月季花

原月季花一名長春花一名月月紅一名鬭雪紅一名

勝春一名瘦客灌生處處有人家多栽插之青莖長蔓葉小於薔薇莖與葉俱有刺花有紅白及淡紅三色白者須植不見日處見日則變而紅逐月一開四時不絕花千葉厚瓣亦薔薇之類也性甘溫無毒主活血消腫傅毒

集藻贊增宋宋祁月季花贊花亘四時月一披秀寒暑不改似固常守

五言古詩原宋宋祁月季花羣花各分榮此花冠時序聊披淺深豔不易冬春慮眞宰竟何言予將造形悟

蘇軾次韻子由月季花再生幽芳本長春暫瘁如蝕月且當付造物未易料枯枿也知宿根深便作紫筍茁乘時出婉娩爲我暖栗冽先生早貴重廟論推英拔而今城東瓜不記召南茇陋居有遠寄小圃無濶躡還爲久處計坐待行年匝臘果綴梅枝春杯浮竹葉誰言一萌動已覺萬木活聊將玉蘂新插向綸巾折 蘇轍所寓堂後月季再生客背有芳叢開花不遺月何人縱斤斧害意肯留枿偶乘秋雨滋冒土見微茁猗猗抽條穎頗欲傲寒冽勢窮雖云病根大未容拔我行天涯遠幸此城南茇小堂劣容臥幽閤粗可蹋中無一尋空外有四鄰匝窺墻數柚實隔屋看椰葉葱蒨獨此苗愍愍待其活及春見開敷三嗅何忍折

五言律詩增明劉繪月季花綠刺含烟鬱紅苞逐月開

朝華抽曲沼夕蘂壓芳臺能鬭霜前菊還迎雪裏梅蹋歌春岸上幾度醉金杯

七言律詩增宋徐積長春花五首誰言造物無偏處獨遣春光住此中葉裏深藏雲外碧枝頭常借日邊紅曾陪桃李開時雨仍伴梧桐落後風費盡主人歌與酒不教閑却賣花翁 一從春色入花來便把春陽不放回雪圃未容梅獨占霜籬初約菊同開長生洞裏神仙種萬歲樓前錦繡堆過盡白駒都不管綠楊紅杏自相催 一謝芳菲更不還誰何嬌艷獨盤桓雖於物態爲難有却是時情總易闌日曬香肌難避暑雪濡粉面亦禁寒等閑莫使人知處長與詩家醉後看 唯與猩猩血

染紅重重疊疊費春工應無暴物侵和氣自有深根藏暖風每見靈芝三秀了回看凡艷一時空如環光景循將徧又到江南梅信通　枝上疎疎花啓房輕綃重錦迭爲裳更分深淺兩般色不作尋常一面妝蕣有紅華須鬬艷蘭雖清節亦交香吟翁未暢先投筆爲與東君詠海棠　【原】楊萬里月季花只道花無十日紅此花無日不春風一尖已剝臙脂筆四破猶包翡翠茸別有香超桃李外更同梅鬬雪霜中折來喜作新年看忘却今晨是季冬

五言絕句【增】宋陳與義月季花月季花上雨春歸一憑闌東西南北客更得幾回看　紅蘤映肉色薄暮無乃寒園中如許多獨覺賦詩難　范成大題長春花染根得靈藥無時不春風倚闌與桂壁相伴歲寒中

七言絕句【原】宋韓琦東廳月季牡丹殊絕委春風露菊蕭疎怨晚叢何似此花榮艷足四時長放淺深紅　【增】朱淑眞長春花一枝才謝一枝妍自是春工不與閒縱使牡丹稱絕艷到頭榮悴片時間　【原】明張新月季花一番花信一番新半屬東風半屬塵惟有此花開不厭一年長占四時春

詩散句【增】宋蘇軾長春如稚女飄颻倚輕颸卵酒暈玉顏紅綃卷生衣　楊巽齋自有嬌紅間蒼葉不隨凡卉待春回　【原】百氏集花落花開無間斷春來春去不相關　牡丹最貴惟春晚芍藥雖繁只夏初　張舜民四時花不絕　百氏集人間不老春　張耒月季祇應天上物　陳參政天下風流月季花　百氏集春色四時常在目　但看花開日日紅

詞【原】宋王冠卿探桑子牡丹不好長春好有個因依一兩三枝但是風光總屬伊　當初只爲嫦娥種月正明時教恁芳菲伴著團圓十二回　【增】舒亶一落索葉底枝頭紅小天然窈窕後園桃李謾成蹊能占得春多少　不管雪消霜曉朱顏長好年年若許醉花間待拚了花間老　【原】趙坦庵朝中措開隨律琯度芳辰鮮艷見天眞不比浮花浪蘂天教月月常新　薔薇顏色玫瑰態度寶相精神休數歲時月季仙家欄檻長春

別錄【原】種植春前劚其枝培肥土中時時灌之俟生根移種輔以屏架花謝結子即摘去花恒不絕或云人家住宅內不宜種此花

附錄　四季

【原】四季花一名接骨草葉細花小色白自三月開至九月午開子落九月內剖根分種

木香

【原】木香灌生條長有刺如薔薇有三種花開於四月惟紫心白花者爲最香馥淸遠高架萬條望若香雪他如黃花紅花白細朵花白中朵花白大朵花皆不及

【集藻】七言古詩【增】唐邵楚萇題馬侍中燧木香亭 春日遲遲木香闍窈窕佳人褰繡幕淋漓玉露滴紫蕤緜縁黃鳥窺朱萼橫漢碧雲歌處斷滿地花鈿舞時落樹影參差斜入簷風動玲瓏水晶箔

七言律詩【增】宋晁詠之木香 朱簾高檻俯幽芳露浥煙霏欲褪妝月冷素娥偏有態夜寒青女不禁香從教春事年年晚要使詩人日日狂春取秋蘭紉佩好忍隨風雨受淒涼

七言絕句【增】宋劉敞木香 粉刺叢叢鬬野芳春風搖曳不成行只因愛學宮妝樣分得梅花一半香 徐積詠愼郎中園木香 仙子霓裳曳紺霞瓊姬仍坐碧雲車誰

知十日春歸去獨有春風在愼家 張舜民木香 庭前一架已離披莫折長枝折短枝要待明年春盡後臨風三嗅寄相思 廣寒宮闕玉樓臺露裏移根月裏栽品格雖同香氣俗如何卻共牡丹開 元郝經夢遊木香洞府 月窓青錦蘼塵寒夢遶煙條露蘂看但覺身輕似蝴蝶種香風物似槐安

詩散句【增】宋張舜民 青春逐流水素質獨輕微 晁詠之 嘆將梅蘂要同韻羞殺梨花不解香 王庭珪 莫惜余錢買玉英擕前春老過清明

【別錄】【原】種植 四月中扳條入土泥壅一段俟月餘根長自本生枝剪斷移栽可活若剪條扦插多難活茶蘼等同此法

棣棠（按郁李名常棣與此迥別原譜誤合爲一今正之）

【原】棣棠花若金黃一葉一蘂生甚延蔓春深與薔薇同開可助一色有單葉者名金碗性喜水【增】花鏡 藤本叢生葉如荼蘼多尖而小邊如鋸齒三月開花圓如小球繁而不香其枝比薔薇更弱必延蔓屏樹間

【集藻】七言律詩【原】宋梅堯臣棣棠花 更衣入侍宮中貴韡韡芸黃殿後花鬬色長宜日光近生輝尤喜樹陰斜依稀襯服開風袂約畧仙盤裛露華不與豔桃偷結子漫天飛去作朝霞

七言絕句【增】宋范成大道傍棣棠花 乍晴芳草競懷新

誰種幽花隔路塵綠地縷金羅結帶爲誰開放可憐春

詩散句【原】宋宋祁 佛輪千輻細公帶萬釘圓

詞【增】宋王采蝶戀花 花爲年年春易改待放柔條繫取長春在宮樣妝成還可愛鬢邊斜作掩枝戴 每到無情風雨大檢點羣芳卻是深叢耐搖曳綠蘿金縷帶丹青傳得妖嬈態

茉莉

【原】茉莉一名抹厲（見洛陽名園記）一名沒利（見王梅溪集）一名末利（見朱子集）一名末麗（見洪景盧集）一名抹麗（謂能掩衆花也本草云末利本梵語無正字隨人會意而已）佛書名鬘華（謂堪以飾鬘）原出波斯移植南海丹鉛錄云北土名柰晉書都人簪柰花是也則此花入中

國久矣弱莖繁枝葉如茶而大綠色團尖夏秋開小白花花皆暮開其香清婉柔淑風味殊勝花有草本者有木本者有重葉者惟寶珠小荷花最貴此花出自暖地性畏寒喜肥壅以雞糞灌以燖猪湯或雞鵞毛湯或米泔開花不絕六月六日以治魚水一灌愈茂故曰清蘭花濁茉莉勿安牀頭恐引蜈蚣一種紅者色甚艷但無香耳又有朱茉莉其色粉紅有千葉者初開花時心如珠出自四川 【增】廣東志雷瓊二州有綠茉莉本如蔦蘿有黃茉莉名黃馨 【原】花氣味辛熱無毒蒸液作面脂頭澤長髮潤燥香肌根氣味熱有毒

【彙考】【原】南越行紀南越之境五穀無味百花不香惟茉莉那悉茗二花特芳香不隨水土而變與夫橘北爲枳者異矣彼處女子用綵絲穿花心以爲首飾 【增】南方草木狀末利花似薔薇之白者香愈於那悉茗 清異錄南漢地狹力貧不自揣度有欺四方傲中國之志每見北人盛誇嶺海之强世宗遣使入嶺館接者遺以茉莉文其名曰小南强 東坡集東坡謫儋耳見黎女競簪茉莉含檳榔戲書几間云暗麝著人簪茉莉紅潮登頰醉檳榔 花經茉莉二品八命 三柳軒雜識茉莉花爲狎客 捫蝨新話南中花木有北地所無者茉莉花含笑花闍提花渠那異花之類以性皆畏寒故茉莉惟六月六日種者尤盛市中婦女喜簪茉莉東坡所謂

暗麝著人者也製龍涎香者無素馨花多以茉莉代之 【原】鄭松窓詩注乾淳歲時記禁中避暑多御復古選德等殿及翠寒堂納凉置茉莉素馨等南花數百盆於廣庭鼓以風輪清芬滿殿 【增】丹鉛總錄茉莉花見嵇含南方草木狀稱其芳香酷烈此花嶺外海濵物自宣和中名著艮嶽列芳草八此居一焉八芳者金蛾玉蟬虎耳鳳毛素馨渠那茉莉含笑也 泉南雜志余廨東所植茉莉其高及檐嘗於暑夜設木榻坐其下清芬郁烈可沾肴髮其地易生如吳中插槿也 三餘贅筆曾端伯以茉莉爲雅友張敏叔以茉莉爲遠客

【集藻】七言古詩【原】宋楊萬里江梅去去木樨晚芝草石榴刺人眼茉莉獨立更幽佳龍涎避香雪避花朝來無熱夜涼甚急走山僮問花信一枝帶雨折來歸走送詩人覓好詩 【增】樓鑰次韻胡元甫茉莉花殘暑未盡秋欲來玉刻萬葉瓊英開孤標雅韻一枝足江上紫翠空成堆素娥常與明月約青女細把輕綃裁主人好事趁時買買寘此地真宜哉墻陰闢地方丈所幾年累甓裝層臺春花秋卉方互發胡葵芍藥參徘徊眼明忽見此奇絕弟畜素馨兄事梅夜深飛香性幽獨未許蜂蝶來相陪糖罌封餘有關玉會須掃取添花栽吾聞閩山千萬木人或視此齊蒿萊何如航海上天闕玉色照映琉

璃杯新凉徙倚看不足坐見日影欹庭槐
五言律詩〔原〕宋劉子翬茉莉花翠葉光如沃冰葩淡不
妝一香秋早秀微日坐旁香色照祇園靜清回瘴海凉
倘堪紉作佩老子欲浮湘　朱子茉莉曠然塵慮盡爲
對夕花明密葉低層幄冰蘂亂玉英不因秋露濕詎識
此香清預恐芳菲盡微吟繞砌行　奉酬圭父茉莉之
作玉蘂瓊玕樹天香知見薰露寒清透骨風定遠含芬
爽致銷煩暑高情謝曉雲遙憐河朔飲那得醉時聞
七言律詩〔增〕宋鄭剛中茉莉小餔移根帶蘚苔暑中相
對亦佳哉素英吐處祇如玉清思牽人全似梅淺綠窮
羅和葉看眞香擣麝逐風來觀君可與酴醾並高士寧

容俗子陪　羅願奉簡李叔勤覓茉莉花栽郫令風流
太史家早知茉莉有奇葩生嫌衆色空塵滓徧閱餘香
見等差多謝珠璣來座右好將根葉到天涯蜀江紅紫
紛披後初看東南第一花
五言絕句〔增〕明皇甫汸題茉莉二首萼密聊承葉藤輕
易繞枝素華堪飾鬘爭趁曉妝時　香慣臨風細花偏
映日生若將人試擬小玉定齊名　陳淳茉莉花浴起
月到楹柔枝方可折薰風如有情吹簾散香雪
七言絕句〔增〕宋王庭珪茉莉花三絕句纖雲捲盡日西
流人在瑤臺宴未休王母欲歸香滿路曉風吹下玉搔
頭　火雲燒野葉聲乾歷眼誰知玉蘂寒疑是羣仙來

下降夜深時聽珮珊珊　逆鼻清香小不分冰肌一洗
瘴江昏嶺頭未負春消息恐是梅花欲返魂　鄭剛中
茉莉眞香入玉初無信香欲尋人玉始開不是滿枝生
綠葉端須認作嶺頭梅　范成大謝袁起巖知府送茉
莉二檻千里移根自海隅風帆破浪走天吳散花忽到
毘邪室似欲橫機試病夫　燕寢香中暑氣清更煩雲
鬢插瓊英明妝暗麝俱傾國莫與䕷仙品弟兄　再賦
二首薰蒸沉水意微茫全樹飛來爛熳香休向寒鴉看
日影祇今飛燕侍昭陽　纔曾把酒泛湘灕茉莉毬邊
擘荔枝一笑相逢雙玉樹花香如夢鬢如絲　〔原〕王十
朋茉莉茉莉名佳花亦佳遠從佛國到中華老來恥逐

蠅頭利故向禪房覓此花　〔增〕方岳茉莉閣雨揉香摘
未稀鈎簾頓覺暑風微只應雪外梅花笑自與兒曹入
枕幃　〔原〕許棐茉莉荔枝鄉裏玲瓏雪來助長安一夏
凉情味於人最濃處夢回猶覺鬢邊香　葉廷珪茉莉
露華洗出通身白沉水薰成換骨香近說根苗移上苑
休慚系出本南荒　鄭域詠茉莉玉搓蓮子作尖丸龍
腦薰香簇滿冠好是瑩無紅一點若教紅却不堪看
江奎茉莉靈種傳聞出越裳何人提挈上蠻航他年我
若修花史列作人間第一香　雖無艷態驚羣目幸有
清香壓九秋應是仙娥宴歸去醉來擲下玉搔頭　劉
克莊茉莉一卉能薰一室香炎天猶覺玉肌凉野人不

敢煩天女自折瓊枝置枕傍【增】〔徐千里茉莉〕炎州涿
女雪爲肌十二朱欄月未移香逼簟紋眠不得爲渠醒
過打鐘時【原】〔趙福元茉莉〕刻玉雕瓊作小葩清姿原
不受鉛華西風偷得餘香去分與秋城無限花〔楊巽
齋〕麝腦龍涎韻不侔薰風移種自南州誰家浴罷臨妝
女愛把閑花插滿頭〔王右丞〕歛煙裛露暗香濃曾記
瑤臺月下逢萬里春回人寂寞玉顏知復爲誰容　香
嚴童子沉薰鼻姑射仙人雪作膚誰向天涯收落蘂發
君顏色四時朱〔百氏集〕風流不肯逐春光削玉團酥
素淡妝疑是化人天上至毘那一夜滿城香〔明唐寅〕
春困無端壓黛眉梳成鬆鬢出簾遲手拈茉莉猩紅朶

欲插逢人問可宜【增】〔陳淳茉莉花〕茉莉開時香滿枝
鈿花狼籍玉參差茗杯初歇香煙燼此味黃昏我獨知
〔沈氏宜修茉莉花〕如許閒宵似廣寒翠叢倒影浸冰
團梅花宜冷君宜熱一樣香魂兩樣看
詩散句【原】〔宋謝景初〕萼跗琲珠圓碎簇柔梢垂蔦然經
月餘艷色愈不衰始疑神功化火結丹砂爲〔許仲啓〕
火令行南國形雲間丹霞之子方熱中濯濯冰雪花植
根郤月盆趣駕七香車〔鄭域〕風韻傳天竺隨經入漢
京香飄山麝馥露染雪衣輕【增】〔陶弼〕海客園林珠樹
木水仙資從玉簪裳鉛挑毋作紅絲襪蜂抹須成白蜜
房　重譯新離越裳國一枝都掩桂林香養成崖谷黃

蜂蜜羞死江湖白藕房【原】〔許野雲〕自是天上冰雪種
占盡人間富貴香不煩鼻觀偷馥郁解使心地俱清涼
〔蔣之奇〕佛香紅茉莉番供碧玻璃〔王十朋〕西域名
花最孤潔東山芳友更清幽〔葉廷珪〕名字惟應佛書
見根苗應逐賈胡來〔戴復古〕香薰茉莉球〔鄭域〕九
里花田地〔王十朋〕日暮閑人獻寶珠【增】〔湛俞〕茉莉
曉迷瓊檻白【原】〔王右丞〕尋得天花伴衆芳
詞【增】〔宋周密〕朝中措綠纖朱粟鬧濤雲親見許飛瓊多
定梅魂纔返香瘢半掐秋痕　枕函釵縷薰籌芳焙兒
女心情尚有第三花在不妨留待涼生【原】〔韓元吉南
柯子〕五月炎州路千叢撲地開只疑標韻是江梅不道

薰風庭院雪成堆　寶髻瓊瑤綴仙衣翡翠裁一枝長
伴荔枝來甘與玉人和笑插鸞釵〔張孝祥鵲橋仙〕北
窗涼透南窗月冷浴罷滿懷風露不知何處有花來但
怪底清香無數　炎州珍產吳人未識天與人間獨步
冰肌玉骨歲寒時倩問止堂中留住〔張鎡驀山溪〕撫
蓮吟就詹葡還曾賦相伴更無花倦爐熏日長難度柔
桑葉裏玉碾小芙蕖生竺國長閩山移向玉城住　池
亭竹院宴坐冰圜處繚繞百千叢夜將闌爭開迎露幾
曾評論嬌嫋勝江梅香稱月韻宜風消盡人間暑〔盧
祖皐洞仙歌〕玉肌翠袖較似茶蘼瘦幾度熏醒夜窗酒
問炎洲何事得許清涼塵不到一段冰壺剪就　晚來

庭戶悄暗數流光細摘芳英黯回首念日暮江東偏爲魂銷人易老幽韻清標似舊正紋簟如波帳如煙更奈向月明露濃時候

【增】施岳步月 玉宇薰風寶堦明月翠叢萬點晴雪凍霜不就散廣寒霏屑采珠蓓綠萼露滋嗔銀豔小蓮冰潔花魂在纖指嫩痕素英重結 枝頭香未絕還是過中秋丹桂時節醉鄉冷境怕翻成消歇玩芳味春焙旋薰貯穠韻水沉頻爇堪憐處輸與夜涼睡蝶

【別錄】【原】扦插 梅雨時取新發嫩枝從節折斷將折處劈開入大麥一粒亂髮纏之插肥土陰濕即活與扦瑞香法同

收藏 霜時移北房簷下見日不見霜大寒移入

暖處圍以草薦盆中任其自乾至乾極畧用河水盞許澆其根僅活其命枝葉上有白色小蟲刮去不然即黃萎十月入窖中枝頭入地尺許地上加柴柴上加土尺許封蓋嚴密不透風氣爲佳春分後朝南開一孔通氣立夏後方可出窖見春風早即枯槁出窖後葉落無妨先放簷下見日色處漸移之日中去上面及周圍舊土一層再加新土培之二三年後取出全換舊土莫傷根換土後只澆清水不宜太肥至葉稍大方可澆肥翦去枯枝梅雨不絕移置簷下若南方冬月只於朝南屋內掘一淺坑將盆放下以篾籠罩花口傍以泥築實無隙通風或用縮花子覆根五寸許亦以篾罩罩之用紙封罩五六日一次將花核取開用冷茶澆之仍以花核壅之立夏前方可去罩盆中周圍去土一層以肥土填上用水澆之大約入夏後三日方可移出露天最怕春風清明前尤怕風芽發方可灌以糞次年和根取起換土栽過無不活者如此收藏多年可延

于若瀛曰茉莉自首夏至秋杪皆花開必薄暮半放冉冉作奇香次晨則香滅霜後猶生朶但漸小耳經大寒無不萎者向余得一本根下有鐵少許蓋鬻者利其必萎彼鑽核者又何足異余去其鐵易土而植之灌以腥汁開甚盛過大寒藏之暖室歷三歲猶花但榦老花疎總之風氣不宜也金陵易得每歲購二三本霜後輒棄之

儲土 每日

屋下掃聚塵土堆積於閒靜空屋俟發熱過篩細用

製用 每晚採花取井花水半杯用物架花其上離水一二分厚紙密封次日花既可簪以水點茶清香撲鼻甚妙花史云聞老人言飲之得肚腹虛飽之症香能散氣老人氣虛理或有之昔人有與香合與壽之語養老者愼之

【增】香譜 今多採茉莉蒸取其液以代薔薇 王右丞詩注 茉莉花作末和面藥甚奇經歲其香不歇 清供錄 茉莉湯用蜜一兩甘草一分生薑自然汁一滴同研令極勻調塗在椀中心抹勻不令洋流每於凌晨採摘茉莉花三十朶將放藥椀蓋其花取香氣薰之午間乃可以點用 快雪堂漫錄 用三白酒或雪酒色味

佳者不滿瓶上虛二三寸編竹爲十字或井字障瓶口不令有餘不足新摘茉莉數十朶線繫其蔕懸竹下離酒一指許用紙封固旬日香透矣〔野蔌品〕茉莉花初發嫩葉采洗淨同豆腐瀹食絕品

附錄 雪瓣

原 雪瓣一名狗牙似茉莉而瓣大其香清絕出海南

附錄 紫茉莉

增〔草花譜〕紫茉莉草本春間下子早開午收一名臙脂花可以點唇子有白粉可傳面亦有黃白二色者

素馨

原 素馨一名那悉茗花一名野悉蜜花來自西域枝榦裊娜似茉莉而小葉纖而綠花四瓣細瘦有黃白二色須屏架扶起不然不克自竪雨中嫵態亦自媚人〔南方草木狀〕那悉茗花與茉莉花皆自西域移植南海南人愛其芳香競植之

彙考 原〔龜山志〕昔劉王有侍女名素馨冢上生此花因以得名 增〔升庵詩注〕陸賈南中行紀云南中遊女以綵絲貫素馨爲飾事載南方草木狀貫花繞髻至今猶然 〔瓶花譜〕素馨六品四命 原〔學圃餘疏〕素馨出閩廣者不甚香亦間攜至吾地白者香勝於茉莉但彼中亦未之見 增〔廣州志〕城西九里曰花田彌望皆素馨花南征錄云南海劉隱時有美人葬於此至今花香異於他處 花田人以種素馨爲業其神爲南漢美人故采摘必以婦女而彼中婦女多不簪戴有詠者曰花田女兒不愛花縈絲結縷餉他家貧者穿花富者戴明珠十斛似泥沙 花渡頭在五羊門南岸花販每日分載素馨至城從此上舟故名

集藻 說 原〔明陳憲章素馨說〕草木之精氣下發於上爲英華率謂之花然水陸所產妍媸高下美惡之等蓋萬不齊焉而人於其中擇而愛之凡欲其有益於事非愛之而溺焉者也產於此邦曰素馨者香清而體白郁郁盈盈可掬可佩貫四時而不凋供一賞而有餘亦花之佳者也好事者致於亭亭既愛之遂益究其用取花之

蓓蕾者與茗之佳者雜貯陶瓶中經宿以俟茗飲之入焉然則是花之用雖不若麻縷之與菽粟然蓋亦不爲無用也人之資於麻縷爲其可以溫也資於菽粟爲其可以飽也得之則生不得則死今是花也吾取焉始以其能郁郁盈盈少裨於茗耳雖不汲汲可也不汲汲由用之可已也使是花之於人如麻縷之與菽粟然又安可已哉可已而已不可已而不已引而伸之觸類而長之於道其庶幾乎治國其庶幾乎

賦 增〔明黎遂球素馨賦〕登羊城以西望見綠草之田田匪織雨而含珠乃浮香以如煙思美人於黃土照明鏡於青天惟斯花之可認感今昔而相憐爾乃向午如粟

薄暮放藥望通衢之凝雪列七門而成市得人氣而轉馥在曉妝之初洗園寶髻之盤盤貫玉屑而齒齒果並擲於車前香可分於袖底雜寒具而芬郁蘸琉璃之露水則有青樓姊妹烏衣兒郎綴流蘇如夾纈挂斗帳之四方鈎珊瑚之橫枝桄琥珀而低昂如香稻之飼鸚鵡等竹實之供鳳凰美同心之可結羌解佩而垂璫於是重五之晝雙七之宵或張翠幄於龍舫或方蘭舟爲鵲橋晝則艾虎纍纍朱符飄飄飛八張如比翼馳千舸若聯鑣蹋歌珠寺燕客西壕買花齊喚餘錢亂拋量三斛之蒼璣疑乍泣乎老鮫與歌聲兮同貫侵酒氣兮如消宵則芳類作幄新月如鉤海上載求仙之童女水際排

乞巧之高樓燦明燈於重簷儼列星之垂旒何玲瓏之雕玉覆火齊而作舟總貫藥之所爲若鏤冰而籠篝布經緯以如意象禽魚之優游恒有香以避暑縱無聲而知秋復有三五之夕月出朦朧巫壇禮斗神絃舞風白麟雪獅翠鳳玉龍覆官街以列幰峙重臺而單櫳咸當門以結絲聯比戶於帡幪被華鬘與纓絡見瓊島之銀宮齊觀燈而連袂或駕橋而成虹譬遊蜂之出房若舞蝶之鑽叢聆梵吹於香國見閭巷皆花封乃若博雅高士道古名家知爲那悉之茗用代陽羨之茶或云當與楞嚴同至或傳栽自博望之槎比石榴而有譽較菩提而檀花又烏能起髯質而問之夫是以賦芳草於天涯

七言古詩 增 宋鄭剛中或問茉莉素馨孰優予曰素馨與茉莉香比肩但素馨葉似薔薇而碎枝似酴醾而短大率類草花比茉莉體質閒雅不及也茉莉天姿如麗人肌理細膩骨肉均衆葉蕤蕤開綠雲小蘂大花意淑貞素馨於時亦呈新蓄香使未甘後塵獨恨雷五雖清潔珠璣綺縠終坐貧

七言絕句 增 宋蔡襄寄南海李龍圖求素馨含笑花二草曾觀嶺外圖開時嘗與暑風俱使君已自憐清馥分得新條過海無 原 陳與義素馨差將姿媚隨花譜愛伴孤高上月評獨恨過寒成弱植色香殊不避梅兄 鄭域素馨妙香真色自天然羞御鉛華學女妍只向溫

柔鄉裏活怕寒不許上林傳 傅大諫素馨昔日雲鬟鎖翠屏只今煙冢伴荒城香銷韻斷無人問空有幽花獨擅名 明楊慎素馨花金碧佳人墮馬妝鷓鴣林裏鬬芬芳穿花貫縷盤香雪曾把風流惱陸郎

詩散句 原 宋祝穆細花穿弱縷盤向綠雲鬟 明林鴻素馨花發暗香飄一朵斜簪近翠翹

詞 原 宋張鎡菩薩蠻層層細剪冰花小新隨荔子雲帆到一露一番開玉人催買栽 愛花心未已摘放冠兒裏輕浸水晶涼一窩雲影香 增 史達祖風入松素馨跗萼太寒生多剪春冰夜深綠霧侵涼月照晶晶花葉分明人卧碧紗幮淨香吹雪練衣輕 頻伽銜得墮南

薰不受纖塵若隨荔子華清去定空埋身外芳名借重
玉爐沉炷起予石鼎湯聲 原 劉鎮念奴嬌調冰弄雪
想花神清夢徘徊南土一夏天香收不起付與藥仙無
語秀入精神涼生肌骨銷盡人間暑稼軒愁絕借花還
勝兒女　長記歌酒闌珊開時向晚笑絕金莖露月浸
闌干天似水誰作秋孃窓戶困殢雲鬟醉欹風帽總是
牽情處返魂何在玉川風味如許 尹煥霓裳中序第
一青顰粲素靨海國仙人偏耐熱餐盡風香露屑便萬
里凌空肯憑蓮葉盈盈步月悄似憐輕去瑤闕何人在
憶渠癡小點點愛輕捷　愁絕舊遊輕別忍重看鎖香
金篋淒涼清夜簟茀帳杳杳詩魂真化風蝶冷香清到

骨夢十里梅花霽雪歸來也厭厭心事自共素娥說
別錄 增 廣東新語珠江南岸有村曰莊頭周里許悉種
素馨亦曰花田率以昧爽往摘以天未明見花而不見
葉其稍白者則是其日當開者也既摘覆以濕布毋使
見日其已開者則置之花客涉江買以歸一時穿燈者
作串與瓔珞者數百人城內外買者萬家富者以斗斛
貧者以升其量花若量珠然花宜夜乘夜乃開上人頭
髻乃開見月而益光艷得人氣而益馥竟夕氤氳至曉
萎猶有餘味懷之辟暑吸之清肺氣又宜作燈雕玉鏤
冰玲瓏四照遊冶者以導車馬故楊用修云粵中素馨
燈天下之至艷者也兒女以花蒸油取液為面脂頭澤
謂能長髮潤肌其為龍涎香餅香串者治以素馨則韻
味愈遠隆冬花少曰雪花摘經數日乃開夏月花多瓊
英猥籍人夜滿城如雪觸處皆香　廣中七月七日多
為素馨花艇遊泛海珠及西濠香浦秋冬作火清醮則
千門萬戶皆挂素馨燈結為鸞鳳諸形或作流蘇寶帶
蔵䖍間以朱槿以供神或當宴會酒酣出素馨毬以獻
客客聞寒香而沉醉以醒以挂復斗帳中雖盛夏能除
炎熱枕簟為之生涼諺曰檳榔辟寒素馨辟暑故粵人
以二物為貴獻客者先以檳榔次以素馨

含笑

原 本草 含笑出海南有紫白二種 遯齋閑覽 南方花

木北地所無者大含笑小含笑其花常若菡萏之未敷
者故有含笑之名 草花譜 含笑花開不滿若含笑然
捫蝨新話 含笑有大小小含笑香尤酷烈有四時花
惟夏中最盛又有紫含笑茉莉含笑皆以日西入稍陰
則花開初開香尤撲鼻予山居無事每晚涼坐山亭中
忽聞香風一陣滿室郁然知是含笑開矣
彙考 增 東坡廣州蒲澗寺詩注山中多含笑花 花經
含笑花二品八命 澄懷錄 韓熙載云對花焚香含笑
宜麝
集藻 賦 增 宋李綱含笑花賦有序南方花木之美者莫
若含笑綠葉素榮其香郁然是花也方蒙恩而入幸價

重一時故感而爲之賦其辭曰夫何嘉木之姝婧兮藹芬馥之芳容結孤根於暖地兮披素豔於幽叢炫靡景之遲遲兮浥零露之濃濃默凝情而不語兮獨含笑於春空其笑伊何粲兮巧倩洞戶初啓曲欄乍見驚鄰女之窺牆疑寵姬之敎戰鄙妖姿之齲齒謝啼妝之半面態有餘情忽焉改觀國香無敵秀色可餐抱貞潔之雅志舒婉孌之歡顏寧解頤而啓齒方噴珥而敧冠苞溫潤以如玉吐芬芳其若蘭俯者如羞仰者如喜嚮日嫣然臨風莞爾豈褰幃而覩跛將忘懷於射雉輕可買之千金重廻眄之百媚拔類邁倫孰與爲比汎激酷烈綽約嬋娟翠葉擁鬟綠萼承顴嗅之彌馨察之愈妍信色

香之俱美何扈芷而握荃若夫萱草忘憂合歡蠲忿採杜若於洲中搴芙蓉於澤畔藝菊百畦滋蕙九畹挈長度美固不可一槩而論也方將移自南國置之玉堂違霜雪之淒冷依日月之末光憑雕檻而凝彩度芝閣而飄香破顏一笑掩乎羣芳誠可以承天寵而植椒房者乎

七言律詩 增 宋楊萬里含笑花 菖蒲節序芰荷時翠羽衣裳白玉肌暗折花房須日暮遙將香氣報人知半開微吐長懷寶欲說還休竟俛眉樹脫枝柔惟葉健不消更晝只消詩 許仲啓含笑花 一點瓜香破醉眠誤他詩客枉流涎如何滴露牛　心李化作垂頭玉井蓮初喜曉光將莞爾竟羞嬌影不嫣然忽看吐下金櫻核藪藪聲乾幕葉邊

五言絕句 增 宋徐致中含笑花 瓜香濃欲爛蓮莟碧初勻含笑如何處低頭似愧人 歲寒集 薄薄沈熏骨英英玉煉煙惱人風味別斗帳夢中間

七言絕句 增 宋楊萬里含笑花二首 秋來二笑再芬芳紫笑何如白笑強只有此花偷不得無人知處忽然香

薰風破曉碧蓮含密意猶低白玉顏一粲不曾容易發清香何自徧人間 陸游聞傅氏莊紫笑花開急棹小舟觀之 日長無奈清愁處醉裏來尋紫笑香漫道閒人無一事逢春也作蜜蜂忙 劉克莊含笑花 春風滿

面喜津津縱有癡拳不忍嗔竊恐意觀安注腳笑他何事與何人 許仲啓含笑花 獻笑佳人絕可憐姿姿屬輔巧承顴一枝不用千金買雨洗風吹却粲然 蕭文仙含笑 肥樣雕成玉色仙碧瑤幢裏粲嬋娟道渠解笑何曾笑只合更名小白蓮 金施宜生含笑花 百步清香透玉肌滿堂皓齒轉明眉攀條彼容相迎處射雉春風得意時

詩散句 增 宋鄧潤甫 自有嫣然態風前欲笑人涓涓朝泣露盎盎夜生春 劉濤 未肯遊露齒只恐欲傾城 丁謂 草解忘憂忘底事花名含笑笑何人 蘇軾 而今只有花含笑笑道秦皇欲學仙 百氏集 試問嫣然如

可買會須一笑與千金　深情厚意知多少盡在嫣然一笑中〔蘇軾〕涓涓滴露紫含笑　花非識面常含笑詞〕增〔宋無名氏楊柳枝〕纖纖芳跌雪一包綻瓊梢清香邦暑賞堂坳晚風飄　笑靨含羞藏碧葉爲誰嬌長隨茉莉展輕綃件良宵

指甲花

增〔南方草木狀〕指甲花其樹高五六尺枝條柔弱葉如嫩榆與耶悉茗末利花皆雪白而香不相上下亦自大秦國移植於南海而此花極繁細纔如半米粒許彼人多折置襟袖間蓋資其芳馥爾一名散沫花〔北戶錄〕指甲花花細白絕芳香番人種之未詳其名波斯移植

中夏如金錢花也本出外國大同二年始來中土〔草花譜〕指甲花生杭之諸山中花小如蜜色而香甚用山土移歸土盆中亦可供玩　原指甲花夏月開香似木樨可染指甲過於鳳仙花有黃白二色

集藻〔七言絕句〕增〔宋鄭剛中題異香花俗呼指甲花〕小比木犀無醞藉輕黃碎蘂亂交加邪人不解稱誰說一地稱爲指甲花

凌霄花

原凌霄花一名紫葳〔本草云俗謂赤豔曰紫葳葳此花赤豔故名〕一名陵苕〔爾雅云苕陵苕黃華蔈白華茇注云一名陵時華色異名亦不同疏云黃華名蔈白華名茇別花色之名也詩小雅鄭箋云陵苕之華紫赤而繁而此云黃白者蓋就紫色之中有黃紫白紫耳〕一名女葳一名茇華一名武威一名瞿陵一名鬼目處處皆有多生山中人家園圃亦栽之野生者蔓纔數尺得木而上即高數丈蔓間鬚如蝎虎足附樹上甚堅牢久者藤大如杯春初生枝一枝數葉尖長有齒深青色開花一枝十餘朶大如牽牛花頭開五瓣赭黃色有數點夏中乃盈深秋更赤八月結莢如豆角長三寸許子輕薄如榆仁如馬兜鈴仁根長亦如兜鈴根秋深采之陰乾花及根甘酸微寒無毒治婦人產乳餘疾崩中癥瘕血閉寒熱羸瘦莖葉苦平無毒主治熱風身癢遊風風疹瘀血喉痺熱痛凉血生肌

彙考增詩小雅苕之華芸其黃矣〔傳〕苕陵苕也將落則

黃　苕之華其葉青青〔傳〕華落葉青青然〔老學庵筆記〕凌霄花未有不依木而能生者惟西京富鄭公園中一株挺然獨立高四丈圍三尺餘花大如杯旁無所附宣和初景華苑成移植於芳林殿前畫圖進御〔三柳軒雜識〕凌霄花爲勢客〔花經〕凌霄花六品四命　原〔本事集〕西湖藏春塢門前有二古松各有凌霄花絡其上詩僧清順常晝臥其下子瞻爲郡一日屏騎從過之松風搔然順指落花覓句子瞻爲作木蘭花詞　增〔嵩山記〕初祖庵前有三花樹蓋凌霄藤附檜而生者也花正開深紅可愛自達磨來至時有之　原〔學圃餘疏〕凌霄花纏奇石老樹作花可觀大都與春時紫藤皆園林

中不可少者〔花史〕富鄭公居洛其家圃中凌霄花無所因附而特起歲久遂成大樹高數尋亭亭可愛朱丹曰是花豈非草木中豪傑乎所謂不待文王而猶興者也

【集藻】〔賦〕【增】〔宋梅堯臣凌霄花賦〕厥草惟夭厥木惟喬草有柔蔓木有繁條緣根兮附帶布葉兮敷苗朱華粲兮下覆本榦蔽兮不昭嗟兮此木幾歲幾年而至於合抱夫何此草一旦一夕而遂曰凌霄是使蔢蘿蒿艾慕高艷而仰翹翹也安知蘋藻自潔蕙蘭自芳芙蓉出汙而自麗芝菌不根而自長或紉佩帶或采頃筐或製裳於騷客或登歌於樂章故得爲馨爲薦爲嘉爲祥皆無附著亦以名揚奚必託危柯而後昌吾謂木老多枯風高必折當是時將恐摧爲朽荄不復萌蘖豈得與百卉並列也邪

五言古詩【增】〔唐白居易有木詩〕有木名凌霄擢秀非孤標偶依一株樹遂抽百尺條託根附樹身開花寄樹梢自謂得其勢無因有動搖一旦樹摧倒獨立暫飄颻疾風從東起吹折不終朝朝爲拂雲花暮爲委地樵寄言立身者勿學柔弱苗　【原】〔宋梅堯臣凌霄花〕草木不解行隨生自有理觀此引蔓柔必憑高樹起氣類固有合縈纏豈由已仰見蒼虯枝上發彤霞蘂層霄不易凌樵斧誰子一日摧作薪此物當共萎〔曾肇凌霄花〕凌霄體纖柔枝葉工託麗青青亂松樹直幹遭蒙蔽不有歲霜威焉能辨堅脆　【增】〔范浚凌霄花〕栽松待成陰種漆擬作器人皆笑艱拙往往得後利君看植凌霄百尺蔓柔翠新花鬱煌煌照日吐妍媚風霜忽搖落大木亦凋瘁覩爾託根生枯莖無殘蔕先榮疾蕭瑟物理固難恃凌霄亟芳華哀歎亦容易〔明高啓瞻木軒并序〕道士李玄修所居庭有凌霄花依樹而生近樹伐而凌霄獨存因以名室求予賦詩凌霄託高樹引蔓日已長纏綿共春榮幽花藹敷芳高樹忽見伐無依向風霜亭亭還自持柔姿詎能强君子貴獨立倚附非端良覽物成感歎爲君賦新章

七言古詩【增】〔宋陸游凌霄花〕庭中青松四無鄰凌霄百尺依松身高花風墮赤玉盞老蔓煙濕蒼龍鱗古來豪傑少人知昂霄聳壑寧自期抱才委地固多矣今我撫事心傷悲

七言絕句【增】〔唐歐陽炯凌霄花〕凌霄多半繞棕櫚深染梔黃色不如滿樹微風吹細葉一條龍甲颭清虛　【原】〔宋楊繪凌霄花〕直饒枝榦凌霄去猶有根源與地平不道花依他樹發強攀紅日鬭妍明〔賈昌朝凌霄花〕披雲似有凌雲志向日寧無捧日心珍重青松好依託直從平地起千尋　【增】〔范成大壽櫟堂前小山峰凌霄花盛開蔥蒨如畫因名之曰凌霄峰〕天風搖曳寶花垂花

下仙人住翠微一夜新枝香焙暖旋薰金縷綠羅衣
山容花意各翻空題作凌霄第一峯門外輪蹄塵撲地
呼來借與一枝節〔陸游遊彌牟菩提院庭下有凌霄
藤附古楠其高數丈花巳零落滿地絳英翠蔓亦佳哉
零亂空庭碼碯杯徧雨新花天有意定知閒客欲閒來
原〔趙汝回凌霄花𡟭嫋枯藤淺淺葩貪緣直上照殘
霞老僧不作因依想將謂青松自有花
詩散句 原〔宋曾鞏固知臭味非相類其奈縈纏不自由
將梅邊引蔓間花欲透雲托身下倚老松根〔唐杜
甫古苔生迮地
詞 原〔宋蘇軾木蘭花雙龍對起白甲蒼髯煙雨裏疎影

微香下有幽人晝夢長 湖風清軟雙鵲飛來爭噪晚
翠颭紅輕時墮凌霄百尺英
別錄 原〔禁忌凌霄花用以蟠繞大石殊可觀玩但鼻聞
傷腦花上露入目令人矇孕婦經花下能墮胎不可不
慎

佩文齋廣羣芳譜卷第四十四

花譜

蘭蕙（按蘭花蕙花一類二種黃庭堅之說[illegible]皆非古之所謂蘭草蕙草也蘭草今之[illegible]香蕙草今之零陵香唐宋本草載之甚詳朱子楚辭證可爲確據今以蘭花蕙花合爲一譜蘭草蕙草附錄於後以備參考）

彙考〔爾雅翼蘭之葉如莎首春則茁其芽長五六寸其杪
作一花花甚芬香大抵生深林之中微風過之其香藹
然達於外故曰芝蘭生於深林不以無人而不芳又曰
株穢除兮蘭芷覩以其生深林之下似慎獨也故稱幽
蘭江南蘭只在春芳荊楚及閩中者秋復再芳蘭與蕙
甚相類其一幹一花而香有餘者蘭一幹五六花而香

不足者蕙（說本黃庭堅）今人稱蘭爲幽蘭蕙爲蕙蘭蕙大抵
似蘭花亦春開蘭先而蕙繼之皆柔荑其端作花蘭一
荑一花蕙一荑五六花香次於蘭〔本草寇宗奭曰蘭
葉潤且稍長及一二尺四時常青花黃綠色中間瓣上
有細紫點春芳者爲春蘭色深秋芳者爲秋蘭色淡李
時珍曰生近處者葉如麥門冬而春花生福建者葉如
菅茅而秋花 原 蘭幽香清遠馥郁襲衣彌旬不歇常
開於春初雖氷霜之後高深自如故江南以蘭爲香祖
又云蘭無偶稱爲第一香紫梗青花爲上青梗青花次
之紫梗紫花又次之餘不入品趙時庚金漳蘭譜云紫
蘭有陳夢良（色紫每幹十二萼花頭極大爲紫花之冠至若朝暉微照曉露暗濕則灼然騰秀亭

然露奇致處傍幹闊圓四向蟠繞嬌綽竚立疑思如不勝情花三片尾如帶散青葉三尺頗覺弱黯然而綠背雖似劒脊至尾稜則輕薄斜織壯許帶綿最為雜種故人稀得其真者種用黃淨無泥瘦沙忌肥恐致腐爛

吳蘭 色深紫有十五萼幹紫英紅得所養則岐而生至有二十萼花頭差大色映人目如翔鸞翥鳳千態萬狀葉高大剛發勁節著然可愛不甚受肥須以清茶沃之葉得其本生土地之性

潘花 色深紫有十五萼幹紫圓而齊整疎密得宜疎不害幹密不簇枝綽約作態窈窕逞姿真所謂蘂中之蘂華中之華也愈久愈見精神使人不能捨去花中近心處色如吳紫艶麗過於衆花葉則差小於吳峭直雄健衆莫能及其氣特深未能受肥清茶沃之二種用赤沙泥

趙師博 色紫十五萼初萌甚紅開時若晚霞燦目色更晶明葉勁直肥聳超出羣品

金稜邊 色深紫十二萼出於長泰陳家色如吳蘭片則差小葉亦勁健所可貴者葉自尖處分二邊各一線許映日如金綫紫花品外之奇用黃色蠶沙和泥少添赤沙泥妙半月一用肥

白蘭有濟老 色白有十二萼標致不凡如淡妝西子素裳縞衣不染一塵葉似施花更高一二尺得所養則岐而生亦號一線紅白花之冠宜構□黑沙泥和糞種愛肥一任澆灌

竈山 一名綵衣郎有十五萼□若玉花枝開體膚鬆美顒顒昂昂雅特閒麗真蘭中之魁品也每生並蒂花幹最碧葉綠而瘦薄如苦蕒菜山下流聚沙泥種亦可肥戒多

黃殿講 一名碧玉幹西施花色微黃有十五萼並幹而生計二十五萼或迸於根葉細最綠肥厚花頭似開不開第幹雖高而實瘦葉雖勁而實柔且柔不起搭根有萎葉是其所短者耳

李通判 色白十五萼峭特雅淡追風一把露如泣如訴人多愛之以較鄭花則減一頭地用泥同竈山

葉大施 葉劒脊最長惜不甚勁直

惠知客 色白有十五萼賦質清癯團簇齊整嬌柔瘦潤花英淡紫片尾凝黃葉雖綠茂但頗柔弱用泥同濟老

馬大同 色碧而綠有十二萼花頭微大間有向上者中多紅暈葉則高聳蒼然肥厚花幹勁直及其葉之半一名五暈絲以上俱上品

鄭少舉 色白十四萼瑩然孤潔極為可愛葉修長散亂所謂蓬頭少舉也有數種花自多少葉有軟硬之別白花之能生者無出於此其花之資質可愛為羣花翹楚用糞壤泥及河沙內用草穰羽鋪四圍種之累試甚佳大凡用輕鬆泥皆可

黃八兄 色白有十二萼善於抽幹頗似鄭花葉綠而直惜幹弱不能支持耳用泥同濟老

周染 色白十二萼與鄭花無異但幹短弱用泥同鄭少舉以上俱中品

夕陽紅 花八萼花片微尖色則凝紅如夕陽返照肥瘦任意當砌沙之燥濕蓄雨水沃之令色綠為妙觀堂主名弟亦同艸

堂主 花白有七萼花聚如簇葉不甚高可供婦女時妝

名弟 色白有五六萼花似鄭葉最柔軟如新長葉則舊葉隨換人多不種

弱鄉 色綠大如鷹爪一幹一花比葉高二三寸葉瘦高二三尺入臘方花香馥可愛外有奕嶠朱花青蒲玉小娘之類以上俱下品

魚魫蘭 又名趙花十二萼花片澄徹如魚魫沉水中無影葉勁綠此白花品外之奇山下流聚沙泥種戒肥膩

【增】王貴學蘭譜

陳夢良 有二種一紫幹一白幹花色淡紫大似鷹爪排釘甚疎

趙十使 即師博色淡壯者十四五萼葉色深綠花似仙霞葉之脩勁不及也

何蘭 壯者十四五萼繁而低壓台而斜披花色淺紫似陳蘭苕花幹壯而何則瘦陳葉尾焦而何則否或名潘蘭有紅翻香酴之狀經雨露則嬌困號醉楊妃不常發似仙淩

大張青 色深紫壯者十三萼花有二種大張花多小張花少大張幹花俱紫葉亦肥瘦勝小張慳於發花

蒲統領 色紫壯者十數萼淳熙間蒲統領引兵逐寇忽見一所似非人世四周幽蘭欲擿而歸一老叟前曰此蘭有神主之不□多擿取數顆而歸

陳八斜 色深紫壯者十餘萼發則盈盆花類大張青□□過之葉綠而尾蒲下垂間有一葉叢花

淳監根 色淡紫多者十萼叢生並葉幹曲葉高三尺厚而且直其色尤紫人紫壯者十四萼出於長泰以上俱紫色中品

許景初 十二萼者花色鮮紅葉頓散垂綠亦不深

石門紅 其色紅壯者十二萼花肥而促色紅而淺葉雖疊亦不甚高滿盆則生亦云趙蘭小張青色紅多有八萼淡於石門紅花幹其短

蕭仲紅 色如褪紫多者十二萼葉綠如芳茅其餘幹纖長花亦離疎時人呼為花梯

何首座 色淡紫壯者九萼

林仲禮 色淡紫壯者九萼花半開而下觀葉勁而黃一云仲美

粉妝成 色輕紫多者八萼類陳八斜花與葉亦不甚郜

茅蘭 其色紫長四寸有餘壯者十六七萼結實其或如綠夏至抽寬春前花開以上俱紫色下品

鄭白羊 色碧多者十五萼岐生過之其踰九碧交秋乃花或又謂大鄭

仙霞 九十葉色白鮮者如濯含者如潤得之泰色

朱蘭 得於朱僉判色黃多者十一萼花頭似開側向一隅若蘂之蘗幹葉長而瘦

雲嶠 色白壯者七萼花大紅心鄭於小張以所得地名葉深厚於小張雲嶠翁島之精寺也

林郡馬 其色綠出長泰壯者十三萼葉厚而壯

青蒲 色白七萼挺有諸頭似碧玉面葉低小偉尺有五寸花尤白葉

綠而小直而條獨頭蘭色綠一花大如鷹爪幹高二寸葉類麥門冬入臘方薰馥可愛建浙間謂之獻
歲正山鄉有之間有雙頭碧蘭始出於興化龜山院花有十四五萼與葉齊以上皆白色原建
蘭莖葉肥大蒼翠可愛其葉獨潤今時多尚之葉短而花露者尤佳若非原盆須用火燒山土栽根甚甜招
蟻以水奩隔之水須日換恐起皮則蟻易度頻分則根舒花開不絕此已試妙法也澆洗須如法又有按月培
植之方乃閩中士紳所傳宜照行之杭蘭惟杭城有之花如建蘭香甚一枝一花葉較建蘭稍潤有紫花
黃心色若臙脂有白花黃心白若羊脂花甚可愛取大本根內無竹釘者用橫山黃土煉去石塊種之見天不
見日澆以羊鹿糞水花茂盛雞鵝毛水亦可若澆灌得宜來歲花發其香勝新栽者遠甚一說用水浮炭種之
上蓋青苔花茂頻灑水茶香花紫白者名蓀出法華山其類有春蘭夏蘭秋蘭素
蘭石蘭竹蘭鳳尾蘭玉梗蘭春蘭花生葉下素蘭花生
葉上至其綠葉紫莖則如今所見大抵林愈深而莖愈
紫爾劉次莊樂府集云沅澧所產花在春則黃在秋則

紫然春黃不如秋紫之芳馥也凡蘭皆有一滴露珠在
花蘂間謂之蘭膏不啻沆瀣多取則損花
彙考 原 易繫辭同心之言其臭如蘭 禮記內則婦或
賜之茝蘭則受而獻諸舅姑 左傳鄭文公有賤妾曰
燕姞夢天使與己蘭曰余為伯鯈余而祖也以是為而
子以蘭有國香人服媚之如是既而文公與之蘭而
御之辭曰妾不才幸而有子將不信敢徵蘭乎公曰諾
生穆公名之曰蘭 增 史記禮志椒蘭芬茝所以養鼻
也 原 晉書文苑傳羅含字君章桂陽耒陽人也致仕
還家階庭忽蘭菊叢生人以為德行之感焉 增 易通
卦驗十一月廣莫風至則蘭射干生 原 家語孔子曰

與善人處如入芝蘭之室久而不聞其香則與之俱化
芝蘭生於深谷不以無人而不芳君子修道立德不
為困窮而改節 增 列子鷹以粱肉蘭橘 荀子民之
好我芬若椒蘭也 原 文子日月欲明浮雲蓋之叢蘭
欲發秋風敗之 增 淮南子蘭芝以芳未嘗見霜 原
說苑十步之內必有芳蘭 風俗通漢尚書郎每進朝
時懷香握蘭口含雞舌香 增 洛陽伽藍記大覺寺廣
平王環捨宅林池飛閣比之景明至於春風動樹則蘭
開紫葉秋霜降草則菊吐黃華 採蘭雜志蘭待女子
同種則香故名待女 原 汗漫錄王摩詰貯蘭用黃磁
斗養以綺石累年彌盛 曲江春宴錄霍定與友生遊

曲江以千金募人竊貴侯亭榭中蘭花插帽兼自持往
羅綺叢中賣之士女爭買拋擲金錢 增 清異錄唐保
大二年國主幸飲香亭賞新蘭詔苑令取滬溪美土為
馨烈侯擁培之具 致虛閣雜俎晁采閣中蘭花始發
其姑命目之應聲目曰隱於谷裏顯於澧潯貴比於白
玉重匹於黃金既入燕姬之夢還鳴宋玉之琴其慧敏
如此 臥龍行記寺有祟蘭數百本秀發巖石間微風
透香所至芬郁 三餘贅筆張敏叔以十二花為十二
客蘭為幽客 花經蘭一品九命 蕙二品八命 澄
懷錄韓熙載云對花焚香蘭宜四絕 佩楚軒客談高
疎仙玉峰山四畔皆幽蘭日採數十花矙明水養離騷

自謂靈均有知當領吾意也〔雞足山記〕靜雲庵僧寮盆蘭數華皓潔如雪〔泉南雜志〕九節蘭花易植不若吳中所欽靜字中雖若棋列亦不甚香〔閩部疏〕蘭以建名而福與四郡尤甚民家無大小皆傳種之然絕不生山間不知種所自來大都以玉魫為最四季開者為珍

原〔學圃餘疏〕建蘭盛於五月畏風畏寒畏鼠畏蚓畏蟻其根甜為蟻所逐養者常以水奩隔不令得入予作一屋於竹林南外施兩重草薦坎地令稍深貯蘭於其上無風有好日開門暴之所畜二三十盆無不盛花者其種亦多玉魫為第一白幹而花上出者是也次四季、金邊名曰蘭其實皆蕙也閩產為佳贛州蘭花不長、價常減半　一莖一花者曰蘭宜興山中特多南京杭州俱有雖不足貴香自可愛宜多種盆中今日絕重建蘭却只是蕙見古人畫蘭殊不爾虎丘戈生曾致一盆葉捎而長稍矗於興蘭出數蘂正春初開花特大於常蘭香亦倍之經月不凋酷似馬遠所畫戈云得之他方今尚活花時當廣求此種以備春蘭之絕品

增〔荊溪疏〕蘭出荊溪者葉柔花弱比閩浙產不同又易致龍池銅官之間彌坂盈谷山人杖挑藤束筐筥登市每歲正二月之交負而入郭者價賤於土人行市中衣袂皆馥〔珍珠船〕世稱三友竹有節而嗇花梅有花而嗇葉松有葉而嗇香惟蘭獨並有之〔花史〕宋羅畸元祐

四年為滁州刺史明年治廨宇於堂前植蘭數十本為之記曰予之於蘭猶賢朋友朝襲其馨暮擷其英搆書就觀引酒對酌　吳孺子藏蘭百本靜開一室良適幽情〔一統志〕浙江蘭谿縣蘭陰山多蘭蕙　武義菊妃山多蘭菊　南昌府寧州內有石室北多蘭茝〔福建志〕福安縣白雲山上有庵庵前兩池產蘭玉色向午開浮水面過時卽沉人呼為午時蘭〔四川志〕慶符縣南石門山一名蘭山其林薄中多蘭

原勾踐種蘭渚山王右軍蘭亭是也今會稽山甚盛餘姚縣西南並江有浦亦產蘭其地曰蘭墅洲自建蘭盛行不復齒及移入吳越輙凋有善藏者售之輙得高價而香終少減　蜂採下花俱置股間惟蘭則拱背入房以獻於王物亦知蘭之貴如此

集藻〔序〕原〔明王世貞續蘭譜序〕閩多蘭趙時庚王貴學氏皆閩人故後先能譜蘭著所以為蘭之事盡矣而吾老友張應文氏顧又能為續蘭譜其所以為蘭之事又大出於二譜之外而又能為歌詩古今體幾百篇以侈之若杲禪師悟後偈語百出而百不窮張君吾吳人也酈道元高陽注江南水經歐陽永叔廬陵譜洛中牡丹不是過也予不能從嵇含曉南中花木意亦不大好之顧獨好蘭而不甚曉其事與所以滋培之理友人有見貽者至冬輙萎敗亦任之而已今從張君譜稍得其事

與理而圓居力不能致今者似刖得策第千靖節栗里譜與其詩各一編陸羽張又新水譜各一編蔡君謨茶錄一編以佐張君之二譜而日與之徜徉於峭蒨青蔥之下閒歌陶詩渴則掊茶水譜隨意讀之覺此身如入陽羨吸中泠巳徐翻張君所纂譜詠其得意句鼻觀習習芬馥兩腋風舉作天際真人想又何必左擁陳艮紫石侍魚魫白而後快哉或曰蘭之傳自屈子騷始也子何以不騷而靖節之是援且不虞彼蘜忌哉曰不然蘭君子也貴而大國賤而幽谷所爲香不改也屈子才大於蘭而志趣不一吾故取陶氏焉今之蘜麗矣非陶氏蘜也以故不能與蘭偕蘭亦不受妒不爾寧無東籬數

枝以伴我九畹哉吾取蘭而陶之取陶而蘭之即屈子所不能妒而况蘜也張君善吾言識而弁於簡端

題跋【增】宋黃庭堅書幽芳亭士之才德蓋一國則曰國士女之色蓋一國則曰國色蘭之香蓋一國則曰國香自古人知貴蘭不待楚之逐臣而後貴之也蘭甚似乎君子生於深山叢薄之中不爲無人而不芳雪霜凌厲而見殺來歲不改其性也是所謂遯世無悶不見是而無悶者也蘭雖含香體潔平居與蕭艾不殊清風過之其香藹然在室滿室在堂滿堂是所謂含章以時發者也然蘭蕙之才德不同世罕能別之予放浪江湖之日久乃盡知其族蓋蘭似君子蕙似士夫大槩山林中十蕙而一蘭也離騷曰予既滋蘭之九畹又樹蕙之百畝招魂曰光風轉蕙氾崇蘭是以知楚人賤蕙而貴蘭久矣蘭蕙叢出蒔以沙石則茂沃以湯茗則芳是所同也至其發華一幹一華而香有餘者蘭一幹五七華而香不足者蕙蕙雖不若蘭其視椒𣛚則遠矣世論以爲國香矣乃曰當門不得不鋤山林之士所以往而不返者耶

〔周〕必大跋楊无咎畫秋蘭鄉人徐丙示予楊无咎手畫香草題曰秋蘭後有兵部侍郎章茂獻國子博士湯君寶跋語其說特未定也予老而學圃問諸園丁則曰春蘭夏芷秋蕙冬蓀葉莖花色往往多寡不同予異其說徧以古書考之屈原離騷經紉秋蘭以爲佩張衡

東京賦秋蘭被涯又思玄賦幽蘭可喻潘尼贈河陽詩流聲秋蘭之類言蘭以秋而花也屈原九歌春蘭秋菊陸機庭中奇樹詩勸友蘭時往注春時也梁元帝詩春蘭本無絕唐太宗詩春暉開紫苑淑氣媚蘭湯之類此言蘭以春而花也宋玉招魂賦光風轉蕙氾崇蘭抱朴子春蕙秋蘭陸機悲歌行春芳傷客心蕙草饒淑景是蕙亦可言春矣本草圖經蕙七月中旬開花至香是蕙亦可言秋矣故騷經曰蘭芷變而不芳荃蕙化而爲茅蓋合四者而言之湘君歌亦云薜荔柏兮蕙綢承荃橈兮蘭旌湘夫人則並言荃壁蘭橑蕙櫋芷葺司馬相如長門賦摶芬若以爲枕席荃蘭而茝香乃知四時香草

同出異名葉常青而花隨時自屈宋至漢唐皆於蘭蕙互言春秋豈邵伯溫見聞錄證黃氏之誤而已然則園丁之說未爲無據所謂禮失求之野歟

辨原宋朱子楚辭辨證蘭蕙二物本草言之甚詳劉次莊云今沅澧所生花在春則黃不若秋紫之芬馥又黃魯直云一幹一花而香有餘者蘭一幹數花而香不足者蕙今按本草所言之蘭雖未之識然而云似澤蘭則今處處有之蕙則自爲零陵香尤不難識其與人家所種葉類茅而花有兩種如黃說者皆不相似大抵古之所謂香草必其花葉皆香而燥濕不變故可刈而爲佩若今之所謂蘭蕙則其花雖香而葉乃無氣其香雖美

而質弱易萎皆非可刈而佩者也 明王象晉正譌蘭之爲世重尚矣今世重建蘭北方尤爲難致間得一本置之書屋愛惜鄭重即拱璧不啻也及詳閱載籍如遯齋閒覽楚辭辨證本草綱目草木疏諸書乃知今所崇尚皆非靈均九畹故物至有謂春花爲蘭秋花爲蕙者其視紉秋蘭爲佩之語不剌謬乎

傳原明方宇蘭馨傳友姓蘭名馨字汝清號無知子始祖國香草姓也鄭文公妾燕姞夢天與國香倚闌寤而生子公異之物色求香得之幽谷賜姓蘭志倚闌也加草不忘本也香後獨茂修德芬芳隱居深山雖困窮未嘗改節仲尼稱爲善人君子又傷其老草莽遺琴操以彰其美識者亦曰使際風動時香名豈終泯乎自是子孫蕃衍布散諸國楚屈原延之九畹每飯不忘忠憤不平之氣賴之以洩原感其德佩服終身晉有鄰王樹者謝安處之庭堦視如子弟至今詠蘭氏必曰謝庭歷唐而宋曰猗曰臯猗受知韓愈亦困窮愈曰揚揚其香不採何傷蓋美之也臯爲朱元晦友後病歸元晦思之有願托孤根歲晏爲期之句其冒姓者楚有椒漢有臺晉有亭又有善釀者武帝飲之甘呼蘭生而不名椒與桂櫂同舟事君有濟川功臺於章帝時遊太學與崔駰私論武帝善惡事聞下有司臺自訟獲免拜令史亭好山水家有峻嶺茂林曲水之景名賢王羲之庾蘊輩上巳

日禊亭觴詠暢敘幽情以姓爲名者有馬氏澤氏賽氏馬澤俱精醫善療腫毒疼痛賽家廣積珠如粟人有求之散而不惜又有蓓芸蕙蓀皆近族也馨始生異香滿室人稱香孩兒皆曰何物老嫗生寧馨兒流芳百世必斯人也既長闘木徂徠梅華竹直同道相交往師之三人曰予幽貞雅淡和氣襲人子輩友也敢曰師乎遂深相得號爲四友時有嚴霜者攻申韓術草莽之士畏而靡者萬計惟四友正色不動雪多方摧折之自如也明年春天子布陽和之德靡者皆起四友名益重後木爲大夫梅居鼎鼐竹以筆簧才官翰林馨獨潛修不出復與金利締交同心相規時人語曰膠漆雖謂堅不如金

與蘭馨性剛褊每秋風起怒髮衝冠若聞雞起舞狀又華一吐芳馨遠播人採其善不戴之首則佩之身奉以羞祀苾苾芬芬神明來格凡大夫處士聞其名無不愛慕思友里有猗生性惡使氣人不之近疾馨異已面斥曰人生當使人畏子之得人親媚無乃務爲容悅乎馨笑而不答性惡汚穢有拔茹者必淨沙爲地將進潔湯斯暢舒自遂不爾則形容就悴無他歸潔其身也祕書省有蠹魚爲害上召馨拜掌書記害遂息因名其省曰蘭省功成身退優游林泉或登高山或臨深崖或擷青苔坐白石意泊如也閔子廣於取邈馨語曰聞子香譽願敦同心兮香吐懷帷子之需敢不攜莊禮子期與俱化

賦【增】陳周弘讓山蘭賦爰有奇特之草產於空崖之地仰鳥路而裁通眡行蹤而莫至挺自然之高介豈衆情之服媚寧紉結之可求非延佇之能泊稟造化之均育與卉木而齊致入坦道而銷聲屏山幽而靜異獨見識於琴臺竊逢知於綺季

唐楊炯幽蘭賦惟幽蘭之芳草稟天地之純精抱青紫之奇色挺龍虎之嘉名不起林而獨秀必固本而叢生爾乃丰茸十步緜連九畹莖受露而將低香從風而自遠當此之時叢蘭正滋美庭幃之孝子循南陔而采之楚襄王蘭臺之宮零落無叢漢武帝猗蘭之殿荒凉幾變聞昔日之芳菲恨今人之

不見至若桃花水上佩蘭若而續魂竹箭山陰坐蘭亭而開宴江南則蘭澤爲洲東海則蘭陵爲縣隰有蘭兮蘭有枝贈遠別兮交新知氣如蘭兮長不改心若蘭兮終不移及夫東山月出西軒日晚受燕女於春闈降陳王於秋坂乃有送客金谷林塘坐聽鶴琴未罷龍劒將分蘭缸燭燿蘭麝氛氳舞袖迴雪歌聲遏雲度清夜之未艾酌蘭英以奉君若夫靈均放逐離羣散侶亂鄢郢之南都下瀟湘之北渚步遲遲而適越心鬱鬱而懷楚徒眷戀於君王斂精神於帝女汀洲兮極目芳菲兮襲予思公子兮不言結芳蘭兮延佇借如君章有德通神感靈懸車舊館請老山庭白露下而鶴警秋風高而蚪榮循階除而下望見秋蘭之青青重曰若有人兮山之阿紉秋蘭兮歲月多思握之兮猶未得空佩之兮欲如何抽琴命操爲幽蘭之歌歌曰幽蘭生矣於彼朝陽含雨露之津潤吸日月之休光美人愁思兮採芙蓉於南浦公子忘憂兮樹萱草於北堂雖處幽林與窮谷不以無人而不芳趙元淑聞而歎曰昔聞蘭葉據龍圖復道蘭林引鳳雛鴻歸燕去紫莖歇露往霜來綠葉枯悲秋風之一敗與蒿草而爲芻

顏師古幽蘭賦惟奇卉之靈德稟國香於自然灑嘉言而擅美擬貞操以稱賢詠秀質於楚賦騰芳聲於漢篇冠庶卉而超絕歷終古而彌傳若乃浮雲卷岫明月澄天光風細轉清露微懸紫

莖膏潤綠葉水鮮若翠羽之羣集譬彤霞之競然感羇
旅之招恨卯寓客之流連既不遇於摯採信無憂乎翦
伐魚始陟以先萌鶗雖鳴而未歇願擢穎於金陛思結
蔭乎玉池泛旨酒之十醞耀華璧於百枝　〔喬彝幽蘭
賦〕蘭之生矣不以無人而不芳被廣澤森回塘和寡調
高未儷郢中之曲神符夢叶終傳鄭國之香贈靈修於
南浦襲嘉慶於北堂於是芊眠茂苑靡迤秋坂紉而爲
佩騷人之意已深聞以在衿楚客之情何遠薄秋風而
香盈十步況皓露則花飛九畹豈衆草之敢陵幸移根
之未晚若乃昊露清兮天氣新湘水碧兮楓岸春煙轉
綠蕙波搖白蘋棠曲沼之初蓮遺天涯之美人離別經

時歎孤芳於秀質豔陽可惜悵獨立於良辰復有映金
砌羅玉戶分竹宮疏蕙圃因風而起不隨彼茁之蓬擇
地以生能殊有杕之杜宜其比同心於先哲冠美名於
前古蘭之在幽兮其芳滿叢士守業兮其道未通入提
攜固在於高賞播酷烈當跋於下風寧使凋急景於散
地迫嚴凝於歲終況復光陰慘烈冰霰淒切靜而處順
不得近於階墀長未當門獨遣冒於霜雪豔歟紅暗莖
萎紫折懼鶗鴂之先鳴掩氛氳而頓絕於戲蘭與艾兮
異味薰與蕕兮殊途一室之人誰當執我之契十年之
臭尚可攘公之揄囂然此道何有何無嗟乎蘭無薰兮
搴擷之所不及士無文兮聲華之所不立倘一借於齠

光庶餘香之可襲　〔陳有章幽蘭賦〕翹翹嘉卉獨成國
香在深林以挺秀向無人而見芳幽之可居達萌芽於
陰壑時不可失吐芬香於春陽所以紫翹十步名轉九
畹自下井高結根聳榦布葉逾密重陽未晚開細蘂而
乍合擢丹穎而何遠好遵正直生匪臨於斜徑不向嶮
巇質寧被於長坂獨茂幽壑厭若錯薪幾霑雨露猶若
風塵采掇兮有日芳菲兮度春得臨刈楚之地曷異修
詞之人燕妃夢中榮何名而不遂蜀琴曲裏奏何聲而
不新況衆英聚集傳香氣而相襲佳色蔥蘢帶煙翠而
攢叢固已歎夫貞潔期見賞於始終幽處斯久照臨忽
通喜會無私之日深緊有力之風幽莫過於芳蘭誠匪

同諸草莽充佩而靈均不棄入握而仙都必取詎比夫
山上蘼蕪泥中蘅杜將慮名以共播竟無善而足數焉
知夫光善才於左思能成賦於師古而已哉知我者謂
我如碩儒不知我者謂我如生芻此幽人之未已亦何
代而云無幸逢昭代得遇良哲雖偕蕭蕕固有分別勿
以卉賤不顧幽芬勿以地寒不軫孤絕倘折英而入用
庶有光於優劣者也　〔韓伯庸幽蘭賦〕陽和布氣兮動
植齊光惟彼幽蘭兮偏含國香吐秀喬林之下盤根衆
草之旁雖無人而見賞且得地而含芳於是嫩葉旁開
浮香外襲既生成而有分何掇採之莫及入握稱美未
遭時主之恩納佩爲華空載騷人之什光陰向晚歲月

將終芬芳十步之內繁華九畹之中亂羣峰兮上下雜百卉兮橫叢況荏苒於光陰將衰敗於秋風豈不處地稍幽受氣仍別蕭艾之新苗漸長桃李之舊蹊將絕空牽戲蝶拂花蘂之翩翩未遇來人尋芳春而採折既生幽徑且任榮枯磬輕煙而薫翠帶溆氣而紛敷冀雨露之溥及何見知之久無及夫日往月來時占歲覩遇達人之回盼披荒榛而見取橫琴寫操夫子傳之而至今人夢爲徵燕姞聞之於前古生雖失處用乃有因枝條嫩而既麗光色發而猶新雖見辭於下士幸因遇於仁人則知夫生理未衰採掇何晚幽名得而不朽佳氣流而自遠既徵之而見寄願移根於上苑

仲子陵幽蘭賦 蘭惟國香生彼幽荒貞正內積芬華外揚和氣所資不擇地而長精英自得不因人而芳況乃崖斷坂折蹊分石裂山有木而轉深徑無人而自絕柔條獨秀芳心潛結翡翠戲而相鮮蘼蕪生而共悅然後衆草之中迥爲一叢卑以自牧和而不同揚翹布葉舒翠錯紅宵承結露曉洮光風傾於陽希所照無隱託其地知其道有終且求之昔人徵以篴古宛成章於楚客爰命操於尼父佩之衆匪蘭不紉曲之多匪蘭奚鼓夫以薰蕕之喻臭味斯殊同之則十年猶有異之則一日而無乃清以爲露滋而爲畹比德者以之守貞贈離者以之傷遠宜其出幽谷之濱爲階除之珍羅堂未晚被徑知春衣璨

池而自庇與玉樹之爲鄰杜若芳芷香辛白蘋俱受生於大塊獨取象於同人是故蘭也之采伊人所急篇章間起比興俱入道之廢可鋤而去道之興可俯而拾爲君灑微芳於素衿希見寶於重襲

李公進幽蘭賦 幽有寂兮蘭有香香者取其服媚寂者契其韜光是以綠葉紫莖偶貞士而必佩深林絕壑挺奇質而獨芳覩其異彩特秀結根自遠靡生於門寧滋於畹朝陽照而雜花不得間其榮光風轉而衆草無以齊其馥杳杳深處芬芬絕倫保貞操以擅美發英華以藻春葉凝露以珠綴花含煙而色新移於友也則斷金之利樹之庭也則如玉之珍豈比夫協夢呈祥表嘉名於鄭國循陔見采

流雅詠於詩人而已哉蘭之幽兮芳可折幽無人兮芳不絕蘭之生兮美自豐生得地兮美無終故雖敗於凉飈訝有嘉於前古方比契於松筠詎齊名於蘅杜且夫麗白雪之綺靡被長坂之芬敷激餘芳以孤映極幽致而自殊則在握者何居擇者何無蘭處幽而轉芳芳無遠而不襲賢尚晦而必著著何道而不入伊哲人之素履盍徵蘭以自執苟馨香之發聞越江山而採拾 原

李農夫幽蘭賦 蘭之猗猗窅窅其香道世無悶抱道深藏不以無人而遂廢其芳磅礴冰霜之際虛徐蕭艾之埸揭之揚之於古有光不采而佩於蘭無傷豈膏黍之爲用也必焚必割珠屏之帛通也必剖必絕雖佩玉而

垂紳亦吐哺而握髮
〔文賦散句〕【原】〔楚屈原離騷〕扈江離與辟芷兮紉秋蘭以爲佩　余既滋蘭之九畹兮又樹蕙之百畮　時曖曖其將罷兮結幽蘭而延佇　戸服艾以盈要兮謂幽蘭其不可佩　蘭芷變而不芳兮荃蕙化而爲茅　余以蘭爲可恃兮羌無實而容長〔九歌〕蕙肴蒸兮蘭藉　浴蘭湯兮沐芳　薜荔拍兮蕙綢承蓀橈兮蘭旌　桂櫂兮蘭枻　沅有芷兮澧有蘭　桂棟兮蘭橑　擗蕙櫋兮既張　疏石蘭兮爲芳　秋蘭兮蘼蕪羅生兮堂下綠葉兮素枝芳菲菲兮襲予　秋蘭兮青青綠葉兮紫莖　被石蘭兮帶杜衡折芳馨兮遺所思　春蘭兮

秋菊長無絕兮終古〔九章〕悲回風之搖蕙兮　蘭茝幽而獨芳〔宋玉九辯〕竊悲夫蕙華之曾敷兮紛旖旎乎都房〔招魂〕光風轉蕙氾崇蘭些　皋蘭被徑兮斯路漸〔景差大招〕茝蘭桂樹鬱彌路只〔漢東方朔七諫〕聯蕙芷以爲佩兮過鮑肆而失香〔王褒九懷〕季春兮陽陽列草兮成行余悲兮蘭生委積兮縱橫　株穢除兮蘭芷覩〔劉向九歎〕懷蘭蕙與衡芷兮行中野而散之　懷芬香而挾蕙兮佩江離之菲菲　遊蘭皐與蕙林兮睨玉石之嵾嵯　懷蘭芷之芬芳兮妒被離而折之〔王逸九思〕懷蘭英兮把瓊若

四言古詩【增】〔漢張衡怨篇〕猗猗秋蘭植彼中阿有馥其芳有黃其葩雖曰幽深厥美彌嘉之子云遠我勞如何〔晉嵇康酒會詩〕猗猗蘭藹植彼中原綠葉幽茂麗蘂濃繁馥馥惠芳順風而宣將御椒房吐薰龍軒瞻彼秋草悵矣惟騫

五言古詩

御製秋蘭并序　殿前盆卉芳蘭獨秀昔人稱爲王者香又以方之君子因題四韻猗猗秋蘭色布葉何葱青愛此王者香著花秀中庭幽芬散細帙靜影依疎櫺豈必九畹多移彼離騷經

【增】〔梁武帝紫蘭始萌〕種蘭玉臺下氣暖蘭始萌芬芳與時發婉轉迎節生獨使金翠嬌偏動紅綺情二遊何足

模一顧非傾城羞將苓芝侶豈畏鶗鴂鳴〔元帝賦得蘭澤多芳草〕春蘭本無艷春澤最葳蕤燕姬得夢罷尚書奏事歸臨池影入浪從風香拂衣當門已芬馥入室更芳菲蘭生不擇徑十步豈難稀〔宣帝詠蘭〕折莖聊可佩入室自成芳開花不競節含秀委微霜〔陳張正見賦新題得蘭生野徑〕披襟出蘭畹命酌動幽心鋤罷還開路歌喧自動琴華燈共影落芳杜雜花深莫言閒徑裏遂不斷黃金【原】〔唐李白贈友〕蘭生不當戶別是閑庭草夙被霜雪欺紅榮已先老謬接瑤華枝結根君王池顧無馨香美叨沐春風吹餘芳若可佩卒歲長相攜〔古風〕孤蘭生幽園衆草共蕪沒雖照陽春暉復悲

高秋月飛霜早淅瀝綠豔恐休歇若無清風吹香氣爲
誰發　賀蘭進明古意崇蘭生澗底香氣滿幽林采采
欲爲贈何人是同心日暮徒盈把徘徊憂思深悵然紉
雜佩重奏丘中琴　增溫庭筠余昔自西濱得蘭數本
移藝於庭亦旣逾歲而芃然蕃殖自余遊者未始以芳
草爲遇矣因悲夫物有厭常而返不若混然者有之焉
遂寄情於此　寓賞本殊致意幽非我情吾常有疏淺外
物無重輕各言藝幽深彼美香素莖豈爲賞者設自保
孤根生易地無赤株麗土亦同榮賞際林壑近泛餘煙
露清余懷旣鬱陶爾類徒縱橫妍媸苟不信寵辱何爲
驚貞隱諒無跡激時猶齪名幽叢靄綠畹豈必懷歸耕

陳陶種蘭種蘭幽谷底四遠聞馨香春風長養深枝
葉趁人長智水潤其根仁鋤護其芳蒿藜不生地惡鳥
弓已藏椒桂夾四隅茅茨居中央左鄰桃花塢右接蓮
子塘一月薰手足兩月薰衣裳三月薰肌骨四月薰心
腸幽人饑如何采蘭充餱糧幽人渴如何醞蘭爲酒漿
地無青苗租白日如羲皇不嘗仙人藥端坐紅霞房日
夕望美人佩花正煌煌美人久不來佩花徒生光刈穫
及葳蕤無令見雪霜清芬信神鬼一葉豈可忘舉頭愧
青天鼓腹詠時康下有賢公卿上有聖明王無階答風
雨願獻蘭一筐　宋蘇軾題楊次公春蘭春蘭如美人
不採羞自獻時聞風露香蓬艾深不見丹青寫真色欲

補離騷傳對之如靈均冠佩不敢燕　范成大次韻溫
伯種蘭靈均墮荒寒采采紉蘭手九畹不留客高丘一
回首崢嶸路孔棘悽愴肘生柳遂令此粲者永與窮愁
友不如湯子遠情事只詩酒但知愛國香此外付烏有
栽培帶苔蘚披拂護塵垢孤芳亦有遇灑濯居座右君
看深林下埋沒隨藜莠　陸游蘭南巖路最近飯已時
散策香來知有蘭遽求乃弗獲生世本幽谷豈願爲世
娛無心託階庭當門任君鋤　楊萬里題蕙花初開幽
人非愛山出山將何之山居種蘭蕙歲寒久當知初藝
止百畝餘地惜奚爲先生無廣居千巖一茅茨四面止
藝蕙中間纔置錐銳綠分宿叢脩紫擢幼枝孤榦八九

花一花破初莖西風淡無味微度成香吹燈夢得幽馥
月寫傳靜姿我欲擬芳英和露充晨炊眷然惻不忍環
甃自忘饑豈無衆花草不願秋不遲種時亂不擇歲晚
悔可追　薛季宣種蘭蘭生林樾間清芬倍幽遠野人
坐官曹茲意極不淺西窗敞斜日松竹架春晚牆陰蒔
花木頗額根日損植此山園香坐與前事反扶疏可紉
佩心緒端有本芽生俄盈境高風成九畹羣芳顏色好
祇自誇園苑何如淡爾蠟草莽曾誰混對我靜無言忘
形如莽尊　刈蘭東畹刈真香靜院參瓶水高遠不勝
情時逐微風起和雨窮閒庭誰作騷人語記得舊家山
春來無覓處　朱子謝人送蘭二首幽獨臙事屏畹晚

秋蘭滋芬馨不自媚掩抑空相思晤對日方永披叢露未晞儵然發孤詠九畹陳悲詩　淹留閱歲序契濶心懷憂獨臥寄僧閣一室空山秋徘徊起顧望俯仰誰爲儔伊人遠贈問孤根亦綢繆芳馨不我遺三載娛清幽愧無瓊琚報厚意竟莫酬嗟彼南陔詩使我心悠悠

秋蘭已悴以其根歸學古〔秋至百草晦寂寞寒露滋蘭皐一以悴蕪穢不能治端居念離索無以遺所思願言托孤根歲晏以爲期

原〔周竹坡〕藝蘭當九畹蘭生香滿路紉君身上衣光明奪紈素孤芳一衰歇凋零濕秋露佩服得君子亦足慰遲暮

增〔元岑安卿〕盆蘭猗猗紫蘭花素秉巖穴趣移栽碧盆中似爲香所誤吐舌終

不言畏此塵垢汚豈無高節士幽棲其情素俛首若有思清風颯庭戶

〔明朱濂〕蘭花篇暘和煦九畹晴芬溢青蘭潛姿發玄廟幽藹凝紫檀露蘿托芳鄰白谷起高寒玄聖未成調湘纍久長歎葉葹雖外薇貞潔終能完豈知生平心卒獲君子觀雜以青瑤芝承以白玉槃靈風曉方薦清露夜初溥此時不見知駢羅混荒菅春風桃杏華爛若霞綺攢徒婿兮毗子千金買歌歡棄之不彼卽要使中心安願結纖人佩把玩日忘餐

七言古詩

增〔元薩都剌〕蘭皐曲溪水長涵幽草芳春溪露滴蘭葉光美人日暮采蘭去風吹露濕芙蓉裳芙蓉爲裳蘭結佩玉立亭亭臨水際天寒袖薄人不知疎雨

蘭苕鳴翡翠幽蘭日日吹古香美人不來溪水長

〔王冕〕明上人畫蘭圖莫與二趙俱已矣雪窓因以專其美不須百畝樹芳菲霜毫掃蓮光風起大花哆唇如笑人小花斂眉如羞春翠影飄飄舞輕浪正色不染湘江塵湘江雨冷暮煙寂欲問三閭杳無迹懷慷不忍讀離騷目極飛雲楚天碧

〔明李東陽〕觀畫蘭有感春風吹香出芳林叢蘭開傍西巖陰幾回欲采意不適路轉溪迴山更深虛堂披圖對幽襟忽如攬衣度崎嶔杏壇尼父去已遠湘江屈原空獨沉我方揮絃坐微吟微吟未成日將晚冰霜欲來侵九畹蘭兮蘭兮竟誰管

五言律詩

御製雲栖竹樹甚茂幽蘭滿山山徑紆徐合溪聲到處聞竹深陰憂日木古勢干雲倚檻聽號鳥攀崖採異芬韶華春已半萬物各欣欣

增〔唐太宗〕芳蘭春暉開紫苑淑景媚蘭場映庭含淺色凝露泫浮光日麗參差影風傳輕重香會須君子折佩裏作芬芳

〔李嶠〕蘭虛室重招尋忘言契斷金英浮漢家酒雪灑楚王琴廣殿輕風發高臺遠吹吟河汾應擢秀誰肯訪山陰

張九齡園中時蔬盡皆鋤理唯秋蘭數本委而不顧彼雖一物有足悲者遂賦二章場藿已成歲園葵亦向陽蘭時獨不偶露節漸無芳旨異菁爲蓄甘非蔗有漿人多利一飽誰復惜馨香　幸得不鋤

去孤苗守舊根無心美旨蓄豈欲近名園遇賞寧充佩
爲生莫礙門幽林芳意在非是爲人論　崔塗幽蘭幽
植眾寧知芬芳只暗持自無君子佩未見國香衰白露
沾長早春風到每遲不如當路草芬馥欲何爲　釋無
可詠蘭蘭色結春光氣氳擁聚芳過門增露葉尋澤徑
連香畹靜風吹亂亭秋雨引長靈均曾採擷紉珮挂荷
裳　原宋蘇軾題文公蕙蕙本蘭之族依然臭味同曾
爲水仙佩相識楚辭中幻色雖非實眞香亦竟空云何
起微馥鼻觀已先通　朱子去歲蒙學古分惠蘭花淸
賞既歇復以根叢歸之故畹而學古預有今歲之約近
聞頗已著花輒賦小詩以尋前約秋蘭遞初馥芳意滿

沖襟想子空齋裏淒涼楚客心夕風生遠思晨露灑中
林頗憶孤根在幽期得重尋　增王柏蘭早受樵人貢
春蘭訪舊盟謝庭誇端物楚澤擷芳名蒼玉裁圭影紫
檀含露英奚奴培護巧苔蘚日菁菁
七言律詩　增宋蘇轍種蘭蘭生幽谷無人識客種東亭
遺我香知有情芬能解穢更憐細葉巧凌霜根便密石
秋芳早叢倚修莖午蔭凉欲遣蘼蕪共堂下眼前長見
楚詞章　原楊萬里蘭花雪徑偷開淺碧花氷根亂吐
小紅芽生無桃李春風面名在山林處士家政坐國香
到朝市不容霜節老雲霞江籬圃蕙非吾耦付與騷人
定等差　劉克莊深林不語抱幽貞賴有微風遞遠馨

開處何妨依蘚砌折來未肯戀金瓶孤高可把供詩卷
素淡堪移入臥屏莫笑門無佳子弟數枝濯濯映階庭
　兩盆去歲共移來一置雕闌一委苔我猶扶持令葉
瘦君能調護遣花開隸人挑蠹巡千匝稚子澆泉走幾
回亦欲效顰栽小圃地荒終恐費栽培　明文徵明建
蘭靈根珍重自甌東紺碧吹香玉兩叢和露紉爲湘水
佩臨風如到蕊珠宮誰言別有幽貞在我已相忘臭味
中老去相如才思減臨窓欲賦不能工
五言排律　增唐劉禹錫令狐相公見示新栽蕙蘭二草
之什兼命同作上國庭前草移來漢水濤朱門雖易地
玉樹有餘陰艷彩凝還泛淸香絕復尋光華童子佩柔

輭美人心惜晚含遠思賞幽空獨吟寄言知音者一奏
風中琴
五言絕句　增唐唐彥謙詠蘭　淸風搖翠環涼露滴蒼玉
美人胡不紉幽香藹空谷　謝庭漫芳草楚畹多綠莎
於焉忽相見歲晏將如何　宋王安石朱朝議移法雲
蘭　幽蘭有佳氣千載閟山阿不出阿蘭若豈遭乾闥婆
原楊萬里詠蘭　健碧繽繽葉斑紅淺淺芳幽香空自
秘風肯秘幽香　朱子詠蕙　今花得古名旖旎香更好
適意欲忘言塵編詎能老　蘭澗　光風浮碧澗蘭杜日
猗猗竟歲無人採含薰只自知　增元倪侯斯存蘭　深
谷暖雲飛重巖花發時非因采樵者那得外人知　秋

蕙出叢不盈尺空谷爲誰芳一徑寒雲色滿林秋露香
陳旅題畫蘭九畹光風轉重巖墜露香紫宮祠太乙
瑤席薦瓊芳 張羽詠蘭花能白更兼黄無人亦自芳
寸心原不大容得許多香 詠蘭葉泣露光偏亂含風
影自斜俗人那解此看葉勝看花 鄭氏允端詠蘭蕙
石疎花瘦臨風細葉長靈均清夢遠遺佩滿沅湘

七言絶句

御製詠幽蘭婀娜花姿碧葉長風來難隱谷中香不因紉取
堪爲佩縱使無人亦自芳

增 唐杜牧蘭溪蘭溪春盡碧泱泱映水蘭花雨發香楚
國大夫顦顇日應尋此路去瀟湘 宋梅堯臣蘭楚澤

多蘭人未辯盡以清香爲比擬蕭茅杜若亦莫分唯取
芳馨襲衣美 蘇轍幽蘭花二首李徑桃蹊次第開穠
香百和襲人來春風欲擅秋風巧催出幽蘭繼落梅
珍重幽蘭開一枝清香耿耿聽猶疑定應欲較香高下
故取羣芳競發時 又韻答人幽蘭幽花耿耿意羞春
紉佩何人香滿身一寸芳心須自保長松百尺有爲薪
答琳長老寄幽蘭谷深不見蘭生處追逐微風偶得
之解脫清香本無染更因一嗅識真如 原 朱熹蘭護
種秋蘭四五莖疎簾底事太關情可能不作涼風計護
得幽香到晚清 增 劉克莊詠蘭蕭艾榮枯各有意深
藏芳潔欲奚爲世間鼻孔無憑托且伴幽窗讀楚詞

元趙以夫詠蘭一朵俄生几案光尚如逸士氣昂藏
風試與平章看何事當時林下香 增 方岳買蘭幾人
曾識離騷面說與蘭花枉自開却是樵夫生鼻孔擔頭
帶得入城來 元韓性題趙子固墨蘭鏤瓊爲佩翠爲
裳冷落遊蜂試采香煙雨館寒春寂寂不知清夢到沅
湘 明陸治畫了蘭玉蕤棱棱應節分枝枝采玉紉香
雲凝妝擬待三更月露染生綃六幅裙 文嘉蘭花奕
奕幽蘭傍砌栽紫莖綠葉向春開晚晴庭院微風發忽
送清香度竹來 原 余同麓詠蘭手培蘭蘂兩三栽日
暖風和次第開坐久不知香在室推窗時有蝶飛來
日草千花日夜新此君竹下始知春雖無豔色如嬌女

自有幽香似德人 何處幽香撲酒罇洲中杜若畹中
蓀紉來爲佩裁爲服不許蒼蠅挂蓽門

詩散句 原 宋僧道潛暘崖月牖得芳叢滿握歸來誇所
逢淨掃幽徑植蘼蕪紫莖綠葉弄奇姿疎簾風暖日華
薄芳馥滿懷君自知 增 唐韓愈蘭之猗猗揚揚其香
不採而佩於蘭何傷 晉陶潛幽蘭生前庭含薰待清
風清風脫然至見別蕭艾叢 漢酈炎秋蘭榮何晚嚴
霜悴其柯 原 晉張華蘭蕙緣清渠繁華蔭綠渚 增
傅玄秋蘭蔭玉池池水清且芳 郭璞蘭生蓬芭間榮
曜常幽翳 唐太宗春光瀰照樹堤蘭倒插波 陳子
昂蘭若生春夏芊蔚何青青 張九齡紫蘭秀空蹊皓

露奪幽色 原李白寄君青蘭花惠好庶不絕 增錢起蘭生霽後日花發夜來風 宋陳與義苗分鄭七穆香發謝諸郎 元馬臻細葉舒冷翠貞葩結青陽 宋錢惟演紅蘭受露銷晨渴綠蕙翻風析夜醒 文彥博蘸姑夢魂誰是見謝家庭戶本來多 劉敞深林幽寂秋雨晦叢蘭猗猗無所佩 原魏文帝秋蘭被幽壑 增晉嵇秋蘭被長坂 嵇康時下息蘭池 原阮籍清露被蘭皐 增晉潘尼添馥馨秋蘭 陶潛榮榮窗下蘭 宋謝靈運清露灑蘭藻 梁劉孝綽蘭芽隱陳葉 唐李嶠蘭氣襲回風 陳子昂朱蕤冒紫莖 蘇頲御杯蘭薦葉 張九齡蘭葉春葳蕤 蘭林覽餘滋

王丘蘭露滋香澤 原李白蘭幽香風遠 增李白清風灑蘭雪 原杜甫猗蘭奕葉光 夢蘭他日應 增儲光羲叢蘭秋蝶多 錢起種蘭入山翠 萌蕙煖初吐 白居易掃徑避蘭芽 韋應物紫蘭含幽色 孟郊蘭葉露華浮 張籍蒻草出幽蘭 杜牧幽蘭思楚澤 鄭谷蘭洲晚泊香 許渾露曉紅蘭重 宋劉筠渚蘭薰露夕 邵雍紅蘭靜自披 孫覿寒秀紉春蘭 元陳旅雨暖蘭抽筍 原唐李白煙開蘭葉香風暖 增劉禹錫蘭在幽林亦自芳 原白居易春風新長紫蘭芽 李賀光風催蘭吹小殿 李商隱風聲偏獵紫蘭叢 王建荒郊遠處有芳蘭 增韋莊蘭惹春風綠映袍 原宋張耒更許光風為泛香 增戴復古室有蘭花不炷香

詞 原宋向子諲浣溪沙綠玉叢中紫玉條幽花疏淡更香饒不將紅粉汚高標 空谷佳人宜作伴貴游公子不能招小窗相對詠離騷 增韓仲殊浣溪沙楚客才華為發揚深林著意不相忘夢成燕國正芬芳 莫把品名閑擬議且看青鳳羽毛長十分領取面前香 又醉花陰輕紅蔓引絲多少翦青蘭葉巧人向月中歸留下星鈿彈破真珠小 管絃不管春知道著繡簾圍繞只空被東風偷得餘香付與閑花草

別錄 原蜀志先主常銜張裕不遜下獄將誅之諸葛亮

表請其罪先主答曰芳蘭生門不得不鋤 晉書謝玄傳安嘗戒約子姪因曰子弟亦何預人事而正欲使其佳諸人莫有言者玄答曰譬如芝蘭玉樹欲使其生於庭階耳 增圖繪寶鑑鄭思肖字所南福州人工畫墨蘭嘗自畫蘭卷長丈餘高可五寸許天真爛熳超出物表題云純是君子絕無小人 原養蘭口訣正月安排在坎方離明相對向陽光晨昏日曬都休管要使蒼顏不改常 二月栽培其實難須防葉作鷓鴣斑四圍插竹防風折惜葉猶如惜玉環 三月新條出舊叢花盆切忌向西風隄防濕處多生虱根下猶嫌太糞濃 四月中庭日乍炎盆間泥土立時乾新鮮井水休澆灌腻

水時頗味最甜　五月新芽滿舊窠綠陰深處最平和此時葉退從他性蒻了之時愈見多　六月驕陽暑氣加芬芳枝葉正生花涼亭水閣堪安頓或向簷前作架遮　七月雖然暑漸消只宜三日一番澆最嫌蚯蚓傷根本苦皁煎湯尿汁調　八月天時稍覺涼任他風日也無妨經年汚水今須換却用雞毛浸水漿　九月時中有薄霜堦前簷下慎行藏若生蟻蝨妨黃腫葉灑油茶庶不傷　十月陽春暖氣囘來年花筍又胚胎幽根不露眞奇法盆滿尤須急換栽　十一月天宜向陽夜間須要慎收藏常教土面微生濕乾燥之時葉便黃臘月風寒雪又飛嚴收暖處保孫枝直教凍解春司令

移向庭前對日暉　〔種植〕性喜陰其莖葉柔細生幽谷竹林中者宿根移植膩土多不活卽活亦不多開花莖葉肥大而翠勁可愛者率自閩廣移來種法九月終將舊盆輕擊碎緩緩挑起舊本刪去老根勿傷細根取有竅新盆用麤碗覆竅以皮屑尿缸瓦片鋪盆底仍用泥沙半塡取三季者三篦作一盆互相枕藉新篦在外分種之糝土壅培勿用手捺實使根不舒暢長滿復分大約以三歲爲度盆須架起仍不可著泥地恐蚯蚓螻蟻入孔傷根令風從孔進透氣爲佳　十月時花已胎孕不可分若見霜雪大寒尤不可分否則必至損花分之次年不可發花恐洩其氣則葉不長凡善於養花切須

愛其葉葉聳則不慮花不茂也　〔位置〕蘭性好通風臺不可太高高則衝陽亦不可太低低則隱風地不必曠曠則有日亦不可太狹狹則蔽氣前宜南面後宜背北蓋欲通南薰而障北吹也右宜近林左宜近野欲引東日而被西陽也夏遇炎烈則蔭之冬逢沍寒則曝之下沙欲疏疏則連雨不能淫上沙欲濡濡則酷日不能燥至於插引葉之架平護根之沙防蚯蚓之傷禁螻蟻之穴去其莠草除其絲網助其新篦翦其敗葉尤當一一留意者也　〔修整〕花時若枝上蕊多留其壯大者去其瘦小若留之開盡則奪來年花信性畏寒暑尤忌塵埃葉上有塵卽當滌去蘭有四戒春不出夏不日秋不乾

冬不濕養蘭者不可不知　〔澆灌〕春三二月無霜雪時放盆在露天四面皆得澆水澆用雨水河水皮屑水魚腥水雞毛水浴湯夏用皁角水豆汁水秋用爐灰清水最忌井水須四面勻灌勿得灑下致令葉黃黃則清茶滌之日曬不妨逢十分大雨恐墜其葉用小繩束起如連雨三五日須移避雨通風處四月至七月須用疎密得所竹籃遮護置見日色通風處澆須五更或日未出一番黃昏一番又須看乾濕濕則勿澆梅天忽逢大雨須移盆向背日處若雨過卽曬盆內水熱則蕩葉傷根七八月時驕陽方熾失水則黃當以腥水或腐穢澆之以防秋風肅殺之患九月盆乾用水澆濕則不澆十月

至正月不澆不妨最怕雪霜更怕春雪一點著葉
卽斃用密篮遮護安朝陽日照處南窗簷下須兩三日
一番旋轉使日曬勻則四面皆花用肥之時當俟沙土
乾燥遇晚方始灌溉候晚以清水碗許澆之使肥
物得以下漬其根自無勾蔓逆上散亂盤盆之患
須以紙釘之鬚儲蓄雨水積久色綠者間或灌之其葉
浡然挺秀濯然爭茂盈臺簇檻列翠羅青縱無花開亦
見雅潔 〔收藏〕冬作草囤比蘭高二三寸上編草蓋寒
時將蘭頓在中覆以蓋十餘日河水微澆一次待春分
後去囤只在屋內勿見風如上有枯葉剪去待大暖方
可出外見風春寒時亦要進屋常以洗鮮魚血水并積

雨水或皮屑浸水苦茶灌之 〔衞護〕忽然葉生白點謂
之蘭虱用竹鍼輕輕剔去如不盡用魚腥水或煮蚌湯
頻灑之卽滅或研蒜和水新羊毛筆蘸洗去珍珠蘭法
同盆須安頓樹陰下如盆內有蚓用小便澆出移蚓他
處旋以清水解之如有蟻用腥骨或肉引而棄之 〔釀
土〕用泥不拘大要先於梅雨後取溝內肥泥曝乾羅細
備用或取山上有火燒處水衝浮泥再尋蕨萁待枯以
前泥薄覆草上再鋪草再加泥如此三四層以火
燒入糞乾則再加再燒數次待乾取用一云將山土用
水和勻摶茶甌大猛火煅紅火煅者恐蟻蚓傷根也並
碎杵雜糞待用如此蓄土何患花之不茂

附錄 蘭草

【詩】〔毛詩傳〕蕑蘭也 〔埤雅〕蘭香草也 〔爾雅翼〕蕑今之
蘭草都梁香也 盛弘之荊州記曰都梁縣有山山下有水清淺其中生蘭草因名都梁
本草蕑一名水香一名香水蘭 時人煮水以浴故名 一名燕尾
香 其葉有岐 一名大澤蘭一名蘭澤草 生澤畔婦人和油澤頭 一名煎
澤草一名省頭草 夏月采置髮中令頭不膩 一名女蘭一名孩兒菊
女子小兒佩之 一名千金草李時珍曰二月宿根生苗成叢
紫莖素枝赤節綠葉葉對節生有細齒嫩時可挼而佩
之八九月漸老高者三四尺開花成穗如雞蘇花中有
細子 蔞蒿或卽此類
【彙考】【原】詩鄭風士與女方秉蕑兮 【增】〔夏小正〕五月畜

蘭爲沐浴也 〔新論〕蘭可燔而不可滅其馨 〔束皙補
亡詩〕循彼南陔言采其蘭 〔注〕以爲佩也 〔埤雅〕德芬芳
者佩蘭古之佩者各象其德 〔爾雅翼〕其物可殺蟲毒
除不祥故鄭人方春三月於溱洧之上士女相與秉蕑
而祓除 〔草木疏〕蘭爲王者香草其莖葉皆似澤蘭廣
而長節節中赤高四五尺漢諸池苑及許昌宮中皆種
之可著粉中藏衣著書中辟白魚
【集藻】五言古詩 【增】明楊愼采蘭引并序廣通縣東響水
關產蘭綠葉紫莖春華秋馥蓋楚騷所稱紉佩之蘭也
人家盆植如蒲萱者蓋蘭之別種曰蓀與芷耳時川姜
子見而采之以贈予知九畹之受誣千載矣一旦而雪

作采蘭引秋風衆草歇叢蘭揚其香綠葉與紫莖猗猗山之陽結根不當戶無人自芬芳密林交翳翳鳴泉何湯湯欲采往無路跼步愁褰裳美人馳目成要予以昏黃山谷蔵復晚修佩為誰長采芳者何人蒸芷共升堂徒令楚老惜坐使宣尼傷感此興中懷絃琴不成章

附錄 蕙草

原 蕙草一名薰草（廣雅云薰草蕙草也又云蘭蕙也其葉謂之蕙）一名香草（埤雅一云薰香草也）一名燕草一名黃零香卽今零陵香也（爾雅翼云南越名燕草鄭氏集云唐人名零子香以其花倒懸如零也）零陵地名舊治在今全州湘水發源出此草今人所謂廣零陵香乃眞薰草今鎮江丹陽皆蒔而刈之以酒灑制芬香更烈生下濕地方莖葉如麻相對生七月中旬開赤花甚香黑實江淮亦有但不及湖嶺者更芬郁耳

彙考 增 拾遺記須彌山第九層山形漸小狹下有芝田蕙圃皆仙種耨焉 博雅天子祭以鬯諸侯以薰 埤雅凡氣薰則惠和暴則酷烈故於文惠草為蕙詩云南風之薰兮可以解吾民之慍兮薰惠和也故可以解民之慍莊子曰薰然慈仁謂之君子亦取諸此 廣雅蕙草綠葉紫花魏武帝以為香燒之 桂海虞衡志零陵香融宜等州甚多土人以編席薦性暖宜人

集藻 五言古詩 原 漢樊欽詠蕙 蕙草生山北託身失所依植根陰崖側夙夜懼危頹寒泉浸我根淒風常徘徊三光照八極獨不蒙餘暉葩葉非彫瘁凝露不暇晞百卉皆含榮已獨失時姿比我英芳發鶗鴂鳴已哀

七言絕句 增 唐杜牧和令狐侍御賞蕙草 尋常詩思巧如春又喜幽亭蕙草新本是馨香比君子遶闌今更為何人

詩散句 原 漢趙壹被褐懷珠玉蘭蕙化為芻 增 唐張九齡庭前攬芳蕙江上託微波 原 楊巨源清潤潘郎玉不如中庭蕙草雪消初 李白春蕙忽秋草 蕙草留芳根 杜甫蕙葉亦難留 增 李嘉祐白露沾蕙草 杜牧鬭草憐香蕙 密蕙媚幽園 羅隱風引蕙心斜 楊億蕙草吐青煙 原 杜甫寵光蕙葉與多碧 增 白居易閒從蕙草侵堦綠 李維蕙草煙微度綺疏

附錄 澤蘭

增 廣雅虎蘭澤蘭也 本草澤蘭一名虎蒲一名龍棗一名風藥根名地筍吳普云二月生苗赤節四葉相值支節間蘇頌云根紫黑色如粟根二月生苗高二三尺莖幹青紫色作四稜葉生相對如薄荷微香七月開花帶紫白色萼通紫色亦似薄荷花此與蘭草大抵相類但蘭草生水旁葉光潤根小紫五六月盛而澤蘭生水澤中及下濕地葉微尖有毛不光潤方莖紫節八七月初採此為異爾

彙考 原 遯齋閒覽楚辭所詠之蘭或以為都梁香或以

爲澤蘭或以爲猗蘭草今當以澤蘭爲正山中又有一
種如大葉麥門冬春開花極香此則名幽蘭非眞蘭也

附錄 眞珠蘭

原 眞珠蘭一名魚子蘭色紫蓓蘽如珠花開成穗其香甚濃四月內節邊斷二寸插之即活喜肥忌糞以魚腥水澆之則茂十月半收無風處以盆覆土封之水澆勿令乾來年愈茂花戴之鬢香聞甚遠以蒸牙香棒香名蘭香非此不可廣中甚盛葉能斷腸

附錄 伊蘭

原 伊蘭出蜀中名賽蘭樹如茉莉花小如金粟香特馥烈戴之香聞十步經日不散

集藻 賦 增 明楊愼伊蘭賦幷序江陽有花名賽蘭香不足於豔而有餘於香戴之鬟紒經旬猶馨意古者紉佩之用類浴之具必此物也西域有伊蘭以爲佛供即此漢書所謂伊蒲之供也從而爲之賦曰英英有蘭猗猗其美謚以伊蘭實自印始維蘭之品兮繁有叢曰蕙曰蓀錯遝手茸曰芷曰蘺名殊物同形如蒲葦盆盎是薦謠俗攸珍乃蘭之屬可佩可紉服之媚人昔號國香今茲曷湮宜湯宜浴陳除新沃昔聞其語今茲則諗先正詧蘭謂識之艱山谷致疑嬾翁屢歎懿若卉之挺生兮何琨美而琦絕既葳蕤以騁暘兮亦扆岑而帶岊友射干而借生兮朋荔挺而俱發敷玄英之朝澤兮應復至之陽月秉熒藍之專榮兮擅芳菲之酷烈開以景風之俶辰兮實乎星回之火節敷沆瀣之芳潤兮含朱明之炎德匪直十步之有芳兮會論經旬之未歇乃有娥媌掩姱靡曼嫈昭步步移豔笑笑傾城子夫與於鬒髮昭儀寵於體馨曳步搖之薇郁映角犀之豐盈若蘭機回文之錦季蘭琴綠綺之聲爰色授而魂與且目眩而心縈倭傄粱家之髻浮渲卓娘之纓咸纖指兮爭掇並巧粲兮相迎都梁蟾蜍兮闕爾而減價虎蒲龍棗兮瞠乎其亡善超旃檀於雪域壓迷迭於雲清星芒當晝而弗隱金粟未秋而先成埒瑤華兮玉蘂叶綠葉兮紫莖堪納涼於玄圃思御風兮蓬瀛詎數秋紅之萵子豈顧晩

翠之長卿爰感予兮體物遂錫予以嘉名重爲系曰肇允嘉卉兮昉自炎阜嫩人之佩兮王者之香深谷遂迺兮無人自芳宜尼息鄹兮屈平纍湘晨月秋風兮屬國之堂洪波霜曉兮謫仙之鄉紉遺佩捐兮庸亦何傷體物瀏亮兮聊以相羊

五言古詩 增 明陳憲章賽蘭南有賽蘭香名花人未識光風散微馨甘露洗新碧一月薰蒸來氤氳在肝膈乃知方寸根中具天地塞誰爲續騷手俯仰空悽惻窓戶悄無人圖書共晰夕

七言絕句 增 明陳憲章賽蘭花開晴光三日轉花枝坐對微醺忽有詩涓滴未嘗花上露南風莫只報人知

曲欄砌下少人窺戲蝶遊蜂忽滿枝君欲尋花須早計
只今猶是未開時　微風巾袂細氤氳楚畹叢中別有
春嗅著亦嫌風景殺明朝載酒是何人　山花艷艷綴
旐傍君愛深紅愛淺黃楚客見之栫不去向人說是賽
蘭香

附錄　風蘭

原風蘭產溫台山陰谷中懸根而生幹短勁花黃白似蘭而細不用土栽取大窠者盛以竹籃或束以婦人頭髻銅鐵絲頭髮襯之懸見天不見日處朝夕噀以冷茶清水或時取下水中浸濕又挂至春底自花即不開花而隨風飄揚冬夏長青可稱仙草亦奇品也最怕煙燼

一云此蘭能催生將產挂房中最妙

附錄　朱蘭

原朱蘭花開似蘭色如渥丹葉闊而柔粵種也

附錄　箬蘭

原箬蘭葉似箬花紫形似蘭而無香四月開與石榴紅同時大都產海島陰谷中羊山馬跡諸山亦有性喜陰春雨時種

附錄　馬蘭

增本草馬蘭一名紫菊 其葉似蘭而大其花似菊而紫俗謂物之大者爲馬也 李時珍曰二月生苗赤莖白根長葉有刻齒狀似澤蘭但不香南人夏高二三尺開紫花花罷有細子

佩文齋廣羣芳譜卷第四十五

花譜

芍藥

原一名餘容一名鋌一名犁食一名將離一名婪尾春一名黑牽夷 廣雅作攣夷 本草曰芍藥猶婥約也美好貌此草花容婥約故以爲名處處有之揚州爲上謂得風土之正猶牡丹以洛陽爲最也白山蔣山茅山者俱好宿根在土十月生芽至春出土紅鮮可愛叢生高一二尺莖上三枝五葉似牡丹而狹長初夏開花有紅白紫數色世傳以黃者爲佳有千葉單葉樓子數種結子似牡丹子而小　增本草一名白朮一名解倉白者名金芍

藥赤者名木芍藥　鄭虔胡本草芍藥一名沒骨花

原黃者有御衣黃 淺黃色葉疏蕊差深散出于葉間其葉端色又微碧高廣類黃樓子此種宜升絕品黃花之冠 黃樓子 盛者五七層間以金線其香尤甚 袁黃冠子 宛如髻子間以金線色比鮑黃 峽石黃冠子 如金線冠子其色深如鮑黃 鮑黃冠子 大抵與大旋心同而葉差不同色類鵝黃 道妝成 黃樓子也大葉中深黃小葉數重又上展淡黃大葉枝條硬而絕黃綠葉扶疏而柔與紅紫稍異此品非今日之黃樓子乃黃絲頭中盛則或出四五大葉類黃樓子耳 妬鵝黃 黃絲頭也于大葉中一簇細葉雜以金線條高綠葉疏柔 紅者有冠羣芳 大旋心冠子也深紅堆葉頂分四五旋其英密簇廣可半尺高可六寸艷色絕妙紅花之冠枝條硬葉疏大 賽羣芳 小旋心冠子也漸添紅而緊小枝條及綠葉並與大旋心同疋品中言大葉小葉堆葉者皆花瓣也言綠葉者謂技葉也 盡天工 柳浦青心紅冠子也于大葉中小葉密直妖媚出衆枝硬而綠葉青薄 點妝紅 紅纈子也色紅而小並與白纈子同綠葉微茂長 積嬌紅 紅樓子也色淡紅與紫樓子無異

醉西施 大軟條冠子也色淡紅惟大葉有類大旋心狀枝條細軟須以物扶助之綠葉色深厚疎長而柔
湖纈 紅色淺深相雜類湖纈
洄池紅 開須並蕚或三頭者大抵花類軟條
素妝殘 退紅茅山冠子也初開粉紅即漸退白青心而素淡稍若大軟條冠子綠葉短厚而硬
淺妝勻 粉紅冠子也紅纈中無點纈者也
醉嬌紅 深紅楚州冠子也亦若小旋心狀中心則堆大葉葉下亦有一重金線枝條高綠葉疎而柔
擬香英 紫寶相冠子也紫樓子心中細葉上不堆大葉者
妒嬌紅 紅寶相冠子也紅樓子心中細葉上不堆大葉者
縷金囊 金線冠子也稍似細條深紅者于大葉中細葉下紬金綠細細相雜條葉並同條紅冠子
怨春紅 硬條冠子也色絕淡甚類金線冠子而堆葉條硬綠葉疎平稍若柔
試濃妝 緋多葉也緋葉五七重皆平頭條赤而綠葉硬背紫色
簇紅絲 紅絲頭也大葉中一簇紅絲細細枝葉同紫者
取次妝 淡紅多葉也色絕淡條葉正類緋多葉亦平頭
效殷紅 小矮多葉也與紫高多葉一同而枝條低隨燥濕而出有二頭者雙頭者鞍子者銀絲者俱同根因土地肥瘠而異
合歡芳 雙頭並蒂而開二朵相背
會三英 三頭聚一萼而開

擬繡鶴 鞍子也兩邊垂下如所乘鞍子狀地絕肥而生
紫者有
寶妝成 冠子也色微紫于上十二大葉中密生曲葉回環裹抱團圓其高八九寸廣半尺餘每一小葉上絡以金線綴以玉珠香欺蘭麝奇不可紀枝條硬而葉平為紫花之冠
疊香英 紫樓子也廣五寸高盈尺于大葉中細葉二三十重上又聳大葉如樓閣狀枝條硬而高綠葉疎大而尖柔
蘸金香 蘸金蕊紫單葉也是髻子開不成者于大葉中生小葉小葉尖蘸一線金色是也
宿妝殷 紫高多葉也葉條花並類緋多葉而枝葉絕高平頭凡檻中雖多無先後開並齊整
聚香絲 紫絲頭也大葉中一叢紫絲細細枝條高綠葉疎而柔
白者有
楊花冠子 多葉白心色黃漸拂淺紅至葉端則色深紅間以金線白花之冠
掬香瓊 青心玉板冠子也本自茅山來白英團掬堅密平頭枝條硬綠葉短且光
曉妝新 白纈子也如小旋心狀頂上四向葉端點小殷紅色一朵上或三點或四五點象衣中之點纈綠葉柔而厚條硬而低
試梅妝 白冠子也白纈中無點纈者是也
銀含稜 銀線也葉端一稜白色以上俱出宋王觀芍藥譜

【彙考】【原】詩鄭風維士與女伊其相謔贈之以勺藥〔山海經〕條谷之草多芍藥　洞庭之上多芍藥〔范子〕芍藥出三輔〔韓詩外傳〕芍藥離草也　【原】〔崔豹古今註〕芍藥有二種有草芍藥有木芍藥木者花大而色深俗呼為牡丹非也　牛亨問曰將離相贈以芍藥何也董子荅曰芍藥一名可離將別故贈之亦猶相招贈之以文無故文無名當歸　【增】〔晉宮閣名〕暉章殿前芍藥花六畦〔建康記〕建康出芍藥極精好　【原】〔清異錄〕胡嵩詩曰瓶裏數枝婪尾春時人莫諭桑維翰曰唐宋文人謂芍藥為婪尾春者婪尾乃最後之杯芍藥殿春故有是名〔劉攽芍藥譜〕花有紅葉黃腰者號金帶圍有

時而生則城中當出宰相韓魏公守維揚日郡圃芍藥盛開得金帶圍四公選客具樂以賞之時王珪為郡倅王安石為幕官皆在選中而缺其一花開已盛公謂今日有過客即使當之及暮報陳太傅升之來明日遂開宴折花插賞後四人皆為首相　昔有獮於中條山見白犬入地中掘得一草根攜歸植之明年花開乃芍藥也故謂芍藥為白犬　【增】〔通志畧〕芍藥著於三代之際風雅所流詠也今人貴牡丹而賤芍藥不知牡丹初無名依芍藥得名故其初曰木芍藥亦如木芙蓉之依芙蓉以為名也牡丹晚出唐始有聞貴游競趨遂使芍藥為落譜衰宗云〔符瑞志〕大中祥符四年四月江陵府

荆部郎中袁燵家圃芍藥雙華並萼　【原】〔漁隱叢話〕東坡云揚州芍藥爲天下冠蔡繁卿爲守始作萬花會用花千萬餘枝旣殘諸園又吏因緣爲奸民大病之余始至問民疾苦以此爲首遂罷之　【增】〔埤雅〕芍藥榮於仲春華於孟夏傳曰驚蟄之節後二十有五日芍藥榮是也華有至千葉者俗呼小牡丹　〔東軒筆錄〕四枝正紫重跗累萼中有金蕊遶之號騣金紫　〔三柳軒雜識〕芍藥爲嬌客　〔中吳紀聞〕張敏叔以芍藥爲近客　〔古琴疏〕帝相時條谷貢桐芍藥帝命羿植桐於雲和命武羅伯植芍藥於後苑　〔楊允孚灤京雜詠詩注〕內園芍藥迷望亭亭直上數尺許花大如斗揚州芍藥稱第一終

不及上京也　〔吳寬詩註〕往時小南城梁氏芍藥盛開號梁家園人多攜酒賞之　【原】〔學圃餘疏〕余以牡丹天香國色而不能無綵雲易散之恨因復刱一亭週遭悉種芍藥名其亭曰續芳芍藥本出揚州故南都極佳一種蓮香白初淡紅後純白香如蓮花故以名其性尤喜糞宜課僮溉之其大反勝於南都郎元馭所愛也其他如墨紫硃砂之類皆妙甚已致數種歸開時客皆蟻集眞堪續芳矣　明宣宗幸文淵閣命于閣右築石臺植淡紅芍藥一本景泰初增植二本左純白右深紅後學士李賢命之曰醉仙顏潑紅也曰玉帶白純白也曰宮錦紅深紅也與衆賦詩名曰玉堂賞花集　〔瓶史〕芍藥

花以鸎粟蜀葵爲婢　【增】〔花史〕文淵閣芍藥三本天順二年盛開八花李賢遂設燕邀呂原劉定之等八學士共賞惟黃諫以足疾不赴明日復開一花衆謂諫足以當之賢賦詩官僚咸和以爲盛事　〔析津日記〕芍藥之盛舊數揚州劉貢父譜三十一品孔常父譜三十三品王通叟譜三十九品亦云瑰麗之觀矣今揚州遺種絕少而京師豐臺連畦接畛倚擔市者日萬餘莖惜無好事者圖而譜之

【集藻】〔序〕【原】〔宋劉攽芍藥譜序〕天下名花洛陽牡丹廣陵芍藥爲相侔埒禹貢記揚州草木夭喬聖人之言然未見其爲夭喬也廣陵芍藥有自他方移來種之者經歲

則盛至有十倍其初而勝廣陵所出遠甚地氣所宜信其爲天乎然則醫書本草所載雖小物方土所出山川原野氣力不同或相倍蓰十百如此花矣不可不察也然芍藥之盛環廣陵四十五里之間爲然外是則薄劣不及洛陽牡丹由人力接種故歲歲變更日新而芍藥自以種傳獨得於天然非翦剔培壅灌溉以時亦不能全盛又有風雨寒暄氣節不齊故其名花絕品有至十四五年得一見者其開不能成或變爲他品此天地尤物不與凡品同待其地利人力天時參併具美然後一出意其造物亦自珍惜之爾芍藥始開時可留七八日自廣陵南至姑蘇北入射陽東至通州海上西止滁和

州數百里間人人厭觀矣廣陵至京師千五百里騾行疾走可六七日至也上不以耳目之玩勤遠人而富商大賈逐利纖嗇不顧又無好事有力者招致之故芍藥不得至京師而洛陽牡丹獨擅其名其移根北方者六年以往則不及初年自是歲加劣矣故北方之見芍藥者皆其下者也然種芍藥爲生者猶得厚價重利云熙寧六年敚罷海陵至廣陵正四月花時會友傅欽之孫莘老偕行相與歷覽人家園圃及佛舍所種凡三萬餘株芍藥嫩好及雖好而不至者盡具矣扶風馬玿府大尹給事公子也博物好奇爲余道芍藥本末及取廣陵人所第名品示余余按唐氏藩鎮之盛揚州號爲第一

萬商千賈珍貨之所叢集百氏小說尚多記之而莫有言芍藥之美者非天地生物無間於古而特降於今也殆時所好尚不齊古人未必能知正色爾白樂天詩言牡丹取叢大花繁者爲佳此最洛人所卑下者古人之不知芍藥何疑然當時無記錄故後世莫知其詳今此復無傳說使後勝今猶不足恨或人情好尚更變駸駸日久則名花奇品遂將泯默無傳來者莫知有此不亦惜哉故因次序爲譜三十一種皆使畫工圖寫而示未嘗見者使知之其嘗見者固以吾言爲信矣 增 孔武仲芍藥譜序揚州芍藥名于天下與洛陽牡丹俱貴于時四方之人盡皆齎攜金帛市種以歸者多矣吾見其一歲而小變三歲而大變卒與常花無異由此芍藥之美益專推于揚州焉大抵纖者先開佳者後發高至尺餘廣至盈手其色以黃爲最貴所謂緋紅千葉乃其下者鄭詩引芍藥以明士風說者曰香草也司馬長卿子虛賦曰芍藥之和具而後御之說者曰芍藥主和五臟又辟毒氣也謝省中詩曰紅藥當堦翻說者曰草色紅者也其義皆與今所謂芍藥者合俱未有專言揚州者唐之詩人最以摹寫風物自喜如盧仝杜牧張祜之徒皆居揚日久亦未有一語及之是花品未有若今日之盛也余官於揚學講習之暇常裁而定之益可紀者三十有三種乃具列其名從而釋之 原 王觀揚州芍

藥譜序天地之功至大而神非人力所能竊勝惟聖人爲能體法其神以成天下之化其功蓋出其下而曾不少加以力不然天地固亦有間而可窮其用矣余嘗論天下之物悉受天地之氣以生其小大長短辛酸甘苦與夫顏色之異計非人力之可容致巧于其間也今洛陽之牡丹維揚之芍藥受天地之氣以生而小大淺深一隨人力之工拙而移其天地所生之性故奇容異色間出于人間以人而盜天地之功而成之良可怪也然而天地之間事物紛紜出乎其前不得而曉者此其一也洛陽風土之詳已見于歐陽公之記此不復論維揚大抵土壤肥膩於草木爲宜禹貢曰厥草惟天是也居

人以治花相尚方九月十月時悉出其根滌以甘泉然後剝削老硬病腐之處揉調沙糞以培之易其故土凡花大約三年或二年一分不分則舊根老硬而侵蝕新芽故花不成就分分數則小而不舒不分與分之太數皆花之病也花顏色之淺深與葉蕊之繁盛皆出于培壅剝削之力花既萎落亟翦去其子屈盤枝條使不離散脉理不上行而皆歸於根明年新花繁而色潤維花根窠多不能致遠惟芍藥及時取根盡去本土貯以竹席之器雖數千里之遠一人可負數百本而不勞至於他州則壅以沙糞雖不及維揚之盛而顏色亦非他州所有者比也亦有踰年即變而不成者此亦繫土地之

宜不宜而人力之至不至也花品舊傳龍興寺山子羅漢觀音彌陀之四院冠於此州其後民間稍稍厚賂以丐其本培壅治蒔遂過於龍興之四院今則有朱氏之園最爲冠絕南北二圃所種幾於五六萬株意其自古種花之盛未之有也朱氏當其花之盛開飾亭宇以待來遊者逾月不絕而朱氏未嘗厭也揚之人與西洛不異無貴賤皆喜戴花故開明橋之間方春之月拂旦有花市焉州宅舊有芍藥廳在都廳之後聚一州絕品于其中不下龍興朱氏之盛往歲郡將召移新守未至監護不密悉爲人盜去易以凡品自是芍藥廳徒有其名爾今芍藥有三十四品舊譜只取三十一種如緋單葉

白單葉紅單葉不入名品之內其花皆六出維揚之人甚賤之余自熙寧八年季冬守官江都所見與夫所聞莫不詳熟又得八品焉非平日三十一品之比此皆世之所難得今悉列于左舊譜三十一品分上中下七等此前人所定今更不易【增】元岳榆芍藥詩序至正庚子孟夏黃鶴山人岳榆與相臺翟君文中自吳城挐舟至海虞復過崑山訪顧君仲瑛草堂值春暉樓前芍藥盛開仲瑛重置酒樓上是日雷雨新霽風日淡蕩遊善長折金帶圍一朶插瓶中及以紅白花擎繞攢簇朱伯盛督行酒同集者七人天基道士于方外暨伯盛善長先醉仲瑛謂人事惟艱天時自適友朋盍簪寧無一語

以紀其行樂乎遂以紅藥當堦翻一句分韻賦詩者文中仲瑛子英并榆得藥字詩成爲序其首實四月十一日也

論【原】宋王觀芍藥譜後論維揚東南一都會也自古號爲繁盛唐末亂離羣雄據有數經戰焚故遺基廢迹往往蕪沒而不可見今天下一統井邑田野雖不及古之繁盛而人皆安生樂業不知有兵革之患民間及春之月惟以治花木飾亭榭以往來遊樂爲事其幸矣哉揚之芍藥甲天下其盛不知起於何代觀其今日之盛古想亦不減于此矣或者以謂自有唐若張祜杜牧盧仝崔涯章孝標李嶸王播皆一時名士而工於詩者也或

官于此或遊于此不爲不久而畧無一言一句以及芍藥意其古未有之始盛於今未爲通論也海棠之盛莫甚于西蜀而杜子美詩名又重于張祜諸公在蜀日久其詩數千篇而未嘗一言海棠之盛張祜輩詩之不及芍藥不足疑也芍藥三十一品及前人之所次余不敢輒易後八品乃得於民間而最佳者然花之名品時或變易又安知止此八品而已哉後將有出兹八品之外者余不得而知當俟來者以補之也

題跋【增】宋周必大題楊謹仲芍藥詩後淳熙甲午會同年楊謹仲周孟覺賞芍藥嘗櫻桃謹仲有詩予次韻今二十有三年彭君仲識攜謹仲帖相過且索舊詩爲之

悵然此花最盛於太和而以紅都勝黃樓子爲冠如牡丹之姚魏也黃樓或得之都勝者邑中一二家有種惜不與人去年余荅鄉貢進士陳恂二小詩云芍藥名先記鄭風那因加木辨雌雄姚黃後出今王矣合把黃樓列上公六一先生舊帥揚分寧太史尹西昌只緣未識紅都勝如杜詩中缺海棠叅許元寄歐陽公詩云芍藥瓊花應有恨維揚新什獨無名公荅云偶不題詩便怨人山谷宰太和詩篇詠甚多亦未嘗及此花今謹仲云花出語與古事相類併錄惡語於後

頌【增】傅統妻芍藥花頌曄曄芍藥植此前庭晨潤甘露晝晞陽靈

五言古詩【原】齊謝朓直中書省紫殿肅陰陰彤庭赫弘敞風動萬年枝日華承露掌玲瓏結綺錢深沉映朱網紅藥當階翻蒼苔依砌上兹言翔鳳池鳴珮多清響信美非吾室中園思偃仰朋情以鬱陶春物方駘蕩安得凌風翰聊恣山泉賞　唐柳宗元題堦前芍藥凡卉與時謝妍華麗兹晨欹紅醉濃露窈窕留餘春孤賞白日暮暄風動搖頻夜窗藹芳氣幽臥知相親願致溱洧贈悠悠南國人　【增】元稹紅芍藥芍藥綻紅綃巴籬織青瑣繁絲蹙金蕊高焰當爐火翦刻彤雲片開張赤霞裹烟輕琉璃葉風亞珊瑚朶受露色低迷向人嬌婀娜酡顏醉後泣小女粧成坐艷艷錦不如天夭桃未可晴霞

畏欲散晚日愁將墮結根本爲誰賞心期在我採之諒所思幽贈何由果　宋梅堯臣楊樂道留飲席上客置黃紅絲頭芍藥洛陽賣牡丹江都買芍藥賣與富人歡買爲遊子樂萬絲必同心千葉必同萼五色相淺深百金相厚薄栽培動經年風雨便成昨蕭條洛陽城索寞江都郭賴有一春花能無十千酌朝看門擁車暮見門羅雀嘗聞月底人欲把月桂斫要使清光多四海意開廓我亦愛明月常滿不願落上弦過楊侯乃值寒雨作共飲三四人不覺傳鳴柝持葩金谷豪朱黃何灼爍還思溱洧上士與女相謔實此香草芳請我賦其畧酒闌爲追詠思拙筆屢閣　蔡襄和王學士芍藥　粲爾芳草

葉孤根當砌植違春已自分叢風猶借力艷艷朝日光紛披照顏色持之遺佳人歲久香不息 原 蘇軾送芍藥與公擇今日忽不樂折盡園中花園中亦何有芍藥梟殘葩久旱復遭雨紛披亂泥沙不折亦安用折去還可嗟棄擲諒未能送與謫仙家還將一枝春插向兩髻了 增 謝堯仁詠芍藥花借大如拳花面或徑尺紫者棲紫鸞黃者浴黃鵠或似扶桑枝推上一輪赤或似玻瓈瓮稍久擎無力又有似平叔愛矜素粉白又有似蜀人喜染天水碧或似包綠錦未放丹砂拆或似浴青囊未放沉麝發應須和露薌莫使見顏色庶使精神全免笑花無骨 元顧瑛春暉樓賞芍藥靈雨沐霽景初曦

散朝暄林鶯哢餘春砌藥開當軒泫妝露泥泥舞袂風翻翻流光不我遒久懷遲君論於以樂樽罍於焉傾笑言

七言古詩 增 唐韓愈芍藥歌丈人庭中開好花更無凡木爭春華翠莖紅蕊天力與此恩不屬黃鍾家溫馨熟美鮮香起似笑無言習君子霜刀翦汝天女勞何事低頭學桃李嬌癡婢子無靈性競挽春衫來比並欲將雙頰一睎紅綠窗磨徧青銅鏡一樽春酒甘若飴丈人此樂無人知花前醉倒歌者誰楚狂小子韓退之 宋韓琦和袁陟節推龍興寺芍藥廣陵芍藥眞奇美名與洛花相上下洛花年來品格卑所在隨人趁高價接頭著

處騁新妍輕去本根無顧藉不論姚花與魏花只供俗目陪妖姹廣陵之花性絕高得地不移歸造化大豪大力或强遷費盡擁培無艷冶東君固是花之主千苞萬萼從榮謝似矯東君汎愛心枉殺春風不肎嫁遂令天下走香名髣髴丹青競誇詫以此揚花較洛花自合維揚推定霸其間絕色可纖陳天工著意誠堪訝仙家冠子鏤紅雲金線妝治無匹亞旋心體弱不勝枝寶髻欹斜猶墮馬冰雪肌膚一纈斑新試守宮明似緒雙頭兩兩最多情象物更呈鞍面宗樓子亭亭欠姿媚特有怪狀堪圖寫見者方知畫不眞未見直疑傳者詐前賢大欲巧賦詠片言未出心先怕天上人間少其比不似餘

芳資假借我來淮海陟三春三訪龍興舊僧舍問得龍興好事僧每歲看承不敢暇後園栽植雖甚蕃及見花成由取捨出羣標致必驚人方從矮壇臨大廈客來只見軒檻前國艷天姿相照射因知靈種本自然須憑精識能陶冶君子果有育材心請視維揚種花者 原 陳與義微雨濕清曉老夫門未開煌煌玉仙子並擁翠蕤來臙脂洗盡不自惜為雨歸來更無力老夫五十尚兒癡憑軒一賦會眞詩 增 楊萬里芍藥何以築花宅筆直松枝子何以蓋花房雪白清江紙紙將碧油透松竹畫欄峙鋪紙便作瓦瓦色水晶似金鴨爇未熘銀竹釁無水汗客漬不濕晴態嬌非醉盡將香世界關作閉天

地風日幾曾來蜂蝶獨得至勸春入宅莫歸休勸花住
宅且少留昨日花開開一半今日花飛飛數片留花不
住春還歸不如折插瓶中看 〔元袁桷新安芍藥歌〕洛
陽花枝如美人點點不受塵土嗔輕朱深白鑄顏色高
亞絲樹爭精神那如新安紅芍藥透日千層紅閃爍碧
雲迸出紫琉璃風動霓裳凝綽約我聞種花如種玉盡
日陰晴看不足微雲澹蕩增寵光細雨輕濛賜湯沐何
人看花不解理香雪紛紛手中墮酒酣跌蕩空低昂得
意須臾竟如此翩翩驌驦雲中君愛花直欲留青春青
春如流欲歸去明年看花君合住 〔明徐賁次韻楊孟
載觀芍藥作〕輕陰釀絲寒猶薄龜甲疏簾映朱閣美人

偏有惜花心新水銀瓶送紅藥當堦惟恐流塵汚纖手
籠春爲花護一捻芳容倦弄嬌臙脂細結玲瓏露絲貼
單屏襯碧綃微風纔動見花搖香凝膩粉肌全濕影艷
方諸臉半潮高枝開滿低枝捲翠檻移來隨步輦濃染
如分織女機巧裁似出宮娥翦花情最重是何人應有
鴛鴦帳裏身不用傳心題綺字踏歌當爲喚眞眞 〔陸
粲賦內閣芍藥〕金門柳色鬱深綠上苑春餘雜花僕夭
桃已歇穠李衰紅藥翻堦正芬郁此花初種自宣皇百
曲雕欄七寶妝融風窈窕昭陽殿暖日輕盈白玉堂玉
堂學士看花早賦成芸閣留詩草卷幔頻看碧霧流揮
毫正耐紅雲繞憶昨宣皇居法宮太平樂事君臣同宸

遊每出濯龍裏曲宴偏臨翔鳳中是時南苑飛霓旆爛
熳仙葩綺繡明臨風宛轉如矜妒俯者如愁仰如訴半
沾微雨妖紅濕太眞泣凭欄干立至尊一顧六宮回茜
裙霞帔俱羞澀華萼樓頭雨露偏芳容竊得美人憐君
恩爲與分春色詔許移來種閣前閣前複道連金谷翠
輦經過幾迴矚內家粧進賞花詞昭容傳勅黃門促況
吟此事六十載當日繁華宛然在紺幰金輿稀幸臨黃
屏紫禁留風采不羡揚州寶帶圍長安紅紫競芳菲五
侯七貴同遨賞寶馬香車疾若飛爭似名花出天上霧
閣雲窓儼相向浪蝶遊蜂未許窺酒徒詞客空惆悵江
南三月足豪華繡幰園香富貴家亦有幽姿在空谷風

雨憔悴天之涯燕山遊子江南客獨對名花感今昔草
木何知人自憐逢時亦復升沉隔世間榮辱偶然事不
獨此花何歎息

五言律詩 增 〔唐張九齡紫薇庭芍藥〕仙禁生紅藥微芳
不自持幸因清切地還遇艷陽時名見桐君錄香聞鄭
國詩孤根若可用非直愛華滋 〔宋梅堯臣七里灣得
朱表臣寄千葉樓子髻子芍藥〕誰稱爲近侍宜與牡丹
尊霞綷千千葉香撩蝶蝶魂紅樓怨夜少寶髻奉王孫
膩插不堪照顏衰汴水渾 原 韓〔石〕春色今方滿名花
爾較遲含芳如有意呈彩亦當時 調鼎需仙液揮毫待
鳳池天工知不淺一夜露華滋 〔明蔡羽毛督經浣亭

宮舍芍藥書靜綠陰匝微風滿院芬紅欄昨夜雨碧館見朝雲春杳烏空怨暖多花易嚥須煩紫綠帳遮護到斜曛

七言律詩增唐張泌芍藥 香清粉淡怨殘春蝶翅蜂鬚戀蕊塵閒倚晚風生悵望靜臨遲日學因循休將薛荔爲青瑣好與玫瑰作近隣零落若教隨暮雨又應愁殺別離人 宋王禹偁芍藥詩并序 芍藥之義見之鄭詩百花之中其名最古謝公直中書省詩云紅藥當堦翻自後詞臣引爲故事白少傅知制誥有草詞畢詠芍藥詩詞采甚爲該備然自天后以來牡丹始盛而芍藥之豔衰矣考其實牡丹初號木芍藥蓋本同而末異也牡

丹落盡正淒凉紅藥開時醉一塲羽客暗傳尸解術仙家重爇返魂香蜂尋檀口論前事露濕紅英試曉妝曾忝掖垣真舊物多情應認紫微郎 東君留著占殘春得得遲開亦有因曾與掖垣留故事又來淮海伴詞臣日燒紅艷排千朶風遞清香滿四隣最愛綠頭弄金縷異時相對掌絲綸 滿院匀開似赤城帝鄉齊點上元燈感傷綸閣多情客珍重維揚好事僧酌處酒杯深蘸甲折來花朶細含稜老郎爲郡辜朝寄除郤吟詩百不能 韓琦北第同賞芍藥 芍藥名高致亦難此觀妖艷滿雕欄酒酣誰欲張珠綱金細偏宜間寶冠露裹更深雲髻重蝶棲長苦玉樓寒鄭詩已取相酬贈不見諸經

載牡丹 蔡襄和運使學士芍藥篇 密葉陰沉夏景新朱闌紅藥自爲春香餘蘭茝偏饒艷畫入縑緗未逼眞巳恨芳華難駐景可堪愁臥動經旬三年想愛須留戀不爲江頭酒味醇 蘇軾玉盤盂詩并序 東武舊俗每歲四月大會於南禪資福兩寺以芍藥供佛而今歲最盛凡七千餘朶皆重跗累萼繁麗豐碩中有白花正圓如覆盂其下十餘葉稍大承之如盤姿格絕異獨出于七千朶之上云得之於城北蘇氏園中周宰相莒公之別業也而其名俚甚乃爲易之雜花狼籍占春餘芍藥開時掃地無兩寺妝成寶瓔珞一枝爭看玉盤盂佳名會作新翻曲絕品難尋舊畫圖從此定知年穀熟姑山

親見雪肌膚 花不能言意可知令君痛飲更無疑但持白酒勸嘉客直待瓊舟覆玉彝負郭相君初擇地看羊屬國首吟詩吾家豈與花相厚更問殘芳有幾枝 蘇轍和子瞻玉盤盂二首 千葉團團一尺餘揚州絕品舊應無賞傳莒國遷鍾簴移憶胡僧置鉢盂叢底留連傾蟻落缾中捧擁照浮屠強將絳蠟封紅萼憔悴無言損玉膚 故相林亭父老知出羣草木尙何疑無多產業殘花藥幾許功名舊鼎彝豐艷不知人世別佳名新換使君詩明年會看花光好剗盡浮苞養一枝 周必大彭孝求送芍藥數種鄙句爲謝 占斷春光及夏初琉璃葉朶珊瑚休論花品同而異且詠詩人樂且訏北

地莫辭金鑿落南禪爭看玉盤盂彭宣微恙何妨醉自
有嬌癡婢子扶〔楊萬里多稼堂前兩檻芍藥紅白對
開二百朶〕紅紅白白定誰先嫋嫋娉娉各自妍最是倚
欄嬌分外却緣經雨意醒然晚春早夏渾無伴暖艷清
香正可憐好為花王作花相不應只遣侍甘泉　旁招
近侍自江都兩歲何曾見國姝看盡滿欄紅芍藥只消
一朶玉盤盂水晶淡白非眞色珠碧空明得似無欲比
此花無可比且云冰骨玉肌膚〔芙蓉渡酒店前金沙
芍藥盛開〕山店春光也自奴芙蓉渡口數家村爭輿低
過金沙架籬落疎圍芍藥軒孤客倦遊殊寂寞雨花著
意與溫存可憐經眼匆匆去不折紅香到綠尊　〔賈似

道〕又是揚州芍藥時花應笑我賦歸遲滿堂留客春如
晝對酒何妨鬢似絲玉立黃塵那可到錦幃紅蠟最相
宜買山若就當移種此際誰能杖屨隨　溫溫玉立綠
陰中不把芳菲逐萬紅折盡長淮多暇日簪聯四坐足
春風應如慶曆梅花瑞況有昌黎屬句工問得君王乞
身去移根栽傍曲欄東　上了甘泉三堤書長淮萬里
一塵無清和時節如春在紅藥精神與昔殊叢玉生香
歌可譜圍金有客瑞重圖公堂且盡今朝醉已問君王
乞鑑湖〔元郝經芍藥〕夜來風雨洗殘春芍藥還開春
又新入座忽驚持酒客舉杯先酌送花人烟輕雪膩手
容質露重霞香婀娜身鐵石肝腸總銷鑠都將軟語說

風神〔馬祖常芍藥〕鶯粉分奩艷有[illegible]天工巧製殿春
陽霞繒襞積雲千疊寶盝凝脂蜜半香[illegible]蒂當背盤綬
帶金苞向日剖珠囊詩人莫詠揚州紫便與花王可頡
頏〔張昱陪宴相府得芍藥花有感〕醉吐車茵愧不才
馬前蝴蝶趁花回玉瓶盛露扶春起錦帳圍燈照夜開
垂白敢思溱洧贈款紅還是廟廊栽揚州何遜空才思
惟對高寒詠閣梅〔明李東陽內閣賞芍藥〕一春風日
幾晴陰數種名花競淺深禁苑栽培眞得地化工雕刻
本何心叢疑月下留鸞宿香到人間許蝶尋臺閣風流
前輩遠絲毫重和玉堂吟　次第紅芳又綠陰好花招
向玉堂深多從雨過看生色不爲春遲負賞心清露著

衣香易濕綵雲迷眼夢難尋杯餘幸接韓公宴詞罷先
賡白傅吟　曉開花底佩聲歸萬葉枝頭露未稀力盡
丹青空藻繪眼看紅紫漫芬菲栽雲直傍瑤池起避日
須將錦障圍願向人間分此種莫教春祇在彤扉　春
逐長安擔上歸此花眞覺眼中稀新題翰苑圖猶在舊
事揚州草自菲索賞向人心已醉試開經日手頻圍欲
知近侍承恩地長共西垣與北扉〔吳寬泰公邀賞芍
藥〕妙手何人簇絳紗平臺驚見數枝斜梁家園裏無遺
種吏部庭前得好花量淺莫將深盞酌眼昏猶用密簾
遮詩中近侍非公論誰說唐人是作家　品高眞自廣
陵來舊譜空憐璧角堆千葉連雲如並擁兩枝迎日忽

齊開詩中相誰何須贈蓆上能賒也用我記取今時纔
看起醉吟多藉麴生材〔儲巏賞紅藥〕三歲歸來始一
看捲簾深坐傍欄干數枝帶雨開何晚此日憐春別更
難封殖喜留嘉種在低回如語舊盟寒裁詩爲喚東君
轉酒盞花前正爾寬　莫怪多情盡日看春殘花謝總
相干遲開已待花神入眞賞能逢地主難翠幄微香吹
漸遠玉盤承露濕初寒三年擬試沉香筆却算行期爲
爾寬〔文徵明禁中芍藥〕仙姿婥約絳羅紳何日移根
傍紫宸月露冷團金帶重天風香泛玉堂春千年想見
翻階詠一笑羞稱近侍臣不似人間易零落上方元自
隔凡塵〔黃姬水石佛院看芍藥〕山穠吳宮舊館娃清

江曲曲綠楊斜偶移畫鷁同盃酒不道空門有艷花白
日簾櫳堪羃霧夕陽欄檻更添霞美人不見偏惆悵欲
折瓊枝感歲華〔息園賞芍藥〕淺白深紅鬬合歡絲絲
香雨青難乾直須一日三百盞無那東風十二欄水上
新傳錦字艷樓頭長怨玉簫寒可憐春色隨花盡留與
還應帶月看〔王渙昭慶寺看芍藥〕一半春光過牡丹
又開芍藥遍欄闌久辜徒約遠蓮社今續清歡到寶欄
垂露幾團花面濕東風一陣燕泥寒酒邊何味呈奇供
綠笋朱櫻正滿盤
七言小律〔原〕唐白居易感芍藥花寄正一上人今日階
前紅芍藥幾花欲老幾花新開時不解比色相落後始
知如幻身空門此去幾多地欲把殘花問主人
五言排律〔原〕唐白居易草詞畢遇芍藥初開偶成十六
韻罷草紫泥詔起吟紅藥詩詞頭封送後花口拆開時
坐對鈎簾久行觀步履遲兩三叢爛熳十二葉參差背
日房微斂當階朶旋欹釵葶抽碧股粉蕊撲黃絲動盪
情無限低斜力不支周迴看未足比喻語難爲勾漏丹
砂裏僬僥火焰旗形雲剩根蒂絳幘欠纓緌況有晴風
度仍兼宿露垂疑香薰罨畫似淚著臙脂有意留連我
無言怨思誰應愁明月落如恨隔年期菡萏泥連萼玫
瑰刺繞枝等量無勝者惟眼與心知
五言絕句〔增〕唐孟郊看花芍藥誰爲婿人人不敢來惟

應待詩老日日殷勤開〔原〕宋王十朋芍藥千葉揚州
種春深霸衆芳無言比君子窈窕有溫香　已過花王
候才開近侍香承遊禁酒地免作退之狂〔增〕金姚孝
錫詠芍藥綠萼披風瘦紅苞浥露肥只愁春夢斷化作
彩雲飛〔明李東陽芍藥〕秀色春前發濃陰雨後看詩
盃賀花伯先我得休官
七言絕句〔原〕唐韓愈芍藥浩態狂香昔未逢紅燈爍爍
綠盤籠覺來獨對情驚恐身在仙宮第幾重〔增〕宋蔡
襄華嚴院西軒見芍藥〕吉祥亭下萬千枝看盡將開欲
落時却是雙紅有深意故留春色綴人思　烘簾微照
白生光吹面輕風與送香誰把金刀收絕艷醉紅深淺

上釵梁　的的名花對酒樽欄邊沉醉月黄昏今朝關
外尋蘭若忽見孤芳欲斷魂【原】邵雍白芍藥阿姨天
上舞霓裳姊妹庭前翦雪霜要與牡丹為近侍鉛華不
御學梅妝　含露仙姿近玉堂翻堦美態醉紅妝對花
未免須酬舞到底昌黎是楚狂（蘇軾題趙昌芍藥）倚
竹佳人翠袖長天寒猶著薄羅裳揚州近日紅千葉自
是風流時世妝【增】（蘇轍）馬上見賣芍藥戲贈張厚之
春風欲盡無尋處盡向南園芍藥中過盡此花眞盡也
此身應與此花同　春來便有南園約過盡春風約尚
賒綠樹成陰花結子便須攜客到君家【原】黄庭堅廣
陵早春春風十里珠簾捲彷彿三生杜牧之紅藥梢頭

初繭栗揚州風物鬢成絲【增】（陳師道謝趙生惠芍藥）
從微至老走風塵喜見隣家第四春獨舞東風對西子
政緣無語却宜人　九十風光次第分天憐獨得殿殘
春一枝剩欲簪雙鬢未有人間第一人（張栻）一年春
事雨聲裏十里揚州夢想邊眼底花明煩折贈君家風
物自嫣然（元馬祖常）五月芍藥芍藥花開端午時江
南遊客苦相疑上京不是春光晚自是天家日景遲
（楊允孚灤京雜詠）時雨初肥芍藥苗脆肥香壓酒腸消
揚州簾卷春風裏曾惜名花第一嬌（明偰德昭）玉堦
宜有此花開金鼎調香宰相才莫謂人間無彩筆寫將
濃艷入雲臺

詩散句【原】（唐孟郊）月娥雙雙下楚艷枝枝浮洞裏逢故
人婥約淸宵遊（宋李覯）斜月正當樓花霧壓城重起
傍藥欄行花亦方在夢（劉敞）跗萼晴相照芳香暖競
飄波翻蜀地錦霞萃赤城標（唐陳艮父）凝脂新賜浴
半面更啼紅（宋穆修）油壁車中同載女菱花鏡裏並
妝人（韓琦）丹砂穠妙深難染白玉冠巍瑩絕瑕　紅
玉斲成樓突兀白雲爭簇髻巍峩　嬌紅鬧密輕多葉
醉粉欹斜柰軟條　粉妝端玉千叢密冠縷眞金半尺
圍【增】（劉敞）眼前隋苑多佳麗未覺吳宮久寂寥（蘇
轍）共驚春去已多日爭看花開最後番【原】（曾鞏）小碧
欄干四月天露紅烟紫不勝妍（張舜民）西掖堦前醉

御傘瓊林殿後媚春衣（陳傅良）玉龍十二蓬山頂寶
髻三千漢殿中　密葉自成金爵飾亂英誰緝紫茸香
半妝宮面迎風笑間色仙衣帶露收（楊東山）不濃
不淡勻脂粉非醉非醒媚雨風　過眼一春春又夏開
殘芍藥更無花（趙師秀）自洗銅瓶插欹側要令書卷
識奢華【增】（元吳澄）淺潮半醉流霞暈淸印初昏淡月
痕（楊允孚）若較內園紅芍藥洛陽輸却牡丹花【原】
（唐杜甫）傍砌看紅藥（白居易）夾砌紅藥欄【增】（李商
隱）紅藥綻香苞（宋戴復古）翻堦芍藥遲（元方回）芍
藥抽紅錢（唐李商隱）欄藥日高紅髲鬌（元周伯琦）
一瓶芍藥

詞〔原〕宋王十朋〔點絳脣〕開日盈盈向人自笑還無語牡
丹飄雨開作羣花主 柔美温香翦染勞天女青春去
花間歌舞學個狂韓愈〔韓元吉浪淘沙〕鷓鴣怨花殘
誰道春闌多情紅藥待君看濃淡曉妝新意態獨占西
園 風葉萬枝繁猶記平山五雲樓映玉成盤二十四
橋明月下誰凭朱闌〔張孝祥踏莎行〕洛下根株江南
栽種天香國色千金重花邊三閣建康春風前十里揚
州夢 油壁輕車青絲短鞚看花日日催賓從而今何
許定王城一枝且爲鄰翁送〔陳從古蝶戀花〕日借輕
黃珠綴露困倚東風無限嬌春處看盡天紅渾謾語淺
妝偏稱泥金縷 不共鉛黃爭勝負殿後開時故欲尋

春去去似朝霞無定所那堪更著催花雨〔姜夔側犯〕
恨春易去甚春却向揚州住微雨正繭栗稍頭弄詩句
虹橋二十四總是行雲處無語漸半脫宫衣笑相顧
金荷細葉千朶圍歌舞誰念我鬢成絲來此共樽俎後
日西園綠陰無數寂寞劉郎自修花譜〔陳濟翁驀山
溪〕薰風時候芍藥披晴晝天上玉欄干展一枰天家錦
繡漢宫唐殿嬪御逞妖嬈飛燕女太眞妃一樣新妝就
黃金撚線色與紅芳鬬誰把絳綃衣誤將他臙脂漬
透晚風生處襟袖挹濃香持玉斝秉紗籠倚醉聽更漏
〔虞祖皐水龍吟〕杜鵑啼老春紅翠陰㵎眼愁無奈飛
來何處鳳軿鸞馭霞裾雲珮風檻嬌凭[illegible]梢慵彈酒痕

微退念洛陽人去香魂又返依然是風流在 十年一
覺揚州春夢離愁似海浩態難留暗香吹散幾時重會
向樽前笑折一枝紅玉帽簷斜戴〔劉圻父醉蓬萊〕訪
鶯花陳迹姚魏遺風綠陰成幄尚有餘香付寶堦紅藥
淮海維揚物華天產未覺輸京洛時世新妝施朱傅粉
依然相若 束素腰纖捻紅脣小鄭袖嬌羞倚欄柔弱
玉佩瓊琚勸王孫行樂況是韶華爲伊挽駐未放離情
薄顧盼歌前留連醉裏莫教零落〔曾覿念奴嬌〕人生
行樂算一春歡賞都來幾日綠暗紅稀春已去贏得星
星鬢白醉裏狂歌花前起舞拚罰金杯百淋漓宮錦忍
辜妖艷姿色 須信殿得韶光只愁花謝又作經年別

嫩紫嬌紅邀客語應爲主人留客月落烏啼酒闌燭暗
離緒傷吳越竹西歌吹不堪老去重憶〔晁補之望海
潮〕人間花老天涯春去揚州別是風光紅藥萬株佳名
十種天然浩態狂香尊貴御衣黃未便教西洛獨占花
王困倚東風漢宮誰敢鬭新妝 年年高會維揚看家
誇絕艷人詫奇芳結蕚當屏聯葩就幄紅遮綠遶華堂
花面映交相更秉蘭觀洧幽意難忘罷酒風亭夢魂驚
恐在仙鄉〔方岳沁園春〕把酒問花繭栗稍頭春今幾
何笑身居近侍翻堦萬玉面勻菩薩髻攤千螺一一牙
籤英英碧字占定花間甲乙科歸來也傍紫薇吟處深
作湯和 祇今花事無多看幾許風烟付與他待圍着

翡翠怕蜂枯粉織成雲錦遣鳳銜梭誰翦幷刀贈之燕玉莫負雙娥嬌溜波花應道儘花強人面底用能歌劉克莊賀新郎（一夢揚州事書堂深金瓶萬朶元戎高會座上祥雲層疊起不減洛中姚魏歎別後關山迢遞國色天香何處在想東風猶憶狂書記驚歲月一彈指數枝清曉煩騶騎向小窗依稀重見蕪城妖麗料得花憐儂消瘦儂亦憐花憔悴謾悵望竹西歌吹老矣應無騎鶴日但春衫點點當時淚那更有舊情味

別錄 **增** 南史王筠傳筠幼而警悟七歲能屬文年十六爲芍藥賦其詞甚美 圖書見聞志李少保端愿有圖一面畫芍藥五本其畫皆無筆墨用五彩布成爲徐崇

嗣沒骨圖以其無筆墨骨氣而名之 夢溪筆談元豐末秀州人家屋瓦上冰畫成花每瓦一枝正如畫家所爲折枝有大花如牡丹芍藥者氣象生動雖巧筆不能爲之以墨搨之無異石刻 **原** 分植芍藥大約三年或二年一分分花自八月至十二月其津脉在根可移栽春月不宜諺云春分分芍藥到老不開花以其津脉發散在外也栽向陽則根長枝榮發生繁盛相離約二三尺一如栽牡丹法不可太遠太近穴欲深土欲肥根欲直將土鉏虛以壯河泥拌豬糞或牛羊糞栽深尺餘尤妙不可少屈其根梢只以水注實勿踏築覆以細土高舊土痕一指自驚蟄至清明逐日澆水則根深枝高花開大而且久不茂者亦茂矣（以雞矢和土培花叢下澁以黃酒淡紅者悉成深紅 **增** 種樹書菜圃中種芍藥最盛 **原** 修整春間止留正蕊去其小苞則花肥大新栽者止留一二蕊一二年後得地氣可留四五然亦不可太多開時扶以竹則花不傾倒有雨遮以箔則耐久花既落亟翦其蔕盤屈枝條以線縛之使不離散則脉下歸於根冬間頻澆大糞明年花繁而色潤處暑前後平土翦去來年必茂冬日宜護忌澆水 服食 安期生服鍊法云芍藥有二種治病用金芍藥色白多脂肉色紫者不用凡採得淨洗去皮東流水煮百沸陰乾三日木甑內上覆淨黃土蒸一日夜取出陰乾擣末麥飯或

酒服三錢七日三服滿三百日可以登嶺絕粒春採芽或花瓣以麵煎之味脆美可以久[illegible]制食之毒莫良于芍藥故獨得藥之名所謂芍藥[illegible]和具而後食之者此也 採製 根入藥味酸寒赤白[illegible]花色白者益脾能于木中瀉木赤者散邪能行血中[illegible]滯氣秋時採單葉者氣味全厚用竹刀刮去皮並頭[illegible]土蜜水拌蒸從巳至未曬乾收貯中寒者酒炒女人[illegible]藥醋炒

佩文齋廣羣芳譜卷第二十四

佩文齋廣羣芳譜卷第四十六

花譜

金燈花

增〔本草〕金燈花一名鬼燈檠一名朱姑一名鹿蹄草一名無義草酉陽雜俎云金燈之花與葉不相見人惡種之謂之無義草根名山慈姑根狀如慈姑花狀如燈籠而朱色故有諸名李時珍曰處處有之冬月生葉如水仙花之葉而狹二月中抽一莖如箭簳高尺許莖端開花白色亦有紅色黃色者上有黑點草花譜云金燈色紅銀燈色白衆花簇成一朶如絲紐成三月結子有三稜四月初苗枯即掘取其根遲則苗腐難尋根苗與老鴉蒜極相類但有毛殼包裹爲異耳

彙考增〔園林草木疏〕金燈隰生花開纍纍明豔垂條不台支俗惡人家種之〔花經〕金燈七品三命〔荊溪游記〕善權洞秋晚徧巒皆金燈花綺錯如繡

集藻〔七言絶句〕增〔宋晏殊金燈花蘭香蕪處光猶淺銀燭燒時焰不馨好向書生窓下種免教辛苦更囊螢

〔詩散句〕增〔宋晏殊煌煌五枝燈下有玉蟠螭〔楊巽齋如龍仁化青藜焰寧用窓前設短檠

金盞花

增〔宛陵集詩注〕金盞花一名醒酒花　原金盞花一名長春花金盞其花形也長春言耐久也一名杏葉草高四五寸嫩時頗肥澤葉似柳葉厚而狹抱莖而生甚柔脆花大如指頂金黃色瓣狹長而頂圓開時團團狀如盞子生莖端相續不絶結實在萼內色黑如小蟲蟠屈之狀味酸寒無毒

彙考增〔學圃雜疏〕花之四季開者蘭桂之外有長春菊即金盞花也

集藻〔五言律詩〕增〔宋梅堯臣金盞子鍾令昔醒酒豫章留此花黃金盞何小白玉梡無瑕始入何郎宅還歸楚客家從茲不能醉只恐負流霞

附錄　側金盞花

增〔桂海虞衡志〕側金盞花如小黃葵葉似槿歲暮開與梅同時

翦春羅

增〔花史〕翦春羅一名碎翦羅　原翦春羅一名翦紅羅蔓生二月生苗高尺餘柔莖綠葉似冬青而小對生抱莖入夏開深紅花如錢大凡六出周迴如翦成茸茸可愛結實大如豆內有細子人家多種之盆盎中每盆數株豎小竹葦縛作圓架如筒花附其上開如火樹亦雅翫也味甘寒無毒

集藻〔七言絶句〕原〔宋翁元廣翦春羅誰把風刀翦薄羅極知造化著功多飄零易逐春光老公子樽前奈若何

附錄　翦秋羅

原翦秋羅一名漢宮秋色深紅花瓣分數岐尖峭可愛

八月間開春時待芽出土寸許分其根種之種子亦可喜陰地清水灌之用竹圈作架扶之可翫春夏秋冬以時名也

附錄 翦羅花

原 翦羅花色紅出南越性畏寒壅以雞糞澆以燖猪湯退雞鵝水則茂冬入窖中

附錄 翦金羅

原 翦金羅金黃色花甚美艷

附錄 翦紅紗

原 翦紅紗莖高三尺葉旋覆夏秋開花狀如石竹花而稍大四圍如翦瓣鮮紅可愛結穗亦如石竹穗中有細子

石竹

原 石竹草品纖細而青翠花有五色單葉千葉又有翦絨嬌艷奪目㛹娟動人一云千瓣者名洛陽花草花中佳品也 增〔洛陽花木記〕鵝毛石竹一名繡竹 原 王敬美曰石竹雖草花厚培之能作重臺異態與夜落金錢鳳仙花之類俱籬落間物

彙考 增〔酉陽雜俎〕衛公言蜀中石竹有碧花 〔花經〕石竹九品一命

集藻 五言古詩 增 唐王績石竹詠 萋萋結綠枝曄曄垂朱英常恐零露降不得全其生歎息聊自思此生豈我情昔我未生時誰者令我萌棄置勿重陳委化何足驚 原 宋張耒石竹花 眞竹乃不花爾獨艷暮春何妨兒女服謂爾勝霜筠世無王子猷豈有知竹人粲粲好自持時來稱此君

五言律詩 增 唐獨孤及荅李滁州題庭前石竹花見寄 殷疑曙霞染巧類匣刀裁不怕南風熱能迎小暑開遊蜂憐色好思婦感年催覽贈添離恨愁腸日幾迴 原 司空曙雲陽寺石竹花 一自幽山別相逢此寺中高低俱出葉深淺不分叢野蝶難爭白庭榴讓紅誰憐芳最久春露到秋風

七言律詩 增 宋王安石石竹花 退公詩酒樂華年欲取幽芳近綺筵種玉亂抽青節瘦刻繒輕點絳花圓風霜不放飄零早雨露應從愛惜偏已向美人衣上繡更留佳客賦嬋娟 〔元虞集賦石竹〕積雪初消蓐綠華東風吹動絳綃霞龍噓石氣千年潤鶴過林陰一徑斜刻字欲尋金錯落析旌如織翠交加綺窗坐對吹笙暖未覺人間歲月賒

五言排律 增 唐李頎題倉曹宅各賦一物得當軒石竹 羅生殊衆色獨爲表華滋雖雜蘭蕙處無爭桃李時同人趨府暇落日後庭期密葉散紅點纖條驚紫蕤芳菲看不厭采摘願來茲

五言絕句 增 唐皇甫冉病中對石竹花 散點空堦下閒

凝細雨中那能久相伴嗟爾滯秋風〔宋文同石竹〕蜂醫紅蕊爛蟲啼碧叢短秋風掠地起只有蒼苔管

七言絕句〔增〕唐陸龜蒙石竹花詠曾看南朝畫國娃古蘿衣上碎明霞而今莫共金錢鬬買斷春風是此花〔宋王安石石竹花〕春歸幽谷始成叢地面芬敷淺淺紅車馬不臨誰見賞可憐亦解度春風〔原〕楊監丞長夏幽居景不窮花開芳砌翠成叢窗南高臥追涼際時有微香逗晚風〔增〕元蒲道源賦石竹短籬新見出梢梢葱蒨都無尺許高茜色芳葩工點綴莫教容易混蓬蒿

詩散句〔原〕宋林逋所重晚芳聊在目可鬬秋色易為花深枝苒苒裝溪翠碎片英英翦海霞〔王安石〕麝香眠

後露檀勻繡在羅衣色未真斜倚細叢如有恨冷搖數朵欲無春〔唐李白〕石竹繡羅衣〔杜甫〕麝香眠石竹〔增〕徐晶石竹數重青

詞〔原〕宋晏殊採桑子古羅衣上金針樣繡出芳妍玉砌朱闌紫艷紅英照日鮮　佳人畫閣新妝了對立叢邊試摘嬋娟貼向眉心學翠鈿

別錄〔原〕花史石竹花須每年起根分種則茂但枝蔓柔弱易至散漫須用小竹扶之用細竹或小葦圍縛則不摧折

罌粟花

〔原〕罌粟一名米囊花一名御米花一名米殼花〔增〕本草罌粟一名象穀其實狀如罌子其米如粟乃象乎穀可以供御故有諸名〔原〕青莖高一二尺葉如茼蒿花有大紅桃紅紅紫純紫純白一種而具數色又有千葉單葉一花而具二類艷麗可翫實如蓮房其子囊數千粒大小如葶藶子〔增〕本草蘇頌曰九月布子涉冬至春始生苗極繁茂李時珍曰三四月抽薹結青苞花開則苞脫大如仰盞罌在花中鬚蕊裹之花開三日即謝而罌在莖頭長一二寸大如馬兜鈴上有蓋下有蒂宛然如酒罌中有白米極細

彙考〔增〕花經米囊七品三命〔原〕學圃雜疏芍藥之後罌粟花最繁華其物能變加意灌植妍好千態曾有作黃色綠色者遠視佳甚近頗不堪聞〔瓶史〕罌粟蜀葵

妍於籬落司空圖之鸞臺也〔增〕問雁齋筆談罌粟花之無香韻者也朱宓侯種之盈畝萬朵爛然亦足奪目餉我生問余此堪作何比余昔過盧溝橋一莊院僧驅騾百許頭縱食櫪下其色相錯如繡始知昔人雲錦之比殆非虛妄今日所見頗為似之二生皆絕倒

集藻四言古詩〔原〕宋蘇轍種藥苗詩築室城西中有圖書窓戶之餘松竹扶疏拔棘開畦以毓嘉蔬畦夫告予罌粟可儲罌小如罌粟細如粟與麥皆種與稷皆熟苗堪春菜實比秋穀研作牛乳烹為佛粥老人氣衰飲食無幾食肉不消食菜寡味柳槌石缽煎以蜜水便口利喉調肺養胃三年杜門莫適往還幽人衲僧相對忘言

飲之一杯失笑欣然我來潁川如遊廬山

七言律詩【增】明吳幼培罌粟花庭院深沉白晝長堦前仙卉吐羣芳含烟帶雨呈嬌態傅粉凝脂逞艷妝種自中秋須隔歲開於初夏伴傾陽更誇結子纍纍碩何必汗邪滿稻粱

七言絕句【原】宋謝邁罌粟花鉛膏細細點花梢道是春深雪未消一斛千囊蒼玉粟東風吹作米長腰　茶粒齊圓剖罌子作湯和蜜味尤宜中年强飯却丹石安用咄嗟成淖糜　楊萬里米囊花鳥語蜂喧蝶亦忙爭傳天詔詔花王東君羽衛無供給探借春風十日糧

詩散句【原】唐雍陶萬里客愁今日散馬前初見米囊花

【別錄】【原】種藝八月中秋夜或重陽月下子下畢以掃帚掃勻花乃千葉兩手交換撒子則花重臺或云以墨汁拌撒免蟻食須先糞地極肥鬆用冷飲湯并鍋底灰和細乾土拌勻下訖仍以土蓋出後澆清糞刪其繁以稀為貴長即以竹籬扶之若土瘦種遲則變為單葉然單葉者粟必滿千葉者粟多空　【增】本草罌中米可煮粥和飯食水研濾漿同菉豆粉作腐食亦可取油

麗春

【原】麗春罌粟別種也本草云其花變態不常艷麗可愛故曰麗春又曰賽牡丹又曰錦被花叢生柔幹多葉有刺根苗止一類而具數色有紅者白者紫者傅粉之紅者間青之黃者而紅復數品有微紅者半紅者白膚絳唇者丹衣而素純者殷紅如染者姿狀葱秀色澤鮮明頗堪娛目草花中妙品也江浙皆有金陵更佳　【增】游默齋花譜紫二品深者鬚青淡者鬚黃白亦二品葉大者微碧葉細者竊黃而竊黃尤奇素衣黃裏芳秀茸茸若新鞠之毳竊紅似芍藥中粉紅樓特差小視凡花之粉紅十倍

【集藻】五言古詩【增】唐杜甫麗春百草競春華麗春應最勝少須好顏色多漫枝條剩紛紛桃李枝處處總能移如何貴重此却怕有人知　宋張先麗春蓬蒿眼已熟收拾到阿麗從分色紅白未害格奴婢爭妍知不足出刺以自衛上有寒梅枝春霜正憔悴

五言律詩【增】宋潘檉麗春粱苑花銷去黃臺早自熏不同罌子粟別是石榴裙婀娜纔勝掌參差莫夢雲王郎尋水竹駐屐幾殷勤

詩散句【增】宋徐致中照眼妝新就扶頭酒半醒　並行罌粟多含態具體牡丹惟欠香

虞美人

【增】學圃餘疏虞美人一名滿園春千葉者佳　【原】虞美人草獨莖三葉葉如決明一葉在莖端兩葉在莖之半相對而生人或近之抵掌謳曲葉動如舞故又名舞草出雅州見酉陽雜俎　【增】花鏡江浙最多叢生花葉類罌粟而小一本有數十花莖細而有毛發蕊頭朝下花開始

逌嶵辦叢心五色俱備姿態葱秀因風飛舞儼如蝶翅
扇動亦花中妙品．
【彙考】【增】益州草木記雅州名山縣出虞美人草花葉兩
相對人或近之即向人而俯如爲唱虞美人曲則此草
相應而舞他曲則否　賈氏談録褒斜山谷中有虞美
人草狀如雞冠大葉相對歌唱虞美人曲則兩葉如人
拊掌之狀頗中節　益部方物畧記蜀中傳虞美人草
予以虞作娛意其草柔纖爲歌氣所動故其葉至小者
或動搖美人以爲娛樂耳　筆談高郵桑景舒性知音
舊聞虞美人草逢人作虞美人曲枝葉皆動他曲不然
試之如所傳詳其曲皆吳音也他日取琴試用吳音製

一曲對草鼓之枝葉皆動乃因曰虞美人操其聲調與
舊曲始末不相近而草輒應之者律法同管也　東齋
記事虞美人草唱他曲亦動傳者謬矣　錦里新聞虞
美人草父老云曾有人於和夷與見此草偶歌之叶虞
韻遂舞動如醉者然因是登之志　碧雞漫志虞美人
脞說稱起於項籍虞兮之歌余謂後世以此命名可也
曲起於當時非也曾子宣夫人魏氏作虞美人草行有
云芳魂寂寞寄寒枝舊曲聞來似斂眉又云當年遺事
久成空慷慨尊前爲誰舞亦有就曲誌其事者世以爲
上其詞云帳前草草軍情變月下旌旗亂褫衣推枕愴
離情遠風吹下楚歌聲月三更撫騅欲上重相顧艷態
花無主手中蓮鍔凜秋霜九泉歸去是仙鄉恨茫茫黄
載萬追和之壓倒前輩矣其詞有云世間離恨何時了
不爲英雄少楚歌聲起霸圖休却似一江春水向東流
蔓葛荒葵城隴暮玉貌知何處至今芳草解婆娑只有
當時魂魄未消磨按益州草木記賈氏談録酉陽雜俎
益州方物圖贊筆談吳東齋記事六家說各有異同方
物圖贊最穿鑿無所稽據聞蜀中數處有此草予皆未
之見恐種族不類則所感歌亦異然舊曲三其一屬中
吕調其一中吕宮近世轉入黄鐘宮此草應拍而舞應
舊曲乎新曲乎桑氏吳音合舊曲乎新曲乎恨無可問
者又不知吳草與蜀產有異同否耶　四川志潼川西

三十里紫蓋山產虞美人草
【集藻】【贊】【增】宋宋祁虞美人草贊　翠莖纖柔雙葉相當逼
而歌之或合或張
五言古詩【增】宋姜夔賦虞美人草　夜闌浩歌起玉帳生
悲風江東可千里棄妾蓬蒿中化石那解語作草猶可
舞陌上望騅來翻然不相顧
七言古詩【原】宋魏夫人虞美人草行　鴻門玉斗紛如雪
十萬降兵夜流血咸陽宮殿三月紅霸業已隨烟燼滅
剛强必死仁義王陰陵失道非天亡英雄本學萬人敵
何用屑屑悲紅妝三軍散盡旌旗倒玉帳佳人坐中老
香魂夜逐劍光飛清血化爲原上草芳心寂寞寄寒枝

舊曲聞來似斂眉哀怨徘徊愁不語恰如初聽楚歌時
滔滔逝水流今古楚漢興亡兩丘土當年遺事總成空
慷慨尊前爲誰舞 增 曾北礀詠虞美人草君恩似海
海不深妾意如鐵利斷金舍生取義我所欲忍死織室
羞同心春姿忽作秋蓮委一寸剛明會不死明年原上
野花繁一枝自托華風起裊裊娉娉不成艷能度淺深
生色染向人欲訴却無言寂寞千年恨難掩芳郊遊女
宛轉歌停車拍手看婆娑
五言律詩 增 宋陳師道詠虞美人草幽草黙通神舊題
虞美人長言方度曲應節若翻身律呂聲相召雲龍氣
自親無情猶感會不獨在君臣

七言律詩 原 明孫齊之詠虞美人草楚宮花態至今存
傾國傾城總莫論夜帳一歌身易殞春風千載恨難呑
臙脂臉上啼痕在粉黛光中血淚新誰道漢宮花似錦
也隨荒草任朝昏 徐茂吳詠虞美人草楚宮人去霸
圖移賸有芳名寄一枝浥露晚妝餘滴淚臨風夜舞憶
腰肢乍翻尚自疑紅藥欲刈終難混緑葵若使靈均當
日見不將哀怨託江蘺 紅顏一日盡江湄芳草能傳
易代姿尚想旎朱留片蕚翻疑化碧有單枝迎風似逐
歌聲起宿雨那經舞袖垂微艷莫教輕委地徘徊猶似
美人貽
七言絶句 增 宋蕭海藻詠虞美人草晉公苑後一坏荒
誰與筭頭薦一觴妾願得生墳土上日翻舞袖向君王
易幼學詠虞美人草霸業將衰漢業興佳人玉帳醉
難醒可憐血染原頭草直至如今舞不停 許野雪詠
虞美人草合歡枝葉想腰身不共長安草木春若聽楚
歌能楚舞未央空有戚夫人
五言排律 原 明孫齊之題虞美人草君王誠慷慨爲妾
總銷魂伏劍酬君貺留花弔楚人風翻紅袖舞露泣翠
眉顰哭會依春樹烏江伴渚蘋浮雲隨代變芳草逐年
新容使英雄淚感慨欲沾巾
詩散句 原 明孫齊之夜月空懸漢宮鏡幽姿猶帶楚雲
妝

詞 增 宋辛棄疾浪淘沙不肯過江東玉帳匆匆至今草
木憶英雄唱著虞兮當日曲便舞春風 兒女此情同
往事朦朧湘娥竹上淚痕濃舜目重瞳堪最恨羽亦重
瞳 虞美人 當年得意如芳草日日春風好拔山力盡
忽悲歌飲罷虞兮從此奈君何 人間不識精誠苦貪
看青春舞驀然斂袂却無言怕是曲中猶帶楚歌聲
無名氏虞美人 歌唇乍啟塵飛處翠葉輕輕舉似呈舞
態逞嬌容嫩條纖麗玉玲瓏怯秋風 虞姬珠翠兵戈
裏莫認埋魂地只因遺恨寄芳叢露和清淚濕輕紅古
今同

萱花

原萱本作藼又通作諼蘐萲一名忘憂說文云萱忘憂草也一名療愁述異記吳中呼為療愁花一名宜男風土記云懷妊婦人佩其花則生男故名宜男增本草一名丹棘古今注云欲忘人之憂則贈之丹棘丹棘一名忘憂故也一名鹿劍一名妓女　原苞生莖無附枝繁蔓攢連葉四垂花初發如黃鵠觜開則六出時有春花夏花秋花冬花四季色有黃白紅紫麝香重葉單葉數種與鹿葱相似惟黃如蜜色者清香　增格物叢話一種名鳳頭者尤佳　學圃餘疏一種小而純黃者曰金臺　原春食苗夏食花其稚芽花跗皆可食性冷能下氣不可多食

彙考原博物志神農經曰中藥養性謂合歡蠲忿萱草忘憂　增清異錄孟昶時每臘日內官各獻羅體圈金花樹子梁守珍獻忘憂花縷金於花上曰獨立仙　花經忘憂四品六命　三柳軒雜識萱草花為歡客　西溪叢語毛詩伯兮篇云焉得諼草言樹之背注云諼草令人忘憂背北堂也今人多用北堂萱堂於鰥居之人然伯之暫出未嘗死也但其花未嘗雙開故有北堂之義說文藼萱蕿萲皆一字也令人忘憂通作諼據爾雅諼訓忘也因其忘故古用諼草字稽康養生論云合歡蠲忿萱草忘憂本草云利心志令人懽喜忘憂風土記云婦人有妊佩之生男子故謂之宜男草陸士衡詩云焉得忘歸草言樹背與襟忘歸之義未詳

集藻頌原魏曹植宜男花頌草號宜男既曄且貞其貞伊何惟乾之嘉其雎伊何綠葉丹華光采晃曜配彼朝日君子耽樂好合琴瑟固作螽斯惟物孔臧福齊太姒永世克昌

賦原晉夏侯湛忘憂草賦淑大邦之奇草兮應則百之休祥稟至貞之靈氣兮顯嘉名以自彰冠眾卉而挺生兮承木德於少陽體柔性剛蕙潔蘭芳結纖根以立本兮噓靈渥於青雲順陰陽以滋茂兮笑含章之有文遠而望之燭若丹霞照青天近而觀之曄若芙蓉鑒綠泉萋萋翠葉灼灼朱華煒若珠玉之樹煥如景宿之羅充后妃之盛飾兮登紫微之內庭回日月之暉光兮隨天運以虛盈　傅玄宜男花賦猗猗令草生於中方花曰宜男號應禎祥遠而望之煥若三辰之麗天近而察之明若芙蓉之鑒泉於是姣童媛女以時來征結九秋之永思含春風以娛情　增梁徐勉萱草花賦覽詩人之比興寄卉木以命辭惟平章之萱草欲忘憂而樹之爰有幽憂庭閑志靜高木列其陰蘭芳揉其影既叢藹之爭芬悅翠根之競穎或開紅而散紫或莖蕊於上春信茲華之獨秀披金質於炎辰既耀色以祛痾亦含香而可均不待合歡之木無俟孫枝之錡同芝荷於闡昱孜蟬露乎首旻其葉四垂其跗六出亦日宜男加名斯吉華而不艷雅而不質隨晦明而舒卷與風霜而榮悴杜蘅與揭車何眾彙之能匹

文散何【原】魏王朗與魏太子書惠書不遺慰沃奉讀歡
笑以藉饑渴雖萱草忘憂皐蘇釋勞無以加也【增】應
瑒報龐惠公書雖萱草在背皐蘇在側悒憤不涯祇以
增壽　梁元帝與劉智藏書傷望還信以代萱蘇　何
遜爲衡山侯與婦書始知萋萋萱草忘憂之言不實團
團輕扇合歡之用爲虛
五言古詩【原】梁元帝宜男草可愛宜男草垂采映倡家
何時如此葉結實復含花【增】北齊陽休之詠萱草開
跗幽澗底散采曲堂垂優柔清露濕徽穆惠風吹朝朝
含麗景夜夜對華池　隋魏澹詠堦前萱草綠草正含
芳靃靡映前堂帶心花欲發依籠葉巳長雲度時無影

風來乍有香橫得忘憂號余憂遂不忘　唐韋應物對
萱草何人樹萱草對此郡齋幽本是忘憂物今夕重生
憂叢疎露始滴芳餘蝶尙留還思杜陵圃離披風雨秋
宋司馬光萱草葉濯宿露翠花迎朝日黃昔誰封殖
此儼列侍高堂達士隱於吏孰爲行與藏逍遙玩永日
自無憂可忘　明高啟萱草不見堂上親空樹堂下草
夏來風雨繁離披數叢老日暮欲忘憂搴芳轉傷抱
五言律詩【增】唐陳子昂魏氏園亭人賦一物得秋亭萱
草昔時幽徑裏榮耀雜春叢今來玉墀上銷歇畏秋風
細葉猶含綠鮮花未吐紅忘憂誰見賞空此北堂中
李嶠萱草徙步尋芳草忘憂自結叢黃英開養性綠葉

正依籠色湛仙人露香傳少女風還依北堂下曹植動
文雄　李咸用萱草芳草比君子詩人情有由祇應憐
雅態未必解忘憂積雨莎庭小微風蘚砌幽莫言開太
晩猶勝菊花秋【原】宋黃庭堅萱草從來占北堂雨露
借恩光與菊亂佳色共葵傾太陽人生眞苦相物理忌
孤芳不及空庭草榮衰可兩忘【增】金周昂萱草萬里
黃萱好風烟接路傍遮疎雖異域心竊竟中央染練成
初色移瓶得細香客愁無路遣始爲看花忘
七言律詩【增】明高啟萱草幽華獨殿衆芳紅臨砌亭亭
發幾叢亂葉離披經宿雨纖莖窈窕擢薰風佳人作佩
頻朝採倦蝶尋香幾處通最愛看來憂盡解不須更釀

酒多功
五言絕句【增】唐白居易酬夢得比萱草見贈杜康能散
悶萱草解忘憂借問萱逢杜何如白見劉【原】聶夷中
遊子吟萱草生堂堦遊子行天涯慈親倚堂門不見萱
草花【增】宋朱子萱草春條擁深翠夏花明夕陰北堂
罕悴物獨爾澹冲襟　西窻萱草叢昔是何人種移向
北堂前諸孫時繞弄　王十朋萱草有客看萱草終身
悔遠遊向人空自綠無復解忘憂【原】徐似道題萱草
莫訝萱枝小能施宮樣妝只緣渲染足絕似杜蘭香
七言絕句【增】唐吳融忘憂花繁紅落盡始凄凉直道忘
憂也未忘數朵殷紅似春在春愁特此繫人腸　宋梅

蕘臣萱草人心與草不相同安有樹萱憂自釋若言憂及此能忘乃是人心爲物易〔明李東陽〕饋萱遂菴太宰侑以一詩雨後宜男色更深采來新自玉堂陰紫葵紅藥標題徧可忍黃花獨苦心 原〔黃省曾〕淸萱到處碧鬖鬖興慶宮前色倍含借問皇家何種此太平天子要宜男

詩散句 原〔宋宋祁〕脩莖無附葉繁萼擢莛首每欲問詩人定得忘憂否 〔劉敞〕種萱不種蘭自謂憂可忘絲葉何萋萋春愁更茫茫 增〔蘇軾〕萱草雖微花孤秀能自拔亭亭亂葉中一一芳心插 〔漢李陵〕願得萱草枝以解饑渴情 〔宋謝惠連〕積憤成疢痗無萱將如何 〔齊

王融〕思君如萱草一見乃忘憂 〔梁江淹〕消憂非萱草永懷寄夢寐 〔唐李白〕忘憂或假草滿院羅叢萱 原〔孟郊〕萱草兒女花不解壯士憂 〔宋宋祁〕膩蘤金英撲纖莛玉股抽 〔晏殊〕若教花有語那解使人愁 增〔石延年〕移萱樹之背丹霞間縹色 〔蘇轍〕萱草朝始開翛然黃鵠翔 〔朱喬年〕穠花夫豈少愛此入風雅 〔陸游〕根蘇萱出土冰斷水生紋 〔程俱〕堂萱不吾負芽甲破春雪 原〔唐于鵠〕胸前空帶宜男草嫁得蕭郎愛遠遊 〔溫庭筠〕宜男漫作後庭草不似櫻桃結子紅 增〔宋陸游〕簾外微風斜燕影池邊殘照歛萱房 〔唐張九齡〕萱草憂可樹 原〔李白〕忘憂當樹萱 〔溫庭筠〕萱草含丹粉 增〔李商隱〕忘憂碧葉齊 〔杜牧〕眉點萱芽嫩 〔元張昱〕染裙萱草纔抽絲

別錄 原〔種植〕雨中分勾萌種之初宜稀一年後自然稠密或云用根向上葉向下種之則出苗最盛夏萱固繁秋萱亦不可無蓋秋色甚少此品亦庶幾可壯秋色耳 〔宋氏種植書〕萱有三種單瓣者可食千瓣者食之殺人惟色如蜜者香淸葉嫩可充高齋淸供又可作蔬食不可不多種也 〔製用〕採花作菹甚利胸膈採花入梅醬砂糖可作美菜鮮者積久成多可和雞肉其味勝黃花菜彼則山萱故也 增〔本草〕東人採萱花跗乾而貨之名爲黃花菜 〔野菜箋〕鹽三分糖霜一錢蘇油半

盞和起作拌菜料頭或加搗薑些少又是一製凡花菜採來洗淨滾湯焯起速入水漂一時然後取起榨乾拌料供食其色靑翠不變如生且又脆嫩不爛更多風味家菜亦如此法他若炙煿作虀不在此製

附錄 鹿葱

原 鹿葱色頗類萱但無香爾鹿喜食之故以命名然葉與花莖皆各自一種萱葉綠而尖長鹿葱葉團而翠綠萱葉與花同茂鹿葱葉枯死而後花萱一莖實心而花五六朶節開鹿葱一莖虛心而花五六朶並開於頂萱六瓣而光鹿葱七八瓣本草註萱云卽今之鹿葱誤 按嵇含宜男花序云荊楚之土號爲鹿葱根苗可以薦于俎也人欲求男者服之尤良也則古人亦以鹿葱爲萱花

蕎一預而二种也

集藻 五言古詩 增 梁沈約詠鹿葱 野馬不任騎兎絲不任織既非中野花無堪麕麚食

附錄 水葱

增 南方草木狀 水葱花葉皆如鹿葱花色有紅黃紫三種出始興婦人懷妊佩其花生男者即此花非鹿葱也交廣人佩之極有驗然其土多男不厭女子故不常佩也 按此說又與風土記嵇含序不同未知孰是本草謂亦萱草之類是也

蜀葵 舊與葵菜混合為一今正之

原 蜀葵一名戎葵 爾雅云菺戎葵注云今蜀葵也似葵花如木槿華疏云戎蜀蓋其所自也因以名之 一名荍葵 爾雅翼作胡葵 一名一丈紅 草木記云浙中人種葵俗名一丈紅有五色

增 本草 處處人家植之春初種子冬月宿根苗嫩時亦可茹食葉似葵菜而大莖高五六尺其實大如指頂皮薄而匾內仁如馬兜鈴 原 肥地勤灌可變至五六十種色有深紅淺紅紫白墨紫深淺桃紅茄子藍數色 學圃餘疏云黑者如墨藍者如靛 形有千瓣五心重臺重葉單葉剪絨鋸口細瓣圓瓣重瓣數種五月繁華莫過於此庭中籬下無所不宜莖有紫白二種白者為勝 增 花木記 洛陽有剪稜蜀葵九心蜀葵

彙考 增 杜陽雜編 處士伊祁元為上種六合葵於殿前色紅而葉類於戎葵始生六莖其上合為一株共生十二葉內出二十四花花如桃花而一朵千葉一葉六影其成實如相思子上自采餌之頗覺神驗 鐵圍山叢談 王晉卿家舊寶徐處士碧檻蜀葵圖但二幅晉卿每歎闕其半也嶽廟一日訪得之乃從晉卿借半圖晉卿惟命但謂端邸愛而欲得其祕爾嶽廟命匠者褾軸成全圖招晉卿以觀因卷以贈一時盛傳人人悚異厥後禁中謂之就日圖者是也 花經 胡葵九品一命 研花譜 千葉戎葵八品二命 西墅雜記 成化甲午倭人入貢見欄前蜀葵花不識因問之題詩云花如木槿花相似葉比芙蓉葉一般五尺欄杆遮不盡尚留一半與人看外國亦有此能詩者

集藻 贊 增 宋顏延之蜀葵贊 井維降精帪絡升靈物微

氣麗卉草之英渝艷衆葩冠冕羣英類麻能直方葵不傾

賦 增 梁王筠蜀葵花賦 惟茲奇草遷花西道凌金坂之威夷跨玉津之浩浩值油雲之廣臨屬光風之長掃仰椒岸而敷榮值蘭房而振藻邈衆芳而秀出冠雜卉而當闈既扶疎而雲蔓亦灼爍而星微布護交加蓊茸紛葩疏莖密葉翠萼丹華 原 陳虞繁蜀葵賦 惟茲珍草懷芬吐榮挺河渭之膏壤吸鼎井之玄精繞銅簷而疏植映昆明而羅生作妙觀於神州弱令名於東京馳驛命而遠致攢華林而麗庭申修翹之冉冉播圓葉之青青

五言古詩〔增〕唐岑參蜀葵花歌昨日一花開今日一花開今日花正好昨日花已老人生不得長少年莫惜牀頭沽酒錢請君有錢向酒家君不見蜀葵花〔原〕宋司馬光蜀葵白若繒初斷紅如頳欲酡坐令仙駕嚴幢節紛駢羅物性有常妍人情輕所多菖蒲儻日秀棄擲不吾過〔明高啟葵花〕豔發朱光裏叢依綠蔭邊夕同山蕣落午並海榴燃幽馥流珍簟鮮輝照藻筵羣芳已謝賞孤植轉成憐

七言古詩〔增〕宋謝翱種葵葡萄下戎葵花種葡萄下年年葉長見花謝葡萄漸密花漸遲開時及見葡萄垂微風搖曳架上枝陰雲凝碧行琉璃天人下飲葡萄露花神夜泣向天訴謝爾葡萄數尺陰不如寸草同此心

五言律詩〔增〕唐武元衡宜陽所居白蜀葵荅詠柬諸公冉冉衆芳歇亭亭虛室前敷榮時已背幽賞地宜偏紅豔世方重素花徒可憐何當君子願知不競喧妍〔徐夤蜀葵〕劍門南面樹移向會仙亭錦水饒花豔岷山帶葉青文君慚婉娩神女讓娉婷爛熳紅兼紫飄香入繡扃〔原〕宋韓琦蜀葵炎天花盡歇錦繡獨成林不入當時眼其如向日心寶釵知見棄幽蝶或來尋誰許清風下芳醪對一斟

七言律詩〔增〕元許衡繼人葵花韻戎葵花色耀深濃偏稱修叢映短叢絳臉有情爭向日錦苞無語細含風舒

開九夏天真秀壓倒千年書史工但恨主人貪且嗇不教相對舞衣紅

五言絕句〔增〕明高啟白葵花素彩發庭陰涼滋玉露深誰憐白衣者亦有向陽心〔陸師道蜀葵〕向日層層折深紅間淺紅無心駐車馬開落任薰風

七言絕句〔增〕唐陳陶蜀葵詠綠衣宛地紅倡倡薰風似舞諸女郎南鄰蕩子婦亡賴錦機春夜成文章〔陳標蜀葵〕眼前無奈蜀葵何淺紫深紅數百窠能共牡丹爭幾許得人輕處祇緣多〔原〕宋楊巽齋蜀葵紅白青黃弄淺深旌分幢列自成陰但疑承露矜殊色誰識傾陽無二心〔增〕金祝簡雜詩榴花嬌欲鬬羅裙石竹開成

碎纈文更有戎葵亦堪愛日烘紅臉酒初醺〔明李東陽蜀葵〕羞學紅妝媚曉霞祇將忠赤報天家縱教雨黑天陰夜不是南枝不放花

別錄〔原〕〔種植〕實大如指頂皮薄而扁子如蕪荑仁輕虛易種收子以多爲貴八九月間鋤地下種冬有雪輙勝之勿令飛去使地保澤無蟲災至春初删其細小餘留在地頻澆水勿缺肥當有變異色者發生滿庭花開最久至七月中尚蕃大風雨後即宜扶起壅根少遲其頭便曲不堪觀矣尋千葉者四五種墻籬向陽處間色種之幹長而直花艷而久勝種鷄冠十倍〔製用〕插缾用沸湯以紙塞口則不萎或以石灰蘸過令乾方插花開

至頂葉仍如舊鳳仙芙蓉插法同　葵花可收乾入香炭墼內引火耐燒　葉可收染紙色所謂葵箋是也

錦葵

【原】錦葵一名荍（爾雅云荍蚍衃注云今荆葵也似葵紫色疏云小草多花少葉葉又翹起）一名芘芣（詩傳云荍芘芣也）叢低葉微厚花如小錢文彩可觀又名錢葵色深紅淺紅淡紫皆單葉開亦耐久詩陳風視爾如荍卽此種同蜀葵

天葵

【原】天葵一名莃一名菟葵（爾雅云莃菟葵）葉如錢而厚嫩面青背微紫〔本草〕一名雷丸草寇宗奭曰綠葉如黃蜀葵其花似拒霜其形至小如初開單葉蜀葵有檀心色如

牡丹姚黃其葉則蜀葵也

【彙考】【增】〔峋嶁神書〕紫背天葵出蜀中靈草也生於水際取自然汁煑汞則堅〔本草〕凡丹石之類得此而後能神雷公炮炙論云如要形堅豈忘紫背謂其能堅鉛也

附錄　旌節花

【原】旌節花高四五尺花小類茄花俗譌錦茄見花節節對生紅紫如錦【增】〔益部方物畧記〕修修華碧皆層層而擢正類使所持節然故以名見益州圖經

【彙考】【增】〔花史〕唐王處回家居有道士以花種貽之曰此仙家旌節花也後處回歷二鎮〔丹鉛總錄〕太平廣記引黎州圖經云黎州漢源縣琉璃城有旌節花去地二三尺行行皆如旌節（蘇子由詩綠竹琅玕色紅葵旌節花借喻葵形非謂旌節卽葵也）

【集藻】〔贊〕【增】〔宋宋祁旌節花〕擢條亭亭層層紫丹狀若使節方圖實刊

五言絕句【增】〔宋陸游旌節葵〕旌節庭下葵鼓吹池中蛙坐令灌園公忽作富貴家

詩散句【增】〔宋洪咨夔〕檜旗漫摘社前雨旌節旋移春後花

附錄　西番葵

【原】西番葵莖如竹高丈餘葉似蜀葵而大花托圓二三尺如蓮房而扁花黃色子如萆麻子而扁孕婦忌經其

下能墮胎

佩文齋廣羣芳譜卷第四十六

佩文齋廣羣芳譜卷第四十七

花譜

百合花 原列果譜今從全芳備祖移入於此

增本草 百合一名𧂭 玉篇云𧂭百合蒜 一名强瞿 此物花葉根皆四向故曰强瞿凡物旁生謂之瞿陶弘景曰俗人呼爲强仇仇即瞿也聲之訛耳 一名蒜腦藷 其根如大蒜其味如山藷 一名重箱 一名中逢花 一名重邁 一名中庭

原百合一名摩羅 春生苗高二三尺幹麤如箭葉生四面如雞距又似柳葉青色近莖微紫莖端碧白四五月開花甚大有麝香珍珠二種 麝香花微黃甚香珍珠花紅有黑點莖葉中有紫珠 按李時珍本草云百合葉似短竹葉不似柳葉五六月莖端開大白花長五寸六出四垂向下色亦不紅紅者葉似柳乃山丹也又云紅花帶黃而四垂上有黑斑點其子先結在枝葉間者卷丹也蓋一種三類 根似

蒜而大重疊生二三十瓣 爾雅翼云小者如大蒜大者如椀數十片相累狀如白蓮花故名百合言百片合成也 味甘平無毒主治邪氣腹脹心痛喉痺補中益氣定心志殺蠱毒療癰腫止顛狂涕淚產後血病蒸煑食之擣粉作麪食最益人和肉更佳

彙考增 酉陽雜俎 元和末海陵夏侯乙庭前生百合花大於常數倍異之因發其下得甓匣十三重各匣一鏡第七者光不蝕照日光環一丈其餘規銅而已 原集異記 兗州徂徠山寺曰光化客有習儒業者堅志栖焉夏日因閱畫壁於廊序忽逢白衣美女年十五六姿貌絕異因誘至於室情款甚密及去以白玉指環遺之因上寺門樓隱身目送白衣行計百步許奄然不見乃識其處尋見百合苗一枝白花絕偉客因劚之根本如拱瑰異不類常者及歸乃啓其重附百疊既盡白玉指環宛在其內 增老學庵筆記 蜀孟氏時苑中忽生百合花一本數百房皆並蒂圖其狀於聖壽寺門樓之東頰壁間謂之瑞花圖至今尚存 原都波國無稼穡以百合爲糧

集藻 賦 原唐王勔百合花賦 荷春光之餘煦託陽山之峻趾比蓂莢之能連引芝芳而自擬固其布葉相從潛根必重示不孤於日用欣有叶於時雍嗤五葉之非偶陋三花之未穠亦貌兮不可長辰兮不可逢恐鶗鴂吟兮衆芳晚幸左右之先容

五言古詩 原梁宣帝百合 接葉有多種開花無異色含露或低垂從風時偃抑 宋王右丞百合 少陵晚崎嶇託命在黃獨天隨自寂寞饑惟杞菊古來淪放人餘馨被草木我客漢東城鄰曲見未熟不應惱鶖鶬更忍累口腹過從首三張伯仲肩三陸賴有分子薑雲苗饋萌竹寘挾到百合眞使當重肉軟溫甚蹲鴟瑩淨豈鴻鵠食之儻有助葢昔先所服詩腸貯微潤茗椀爭餘馥果堪止淚無欲縱望鄉目

七言絕句 增宋陸游 窓前作小土山藝蘭及玉簪最後得香百合併種之戲作 芳蘭移取徧中林餘地何妨種玉簪更乞兩叢香百合老翁七十尚童心

詩散句〔增〕明陳淳〈夜深香滿屋疑是酒醒時〉

〔別錄〕〔原〕種植〈秋分節取其瓣分種之五寸一科宜雞糞宜肥地頻澆則花開爛熳清香滿庭春分不可移二年一分不可枯死〉

山丹

〔原〕山丹一名紅百合一名連珠一名川強瞿一名紅花菜〈本草云燕齊人采其花跗未開者乾而食之名紅花菜〉根似百合體小而瓣少莖亦短小葉狹長而尖頗似柳葉與百合迥別四月開紅花六瓣不四垂亦結小子根氣味甘平無毒　一種高四五尺如萱花花大如椀紅斑黑點瓣俱反捲一葉生一子名回頭見子花又名番山丹根似百合不堪食

〈按此即本草所云卷丹也〉一種高尺許花紅如硃砂茂者一榦兩三花花小於百合無香一名中庭花其性與百合同色可觀根同百合可食味少苦〈按此即花疏所云番山丹也原譜既列於此又附於後者誤今併合爲一〉

〔集藻〕五言古詩〔增〕宋蘇轍〈西軒種山丹〉淮揚千葉花到此三百里城中衆名園栽接比桃李吾廬適新成西有數畦地乘秋種山丹得雨生可喜山丹非佳花老圃有深意宿根已得土絕品皆可寄明年春陽升盈尺爛如綺居然盜天功信矣斯人智根苗相因依非真亦非僞客來但一笑勿問所從致

〈朱子〉山丹昔遊嶺海間幾見蠻卉拆素英溥夕露朱葩爛晴日歸來今幾年晤對祗寒碧因君賦山丹悅復見好顏色

五言律詩〔增〕宋蘇轍〈種花〉築室力已盡種花功尚疎山丹得春雨艷色照庭除末品何曾數羣芳自不如今秋接千葉試取洛人餘

七言律詩〔增〕宋楊萬里〈山丹〉春去無芳可得尋山丹最晚出幽林柹紅一色明羅袖金粉羣蟲集寶簪花似鹿葱還耐久葉如芍藥不多深香泥瓦斛移山蘂聊著書窗伴小吟

詩散句〔增〕宋蘇軾〈堂前種山丹錯落瑪瑙盤〉　陳傅良〈山丹吹出青藜火金蝶窺叢伺婀娜〉

〔別錄〕〔原〕種植〈一年一起春時分種取其大者供食小者用肥土如種蒜法以雞糞澆之則茂〉〔增〕番山丹花須每年八九月分種方盛

鳳仙

〔原〕鳳仙一名海蒳一名旱珍珠一名小桃紅一名染指甲草〈本草云女人采其花及葉包染指甲其實狀如小桃故有指甲小桃諸名宋光宗李后諱鳳宮中呼爲好女兒花張宛丘呼爲菊婢韋君呼爲羽客〉人家多種之極易生二月下子隨時可再種即冬月嚴寒種之火坑亦生苗高二三尺莖有紅白二色肥者大如拇指中空而脆葉長而尖似桃柳葉有鋸齒故又有夾竹桃之名椏間開花頭翅尾足俱翹然如鳳狀故又有金鳳之名色紅紫黃白碧及雜色善變易有灑金者白瓣上紅色數點又變之異者

自夏、初至秋盡開卸相續結實纍纍大如櫻桃形微長
有尖色如毛桃生青熟黃觸之即自裂皮卷如拳故又
有急性之名苞中有子似蘿蔔子而小褐色氣味微苦
溫有小毒治產難積塊噎膈下骨哽透骨通竅葉甘溫
滑無毒活血消積根苦甘辛有小毒散血通經軟堅透
骨治誤吞銅鐵此草不生蟲蠹蜂蝶亦多不近恐不能
無毒花卸即去其蒂不使結子則花益茂
彙考 增 三柳軒雜識鳳仙爲媚客　花經金鳳七品三
命　平園詩注金鳳木犀二花殆是的對　原 花史謝
長裾見鳳仙花命侍兒進葉公金膏以麈尾稍染膏灑
之折一枝插倒影山側明年此花金色不去至今有斑

點大小不同若灑金名倒影花　李玉英秋日採鳳仙
花染指甲後於月中調絃或比之落花流水　鳳仙五
月開花主水
集藻 五言古詩 原 宋劉圻父金鳳花天霜彫九陵梧桐
日枯槁鳳德何其衰鸞飛下幽草九苞丛髣髴衆彩各
自好黃中獨含章見晚更傾倒託根幔亭峰弱質深自
保便翾金翅短淡泊乃幾道俗眼迷是非人間迹如埽
七言古詩 原 宋文同金鳳花花有金鳳爲小叢秋色巳
深方盛發英英秀質眞具體文采爛然無少闕纖莖翩
翩翠彩動紅白紛亂如點綴誰云脆弱易飄墮自卯至
巽亦數月鋪茸翦綵轉難似只把長條忿穿結常疑一
假小兒花性命所繫不恐折君不見昨夜雨今朝風一
隊鸞飛返丹穴
五言絕句 原 宋徐致中金鳳花鮮鮮金鳳花得時亦自
媚物生無貴賤罕見乃爲貴　增 明王氏美君詠鳳仙
花鳳鳥久不至花枝空復名何如學葵藿開即向陽傾
七言絕句 增 唐吳仁璧鳳仙花香紅嫩綠正開時冷蝶
饑蜂兩不知此際最宜何處看朝陽初上碧梧枝　原
宋晏殊金鳳花九苞顏色春霞萃丹穴威儀秀氣殫題
品直須名最上昂昂驤首倚朱欄　歐陽修金鳳花憶
繞朱欄手自栽綠叢高下幾番開中庭雨過無人迹狼
藉深紅點綠苔　楊萬里金鳳花細看金鳳小花叢費

盡司花染作工雪色白邊袍色紫更饒深淺四般紅
增 僧北澗金鳳花小似釵頭穠葉金不將紅淺笑紅深
處名冗利開花草寂寞朝陽采羽瘏
詩散句 原 宋劉敞綠葉紛映階紅芳爛盈眼輝輝丹穴
禽矯矯翅翎展　張耒金鳳乃婢妾紅紫徒相鮮　增
明劉基庭前金鳳花向晚爭嫵媚　原 宋僧北澗飛花
只合秦樓去莫與金釵壓翠蟬　元楊維楨夜搗守宮
金鳳蘂十尖盡換紅鴉嘴　明徐階金鳳花開色最鮮
佳人染得指頭丹　金盤和露搗仙葩解使纖纖玉有
瑕
詞 原 明夏樹芳女冠子秋花姝麗疑是虞庭集毿欄霞

開不向丹山植還從蘂闕來　飛來金屈戍添上玉搔頭晴撥求凰操韻聲幽　增宋陳景沂水龍吟階前砌下新凉嫩姿弱質婆娑小仙家甚處鳳雛飛下化成紡兆尖葉參差柔枝裊娜體將玉造自川葵放後堂萱謝了是閬苑無花草　自恨西風太早遲芳容紫團緋繞管裏低昂笆頭約掠空成懊惱圓胎結就小鈴垂下直開臨宇闕二凡間謫墮不知西帝會闕宸抱

別錄 原 製用 采肥莖汋醃可爲葅　花酒浸一宿可食取紅花搗爛敷犀杯色如蠟可充舊犀初敷出忌見風見風即裂　庖人烹魚肉難卒爛投子數粒同山査即易爛　女人采紅花同白礬搗爛先以蒜擦指甲以

花傅上葉包裹次日紅鮮可愛數月不退　能損齒服者不可著牙多用亦戟人喉　插瓶用沸水或石灰入湯可開半月　增物類相感志枳實煮魚則骨軟或用鳳仙花子　野蔌品鳳仙花梗採頭芽湯焯少加鹽曬乾可留年餘以芝麻拌供新者可入茶最宜炒麪助食佳嫌豆腐素菜無一不可

金錢

增酉陽雜俎金錢花一名毘尸沙　原金錢花一名子午花（格物叢話云花以金錢名言其形之似也惟欠稜廓耳花史云午開子落故名子午花）一名夜落金錢花予改爲金榜及第花花秋開黃色朶如錢緑葉柔枝嬝娟可愛園林草木疏云梁大同中進自外

國今在處有之栽磁盆中副以小竹架亦書室中雅翫也又有銀錢一種七月開以子種

彙考 原 酉陽雜俎梁豫州掾屬以雙陸賭金錢錢盡以金錢花相足魚弘謂得花勝得錢　增花經金錢花七品三命　原花史鄭榮嘗作金錢花詩未就夢一紅裳女子擲錢與之曰爲君潤筆及覺探懷中得花數朶遂戲呼爲潤筆花

集藻 五言律詩 增宋劉攽金錢花披沙百鍊貴濟世五銖圜倂邑都疑似頒形適自然蕭蕭秋意蚤采采露華鮮貧謝侏儒甚煩君懸眼前

七言絕句 增唐盧肇金錢花輪郭休誇四字書紅窠寫

出對庭除時時買得佳人笑本色金錢却不如　原來鵬金錢花也無輪郭也無神露洗還同鑄出新青帝若教花裏用牡丹應是得錢人　皮日休金錢花陰陽爲炭地爲爐鑄出金錢不用模謾向人前逞顏色不知還解濟貧無　增吳仁璧金錢花淺絳濃香幾蘂勻日鎔金鑄萬家新堪疑劉寵遺芳在不許山陰父老貧　羅隱金錢花占得佳名繞樹芳依依相伴向秋光若教此物堪收貯應被豪家盡斸將　原宋石懋金錢花名貴已居三品上價高仍在五銖先春來買斷深紅色燒得人心似火燃　章藝齋金錢花巧洽都由造化鑪風磨雨洗好形模花神果有神通力買斷春光用得無

詩散句【原】宋百氏集能買三秋景難供九府輸　厚重圓殊秦半兩輕飄薄似漢三分　蘇軾金錢色傍秋

【別錄】【增】酉陽雜俎衞公言金錢花損眼

滴滴金

【原】滴滴金一名夏菊一名艾菊一名旋覆花（本草云花圓而覆下故名）一名疊羅金【增】本草旋覆一名盜庚（爾雅云蕧盜庚注云旋覆似菊本草云庚者金也謂其夏開黃花盜竊金氣也）一名戴椹　花史一名金錢菊（本草亦名金錢花）【原】莖青而香葉青而長尖而無椏高僅二三尺花色金黃千瓣最細凡二三層明黃色心乃深黃中有一點微綠者巧小如錢亦有大如折二錢者所產之地不同也自六月開至八月苗初生自陳根出既

則徧地生苗繇花梢頭露滴入土即生新根故名滴滴金嘗斸地驗其根果無聯屬

【集藻】七言絕句【原】宋陶弼九秋瑞露滴成芽不是榆花即桂花星女月娥宮不鎖天風吹落野人家　【增】謝邁滴滴金滿庭黃色抑何深一滴梅霖一滴金莫使貪夫來見此聞名亦起覬覦心　【原】百花新詠秋來蔓草莫相侵露滴花梢滿地金若入仙人丹竈裏還如松柏歲寒心

玉簪

【原】玉簪（漢武帝寵李夫人取玉簪搔頭後宮人皆效之玉簪花之名取此）一名白萼一名白鶴仙一名季女（白萼象其色白鶴象其形季女象其卦）處處有之有宿根二月生苗成叢高尺餘柔莖如白菘菜葉大如掌團而有尖面青背白紋如車前頗嬌瑩六七月叢中抽一莖莖上有細葉十餘每葉出花一朶長二三寸本小末大未開時正如白玉搔頭簪形開時微綻四出中吐黃蘂七鬚環列一鬚獨長甚香而清朝開暮卷間有結子者圓如豌豆生青熟黑其根連生如鬼臼射干之類有鬚毛舊莖死則根有一臼新根生則舊根腐亦有紫花者（學圃餘疏云紫者名紫鶴）葉微狹花小於白者葉上黃綠相間名間道花又有一種小紫五月開花小白葉石綠色此物損牙齒不可著牙根性甘辛寒有毒解毒塗腫下骨

葉性同根解蛇虺毒

【彙考】【增】春渚紀聞酒成碧後方堪飲花到白來原自香此趙丈德麟賦玉簪花詩也歷數花品白而香者十花八九香也

【集藻】賦【增】明田藝蘅玉簪花賦白花六出碧莖森森綠苞敷豔翠葉叢陰皜綠垂鬚黃檀綴心色美如玉形肖惟簪曰貴且重名比南金方其根荄嚴霜英抽湛露酷暑既徂凉飈初度拂拂翻榮亭亭挺素皓雪凝條明冰挂樹山梔爲之抱慚木仙見而增妒縱玉井之蓮花亦同行而却步迺若微雨乍沐淡然晚妝洗盡鉛華月映霓裳插瑤笄於綠鬢解瓊珮於華堂獨持雅潔以壓羣芳鄙芙蓉之多態笑蕙蘭其不香當百卉之搖落鋒孤

秀於清商故得列君階除遠砥塵坌舞媛致疑而反銜
逸士欲掇而長遯釆下體而不遺入麗藻之粲論苟能
刈著而不忘寧辭磨石而終鈍感德輝於三秋媿草心
之徑寸幸朝束於華冠雖夕蹈而何恨

五言古詩 增 金元好問同白兄賦瓶中玉簪 畏景衆芳歇仙葩此夷猶冰姿出新沐娟娟倚清秋昨夢今見之風鬟玉搔頭誰言閨房秀高情渺林丘碧筵古銅壺一室香四周懷人成獨詠遠思徒悠悠 元劉因玉簪 堂陰秋氣集幽花獨清新臨風玉一簪含情待何人含情不自展未展情更真徘徊明月光泥泥如相親因之欲有託風鬟渺冰輪

七言律詩 增 元劉因玉簪花 花中冰雪避秋陽月底陰陰鎖暗香玉瘦每憂和露滴心清惟恨有絲長且留宛轉閨沈水莫遣聯翩入粉囊只許幽人太相似蒼苔疎雨北窗涼 原 方廣德玉簪 不信搔頭花底重數莖秋濯露溶溶腰憎荆玉生前折影比嫦娥月裏逢摘去何人憐素腕插來是處映秋容薄愁莫減冰霜骨十二金釵好向從

七言絕句 原 唐羅隱玉簪 雪魄冰姿俗不侵阿誰移植小窗陰若非月姊黃金釧難買天孫白玉簪 宋王安石玉簪 瑤池仙子宴流霞醉裏遺簪幻作花萬斛濃香山麝馥隨風吹落到君家 黃庭堅玉簪 宴罷瑤池阿母家嫩瓊飛上紫雲車玉簪墮地無人拾化作江南第一花 鄭修玉簪花 玉色瓷盆綠柄深夜涼移向小窗陰兒童莫訝心難展未展心時正似簪 吳震齋玉簪花 素娥昔日宴仙家醉裏從他寶髻斜遺下玉簪無覓處如今化作一枝花 增 明李東陽玉簪 昨夜花神出蕊宮綠雲裊裊不禁風妝成試照池邊影祇恐搔頭落水中

詩散句 增 金史肅玉簪 香好在牆角幾枝開 原 孫鍔 披拂西風如有待徘徊涼月更多情 增 劉龍山 一瓶秋水玉簪香 元趙雍 淡然相對玉簪香 明吳寬 玉削簪頭露濯開

詞 增 金黃庭筠謁金門 秋蕭索燈火新涼簾幕翠被不禁臨曉薄南樓聞畫角 想見玉壺冰萼一夜西風開却夢覺烏啼殘月落幽香無處著 張雨滿江紅 玉導纖長頓化作雲英香莢風前影綠鬢撩亂搔頭斜插璞小還思釵燕並叢幽咯比蕉心狹看柔鬚點綴半開時微烘蠟 冰筋瘦瓊林滑芳徑底誰偷掐怕夜涼消得錦闈紅市鸞管不禁仙露重蜜脾勝借清香發待使君絕妙好詞成須彈壓 張翥露華 瀛洲種玉總付與花神月底深斸琢就瑤笄光映鬢雲斜蘸幾度借取搔頭別試漢宮裝束風露冷幽香半縹淡竚欄曲 亭亭雪豔愁獨愛粉沁冰箭鬢撚金粟 石上那回磨斷爭忍輕

觸一自楚客歸來珠履舊遊誰續秋夢起殘妝半簪墜綠〔張雨東風第一枝〕清淚如鉛綠房迎曉賓階低擁雲葉蜻蜓飛上搔頭依前豔香未歇西窗夜雨怪簾底參差涼月正一叢深倚瑣玎石上只愁磨折　問瑤草應憐短髮會醉墮無聲膩滑羞他金雀鈿蟬高似水仙羅襪芳心斷絕誰與貽江皋瓊玦試折花鄉作銀橋看舞素鸞回雪

別錄 **原**〔種植〕春初雨後分其勾萌種以肥土勤澆灌即活分時忌鐵器　花瓣拖麪香油煠過入少糖霜香清味淡可充清供　取未開者裝鉛粉在內以線縛口久之婦女用以傅面經歲尚香　**增**〔崆峒子〕骨鯁以玉簪花根汁滴之則化

秋葵

原 秋葵與葵相似故名秋葵朝夕傾陽此葵是也本草作黃蜀葵寇宗奭云黃蜀葵別種非蜀葵中黃者也一名側金盞莖高六七尺葉如芙蓉深綠色開岐叉有五尖如人爪形狹而多缺六月放花大如椀鵝黃色紫心六瓣而側雅淡堪玩朝開午收暮落隨即結角大如拇指長二寸許本大末尖六稜有毛老則黑色其稜自綻內有六房子纍纍在房內狀如茼麻子色黑秋盡收二月種以手高撒梗亦長大花子及根氣味並甘寒滑無毒為催生妙藥子宜浸油治疔塗湯火傷

彙考 **原**〔說文〕黃葵常傾葉向日不令照其根　**增**〔彥周詩話〕寫生之句取其形似故詞多迂弱趙昌畫黃蜀葵東坡作詩云檀心紫成暈翠葉森有芒揣摸刻骨造語壯麗後世莫及　〔花經〕葵花九品一命　〔瓶花譜〕秋葵八品二命

集藻 賦**增**〔唐韓偓黃蜀葵賦〕色配中央心傾大陽布葉近臨於玉砌移根遠自於銅梁蕚綠華未遇楊義冠簪駮駢杜蘭香壼逢張碩巾帔飄揚銀漢之星機欲曙金臺之漏箭初長動人妖豔馥鼻生香千里鴛鴦濫得名於太液三秋菊蕊虛長價於柴桑向日微困迎風欲翔玥昉神疲吮筆而深慚思挹江淹色沮擘牋而所恨才荒蝶翅堪憎蜂鬚可妒幾多之金粉遭竊一點之檀心被汚何須逼視漢夫人之鴛寢多羞不待含情晉天子之羊車自駐激電寒瞳跳光烏兎得不淹留深勞顧慕懊恨張京兆唯將桂葉添眉悵望齊東昏却把蓮花襯步騷人易老絕色多愁曷忍在綺窗側畔唯當居繡戶前頭目斷猶駐魂消未收映葉而似擎歌扇偎欄而若墮妝僂感荀粲之殷勤誓無緘著慙謝鯤之强暴未近風流清旦鶯啼黃昏蛩散鶴頸兮長引猿腸兮屢斷攀條立處林鳥應笑於後栖欹枕看時梁燕或鬪於長嘆已而已而唯有醉眠於叢畔

五言古詩**增**〔唐戴叔倫歎葵花〕今日見花落明日見花開花開能向日花落委蒼苔自不同凡卉看時幾日迴

賦〔宋蘇軾〈題王伯敭所藏趙昌畫黃葵〉〕弱質困夏永
奇姿蘇晚凉低昂黃金杯照耀初日光檀心自成暈翠
葉森有芒古來寫生人妙絕誰似昌晨妝與午醉眞態
含陰陽君看此花枝中有風露香　增〔梁楝黃葵〕乾坤
有正氣間色皆爲臣名葩據中央紅紫誰敢憐傾日不
忘君衛足恐傷身寘然無知識忠孝出本眞林林天地
間戴履而爲人明靈秀萬物乖不尊君親嗟嗟叔季後
利欲汨天倫邈哉望帝國産此瑞世珍九夏不邀炎三
月不爭春高秋風露冷孤標出清塵背時還獨立攬芳
淚沾巾
七言古詩 增〔金元好問甲辰秋洛陽得黃葵子種之南

菴明年夏六月作花佛經所謂闍浮檀金明淨柔軟令
人愛樂者此花可以當之因爲賦長韻〕芳藂浥露嬌黃
濕五銖湘裙輕襞積晨妝午醉一日間白白紅紅總狼
籍上陽宮女要頭冠摹寫雖工破的難看來明淨復柔
軟花中乃有闍浮檀千里移根洛陽陌主人不飲誰看
客乞與金杯自傾側明年爲渠當舉白
五言律詩 增〔唐崔涯黃蜀葵〕野欄秋景晚疎散兩三枝
嫩蘂淺輕態幽香閒澹姿露傾金盞小風引道冠欹獨
立悄無語清愁人詎知
七言律詩 原〔唐韋莊使院黃葵花〕薄妝新著淡黃衣對
捧金爐侍醮遲向月似矜傾國貌倚風如唱步虛詞乍
開檀炷疑聞語試與雲和必解吹爲報同人看來好不
禁秋露即離披
五言絕句 增〔宋文同秋葵〕錦江何日別漆水今朝見清
露繞顏色秋鸞一分淺　〔范成大霜後紀圃中草木〕種
葵如種麥隔歲已下子僅成一榦花浪備四時氣　〔金
姚孝錫黃蜀葵〕傾心知向日布葉解承陰斜側黃金盞
誰人與對斟　〔元趙孟頫黃葵詞〕仙掌鬱金衣朝陽風
露晞可憐蜂與蝶祇解弄春暉　〔明高啓黃葵〕春晚獨
餘芳風回帶酒香美人偏愛看因似御衣裳　〔王穀祥
秋葵〕玉兒本來潔新妝不愛濃秋風羅袖薄飄飄若爲
容　〔陳淳秋葵〕月上牆東阿秋光照庭戶幽葩向人明

泫似冷冷露　素質倚秋風向人渾欲語春風莫相笑
丹心自能許
七言絕句 原〔唐李涉黃葵〕此花莫遣俗人看新染鵞黃
色未乾好逐秋風天上去紫陽宮女要頭冠　增〔張祜
黃蜀葵花〕名花八葉嫩黃金色照書窗透竹林無柰美
人閒把嗅直疑檀口印中心　〔薛能黃蜀葵〕嬌黃新嫩
欲題詩盡日含毫有所思記得玉人春病校道家裝束
厭禳時　〔唐彥謙秋葵〕月瓣團圝剪頳羅長條排蘂綴
鳴珂傾陽一點丹心在承得中天雨露多　原〔宋劉攽
黃葵〕白露清風催八月紫蘭紅藥共淒凉黃花冷淡無
人看獨自傾心向太陽　〔宋祁黃葵〕黃葵貴麗不夭饒

一朵新晴松外高還似邇英臨黼座曈曨曉日照天袍

增陸游黃蜀葵開時閒淡斂時愁蘭菊應容預勝流剩欲持杯相領略一庭風雨不禁秋 原王立美黃葵昔年南國看黃葵雲鬢金釵向後垂今日村家籬落下秋風寂寞兩三枝 增元袁易題畫黃葵憶昔戎葵花下飲金杯春灩綠蟻歌祇今花似金杯側獨對西風詠折枝 明李東陽黃葵不隨紅紫鬭芬華別有風流出畫家誰解人間眞正色秋來交付與黃花 沈周秋葵誰道紅葩夏日芳獨留黃種吐秋光五尺竹欄關不住還將一半露宮妝 陸師道秋葵炎豔秋來故改妝薄羅開淡試鵞黃傾城別有檀心在依倚西風送夕陽

廣羣芳譜 花譜二十六 秋葵 七

陳淳秋葵長門秋曉露淒淒雙袖輕翻舊賜衣自笑不如桃與李春風吹向上林飛

詩散句 增元馬祖常紫暈成丹景黃敷綴綠幢 郭鈺蠟光膩粉花正開翠袖捧出黃金杯 原宋陳司封秋來似學金丹術戲把硫黃製酒杯 潘德久一樹黃葵金盞側勸人相對醉西風

詞 原宋晏殊菩薩蠻秋花最是黃葵好天然嫩態迎春早染得道家衣淡妝梳洗時 曉來清露滴一一金杯側插向綠雲鬟便隨王母仙

別錄 原製用 孋黃葵須破其蘂則不腐 花開盡帶青收其稭勿令枯槁水中浸一二日取皮爲縷可織布及作繩用 增物類相感志紙被舊而毛起者將破用黃蜀葵梗五七根搥碎水浸刷之則如新

曼陀羅花

增本草曼陀羅花一名風茄兒一名山茄子法華經言佛說法時天雨曼陀羅花又道家北斗有陀羅使者手執此花故後人因以爲名曼陀羅梵言雜色也茄乃因葉形爾生北土人家亦栽之春生夏長獨莖直上高四五尺生不旁引綠莖碧葉葉如茄葉八月開白花凡六瓣狀如牽牛花而大攢花中折駢葉外包而朝開夜合結實圓而有丁拐中有小子八月采花九月采實氣味辛溫有毒 洛陽花木記有千葉曼陀羅花層臺曼陀羅花

集藻五言古詩 增宋陳與義曼陀羅我圃殊不俗翠蕤

廣羣芳譜 花譜二十六 曼陀羅 六

敷玉房秋風不敢吹謂是天上香煙迷金錢夢露醉木蕖妝同時不同調曉月照低昂

蓼花

原蓼花其類甚多有青蓼香蓼葉小狹而薄紫蓼赤蓼葉相似而厚馬蓼本草綱目云馬蓼一名墨記草俗呼大蓼是也水蓼開寶本草云生於淺水澤中故名水蓼按爾雅薔虞蓼注云虞蓼澤蓼也即此葉闊大上有黑點木蓼一名天蓼蔓生葉似柘六蓼花皆紅白子皆大如胡麻赤黑而尖扁惟木蓼花黃白子皮生青熟黑人所堪食者三種一青蓼葉有圓有尖圓者勝一紫蓼相似而色紫一香蓼相似而香並不甚辛可食諸蓼春苗夏茂秋始花花開蓓蘂而細長二寸枝枝下垂色粉紅可觀水

邌甚多故又名水葒花名醫別錄云馬蓼最大者名蘢薣卽水葒也本草拾遺云天蓼
卽水葒本草綱目云葒草一名鴻藹一名蘢古一名游龍一名石龍一名大蓼身高者丈餘節
生如竹秋間爛熳可愛一種叢生高僅一二尺許細莖弱
葉似柳其味香辣人名辣蓼並冬死惟香蓼宿根重生
可爲生菜青蓼可入藥古人用蓼和羹後世飲食不復
用人亦鮮種藝今但以平澤所生香青紫三蓼爲良崔豹
古今注云青色者蓼紫色者茶性辛澀無毒實主明目溫中耐風寒下
水氣去癧瘍止霍亂去面浮腫瘀小兒頭瘡苗葉除大
小腸邪氣利中益智

彙考 增 詩鄭風隰有游龍 傳 龍紅草也 箋 游龍猶放縱
也 正義 此草直名龍耳而言游龍知謂枝葉放縱也

周頌予又集於蓼 疏 蓼辛苦之菜 其鎛斯趙以薅荼
蓼 傳 趙刺也蓼水草也 禮記內則 蝸醢而苽食雉羹
麥食脯羹雞羹折稌犬羹兎羹和糝不蓼 疏 和糝不蓼
者此等之羹宜以五味調和米屑爲糝不需加蓼也
濡豚包苦實蓼濡雞醢醬實蓼濡魚卵醬實蓼濡鱉醢
醬實蓼 疏 凡言實蓼者皇氏云謂破開其腹實蓼於其
腹中更縫而合之也 膾秋用蓼 鶉羹雞羹鴽釀之
蓼 注 釀謂切雜之也 魴鱮烝雛燒雉薌無蓼 疏 薌無
蓼者薌謂蘇荏之屬言三者調和唯以蘇荏之屬無用
蓼也 戰國策魏文子曰蓼蟲在蓼則生在芥則死非
蓼仁而芥賊也本不可失 吳越春秋越王念吳欲復
怨非一旦也苦思勞心夜以接日臥則攻之以蓼 述
異記長沙定王故宮有蓼園卽定王故園也 爾雅翼
淮南言水草之始海閒生屈龍屈龍生容華容華生蘋
蘋生萍藻萍藻生浮草凡浮生不根茇者生於藻屈龍
豈亦此龍草耶斂爲屈縱爲游是或一道也 楚辭芳
草譜蓼生水澤楚辭曰蓼蟲不知徙乎葵菜言蓼辛葵
甘蟲各安其故不知遷也

集藻 賦 原 漢孔臧蓼蟲賦季夏既望暑往涼還逍遙諷
誦遂居東園周旋覽觀憩乎南藩覩茲茂蓼紛葩吐榮
猗那隨風綠葉厲莖爰有蠕蟲厥狀似螟羣聚其間食
之以生於是寤物託事推况乎人幼長斯蓼莫或知辛

膏粱之子豈曰不云苟非德義不以爲家安逸無心如
禽獸何

五言古詩 增 元郝經甲子歲後園野蓼宿池蓮蒲短久
旱餘淺淤墻隈積餘埃玉鳳秋不翥野蓼根莖堅幸得
浸沮洳節葉瘦且赤靡蕪交翠箸細蘂亦鮮潔粉米糅
丹素獨穿梟輕穗離披滴清露水花淡晚色幽香足眞
趣忽憶過夢澤千里渺煙樹蘆花與蓼花露錦蕩雪絮
深入芙蕖藪遠映蒹葭渡寒鞭問飛鴻駐馬問佳句乃
今四壁中浩渺隔煙霧日斜對幽叢聊以慰遲暮大似
辛苦蟲無復風標鶩泝因投沉溺底事極幽錮屢上剗
腸膏無地瀝血訴嗟嗟好花草焉用生此處祇因爲詩

人放故獨不去嘗膽如啖蔗食蓼猶餹御仰首伸有天
志節久愈著（明袁凱蓼灘）行迤近横塘陂陀間幽渚
輕穗含夕霏叢條偃秋雨縱横覆魚隊閒寂來鷗侶杖
策時一臨逍遥更延佇
五言律詩【原】（唐鄭谷蓼花）簇簇復悠悠年年拂漫流差
池伴黄菊冷淡過清秋晚帶鳴蟲急寒藏宿鷺愁故溪
歸不得憑仗繫漁舟【增】（宋梅堯臣水葒）灼灼有芳艷
本生江漢濱臨風輕笑久隔浦淡妝新白鷺煙中客紅
蕖水上鄰無香結珠穗秋露浥羅巾
五言絶句【增】（宋宋祁蓼花）夏砌緣莖秀秋檐紅穗繁終
然體不嬌無那對虞翻（文同蓼花）紅芳宵露清翠節

晚窓迎雨後曬殘日秋容滿檻亭（蘇轍和文與可蓼
嶼）風高蓮欲衰霜重蓼初發會使此池中秋芳未嘗歇
七言絶句【增】（宋梅堯臣和石昌言學士官舍水葒）江天
淡淡江水平江岸有花紅作穗今日特向都城開晝時
只合銜魚翠（蘇軾和文與可蓼嶼）秋歸南浦蟪蛄鳴
霜落横湖沙水清臥雨幽花無限思抱叢寒蝶不勝情
（范成大道見蓼花）秋風褭褭露華鮮去歲如今刺釣
船歙縣門西見紅蓼此身曾在白鷗前（劉克莊水葒）
分紅間白汀洲晚拜雨揖風江漢秋看誰耐得清霜去
却恐蘆花先白頭
詩散句【原】（宋張詠）紅穗已沾巫峽雨綠痕猶帶錦江泥

狂吟不覺驚鷗夢坐困翻疑在舊溪【增】（唐柳宗元）蓼
花被堤岸陂水寒更淥（錢珝）雖將垂岸蓼盈把當江
蘺【原】（宋石延年）羣芳坐衰歇聊自舞秋風（蘇軾）叢
蓼雖可喜輕紅隨秋薄（唐羅鄴）暮天新鴈起汀洲紅
蓼花開水國愁（宋宋祁）花穗迎秋結曉紅園林清淡
更西風（林逋）簇簇菰蒲映蓼花水痕天影蘸秋霞
（陸游）老作漁翁猶喜事數枝紅蓼醉清秋（唐韓愈）蓼
雜芳菲晴（許渾）漣漣秋蓼紅（宋鄭獬）鹽豉薦芹蓼
（陸游）雪晴蓼甲紅（唐白居易）水蓼冷花紅簇簇
（溫庭筠）雨濕蓼花千穗紅
詞【原】（宋王詵行香子）金井先秋梧葉飄黄幾回驚覺夢

初長雨微煙淡疏柳池塘漸蓼花明菱花冷藕花凉
幽人已慣衾單枕冷任商飈催換年光問誰相伴終日
清狂有竹間風樽中酒水邊牀【增】（元張翥水龍吟）芙
蓉老去妝殘露華滴盡珠盤淚水天瀟灑秋容冷淡憑
誰點綴瘦葦黄邊疏蘋白外滿汀煙穟把餘妍分與西
風染就猶堪愛紅芳媚　幾度臨流送遠向花前偏驚
客意船窓雨後數枝低入香零粉碎不見當年秦淮花
月竹西歌吹但此時此處叢叢滿眼伴離人醉
別錄【原】製用春初以葫蘆盛水浸蓼子高挂火上使暖
生紅芽以備五辛盤與大麥麪相宜
佩文齋廣羣芳譜卷第四十七

花譜

菊花一

原 菊一名治蘠一名日精一名節花一名傅公一名周盈一名延年一名更生一名陰成一名朱嬴一名帝女花 增 本草菊一名女節一名女莖一名金蕊蘇頌曰白菊潁人呼爲回峯菊汝南名茶苦蒿上黨及建安郡順政郡並名羊歡草河內名地薇蒿 原 埤雅云菊本作蘜從鞠窮也花事至此而窮盡也宿根在土逐年生芽莖有稜嫩時柔老則硬高有至丈餘者葉綠形如木槿而大尖長而香花有千葉單葉有心無心有子無子

黃白紅紫粉紅間色淺深大小之殊味有甘苦之辨大要以黃爲上白次之性喜陰惡水種須高地初秋烈日尤其所畏本草及千金方皆言菊有子將花之乾者令近濕土不必埋入土明年自有萌芽則有子之驗也味苦甘平無毒昔有謂其能除風熱益肝補陰蓋不知其得金水之精英能益金水二臟也補水所以制火益金所以平木木平則風息火降則熱除用治諸風頭目其旨深微黃者入金水陰分白者入金水陽分紅者行婦人血分皆可入藥久服令人長生明目治頭風安腸胃去目翳除胸中煩熱四肢遊氣久服輕身延年或用之而無効者不得眞菊耳 增 本草陶弘景曰菊有兩種一種紫莖黃色氣香味甘爲眞菊一種青莖而大作蒿艾氣味苦者名苦薏非眞菊也葉正相似以甘苦別之又有白菊莖葉都相似惟花白五月取之吳瑞曰花大而香者爲甘菊花小而黃者爲黃菊花小而氣惡者爲野菊李時珍曰無子者謂之牡菊 原 其類有甘菊一名眞菊一名家菊一名茶菊花正黃小如指頂外尖瓣內細萼柄細而長味甘而辛氣香而烈葉似小金鈴而尖更多亞淺氣味似薄荷枝幹嫩則青老則紫實如葶藶而細種之亦生苗人家種以供蔬茹凡菊葉皆深綠而厚味極苦或有毛惟此葉淡綠柔瑩味微甘咀嚼香味俱勝擷以作羹及泛茶極有風致 都勝 一名勝金黃一名大金黃一名添色喜容落蕾殷紅瓣闊而短花瓣大者皆有雙畫直紋內外大小重疊相次而黃背紅開時黃暈漸大紅暈漸小突起如傘頂葉綠纖而尖其亞深瘦則如指肥則如掌莖紫而細勁直如鐵瘦鋌肥則高可至六七尺葉常不壞小花中之極美者也九月末開出陳州 御愛 出京師開以九月末一名笑靨

一名喜容淡黃千葉花如小錢大葉有雙紋齊短而闊葉端皆有兩缺內外鱗次上二三層花色鮮明下層淺色帶微白心寸餘縷色明黃葉比諸菊最小而青每葉不過一如指而大或云出禁中因得名 金芍藥 一名金寶相一名賽金蓮一名金牡丹一名金骨朵蓓蕾黃紅花金光愈開愈黃徑可三寸厚稱之氣香瓣闊葉綠而澤稀而弓長而大亞深枝幹顆直而疏高可六七尺菊中極品 黃鶴翎 蓓蕾朱紅如泥金瓣面紅背黃開則外暈黃而中暈紅葉青弓而稍大而長多尖如刺枝幹紫黑勁直如鐵高可七八尺韻度超脫菊中之仙品也蜜鶴翎久不可見白者次之粉者又次之紫者爲下 木香菊 多葉畧似御衣黃初開淺鵝黃久則淡白花一葉尖薄盛開則微卷芳氣最烈一名腦子菊 大金黃 花頭大如折三錢心瓣黃皆一色芸瓣五六層花片亦大一枝之杪多獨生一花枝上更無從簇綠葉亦大其梗濃紫色 小金黃 一名鄧州黃一名疊金黃花頭大如折二錢心瓣黃皆一色開末多日其瓣鱗鱗六層而細態度秀麗經多日則面上鈍瓣亦長至于整整而齊不止六層蓋爲狀先後不同也如此狀如笑靨花有富貴氣部早 勝金黃 花頭大過折二錢剪黃瓣青黃心瓣有五六層花片比大金黃差小上亦細瓣枝杪凡三四花一枝之中有少

從蕊瓣色鮮明玩之快人心目但條梗纖弱難得圓旋作大本須留意扶植乃成

黃羅繖 花深黃徑可二寸體薄中有頂瓣紋似羅下垂如傘柄長而勁葉綠而稀厚而長亞深枝幹細直勁如鐵高可六七尺

報君知 一名九日黃一名早黃一名蟹爪黃花黃赤而有寶色開于霜降前久而愈艷徑二寸有半氣香瓣末稍岐有尖突起葉青而稀長而大亞深莖紫枝幹勁挺高可八九尺

金鎖口 一名黃錦鱗一名錦鱗菊瓣葉莖幹頗類黃鶴翎開亦同時體厚瑩潤絕類西施瓣背深紅面正黃瓣展則外暈黃而內暈紅既徹則一黃菊耳徑可二寸有半沈譜口深紅于瓣週邊黃色半鬭時紅黃相雜如錦

銀鎖口 花初黃後淡週邊白色如銀半開時黃白相雜可愛上二花可爲絕品非其絕小巧者可比

鴛鴦錦 一名四面佛一名鷺交鳳友一名孔雀尾初作蓓蕾時每一蒂卽迸或三四亦有至五六者其瓣面重黃而背重紅開時奇怪一分爲三截下截皆黃中截則紅其項又紅四面支擘紅黃交雜如錦開藏四面蓋露紅背叢遂厚篠二寸餘上尖高二寸如樓臺氣香葉黑綠澤纖而瓦有稜角其尖最多亞甚深葉根多瓦莖紫枝幹勁挺高可四五尺

御袍黃 一名變英黃一名紫梗御袍黃一名柘袍黃一名大御袍黃花如小錢大初開中赤既開瑩黃徑三寸半瓣闊開早瓣末如有細毛開最久殘則紅紫綠稀而長厚而大亞深葉根青淨莖葉枝幹扶疎高可一丈狀類御愛但心有大小之分

青梗御袍黃 一名御衣黃一名淺色御袍黃朶瓣葉幹俱類小御袍黃但瓣疎而莖青耳花譜曰千瓣初開深鵝黃而差疎瘦久則變白

側金盞 此品類大金黃其大過之有及一寸八分者瓣有四層皆盤齊花片亦潤大明黃色深黃心一枝之杪獨生一花枝中央無從蕊名以側金盞者以其花大而垂欹側而生也葉綠而大梗淡紫

狀元黃 一名小金蓮其花焦黃欹欹始終一色瓣頭細而茸作雙頭之形徑二寸許萼深綠開甚早氣香葉綠而大長而氏厚而綿似金芍藥而尖葉根滿評莖淡紅枝幹順直扶疎高七八尺

剪金毬 一名翦金黃一名金鳳毛一名金樓子一名密翦毬其色瑩黃瓣末細碎如翦頂突有細蒡相雜茸茸氣香其瓷也紅葉青而綠叢而榴肥而厚滿而短亞深葉根兀甚枝幹勁挺高可五六尺

黃繡毬 一名金繡毬一名黃羅衫一名木犀毬一名金毬花深黃葉色稍淡而高大

晚黃毬 深黃千瓣開極大

十采毬 黃千瓣如毬

大金毬 金黃千葉瓣反淡色

小金毬 一名毬子菊一名毬子黃一名金紗荊一名金罪子深黃千瓣中邊一色花較突起如毬

小毬子 開以九月中深黃千葉尖細垂疊背有倫理一枝之杪叢生百餘花若小毬諸菊黃花最小無過此者然枝青葉碧花色鮮明相映尤好

金鈴菊 花頭甚小如鈴之圓深黃一色其幹之長與人等或言有高近一丈者可以上架亦可蟠結爲塔故又名塔子菊一枝之上花與葉層層相間有之不獨生于枝頭綠葉尖長七出丹菊葉多五出

金萬鈴 開以九月末深黃千葉菊以黃爲正鈴以金爲貴是菊正黃色而葉有鐸形則于名實兩無慊也菊有花密枝編雙心苞長者謂之鞍子菊與此花一種特以地脈肥瘠使之然備又有大黃鈴大金鈴蜂鈴之類或形色不正較之此花大非倫比

小金鈴 一名饅頭菊花似大金鈴而小外單瓣中筒瓣葉似甘菊而厚大開以十月

夏金鈴 出西京開以六月深黃千葉與金萬鈴相類而花頭瘦小不甚鮮茂以生非其時故也

秋金鈴 出西京開以九月中深黃雙紋重葉花中細蕊皆出小鈴其萼亦如鈴葉但此花葉短廣而青有如蜂鈴狀初出時京師廐里相傳以爲愛翫

蜂鈴 開以九月中千葉深黃花形圓小而中有鈴葉擁聚蜂起細襯若有蜂窠之狀大抵似金萬鈴獨以花形差小而尖又有細蕊出鈴葉中以此別爾

大金鈴 開以九月末深黃有鈴者皆如鐸之形而此花之中實皆五出細花下有大葉承之每葉有雙紋枝與常菊相似葉大而疏一枝不過十數葉俗名大金鈴以花形似秋萬鈴耳

千葉小金錢 略似明州黃花葉中外疊疊整齊心甚大

單葉小金錢 花心尤大開最早重陽前已爛漫

小金錢 開早大于小錢明黃瓣深黃心其瓣齊齊三層花瓣展其心則舒而爲篇

大金錢 開遲大僅及折二錢心瓣明黃一色其瓣五層此花不獨生于枝頭乃與葉層層相開而生香色與態度皆勝

金錢 出西京開以九月末深黃雙紋重葉似大金菊而花形圓齊頗類滴滴金人未有識者或以爲棣棠菊或以爲大金鈴但以花葉辨之乃可見

荔枝菊 花頭大于小錢明黃細瓣層層鑲尖不齊中央無心鬚乃簇蕊末展小葉至開遍凡十餘層其形頗圓故名荔枝菊香清甚姚江上友云其花黃狀似揚梅

金荔枝 一名荔枝黃花金黃徑二寸餘厚半之瓣花而尖開遲葉青而闊大而尖其亞淺高可三四尺

荔枝紅 一名紅荔枝紅黃千瓣

棣棠 出西京開以九月末雙紋多葉自中至外長短相次如千葉棣棠狀凡黃菊類多小花如都勝御愛雖稍大而色皆淺黃其最大者若大金鈴菊則又單葉淺薄無甚佳處惟此花深黃多葉大于諸菊而又枝葉甚青一枝叢生至十餘朶

花葉相映顏色鮮好甚可愛也

金鎚子 花比甘菊差大纖穠酷似棣棠色豔如赤金他花色皆不及蓋奇品也葉亦似棠株不甚高金陵最多開早

九煉金 一名滲金黃一名銷金菊花似棣棠菊而稍大瓣似荔枝菊而稍禿開于九月前外暈金黃中暈焦黃葉綠狹而尖亞深葉根多冗莖紫而細勁直如鐵高可一丈

黃二色 九月末開黇黃雙紋多葉一花之間自有深淡兩色然此花甚類薔薇菊惟形差小又近蕊多有亂葉不然亦不辨其異種也

橙菊 花瓣與諸菊絕異黃色不甚深其瓣成簇排豎生于萼上後乃開作小片婉變至于成團簇瓣之下又有繞裙一層承之亦猶橙皮之外包也其中無心

小御袍黃 一名深色御袍黃花仝似御袍黃瓣稍細開頗遲心起實色如深鵝黃菊瘦有心不實

黃萬卷 一名金盤橙其色金黃徑二寸有半厚三之二其外夾瓣其中箭撥開遲葉青而掤大而瓦其末團其亞深葉根多冗枝幹偃蹇而蘢大高五六尺

鄧州黃 開以九月末單葉雙紋深于鵝黃而淺于鬱金中有細葉出鈴萼上形樣甚似鄧州白但差小耳按陶隱居云南陽酈縣有黃菊而白者以五月採今人間相傳多以白菊爲貴又採以九月頗與古說相異惟黃菊味甘氣香枝幹葉形全類白菊疑弘景所說即此

金絲菊 花頭

大過折二錢深黃細瓣凡五層一簇黃心甚小與瓣一色顏色可愛名爲金絲者以其花瓣顯然起紋縐也十月方開此花根莖極壯

垂絲菊 花蕊深黃莖極柔細隨風動搖如垂絲海棠

錦牡丹 紅黃赤黃者多以錦名花之豐碩而壯者多以牡丹名或又名秋牡丹

檀香毬 色老黃形闊瓣圓厚開徹整齊徑幾三寸厚三之二氣香葉幹短疊

麝香黃 花心豐微旁短葉密承之格極高勝亦有白者大器似白佛頂而勝之遠甚吳中此年始有

黃寒菊 花頭大如小錢心瓣皆深黃色瓣有五層甚細開至多日心與瓣并而爲一不止五層重數甚多聳實而高其杏與蕊度皆可愛狀類金鈴菊差大耳

薔薇 九月末開深黃雙紋單葉有黃細蕊出小鈴萼中枝幹差細葉有支股而圓又薔薇有紅黃千葉單葉兩種而單葉者差尖人開謂之野薔薇薔以單葉兩

鵝毛 一名鵝兒黃開以九月淡黃纖如細毛生于花萼上凡菊大率花心皆細葉如下有六葉承之則謂之片葉今鵝毛花自內自外葉皆一等但長短上下有尖爾花形小于萬鈴亦近年花也

金孔雀 一名金傳菊倍蕾甚巨初開金黃既開赤黃徑三寸半厚稱之其氣不佳瓣尖而下垂隨開隨悴葉青而爲長大而黴其亞深根冗甚枝幹偃蹇而蘢大高可一丈

黃五

九菊 花鵝黃色外尖瓣一層中瓣茸茸然徑僅如錢夏秋二度開葉青而擱長而多尖其亞深葉根有冗枝幹細而僅二三尺高

九日黃 大如小錢黃瓣黃心帶微青瓣有三層狀類小金錢但此花開在金籤之前也開時或有不甚盛者惟池土得宜方盛綠葉甚小枝梗細瘦

殿秋黃 一名黃芙蓉一名金芙蓉一名近秋黃一名晚節黃一名大蠟瓣花蜜蠟色徑二寸有半瓣調緻開于秋末葉青稀厚而瓦大如掌亞深枝幹纖勁如樹高可八九尺

小殿秋黃 朶瓣葉幹俱倣殿秋黃而清稚過之

疊羅黃 狀如小金黃花葉尖瘦如翦羅紋三兩花自作一高枝出叢上態度瀟灑

纖盞黃 花似御袍黃而小柄長而細萼黃莖青

小金眼 一名楊梅毬一名金帶圍一名腰金紫與大金眼同花朶差小枝幹稍細高僅三四尺

太眞黃 花如小金錢色鮮明

黃木香 深黃小千瓣花僅如錢

黃翦絨 色金黃

黃粉團 黃花千瓣中心微赤

黃蠟瓣 花淡黃

錦雀舌 一名金雀舌一重黃多瓣瓣微尖如雀舌

金玲瓏 金黃千瓣瓣卷如玲瓏一名錦玲瓏一名金絡索

錦絲桃 一名錦蘇桃瓣背紫而面黃餘類紫絲桃

黃牡丹 其花鵝黃其背色稍深

金紐絲 一名金縷絲一

名出谷鶯一名金紋絲色瑩黃開遲高可一丈瘦則薄而小肥則與銀紐絲同

錦西施 紅黃多瓣形態似黃西施

黃西施 嫩黃多瓣

瑪瑙西施 紅黃多瓣

二色瑪瑙 金紅淡黃一色千瓣

錦褒姒 金黃千瓣似粉褒姒而韻態尤勝

鴛鴦菊 一名合歡金下朶小黃花皆並蒂葉深碧

波斯菊 花頭極大一枝只一萼喜倒垂下久則微捲如髮之鬈淡黃千瓣

茉莉菊 花頭巧小淡淡黃色一蕊只十五六瓣或止二十片一點綠心其狀似茉莉花不類諸菊葉即菊也每枝條之上抽出十餘層小枝枝皆箭簇有蕊

紫粉團 黃花千瓣中心微赤

錦麒麟 一名團團菊其花極耐霜露徑可二寸萼黃瓣初赤紅既開則面金黃而背赤冠葉綠而黑長厚而尖其亞深葉根有冗高可五六尺

鶯羽黃 一名鶯乳黃嫩黃千瓣如大錢

樓子佛頂 花鵝黃其瓣大約四層下一層瓣單面大二層數疊稍縮三層亦數疊又縮四層黃萼細鈴茸茸然實起作頂徑僅如錢經霜即白其葉微似錦鈴菊青而皺長厚而尖其亞淺葉根有冗其枝幹勁直高可四五尺凡花之外有大瓣而中有細蕊茸茸然實起作頂似鈴非鈴微管非管者不問千瓣多瓣單瓣皆當從佛頂之稱惟鈴管分明者則不可得而混也

黃佛頂

一名佛頭菊一名黃餅子一名觀音菊黃千瓣中心細瓣高起花徑寸餘心突起似佛頂四邊單瓣瓣色深黃

黃佛頭 花頭不及小錢明黃色狀如金鈴菊中外不辨心瓣但見混同純是碎葉突起甚高又如白佛頭菊之黃心也

佛頭菊 無心中邊亦同

小黃佛頂 一名單葉小金錢花佛頭頗瘦花心微雀

兎色黃 蓓蕾葉幹俱似纈芙蓉瓣似荔枝菊色似兎毛徑僅二寸殊不足觀

野菊 亦有三兩種花頭甚小單層心與瓣皆明黃色枝莖極細多依倚佗草木而長葉有一種其花初開心如旱蓮草開至涉日則旋吐出蜂鬚周圜蒙茸然如蓮花鬚之狀枝莖顛大綠葉五出能仁寺側府城墻上最多 以上黃色

九華菊 此品乃淵明所賞今越俗多呼爲大笑瓣兩層者曰九華白瓣黃心花頭極大有闊及二寸四五分者其態異常爲白色之冠香亦清勝枝葉疏散九月半方開昔淵明嘗言秋菊盈園其詩集中僅存九華之一名

喜容 千葉花初開微黃花心極小花中色深外微暈淡欣然丰豔有喜色甚稱其名久則變白尤耐封植可以引長七八尺至一丈亦可攬結白花中高品也

金杯玉盤 中心黃四旁淺白大葉三數層花頭徑三寸菊之大者不過此本出江東比年稍移栽吳中

粉團 此品與諸菊絕異含蕊時色淺黃帯微青花瓣成簇排豎生于萼上其中央初看一似無心狀如毬菊盛開則變作一團純白色形甚圓香甚烈至白瓣謝方見瓣下有如心者甚大白瓣皆匝亞出于上經霜則變紫色尤佳綠葉甚纖其梗柔弱

龍腦 一名小銀臺一名瑞井欄出京師開以九月末類金萬鈴而葉尖花色類人間紫鬱金而外葉純白香氣芬烈甚似龍腦是香與色俱可貴也

新羅 一名玉梅一名倭菊出海外開以九月末千葉純白長短相次而花葉尖薄鮮明瑩徹若瓊瑤然始開時中有青黃細葉如花蕊之狀盛開後細葉舒展始見其蕊枝正紫色葉青支股甚小凡菊類多尖闕而此花之蕊分爲五出如人之有支股與花相映標韻高雅非尋常比

玉毬 出陳州開以九月末多葉白花近蕊微有紅色花外大葉有雙紋瑩白齊長而蕊中小葉如剪茸初開時有殼青久乃退去盛開後小葉舒展皆與花外長葉相次側垂以玉毬目之者以其有圓聚之形也枝幹不甚麤葉尖長無缺闕枝葉皆有細毛顛與諸菊異然顏色標致固自不凡近年以來方有此本

出爐銀 一名銀紅西施一名粉芙蓉花寶色繡厚大彷微紅後蒼白如銀出爐甚妍可愛徑三寸許形圓葉青而萁有紋蟠色纖而氐長厚而尖葉根冗莖青枝幹屈曲高僅三四尺

白繡毬 一名銀繡毬一名白羅彩一名瓊繡

毬一名玉繡毬一名白木犀一名玉毬色青白而有光澤花抱蒂大于鵝卵其瓣有突中有細蕚開最久殘則牙紅葉稀而青長大而多尖亞深枝幹勁直而疾疎高可一丈

玉牡丹 一名青心玉牡丹一名蓮花菊花千瓣潔白如玉徑二寸許中暈青碧開早開徹疎爽葉青而稀長而厚簇而尖亞深葉根有冗莖淡紅枝幹勁挺高傑二三尺

玉芙蓉 一名酴醾菊一名銀芙蓉初開微黃後純白徑二寸有半香甚開早瓣厚而瑩疎而爽開最久其殘也粉紅葉蹤色微似銀芍葉纖而尖葉根多冗莖亦龍色枝幹偃蹇高僅三四尺

銀紲絲 一名白萬卷一名萬卷書一名銀綾絲一名燃銀條一名鶴毛菊一名銀燃絲初纖黃後瑩白如雪徑可三寸纖薄開早氣香味甘蕚黃開徹瓣細則蕚亦不見瓣如紙瑩幾則淡紅葉青而粥亞枝幹勁而直疾疎高可六七尺

一傘雪 一名勝瓊花花碩大有寶色其瓣茸茸然如雪花之六出葉似白西施而長大幹枝顯直高大

玉寶相 白多瓣初開微紅

蠟瓣西施 一名蜜西蠟瓣花不甚大而淄黝玉質其品甚高此外有紅蠟瓣大蠟瓣雖有蠟瓣之名而實不相似惟葉蠟瓣花界相似而枝葉又全不類

白疊羅 一名新羅菊一名疊雪羅一名玉梅一名白疊雪一名倭菊蓓蕾攢開中暈青而微黃開後瑩白如雪徑可三寸厚三之二其瓣羅紋其殘粉紅葉青而稍大而仰其末團其亞深枝幹勁挺高僅三四尺

一團雪 一名白雪團一名簇香毬一名鬪嬋娟花極白晶瑩瓣如勻長而厚疎朗香清中蕚黃開遲最久徑可二寸殘時紫紅葉稀似艾白而青大而長尖而厚潤如掌亞深疎葉便剡日深冬五色鮮然如畫枝幹勁直高可六七尺

玉玲瓏 一名玉連環蓓蕾初淡黃而微青漸作牙紅既開純白其瓣初仰而後覆葉青長而潤厚而大有[illegible]後[illegible]葉根淨[illegible]有采色莖淡紅枝幹叢直高可至丈

玉鈴 開以九月中純白千葉中有細鈴甚類大金鈴凡白花中如玉莖新羅形態高雅而此花可與爭勝

白麝香 似麝香黃花差小亦豐腴韻勝

蓮花菊 如小白蓮花多葉而無心花頭疎極蕭微清絕一枝只一苞綠葉甚纖巧

萬鈴菊 中心淡黃飽子旁白花葉繞之花端極尖香尤清絕

月下白 一名玉兎華花青色白如月下觀之徑僅二寸其形團其瓣細而厚葉青似赤品莖長而狹其背弓其[illegible]淺其枝幹勁挺高可三四尺

水晶毬 其花瑩白而嫩初開微青徑二寸許其瓣細而葺中微有黃蕚初[illegible]薄後乃[illegible]之葉稀而弓青而消肥而厚大而長亞淺根有冗莖青枝幹挺勁高可七八尺

芙蓉菊 開就者如小本芙蓉尤穠盛者如樓

子芍藥但難培稙多不能繁

象牙毬 其花豐碩初開黃白色其後牙色微作鴨卵之形柄弱不任其花色潤青而毛莖亦青

劈破玉 小白花每瓣有黃紋如線界之為二

大笑菊 白瓣黃心本與九華同種其單層者為大笑花頭差小不及兩層者之大其葉類栗木葉亦名栗葉菊

徘徊菊 微白瓣黃心色帶微綠瓣有四層初開時先吐瓣三四片只開就一邊未及其餘開至旬日方及周徧花頭乃見圓按字書徘徊為不進此花之開亦若是矣其名不妄十月初方開或有一枝花頭多者至攢聚五六顆近似淮南菊

玉樓春 一名土粉西花初桃紅後蒼白徑可二寸有千瓣厚而大瑩而潤開疎爽葉青而毛稀可數大如茄葉亞淺枝幹勁直如木高可六七尺

酴醾 出相州開以九月末純白千葉自中至外長短相次花之大小正如酴醾而枝幹纖柔頗有態度若花葉稍圓加以檀蕊真酴醾也

玉盆 出滑州開以九月末多葉黃心內深外淡而下有濶白大葉連綴承之有如盆盂中盛花狀世人相傳為玉盆菊者大率皆黃心碎葉初不知其得名之繇後請于識者乃知物之見名于人者必有形似之實云

波斯菊 白千瓣狀同黃波斯

白西施 一名白粉西一名白二色花初微紅其中暈紅而黃既則白而瑩徑三寸以上厚二寸許瓣參差開早葉青而稠狹而尖其亞深葉枝多兀枝幹偃蹇高僅三四尺

銀盆 出西京開以九月中花皆細鈴比夏秋萬鈴差疎而形色似之鈴葉之下別有雙紋白葉謂之銀盆者以其下葉正白故也此菊近出未多見

木香菊 一名玉錢大過小錢白瓣淡黃心瓣有三四層頗細狀如春架中木香花又如初開雜枝自但此花頭舒展稍平坦耳亦有黃色者

銀盤 白瓣二層黃心突起頗高花頭或大或小不同想地有肥瘠故也

鄧州白 九月末開單葉雙紋白葉中有細蕊出鈴萼中凡菊單葉如薔薇菊之類大率花葉圓密相次而此花葉皆尖細相去稀疎然香比諸菊甚烈又為藥中所用蓋鄧州菊潭所出枝幹甚纖柔葉端有支股而長亦不甚青

白菊 單葉白花蕊與鄧州白相類但花葉差濶相尖圓密而枝葉纏繁人多謂此為鄧州白今正之

金盞銀臺 一名銀臺一名萬鈴菊一名銀萬管花外單瓣或夾瓣薄而尖白而瑩中筒瓣初鷄黃後芽色徑可二寸殘則淡紅葉青而狹長而多尖其亞深葉根兀甚枝幹細偃蹇高可五六尺

佛頂菊 一名瓊盆菊一名佛頂菊一名大餅子大過折二錢或如折三錢單層彷秋先開白瓣漸沁微紅突起淡黃心初如楊梅之肉蕾後皆舒為筒子狀如蜂窠末後突起甚高又且最大枝幹堅麤葉

亦麤厚一種每枝多流生上只一花少有旁出枝一種每一枝頭分為三四小枝各一花

小白佛頂 心大突起似佛頂單瓣

淮南菊 一種白瓣黃心瓣有四層上層抱心帶微黃色下層點淡純白大不及折二錢枝頭一簇六七花一種淡白瓣淡黃心頭色不相染惹瓣有四層一枝攢聚六七花其枝杪六花如六面仗鼓相祇惟中央一花大于折三錢此則所產之地力有不同也大率此花白有三節不同初開花面微帶黃色中節變白至十月開過見霜則變淡紫色且初開之瓣只見四層開至多日乃至六七層花頭亦加大焉

茉莉菊 花葉繁縟全似茉莉綠葉亦似之長大而圓淨

玉盤菊 黃心突起淡黃綠邊

粉薔薇 花似紫薔薇而粉色

玉甌菊 或云甌子菊即纏枝白菊也其開層數未及多者以其花瓣環拱如既盍之狀也至十月經霜則變紫色

白褒姒 一名銀褒姒多瓣小花此花四色錦者為最紫者次之粉者又次之白其尤勝者

銀杏菊 淡白時有微紅花葉尖綠葉全似銀杏葉

銀芍藥 一名芙蓉菊一名樓子菊一名瓊芍藥一名太被蓮一名銀牡丹一名銀骨朶初似金芍藥後瑩白香甚殘色淡紅葉亞深與金芍藥同

白五九菊 一名銀鈴菊一名夏玉鈴外瓣一層純白其中鈴萼淡黃徑僅如錢夏秋二度開葉青長大而尖亞深葉根有冗高僅二三尺

八仙菊 花初青白色後粉色一花七八蕊葉尖長而青

蠟瓣粉西施 一名粉西嬌一名西施嬌葉幹全抱三蠟瓣似粉西施而差小瓣厚不瑩

白牡丹 純白

鷺鷥菊 出巖州花如茸毛純白色中心有一叢簇起如鷺鷥頭

蘸金白 一名蘸金香白千瓣瓣邊有黃色似蘸

瓊玲瓏 白千瓣參差不齊

碧蕊玲瓏 白千瓣葉色深綠

白絨毬 花粉白餘類紫絨毬

白剪絨 一名翦鵝毛一名翦鷄翎色雪白

銀荔枝 大繁似金荔枝

碧桃菊 其花純白紫與紫芍藥相似

艾葉菊 心小葉單綠葉尖長似蓮艾

白鶴頂 似鶴頂紅而色較白

白鶴翎 一名銀鶴翎一名銀雀舌一名玉雀舌花純白與粉鶴翎同瓣皆有尖下垂

粉蝴蝶 一名玉蝴蝶一名白蛺蝶千瓣小白花

白蠟瓣 一名玉苗菩花純白與粉蠟瓣同

腦子菊 花瓣微簇縮如腦子狀

樓子菊 層層狀如樓子

單心菊 細花心瓣大

五月菊 花心極大每一鬚皆中空攢成一圓毬子紅白單葉綫承之每枝只一花徑二寸葉似茼蒿夏中開近年院體畫草蟲喜以此菊寫生

殿秋白 一名玉玫瑰花朶葉幹俱類殿

秋黄

寒菊 大過小錢短白瓣闊多日其瓣方皆長明黄心心乃攢聚碎葉尖起頗高枝條柔細十月方開

以上白色

狀元紫 花似紫玉蓮而色深

順聖淺紫 出陳州鄧州九月中方開多葉葉比諸菊最大一花不過六七葉而每葉盤疊凡三四重花葉空處間有筒葉輔之大率花枝幹類棣棠但色紫花大爾菊中惟此最大而風流態度又爲可貴獨恨色非黄白不得與諸菊爭先耳

紫牡丹 一名紫西施一名山桃紅一名檀心紫花初開紅黄間雜如錦後粉紫徑可三寸瓣比次而整齊開遲氣香葉綠而澤長厚而尖其亞深葉根有亢枝幹肥壯高徑三四尺

碧江霞 紫花青蒂蒂角尖出花外小花花之奇異者

雙飛燕 一名紫雙飛淡紫千瓣每花有二心瓣斜捲如飛燕之翅

孩兒菊 紫萼白心茸茸然葉上有尖與它菊異

紫茉莉 似梅花菊而紫花雖小而標格瀟灑氣味芬馥不可以常品目之

朝天紫 一名順聖紫蓓蕾青碧花初深紫後淺紫氣香瓣初如兎耳後尖而蓬鬅鬆而整齊徑二寸有半葉綠而稀尖亞細密如纓葉根清淨枝幹細紫勁而直高可五六尺

剪霞綃 紫多瓣細邊如鬚其花徑二寸許瓣聳而大其邊如纓

佛座蓮 紫千瓣瓣頗大且開殿象菊或以爲紫牡丹非瑞

香紫 一名錦瑞香花淡紫如瑞香色徑寸許瓣疎尖而豎枝葉類金荔枝

紫絲桃 一名紫蘇桃一名曉天霞蓓蕾青綠花茄色中暈濃而外暈稍淡瓣長而尖初如勺後平鋪瓣上有紋色更紫花徑二寸有半厚稱之開微鬅鬆明潤枝葉俱類紫玉蓮

墨菊 一名早紫花似紫霞觴而厚大色紫黑濃艷開於九日前莖葉與紫袍金帶相似高可五六尺史譜云按宋嘉祐中有油紫英宗時有黑紫神宗時色加鮮赤目爲順聖紫皆紫之極非世俗點染之說也

夏萬鈴 出鄜州開以五月紫色細鈴生于雙紋大葉之上以時別之者以有秋時紫花故也或以菊皆秋生花而延此菊獨以夏盛按靈寶方曰菊花紫白又陶隱居云五月採今此花紫色而開于夏時是其得時之正也夫何疑哉

秋萬鈴 出鄜州開以九月中千葉淺紫其中細葉盡爲五出鐸形而下有雙紋大葉承之諸菊如棣棠是其最大獨此菊與順聖過焉環美可愛

荔枝紫 出西京九月中開千葉紫花葉捲爲筒大小相間凡菊鈴并蕊皆生托葉之上葉背乃有花萼與枝相連而此菊上下左右攢聚而生故俗以爲荔枝者以其花形正圓故也花有紅者與此同名而純紫者蓋不多得

紫褒姒 頭粉褒姒而色紫

賽西施 又名倚欄嬌淡紫小花頭倒側如醉

紫芍藥 名

紅剪春花先紅後紫復淡紅變蒼白徑可三寸厚稱之其瓣闊大而鬅鬆開早氣香葉綠而澤稀而多尖其枝幹順直高可四五尺

繡毬 出西京開以九月中千葉紫花葉尖潤相次叢生如金鈴菊中鈴葉之狀大率此花頗荔枝菊花中無筒葉而萼邊正平爾花形之大有若大金鈴菊者

紫鶴翎 一名紫粉盤一名紫雀舌花先淡紫後粉白色

紫玉蓮 一名紫荷衣一名紫蟠瓣蓓蕾青綠花紫而紅質如蠟徑可二寸瓣如勺終始上時葉全似朝天紫

瑪瑙盤 淡紫赤心千瓣花稀豐大

紫薔薇 花畧小似紫玉蓮而色淡

紫羅繖 一名紫羅袍花似紫鶴翎小而厚色勻其瓣羅紋而細葉青大而稠根多亢枝幹勁而高大

紫繡毬 一名紫羅衫其花粉紫得養則如紫牡丹之色荷瓣失養則青紅黃白夾雜而不勻瓣縮不舒葉類錦繡毬綠而濃厚而皺

紫鶉絨 四瓣簇俱小巧紫者其名爾張

金絲菊 紫花黃心以蕊得名

水紅蓮 一名藕青紅一名何花毬一名粉牡丹一名紫粉蓮一名紫粉樓花粉紫初開似紫牡丹其後漸淡如木紅花色徑二寸形團瓣疎開早葉綠稀而可數闊大而厚皺而襞芡葉枝幹勁直高可一丈或以爲太液蓮非

雞冠紫 一名紫鳳冠千瓣高大起樓眼象丁雞冠花非以雞之冠爲比

也

福州紫 多瓣以上紫色

狀元紅 花重紅徑可二寸厚半之瓣闊而短厚有紋其本黃其紅耐久開早葉似猫腳跡綠而厚蒂深葉根亢枝幹如鐵高僅三四尺

錦心繡口 一名楊妃茜裙紅一名美人紅徑二寸許厚半之外大瓣一二層深桃紅中筒瓣突起初青後黃筒之中嬌紅而外粉筒之口金黃爛熳如錦香濃開與報君知同葉綠而澤團而弓稀而可數其缺刻如捷業枝幹紅紫細勁而直高可四五尺

紫袍金帶 一名紫重樓又一名紫綬金章蓓蕾有頂開猶遲例黑紅漸作鮮紅既開彷佛亞腰葫蘆亞處無瓣黃蕊繞之其微也黃蕊不見攢簇成毬大如雞卵開極耐久葉綠而秀闊而長薄而多尖葉根有亢莖淡紅枝幹勁直高可三四尺

大紅袍 蓓蕾如泥金初開未紅瓣尖細而長體厚徑可二寸以上殘色木紅葉青澤厚而大亞深本闊葉根清淨莖青枝幹肥壯順直高可四五尺

紫霞觴 一名紫霞杯花似狀元紅厚而大開早須重紅稍開不紅葉青闊而綫亞深葉根多亢枝幹勁挺高可四尺

紅羅繖 一名紫幢一名錦羅傘紫紅千瓣

慶雲紅 一名錦雲紅蓓蕾深桃紅開則紅黃也作瑪瑙色中暈濃而外暈淡其瓣尖細而扁鬆徑二寸有半厚稱之葉青澤厚而長稍尖亞深蒂青枝幹頗

而高可四五尺**海雲紅**一名海東紅一名相袍紅一名將袍紅一名揚州紅一名舊朝服先一般紅漸作金紅久則木紅而淡徑二寸有半其瓣初尖而後岐其萼黃其微也鬅鬆其葉長而大青而多尖其亞深枝幹其壯大高可四五尺**臙脂菊**類桃花菊深紅淺紫比臙脂色尤重比年始有之此品既出桃花菊遂無顏色蓋奇品也**縷金妝**一名金線菊深紅千瓣中有黃線路**出爐金**一名錦芙蓉金紅千瓣色如鎔金出火**火煉金**花徑僅寸許外尖瓣猩紅其中萼金黃朵垂其紅不變葉綠而澤稀而瓦長厚而尖亞深枝幹勁直高可四五尺**木紅毬**一名紅羅衫一名紅繡毬花初開殷紅稍開即木紅徑可二寸有半瓣下覆如毬心萼黃其莖葉枝幹類御袍黃高可五六尺**紫骨朵**一名大紅繡毬一名紅繡毬蓓蕾紅頂如泥金開甚早先紅紫後紫紅徑可二寸有半厚二寸瓣明潤豐滿如擂子其徽也攢簇如毬葉類紫霞觴葉綠而小根有冗枝幹勁直高可四五尺**醉楊妃**一名醉瓊環其色深桃紅久而不變其花疎爽而潤澤小徑近二寸以上厚半之其瓣尖而便下覆如臍花繁而柄弱其英乃垂其葉青厚短大而稠其尖多其亞淺葉根冗其莖青枝幹偃蹇高可五六尺**太眞紅**嬌紅千瓣**樓子紅**蓓蕾甚巨開早初深黑瀻作鮮紅瓣垂而長光彩奪目既開徑二寸以上其萼如小錢初青後黃其中隱然有頂有開數瓣上豎者莖葉如紫袍金帶枝幹高大可至四五尺**紅萬卷**一名紅緋絲深紅千瓣如萬卷書**一捻紅**花瓣上有紅點而徑三寸瓣大而圓**紅翦絨**初殷紅後木紅徑寸有半其形薄而瓦其瓣末碎而茸攢簇如刺葉綠尖而小其亞淺其莖紅葉根清淨枝幹扶疎高可三四尺**錦繡毬**一名錦羅衫蓓蕾如栗其花抱蒂其初殷紅既開鮮紅漸作紅黃色瓣濶而短葉似紫繡毬稍而大鋸而尖葉根有冗**鶴頂紅**一名不老紅花似晚香紅薄而小外暈粉紅中暈大紅開徹粉紅瓣下暈大紅瓣上攢如鶴頂葉青圓而小枝幹不甚高大**雞冠紅**紅千瓣如雞冠色**猩猩紅**花似狀元紅而厚僅二寸開早色鮮紅耐久葉澤長而多尖莖青枝幹挺勁高可四五尺**繡芙蓉**一名赤心黃一名老金黃初開赤紅既開中暈赤而外暈黃其瓣面黃而背紅徑二寸有半厚半之開早稜層整齊葉青澤而脆亞深葉根冗甚枝幹偃蹇而鬆大高可四五尺**錦荔枝**金紅多瓣**紅牡丹**開早初殷紅後銀紅開最久**紅茱萸**似梅花菊而紅**芙蓉菊**狀如芙蓉紅色**二色蓮**一名賽紅荷一名西番蓮

廣羣芳譜　花譜二十七　菊花一　三十三

一名蠟瓣紅一名大紅蓮一名紅轉金一名錦蠟瓣花先茜紅後紅黃色其萼黃徑二寸許厚半之瓣如勺而毛末微皺上簇如蓮萼黃而大萼中或突起數瓣葉綠長大而多尖其亞深葉根有冗幹勁挺高可四五尺**襄陽紅**並蒂雙頭出九江彭澤**寶州紅**一名岳州紅一名日輪紅重紅褊薄如鏃徑二寸中黃萼葉幹似紫霞觴**土硃紅**其色如土硃**紅二色**出西京開以九月末千葉叢有深淡紅兩色而花葉之中間生筒葉大小相應方盛開時筒之大者裂為二三與花葉相雜比茸茸然花心與筒葉中有青黃色頗與諸菊異**冬菊**花薄而小徑僅寸半色深紅質如蠟瓣濶而短開極遲葉疎青而澤初似銀芍藥其後弓而厚長而尖亞深尖多莖紫枝幹順直扶疎高可五六尺以上紅色**桃花菊**劉蒙泉云粉紅單葉中有黃蕊其色正類桃花俗以此名蓋以言其色爾花之形度雖不甚佳而開于諸菊未有之前故人視此菊如木中之梅焉枝葉最繁密或有無花者史鑄云一名桃紅菊花瓣如桃花粉紅色一蕊光十三四片開時長短不齊經多日乃齊其心黃色內帶微綠此花奧之無香惟撚破聞之方知有香至中秋便開開至十餘日漸變為白色或生青蟲食其花片則衰矣其綠葉甚細小花成大云多葉至四五重粉紅色濃淡在桃杏紅梅之間未霜即開最為妍麗中秋後便可賞**粉鶴翎**一名粉緋絲一名玉盤丹一名粉雀舌一名荷花紅花粉紅大如芍藥瓣尖長而大背淡紅初開鮮濃既開四面支撐紫暈騰耀後漸白細絲葉青而稀濶大如掌亞深葉根多冗枝幹順直而扶疎高可七八尺**垂絲粉紅**出西京九月中開千瓣細如茸攢聚相次花下亦無托瓣枝幹纖弱其花淡紅似銀緋絲而瓣不紐其朶俱垂色態嬌豔與醉西施醉楊妃各不相涉或謂三名即一物非也**粉蠟瓣**蓓蕾稀花微紅褪白質如蠟色佳可二寸有半厚稱之氣香瓣初仰而後覆其殘如紅粉塗抹葉青長大而稀亞深葉根清淨枝幹順直高可一丈**粉西施**一名紅西施一名紅粉西一名粉西花豐碩似白西施初開紅黃相雜有寶色開徹則淡粉紅瓣卷而紐背慘而紺如猱頭然柄弱不任葉青而厚長而瓦狹而尖亞深葉根多冗枝幹亦類白西施**合蟬菊**九月末開粉紅筒瓣花形細者與蕊雜比方盛開時筒之大者裂為兩翅如飛舞狀一枝之杪凡三四花**灑金紅**一名灑金香一名金錢豹淡紅丁香瓣間有黃色如灑**紅粉團**一名粉團花粉紅徑二寸厚半之中暈紅瓣短而多皺枝葉似金荔枝而青**樓子粉西施**一名晚香紅一名秋牡丹一名紅粉樓一

廣羣芳譜　花譜二十七　菊花一　三十四

名草稿紅其花粉紅徑可二寸厚三之二其開也遲瓣圓而厚比次鞶齊中深紅㕧起上作重臺色易淡葉稠青而手挾而尖其中深葉担亢甚枝幹亦與白西施同壯大過之

醉西施 淡紅千葉垂英瓣醉楊妃

勝緋桃 一名紅碧桃格局似□書桃色似秋海棠枝葉似紫芍藥□而高大不及

粉褒姒 花粉紅而小徑二寸有千瓣尖短厚□無紋葉綠而澤似狀元紅而尖其亞少葉根有亢枝□假蒸或迷以粉西施當之非也

大楊妃 一名楊妃菊一名□嬰環粉紅千瓣散如亂茸而枝一□細小蝸蝸有態

賽楊妃 粉紅千瓣花器小

粉玲瓏 一名紫丁香粉紅小花按沈譜玲瓏與萬卷萬管並載今人類多混稱不知玲瓏者疏朗通透之物卷則書卷畫卷之類管則簫管筆管之類取象各不同有詠之連環絡索即玲瓏之別號于命名之意寫失不可不辨

八寶瑪瑙 一名八寶菊千瓣粉紅花花具紅黃眾色

紫芙蓉 一名勝芙蓉一名芙蓉菊千瓣備極大其葉尖而小

粉萬卷 粉紅千瓣

粉繡毬 千瓣淡紅花

夏月佛頂菊 五六月開色微紅

佛見笑 粉紅千瓣

紅傅粉 粉紅千瓣以上粉紅色

珠子菊 白色見本草注云南京有一種開小花瓣下如小珠子

丹菊 見嵇含菊銘云煌煌丹菊暮秋彌榮

十樣錦 一本開花形模各異或多瓣或單瓣或大或小或如金鈴往往有六七色黃白雜樣亦有微紫花頭小

滿天星 一名蜂鈴菊春苗掇去其顛岐而又掇掇而又岐至秋而一幹數千百朵

二色西施 一名紅二色一名黃二色一名二色白一名平分秋色徑可三寸厚半之開最久瓣葉枝幹皆與白西施同初開時數朵淡紅數朵淡黃過然不類半開時五彩賽色炫爛奪目開徹則皆淡桃紅色矣

二色楊妃 一名二喬一名金菊對芙蓉多瓣淺紅淡黃二色雙出如金鈸花徑僅二寸其萼黃其瓣如兜耳其葉綠而不澤厚而尖鐵而瓦

赤金盤 一名脂暈黃一名琥珀杯其花初開紅黃而赤金星浮動其後漸作薔色徑可二寸形薄而瓦瓣如杓而尖葉稀綠而澤其末團枝幹紫紅頹直而扶疎高可一丈

錦丁香 花器似紅翦絨大寸許瓣疎初開黃而紅後紅而黃色易衰葉綠厚而短尖而長

檀香菊 一名小檀香葉幹似檀香花亦相似

梅花菊 一名試梅菊一名銀丁香一名試豔妝一名壽陽妝一名銀梅每花不過數瓣瓣大如指頂每瓣卷皺蕊蒂下藏深黃上截瑩白重臺彷佛本伯花下垂成毬如梅花清逸開早香甚葉綠大而纖尖而長其亞深葉根多亢其枝幹柔細而扶疎高可一丈

或以爲茉莉菊甚謬

海棠菊 一名錦菊一名海棠春一名海棠嬌一名海棠紅一名小桃紅一名纖幹紅色類垂絲海棠徑寸有半形薄而瓦瓣短多紋而尖色開愈奇有實色中暈赤外暈黃邊暈緋白或數色錯出變態不窮葉綠而澤厚而小亞深其枝幹勁直扶疎高可四五尺

蜜西施 蜜色千瓣

蜜鶴翎 蜜色千瓣與金鶴翎埒以爲蜜繡毬非是

蜜繡毬 一名金翅毬一名金鳳團一名蜜西壯丹花蜜色瑩潤徑二寸餘氣香瓣舒開遲其殘也紅而麗葉青而稠大而尖亞深葉根亢枝幹偃蹇高可四五尺

紫絨毬 一名紫絲毬一名紫蘇桃蓓蕾圓而綠如小龍眼大其開也碧綠紅紫黃白諸色間雜而紫淡爲多瓣細而鑲四面參差茸茸如翦徑僅寸許圓加毬葉類側天紫小而青尖亞側少葉根清淨枝幹細直而勁高可四五尺

僧衣褐 一名細衣菊深栩子色小

刺蝟菊 一名栗葉花如兎毛朶團瓣如蝟之刺大如雞卵葉長而尖枝幹勁挺高可三四尺以上異品

增 劉蒙泉菊譜

銀臺 深黃萬銀鈴葉有五出而下有雙紋白葉開之初疑與龍腦菊一種但花形差大且不甚香耳俗謂龍腦菊爲小銀臺蓋以相似故也枝幹纖柔葉青黃而麤疎近出洛陽水北小民家未多見也

范成大菊譜

藤菊 花密條柔以長如藤蔓可編作屏障亦名棚菊種之坡上則垂下裊數尺如纓絡尤宜池潭之瀕

史正志菊譜

密友 花頭大過折三明黃潤片花瓣形色不在諸品之下初開時長短不齊開極其盛乃齊至于六層其中如抽芽數條短短小心與簇爲一色狀如春間黃密友花葉枝低矮綠葉最繁密見霜則周圍綠葉變紫色

沈競菊譜

諸州及禁苑品類有樝子菊 花小色黃香如樝子

泰州黃　黃素馨　白素馨　璧線菊　鐵脚黃鈴　黑葉兒　團圓菊　柳條菊　枝亭菊 枝梗甚長用杖子撐之即籬菊一丈黃

碧蟬菊 青色

鈸兒菊 一種紫梗開早一種青梗開晚

潛山朱新仲菊坡有玉盤盂 與金鈴菊相似

枇杷菊 葉似枇杷花似金盞銀臺而極大都不甚香

舒州有蜂兒菊 鵝黃色

水晶菊 花面甚大色白而透明

潛江有鋪茸菊 色綠其花甚大光如茸二月開

臨安有長沙菊　滿堂金　壽安眞珠 俱黃色

孩兒白

婺州有銷金紫菊 紫瓣黃心

銷

銀黃菊黃瓣白沿乾紅菊花瓣乾紅四沿黃色間足金菊三種乃佛頭菊種也浙有
荷菊日開一瓣開足成荷花形朶菊未開不開朶菊巳謝不謝金陵有松菊枝葉勁細如松
其花如碎金層出于叢葉之上〔史鑄越中菊譜〕凌風菊黃色見山谷詩柑子
菊黃色見后山詩楊妃裙黃色見徐仲車詩蠟梅菊見聞人善言菊卿公暇集〔周
師厚洛陽菊譜〕紫幹子　五色菊　黃簇菊　柹葉菊
青心菊　葉紅菊　黃窠廷子　探白子　紅香菊
釵頭菊　川金菊深色單葉　川剪金按原譜雜採劉范沈史諸譜以色分類間
有遺漏續錄于此
彙考原〔禮記月令〕季秋之月菊有黃華〔唐書李適傳〕
凡天子饗會遊豫惟宰相及學士得從秋登慈恩寺浮
圖獻菊花酒稱壽增〔山海經〕女几之山其草多菊

原〔列仙傳〕文賓取嫗數十年輒棄之後嫗老年九十餘
復見賓年更壯拜泣至正月朝會鄉亭西社中賓教令
服菊花地膚桑上寄生松子以益氣嫗亦更壯復百餘
歲〔西京雜記〕戚夫人侍兒賈佩蘭後出為扶風人段
儒妻說在宮時九月九日佩茱萸食蓬餌飲菊花酒令
人長壽菊華舒時并採莖葉雜黍米釀之至來年九月
九日始熟就飲焉故謂之菊花酒〔神仙傳〕康風子服
甘菊花桐實後得仙〔神鏡記〕滎陽郡西有靈源山巖
有紫菊〔荊州記〕縣北八里有菊水其源旁悉芳菊水
極甘馨又中有三十家不復穿井即飲此水上壽百二
十三十中壽百餘七十者猶以為天漢司空王暢太傅

袁隗為南陽縣令月送三十餘石飲食澡浴悉用之太
尉胡廣久患風羸恒汲飲此水疾遂瘳此菊莖短葩大
食之甘美異於餘菊廣又收其實種之京師遂處處傳
植之〔風土記〕日精治蘠皆菊之花莖別名也生依水
邊其花煌煌霜降之節惟此草盛茂九月律中無射俗
尚九日候時之草也增〔拾遺記〕背明國有紫菊謂之
日精一莖一蔓延及數畝味甘食者至老不饑渴原
〔續晉陽秋〕陶潛九月九日無酒坐宅邊菊叢中採摘盈
把望見白衣人至乃王弘送酒即便就酌〔續齊諧記〕
汝南桓景從費長房遊學長房謂之曰九月九日汝南
當有大災厄急令家人縫囊盛茱萸繫臂上登山飲

菊花酒此禍可消景從其言舉家登山夕還雞犬俱暴
死長房聞之曰此可代也〔名山記〕朱孺子吳末入玉
笥山服菊花乘雲升天增〔歲華紀麗〕露凝白玉菊散
黃金〔註〕秋日詩露凝千片玉菊散一叢金又云菊散金
風起荷疏玉露圓原〔輦下歲時記〕九月宮掖間爭插
菊花民俗尤甚增〔清異錄〕懿宗賞花歌云長生白久
視黃共拜金剛不壞王原〔九域志〕鄧州南陽郡土貢
白菊三十斤〔越州圖經〕菊山在蕭山縣西三里多甘
菊〔歲時雜記〕盧公範重陽日上五色糕菊花枝茱萸
樹茱萸為辟邪翁菊花為延壽客故九日假此二物以
消陽九之厄〔東坡雜記〕菊黃中之色香味和正花葉

根實皆長生藥也北方隨秋之早晚大暑至菊有黃華乃開獨嶺南不然至冬乃盛發嶺南地暖百卉造作無時而菊獨後開考其理菊性介烈不與百卉並盛衰須霜降乃發而嶺南常以冬至微霜故也其天姿高潔如此宜其通仙靈也 增 東坡雜記夏小正以物爲節如王瓜苦菜之類驗之畧不差而菊有黃華尤不失毫釐近時都下菊品至多皆人以他草接成不復與時節相應始八月盡十月菊不絕於市亦可怪也 李彥平雜錄韓魏公在北門有詩云不羞老圃秋容淡且看黃花晚節香識者知其晚節之高 原 東京夢華錄重九都下賞菊菊有數種有黃白色蕊若房曰萬鈴菊粉紅色

曰桃紅菊白而檀心曰木香菊黃色而圓曰金鈴菊純白而大曰喜容菊無處無之酒家皆以菊花縛成洞戶 牧豎閒談蜀人多種菊以苗可入菜花可入藥園圃悉植之郊野人多採野菊供藥肆頗有大悞眞菊延齡野菊瀉人 遯齋閒覽南方花較北地常先一月獨菊花開最遲菊性宜冷也東坡嘗言嶺南氣候不常吾謂菊花開時即重陽故在海南藝菊九畹後至冬半始開迺以十一月望日與客泛酒作重九會云 增 西溪叢語楚辭云夕餐秋菊之落英王逸云英華也類篇云英草榮而無實者後漢馮衍賦云食玉芝之茂英言英華之英洪興祖補註楚辭云秋花無自落者讀如我落其

實而取其材之落此言爲是今秋花亦有落者但菊蕊不落耳若云黃菊飄零滿地金即詩用楚辭之句且宋書符瑞志沈約云英葉也言食秋菊之葉據神農本草菊服之輕身耐老三月採葉玉函方王子喬變白增年方甘菊三月上寅採名曰玉英是英謂之葉晉許詢詩云青松凝素髓秋菊落芳英 老學庵筆記菊花色雖多種黃者爲正月令他卉皆曰始華於菊獨曰菊有黃花正其驗矣種法有九要一曰養胎二曰傳種三曰扶植四曰修葺五曰培護六曰幻弄七曰土宜八曰澆灌九曰除害能如此法便堪爲松菊主人不減淵明矣 三餘贅筆曾端伯以菊花爲佳友張敏叔以菊爲壽客

花經菊四品六命 乾淳歲時記都人九月九日飲新酒泛萸簪菊且以菊糕爲饋 吳興園林記趙氏菊坡園前面大溪爲循堤畫橋蓉柳夾岸數百株中島植菊至百種爲菊坡 原 沈競菊譜臨安西馬城園每歲至重陽謂之鬬花各出奇異有八十餘種 東平府有溪堂爲郡人遊賞之地溪流石崖間至秋州人泛舟溪中採石崖之菊以飲每歲必得一二種新異花 增 澄懷錄終南五老洞碑記墨菊其色如墨古用其汁以書字 原 學圃餘疏菊至江陰上海吾州而變態極矣有長丈許者有大如盌者有作異色二色者而皆名蘆種其最貴乃各色翦絨各色幢各色西施各色狠牙乃謂

之細種種之最難須得地得人燥濕以時蟲蠹日去花須少而大葉須密而鮮不爾便非上乘元馭閣老尤愛種菊京師有一種大紅曰麻葉紅相袍紅元馭爲翰林時特命囊之馬首歸今吾地尚有此種然開不能大佳想亦地氣使然菊中有黃白報君知最先開甘菊可作湯寒菊可入冬皆賤種也而皆不可廢又有一種五六月開亦異種也　【增】（懸笥瑣探）范文穆公至能作菊譜言月令以動植志氣候如桃桐輩直云始華而菊獨云菊有黃華豈以其正色獨立不伍衆草變詞而言之歟予始甚疑之信如譜中所載其色已不勝其多而月令獨云菊有黃華何也及來河南行熊耳錦屏弘農崤函

諸山正秋草木俱衰謝盡山上下暨水涯籬落皆黃菊大如錢叢生粲然乃悟河南爲中州得風氣之正黃爲正色而正秋時著花隨地皆有此月令紀候所以獨言之也然則如譜中所載諸品得無人智力變幻所致歟則其見逃於月令宜矣　（鉼花譜）各色細葉菊一品九命　（瓶史）洛菊宜好古而奇者　菊以黃白山茶秋海棠爲婢　【原】（梧潯雜佩）陸公平泉初入史館偶與同館諸公以事謁分宜衆皆競前呈身遂至喧擠公獨逡巡郤步時分宜庭中盛陳盆菊公徐謂曰諸君且從容莫擠壞陶淵明也聞者心媿　（花史）王龜齡十朋取莊園卉目爲十八香以菊爲冷香　吳致堯九疑考古云春陵舊無菊自元次山始植沈譜云次山作菊圃記云在藥品爲良藥爲蔬菜是佳蔬　本草與千金方皆言菊花有子魏鍾會菊花賦有方實離離之言馬伯州菊譜有金箭頭菊花長而末銳枝葉可茹最愈頭風謂之風藥菊冬收而春種之據此二說則菊之爲花果有結子者　陶隱居與藏器皆言白菊療疾有功本草圖經言今服餌家多用白者抱朴子有言丹法用白菊汁　紫菊之名見于孫真人種花法又見于諸譜中此品傳植已久故唐宋詩人稱述亦多蕭穎士菊榮篇紫英黃萼照耀丹墀杜甫鶴詩雨勻紫菊叢叢色趙嘏詩紫豔半開籬菊靜夏英公詩落盡西風紫菊花韓忠獻公詩紫

菊披香碎曉霞則紫花定是佳品　屈原離騷經朝飲木蘭之墜露兮夕餐秋菊之落英王逸註云言旦飲香木之墜露吸正陽之精液暮食芳菊之落華吞正陰之精蕊

佩文齋廣羣芳譜卷第四十八

佩文齋廣羣芳譜卷第四十九

花譜

菊花二

【集藻】序〔增〕唐駱賓王目雨尋菊序白帝徂秋黃金勝友辭庠成契目雨相邀問涼燠則鴻鴈在天敘交遊則芝蘭滿室砌花舒菊還同載酒之間岸葉低松直泛維舟之浦參差遠岫斷雲將野鶴俱飛滴瀝空庭竹響共雨聲相亂抑折巾於書閣行閒飄蓋揖雅步於琴臺坐聞流水字中科斗競落文河筆下蛟龍爭投學海珠簾映水風生曳露之濤錦石封泥苔濕印龜之岸泛蘭英於戶牖座接雜談下木葉於中廚池烹野鴈墜白花於濕

桂落紫蒂於疎藤雖物序足悲而人風可愛留姓名於金谷不謝季倫混心迹於玉山無慚叔夜云爾

〔原〕宋劉蒙泉菊譜序草木之有花浮冶而易壞凡天下輕脆難久之物皆以花比之宜非正人達士之所好然予觀屈原之爲文香草龍鳳以比忠正而菊與菌桂荃蕙蘭芷同爲所取松者天下堅正之木也而淵明乃以松配菊連語而稱之夫屈原淵明實皆正人達士其於菊貴重之如此是菊雖以花爲名固與浮冶易壞之物不可同年而語也且菊固有異於物者凡花皆以春盛而實皆以秋成菊獨以秋花悅茂於風霜搖落之時此其得時者異也有葉者花未必可食而康風子乃以食菊仙此其花異也花可食者根葉未必可食而陸龜蒙云春苗恣肥得以採擷供左右杯案又本草云以正月取根此其根葉異也夫以一草之微自本至末有功於人如此加以色香態度纖妙閑雅可爲丘壑燕靜之娛然則古人取以比德而配以歲寒之松夫豈徒然而已哉洛陽風俗大抵好花菊品比他州爲盛劉原孫伯紹者隱居伊洛廣植諸菊朝夕嘯詠其側蓋已有意譜之而未暇也崇寧甲申九月余爲龍門之遊得至君居顧而樂之相與訂論因隨其名品論序於左以列諸譜之次

史正志菊譜前序菊草屬也以黃爲正所以概稱黃花漢俗九日飲菊酒以祓除不祥蓋九月律中無射而數

九俗尚九日而用時之草也南陽酈縣有菊潭飲其水者皆壽神仙傳有康生服其花而成仙菊有黃花北方用以準節令大略黃花開時節候不差江南地暖百卉造作無時而菊獨不然考其理菊性介烈高潔不與百卉同其盛衰必待霜降草木黃落而花始開嶺南冬至始有微霜故也本草一名日精一名周盈一名傅延年所宜貴者菊苗可以採花可以藥囊可以枕釀可以飲所以高人隱士籬落畦圃之間不可一日無此花也陶淵明植於三徑采於東籬裛露掇英泛以忘憂鍾會賦以五美謂圓華高懸準天極也純黃不雜后土色也早植晚發君子德也冒霜吐穎象勁直也杯中體輕神仙

食也其爲所重如此然品類有數十種而白菊一二年多有變黃者余在三水植白菊百餘株次年盡變爲黃花今以色之黃白及雜色品類可見於吳門者二十有七種大小顏色殊異而不同自昔好事者爲牡丹芍藥海棠竹筍作譜記者多矣獨菊花未有爲之譜者殆亦菊花之闕文也余姑以所見爲之若夫耳目之未接品類之未備更俟博雅君子與我同志者續之　增史正志菊譜後序菊之開也既黃白淺深之不同而花有落者有不落者蓋花瓣結密者不落盛開之後淺黃者轉白而白色者漸轉紅枯於枝上花瓣扶疎者多落盛開之後漸覺離披遇風雨撼之則飄散滿地矣王介甫武

夷詩云黃昏風雨打園林殘菊飄零滿地金歐陽永叔見之戲介甫曰秋花不比春花落爲報詩人子細吟介甫聞之笑曰歐陽久不學之過也豈不見楚辭云夕餐秋菊之落英東坡歐公門人也其詩亦有欲伴騷人賦落英與夫却繞東籬嗅落英亦用楚辭語耳王彥賓言古人之言有不必盡循者如楚辭言秋菊落英之語余謂詩人所以多識草木之名蓋爲是也歐王二公文章擅一世而左右佩紉彼此相笑豈非於草木之名猶有未盡識之而不知有落有不落者耶王彥賓之徒又從而爲之贅疣蓋益遠矣若夫可餐者乃菊之初開芳馨可愛耳若夫衰謝而後落豈復有可餐之味楚辭之淑

乃在於此或云詩之訪落訓始也意落英之落蓋謂始開之花耳然則介甫之引證殆亦未之思歟或者之說不爲無據余學爲老圃而頗識草木者因併書於菊譜之後　范成大范村菊譜序山林好事者或以菊比君子其說以爲歲華晼晚草木變衰乃獨曄然秀發傲睨風露此幽人逸士之操雖寂寥荒寒而味道之腴不改其樂者也神農書以菊爲養生上藥能輕身延年南陽人飲其潭水皆壽百歲使夫人者有爲於當世醫國庇民亦猶是而已菊於君子之道誠有臭味哉月令以動植志氣候如桃桐華直云始華至菊獨曰菊有黃華豈以正色獨立不伍衆草變詞而言之歟故名勝之士

未有不愛菊者至淵明尤甚愛之而菊名益重又其花時秋暑始退歲事既登天氣高明人情舒閒騷人飲流亦以菊爲時花移檻列斛輦致觴詠間謂之重九節物此非深知菊者要亦不可謂不愛菊也愛者既多種者日廣吳下老圃伺春苗尺許時掇去其顛數日則歧出兩枝又掇之每掇益歧至秋則一榦所出數千百朶婆娑團植如車蓋熏籠矣人力勤土又膏沃花亦爲之屢變頃見東陽人家菊圖多至七十種淳熙丙午范村所植止得三十六種悉爲譜之明年將益訪求他品爲後譜云

書增魏文帝與鍾繇九日送菊書歲往月來忽逢九月

九日九爲陽數而日月竝應俗嘉其名以爲宜於長久故以享宴高會是月律中無射言羣木百草無有射地而生惟芳菊紛然獨榮非夫含乾坤之純和體芬芳之淑氣孰能如此故屈平悲冉冉之將老思餐秋菊之落英輔體延年莫斯之貴謹奉一束以助彭祖之術

傳【原】元楊維楨黃華傳先生姓黃字華其先有日精者初生簽之繇曰瞧瞧煌煌綠衣黃裳德與坤協數用九彰九九相仍俾爾壽昌佐用炎皇啓於兌方世爲中黃夫中五數也寄旺四時九九重陽數也兌秋方也雖寄旺四時而盛必於秋乎陶氏旺春劉氏旺夏陶劉氏謝而中黃氏其昌乎後日精以養生術佐農皇氏壽登一

百二十餘歲嘉其功封之雍州之土爲壽鄉公賜姓中黃氏後有治藕者注姬公旦爾雅曰上其名綴衣薦服於帝帝服之喜特賜御愛黃至孫英其祚始落三湘與屈原同夕餐英子爲華西入秦遇陽翟大賈衒金爭價咸陽市華文備五色名次月令至今夏小正以華之善記節名爲節華後入漢以服餌法干上出入宮禁后妃侍兒咸與之飲酒乞其祝辭曰長壽長壽宜帝時華以外國肥甘進上嘗之喜曰金盞銀枰眞神仙食也吾不能效武帝食露盤矣華嘗以氣岸高自標置曰予圖冠準天純色準地當贊天地開八荒壽域黃中通理獨暢四支非予前聞人佐農皇志也時陽九厄矣遂入平盍

山鍊九華大藥時時與好事者出沽酒市中見者咸呼爲九華先生彭澤令陶潛方棄官柴桑聞先生名特延致之後徙宅東潛不敢名惟以九華呼之潛嘗九月九日無酒與先生口講服餌法語之曰南山朝來致有佳氣耳少時江州刺史王弘送酒至潛以酒讓先生飲先生意曰吾得拍浮此足矣潛平日交惟兩人先生與五鬣大夫也五鬣在先生上先生戲與五鬣較短長曰汝雖長遭斧斲我雖短升中堂又以其能相殿最曰吾茹能使饑人辟糧汝能乎曰能吾飲能使痿殘人康寧壽考汝能乎曰能曰吾一出能使時王知正氣一灰迹能使諸蝎族吞其謀而不聲汝能乎曰不能矣曰不能何

以上吾也五鬣亦曰吾一出能棟天子明堂一灰迹能染歷代之文章子能乎曰不能也曰此吾所以上子也潛聞而笑曰九華旣失五鬣亦未爲得也二三子黜德滅巧將太上從太上無名功故無窮於是二人者相與持酒懽甚潛頹然醉醉則遣客而二人者侍門下至業霜露不去先自譜其族凡一百六十三黜其冒姓名者曰滴金馬蘭韭萬錢覆等凡六種題曰九華壽譜藏於家云

題跋【增】宋劉克莊題建陽馬君菊譜菊之名著於周官詠於詩騷植物中可方蘭桂人中惟靈均淵明似之後漢胡廣貴壽偶然耳乃托菊水以自神養士之評萬古

不磨嗚呼非廣之辱菊之辱也至忠獻韓公始有晚香之句膾炙人口近時番禺崔公辭相印不拜自號菊坡俱爲本朝佳話嗚呼非二公之榮菊之榮也建陽馬君譜菊得百種各爲之詠其嗜好清絕可喜亦幸君未爲人爵所縻林下趣專獲與菊相周旋如此未知君他日官達將爲伯始乎抑爲韓爲崔乎將以榮是菊乎抑以辱是菊乎君其謹之勿使菊有遺憾　明李東陽周原巳席上題十月賞菊卷東籬栯徑概花事之將闌西社傳書念瓜期之未晚百年易過九日重遭惟菊爲隱逸之稱而冬乃閉藏之令挺孤芳於獨茂脫衆屣於羣紛覗蒲柳之望誰先比松柏之凋尤後神農嘗藥著靈品

於方書屈子餐英播遺芬於辭苑物非遠取類實羣分闢地成田八世守柴桑之業揮毫作賦一鄉傳甫里之風君惟有之是以似之我則知者不如樂者敢將幽意用託微磬懷彼隰之皇皇詠初筵之秩秩貯之以數仞之華屋得其所哉佩之以五色之錦囊永爲好也念菲葑之無下愧糠粃之在前未揭齋眉先題簡首

雜著【原】宋劉蒙泉定品或問菊奚先曰色與香而後態色奚先曰黃者中之色土王季月而菊以九月花金土之應相生而相得者也其次莫若白西方金氣之應菊以秋開則其氣鍾焉陳藏器云白菊生平澤花紫者白之變紅者紫之變也此紫所以爲白之次而紅所以爲紫之次云有色矣而又有香有香矣而復有態是花之尤者也或曰花以豔媚爲悅而子以態爲後歟曰吾嘗聞於古人矣妍卉繁花爲小人松竹蘭菊爲君子安有君子而以態爲悅乎至於具香與色而又有態是君子而有威儀者也菊有名龍腦者具色與香而態不足者也菊有名都勝者具態與色而香不足者也菊之黃者未必皆勝而置於前者重其色也菊之白者未必皆劣而列於中者次其色也雖維香毬玉鈴之類則以瓌異而升焉至於順聖楊妃之類轉紅受色不正故雖有芬香態度不得與諸花爭也然余獨以龍腦爲諸花之冠是故君子貴其質焉後之視此譜者觸類而求之則意

可見矣　【說疑】或謂菊與薏有兩種而陶隱居日華子所記皆無千葉花疑今譜中或有非菊者然余嘗讀隱居之說謂莖紫色青作蒿艾氣爲苦薏今余所記菊中雖有莖青者然而氣香味甘枝葉纖少或有味苦者而紫色細莖亦無蒿艾之氣又今人間相傳爲菊其已久矣故未能輕取舊說而棄之也凡植物之見取於人者栽培灌溉不失其宜則枝葉華實無不猥大至其氣之所聚乃有連理合穎雙葉並蔕之瑞而况於花有變而千葉者乎日華子曰花大者爲甘菊花小而苦者爲野菊若種園圃肥沃之處復同一體是小可變爲甘也如是則單葉變爲千葉亦有之矣牡丹芍藥皆爲藥中所

用隱居等但記花之紅白亦不云有千葉者今二花生於山野類皆單葉小花至於園圃肥沃之地栽鋤糞養皆爲千葉大花變態百出奚獨至於菊而疑之　杜甫秋雨嘆曰雨中百草秋爛死堦下决明顏色鮮著葉滿枝翠羽蓋花開無數黃金錢說者以爲卽本草决明子此物乃七月作花形如白匾豆葉極稀疎焉有翠羽蓋與黃金錢也彼蓋不知甘菊一名石决爲其明目去翳與石决明同功故吳越間呼爲石决子美所嘆正此花耳而杜趙二公妄引本草以爲决明子疎矣

銘【增】晉王淑之蘭菊銘蘭既春敷菊又秋榮芳薰百草色艷羣英孰是芳質在幽愈馨　嵇含菊花銘煌煌丹

菊暮秋彌榮葳蕤圓秀翠葉紫莖詵詵神仙徒餐落英

頌【增】晉成公綏菊頌先民有作詠茲秋菊綠葉黃華菲菲彧彧芳踰蘭蕙茂過松柏其莖可玩其葩可服味之不已喬松等福　傅統妻辛氏菊花頌英英麗草稟氣靈和春茂翠葉秋曜金華布濩高原蔓衍陵阿揚芳吐馥載芬載葩爰採爰拾投之醇酒御於王公以介眉壽服之延年佩之黃耇文園賓客乃用不朽

贊【增】晉郭璞菊贊菊名日精布華玄月仙客薄采何憂華髮

賦

御製菊賦當金飈之蕭槭正珠露之飄零睹百卉之具腓感莞枯之遞更疇晚序而挺節矯氣化而敷榮爰有紫莖含芳黃華莛茂擢苕穎於春初曜丰容於霜後先梅萼而吐芬繼蘭叢而擅秀既勁操之彌堅實寒香之可嗅爾其密葉蒙茸繁英歷琭霞蔚雲蒸煙披雨沐色微上德之純氣稟金行之肅舞燈影而紛披傍籬根而芳馥似幽人之相依豈世情之共逐是以丘園逸叟山澤癯儒植而供玩擷以當蔬存眞味於淡泊協潛德以斂腴亦有餐霞御氣乘雲握符盤飣裯杞囊繫茱萸或年壽之永延或災患之潛袪斯其著效於仙靈之籙尤不可以耳目拘也至若賦餐英於楚客傳送酒於晉賢泛甘馨於南郡準節令於渾天罔不貞操卓爾高韻悠然宜名流之競美亦譜籍之長編

矧茲北闕秋深西山氣爽餘柏葉之參差剩楓林之莽蒼蝶揚揚而媚秋雁雝雝而流響寒漠漠而侵階月溶溶而度幌爾乃橫逸態以寡儔吐孱蘤而直上種類間錯名品紛羅映小山之叢桂覆潭水之澄波低昂兮如紫衣之垂袖璀璨兮如白貝之編珂稟黃中之通理知中美之孔多葢與松筠而共勁亦視桃李而殊科彼夫揚霜傑於詩人誇日精於本草藉滋培於寒雨綻鮮華於清曉咸以孤潔方幽人之貞高逸擬君子之道苟其歷歲寒而長存何恨乎挺生之不早

【增】魏鍾會菊花賦何秋菊之可奇兮獨華茂乎凝霜挺葳蕤於蒼春兮表壯觀乎金商延蔓蓊鬱緣阪被岡縹

蓀綠葉青柯紅芒芳實離離暉藻煌煌微風扇動照曜
垂光於是季秋九月九日數并置酒華堂高會娛情百
卉彫瘁芳菊始榮紛葩韡韡或黃或青乃有毛嬙西施
荊姬秦嬴妍姿妖豔一顧傾城擢纖纖之素手雪皓腕
而露形仰撫雲髻俯弄芳榮 晉孫楚菊花賦彼芳菊
之爲草兮稟自然之醇精當青春而潛翳兮迄素秋而
敷榮於是和樂公子雍容無爲翱翔華林駿足交馳薄
言采之手折纖枝飛金英以浮旨酒拂翠葉以振羽儀
偉茲物之珍麗兮超庶類而神奇 潘岳秋菊賦垂采
煒於芙蓉流芳越乎蘭林遊女望榮而巧笑鵷雛遙集
而弄音若乃眞人採其實王母接其葩或充虛而養氣

或增妖而揚蛾旣延期以永壽又蠲疾而弭痾 齊卞
伯玉菊賦佇寒丘以彌望覩中霜之嫩菊肇三春而懷
芬淩九秋以愈馥不履若而淪操不在同而表淑傷衆
花之飄落嘉茲卉之能靈振勁翮以揚綠含凝露而吐
英 唐楊炯庭菊賦庭菊美貞芳也天子幸於東都皇
儲監守於武德之殿以門下內省爲左春坊令庶子裴
公所居卽黃門侍郎之廳事也其庭有菊焉中令薛公
昔拜瑣闥此焉遊處今兼左庶子止於東廳載宇連接
洞門相向每罷朝之後未嘗不游於斯詠於斯覽叢菊
於斯歎其君子之德命學士爲之賦是日也薛愷以親
賢爲洗馬田巖以幽貞爲學士高元思張師德以至孝

托後車顏强學沈尊行以博聞兼侍讀周琮李意王祖
英曹叔文以儒術進崔融徐彥伯劉知柔石抱忠以文
章顯德行則許子豐耆舊則權無二駱縯則古訓之前
識張相則老莊之後英並承高命咸窮體物小子託於
吹竽之末敢闕其辭哉遂作賦云日之貞矣於彼重陽
菊之榮矣於彼華坊含天地之精氣吸日月之淳光雲
布霧合箕舒翼張鬱兮蔓衍郁兮芬芳珉枝金萼翠葉
紅芒其在夕也言庭燎之晢晢其向晨也謂明星之煌
煌爾其萬里年華九州春色花的爍兮如錦草綿連兮
似織當此時也和其光同其塵應春光而早殖及夫秋
星下照金氣上騰風蕭蕭兮瑟瑟霜刺刺兮稜稜當此

時也弱其志强其骨獨歲寒而晚登雨還風去天長地
久純黃象於后土故採桑而菊衣輕體御於神仙故登
山而菊酒文賓採之而羽化康公服之而不朽東極於
是長存南陽以之耆壽胡太尉之允誠光輔漢庭萬機
理三階平及暮年華髮垂肩秋菊長英蠲邪滌療於焉
永貞鍾太尉之聲實幾倫魏室道合鹽梅功成輔弼降
文屋之命修彭祖之術保性和神此焉終吉君章請老
歲久懸車秋風生兮北園夕白露濕兮前階廬佇閑庭
之曠邈對涼菊之扶疎人生行樂孰知其餘淵明解印
退歸田野山鬱律兮萬里天蒼茫兮四下憑南軒以長
嘯出東籬而盈把歸去來兮夫何爲者若夫窮寵重闕

亘青瑣兮接皇扉深沉大壯通肅成兮連博望乃有邕
鄉貴族薛縣名家共汾河之鼎氣同應子之春華朝遊
夕處徘徊顧慕難捨落於三秋偉貞芳於十步伊纖莖
之菲薄荷君子之恩遇不羨池水之芙蓉願比瑤山之
桂樹歲如何其歲已秋叢菊芳兮庭之幽君子至止悵
容與而淹留歲如何其歲將逝叢菊芳兮庭之際君子
至止聊從容以卒歲 原 陸龜蒙杞菊賦天隨生宅荒
少墻屋多隙地著圖書所前後皆樹以杞菊春苗恣肥
得以採擷供左右杯案及夏五月枝葉老硬氣味苦澀
旦暮猶責兒童輩拾不已人或歎曰千乘之邑非無
好事之家日欲擊鮮爲具以飽君者多矣君獨閉關不

出率空腸貯古聖賢道德言語何自苦如此生笑曰我
幾年來忍饑誦經豈不知屠沽兒有酒食耶退而作杞
菊賦以自廣云惟杞惟菊偕寒互綠或穎或苕煙披雨
沐我衣敗綈我飯脫粟羞慚齒牙苟且粱肉蔓延駢羅
其生實多爾杞未棘爾菊未莎其如予何其如予何
增 宋蘇軾後杞菊賦并序天隨生自言常食杞菊及夏
五月枝葉老硬氣味苦澀猶食不已因作賦以自廣始
余嘗疑之以爲士不遇窮約可也至於饑餓嚼齧草木
則過矣而余仕宦十有九年家日益貧衣食之奉殆不
如昔者及移守膠西意且一飽而齋廚索然不堪其憂
日與通守劉君廷式循古城廢圃求杞菊食之捫腹而

笑然後知天隨之言可信不謬作後杞菊賦以自嘲且
解之云吁嗟先生誰使汝坐堂上稱太守前賓客之造
請後掾屬之趨走朝衙達午夕坐過酉曾杯酒之不設
攬草木以誑口對案顰蹙舉箸噎嘔昔陰將軍設麥飯
與葱葉井丹推去而不䭃怪先生之眷眷豈故山之無
有先生听然而笑曰人生一世如屈伸肘何者爲貧何
者爲富何者爲美何者爲陋或糠覈而瓠肥或粱肉而
墨瘦何侯方丈庾郎三九較豐約於夢寐卒同歸於一
朽吾方以杞爲糧以菊爲糗春食苗夏食葉秋食花實
而冬食根庶幾乎西河南陽之壽 張栻續杞菊賦張
子爲江陵之數月時方中春草木敷榮經行郡圃意有

所欣非花柳之是問眷杞菊之青青爰命采擷付之庖
人汲清泉以細烹屏五味而不親甘脆可口蔚其芬馨
蓋日爲之加飯而他物幾不足以前陳飯已捫腹得意
嘔吟客有問者曰異哉先生之嗜此也乎蘇公之在膠
西値藟禁之方興歎齋廚之蕭條乃覽乎草木之英今
先生當無事之時據方伯之位校吏奔走頤指如意廣
厦延賓球場享士清酒百壺鼎臑俎胾宰夫奏刀各獻
其技顧無求而弗獲雖醉飽其何忌而乃樂從夫野人
之餐豈亦下取乎蕢菲不然得無近於矯激有同於脫
粟布被者乎張子應之曰天壤之間孰爲正味厚或腊
毒淡乃其至猩唇豹胎旋取詭異山鮮海錯紛糾莫計

苟滋味之或偏在六府而成贅極口腹之欲初何出於一美惟杞與菊中和所萃謂勁不苦滑甘靡滯非若他蔬善嘔走水既瞭目而安神復沃煩而滌穢驗南陽於西河又頹齡之可制此其為功曷可殫紀況於膏粱之習貧賤則饜傷豕之求不得則恚茲隨寓之必有雖約居而足恃殆將與之終身又可貽夫同志子獨不見吾納湖之陰乎雪銷壤肥其茸葳蕤與子婆娑薄言掇之石銚瓦盌啜汁咀虀高論唐虞詠歌書詩嗟乎微斯物孰同先生之歸於是相屬而歌殆日晏以忘饑

〔元郝經〕牡丹菊賦有序初入新館客將宋日新致硃砂紅牡丹菊一本衹三四花慘悴萎暗不以為奇遂植之穿廊

西之隙地今歲忽茂達成叢高六七尺及秋而放數百花所未見也適王甫書狀生朝而其花尤盛故作賦以寓感其辭曰西風悄兮幽扃禾葉下兮空庭忽異卉之呈芳乃示予以不情郁霞腴之春姿敷玉灌之秋英蹙絳綃於青苞翦翠羅於綠莛拆細桃與紫薇訝䞓紅與鶴翎高層層以奕奕重裊裊以盈盈結膩黃以為心抹沉粉而含馨凝夜氣以夸晝姹斜陽而韡晴仍牡丹之花王彊將菊以為名嗚呼噫嘻時哉匪時造化則奪形色不移雖反常而似妖顧眞宰豈予欺寓國色於羈孤謝凡品之芬菲挾金氣於西陸吐霜葩於東籬鄙傾城之鄭袖則佩蘭之湘纍獨超出於羣倫不繫累於等夷特以秋而為春乃奇花之出奇彼自為一時殆非後時也且持杯而泥露更嚼句以待月儘吳江之飛霜甚窮海之饕雪與後凋之姚魏共終全於晚節

〔明何景明〕白菊賦有序甲子九月十四日遇侍御宴集出白菊詠賞屬予賦之蓋以奉賓主之歡洽耳豈有望於榮觀哉辭曰緊季秋之將望予恤夫序爻之易代既無暇於遊覽亦索處而寡類接芳鄰之招引誠欽志於雅游廑主人之投轄肅羣彥而屛囂迺陳秋卉以侑觴冀逸興之可貸咸式燕以延賞異過時而尚愛喜幽玩以怡情追佳節之莫待豈無得於物觀實有感於斯會猥受簡以抒思庶形狀之具載爾其葳紫整而上擢應奇荄以孤

植葉萋萋其微靄萼栗栗以寒色中纖縞以自貞羞組綵之外飾承危朵而不傾挺柔枝而益力香冉冉而不繁態娟娟而稍抑態屢靚而愈妍意凝想而彌極始嚴整而莫褻終溫郁而可即華不露而已章思欲語而復默神超有而入無豈髣髴之遽得迺若閒館重深高甍虛涼蕭蕭以下月庭藹藹而降霜燦灼爍以映久紛委綴而明廓素娥兮聯裙青女兮騈妝縹輕鬢以雲鬟皎靚質而雪光驂蓮蜷兮鷺鴒服陸離兮珮瑲信雕容之可翫嗟妝艷之不量於是賓徒倚而久佇若耿耿其懷傷釭滅影兮續膏夜就深兮移牀馳留歎於永謝結華思於餘芳允思美之所遇亦既隱而復揚乃歲律之

甫遷慨金氣之何速鳥棲棲而斂翮飈颯颯以驚木悅窮莽於廣隰班紛薄於修陸衆巳謝於場野獨宛轉於寒谷甘苦心於螻蟻等末幹於樸樕雖曠絕以自持胡偃蹇而下伏夕淹雨而泣素朝披壓而委綠羌守操以堅冰徒有容之若玉儻衣袖之是將亦絃琴而可餘吾觀夫懷達人之隱德抱貞女之幽衷詎嬰情於豐華奚移志於始終桃早秀而先萎槿晨敷而暮零苟淸白之爲尚曷芊菲之足崇嗟予之不淑兮撫年運而興悲覩玆植之所由懼修名之失時彼斯人之同志吾何俗之不隨迺予子以矯激美草木之所爲偉夫君之超越幸方圓之有持矧諸公之奮奇俱發蹤之可師顧會合之

不偶常寡歡而多離指孤芳而紆好創遊燕以爲嬉誠後期之不忘或有徵於微辭（後白菊賦有序）菊有白色者超越他品予嘗賦之矣丙寅之秋京師桃李皆花予庭是種生意淒然久而不敷至十月始盛開色益鮮麗予感焉復作後賦大運荒予何停陰陽奄以代謝究動植之所由嗟何物之弗化時維孟冬金虎兮屛舍白帝兮徂駕氣厲厲兮始嚴景習習兮將下值抱痾以閒居循周除而蕩思庭葉委以陳翳階薜穢而不治覽庶草之先零撫玆根之獨遲彼桃李之非令亦競榮而呈姿雖丹華以鬱鬱冒綠林而萋萋胡衆人之好悞班紛慕其芳菲朝絲吹兮塡闕夕車馬兮成蹊咎玄樞之姅

誶諒人事之尤違剝天道之無遠或省予而弗知緊予植之雖晩實鄙志之所欣賤羣穢之溷濁恥雜敷之糾紛俱並進以取妍表孤花以見珍寧他卉之我先甘遲迹而弗羣乃其藴金氣以內凝標皜質而外映蔓不踰垣繁不被徑葉塗塗其自沃枝矯矯而獨勁宛含意其孰語若鍾情而未定女幽房而專情士窮巷而寡行服縞組以修容佩珩璜以昭令寄岑寂以怡心襲馨香以飾性無良朋以修好慽邪妒之干正又如下國之擯臣離宮之斥嬪心怦怦以懵惻懷耿耿而苦辛緬中宵以前席念昔日之下陳慨徽猷之莫宣若有怨而弗伸兮孤蹇以終畢羌孰予兮幸覩結柔條而三嗅重延佇而

欽心寂闃館以容與散塵營以滌襟鑒微月之曖曖步列星之森森天窈窈以絛革疾風起而夕陰念冱寒之已逼修獨悲夫衆林苟操性之殊軌豈華色之遽沉內惝恨以懷顧悅屛營以沓嗟覩日月之減毀恐霜雪之增加抱孤英以自明悵情親之我遐慮寒香之終匱俾予身之蹉跎負大塊以馮生豈惟是予獨嘉物何盛而弗衰亦何枯而弗華夫芝焚而柏薪皆於顇而殞葩伊桃李之既零亦奚異乎泥沙委常運以流轉復胡戚而胡夸誠予衷之不爽彼夸戚兮如何亂曰有美一人揚淸芬兮縞袖含杳同素雲兮被服文徽皓積紛兮令儀襜襜斂玉手兮傾城獨立世不有兮時無蹇修誰則覩

兮谷邃邈兮雲霞來兮衆芳萎兮嗟伊人兮秉志[illegible]
兮 徐氏園菊賦晨步小園一望疎林白雲縹緲黃葉
紛紜風蕭蕭而異響寒凜凜而侵人驚天道已殘秋覺
霜氣之稜稜鴈嘹嚦而南還蛩啾唧而哀吟値時景之
荒凉菊芳華於後庭何其晚也是造物之無知乎苦爾
碧枝點翠嫩蘂噴金無桃李之妖豔抱松柏之堅心雖
素雅之非凡柰何生乎不辰寄寸根於塵世胡爲乎不
遇乎陽春及其華也不獲寵而鮮妍兮懷淒楚於秋霜
陰雲慘淡以蔽天兮日色薄而無光日色既薄而苦寒
兮惜乎金英之徒芳遭風欺而雨妒兮獨熒熒而不變
其常吁嗟佳哉細觀其高世出塵之姿幽默徘徊之態

頗隨俗以富貴愛清冷而盤桓似有爲而不見用於時
者也似抱道而隱逸者也順天而安分者也豈習俗之
能知邪重曰聊植疎籬清且幽兮天運閉塞隱而潛兮
隱而潛兮霜淒雨霏兮百草罷縣爾猶存兮困苦自持
時窮見操兮行比幽人素位履貞兮
文賦散句 增 晉傅玄菊花賦布濩河洛縱橫齊秦掇以
纖手承以輕巾揉以玉英納以朱脣服之者長壽食之
者通神 盧諶菊花賦綠葉雲布黃蘂星羅 陶潛歸
去來辭三徑就荒松菊猶存 梁吳均與顧章書幸富
菊花偏饒竹實山谷所資于斯已辦
四言古詩 原 唐蕭穎士菊榮一篇五章采采者菊芬其
榮斯紫英黃蕚照灼丹墀儼儼君子佩服攸宜王國是
維大君是毗貽爾子孫百祿萃之 采采者菊于邑之
城舊根新蒸布葉垂英彼美淑人應家之楨有絃既鳴
我政則平宜爾棣棠必復其慶 采采者菊于邦之府
陰槐翳柳灑灑近宇彼勞者子喧卑是處慨其莫知蘊
結誰語夼彼高人色斯遐舉 采采者菊于賓之館既
低其枝又弱其幹有腓君子是焉披翫良辰旨酒宴飲
無算愴其仳別終然永歎 歲方晏矣霜露殘促誰其
榮斯有英者菊豈微春華懿此貞色人之侮我混于薪
棘詩人有言好是正直
五言古詩 原 晉袁山松詠菊靈菊植幽崖擢穎陵寒飈

春露不染色秋霜不改條 陶潛飲酒結廬在人境而
無車馬喧問君何能爾心遠地自偏採菊東籬下悠然
見南山山氣日夕佳飛鳥相與還此中有眞意欲辨已
忘言 秋菊有佳色裛露掇其英汎此忘憂物遠我遺
世情一觴雖獨進杯盡壺自傾日入羣動息歸鳥趨林
鳴嘯傲東軒下聊復得此生 和郭主簿和澤周三春
清涼素秋節露凝無遊氛天高風景澈陵岑聳逸峯遙
瞻皆奇絕芳菊開林耀靑松冠巖列懷此貞秀姿卓爲
霜下傑銜觴念幽人千載撫爾訣檢素不復展厭厭竟
良月 增 梁王筠摘園菊贈謝僕射舉靈芳挺三脊神
之體九明菊花偏可意碧葉媚金英重九惟嘉節抱一

應元貞泛酌宜長久聊薦野人誠（唐韋應物效陶彭
澤）霜露悴百草時菊獨妍華物性有如此寒暑其奈何
掇英泛濁醪日入會田家盡醉茅簷下一生豈在多
（韓愈晚菊）少年飲酒時踴躍見菊花今來不復飲每見
恒咨嗟佇立摘滿手行行把歸家此時無與語棄置奈
悲何（白居易東園翫菊）少年昨已去芳歲今又闌如
何寂寞意復此荒涼園園中獨立久日淡風露寒秋蔬
盡蕪沒好樹亦凋殘唯有數叢菊新開籬落間攜觴聊
就酌爲爾一留連憶我少小日易爲興所牽見酒無時
節未飲心欣然近從年長來漸覺取樂難常恐更衰老
強飲亦無歡顧謂爾菊花後時何獨鮮誠知不爲我借

爾暫開顏（和錢員外早冬翫禁中新菊）禁署寒氣遲
孟冬菊初坼新黃間繁綠爛若金照碧仙郎小隱日心
似陶彭澤秋憐潭上看日慣籬邊摘今來此地賞野意
潛自適金馬門內花玉山峰下客寒芳引清句吟翫煙
景夕賜酒色偏宜握蘭香不敵淒淒百卉死歲晚冰霜
積唯有此花開殷勤助君惜（席夔霜菊）時令忽已變
行看被霜菊可憐後時秀當此凜風肅淅瀝翠枝翻淒
清金蘂覆凝姿節堪重澄豔景非淑寧袪青女威願盈
君子掬持來泛樽酒示以照幽獨（宋蘇舜欽和聖俞
庭菊）不謂花草稀實愛菊色好先時自封殖坐待秋氣
老類裝翠羽枝已喜金靨小嚴霜發層英蓋見化匠巧

搖蕩光艷落折恐叢薄少一日三四吟一吟三四遶
事情自迷美極語難肖得君所賦詩爛熳慨懷抱則
償此心清尊爲之倒（梅堯臣舟上採菊）泯泯平慢流
行當季秋月瀕漾過汀洲汀洲芳杜歇白露夜正霏黃
菊寒更發采以泛酒巵不獨啾華髮（和劉原甫省中
新菊）華省切星斗沉沉嚴燕房秋風茂陵孫種菊爛生
光天晴蝴蝶飛上下舞雙黃劉郎才筆豪移榻吟在傍
日晚吏已散殘景上粉牆有酒無飲伴掇英襟袖香還
思陶淵明棄官歸柴桑東籬獨此物忽把恨無觴賴有
白衣來好事遺壺漿適意各一時豈乏同舍郎（謹和
相國屋上菊）叢犀上有叢菊結根深瓦縫既無地勢美

又乏土力擁乃因塗明生不因人所種亦能應節開焉
取入公用公來步廣庭聞鴈目始縱忽見粲然英降植
合常從賓僚席其傍詠翫意已重物莫厭僻遠會遇良
可頌（依韻和通判把菊有寄）湖邊草樹多叢薄已少
色唯菊不畏霜淡豔如有德自與蘭並生非因人所植
愛貴會未厭秋日短苦遍朋好各相望採持空嘆息臨
杯不能飲對案不能食借問君何憂節物感人極（歐
陽修西齋手植菊花過節始開偶書奉呈聖俞）秋風吹
浮雲寒雨灑清曉鮮鮮牆下菊顏色一何好好色豈能
常得時仍不早文章損精神何用覷天巧四時悲代謝
萬物惜凋槁豈知寒鑑中兩鬢甚秋草東城彼詩翁學

問同少小風塵世事多日月良會少我有一樽酒念君
思共倒上浮黃金蘂送以清歌裊爲君發朱顏可以却
君老 【原】〔蘇洵菊〕騷人足奇思香草比君子況此霜下
傑清芬絕蘭茝氣禀金行秀德佩黃中美古來鶴髮翁
餐英飲其水但恐蓬藋傷課童加料理 【增】〔司馬光秋
原菊〕高原向搖落叢菊始滋榮草際浮金碧照人雙目
明何須天生理玉筭泛餘英 〔王安石黃菊有至性〕團
團城上日秋至少光輝積陰欲滔天況乃草木微黃菊
有至性孤芳犯寒威采采霜露間亦足慰朝饑 【原】〔蘇
軾詠甘菊〕越山春始寒霜菊晚愈好朝來出細粟稍覺
芳歲老孤根蔭長松獨秀無衆草晨光雖照耀秋雨半

摧倒先生臥不出黃葉紛可掃無人送酒壺空腹嘗珠
寶香風入牙頰楚些發天藻新黃蔚已滿宿根寒不槁
揚揚弄芳蝶生死何足道頗訝昌黎公恨爾生不早
【增】〔蘇軾贈朱遜之詩并引〕元祐六年九月與朱遜之會
議於潁或言洛人善接花歲出新枝而菊品尤多遜之
曰菊當以黃爲正餘可鄙也昔叔向聞鬷蔑一言知其
爲人予於遜之亦云黃花候秋節遠自夏小正坤裳有
正色鞠衣亦令名一從人僞勝遂與天力爭易姓寓非
族改顏隨所令新奇旣易售粹駁宜相傾疾惡逢伯厚
識眞似淵明君言我所印世論豈敢評願君爲霜風一
掃紫與赬 〔和子由記園中草木〕野菊生秋澗芳心空

自知無人驚歲晚惟有暗蛩悲花開澗水上花落澗水
濱菊衰蛩亦蟄與汝歲相期楚客方多感秋風詠江蘺
落英不滿掬何以慰朝饑 〔陳與義菊〕黃花不負秋與
秋作光輝夜霜爲作祟朝日爲解圍今晨豈重九節意
入幽菲孤芳擅天地衆卉亦已微殷勤黃金蘂照耀白
板扉沽酒欲壽花孔方與我違靜坐絕省事未覺此計
非夕英豈不腴騷人自難肥 〔書懷示友〕蕭蕭十月菊
耿耿照白草開窓逢一笑未覺徐娘老風霜要飽更獨
立晚更好韓公眞躁人顧用憂懷抱 〔范成大寄題向
撫州采菊亭〕一葉起秋色衆緣凋歲華耿耿霜露側餘
此黃金葩西風滿天地孤芳照塵沙殷勤開小築花氣

日夕嘉落英楚纍手東籬陶令家兩窮偶寓意豈必眞
愛花不如亭中人一笑了天涯采采勿盧度門前欲高
牙 〔陸游陶淵明云三徑就荒松菊猶存蓋以菊配松
也余讀而感之因賦此詩〕菊花如端人獨立凌冰霜名
紀先秦書功標列仙方紛紛零落中見此數枝黃高情
守幽貞大節凜介剛乃知淵明意不爲泛酒觴折嗅三
歎息歲晚彌芬芳 〔小飯賞菊〕菊得霜乃榮性與凡草
殊我病得霜健每却稚子扶豈與菊同性故能老不枯
今朝喚父老采菊陳酒壺舉袖舞翩躚擊缶歌嗚嗚秋
晚遇佳日一醉詎可無 〔晚菊〕蒲柳如懦夫望秋已凋
黃菊花如志士過時有餘香眷言東籬下數株弄秋光

粲粲滋夕露英英傲晨霜高人寄幽情采以泛酒觴投
分眞耐久歲晚歸枕囊（陳箕懲詠菊花）手種黃金花
摩挲待其成朝來風雨過萬蘽秋玲瓏起問花知否獨
立長亭亭嘗於清霜下退然得此生南山與東籬我亦
學淵明久落塵網中叫花花不應（韓竹坡采菊）擷我
百結衣爲君采東籬半日不盈掬聊朝還滿枝悠然何
處是千古正如斯（金覺懷英西湖晚菊）重湖滙城曲
佳菊被水涯高寒過素秋無人自芳菲鮮飈散幽馥晴
露隨餘滋蹊荒綠苔合采采嘆後時古瓶貯清泚芳樽
湔塵霏遠懷淵明賢獨往誰與期徘徊東籬月歲晏有
餘悲（元郝經野菊）乾坤入消數萬物呈晚節秋晏菊

始華荒叢翳林樾野逈幽姿清岡斷寒豔接絲蟲胥青
苞啼螿抱枯葉瀼露積玉華層層擁金屑我欲摘以杯
飲之濯中熱霜栽郁高標胡與荒穢列嗟爾夷惠儔玉
質難變滅不謂無人看便使幽香歇安得老瓦盆坐對
澆古月（何中菊二首）我耕不半畝黃花列千叢蕭條
變衰時一夕萬里風立孤不作難英英異風骨君看牆
東客夜寒步霜月　菊花如幽人梅花如烈士同居冰
雪中標格不相似道路阻荒寒故人萬里餘菊枝儻可
折持以寄遠書（吳景奎采菊）爽氣浮西山風煙濬原
隰悠然出衡門佳節逢九日衆草萎以靑黃菊正秋色
采之不盈把妙意良自得謂能制頹齡可泛忘憂物驪

言命壺觴萬事付酬適永懷東籬人俛仰已陳迹（王
翰題菊）我憶故園時繞籬種佳菊交葉長青葱餘英吐
芳馥別來二十載粲粲抱幽獨豈無桃李顏歲晚同草
木及茲覩餘芳使我淚盈掬離披已欲摧瀟灑猶在目
雨露豈所偏歲月不可復歸去來南山餐英坐空谷（
戴良對菊聯句）翡翠剪秋葉金瓊鏤寒英（良）駢枝競
戢植幹紛亭亭（翰）逆芳冏的皪鬭嫋蒻晶熒（璜）幽姿匪
人造逸態諒天成（蟾）傍芽萌庶孽乳萼孕懷綳（溫）鰲虎
縮逗翳痒蚝枯椆莖（良）逝倩颸陣颯疾役雷輥軥（翰）挐
楹互雜沓跂檻遞紛爭（璜）秋榮姿娫媟春粲失婁嫕（蟾）
瑩奪鵝肪膩飛攘鷗毳輕（溫）韻列帖疎穴迹祕慰覊偣

（良）魏書奉延輔鄜水滋甘馨（翰）締芳笑蘭友論雅傲梅
兄（璜）撼撼感餘綴采采憐孤撐（蟾）譜之已百品詠之復
千名（溫）或繁若朝弁或潔若藍瑛（良）或密若飄霰或粲
若羅星（翰）或赴若輻輳或屹若峩屏（璜）或散若甄豆或
聚若輜軿（蟾）或潤若璜佩或麗若金籯（溫）或鮮如鷺振
或悴如魴赬（良）或斥如僕隸或積如雲仍（翰）或翩如春
蝶或熠如宵螢（璜）或偃如脊僵或昂如氣盈（蟾）或揚如
袂舉或側如杯傾（溫）或盛喜若笑或哀憂若酲（良）或卽
階陛立或俱盆盎升（翰）或儕處士逸或儷節婦貞（璜）或
翔疑孔翥或峙訝鸞停（蟾）或茈天姥巧或覡地媼靈（溫）
朝采有元亮夕餐有屈平（良）用酬我嘉節來踐爾佳盟

韻偃容交錯飣庖許沿逡巡行瓊摘鮮盛梨栗頒瀾倦醉
隱藝起酬足蹀躪坐嘿臆彫脖溫陸味萃南品海腥梓
東京良巳暢一朝樂復戰千古情溫句奇姚犖确韻古
鏗鏘諧良馳騾門接武格鬭獄鏖兵愈味辛薑桂性語
險魅魑驚溫怯敵迹屢屏懾敗眼顛瞠良籍湿走且躓
郊島弛復獰愈尊卑異川岳清濁分渭涇瓊遐思時跳
冐凝睇靡瞷睛藝頑骸鶩騁力莫抗騏驥衡溫四美巳
云具二難亦既井愈愁云諭激矢歡來劇抽絣瓊即此
成放曠何用困拘儜良永矱婀娜佩庶濯塵垢纓愈
僧宗衍對菊有感百草競春色惟菊有秋芳豈不涉寒
暑本性自有常疾風吹高林木落天雨霜誰知籬落間

弱質懷剛腸不怨歲月暝所悲追新陽永歌歸去來此
意不能忘 明胡翰維南有佳菊維南有佳菊風露發
清妍離離碧玉樹燦燦黃金錢色含坤靈美質抱日精
圓蘂露自女几滋布濩樊川既入神后品還充仙子餐
中壽登百歲上壽延千年千年與百歲何異瞬息間獨
有幽貞節可比金石堅託以奉君子歲晏期弗諼 王
菁題秋菊軒九月霜露零秋氣巳云肅草木盡悴悴而
有籬下菊燦燦如有恂盈盈抱幽獨我欲餐其英采之
不盈掬呼兒且雞黍日酒正可漉素心二三人于焉敘
心曲陶然付一醉萬事亦巳足詠歌柴桑詩千載有餘
馥 李東陽墨菊二首白霜被原隰黃菊秋始花餘馨

引遙袂來擬初還家秀色雖可玩玩久不復華入畫清
且古爲詩並而施幽懷託揮寫庶用傳無涯持此問眞
幻無言空自嗟 畫菊不畫香香空詎堪掬畫菊不畫
色色似花巳俗都無色香在安用此爲菊登堂見孤標
人手宜可觸白非識菊者但看說李足古色今不知世
人空有目 王問淵上觀菊淵上一老人愛菊如愛稼
踏葉到林丘散襟芳叢下清歌吐芳音采采漸盈把捲
言五色姿陽春似相假晚節良可親于懷自舒寫有物
尙會心那辭在荒野歲晏不可留柴車風云駕奕奕車
馬客誰解閒行者 董其昌盆菊衆芳豈不妍秋英自
清絕意與幽人會標名霜下傑容以桃李顏艷彼茱萸

節翩翩五陵子佳色紛相悅積紫照朱茵堆黃象金埒
賞韻一以乖籬塔寧辭拙亭亭盆中菊偏承美人擷香
分廿谷幽色借冰壺潔對此讀離騷心魂生瑩徹悠然
見西山孤峯正嶔巘

佩文齋廣羣芳譜卷第四十九

佩文齋廣羣芳譜卷第五十

花譜

菊花三

集藻 七言古詩 增 梁簡文帝採菊篇 月精麗草散秋株 洛陽少婦絕妍姝 相呼提筐採菊珠 朝起露濕霑羅襦 東方千騎從驪駒 更不下山逢故夫

原 唐杜甫歎庭前甘菊花 庭前甘菊移時晚 青蘂重陽不堪摘 明日蕭條盡醉醒 殘花爛熳開何益 籬邊野外多衆芳 采擷細瑣升中堂 念茲空長大枝葉 結根失所纏風霜

增 宋梅堯臣甘菊 世言此解制頹齡 便當闢蔬春競種 到秋猶得泛其英 爛醉莫辭官有俸

和吳沖卿省中植菊 圃果已熟實未墜 野卉已老葉未瘁 菊叢是時方發榮 潭上籬邊俱有爲 一從潭島輔長年 一自離根鬬暫醉 今將移近省中蘭 壅培早與陶潛異 黃土肥濃沃井泉 朱欄屈曲侵堦地 勁風不到何動搖 清露能霑誰著意 看看重九各登高 金蘂滿頭無所忌 及此頻邀同舍歡 向來莫羡鍾繇賜 我家蓬藋不足云 強對嘉章顏起愧

歐陽修希真堂東手種菊花十月始開 當春種花唯恐遲 我獨種菊君勿誚 春枝滿園爛張錦 風雨須臾落顛倒 看多易厭情不專 鬬紫誇紅隨俗好 豁然高秋天地肅 百物衰零誰暇弔 君看金蘂正芬敷 曉日浮霜相照耀 後時寧與竹相榮 媚世不爭桃李笑 煌煌正色秀可餐 藹藹清香寒愈峭 高人避喧守幽獨 淑女靜容修窈窕 方當搖落看轉佳 慰我寂寥何以報 時攜一樽相就飲 如得貧交論久要 我從多難壯心衰 迹與世人爭靜躁 種花勿種兒女花 老大安能逐年少

曾鞏菊花 菊花秋開只一種 意遠不隨桃與梅 遊人有幾愛孤淡 零落野水空巖隈 層層露蘂問枝葉 金靨萬箇鬬蒼苔 直從陶令酷愛尚 始有我見心眼開 爲憐清香與正色 欲搴更惜常徘徊 當攜玉醆就花醉 一飲不辭三百杯

陸游山園草間菊數枝開席地獨酌 屋東菊畦蔓草荒 瘦枝出草三尺長 碎金狼籍不堪摘 掃地爲渠持一觴 日斜大醉叫墮幘 野花村酒何曾擇 君不見詩人跌

宕例如此 蒼耳林中沒太白

楊萬里買菊 老夫山居花繞屋 南齋杏花北齋菊 青春二月杏花開 抱瓶醉臥錦繡堆 涼秋九月菊花發 自折寒枝插華髮 湘纍落英曾幾何 陶令東鄰未是多 吾家滿山種秋色 黃金爲地香爲國 就中更有一丈黃 霜葩月蘂耿出墻 飲徒無酒尋不得 尋得一身花露香 如今小寓咸陽寺 有口何曾問花事 閒錢擔上買一株 聊件詩人發幽意 病眼仇究一束書 客舍葭莩菊一株 看來看去兩相厭 花意蕭條恰似無 清曉肩輿過花市 陶家全圃移在此 千株萬株都不看 一枝兩枝誰復遺 平地拔起金浮屠 瑞光千尺照碧虛 乃是結成菊花塔 蜜蜂作僧僧作蝶 菊花障

子更玲瓏翡翠六扇排屏風金錢裝面密如積金鋪滿地無人識先生一見雙眼開故山三徑何獨懷君不見內前四時有花賣和寧門裏花如海　（林亦之奉題林稚春菊花枕子歌）故人所說菊花枕似把冰丸月下飲秋水一雙明炯炯數在青囊第一品狂風江上吹蒹葭往往得之嵇阮家閉門誦書二十載眼睛損盡生空花建陽小作箸頭書殘更燈火亂蟲魚石渠文字大如斗場屋歲月又不偶却來南山青草邊東西盡為菊花田手提長鑱向山曲一下收拾三百斛昨者昏迷才起來解把簷頭小字讀乃知妙物通羣仙一切藥囊應棄捐（謝枋得菊）淵明豈但隱逸人淵明素懷諸葛志清香

不獨占秋天菊潭一滴三千歲　（鄭思肖菊花歌）太極之髓日之精生出天地秋風身萬木搖落百草死正色與秋爭光明背時獨立抱寂寞心香貞烈透寥廓至死不變英氣多舉頭南山高嵯峨　（金宇文虛中白菊）西風蕭颯百草黃南齋白菊占秋芳主人好事不專饗擷送客館分幽香幽香清豔兩難得冰雪肌膚龍麝裏情然坐我蘂珠宮玉斧瑤姬皆舊識仙家藝菊名日精我今號爾為月英川中風露秋夕好感此仙種來曾城憑君傳與余天令月與霜姿賦清景重陽好作白衣來五柳先生憶三徑　（元范梈送菊）臥病高秋留海浦明日重陽更風雨杜門不出長蒼苔令我天涯心獨苦籬角

黃花親手栽近節如何獨未開含芳閟采亮有以使君昨暮徵詩來凌晨試遣霜根送發十雖微旨妙而極知無意競秋光任作橫窗歲寒供憶我初容天子都西逗植此常千株結花年年應吹帽始信南邦事盡殊願得封培自今日何間朱屋萬家宗秋香端不負乾坤但願簫管亂儔匹歸去來分難得歸念歸政自覺輕違他日采英林下酌誰向清霜望翠微　（明吳寬過相城為沈陶庵和天全翁賞菊之作）菊花開日是重陽坡翁妙語不可當我云但得花之趣何必秋來菊有黃神仙中人壽且康老年見客纔下堂幅巾飄飄映華髮導我直過東籬傍庵居春風定先到已見菊苗三寸長浩歌淵明

飲酒章悠然依舊廬山蒼素琴無絃舊有例當春賞菊嗟何妨封題一笑報蘇子為我轉致陶柴桑　（陳鴻買西園菊至招同社諸人花下小飲因和短歌）幾處菊花殘西園餘數畝買來竹窗下折簡會賓友把酒坐花旁一齊衫袖香春天百卉媚不及此幽芳堦下涼風薄暮起枝枝低拂深杯裏願君盡醉宿我家明日更看西園花

五言律詩 增 （唐太宗賦得殘菊）階蘭凝曙霜岸菊照晨光露濃晞曉笑風勁淺殘香細葉凋輕翠圓花飛碎黃還持今歲色復結後年芳　（駱賓王秋菊）擢秀三秋晚開芳十步中分黃俱笑日含翠共搖風碎影涵流動浮

香隔岸通金翹徒可泛玉斝竟誰同（李嶠詠菊）玉律
三秋暮金精九日開榮舒洛媛浦香泛野人杯霜靡寒
潭側手茸曉岸隈黃花今日晚無復白衣來 原 李白
感遇可嘆東籬菊莖疏葉且微雖言異蘭蕙亦自有芳
菲未泛盈樽酒徒沾清露輝當榮君不採飄落欲何依
增 盧綸九日奉陪令公登白樓同詠菊）瓊樽猶有菊
可以獻留侯願比三花秀非同百卉秋金英分藥細玉
露結房稠黃雀知恩在銜飛亦上樓（朱灣秋夜宴王
郎中宅賦得露中菊）衆芳春競發寒菊露偏滋受氣何
曾異開花獨自遲晚成猶有分欲採未過時忍棄東籬
下看隨秋草衰（耿湋賦得寒蜂採菊蘂）遊颺下晴空

尋芳到菊叢帶聲來蘂上連影在香中去住露餘霧高
低順過風終慙異蝴蝶不與夢魂通（顧非熊萬年厲
員外宅賞殘菊）纔過重陽後人心已爲殘近霜須苦惜
帶蝶更宜看色減頻經雨香銷恐漸寒今朝陶令宅不
醉却應難（姚合病中辱朱諫議惠甘菊藥苗因以詩
贈）蕭蕭一畝宮種菊十餘叢採摘和芳露封題寄病翁
熟移茶鼎裹餐稱石甌中香氣將何比從來味不同
（李商隱菊）暗暗淡淡紫融融冶冶黃陶令籬邊色羅含
宅裏香幾時禁重露實是怯殘陽願泛金鸚鵡升君白
玉堂（許棠白菊）所尚雪霜姿非關落帽期香飄風外
別影到月中疑發在林彫後繁當露冷時人間稀有此

自古乃無詩（李建勳採菊）簇簇競相鮮一枝開幾番
味甘資麴蘗香好勝蘭蓀古道風搖遠荒籬露壓繁盈
筐時採得服餌近知門（蕭彧賦得菊送德林郎中學
士赴東府）離情折楊柳此別異春哉含露東籬艷泛香
南浦杯惜持行次贈留插醉中迴暮齒如能制玉山甘
判頹（張蠙白菊）秋天木葉乾猶有白花殘舉世稀栽
得豪家却畫看片苔相應綠諸卉獨宜寒幾度攜佳客
登高欲折難 原 羅隱詠菊）籬落歲云暮數枝聊自芳
雪裁纖蘂密金拆小苞香千載白衣酒一生青女霜春
叢莫輕薄彼此有行藏 增 僧無可詠菊）東籬搖落後
密艷被寒催夾雨驚新拆經霜忽盡開野香盈客袖禁

蘂泛天杯不共春蘭並悠揚遠蝶來（僧廣宣九日菊
花詠應詔）可訝東籬菊能知節候芳細枝青玉潤繁蘂
碎金香爽氣浮朝露濃滋帶夜霜泛杯傳壽酒應共樂
時康（宋韓琦菊）萬卉趁枯死香金鬬曉葩甘名應得
露野色豈如家俗態惜遲暮芳情誰怨嗟重陽樽酒伴
不見牡丹花（菊觴）九日陪嘉客金英泛酒船醱醅時
上下浮蟻自周旋香逐榴花發甘嗤柏葉先坐中宜醉
挹仙錄載延年（重九席上賦金鈴菊）黃金綴菊鈴究
地獨馳名細蘂浮杯雅香節貯露清風休沉夜警雨碎
人寒聲自此傳仙種秋芳冠玉京（邵雍和張二少卿
丈白菊）清淡曉凝霜疏枝殿顥商自知能潔白誰念獨

芬芳豈爲瑣無艷還驚雪有香素英浮玉液一色混瑤
觴〔司馬光和李殿丞倉中對菊〕高士寄朝市迥然心
迹殊秋風太倉裏黃菊滿庭隅陶令成詩後王公送酒
無遙知歷俗事未免强躊躇　文案漸消散吾閒吏已
稀庭空數蝶下夜靜一螢飛愛賞忽成句淹留時忘歸
高情雖不繫遇此獨依依　凉風正蕭瑟明好復徘徊
幽興歠不盡芳樽時一開餘英蕊紅葉墜露濕蒼苔從
此東籬下應忘歸去來〔和江鄰幾金鈴菊〕何處見佳
菊秋風汶水陽酒浮金鐸細露洗蜜房香不謂紅塵地
相逢君子堂依然故人意不減舊芬芳〔詠菊〕瑣瑣南
陽菊秋潭歲自開孤根擁紅葉落蘂媚蒼苔正以參靈

藥因之植紫臺願兼金掌露同入柏梁杯〔野菊〕野菊
未嘗種秋花何處來羞隨衆草後故犯早霜開寒蝶舞
不去夜蛩吟更哀幽人自移席小摘泛清杯〔孔平仲
對菊有懷郎祖仁〕庭下金鈴菊花開已十分多情能惠
我對景獨思君秀色三秋好清香一室聞扁舟今夜雨
何處宿江雲〔戴昺十日取野菊從酒〕野徑菊仍好村
壚酒亦嘉未應今日菜便是背時花心在家千里身猶
客九華宮程難久駐風雨暮山斜〔金党懷英黃菊集
句〕九月欲將盡餅鉼金作堆遶籬殘艷密擁鼻細香來
五色中偏貴羣花落始開可憐陶靖節共此一傾杯
元蒲道源九月十八日黃菊始開時且禁釀漫成示德

衡殘苒苒秋事杪幽叢花始黃直須彫衆卉纔許見孤
芳重露洗金質嚴風吹綠裳陶翁如有酒何日不重陽
〔范梈九日諸生攜酒至城東看菊〕楚楚臨堦菊重陽
特地開慰人良有意報汝愧無才巷柝聞雞發鄰觴送
蟹來采英吾欲寄悵望倚江臺〔明高啓王公子宅五
月菊〕秋英忽夏發宛在阿戎家細認驚初見高吟喜共
誇不依寒竹雨欲映午榴霞我旨甘遲暮樽前有此花
〔何景明汝慶宅紅菊〕紅菊開時暮亭亭冠物華亦知
顏色好不是艷陽花羅綺嬌秋日樓臺媚晚霞清香如
不改常傍美人家〔八月二十八日子容過對菊〕近節
逢花放開樽集異鄉乾坤共一笑風雨似重陽誰識暮

蟬意獨憐秋樹芳他時益爛熳邀爾醉西堂〔汝濟夜
過同以行對菊花〕搖落相過地芳菲晚更親酒醺留媚
眼燈色笑生春風雨新晴夜江山未老身百年如不醉
恐負此花神　原〔李夢陽菊花〕不隨羣草出能後百花
榮氣爲凌秋健香緣飲露清細開宜避世獨立妨含情
可道蓬蒿地東籬萬代名　增〔陳憲章前菊會〕荒村開
紫菊細雨隔蒼梧漂泊逢山鬼歸來覓酒徒佳期賓不
赴幽賞子何孤爲翦南山老青錢買百壺〔後菊會〕餘
花留醉客缺月到疎梧我老眞違世人生各有徒交遊
今日少宇宙此亭孤慣得趨時運千金買一壺〔後菊
會再次李九淵韻〕黃花憎競賞人事奪幽期長夜來詩

醉微霜落滿枝行藏深　琖酒風月小囊詩長嘯東軒下蒼髯白接䍦　留連杯酒下重疊菊花期熟犬知過客寒蜂亦戀枝溪山迴月色香影入梅詩地窄君休舞傾斜爾接䍦〔楚雲臺觀民澤所栽菊寄民澤用昨九日韻時民澤還五羊未返〕當軒玉朶孤植竹翠莖扶香細風初動神清俗本無寒深溪井凋月出山瓢疎何處異鄉客永懷歌茱萸〔野菊吟寄子長再次前韻〕野菊生何處尋香枝偶扶孤標猶訝絕佳色舊知無老弄真成獨秋來不作疎金樽誰九日引滿對茱萸〔吳明府送菊次韻答之〕黃菊有名花淵明無酒官酒多人自醉花好月同看老未厭人世天教共歲寒未應攜不去高步蓬萊山

原〔中時行菊畦〕誅茆疏野徑種菊擬山家秀擢三秋幹奇分五色葩凌霜留晚節殿歲奪春華為道餐英好東籬興獨賒〔唐文獻〕西苑宸遊地東籬菊已花當年誇野色此日麗天葩輕白凌寒露深紅散晚霞秋英疑可茹無復楚人嗟

七言律詩　增〔唐白居易酬皇甫郎中對菊花見憶〕愛菊高人吟逸韻悲秋病客感哀懷黃花助興方攜酒紅葉添愁正滿堦居士葷腥今已斷仙郎杯杓為誰排愧君相憶東籬下擬廢重陽一日齋〔李商隱野菊〕苦竹園南椒塢邊微香冉冉淚涓涓已悲節物同寒雁忍委芳心與暮蟬細路獨來當此夕清樽相伴省他年紫雲新苑移花處不取霜栽近御筵〔和馬郎中移白菊見示〕陶詩只採黃金實郢曲新傳白雪英素色不同籬下發繁花疑自月中生浮杯小摘開雲母帶露旋移綴水精偏稱含香五字客從茲得地始芳榮〔李山甫劉員外寄移菊〕秋來緣樹復緣墻怕共平蕪一例荒顏色不能隨地變風流唯解逐人香煙含細葉交加碧露折寒英次第黃深謝栽培與知賞但慚終歲待重陽〔皮日休和魯望白菊〕已過重陽半月天瑯華千點照寒煙蘂香亦似浮金靨花樣還如鏤玉錢玩影馮妃堪比豔鍊形蕭史好爭妍無由摘向牙箱裏飛上方諸贈列仙〔陸龜蒙幽居有白菊一叢因而成詠呈知己〕還是延年一

種材即將瑤朶冒霜開不如紅豔臨歌扇欲伴黃英入酒杯陶令接䍦堪岸著梁王高屋好欹來月中若有閒田地為勸姮娥作意栽〔重憶白菊〕我憐貞白重寒芳前後叢生夾小堂月朶暮開無絕豔風莖時動有奇香何慙謝雪清才詠不羨劉梅貴主妝更憶幽窗凝一夢夜來村落有微霜〔鄭璧白菊〕白豔輕明帶露痕始知佳色重難羣終朝疑笑梁王雪盡日慵飛蜀帝魂燕語似翻瑤渚浪鴈風疑卷玉綃紋瓊妃若會寬裁翦堪作蟾宮夜舞裙〔司馬都白菊〕雖共金英一例開素芳須待早霜催遶籬看見成瑤圃汎酒初迷傍玉杯映水好將蘋作伴犯寒疑與雪為媒夫君每尚風流事應為徐

妃致此哉（張貢白菊）雪采冰姿號女華寄聲多是地
仙家有時南國和霜立幾處東籬伴月斜謝客瓊枝空
貯恨袁郎金鈿不成夸自知終古清香在更出梅妝弄
晚霞（宋韓琦九日賞菊未開席上次韻答崔象之寺
丞）誰知九日接賓觴未放寒花拆露房早是生來悲晚
節那堪開不在重陽滿頭且應良辰插一夜寧衰淺意
香守待金鈴披絕豔共君搴蘂醉餘芳（和崔象之紫
菊）紫菊披風碎曉霞年年霜晚賞奇葩嘉名自合開仙
府麗色何妨奪錦砂雨徑蕭疎凌蘚暈露叢芬馥敵蘭
芽孤標只取當筵重不似尋常泛酒花（八月十九日
賞菊）春英無不惜開遲秋菊常懷素景悲慣負晚霜甘

索寞忽逢先閏促離披欲移庭檻嫌傷早擬泛賓罍未
入時自是寒花當守分一違佳節速人嗤（王安石和
晚菊）不得黃花九日吹空看野葉翠葳蕤淵明酩酊知
何處子美蕭條向此時委翳似甘終草莽栽培空欲傍
藩籬可憐蜂蝶飄零後始有閒人把一枝（蘇轍戲題
菊花）春初種菊助盤蔬秋晚開花插滿壺微物不多分
地力終年乃爾任人須天隨乞箸幾時輟彭澤樽罍未
遽無更擬食根花落後一依本草太傷渠（徐積菊花
為汝花中開最孤詩翁可惜屢提壺却應有意酬青眼
渾似傾心向白鬚擊銅鉢時吟更好擲金錢後醉相娛
楊妃只有黃裙在且問風霜留得無（劉子翬詠菊青

叢馥郁早抽芽金蘂斕斑晚著花秋意祇應宜淡泊化
工可是惜鉛華輕煙細雨重陽節曲檻疎籬五柳家暮
醉朝吟供採摘更憐寒蝶共生涯（楊萬里野菊）未與
騷人當糗糧況隨流俗作重陽政緣在野有幽色肯為
無人減妙香已晚相逢半山碧便忙也折一枝黃花應
冷笑東籬族猶向陶翁覓寵光（九日菊未花）舊說黃
楊厄閏年今年併厄菊花天但挼青蘂浮新酒何必黃
金鑄小錢半醉嚼香宿月底一枝却老鬢絲邊阿誰會
得開遲意賸展重陽十月前（九日郡中送白菊）未應
白菊減于黃金作鈿心玉作裳一夜西風開瘦蕾兩年
南海伴重陽若言佳節如常日為底寒花分外香掇蘂

浮杯莫多著一枝留插鬢邊霜（陳傅良和林宗易菊
花韻）一歲所餘秋有幾重陽偏與老相催舞憐白髮能
長健雖愛黃花亦懶栽好景游從須好友新詩風味似
新醅人生適意無過此忞聽東籬早晏開（潘紫巖香
名不枉入騷壇最愛霜林耐歲寒切莫逢人嘆遲暮何
曾委地有飄殘人如靖節本堪採世欠靈均少得餐甚
矣吾衰閉門坐籬邊自折一枝看【原】（方九功）露冷江
蘋鴈度時蕭蕭黃菊滿疎籬寒枝帶雨開仍豔晚節凌
霜賞未遲移傍小簷承綺席縱觀深夜倒金巵摘來冉
冉香盈把共泛西風醉莫辭　莫惜寒花開太晚孤懷
深喜客來雙疎枝最耐存霜圃晚節偏宜映月窓同調

自應蘭是籍溷醪何有玉爲缸籬邊無限陶潛興〔倒著
綸巾醉未降　增〔金元好問野菊座主閑閑公命作〕柴
桑人去已千年細菊斑斑也自圓共愛鮮明照秋色爭
敎狼籍臥疎煙荒畦斷壟新霜後瘦蝶寒螿晚景前只
恐春叢笑遲暮題詩端爲發幽妍　晚景蕭疎晝不成
晚花作意出繁英鮮明獨向霜露見爛熳却隨蒿艾生
南國騷人知有待西風蝴蝶更多情南山正在悠然處
安得芳樽與細傾　〔爲鮮于彥魯賦十月菊〕清霜淅淅
散銀沙驚見芳叢閱歲華借暖定誰留翠被鍊顏端自
有丹砂秋香舊入騷人賦晚節今傳好事家不是西風
苦留客衰遲久已避梅花　〔元王惲桃花菊〕淚灑明妃

寄露葩換根非爲貯丹砂黃輕白碎空多種碧爛紅鮮
自一家騷客賦詩憐晚節野人修譜是頭花九秋霜露
無情甚時約行雲護彩霞　〔馬祖常雙頭菊〕金屈巵邊
醉袖垂秋雲如幄貯仙姿寒生小闕迴鸞動香入流蘇
睡鴨移結綴巧承西顥曲落鈿羞帶月支看青霜爲我
催顦顇銀屋何人怨別離　〔菊枕〕東籬采采數枝霜包
裹西風入夢凉半夜歸心三徑遠一囊秋色四屏香牀
頭未覺黃金盡鏡底難教白髮長幾度醉來消不得臥
收清氣入詩腸　〔明高啓晚香軒〕不畏風霜向晚欺獨
開衆卉已凋時地荒老圃若三徑節過重陽雨一籬秋
色蒼茫人醉少寒香落寞蝶先知山翁獨念同衰晚坐

對幽軒毎賦詩　原〔李東陽[illegible]〕咄菊誰采蘩花席上題
偶將名姓託唐妃日烘花[illegible]酡[illegible]時面雨換華清沐後衣
隔座似邀秦國語揮毫未放謫仙歸欲從顏色窺生相
已落詩家第二機　增〔李東陽月下賞菊柬邃庵太常
先生〕不隨春蝶夢滕王又送秋蟬過綠楊佳客到時非
舊雨好花開處亦重陽爲園恨少青山地插帽羞看綠
鬢郎長對此花還此客縱教多病也身康　〔十月賞菊
體齋席上限韻〕尋芳何意到君家雨過高城少暮沙此
夜幽歡還月下去年孤館各天涯狂思晚節曾吹帽壽
擬春期及進瓜不是老來詩骨健誰能白髮對黃花
後園種菊經月忽見數花用亨父韻并呈城東賞菊諸

君〕幽花種得偶相忘步轉南簷却背堂但有芳心寧擇
地更無佳客亦宜觴登臨憶負重陽雨採掇愁沾昨夜
霜滿袖餘香試披拂晚來風力正悠揚　〔九日盆菊盛
開將出郭有作〕買得長安擔上秋南山只在屋西頭花
開正好逢佳節身病那堪復遠遊昨夜月明空對酒晚
來風急怕登樓多情重有燈前約爲報花神作意留
〔周原已席上賦十月菊〕布袍蕭索不勝凉坐愛芳心共
日光何用門前看五柳始知秋後有重陽故園栽處田
應熟小市開時藥正香自古交期須歲晚相過不敢避
風霜　〔冬月對菊用陳玉汝韻〕搖落霜空萬木飛一枝
無柰賞心微未成老圃應須學若在南山便合歸入道

秋香非昨夜天留晚色共斜暉陶翁可是忘機者猶自
含情待白衣（吳寬原已宅賞菊）休從雲外望天香誰
似蕭然林下妝嫩蘂漸成黃面老低枝猶比白衣長曾
隨枸杞添風味却笑芙蓉在水鄉詩社淸忙今又動看
花直擬過重陽（又韻李士英劉道亨過園居看菊詩）
人渾不厭貧家開就荒園有菊花傾倒臘醅瓶未罄品
題秋色句爭嘉殘英抱節負霜傑本草言功有日華醉
後却勞歸騎晚西風烏帽數枝斜（陳憲章九日晚對
菊次李處士韻）是日縣士曹侯二尹邵侯持酒過白沙
李九淵客賈各館鄉中未還一年佳節到黃花霜在籬
根月在沙今日縣侯親送酒幾時詩客報還家疎枝向

晚青如許老鬢逢秋白未涯更欲西亰開酒餞勝遊堪
泛五更槎（再用韻）焉知老子非元亮請看黃花滿白
沙籬有香醪供采采何須蠟屐到家家屢經細雨開花
面獨立西風背水涯欲把一株種蟾闕恐驚天女笑乘
槎（又楚提學十月賞菊韻）不論開早與開遲到處逢
花把一枝淸獻插來紗帽重陶潛醉倒葛巾欹青藜不
赴先生召白雪虛傳幼婦詞却對藥欄何意緒江門店
酒獨斟時（答吳樂善送菊）兩莖何處茇霜根路入廬
山不問村佳節總非前日月新香猶是舊龍門氣淸天
與余行秀色淺人知士德尊今日淵明不能領倒巾贈
下弄詩魂（何孟春送菊渭翁山徑雪晴九日遊數枝

還爲一尊留買從遠市興供節我向名園合擅秋漸老
有人憐客瘦作寒無計替詩愁多情不用防吹帽短髮
猶禁插滿頭（熊卓汪司馬席上對菊）錦席秋軒流客
觴堦除遊菊戀年芳翠條尙苒初經雨青蘂娟娟欲候
霜幸爲分同供閒寂容然淸去蔓寒香小車如覓東溪
路古犀疎籬是醉鄉（喬長史詠醉楊妃菊）孃娜嬌姿
不耐霜芳根移得在昭陽帶將春色三分艷散作秋陰
滿院香傾日尚疑聞羯鼓臨風猶似舞霓裳祇愁野鹿
偸銜去寂寞梨園空斷腸（原）（王世貞貪看晚節傲霜
颸淡色幽香冷不辭人坐下羅爭自引歸來欸段未須
騎推敲月下猶孤語競病風流彼一時若使東籬主人

在攢眉那肯和新詩（增）（申時行對菊）獨坐高齋兀羽
觴且看叢菊媚重陽繁英乍吐丹霞色冷艷全分白雪
香好共淸幽矜晚節偏從搖落殿秋光疎花短髮能相
倚三徑猶憐歲月長（袁東川石公餉菊賦謝）一水能
通貫月槎九秋偏踏傲霜花叢枝濯濯深含露紫艷叢
叢細吐霞開徧松軒成晚節分來蓬島是仙葩試論禁
苑追陪日何似園林樂事賒（茅亭看菊）小結茅齋掩
草門翛然風物似山村一丘自臥身仍健三徑新鋤菊
尚存麗色盈盈開錦障幽香冉冉注淸尊誰知搖落風
霜候偏荷栽培雨露恩（原）（焦德澄秋深菊圃吹寒風
報道阿家花早叢驚羽中遊西子白鶴剜斜映太眞紅

翅斜帶香飄綠綺和酒上烏紗散浸搖霜彩嬌妍漏引
華芳并彭澤見秬更在誰家〔鄭谷恩門小諫雨中乞
菊栽〕握蘭將滿歲栽菊伴吟詩老去慵趨世朝迴獨繞
籬遥香風細細澆綠水瀰瀰祇共山僧賞何當國士移
孤根深有託微雨正相宜更待金英發憑君插一枝
〔宋錢惟演樞密王左丞宅新菊〕賀燕翻飛地靈芳茂遂
時陰連桃李徑潤拔鳳凰池夕照搖金蘂輕風拂翠蕤
露珠清自洒煙素引還披西顥霜雖勁南榮暖更滋擷
芳多楚澤得地勝陶籬味可登蘭籍香應奪桂旗願公
長邦老晏寢奉頤巵〔楊億樞密王左丞宅新菊〕中樞
多暇日小圃占秋光雕玉新成檻鎔金作泛觴陶籬侵

柳色羅宅掩蘭芳芝影連虛室萱叢接後堂傅巖猶借
雨庾嶺未飛霜溫樹偏分蔭芸籤亦鬬香交枝迷露井
墜葉點横塘桐籙知延壽千齡奉紫皇〔劉筠樞密王
左丞宅新菊〕東閣出蒸客兼葩艷晚光秋風自蕭瑟台
座對熒煌麗發雙南價清含九畹香嵰山霜薦味太液
鴈分裳已助蜂成蜜還隨蟻泛觴聊臨揮艾綬佩服間
黃房節物傳荊俗詩情掩謝塘更期松偃蓋永奉太清
方〔李維樞密王左丞宅新菊〕青規前席暇歸沐與何
長北第秋將晚東籬菊正芳幽叢霏薄霧桂邑艷輕霜
已近黄金印兼臨白玉堂甘疑擁萍實秀肯讓芝房有
佞還應指無憂可娶忘藥萍丞相酒氣襯令君香好圖

參差萬朵霜天曉稠疊千枝煙雨空肯與山樵分秀色
移栽不遠過墻東〔吳執御水浸長天搖砌明亭亭殊
玉綻秋英既香冷秀經霜後淡意疏容與景迎籬下留
連非耕酒雨中尋覓最多情飛塵不到莎廳下愛爾幽
香浸骨清

五言排律〔原〕〔唐劉禹錫和令狐相公玩白菊〕家家菊盡
黃梁園獨如霜瑩淨真琪樹分明對玉堂仙人披雪氅
素女厭紅妝粉蝶來難見麻衣拂更香向風搖羽扇含
露滴瓊漿高豔遮銀井繁枝覆象牀桂叢慙並發梅蕚
妒先芳一入瑤華詠從茲播樂章〔增〕〔劉禹錫和令狐
相公九日對黃白二菊花見懷〕素蕚迎寒秀金英帶露

香繁華照旄鉞榮盛對銀黃琮璧交輝映衣裳雜彩章
晴雲遥蓋覆秋蝶近悠揚空想逢九日何由陪一觴滿
叢佳色在未肯委嚴霜〔許渾南海使院對菊懷丁卯
別墅〕何處曾移菊溪橋鶴嶺東籬疎還有艷園小亦無
叢日曉秋煙裏星繁曉露中影搖金澗水香染玉潭風
罷酒慙陶令題詩答謝公朝來數花發身在尉佗宮
〔薛能詠夾徑菊〕夾徑盡黃英不通人並行幾曾相對綻
元自兩行生叢比高低等香連左右并畔搖風勢斷中
夾日華明間隔螢吟隔交横蝶亂横頻應泛桑落摘盡
近前楹〔公乘億賦得秋菊有佳色〕陶令籬邊菊秋來
色轉佳翠攢千片葉金剪一枝花蘂逐蜂鬚亂英隨綵

松椿壽仙經識祕方〔元何中移菊〕僅得林間趣開尋
菊本移人家深竹裏楓葉夕陽時汲井澆畦潤將鉏下
手遲護叢愁蘂損帶土怕根卯每被歸樵問深憐冷蝶
隨寒香生徑術幽事補灣碕斗柄西北落鴈聲霜露垂
裴回繞叢畔自笑可能凝

五言絕句

御製九日對菊不與繁花競寒苞晚更香數莖偏挺秀嘉爾
傲風霜

【增】〔唐陳叔達詠菊〕霜間開紫蔕露下發金英但令逢採
摘寧辭獨晚榮【原】〔杜甫復愁〕每恨陶彭澤無錢對菊
花如今九日至自覺酒須賒【增】〔李端和張尹憶東籬

菊〕傳書報劉尹何事憶陶家若爲籬邊菊山中有此花
〔王建野菊〕晚艷出荒籬冷香著秋水憶向山中見伴
蛩石壁裏〔姚合詠新菊〕黃金色未足摘取且嘗新若
待重陽日何曾異眾人【原】〔賈島對菊〕九日不出門十
日見黃菊灼灼尚繁英美人無消息【增】〔杜牧將赴湖
州留題亭菊〕陶菊手自種楚蘭心有期遙知渡江日正
是擷芳時〔折菊〕籬東菊徑深折得自孤吟雨中衣半
濕擁鼻自知心〔錢珝江行無題〕叢菊生堤上此花長
後時有人還採掇何必在春期　晚菊遶江壘忽如開
古屏莫言時節過白日有餘馨　潯陽江畔菊應似古
來秋爲問幽栖客吟時得酒不〔宋徐鉉詠菊〕細麗披

金彩氛氳散遠馨泛杯頻奉賜緣解制頹齡〔梅堯臣
殘菊〕零落黃金蘂雖枯不改香深叢隱孤秀猶得奉清
觴〔司馬光晚行後園見菊戲宜甫〕野菊荒無數斑斑
初見花徑須求一醉試遣問東家【原】〔楊萬里菊〕味苦
誰能愛香含只自珍長將潭底水普供世間人〔朱子
菊〕青蘂冒珍叢幽姿含曉露政爾犯荒寒詎免傷遲暮
〔王十朋〕佳色逢吹帽黃金染菊叢淵明何處飲三徑
冷香中【增】〔金李俊民菊〕色笑秋光淡香嫌酒力慳東
籬在何處客裏見南山〔明高啓菊蹊〕獨行林下路望
望南山暮無酒擷英嘗寒香已零露〔陳憲章題淵明
菊〕籬下花堪把先生有酒不遙看白衣者不復問江州

〔對菊〕淅淅西風至爲秋未有涯江邊聊一醉信手得
黃花　春事歸桃李西風響未休長官三徑晚丞相一
般秋　天地花無數寒花色乃佳古詩拈未出除是長
官來【原】〔李夢陽〕白鴈獨橫秋黃花伴醉遊眼看風物
擬愁[illegible]【增】〔陳淳菊花〕清霜下籬落佳色散花
枝栽詠南山句幽懷不自持【原】〔千若瀛菊花〕冷艷吐
金英疎香入玉笋偏宜處士居不種朱門下【增】〔王穀
詠菊〕颯颯金風度嫣嫣秋色妍白衣還自至青女更相
憐

六言絕句【增】〔明陳憲章周鎬送白菊乞詩〕陶令黃金遠
舍君家白玉滿園千古清風廬阜幾叢細雨[illegible]山門　微

醉不須酩酊半開莫待離披安得季芳與[illegible]相思欲寄一枝　白菊偏宜素髮青山只對蒼顏唯能秋香滿腹屑吹不到長安

佩文齋廣羣芳譜卷第五十

佩文齋廣羣芳譜卷第五十一

花譜

菊花四

集藻　七言絶句　增　唐白居易禁中九日對菊花酒憶元九　賜酒盈杯誰共持宮花滿把獨相思相思只傍花邊立盡日吟君詠菊詩　重陽席上賦白菊　滿園花菊鬱金黃中有孤叢色似霜還似今朝歌酒席白頭翁入少年場　原　元稹菊花　秋叢遶舍似陶家遍繞籬邊日漸斜不是花中偏愛菊此花開盡更無花　增　鮑溶暮秋與裴居晦宴因見採菊之作　菊花低色過重陽似憶王孫白玉觴今日王孫好收採高天已下兩回霜　皮日

休軍事院霜菊盛開因書一絶寄崔諫議　金華千點曉霜凝獨對壺觴又不能已過重陽三十日至今猶自待王弘　崔璞酬霜菊見贈之什　菊花開晚過秋風聞道芳香正滿叢爭奈病夫難強飲應須速自召車公　陸龜蒙和崔諫議先輩霜菊　紫莖芳艷照西風祇怕霜華掠斷叢雖伴應劉還強酒路人終要識山公　憶白菊　稚子書傳白菊開西成相滯未容迴月明階下窗紗薄多少清香透入來　司空圖華下對菊　清香裛露對高齋泛酒偏能浣旅懷不似春風逞紅艷鏡前空墜玉人釵　白菊　莫惜西風又起來猶能婀娜傍池臺不辭暫被霜寒挫舞袖招香即却回　爲報繁霜且莫催窮秋

須到自低垂橫拖長袖招人別只待春風却舞來　登
高可美少年塲白菊堆邊鬢似霜益算更希沾上藥今
朝第七十重陽　原鄭谷十日菊節去蜂愁蝶不知曉
庭還遶折殘枝自緣今日人心別未必秋香一夜衰
增鄭谷詠菊王孫莫把比荆蒿九日枝枝近鬢毛露濕
秋香滿池岸由來不羨瓦松高　日日池邊載酒行黃
昏猶自繞黃英重陽過後頻來此甚覺多情勝薄情
韓偓和吳子華侍郎令狐昭化舍人歎白菊衰謝之絕
正憐香雪披千片忽訝殘霞覆一叢還似妖姬長年後
酒酣雙臉却微紅　韋莊庭前菊為憶長安爛熳開我
今移爾滿庭栽紅蘭莫笑青青色曾向龍山泛酒來

宋韓不詠菊冷淡花枝寂寞闌只緣開晚少人看若教
總似陶潛眼肎同芳春豔牡丹　王禹偁池邊菊綠池
邊遶幾千栽準擬登高泛酒杯未到重陽歸闕去金英
寂寞為誰開　韓琦重九菊未盛開席上偶成重九開
樽節未寒黃花初發藥皆卑待看旬日金鈴綻剩得東
籬一醉權　閱古堂前植菊二本九月十八日花猶未
開因以小詩嘲之只趁重陽選菊栽當欄殊不及時開
風霜日緊猶何待甚得迎春見識來　原歐陽修菊共
坐欄邊日欲斜更將金蕊泛流霞欲知却老延齡藥百
草摧時始見花　增王安石城東寺菊黃花漠漠弄秋
暉無數蜜蜂花上飛不忍獨醒孤爾去慇勤為折一枝

歸　詠菊補落迦山傳得種閻浮檀水染成花光明一
室真金色復似毗耶長者家　院落深深數菊叢綠花
錯莫兩三峯蜜房歲晚能多少酒盞重陽自不供　蘇
軾趙昌寒菊輕肌弱骨散幽葩真是青帬兩髻丫便有
佳名配黃菊應緣霜後苦無花　蘇轍五月園夫獻紅
菊二絕句黃花九月傲清霜百草滿園無此香紅紫無
端盗名字試尋本草細商量　南陽白菊有奇功潭上
居人多老翁葉似皤蒿莖似棘未宜放入酒杯中　原
黃庭堅誰將陶令黃金菊幻作酴醾白玉花小草真成
有風味東園添我老生涯　呂園杏實輕沾我且寄田
家砌下栽他日秋光蘸重九清香知是故人來　韓駒

九日東籬採菊英白衣遙見眼能明而今自有杯中物
一段風流可得成　增呂本中謝送菊經旬霖雨足莓
苔忽喜雙盆送菊來已似風霜憔悴損主人云是待晴
開　范成大菊樓東籬秋色照疎蕪挽結高花不用扶
淨洗西風塵土面來看金碧萬浮圖　重陽不見菊二
絕節物今年事事遲小春全未到東籬可憐短髮空欹
帽欠了黃花一兩枝　冷蕊蕭疎蝶懶飛商量何日是
花時重陽過後開無害只恐先生不賦詩　重陽後菊
花二首寂寞東籬濕露華依前金靨照泥沙世情兒女
無高韻只看重陽一日花　過了重陽菊又新酒徒詩
客斷知聞恰如退士懸車後勢利交親不到門　陸游

九月十二折菊黃菊芬芳絕世奇重陽錯把配黃枝開遲愈見凌霜操堪笑兒童道過時　〔新菊〕已過重陽十日朔菊叢初破兩三枝自憐短鬢蕭蕭白不似黃花驛裏時　〔枯菊〕翠羽金錢夢已闌空餘殘蕊抱枝乾紛紛輕薄隨流水莫與桃花一樣看　積雪嚴霜轉眼空春回無處不春風欲知造物無窮妙但看萱根與菊叢　嚴州多菊然率過重陽方開或舉東坡先生菊花開時卽重陽之語余謂此猶是未忘重陽者恐此花不肎也戲作一絕無人喚醒賦歸翁滿把清香誰與同但辦對花頻舉酒莫横重九在胸中　〔楊萬里詠菊〕物性從來各一家誰貪寒瘦厭年華菊花自擇風霜國不是春光

外菊花　〔黃菊〕鶯樣黃裳錢樣裁冷霜涼露濺秋崖比他紅紫開差晚時節來時畢竟開　〔陳傅良沈仲一送菊自言封植之勞欲得詩爲報爲賦三絕〕東籬何在菊年年菊視陶詩竟孰賢未必緣詩花更好莫將詩與萬人傳　霜螯風味小槽春新樣宫衣試麴塵一段秋光誰領此芙蓉凡子桂陳人　愁乾手自搭連倚苦雨丁丁棧小蓬乞得花開急催客明朝恐已著霜紅　〔高翥菊花四首〕白白黃黃自歲寒詩翁但作菊花看牡丹茉莉非吾事自是時人被眼瞞　親向東籬手自栽夕陽小徑重徘徊花應得似人乖覺過了重陽爛熳開　愛花千古說淵明肎把秋光不似春我重此花全晚節臏

栽三徑件閑身　新分菊本自鈕山手縛枯藤作矮欄北似著書空用力種花猶得一年看　〔原〕〔劉克莊菊〕叢與春花艷冶同殷勤培溉待西風不須牽引淵明比隨分籬邊要幾叢　〔翁浩堂〕秋風兩度身爲客已見重陽未到家村酒不堪供節事祗將青眼看黃花　〔趙信菴〕城荒落葉風颼颼淮水茫茫古渡頭白首不堪行樂地黃花點點是離愁　落托山園載酒來江梅含雪倚春臺菊花無藉秋光老猶自離披帶雨開　黃花照眼又經秋山自青青江自流多謝龍頭鰲禁客年年把酒對江樓　〔增〕〔朱淑眞黃花〕土花能白又能紅晚節由能愛此工寧可抱香枝上老不隨黃葉舞秋風　〔金宋九嘉

酴醾風味釀人醉著莫東籬愛酒翁一夜金英全換骨冷香晴雪滿秋風　〔段克已菊花霜〕風簾斜揭玉鈎欄端正樓高燭影殘宿酒困人梳洗嬾從教殘粉涴金鈿　〔段成已菊花霜〕六宫試手學梅妝曾見飛英點額旁香粉嚼餘濃不散壓花誤染縷金裳　〔李俊民對菊〕風露叢中取次芳愁邊過却幾重陽秋光到處多無主不是閑花不肎香　〔晚菊集句〕白露凝花自繞籬羊士諤從他桃李笑開遲冉宗敏一年秋色吟中過沈彬門外重陽過不知僧齊己　〔元許有孚邀賦菊〕酒熟同招隱士看饑來忍把落英餐春風無限閑桃李不似黃花耐歲寒　〔明高啓九月八日對菊〕預向籬邊把一杯黃花多意已

能開不憂風雨明朝阻懶逐時人鬬折來 〔袁凱〕已未
九日對菊大醉戲作老夫愛此黃金蕊兒子須將白酒
賒直到夕陽下天去更添燈火照攲斜 〔李東陽〕菊花
寒影蕭蕭照墨池西園晚色正相宜蒼顏黑髮秋風裏
應是陶翁半醉時 〔題戴文進畫菊〕黃花開滿院前坡
醉殺西江計汝和忽見錢塘著色畫不知秋色較誰多
〔陳憲章〕對菊餐香誰亦到湘濱西掩東籬濫一巾去
歲金英曾照我今年玉蕊又驚人 秋英如雪照沙濱
扳折須防小侍巾曲檻兩頭門盡掩先生原是惜花人
日日狂歌菊澗濱花神應識玉臺巾西風爲掃繁華
去不遺紅芳近老人 花舫誰撐綠清濱道人醉脫碧

方巾東籬不飲江州酒彭澤當年未盡人 扁舟何處
剡溪濱夜半歸來雪滿巾爭似一瓢秋菊伴漆園風暖
蝶疑人 我貌不如蘇穎濱秋風華髮已盈巾有錢不
買重陽醉籬下黃花也笑人 〔謝九江惠菊〕誰將此菊
種江濱物色當年漉酒巾若道淵明今我是清香還屬
隔江人 紫菊移來紫水濱白頭對著白綸巾花前酹
酒笑未足酒後簪花笑殺人 故根迢遞九江濱歲晚
相看此道巾不用詩流強分別種花人是賞花人 鶴
袖披翻野水濱黃花簪破小烏巾腰間我有坡翁帶解
與西鄰賣酒人 〔沈韻李子長寒菊〕四尺霜莖一寸葩
幽香何只暗浮了借令歲晚無人見不做人間九日花

水北一叢含數葩梅梢寒月過籬了茅茨可儗從人
愛不賣廬山半畝花 〔五月菊〕露飲霜餐不記秋黃花
三昧室中求區區形色多相似爭得先生爲點頭 小
變春紅作淡裝山亭初見一枝黃醉中忽眩東籬眼起
覓金錢著屐忙 二頭南風秋正青督郵未到長官亭
眼前雖有黃花在不與陶公管醉醒 〔正月菊〕春到東
籬花亦知紅桃白李更當時東風自領芳菲去也爲秋
香作意吹 廬阜高蹤九日杯盡將秋意放花開誰教
也向東風裏點破千紅萬紫堆 〔對菊〕因花催酒酒催
詩詩酒平生兩不虧秋到若無詩與酒菊花元似不曾
知 菊逕旁通水背村秋光蕩漾短籬門與儂別樣何

裝點笑插金英滿鬢根 映山映水兩三叢移上山亭
愛殺儂千古冷香吹不斷長官頭上帽簷風 〔沈周菊〕
秋滿籬根始見花却從冷淡遇繁華西風門逕含香在
除却陶家到我家 〔魏時敏賞菊〕短籬疎雨正離披淡
白深紅朶朶宜自計老年才思減重陽過後不題詩
原〔張本〕花上清光花下陰素娥惜此萬黃金一杯寒露
三更後誰信幽人更苦心 〔靳貴〕盈盈宮額半塗黃不
減花前舊樣妝笑殺阿嬌金屋貯香衾寒怯夜來霜
越嬡初試素羅裳爲向秋風學靚妝一夜不勝瓊佩冷
晚香亭館有新霜 〔戴君恩芳叢〕雖雖殿秋光嬌倚西
風學道妝一自義熙人去後冷煙疎雨幾重陽 〔申時

行令艷疎枝擢素秋結矛相對轉淸幽摘來自喜簪蓬
鬢只恐黃花笑白頭（于若瀛）黃花應不插朱門自合
移根老瓦盆露委烟斜看不足呼兒長夜倒芳尊（陸
氏）澹雲微雨暮秋天爲愛黃花帶晚烟聞說名園千百
種願分秋色到籬邊
詩散句【增】（晉陶潛）我屋南窗下今生幾叢菊（唐孟浩
然）誰來籬下菊應闕池上樓（李白）手持一枝菊調笑
二千石　時過菊潭上摘此黃金花　因招白衣人笑
酌黃金花　攜壺酌流霞搴菊泛寒榮【原】（杜甫）愁眼
看霜露寒城菊自花　羞見秋尊潸杯迎露菊新【增】
（杜甫）晚來高興處搖蕩菊花期　庭前有白露暗滿菊
廣羣芳譜　花譜三十　菊花四　八
花團　坐開桑落酒來把菊花枝　寒花開已盡菊蕊
獨盈枝　小驛香醪嫩重巖細菊斑　是節東籬菊紛
披爲誰秀　采采黃金花何由滿衣袖（韓愈）野晴山
簇簇霜曉菊鮮鮮　霜風破佳菊嘉節迫吹帽　鮮鮮
霜中菊既晚何用好　擾擾菊茂新芳逕蘭消晚藹（白
居易）籬菊黃金合窗筠綠玉稠（僧皎然）九日山僧院
東籬菊也黃（宋蘇洵）粲粲秋菊早卓爲霜中英（司
馬光）菊蕊如排粟青青見葉心（陸游）英英籬下菊秀
色獨滿枝【原】（吳潛）粲粲黃金裙亭亭白玉膚（王潛
齋）輕霜臨菊月細雨似梅天【增】（金吳激）憶看霜菊艷
不放酒杯乾（明沈周）千古陶彭澤籬邊有此花（何

景明）露蕊凄凄放風枝裊裊低【原】（唐杜甫）苦遭白髮
不相放羞見黃花無數新【增】（杜甫）籬邊老却陶潛菊
江上徒逢袁紹杯（韓愈）牆根菊花好沽酒錢帛縱空
衣可準（白居易）黃菊繁時好客到碧雲合處佳人來
（杜牧）別後東籬數枝菊不知閑醉與誰同（宋梅堯
臣）黃金碎翦千萬層小樹婆娑嘉趣足（周必大）陶令
思歸未得歸黃花想見繞東籬（陸游）荒庭落葉不可
掃惟有叢菊爭先開　身閑亦未全無事檢校黃花幾
樹開（楊萬里）菜子已抽蝴蝶翅菊花猶著鬱金裳【增】（祝
穆）黃花自與淵明別不見閑人直到今（徐集孫）莫言
廣羣芳譜　花譜三十　菊花四　九
滿眼無知已耐久黃花是故人（滿道山）想得東籬黃
已徧到家及取未揭零（黃溪雲）白衣不到東籬伴吟
得黃花滿口香（沈唯齋）不因彭澤休官去未必黃花
得許香（吳荊谿）問花何事人偏愛曾遇淵明把玩來
【原】（張芸窓）猶作霓裳舞妖態零紅墮粉濕秋痕（王
滄灣）秋風爲我語籬菊且耐寒香伴白雲【增】（金王艮
臣）月過初三半梳玉菊迎重九滿籬金（路鐸）貞姿佳
菊秋霜裏眞意南山夕鳥邊（元馬臻）東籬滿地金錢
菊多謝西風爲翦裁【原】（無名氏）眼前景物年年別只
有黃花似故人　不許秋風常管束競隨春卉鬭芳菲
似嫌九月淸霜重亦對三春麗日開【增】（晉張協）寒

花發黃采　謝惠連白露滋園菊　江淹時菊耀巖阿
周明帝霜潭漬晚菊　庾信菊寒花正合　圓珠墜
晚菊　山枯菊轉芳　唐太宗岸菊初含蕊　花生圓
菊蕊　原德宗芳菊傍金英　郭元振延年菊花酒　秋杯浸
趙彥昭紫菊宜新壽　增王績山菊秋自香
菊花　王維陶潛菊盈把　儲光羲東籬摘芳菊　原
李白黃花催逸興　杜甫雨荒深院菊　異方初艷菊
輕露棲叢菊　菊蕊凄疎放　增白居易叢香近菊
籬　蕊折金英菊　李嘉祐驚寒菊半黃　姚合西風
菊漸芳　霜落菊滿地　許渾菊艷含秋水　寒菊帶
霜甘　宋慶餘潭靜菊花秋　林寬微陽菊半畦　薛

逢持杯店菊黃　韓偓山菊向陽花　原魚玄機嫩菊
含新彩　增宋王安石沾裳菊露濃　蘇軾金菊亂如
沸　孫覿種芳茹秋菊　陸游買菊穿苔種　菊花寒
更香　金高士談寒菊過時花　元好問菊潭秋花滿
元蕭國寶霜菊間青黃　袁桷僧分墨菊芽　菊鑄
玉嶙峗　宋无紫菊染中香　黃庚菊殘如倦客　原
漢武帝蘭有馨兮菊有芳　增唐嚴武籬外黃花菊對
誰　白居易遶籬新菊為誰黃　露菊新花一半黃
許渾秋摘黃花釀酒濃　來鵬菊花村晚雁來天　羅
隱黃菊倚風催酒熟　韋莊紫菊亂開連井合　宋韓
琦金鈴千朶菊爭開　王安石鮮鮮細菊霜前蕊　歐

陽修野逕冷香黃菊秀　蘇軾菊殘猶有傲霜枝　孫
覿行穿野菊佈黃金　戴昺一陣微風野菊香　金蔡
珪露華應到菊花團　高士談露叢甘菊細莖紫　祝
簡菊著黃花旋旋開　史肅野性黃花無賴香　趙元
菊花雨似人情冷　麻九疇一雨初晴菊瘁花　元葉
顒黃菊飄香蝶滿枝　嫩菊半開香未老　西風細雨
黃花瘦
詞　增宋張鎡如夢令　野菊亭亭爭秀閒伴露荷風柳淺
碧小開花誰摘誰看誰嗅知否知否不入東籬杯酒
劉克莊好事近　秋色到東籬一種露紅先占應念金英
冷淡摘臙脂濃染　依稀十月小桃花霜蕊破霞臉何

事淵明風致却十分妖艷　朱翌朝中措　玉臺金盞對
炎光全似去年香有意莊嚴端午不應忘却重陽　菖
蒲九葉金英滿把同泛瑤觴舊日東籬陶令北窗正臥
羲皇　方岳一落索　瘦得黃花能小一簾香杳東籬雲
冷正愁予猶幸是西風少　葉下亭皐渺渺秋何為者
無錢持蟹對黃花又孤負重陽也　原歐陽修少年遊
去年秋晚此園中攜手玩芳叢拈花嗅蕊惱烟撩霧沉
醉倚西風　今年重對芳叢處追往事又成空敲遍闌
干向人無語惆悵滿枝紅　張孝祥鷓鴣天　一種濃華
別樣妝留連春色到秋光解將天上千年艷翻作人間
九月黃　凝薄霧傲繁霜東籬恰似武陵鄉有時醉眼

謾相顧錯認陶潛作阮郎〔黃庭堅鷓鴣天〕黃菊枝頭破曉寒人生莫放酒杯乾風前橫笛斜吹雨醉裏簪花倒著冠身健在且加餐舞裙歌扇盡清歡黃花白髮相牽挽付與傍人冷眼看〔南鄉子〕黃菊滿東籬與客攜壺上翠微已是有花兼有酒良期不用登臨怨落暉滿酌不須辭莫待無花空折枝寂寞酒醒人醉後堪悲節去花愁蝶不知〔盧祖皐鵲橋仙〕寒叢弄日寶鈿承露籬落亭亭相倚當年彭澤未歸來料獨抱幽香一世　疎風冷雨淡烟殘照日日重陽天氣帽簷已是半欹斜問甕裏新篘熟未〔晏幾道破陣子〕憶得去年今日黃花正滿東籬曾與主人臨小檻共折香英泛酒巵

長條插鬢垂　人貌不應遷換珍叢又覩芳菲重把一尊尋舊徑可惜光陰去似飛風高露冷時　增〔歐陽修漁家傲〕九日歡遊何處好黃花萬蕊雕欄遶通體清香無俗調天氣好烟滋露結功多少　日腳清寒高下照寶釘密綴圓斜小落落西園風嫋嫋催秋老叢邊莫厭金樽倒　〔又〕青女霜前催得綻金鈿亂散枝頭遍落帽臺高開綺宴芳尊滿插花吹在流霞面　桃李三春雖可羨鶯來蝶去芳心亂爭似仙潭秋水岸香不斷年年自作荼萸伴　〔又〕露裏嬌黃風擺翠人間晚秀非無意仰格淡妝天與麗誰可比女真裝束真相似　筵上佳人牽翠袂纖纖玉手挼新蕊美酒一杯花影膩邀客醉紅瓊共作熏熏媚〔僧仲殊驀山溪〕年芳已遠京夏疎疎雨有占此時開背佳期清秋何處滴成金豆彈破栗文闌臨水檻倚風亭全勝東籬暮　茱萸未結誰是多情侶菖蒲與葵花也相饒也相羞妬主人著意何必念登高浮酒而解煩襟消盡當筵暑　原〔柳永受恩深〕雅致裝庭宇黃花開淡佇細香明艷盡天助與秀色堪餐向曉自有眞珠露剛被金錢妬擬買秋天容易獨步粉蝶無情蜂已去要上金樽惟有詩人曾許待宴賞重陽恁時盡把芳心吐陶令經回顧免顦顇東籬冷烟疎雨　〔陳亮秋蘭香〕未老金莖些子正氣東籬淡薄齊芳分頭添樣白同局幾般黃向閑處須一一排行淺深饒

間新妝那陶令漉他誰酒趁醒消詳　況是此花開後便蝶戀無花管甚蜂忙你從今采却蜜成房秋英試商量多少爲誰甜得清涼待說破長生眞訣要飽風霜〔劉克莊念奴嬌〕老夫白髮尚兒戲廢圃一番料理餐飲落英并墜露重把離騷拈起冷艷幽香深黃淺白占斷西風裏飛來雙蝶繞叢欲去還止　嘗試銓次羣芳梅花差可伯仲之間耳佛說諸天金世界未必莊嚴如此尙友靈均定交元亮結好天隨子籬邊坡下一杯聊泛霜蕊

別錄　增〔唐書韋綬傳〕綬感心疾罷還第九月九日帝爲黃菊歌顧左右曰何可不示韋綬卽遣使持往綬遽奉

和消使進帝曰爲文不已豈願養耶赦曰自今勿復爾
〔抱朴子〕劉生丹法用白菊汁蓮樗汁和丹蒸之服一
年壽五百歲　菊花與薏苡花相似直以甘苦別之耳
菊甘而薏苦諺所謂苦如薏者也　〔清異錄〕廣陵法曹
宋龜造縷子膾其法用鯽魚肉鯉魚子以碧筒或菊苗
爲首　〔老學庵筆記〕遼相李儼作黃菊賦獻其主耶律
洪基洪基作詩題其後以賜之云昨日得卿黃菊賦碎
翦金英塡作句袖中猶覺有餘香冷落西風吹不去
原〔夷堅志〕成都府學有神曰菊花仙相傳爲漢宮女諸
生求名者往祈影響神必明告仙爲漢宮女葢在漢宮
飲菊花酒者或云成都府漢文翁石室壁間畫一婦人

手持菊花前對一猴號菊花娘子大比之歲士人多乞
夢頗有靈異　毫社吉祥僧刹有僧誦華嚴大典忽一
紫兎自至馴伏不去隨僧起坐聽經坐禪惟餐菊花飲
清泉僧呼菊道人　〔製用〕〔仙經〕重五日採白菊莖常服
令頭不白　九月九日取菊花末水服二錢治酒醉不
醒臨飲服方寸七令人不醉　王子喬變白增年方用
甘菊三月上寅日采苗曰玉英六月上寅日采葉曰容
成九月上寅日采花曰金精十二月上寅日采根莖曰
長生並陰乾百日等分成日合擣千杵爲末每酒服一
錢七蜜丸桐子大酒服七九三百日身體輕潤一年髮
白變黑二年齒落再生五年八十歲老人變爲兒童

乘露摘取甘菊去枝梗用淨瓦確下安白梅一二個放
花朵至平口又加白梅將鹽滷汁澆滿浸過花朵以石
子壓之密封收藏至明年六七月取花一枝用淨水洗
去鹽味同茶末入椀住熱滾湯則茶味愈清而香藹絕
勝併茶收藏不若此法　或用淨花拌糖霜擣成膏餅
食亦甚清雅　或用甘菊曬乾密封收藏間取一撮如
烹茶法烹之謂之菊湯暑月大能消渴每煮酒一瓶入
甘菊五六朵封嚴久愈香清花不可多多則味苦或旋
採細看心內無蟲者撚碎冲酒服亦妙　聖惠方云九
月九日取甘菊花曬乾爲末每糯米一斗蒸熟入花末
五兩加細麪麴搜拌如常造酒法候熟澄清收藏每服

一二盞能治頭風頭旋眩暈　醫工或知忌野菊而並
不識甘菊往往求盆盎中殘朵而用之夫華盛者實衰
開殘者氣散是倘可以爲藥乎甘菊香烈雖能燥濕袪
風亦能助火泄氣宜酌而用之變白延年之說不可貪
也以菊作枕者頭痛至不可救德善譜有戒　增〔花史〕
千金方九月九日菊花末臨飲服方寸七主飲酒令人
不醉　鄭景龍續宋百家詩云本朝孫志舉有訪王主簿
同之菊茶詩云妍暖春風蕩物華初回午夢頗思茶難
尋北苑浮香雪且就東籬擷嫩芽　洪景嚴遵和弟景
盧邁月臺詩云築臺結閣兩爭華便覺流涎滿麴車戸
小雅禁竹葉酒睡多須藉菊苗茶　唐釋皎然有九日

與陸處士羽飲茶詩云九日山僧院東籬菊也黃俗人多泛酒誰解助茶香陸放翁冬夜與溥菴主說川食詩何時一飽與子同更煎土茗浮甘菊人或有以菊花磨細入于茶中啜之者　文保雍菊譜中有小甘菊詩莖細花黃葉又纖清香濃烈味還甘祛風偏重山泉漬自古南陽有菊潭此詩得於陳元靚歲時廣記然所謂保雍之譜恨未之識也〔治地〕種菊之處須在向陽高原宜陰宜日風雨可到之所四傍設籬遮護圃內開作幾埂每埂置花幾缸缸之相去一尺五六寸僅容一人往來澆灌捕蟲缸下用磚石砌起以便走水傍設一小所以藏各色器具待花開移賞之後收根原藏此圃庶根

苗不失而關防有地〔儲種〕花謝後即剪去上幹止留近根三五寸每缸插籌記認名色或于缸邊記號亦可翦處用泥封口移至向陽處曬之土白燥時將肥水澆一二次天將大雪用亂穰草覆之以避凍損宜稀蓋不可過密密則苗黃又法以礱糠燒灰覆之可避寒氣天日晴和用糞搪壓菊本四邊勿著根春苗自旺交立春糞即少用有他處討來名花根接者明年花開必變即以原花枝梗橫埋肥地中每節自然出苗收起近中幹者則花本不變可得真種立春後天尚寒且不可輕動仍用草護其本則新秧早發壯大至二月內氷雪半消方可撤去覆草遇奇種宜於秋雨梅雨二時修下肥梗

插在肥陰之地加意培養亦可傳種〔種子〕秋菊枯後將枯花雖放腴土上令略著土不必埋時以肥沃之明年春初自然出苗收種其花色多變或黃或白或紅紫更變至有變出人所不識名者甚爲奇絕〔分秧〕春分至穀雨節內看天氣晴明地土滋潤將舊收花本四圍掘出總根輕輕擊開勿損苗芽根鬚擇肥苗單莖不拘根鬚多少如在原本上者須近原本有節處分以其節中生根方旺也秧根多鬚而土中之莖黃白色者謂之老鬚少而純白者謂之嫩鬚老可分嫩不可分有禿白根者亦可種活但要去其根上浮起白翳一層以乾潤土種之不可雨中分種令濕泥著根則花不茂土須鉏

鬆不可甚肥肥則籠菊頭而不發須令淨去宿土恐有蟲子之害其地比平地高尺許每尺餘栽一株每穴加糞一杓搪壓如法方可搬秧植之四圍餘土鋤爬塞根高如饅頭樣令易瀉水菊根惡水水多必爛周圍留深溝泄水但雨過不拘何月務將溝中水疏通流別處不分在地在盆即以酵熟乾土壅根或用篾箍瓦作盆埋地令一半入土內使地氣相接水不停積雨過便於上盆不傷根不泄元氣大笑及佛頂御愛黃至穀雨時以其枝插於肥地即活至秋亦著花豫章菊多佳者問之園丁云每歲以上巳前後數日分種失時則花少而葉多如不分苗他處非惟叢不繁茂往往一根數幹一幹

之花各自別樣所以命名不同菊開過以茅草裹之待春氣回其舊年柯葉復青漸長成樹但次年不著花第二年則接續著花仍不畏霜【登盆】立夏時菊苗長盛將上盆先數日不可澆灌令其堅老上盆則耐日色每起根上多帶土先將肥土倒鬆塡二三分于盆加濃糞一杓後掇菊秧植之再將前土塡滿亦如饅頭樣種後必隔一日早用河水澆之又要搭棚遮避日色遇雨露揭去如久雨將盆移簷下長高尺許方可用肥仍以紅油細竹插傍用細棕寬縛以防風雨摧折竹用油可避菊虎用棕耐風日凡要菊盛花大更無別法只是十一月大小雪中分盆邊旺苗栽之如未發苗有青葉頭白

芽者種之遮霜雪要見日色開春花自盛【澆灌】初種時澆水後得大日色曬三四日候天色晴燥早晚用河蕩水澆一次澆時須用盆緩緩澆透不透恐下邊土熱葉即發黃天雨不必澆既活長至六七寸長方將宿糞一杓水一桶和勻澆一次隔日又一次澆時須在雨過後一日若晴久土燥不可澆肥亦不可澆在花根邊令根傷損先將缸內土四邊掘壅根上如高阜樣肥灌四周低處量看枝葉綠色深翠即止大約瘦者多澆肥者少澆否則令蕊籠閉青葉勝交芒種節後黃梅久極易傷根大雨時行尤為難看梅天但遇大雨一歇便澆須少令糞以扶植之否則無故自瘁若厭澆糞用糞泥於

根邊週圍堆壅半寸再雨濕泥功倍于糞且不壞葉六七月內不可用糞用則枝葉皆蛀每晨用河水澆灌若有撏雞鵝毛水停積作冷清或浸蠶沙清水時常澆之尤妙尤須蓄土以備封培其根復生其本益固自此以後不可澆肥芒種後如苗瘦者止用汙泥水隔三五日一澆以天色晴雨為則六月大暑中每早止用河水澆此月天熱糞燥用糞則傷菊此後至花蕊發如黃豆大方澆清淡糞水一二次花將放時又澆肥一次則花開豐艷可觀此花大率惡水水多則有蟲傷濕爛之患紫金鈴一種忌肥喜陰又不可見木宜大樹下陰處種之暑見日影常令肥潤而已不可令中間頭長腦頭一起

即掐一段根下亂頭不可去待亂枝茂根瘦即花盛此種及蜜芍藥金芍藥銀芍藥不宜見糞惟沃以汙泥稀水紫線盤不宜見肥金鈴一種絕妙極難活但置陰處多見水不見肥東籬品彙云澆花以噴壺噴之最良【惜花】秋時有狂風驟雨每本再捸堅直籬竹綁定用莎草從根縛二三節勿令搖動傷殘菊性畏熱須傍高籬大樹以避日色花開盛大不可置之日曬雨濯須放陰處以待夜露天寒有霜移置屋下根縛紙條就盞引水使根長潤而不傷水則花久可觀葉秀可愛黃梅雨久花根浸爛花葉將萎即拔起翦去爛鬚止留直根重插平濕土內如插花法既可留種亦可有花【護葉養花】

易萎葉難凡根有枯葉不可摘去去則氣泄其葉自下而上逐漸黃矣根邊用碎瓦或花盆密蓋防雨濺泥汚葉或蘸糠螺殼亦可葉有泥以淸水洗淨各月皆然澆糞澆水愼勿令著葉一著葉隨卽黃落欲葉靑茂時以韭汁澆根沙缸下用大磚墊高缸底以走積雨則葉不損如此護之則枝葉翠茂淸晨葉帶露甚脆一觸則落一法以稻草翦作尺許分開縛在四圍根上去根四五寸許周圍分撒如蓑衣蓋泥亦是護葉一法四五月大雨脚葉易壞須設棚遮蓋（芟蕊）長高尺許芒種節中每枝逐葉上近幹處生出眼一一掐去此眼不掐便生附枝掐時切須輕手左手雙指拈梗右手指甲掐蕊勿

猛摘猛放益菊葉甚脆畧一觸卽墮矣至結蕊時每株頂心上留一蕊餘則剔去如蕊細用針挑其逐節間或先掐眼不盡至此時又結蕊亦盡去之隨加土下缸庶一枝之力盡歸一蕊開花尤大可徑三四寸惟甘菊寒菊獨梗而有千頭不可去立秋後不論枝長短並不可損蕊至黃豆大隔二三日澆肥一次則花大色濃至霜降花大發矣中有早晚不同開早者先移賞玩後開者又作一番其閒不開放并零落者存之作本如欲蕊多至春苗尺許時掇去其顚數日則岐出兩枝又掇之每掇益岐至秋則一榦所出數百千朶婆娑團圞如車蓋熏籠人力勤土又膏沃花亦爲之屢變爾之本性有易

高者醉西施之類是也有原低者紫芍藥之類是也欲其低摘正頭欲其高摘傍頭庶無過不及之患（壓插）五月梅雨時將摘下肥壯小枝長三五寸者齊節邊截取插入肥鬆土內約寸半許以泥埋過節爲止以其節能出根故耳移置陰處或用箬篷遮護令不見日頻以水澆間用肥水待至盈尺畧見日影至中秋不必遮藏與種菊同開但花畧小耳可移盆中置几上淸玩插大芽頭內埋土中亦佳此根收起來年發苗更壯凡菊開花時有苗頭近梗掐下以汚泥豬糞釀肥下花苗頭在內上蓋鬆泥此苗卽活冬間分得芽頭須用豬糞釀泥種之凡壅花以頭垢不生蚤蟲欲其淨則澆壅捨肥糞

而用河泥紫金鈴及蜜芍藥紫牡丹白牡丹秋牡丹金寶相銀寶相紫寶相金邊紫鈴難栽宜多插（栽接）四月間梅雨時將賤菊本幹肥大者截去苗頭近根止留數寸將他色菊苗頭截下以利刀披削如鴨嘴樣將前去苗頭本上以利刀劈開僅可容苗頭削枝插落卽用麻線縛定以汚泥塗之再以紙箬包裹至活方去則一本可容三色且至深秋接頭長完無痕可見（釀土）種菊土力最要埴壤黃壤赤壤爲上沙壤磧壤黑壤次之俱在每歲秋冬擇高阜肥地將土挑起潑以濃糞篩過雜以雞鵝糞壤令肥用草薦蓋之勿令泄氣正二月內再酵數次候至分菊時仍以細篩篩過用蚌殼搬入盆

內五六寸許栽菊遇雨過根露覆以肥土可收雨澤不使根爛菊喜新土大率每年換土分種若舊土恐力不厚花發瘦小初種土培十分之四至黃梅前三二日再培土三分雨後淋去再宜封培至蕊發如菉豆大插後又培土二分以時消息又一法以肥鬆土用細篩篩入甑蒸二三沸取起倒出曬乾入盆種菊能殺蟲無侵蝕之患〔蓄水〕蓄水之法花傍四角設四缸一蓄糞水一蓄汙肥水二蓄河水雨水澆花河水雨水爲上洗鮮肉退雞鵝毛水繰絲湯俱佳釀雞鵝毛水法用缸盛貯投韭菜一把或枇杷核則毛盡爛一云先時以死蟹釀水澆花不生蔘蟲又能肥花用糞各有次序一次糞二水

八越半旬第二次糞三水七再越半月第三次糞水相半又越半旬第四次糞七水三第五次全糞可也救花大肥用野芥菜子滿缸下之以減其力臘月內掘地埋缸積濃糞上蓋板塡土密固至春澄滓融化止存淸水名曰金汁五六月菊黃萎用此澆之足以回生且開花肥潤〔捕蟲〕初種時長至五六寸卽有黑小地蠶嚙根早晚宜看除之又生一種細蟲穿葉惟見白頭縈迴可用針刺死之立夏至小滿四五月中防麻雀折枝作窠雨過後或生靑寸白蟲食臟葉或生如虱黑蔘蟲以指彈梗去之時常須看芒種後四五月時有黑殼蟲似螢火肚下黃色尾上二鉗名曰菊牛又名菊虎或淸晨或

午後或雨過晴時忽來傷葉可疾尋殺之此蟲飛極快遲則不及若花頭垂軟卽看四圍鉗處用甲指摘去過傷處一二寸免致傷此一木此蟲一嚙卽生子梗上變作蛀蟲從損處傍開中有小蟲可撚殺之黃梅雨中濕熱時候葉底生蟲名象幹蟲青色如蠶食葉上半月在葉根之上幹下半月在葉根之下幹破幹取之旋以紙撚縛住常以水潤之花亦無恙至六七月雨過時又生細細青綿蟲食頭此蟲極難尋見可先看葉下有蟲糞如沙泥卽蟲生處覓去之高僅三尺許摘苗之後小暑至秋分時常要看節邊蛀孔有蟲在內用針或鐵線插入孔上半月向上搜下半月向下搜蟲死卽好枝上生

螄蟲用桐油圍根上蟲自死瘰頭者曰菊蟻以鷩甲置旁引出棄之瘠枝者曰黑蚰以麻裹筋頭輕捋去之無故葉黃色憔悴土內必有蠐螬或蚯蚓食根可用鐵鉤抓開根下土泥尋蟲殺之或以石灰水灌過以河水解之喜蛛侵腦當去其絲又防節眼內生蟲亦以鐵絲搜殺之蕊將發頭或蕊腦已發上生黑青蔘蟲可用棕刷拂去間用茅灰摻蟲或以魚腥水灑之或將洗鮮魚水或死蟹水灑之葉上或種韭薤蔥蒜于菊根傍皆去蟲法也常要除去蜒蚰則苗葉可免傷害　菊無染色藍墨二色傳有染法須先多種一捧雪銀芍藥月下白二種花蕊將開用金墨研濃下油一二點或和以乳汁用

汁刷濃墨劃入蕊心待露過夜次早又染凡三四遍則花墨色藍用新收青綿夜至露中候濕次早絞綿色水滴蕊中心開時花作藍色一法用磠砂一二釐入水用五色顏料俱可染花極易入瓣但花不耐久即便凋萎眞賞者不取或於九月收霜貯瓶埋之土中菊有含蕊調色點之透變各色或取黃白二色各披半邊用麻紮合所開花朵半白半黃如欲催花於大蕊時單龍眼殼先於隔夜澆硫黃水次早去殼花即大開依法留之可至春初馬糞浸水亦可〔花忌〕忌燥寒燥熱天色　忌大風大雨烈日　忌四圍高墻　忌地勢汙下　忌貪多助長如用礶口硫黃馬勃催放藥物之類　忌孤高

無傍枝　忌四面一齊似燈籠樣　忌圈縛盤結　忌鼭膀鼅犯

附錄　繡線菊

增 史鑄菊譜繡線菊厭草花是也花頭碎紫成簇而生心中吐出素縷如線之大自夏至秋有之俗呼爲厭草花或云若人帶此花賭則獲其勝故名之古有厭勝法也

附錄　藍菊

原 藍菊花單薄而小其蕚黃

附錄　雙鸞菊

原 雙鸞菊一名鴛鴦菊即烏啄苗花開甚多每朶頭若僧帽拆此帽內露雙鸞並首形似無二外分二翼一尾春分根種

附錄　丈菊

原 丈菊一名西番菊一名迎陽花莖長丈餘幹堅麤如竹葉類麻多直生雖有傍枝只生一花大如盤盂單瓣色黃心皆作窠如蜂房狀至秋漸紫黑而堅取其子種之甚易生花有毒能墮胎

附錄　七月菊

原 七月菊外夾瓣中鑲瓣突起如紫薇花色如茄花徑寸有半厚寸餘其葉似五月翠菊六七月花一株不過數朶高僅一二尺

附錄　翠菊

原 翠菊一名佛螺一名夏佛頂蓓蕾重附層疊似海石榴花其花外夾瓣翠而紫中鈴蕚而黃徑寸有半開於四五月每雨後及晴時光麗如翠羽開最久葉青而澤似馬蘭香甚亞深莖毛而紅株幹肥勁高可二三尺八月種子

佩文齋廣羣芳譜卷第五十一

佩文齋廣羣芳譜卷第五十二

花譜

雞冠

增〔花史〕雞冠花俗名波羅奢花 〔碧雞漫志〕吳蜀雞冠有一種小者高不過五六寸目曰後庭花 原有掃帚雞冠有扇面雞冠有纓絡雞冠有深紫淺紅純白淺黃四色又有一朶而紫黃各半名鴛鴦雞冠又有紫白粉紅三色一朶者又有一種五色者最矮名壽星雞冠扇面者以矮爲佳帚樣者以高爲趣今處處有之三月生苗入夏高者五六尺矮者纔數寸其葉青柔頗似白莧菜而窄艄有赤脈紅者莖赤黃者白者莖青白或圓或

扁有筋起六七月莖端開花穗圓長而尖者如青箱之穗扁卷而平者如雄雞之冠花大有圍一二尺者層層疊卷可愛穗有小筒子在其中黑細光滑與莧實無異花最耐久霜後始蔫苗花子氣味俱同甘寒無毒主治瘡痔及血病止腸風瀉血赤白痢崩中帶下分赤白用子入藥須炒

彙考 原〔楓牕小牘〕雞冠花汴京謂之洗手花中元節前兒童唱賣以供祖先 增〔花經〕雞冠八品二命 〔花木考〕蘇黃門詠雞冠花詩後庭花草盛憐汝繫興亡世遂以雞冠爲玉樹後庭花不知世說諸書有蒹葭倚玉樹語杜少陵飲中八仙歌復有皎如玉樹臨風前之句玉樹一種斷非草本或又謂花經所載別有後庭豈花名後庭而以玉樹嘉之耶且宋元以來或以爲山礬或以爲瑒花楊用修王敬美復以爲丁香梔子雞冠之說何可盡信也 原〔花史〕解縉嘗侍上側上命賦雞冠花詩縉曰雞冠本是臙脂染上忽從袖中出白雞冠云是白者縉應聲曰今日如何淺淡妝只爲五更貪報曉至今戴却滿頭霜

集藻 賦 增〔明仲弘道雞冠花賦并序〕百卉以雨露爲生簷下則雨露滅矣乃雨露滅者霜霰亦滅當草枯木落之時此花反得因簷下而晚盛嗚呼嗇於此者豐於彼造化生物之盈虧固如是其難料也人奈何以目前之

菀枯定將來之榮落邪因作賦以紀之聿覩桃李豔春荷蕖吐夏秋桂霜迎冬梅雪迓蓂草開晨睡蓮閉夜候既至而芬芳蘂欲敷而莫假爰有一蘤在欄之下灩灩爲羣鴨鼻作亞丹同鶴頂冠非鷄野狀毿毿而不飛類翰音而實啞乃生長於階除托根株於簷廈日光射兮無多雨露霏兮亦寡方其炎蒸甫歇金風乍颺羣株炫采爛焉盈枝爾乃瘦梗寒條較芙蓉而更寂疎根瑣葉對籬菊其多思似班姬退處夫長門如苧蘿幽閉乎西施迨夫青霜降兮木落白露瀼兮草萎衆卉兮凋謝爾獨映乎條枚涼飇凜凓兮摧之不能摧風霰飄零兮欺之不可欺爾於是强項獨發傲骨生姿朱紫奮采黃白

爭奇鬬如扇而半疊子似綴而分披露盤擎兮五色仙
掌搖兮九疑胡前者之偃蹇而後者之陸離余仰而思
俯而惟識造物之有定理豈若樂而無等夷然則前之
偃蹇也如甯戚之扣角如百里奚之炊扊又如蘇武之
吞氈臥雪王章之涕泣牛衣後之陸離也如唐且華顛
而爲秦相呂尚皓首而作周師更如張蒼七十而稱漢
佐王祥六十八而遇晉知先者未必爲幸後者不足云
遲若者乃所釀樂樂者適足增凝物有循環之數人無
長盛之時茲一微卉兮且然豈榮枯禍福兮而造化乃
有所私
五言古詩 原 宋梅堯臣雞冠 神農記百卉五色異甘酸

乃有秋花實全如雞幘丹穠煙何聳聳浥露更團團取
譬可無意得名殊足觀遍眞歸造化任巧卽雕劖赤玉
書留魏丹砂句誦韓誠能因物比誰謂入時難有客驅
辭藻臨風運筆端嘗嗟古吟闕每惜此芳殘摛情若精
妙纖音慚未安 增 孔平仲雞冠 我初種雞冠其小乃
毫芒曾未得幾時忽已過我長根株既猥大枝葉亦開
張吐花凌朝曦生意殊未央陰風自西來慘淡驅清霜
一夜忽變故葉萎花已黃當此繁盛時爲爾償壺觴及
今乃腐草好翫安可常呼童盡翦拔時恐踐蹋傷庭除
稍曠濶耳目加清凉竹枝久蒙蔽迥立獨蒼蒼 原 無
名氏雞冠 秋至天地閉百芳變枯草愛爾得雄名宛然

山陳寶未甘階拜陋肯與時節老赤玉刻縝栗丹芝謝
彫槁鮮鮮雲葉卷粲粲兒翁好由來名實副何必榮華
早君看先春花浮浪難自保 增 元郝經雞冠 夷則播
新律卉木協秋候綰結流火餘的皪金天宿戔戔列庭
除摘摘儼雄秀炎帝朝火官絳幘軒宇宙植立竟不拜
離披擁吉袖奕葉初類莧吐心漸如豆脈絡引絲起一
片珊瑚瘦雲芝茁紅腴紫菌卷翠脰碎顆燧丹砂肉綻
殷血透怒割赤龍耳勁櫟還亂糅纖葉薄且聳山字缺
乃覆杳牙欲成角擁腫下連咮生全餘小穗展盡帶殘
皴昂藏偃膺高突兀出羣驟還將早霞映欲向朝日雊
月露終夜栖風雨幾回鬬再礪復自止交退誰與救區

區開草花象物與接構弭兵日觀戰亦是自貽咎垂簾
且相忘高枕臥清晝
七言律詩 增 宋歐陽澈和世弼雞冠花 芳名從古號雞
冠赭髓醒然郤一般不語宋䳢何足貴難通函谷漫勞
眉倚風縱有如丹頂遇敵應無似錦翰空費栽培汚庭
砌到頭不若植芝蘭 原 明何棟如詠雞冠花 日下飛
來孰可儔雲中養就氣偏柔懶施金距當雄敵爲戴霞
冠慕遠遊獨立莓苔開伴鶴卑栖蘋藻靜羣鷗何如化
作幽人夢喚破三湘萬古愁
五言絕句 增 宋范成大題張希賢畫雞冠 號名極形似
摹寫與眞通聊以畫滑稽慰我秋園寂

七言絕句【原】唐羅鄴雞冠花一枝濃艷對秋光露滴風搖向砌旁曉景乍看何處似謝家新染紫羅囊 宋孔平仲種花日號幽居裝景要多般帶雨移花便得看禁奈久長顏色好繞堦更使種雞冠 王令白雞冠如飛如舞對瑤臺一頃春雲若翦裁誰教移根蓂莢畔玉雞知應太平來 趙企詠雞冠花秋光及物眼猶迷著葉婆娑擬碧雞精采十分佯欲動五更只欠一聲啼 楊萬里雞冠花出牆那得丈高雞只露紅冠隔錦衣却是吳兒工料事會稽眞箇不能啼 陳倉金碧夜雙斜一隻今栖紀渻家別有飛來矮人國化成玉樹後庭花 錢熙雞冠花亭亭高出竹籬間露滴風吹血未乾學得

京城梳洗樣舊羅包却綠雲鬟 趙山臺雞冠花木雞不與衆雞同曾逐旌陽上碧空學得仙家餐玉法至今木血不能紅 楊巽齋雞冠花擢擢高花血染猩却憐金距起鬪爭宋家窓下宜栽此莫問臨風不解鳴【增】元姚文奐題畫雞冠花何處一聲天下白霜華曉拂絳雲冠五陵鬬罷歸來後獨立秋亭血未乾

詩散句【原】宋百氏集雨餘疑飲啄風動欲飛鳴 對立如期鬬初開若欲飛 【增】明沈周高冠紅突兀獨立似晨雞 【原】宋黃庭堅紫冠黃細網絲窠蝶繞蜂圍奈晚何 楊萬里有時風動頭相倚似向階前欲鬬時 郭應祥西風吹得一枝生昂首風前不飛去

【別錄】【原】種植清明下種喜肥地用簸箕扇子撒種則成太片高者宜以竹木架定庶遇風雨不摧折卷曲

水仙

【增】長物志水仙六朝人呼爲雅蒜 南陽詩注此花外白中黃莖榦虛通如蔥本生武當山谷間土人謂之天蔥 【原】水仙叢生下濕地根似蒜頭外有薄赤皮冬生葉如萱草色綠而厚春初於葉中抽一莖莖頭開花數朶大如簪頭色白圓如酒杯上有五尖中承黃心宛然盞樣故有金盞銀臺之名見洛陽花木記其花瑩韻其香清幽一種千葉者花片卷皺下輕黃上淡白不作杯狀世人重之指爲眞水仙一云單瓣者名水仙千瓣者名玉玲

瓏本草云一物二種耳學圃餘疏云以單葉者爲貴出嘉定短葉高花最佳種也 亦有紅花者此花不可缺水故名水仙根味苦微辛寒滑無毒治癰腫及魚骨哽花作香澤塗身理髮去風氣

【彙考】【增】三餘帖和氣旁薄陰陽得理則配玄縈於庭配玄即今水仙花也一名儷蘭一曰女星散爲配玄 內觀日疏姚姥住長離橋十一月夜半大寒夢觀星墜於地化爲水仙花一叢甚香美摘食之覺而產一女長而令淑有文因以名焉觀星即女史在天柱下故迄今水仙花名女史花又名姚女花 集異記薛藤河東人幼時於窓檻內窺見一女子素服珠履獨步中庭歎曰良人游學艱於會面對此風景能無悵然於袖中出畫蘭

吞子對之欲笑復淚下吟詩其音細亮聞有人聲遂隱
於水仙花下忽一男子從叢蘭中出曰娘子久離必應
相念阻於跬步不啻萬里亦歌詩二篇歌已仍入叢蘭
中蓀若心强記驚訝久之自此文藻異常一時傳誦謂
二花爲夫婦花〔原〕清冷傳湯夷華陰人服水仙八石
爲水仙是名河伯〔增〕三柳軒雜識水仙爲雅客　學
圃餘疏水仙宜置瓶中前接蠟梅後接江梅眞歲寒友
也　瓶史水仙神骨清絕織女之梁玉清也　瓶花譜
水仙一品九命〔原〕花史謝公夢一仙女畀水仙花一
束明日生謝夫人長而聰慧能吟詠　唐玄宗賜虢國
夫人紅水仙十二盆盆皆金玉七寶所造　宋楊仲困

自蕭山致水仙一二百本極盛乃以兩古銅洗藝之學
洛神賦體作水仙花賦
〔集藻〕賦〔增〕宋高似孫水仙花前賦有序水仙花非花也
幽楚窈眇脫去埃滓全如近湘君湘夫人離騷大夫與
宋玉諸人世無能道花之清明者輒見乎辭天以一而
生神坎以習而成玄渫沖奧以致潤抱孤貞以成妍禹
何智以能海羲何神而開乾際鑿烝之無畔壯英心之
自仙悲莫悲乎巫咸之鄉哀莫哀乎原胥之淵迅英挺
以如濯肯徘徊而自憐至若鮫館蔵綃而凝霜貝庭含
璣而媚川蒼茲乎三島之接霧杳眇乎十洲之雁天雲
雨閒霽水容澄鮮一色如磨萬波不顚亦有帝女兮泣

竹湘君兮鼓絃神妃兮解佩冰夷兮扣舷是皆凝姿約
素娗粹含娟以婉自將以淑相宜芳以氣屬妙以辭傳
指北洛以將下薄西津而驟旋或搴芳若或采佳荃有
蘭可餐有蘋可搴於是樂極志歸塵容失獨萬慮俱泯
餘情獨荃抑冰娥以勺斟訪瑤母而潔觴挹水星以請
命託神祇而垂甄巳矣乎超萬劫以自蛻歷一撤而獨
涓懷琬琰以成潔抱雪霜以爲堅參至道以不死秉至
精而長年是蓋苞水德之靈長合五行之自然者乎
水仙花後賦有序余既作前水仙賦疑不足以渫余之
情者乃依稀洛神賦爲後辭尚庶幾乎余從太史游覽
山川汎瀟汨下澧沅摩嶷雲息梧煙歲莫天寒僕痡車

顚爾乃釋鑣乎茝涯進秣乎芝壓周旋乎荊滸騁望乎
湘淵於是神疑目駭心離意惻卽之懽悅適焉髣髴覩
一美人於水之側乃捐從者而訊之曰汝有識於彼者
乎彼何人者甚閑且潔也從者進曰僕聞茲水之靈曰
湘夫人然則太史公之所遇其或是乎其形維何僕願
知之余告之曰其狀也皓如鷗輕朗如鵠停瑩浸玉潔
秀含蘭馨清明兮如閬風之翦雪皎淨兮如瑤池之宿
月其始來也綽然層冰出蛟壑其徐進也粲然清霜宿
瓊枝沆詳弗矜燕婉中度不穠不纖非怨非訴美色含
光輕姿約素環容雅態芳澤不污素質窈裊流睇嬿娟
抱德貞亮吐心芳藹婉嫿幽靜志泰神閒柔於修辭既

千且鮮飾躬被服稽圖合章峨五采之英珂兮錯九芝之明璫舞碧霓之修帶兮妥英雲之輕裝顏有鍊而如灼體非薰而彌香沐姈容之綀綀乘清氣之徜徉於是舒懷肆逸且娛且鞾羽蓋翳映翠旄繽紛鄣金搖之欲墮兮玩晴洲之青蘋余衷耽其靜孌兮黷淡蕩而馳神媒不靈於締歡兮託湘波以通勤暢中靈之胥悟兮捐余璫於水濱懿玉儀之靜莊允約矩而應規輕瑤華而不御兮指二南而揚詩謂岐日之可鑒兮非暗室之自欺數解佩之夙遇兮風嫋嫋而凝思志貞介而言妙兮誓守禮以將之於是靈修竦然嫵婉徘徊拊孤影以欲翥心將飛而仍回褰蕤幬之芳烈蕪芷房之玫瑰感幽

志之悽激兮喟揚音而彌哀爾乃衆眞縹緲並游嘯侶或濟西滏或臨北渚或采幽蘅或茹芳杜約洛川之神妃會巫陰之奇女清莫清乎姮栖愁莫愁乎牛渚婧輕裾之裔裔冷淸颷而雲舉體迅飛鴻似若輕雲流聯横波餘芳氤氳其度有則不顛不危優柔靡忒必兢必祇溫乎如玉瞋兮陸離精采相授羌余其悲於是川后斂颷冰夷郄濤龍伯獻珠鮫人貢綃躍三蚪以指塗敎蒼芝之而夾御雙螭帖其馴乘儼華旂之布濩鴛鴦嘯而先驅翡翠翼而齊鶩於是趨彭蠡過洞庭洗月轂飛星軿流清聲而吐奇誦坤乾之大經晝三靈而不汨潛一意而長醒恍揚袂以如失雪徽洗而霑纓拊佳期之不來日冉冉而西征篚徽素之執寄誰其將余英瓊揚清波而徽注指潛淵而自驚恍精采之相授迄難陳其餘情於是游倦思歸路異神留遺思杳眇窈窕好逑蹇悠悠而何之指寒川而薄愬蘭菲菲而襲余睇碧雲而搖曳信心會而神交豈綢繆之未契竦僕夫之儆余命速駕乎蘭枻其毋惑於所悅當陳古而爲之制

元任士林水仙花賦眇伊人之蟬蛻兮宅清泠以爲扉越蓬瀛弱沓不知其幾千里兮跂余望之忽軒窓之翠碧兮見此綽約之芳姿曳青葱之華裾兮倚玉蕤之披披逍遙清霜之夕徘徊明月之辰佩乞碧霞衣紉綠雲金杯盥雨玉盤承津斛和注淳斟酌天均於時庭空人靜萬籟不

作聲沉步虛之歌奏杳鈞天之樂江妃具俎以進羞海若克賓而酬酢持杜觶而未揚想堂中之歡樂余亦洗醆更酌接芳蕤而爲客縱歌頽然不知天河之既落

明姚綬水仙花賦伊昔涪翁夙羅謫逐行邁阻修浮水奔陸方歸與以息駕乃燕坐於荊屋惟是屋也依高山臨大江影薄高雲聲飛怒瀧敞宇衡門洞乎八窓式遣懷於吟嘯忽有覩乎神姥爾乃乍近乍遙水面微步羅襪生塵綃裳沾露腰纖弱蘭唇冶艶素匪揚桂旗匪躡神魚遽引遽郄或疾或徐袖翩翩兮婉婉帶繚繞兮紓舒悵數年之獨往鄙良夜以鰥居矯望延佇掠盼躊躇洸若斷梗浮猶馮虛乃若貼金蓮於玉趾脊兹樂胥於

焉邇止瑪瑙坡荒仙王祠圯鼸梅兄於嶺頭懷參帝於
澗涘進左右而諗之曰水上步月彼其仙邪惟炫素質
不御鉛華中有金鞢輕蒙臂紗衙斥暮雨揮霍朝霞爾
或見之而豈吾之過誇邪左右屏息對曰彼之來斯誠
類仙子馨香芬芳容光㛹旋其綽約也儷藐姑之神其
聯娟也齊洛川之子初蘿瞻䁔終莫摹擬是則主人之
所見僕輩之所覩者也於是之時涪翁嘅然而作聲彼
人泯然而無迹江風惟清江月自白倀倀何之翳翳寢
息晨興向明躑躅於庭忽睠花之托根依后土以降靈
胡然生之大瘦歲晏流形宋玉招魂之賦莊周夢蝶之
經余遂作詩調同金石有頃比夕載驗厥跡無被花之

懊惱出門一笑而橫大江之空碧

五言古詩〔增〕宋陳與義詠水仙花五韻　仙人緗色裘縞衣以裼之青帨紛委地獨立春風時吹香洞庭暖弄影清書遲寂寂籬落陰亭亭與予期誰知園中客能賦會眞詩

朱子賦水仙花　隆冬凋百卉江梅厲孤芳如何蓬艾底亦有春風香紛敷翠羽帔溫亂白玉相黃冠表獨立淡然水仙裝弱植愧蘭蓀高標摧冰霜湘君謝遺褋漢水羞捐璫嗟彼世俗人欲火焚衷腸徒知慕佳冶詎識懷貞剛凄涼柏舟誓惻愴終風章卓哉有遺烈千載不可忘

陳傅良水仙花　江梅丈人行歲寒固天姿蠟梅微著色標致亦背時胡然此柔嘉支本僅自持迺

以平地尺氣與松篁柬粹然金玉相承以翠羽儀獨立萬僞中冰膠雪垂垂水仙誰强名相宜未相知刻畫近脂粉而况山谷詩吾聞抱太和未易形似窺當其自英華造物且霽威平生恨剛褊未老齒髮衰掇花寘膽瓶吾今得吾師

許伀企水仙花　定州紅花甕塊石藝靈苗芳苞茁水仙厥名爲玉霄適從閩越來綠綬擁翠條十花冒其顛一一振鷺翹粉蘂間黃白清香從風飄囘首天台山更識膽瓶蕉

七言古詩〔原〕宋黃庭堅王充道送水仙花五十枝　凌波仙子生塵襪水上盈盈步微月是誰招此斷腸魂種作寒花寄愁絕含香體素欲傾城山礬是弟梅是兄坐對

眞成被花惱出門一笑大江橫

五言律詩〔增〕元錢選水仙花圖　帝子不沉湘亭亭絕世妝曉煙橫薄袂秋瀨韻明璫洛浦應求友姚家合讓王殷勤歸水部雅意在分香

七言律詩〔增〕宋韓維謝到水仙二本　黃中秀外幹虛通乃喜嘉名近帝聰密葉暗傳深夜露殘花猶及早春風拒霜已失芙蓉艷出水難留菡萏紅多謝使君憐寂寞許教綽約伴山翁

楊萬里詠千葉水仙花幷序　世以水仙爲金盞銀臺蓋單葉者其中有一酒盞深黃而金色至千葉水仙其中花片捲皺密蹙一片之中下輕黃而上淡白如染一截者與酒杯之狀殊不相似安得以

舊日俗名辱之要之單葉者當命以舊名而千葉者乃
眞水仙云薤葉蔥根兩不差重蕤風味獨清嘉薄揉肪
玉圍金鈿細染鵞黃剩素紗臺殘原非千葉種丰容要
是小蓮花向來山谷相看日知是他家是當家　水仙
花生來弱體不禁風匹似蘋花較小豐腦子醲熏衆香
國江妃寒損水晶宮銀臺金盞談何俗礬弟梅兄品未
公寄語金華老仙伯凌波仙子更凌空　原劉克莊水
仙花歲華搖落物蕭然一種清風絕可憐不許淤泥侵
皓素全憑風露發幽妍騷魂灑落沉湘客玉色依稀捉
月仙却笑涪翁太脂粉誤將高雅匹嬋娟　增元仇遠
題趙子固水墨雙鈎水仙卷冰薄沙昏短草枯采香人

遠隔湘湖誰留夜月羣仙珮絕勝秋風九畹圖白粲銅
盤傾沆瀣青明寶玦碎珊瑚却憐不得同蘭蕙一識清
醒楚大夫　鄧文原題趙子固水墨雙鈎水仙卷仙子
凌波佩陸離文魚先乘殿馮夷積冰澌雪揚靈夜鼓瑟
吹竽會舞時海上瑤池春不斷人間金盌事堪疑天寒
日暮花無語清淺蓬萊當問誰　原明居陸詠水仙花
娟娟湘洛淨如羅幻出芳魂儼素娥夜靜有人來鼓瑟
月明何處去凌波蕭疎冷艷冰綃薄綽約風鬟露氣多
血是靈根堪度世妖容知不傍池荷　梁辰魚詠水仙
花幽修開處月微茫秋水凝神黯淡妝繞砌霧濃空見
影隔簾風細但聞香瑤壇夜靜黃冠濕小洞秋深玉珮

涼一段凌波堪畫處至今詞賦憶陳王
五言絕句　增宋楊萬里水仙花韻絕香仍絕花清月未
清天仙不行地且借水爲名　開處誰爲伴蕭然不可
鄰雪宮孤弄影水殿四無人　原明于若瀛詠水仙水
花垂弱蔕嫋嫋綠雲輕自足壓羣卉誰言梅是兄　增
王穀祥水仙花仙卉發璚英娟娟不染塵月明江上望
疑是弄珠人　瑤環月下鳴翠帶風中舉胡然洛浦神
胡然漢濱女　陳淳水仙玉面嬋娟小檀心馥郁多盈
盈仙骨在端欲去凌波　荒圃淑氣回寒柯發光澤下
有白玉花玲瓏映深碧
七言絕句

御製見案頭水仙花偶作二首翠帔緗冠白玉珈清姿終不
汙泥沙騷人空自吟芳芷未識凌波第一花　冰雪爲肌
玉鍊顏亭亭如立藐姑山羣花只在軒窗外那得移來几
案間
增宋陳摶詠水仙花湘君遺恨付雲來雖墮塵埃不染
埃疑是漢家涵德殿金芝相伴玉芝開　劉攽水仙花
早於桃李晚於梅冰雪肌膚姑射來明月寒霜中夜靜
素娥青女共徘徊　黃庭堅共郡送水仙花并二大本
折送東園粟玉花并移香本到寒家何時持上玉宸殿
乞與官梅定等差　劉邦直送水仙花得水能仙天與
奇寒香寂寞動冰肌仙風道骨今誰有淡掃蛾眉參一

枝　錢塘昔聞水仙廟荆州今見水仙花暗香靚色撩
詩句宜在林逋處士家　次韻中玉水仙花二首　借水
開花自一奇水沉爲骨玉爲肌暗香已壓荼蘼倒只此
寒梅無好枝　淤泥已作白蓮藕糞壤能開黄玉花可
惜國香天不管隨緣流落野人家　張耒賦水仙花　宮
樣鵞黄綠帶垂中州未省見仙姿只疑湘水綃機女來
伴清秋宋玉悲　范成大次韻龔養正送水仙花　色界
香塵付八還正觀不起况邪觀花前猶有詩情在還作
凌波步月看　楊萬里水仙花　江妃虛却蘂珠宮銀漢
仙人謫此中偶趁月明波上戲一身冰雪舞東風　額
間拂煞御袍黄衣上偷將月姊香待倩春風作媒却西

湖嫁與水仙王　張孝祥和人詠水仙花二首　霽士風
煙那有此只疑姑射是前身仙風道骨難消得付與霜
臺衣繡人　淨色只應撩處士國香今不落民家江城
望斷春消息故遣詩人詠此花　朱子用子服韻謝水
仙花　水中仙子來何處翠袖黄冠白玉英報道幽人被
渠惱著詩送與老難兄　姜特立水仙　六出玉盤金屈
巵青瑤叢裏出花枝清香自信高羣品故與江梅相並
時　徐似道水仙花二首　天然初不事鉛華此是無塵
有韻花翠帶訝容縈俗客金杯只合勸詩家　林下清
風自一家稍親梅竹近蘭芽只緣羞與凡花伍移植名
園不肯花　游寒巖水仙花二首　金玉其相一兩花遐

心空爲爾與嗟山礬不用來修敬只許江梅共一家
黄琮白璧綴幽花珍重高人爲嘆嗟織女橫河溪月墮
杯盤狼籍水仙家　宋氏水仙花二首　瑤池來宴老仙
家醉倒風流萼綠華白玉斷笄金暈頂幻成癡絕女兒
花　花盟平日不曾寒六月騾根高處安待得秋殘親
手種萬姬圍繞雪中看　元張伯淳題趙子固水仙圖
裙長帶裊寒偏耐玉質金相密更奇見畫如花花似畫
西興渡口晚晴時　陳旅題水仙花圖　莫信陳王賦洛
神凌波那得更生塵水香露影空清處留得當年解珮
人　袁士元水仙　醉欄月落金杯側舞倦風翻翠袖長
相對了無塵俗態麻姑曾約過潯陽　姚文奐題虞瑞

巖描水仙花　離思如雲賦洛神花容婀娜玉生春凌波
襪冷香魂遠環珮珊珊月色新　【原】倪瓚水仙花　聽夢
盈盈湘水春翠虬白鳳照江濆香魂莫逐冷風散擬學
黄初賦洛神　【增】丁鶴年水仙花二首　湘雲冉冉月依
依翠袂霓裳作隊歸怪底香風吹不斷水晶宮裏宴江
妃　影娥池上曉凉多羅襪生塵水不波一夜碧雲凝
作夢醒來無奈月明何　明李東陽題水仙　潑墨輕和
玉露香水中仙子素衣裳風鬟霧鬢無纏束不是人間
富貴妝　【原】文徵明水仙　羅帶無風翠自流晚寒欲嚲
玉搔頭九疑不見蒼梧遠憐取湘江一片愁　【增】杜大
中水仙二首　玉貌盈盈翠帶輕凌波微步不生塵風流

誰是嗔思客想像當年洛水人　靈雨濛濛幻態
魂想像逝懷傾顧將玉珮遙相逐脫骨逍遙水上人
張新水仙花玉質金相翠帶圍霜華月色共輝輝江妃
方欲凌波去漢女初從解珮歸　孫齊之水仙花碧江
香和楚雲飛銷盡冰心粉色微乍向月中看素影却疑
波上步靈妃　鍾惺暮春水仙花偶向殘冬邁洛神孤
情只道立先春今從九月過三月疑是前身與後身
物值同時妒亦宜梅花今見子離離相逢洞口千紅裏
素影當前君不知　萬花如欲柳如煙常恐冰綃畏不
前曾在水邊衣不濕可知入火不能然　每笑梅花太
畏喧一身自許歷寒溫春風特念冰霜後邀與春花共

慰存
詩散句原宋僧船窗如聞交佩解疑是洛妃來朔吹欺
羅袖朝霜滋玉臺　徐致中薤葉秀且聳蘭香細而幽
林洪翠帶拖雲舞金卮照雪斟　增鄭清之玉昆杓
倚帶仙風壁立春前萬卉空　錢總碧玉簪長生洞府
黃金杯重壓銀臺　僧北澗華猶冉冉低香綬柔玉稜
稜襯嫩金　原徐似道曉風洛浦凌波際夜月江臯解
珮時
詞增宋趙溍長相思金璞明玉璞明小小杯柈翠袖擎
滿將春色盛　仙佩鳴玉佩鳴雪月花中過洞庭此時
人獨清　原盧祖臯卜算子珮解洛波遙弦冷湘江渺

月底盈盈誤不歸獨立風塵表　窗綺護幽妍瓶玉扶
輕裊到後知誰語素心寂寂山寒峭　增謝邁菩薩蠻
相思一夜庭花發窗前忽誤生塵襪曉起艷寒妝雪肌
生晴香　佳人纖手摘手與花同色插鬢有誰宜除非
濳玉兒　原高觀國菩薩蠻雲嬌雪妒羞相倚凌波共
酌春風醉的皪玉壺寒肯教金盞單　只疑雙蝶夢翠
袖和香擁香外有鴛鴦風流煙水鄉　增無名氏菩薩
蠻人人盡道黃葵淡儂家解說黃葵艷可喜萬般宜不
勞朱粉施　摘承金盞酒勸爾千春壽擎作女真冠試
伊嬌面看　又高梧葉下秋光晚珍叢花出黃金盞還
似去年時傍欄三兩枝　人情須耐久花面長依舊莫

學蜜蜂兒等閒悠颺飛　原曾惇朝中措幽芳獨秀在
山林不怕曉寒侵應笑錢塘蘇小語嬌終帶吳音　乘
槎歸去雲濤萬頃誰是知心寫向生綃屏上蕭然伴我
寒衾　又綠華居處渺雲深不受一塵侵細看宜州新
句平生纔是知音　凌波一去平生夢斷誰最關心惟
有青天碧海知渠夜夜孤衾　增無名氏減字木蘭花
景陽樓上鐘聲曉半面啼妝勻未了殘月紛紛斜影幽
香暗斷魂　玉顏應在昭陽殿却向前村深夜見冰雪
肌膚還有斑斑雪點無　南歌子翠袖熏龍腦烏雲映
玉臺春意一簇屬金杯曾記西樓同醉角聲催　娟娟
凌波淺深深步月來隔紗微笑恐郎猜素艷濃香依舊

去年開〔馬莊父天仙子〕白玉爲臺金作盞香是江梅
名間苑年時把酒對君歌歌不斷杯無算花月當樓人
意滿　翹戴一枝蟫影亂樂事且隨人意換西樓回首
月明中花已綻人何遠可惜國香天不管　原〔高觀國
金人捧露盤〕夢湘雲吟湘月弔湘靈有誰見羅襪塵生
凌波步穩背人羞整六銖輕娉娉裊裊暈嬌黃玉色輕
明　香心靜波心冷琴心怨客心驚怕珮解却返瑶京
杯擎清露醉春蘭友與梅兄蒼煙萬頃斷腸是雪冷江
清　增〔陳允平念奴嬌〕漢江露冷是誰將瑶瑟彈向雲
中一曲清泠聲漸杳月高人在珠宮暈額黃輕塗腮粉
豔羅帶織青蔥天香吹散珮環猶自丁東　回首杜若

汀洲金鈿玉鏡何日得相逢獨立飄飄煙浪遠羅襪羞
濺春紅渺渺予懷迢迢良夜三十六陂風九疑何處斷
魂飛度千峰　〔周密花犯〕楚江湄湘娥乍見無言灑清
淚淡淡然春意空獨倚東風芳思誰記凌波路冷秋無際
香雲隨步起謾記漢宮仙掌亭亭明月底　冰絃寫怨
更多情騷人恨枉賦芳蘭幽芷春思遠誰賞國香風味
相將共歲寒伴侶小窗淨沉煙熏翠被幽夢覺涓涓清
露一枝燈影裏　〔趙聞禮水龍吟〕幾年埋玉藍田綠雲
翠水烘春暖衣薰麝馥輕羅塵沁凌波步淺鈿碧搔頭
膩黃冰腦參差難剪乍聲沉素瑟天風珮冷蹁躚舞霓
裳徧　湘浦盈盈月滿抱相思夜寒腸斷含香有恨招

魂無路瑤琴寫怨幽韻淒涼暮江空渺數峰清遠粲迎
風一笑持花酹酒結南枝伴　〔王沂孫慶宮春〕明玉擎
金纖羅飄帶爲君起舞回雪柔影參差幽芳零亂翠圍
腰瘦一捻歲華相誤記前度湘皋怨別哀絃重聽都是
淒涼未須彈徹　國香到此誰憐煙冷沙昏頓成愁絕
花惱難禁酒銷欲盡門外冰澌初結試招仙魄怕今夜
瑤簪凍折攜盤獨出空想咸陽故宮落月　〔趙雪齋金
盞子〕得水能仙向漢皋遺佩碧波涵月藍玉暖生煙稱
縞袂黃冠素姿冰潔亭亭獨立風前森香多愁絕當時
事琴心妙處雖傳有誰堪說　歲晚杳無人更短景繁
雲天欲雪瀟湘煙水茫茫但萬里相思寒江空瀾殷勤

折向梅邊聽玉龍吹徹丁寧道惟願百年兄弟相看晚
節　原〔辛棄疾賀新郎〕雲臥衣裳冷看蕭然風前月下
水邊幽影羅襪塵生凌波步湯沐煙波萬頃愛一點嬌
黃成暈不記相逢曾解珮甚多情爲我香成陣待和淚
揾殘粉　靈均千古懷沙恨想當初匆匆忘把此花題
品煙雨淒迷僝僽損翠袂遙遙誰整謾寫入瑤琴幽憤
絃斷招魂無人賦但金杯的皪銀臺潤愁殢酒又還醒
別錄原〔種植〕五月初收根用小便浸一宿曬乾拌濕土
懸當火煙所及處八月取出擘瓣分開用豬糞拌土植
之植後不可缺水起時種時若犯鐵器永不開花訣云
六月不在土七月不在房栽向東籬下寒花朵朵香又

云和土驟半月方種以收陽氣覆以肥土白酒糟和土
澆之則茂　丁若瀛曰水仙江南處處有之惟吳中嘉
定種爲最花簇葉上他種則隱葉内耳蓄種囊以紗懸
於梁間風之未播先以敝草履寸斷雜溲浡浸透候有
生意方入土以入土早晚爲花先後金陵郎善植者十
叢不一二花余每歲向友人乞三四莖置齋頭香可十
日茲十日者縱非風雨亦不易出齋頭也　水仙花以
精盆植之可供書室雅翫　〔愛護〕霜重時即搭棚遮蓋
以避霜雪向南開一門天晴日暖則開之以承日色北
方土寒凡牡丹貼梗海棠皆用此法不特水仙也又法
初起葉時以磚壓住不令即透則他日花出葉上杭州

近江處園丁種之成林以土近鹹滷故花茂　〔瓶插〕插
瓶用鹽水與梅花同

附錄　蒁祇

〔增〕〔酉陽雜俎〕蒁祇出拂林國根大如雞卵葉長三四尺
似蒜中心抽條莖端開花六出紅白色花心黃赤不結
子冬生夏死取花壓油塗身去風氣本草云據此形狀與水仙髣髴豈外國名謂不同耶

附錄　水仙樹

〔原〕拘樓國有水仙樹樹腹中有水謂之仙漿飲者七日
醉

佩文齋廣羣芳譜卷第五十二

佩文齋廣羣芳譜卷第五十三

花譜

萬年花

〔增〕萬年花草本小朵如盞一莖百朵其色粉紅而有紅
絲雖經久乾枯及沾泥汙顏色鮮新不變
御賜名曰萬年花

金蓮

〔增〕金蓮花出山西五臺山塞外尤多花色金黃七瓣兩
層花心亦黃色碎蘂平正有尖小長狹黃瓣環繞其心
一莖數朵若蓮而小六月盛開一望徧地金色爛然至
秋花乾而不落結子如粟米而黑其葉綠色瘦尖而長

五尖或七尖

〔彙考〕〔增〕〔遼史營衞志〕道宗每歲先幸黑山拜聖宗興宗
陵賞金蓮乃幸子河避暑　〔洛陽花木記〕金蓮花出嵩
山頂　〔周伯琦上都紀行詩註〕上都草多異花有名金
蓮花者似荷而黃　〔五臺山志〕山有旱金蓮如眞金挺
生綠地相傳是文殊聖蹟

〔集藻〕〔賦〕

御製金蓮花賦　侔嘉名於華頂結異質於清涼冠方貢之三
品賦正色於中央搴芙蓉而在陸麗菡萏於崇岡頤柳池
之非偶豈蘋澗之可方煥彪炳而成文散栴檀而結爐烟
橫鉢裏之香妝沐江干之靚受範公輸之規移芳彭澤之

徑田田與芰蓋殊形矯矯並木蘭比勁若夫當融風之拂樹值暑雨之平池面鏡潭而寫色掩玉砌以橫枝葉潤陵晨之霧花含照夜之珠羮輕芬於衣縠映斜月於隱帷本托根於道岸曾何畏乎泥淄爾乃草鋪微綠之區蝶舞輕黃之翅沾芳則土脈流膏落蘂則蜜脾分饋非桃李而成蹊與鞠衣而同製於是滴珠露以研黃佗金房而瀉翠玉板潤而脂融松腴蒸而雲翳摘珍產於山經表奇芳於幽閟異紅采於巖阿謝朱霞於水曲漏鑄長樂之銅壺燈燦蓬山之銀燭皁五華之仙葩超四照之靈木彼夫綠竹則稱君子青松以儗大夫澤荷載於篇什猗蘭紀於史書惟斯卉之挺秀拔衆彙而標奇感無言於空谷久掩嫮于山

陂移土磧於上苑沐日月之光曦化同被於偃草忱獲效乎傾葵

〔詞〕

御製嶺外金蓮盛放可愛寄調柳梢青萬頃金蓮平臨難盡高眺千般珠蹙移花翠翻帶月舞著神仙　俗人莫道輕寒悠雅處餘香滿山嶺外磊落遠方隱者誰似清閒

茈碧花

增〔山海經〕罷谷之山洱水出焉而西流注於洛其中有茈碧〔雲南志〕浪穹縣西北五里有寧河一名茈碧湖水上有花曰茈碧形如蓬而差小有白者有淺紅錦邊者葉如荷葉花葉本皆長五六丈晝則上浮夜則拳曲人底微風蕩之香氣殊常采以爲羹味美於蓴

集藻〔詩散句〕增明楊慎〔詩〕荒經海圖有往證欲拾茈碧尋靈湫

九花樹

增〔要覽〕九花樹生南岳雖經霜凝寒必開時人謂之應春花

萬連

增〔崔豹古今注〕萬連葉如鳥翅一名鳥羽一名鳳翼花大者其色多紅綠紅者紫點綠者紺點俗呼爲仙人花一名連纈花〔酉陽雜俎〕一名鳥蓬

金蓋花

增〔拾遺記〕晉武帝爲撫軍時府內後堂砌下忽生草三株莖黃葉綠若總金抽翠花條苒弱狀似金蓋有羌人姚馥字世芬充廐養馬妙解陰陽之術云此草以應金德之瑞後以府地賜張華猶有草在故茂先賦云擢九莖於漢庭美三株於茲館貴表祥乎金德比名類乎相亂

紅綬花

增〔述異記〕紅綬花蔓生如綬一般有文采焉

優鉢曇花

增〔宋書波斯國傳〕國中有優鉢曇花鮮華可愛

迎輦花

增【拾遺錄】洛陽進合蔕迎輦花云得之嵩山塢中人不知名採者異而貢之會帝駕適至因以迎輦名之【南部烟花記】迎輦花外殷紫內素膩菲芳粉蕊心深紅跗爭兩花枝榦烘翠類通草無刺葉圓長薄其香氣穠芬馥或惹襟袖移日不散嗅之令人不多睡帝令袁寶兒持之號曰司花女

金步搖

增【海錄碎事】金步搖叢生其花四出皆偶對無風常搖葢榦弱而枝繁也

靈壽花

增【酉陽雜俎】韋絢云湖南有靈壽花藪帶簇開視日如

槿紅色春秋皆發非作杖者

都勝花

增【酉陽雜俎】都勝花紫色兩重心數葉卷上如蘆朶蕊黃葉細

無憂花

增【酉陽雜俎】無憂樹女人觸之花方開

瘴川花

增【酉陽雜俎】瘴川花亦類海榴五朶簇生葉狹長重沓承於花底色中第一蜀色不能及出黎州按獠嶺

那伽花

增【酉陽雜俎】那伽花狀如三春無葉花色白心黃六瓣出舶上

提羅迦

增【酉陽雜俎】提羅迦樹花見日光即開

拘尼陁

增【酉陽雜俎】拘尼陁樹花見月光即開

繫白象樹花

增【酉陽雜俎】乾陀國頭河岸有繫白象樹花葉似棗季冬方熟相傳此樹滅佛法亦滅

簇蝶花

增【酉陽雜俎】簇蝶花花為朶其簇一蕊蕊如蓮房色如退紅出溫州

俱郍衞

增【酉陽雜俎】俱郍衞葉如竹三莖一層莖端分條如貞桐花小類木槲出桂州

木蓮

增【酉陽雜俎】木蓮花葉似辛夷花類蓮花色相傍出忠州鳴玉溪邛州亦有【益部方物畧記】木蓮花生峨眉山中諸谷狀若芙蓉香亦類之木榦花夏開枝條茂蔚不為園圃所蒔【雲南志】木蓮花出大理府境樹高大葉如枇杷花如蓮有青黃紅白四種

彙考源【四川志】忠州白鶴山佛殿前唐時有木蓮二株其高數丈其葉堅厚如桂仲夏作花每花坼時聲如破

竹

增黃山志木蓮花在華嚴堂前其本踰拱高二丈花如蓮九瓣白色紫縷香如玉蘭葉經霜不彫朱實含苞內苞開實出若珊瑚新琢止慈光寺一本　點蒼山記山有木蓮躑躅花樹並高數丈春日紅白錯雜被於谿谷

集藻贊增宋宋祁木蓮贊葩秀木顛狀若芙渠不實而榮馥馥其敷

賦增唐無名氏木蓮賦蔽芾珍樹森林綺堂庇根天壤擢秀春光雖違性於舊國終奉恩於此鄉違性何苦主人有勿翦之恬奉恩何其主人有挈瓶之滋君既加我以惠好我亦報君以歲鞿弱其枝圓其葉亂階前之蓂莢附綠縟萼芊茸狀中浦之芙蓉既因其理又憐其美懷香則十步必聞含笑則千金可市有實雖漏於貢納有陰足延乎憩止此木也誠則不材必姑樹其桃李

七言絕句增唐白居易木蓮詩并序木蓮樹生巴峽山谷間巴民亦呼爲黃心樹大者高五丈涉冬不凋身如青楊有白文葉如桂厚大無脊花如蓮香色艷膩皆同獨房蕊有異四月初始開自開迨謝僅二十日忠州西北十里有鳴玉谿生者穠茂尤異惜其遐僻因題三絕句云如折芙蓉栽旱地似抛芍藥挂高枝雲埋水隔無人識唯有南賓太守知　紅似臙脂膩如粉傷心好物不須臾山中風起無時節明日重來得在無　巳愁花

落荒巖底復根根生亂石間幾度欲移移不得天教抛擲在深山　畫木蓮花圖寄元郎中花房膩似紅蓮朵艷色鮮如紫牡丹唯有詩人能解愛丹青寫出與君看

詩散句增明吳廷簡龍象天家錫瑤花佛地來池將空作水根以樹爲臺　宋濂枝懸縞帶垂金彈瓣落蒼苔墜玉杯

石蓮

增黃山志石蓮花畧同木蓮但彼九出此五出爲異花時瀰漫山谷盈亘皆香雪也

集藻五言絕句增唐司空曙石蓮花今逢石上生本自波中有紅艷秋風裏誰憐衆芳後

洛如花

增雲仙雜記吳興山中有一樹類竹而有實似莢狀鄉人見之以問陸澄澄曰名洛如花郡有文士則生

太平瑞聖花

增益部方物畧記瑞聖花出青城山中榦不條高者乃尋丈花率秋開四出與桃花類然數十跗共爲一花繁密若綴先後相繼新蕊開而舊未萎也蜀人號豐瑞花故程相畫圖以聞更號瑞聖花然有數種其小者號寶仙淺紅者爲醉太平白者名玉眞成都人競移蒔圃中以爲遊玩云　劒南詩注天聖中獻至京師仁宗賜名太平瑞聖花

集藻 贊 增 宋宋祁瑞聖花贊衆跗聚英爛若一房有守
繪圖厥名乃章繁而不豔昇異衆芳
五言律詩 增 宋范成大太平瑞聖花雪外罽參嶺烟中
濯錦州密攢文杏蕊高結綵雲毬百世嘉名重三登瑞
氣浮挽春同住夏有到火西流
七言絕句 增 宋楊巽齋醉太平花紫芝奇樹謾前聞未
若此花叶氣薰種向春臺豈無象望中秀色似卿雲

七寶花

增 益部方物畧記七寶花條葉大抵蟬花類也其生
叢蔚花葉甚茂
集藻 贊 增 宋宋祁七寶花贊擢穎挺挺盛夏則榮丹紫

合英以寶見名

鵞毛玉鳳花

增 益部方物畧記鵞毛玉鳳花本至卑纖莖如釵股秋
開不蘤而蕚狀似禽故曰鳳色白故曰玉以其分輕故
曰毛
集藻 贊 增 宋宋祁鵞毛玉鳳花贊華而無采狀類翔鳳
么質毛輕翩欲飛動

蟬花

增 益部方物畧記蟬花二川山林中皆有之如蟬之不
蛻至秋則花生其頭長一二寸黃碧色 西溪叢語本
草蟬殼謂之蟬花今成都有草名蟬花今有乾者視之
乃蟬頷裂而抽莖上有花也
集藻 贊 增 宋宋祁蟬花贊蟬不能蛻委於林下花生厥
首茲謂物化

石蟬花

增 益部方物畧記石蟬花始生其莖森擢長二三尺葉
如菖蒲紫蕚五出與蟬甚類綠葉相側蜀人因名之又
白者號玉蟬花
集藻 贊 增 宋宋祁石蟬花贊有莖穎然有蕚敷然取其
肖象奠類於蟬

錦帶花

增 杜詩注錦帶花一名海仙花一名文官花此花出荊

楚間有花如錦遂名錦帶花條如郁李春末方開紅白
二色 益部方物畧記錦帶花蜀山中處處有之長蔓
柔纖花葉間側如藻帶然因象作名花開者形似飛鳥
里人亦號鬢邊嬌 萬花谷貢士舉院本故勇扙營有
花初開白次綠次碧次紫故名爲文官花 石湖詩注
東南甚珍此花峽中漫生山谷
集藻 五言古詩 增 宋范成大錦帶花妍紅棠棣妝弱綠
薔薇枝小風一再來飄颻隨舞衣吳下嫵芳檻峽中滿
荒陂佳人墮空谷皎皎白駒詩
七言律詩 增 宋楊萬里錦帶花天女風梭織錦機碧絲
池上茜欒枝何曾繫住春歸腳只解縈長客恨眉節節

生花花點點茸茸𩕳日日遲遲後園 初夏無題目小樹微芳也得詩

七言絕句 增 宋王禹偁海仙花詩并序海仙花者世謂之錦帶維揚人傳云初得於海州山谷間其枝長而花密若錦帶然其花未開如海棠既開如木瓜而繁麗嫋弱過之一朶滿頭冠不克荷惜其不香而無子但可鈎壓其條移植他所因以釋草釋木驗之皆無有也近之好事者作花譜以海棠爲花中之䣕仙予謂此花不在海棠下宜以仙爲號目爲錦帶俚號甚焉又取始得之地命曰海仙且賦詩三章以存其名 一堆絳雪壓春叢嫋嫋長條弄晚風借問開時何所似似將繡被覆熏籠

春憎窈窕教無子天爲妖嬈不與香盡日含毫難比並花中應是衞莊姜 何年移植在僧家一簇柔條綴綵霞錦帶爲名俚且俗爲君呼作海仙花 楊巽齋錦帶花 萬釘簇錦若垂紳園住東風穩稱身鬬道沈腰易寬減何妨留與繫青春 鵠袍換綠契初心旋賜銀緋與紫金堪念紛紛名利客對花應自歎侵尋

青囊花

增 五代史 胡嶠自契丹亡歸中國畧能道其所見云渡黑水至湯城淀地氣最溫多異花一曰青囊如中國金燈而色類藍可愛

旱金花

增 五代史湯城淀地氣最溫多異花一曰旱金大如掌金色爍人

上元紅

增 桂海虞衡志上元紅深紅色絕似紅木瓜花不結實以燈夕前後開故名

泡花

增 桂海虞衡志泡花南人或名柚花春末開蕊圓白如大珠既折則似茶花氣極清芳與茉莉素馨相逼番人采以蒸香風味超勝

枸那花

增 桂海虞衡志枸那花葉瘦長略似楊柳夏開淡紅花一朶數十萼至秋深猶有之

水西花

增 桂海虞衡志水西花葉如萱草花黃夏開

象蹄花

增 桂海虞衡志象蹄花如梔子而葉小夏開至秋深

白鶴花

增 桂海虞衡志白鶴花形如白鶴立春開

集藻 七言絕句 增 元劉詵玉笥山中有白鶴花項翅宛然類鶴王蘭友作詩送至用韻二首 縞衣玄瓜立前除天上人間翦紙糊除却青青三四葉月明滿地却全無

千載蘇仙上帝鄉空餘琪草似人長夜涼環珮不知

處夢覺滿山風露香

望仙花

【增】〈洛陽花木記〉望仙亦名篦春

【集藻】〈七言絶句〉【增】〈宋無名氏望仙花〉風捲朱簾挂玉鉤彩雲開處望仙儔妍姿不逐東風去日照斜暉上小樓

金莖花

【增】〈仙史〉元藏幾航海至一島曰滄洲上有金莖花如蛺蝶微風至則搖蕩如飛婦人採之以爲首飾曰不帶金莖花不得到仙家滄洲人研花如泥竹簡彩繪與眞金無異

白菱花

【增】〈學圃雜疏〉白菱花純白而稚且開久而繁人云來自閩中予在閩問之乃無此種始在豫章得之定是嶺南花也花至季冬始盡性亦畏寒花後宜藏室中

百日紅 與紫薇名同物異

【增】〈學圃餘疏〉臭梧桐者吳地野生花色淡無植之者淮揚間成大樹花微者縉紳家植之中庭或云後庭花也獨閩中此花紅鮮異常能開百日名百日紅花作長鬚亦與吳地不同園林中植之灼灼出矮牆上至生深澗中與淸泉白石相映斐然奪目永嘉人謂之丁香花

山丹 與草本山丹名同物異

【增】〈學圃餘疏〉初見閩人來賣一花云是紅繡球倭國中來者後至建寧見縉紳家庭中花簇紅毬鮮如翦綵名曰山丹乃閩刋也

【集藻】〈七言律詩〉【增】〈宋劉克莊山丹〉偶然避雨過民舍一本山丹恰盛開種久樹身摎似蓋澆頻花面大如杯怪疑朱草非時出驚問紅雲甚處來可惜書生無事力千金移入畫欄栽

七言絶句【增】〈宋陳傅良山丹〉軒窗一日粲三英盞室無塵眼倍明閩粵園嘗矜絶美風騷猶未及知名〈鄭域山丹〉圍欒絳蕊發枝間鉛鼎成丹七返還乞與幽人伴幽壑不妨相對兩朱顏〈無名氏山丹〉亭下佳人錦繡衣滿身瓔珞綴明璣晚來銷歇無尋處花已飄零露已

晞 烟紅露綠曉風香燕舞鶯啼春日長誰道使君貧月老繡屏錦帳咽笙簧 人間花木眼曾經未識斯花狀與名丹却青山暮春色續他紅樹墜時英

金鉢盂

【增】〈草花譜〉金鉢盂似娑羅而花小英瓣如甌紅鮮可愛

【集藻】〈七言絶句〉【增】〈宋楊巽齋金鉢盂花〉恰匝枝頭簇絳英朱髹梵器上天成檻邊更插酴醿葉依約如歸佛手擎

纓絲花

【增】〈草花譜〉纓絲花葉儼如玫瑰而色淺紫無香枝生刺針時至煮繭花盡開故名種從根分

笑靨花

增【草花譜】笑靨花花細如豆一條千花望之若堆雪然無子可種根窠叢生茂者數十條以原根劈作數墩分種易活

紫羅襴

增【草花譜】紫羅襴草本色紫翠如鹿葱花秋深分本栽種四月發花可愛

紫花兒

增【草花譜】紫花兒遍地叢生花亦可愛柔枝嫩葉摘可作蔬春時子種

紅麥花

增【草花譜】紅麥花麥種花妙如蘋子大於麥數倍色紅可愛

米篩花

增【葯圃同春】碎米雪俗名米篩花

蓄蓓花

增【葯圃同春】蓄蓓有紅黃白三色開於春月最可扳籬當植於徑

悶頭花

增【東還記程】渡溮水至黃滸舖陌上徧生紫花自根至顛純花少葉色如江南諸葛菜莖梗花數百里內皆有之楚人呼為悶頭花近之輒頭悶不止相戒以為不可

嚮邇吳人呼為老鼠花花榦皆入藥春月採而藏之

蝎子花

增【東還記程】黔省山谷中多蝎子花

龍女花

增【雲南志】龍女花出大理府太和感通寺樹葉全似山茶蘂大而香

和山花

增【雲南志】和山花樹高六七丈其質似桂其花白每朵十二瓣應十二月遇閏輒多一瓣俗以為仙人遺種在大理府上關和山之麓土人因以其地名之

雲南娑羅花 與四川娑羅花名同物異

增【雲南志】娑羅花在會城土主廟其本類大理府和山花佛日盛開其色白微帶黃意異香芳馥非同凡花臭味中出一蘂如稗穗垂出瓣中每朵十二瓣遇閏輒多一瓣相傳高僧以二念珠入土一珠出此樹云

優曇花

增【雲南志】優曇花在安寧州西北十里曹溪寺右狀如蓮有十二瓣閏月則多一瓣色白氣香種來西域亦娑羅花類也後因兵燹伐去遂無其種今忽一枝從根旁發出已及拱矣

金梅

增【大理府志】金梅所在叢生花似梅色黃與素馨相類

金縷梅

【增】黃山志金縷梅其色金瓣如縷翩翩婷娜有若翔舞春時盛開望去疑爲蠟梅

撚蠟

【增】黃山志撚蠟似梅而黃一苞具四五朶大者淺宕小者微黃三月開

春桂

【增】黃山志春桂經冬不凋枝葉皆似桂惟花五出開以三月與桂不同

旌節花 與黎州圖經旌節花名同物異

【增】黃山志旌節花色黃幹似老藤一枝綴數十朶成串

下垂行行如旌節故名

瓔珞花

【增】黃山志瓔珞花非黃非碧幽蒨澹冶光豔離合不定其形垂垂如柳絲其香澹泊而雋永

紫雲花

【增】黃山志紫雲花葉尖長花五出深紫色如雲承日光故名紫雲

賁桃

【增】黃山志賁桃枝葉花色與桃無異但趺先實耳

海牖花

【增】黃山志海牖花枝杪叢生十餘朶其瓣如苞中抽綠心偏覆石崖上花不一色淺深相錯如繡黃山故稱雲海至鋪海時花光相映爛若雲錦故有海牖之名

蕊珠花

【增】黃山志蕊珠花木末開花一朶五出又有細蕊瑣綴其下素豔多姿畧有微香

玉鈴花

【增】黃山志玉鈴花高大蘢蓯五月開白花一枝十數朶拼列下垂形如玉鈴有同追琢香氣馥烈異常

瑣瑣花

【增】黃山志瑣瑣花矮樹葉尖有棱五月枝杪開細花成叢其香極幽

仙都花

【增】黃山志仙都花產仙都峰下古幹屈曲枝盡處始布葉葉長二寸許花出葉上一苞七八朶花七出而瓣不分色淡紫心抽綠絲數莖花謝即復孕三年一開開則葉下垂如相讓然

四照花

【增】黃山志四照花樹高大而葉沈碧盛夏作花四出而銳其末玉色微酣碧蕊綠跗浮葉上光彩照耀巖谷故名四照

覆杯花

【增】黃山志覆杯花空中垂下狀如鏤竹髹朱視之宛然

一覆杯也

杏葡花

【增】黄山志杏葡花木有芒刺開小黄花如丁香結實紅如丹砂

紫鐸花

【增】黄山志紫鐸花黄山有之花如懸鐸色紫秋日秀出蔓草中

傲雲花

【增】黄山志傲雲花高榦參天花如薝萏三夏盛開涉秋仍馥實如蓮菂葉亦饒香

山釵花

【增】黄山志山釵花形似釵一名碧股花取香山釵莖抽碧股之句開在夏中樹最小而多致

絳纈花

【增】黄山志絳纈花樹高葉尖盛夏開小紫花成叢山中謂之錦毬

蠟瓣花

【增】黄山志蠟瓣花葉大於掌花五出長二寸許枝枝下垂深黄滑澤如琢蜜蠟而成

㲲雪花

【增】黄山志㲲雪花一名鶴翎花綴枝頭霏霏如雪中含一壺蘆高出花外瑩然如刻玉

囊環花

【增】黄山志囊環草花也大葉紫莖花形如玉環一雙韜紫綺囊中

美人菊

【增】黄山志美人菊花似菊單瓣有紫白二色葉似虞美人柔曼旖旎最爲可愛

醉春花

【增】黄山志醉春花瘦梗碧葉繁花纈紛類秋海棠而柔縷多姿態産黄山

鷲羣花

【增】黄山志鷲羣花藤屬葉尖有椏花形類鷲清秋開時若羣鷲游於碧波間也

海瓊花

【增】黄山志海瓊花産於天海枝盡處大葉生焉花莖三五出葉中未開時垂朶如罌正開則如雕紫玉浮光豔與海雲相映

寶網花

【增】黄山志寶網花細白絲縈繞之冬日貯瓶中不水而長豔

紫霞杯

【增】黄山志紫霞杯狀如杯色紫無葉止一綠苞如瓢以承之

黃花

增 黃花不知其名一朶四瓣合抱如金盞其色鵞黃比汀帖木兒嶺以北每一莖只一朶翩然獨秀衆草經霜凋萎是花經霜顏色愈覺鮮明

馬蹄蘭

增 馬蹄蘭生平地亂草間葉劍樣如建蘭堅韌不可斷其花翠色可愛秋則結苞成子塞外尤多

地椹花

增 地椹花青紫色花瓣如葵一花八九瓣徑二寸許瓣落盡則花心結子成堆取之可以爲漿

鸞枝

增 鸞枝花木本枝榦俱似桃葉有刻缺似棣棠三月附枝開花或著樹身最繁茂瓣多而圓似郁李而大深紅色京師多有之

長樂花

集藻 賦 增 晉傅玄紫華賦并序 紫華一名長樂生於蜀其東界特饒中國奇而種之余嘉其華純耐久可歷冬而服故與友生各爲之賦有遐方之奇草稟二氣之純精仰紫微之景耀因令色以定名剛莖勁立纖條繁列從回風以搖動紛藹暢而蔥潔蔚青蔥以增茂並含華而未發於是散綠葉秀紫榮蘊若芝草之始敷灼若百枝之在庭獨參差以照耀何光麗之雜形渙渙昱昱而奪人目精下無物以借喻上取象於朝霞妙萬物而比艷莫茲草之可嘉 唐蘇頲長樂花賦并序 劉太守庭際有紫華草秋早始繁英露洗冬阜尚直本霜封蕪雜大同於衆卉盛衰小異於羣物予訝而未識吏或告余曰此長虞所賦蜀長樂花也故心賞焉因口授書吏遂疊而成作恨不見古人所爲得髣髴其旨爾夫長者以殷長之形度其長則至美夫樂者以哀樂之類同其樂則至喜長也樂也吾安得而聞之嘉纖植之並用偉令名兮在茲徒見其豐蔟荼奪高標璀璨莖丹外而縞中葉縹分以紅貫綴綠穎之重疊索紫蕤之爛熳迫而象之君子其常或徵或章聳危冠兮禨若綬默退靜其何望遠以意之佳人欲翔炫炫煌煌重羅綺兮撲瑤翠蹇來思而未嘗匪以幽兮自直匪以直兮自蕤匪以婉兮自耀匪以耀兮自強文濁露之均灑庇清舒之泛光本無嫌於散地甘有寓於殊方然則太液初滿上林新篝芊茸灼爍萬品千計搖瑞色而涵芝雜奇葩而轉蕙孰與夫玉堂金闔之偏賞白日青春之特麗歲不與兮時向闌風蕭蕭兮夜漫漫賓遠鴻於沙塞叫離鶴於江干君曾不見三月華矣盡林間之槁木千霜殞矣亦庭下之枯蘭懿此常度淩於早寒假春期而不彩雖秋令而不殘銜雨露之飛薄任雲山之險難芳弗珍於雚蕣節恒恭於檟欒吾則知樹背之奚托傾心之可安如後凋

之可貴兮獨立其誰觀文學掾起而爲亂曰白露瀼瀼
何草不黃紫華灼灼生君之堂彼不伐兮秋自翳時或
珍兮君是惠彤庭赫兮朱草馴交屈軼兮友賓連伊椿
莽而荒此君曷爲而賦旃

優鉢羅花

集藻〔歌〕增〔唐岑參優鉢羅花歌并序〕參嘗讀佛經聞有
優鉢羅花目所未見天寶庚申歲參忝大理評事攝監
察御史領伊西北庭度支副使自公多暇乃於府庭內
栽樹種藥爲山鑿池婆娑乎其間足以寄傲交河小吏
有獻此花者云得之於天山之南其狀異於衆草勢巃
嵸如冠弁嶷然上聳生不旁引攢花中折駢葉外包異

香騰風秀色媚景因賞而嘆曰爾不生於中土僻在遐
裔使牡丹價重芙蓉譽高惜哉夫天地無私陰陽無偏
各遂其生自物厥性豈以偏地而不生乎豈以無人而
不芳乎適此花不遭小吏終委諸山谷亦何異懷才之
士未會明主擯於林藪耶因感而爲歌歌曰白山南赤
山北其間有花人不識綠莖碧葉好顏色葉六瓣花九
房夜掩朝開多異香何不生彼中國兮生西方移根在
庭媚我公堂恥與衆草之爲伍何亭亭而獨芳何不爲
人之所賞兮深山窮谷委嚴霜吾竊悲陽關道路長曾
不得獻於君王

戎王子

集藻〔五言律詩〕增〔唐杜甫遊何將軍山林〕萬里戎王子
何年別月支異花開絕域滋蔓匝清池漢使徒空到神
農竟不知露翻兼雨打開拆日離披

冬瑰花

集藻〔五言律詩〕增〔唐盧綸和李舍人昆季詠冬瑰花寄
贈徐侍郎〕獨鶴寄烟霜雙鸞思晚芳舊陰依謝宅新艷
出蕭牆蝶散搖輕露鶯銜入夕陽雨朝勝濯錦風夜劇
焚香斷日千層艷孤霞一片光密來鶯葉少動處覺枝
長布影期高賞留春爲遠方當閻贈瓊玖叨和愧升堂
〔司空曙和李員外與舍人詠冬瑰花寄徐侍郎〕仙吏
紫薇郎奇花共玩芳攢星排綠蔕照眼發紅光暗妒翻

階葉遙連直曙香遊枝蜂繞易礙刺鳥銜妨露濕凝衣
粉風吹散蘂黃蒙籠珠樹合煥爛錦屏張留客勝看竹
思人比愛棠如傳採蘋詠遠思滿瀟湘

海紅

集藻〔五言律詩〕增〔唐劉長卿夏中崔中丞宅見海紅搖
落一花獨開〕何事一花殘閒庭百艸闌綠滋經雨發紅
艷隔林看竟日餘香在過時獨秀難共憐芳意晚秋露
未須溥

燕蓊花

集藻〔七言絕句〕增〔唐李郢燕蓊花〕十二街中何限草燕
蓊盡欲占殘春黃花撲地無窮極愁殺江南去住人

玉燭花

【集藻】〔七言律詩〕【增】〔唐劉兼玉燭花〕裊裊香英三四枝亭亭紅艷照堦墀正當晚檻初開處却似春閨就試時少女不吹方熠熠東君偏惜未離披夜深斜倚朱欄外擬把鄰光借與誰

杏香花

【集藻】〔五言絕句〕【增】〔宋邵雍杏香花〕客說何州事經營香味佳訝予獨無語貪嗅杏香花

萬蝶花

【集藻】〔七言絕句〕【增】〔宋蘇轍萬蝶花〕誰唱殘春蝶戀花一團粉翅壓枝斜美人欲向釵頭插又恐驚飛鬢裏鴉

楊巽齋萬蝶花粉翼紛紛簇幾叢搖風欲趁賣花翁詩眸覽倦方欹枕栩栩猶疑在夢中

眞珠花

【集藻】〔七言絕句〕【增】〔宋張舜民眞珠花〕風中的皪月中看解作人間五月寒一似漢宮梳洗了玉瓏葱壓翠雲冠
千璣萬琲照庭除細雨斜風拂座隅莫道長安貧似磬緣堦遶砌盡眞珠〔楊巽齋咏眞珠花〕纍纍花發映庭除柳帶榆錢總不如一任春風吹滿地幽人步屧白虛徐

鷹爪花

【集藻】〔五言絕句〕【增】〔宋王十朋鷹爪花〕誰把名鷹爪天然狀不殊無心事搏擊中有鳥相呼

闍提花

【集藻】〔七言絕句〕【增】〔宋鄭域闍提花〕此花移種自招提借佛爲名識者希優鉢曇陁果何似并參香色問因依

御帶花

【集藻】〔七言絕句〕【增】〔宋翁元廣御帶花〕未放枝頭嫩葉青先開絳蕊照春晴若無顏色宜宮院安得花間御帶名

玉手爐花

【集藻】〔七言絕句〕【增】〔宋翁元廣玉手爐花〕小院無人春意深凌風傲日出牆陰只因落在山僧手那得王孫爲賞音〔無名氏玉手爐花〕習習東風二月餘此花宜近玉

庭除美人雲鬢不宜插獻與觀音作手爐

小黃渠花

【集藻】〔五言絕句〕【增】〔宋劉允叔小黃蕖花〕簌簌碎金英絲絲縷玉莖步搖釵朶見老眼爲增明　山礬紛似玉黃蘗碎如金二美傳春晚同心契爾音

蔄漆花

【集藻】〔七言絕句〕【增】〔宋劉允叔蔄漆花〕清晨步上金鷄嶺極目漫山蔄漆花雪蕊瓊絲亦堪賞樵童蠶婦帶歸家

滿堂春

【集藻】〔七言絕句〕【增】〔宋楊巽齋滿堂春花〕發園林晝錦如列仙行綴在蓬壺千金須撇豪家賞一笑春風無向隅

御仙花

集藻〔七言絶句〕增〔宋楊巽齋〕御仙花〔不逐凡花逞艷嬌
移根上苑獨清高君王曾遣裝金帶侈錫持荷耀紫袍

壽春花

集藻〔七言絶句〕增〔宋楊巽齋〕壽春花〔花開綴玉碧敷腴
香挹南薰景又殊天賦芳姿長不老命名爲壽定非誣

散水花

集藻〔七言絶句〕增〔宋無名氏〕散水花〔盈枝點綴雪花鮮
環映清流分外妍應是東君歸騎速不知墜下玉絲鞭

孩兒花

集藻〔七言絶句〕增〔宋無名氏〕孩兒花〔纖穠初見似嬌癡
鼓舞春風二月時何事自開還自落可憐造化亦兒嬉

練春紅

集藻〔七言古詩〕增〔元袁桷〕謝王參議送練春紅二枝〔玉
堂老仙玩幽獨閉戶無人似初溽倚闌岸幘倚孤芳蔌
蔌輕紅冠羣綠化工有意鼻凡卉積李崇桃空眩目爭
先鬭巧等堪憐已向東風盡驅逐此花精妍淨如洗收
拾餘春傲榮辱何郎湯餅徒試妝太真溫泉空賜浴天
然生色鑄眞態亭午低頭睡初足誰言花后最奇絶我
怪酪奴能汙觸嫣然一笑奉清歡莫把金尊歌別鵠弁
刀妙剪騈頭來珠露淋漓袖新蹙似嫌凡子多京塵却
恨高人付流俗微風瀲灧新雨生強拭愁容吐殘馥擬
將色筆寫淸意綺語非工那忍賡裴回中庭月過半翠
袖凌風泩寒玉

長十八

集藻〔七言絶句〕增〔元迺賢〕寒上曲〔雙鬟小女玉娟娟自
卷氈簾出帳前忽見一枝長十八折來簪在帽簷邊

波羅花

集藻〔詞〕增〔宋毛滂〕淸平樂〔雲峰秀疊露冷琉璃葉北畔
波羅花弄雪香度小橋淡月　與君踏月尋花玉人雙
捧流霞吸盡林中花月竹風相送還家

疊羅花

集藻〔詞〕增〔金完顏璹〕英感皇恩〔碧玉撚條藍袍裁葉明艷

黃深軟金疊道裝仙子謫墮蕊珠宮爲春閒管領花時
節　漢額妝濃楚腰舞怯襞積裙餘舊宮褶東君著意
留伴小庭風月任教鶗鴂喚羣芳歇

藍雀花

增藍雀花其花如雀有身有翼有尾有黃心如兩目或
云即茱萸花

集藻〔五言絶句〕〔袁山〕菊藍雀花〔雨過初涼至山花滿野馨雖無紅紫艷能
汲屬車停

翠蛾眉

增翠蛾眉花翠色隨日側耿鮮妍有致

佩文齋廣羣芳譜卷第五十四

果譜

梅 梅花別見花譜

原 梅說文作楳一名𧃒廣志云蜀名梅為𧃒實似杏草木疏云梅杏類也實赤于杏而醋大者如小兒拳小者如彈熟則黃微甘酸可啖生純青酸甚本草云花開于冬而實熟于夏得木之全氣故其味最酸多食泄津液生痰損筋蝕脾傷腎弱齒為脯含之口香造煎堪久子赤者材堅白者材脆種類不一白者有綠萼梅實大五月熟重葉梅結實多雙消梅實甘青北可生啖雖脆甚鬆脆多液無滓花重者實小圓者大不宜熟亦不堪煎造冠城梅實甚大五月熟時梅實大五六月熟早梅四月熟冬梅實小十月可用不能熟紅者有鶴頂梅實大而紅鴛鴦梅梅譜云即多葉紅梅也結實必雙凡雙果必雙蒂惟此一蒂而結雙梅尤異雙頭梅或結雙蒂小實不堪啖杏梅實扁而斑味似杏異品有冰梅實吐自紫罅不帶色如冰玉無核含之自然如冰佳品也 增 范成大梅譜江梅子小而硬 具區志洞庭諸山佳種有吐花酸實小味酸方吐花即可啖脆梅一名時裏梅實圓而大可以蜜漬及蒸製 按原譜各果名目雜採諸書間有遺闕續錄于後其已見者更不重出 原 賈思勰曰梅實小而酸核有細文杏實大而甜核無文采梅任調食及虀杏則不任此用世人或不能辨言梅杏為一物失之遠矣

彙考 原 書說命若作和羹爾惟鹽梅傳鹽鹹梅醋羹須鹹醋以和之 詩周南摽有梅其實七兮傳摽落也盛極則墮落者梅也尚在樹者七 摽有梅其實三兮傳在者三也箋此夏鄉晚梅之墮落者差多在者餘三耳 摽有梅頃筐塈之傳塈取也箋謂夏已晚頃筐取之于地 增 禮記內則桃諸梅諸卵鹽註人君燕所食也疏桃諸梅諸卵鹽者言食桃諸梅諸之時以卵鹽和之王肅云諸菹也謂桃菹梅菹即今之藏桃也藏梅也欲藏之時必先稍乾之故周禮謂之乾𧃒 梅杏註人君燕食所加庶羞也 膾獸用梅集說獸用梅以梅和獸也 食棗桃李梅弗致于核為恭敬也 周禮天官饋食之籩其實乾𧃒註乾𧃒梅也 夏小正五月煑梅為豆實 左傳晏子對齊侯曰和如羹焉水火醯醢鹽梅以烹魚肉燀之以薪宰夫和之齊之以味濟其不及以洩其過君子食之以平其心 吳志孫亮傳註亮方食生梅使黃門至中藏取蜜漬梅蜜中有鼠矢召問藏吏藏吏叩頭亮曰黃門從汝求蜜耶吏曰向求實不敢與黃門不服侍中刁玄張邠啟黃門藏吏辭語不同請付獄推盡亮曰此易知耳令破鼠矢矢裏燥亮大笑謂玄邠曰若矢先在蜜中中外當俱濕裏燥必是黃門所為黃門首服左右莫不驚悚 南史柳惲傳惲嘗與瑯琊王瞻博射嫌其皮濶乃摘梅帖烏珠之上發必命中觀者驚駭 唐書蕭倣傳倣自集賢學士拜嶺南節度使南方珍賄叢夥不以入門家人病取槁梅於廚以和劑倣知趣市還之 原 五代史趙匡凝傳楊渥方宴食青

梅匡凝頳遲曰弗多食發小兒熱諸將以爲嫚渥遷匡凝海陵 增〔山海經〕雲山之上其實乾腊〔註〕腊乾梅也〔淮南子〕百梅足以爲百人酸一梅不足以爲一人和〔世說〕魏武行役失汲道軍皆渴乃令曰前有大梅林饒子甘酸可以解渴士卒聞之口皆出水乘此得及前源 〔語林〕范汪能噉梅人嘗致一斛奩留汪食之須臾盡 〔述異記〕邯鄲有故邯鄲宮基存焉中有趙王之果園梅李至冬而花春得而食 〔筆談〕吳人多謂梅子爲曹公以嘗望梅止渴也又謂鵝爲右軍有士人遺醋梅與燖鵝作書云醋浸曹公一甕湯燖右軍兩隻 〔埤雅〕張協七命云酤以春梅正言春梅者春實尙青味醉故

也 〔六帖補〕前蜀王建判官馮涓好戲時鳳翔遣張郎中通好來晨宴接王慮馮公先語而張子乘之或致失機乃令客將傳達且請緘嘿坐既定而賓主寂然無敢發其語端者馮乃取青梅鏗然一嚼之四座流涎因成大笑 〔襄稍山志〕山有梅子坡白雲禪師道行偶渴索水不得望前坡有梅樹擬此藥蟲梅實可以回津至其地無一梅樹而渴已止矣今建有茶菴後人援以名坡云

集藻〔五言古詩〕增〔宋梅堯臣詩〕梅葉未藏禽梅子青可摘江南小家女手弄門前劇齒軟莫勝酸棄之曾不惜寧頳馬上郎春風滿行陌 〔蔡襄和吳省副青梅〕梅花最高寒獨向江南發那知汴陽墅青顆摘春月持之於所無歸思動楚越願君佑清罇行恐漸芳歇 〔黃庭堅古風上蘇子瞻〕江梅有佳實結根桃李場桃李終不言朝露借恩光孤芳已皎潔冰雪空自香古來和鼎實此物升廟廊歲月坐成晚煙雨青已黃得升桃李盤以遠初見嘗終焉不可口擲置官道傍但使本根在棄捐何能傷

七言古詩 增〔宋鮑照梅花落〕中庭雜樹多偏爲梅咨嗟問君何獨然念其霜中能作花露中能作實搖蕩春風媚春日念爾零落逐寒風徒有霜花無霜質

七言絕句 增〔唐羅隱紅梅〕天賜臙脂一抹腮盤中磊落

笛中哀雖然未得和羹便曾與將軍止渴來 〔宋梅堯臣送紅梅行之有詩依其韻和〕綴綴紅梅肥似蠟濛濛飛雨灑如絲吳郎齒軟食不得翻憶張公大谷梨 〔黃庭堅戲答晁適道乞消梅〕青莎徑裏香未乾黃鳥陰中實已圓蒸豆作烏鹽作白爛開丹杏薦牙盤 北客未嘗眉自顰南人誇說齒生津磨錢和蜜誰能許去蔕供鹽亦可人 〔以梅餽晁深道戲贈二首〕帶葉連枝摘未殘依稀茶塢竹籬間相如病渴應須此莫與文君蹙遠山 渴夢吞江起解顏詩成有味齒牙間前身鄴下劉公幹今日江南庾子山 〔楊萬里梅熟小雨〕風從獨樹忽然來雨去山前遠却迴留許枝間慰愁眼見童抵死

打黃梅　元張弘範梅雨輕雲薄薄暗江干幾陣紗窗送嫩寒濃醉呼童新摘得未黃梅子已微酸　顧瑛謝靜遠惠蜜梅江南烟雨未全黃誰使青酸墮蜜房娬媚已能知魏證典刑時復見中郎　馬臻西湖郎事園丁花木巧栖棲萬紫千紅簇綺筵折得青梅小如豆獻來還索賞金錢

詩散句 增 唐李白郎騎竹馬來遶床弄青梅　白居易黃鳥啼欲歇青梅結半成　宋陸游青梅薦煮酒綠樹變鳴禽 原 白居易食蘗不易食梅難蘗能苦兮梅能酸 增 宋黃庭堅要知春景深和淺試看青梅大幾分　楊萬里峯頭揀徧低陰處帶葉青梅摘一枝　元馬

臻午睡醒來春事晚枝頭梅豆已生仁 原 明王世貞莫言子作書生酸要與君王調鼎實　雷思霈不應便雜天桃杏半點微酸已著枝 增 梁簡文帝摘梅多繞樹　周庾信梅逐雨中黃　唐杜甫紅綻雨肥梅　四月熟黃梅　梅杏半傳黃　白居易早梅結青實　許渾未臘梅先實　韓偓齒軟越梅酸　宋蘇軾金盤未薦含酸子　朱松冰盤青子渴爭嘗　元劉詵紈扇晴嬉墮脆梅

詞 增 宋孫覿菩薩蠻一聲羌笛吹嗚咽玉溪半夜梅翻雪江月正茫茫斷腸流水香　含章春欲暮落日千山雨一點著微酸吳姬先齒寒

別錄 原 神異經北方荒外有橫公魚夜化爲人刺之不入煮之不死以烏梅二十七枚煮之即熟可已邪病 增 風俗通五月落梅風江淮以爲信風　風土記夏至霖霪至前爲黃梅先時爲迎梅雨及時爲梅雨後時爲送梅雨 原 抱朴子綺里月法用鉛百斤煮以雄黃皆成金太剛豬膏煮之太柔梅煮之　物類相感志青梅小滿前嫩脆過後則易黃　梅子與部粉同食不酸不軟梅葉尤佳　本草梅核能明目益氣不饑　種樹書桑上接梅則不酸　田家五行梅實少秋亦少諺云樹無梅手無杯　製用居家必要取大青梅以鹽漬之日曬夜漬十晝十夜便成白梅調鼎和虀所在任用青梅

籃盛突上薰黑即成烏梅用以入藥不任調食以稻灰淋汁潤濕蒸過則肥澤不蠹亦可糖藏蜜煎作果烏梅洗淨搗爛水煮滾入紅糖使酸甘得宜水內泡冷暑月飲甚妙或搗爛加蜜適中調湯微煮飲　梅醬熟梅十斤爛蒸去核每肉一斤加鹽三錢攪勻日中曬待紅黑色收起用時加白荳蔻仁檀香些少飴糖調勻服涼水極解渴　冰梅丸治喉閉五月五日合青梅二十個鹽十二兩先於初一日醃至初五日取梅汁拌白芷羌活防風桔梗各二兩明礬三兩豬牙皂角三十條俱爲細末拌梅磁瓶收貯　糖脆梅青梅每百個以刀劃成路將熟冷醋浸一宿取出控乾別用熟醋調沙糖一觔半

浸沒入新瓶內以箬紮口仍覆椀藏地深一二尺用泥上蓋過白露節取出換糖浸 增 北戶錄嶺南之梅小於江左居人采之雜以朱槿花和鹽曝之梅爲槿花所染其色可愛又有選大梅刻鏤瓶鑵結帶之類取棹汁漬之亦甚甘脆

附錄 海梅

增 峩眉山志海梅高僅三尺冬月開小花結實如櫻桃

杏 杏花別見花譜

原 杏一名甜梅江南錄云楊行密改杏名甜梅樹大實多形如彈丸有大如梨者生酢熟甜性熱生痰及癰疖不宜多食小兒產婦尤忌 增 格物叢話杏實味香於梅而酸不及核與肉自相離其仁可入藥 匯 種類不一有金杏圓而黃熟最早味最勝一名漢帝杏謂武帝上林苑遺種也大如梨黃如橘出濟南白杏熟時色青白或微黃味甘淡而不酢出滎陽沙杏甘而多汁即世所稱木杏也梅杏黃而帶酢柰杏青而帶黃出鄴中金剛拳赤大而扁肉厚味甚佳又名肉杏木杏形扁色青黃味酢不堪食山杏肉薄不堪食但可收仁用巴旦杏一名八擔杏出回回地今關西諸處皆有葉差小實小而肉薄核如梅皮薄而仁清甘鮮者尤脆美稱果之佳者又有赤杏黃杏廣志云出鄴中蓬萊杏

增 述異記何遍縣有綠杏

彙考 原 北周書孝義傳張元性廉潔南鄰有杏兩樹杏熟多落元園中元悉以還主 增 夏小正四月囿有見杏 管子五沃之土其木宜杏 原 地理志范蠡宅在洞庭湖中有海杏大如拳也 玄晏春秋衛倫過予言

及于味稱魏故侍中劉子陽食餅知鹽生精味之至也予曰師曠識勞薪易牙別淄澠子陽今之妙也定之何難倫因命僕取樺糗以進予嘗之曰麥也有杏李柰味三果之熟也不同時子焉得兼之倫笑而不言退告人曰士安之識過劉氏吾將來家實多故杏時將發糗以杏汁李柰將發又糗以李柰汁故兼三味 祭法 夏祠用杏 增 神仙傳董奉居廬山不種田日爲人治病亦不取錢病重愈者使栽杏五株輕者一株如此數年計得十萬餘株鬱然成林乃使山中百禽羣獸遊戲其下卒不生草常如芸治也後杏子大熟於林中作一草倉示時人曰欲買杏者不須報奉但將穀一器置倉中即自往取杏一器去常有人置穀來少而取杏去多者林中羣虎出吼逐之大怖急挈杏走路傍傾覆至家量杏一如穀多少或有人偷杏者虎逐之到家嚙至死家人知其偷杏乃送還奉叩頭謝過乃使却活奉每年貨杏得穀旋以賑救貧乏供給行旅不逮者歲二萬餘斛 潯陽記杏在北嶺上有樹百株今猶稱董先生杏林 原 荊楚歲時記孫楚祭介之推云餳一盤醴酪二盂今寒食有杏酪麥粥即其類也 南嶽夫人傳仙人有三玄紫杏 冀州論魏郡好杏地產不爲珍 增 嵩高山記嵩山東有牛山其山多杏至五月爛然黃茂百姓皆資此爲命人人充飽而杏不盡 原 朱超石與兄書光

武墳邊杏甚美今奉送其核 增〔述異記〕杏園洲在南
海中洲中多杏海上人云仙人種杏處漢時常有人舟
行遇風泊此洲五六日食杏故免死又云洲中别有冬
杏 〔文昌雜錄〕禮部王員外言昔見朝議大夫李冠卿
說揚州所居堂前杏一窠極大花多而不實適有一媒
姥見如此笑謂家人曰來春與嫁了此杏冬深忽攜酒
一樽來云是婚家撞門酒索處子裙一腰繫樹上巳而
奠酒辭祝再三而去家人莫不笑之至來春此杏結子
無數 〔酉陽雜俎〕杜師仁常賃居庭有巨杏樹鄰居老
人每擔水至樹側必數曰此樹可惜杜詰之老人云其
善知木病此樹有疾某請治乃診樹一處曰樹病醋心

杜染指于蠹處嘗之味若薄醋老人持小鈎披蠹再三
鈎之得一白蟲如蝠乃傅藥于瘡中復戒曰有實自青
皮時必摽之十去八九則樹活如其言樹益茂盛矣又
嘗見栽植經三卷言木有病醋心者 原〔桂苑叢談〕馬
燧子暢以第中大杏餽竇文瑒文瑒以進德宗德宗未
嘗見頗怪暢令中使就封其樹暢懼進宅為奉誠園
增〔文獻通考〕杏多實不蟲者來年秋禾善五木者五穀
之先欲知五穀但視五木故五果分五行所以表五穀
也又按五果之義夏之果莫先于杏五時之首寢廟必
有薦而此杏適丁夏之時故特取之杏之枝葉華果皆
赤故古者鑽燧夏取棗杏之火也 〔學圃餘疏〕杏花江

南雖多實味大不如北其樹易成實易結林中摘食甚
佳 〔兗州府志〕杏山在寧陽上多杏 〔南陽府志〕杏山
即抱朴子種杏處 〔九江府志〕太乙宮在德化宋名祥
符觀即董奉杏林也
集藻〔五言古詩〕增〔宋楊萬里折杏子〕天暖酒易醺春暮
花難覓意行到南園杏子半紅碧輕風動高枝可望不
可摘聳肩跂一足偶爾攀翻得攀條初亦喜折條還復
惜小苦已自韻未酸正堪喫聊將插鬢歸空樽有餘瀝
〔七言律詩〕增〔唐羊士諤州民有獻杏者瑰麗溢目因感
花未幾聊以成詠〕南郭東風賞杏壇幾株芳樹昨留歡
却憶落花飄綺席忽驚如實滿雕盤蛾眉半歛千金薄

鶗鴂初鳴百草闌志士古來悲節換美人啼鳥亦長歎
〔五言排律〕增〔唐錢起酬長孫繹藍溪寄杏〕愛君藍水上
種杏近成田拂徑清陰合臨流彩實懸清香和宿雨佳
色出晴烟懿此傾筐贈想知懷橘年芳馨來滿袖瓊玖
願酬篇把玩情何極雲林若眼前
〔五言絶句〕增〔宋梅堯臣詠雙杏子其核亦然〕子核成雙
杏將寄同心人定核鴛鴦餽為物豈無因 〔蘇軾和子
由岐下杏〕開花送餘寒結子及新火關中幸無梅汝强
充鼎和 〔元馬祖常謝人送杏子詩〕杏子黃金色筠籠
出薊丘味甘醒午寢可是督詩郵
〔七言絶句〕增〔唐白居易重尋杏園〕忽憶芳時頻酩酊却

尋醉處重徘徊杏花結子春深後誰解多情又獨來
〔元張弘範〕青杏落盡殘紅綠滿枝青青如豆釀酸時佳
人摘得新嘗怯一點春愁鎖畫眉
〔詩散句〕【增】〔宋歐陽修〕芳枝結青杏翠蔕新奕奕〔黃庭
堅〕買魚斫膾須論網撲杏供盤不數枚〔唐王維〕董奉
杏成林〔宋梅堯臣〕仙人愛杏令虎守〔蘇軾〕花褪殘
紅青杏小〔秦觀〕董奉栽成杏子丹〔陳師道〕里中饋
杏得新嘗
【別錄】【增】〔野人閒話〕翰林辛夤孫頃年在青城山居其居
則古先道院在一峯之頂內有塑像黃姑則六代玄宗
之子也一夕夢見召夤孫謂曰汝可食杏仁令汝聰利

廣羣芳譜　果譜一　杏　十一

老而彌壯心力不倦亦資于年壽矣汝可有道性又不
終在此須出山佐理當代夤孫夢中拜請其法則與怡
神論中者同玄宗孫申天師元有怡神論語卷下卷中
有神仙秘方三十首則甘草為首右食杏仁法次之杏
仁七個去皮尖早晨鹽漱了內于口中久之則盡去其
皮又于口中煖之逡巡爛嚼和津液如乳汁乃頓嚥但
日日如法食之一年必換血令人輕健安泰夤孫遂日
日食之至今老而輕健年踰從心猶多著述【原】製用
〔清異錄〕杏仁新水浸沒生薑甘草丁香蜀椒縮砂白豆
蔻鹽花沉檀龍麝皆取末如麪攪拌曬乾候水盡味透
更以香藥鋪糝名爽團宿酲未解一枚爽然〔農桑通
訣〕杏熟時多取爛者盆中研之生布絞取濃汁塗盤中
曬乾取下可和水為漿又和麪用〔本草〕杏仁能使人
血溢少誤之必出血不已或至委頓故近世少有服者
杏仁五月採破核去雙仁者自朝蒸之至午便以慢
火微烘之七日乃收貯每旦腹空時不拘多少任意噉
之積久不止駐顏延年〔釋名〕杏可以為油〔齊民要
術〕杏子仁可以為粥〔種植〕桃樹接杏結果紅而且大
又耐久不枯

桃　桃花別見花譜

【原】桃實甘子繁故字從木從兆本草云十億曰兆言其多也性酸甘
熱可食多食令人有熱能發丹石毒生桃尤不宜多食

廣羣芳譜　果譜一　杏　桃　十二

有損無益性早實三年便結子五年即老結子便細十
年即死以皮緊也若四年後用刀自樹本豎劃其皮至
生枝處使膠盡出則多活數年種類頗多有崑崙桃一名
王母桃一名仙人桃一名冬桃出洛中味甘美詳見後洛陽伽藍記扁桃出波斯國形扁肉澀不堪食核
狀如盒樹高五六丈圍四五尺葉似桃而闊大三月開白花花落結實如桃彼地名波淡樹仁甘美番人珍之
北戶錄云形如半月狀出占卑國新羅桃子可食性熱方桃形微方餅子桃狀如
香餅味甘油桃小於衆桃有赤斑點光如塗油花多子小不堪啖難取仁出汴中巨核桃詳見
後拾遺記金桃形長色黃如金肉黏核多蛀熟遲用柿接者味甘色黃銀桃形圓色青白肉不黏
核六月中熟鴛鴦桃結實多雙李桃形圓色青肉不黏核其皮光澤如李一名光桃十月
桃形圓色青肉黏核味甘酸十月中成熟一名古冬桃又名雪桃按爾雅云旄冬桃疏云旄子冬熟者不疵
常即此也毛桃即爾雅所謂褫桃小而多毛核黏味惡不堪食其仁充滿多脂可入藥水蜜桃

獨上海有之而類尚實西園所出尤佳其味亞于生荔枝雷震紅張七澤云每雷雨過輒見一紅暈最爲難得他如紅桃緗桃白桃烏桃皆以色名五月早桃秋桃霜桃皆以時名臙脂桃絡絲桃皆以形名王敬美有言桃種最多金桃蜜桃灰桃之類多植園中取果壽星桃樹矮而花能結大桃亦奇種可玩桃殊不堪食【增】西京雜記上林苑有秦桃緗核桃金城桃綺葉桃紫文桃　客燕雜記京師中佳果有紅桃白銀桃小桃蟠桃合桃酒紅桃霜下桃肅寧八月桃

【彙考】【增】詩周南桃之夭夭有蕡其實傳蕡實貌　衛風投我以木桃報之以瓊瑤　魏風園有桃其實之殽

禮記內則桃曰膽之疏桃多毛拭治去毛令色青滑如

膽也或曰膽謂苦桃有苦如膽者擇去之　周禮饋食之籩其實桃　舊唐書太宗紀貞觀十一年唐國獻金桃銀桃詔令置於苑囿　神農經玉桃服之長生不死若不得早服之臨終日服之其屍畢天地不朽【原】夏小正六月煑桃傳桃也者杝桃也杝桃也者山桃也煑以爲豆實也【增】家語六果桃爲下祭祀不用不登郊廟　晏子春秋公孫捷田開疆古冶子事景公勇而無禮公患之晏子言於公請饋以二桃曰三子計功而食公孫曰吾再拜隱虎功可以食田曰吾仗兵而御三軍者功可以食古冶子曰吾嘗濟河黿銜左驂治潛行水底逆流百步從流九里得黿頭功可以食二子曰吾勇不若子功不逮子取桃不讓是貪也然而不死無勇也刎頸而死冶曰二子死之冶獨不逮亦刎頸而死【原】韓非子彌子瑕有寵於衛君與君遊于果園食桃而甘以其半啖君君曰忠乎忘其口而啖寡人及彌子色衰愛弛得罪於君君曰是故嘗啖我以餘桃　孔子侍坐於魯哀公哀公賜之桃與黍孔子先飯黍而後噉桃公曰黍以雪桃也對曰丘知之矣夫黍五穀之長而桃爲下君子以賤雪貴不聞以貴雪賤也　呂氏春秋子產治鄭桃棗之蔭於衛者莫援也【增】神異經東方有樹高五十丈葉長八尺名曰桃其子徑三尺二寸和核作羹食之令人益壽食核中仁可以治嗽小桃溫潤咳嗽

人食之卽止【原】新序魏文侯見箕季從者食其園之桃箕季禁之文侯曰從者食園桃箕季禁之豈愛桃哉是教我下無侵上也【增】說苑樹桃李者夏得休息秋得實焉　武帝內傳七月七日西王母降自設天廚眞妙非常豐珍上果芳華百味紫芝萎蕤芬芳塡樏清香之酒非地上所有香氣殊絕帝不能名也又命侍女更索桃果須臾以玉盤盛仙桃七顆大如鴨卵形圓靑色以呈王母母以四顆與帝三顆自食桃味甘美口有盈味帝食輒收其核王母問帝帝曰欲種之母曰此桃三千年一生實中夏地薄種之不生帝乃止　漢武故事東郡獻短人帝呼東方朔朔至短人因指朔謂帝曰西

王母種桃三千年一著子此兒不良已三過偷之矣
原尹喜內傳老子西遊省太眞王母共食碧桃紫梨
鍾離意別傳秦吏趙凱以私恨告國民吳且生盜食宗
廟御桃且生對曰民不敢食也王曰剖其腹出其桃史
記惡而書之曰食桃之內當有遺核王不知此而剖人
腹以求桃非理也 增博物志漢武帝時西王母遣使
乘白鹿告帝當來乃供帳九華殿以待之七月七日夜
漏七刻王母乘紫雲車而至於殿西南面東向頭上戴
七種青氣鬱鬱如雲有三青鳥如烏大使侍母傍時設
九微燈帝南面西向王母索七桃大如彈丸以五枚與
帝母食二枚惟帝與母對坐其從者皆不得進時東方

朔竊從殿南廂朱鳥牖中窺母母顧之謂帝曰此窺牖
小兒嘗三來盜吾桃帝乃大怪之由此世人知方朔神
仙也 原神仙傳張道陵者沛國人也有趙昇者就陵
受學陵將諸弟子登雲臺絕巖之上下有一桃樹如人
臂傍生石壁下臨不測桃大有實陵謂諸弟子曰有人
能得此桃實當告以道要於時伏而窺之者二百餘人
股戰流汗無敢久臨視之者莫不却退而返謝不能得
一人乃昇曰神之所護何險之有聖師在此終不使吾
死於谷中耳師有教者必是此桃有可得之理故耳乃
從上自擲投樹上足不蹉跌取桃滿懷而石壁峭峻無
所攀援不能得返於是乃以桃一一擲上正得二百二

顆陵得而分賜諸弟子各一陵自食一留一以待昇乃
以手引昇衆視之見陵臂長三二丈引昇昇忽然來還
乃以向所留桃與之 增神仙傳董子陽少知長生之
道隱博落山中九十餘年但食桃飲石泉 拾遺記明
帝時恒山獻巨桃核巨桃霜下結花隆暑方熟云仙人
所食帝使植於霜林園 原玄中記木子之大者有積
石山之桃實焉大如十斛籠 增甄異錄譙郡夏侯文
規亡後見形經庭前桃樹邊過曰此桃君昔所種子乃
美好其婦曰人言亡者畏桃君何不畏耶曰桃東南枝
長二尺八寸向日者憎之我亦不畏也 搜神記前周
葛由蜀羌人也周成王時好刻木作羊賣之一旦乘木

羊入蜀中蜀中王侯貴人追之上綏山綏山多桃在峩
嵋山西南高無極也隨之者不復還皆得仙道故里諺
曰得綏山一桃雖不能仙亦足以豪山下立祠數十處
東陽記龍丘山峯際復有一巖穴外如窓牖中有石林
巖前有一桃樹其實甚甘非山中自有莫知誰植 廣
州記廬山有山桃大如檳榔形色黑而味甘酢人時登
採拾只得于上飽噉或欲持下迷不得返 原荊楚歲
時記正月一日飲桃湯桃者五行之精厭伏邪氣制百
鬼也 增新論鄭伯庖人亡炙一篋而卽知之韓魏將
反而不能知邯鄲子陽園亡一桃而卽覺之其自亡也
而不能知斯皆銳情於小而亡大者也 述異記磅礴

山去扶桑五萬里日所不及其地甚寒有桃樹千圍萬年一實一說日本國有金桃其實重一觔　崑崙有玉桃光明洞徹而堅瑩須以玉井泉洗之便軟可食　武陵源在吳中山無他木盡生桃李俗呼爲桃李源源上有石洞洞中有乳水世傳秦末吳中人於此避難食桃李實皆得仙　原幽明錄漢明帝永平五年剡縣劉晨阮肇共入天台山取穀皮迷路不得返經十餘日糧盡饑餒殆死遥望山上有一桃大有子實而絕巖邃澗永無登路攀緣藤葛然後得上各噉數桃而不饑下山一大溪邊有二女姿質妙絕因要還家勅婢云劉阮二郎向雖得瓊實猶尚虛弊可速作食有胡麻山羊脯甚美

遂留半載餘二人懷土求歸女曰宿福所牽何復欲還因指示還路旣出無復相識問得七世孫傳聞上世入山迷不得歸　增世說桓玄素輕桓崖崖在京下有好桃玄就連求之遂不得佳者玄與殷仲文書以爲嗤笑曰德之休明肅愼貢其楛矢如其不爾籬壁間物亦不可得也　洛陽伽藍記華林園蓬萊山南有百果園果列作林林各有堂有仙人桃其色赤表裏照徹得嚴霜乃熟云出崑崙山一曰王母桃也　元和郡國志綿州彰明縣雲臺山天柱崖下有一桃樹高五丈餘外皮似桃內心似松張道陵與王長趙昇試法於此四百餘年桃迨今不朽有碑記之　洽聞記吐谷渾有桃大如一石瓮　原酉陽雜俎史論在齊州時出獵至一縣界憩蘭若中覺桃香異常訪其僧僧不及隱言近有人施二桃因從經案下取出獻論大如飯椀時饑盡食之核大如雞卵論因詰其所自僧笑向實謬言之此桃去此十餘里道路危險貧道偶行腳見之覺異因掇數枚論曰今去騎從與和尚偕往僧不得已導論北去荒榛中經五里許抵一水僧曰恐中丞不能渡此論志決往乃依僧解衣戴之而浮登岸又經西北涉二小水上山越澗數里至一處奇泉怪石非人境也有桃數百株幹掃地高二三尺其香破鼻論與僧各食一蔕腹果然矣論解衣將盡力苞之僧曰此或靈境不可多取貧道嘗聽長

老說昔日有人亦嘗至此懷五六枚迷不得出論亦疑僧非常取兩個而返僧切戒論不得言論至州使招僧僧已逝矣　王母桃洛陽華林園內有之十月始熟形如括蔞俗語曰王母甘桃食之解勞亦名西王母桃　長白山相傳古肅然山也峴南有鐘鳴燕世桑門釋惠霄者自廣固至北峴聽鐘聲稍前忽見一寺門宇炳煥遂求中食見一沙彌乃摘一桃與霄須臾又與一桃語霄曰至此已淹留可去矣霄出廻頭顧失寺至廣固見弟子言失和尚已二年矣霄始知二桃兆二年也　仙桃出郴州蘇耽仙壇有人至心祈之輒落壇上或至五六顆形似石塊亦黃色破之如有核三重研飲之愈衆

疾尤治邪氣　增〔曾昌解頤錄〕鄴華林苑有勾鼻桃子
重一觔或二觔半亦有名梨凡此衆果氣味甘美入口
消汁又閒有名果李龍作蝦蟆車四箱廣一丈深一丈
合土在中植之則無不生也　〔淸異錄〕鄴中𤨏桃特異
後唐莊宗曰昔人以橘爲千頭木奴此不爲餘甘尉乎
〔神仙感遇傳〕咸通中趙僧懷一居雲門寺遇一道流
相與入山花木繁茂水石幽勝久之覺饑道流曰此有
仙桃千歲一實可以療饑以一桃授之大如二升器奇
香珍味非世所有懷一自此不食　〔海錄碎事〕洋州雲
臺山生獼猴桃甚甘酸食之止渴　唐貞觀中康居國
獻黃桃大如鵝卵其色如金因呼爲金桃用柿樹接桃

枝亦爲金桃早熟者謂之絡絲白晚熟者謂之過雁紅
〔東坡雜記〕李公擇與客游天柱寺還過司命祠下道
傍見一桃爛熟可愛當往來之衝而不爲人之所得疑
其爲眞靈之瑞分食之則不足衆以與公擇公擇不可
時蘇徐二客皆有老母七十餘公擇使二公分之歸遺
其母人人滿意過于食桃此事不可不識也　〔仇池筆
記〕黃州岐亭有王翊者家富而好善所居後有茂林果
木一日有村婦林中見一桃過熟而絕大獨在木杪乃
取而食之翊適見大驚婦人食已棄其核翊取而剖之
得雄黃一塊如桃仁及研而吞之甚甘美自是斷葷肉
齋居一食不復殺生可謂異事也　〔埤雅〕諺曰白頭種

桃又曰桃三李四梅子十二言桃生三歲便放花果早
於梅李故首雖已白其花子之利可待也　〔茅亭客話〕
滕處士昌祐字勝華所居園中有金桃深黃剖之至核
紅翠如金味美爲桃之最也　〔白玉蟾集〕寧都金精山
係第三十五福地漢初張芒女麗英入山獲二桃得道
長沙王吳芮聘焉至洞中見女乘紫雲在半空謂芮曰
吾爲金星之精降治此山言訖升天而去　原〔五色線〕
咸通中許明奴家嫗入山林採樵於南山見一人坐石
上方食桃甚大問嫗曰我許明奴之祖宜平與汝一桃
食之不可將出嫗食桃甚美其後揩食日漸童顏入山
不歸行疾如飛　金母降謝自然將桃一枝懸臂上有

三十顆碧色大如梳云此猶是小者　增〔長春眞人本
行碑〕眞人徵赴京師眷遇至渥遣中使賜上林桃師不
食菜果者十餘年矣至是取其一啗之重上賜也　〔湧
幢小品〕嘉靖乙卯上夜坐庭中御幄後忽獲一桃左右
視或見桃從空中墜上喜曰天賜也修迎恩大典五日
明日復有一桃降　〔蓼床濟餘〕戊辰冬杪偶至靈濟宮
遇道人授一桃特大曰與汝有緣故以相贈訝其非常
受而啖之味甘美而核甚細　〔杭州府志〕古記云昔人
於天目捕獵汛雨於石城之外見林間有白桃一顆摘
入手如冰忽又變紅其熱如湯遂採木葉包之藏於白
囊下山捫之猶在及至家惟木葉存

集藻 表 增 唐李嶠爲納言姚璹等賀瑞桃表 伏見內出靈桃四實共同一蔕禁園芳果仙庭奇樹名珍杏柰族茂櫻胡鮮花發於上春佳實成於早夏四而爲一表四海之一君異而爲同明異才之同貫漢宮留核曾所未窺衞國報瓊何能竊似殊祥靈應疊貺駢臻凡在見聞孰不歡躍臣等謬當樞近累覩休符喜忭之情實萬恒品

賦 原 晉傅玄桃賦 有東園之珍果兮承陰陽之靈和結柔根以列樹兮豔長畝而駢羅夏日先熟初進廟堂辛氏踐秋厥味益長花落實結與時剛柔既甘且脆入口消流亦有冬桃冷侔冰霜放神適意恣口所嘗華升御

於內庭兮飾佳人之令顏實充虛而療饑兮信功烈之難原嘉放牛於斯林兮悅萬國之乂安望海島而慷慨兮懷度索之靈山何茲樹之獨茂兮條枝紛而麗閑根龍虬而雲結兮彌萬里而屈盤禦百鬼之妖慝兮列神荼以司姦辟凶邪而濟正兮豈唯榮美之足言 增 宋伍緝之園桃賦 嗟王母之奇果特華實兮兼副既陶煦以夏成又凌寒而冬就嗟果植兮難拔亦覩枯兮先茂農黃品其味漢帝驚其珍林休反耕之牛宅樹司惡之神景鷙勇於不足彌增罪於甘分雖無言兮成蹊亘克肴於魏君時令載始周南申章瞻擇有制藥齋惟良曾拂柢以悔荊楚供弧以事王 唐獨孤授蟠桃賦 東海神木是曰蟠桃可得聞其廣而未量其高蒼蒼龍之所臨據白日之所先照結根於凌北之峯稟氣乎衡星之耀其生植也與乾坤始其蟠縈也至三千里上鳴天雞下宅鬱壘徒駭其說莫原其以配若木以相望冠扶桑而特起爾乃煥初陽之杲杲壓巨海之漫漫太皞司方以流盼羲和策御而上干傾高柯而飛鳥罕及隨巨葉而青雲共蟠何帝休之名誌豈姑繇而變觀窮海陸以標奇抗蓬瀛而爭聳蕤蒸林之相合乃一木之所擁照濱海則攀其若浮昇日輪則遠覩如榛霜雪莫能以凋挾颶濤庸得其震傾拂垂雲之修翼蔭吹潦之長鯨非有歲之可紀每先晨之效明拂青桂於陰魄掩白榆於

太清信植物之神秀壯元化之曲成木無與儔其誰騁兩闕之術子不可獲安有被三竊之名是知瑰異之說或處明而若晦區域之心多玩小以疑大天無所不育地無所不載莫出混茫之中咸居耳目之外偉蟠桃之遐絕宜列仙之遊會安得採神物而駐顏涉滄海而登朔山駿素虬之夭矯騖緣鳳之迴環庶因此以捧日願修條而一攀 原 宋吳淑桃賦 果實多品惟桃可佳天天其色灼灼其華或成仙而益壽或辟鬼而袪邪或美后妃之德或報瓊瑤之華驚蟄應氣而斯盛農人爲候而無差陟雲臺而臨崖布綺遊武陵而夾岸舒霞妬娟常聞於武女愛惡潛移於子瑕至若綏山刻木神荼

索葦犯上既戒於文侯雪賤復問於夫子神女嘗食於二郎齊桐亦殺乎三士崑崙以霜實稱奇磅礴以寒英表異施頌異狀而同名侯白殊味而俱美別有綺葉金城之號紫文緗核之名雖云六果之下誠爲五木之精高丘餐膠而輕舉師門食葩而道成復有格羿之事畏漢之情玄冬霜林之茂朱夏豆實之英至於漢皇罷種方朔潛偷偶李傷嗟於見累士偶哀憐於載浮樊氏競術於靈變蔡誕託詐於仙遊亦有種列三名實盈十斛太淸漬花而療疾葩朴服膠而絕穀或呪之而頹面或出之而剖腹豈若饕碧實於西遊標嘉名於仙籙

五言古詩（增）〔宋孔平仲食桃〕翦彼十圍木架此百尺梁

十圍不加大百尺不加長胡爲被錦繡空爾飾文章根斷膚已剝至朽不復昌食桃棄其核下與糞壤藏雨露之所濡發生乃微芒回首枝幹大冉冉出我墻開花又結子意態何煌煌〔梅堯臣將行與蔡仲謀飲分席上果得桃〕會無千歲人安見千歲實聊效昔所投瓊瑤報非一

七言絕句（增）〔唐蔣防玄都觀桃〕曾傳天上千年熟今見人間五日香紅軟滿枝須作意莫教方朔施偷將〔宋楊萬里嘗桃〕金桃兩飣照銀杯一是栽花一買來香味比嘗無兩樣人情畢竟愛親栽　小桃著子可憐渠疎處全疎無處無併綴一梢三十顆縋枝欲折没人扶〔劉克莊桃〕歲歲春風花覆墻摘來紅實亦甘香當時無種瑤池木却恐淸河未得嘗

詩散句（增）〔梁任昉〕已謝西王苑復揖緱山枝聊逢賞者愛棲趾傍蓮池開紅春灼灼結實夏離離〔宋文同雨〕染烟蒸萬實垂丹砂爲首玉爲衣客疑麗水新陶得人向瑤池舊帶歸　（原）〔唐溫庭筠〕夏園桃已熟紅臉點臙脂〔姚合〕桃花四散飛桃子壓枝垂　（增）〔殷璠〕迎春別賜瑤池宴捧進金盤五色桃〔曹唐〕千歲紅桃香破鼻玉盤盛出與金妃〔宋宋祁〕要待花稀見秋實縹肌細肉薦盤珍〔元柳貫〕青鳥銜書昨夜來蟠桃如斗核如杯〔唐杜甫〕鸚鵡啄金桃〔白居易〕紅潤園桃熟〔沈

彬〕金桃爛熟没人偷〔宋秦觀〕歲星偷得桃枝碧

詞（增）〔鄭域壺中天〕蕊宮仙子愛癡兒不禁三偷家果棄核成根傳漢苑依舊風烟難老養就丹砂長留紅臉點透臙脂顆金盤盛處恍然天上新墜　莫厭對此飛觴千年一熟異人間梨棗劉阮塵緣猶未斷却向花間飛過爭似連枝摘來滿把鶯嘴平分破餐霞嚼露鎮長歌醉蓬島

別錄（原）〔南康記〕南康王山有石桃故老云古有寒桃生於嶺巖隱淪之士將大取其實因變成石焉　（增）〔西陽雜俎〕蜀後主有桃核兩扇每扇著仁處約盛水五升良久水成酒味醉人更互貯水以供其宴却不知得自何

處　水部員外郎杜陟嘗見江淮市人以桃核扇量米
正容一升言於九疑山溪中得　〔北戸錄〕至德初徐正
字疑于海鹽縣白塔沙渚之上得一桃核片可貯一升
〔野人閒話〕蜀文谷好古之士也於中書舍人劉光祚
處見桃核杯杯濶尺餘紋綵燦然眞蟠桃之實也劉自
云少時遊華嶽見一道士以此核酌瀑泉盥漱觀之驚
駭道士以半片授之　〔後蜀紀事〕孟昶二十年十二月
中書舍人劉光祚進蟠桃核酒杯云得於華山陳摶賜
帛五十疋・〔翠莊漫錄〕有人以桃核半枚獻王黼者中
容米三四斗　〔王氏神仙傳〕咸通中王琫爲王屋令遇
東極眞人王太虛授以所注黃庭經復與桃核大如數

斗器磨而服之身輕無疾　〔宛委餘編〕洪武乙卯出示
元內庫所藏巨桃半核長五寸廣四寸七分前刻西王
母賜漢武桃及宣和殿十字塗以金中繪龜鶴雲氣之
象後鐫庚子甲申月丁酉日記命學士宋濂爲賦　原
〔種桃〕凡種桃淺則出深則不生故其根淺不耐旱而易
枯近得老圃所傳云於初結實次年斫去其樹復生又
斫又生但覺生氣即斫令復長則其根入地深而盤結
固百年猶結實如初　增〔種樹書〕桃樹接李枝則紅而
甘　梅樹接桃則脆桃樹接杏則大・桃熟時墻面暖
處寬深爲坑收濕牛糞納坑中收好桃核十數枚尖頭
向上坑中糞土蓋厚一尺深春芽生和土移種之　原

衞桃〕桃實太繁則多墜以刀橫斫其幹數下乃止又社
日舂根下土持石壓樹枝則實不墜桃子蛀者以煑猪
首汁冷澆之或以刀疎斫之則穣出而不蛀如生小蟲
如蚊俗名蚜蟲雖桐油灑之不能盡除以多年竹燈檠
掛懸樹梢間則蟲自落甚驗

附錄　羊桃

增〔爾雅〕長楚銚弋〔註〕今羊桃也或曰鬼桃葉似桃華白
子如小麥亦似桃〔疏〕陸璣疏云葉長而狹花紫赤色其
枝莖弱過一尺引蔓於草上鄭氏曰藤生子赤狀如鼠
糞故亦名鼠矢兒童食之〔本草〕亦名羊腸一名御弋
生山林川谷及田野〔蜀本圖經〕子細如棗核苗長弱

蔓生不能爲樹今呼爲細子根似牡丹　原　羊桃福州
產其花五瓣色青黃

彙考　增〔詩檜風〕隰有萇楚猗儺其枝〔箋〕銚弋之性始生
正直及其長大則其枝猗儺而柔順不妄尋蔓草木

佩文齋廣羣芳譜卷第五十四

佩文齋廣羣芳譜卷第五十五

果譜

李 李花別見花譜

【原】李 爾雅翼云李木之多子者故從子本草云木之多子者多矣何獨李稱木子耶按素問言李味酸屬肝東方果也則李于五果屬木故得專稱爾 一名嘉慶子 韋述兩京記云東都嘉慶坊有美李人稱嘉慶子 【增】本草梵書名居陵迦 【原】李實有離核合核無核之異小時青熟則各色有紅有紫有黃有綠又有外青內白外青內紅者大者如杯如卵小者如彈如櫻其味有甘酸苦澀之殊性耐久樹可得三十年雖枝枯子亦不細種類頗多有麥李 麥秀時熟實小有溝肥甜爾雅云痤接慮李注云今之麥李是也 南居李 解核如杏堪入藥風土記云南居細李四月先熟 季春李 鄴中記云華林園有春李冬花春熟 木李 絕大而美 御黃李 形大而味厚核小而甘香李中佳品也 均亭李 紫而肥大味甘如蜜南方李此為最 擘李 熟則自裂 餻李 肥粘如餻 中植李 麥前熟 趙李 無核爾雅云休無實李注云一名趙李是也 御李 大如櫻桃紅黃色先諸李熟詳見后西溪叢語 赤李 其實赤爾雅云駮赤李注云子赤是也 冬李 十月十一月熟 離核李 亦柰有擘裂 皆李之特出者他如經李 一名老李樹數年即枯 杏李 味小酸似杏 黃扁李夏李名李 出南郡 綠青李 出房陵 建黃李 出河沂見傅玄賦 青皮李赤陵李馬肝李牛心李紫粉李小青李水李扁縫李金李鼠精李 詳見賦本集 合枝李柰李晚李之類未可悉數建寧者其甘今之李皆從此出 【增】西京雜記上林苑李有紫李綠李朱李黃李青綺李青房李同心李合枝李金枝李顏淵李羌李燕李蠻李侯李

廣志有車下李 述異記杜陵有金李李大者謂之夏李尤小者謂之鼠李 客燕雜記京師佳果有麝香李盤山李

彙考

【增】詩王風丘中有李彼留之子 小雅北山有李 大雅投我以桃報之以李 【原】爾雅棗李曰疐之 疏謂治擇李皆去其核核者柢也 孟子井上有李 【增】晉書王濟傳和嶠性至儉家有好李帝求之不過數十濟候其上直率少年詣園共啖畢伐樹而去 王戎傳戎嘗與羣兒戲於道側見李樹多實等輩競趨之戎獨不往或問其故戎曰樹在道邊而多子必苦李也取之信然 南史王僧孺傳僧孺幼聰慧有餽其父冬李先

以一與之僧孺不受曰大人未見不容先嘗 山海經邊春之山岐山孟子之山靈山卑山其上多桃李 【原】管子五沃之土其木宜梅李 【增】春秋運斗樞玉衡星散為李 黃帝內傳王母遺帝上清玉文之李 【原】鹽鐵論夫李梅實多者來歲為之衰 洞冥記琳國去長安九萬里生玉葉李色如碧玉數千歲一熟味酸昔韓衆嘗餌此李因名韓衆李 漢武內傳李少君謂帝云鍾山之李大如瓶臣以食之遂生奇光 【增】漢武內傳仙藥之上者有員丘紅李 風俗通汝南南頓張助於田中種禾見李核意欲持去顧見空桑中有土因殖種以餘漿溉灌後人見桑中反復生李轉相告語有病目

痛者息陰下言李君令我目愈謝以一豚目痛小疾亦行自愈遠近翕赫其下車騎常數千百酒肉滂沱間一歲餘張助遠出來還見之驚曰此有何神乃我所種耳因就斮之〔抱朴子〕五原蔡誕入山而還欺其家人云到崑崙山有玉桃玉李形如世間者但光明洞徹而堅以玉井水洗之便輭而可食【原】〔神仙傳〕老子之母適至李樹下而生老子生而能言指李樹曰以此爲我姓【增】〔孝子傳〕王祥後母庭中有李始結子使祥晝視鳥雀夜則趨鼠一夜風雨大至祥抱泣至曉母見之惻然〔搜神記〕袁紹在冀州有神出河東號度朔君百姓共爲立廟兗州有一士姓蘇母病往禱見一客來著白布

單衣高冠冠似魚頭謂度朔君曰昔臨廬山共食白李憶之未久已三千歲日月易得使人悵然去後謂士曰此南海君也〔荊州記〕房陵縣有朱仲者家有好李代所希有〔述異記〕瀨鄉老子祠有紅縹李一李二色魏文帝安陽殿前天降朱李八枚啖一枚可數日不食今李種有安陽李大而又甘者即其種也　晉暉章殿前有嘉李　房陵定山有朱仲李園三十六所潘岳閒居賦防陵朱仲之李李尤果賦云三十六園朱李是也中山有縹李大如拳者呼仙李李尤果賦云如拳之李陸士衡果賦曰中山之縹李又云仙李縹而神李紅

【彙】〔世說〕王戎有好李賣之恐人得其種恒鑽其核〔語林〕和嶠性至儉家有好李諸弟往園中食李而皆計核責錢　【增】〔顏氏家訓〕齊武成帝子琅琊王嘗朝南殿見鉤盾獻早李還索不得遂大怒詢曰至尊已有我何意無不知分齊率皆如此〔集眞記〕西王母居龍月城城中產黃中李花開則三影結實則九影花實上皆有黃中二字王母惜之遇於蟠桃與紫陽眞官博戲則以一二百枚遞分勝負【原】〔好事集〕王侍中家堂前有鼠從地出其穴即生李樹花實俱好此鼠精李也【增】〔花木錄〕北齊武帝改芳林園爲仙都苑植名果有合歡杏同心李【原】〔零陵總記〕李直方常第果實若貢士以綠李爲首〔雲仙雜記〕崔奉國家有一種李肉厚而無核識

者曰天罰乖龍必割其耳血墮地生此李【增】〔談苑〕許州小窑出好李太常少卿劉蒙正有園在焉多植之每遣人負擔歸京師以遺貴要竊得嘗之絕大而味佳所謂會知巳也〔高僧傳〕唐肅宗至德二年返轅指扶風令釋元皎於鳳翔開元寺置御藥師壜忽於法會內生一叢李樹有四十九莖元皎等表賀帝喜曰此大瑞應答勅云瑞李繁滋國之興兆生在伽藍之內足知覺樹之榮感此殊祥與師同慶〔西溪叢語〕許昌節度使小廳是故魏景福殿魏太祖挾獻帝自洛都許許州有小李子色黃大如櫻桃謂之御李子即獻帝所植至今有焉〔武夷山記〕峰山有仙李如小鳥卵長而色赤味亦

酸美〔異林〕弘治甲寅楓樹生李實又歲丙辰李樹生豆莢苕苕滿枝〔學圃餘疏〕李種亦殊多北土盤山磨香紅妙甚江南絕無然亦有一種極大而紅者味可亞之亦有玉黄青翠嘉慶子俱稱佳品今吾圃中僅有粉李一種餘當致之 原〔花史〕嘉興府城西南地產佳李因名檇李越絕書作就李又云吳王嘗醉西施於此號醉李 水晶李出天台閑閑眞人嘗致元帝

集藻〔表〕增〔唐孫逖爲宰相賀李樹凌冬結實表〕臣等伏見劉麟奏南郡李樹凌冬結實并圖及李實者惟此珍樹名應皇族玄元所指用興長發之祥明靈是憑故表非常之瑞已經夏實更發冬榮霜雪而翠葉不凋斯須

而朱實皆就仁及草木既叶太平之期道貴生成仍呈久視之應恭惟聖感詎可名言所以彰寶祚之靈長表天枝之碩茂遠踰海嶠來薦闕庭豈三秀之足稱何兩岐之敢喻殊祥洊至品物同歡況在臣等寧勝抃躍無任欣慶之至

雜著 原〔晉王羲之帖〕青李來禽櫻桃日給藤子皆囊盛爲佳函封多不生足下所疏云此果佳可爲致子當種之此種彼胡桃亦生也吾篤喜種果今在田里惟以此爲事故遠及足下致此子者大惠也

〔賦〕增〔晉傅玄李賦〕植中州之名果兮結修根於芳園嘉列樹之蔚蔚兮美弱枝之爰爰既乃長條四布密葉重陰夕景迴光傍陰蘭林於是肅肅晨風飄飄落英潛實内結豐彩外盈翠質亦變形隨運成清角奏而微酸起大宮動而和甘生既變洽熟五色有章種別類分或朱或黄甘酸得適美逾蜜房浮彩點駮赤者如丹入口流濺逸味難原見之則心悅含之則神安乃有河沂黄建房陵縹青一樹三色異味殊名乃上代之所不覩咸升御乎紫庭周萬國之口實兮充薦饗於神靈昔怪古人之感睨乃咨之以寶瓊翫斯味之奇瑋兮然後知報之爲輕

五言古詩 增〔梁王筠答元金紫餉朱李〕霜華春發彩結實下成蹊潛生詠金谷魏后沉寒溪逢君重妖麗移翫

入崇闈懸無瓊玖報徒用萃幽棲〔沈約麥李〕青玉冠西海碧石彌外區化爲中園實其下成路衢在先良足貴因小邈難逾色潤房陵縹味奪寒水朱摘持欲以獻尚食且躕躇〔陳江總詠李〕嘉樹春風早春風花落新但見成蹊處幾得正冠人當知露井側復與天桃鄰

七言絕句 原〔唐白居易嘉慶李〕東都綠李萬州栽君手封題我手開把得欲嘗先悵望與渠同別故鄉來〔宋王十朋詠李〕長念詩人詠子嗟園欒繞樹上攲斜冰盤行薦炎天實不用東陵學種瓜

〔詩散句〕原〔晉張華〕朱李生東苑甘瓜出西郊 增〔唐于鵠〕仲夏梅李發枝頭玉貫繁 原〔宋宋祁〕會見繁英出

縹蔕更將朱實奉華堂 增宋顏延年李下不整冠

謝朓夏李沉朱實 原唐杜甫朱李沉不冷 故索苦

李餐 韓愈道傍多苦李 冰盤夏薦碧實脆 宋蘇

軾朱李扶疎禽自來 紫李黃瓜村路香

別錄原移栽春月取近根小條栽之離大樹遠者不用待長移之別地性喜開爽宜稀栽南北成行率兩步一株太密聯陰則子小而味不佳樹下勤去草而不可耕耕則樹肥而無實 嫁李正月一日或十五日以磚石著李樹岐中則實繁又臘月中以杖微打樹岐間正月晦日復打可令足子又法以煮寒食醴酪火梂著樹間亦良或曰桃樹接李則生子甘紅 禁忌李多食腹脹

若澀者忌食 服木人不可食 不沉水者不可食 不可合雀肉食 不可合蜜食 不可臨水食 不可合漿水食 製用鹽曝法夏月李黃時摘取以鹽挼去汁合鹽曬萎去核復曬乾用時以湯洗淨薦酒甚佳 嘉慶子取朱李蒸熟曬乾又糖藏蜜煎皆可久留 保生月錄食李能除固熱調中不可多食

梨 梨花別見花譜

原梨 爾雅云梨山樆疏云其在山之名則曰樆人植之曰梨本草補遺云梨者利也其性下流利也 一名果宗一名快果 陶弘景別錄云梨性冷利多食損人故俗人謂之快果 一名玉乳一名蜜父 清異錄云建業野人種梨者誑其味曰蜜父 北地處處有之南方惟宣城爲勝二月開花上巳日無風則結梨必佳有二種鮮圓而銳者果甘缺而皺者味酸果圓如榴頂微凹無尖鮮者甘寒無毒潤肺涼心消痰降火解瘡毒酒毒乳梨 本草云又名雪梨出宣城皮厚肉實而味長 鵝梨 本草云又名綿梨出河之南北皮薄漿多味頗短香則過之 二梨皆入藥其餘水梨赤梨茅梨禦兒梨 本草云即乳之訛或云禦兒一作語兒地名也在嘉興縣 紫糜梨陽城夏梨秋梨種類非一他如紫梨 植塔北樓前 香水梨 本草云又名消梨出北地最爲上品 張公夏梨 廣志云出洛陽北邙海內惟有一株 廣都梨鉅鹿豪梨 廣志云重六斤數人分食之 鉅野梨新豐箭谷梨關西谷中梨 廣志云關以西京兆右扶風界諸谷中梨率多供御 味色香種種奇絕未可悉數 增西京雜記上林苑有青梨 實大 芳梨 實小 大谷梨細葉梨縹葉梨金葉梨 出琅琊王野家太守王唐所獻 瀚海梨 出瀚海北耐寒不枯 東王梨 出海中 紫

條梨 廣志常山真定梨梁國睢陽梨齊都臨淄梨 洛陽花木記雨梨濁梨穰梨車寶梨紅鶯梨敷鶯梨紅消梨秦王招消梨蜜指梨清沙爛 本草紫花梨 療心熱詳見后耳目記 真定御梨 詳見后魏文帝部 含消梨 漢武嘗種于上苑梨之奇品也詳見后三輔黃圖 青皮早穀半斤沙糜諸梨皆粗澀不堪止可蒸煮及切烘爲脯

原一種桑梨止堪同蜜煮食生食冷中不益人

彙考增禮記內則柤梨曰攢之 注 攢之者鑽治其蟲處也

原宋書王玄謨傳玄謨營貨利一疋布責人八百梨

增南史扶桑國傳扶桑國有赤梨經年不壞 北史高聰傳聰廢於家斷絕人事惟修營園果世稱高聰

梨以爲珍異　山海經洞庭之山其木多相梨　家語曾參後母遇之無恩供養不衰其妻以蒸梨不熟因出之人曰非七出也參曰蒸梨小物耳吾欲使熟而不用吾命况大事乎　莊子三王五帝之禮義法度不同譬其猶樝梨橘柚耶其味相反而皆可於口　韓非子夫樹柤梨橘柚者食之則甘嗅之則香　神異經東方有樹焉高百丈敷張自輔葉長一丈廣六尺其名曰梨如今之樝梨但樹大耳其子徑三尺剖之少瓤白如素和羹食之爲地仙衣服不敗辟穀可以入水火　注一名木梨　原洞冥記塗山背梨大如升或云如斗紫色千年一花謂之紫軛梨　增尹喜內傳老子西游省太眞王

母共食碧梨紫梨　原漢武內傳太上之藥有玄光梨　增三輔黃圖三秦記云漢武帝御宿園出大梨如五升瓶落地則破其取梨先以布囊承之號曰含消　雲陽宮記曰雲陽車箱坂下有梨園一頃梨數百株青翠繁密望之如車蓋　原魏文帝詔眞定郡梨大若拳甘若蜜脆若菱可以解煩釋悁　魏書魏武爲兗州牧上書曰山陽有美梨謹上三箱　增曹瞞傳王自漢中至洛陽起建始殿使工蘇越徙美梨掘之根盡血出　文士傳孔融年四歲與諸兄食梨輒取其小者人問其故答曰我小兒法當取小者由此宗族奇之　神仙傳吳主徵介象至武昌甚尊敬之稱爲介君後告言病帝遣左右姬侍以美梨一奩賜象象食之須臾便死乃埋葬之以日中時死晡時已至建業所賜梨付苑吏種之吏後以表聞發棺視之唯一符耳　晉令諸宮秩梨守護者吏一人　涼州記呂光時燉煌太守宋歆獻同心之梨　南康記歸山石城內有梨熟人食其實任意取足持歸家人噉輒病或顛仆失徑亡命味似秋梨　永嘉郡記青田村人家多種梨樹名曰官梨子大一圍五寸恒以供獻名爲御梨吏司守視土人有未知味者實落至地即融釋　幽明錄成彪兄喪晝哭夜泣見提二升酒一盤梨就之引酌相勸　原世說道安公嘗集講僧數百人習鑿齒餉十梨公坐中手自剖分梨盡人徧

都無偏頗　桓南郡每見人不快輒嗔曰君得哀家梨當復不蒸食否　注秣陵有哀家梨大如升甚美入口即消　增述異記南方有三尺之梨人不得見或見而食之即爲地仙　洛陽伽藍記報德寺高祖所立在開陽門外三里周圍有園珍果出焉有梨如承光寺　三晉山陰記山陽縣北有谷通得驢馬石勒昔在此喫梨生樹今有梨園　原廣五行志宋廢帝大始中江南盛傳消梨先無此樹自此百姓爭植之既而後齊蕭氏受禪　鄴侯外傳肅宗嘗夜坐召穎王等三弟同於地爐罽毯上坐時李泌絕粒上自燒二梨以賜之穎王恃恩固求上不與曰汝嘗飽肉食先生絕粒何必爭之賜以他

果頴王曰先生恩深如此臣等請聯句以爲他年故事
上許之頴王曰先生年幾許顏色若童兒信王曰夜抱
九仙骨朝披一品衣益王曰不食千鍾粟惟餐兩顆梨
既而三王請上成之上曰天生此間氣助我化無爲
〔童子通神集〕楊炎律弟子金圖十二歲時炎律問以葛
洪仙籙中事以水玉數珠手節之凡兩徧三百事炎律
賞以轉枝梨【增】〔酉陽雜俎〕洛陽報德寺梨重六斤
曹州及揚州淮口出夏梨〔洽聞記〕融峯上有青壇方
五丈有燒香行道處古形銅器數種有梨樹高三十丈
子如斗至搖落時但見其汁核無得味者〔耳目記〕武
宗患心熱青城山邢道士以肘後綠囊中青丹兩粒取

梨數枚絞汁進之帝疾尋愈從容問其丹爲何物曰赤
城山頂有青芝兩株太白南溪有紫花梨一樹臣遊二
山偶獲兩寶合鍊成丹邢辭去後帝詔示天下有紫花
梨即時奏上時恒州節度太尉公主達尚壽春公主即
會昌之女弟聞鎮定李令種梨數株其一紫花梨即遣
寺人就加封檢翦其旁樹匝以朱欄寶惜纖枝有同月
桂當花發之時防蜂蝶之竊耗每以輕綃紗縠遮加籠
冪焉泊及秋實公主必手遞而進之比達帝庭十得其
六七帝多食此梨雖不及邢氏者亦粗解其煩燥耳是
時有李遵來侍御任恒州記室作進梨表云紫花開處
穠美春林縹蒂懸時迴光秋浦離離玉潤落落珠圓甘
不待嘗虒雖勝口表達闕下公卿笑之曰常山公何用
進殘梨於天府也蓋以其表有虒雖勝口之句有縣宰
李尚嘗以守樹不謹會風折一枝降爲冀州典午〔零
陵總記〕李直方嘗第果實若貢士以楞梨爲二【原】〔吳
越備史〕李昇本徐氏湖州安吉人爲安吉令先是其家
有梨樹云結一實大如升其父異之將獻郡守有謂其
父曰此果非常年所有即上獻來年見徵安知復有此
物不如勿獻其父然之因會鄰里將其食即席剖之有
赤蛇在實中剖者大驚投刃於地俄而赤蛇走其母榻
下尋之了無所見未幾其母遂孕知誥【增】〔湘山野錄〕
李建勳丞相出鎮豫章一日與賓僚遊東山忽平田間

一茅舍有兒童誦書聲攜策就之乃一老叟教數村童
叟驚悚離席改容趨謝而翔雅有體氣調瀟灑丞相愛
之遂觴於其廬置之客右叟亦不敢輒談李以晚渴連
食數梨賓僚有曰此不宜多食號爲五臟刀斧叟竊笑
丞相曰先生之哂必有異聞叟謝曰小子愚賤偶失
容於鈞重然實無所聞李堅質之仍脅以巨觥曰無說
則沃之叟不得已問說者曰敢問刀斧之說有稽乎曰
舉世盡云必有所稽叟曰見鶡冠子所謂五臟刀斧者
非所食之梨乃離別之離爾蓋言人之別離戕伐胸懷
甚若刀斧遂就架取一小冊振拂以呈丞相乃鶡冠子
也檢之如其說李特加重〔過庭錄〕邵伯恭侍郎守長

安既去久之以書抵親識曰自去長安惟酥梨笋時復在念其他漫然不復記憶可謂風流矣〔茅亭客話〕滕處士昌祐字勝華所居園中有梨名車轂圍一尺摘時先以布囊盛之落地即碎〔石湖集詩注〕良鄉燕山屬色驛中供金粟梨內丘鵞梨爲天下第一初熟收藏十一月出汗後方佳園戶云梨至易種一接便生可支數十年吾家園者猶聖宋太平時所接〔劒南集詩注〕村人謂小梨爲梨頭〔老學庵筆記〕紹聖中蔡京館遼使李儼蓄泛使者留館頗久一日儼方飲忽持盤中杏曰來未花開如今多幸京即舉梨謂之曰去路葉落未可輕離 原 類編 士人狀若有疾懨懨無聊往謁楊吉

老楊曰君熱症已極氣血銷鑠此去三年當以疽死士人不樂而去聞茅山有道士醫術通神而不欲人知乃衣僕人衣詣山願執薪水之役道士留置弟子中久之以實白道士診之笑曰汝便下山日日喫好梨一顆如無生梨取乾梨煮熟食滓飲汁疾自當平士人如其戒經一歲復見楊楊見其顏貌腴澤脈息和平驚曰君必遇異人不然豈有痊理士人告以故吉老具衣冠望茅山設拜自咎其學之未至 增 雲蕉館紀談 廣安出紫梨到山即化者爲佳明昇取其汁和紫藤粉爲糕名雲液紫霜食之能却醉〔學圃餘疏〕梨如哀家梨金華紫花梨不可見也今北之秋白梨南之宜州梨皆名地所不能及也聞西洞庭有一種佳者將熟時以箬就樹包之味不下宣州當覓此種植之亦一快也〔一統志〕梨洲山在寧波府奉化縣西南六十里舊志孫興公弟承公遊此獲仙梨食之成仙故名

集藻 頌 增 晉王讚梨樹頌并序 太康十一年梨樹四枝與中枝合生於閤皇太子令侍中頌之嘉木時生瑞我皇祚修幹外揚降枝內附翼翼皇儲克允其敬神啓其和人降其嘉降自玄圃合體連枝時惟令月躬親北林樂在同人如蘭如金木之期應乃同其心同心之生啓自神明在心斯動於言斯形先民有則稱詩表情惟永作歌以休厥靈

啓 原 〔宋謝脁謝隋王賜紫梨啓〕味出靈關之陰旨介玉津之滌豈徒真定歸美大谷滋懸將恐帝臺妙棠安期靈棗不得孤擅玉盤獨甘仙席雖秦君得器漢后推餐望古可儔於今誰答〔梁庾肩吾謝賚梨啓〕睢陽東苑子圍三尺新豐箭谷枝懸六斤未有生因粉水齊自編丘影連鄧橘林交茲楠葉薦中厨愛頒下室事同靈棗有願還年恐從仙桃無因留核

文賦散句 增 魏何晏九州論真定好梨〔晉左思蜀都賦〕紫梨津潤〔潘岳閒居賦〕張公大谷之梨〔傅巽七誨〕梁陽黃梨

五言古詩 增 梁元帝詠梨 大谷常流稱南荒本足珍綠

葉巳承露紫實復含津〔沈約詠梨應詔〕大谷來旣重岷山道又難摧折非所恡但令入玉盤〔周庾信奉梨〕接枝秋轉脆含消落更香擎置仙人掌應添瑞露漿〔宋梅堯臣王汝贈永興冰蜜梨十顆〕梨傳眞定間其甘曰如蜜君得咸陽中味兼冰作質遺之析朝酲亦以蠲煩疾吾兒勿多嗜不比盤中栗〔江鄰幾學士寄酥梨〕興平烹瓊乳咸陽摘冰枝秦女點山日張公開谷時刻破玉漿壺泛融金酒巵適從關中寄不見博士卑〔曾鞏食梨〕今歲天旱甚百穀病已久山梨最大樹厲此亦乾枯當春花盛時雪滿山前後常期摘秋實穰穰落吾手忽驚冰玉眼不與膏澤偶清朝起周覽映葉才八九

閑居問時物此說得溪叟貧齋分寂絕塵抱徒噎嘔寧知蕭條內把握忽先有食新恐非稱分少覺巳厚開苞日星動落刃冰雪剖煙濤擇新汲遠負盈素缶英華兩相發光彩生戶牖初嘗蜜經齒久嚼泉垂口蠲煩慰諸親愈渴析衆友肯覷啟畦瓜寧論漏泥藕歲晚迫風霜人饑乏藜糗眞味雖暫御未許置樽酒〔楊道山乞梨〕張果出李園有實大如斗擬須青女熟不柰飛廉吼料因秋草間磊砢驪珠走磨刀垂饞涎佇立待一剖

七言古詩增〔宋鄒雍食梨〕願君莫愛金花梨願君須愛紅消梨金花紅消兩般味一般顏色如臙脂紅消食之甘如飴金花食之顰雙眉似此悞人多少事未審之蔣

宜辨之〔孔平仲食梨〕東方早寒雪霜擊新梨十月巳滿市削成黃蠟圓且長味甘骨冷體有香芳尊命友先衆果百十磊砢升君堂贈君玉壺唇冰之皎潔副以金莖皓露之清涼柰何燔火取煨栗梨雖至美或不嘗輩皆三嚥乎摩腹謂此發病爲第一奪之兒口錫止哭君不記南方無此物五更酒渴喚水時思此千里莫致之及今乃以多見賤南方橘柚東方梨〔元耶律楚材和陳秀玉謝梨〕石門九月西風高謝梨萬樹金垂梢清溪千里携贈我藤筐乍發香盈包縹葉紫條生拔俗夜光安可同魚目文園消渴正難禁齒嚼寒冰劇香玉

五言律詩增〔唐李嶠詠梨〕擅美玄光側傳芳瀚海中鳳

文疎象郡花影麗新豐邑對瑤池紫甘依大谷紅若令逢漢主還冀識張公〔宋梅堯臣王道損贈永興冰蜜梨四顆〕名果出西州霜前競以收老嫌冰熨齒渴愛蜜過喉色向瑤盤發甘應蟻酒投仙桃無此比不畏小兒偷〔程敦厚謝人送梨〕遠意來佳惠秋筠啟翠籃清香殊未散奇品互相參鳳卵辭丹穴龍珠出古潭剖輕刀七快嚼易齒牙甘

七言律詩增〔宋徐鉉贈陶使君求梨〕昨宵宴罷醉如泥惟憶張公大谷梨白玉花繁曾綴處黃金色嫩乍成時冷侵肺腑醒偏早香惹衣襟歇倍遲今旦中山方酒渴唯應此物最和宜〔楊億詠梨〕繁花如雪早傷春千樹

封侯未是貧漢苑漫傳盧橘賦驪山曾識荔支塵九秋青女霜添味五夜方諸月溜津楚客狂酲朝已解水風猶自獵江蘋〔劉筠詠梨〕玄光仙樹阻丹梯御宿嘉名近可齊真定早寒霜葉薄樊川初曉露枝低先時櫻熟煩羊酪遠信梅酸損瓠犀宋玉有情終未識蔗漿無柰楚魂迷〔錢惟演詠梨〕紫花青蔕壓枝繁秋實離離出上闌東海圓珪無柰碧蜀山甜雪不勝寒已憂仙珮懸珠重更恐金刀切玉難自與相如解消渴何須瓊蘂作朝餐〔丁謂詠梨〕搖搖繁實弄秋光曾伴青椑薦武皇玄圃雲腴滋紺蔕上林風馭獵清香尋芳尚憶瓊爲樹獨渴因知玉有漿多少好枝誰最見冒霜丹頰倚鄰墻

〔韓琦壓沙寺梨〕壓沙千畝敵侯封珍果誠非衆品同自得嘉名過冰蜜誰知精別有雌雄嘗滋沆瀣充肌膩不假臙脂上頰紅四海舉皆推美味任從潘賦紀張公〔劉子翬詠梨〕尚想飛花映綺疏離離秋實點塵無丹腮曉露香猶薄玉齒寒冰嚼欲無舊有佳名傳大谷誰分靈種下江都柘漿不用傳金椀猶得相如病少蘇〔楊東山詠梨〕想像含消與接枝英華集裏臉香詩外飛翠羽中懷玉嚼出清泉上滿池益齒應餐多正好堆盤儘飣老相宜炎蒸時節還能洗不是梨侯更有誰〔楊萬里詠梨〕挂冠大谷肯汗時飣坐風流特地奇骨裏馨香衣不隔胸中冰雪齒先知貴漿碎搗瓊爲汁解甲方憐王作肌老子醉來渾謝客見渠倒屣只嫌疑〔朱子食梨〕珍實渾疑露結成香葩况是雪儲精作鶯舂落堆盤出旋剖輕盈照骨明盧橘謾勞誇夏熟柘漿未許析朝酲啖餘更檢桐君錄快果知非浪得名〔元劉因醉梨〕白雪春香洗未殘玄霜誰遣凍成團漆封圓顆盤增滑蜜和濃漿齒避寒綠蟻從今忘病渴金花無地著餘酸快人風味依然在莫作尋常軟熟看

五言排律〔增〕〔唐許渾蒙賓客李相國見示和宣武盧僕射以吏部尚書自江南赴闕既大梨白鶻因贈五言六韻攀和〕巨實珍奇果馴雛重越禽摘來漁浦上攜在兎園陰霜合凝丹頰風披斂素襟刀分瓊液散籠蔽雪

華深虎帳齋中設龍樓洛下吟含消兼受彩應貴冢卿心

五言絶句〔增〕〔宋蘇軾和子由岐下詠梨〕霜降紅梨熟柔柯已不勝未嘗蠲夏渴長見助冬冰

七言絶句〔增〕〔宋王安石耿天騭惠梨次韻〕故人家果獨難忘秋實初成便得嘗直使紫花形味勝豈能終日望咸陽

淮浦新梨百畝涼分甘紛得助秋嘗張公大谷雖云美誰肯苞苴出晉陽

甘滋南北共傳誇栽接還如老圃家誰謂交梨非外獎因君澆灌已萌芽〔范成大內丘梨園〕汗後鵞梨爽似冰花身耐久老猶榮園翁指似還三嘆曾共翁身見太平

詩散句增梁宣帝綠葉已承露紫實復含津　宋曾鞏
初嘗蜜經齒久嚼泉垂口　陶弼色鮮因曉日聲脆得
秋霜　晏殊嘉名耆出新豐谷美實今鄰御宿園　歐
陽修嗟余久苦相如渴却憶冰梨熨齒寒　辛寅孫蒙
君知重意瓊實薄起金刀釘玉深　嚼處春冰敲齒冷
嚥時雪液沃心寒　宋謝朓環梨懸已紫　梁沈約高
梨有繁實　庾肩吾梨紅大谷晚　周庾信脆梨裁數
實　唐太宗園梨始帶紅　李白山盤薦霜梨　杜甫
山梨結小紅　紅梨迥得霜　張梨不外求　柳宗元
霜重梨棗熟　于鵠蒸梨常共竈　張籍梨晚漸紅墜
宋梅堯臣剖破玉壺漿　蘇軾高樹紅消梨　陸游

梨大圍三寸　冰梨賴似類　金高士談北風熟相梨
宋錢惟演紫梨半熟連紅樹　黃庭堅漢苑甘寒梨
得霜　陸游門前喚擔買梨頭　金蕭貢霜添老葉山
梨紫
別錄增南史張敷傳敷小名楂父邵小名梨文帝戲之
曰楂何如梨敷答曰梨是百果之宗楂何敢比也　原
唐書崔遠傳遠有文而風致整峻世慕其爲目曰釘坐
梨言座所珍也　御史本草侍御史爲脆梨漸入佳味
·輶軒絕代語燕代北鄙謂老曰梨言面色如凍梨也
·邵氏聞見後錄錢昭度有食梨詩云西南片月充腸
冷二八飛泉繞齒寒予讀樂府解題井謎云二八三八

飛泉仰流蓋三八三八爲五八五八四十也四十爲井
字　韻府人勸劉淨翁捨俗出家山谷頌曰掉却甜桃
喫酸梨　種梨梨熟時埋之經年至春生芽次年分栽
溉以肥水至冬葉落附地刈之以炭火燒頭二年即結
子若穭生及種而不栽則結子遲每梨有十餘子惟二
子生梨餘皆生杜　栽梨春分前十日取旺梨笋如拐
樣截其兩頭火燒鐵器烙定津脈臥栽於地即活　接
梨取棠杜如臂以上者大者接五枝小者二三枝梨葉
微動爲上時欲開萼爲下時先作麻紉纏十數匝以小
利鋸截杜令離地五六寸將原榦用利刃貼皮劙開尖
竹籤刺入皮木之際令深一寸許預取結梨旺嫩枝向

陽者長五六寸削如馬耳名曰梨貼用口含少時以借
其氣插入杜樹孔中大小長短削與所刺等拔去竹籤
即插梨貼至所探處緊縛勿動搖以綿裹杜樹頂封熟
泥於土以土培覆令梨僅出頭仍以土壅四畔當梨上
沃水水盡以土覆之務令堅密梨枝甚脆培土時須謹
慎若著掌則芽折梨貼須去黑皮勿傷青皮傷青皮則
不活梨既生杜旁有葉即去之勿分其力月餘自發長
即生梨梨生用箬包裹勿爲象鼻蟲所傷又云凡接梨
園中用旁枝葉得四散庭前用中心取其枝榦直上用
根邊小枝樹形可喜五年方結子用鳩根老枝三年即
結子但樹醜若遠道取貼根下燒三四寸可行數百里

猶生〔種樹書〕桑上接梨則脆而甘美〔藏梨〕初霜即收多經霜不能至夏於屋下掘深窨坑底無令潤濕收梨在中不須覆蓋便可經夏摘時須好接勿令損傷〔物類相感志〕梨與蘿蔔相間收或削梨蒂種於蘿蔔內藏之皆可經年不爛〔本草〕就樹上以囊包裹過冬乃摘亦妙〔製用〕〔農桑通訣〕凡酸梨換水煮熟則甜美不損人　西路産梨處取甜梨去皮切作厚片火焙乾謂之梨花允為佳果可充貢　增〔齊民要術〕梨菹法先作漤用小梨瓶中水漬泥頭自秋至春至冬中須亦可用又云一月日可用將用去皮通體薄切奠之以梨漤汁投少蜜令甜酢以泥封之若卒切梨如上五梨半用苦

酒二升湯二升合和之溫令少熱下盛一奠五六片汁沃上至半以篸置柸旁夏停不過五日

附錄　檖

增〔爾雅〕檖蘿〔注〕今陽檖也實似梨而小酢可食〔陸璣詩疏〕檖一名赤蘿一名山梨也今人謂之陽檖實如梨但小耳一名鹿梨一名鼠梨今人亦種之極有脆美者亦如梨之美者〔本草〕蘇頌曰江寧府信州一種小梨名鹿梨葉如茶根如小拇頭彼人取皮治瘡八月採之近處亦有但采實作乾不知入藥也李時珍曰山梨野梨也處處有之梨大如杏可食其木文細密赤者文急白者文緩

彙考　增〔詩秦風〕隰有樹檖

附錄　樝

原樝與柤同又作查本草云酢澀而多渣故謂之樝一名和圓子一名木桃處處有之孟州特多小於木瓜更酢澀色微黃蒂核皆粗核中之子小而圓味劣於梨與木瓜而入蜜煮湯則香美過之去惡心咽酸止酒痰黃水功與木瓜相近　增〔風土記〕柤梨屬內堅而香

彙考　增〔詩衛風〕投我以木桃報之以瓊瑤〔禮記內則〕柤梨薑桂〔注〕柤梨之不臧者〔山海經〕銅山葛山賈超風山其木多柤　甘樝列於崑崙　中容之國甘柤所生　蓋猶之山其上有甘樝枝幹皆赤黃葉白華黑實

有沃之國爰有甘柤〔神異經〕南方大荒之中有樹焉名曰柤稼櫃柤者柤梨也稼者株稼也櫃親暱也三千歲作華九千歲作實其華藥紫色其實赤色其高百丈或千丈也敷張自輔東西南北枝各近五十丈葉長七尺廣五尺色如綠青木皮如梓樹理如甘草味飴實長九尺圍如其長而無瓤核以竹刀剖之如凝蜜得實復見實即滅矣言復見後實熟者壽一萬二千歲〔宋景文筆記〕鄭玄注禮記謂柤梨之不臧者今樝與梨絕不類恐玄所指非今樝也

集藻〔詩散句〕增〔周庾信〕甘查惟一株　原〔唐杜甫〕樝梨且綴碧

【別錄】【增】〈續世說〉張敞從彭城還傳亮下船與別張不起
授手著舫戶外傳遂不執手熟視張面云查故是棃中
不滅者便去

附錄 櫨桲

【原】櫨桲出關陝沙苑者更佳似楂子而小氣香辟衣魚
樹如林檎花白綠色味甘食之宜淨洗去毛恐損肺不
宜多食同車螯食發痁氣

【彙考】【增】〈述異記〉江淮南人至北見櫨桲以爲楂子

【集藻】〈五言古詩〉【增】宋無名氏詠櫨桲〈秦中物專靈櫨桲
爲佳果南枝種府署高樹立婀娜秋來收新實照日垂
萬顆中滋味醲醲外飾素苴裹彥思摘晨露滿合持贈
我

〈七言絕句〉【增】宋梅堯臣得沙苑櫨桲戲酬〈蒺藜已枯天
馬歸嫩蠟籠黃霜冒幹不比江南楂柚酸橐驢載與吳
人看

棠棃　棠棃花別見花譜

【原】棠棃鄭康成詩注云北人謂之杜棃南人謂之棠棃通志云甘棠謂之棠棃丹鉛總錄云梈山棃今棠棃廣志云上黨椁棃小而加甘是也實如小榛子霜後可食其樹接棃
甚佳處處有之有甘醋赤白二種陸璣詩疏云白棠甘
棠也子多酸美而滑赤棠子澀而酢木理亦赤可作弓
材爾雅云杜甘棠注云今之杜棃又云杜赤棠白者棠疏云赤者爲杜白者爲棠陸璣詩疏云赤棠與白棠同耳但子有赤白美惡本草云或云牝曰杜牡曰棠或云澀者杜甘者棠杜者澀也棠者糖也

【彙考】【增】〈詩小雅〉有杕之杜有睆其實〈十六國春秋〉慕
容儁觀兵近郊見甘棠于道周從者不識儁曰此詩所
謂甘棠甘者味之主也木者春之行也五德屬仁五行
屬土春以施生味以養物色又赤者將有赫赫之慶于
中土吾謂國家之盛此其徵也傳曰升高能賦可以爲
大夫羣司亦各書其志吾將覽焉于是內外臣僚並上
甘棠頌〈紀異記〉陝州峽石縣山中有棠一株甚偉古
老傳云鳳止棠貞觀初有鳳止此木其後結實猶如合
掌狀團圞婉轉有赤黃之色其馨香脆美乃諸果之王
職貢之珍也刺史韋堅爲銘刻石

【集藻】〈賦〉【增】晉孫楚杕杜賦幷序家舅以虞氏棃賦見示

余謂豈以棃有用之爲貴杜無用之爲賤固無用獲全
所以爲貴有用獲殘所以爲賤故賦云爾惟有杕之爲
杜齊萬物而並生其質菲薄既不施于器用華葉疎悴
靡休陰之茂榮昔在召伯聽訟述職甘棠作頌垂之罔
極

〈文散句〉【增】漢劉向九歎甘棠枯于豐草兮

〈五言古詩〉【增】宋王安石甘棠棃甘棠詩所歌自足誇衆
果愛其凌秋霜萬玉懸磊砢園夫盛采摘市賈爭包裹
車輸動盈箱舟載輒連柁朝分不知數暮在知幾顆但
使甘有餘何傷小而橢主人捐千金飣餖留四坐柑橘
與橙栗在口亦云可都城紛華地內熱易生火問客當

此時獨煩孰如我

【別錄】【增】〔齊民要術〕棠熟時收種之否則春月移栽八月初天晴時摘葉薄布曬令乾可以染絳成樹之後歲收絹一疋

附錄 沙棠

【增】〔山海經〕崑崙之丘有木焉其狀如棠黃華赤實其味如李而無核名曰沙棠可以禦水食之使人不溺〔本草〕今嶺外寧鄉瀧水羅浮山中皆有之

【彙考】【增】〔呂氏春秋〕果之美者沙棠之實〔拾遺記〕岱輿山有沙棠豫章之木其長千尋細枝爲舟猶長十丈〔西京雜記〕上林苑有沙棠青棠〔述異記〕漢成帝常與

趙飛燕遊太液池以沙棠木爲舟其木出崑崙山人食其實入水不溺詩曰安得沙棠木刳以爲舟船

【集藻】〔贊〕【增】晉郭璞沙棠贊安得沙棠制爲龍舟汎彼滄海眇然遐遊聊以逍遙任彼去留

棣　棣花別見花譜

【原】棣一名郁李一名鬱李一名爵李一名車下李一名鬱梅一名爵梅山野處處有之花及子並似木李惟子小如櫻桃熟赤色五月熟可食又可入藥【增】〔陸璣詩疏〕許慎曰鬱白棣樹也如李而小正白又有赤棣樹亦似白棣葉如刺榆而嫩圓子正赤【原】性潔喜暖日和風澆宜清水忌肥核仁氣味甘苦酸平而潤無毒治大腹水腫面目四肢浮腫利小便通水道消宿食下結氣宜大腸氣滯燥澀不通

【彙考】【增】〔詩豳風〕七月食鬱及薁

【別錄】【原】〔本草〕按宋史錢乙傳云一乳婦因悸而病既愈目張不得瞑乙令煮郁李酒飲之使醉即愈所以然者目系內連肝膽恐則氣結膽横不下郁李能去結隨酒入膽結去膽下則目能瞑矣此眞得肯綮之妙者也

佩文齋廣羣芳譜卷第五十五

佩文齋廣羣芳譜卷第五十六

果譜

櫻桃 櫻桃花別見花譜

原 櫻桃本草衍義云以其形肖桃故曰櫻桃獨曰云其顆如瓔珠故謂之櫻一名楔一名荊桃爾雅荊桃注云今櫻桃最大而甘者謂之崖蜜一名牛桃一名英桃見博物志一名鸎桃一名含桃說文云鸎桃鸎鳥所含食故又曰含桃一名朱櫻陶弘景本草經注云櫻桃即今朱櫻西京雜記列櫻桃含桃為二種處處有之洛中者為勝一枝數十顆圓如珊瑚埤雅云其顆大者如彈丸小者如珠璣生時青及熟色鮮瑩深紅者為朱櫻紫色皮內有細黃點者為紫櫻味最珍重又有正黃明者謂之蠟櫻小而紅者謂之櫻珠味皆不及極

大者有若彈丸核細而肉厚尤難得 增 廣志櫻桃有大者有長八分者有白色多肌者凡三種 膳夫錄大而殷者曰吳櫻桃黃而白者曰櫻桃小而赤者曰水櫻桃 原 味甘無毒調中益氣美志止洩精水穀痢令人好顏色多食令人吐有暗風及喘嗽濕熱病人忌食小兒尤忌

彙考 增 禮記月令羞以含桃先薦寢廟疏案月令諸月無薦果之文此獨羞含桃者以此果先成異於餘物故特記之 原 史記叔孫通列傳孝惠帝曾春出游離宮叔孫生曰古者有春嘗果方今櫻桃熟可獻願陛下出因取櫻桃獻宗廟上廼許之諸果獻由此興 增 舊唐書文宗本紀帝性仁孝嘗內園進櫻桃所司啟曰別賜三宮太后帝曰太后宮送物焉得為賜遽取筆改賜為奉 中宗本紀上游櫻桃園引中書門下五品以上諸司長官學士等入芳林園嘗櫻桃便令馬上口摘置酒為樂 原 新唐書李適傳夏宴蒲萄園賜朱櫻 蕭穎士傳穎士召為集賢校理宰相李林甫怒其不下已調廣陵參軍事穎士急中不能堪作伐櫻桃賦曰擢無庸之瑣質蒙本枝以自庇雖先寢而或薦非和羹之正味以譏林甫 東觀漢記明帝月夜宴羣臣於照園大官進櫻桃以赤瑛為盤賜羣臣月下視之盤與桃一色羣臣皆笑云是空盤 晉宮閣名承乾殿前櫻桃二株含

章殿前一株華林園二百七十株 增 洛陽宮殿簿顯陽殿前櫻桃六株徽音殿前乾元殿前並二株 原 景龍文館記四年夏四月上幸兩儀殿特命侍臣升殿食櫻桃並盛以琉璃和以杏酪飲酴醾酒 上與侍臣樹下摘櫻桃恣其食末後大陳宴席奏宮樂至暝人賜朱櫻二籠 增 隋唐嘉話太宗將致櫻桃於酅公稱奉則以尊言賜又以卑乃問之虞監曰昔梁帝遺齊巴陵王稱餉遂從之 寶烈女傳李希烈死其子欲盡誅老將有獻含桃者桂娘為蠟帛書以朱染帛丸如含桃遺陳先奇妻先奇乃率部兵斬希烈妻子 異聞錄天寶初有范陽盧子在東都春暮遊僧舍僧方開講盧請之有

青衣攜櫻桃一籠因與同餐遂隨之行郎夢爲御史爲
相經三十年又逢青衣復到僧舍下馬忽然昏醉講僧
云何久不起乃見身著白衫服飾如故問其僕曰日已
午矣〔酉陽雜俎〕衛公言滑州櫻桃十二枚長一尺
道流陳景思說勅使齊日昇養櫻桃至五月皮皺如鴻
柹不落其味數倍人不測其法　韓約能作櫻桃饆饠
其色不變　成式姑壻裴元裕言羣從中有悅鄰女者
夢女遺二櫻桃食之及覺核墜枕側【原】〔零陵總記〕李
直方第諸果以櫻桃爲第三【增】〔翰林集詩注〕每歲初
進櫻桃先宣賜學士〔摭言〕唐時新進士尤重櫻桃宴
乾符四年劉鄴第二子覃及第時狀頭已下方議醵率

覃潛遣人預購數十樹獨置是宴大會公卿時京國櫻
桃初出雖貴達未適口而覃山積鋪席復和以糖酪者
人享蠻畫一小盎亦不啻數升以至參御輩靡不霑足
〔續世說〕嚴綬爲左僕射司空嘗預百寮堂中食上令
中使馬江朝賜櫻桃綬爲兩班之首舊識江朝叙語次
不覺屈膝而拜江朝答拜御史大夫高郢亦從而拜爲
御史所劾綬出鎮荆南江朝降一官　〔鼠璞〕東坡橄欖
詩云待得微甘回齒頰已輸崖蜜十分甜注引杜詩崖
蜜松花落本草崖蜜蜂黑色作房於巖崖高峻處然坡
詩與橄欖對說非眞蜜也鬼谷子曰崖蜜櫻桃也他無
經見予讀南海志崖蜜子小而黃殼薄味甘增城惠陽

山間有之雖不知與櫻桃爲一物與否要其類也注坡
詩者引小說橄欖與棗爭棗曰待爾回味我已甜特坡
公換崖蜜作對耳山谷詠橄欖云想共餘甘有瓜葛苦
中眞味晚方回坡公取其味相反山谷取其味相投李
義山詩紅壁寂寥崖蜜盡此但作蜜用非是　〔誠齋集
詩注〕予舊在奉常孟夏太廟薦櫻桃禮官各分賜四盤
〔金城記〕黎舉嘗云欲以棖子臣櫻桃但恨不同時耳
〔因樹屋書影〕白櫻桃生京師西山中微酸不及朱櫻
之甘碩也【原】〔花史〕鄜州有櫻桃山上多櫻桃樹〔帝
京景物畧〕雙林寺後一土山山前一塔傍多朱櫻
【集藻】〔表〕【增】唐柳宗元爲武中丞謝賜櫻桃表臣某言中

使某乙至奉宣聖旨賜臣櫻桃若干者天聡特深時珍
洊降寵驚里巷恩溢圓方臣某誠喜誠懼頓首頓首伏
以含桃之羞時令攸貴況今採因御苑分自天厨使發
九霄集繁星而積耀味調六氣承湛露而不晞盈背而
外被恩光適口而中含渥澤顧慚素食彌切自公豈圖
君子所先遂厭小人之腹無任感恩欣躍之至
〔啟〕【原】庾肩吾謝賚朱櫻啟成叢殿側猶連製賦之條結
實西園非復粘蟬之樹異合浦之歸來疑藏朱實同秦
人之逐彈似得金丸
〔賦〕【增】〔梁宣帝櫻桃賦〕惟櫻桃之爲樹先百果而含榮既
離離而春就乍苒苒而冬迎異羣龍之无首殊大器之

晚成烏纔食而便墮雨薄灑而皆零未覩紅顏之實空有薦廟之名等橘柚于簷戶匹諸薦乎中庭異梧桐之棲鳳愧綠竹之恒貞豈復論其美惡且聳幹乎前檽葉繁袖而掩日枝長弱而風生且得薇乎羲赫實當暑之凄清

〔唐張莒紫宸殿前櫻桃樹賦〕殿紫宸兮足麗木朱櫻兮可嘉扶疏柔弱暈艷芬葩晚移陰于丹楹朝延影于翠華美其固本宸居獻名清廟藹綠含彩攢紅吐燿晴暘斜映將藻井以相輝初月旁臨與璧璫而共照于是玄律方變青陽始萌日近易暖天臨早榮通條液潤附節茸生泰交信之著令漢稷嗣之從行莫不勤其時獻旌此嘉名將晝棋以斜界與金華而對明玉輦行低雲旗雜處迎華桂而搖露向朱明而清暑榮得其時摘得其所於方也可尚取類也無匹淨拂璇題遠當溫室舊株昔移於漢闕密幹今逢於堯日及夫春宿微雨秋含翠烟冬條雪染夏實珠駢垂一枝於萬葉託沃土以延年徵芳誠百花之首克薦乃衆果之先代帷房之錦帳奪首飾於金鈿濟濟多士鏘鏘拜闕拂露華以晨趨染香花而夕謁始凌寒而驚换纔及暖而前發自承恩於攀賞固無憂於翦伐伴穠李以表年笑階蓂之記月

〔元程從龍櫻桃賦并序〕元至正庚辰館寓石洑齋舍後蔬圃其中有櫻桃啖而美之遂爲小賦以寓意云緊勾芒之作春何窮奢而極侈既袤野以施翠復因林而設綺一旦代序成功者去花紅紫以回蘂繫縈珠於佳樹但見的皪兮霞集璀璨兮星聚蝶欲衆而碎易驚欲啄而驚懼儼翠幄之垂垂韜至珍於茹圃爰有詩人此焉遊遨感園丁之摘獻俾侑進乎芳醪覩珠顆之勻圓始知其爲櫻桃也於是撫火齊於銀盤啖紅香之瓊液玩其精華服其風味爽可以愈沉痾腴可以美意氣養理內而益脾信蠲煩而清臆終董功乎丹鼎豈擅譽乎崖蜜唐以之貽寵於新科漢以之均恩於百職廟羞薦天子之忱寵贈旌野人之德憶金鑾之殊遇壓珠盤之佳色何顯赫之不常乃失身於幽側每被銷於凡齒歎九重之懸隔在物理而尚然宜人情之通塞感斯果之擅稱聊寄懷於翰墨

〔明龔文薦櫻桃賦并序〕漢明帝月夜燕羣臣於沼時大官進櫻桃盛桃以盤厥名赤瑛桃盤同色四照空明臣覩諸喜觴酌縱橫坐中獻賦異代長卿賦曰何華林之名品兮乃殊異乎恒族先百果而珍奇兮歷九春而成熟錫字肇夫月令兮和中紀於藥錄因薦羞其禮隆兮緣頒賚以惠足念朱明之來早兮悲青陽之去速向芳樹而流丹兮入文窗而映綠枝婀娜以低亞兮實纍纍其相續料素娥之未攀兮愁黃鳥之先啄幸未傷於風雨兮知有待乎晴旭遙而望之爛若霞彩綴瓊枝迫而就之恍如珊瑚碎金谷既稱名乎樂府亦註譜於仙都姿輝映以擬玉質圓轉而方

珠揣火棗之同類恐萍實之不如帶露痕而覺有眩燈暈而疑無凾其寢勑駕返御園旨宣紛紜馳騎絡繹飛箋聊開秘閣別埜華筵就中窈窕沾恩最先乍入脣而脂掩忽籠袖而火然脈脈以無定步珊珊其不前亮衷情之有托豈絃管之能傳借嘉物以相比發清歌而自憐歌曰朱實兮離離玉膚兮絳衣備百和兮含五滋粲皓齒兮色怡朱實兮盈盈玉壺兮紅冰斂雙眸兮對孤燈墮淸淚兮血凝歌罷月輪斜度天河倒瀉徙倚闌邊殷勤露下張樂易歇留情難舍承起爲亂仍歸於雅亂曰谷黎消煩尙帶寒兮壺甘釋悁猶含酸兮未若朱實堆玉盤兮食之美好使人歡兮常恐節移倏彫殘兮

安得九轉如金丹兮

文賦散句〔增〕〔晉左思蜀都賦〕朱櫻春就〔潘岳朱實賦〕煥若隨珠皎如列星〔開居賦〕三桃表櫻胡之別〔宋劉義恭謝賜櫻桃啓〕爲樹則多陰百果則先熟〔原〕〔唐蕭穎士伐櫻桃樹賦〕綴繁英兮霰集駢朱實以星羅故當小鳥之所啄食妖姬之所攀玩

五言古詩〔增〕〔梁簡文帝奉答南平王康賚朱櫻〕倒流映碧叢點露擎朱實花茂蝶爭飛枝濃鳥相失已麗金釵瓜仍美玉盤橘寧異梅似丸不羡萍如日永植平臺垂長與雲桂密徒然奉推甘終以愧操筆〔唐太宗賦得櫻桃〕華林滿芳景洛陽徧陽春朱顏含遠日翠色影長津喬柯囀嬌鳥低枝映美人昔作園中實今來席上珍〔白居易有木詩〕有木名櫻桃得地早滋茂葉密獨承日花繁偏受露迎風闇摇動引鳥潛來去鳥啄子難成風來枝莫住低軟易攀翫佳人屢迴顧色求桃李饒心向松筠妬好是映墻花本非當軒樹所以姓蕭人曾爲伐櫻賦〔宋楊萬里櫻桃〕含桃丹更圓輕質觸必碎外有千粒珠中藏半泓水何人弄好手萬顆揚虛脆印成花鈿薄染作冰澌紫此果非不多此味良獨美

七言古詩〔增〕〔宋文同朱櫻歌〕金衣珍禽弄深樾禁籞朱櫻斑若纈上幸離宮促薦新籐籃寶籠貂璫發凝霞作丸珠若歊油露成津蜜初割君王日午坐猗蘭翡翠一

盤紅靺鞨

五言律詩〔增〕〔唐李商隱深樹見一顆櫻桃尙在〕高桃留晚實尋得小庭南矮墮綠雲髻欹危紅玉簪惜堪充鳳食痛已被鶯含越鳥誇香荔齊名亦未甘〔宋楊億櫻桃〕團於火色貝燦極月光球西海瑤池苑曾城寶樹區鳳幘生猶嫩龍睛脫未枯形模與霞彩紫府閟雲腴〔梅堯臣朱櫻〕明珠摘木末紅露貯金盤始見侍臣賜已爲黃鳥殘味兼羊酪美食厭楚梅酸苑囿東周盛纍纍映葉丹〔价日得朱表臣酪及櫻桃〕昨日酪將熟今朝櫻可餐紫蒓休定價黃鳥未漸殘甘滑已相美齒牙仍尙完應知消客熱遠贈益盈盤〔戴復古櫻桃〕綠樹帶

朱實驪餌對彈丸獨先諸果熟堪奉五侯餐猩血和[illegible]
液蠙珠走玉盤同時得同賞芍藥滿雕欄〔明高啟櫻
桃〕密綠歛圓紅枝頭的的同熟迎梅實雨落偷柳花風
美女名偏稱流鶯啄未空憶曾春薦後捧賜出深宮
〔王叔承荆溪游櫻桃園〕珠林光萬點紅亂野園芳艷奪
桃花彩甘驕荔子漿女翻雙腕白鶯溜一衣黃問是誰
家勝江東嶺辟疆
七言律詩【增】〔唐王維敕賜百官櫻桃〕芙蓉闕下會千官
紫禁朱櫻出上闌纔是寢園春薦後非關御苑鳥銜殘
歸鞍競帶青絲籠中使頻傾赤玉盤飽食不須愁內熱
大官還有蔗漿寒〔崔興宗和王維敕賜百官櫻桃〕未

央朝謁正逶迤天上櫻桃錫此時朱實初傳九華殿繁
花舊雜萬年枝未勝晏子江南橘莫比潘家大谷梨聞
道令人好顏色神農本草自應知【原】〔杜甫野人送朱
櫻〕西蜀櫻桃也自紅野人相贈滿筠籠數迴細寫愁仍
破萬顆勻圓訝許同憶昨賜霑門下省退朝擎出大明
宮金盤玉筯無消息此日嘗新任轉蓬〔韓愈和水部
張員外宣政衙賜百官櫻桃〕漢家舊種明光殿炎帝還
書本草經豈似滿朝承雨露共看傳賜出青冥香隨翠
籠擎初重色照銀盤瀉未停食罷自知無所報空然慙
汗仰皇扃【增】〔張籍朝日賜櫻桃〕仙果人間都未有今
朝忽見下天門捧盤小吏初宣敕當殿羣臣共拜恩日

色遥分廊下坐露香纔出禁中園每年從此長先熟願
得千春奉至尊〔白居易吳櫻桃〕含桃最說出東吳香
色鮮穠氣味殊洽恰舉頭千萬顆婆娑拂面兩三株鳥
偷飛處銜將火人摘爭時蹋破珠可惜風吹兼雨打明
朝後日即應無〔溫庭筠自有扈至京師已後朱櫻之
期〕露圓霞赤數千枝銀籠誰家寄所思秦苑飛禽諳熟
早杜陵遊客恨來遲空看翠幄成陰日不見紅珠滿樹
時盡日徘徊濃影下祇應重作釣魚期【原】〔韓偓湖南
絕少含桃偶入以新摘者見惠感事傷懷因成四韻〕時
節雖同氣候殊未知堪薦寢園無合充鳳食留三島不
許鶯偷過五湖苦笋恐難同象匕酪漿無復瑩蠙珠金

盤歲歲長宣賜忍淚看天憶帝都〔盧延讓謝楊尚書
惠櫻桃〕滿合虛紅怕動搖尚書知重賜櫻桃揉藍尚帶
新鮮葉潑血猶殘舊折條萬顆真珠輕觸破一團甘露
軟含消春來老病尤珍荷并食中腸似火燒【增】〔宋梅
堯臣夜夢蔡紫微君謨同在閣下食櫻桃蔡云與君及
此再食矣夢中感而有賦覺而錄之〕朱櫻再食雙盤日
紫禁重頒四月時滉朗天開雲霧閣依稀身在鳳凰池
味兼羊酪何由敵豉下蓴羹不足宜原廟薦來應已久
黃鶯猶在最深枝〔楊萬里櫻桃〕櫻桃一雨半凋零更
與黃鸝翠羽爭計會小風留紫脆殷勤落日弄紅明摘
來珠顆光如濕走下金盤不待傾天上薦新舊分賜兒

童猶解憶寅清 原陳師道謝人送櫻桃開門先得故人書稍喜提攜起覆盂得句有誰知我在嘗新此日頗吾徒傾籃的皪霑朝露出袖熒煌得寶珠會薦瑛盤驚一座見賜蔡口未足圖 增元牟巘七兒應復與客飲櫻桃園摘新歸以遺親用其詩韻識所感尚記當年薦寢園百官分賜荷恩寬帶青絲籠空餘夢擡白頭人苦不歡詩老誇稱作崖蜜野翁驚看瀉銀盤南山見說紅千樹鳥雀兒童任入闌 明袁凱江上櫻桃正盛而予寓所無有忽蘇城友人惠一大盒故賦此野店荒蹊紅滿枝暖烟微雨共離披忽思西蜀勻圓顆正値東吳遠送時老子細看方自訝兒童驚喜欲成癡拾遺門下曾

沾賜此日飄蓬也賦詩 原黃正色櫻桃塞外含桃五月紅一尊相對晚來風高情不在羲皇下清夢常牽江水東薦廟久虛支子位承恩敢望大明宮詰朝又值蒲觴會須信人間似轉蓬 王士騏櫻桃小鳥枝頭啄欲殘美人珍惜捲簾看霞烘的的珊瑚碎露洗垂垂琥珀寒素面相逢渾似醉朱唇半吐欲成丹若教纖手和烟折也勝官家赤玉盤 陳繼儒櫻桃藥欄春盡少花開菓底朱櫻有個猜熟後雨彈紅玉破生前烟捧綠珠來唇脂清淺疑無骨風味溫柔別有胎鸚鵡莫教輕啄碎擲他年少滿車迴

五言排律 增唐孫逖和詠廨署有櫻桃上林天禁裏芳樹有紅櫻江國今來見君門春意生香從花綬轉色繞佩珠明海鳥啣初實吳姬掃落英切將稀取貴羞與衆同榮爲此堪攀折芳蹊處處成 原白居易與沈楊二舍人閣老同食勑賜櫻桃翫物感恩因成十四韻淸曉趨丹禁紅櫻降紫宸驅禽養得熟和葉摘來新圓轉盤傾玉鮮明籠透銀內園題兩字西掖賜三臣熒惑晶華赤醍醐氣味眞如珠未穿孔似火不燒人杏俗難爲對桃頑詎可倫肉嫌盧橘厚皮笑荔枝皴瓊液酸甜足金丸大小勻偷須防曼倩惜莫擲安仁手擘纔離核匙抄半是津甘爲舌上露暖作腹中春已懼長尸祿仍驚數食珍最慚恩未報飽餵不才身 增杜牧和裴傑秀才

新櫻桃新果眞瓊液人應宴紫蘭圓疑竊龍領色已奪雞冠遠火微微辨繁星歷歷看茂先知味好曼倩恨偷難忍用烹騂酪從將翫玉盤流年如可駐何必九華丹 宋劉筠櫻桃赤水分珠樹薰風送麥秋蜀都春氣早漢苑夏陰稠廟薦請和候恩頒侍從流楚昭萍已剖韓嫣彈爭投沆瀣芳液醍醐助品羞玉盤光宛轉會擬付歌喉 楊億櫻桃離宮時薦罷樂府艷歌新石髓凝秦洞珠胎剖漢津三桃聊並列百果獨先春禱藥來君賜雕盤助席珍甘餘應受和圓極豈能神楚客便牟酪歸期負紫蓴 梅堯臣聞學士院試含桃薦寢廟詩擬作交交鳴谷鳥粲粲熟荊桃寢廟此先薦離宮將以遨

既同羞俎實且異獻溪毛　露顆明朝日朱光逼頳袍藏
經傳自久漢令著方高天子從茲食羣臣賜亦叨

五言絶句

增　唐李商隱嘲櫻桃　朱實鳥含盡春樓人未歸南園無限樹獨自葉如幃　百果嘲櫻桃　珠實雖先熟瓊莩縱早開流鶯猶故在爭得諱含來　櫻桃答衆果　莫相謿天生名品高何因古樂府惟有鄭櫻桃　宋蘇軾和子由岐下詠櫻桃　獨繞櫻桃樹酒醒喉肺乾莫愁枝上露從向口中漙　增　范成大題櫻桃　火齊寶纓絡垂於綠蘭絲幽禽都未覺和露折新枝　增　金張建　山中　林櫻墮紅珠打著琴上絃山人時一笑愛此聲琅然

七言絶句

御製櫻桃　禁籞朱櫻曉露勻不須驛騎拂紅塵芙蓉未賜千官會寢廟春殘早薦新　初夏含桃味早全西山結實弱枝連赤瑛克薦休言過丹色濃濃衆果先

原　唐李白白櫻桃　紅羅袖裏分明見白玉盤中看卻無疑是老僧休念誦腕前推下水晶珠　顧况櫻桃園　百舌猶來上苑花遊人獨自憶京華遙知寢廟嘗新後勅賜櫻桃向幾家　增　柳宗元摘櫻桃贈元居士時在望仙亭南樓與朱道士同處　海上朱櫻贈所思樓居況是望仙時蓬萊羽客如相訪不是偷桃一小兒　張祜櫻桃　石榴未拆梅猶小愛此山花四五株斜日庭前風裊裊碧油千片漏紅珠　韋莊白櫻桃　王母堦前種幾株水晶簾內看如無只應漢武金盤上瀉得珊瑚白露珠　陳與義櫻桃　四月江南黃鳥肥櫻桃滿市粲朝暉赤瑛盤裏雖殊遇何似筠籠相發揮

詩散句

增　唐韓偓　未許鶯偷出漢宮上林初進半金籠　燕粱自透銀杯冷朱實相輝玉椀紅　原　杜甫　赤墀櫻桃枝隱映銀絲籠　增　宋王禹偁　烏銜紅映猜猿飽滑流唇　宋祁　林長景晏密枝重串珠繁　賞鮮流火動燦熟醉霞濃　原　劉敞　磊落火齊珠參差珊瑚叢　已驚變濃綠忽更垂繁紅　增　張俞　南國饒春實繁如鄭蹢然　陳師道　並蔕隨宜好連心著意紅　唐王建　白

玉窓前起草臣櫻桃初赤賜嘗新　元薩天錫　心源一種閒如水同醉櫻桃林下春　宋蘇軾　盤中宛轉明珠滑舌上逡巡絳雪消　張俞　紅實難離壓彩枝熒煌珠琲粲葳蕤　花蕊夫人　三月櫻桃乍熟時內人相引看紅枝　韋莊　櫻紅鳥競鶬　宋謝希孟　殺雨櫻桃落　戴昺　櫻熟鳥先窺　原　唐杜甫　朱櫻此日垂朱實　增　王建　分明閒坐賭櫻桃　白居易　櫻桃子綴小紅珠　溫庭筠　紅垂果蔕櫻桃重　韓偓　紅暈櫻桃粉未乾　韋莊　西園夜雨紅櫻熟　紅垂野岸櫻還熟　宋劉筠　內苑朱櫻兼露賜　陸游　蠟櫻桃子酪同時　蘇軾　櫻桃爛熟滴

階紅

詞【增】宋晁補之浣溪沙雨後園亭綠暗時櫻桃紅顆壓枝低絲兼紅好眼中迷　荔子天教生處遠風流一種阿誰知最紅深處有黃鸝　辛棄疾菩薩蠻香浮乳酪玻瓈碗年年醉裏嘗新慣何物比春風歌脣一點紅江湖清夢斷翠籠明光殿萬顆瀉輕勻低頭愧野人　李洪浪淘沙上苑又春殘櫻顆如丹明光宮裏水晶盤想得退朝花底散宣賜千官　往事記金鑾荔子難攀多情更有酪漿寒蜀客筠籠相對處愁憶長安　王沂孫三姝媚紅櫻懸翠葆漸金鈴枝深瑤堦花少萬顆燕支贈舊情爭奈弄珠人老扇底清歌還記得樊姬嬌小

幾度相思紅豆都消碧絲空裊　芳意荼蘼開早正夜色瑛盤素蟾低照薦筍同時歎故園春事已無多了貯滿筠籠偏暗觸天涯懷抱謾想青衣初見花陰夢好

【別錄】【增】丹鉛總錄唐令狐楚有進金花銀櫻桃籠狀云首夏清和含桃香熟每闚捧擷須有提攜以其鮮紅宜此潔白　【原】山家清供結實時須張網以驚鳥雀置葦箔以護風雨若經雨則蟲自內生人莫之見用水浸良久則蟲皆出乃可食　【增】本草櫻桃鹽藏蜜煎皆可或同蜜擣作糕食唐人以酪薦食之　【原】種植二三月間分有根枝栽土中糞澆即活仍記陰陽否則不生即生亦不結實

附錄　山櫻桃

【增】本草山櫻桃一名朱桃一名麥櫻一作英一名英豆一名李桃孟詵曰又名柰桃樹如朱櫻但葉尖長不團子小而尖生青熟黃赤亦不光澤而味惡不堪食味辛平無毒

楊梅

【原】楊梅一名机子生江南嶺南山谷間會稽產者為天下冠吳中楊梅種類甚多名大葉者最早熟味甚佳次則卞山本出苕溪移植光福山中尤勝又次為青蔕白蔕及大小松子此外味皆不及樹若荔枝葉細青如龍眼及紫瑞香本草云楊梅樹葉冬月不凋二月開花結實形如楮實子肉在核上無皮殼五月熟生白熟則有

白紅紫三色紅勝于白紫勝于紅凡楊梅顆大核細為上鹽藏蜜漬糖製火酒浸皆佳可致遠多食令人傷熱食核中仁可解味酸甘微熱滌腸胃除煩憒惡氣久食損齒及筋發瘡致痰　【增】北戶錄播州有白色者甜而絕大　越郡志會稽楊梅為天下之奇顆大核細其色紫建安亦有之

【彙考】【增】南史任昉傳昉為新安太守郡有蜜嶺多楊梅舊為太守所採昉以冒險多物故即時停絕吏人咸以為百餘年未之有也　【原】孝義傳王虛之庭中楊梅樹隆冬三實人謂孝感所致　林邑記邑有楊梅其大如杯椀青時極酸熟則如蜜用以釀酒號為梅香酎　博

物志地瘴處多生楊梅〔廣州記〕廬山頂有湖楊梅山
桃繞其際海人時登採拾止得於上飽食不得持下
〔世說〕梁國楊氏子九歲甚聰慧孔君平詣其父父不在
乃呼兒出爲設果果有楊梅孔指以示兒曰此是君家
果兒應聲曰未聞孔雀是夫子家禽 增〔雲仙雜記〕陸
展郎中見楊梅歎曰此果恐是日精然若無蜂兒採香
誰勝難和之味即以竹絲籃貯于枚并茶花蜜送衡山
道士 原〔東坡集〕客有言閩廣荔枝何物可對者或對
西凉葡萄予以爲未若吳越楊梅平可正詩云五月楊
梅已滿林初疑一顆價千金味方河朔葡萄重色比瀘
南荔子深則古人亦有舉而方之者矣 增〔東坡詩註〕

杭州人呼白楊梅爲聖僧〔南越志〕熙安縣多楊梅
〔揮麈錄〕王嶷字豐父守會稽童貫時方用事貫苦腳氣
或云楊梅仁可療是疾豐父裒五十石以獻之〔西湖
古跡事實〕杭州楊梅塢在南山近瑞峯石塢內有一老
嫗姓金其家楊梅甚盛俗稱楊梅塢所謂金婆楊梅是
也〔吳興記〕故章縣北有石榔山上生楊梅常以貢御
〔吳興園林記〕葉氏石林在卞山之陽一徑產楊梅盛
夏之際十餘里間朱實離離不减閩中荔枝也〔貴耳
集〕閩士赴科吳人赴調各以鄉產自誇閩曰荔枝吳曰
楊梅有題壁曰閩鄉玉女含氷雪吳郡星郎駕火雲
〔劒南詩註〕太白梁國吟云玉盤楊梅爲君設吳鹽如花

皎白雪不知楊梅酸者乃薦以鹽佳品未嘗用也 項
里鄉俗謂楊梅止曰梅謂選擇楊梅曰作梅 原〔詩話
總龜〕宋時梵天寺有月廊數百間庭前多楊梅盧橘子
瞻詩曰夢繞吳山却月廊楊梅盧橘覺猶香 增〔西吳
枝乘〕果實芰藕菱芡皆佳而楊梅殊絕出太子灣者大
幾如卵甘不勝口〔弁山記〕弁山下楊梅樹以數萬計
青翠滿林不減閩之荔枝〔福建志〕尤溪縣九仙山有
石碁局鄉人林五入樵山中見二人奕從旁觀之二白
鶴啄楊梅墮一顆于地奕者令拾之因俛拾以食遽失
奕者所在抵家遂辟穀不火食
集藻〔頌〕增〔梁江淹楊梅頌〕寳跨荔枝芳軼木蘭懷蕊挺

實涵黃糅丹鏡日繡壑照霞綺巒爲我羽翼委君玉盤
〔七言古詩〕增〔宋周必大次韻閻刑部才元楊梅〕炎官傘
照濤江紅五月獻果明光宮越人一枝古所重蜀無他
楊譜則同玄珠更將赤水溶流火呈祥復王屋下伴長
安黑彈丸殺吏驚人寒起粟新詩字字含芳鮮大書遺
我敦同年請君速訪天竺老食白追繼仇池仙〔明楊
循吉初食楊梅〕楊梅本是我家果歸來相對歎先作往
來南北數十年久不餐汝幾忘却憶從年少在吳中食
以成傷難療藥年年端午即有之街頭賣折先附郭初
開生酸對青色次見熟從枝上落吳儂好奇不論錢一
味纔逢傾倒橐生時熏蒸喜烈日所怕狂風陰雨虐有

紅有白紫者佳大如彈丸圓可握生芒刺口易破碎到
牙甘露先流觴黃船奉供晝夜走數枝出賜惟臺閣其
餘官小郵得預說著江南懷煩惡吳人鹽蜜百計收不
知本味終枯涸肉存液去但有名奪以酸甜無可嚼我
今到家又遇夏正是高林雨方濯滿盤新摘恣狂啖十
指染丹如薦著細思口實亦小事其來乃以微官縛使
余不有故山歸安得香鮮列惟錯人生百年有適意忍
口勞勞何所樂

五言律詩 增 宋岳珂楊梅 洊歷三家市梅垂萬顆酸雲
池看火樹崚崒試金丹風露盈籃重冰霜透齒寒他楊
應不類留與子雲看

七言律詩 原 宋平可正楊梅 五月楊梅已滿林初疑一
顆價千金味方河朔葡萄重色比瀘南荔子深飛艇似
聞新入貢登盤不見舊供吟詩成欲寄山中友恐起頭
陀愛渴心 增 陸游六峯項里看采楊梅 綠陰翳翳連
山市丹實纍纍照路隅未愛滿盤堆火齊先驚探頷得
驪珠斜簪寶髻看遊舫細織筠籠入上都醉裏自矜豪
氣在欲乘風露摘千株 方岳詠楊梅 五月梅晴暑正
袢楊家亦有果堪攀雪融火齊驪珠冷粟起丹砂鶴頂
殷併與文園消午渴不禁越女鬉春山畧如荔子仍同
姓直恐前身是阿環 原 楊萬里謝紹興帥丘宗卿惠
楊梅 越絕諸楊盛一時與儂瓜葛不曾知一夫自歎昔

衰矣此客何從夢見之也解過江壽德祖政緣作尹是
丘遲渠伊不是南村派水分先驅事荔枝 梅出稽山
世少雙情知風味勝他楊玉肌半醉生紅粟墨暈微深
染紫囊火齊堆盤珠徑寸醴泉浸齒蔗爲漿故人解寄
吾家果未變蓬萊閣下香 增 明李東陽賜楊梅 官河
催載滿船冰五月楊梅入帝京沁齒不知紅露濕到詩
偏助玉堂清名從傅鼎遙分派價比隋珠亦稱情再拜
文華門外地講筵恩重若爲榮

五言絕句 增 宋郭祥正楊梅 紅實綴青枝爛熳照前塢
不及杏繁時林間有仙果 顆顆龍睛濕深深映石門
自憐非荔子不得薦堯閽 陳景沂楊梅 止渴還相似

和羹詎亦同不思五和裏均擅一調功 明吳寬楊梅
五月果初熟枝頭鶴頂丹欲知甘冷好千顆薦冰盤

七言絕句 增 宋蘇軾參寥惠楊梅 新居未換一根椽只
有楊梅不直錢莫共金家鬬甘苦參寥不是老婆禪
陶弼楊梅 嶺北土寒無荔子人言形味似楊梅翠條丹
實休相學不願紅塵一騎來 陸游項里觀楊梅 山前
五月楊梅市溪上千年項羽祠小繖輕輿不辭遠年年
來及貢梅時 隔歲租園不計錢楊梅海裏過年年癡
人只競聞名利那信三山是地仙 山中戶戶作梅忙
火齊驪珠入帝鄉細織筠籠相映發華清虛說荔枝筐
徐似道 火齊無光荔實圓未嘗先說齒流涎喚回天

竺三年夢參透拔雲一味禪　方岳楊梅筠籠帶雨摘
初殘粟粟生寒鶴頂殷衆口但便甜似蜜寧知奇處是
微酸
詩散句【增】宋蘇軾南村諸楊北村盧白花青葉冬不枯
垂紅綴紫烟雨裏特與荔枝為先驅　【原】明徐階三春
葉底青丸小五月枝頭猩彈圓折來鶴頂紅猶濕剜破
龍睛血未乾　【增】宋張舜民姑射團肌雪視融留眼睛
正愁春酒盡且喜火丹成　蘇軾羅浮山下四時春
盧橘楊梅次第新　陸游今年項里楊梅熟綠李來禽
不足言　唐孟浩然樝子摘楊梅　張謂高林帶雨楊
梅熟　宋蘇軾時于[illegible]後裏得楊梅　王安石冥冥江雨

熟楊梅　陸游火齊楊梅巳再嘗　楊梅綠紫開園晚
詞【增】宋陳舜翁南柯子德祖家珍熟錢塘五月中碧梧
桐翠蓋筠籠傾向水晶盤內鬪嘗空　絳粟成團小清
甜笑蜜濃微酸猶解醉人容最是玉纖撚處染輕紅
王觀浪淘沙素手水晶盤壘起仙丸紅綃碾碎却成團
安得密排金粟徧何似雞冠　味勝玉漿寒只怕宜酸
莫將荔子一般看色淡香消僝僽損纔到長安　元張
雨燕山亭鶴頂珠圓蠟肌粟聚寶葉採藍初洗襯翦翠
柯遠贈筠籠脉脉紅泉流齒骨換丹砂笑倚帶儒酸風
味誰記會問譜西泠綠陰青子　君家幾度樽前摘天
上繁星伴人同醉纖手素盤歷亂殷紅浮沉半壺脂水

珍果同時惟醉寫來禽青李爭似為越女吳姬染指
別錄【原】種植性宜山地其核投糞池中浸六月取出收濕
土中二月鋤地種之待長尺許次年移栽三四年後以
生子枝接之次年仍移栽山地多留宿土臘月內離根
四五尺於高處開溝灰糞壅之不宜著根每遇雨肥水
滲下則結子大而肥物類相感志云桑樹接楊梅則不
酸樹上生癩以甘草釘釘之則去　【增】墨客揮犀楊梅有
雌雄雄者不實鑿木就作方寸穴取雌木塡之乃實
學圃餘疏楊梅須山土吾地沙土非宜種之亦能生但
少耳樹極婆娑可愛今當種澹圃高岡上與山礬相覆
蔭　【原】製用糖楊梅以梅三斤為率用鹽一兩醃半日

沸湯浸一夜控乾入糖二斤薄荷葉一大把輕手拌勻
日暴汁乾收　【增】齊民要術藏楊梅法擇佳完者一石
以鹽一斗醃之鹽入肉中仍出爆令乾熇取杭皮二斤
煮取汁漬之不加蜜漬梅色如初美好可堪數歲　清
供錄楊梅渴水楊梅不計多少搦搦自然汁濾至十分
淨入砂石器內慢火熬濃滴入水不散為度若熬不到
則生白醭貯以淨器用時每一斤梅汁入蜜三斤腦麝
少許冷熱任用如無蜜毬糖四斤入水熬過亦可

枇杷花附見

【原】枇杷樹高丈餘易種肥枝長葉微似栗大如驢耳背
有黃毛形似琵琶故名陰密婆娑可愛四時不凋冬開

白花三四月成實簇結有毛大者如雞子小者如龍眼
味甜而酢白者爲上黃者次之皮肉薄核大如茅栗相
傳枇杷秋萌冬花春實夏熟備四時之氣他物無與類
者淸異錄云建業野人種枇杷者誇其色曰蠟兄襄漢
吳蜀淮揚閩嶺江西湖南北皆有廣志云無核者名焦
子出廣州味甘酸平無毒止渴下氣利肺氣止吐逆潤
五臟主上焦熱可克果實多食發痰傷脾同炙肉及熱
麪食患熱黃疾花治頭風鼻流淸涕木白皮止吐逆不
下食葉治肺胃病取其下氣氣下則火降痰順而逆嘔
欬渴皆愈
集考 增 周禮地官場人掌國之場圃而樹之果蓏珍異

之物註珍異葡萄枇杷之屬 唐書德宗本紀大曆十
四年五月癸亥即位閏月戊寅罷山南貢枇杷江南甘
橘非供宗廟者 西京雜記上林苑枇杷十株 晉宮
閣名華林園枇杷四株 廣州記枇杷若榴參乎京都
華山記華山講堂西頭有枇杷園 冷齋夜話東坡
詩曰客來茶罷空無有盧橘微黃尚帶酸張嘉甫曰盧
橘何種果類答曰枇杷是矣又問何以驗之答曰事見
相如賦嘉甫曰盧橘夏熟黃甘橙榛枇杷橪柿亭奈厚
朴盧橘果枇杷則賦不應四句重用應劭注曰伊尹書
曰箕山之東青鳥之所有盧橘常夏熟不據依之何也
東坡笑曰意不欲耳 三柳軒記枇杷爲廬客 居山

雜志巖下有枇杷一樹已及百年翠葉扶疎可愛
集藻 賦 增 宋周祇枇杷賦并序昔魯季孫有嘉樹韓宣
子賦譽之屈原離騷亦著橘頌至枇杷樹寒暑無變負
雪揚華余植庭圃遂賦之云名同音器質貞松竹四序
一采素華冬馥霏雪潤其綠蕤商風理其勁條望之寘
濛即之疎寥 謝瞻安成郡庭枇杷樹賦伊南國之嘉
木偉邦庭而延樹稟金秋之淸條抱東陽之和煦肇寒
葩于結霜承炎果乎纖露高臨甍首傍拂階路
五言古詩 原 唐羊士諤枇杷花珍樹寒始花氤氳九秋
月佳期若有待芳意常無絕嫋嫋碧海風濛濛綠枝雪
急景有餘妍春禽自流悅 宋宋祁枇杷有果產西蜀

作花凌早寒樹繁碧玉葉柯疊黃金丸土都不可寄味
咀獨長歎 增 范成大手植枇杷枇杷昔所嗜不問甘
與酸黃泥裹餘核散擲籬落間春風拆勾萌樸樕如榛
菅一株獨成長蒼然齊屋山去年小試花瓏瓏犯冰寒
化成黃金彈同登桃李盤大鈞播羣物斡旋不作難樹
老人何堪挽鏡覓朱顏頷髭爾許長大笑敧巾冠
五言律詩 原 唐司空曙衞明府寄枇杷葉傾筐呈綠葉
重疊色何鮮詎是秋風裏猶如曉露前仙方當見重消
疾未應便全勝甘蕉葉空披謝氏篇 增 宋司馬光枇
杷洲周官欽珍味漢苑結芳根何意荒洲上猶餘嘉樹
存犯寒花已發迎暑實尤繁願逐蒲萄使離宮奉至尊

〔蘇軾眞覺院賞枇杷〕綠暗初迎夏紅殘不及春魏花
非老伴盧橘是鄉人井落依山盡巖崖發興新歲寒君
記取松雪看蒼鱗 原〔楊萬里詠枇杷〕大葉聳長耳一
梢堪滿盤荔支多與核金橘却無酸雨壓低枝重漿流
冰齒寒長卿今在否莫遣作園官
七言律詩 增〔宋陸游山園屢種楊梅皆不成枇杷一株
獨結實戲作長句〕楊梅空有樹團團却是枇杷解滿盤
難學權門堆火齊且從公子拾金丸枝頭不怕風搖落
地上惟憂鳥啄殘清曉呼僮乘露摘任教半熟雜甘酸
〔明李東陽賜枇杷〕侑方珍果賜新嘗分得江南百顆
黃遠道不妨經月暑冷枝疑帶隔年霜龍箋帖罷名初

散翠籠開時手亦香歸領君恩薦家廟不禁淸淚滿衣
裳〔吳寬紀賜枇杷〕吳艑入貢泝江濤分賜儒臣幸此
遭臥病謾思新橘柚退朝休賦舊櫻桃珍奇未惜初加
惠淺薄無能莫效勞箬籠聽來頒瀉處金丸錯落駭兒
曹〔于愼行紀賜鮮枇杷〕嘉名漢苑舊標奇北客由來
自不知綠萼經春開籠日黃金滿樹入筐時江南謾道
珍盧橘西蜀休稱薦荔枝千里梯航來不易懷將餘核
誌恩私
五言絕句 增〔宋梅堯臣隱靜遺枇杷〕五月枇杷實靑靑
味尙酸獮猴定撩亂欲待熟時難
七言絕句 增〔宋梅堯臣依韻和行之枇杷時予送紅梅
與之〕五月枇杷黃似橘誰思荔枝同此時嘉名已著上
林賦却恨紅梅未有詩 〔明高啓東丘蘭若見枇杷〕落
葉空林忽有香疎花吹雪過東墻居僧記取南風後留
箇金丸待我嘗 〔沈周枇杷〕誰鑄黃金三百丸彈胎微
濕露溥溥從今抵鵲何消玉更有餳漿沁齒寒
詩散句 增〔宋周必大〕昭陽睡起人如玉妝臺對罷雙蛾
綠琉璃葉底黃金簇纖手拈來嗅淸馥可人風味少人
知把盡春風夏作熟 〔宋張舜民〕似梅嫌足核如蜜少
加酸 〔明沈周〕數顆黃金彈枝頭駭鳥飛 原〔唐白民
易〕淮山側畔楚江陰五月枇杷正滿林 〔宋劉子翬〕萬
顆金丸綴樹稠遺根漢苑識風流 〔唐杜甫〕枇杷樹樹

香 增〔柳宗元〕夏首薦枇杷 〔元成廷珪〕枇杷雪洗青
〔宋趙抃〕紅嚼山杷口似饞 〔陸游〕無核枇杷接亦生
原〔元顧瑛〕枇杷花開如雪白
別錄 增〔物類相感志〕枇杷不宜糞 〔學圃餘疏〕枇杷出
東洞庭者大自種者小然却有風味獨核者佳蓋他果
須接乃生獨此果直種之亦能生也 原〔田家五行〕枇
杷五月開結主水

佩文齋廣羣芳譜卷第五十六

佩文齋廣羣芳譜卷第五十七

果譜

柰

原柰一名頻婆與林檎一類而二種江南雖有西土最豐樹與葉皆似林檎而實稍大味酸微帶澀可栽可壓白者爲素柰赤者爲丹柰亦曰朱柰青者爲綠柰皆夏熟〈西京雜記〉上林苑柰三白柰紫柰綠柰〈廣志〉云柰有白青赤三種張掖有白柰酒泉有赤柰 增〈本草〉凉州有冬柰冬熟子帶碧色 原性寒多食令人肺寒膨脹病人尤甚

彙考 增〈宋書符瑞志〉晉武帝太始二年六月嘉柰一蒂十實生酒泉 〈北史楊愔傳〉愔一門四世同居家甚隆盛昆季就學者三十餘人學庭前有柰樹實落地羣兒咸爭之愔頹然獨坐其季父暐適入學館見之大用嗟異顧謂賓客曰此兒恬裕有我家風 〈漢武內傳〉仙藥之次者有員丘紫柰出永昌 〈漢武故事〉上握蘭園之金精摘圓丘之紫柰 原〈洞冥記〉有紫柰大如斗甜如蜜核紫花青研之有汁如漆可染衣其汁著衣不可湔浣亦名闇衣柰 增〈拾遺記〉須彌山有柰冬生如碧色以玉井水洗食之骨輕柔能騰虛也 〈洛陽伽藍記〉報德寺多果木柰味甚美冠於京師 白馬寺浮圖前柰林實重七斤味殊美冠於中京帝至熟時常詣取之或復賜宮人宮人得之轉餉親戚以爲奇味得者不敢輒

食乃歷數家 河間王琛造迎風館於後園窓戶之上列錢青瑣玉鳳銜鈴金龍吐珮素柰朱李枝條入簷伎女樓上坐而摘食 〈述異記〉漢末楊氏家園中產神柰三株 〈晉宮閣簿〉秋有白柰 〈眞誥〉夏禹詣鍾山啖紫柰 〈洞仙傳〉展上公學道於伏龍地乃植柰彌滿所住之上常白諸仙人云昔在華陽下食白柰美憶之未久忽已三千歲矣郭四朝後來住其處又種五果上公云此地善可種柰所謂福鄉之柰可以除災癘 原〈南嶽夫人傳〉夫人姓魏名華存性樂神仙季冬夜半有四眞人降夫人靜室因設玄室紫柰夫人還王屋山王子喬等並降時夫人與眞人爲賓主設三玄紫柰 增〈朝野僉載〉貞觀中頓丘有人於黃河渚上拾菜得一樹栽子大如指持歸蒔之三年乃結子五顆味如柰又似林檎多汁異常酸美送縣縣上州以其奇味乃進之後樹長成漸至三百顆每年進之號曰朱柰至今猶存德貝博等州取其枝接所在豐足人以爲從西域浮來礙渚而住矣 〈洽聞記〉河州鳳林關有靈巖寺每七月十五日溪穴流出聖柰大如盞以爲常 原〈酉陽雜俎〉白柰出凉州野豬澤大如兔頭 〈續仙傳〉謝玄卿遇神仙設玄洲白柰 〈虎丘山疏〉虎丘山下三面有春秋二柰 〈燕都草園記〉去園里許有柰子古樹婆娑數畝春時花盛開望之如雪三夏葉特繁密列坐其下微雨烈日俱不

到被蔭若夏屋公安袁宏道嘗謂戒壇老松顯靈宮柏城南柰子可稱卉木中三絶云

【集藻】詔【增】魏明帝詔此柰從凉州來道里旣遠又東來轉暖故中變色不佳耳

表【增】魏曹植謝賜柰表即夕殿中虎賁宣詔賜臣等柰一奩詔使温啖夜非食時而賜見及柰以夏熟今則冬至物以非時爲珍恩以絶口爲厚非臣等所宜荷之

啟【增】梁劉潛謝始興王賜柰啟酒泉之實稱於玉賦瓜州之味記自張文亦有太冲嗟其夏成子建暢其寒熟潘園曜白孫非浮朱並見重於昔時而霑恩於兹日

賦散句【增】漢王逸荔支賦酒泉白柰　晉左思蜀都賦素柰夏成　潘岳閒居賦二柰曜丹白之色

五言古詩【原】梁褚澐詠柰成都貴素質酒泉稱白麗紅紫奪夏藻芬芳掩春蕙映日照新芳叢林抽晩蔕誰謂重三珠終焉競八桂不讓圜丘中粲潔華庭際　謝瑱和蕭國子詠柰花俱榮上節初獨秀高秋晩吐綠變衰園舒紅摇落苑不逐奇幻生寧從吹律暖幸同瑤華折爲言聊贈遠　【增】宋梅堯臣深夏忽見柰樹上猶存一顆實纍纍後堂柰落盡風雨枝行藥偶散步倚杖聊縱窺林莫隱孤實山烏曾未知物亦以晦存悟兹身世爲

詩散句【原】唐杜甫宿陰繁素柰過雨亂紅蕖　【增】宋梅堯臣豈無山石榴獨見庭柰喜　明袁宏道終日惜柰花一身苦牽羈　【原】唐杜甫輕籠熟柰香　【增】姚合素柰花開西子面

【別錄】【增】製用釋名柰油擣柰實和以塗繒上燥取而發之形如油也　柰脯切柰曝乾之如脯也　廣志西方多柰家家收切曝乾作脯十百斛以爲蓄積謂之頻婆糧又取熟柰納甕中勿令蠅入六七日待爛以酒醃攪如粥下水再攪濾去皮子良久去清汁傾布上以灰在下引汁盡日乾爲末調食物甘酸可食　本草今關西人以赤柰楸子取汁塗器中曝乾名果單味甘酸可以饋遠

林檎　花附見

【原】一名來禽一名蜜果此果味甜能來衆禽於林故有林檎來禽蜜果之號一名文林郎果詳見洽聞記　一名冷金丹詳見清異錄　【增】元氏長慶集林檎花一名月臨花　學圃餘疏花紅即古林檎

【原】生渤海間以柰樹傳接二月開粉紅花子如柰小而差圓六七月熟色淡紅可愛有甜酸二種有金紅水蜜黑五色甜者早熟而味脆美酸者熟差晩須爛方可食黑者色如紫柰有冬月再實者性甘溫下氣消渴多食脹滿或云食多覺膨脝並嚼其核即消　一云食其子令人心煩生者食多生瘡癤

【典故】【增】宋書符瑞志文帝元嘉十五年二月太子家令

劉徵園中林檎連理〔宋史禮志〕太宗景祐三年禮官宗正請每歲夏仲月薦果以瓜以來禽〔西京雜記〕初修上林苑羣臣遠方各獻名果異樹有林檎十株【原】王右軍帖青李來禽子皆囊盛爲佳函封多不生【增】京口記南國多林檎〔洽聞記〕永徽中魏郡人王方言拾得樹果以獻刺史紀王慎王貢於高宗以爲朱柰又名五色林檎或謂之聯珠果上重賜王方言文林郎亦號此果爲文林郎〔酉陽雜俎〕鄆州闞司倉者家在荊州其女乳母鈕氏有一子妻愛之與其子均焉忽一日偶得林檎一蔕戲與巳子乳母乃怒曰小娘子成長忘我矣常有物與我子停今何容偏乃齧吻攘臂再三反覆主人之子一家驚怖逐奪之其子狀貌長短正與乳母兒不下也妻知其怪謝之鈕氏復手簸主人之子始如舊矣〔桂苑叢談〕王梵志衞州黎陽人也黎陽城東十五里有王德祖者當隋之時家有林檎樹生癭大如斗經三年其癭朽爛德祖見之乃撤其皮遂見一孩兒抱胎而出因收養之至七歲能語問曰誰人育我及問姓名德祖具以實告因林木而生曰梵天後改曰志我家長育可姓王也作詩諷人甚有義旨蓋菩薩示化也〔稽神錄〕光州檢日官蔣舜卿行山中見一人方採林檎以二枚與之食因而不饑家人以爲不得食不治將病求醫甚切而不能愈後聞壽春有人善醫令往訪之

始行一日宿一所村店有老父問以所患具告之父曰吾能救之無煩遠行也出藥方寸匕使服之吐二林檎如新父收之去舜卿之食如常既歸他日訪之店與父老俱不見矣【原】東坡集兒子邁幼時嘗作林檎詩云熟顆無風時自脫半腮迎日鬭先紅於等輩中亦號有思致者【增】〔三柳軒雜識〕來禽爲靚客〔花經〕林檎四品六命〔賞心樂事〕禁中五月於艷香館賞林檎〔史纂〕馬琮居華陽亭牆外有林檎一株枯巳久矣師四月十四日汲水沃之曰純陽來年是日生於此樹之下〔瓶史〕林檎頻婆姿媚可人潘生之解愁也

【集藻】〔啟〕【增】梁劉孝威謝賚林檎啟勇聞齊國止錫二桃遠至仙方裁裳數棗豈如恩豐漢篋賜廣魏奩婫女數而僅通算郎計而方得生於玉井之側出自金膏之地上靈所貴下士希逢〔庾肩吾謝賚林檎啟〕丹徒故苑歲綿長而不見岷山舊植路重阻而來難未有徙核圓丘移根閬阪仙厨始摘猶堆青玉之盤下賤爰頒遂入柚蒲之座

賦散句【增】〔晉左思蜀都賦〕其園則有林檎枇杷

五言古詩【增】〔唐元稹月臨花〕凌風颺颺花透影朧朧月巫峽隔波雲姑峯漏霞雪鏡勻嬌而粉燈泛高籠縝夜久清露多啼珠墜還結〔宋梅堯臣宣城宰郭仲文遺林檎〕右軍好佳果墨帖求林檎君今忽持贈知有逸少

心密枝傳應遠朱顏愀已深不愁炎暑劇幸同玉藥對
七言古詩【原】宋陳與義來禽花來禽花高不受折滿意
清明好時節人間風日不貸春昨夜臙脂今日雪舍東
蕪菁滿眼黃蝴蝶飛去專斜陽妍媸都無十日事付與
梧桐一夏涼
五言律詩【增】唐鄭谷水林檎花一露一朝新簾櫳曉景
分艷和蜂蝶動香帶管絃聞笑擬春無力妝濃酒漸醺
直疑風起夜飛去替行雲 宋梅堯臣八月三日詠原
甫庭前林檎花秋蠹無完葉疎叢有瘁莖偶來庭樹下
重看露葩榮衆自守常理獨開偏見情從今數霜月結
子尚能成

七言絕句
御製詠林檎野果初來上苑東柰紅鮮品進離宮雖然不及
羣珍味也有微誠在此中
【增】宋王庭珪國材姪送林檎嫩紅輕拂女兒臉淺綠深
堆瑪瑙盤草木若能成好事年年早寄一枝看【原】劉
子翬林檎花粲粲來禽已著花芳根誰徙向天涯好將
青李相遮映風味應同逸少家【增】明楊慎以來禽果
餉奘庵佳果東來濯錦江楚謠萍實亦堪雙王家珍重
來禽帖青李櫻桃總受降
詩散句【原】宋蘇軾東坡先生未歸時自種來禽與青李
劉子翬東風也作清明意開遍來禽一樹花【增】陸
游來禽顏色不禁雨 楊萬里來禽濃抹日半臉
詞【原】宋史達祖留春令香肌豐靨韻多香足綠勻紅注
翦取東風入金盤斷不買臨邛賦 宮錦機中春富裕
勸玉環休妒等得明朝酒消時是閒淡雍容處【增】丘
濬洞仙歌豐肌膩體淡雅仍矜貴不與羣芳競姝麗向
瓊林珠殿獨占春風仙仗裏曾奉三宮稱燕喜 低徊
如有恨失意含羞樂事繁華竟誰記應憐我老去無句
酬伊吟未就不覺東風又起鎮獨自黃昏怯輕寒這情
緒年年共花憔悴
別錄【增】物類相感志林檎樹生毛蟲埋蠶蛾於下或以
洗魚水澆之即止 貴耳集思陵偶持一扇題祐陵御

筆畫林檎花上一鶺鴒【原】製用清異錄林檎百枚蜂
蜜浸十日更易蜂蜜五斤細丹砂末二兩攪拌封固一
月出之陰乾飯後酒時食一兩枚名冷金丹 齊民要
術作林檎麨法林檎赤熟時擘破去子心蔕日曬令乾
或磨或擣下細絹篩麤者再磨擣以細盡爲限以方寸
匕投於椀中即成美漿不去蔕則太苦合子則不度夏
留心則太酸若乾噉者以林檎麨一升和米麪二升味
正適調【增】南村輟耕錄句曲山房熟水法削沉香釘
數個插入林檎中置缾內沃以沸湯密封缾口久之乃
飲其妙莫量 清供錄林檎渴水林檎微生者不計多
少擂碎以滾湯就竹器放定擂碎林檎傾淋下汁滓無

味爲度以文武火熬常攪勿令焦了熬至滴入水不散然後加臘麝少許檀香末尤佳熟時晒乾研末點湯服甚美 原收藏〔家塾事親〕林檎每百顆取二十顆搥碎入水同煎候冷納淨甕中浸之密封其口以浸著爲度可久留〔便民圖纂〕枇杷林檎楊梅等果用臘水同薄荷一握明礬少許入甕內投果於中顏色不變味更涼爽

蘋果

原蘋果按本草不載蘋果而釋柰云一名頻婆據採蘭雜志學圃餘疏頻婆又當屬此果名蓋與柰一類二種也出北地燕趙者尤佳接用林檎體樹身聳直葉青似林檎而大果如梨而圓滑生青熟則半紅半白或全

紅光潔可愛玩香聞數步味甘鬆未熟者食如棉絮過熟又沙爛不堪食惟八九分熟者最美

彙考 增〔採蘭雜志〕燕地有頻婆味雖平淡夜置枕邊微有香氣即佛書所謂頻婆華言相思也昔袁上方時以此致張子由此觀之則當時未必不以爲相思也〔學圃餘疏〕北土之蘋婆果即花紅一種之變也吳地素無近亦有移植之者載北土以來亦能花能果形味俱減然猶是奇物

集藻 七言律詩 增〔明曾棨頻婆果〕異果曾因釋老知喜看嘉實出京師芳腴絕勝仙林杏甘脆全過大谷梨炎帝遺書慙未錄長卿多病獨相宜由來南土無人識郤得靈根此處移

別錄 原收藏取罌熟者收冰窖中至夏月味尤甘美秋月切片曬乾過歲食亦佳

橄欖

原橄欖一名青果一名諫果一名忠果詳見齊東野語 增〔陵川詩註〕南人謂之椗覽 原生嶺南閩廣諸郡及沿海浦嶼間皆有之樹似木槵而高大數圍端直可愛枝皆高聳葉似櫸柳二月開花八月結子狀如長棗色青兩頭皆尖先生者居下後生者漸高深秋方熟核亦兩頭尖而有稜核內有三竅竅內中有仁可食其類有緑欖色青綠核內無仁有亦乾小烏欖色青黑肉爛而甘取肉搥碎乾自有霜如白鹽謂之欖醬仁最肥大

有紋叢疊如海螺蛸色白外有黑皮最甘緻又有一種波斯橄欖生邕州色類相似但核作兩瓣一種方欖出廣西兩江峒中似橄欖而有三角或四角即波斯橄欖之類也野生者樹峻而子繁蜜漬鹽醃皆可藏久用之致遠作佳果生嚼味苦澀微酸良久乃甘美生食煮汁飲並生津止渴開胃下氣治喉痛消酒毒住泄瀉解一切魚鱉毒及骨鯁閩中尤重其味云咀之口香勝雞舌香

彙考 增〔三輔黃圖〕漢武帝元鼎六年破南越起扶荔宮以植所得奇草異木有橄欖百餘本〔南方草木狀〕橄欖吳時歲貢以賜近侍本朝自泰康後亦如之〔廣志〕橄欖大如雞子交州以飲酒〔金樓子〕有樹名獨根分爲二枝其東向一枝是木威樹南向一枝是橄欖樹

歸叟詩話記得小說南人誇橄欖於河東人云此有回味東人云不若我棗比得你回味我已甜久矣學齋呫嗶東坡橄欖詩云紛紛青子落紅鹽蓋凡果之生也必青其熟也必變色如梅杏半傳黃朱果爛枝繁是也惟有橄欖雖熟亦青故謂之青子不可他用也齊東野語涪翁在戎州日過蔡夾律家小軒外植餘甘子乞名於翁因名之曰味諫軒其後王宣子寻以橄欖送翁翁賦云方懷味諫軒中果忽見金盤橄欖來想與餘甘有瓜葛苦中眞味晚方回然則二物可名之爲諫果也

閩部疏橄欖在莘原上八十里間沿麓樹之蓊鬱可愛

集藻

跋增 宋魏了翁跋胡文靖公晉臣橄欖詩眞蹟無味之味至味也乃五行之太極也鹹苦酸辛甘則五行之所作也皆五味之一也然其間所謂甘者在天爲溼在地爲土在色爲黃在音爲宮則甘於四者猶得爲味之中也故茶不如薺也堇不如飴也毒藥不如嘉穀也苦節不如甘節也龍逢比干不如咎夔稷契也然則橄欖之以苦見取何也謂其變之正者也崔寔諫臣心憂主無一僞世固有持是而不見錄者多矣三復是詩而有感焉

五言古詩原 宋王禹偁橄欖 江東多果實橄欖稱珍奇北人將薦酒食之先顰眉皮肉苦且澀歷口復棄遺良久有回味始覺甘如飴我今何所喻喻彼忠臣辭直道逆君耳斥逐投天涯世亂思其言噬臍焉能追寄語採詩者無輕橄欖詩

增 梅堯臣玉汝遺橄欖 南國青青果涉冬知始摘雖咀澀難任竟當甘莫敵來從萬里外或以苦口擲所投同木瓜欲報無瓊璧

原 歐陽修橄欖 五行居四時維火盛南訛炎焦凌木氣橄欖得之多酸苦不相入初爭久方和霜苞入中州萬里來江波幸登君子席得與衆果羅中州衆果佳珠圓玉光瑳媿茲微陋質以遠不見訶餳飴兒女甜遺味久則那良藥不甘口厥功見沉痾忠言初厭之事至悔若何世已無採詩詩成爲君哦

劉攽橄欖 南珍富奇異疇昔頗窮擥

夷荒無書傳從古陋鉛槧苞封走中土天庨異離坎有香已變衰有色多黯黵今君此堂上珍物惟橄欖青膚鏤瓊瑩翠顆森菡萏苦爲幽人貞久見君子淡甘懷彼包羞日新此剛敢清泉薦芳茗臭味獨潛感澡雪清煩酲滌除瑩玄覽靈均採時菊西伯嗜昌歜廟鼎實調梅壯士仍嘗膽由來超俗好諸絕不言慘殷勤謝凡口薤白空三嗽

增 元郝經詠橄欖 南果足韻勝北人罕爲奇銀盤獻青子愛玩驚見之蓮房飽出蛹棗滑生下枝翠粉苦埻新清烈凝松脂齒牙嚼艱澀苦硬不可持氣韻久始來靈根淪天池灑然凌清颸甘露濡仙芝有如宿瘤妻苦節眞可期亦如相韓休朕瘠天下肥危辭遽

逆耳終自爲良規先難阻欲速後得卒莫達黙黙心語
口此樂夫誰知始覺衆果俗橘奴復棃兒海嶺瘴天黑
異味翻茶飴雨露存天眞颶霧不可滋島嶼出乳泉造
化亦若茲元氣舌本甜酸苦歸沵洟本來甘受和衆味
相假移居然復其源僞妄焉能欺何當謝世網兀坐忘
奔追深山石室空煮石療調饑破鼎煮春芽嚼此吟湘
纍傷然沃肺腑看山坐支頤物表有眞味載歌采薇詩
洪希文嘗新橄欖 橄欖如佳士外圓内實剛爲味苦
且澀其氣淸以芳侑酒解酒毒投茶助茶香得鹽即回
味消食尤奇方宮商舌底發星宿胸中藏雖云白露降
氣味更老蒼山林假歲月顏色饒風霜以茲調衆口誰
敢輕頡頏作此橄欖詩遠繼葑菲章大器當晚成斯言
君勿忘

七言律詩 原 明馬德澄謝送橄欖 美人抱瑟自姑蘇桂
果盈籠贈客需味淡冰桃淸鼓勝色侔玉棗脆偏遒入
唇香嫩含雞舌啟齒甘回吐鳳酥更爲高歌聲沸耳相
從啜茗啟醍醐

七言絶句 原 宋蘇軾橄欖 紛紛靑子落紅鹽正味森森
苦且嚴待得微甘回齒頰已輸崖蜜十分甜 增 元郝
經橄欖 半靑來子味難誇宜著山僧點蠟茶若是党家
金帳底只將金橘送流霞

詩散句 增 唐白居易 櫱酸橄欖新 宋孫覿 紅鹽著樹
落靑子

詞 增 宋吳禮之浣溪沙 南國風流是故鄉紅鹽落子不
因霜於中小底最珍藏 薦酒薦茶些子澀透心透頂
十分香可人回味越思量 黄庭堅好事近 瀟灑薦冰
盤滿座暗驚香集久後一般風味問幾人知得 晝堂
飲散已歸來淸潤轉更惜留取酒醒時候助茗甌春色

别錄 原 採摘 嶺表錄異 橄欖樹有野生者樹峻不可梯
緣但刻其根下方寸許内鹽於其中一夕子皆自落
增 種樹書 橄欖將熟以竹釘釘之其實盡落 鱗幾雜
志 橄欖木并花如樗將採其實剝其皮以薑汁塗之則
盡落 原 製用 橄欖仁甘平無毒脣吻燥痛研爛傅之

橄欖核甘澀溫無毒治魚積魚鯁又治痘瘡倒靨燒
研服治下血 橄欖枝上狀如黑膠者土人採取爇之
甚淸烈謂之欖香雜以牛皮膠者即不佳 物類相感
志 栗子與橄欖同食作梅花香 橄欖與鹽同食則無
苦味 延壽書 凡食橄欖必去兩頭其性熱也過白露
摘食庶不病痁 增 嶺表錄異 樹枝節上生脂膏如桃
膠南人採之和其皮葉煎之調和黑飴謂之橄欖糖用
濯船損乾後牢於膠漆著水益乾堅耳 名醫錄 吳江
一富人食鱖魚骨鯁胷中不可下有漁人教以食橄欖
時無此果以核爲末水調服之而瘳漁者曰橄欖木作
取魚棹篦魚觸之即浮出是以知魚畏橄欖也

附錄木威

增〈本草拾遺〉生嶺南山谷樹高丈餘葉似楝子如橄欖而堅亦似棗削去皮可爲粽食

餘甘子

原餘甘子一名菴摩勒見梵書又名摩勒落迦果二廣諸郡閩之泉州及西川戎瀘蠻界山谷皆有之 增〈南方草木狀〉花黃實似李青黃色核圓作六七稜食之先苦後甘〈異物志〉其樹葉如櫰葉其枝如柘其子圓大如彈丸有文理如定陶瓜〈本草〉木高一二丈枝條甚軟葉青細密朝開暮斂如夜合而微小春生冬彫三月有花著條而生如粟粒隨卽結實作莛每條三兩子至冬而熟連核

作五六瓣乾卽并核皆裂俗作果子噉之泉州山中亦有狀如川楝子形圓味類橄欖亦可蜜漬鹽藏其木可製器物

集藻 贊 增〈宋宋祁餘甘子贊〉苞翠葉圓實而澤咀久還甘或號菴勒

賦散句 增〈晉左思吳都賦〉其果則丹橘餘甘

五言古詩 原〈宋劉子翬詠餘甘〉炎方橄欖佳餘甘豈苗裔風姿雖小殊氣韻乃酷似醉顏澀吻餘髣髴清香至侯門收寸長粉骨成珍劑猶聞雜蜜草少轉森嚴味奇材用不專雖用何殊棄端知効苦言逆耳多嫌忌棄果事何傷違言德之累悅口易逢知感茲發長喟

七言絕句 增〈宋張孝祥餘甘子〉甘言誤我三折臂良藥爲洗五年腸欲知苦過味方永請試君家肘後方 此老才堪上諫坡南州留滯意如何還將苦口劇英主醫國懸知藥籠多 苦愁入意未相諳卒以初嘗厭後甘王氏有詩旌橄欖可憐遺味在巴南

詞 增〈宋黃庭堅更漏子〉菴摩勒西土果霜後明珠顆顆憑玉兎搗香塵稱爲席上珍 號餘甘爭奈苦臨上馬時分付管回味却思量忠言君試嘗

山樝

原山樝一作樝其味似樝故名一名棠梂子一名羊梂杭字之誤一名山裏果一名茅樝一名猴樝一名鼠樝本草云生於川原茅林中猴鼠

喜食之故有諸名一名杭子一名繫梅爾雅云杭繫梅一名赤瓜子本草云當作赤棗樝狀似赤棗虞衡志有赤棗王謬百一方云山裏紅果俗名酸棗正合此義其類有二種皆生山中一種小者樹高數尺多枝柯葉有五尖色青背白椏間有刺三月開小白花五出實有赤黃二色九月熟其核狀如牽牛子色微白映紅甚堅一種大者樹高丈餘花葉皆同但實稍大而色黃綠皮澀肉虛初甚酸澀經霜乃紅可食出滁州青州者佳爲消滯要藥語云山樝有爛肉之功小者爲棠杭子茅樝猴樝堪入藥肥大者爲羊杭子可作果食

別錄 原〈製用〉取熟者蒸爛去皮核及內白筋白肉搗爛加入白糖以不酸爲度微加白礬末則色更鮮妍入籠

蒸至凝定收之作果甚美兼能消食　又蒸爛熟去皮核用蜜浸之頻加蜜以不酸爲度食之亦佳　閒有以此果切作四瓣加鹽拌蒸食又一法也　入藥者切四瓣去核曬乾收用　山楂酒山楂熟時擇擘去蟲洗淨控乾搗半碎每缸用三斗隨添黍米少許亦可以甑蒸半熟取出攤冷入大麴半塊燒酒一斤拌如常法其味甘淡不醉人極消食積

枳椇

增〔古今注〕枳椇子一名樹蜜一名木餳（味餳美如餳蜜）一名白石一名白實一名木石一名木實〔本草〕枳椇一名蜜椇㰲（音止矩）一名蜜屈律（皆屈曲不伸之意此樹多枝而曲其子亦拳曲故名）一名

木蜜（以其味也）一名木珊瑚一名雞距子一名雞爪子（象其形也）木名金鉤木一名枅栱一名交加枝（言其屈也）　木高三四丈葉圓大如桑柘夏月開花枝頭結實如雞爪形長寸許紐曲開作兩三岐儼若雞之足距嫩時青色經霜乃黃嚼之味甘如蜜每開岐盡處結一二小子狀如蔓荊子內有扁核赤色如酸棗仁形（按今山西甚多俗名拐棗）

彙考 增〔詩小雅〕南山有枸〔陸璣疏〕枸樹一名枸骨今官園種之謂之木蜜古語曰枳枸來巢言其味甘故飛鳥慕而巢之本從南方來能令酒味薄若以爲屋柱則一屋之酒皆薄〔禮記曲禮〕婦人之贄椇榛棗脯〔爾雅翼〕古者人君燕食所加庶羞凡三十一物椇其一也又爲婦人之贄荊楚之俗亦鹽藏荷裹以爲冬儲今不以爲重賤者食之而已

葡萄

原 葡萄（古作蒲桃又作蒲陶）一名賜紫櫻桃生隴西五原燉煌山谷今河東及江北皆有之而平陽尤盛苗作藤蔓而極長大盛者一二本綿被山谷間三月開小花成穗黃白色旋著實七八月熟水晶葡萄（暈色帶白如著粉形大而長味甚甘西番者更佳）馬乳葡萄（色紫形大而長味甘）紫葡萄（黑色有大小二種酸甜二味）綠葡萄（出蜀中熟時色綠若西番之綠葡萄名兔睛味勝糖蜜無核則異品也其價甚貴）瑣瑣葡萄（出西番實小如胡椒今中國亦有種者一架中間生一二穗）雲南出者大如棗味尤長唐史波斯國所出大如雞卵也　增今塞外有十種葡

萄伏地公領孫　哈密公領孫　哈密紅葡萄　哈密綠葡萄　哈密白葡萄　哈密黑葡萄　哈密瑣瑣葡萄　馬乳葡萄　伏地黑葡萄　伏地瑪瑙葡萄　原可生食可釀酒最難乾不乾不可收今太原平陽皆製乾貨之四方西北人食之無恙東南食之多病熱其根莖中空相通暮溉其根至朝而水浸其中故俗呼其苗爲木通澆以米泔水最良以麝人其皮則葡萄盡作香氣以甘草作釘釘其根則立死三元延壽書云葡萄架下不可飲酒恐蟲屎傷人

彙考 增〔周禮地官〕場人掌國之場圃而樹之果蓏珍異之物以時斂而藏之〔注〕珍異枇杷葡萄之屬　原〔史記

大宛傳宛主古以葡萄爲酒富人藏酒至萬餘石久者
數十歲不敗俗嗜酒馬嗜苜蓿漢使取其實來於是天
子始種苜蓿葡萄肥饒地及天馬多外國使來衆則離
宮別館旁盡種葡萄苜蓿極望 增〔漢書西域傳〕且末
國難兜國罽賓國有蒲陶諸果 武帝發使十餘輩抵
宛西諸國求奇物漢使采蒲陶苜蓿種歸 〔後漢書西
域傳〕栗戈國出葡萄衆果其土水美故葡萄酒特有名
焉 〔梁書扶桑國傳〕地多蒲陶 〔高昌國傳〕大同中遣
使貢蒲陶等物 〔北齊書李元忠傳〕元忠曾貢世宗葡
萄酒一盤世宗報以百練縑遺其書曰儀同位亞台鉉
識懷貞素出藩入侍備經要重而猶家無擔石室若懸

磬豈輕財重義奉時愛己故也久相嘉尚嗟咏無極恒
思標賞有意無由忽辱蒲桃良深佩戴聊用絹百匹以
酬清德也 〔南史夷貊傳〕高昌國出蒲桃酒梁大同中
遣使獻蒲桃氍㲣 原〔唐書陳叔達傳〕嘗賜食得葡萄
不舉帝問之對曰臣母病渴求不能致願歸奉之帝流
涕曰卿有母遺乎因賜之又賚物百段 〔西域傳〕大食
國歲獻貴人葡萄大者如雞卵 增〔泰州記〕秦野多葡
萄 〔晉宮閣名〕華林園葡萄百七十八株 原〔後凉錄〕
龜茲國人奢侈家有至千斛葡萄 增〔燉煌張氏家傳〕
扶風孟佗以葡萄酒一升遺張讓即拜凉州刺史 〔洛
陽伽藍記〕白馬寺浮圖前葡萄枝葉繁衍實偉於棗味

殊美冠於中京帝至熟時常詣取之或復賜宮人宮人
得之轉餉親戚以爲奇味得者不敢輒食乃歷數家
〔金樓子〕大月氏國善爲葡萄花葉酒或以根及汁醞之
其花似丁香而綠蕊碧鬚春夏之時萬鬚競發如鸞翼
八月中風至吹葉上傷裂有似綾紈故人呼爲葡萄風
亦名爲裂葉風 〔景龍文館記〕四月上巳日上幸司農
卿王光輔莊駕還頓後中書侍郎南陽岑羲設茗飲葡
萄與學士等討論經史 原〔西域記〕焉耆國土宜葡萄
笯赤建國多葡萄 增〔宣室志〕晉陽西有童子寺在郊
牧之外貞元中有鄧珪者寓居於寺秋夜與朋友數輩
會宿忽見一手自牖間入色黃而瘦甚珪開其牖聞有

唫嘯之聲訊之曰汝爲誰對曰吾隱居山谷有年矣今
夕縱風月之遊聞先生在此故來奉謁願得坐牖下聽
先生與客談珪許之既坐與客談笑極歡久之告去明
夕再來又以手出於牖間珪以繂系其臂牢不可解遂
引繂而去明日共與客窮其跡至寺北百餘步有蒲桃
一株甚蕃茂而繂系其枝有葉類人手果牖間所見遂
掘其根而焚之 原〔酉陽雜俎〕貝丘之南有葡萄谷谷
中葡萄可就其所食之或有取歸者即失道世言王母
葡萄也天寶中沙門曇霄因遊諸嶽至此谷得葡萄食
之又見枯蔓堪爲杖大如指五尺餘持還本寺植之遂
活長高數仞蔭地幅員十丈仰觀若帷蓋焉其房實磊

落紫瑩如墜時人號爲草龍珠帳 增〔酉陽雜俎〕庾信謂魏使尉瑾曰我在鄴遂大得葡萄奇有滋味陳昭曰作何形狀徐君房曰有類軟棗信曰君殊不體物可得言似生荔支魏肇師曰魏武有言末夏涉秋尚有餘暑酒醉宿醒掩露而食甘而不飴酸而不酢道之固已流涎稱奇况親食之者瑾曰此物實出於大宛張騫所致有黃白黑三種成熟之時子實逼側星編珠聚西域多釀以爲酒每來歲貢在漢西京似亦不少杜陵田五十畝中有葡萄百樹今在京兆非直止禁林也信曰乃園種戶植接蔭連架昭曰其味何如橘柚信曰津液奇勝芬芳減之瑾曰金衣素裏見苞作貢向齒自消良應不

及〔零陵總記〕李直方常第果實若貢士以葡萄爲五〔河東備錄〕楊炎食葡萄曰汝若不澀當以太原尹相授〔清異錄〕河東葡萄有極大者惟土人得啖之其至京師者百二子紫粉頭而已 增〔南部新書〕太宗破高昌收馬乳葡萄種於苑中并得酒法仍自損益造酒成綠色芳香酷烈味若醍醐 增〔蒙泉雜言〕酉陽雜俎與六帖皆載葡萄出張騫自大宛移植漢宮按本草已具神農九種當塗熄火去騫未遠而魏文之詔實稱中國名果不言西來是唐以前無此論予嘗以爲大宛之種必與中國者異故博望取之段白所載必有所據但失實耳比戍酒泉屢嘗取乾之名曰瑣瑣比中國者差小形圓而色正赤其味甘美非中國者可敵則予所見庶或得之今此種處處有之獨蒲坂者勝土人乾之以貧貿易江南重之稱蒼葡萄曰蒼云者豈承襲瑣瑣之乾與姑識之以俟知者〔甲申雜記〕湖南提刑唐秠云其父諲爲湖北漕有一道人間與唐漕飲取千里外物不移刻一日唐欲河東葡萄又思峽中新荔子酒數巡則令人就其卧屏間取之皆美新若方折枝者

集藻 詔 原〔魏文帝詔〕中國珍果甚多且復爲說葡萄當其末夏涉秋尚有餘暑酒醉宿醒掩露而食甘而不飴脆而不酸冷而不寒味長汁多除煩解渴又釀以爲酒甘於麴糱善醉而易醒道之固已流涎咽唾况親食之

耶他方之果寧有匹者

贊 增〔宋宋祁綠葡萄贊〕西南所宜柔蔓紛衍繫穗綠實其甘可薦

賦 增〔魏鍾會蒲桃賦并序〕余植蒲桃於堂前嘉而賦之美乾道之廣覆兮佳陽澤之至淳覽遐方之殊偉兮無斯果之獨珍托靈根於玄圃植昆山之高垠綠葉蓊鬱曖若重陰翳羲和秀房陸離混若紫英乘素波仰承甘液之靈露下歆豐潤於醴泉總衆和之淑美體至氣於自然珍味允備與物無儔清濁外暢甘旨內遒滋澤膏潤入口散流〔宋宋祁右史院蒲桃賦〕癸酉之仲夏予受詔修書寓於右史院紬繹多暇裴回堂除有蒲桃一

本延蔓踈痔亟實甚寡孑且玩且咀以爲省戶疑切禁
廷敞閑人不夭摧禽不棲啄與平原槁壤有間排灌叢
宿莽所干而條悴葉芸不爲時珍何耶得非地以所宜
爲安根以屢徙爲危封植浸灌信美非願因爲小賦代
其臆對云昔炎漢之遣使道西域而始通得蒲桃之異
種偕苜蓿以來東矜所從以至遠遂徧植乎離宮去葱
雪之寒鄉托崤函之福地並萬寶以均載歷千古而舒
粹玩之可使觸煩食之足以平志不由甘而取壞迺因
少而獲貴鄙柚苞之輕倪賤蔗境之塵滓粵何人斯殖
我於茲托深巖之秘署切轇轕之文榱培孤莖以槁壤
引柔蔓乎標枝泉石渠以蒙浸露金莖而並滋布涼影

於月宮獵重葩於禁籞蔽風廬之岑寂隱肅唱而透遲
彼得地而逢辰宜欣欣以茂遂奚敷華而委質反慘慘
而茲瘁乏磊砢於當年讓紛華於此世是必野荄非曾
掖之玩非實異大官之味因枳橘之屢遷歎匏瓜之徒
繫亦猶鬱柳有性不願桮棬之華海鳥取容非樂觴酒
之饋胡不放之巖際歸之壠陰上敷榮於樛木外結庇
於緇林蒙烟沐霧跨野彌岑豐茸大德之谷棲息無榆
之禽保深根以庇本誠繁寶之披心窮天年以善育奚
斧斤之可尋亂曰增橤銜華堂萱爭麗枝以萬年爲名
木以五衢稱瑞是皆托中涓以進孰荷鈞盾之爲地結
蔕心以自如非孤生之所冀

文賦散句【增】〔魏荀勗葡萄賦〕靈運宣流休祥允淑懿彼
秋方乾元是畜有葡萄之珍奇應淳和而延育〔晉左
思蜀都賦〕葡萄亂潰〔魏都賦〕葡萄結陰〔潘岳閒居
賦〕石榴蒲桃之珍磊落蔓衍乎其間

五言古詩【原】〔唐劉禹錫葡萄歌〕野田生葡萄纏繞一枝
蒿移來碧墀下長苗日日高分岐浩繁縟修蔓盤詰曲
揚翹向庭柯意思如有屬爲之立長架布濩當軒綠米
液溉其根理疎看滲漉繁葩組綬結懸實珠璣蹙馬乳
帶輕霜龍鱗曜初旭有客汾陰至臨堂瞪雙目自言我
晉人種此如種玉釀之成美酒令人飲不足爲君持一
斗往取涼州牧【增】〔宋梅堯臣范景仁席中賦葡萄〕朱

盤何纍纍紫乳封霜厚今爲馬谷繁昔釀涼州酒乃知
西土珍漢使傳應久〔蘇轍賦園中所有〕葡萄不禁冬
屈盤似無氣春來乘盛陽覆架青綾被龍鬚亂無數馬
乳垂至地初如早梅酸晚作醍醐味誰能釀爲酒爲爾
架前醉滿斗不與入涼州幾時致〔元郝經甲子歲後
園葡萄〕深院荒草長短蔓裂斷縫葡萄本西果南國誰
與種插蘆爲扶持灌溉甚珍重瘦骨紫節舒龍頭青綫
拴蟠蟠上疎籬徬徬將遠縱遭遇雖後時取實望秋仲
摘露添俎豆庶閒館人供誰知六月旱卉木焦死衆斷
秧餘幾花勉強著土擁竟作纏結枯日纔空悼痛肺渴
口重乾望梅心欲烘忽憶河隴秋滿地無歇空支離半

空架丰茸十里洞毋乳積成岸須㩉接梁棟一泒碼碯槳傾注百千甕往歲見沙陀回鶻正來貢詔賜琥珀心雪盛瓶盡凍查牙欲流澌氣壓黑馬湩一旦離魏闕五載猶在宋兒此復何時烏道目逆送

七言古詩 增 唐唐彥謙詠葡萄 西園晚霽浮嫩凉開尊漫摘葡萄嘗滿架高撐紫絡索一枝斜彈金琅璫天風颼颼葉栩栩蝴蝶聲乾作晴雨神蛟清夜蟄寒潭萬片濕雲飛不起石家美人金谷遊羅幃翠幕珊瑚鉤玉盤新薦入華屋珠帳高懸夜不收勝遊記得當年景清氣逼人毛骨冷笑呼明鏡上遙天醉倚銀牀弄秋影 宋楊萬里初食太原生葡萄時十二月二日淮南葡萄八

月酸只可生吃不可乾淮北葡萄十月熟縱可作羓也無肉老夫臘裏來都梁飣坐那得馬乳香分明猶帶龍鬚在徑寸玄珠肥一倍太原清霜熬絳餳甘露凍作紫水精隆冬壓架無人摘雪打冰封不曾拆風吹日炙不曾腊玉盤一朵直萬錢與渠傾蓋真忘年君不見道逢麴車口流涎 元楊載題溫日觀葡萄 老禪嗜酒醉不醒强坐虛欄寫清影興來揮筆意茫然落葉滿庭秋月冷醉中捉筆兩眼花倚檐架子欹復斜翠藤盤屈那可辨但見滿紙生龍蛇 明王九思畫葡萄引 漢武唯知貴異物博望常勞使西域大夏康居產富饒胡桐檉柳非奇特獨取葡萄入漢宮遂遣天王親外國當時肉味厭侯王今日霜根徧西北吾家十畝後園裏長條幾架南山側龍鬚時裊水風斜馬乳盡垂秋雨色故園一別驚風雨畫圖相對思鄉土青錢已辦犀河舟白首行看住草樓但願于缸釀春酒未須一斗博凉州 僧守仁題溫日觀葡萄次韻 龍扃失鑰十二重驪珠迸落鮫人宮鑽刀剪斷紫瓔珞纍纍馬乳垂金風樹根吹火照殘墨冷雨松棚秋鬼哭蔗丸嚼碎流沙冰鳴酒呼來漢江綠鐵削虬藤劍三尺雷梭怒穴陶家壁曇胡醉起面秋巖一索摩尼掛空壁

七言律詩 增 宋黃庭堅景珍太博見示舊唱和葡萄詩因而次韻 映日圓光萬顆餘如觀寶藏隔蝦鬚夜愁風

起飄星去曉喜天晴綴露珠宮女揀枝模錦繡論師持味比醍醐欲收百斛供春釀放出聲名壓酪奴 原 楊萬里葡萄 綠玉盤藤捲葉生又驚壓架暗陰成夏裏涼潤青油幕秋摘甘寒黑水晶近竹猶爭一尺許拋鬚先胥兩三莖今年乞種江西去長使茅齋怯晚晴 增 元洪希文葡萄 走架龍鬚弱不支炎天待月立多時醍醐縱美輸清滑瓔珞雖圓讓陸離珍異曾誇太冲賦蘗垂已入退之詩當年若得傳方法博取凉州亦一奇 原 明馮琦葡萄架 掩暖繁陰覆綠苔藤枝蘿蔓共縈回自隨博望仙槎後詔許甘泉別殿栽的的紫房含雨潤疎疎翠幄向風開詞臣病渴沾新釀不羨金莖露一杯

一架扶疎碧水潯午凉不散綠雲深芳香未讓醍醐美秀色全滋薜荔陰紫玉含風秋液冷玄珠入夜月華侵莫言西域傳來晚猶及相如賦上林

五言排律【增】唐劉禹錫和令狐相公謝太原李侍中寄蒲桃珍果出西域移根到北方昔年隨漢使今日寄梁王上相芳緘至行臺綺席張魚鱗含宿潤馬乳帶殘霜染指鉛粉膩滿喉甘露香醞成千日酒味敵五雲漿咀嚼停金盞稱嗟響畫堂慚非末至客不得一枝嘗

五言絶句【增】唐唐彥謙葡萄金谷風露凉綠珠醉初醒珠帳夜不收月明墮清影 宋王十朋詠葡萄珠帳臨簷掛龍鬚滿架抽也知堪釀酒不要博凉州 元劉詵葡萄枯葉展大蝶低枝屈長虬露寒壓成酒無夢到凉州

七言絶句【原】唐韓愈題張十一旅舍葡萄新莖未徧半猶枯高架支離倒復扶若欲滿盤堆馬乳莫辭添竹引龍鬚【增】宋張栻題葡萄架君家小圃占春先眼看龍鬚百尺長移向樓邊并春井明年垂實更陰凉 王十朋詠葡萄水晶馬乳薦新秋青紫酸甘孰味優只可堆盤餉韓子不宜釀酒博凉州 【原】楊萬里葡萄乾凉州傳酒不勝癡銀海乘槎領得歸玉骨瘦將無一把向來馬乳太輕肥 【增】元傅若金題松菴上人墨葡萄二首漢苑尋常露下時月明高架影參差上林近日無來使腸斷江南見一枝 露顆含香近客衣蜜蜂蝴蝶繞藤飛夜來應値驪龍睡採得明珠月下歸 貢性之墨葡萄酒醒西樓月欲斜滿窻晴影走秋蛇狂夫賸有相如渴一滴凉州未許賒 題蕭萬邦葡萄憶騎官馬過灤陽馬乳纍纍壓架香釀就瓊漿三百斛胡姬當道喚人嘗 鄭氏允端葡萄滿筐圓實驪珠滑入口甘香冰玉寒若使文園知此渴露華應不乞金盤 明李東陽葡萄次韻二首 采采西林白露團一時清賞故人歡蕭條四十年前事又向誰家卷裏看 西土葡萄別樣園諸居聊此寫清歡荔支香水誰高下且與詩人一例看 【原】李夢陽葡萄萬里西風過鴈時綠雲玄玉影參差酒

酣試取冰丸嚼不說天南有荔枝 【增】沈周葡萄秋棚昨夜黑風吽鬼淚瀅瀅泣不枯明日擔夫曉街上一筐新味賞明珠

詩散句【增】宋梅堯臣南庭葡萄架萬乳纍將磓 張九成葡萄得凉州所求輒復効 唐李頎長安春物舊相宜小苑葡萄花滿枝 宋張耒葡萄盤屈如秋蛇春來蟄起紛橫斜 唐王維葡萄逐漢臣 【原】李白葡萄出漢宮 【增】李白葡萄開景風 杜甫一縣葡萄熟 姚合筐封紫葡萄 張謂昨夜葡萄初上架 宋陸游爛紫葡萄重垂架 【原】元顧阿瑛葡萄玉盞酌西京

【詞】【增】宋張鎡眼兒媚玄霜凉夜鑄瑤丹飄落翠藤間西

風萬顆明珠巧綴零露溥沾　時人那識風流品馬乳喜堆盤玉纖旋摘銀罌分釀莫負清懽〔鷓鴣天〕陰陰一架紺雲凉裊裊千絲翠蔓長紫玉乳圓秋結穗水晶珠瑩露凝漿　相並熟試新嘗纍纍輕蔫粉痕香小槽壓就西凉酒風月無邊是醉鄉

別錄 **增**〔記事珠〕小兒髮初生爲小髻十數其父母爲兒女相勝之辭曰葡萄髻十穗勝五穗〔圖繪寶鑑〕戴進字文進喜作葡萄配以鉤勒竹蟹爪草奇甚　胡大年僧曉菴皆工葡萄　徐枉字夢節東吳人善寫葡萄〔農田餘話〕古人無畫葡萄者吳僧溫日觀夜於月中視葡萄影有悟出新意似飛白書體爲之酒酣興發以手

潑墨然後揮寫迅於行草收拾散落頃刻而就如神甚奇特也其弟子沈仲華湖州人傳其法亦佳世多見之

原〔種植〕取肥枝如拇指大者從有孔盆底穿過盤一尺於盆內實以土放原架下時澆之候秋間生根從盆底外截斷另成一架澆用冷肉汁或米泔水　**增**〔種樹書〕葡萄欲其肉實當栽於棗樹之旁於春鑽棗樹上作竅子引葡萄枝入竅中透出至二三年其枝既長大塞滿樹竅便可砍去葡萄根托棗根以生便得肉實如棗北地皆如此法種〔製用〕〔清供錄〕葡萄濁水生葡萄不計多少搯碎濾去滓令淨以慢火熬以稠濃爲度取出收貯淨磁器中熬時弗犯銅鐵器葡萄熟者不可用止可造酒臨時斟酌入煉過熟蜜及檀香末腦麝少許

原〔收藏〕北方天寒初冬須以草裹埋地中尺餘俟春分後取出臥置地數日然後架起子生時去其繁葉使霑風露則結子肥大

附錄　野葡萄

原野葡萄一名燕薁一名蘡薁說文云薁櫻也廣雅云燕薁櫻薁也一名嬰舌一名山葡萄藤名木龍按詩疏謂之車鞅藤蔓生苗葉花實與葡萄相似但實小而圓色不甚紫亦堪爲酒　**增**〔草花譜〕野葡萄生諸山中子細如小豆色紫蓓蘽而生狀若葡萄蟠之高樹懸挂可觀

彙考 **增**〔詩豳風〕六月食鬱及薁

集藻 〔賦散句〕**增**〔漢司馬相如上林賦〕隱夫薁棣

佩文齋廣羣芳譜卷第五十七

佩文齋廣羣芳譜卷第五十八

果譜

棗

【原】棗（埤雅云棘大者棗于文重朿爲棗本草云棗性高故重朿棘性卑故並朿朿音次棗棘皆有刺針會意也）一名木蜜（廣記云木蜜棗也）皮纇葉小而深綠色背微白發芽遲五月開小花淡黃色花落即結實生青不堪食漸大漸白至微見紅絲即堪生啖熟則純紅味甚甘甜王禎農書云南北皆有然南棗堅燥不如北棗肥美生于青齊晉絳者尤佳齊民要術云旱澇之地不任稼穡者種棗則任矣種類甚多有壺棗（爾雅云棗壺棗註云今江東呼棗大而銳上者爲壺壺猶瓠也）鹿盧棗（爾雅云邊要棗註云子細腰今謂之鹿盧棗）白棗（爾雅云櫅白棗註云即今棗子白乃熟）

楊徹齊棗（見爾雅註云未詳）羊棗（爾雅云遵羊棗註云實小而圓紫黑色今俗呼之爲羊矢棗）大棗（爾雅云洗大棗註云今河東猗氏縣出大棗子如雞卵）蹶洩棗（爾雅云蹶洩苦棗註云子味苦）無實棗（爾雅云皙無實棗註云不著子者）還味棗（爾雅云還味捻棗註云還味短味）壁谷棗（一名大白核小而肥）穀城紫棗（長二寸）西王母棗（大如李核三月熟在衆果之先）夏白棗（出洛陽）壚棗（出汲郡一名安益棗）信都大棗梁國夫人棗三星棗駢白棗灌棗狗牙棗雞心棗牛頭棗獼猴棗夕棗崎廉棗（以上十六名並出廣志）棠棗玉門棗（並出西京雜記）樂氏棗（齊民要術云出青州豐肥細核多膏肥美爲天下第一相傳樂毅破齊時從燕來齊所種也）羊角棗（詳見後鄴中記）御棗（味最美出安邑）衕坊棗（味佳出應天府衕坊門中）無核棗（實小核僅有形食之不覺出青城縣）氏棗木棗丹棗鶴珠棗（出天台淵間與人以致元帝）【增】〈爾雅〉煑填棗（未詳）〈西京雜記〉上林苑有弱枝棗青華棗赤心棗〈廣志〉曰父棗玄棗〈圖經〉水菱棗（味極美）〈酉陽雜俎〉仙人棗（晉時華林園有棗長五寸葉如針名仙人棗）〈本草衍義〉御棗（甘美輕脆后衆棗熟而易生蟲今人所謂撲落酥者是也）牙棗（先衆棗熟亦甘美微酸而尖長二棗皆可啖不堪收曝）〈清異錄〉雞冠棗（出睢陽宜作脯）醍醐棗（宜生啖）〈元柳貫打棗譜〉棣棗紅棗（出山東紅色）紫紋棗香棗（出哈密）圓愛棗火棗三寸棗金槌棗鳳眼棗凍棗沙棗（出赤斤）螃蠊棗（詳見后洞冥記）凡棗溟海棗細核棗天蒸棗（乾紅於樹上）魄山棗（色茈美）膠棗南棗團棗美棗扁棗艮棗臥棗鹽官棗（出海鹽紫色味佳）菟棗（高尺許實如棗出丹陽）七尺棗密雲棗（出密雲縣味最甘）牙棗（先熟赤甘美）金城棗（形大而墟少脂）青州棗赤棗萬歲棗（出三佛齊國）山棗（狀如棗而斷色青黃而味甘酸出廣州）〈客燕雜記〉京師

佳果有纓絡棗賽梨棗合兒棗　【原】能開胃健脾可久留生熟皆可食多食生熱令人齒黃病䶉齒

【彙考】【原】〈詩豳風〉八月剝棗　〈禮記曲禮〉婦人之摯椇榛脯脩棗栗　【增】〈內則〉棗栗飴蜜以甘之　棗曰新之〈疏〉棗易有塵埃恒治拭之使新　食棗桃李弗致于核

【原】〈周禮天官〉饋食之籩其實棗栗　【增】〈左傳〉女贄不過榛栗棗脩以告虔也〈疏〉棗取其早起也　〈孟子〉曾皙嗜羊棗曾子不忍食羊棗　〈戰國策〉蘇秦說燕文侯曰北有棗栗之利民雖不由田作棗栗之實足食於民　【原】〈史記封禪書〉李少君曰臣嘗遊海上見安期生食巨棗大如瓜　〈貨殖傳〉安邑千樹棗其人與千戶侯等　【增】

〔漢書王吉傳〕始吉少時學問居長安東家有大棗樹垂
吉庭中吉婦取棗以啖吉吉後知之乃去婦東家聞而
欲伐其樹鄰里共止之因固請吉令還婦里中爲之語
曰東家有樹王陽婦去東家棗完去婦復還 原〔南史
蕭琛傳〕琛嘗侍宴醉伏上以棗投琛琛乃取栗擲上中
面帝動色曰此中有人不得如此豈有說耶琛曰陛下
投臣以赤心臣敢不報之以戰栗 增〔魏書奚康生傳〕
徐玄明以城內附詔遣康生迎接賜細御銀纏槊一張
并棗柰果面勑曰果者果如朕心棗者早遂朕意 〔南
史王泰傳〕泰幼敏悟年數歲時祖母集諸孫姪散棗栗
於牀羣兒競之泰獨不取問其故對曰不取自當得賜

由是中表異之 〔北史藝術傳〕綦母懷文云昔在晉陽
爲監館館中有一蠕蠕客同館胡沙門指語懷文云此
人別有異算術乃指庭中一棗樹云令其布算子卽知
其實數乃試之并辯若干純赤若干赤白相半于是剝
數之惟少一子算者曰必不少但更撼之果落一實
〔宋史禮志〕太宗景祐三年禮官宗正請每歲秋孟月嘗
果嘗稌配以雞果以棗以黎 原〔晏子春秋〕齊景公謂
晏子曰東海之中有水而赤其中有棗華而不實何也
晏子曰昔者秦穆公乘龍理天下以黃布裹蒸棗至海
而投其布故水赤蒸棗故華而不實公曰吾佯問子耳
對曰嬰聞之佯問者亦佯對 增〔晏子春秋〕楚莊王愛

馬啖棗脯 〔鄒子〕燧人氏夏取棗杏之火 原〔韓非子〕
秦饑應侯謂王曰五苑之棗栗請發與之 〔淮南子〕桃
棗蔭於街者莫有援也 增〔神異經〕北方荒中有棗林
其高五十丈敷張枝條數里餘疾風不能偃雷霆不能
摧其子長六七寸圍過其長熟赤如朱乾之不縮氣味
潤澤殊於常棗食之可以安軀益於氣力故方書稱之
赤松子云北方大棗味有殊既可益氣又安軀 〔武帝
內傳〕列玉門之棗酌蒲萄之醴 原〔尹喜內傳〕尹喜與
老子西遊省太真王母共食玉文之棗其實如瓶 〔東
方朔外傳〕武帝時上林獻棗上以杖擊未央殿前檻呼
朔曰叱來叱來先生知此篋中何物朔曰上林之棗四

十九枚上曰何以知之朔曰呼朔者上也以杖擊檻兩
木林也來來者棗也叱叱者四十九也上大笑賜帛十
疋 增〔馬明生別傳〕安期生仙人見神女設厨膳安期
曰昔與女郎遊息於西海之際食棗異美此間棗小不
及之憶此棗未久已二千年矣神女云吾昔與君共食
一枚乃不盡此間小棗那可相比耶 原〔洞冥記〕武帝
元鼎元年起招仙閣進嶗嵰細棗出嶗嵰山山臨碧海
萬年一熟如今之軟棗咋之有膏膏可然燈 〔風俗通〕
鮑焦耕田而食鑿井而飲在山中惟食棗或曰此棗子
所植耶遂强吐之枯立而死 〔蔡邕奏事〕程萸年十四
叔父病故萸抱屍悲哀舅哀其羸劣嚼棗肉餔之萸見

食歠欲不能吞咽 【增】〈魏文帝詔〉南方有龍眼荔枝寧比西國蒲萄石蜜乎酢且不如中國凡棗味之美者莫若安邑御棗也 【原】〈英雄記〉孔文舉爲東萊賊所攻城欲破治中左承祖請以官棗賦與戰士 【增】〈南方草木狀〉海棗樹身無閑枝直聳三四十丈樹頂四面共生十餘枝葉如栟櫚五年一實實甚大如杯盌核兩頭不尖雙卷而圓其味極甘美安邑御棗無以加也泰康五年林邑獻百枚 〈祭法〉春祠用棗 【原】〈冀州論〉安平好棗地產不爲無珍 【增】〈神仙傳〉吳郡沈羲爲仙人所迎上天云天上見老君賜羲棗二枚大如雞子 〈晉宮閣名〉華林園棗六十二株王母棗十四株 〈廣志〉周文王時

有弱枝之棗甚美禁之不令人取置樹苑中 【原】〈拾遺記〉北極有枝峯之陰多棗樹高百尋枝莖皆空實長一尺核細而柔百年一熟 【增】〈異苑〉太元中南郡江陵縣有棗樹一年忽生桃李棗三種花子 〈幽明錄〉太原王仲德年少時遭亂絕粒二日忽有人扶其頭呼云可起啖棗瞥見一小兒長四尺即隱乃有一囊乾棗在前噉之小有氣力便起 〈世說〉王敦尚武帝舞陽公主如廁見漆箱中盛棗本以塞鼻敦謂廁上下果遂啖之羣婢皆笑 〈述異記〉北方有七尺之棗凡人不得見或見而食之即爲地仙 魏世河內冬雨棗 〈洛陽伽藍記〉華林園蓬萊山南有百果園果列作林林各有堂有仙人

棗長五寸把之兩頭俱出核細如針霜降乃熟食之甚美俗傳云出崑崙山一曰西王母棗 【原】〈鄴中記〉石虎苑中有西王母棗冬夏有葉九月生花十二月乃成三子一尺又有羊角棗亦生三子一尺 【增】〈賈氏說林〉昔有人得安期大棗在大河之南煮三日始熟香聞十里死者生病者起其人食之白日上昇故地名煮棗 〈奚囊橘柚〉漢欽棗出眞陵之山食一枚大醉經年不醒東方朔嘗遊其地以一斛歸進上上和諸香作丸大若芥子每集羣臣取一丸入水一石頃刻成酒味逾醇醪謂之糜欽酒又謂之眞陵酒又謂之仙鄉酒飲者香經月不歇 〈大業拾遺記〉信都獻仲思棗四百枚棗長四五

寸正紫色細文文縐小核味甘勝於青州棗北齊時有仙人仲思得此棗種之因以爲名一名仙棗時海內惟有數株 〈宣室志〉河中永樂縣道淨院居蒲中之勝境蒲中多大棗天下人傳歲中不過一二無核者侯道華比三年輒得啖之後仙去 〈杜陽雜編〉處士元藏機大業元年爲海使判官遇風浪壞船獨爲破木所載忽達於洲島洲人曰此乃滄洲有碧棗丹栗皆大如梨 〈北夢瑣言〉河中永樂縣出棗世傳得棗無核者食可度世里有蘇氏女獲而食之不食五穀年五十嫁顏如處子 【原】〈杜氏新語〉杜畿爲江東守平虜將軍劉勳爲太祖所親貴震朝廷常從畿求大棗拒以他故後勳伏法太

祖得其書歎曰杜䕫可謂不媚竈也　清異錄百益一
損者棗故醫氏目爲百益紅　或謂棗是聖花兒　增
寰宇記宣帝時幽州刺史李宣尙范陽公主憶長安於
易州築一城象長安城中有棗樹花而不結皆向西南
而引俗謂思鄉棗　原東坡集朱明洞在沖虛觀後云
是蓬萊第七洞天唐永樂道士侯道華以食鄧天師棗
仙去永樂有無核棗人不可得道華得之予在岐下亦
得食一枚云　增夢溪筆談棗與棘相聚皆有刺棗獨
生高而少横枝棘列生卑而成林以此爲別其文皆從
朿音刺木芒刺也朿而相戴立生者棗也朿而相比横
生者棘也　畫墁錄寧州之南二十里棗社以狄梁公

兩爲寧州刺史民立祠植棗取兩朿之義　樂府集古
咄唶歌曰棗下何纂纂榮華各有時棗初欲赤時人從
四邊來棗適今日賜誰當仰視之潘安仁笙賦云詠園
桃之天天歌棗下之纂纂歌曰棗下纂纂朱實離離宛
其死矣化爲枯枝纂纂棗花也棗之纂纂盛貌實之離
離將衰言榮謝之各有時也　埜異志邢州城東十餘
里周世宗之祖莊也門側有井上有大棗二株世宗時
柯葉茂盛垂蔭一畝恭帝既禪棗遂枯明道中枯枿復
生一枝長一丈餘蔚然可愛井水中如覆錦繡明年詔
求五代帝王之後柴氏自邢蔡虢等州諸族被甄敘入
官者三十餘人井棗之祥亦非空應　爾雅翼晉人好

食棗其人眞之懷袖食無時久之齒皆黃故嵇康養生
論云齒居晉而黃謂棗故也　原東陽記信安縣有懸
室坂晉時有民王質伐木至石室中見童子四人彈琴
而歌因倚歌而聽之童子以一物如棗與質含之便不
復饑　增雲林集袁員外年八十有二顏貌筋力如四
五十許人爲言甫弱冠遊逢盛明初宰當塗過九華山
道逢神人與棗食之後數見夢寐間若冥感立遇者
千佛山記濟南千佛山多棗樹纍纍如垂珠　異林張
刺逵宋時爲華州掾嘗從太守入華山謁陳摶先生一
道人至藍袍葛巾探袖出棗三枚顏色各異以白者授
先生赤者自食靑者授太守太守不悅持以奉掾掾遂

啖之道人出太守曰是何道者先生曰此純陽眞人也
太守悔恨追不能及張公自後得道國初時往往遊人
間每顯靈異　原花史呂仙亭前棗樹未嘗實一歲忽
有實如瓜太守命小吏採而進小吏私啖之遂仙去
集藻　啓　增陳周弘正謝梁元帝賚玉門棗啓安期舊美
安息高名臣金馬之榮未獲邀奉方朔之賜遽降洪恩
贊　增晉郭璞贊因材制義赤心鯁直譪譪卿士亮此衮
職建國辨方外朝九棘
賦　增晉傅玄棗賦有蓬萊之嘉樹植神州之膏壤擢剛
莖以排虛誕幽根以滋長北陰塞門南臨三江或布燕
趙或廣河東既乃繁枝同合豐茂蓊鬱斐斐素華離離

朱實脆若嚼雪甘如含蜜脆者宜新當夏之珍堅者宜
乾薦羞天人有棗若瓜出自海濱全生益氣服之如神
〔陳後主棗賦〕芳園列榦森梢繁羅葉餘莖少葉暗枝
多復有奇樹風間臨字闕二夜影來未若丹心美實絳質
嘉枝重鍼共暗枝弧同瑰羞金盤于氷水薦玉案于深
杯此歡心之未已方夢腸而屢廻
文散句〔增〕晉潘岳閑居賦周文弱枝之棗
五言古詩〔原〕後秦趙整諷諫詩北園有棗樹布葉垂重
陰外雖多棘刺內實有赤心 梁簡文帝棗浮華齊水
麗垂彩鄭都奇白英紛靡靡紫實標離離風搖羊角樹
日映雞心枝轂城踰石蜜蓬岳表仙儀已聞安邑美永

茂玉門垂 〔增〕簡文帝棗下何纂纂垂花臨碧澗結翠
依丹巘非直入遊宮兼期植靈苑落日芳春暮遊人歌
吹晚弱刺引羅衣朱實凌還憶且歡洛浦詞無羨安期
遠 〔唐白居易杏園棗樹〕人言百果中惟棗凡且鄙皮
皺似龜手葉小如鼠耳胡為不自知生花此園裏豈宜
遇攀玩幸免遭傷毀二月曲江頭雜英紅旖旎棗亦在
其間如嫫對西子東風不擇木吹煦長未已眼看欲合
抱得盡生生理寄言遊春客乞君一迴視君愛繞指柔
從君憐柳杞君求悅目豔不敢爭桃李君若作大車輪
軸材須此 〔宋梅堯臣亳州李密學寄御棗一篋〕沛譙
有鉅棗味甘蜜相差其赤如君心其大如王瓜嘗貢趨

國門豈及貧儒家今見待士意下異盧仝茶食之無厭
飫詠德會未涯 〔原〕王安石賦棗種桃昔所傳種棗予
所欲在實為美果論材又良木餘甘入鄰家尚得饞婦
逐況予秋盤中快噉取饜足風苞墮朱繒日顆皺紅玉
贄享古已然豳風自宜錄緬懷青齊間萬樹蔭平陸誰
云食之昏匿知乃成俗廣庭觴聖壽以此参肴簌願此
赤心投皇明倘予燭 〔增〕明吳寬棗荒園乏佳果棗樹
八九株纍纍爭結實大率如琲珠此種味甘脆南方之
所無日炙色漸赤兒童已窺覷剝擊盈數斗鄰舍或求
須早知實可食何須種樫榆此木頗耐旱地宜土不濡
所以齊魯間斬伐充薪芻近復得異種攣拳類人痀曲

木未可惡惟天付形軀良材却矯揉不見旁與弧
七言古詩〔增〕宋梅堯臣烏啄棗樹頭陽烏飢啄棗破紅
邊地青蠅老青蠅雨濕驚不飛殘棗入泥人不掃西風
落盡烏亦歸晉客齒黃空懊惱
七言律詩〔增〕宋歐陽修寄棗人行書贈子履學士秋來
紅棗壓枝繁堆向君家白玉盤甘辛楚國赤萍實磊落
韓嫣金彈丸聊效詩人投木李敢期佳句報瑱玗嗟予
久苦相如渴却憶冰梨熨齒寒 〔明李東陽若虛夜餽
送瓶粟〕異代神仙事不殊如瓶丹棗勝如瓜多情饋客
詩兼遠急腳攜筐步半斜內苑不勞方朔射西鄰還有
少陵家白頭正有分甘興先向高堂一薦茶 〔原〕王象

晉詠棗蓐收司契物華　新纍纍丹苞日可親漢帝殿前
會鄭重呂仙亭下詫奇珍味逾石蜜甜偏永紅邁朱櫻
色莫倫怪道仲思名姓著好同玉李供楓宸

五言排律　增　宋郭祥正咏棗彼美祇園果珍同玉井船
後期千歲熟今日萬珠圓地潤仍依水欄深自帶煙結
花雖最晚藏核莫如堅大食移根遠番禺托蔕連舊名
稽藥錄新實著詩篇甜出諸餳上香居百果前黑腰虛
羨爾紅皺豈爲然邂逅爲公壽婆娑與世延暮鐘催酒
散嘶馬引旂旋今作中州瑞元從異國傳何當廣栽植
欲以慰饑年

五言絕句　增　宋蘇軾和子由岐下詠棗居人幾番老棗

樹未成槎汝長才堪軸吾歸已及瓜

詩散句　增　唐李白親見安期公食棗大如瓜　宋趙抃
棗熟房櫳暝花妍院落明　金酈權夾道懸新棗荒畦
臥晚瓜　原　唐杜甫庭前八月梨棗熟一日上樹能千
迴　增　曹唐等閑相別三千歲長憶水邊分棗時　宋
蘇轍久聞牛尾何曾識鵝比雞頭意未安　黃庭堅日
顆曝乾紅玉軟風枝牽動綠羅鮮　唐杜甫棗熟從人
打　韓愈紅皺曬檐瓦　宋張耒眩日棗裝林　金高
士談猶靑棗未霜　唐杜甫堂前撲棗任西鄰　李賀
出籬火棗垂紅淺　薛能棗枝秋亦近高天　宋歐陽
修紅棗林繁欣歲熟　黃庭堅蔌蔌衣巾落棗花

別錄　增　發蒙記甘棗令人不惑　酉陽雜俎單雄信幼
時學堂前植一棗樹至年十八伐爲槍長丈七尺拱圍
不合刃重七十斤號爲寒骨白　原　分栽選味佳者留
作栽候葉始生取大棗傍條二三尺高者移種棗性硬
其生晚芽未出移恐難出三步一行行欲相當如本年
芽未出弗遽刪除諺云棗樹三年不算死亦有久而後
生者　修樹每元旦日未出時反斧斑駁椎之謂之嫁
棗不椎則花而不實斫之則子萎而落候大蠶入簇以
仗擊其枝間振去狂花則結實多　收棗棗全赤即收
撼而落之爲上半赤而收者肉未充滿乾則色黃而皮
皺將赤味亦不佳全赤久不收則皮硬復有鳥雀之患

一法將纔熟棗乘清晨連上枝葉摘下弗損傷通風處
晾去露氣簡新缸無油酒氣者淸水刷淨火烘乾待冷
取淨稈草曬乾候冷一層草一層棗入缸中封固可至
來歲猶鮮　曬棗先治地令淨有草則令棗臭鴛箔椽
上以無齒木扒聚而散之日二十度乃佳夜不必聚得
霜露氣速成如有雨則聚而苫之五六日選其紅軟者
上高厨暴之膵爛者去之否則恐壞餘棗其未乾者曬
曝如法　作乾棗新菰蔣露於庭以草鋪上厚三寸覆
以新蔣凡三日撒覆露之畢日曝取乾納房中每一石
以酒一升漱著器中密泥之可以經數年不壞　棗油
取紅軟棗入釜以水僅淹平煮沸漉出研細生布絞取

汁塗盤上曬乾其形如油刮下每一匙投湯中即成美漿〔棗脯〕切棗曝乾如脯〔棗米〕棗煮熟爛將穀微碾去糠和棗勻作一處曬七八分乾石碾碾過再曬極乾收貯聽用臨時石磨磨細可作粥作點心任用純穀黍稷蜀秫麥麪之類俱可作〔製〕用十月內取大棗中破之去皮核文武火反覆炙香煮湯飲健脾開胃甚宜人

五月五日㸑斗燒棗一枚置牀下辟狗蝨

附錄 天棗

〔原〕天棗在蕭縣天門寺春時吐華結實如酸棗可食每四月七日其實皆熟次日遂空（見湧幢小品）

附錄 糯棗

〔原〕糯棗葉如柳實似杏而小味亦甘美（見古今注）

附錄 酸棗

〔原〕酸棗一名樲（爾雅云樲酸棗）〔增〕〔說文〕樲酸棗也 〔原〕酸棗小而圓如芡無大樹實生青熟紅皮薄核大仁堪入藥生用令人不眠熟仁者勿用取紅軟者箔上曬乾納瓮中水僅掩棗煮一沸即漉出入盆研布絞取濃汁塗器上日曝使乾取爲末一匙投方寸匕遠行用以和米炒其味酸甜解飢渴最妙

〔彙考〕〔增〕〔孟子〕養其樲棘 〔淮南子〕伐樲棗以爲矜 〔述異記〕耆舊說周秦時河內雨酸棗遂生野棗今酸棗縣是也

附錄 波斯棗

〔增〕〔酉陽雜俎〕波斯棗出波斯國波斯國呼爲窟莽樹長三四丈圍五六尺葉如土藤不凋二月生花狀如蕉花有兩甲漸漸開罅中有十餘房子長二寸黃白色有核熟則紫黑狀類乾棗味甘如餳可食

附錄 千年棗

〔增〕〔一統志〕千年棗出拂菻國

附錄 萬歲棗

〔增〕〔一統志〕萬歲棗生大食諸番及三佛齊國

柹

〔原〕柹（說文作柹本草從柹今俗作柿者非）赤實果也樹高大枝繁葉大圓

而光澤四月開小花黃白色結實青綠色八九月乃熟紅柹（皮深紅而多核所在皆有）黃柹（生汴洛諸州）朱柹（出華山似紅柹而圓小皮薄可愛味更甘珍）著蓋柹（蒂下別有一層）牛心柹（狀如牛心）蒸餅柹（如市賣炊餅）八稜柹（大而稍扁南劍尤溪處州松陽柹尤爲奇品）塔柹（大於諸柹去皮挂木上風乾之佳）〔增〕〔學圃餘疏〕海門柹罐柹（無核皆甘冷可食）〔戒菴漫筆〕柹類大小形狀極多有火盆柹（大而扁）方柹（四稜六稜乾無核甚佳）火珠（多核不美）〔原〕種類甚多大者如楪其次如拳小者如鹿心鴨子雞子生者澀不堪食其核形扁狀如木鱉子而堅根甚固謂之柹盤世傳柹有七絕一多壽二多陰三無鳥巢四無蟲蠹五霜葉可玩六佳實可啖七落葉肥大可以臨書多食引痰日乾者多食動風同蟹食腹痛作瀉

食柹飲熱酒令人易醉或心痛欲絕

彙考 增 東觀漢記韋順爲東平相賞罰必信有柹樹生屋上從庭中遂茂順至孝行人以爲感於天地而生 晉宮閣名華林園柹六十七株暉章殿前柹一株 義熙起居注吳令顧修埬言縣西鄉有柹樹殊本合條依舊集賀詔停 述異記番禺有酸柹甜梅李又果賦云梅甜柹酸 酉陽雜俎慈恩寺中柹樹是法力上人手植 爾雅翼柹於經罕見惟內則所加庶羞三十一物中有之 在田錄高皇微時過剩柴村已經二日不食矣行漸伶仃至一所乃人家故園垣缺樹凋上悲歎久之緩步周視東北隅有一樹霜柹正熟上取食之食十

枚便飽又惆悵久之而去乙未夏上拔采石取太平道經於此樹猶在上指樹以前事語左右因下馬以赤袍加之曰封爾爲凌霜長者或曰凌霜侯

集藻 啓 增 梁簡文帝謝東宮賜柹啓 懸霜照采凌冬挺潤甘清玉露味重金液雖復安邑秋獻靈關晚實無以匹此嘉名方茲擅美

文散句 增 梁昭明太子七啓 鴻柹若瓜

五言古詩 增 宋孔平仲詠無核紅梬 林中有丹果壓枝一何稠爲柹已輭美嗟爾骨亦柔風霜變顏色雨露如膏油大哉造化心于爾何綢繆荆筐載趨市價賤良易求剖心無所有入口頗相投爲栗外屈强老者所不收爲棗中亦剛飼兒戟其喉衆言吼嚼快惟爾無所憂排羅置前列圓熟當高秋且以悅一時長久豈暇謀咄哉潰爛速棄擲將誰尤

七言古詩 原 唐韓愈遊青龍寺贈崔大補闕 秋灰初吹季月管日出卯南暉景短友生招我佛寺行正值萬株紅葉滿光華閃壁見神鬼赫赫炎官張火傘然雲燒樹大實駢金烏下啄赬虬卵魂翻眼倒忘處所赤氣沖融無間斷有如流傳上古時九輪照燭乾坤旱二三道士席其間靈液屢進玻璃盌忽驚顏色變韶稚却信靈仙非怪誕桃源迷路竟茫茫棗下悲歌徒纂纂前年嶺隅鄉思發躑躅成山開不算去歲羈帆湘水明霜楓千里

隨歸伴猿呼鼯嘯鷓鴣啼惻耳酸腸難濯澣思君攜手安能得今日相從敢辭嬾由來鈍騃寡參尋况是儒官飽閒散惟君與我同懷抱鋤去陵谷置平坦年少得途未要忙時清諫疏尤宜罕何人有酒身無事誰家多竹門可欵須知節候即風寒幸及亭午猶妍暖南山逼冬轉清瘦刻畫圭角出崖窾當憂復被冰雪埋汲汲來窺戒遲緩

五言律詩 增 宋張蘊朱柹 慈恩分種遠驕實渥如丹垂野華星大然雲火樹寒蟹螯徵有忌猩血訝難摶七絕雖堪賞無勞把核鑽 原 楊萬里謝人惠梬 紅葉曾題字烏椑昔擅場凍乾千顆蜜尚帶一林霜核有都無底

吾衰喜細嘗慙無瓊玖句報惠不相當

五言絕句【增】唐劉禹錫詠紅柿子曉連星影出晚帶日光懸本因遺採掇翻自保天年

詩散句【增】梁庾仲容發葉臨層檻翻英糅花藥風生樹影移露重新枝弱苑朱正葱翠巢鳥未銷鑠【原】古詩色勝金衣美甘逾玉液清【增】唐韓愈霜天熟柿栗收拾不可遲　白居易柿樹綠陰合王家庭院寬　張籍園紅柿葉稀　鄭谷柿繁和葉紅　元成廷珪柿因風落早　唐皮日休客省蕭條柿葉紅　宋蘇軾柿葉滿庭紅顆秋

詞【原】宋僧仲殊西江月味過華林芳蔕色兼陽井沉朱

輕勻絳蠟裹團酥不比人間甘露　神鼎十分火棗龍盤二寸紅珠清含冰蜜洗雲腴只恐身輕飛去

別錄【增】尚書故實鄭廣文學書而病無紙知慈恩寺有柿葉數間屋遂借僧房居止日取紅葉學書歲久殆徧後自寫所製詩并畫同爲一卷封進玄宗御筆書其尾曰鄭虔三絕【原】傳燈錄溈山祐師與仰山遊行鳥銜紅柿葉墜前仰山洗淨與溈山分半【增】東坡集韓退之青龍寺詩終篇言赤色與識其故嘗見小說鄭虔寓青龍寺之紙取柿葉書之九月柿葉赤色退之詩乃謂此也　夢溪筆談木中有文多是柿木治平初杭州南新縣民家析柿木中有上天大國四字予親見之書法絕類顏眞卿極有筆力國字中間或字仍挑起作尖口全是顏筆知其非僞者其橫畫即是橫理斜畫即是斜理其木直剖偶當天字中分而天字不破上下兩畫并一脚皆橫挺出半指許如木之節以兩木合之如合契焉　春渚紀聞晉江尤氏其鄰朱氏園中有柿木高出屋上一夕雷震中裂木身若以濃墨書尤家二字連屬而上不知其數至於木枝細者破視亦隨枝之大小成字尤氏乞得其木作數百段分遺好事字體帶草勁健如王會稽書朱氏後以其園歸尤氏云　種樹書柿樹接桃枝則爲金桃　柿子接及三次則全無核

【原】製用　烘柿用生柿置器中自然紅熟澀味盡去其甘如蜜

如火烘成非以火烘也　醂柿置柿於水中數日即熟但性冷亦有鹽藏者有毒又有用灰汁澡三四度去汁著器中十餘日即可食但不宜治病　烏柿火薰乾者　柿糕用糯米一斗乾柿五十同搗成粉加乾煮棗泥和拌之蒸食佳　柿餅大柿去皮捻扁日曬夜露至乾納甕中待生霜取出一名白柿又名柿花　柿霜即柿餅所出霜也乃柿中精液入肺病上焦藥尤佳

附錄　椑柹

【原】椑柿一名漆柿一名綠柿一名青椑一名烏椑一名花椑一名赤棠柿乃柿之小而卑者生江淮宣歙荊襄閩廣諸州雖熟亦深綠色大如杏味甘可生啖服丹石

人宜之而人弗之貴搗碎浸汁謂之柹漆可染罾扇諸物

【彙考】【增】〔廣志〕梁侯園有烏椑八稜大如酒盞〔西京雜記〕上林苑有青椑赤葉椑烏椑宜都出大椑

【集藻】賦散句【增】〔晉潘岳閒居賦〕梁侯烏椑之柹〔宋謝靈運山居賦〕椑柹被實于長浦

七言絶句【原】〔宋劉子翬〕秋林黄葉晩霜嚴熟蔕甘香木得兼火傘虬珠淚褭挑風標却似色中黔

附錄 軟柹

【原】〔軟柹〕一名梬棗（本草云千金方作軟棗其形似棗而軟也廣志云梬棗小柹也肌細而厚少核可以供御）一名楞棗一名牛奶柹（古今注云牛奶柹即軟棗）一名君遷子（司馬光名苑云君遷子如馬奶即今牛奶柹也）一名丁香柹一名紅藍棗本草云生海南樹高丈餘子中有汁如乳汁甜美其木類柹而葉長但結實小而長乾熟則紫黑色一種小圓如指頭大者味尤美其樹接柹甚佳

【彙考】【增】〔西京雜記〕上林苑有梬棗〔北夢瑣言〕晉朝趙令公瑩家有梬棗婆娑異常四遠俱見望氣者曰此家有登宰輔者不在其身在其子孫後令公由太原大拜

附錄 蕃柹

【原】〔蕃柹〕一名六月柹莖似蒿高四五尺葉似艾花似榴一枝結五實或三四實一樹二三十實縛作架最堪觀火傘火珠未足爲喻草本也來自西蕃故名

木瓜 花附見

【原】木瓜一名楙（爾雅云楙木瓜註云木實如小瓜酢而可食本草云木瓜之名取此義也）一名鐵脚梨（清異錄云木瓜性益下部若脚膝筋骨有疾者必用焉故方家號爲鐵脚梨）樹如柰叢生枝葉花俱如鐵脚海棠可種可接可以條壓葉光而厚春末開花紅色微帶白作房實如小瓜或似梨稍長皮光色黄上徵白如著粉津潤不木者爲木瓜香而甘酸不澀食之益人醋浸一日方可食生不堪噉處處有之山陰蘭亭尤多而宣城者爲佳本州以充土貢故有宣州花木瓜之稱西洛木瓜味和美至熟青白色入藥絶有功勝宣州者味淡性酸溫無毒去濕和胃強筋骨治脚氣霍亂大吐下轉筋不止枝葉根皮煑汁飲並止霍亂吐下轉筋療脚氣枝作杖利筋脈核治霍亂煩燥氣急花治面黑粉滓

【彙考】【原】〔詩衛風〕投我以木瓜報之以瓊琚【增】〔孔叢子〕孔子曰吾於木瓜見苞苴之禮行〔晉宮閣名〕華林園木瓜五株〔廣志〕木瓜子可藏枝可爲數號一尺百二十節〔水經注〕魚復縣多木瓜樹大者如甁〔三國典略〕齊孝昭北伐庫莫奚至天池以木瓜灰毒魚〔明皇雜記〕元獻皇后思食酸味明皇以告張說因進經袖出木瓜以獻〔妝樓記〕木瓜粉詩曰良人爲漬木瓜粉遮却紅腮交午痕〔清異錄〕段文昌既貴竭財奉身晩年尤甚以木瓜益脚膝銀稜木瓜胡椂楠濯足蓋用木瓜

樹解合爲桶也〔唐語林〕崔涓守杭州湖上飲餞客有獻木瓜者有中使袖歸曰禁中未嘗有此宜進於上頃之解舟而去守懼得罪欲斃飲官妓作酒糾者白守某度木瓜經宿必委中流也會送者還云果潰爛棄之矣守異其言召問之曰此物芳脆易損必不能入獻守取香錦賚之〔埤雅〕諺曰梨百損一益楙百益一損投人之道宜有以益之而報人則欲堅久故詩曰投我以木瓜報之以瓊琚〔圖經本草〕宣人種蒔木瓜徧滿山谷始實成則簇紙花黏於上夜露日烘漸變紅色其文如生故有宣州花木瓜之稱〔花經〕木瓜七品三命〔錦花譜〕木瓜九品一命〔方輿勝覽〕天台石橋梁既峭危下臨絕澗過者心悸石罅有木瓜華時有蛇盤糾至實落供大士乃去號爲護聖瓜〔陵陽集詩注〕木瓜園入折山數里供進后方敢賣土人取瓜埋其半於沙中以紙鏤花貼上以溪水灑之日曬乃紅

集藻 賦 **增**〔宋何承天木瓜賦〕美中州之佳樹表閒冶之麗姿結靈根以誕秀頫朔日以揚輝擢叢柯之冉冉布翠葉而葳蕤惟茲木之在林亦超類而獨劭方朝華而繁實比沙棠而有耀當大夏之方隆愧微幹之纖撓豈隱樸以幸全固呈才而不效離衆川而獲寧永端已以勵操願佳人之予投思同歸以托好顧衛風之攸珍雖瓊琚而匪報

〔五言古詩〕**增**〔宋梅堯臣次韻和王尚書荅贈宣城花木瓜十韻〕百果各甘酸或由人所植木瓜開衛詩贈好非玉色投此瓊玖報蓋重車馬飾貴賤今既殊凌紙字翁施一一如明珠自得見安格復何備國風庶亦見王澤捧之爲垂賜誦已乃忘食幸賚藥品用少助宣調力南士加文章中州異肥瘠公將和鼎餗微意願尋繹〔張舜民〕商州楚地戸宛在江漢偏草木已漸苞果實尤可憐木瓜大如瓠橙橘家家懸隔崖有宿葉黃紫凝霜烟高秋萬嶂出一望通鄜川都邑雖僻陋來者多名賢

〔七言古詩〕**增**〔宋陸游或遺木瓜有雙實者香甚戲作〕宣城繡瓜有奇香偶得並蔕置枕傍六根互用亦何常我

以鼻嗅代舌嘗

〔五言律詩〕**增**〔唐劉禹錫令狐相公見示題洋州崔侍郎宅雙木瓜花頃接侍郎同舍陪宴樹下吟玩來什輒成和章〕金牛蜀路遠玉樹帝城春榮耀登華館逢迎欠主人簾前疑小雪牆外麗行塵來去肯回首情深是德鄰

〔七言律詩〕**增**〔明丘濬謝送木瓜〕經霜著雨玉枝疎除却宣城總不如久入神農爲藥品曾從孔子見苞苴味涵玉液酸仍澀囊壓金砂實不虛深感故人相贈與此情何以報瓊琚

〔五言絕句〕**增**〔宋范成大木瓜〕沉沉黛色濃糝糝金沙絢却笑宣川房競作紅妝面〔題趙昌木瓜花〕秋風[illegible]

實春雨臙脂花緑筆不可寫滴露勻朝霞

七言絶句 增 唐劉言史看山木瓜花柔枝濕艷亞朱闌暫作庭芳便欲殘深藏數片將歸去紅縷金針繡取看 裛露凝氛紫豔新千般婉娜不勝春年年此樹花開日出盡丹陽郭裏人 權德輿木瓜花晝漏沉沉倦鎖闥西園東觀閱芳菲繁花滿樹似留客應爲主人休澣歸 宋張舜民木瓜 古言疾鶩由卑濕木實能醫見藥書有力與人消患難無心望爾報瓊琚 木瓜花簇簇紅葩間緑荄陽和閒暇不須催天教爾艷足奇絶不與夭桃次第開 元牟巘四安道中所見木瓜已過折山來黄帕封林未敢開想見白沙紅照裏繡紋磊落見奇

瑰

詩散句 增 唐李白客心自酸楚況對木瓜山 宋梅堯臣大實木瓜熟壓枝常畏風 楊萬里天下宣州花木瓜日華沾液繡成花

詞 增 宋王采蝶戀花暈緑抽芽新葉鬬掩映嬌紅脈脈羣芳後京兆畫眉樊素口風姿別是閨房秀 新篆遒詩霜實就挾得瓊琚心事偏長久應是春來初覺有丹青傳得厭厭瘦

別録 原 種法秋社前後分其條移栽次年便結子勝春栽者 製用 木瓜性脆可蜜漬爲果去子蒸爛擣泥入蜜與薑作煎冬月飲尤佳 木瓜最療轉筋如病此但呼其名及土上作木瓜字即愈 凡使木瓜勿犯鐵器銅刀削去硬皮並子切片曬乾黄牛乳拌蒸從巳至未待如膏乃曬用會典中宣州貢烏爛蟲蛀木瓜入御藥局取其陳久無木氣也　木瓜不宜多食損齒及骨木桃李俱可煎可糕　羅天益寶鑑云劉太保日食蜜煎木瓜三五枚同伴數人皆病淋以問天益天益曰此食酸所致也但不食則已 木瓜醬木瓜十兩去皮細切以湯淋浸加薑片一兩甘草二兩紫蘇四兩鹽一兩每用些少泡湯沉井中候極冷飲之 增 齊民要術欲啖者截著熱灰中令萎蔫洗淨以苦酒頭汁蜜之可案酒食蜜封藏百日乃食之甚美 先切去皮煮令熟著水

中車輪切百瓜用三升鹽蜜一斗漬之晝曝夜內汁中取令乾以餘汁蜜藏之亦同濃杬汁也 清供録 木瓜瀉水木瓜不計多少去皮穰核取淨肉一斤爲率切作方寸大薄片先用蜜三斤或四五斤於砂石銀器內慢火熬開濾過次入木瓜片同煎如滚起泛沫旋旋掠去煎兩三箇時辰嘗味如酸入蜜須要甜酸得中用匙挑出放冷器內候冷再挑起其蜜稠硬入絲不斷者爲度 本草衍義 木瓜得木之正人以鉛霜或胡粉塗之則失酢味且無滓蓋受金之制也

附録 榠樝

原 榠樝 一名蠻樝一名瘣樝一名木李一名木梨木葉

花酷類木瓜但比木瓜大而色黃李時珍曰乃木瓜之無重蔕者也

彙考 增 〈詩衞風〉投我以木李報之以瓊玖 〈爾雅翼〉齊武帝幸丹陽羣臣宴飲王敬則執榠樝以刀子削之

雜錄 增 爾雅翼宛陵人植木瓜者亦就樝木上接之得樝之餘氣則澀而不美

佩文齋廣羣芳譜卷第五十八

佩文齋廣羣芳譜卷第五十九

果譜

安石榴 榴花別見花譜

原 安石榴 種出安石國故名詳見花譜 一名若榴 廣雅云若榴石榴也丹實垂垂若贅瘤也 一名金罌 筆衡云吳越王錢鏐改榴爲金罌 一名金龐 涉獵小品云杭越之間呼石榴爲金龐蓋避錢鏐諱也 一名天漿 酉陽雜俎云李衞公言石榴甜者謂之天漿 有甜酸苦三種單葉者旋開花旋結實花杔即榴不結者杔尖小千葉者不結實甜者甘溫澀無毒可食潤燥制三尸蟲理乳石毒但性滯戀膈多食生痰損肺黑齒服食家忌之酸者性溫澀無毒兼收斂之氣只堪入藥陳久更良榴實圓如毬頂有尖瓣大者如杯皮赤色有黑斑點皮中如蜂窠有黃膜隔之子如人齒白者似雪淡紅者似水紅寶石紅者如硃砂淡紅潔白者味甘紅者味酸秋後經霜則實自裂有富陽榴 實大者如碗 海榴 樹僅二尺栽盆中結實亦大直垂至盆堪作美觀 黃榴 結實甚多最易傳種 河陰榴 瑣碎錄云河陰出榴名三十八中間止有三十八子也 增 〈酉陽雜俎〉南詔石榴 皮薄如藤紙味絕于洛中 〈本草〉水晶榴 子白瑩徹如水晶味亦甘 苦石榴 抱朴子云出積石山或云即山石榴也 山石榴 形頗類榴而小不作房生青齊間甚多蜜漬以當果甚美

彙考 **原** 〈宋書符瑞志〉晉安帝隆安三年武陵臨沅獻安石榴一蔕六實 增 〈宋書張暢傳〉孝武鎮彭城暢爲安北長史魏太武遣求甘蔗安石榴暢曰石榴出自鄴下當非彼所乏 〈北史魏收傳〉安德王延宗納趙郡李祖

收女爲妃後帝幸李宅宴而妃母宋氏薦二石榴於帝前問諸人莫知其意帝投之收曰石榴房中多子王新婚妃母欲子孫衆多帝大喜詔收還將來仍賜收美錦二疋〔西京新記〕上林苑有安石榴十株 **原**〔祭儀〕秋嘗果以棃棗柰安石榴 **增**〔拾遺記〕吳主以潘夫人遊昭宣臺志意幸愜旣盡酣醉唾於玉壺中使侍婢瀉於臺下得火齊指環卽掛石榴枝上因其處起臺名曰環榴臺〔述異記〕瀨鄉老子祠有紫石榴 **原**〔洛陽伽藍記〕白馬寺在西陽門外三里京師語曰白馬甜榴一實直牛〔鄴中記〕石虎苑中有安石榴子大如盂椀其味不酸 **增**〔酉陽雜俎〕梁大同中東州後堂石榴皆生

雙子 大食勿斯離國石榴重五六斤〔劇談錄〕武宗朝術士金陵許元長善變幻武宗謂之曰先朝明崇儼取羅浮山甘子萬里往來止於旬日東都嘗進石榴時已熟矣卿今日當致十顆元長奉詔而出及旦寢殿始開金盤貯石榴致於御榻俄有使奉進亦以所失之數上聞靈驗變通皆如此類〔北戶錄〕鄭虔云石榴甚作胭脂睿宗女代國公主常爲之棄其實於禁中叢生成林〔海錄碎事〕邵武郡庭有石榴一株士人視所實之數以爲登科之信熙寧庚戌歲有雙實於木末者又有附枝而雙實者是歲葉祖洽上官均名在一二何與京兄弟同榜祖洽有詩曰已分桂藥爭雲路不負榴花結

露枝蓋謂此也〔本草〕安石榴有酸淡兩種道家謂之三尸酒云三尸得此果則醉〔澄懷錄〕郭文在山間有石榴楊梅爲樵牧所傷文賫簪沽酒以澆花樹人問之曰爲二子洗瘡止痛〔學圃餘疏〕安石榴無如京師致之南方多不活卽活多化爲叢狀不若求富陽種種之實大子綻卽不甘亦足供玩 **原**〔花史〕石崇園有石榴名石崇榴

集藻 賦 **增**〔晉潘尼安石榴賦并序〕安石榴者天下之奇樹九州之名果是以屬文之士或敘而賦之蓋感時而騁思覩物而興辭余遷舊宇爰造新居前臨曠澤却背清渠實有斯樹植於堂隅華實並麗滋味亦殊可以樂

志可以充虛朱芳赫奕紅萼參差含英吐秀乍合乍披遙而望之煥若隋珠耀重川詳而察之灼若列宿出雲間湘涯二后漢川遊女攜類命儔逍遙避暑托斯樹以棲遲遡祥風而容與爾乃擢纖手兮舒皓腕羅袖靡兮流芳散披綠葉兮脩條綴朱華兮弱幹豈金翠之足珍實茲葩之可玩商秋授氣收華斂實千房同蒂十子如一繽紛磊落垂光耀質滋味浸液馨香流溢〔張載安石榴賦〕有若榴之奇樹肇結根於西海仰青春以啓萌睎朱夏以發采揮光垂綠擢幹曜鮮翕若羣翡俱棲爛若百枝並燃煥乎郁郁焜乎煌煌仰映青霄俯燭蘭堂似西極之若木譬東谷之扶桑于是天廻節移龍火西

夕流風晨激行露朝白紫房既熟顏膚自坼剖之則珠散含之則氷釋〔張協安石榴賦〕攷草木於方志覽華實於園疇窮陸產於包貢嗟英奇於若榴耀靈葩於三春綴霜滋於九秋爾乃飛龍啓節揚飈扇埃含和澤以滋生鬱敷萌以挺栽傾柯遠擢沉根下盤繁莖條密豐榦林攢揮長枝以揚綠披翠葉以吐丹流暉俯散迴葩仰照爛若百枝並燃㸌如烽燧俱燎曒如朝日晃若籠燭晞絳綵於扶桑接朱光於若木爾乃赬萼挺蔕金牙承蕤蔭佳人之玄髻發窈窕之素姿游女一顧傾城無鹽化爲南威于是天漢西流辰角南傾芳實磊落月滿虧盈爰採爰收乃剖乃坼內憐幽以含紫外滴瀝以霞

赤柔膚氷潔凝光玉瑩瓘如氷碎泫若珠迸含清冷之温潤信和神以理性〔應貞安石榴賦并序〕余往日職在中書時直廬前有安石榴樹枝葉既盛華實甚茂爲之作賦挹徵露以鮮采承輕風而動葩南拂隂檐北扇陽阿其旁則有大厦崇房重廊高廡皇籍帝典圖書之府時移節變大火西旋丹葩結秀朱實星懸膚坼理阻爛若珠駢〔潘岳河陽庭前安石榴賦〕仰天路而高蹤顧都國以相望位莫微於宰邑館莫陋於河陽雖小縣陋館聊可以遊實有嘉木曰安石榴修條外暢榮榦內樛扶疎偃蹇冉弱紛柔于是暮春告謝孟夏戒初新莖擢潤膏葉垂腴曾華𦾔以先越含榮鶵其方敷丹暉綴

於朱房緗蔕點乎紅鬚煌煌煒煒熠爍委累似琉璃之棲鄧林若珊瑚之映綠水光明燦爛含丹耀紫味滋芳神色麗瓊蘂遙而望之煥若隨珠耀重淵詳而察之灼若列星出雲閒千房同膜千子如一御渴療飢解醒止疾既乃攢乎狹庭載阨載褊土階無等肩牆惟淺壁衣蒼苔瓦被駮蘚處悴而榮在幽彌顯其華可翫其實可珍羞於王公薦於鬼神豈伊仄陋用渝厥貞果猶如之而況於人〔宋梅堯臣矮石榴樹子賦并序〕襄城縣庭下生矮石榴往來者異之予爲作賦寫其狀因以自勵云有矮石榴其高倍尺中訟庭儼戒石訪諸走胥云非封植忽此生榮三傳歲曆密葉如蓋繁條如織萎蕤下

垂疲軟無力緗苞貯露纍纍仄仄下人俯覩顚本可識雀愧卑棲而不肯集兮故啾唧以矯翼偃偃盤盤若屈若鬱紉紉結結非曲非直榦不足攀隂不足息夫何挺質之可惑耶意爲異與爲妖與人以爲異我不知其異曰殊衆人之類類人以爲妖我不知其妖曰乖衆木之翹翹然而不生樊圃臺榭遊觀之所產兹堂下其有以警而有以覩因形取義庶將有補當華蔓衍之多枝無若軟柔之不舉勿俾苞苴之流行勿使吏民之輕侮勿澳涊以自抑勿猶豫而失處勿闒茸以接卑勿上下之不撫夫如是則異也妖也固弗取雖戒懼斯主

〔五言古詩〕增〔梁元帝咏石榴〕塗林未應發春暮轉相催

燃燈疑夜火連珠勝早梅西域移根至南方釀酒來葉
翠如新翦花紅似故栽還憶河陽縣映水珊瑚開　王
筠摘安石榴贈劉孝威中庭有奇樹當戶發華滋素莖
表朱實綠葉廁紅甤既標太沖賦復見安仁詩宗生仁
壽殿族代河陽滑有美淸淮北如玉又如龜退書寫蟲
篆進對多好辭我家新置側可求不難識相望阻盈盈
相思滿胸臆高枝爲君採請寄西飛翼　【原】宋梅堯臣
詠石榴榴枝苦多雨過熟拆已半秋雷石罌破曉日丹
砂爛任從雕俎薦豈待霜刀判張騫西使時蒟醬同歸
漢　【增】梅堯臣陽武王安之寄石榴安榴若拳石中蘊
丹砂粒剖之珠落盤不待皺人泣舊友大河濱作宰實

畿邑嚴霜百果熟爲贈忽我及始時童稚爭取猴猿
集老夫所食微何暇更收拾聊荅君意勤作詩恨短澀
元朱德潤題石榴雨餘鳴蜩歇衆綠鬱陰翳綃囊蹙
紅巾光熖當林麗映日萼先皺臨風葉如綴秋深薦紅
實顆裂排皓齒秖應乘槎客天上得先味
七言古詩　【增】唐皮日休石榴歌蟬噪秋枝槐葉黃石榴
香老愁寒霜流霞包染紫鸚粟黃蠟紙裹紅瓠房玉刻
冰壺含露濕斕斑似帶湘娥泣蕭娘初嫁嗜甘酸嚼破
水精千萬粒　莊布石榴歌玳瑁殼皺枝婀娜馬牙俏
骨綿敷裹霜風擊破錦香囊鸚鵡啄殘紅豆顆美人擘
在金盤腹錯認海螺斑磥砢滿口含嘗瓊液甘一堂齒
冷敲寒玉　金元格從趙敷道覓石榴仙人囊中五色
露得種昔與蒲桃俱猩猩染花開五月已覺秋實懸庭
除張圓一酸齒欲裂君家兩株蜜不如竹馬兒童厭棃
栗綠囊聊爲剝紅珠
五言律詩　【增】宋鄭獬石榴高枝垂欲折霜老拆丹膚試
剖紫金椀滿堆紅玉珠根雖傳大夏種必近仙都題作
江南信人應賤橘奴
七言律詩　【增】宋楊萬里石榴深著紅藍染暑裳啄成紋
玳敵秋霜半含笑裏淸冰齒忽綻吟邊古錦囊霧縠作
房珠作骨水晶爲粒玉爲漿劉郎不爲文園渴何苦星
槎遠取將　【原】方廣德石榴塗林踈樹自離離入眼紅

膚總不遺若爲連珠過沆約何來新葉伴潘尼金房半
坼珠駢落霜葉平翻玉韮欹還記葡萄槎上種折來那
不稱同時
五言絕句　【增】宋晏殊石榴開從百花後占斷羣芳色更
作琴軫房輕盈瑣㥲側　蘇軾和子由岐下石榴風流
意不盡獨自送殘芳色作裙腰染名隨酒琖狂　范成
大題石榴日烘古錦囊露浥紅瑪瑙玉池蘸淸肥三彭
跡如掃　明王穀祥題石榴榴房拆錦囊珊瑚何齒齒
試展畫圖看憑將頌多子　陳淳石榴未摘露前實先
春雨後花名應出西海顏豈論東家　蠟蒂團頳玉文
英簇絳綃秋來結佳果珍味不須調

七言絶句 增 唐李商隱石榴 榴枝婀娜榴實繁榴膜輕
明榴子鮮可羨瑶池碧桃樹碧桃紅頰一千年 原 宋
劉子翬石榴 庭榴結實壓芳叢一夜飛霜染茜容萬子
同苞無異質金房玉隔護重重 增 陸游山店賣石榴
取以薦酒 山色蒼寒雲釀雪旗亭據榻興悠哉麯生正
欲相料理喚取風流措措來 明沈周石榴 張騫帶得
西來種中祕千珍及萬珍一箇臭囊藏不盡又從身外
覆精神

詩散句 增 宋宋祁 不競灼灼花只效離離實 明沈周
累累枝上實滿腹飽珠璣 陳淳 結果多佳子甘酸合
鼎調 宋宋祁 烟滋黛葉千條困露裂星房百子均

石延年 晝日攜樽芳樹下何須佳醞得塗林 張舜民
人拾鳥銜眞可惜皮開子落不論錢 陸游 半吐山榴
看著子新來梁燕見將雛 宋謝朓 珠榴拆且紅 陳
江總 庭榴剖朱實 唐王維 夕雨紅榴拆 韓愈 味美
蔗爲漿 潛苞絳實拆 宋邵雍 久雨榴自罅 歐陽
修 晴林紫榴拆 黃魯直 紅榴罅玉房 原 唐元稹 海
榴紅綻錦窠匀 增 唐韋莊 誰家樹壓紅榴拆 宋錢
惟演 蜜房初滿若榴紅 陸游 露重榴房初拆罅 風
拆安榴子滿房

別錄 增 梁書海南傳 頓遜國有酒樹似安石榴取汁停
瓮中數日成美酒 記事珠 李漢碎胡瑪瑙盤盛送王
莒曰安石榴莒見之不疑既食乃覺 東坡集 問先生
過湖州東林沈氏飲醉以石榴皮書其東老菴之壁云
西鄰已富憂不足東老雖貧樂有餘白酒釀來因好客
黃金散盡爲收書坡閒而次其韻凄凉雨露三年後髣
髴塵埃數字餘至用榴皮緣底事中書君豈不中書
志雅堂雜抄 凡碾工描玉用石榴皮汁則見水不脫
湧幢小品 金荊榴樹色如眞金密緻而文采盤蹙如美
錦細膩而香隋時朱寬征南得數十片作枕及案面沉
檀所不及 嫁榴 石榴不結子者以石塊或枯骨安樹
叉間或根下則結子不落 原 藏榴 選大者連枝摘下
安新瓦缸內以紙十餘重密封蓋之

栗

增 本草 栗 說文作㮚從鹵音條象花實下垂之狀也佛書名篤迦 木高二三丈極
類櫟四月開花青黃色長條似胡桃花實有房彙大者
若拳小者若桃李 原 栗苞生外殼刺如蝟毛其中著
實或單或雙或三四少者實大多者實小實有殼紫黑
色殼內膜甚薄色微紅黑外毛內光膜內肉外黃內白
八九月熟則苞自裂而實墜宣州及北地所產小者爲
勝陸璣詩疏曰栗五方皆有周秦吳揚特饒惟漁陽及
范陽生者甜美味長他方不及本草圖經云兗州宣州
最勝燕山栗小而味最甘蜀本圖經云板栗錐栗二樹皆大
茅栗似板栗而細如橡子其樹雖小葉亦不殊但春生夏花秋實冬枯爲異綱目云卽爾雅所謂栭栗也

一名栵栗可炒食之衍義云湖北有一種旋栗頂圓末尖即榛栗象榛子形也

增西京雜記上林苑栗四侯栗榛栗瑰栗嶧陽栗嶧陽都尉曹龍所獻大如拳唐本草桂陽有莘栗叢生實大如杏仁皮子形色與栗無異但小耳又有奧栗皆與栗同子圓而細惟江湖有之或云即莘也客燕雜記京師佳果栗三霜前栗盤古栗鷹爪栗原栗之為果種類頗多總之味鹹氣溫無毒主益氣厚腸胃補腎氣治腰腳無力破痃癖理血當中一子名栗楔治血更效生則動氣熟則滯氣唯曝乾或火煨汗出食之良百菓中最有益者小兒不宜多食難尅化患風水病者忌以味鹹也

彙考原詩鄘風樹之榛栗增鄭風東門之栗原秦

風隰有栗增小雅山有嘉卉侯栗侯梅禮記內則栗曰撰之疏栗蟲好食數數布陳撰省視之儀禮士冠禮再醮兩籩栗脯聘禮夫人使下大夫勞以二竹簋方玄被纁裏有蓋其實棗蒸栗擇兼執之以進賓受棗大夫二手授栗原論語周人以栗疏凡建邦立社各以其土所宜之木周都豐鎬宜栗增史記蘇秦傳秦說燕文侯曰南有碣石鴈門之饒北有棗栗之利民雖不佃作而足於棗栗矣此所謂天府也貨殖傳燕秦千樹栗其人與千戶侯等原後漢書馬韓國傳馬韓出大栗如梨宋書劉秀之傳秀之大明元年徵為右衛將軍明年遷丹陽尹先是秀之從叔穆之為丹陽尹與子弟於廳事上飲宴秀之亦與焉廳事有一穴穆之謂子弟及秀之曰汝等試以栗遙擲此柱若能入穴後必得此郡諸子並不能中唯秀之獨入焉梁書沈約傳約嘗侍讌豫州獻栗徑寸半帝奇之問曰栗事多少與約各疏所憶約少帝三事出謂人曰此公護前不讓即羞死帝以其言不讓欲抵其罪徐勉固諫乃止王泰傳泰幼敏悟年數歲時祖母集諸孫姪散棗栗于牀羣兒皆競之泰獨不取問其故對曰不取自當得賜由是中表異之增南史蕭琛傳琛經預御筵醉伏上以棗投琛琛乃取栗擲上正中面時御史中丞在坐帝動色曰此中有人不得如此豈有說耶琛即荅曰陛下

投臣以赤心臣敢不報以戰栗宋史禮志太宗景祐三年禮官宗正請每歲冬孟月薦以兔果以栗蔬以藷蕷原宋史孝義傳易延慶奉母至孝母存日喜食栗乃種二栗樹於墓前經年其樹連理三年合抱生栗盈枝人以為孝感所致增遼史蕭韓家奴傳韓家奴先為右通進典南京栗園後遷天成軍節度使徙彰愍宮使帝與語才之命為詩友嘗從容問曰卿居外有異聞乎韓家奴對曰臣惟知炒栗小者熟則大者必生大者熟則小者必焦使大小均熟始為盡美不知其他帝大笑山海經銅山葛出貫超之山其木多栗夏小正八月栗零傳零也者降也降而後取之也尚書逸篇

西社惟栗 【原】（范子）栗出三輔 （莊子）莊周遊乎雕陵之樊覩一異雀自南方來感周之顙而集於栗林 （呂氏春秋）果之美者有箕山之栗 【增】（神異經）東方荒中有木名曰栗其殼徑三尺三寸殼刺長丈餘實徑三尺殼亦黃其味甜 東北荒中有木高四十丈葉長五尺廣三尺名曰栗其實徑三尺二寸其殼赤其肉黃白味甜食之令人短氣而渴 【原】（說苑）田饒曰果園梨栗後宮婦人摭以相擿而士曾不得一嘗 【增】（東方朔傳）朔曰王公啖兒以丹栗霞漿兒食之既多飽悶幾絕乃飲玄天黃露半合即醒 【原】（三輔黃圖）三秦記云御宿園出栗十五枚一升 （會稽先賢傳）光武詔嚴遵詣行在

蜀郡獻栗橘上使公卿各以手所及取之遵獨不取上問故遵曰君賜臣以禮臣奉君以恭今賜無主臣是以不敢取 【增】（盧諶祭法）春秋冬祠皆用栗 （晉宮閣名）華林園中栗一株侯栗六株 （廣志）栗有關中侯栗大如雞子梁州獻栗徑寸半越中栗大如拳 （鄴中記）鄴中產巨栗脫其殼可以為杯 【原】（豫章古今記）宋度拜定陵令縣人杜伯夷清高不仕度與談論設棗栗而已 【增】（水經注）汝水灣中有地數頃上有栗園栗小殊不並固安之實也然歲貢三百石以充天府水渚即栗州也樹木高茂望若屯雲積氣矣林中有栗堂射埻甚閑敞牧宰及英彥多所遊薄 （括地志）漢武帝果園栗味

甘而小不如三秦記所云固安之栗天下稱之為御栗因有栗園 （地理志）諸暨產如拳之栗 （華山記）西山麓中有栗林藝植以來蕭森繁茂 （酉陽雜俎）李衛公一夕甘子園會客盤中有猴栗無味 陳堅處士云虔州南有漸栗形如素核 （杜陽雜編）滄浪洲有碧棗丹栗皆大如拳 【原】（續仙傳）道人殷七七名文祥能造逡巡酒開頃刻花嘗一官僚召飲取栗散於官妓皆聞異香唯笑七七者栗綴於鼻不可脫但聞臭須臾狂舞粉黛狼籍共為陳謝始墜 謝玄卿遇神仙設鳳冠栗 【增】（清異錄）晉王嘗窮追汴師糧運不繼蒸栗以食軍中遂呼栗為河東飯 （西溪叢語）杜甫詩云嘗果栗皺開

或作雛字殊不可解集韻皺側尤切革紋蹙也漢上題襟周繇詩云開栗弋之紫皺貫休云新蟬避栗皺又云栗不和皺落即栗蓬也 （青箱雜記）王文正公旦與楊文公億為空門友楊公謫汝州公適當軸每音問不及他事唯談論真諦而已余嘗見楊公親筆與公云山栗一秤聊表村信蓋汝惟產栗而億與王公忘形交以一秤栗遺之斯亦昔人雞黍縞紵之意乎 （老學菴筆記）故都李和煼栗名聞四方他人百計效之終不可及紹興中陳福公及錢上閤出使至燕山忽有兩人持煼栗各十裹來獻三節人亦人得一裹自贊曰李和兒也 （五色線）王可交棹漁舟入江遇一彩舫有道士七人玉

冠霞帔侍從十餘人髮角雲鬟面前各有青玉盤酒器呼可交上觴命與酒喫侍者瀉酒於尊酒再三不出道士曰酒靈物若得人口當換其骨瀉之不出亦命也一人曰與栗出俄取二栗與之其栗青赤光如棗長二寸許齧之有皮非人間之栗肉脆而甘可交食栗之後絕穀運靜若有神助　析津日記遼於南京置栗園司蕭韓家奴爲右通進典南京栗園是也元昌平縣亦有栗園徹里傳戰于昌平栗園是也蘇秦謂燕民雖不耕作而足于棗栗唐時范陽以爲土貢今燕京市肆及秋則以餳拌雜石子爆之栗比南中差小而味頗甘以御栗名正不以大爲貴也

廣羣芳譜　果譜六　栗　十四

集藻　賦　增　漢蔡邕傷故栗賦并序　人有折蔡氏祠前栗者故作斯賦樹遐方之嘉木兮于靈宇之前庭通二門以征行兮夾階除而列生彌霜雪而不凋兮當春夏而滋榮因本心以誕節兮凝育蘗之綠英形猗猗以艷茂兮似翠玉之清明何根莖之豐美兮將蕃熾以悠長適禍賊之災人兮嗟夭折以摧傷　陳陸瓊栗賦　四時逸盛百果玄芳綠梅春馥紅桃夏香何羣品之浮脆惟此質之久長外刺同夫拱棘內潔甚于冰霜伏南安而來清列御宿而懸房薦羞則棖椋並列加籩則菱芡同行金盤兮麗色玉俎兮鮮光周人以之戰懼大官稱于栢梁

啓　增　梁庾肩吾謝東宮栗啓　查或火成鑽以爲屑柰[illegible]煎用曝而成糗未若北燕巨實用奪榮枯南國牖山翻成菌决承恩踴躍對聞喜之河念報屏營問知來之鳥

雜言　增　陳陸玢賦得雜言詠栗　貨見珍于有漢木取貴于隆周英肇萸于朱夏實方落于素秋委玉盤雜椒糈將象席糅珍羞

文　賦散句　增　漢王褒僮約　南安拾栗採橘　王逸荔枝賦　北燕薦朔濱之巨栗　晉左思蜀都賦　榛栗罅發　魏都賦　固安之栗　盧毓冀州論　中山好栗地產不爲無珍　梁昭明太子七召　汝垂蒼栗　七契　北燕之栗

五言古詩　增　宋梅堯臣尹陽尉耿傳惠新栗　金行氣已

廣羣芳譜　果譜六　栗　十五

勁霜實繁林梢尺素走下隸一奩來遠郊中黃比玉質外刺同芡苞野人寒齋會山爐夜火炮黎慚小兒嗜茗憶麤官抛此焉眞可貺遼爾及衡茅　文同天師攜此種至自上饒遠當時十七樹高幹寄孤巘蒼蓬蒺藜大紫殼檳榔軟蜀都名果中推爲上選

七言律詩　增　宋蘇轍次韻王適食茅栗　相從萬里試南餐對案長思苜蓿盤山栗滿籃兼白黑村醪入口半甜酸久聞牛尾何曾試竊比雞頭意未安故國霜蓬如盌大夜來彈劍似馮驩　朱子栗熟　樹繞檐楹繼國風莫教林下長蒿蓬共期秋實充腸飽不羨春花轉眼空病起數升傳藥籙晨興三咽學仙翁櫻桃浪得銀絲薦一

笑纔堪發面紅 〔元張雨〕新栗寄雲林 搗來常熟嘗新
栗黃玉穰分紫殼開果園坊中無買處頂山寺裏爲求
來囊盛稍共來禽帖酒薦深宜蘸甲杯首奉雲林三百
顆也勝酸橘寄書回
七言絶句 增 〔宋石介〕栗園 游困歸來訪栗園栗園老樹
再生孫莫驚頭上見髮白拾栗兒童長幾番 原 〔蘇轍〕
〔栗〕老去自添腰脚病山翁服栗舊傳方客來爲說晨興
晩三咽徐收白玉漿 〔陸游〕夜食炒栗有感 齒根浮動
欲吾衰山栗炮燔療夜飢喚起少年京輦夢和寧門外
早朝時
詩散句 原 〔唐韓愈〕霜天熟柹栗收拾不妨遲 〔杜甫〕羞

逐長安社中兒赤雞白狗賭梨栗 增 〔宋孫覿〕綠囊丹
果十襲包爆栗飛爐石火敲 〔范成大〕紫爛山梨紅皺
棗總輸易栗十分甜 〔陸游〕蝟刺坼蓬新栗熟鵝雛弄
色凍醅濃 〔周庾信〕家童掃栗跗 秋林栗更肥 原
〔唐杜甫〕穰多栗過拳 山家蒸栗暖 〔韋應物〕採栗玄
猿窟 增 〔韓翃〕霜迎栗罅開 〔張籍〕秋猿守栗林 〔李
洞〕雲深猿拾栗 〔宋張耒〕園栗炮還美 〔陸游〕霜栗大
如拳 〔元方回〕壁黃新栗嫩 原 〔唐杜甫〕盤剝白鵶谷
口栗 增 〔皮日休〕野猿偷栗重窺戶 〔宋蘇轍〕山栗似
拳應自飽
別錄 增 〔相玉書〕黃倂蒸栗 〔種樹書〕採栗時要得披殘

明年其枝葉益茂 〔物類相感志〕栗得橄欖香 原 收
〔藏〕藏生栗法霜後取生栗投水中去浮者餘漉出布拭
乾曬少時令無水脈爲度先將沙炒乾放冷取無油酒
器新鐔罐裝入一層栗一層沙約八九分滿用箬葉紮
緊椿一淨地將器倒覆其上畧以黃土封之弗近酒器
可至來春不壞 又法栗子一石鹽二斤水泡開浸栗
一二宿漉出曬乾同芝蔴二石拌勻盛荆囤中永遠不
壞食之軟美 藏乾栗法霜後取沉水栗一斗用鹽一
斤調水浸栗令沒經宿漉起晾乾用竹籃或麤麻布袋
挂背日少通風處日搖動一二次至來春不損不蛀不
壞 〔種藝〕齊民要術云栗種而不栽栽雖活壽死栗初

熟離苞即於屋內埋濕土中埋須深弗令凍路遠者以
革囊盛之停三日以上及見風日則不可作種至二月
芽生出而種之芽向上乃生根既生數年不用掌近三
年內每到十月常須草裹至二月漸解不裹則易至凍
死仍用籬圍之其實方而匾者他日結子豐滿樹高四
五尺取生子樹枝接之 〔製用〕以兩栗蘸油兩栗蘸水
置鍋中周圍更排四十七個濕紙搭蓋慢火燒候有爆
聲卽熟 大栗每個殼底以刀十字畫開底向下逐旋
排鍋中以鹽一撮繞鍋撒下蓋定發火候熟取用 選
底平可作對者二枚一枚香油塗濕底一枚白水塗濕
底合作一對置鍋底當中取栗逐旋蓋上多亦不妨將

鍋蓋嚴燒一飯頃取出俱酥熟且不黏殼　又法入油紙撚一條炒不用鐵鍋尤妙　栗炒熟搗爛曬乾磨細每六升新糯米粉四升白沙糖半斤蜜水溲之篩置甑中隨畫開蒸粉熟爲度火炙爲糕　栗木作門關可以遠盜　增〔物類相感志〕喫栗子於生芽處咬破些吹氣一口剝之皮自脫竹葉與栗同食無柤

附錄　石栗

增〔南方草木狀〕石栗樹與栗同但生於山石罅間花開三年方結實其殼厚而肉少其味似胡桃仁熟或爲羣鸚鵡至啄食畧盡故彼人多珍貴之出日南

附錄　天師栗

增〔益部方物畧記〕天師栗本草云張天師學道于此所遺故名生靑城山中他處無有也似栗味美惟獨房爲異久食已風攣

集藻　〔贊〕增〔宋宋祁天師栗贊〕栗類尤衆此特殊味專蓬若橡託神以貴

榧

原　榧本草云其木名文木斐然章采故謂之榧一名被子本草經有彼子唐本草云彼當從木作柀一名赤果一名玉榧日用本草云土人呼爲赤果一曰玉榧一名玉山果生永昌以信州玉山者爲佳本地人呼爲野杉木大者連抱高數仞其木有雄雌雄者花而雌者實其木形如柏木理似松細軟堪爲器用葉似杉冬月開黃圓花結實如棗核大如橄欖無稜而殼薄黃白色其仁肉白外有一層黑麤衣小而心實者尤佳一樹可下數十斛

增〔爾雅翼〕被實去皮殼可生食亦燥而收之可以經久〔本草會編〕有一種麤榧其木與榧相似但理麤色赤其子稍肥大頂圓不尖〔新安志〕休寧縣產榧子出黃山者尤佳〔雲南志〕榧子出劍川州者良　原　味甘平澀無毒治五痔去三蟲輕身明目煮素羹味更甜美同甘蔗食其滓自軟豬脂炒榧黑皮自脫性熱同鵝肉食令人上壅生斷節風同菉豆食殺人忌火氣

集藻〔五言古詩〕原〔宋蘇軾送鄭戶曹賦席上果得榧子〕彼美玉山果粲爲金盤實瘴霧脫蠻溪淸尊奉佳客客行何以贈一語當加璧祝君如此果德膏以自澤驅攘

三彭仇已我心腹疾願君如此木凜凜傲霜雪斲爲君倚几滑淨不容削物微興不淺此贈毋輕擲

〔七言古詩〕增〔宋劉子翬答人寄榧〕老坡文中吼鬬聲凜凜常如對英峙琅然諷詠興凌雲瞠若追攀頹流挹玉山妙唱久寂寥可與言詩有我子裁箋遠餉風露新坐我千尺黃山底初接玄殼出冰霜小嚼淸香逆隱几巳輕飄帝昵蒲萄肯許唐賢魁綠李極知入口無正味苦淡酸甘各矜美不經眞識爲品題此物初爲幾不齒靑靑有用拔蒿萊白粲無酬腐糠粃士懷瑰瑞勿自神邂逅飛沉同一理子才超然會睢然外澤中貞期是似味果固已驅煩邪味道更須淪骨髓

〔葉適蜂兒榧歌〕平

林常榧唊俾蠻玉山之產升金盤其中一樹斷崖立石乳蔭根多歲寒形嫌蜂兒尚麤率味嫌蜂兒少標律昔日取急欲高比今我細論翻下四世間異物難並兼百年不許贏栽添餘甘何爲滿地躧荔子正復漫天甜浮雲變化嗟俯仰靈芝醴泉成獨往後來空向玉山求坐對蜂兒還想像

〔晁補之〕詩散句

增〔宋梅堯臣〕榧樹移皆活風霜不變青〔晁補之〕博士獨能名玉榧

別錄

原〔收藏〕以盛茶舊磁甕收之經久不壞欲種以二月下子

榛

原 榛古作亲本草云亲從辛從木俗作莘者誤生遼東山谷樹高丈餘子如小栗李時珍曰榛樹低小如荊叢生冬末開花如櫟花成條下垂長二三寸二月生葉如初生櫻桃葉多皺文而有細齒及尖其實作苞三五相黏一苞一實實如櫟實上壯下銳生青熟褐殼厚而堅仁白而圓大如杏仁亦有皮尖然多空者諺曰十榛九空陸璣詩疏云榛有兩種一種大小枝葉皮樹皆如栗而子小形如橡子味亦如栗枝莖可以爲燭詩所謂樹之榛栗者也一種高丈餘枝葉如水蓼子作胡桃味遼代上黨甚多久留亦易油壞種法與栗同味甘平無毒益氣力實腸胃調中不饑健行甚驗遼東榛軍行食之當糧榛之爲利亦大矣

彙考

增〔詩邶風〕山有榛〔鄘風〕樹之榛栗〔曹風〕鳲鳩在桑其子在榛〔小雅〕營營青蠅止于榛〔大雅〕瞻彼旱麓榛楛濟濟〔禮記曲禮〕婦人之贄椇榛脯修棗栗〔註〕榛實似栗而小關中鄜坊正多〔山海經〕上申之山灌題之山潘侯之山下多榛楛〔埤雅〕詩曰營營青蠅止于樊止于棘止于榛者言圃有樊圃有棘山有榛明欲遠而止之彌遠也又曰鳲鳩在桑其子在梅其子在棘其子在榛者蓋先實者梅後實者棘先實者棘後實者榛故其序如此亦其榛卑小于棘棘卑小于梅詩以刺之故每況愈下也〔爾雅翼〕說者以榛可爲贄爲文

事楛可爲矢爲武事是蓋不然夫榛楛皆用之武事說文榛木也一曰菆也菆蓋矢之善者春秋傳所謂致師者左射以菆是也　女贄用榛者取榛有臻至之義〔黃花鎮記〕黃花鎮有禮鼠色如鼬而毛淺冬時聚榛實爲糧於穴中作岐穴貯之若倉囷然多至三斗其榛實皆美好價倍於人所收者山氓多掘取之〔昌平州志〕榛出北山黃花鎮者良

集藻

七言絕句

增〔明吳寬〕謝屠公送新榛

七日遼陽已降霜簪頭落地野榛香三年不到燕山下又喜頻將玉顆嘗

附錄

胡榛子

增本草一名阿月渾子一名無名子生西國諸番

彙考增酉陽雜俎阿月生西國蕃人言與胡榛子同樹一年榛子二年阿月 南州記無名木生嶺南山谷其實狀如榛子波斯呼爲阿月渾子

松子

增本草松實狀如豬心疊成鱗砌秋老則子長鱗裂惟遼海及雲南者謂之海松子馬志曰海松子狀如小栗三角其中仁香美當果食之亦代麻腐食之與中國松子不同蘇頌曰松歲久則實繁中原雖有小而不及塞上者佳好也吳瑞曰松子有南松北松華陰松形小殼薄有香新羅者肉甚香美李時珍曰海松子其樹與中

國松樹同惟五葉一叢者毬內結子大如巴豆而有三稜一頭尖爾馬志謂似小栗殊失本體 廣志千歲老松子色黃白味似栗可食 新羅國記松樹大連抱有五粒子形如桃仁而稍小皮硬有人取而食之味如胡桃淩酒療風

彙考增神仙傳趙瞿得癩病重家人送置山中忽見三神人以松子松栢脂各五升賜之告瞿曰此不但愈病當長生耳服半可愈愈即弗廢瞿服之未盡病愈身體强健乃歸家更服之二年顏色轉少肌膚光澤走如飛鳥在人間三百餘年常如童子顏色入山不知所之 搜神記偓佺者槐山採藥父也好食松實形體生毛長七寸兩目盡方能飛行逐走馬以松子遺堯堯不暇服松者簡松也時受服者皆三百歲 異苑漢末宮人小黃門上墓樹上避兵食松栢實遂不復飢舉體生毛長尺許魏武聞而收養還食穀齒落頭白 酉陽雜俎成式修竹里私第大堂前有五鬣松兩根大纔如椀甲子年結實味與新羅南詔者不別 淸異錄新羅使者每來多鬻松子有數等玉角香重堂衆御家長龍牙子惟玉角香最奇使者亦自珍之

集藻七言絕句增金雷思食松子千崑玉粒盡長松半夜珠璣落雪風休道東游無所得歲寒梁棟滿胸中

詩散句增唐杜甫風落收松子 薛能坐石落松子

宋林逋秋階響松子 司馬光飯炊松粒細 林逋雨敲松子落琴牀

別錄增物類相感志凡雜色羊肉入松子則無毒 松子仁帶皮則不油 東坡雜記十月以後冬至以前松實結熟而未落折取并萼收之竹器中懸之風道夫熟則不生過熟則隨風飛去至春初敲取其實以大鐵鎚入荒茅地中數寸置數粒其中得春雨自生自採實至種皆以不犯手氣爲佳松性至堅悍然始生至脆弱多畏日與牛羊故須荒茅地以茅陰障日若白地當雜大麥數十粒種之賴麥陰乃活須護以棘日使人行視三五年乃成五年之後乃可洗其下枝使高七年之後乃

可去其細密者使大大畧如此

核桃

【原】核桃一名胡桃一名羌桃博物志云張騫使西域還得胡桃種故以胡羌爲名〔本草〕胡桃梵書名播師羅〔酉陽雜俎〕胡桃仁曰蝦蟇樹高丈許春初生葉長三寸兩兩相對三月開花如栗花穗蒼黃色結實如青桃九月熟時漚爛皮肉取核內仁爲果北方多種之以殼薄仁肥者爲佳〔廣志〕陳倉胡桃薄皮多肌陰平胡桃大而皮脆急促則碎【增】味甘氣熱皮澀仁潤治痰氣喘嗽醋心及厲風諸病令往往以之下酒則昔人所云食多動風動痰令人惡心脫鬚眉及同酒多食咯血者妄也或素有痰火積熱者不宜多食耳大抵留皮則消滯去皮則養血潤血微和鹽食更佳能通命門利三焦益氣養血與破故紙爲補下焦腎命之要藥

【彙考】【增】〔外國志〕大秦國有棗榛胡桃蓮藕雜果〔西京雜記〕上林苑有胡桃出西域〔晉宮閣名〕華林園胡桃八十四株〔荀氏春秋祠制〕常設用胡桃〔廣五行記〕後蜀李雄玉衡十二年扶風人韓豹爲太史令雄卒子期立以豹爲太傅嘗言於期曰臣今老志在田園欲植胡桃願賜其種期不悟俄而李壽自涪率衆南向襲尅成都廢期自立〔尚書故實〕王內史書帖中有與蜀郡守朱書求櫻桃來禽日給藤子又曰胡桃種已成矣

學圃餘疏核桃北果而宜山種吾地絕少然亦可種

〔文賦散句〕【增】〔漢孔融與諸卿書〕多惠胡桃深知篤意【原】〔晉紐滔母荅吳國夫人書〕胡桃本生西羌外剛橫內柔甘質似古賢欲以奉貢【增】〔潘岳閒居賦〕三桃表櫻胡之別

〔七言律詩〕【原】〔宋楊萬里謝送胡桃〕三韓萬里半天松方丈蓬萊東復東珠玉鏁成千歲實冰霜吹落九秋風酒邊膈膊牙車響座上須臾漆櫑空新果新嘗正新暑纏衣使者念山翁

【別錄】【原】〔本草〕宋洪邁有痰疾因晚對上遣使諭令以胡桃肉三顆生薑三片臥時嚼服即少飲湯又再嚼如前數即靜臥如言服之旦而痰消嗽止　溧陽洪輯幼子病喘醫以危告其妻夜夢大士令服人參胡桃湯試之喘即定明日去胡桃皮用之喘復作仍連皮用信宿而愈蓋人參定喘連皮胡桃能斂肺也【增】〔素園石譜〕孫漢陽平生好石秋夕夢一冠蓋士送三石其一深碧色紋理如核桃【原】〔種植〕選平日實佳者留樹上弗摘俟其自落青皮自裂又揀殼光紋淺體重者作種掘地二三寸入糞一碗鋪片瓦種一枚覆土踏實水澆之冬月凍裂殼來春自生下用瓦者使無入地直根異日好移栽也〔收藏〕〔便民圖要〕以麤布袋盛挂風面處則不膩收松子亦用此法【增】〔物類相感志〕收胡桃不可焙焙

則油了　胡桃能碎錢

附錄 山胡桃

【原】〔嶺表錄〕山胡桃底平如檳榔皮厚而堅多肉少仁內殼甚厚須椎之方破此南方出者殊不見佳

附錄 蔓胡桃

【增】〔酉陽雜俎〕蔓胡桃出南詔大如扁螺兩隔味如胡桃或言蠻中藤子也

銀杏

【原】〔銀杏〕一名白果一名鴨脚子（本草云葉似鴨脚因以爲名宋初始入貢改呼銀杏因其形似杏而核色白也今名白果）處處皆有以宣城爲盛樹高二三丈或至連抱可作棟梁葉薄縱理儼如鴨掌面綠背淡

二月開花成簇青白色二更開旋即卸落人罕見之一枝結子百十狀如小杏經霜乃熟色黃而氣臭爛去肉取核爲果其核兩頭尖中圓大而扁三稜爲雄二稜爲雌其仁嫩時綠色久則黃其樹耐久肌理白膩術家取刻符印云能召使鬼神氣味甘微苦平澀無毒生食解酒降痰消毒殺蟲熟食溫肺益氣定喘嗽擣汁浣衣去油膩食多壅氣臚脹昏頓三元延壽書言白果食滿千顆殺人昔有歲飢以白果代飯食飽者次日皆死小兒食多昏霍發驚引疳同鰻鱺食患軟風

【彙考】【增】〔盧氏雜記〕唐鄭光讌飲把酒曰某改令身上取果子名云腕勝薛保遜還令云脚杏滿座大笑

【原】〔詩話總龜〕京師舊無鴨脚駙馬都尉李文和自南方來移植於私第因而著子自後稍稍蕃多不復以南方爲貴

【增】〔春渚紀聞〕元豐間禁中有果名鴨脚子者四大樹皆合抱其三在翠芳亭之北歲收實至數斛而托地陰翳無可臨玩之所其一在太淸樓之東得地顯曠可以就賞而未嘗著一實裕陵嘗指而加歎以謂事有不能適人意者如此戒園者善視之而已明年一木遂花而得實數斛裕陵大悅命宴太淸以賞之仍分頒侍從〔墨客揮犀〕銀杏葉如鴨脚獨窠者不實偶生及叢生者乃實

【原】〔湧幢小品〕浦城縣村中有白果一樹世傳以爲仙人擲樹枝於上其枝垂生每年果熟時不生於枝

節惟於樹身腫成大塊破之可得二三斗多至石餘實視凡果差小味則同

【增】〔京口記〕勝果寺禪堂前銀杏一株巨甚僧云宋植也〔半塘小志〕銀杏樹在天王殿前可泉上人房之側本大五抱藤繞修條鱗次鬣張儼如龍甲而體無枯瘁當夏有穠陰可庇十乘余題曰龍樹友人太倉王伯谷讀書寺中愛其婆娑芟除蕪穢而置欄楯焉〔泰山記〕五廟前銀杏大者圍三仞火空其中獨一面不枯其上枝葉蔽芾如新植〔學圃餘疏〕銀杏樹有大合抱而不實人言樹有雌雄聞亦有法治之則生樹長大秋冬葉純黃間楓林中相錯如繡此植圃中岡上卽不實可也

【原】〔崑山縣志〕龔猗沛人殿中侍

御史扈從高宗南渡道經崑山貞義里折銀杏一株插
地祝曰若此枝得活吾於是居其枝長茂後成大樹繁
枝樛屈臃腫如癭如乳者凡七十餘顆相傳爲其子孫
嗣世之數
集藻 文散句 **原** 元王禎農書絳囊貢御玉椀薦酒其初
名價豈減于葡萄安石榴哉
五言古詩 **原** 宋梅堯臣永叔遺李太博家新生鴨脚子
北人見鴨脚南人見胡桃識內不識外疑若橡栗韜鴨
脚類綠李其名因葉高吾鄉宣城郡每以此爲勞種樹
三十年結子防山猱剝核手無膚持置宮省曹今喜生
都下薦酒壓葡萄初聞帝苑夸又復主第褒纍纍誰採

掇玉椀上金鰲金鰲文章宗分贈我已叨豈無異鄉感
感此微物遭一世走塵土鬢顛得霜毛 **增** 梅堯臣鴨
脚子魏帝逃遠圖于吳求鬬鴨乃爲吳人料重玩志已
匧江南有嘉樹修聳入天插葉如欄邊跡子剝杏中甲
持之奉漢宮百果不相壓非甘復非酸淡苦衆所狎千
里競齎貢何異貴爭啖 依韻酬永叔謝予銀杏 去年
我何有鴨脚遠贈人人將比鵝毛貴多不貴珍雖少未
爲貴亦以知我貧至交不變舊佳果幸及新窮坑我易
滿分餉猶奉親計料失廣大瑣屑且沉淪何用報珠玉
千里來殷勤 **原** 歐陽修和聖俞李侯家鴨脚子 鴨脚
生江南名實未相浮絳囊因入貢銀杏貴中州致遠有

餘力好奇自賢侯因令江上根結實夷門陬始摘纔三
四金奩獻凝旒公卿不及識天子百金酬歲久子漸多
纍纍枝上稠主人名好客贈我比珠投博望昔所徙葡
萄安石榴想其初來時厥價與此侔今已徧中國籬根
及牆頭物性久雖在人情逐時流誰當記其始後世知
來由是亦史官法豈徒續君謳 **增** 歐陽修梅聖俞寄
銀杏 鵝毛贈千里所重以其人鴨脚雖百箇得之誠可
珍予問得之誰詩老遠且貧霜野摘林實京師寄時新
封包雖甚微採掇皆躬親物賤以人貴人賢棄而淪開
緘重嗟惜詩以報殷勤
五言律詩 **增** 宋梅堯臣鴨脚子 高林似吳鴨滿樹蹼鋪

鋪結子繁黃李炮仁瑩翠珠神農本草闕夏禹貢書無
遂壓葡萄貴秋來徧上都
七言律詩 **增** 明吳寬謝濟之送銀杏 錯落朱提數百枚
洞庭秋色滿盤堆霜餘亂摘連柑子雪裏同煨有芋魁
不用盛囊書後寫料非鑽核意無猜却愁佳惠終難繼
乞與山中幾樹栽
七言絕句 **原** 宋楊萬里銀杏 深灰淺火略相遭小苦微
甘韻最高未必雞頭如鴨脚不妨銀杏伴金桃
詩散句 **增** 宋梅堯臣 百歲蟠根地雙陰淨梵居凌雲枝
已密似蹼葉非疏 張商英 鴨脚半熟色猶青紗囊馳
寄江陵城城中朱門翰林宅清風六月吹簾旌玉纖雪

腕白相照爛銀殼破玻璃明〔張舜民何人栽銀杏青條數尺間〕〔原〕見禰之宜城此物常充貢

〔別錄〕〔增〕物類相感志用蘆菔梗同煮銀杏不苦〔原〕種植須雌雄同種其樹相望乃結實或雌樹臨水照影亦可或於雌樹鑿一孔納雄樹木一塊以泥之亦結子〔移栽〕春分前後先掘深坑水攪成稀泥然後下栽子掘時連土纏縛牢不令散碎則易活〔採摘〕熟時以竹篾箍樹本擊篾則銀杏自落

佩文齋廣羣芳譜卷第五十九

佩文齋廣羣芳譜卷第六十

果譜

荔支一

〔原〕荔支一名丹荔一名離支見上林賦扶南記云此木結實時枝弱而蔕牢不可摘取必以刀斧劙取其枝故以爲名一名飣坐眞人樹高數丈自徑尺至於合抱形團圞如帷蓋葉如冬青綠色蓬蓬四時常茂花青白開於二三月狀如橘又若冠之蕤綏五六月結實喜雙狀如初生松毬核如熟蓮子殼有皺紋如羅生青熟紅肉淡白如肪玉味甘多汁夏至將中翕然俱赤大樹每下子百斛五六月盛熟時彼地皆燕會其下雖多食亦不傷人覺熱以蜜漿解之或以殼浸水飲亦佳初出嶺南及巴中今閩之泉福漳興蜀之嘉蜀渝涪及二廣州郡皆有之以閩中爲第一蜀次之嶺南爲下其類有陳紫出著作郎陳琦家品爲第一譜云其樹晚熟其實廣上而圓下大可徑寸有五分香氣清遠色澤鮮紫殼薄而平瓤厚而瑩膜如桃花紅核如丁香母剝之凝如水精食之消如絳雪其味之至不可得而名狀也荔支以甘爲味雖百千樹莫有同者過甘與淡失味之中惟陳紫之於色香味自拔其類此所以爲天下第一凡荔支皮膜形色一有類陳紫則已爲中品若夫厚皮尖刺肌理黃色附核而赤食之有查食已而澀雖無酢味自亦下等矣大紫種似陳紫實大過之小陳紫實比陳紫差小又時有焦核者因而得名方紅徑可二寸色味俱美歲生一二百顆而已出興化屯田郎中方臻家宋公荔支實如陳紫而小甘美亦如之周家紅例爲第一及陳紫方紅出而此爲次龍牙長可三四寸彎曲如爪牙無核然不常有游家紫種出陳紫實大過之水荔支漿多而淡以上俱出興化軍藍家紅泉州第一出都官員外藍承家法石白出法石院色白其大次於藍紅江綠類陳紫差

大獨香薄而味少酸以上出泉州 一品紅於荔支爲極品生在福州堂前 大丁香殼厚色紫味微澀出大慶觀 綠核頗類江綠色丹而小荔支核紫而此核獨綠 將軍荔支五代時有此宮種之因以得名 朱柿色朱如柿而大 虎皮色紅絕大繞腹有青紋類虎皮 牛心以狀名之長二寸餘皮厚肉澀 玳瑁紅色紅有黑點類玳瑁出城東 硫黃以色類硫黃故名以上出福州 何家紅出漳州何氏 圓丁香丁香荔支皆旁蒂大而尖此獨圓而香味尤勝 十八娘色深紅而細長閩王有女行十八好食此因得名或云物之美少者爲十八娘 蕙園每朶數十並蒂雙毌 釵頭顆顆紅而小可施頭髻 珍珠荔支圓白如珠無核荔支之最小者 粉紅荔支荔支深紅此以色淺爲異 丁香荔支核小如丁香亦謂之焦核 蜜荔支以甘爲名然過於甘 火山荔支本出南越四月熟味甘酸肉薄閩中近年亦有 秋元紅實時最晚因以得名 蚶殼殼爲深渠如瓦星焉以狀得名 蒲桃荔支一穗至二三百顆以上見蔡襄荔支譜

增鄭熊廣中荔支譜 玉英子 焦核 沉香 丁香

紅羅 透骨 牂牁 僧耆頭 水母子 蒺藜 大將軍 小將軍 大蠟 小蠟 松子 蛇皮 青荔支 銀荔支 不意子 火山 野山 五色荔支

徐𤊹荔支譜 一品紅福州產之極品者故名生在州堂前 狀元紅顆極大味清甘福州產爲第一種在報國寺 驪蹄長大甘柔 金櫻上銳下方色深黃 栗玉似金櫻而圓味差勝 洞中紅出宿猨洞故名 星毬紅枝條生葉葉比他種差厚色紅而不絳扁者如橢圓者如雞子核皆如丁香亦有無核者食之甘脆有韻 饅頭皮麤厚味甘大如饅頭 磨盤皮麤厚味甘大如雞子近帶處甚平 金線實圓刺尖有金線界其中 鳳池超實圓味甘 中冠亦呼中觀體圓核小皮光味清熟時香聞數里 桂林皮麤厚味甘 金鐘形如鐘皮略麤厚色如硃砂味甘勝畫 皮厚刺尖味甘肉豐七月熟 鎮玉皮麤厚味甘濃實似金鐘 綠珠一名結綠俗呼綠荔支實如山榛無核味最清熟時實與葉無辨 紅繡鞋實小而尖形如角黍核如丁香味極甘美 龍牙

色紅長二寸許上下俱方蔡譜所載與此稍異 雞引子一朶數十枚大小錯出其大者核小小者無核 七月熟 天柱樹極高大 山中冠實大而圓餘荔將盡此荔始熟味微酸澀 馬先白實顆 海山其熟最早味不甚甘 山金鐘實大微長 中秋綠色綠味微酸熟最後故名中秋 松柏皮厚而麤味澀大如松子 勝江萍以味甘得名皮光或呼爲勝江陳淨江瓶 滿林香實絕類桂林皮微黃味甘其香倍於衆品 鵲卵皮光無刺色紅 蜜丸味甘肉厚俗呼肉丸 鵲卵皮薄實圓斑如鵲卵味微酸 白蜜皮粉紅甘如蜜 醋甕色微黃味酸 將軍帽實如松蓄皮厚肉澀 雞肝實扁味甘色紅無核 牛膽極大一握僅三四枚 皺玉 郎官紅 游丁香 紫璚 百步 蘭壽香 西紫 黃香 瑞堂紅 松紅 鷄囊紅 黃玉 玉堂紅 延壽紅實比狀元紅差大肉厚核小 綠紗一名綠羅袍味甘 青甜 霞墩荔支實類狀元紅出霞墩 蔡宅紅出蔡君謨故居 水溜 宋家香核小味甘傳自宋公樹者因名 黃石紅

出殼城山樹高三十餘丈大可十一二圍其蔭十畝傳云卽君謨譜中宋公樹也 星垂皮紅實如鴨卵 荔支之最大者俗呼秤錘 七夕紅 馬家綠 鷩卵皮紅大如鷩卵核如米粒 綠衣郎皮綠如瓜皮實如鴨卵味甘澀 黑葉皮紅比狀元紅稍大味甘 麻餅實如黑葉味甘酸 柳鐘顆極大類興化秤錘 進貢子其熟最先實如黑葉味甘 牛中 南海 陳紅 冰團 大綠 小綠 余家綠

〔鄧慶寀荔支譜〕陳紫游紫本爲同生方紅周紅未甚區別將軍卽爲天柱野種實是柳鐘七夕何異中元黃玉原乎皺玉鷩卵鵲卵一物異名火山海山均是早熟**原**有綠色蠟色皆品之奇者本處亦自難得共計三四十種或言姓氏或言州郡皆識其所出或不言姓氏州郡則福泉興漳皆有也王敬美曰荔支以狀元香爲最然不如長樂勝

晝肉厚而味甘當爲種中第一第乾之不能如狀元香
風味楓亭驛荔支甲天下亡論丹實纍纍而樹亦極婆
娑可愛在漳泉者四五月熟然肉薄味酸能損齒又云
荔支以興化之楓亭驛爲最長樂次之性甘微熱止渴
益智健氣病齒及火病人最忌
彙考 **增**〔後漢書南匈奴傳〕漢遣單于使令謁者將送賜
綵繒千匹錦四端金十觔大官御食醬及橙橘龍眼荔
支賜單于母及諸閼氏 **原**〔唐書地理志〕戎州貢荔支
煎 〔后妃傳〕貴妃楊氏嗜荔支必欲生致之乃置騎傳
送走數千里味未變已至京師 〔劉崇龜傳〕崇龜爲清
海軍節度使姻覩或干以財率不荅但寫荔支圖與之

增〔唐書南蠻傳〕婆斯伽盧國以青甓爲圓城周百六
十里有十二門四隅作浮圖民皆居中鉛錫爲瓦荔支
爲材 〔宋史地理志〕福州貢荔支 **原**〔三輔黃圖〕漢武
帝元鼎六年破南越起扶荔宮以植所得奇草異木土
木南北異宜歲時多枯瘁荔支自交趾移植百株於庭
無一生者連年猶移植不息後數歲偶一株稍茂終無
華實帝亦珍惜之一旦萎死守吏坐誅者數十人遂不
復蒔矣其實則歲貢焉 **增**〔西京雜記〕曹元理明筭術
嘗遇友人陳廣漢廣漢爲之取酒鹿脯數片曰有倉卒
客無倉卒主人元理曰俎上蒸㹠一頭厨中荔支一柈
皆可爲設廣漢再拜謝罪自入取之盡日爲歡 **原**〔謝

承後漢書〕舊南海獻龍眼荔支十里一置五里一堠和
帝時臨武長汝南唐羌以縣接南海乃上書諫曰臣聞
上不以滋味爲德下不以供膳爲功故天子食太牢爲
尊不以果實爲珍伏見交趾七郡獻生龍眼等鳥驚風
發南州土地惡蟲猛獸不絕于路至於觸犯死亡之害
此二物升殿未必延年益壽帝於是下詔曰遠國珍羞
本以薦奉宗廟苟有傷害豈愛民之本其勑大官勿復
受獻由是遂省焉 **增**〔吳錄〕蒼梧多荔支生山中人家
亦種之 〔華陽國志〕江州縣有荔支園至熟二千石常
設厨膳命士大夫共會樹下食之 〔搜神記〕冠先生宋
人也釣魚爲業居雎水旁百餘年得魚或放或賣或自

食之常冠帶好種荔食其葩實焉 **原**〔影燈記〕天寶中
正月十五夜玄宗於常春殿撒閩江紅錦荔支令宮人
拾之 〔國史補〕楊貴妃生於蜀好食荔支南海所生尤
勝蜀者故每歲飛馳以進然方暑而熟經宿則敗後人
皆不知之 **增**〔國史補〕李直方嘗第果實名以綠李爲
首楞梨爲副櫻桃爲三柑子爲四蒲桃爲五或薦荔支
曰當舉之首 〔杜陽雜編〕羅浮先生軒轅集年過數百
而顏色不老宣宗召入內延因語京師無荳蔻花及荔
支俄頃進二花皆連枝葉各數百鮮明芳潔如纔折下
原〔開元天寶遺事〕明皇令方士以藥傳荔支根得核
小宮人呼爲丁香子 〔蜀志〕唐天寶中取涪州荔支自

子午谷路進入　增〔清異錄〕嶺南荔支固不逮閩蜀劉
鋹每年設紅雲宴正紅荔支熟時　閩士赴科臨川人
赴詞會京師旗亭各舉鄉產閩士曰我土荔支眞壓枝
天子釘坐眞人天下安有並駕者撫人不識荔支之未
腊者故盛主楊梅閩士不忿遂成喧競旁有滑稽子徐
爲一絕云閩誇玉女含香雪吳美星郎駕火雲草木無
情爭底事青明經對赤參軍〔寰宇記〕戎州僰道縣有
荔支園郡國志云僰仕施僰中最賢者古所謂僰僮之
富多以荔支爲業園植萬林一樹可收一百五十斛又
有荔支灘　廣州信安縣有連理荔支樹　原〔蔡襄荔
支譜〕興化軍風俗園池勝處惟種荔支當其熟時雖有

他果不復見省大重陳紫富室大家歲或不嘗雖別品
千計不爲滿意陳氏欲採摘必先閉戶隔墻入錢度錢
與之得者自以爲幸不敢較其直之多少也　福州種
植最多延施原野洪塘水西尤其盛處一家之有至於
萬株城中當州署之北鬱爲林麓暑雨初霽晚日照耀
絳囊翠葉鮮明蔽映數里之間燦如星火非名畫之可
傳而精思之可入也觀覽之勝無與爲比初著花時商
人計林斷之以立券若後豐寡商人知之不計美惡悉
爲紅鹽水浮陸轉以入京師外至北戎西夏其東南舟
行新羅日本琉球大食之屬莫不愛好重利以酬之故
商人販益廣而鄉人種益多一歲之出不知幾千萬億

而鄉人得飫食者蓋鮮以其斷林鬻之也　增〔程氏遺
書〕仁宗一日思生荔支有司言已供盡近侍曰有鬻者
請買之上曰不可今買來歲必增上供之數流禍百姓
無窮　〔東坡雜記〕僕嘗問荔支何所似或曰似龍眼坐
客皆笑其陋荔支實無所似也僕曰荔支似江瑤柱應
者皆憮然　〔碧雞漫志〕荔支香唐史禮樂志云帝幸驪
山楊貴妃生日命小部張樂長生殿奏新曲未有名會
南方進荔支因名曰荔支香脞說云太眞妃好食荔支
每歲忠州置急遞上進五日至都天寶四年夏荔支滋
甚比開籠時香滿一室供奉李龜年撰此曲進之宜賜
甚厚楊妃外傳云明皇在驪山命小部音樂於長生殿

奏新曲未有名會南海進荔支因名荔支香三說雖小
異要是明皇時曲　〔清瑣高議〕治平中長沙趙琪作廣
東提刑韶州公宇西軒有荔支數本中夏時荔支方熟
琪將召刺史賞燕一夕荔支皆空皮核滿地琪深訝之
乃開西軒見壁上有詩曰吾儕今日會嘉賓滿酌洪鍾
酒數巡遍地狼籍不知曉荔支又是一番新荔支皆積
其下二廣人傳異之　〔通志〕莆田方愼從字惟之宋景
德二年進士守嘉州手植荔支於郡圃賦詩有留取清
陰傳子孫之句至大觀中曾孫億以殿中侍御史持節
按蜀部學嘉父老擁車誦愼從詩爲賀前言若券　原
〔容齋隨筆〕莆田荔支名品皆出天成雖以其核種之終

與其本不相類宋香之後無宋香所存者孫枝爾陳紫之後無陳紫過墻則爲小陳紫矣筆談謂焦核荔支令勿生旁枝其核自小里人謂不然此果形狀變態百出不可以理求或似龍牙或類鳳爪釵頭之可簪綠珠之旁綴是豈人力所能加哉初方氏有樹結實數千顆欲重其名以二百顆送蔡忠惠公紿以常歲所產止此公爲目之曰方家紅著之於譜印證其妄自後華實雖極繁茂逮至成熟所存者未嘗越二百遂成語讖此段已載遯齋閒覽中郡士黃處權復志其詳如此 〔增〕〔夷堅志〕崔倅仕廣州家有乳媪善爲小伎嬉戲一日抱嬰兒戲門前見有持福荔過前兒欲之不得媪曰我別有計

乃取小盒子置几上旋發視之則滿盒皆荔崔倅聞而駭異欲窮其術媪笑曰此乃神術官人試觀之拉諸其家酒坊時坊用大瓮貯酒媪跳入其中遂不見矣 〔廣異記〕福建宮譚徽之元符末出郊見一園荔支垂熟徽之採食少憩樹下朦朧中夢至一室美人盛服出迎攜手而入飲間吟云妾生原在粵閩陬六月南州始薦盤肉嫩色嬌丹鳳髓皮枯稜澀紫雞冠咽殘風味清心渴嚼破天漿沁齒寒郤憶當年妃子笑紅塵一騎過長安 〔老學庵筆記〕余深能相居福州第中有荔支初實絕大而美名曰亮功紅亮功紅者深家御書閣名也靖康中深謫建昌軍既行荔支不復實明年深歸荔支復如故乃知世間富貴人皆有陰相之者 宣和中保和殿下種荔支成實徽廟手摘以賜燕帥王安中且賜以詩曰保和殿下荔支丹文武衣冠被百蠻思與廷臣同此味紅塵飛轂過燕山 予叅成都議幕攝事漢嘉一見荔子熟時凌雲山安樂園皆盛處紆曹何預元立法曹蔡迨肩吾皆佳士相與同樂薛許昌亦嘗以成都幕府來攝郡未久罷去故其荔支詩曰歲杪監州曾見樹時新入座但聞名蓋恨不及時也每與二君誦之 張文昌成都曲云錦江近西煙水綠新雨山頭荔支熟萬里橋邊多酒家遊人愛向誰家宿此未嘗至成都者也成都無山亦無荔支蘇黃門詩云蜀中荔支生嘉州其餘

及眉半有不蓋眉之彭山縣已無荔支矣況成都乎 北方民家吉凶輒有相禮者謂之白席多鄙俚可笑韓魏公自樞密歸鄴赴一姻家禮席偶取盤中一荔支欲啗之白席遽唱言曰資政喫荔支請衆客同喫魏公憎其喋喋因置不復取白席者又曰資政惡發也請衆客放下荔支魏公爲一笑惡發猶云怒也 〔方輿勝覽〕荔支廳在戎州倅廳名曰萬朵紅又一本在尉廳一樹四柯西南一柯獨肉厚而味甘 〔鶴林玉露〕荔支明皇時一騎紅塵妃子笑者謂瀘戎産也故杜子美有憶向瀘戎摘荔支之句是時閩品未有聞至今則閩品奇妙香味皆可僕視瀘戎矣 〔三山志〕大中祥符二年歲貢荔

支乾六萬顆元豐四年增掝價本錢一百七十二緡有奇歲以銀輸左藏庫三年條次貢物如祥符之數元祐元年定爲常貢數亦如之崇寧四年增一萬三千顆大觀元年又增三千政和增貢一萬宣和於祥符數外進八萬三千四百七年損抑貢物減政和之半建炎三年罷荔支煎大中祥符二年定額一百三十瓶丁香荔支煎三十瓶元豐三年條次貢物如祥符之數元祐元年名爲常貢崇寧四年定歲貢亦如之建炎三年罷圓荔支崇寧四年定歲貢一十萬顆大觀元年增一萬宣和中增十萬六百顆七年減政和歲貢之半建炎三年罷生荔支紹興初始貢至二十四年罷宣和間以小株結

實者置瓦器中航海至闕下移植宣和殿錫二府宴賞御製有詩示羣臣時太宰余深有賜比西山藥一丸之句　詩話總龜杜牧華淸宮一詩尤膾炙人口據唐紀明皇以十月幸驪山至春卽還宮是未嘗六月在驪山也荔支盛暑方熟詞意雖美而失事實　丹鉛總錄漢武帝破南越建扶荔宮以荔支得名也此荔駢生若十八娘之類曰扶荔者亦若扶竹扶桑云　左思蜀都賦旁挺龍目側生荔支故張九齡賦荔支云雖觀上國之光而被側生之誚杜子美絶句云側生野岸及江蒲不熟丹宮滿玉壺諱荔支爲側生本之左思張九齡然以時事不欲直道也黃山谷題楊妃病齒云多食側生損

其左車則特好奇爾　原 錦湖塋談四川某州荔支一株相傳李唐時物也實甚美太眞妃最所鍾愛嘉靖中一州守伐作梳櫳數百副至今蜀人傳爲話柄　梧潯雜佩蘇長公在海外有詩云日啖荔支三百顆不妨長作嶺南人至一歲荔支不熟遂有空寓嶺表之語遐方珍果爲昔賢所愛嗜如此余以初夏至潯偶宴客見盤中有鮮荔爲之色動試嘗之乃酸澀不可入口意謂浪得名耳忽一日鬱林指揮周宜以急足馳送數百顆色香味俱絶遂得一飽啖因笑曰可無恨於瘴鄉矣　增 荔支園紀異吳人胡白能爲李平叔言其族人居姑蘇有名園當春時縱人遊賞至三月將暮芍藥盛開天氣

淸和士女羣集叔偶獨行散步至園角小亭最居幽處遙聞其上笑語讙洽就覘之見供帳甚齊數黃衣少年共飲侍女六七人顏色殊豔亟趨避之旣去百餘步竊意黃衣非士庶所服回望之已無所覩但得荔支殼十數枚其大如鵝卵芬香觸鼻袖之以歸見之非世間物也　瀟瀟齋筆談延壽紅乃宋狀元徐公鐸所手植者其樹迄今亭亭獨茂果實豐美非有力者歲不得嘗樹下有井亦徐公所鑿井中橫亘一石其泉左重右輕更爲奇異舊有龍啾樹下及井渫浸荔風味倍增蔡宅之墟卽蔡端明舊里荔樹冠附郭諸處蔡氏宗祠中綠紗一株歲不多生而色香味殊絶半或無核足稱珍品實

墩之品本是陳紫今半屬林晉伯園林余羣玉山及西巖之荔皆移植於楓亭者自謂於斯果有緣佳味不乏恐五城十二樓中樂或未易誇此也（千頃齋集）元李京雲南志土獠以採荔支販賣爲業則滇南亦有荔支也然蚤摘味酸殊不堪嚼余友鄧汝高視滇學時黔國以餉子道協所嘗啖者或以採荔之枝誤矣（徐氏筆精）宋福清翁昭文者先儒亢之從子也圃中非時生荔支其母曰豈有嘉客臨門耶頃之莆田林光朝至因名爲嘉客紅　唐鮑防襄州人天寶末舉進士時明皇詔馬遞進南海荔支七日七夜達京師防作雜感詩云五月荔支初破顏朝離象郡夕函關雁飛不到桂陽嶺馬

走皆從林邑山是知貴妃所食荔支實出南海已見劉昫唐書並防詩蔡君謨譜謂愛嗜涪州荔支歲命驛致羅景綸以爲一騎紅塵乃瀘戎之產恐悞矣（客惠紀聞）惠州荔支味酸樹亦甚少至東莞漸多漸佳五羊黑葉諸品遂與閩產伯仲耳（徐𤊹荔支譜）梁蕭惠開云南方之珍惟荔支矣其味絕美楊梅盧橘亦可投諸藩溷故東坡詩云南村諸楊北村盧直與荔支爲先驅也　浪齋便錄曰唐世進荔支貢自南方楊妃外傳以貢自南海杜詩亦云南海及炎方惟張君房以爲忠州東坡以爲涪州未得其真近閱涪州圖經及詢土人云涪州有妃子園荔支故君謨譜曰天寶中妃子尤愛嗜涪

州歲命驛致又曰洛陽取於嶺南長安來於巴蜀此實錄後人不復置喙矣　秣陵武進士孫稚明其父在日家巨富養鶴數十隻中一隻飛去七日不歸及歸口銜鮮荔支一穗共七枚迴翔而下視之皆如新摘孫召賓客子孫玩賞累日以示識者皆云此東粵荔支非閩種也然事亦奇異矣稚明爲太湖總練親與予言時稚明已八九歲亦啖一枚云（宋珏荔支譜）食荔淸福三十三事開花雨時結實風時次第熟雨初過裛露摘護持無偷摘同好至晚凉新月浴罷簪茉莉拈重碧微醉科頭箕踞佳人剝乳泉浸蜜漿解臨流對鶴樓頭聯騎出觀名品嘗遍檢譜辨核貯白磁盆懸靑筠籠著白苧掛

帳中殼堆苔上膜浮水面色香味全隔竹聞香土人忽送　又食荔黑業三十四事暴雨妬風偷兒先嘗鳥嘴啄蜂蟻蛀蒂烈日中摘斷林剝漬糖蜜無清泉點茶不喜食者在數核啖不得飽溪水浸腥醎解魚肉側殼上有迹醉飽後市販爭價說貴賤惡詠攫博懷藏主人慳鄙忌熱勸莫餐色香稍變白曬焙乾不識品核無釀法松蕾出樹杪如晨星（鄧慶寀荔支譜）蜀中荔支瀘叙之品爲上涪州次之合州又次之涪州徒以妃子園得名其實不如瀘叙耳　涪州圖經云州至長安有便路不七日可到昔宋景文作方物畧言荔支生嘉戎等州以去長安差近疑爲楊妃所取蓋不知涪有妃子園又

自有便路也按蜀志補云高都山在梁山縣北山中有古驛路乃天寶貢荔支所經也 曹蕃荔支譜狀元香宋元豐間狀元徐鐸所植楓亭薛奕文武兩魁也與鐸結秦晉因得傳其種而楓亭地宜荔彌山被野所産最盛楓亭驛荔支遂甲天下 榕城三山志烏石山宿猿洞前舊有荔支樹極佳名曰洞中紅古靈陳襄贈湛俞詩云此去蓬萊峯頂月夢魂應到荔支園 一統志荔支軒在閩縣南玉泉寺 四川志荔支灘在慶符縣北二十里崖旁多荔支 合州學士山麓昔有張氏荔支異本合幹 定誇山在叙州府西百里山坡荔支多屬廖氏黃庭堅詩廖致平家綠荔支即此山所出 廣西

志元豐間橫州大理丞梁世基宅生連理荔支神宗有御製詩賜之曰橫浦江南岸梁家間世賢一枝連理木五月荔支天 原 夔州府志萬縣西山土有絕塵龕宋郡守馬元穎嘗有開於山麓修池種蓮栽荔雜果凡數百本景物清勝爲夔路第一

集藻 狀 增 宋曾鞏福州擬貢荔支狀右臣竊以禹貢揚州厥包橘柚錫貢則百果之實列於土貢所從來已久二帝三王所未嘗易也荔支於百果爲殊絕産閩粤者比巴屬南海又爲殊絕閩粤官舍民廬與僧道士所居自階庭場圃至於山谷無不列植歲取其實不可勝計故閩粤荔支食天下其餘被於四夷而其尤殊絕者閩人著其名至三十餘種然生荔支留五七日輒壞故雖歲貢皆乾而致之然貢荔爲常品相沿已久其尤殊絕者未嘗以獻蓋東漢交趾七郡貢生荔支十里一置五里一候晝夜馳走有毒蟲猛獸之害而唐天寶之間亦自巴蜀驛致實開後心常陛下之時方以恭儉寡欲爲天下先固不可得而議及於此也至於歲貢既乾而致之然顧常品其尤殊絕者則抑於下土使田夫野叟往往屬厭而太官不得獻之於陛下陛下不得獻之於宗廟兩宮使勞人費財如此可也蓋荔支尤殊絕者固不可多致若每種歲貢數百或至于數每州不過用三五步卒使之日行兩驛固不爲勤且煩非有勞人費財之

患而修貢者不知及此此臣之所未諭也又荔支成實在六七月間雖乾而致之然新者於其甘滋猶未盡失至於經歲則所存者特其滓苴而已而每歲貢入常至冬春夫蠻夷異類贄其方物皆知用其土産之良而不敢慢今邦域之內守藩之臣効其貢職而會不知出此此臣之所以不敢安也故臣常欲至荔支成實約旁近州各擇其尤殊絕列於名品者差其多少以時上進其領於有司備燕賜之用者自如故事蓋建安貢茶自蔡襄易以小團而茶之絕特者始得獻之天子今荔支復得貢其尤者則閩粤之産選擇而充庭實者始備所以致臣之恭於其貢職此臣之官守也

啟〔增〕〔齊孔稚珪謝賜生荔支啟〕綠葉雲舒朱實星耿離
離昔聞甝甝今覩信西秖之佳珍諒東鄙之未識角鼎
興而霊華敷大火中而朱實繁灼灼丹華吐日離離繁
星著天
序〔原〕〔唐白居易荔支圖序〕荔支生巴峽間樹影團團如
帷蓋葉如桂冬青花如橘春榮實如丹夏熟朶如葡萄
核如枇杷殼如紅繒膜如紫綃瓤肉瑩白如氷雪漿液
甘酸如醴酪大畧如彼其實過之若離本枝一日而色
變二日而香變三日而味變四五日外色香味盡去矣
元和十五年夏南賓守樂天命工吏圖而書之蓋爲不
識者與識而不及一二三日者云〔宋蔡襄荔支譜序〕

荔支之於天下惟閩粵南粵巴蜀有之漢初南粵王尉
佗以之備方物於是始通中國司馬相如賦上林云荅
遝離支蓋夸言之無有是也東京交趾七郡貢生荔支
十里一置五里一堠晝夜奔騰有毒蟲猛獸之害臨武
長唐羌上書言狀和帝詔太官省之魏文帝有西域蒲
桃之比世譏其繆論豈當時南北斷隔所擬出於傳聞
耶唐天寶中妃子尤愛嗜涪州歲命驛致時之詞人多
所稱詠張九齡賦之以託意白居易刺忠州既形於詩
又圖而序之雖髣髴顏色而甘滋之勝莫能著也洛陽
取於嶺南長安來於巴蜀雖曰鮮獻而傳置之速腐爛
之餘色香味之存者亡幾矣是生荔支中國未始見之
也九齡居易雖見新實驗今之廣南州郡與夔梓之間
所出大率早熟肌肉薄而味甘酸其精好者僅比東閩
之下等是二人者亦未始遇夫眞荔支也閩中惟四郡
有之福州最多而興化軍最爲奇特泉漳時亦知名列
品雖高而寂寥無紀將尤異之物昔所未有乎蓋亦有
之而未始遇乎人也予家莆陽再臨泉福二郡十年往
還道由鄉國每得其尤者命一寫生萃集既多因而題
目以爲倡始夫以一木之實生於海瀕巖險之遠而能
名徹上京重於當世是亦有足貴者其於果品卓然第
一然性畏高寒不堪移植而又道里遼絕曾不得班盧
橘江橙之右少發光彩此所以爲之歎惜而不可不述

也〔增〕〔明徐𤒹荔支譜序〕荔支自宋蔡忠惠公譜錄而
其名益著世代既遐種類日夥騷人韻士題品漸廣然
散逸不收則予輩之失職而山林之曠典也維時朱夏
側生斯出名題於西川貢珍於南海吾閩所產實冠彼
都可謂盧橘慚香楊梅避色者矣爰倣蔡書別搆茲譜
狀四郡品目之殊陳生植制用之法旁羅事實雜采詠
題品則專取吾閩事則兼收廣蜀物匪舊存品惟今疏
深愧聞見未殫筆札荒謬博雅君子將匡掛漏之譏予
小子其何敢辭焉　〔屠本畯荔支譜序〕荔支者閩廣巴
蜀之佳果也實號珍腴樹稱長壽色味不一品類繁滋
虞夏商周旣不錫於禹貢曾何圖於王會豈非生絕徼

者難以克君之庖也自尉陀備物相如作賦以來貢盛於漢帝而交趾置嵊名傳於唐妃而涪州遣騎其後紅鹽白曬紛馳於趙宋矣明興一切報罷俾英英仙品遠跡廟廊之中灼灼靈根偃息瘴蠻之地人固有之物亦宜然本晙年在孩提從先公總憲嶺南知食而不知味年在稚齒從先公左轄閩中知味而不知品今年逾知非每覽君謨子固之書輒動三山九漈之想萬曆乙未移貳閩鹺越明年時惟朱明屆節丹荔離柯翠幄舒張見絳苞之錯落瓊瓤剖迸訝甘液之旁唐齒頰浮香肴宇競爽矣古今人啖之不足故歌詠之歌詠之不足故從而譜之於是宋蔡君謨開美於前明徐興公抉奇於

後色香味品悉爾無遺生植採製粲然大備使食者可執品以按圖閱者可披圖而索品矣自蔡公所傳名存於今十而三四徐生所增奇名異品十而六七將五百年間僅二譜焉摛藻罔難考索未易其不然歟伊余不慧飽啖是宜客有談楊梅勝於荔支者又有談龍眼可稱伯仲者不慧初啖謂客言爲然講嘗乃知耳食非真身歷爲信勒斯荔譜成一家言　黃履庚荔支譜序自宋蔡君謨纂荔支譜㩗迄今五百餘年閩品號爲奇絶古今詞人往往注頻而後譚之晉安徐興公先生更取蔡譜而廣之其櫝摭富其蒐羅博其詞采陸離予取而讀之覺流膾吻齒間液津津不能止何必箕踞樹下啖

三百顆也甬東屠田叔使君來爲吾閩農府丞稍爲考訂蔡徐通譜授梓焉余從使君署中手擘輕紅因戲語使君閩故以此姬重此姬藉與公寸管殊沾沾而生氣黃郎且檄南宮御女呼十八娘來玉珮珊珊將毋以十二峯之夢酬與公耶使君笑而頷之余獨怪靈均以騷經抒鬱瑤華佳卉舉綴穎端荔支抑何寥寥耶蓋南天獨擅造物者巧閟之以待千載剖抉譜而行之皆吾閩後先諸君子也通譜行爲絳衣之稗官爲端明之藎臣爲南部之勝事矣　曹蕃荔支譜序閩中果實推荔支爲第一卽巴蜀所產能挾一騎紅塵博妃子笑者亦未得與之雁行自蔡君謨學士著譜聲價頓起時運遞遷

種植繁衍品格變幻月盛日新閩人士爭哆口而艷談之卽永嘉之柑洞庭之楊梅宣州之栗燕地之蘋婆果似俱爲荔支壓倒曾不敢與爲伍余驟聞其說竊竊致疑遂於今歲暮春之初驅入閩中謂閩人士不佞素惡負虛聲者此來將爲荔支定品乃閩人士之言曰閩八郡延建汀邵地屬高寒時降霜霰不堪樹藝漳不及泉泉不及福興君請自試之余遂棲遲於二郡間泛蒲觴渡鵲橋踰兩月矣饕殄稍歇無非咀嚼此果津津乎其有味不敢妄肆譏彈而品遂定一日閩人士造余邸而問曰聞君曰啖三百顆曾與荔支評月旦乎余笑曰余今廼知閩人之譽言非誇也綠葉蓬蓬團團如蓋扶疏

插天赫曦若邂吾愛其樹纍纍丹實槎頭掛星晴光掩映照耀林藪吾愛其色絳囊乍剖蠙珠初驚瓊漿玉液絕勝醍醐吾愛其味濕帶露華寒凝絳雪薰風暗度疑對檀郎吾愛其香幸白長慶之敘事傳神張曲江之賦語如畫此果已掌九錫產類實非八閩唯端明蔡學士興化軍人也生長於扶荔之鄉聞見既真殿最不爽一經品題遂爾增價但今據譜牒中所載三十二品而索之陳紫江綠尠矣即彼稱中駟十亦不得二三豈其名號之鼎新抑或今昔之異態余如未及大嚼而漫曰其佳某佳幾於耳食恐寓內爭嘲吳人逦爲閩人左袒致楊家果臧色余滋愧矣遂偕梟會嘗試其風味者二十

餘種自稱荔支小乘云

〔宋〕珏荔支譜序荔支之於果仙也佛也實無一物得擬者江瑤柱河豚魚既非其倫塞蒲桃楊家果不堪作奴矣歐陽永叔比之牡丹亦覩焉之見耳譬於月以爲鉤爲鏡爲珪皆第二月非月體也蔡君謨亦云其味之至不可得而狀也夫不可得而狀乃深於荔支者矣荔支之在天下以閩四郡爲最四郡以興化爲最興化又以楓亭爲最此人所知者也然不盡然黑葉之入釀未可以粵產輕之莆城外若東埔若霞墩實有可鄒邑視楓亭者人不辨耳余生於莆既幸與此果遇且天賦啖量能日啖一二千顆値熟時自初盛至中晚腹中無慮藏十餘萬而喜別品喜撿譜始以泉浸繼以漿解磁盆筠籠一物不具則寧不啖蘇子瞻云日啖荔支三百顆不妨長作嶺南人又曰我生涉世本爲口南來萬里眞良圖語雖激亦有味乎言也況余每歲婆娑樹下有十餘萬在腹中又何嫌蠖屈海陬也哉既私喜於荔癖獨擅果然之餘不能自秘自蔡譜及徐氏譜外別著食譜三百餘條未暇詮次適道協以新刻見示因傳之以廣同好亦玉照堂梅品遺意也

鄧慶寀荔支通譜序荔支一物種類實繁君謨摘辭簡古列品明備興公採集羣書爭奇挺勝合此二譜誠難贊言不揣末學輒爲蛇足者亦有說焉一以君謨墨本與印本之頗異也二以各郡聲稱之不一也三以興公

蒐採之未盡也四以詩家錫名之未安也五以嶺南品第之當定也六以古人比擬之實遠也七以晝手寫生之失眞也輒抒所聞聊爲博笑其佐議未敢緘徐砭蔡若集錄或可步王踵張云爾

〔林〕古度荔支通譜序荔支一果有天地以來則有之乃至漢唐宋諸名賢始以賦詠譜錄表著其名品可見物之遭遇亦自有時也我明徐興公繼蔡忠惠譜宋比玉曹介人復爲小譜今鄧道協又合英啟信爲通譜荔支可謂有郛巳矣夫一果而能名實相稱使千載後人人爭爲表著若此豈無故哉即揚貴妃一婦人女子倘廿是物而名爲之益彰自唐以後之譜荔者賦詠荔者又莫不借貴妃以爲故實

道協通譜尤以漢唐宋明人詞賦詩文爲後觀覽予得
作其摭採評訂之勤郎戔戔賦詠亦獲附明人作者之
末抑何厚幸因歎士人之知遇何異荔子遭逢第患實
不副名耳士之才華人品苟能如荔之色香味俱佳未
有不若相如之逢狗監芷倘樹名於外而鮮實於內徒
與草木同腐朽而已不深媿此木實乎因序荔譜而並
以務實爲自勉焉

說〔增〕明周宦荔陰說昔嘗讀蒙泉翁論著曰荔支流品
僅可與北之蒲萄比南人不以爲然葢護短也噫翁之
意微矣夫荔爲果以實重陰不與焉紅綃紫綃龍牙鳳
爪之夸詡先後篇牘雖東坡老人於流離遷謫之際猶

以日啖三百顆爲言若不知其詞之饞焉噫美則美矣
亦南方植物之珍耳一騎紅塵千載而下非但人病之
荔亦自病之矣翁前守也安知其意不出於此哉長柯
密葉敷蔭席地日交之而翠陰成月交之而金影碎風
雪交之不疎不凋荔之陰葢與徂之松建之榕吳楚之
豫章同德而比義者也北人不及知南人有之而不必
盡知也

佩文齋廣羣芳譜卷第六十

佩文齋廣羣芳譜卷第六十一

果譜

荔支二

集藻〔傳〕〔增〕明王褒洪離傳洪離字成林蜀人也鼻祖儷
生顯於漢厥後種落散處閩中爲盛離生而形狀特異
鵠首鶴頂牛心虎皮爲人華而實確而質內含章美津
津可尚以故識與不識咸稱譽之唐天寶間天子聞其
名采而致之使者冠蓋交於道猶慮其來之緩也特設
驛傳以迎焉既至同盆成子盧木侯上謁時盛暑上坐
沉香亭趣而入上笑曰聞卿名有年矣卿來能啓沃朕
心乎離從容稽首曰臣遠方賤士也自謂深根固蔕山

林間足矣明以先容獲薦左右然臣起遐陬酸寒鄙陋
恐見罪不敢忝居喉舌之位上撫之再四曰名不虛也
特命釋褐肌膚潔白上曰玉色英英照人中何物也離
俯首對曰特一赤心報陛下耳上大悅錫爵紅陽侯奉
朝請賜予數名對無虛日後宮貴人邀而食之開懷欵
會適其意而後已久之執法大臣謂離亦能裨益治體
何往來屑屑不憚煩也請罷之上用其言由是疏焉後
終於蜀孫枝入閩奕葉繁衍遂爲巨族有一派居嶺南
皆未若閩之大著耳〔謝肇淛江妃傳〕江妃者唐玄宗
皇帝侍妃也小名綠玉其先世家於南越漢武帝時有
劉生女隨尉陀入貢帝見其美愛幸之爲築離宮居處

餘無子寵衰閭陳夫人以相如賦復幸亦奉金鐘千求
相如作賦賦上不見省卒幽長門中然家世產好女子
和帝時詔歲貢采女以備掖庭後用唐羌言罷之妃以
開元中生母方娠時夢繁星纍纍從天下已取吞之覺
而命筮得離之頤曰銜珠黃鵠生芻一束去其國三歲
不復是女也而艷必大其宗果以季夏之望生妃及長
有殊色肌理膩白如玉無少疵纇體有異香好製紅綃
爲襦蹙縠若粟褶以碧彩豐膚內映益增其妍然常自
匿翠幄中市里罕見其面時貴妃楊氏寵冠椒房而妃
有姊采蘋先入宮得侍帝從容言其女弟鮮妓欲以傾
貴妃帝聞心動而先是左丞相張九齡又盛稱妃之美

不容口遂遣中使乘傳遽召妃促者絡繹於道以天寶
五載六月下旬得幸於華清宮帝大悅制曰朕味道渴
賢采華茹實博羅儁哲之媛以佐蘋藻之馨蓋有年矣
才人江氏德惟邁種姿擅凝脂國色天香沁吳宮之芬
水冰心雪質奪漢掌之金莖今遣大將軍高力士持節
冊封淑妃位貴妃次於戲玉食萬方予豈有愛於喉舌
小星三五爾益自固其衾裯食哉以時無廢朕命自是
寵遇日隆每食未嘗不侍側然妃小有智數時時以甘
言自媚於貴妃浸入肺腑得其驩心貴妃不嫉也一日
上與貴妃坐沉香亭擁妃於側時方盛暑上有消渴疾
道士羅公遠以術致江陵柑百顆西京州進葡萄數百

斛上謂左右曰爭如我江家並帶瓊漿風味乎然妃終
逼於貴妃不自安常以顏色非故求自疏遠每歲僅一
再見上上變益渥併賜采蘋號梅妃寵與貴妃埒三人
各自矜其色宮人或微問帝帝曰江家妃神仙中人也
楊梅尚不堪作奴貴妃采蘋聞之大怒以事捃摭妃暴
烈日中又加炮烙曰使老嫗黧面聞者傷之後左拾遺
杜甫紫微舍人杜牧忠州刺史白居易皆有詩弔妃妃
既敗竄其族於閩廣間然子孫猶美麗稱江家種以比
昭君村云　〔徐燧絳囊生傳〕絳囊生者名丹別字太白
其先祝融氏以火德王都南離子孫纍纍散處閩越南
粵巴蜀間遂以離爲姓生其苗裔也生少有異質顏如

渥丹肌肉豐瑩性復甘美雖中若刻核而外多模稜未
嘗有所譏刺人有昏過生者任其指摘生但赬然垂首
而已與人交一膜之內洞見肺腑故見者莫不津津漢
初時天子求海國異才南粵王尉佗以生入貢十里一
置五里一堠得達京師武帝徵於上林問生於司馬相
如相如曰其才在盧郎楊子間甚稱上旨相如故蜀產
雅習生乃以盧楊並稱時論屈之元鼎六年帝建離宮
處生其中生素長南方北地苦寒雖沾渥恩顏色枯瘁
一旦以計自脫守吏坐誅者數十人生毋歲朝京師所
過有司供具甚費臨武長唐羌謂生縻濫廩祿無益於
大官請罷之上可其奏生既落職遂學玉液還丹之術

衣朱衣肘後常繫絳囊貯金莖露往來於七閩兩廣夔梓之地人皆稱爲絳囊生云唐天寳中楊貴妃聞其名欲致之時生方結廬於蜀之涪州許擁傳上謁生以一騎馳至顏色自若妃召見沉香亭賜緋一襲丞相曲江張九齡作賦贈生名益顯其後車駕幸蜀生亦遁去襄陽人杜甫避難蜀中其所吟詠多及生元和中太傅白居易出守南賓時與生爲臭味交以生美容止命工史繪像爲詩贊之亦嘗一惜齒牙生族類既繁而閩中尤盛宋端明殿學士蔡襄爲作譜牒敘其本枝奕葉甚詳南豐曾鞏知福州爲修實錄以爲有遺穉之德有側生女弟十八娘者容色殊絕與閩王審知少女以紅妝相

艷貌與生肖生晚得道常挾黃頭奴號旁挺者先後婆娑於林藪間其後大丹既成遺棄軀殼尸解以去不知所終太史公曰余讀列仙傳及仙人本草皆稱生能蠲渴補髓有功於人非虛語也黃巢之亂幾膏斧鑕以老嫗抱泣卒全其天年幸矣端明迄今五百餘載譜牒缺畧然子孫在閩中以朱紫起家者不可勝數語曰桃李不言下自成蹊吾於生亦云　〔黃履康〕十八娘傳十八娘者開元帝侍兒也姓支名絳玉字曰麗華行十八吾郡人其先若木氏之苗裔子孫散處閩中其居嶺南若交州若瀘戎又其別支也春秋不甚顯漢時族始有聞趙曰丹嘗佐漢國東海後又以丹爲氏永元中有從交

州聘入宮者以臨武長唐羌言而止傳至唐開元間族益茂其母綠陰氏夢繁星離離墜於懷卜云當得女而麗至夏季姬生膚如冰玉色深紅而體微細長嘉者絳羅襦內裼以輕紅綃袷懸水晶環光如瑩當玄宗時楊太眞與江采蘋并寵擅掖庭一日采蘋侍從容言妾里中十八娘者色麗甚帝心動而太眞亦雅艷慕之置騎傳勅中使趣召姬日行千餘里姬去家久心搖搖如懸旌貌亦稍減前而風態猶存姬至帝方擁太眞觀蓮太液池郎召見光采襲人以水晶盤貯水命姬捧進色與水晶相掩映帝與太眞置膝上撫弄移時顧姬笑曰如此風韻不傾城耶姬口極甘善媚人太眞妒諸姬侍莫

敢進獨與姬歡無厭紫薇舍人聞而嘲之世所傳一騎紅塵妃子笑者指姬也宋端明學士蔡君謨姬里中人爲姬家著譜私謚姬爲絳衣仙子姬姊姪十有二而宋香者陳紫者江綠者皆以色澤著又有居火齋山者爲人寒酸其風韻不及姬遠甚外史氏檢唐書野記得姬事呼毛穎生載之

記〔增〕〔明曹學佺石倉園荔支閣記〕荔支閣介於雙樹樹因有垣繚之而枝葉扶疎特出垣外作蚪龍勢競舞而飲水閣去其梯借徑於菴之別室以梯以橋皆因於樹樹有欹側處人行蹲而避之坐露臺如在綠幄中荔子熟時朱實離離可掇而食不煩假手於攀摘矣　〔謝杰

荔支名記荔支者果之牡丹也牡丹盛洛下洛人士珍而譜之荔獨盛閩譜可闕士闕哉鶉火之次炎歊載颺滄澥寥廓丹粟在望窟窣耿耿懷之好音其詞曰荔有植而豔瑩而腴甘潤歡香得一可勝百者狀元紅也圓若膚簇若稜錦膚而蜜腹百二什二稱東西秦者勝畫也邑澤匪殊風格微減菲驪中原二乘先登而肩隨者中觀也石中棘表其胒肩肩然穉漿儁頴𡕣爾逸羣別格甄奇不緣貌勝者桂林也砂䃴玉理既擢且修跂予望之嬌若蒲牢在簴者金鐘也蛾眉淡横素馨清婉丹鉛深謝故增妍憐者滿林香也深碧淺紫獨兼二妙風韻彌嘉邀焉寡儔者勝江陳也海山先而酢山枝纖而

遲比之羣玉瞠乎後塵第鵲蛋蜜香歲寒獨秀海山先芳開我後人搜奇君子是之取爾彼碌碌餘子者何以稱焉嗟乎元紅勝書涅槃之宗色相遥與咸得正果山枝小乘猶隸法門海山無奇實沿衣鉢譜而次之儷於花王非過也

尺牘 增 〔宋蔡襄與七哥制幹〕熱甚不審尊體起居何如園中荔子新熟分奉四百枚今歲楓亭熟皆晚候有佳品當特獻耳 〔送荔支與昭文相公〕襄再拜宿來伏惟台候起居萬福閩中荔枝唯陳家紫號爲第一輙獻左右以伸野芹之誠幸賜收納謹奉手狀上聞不宣 〔歐陽修與蔡端明〕遂爾大暄不審氣體何似前日瞻企荔支圖已令崔慤傳寫自是一段佳事 〔蘇軾與歐陽知晦〕今歲荔子不熟土産早者既酸且少而增城晚者絶不至方有空寓嶺表之歎忽信使至坐有五客人食百枚飽外又以歸遺皆云其香如陳家紫但差小耳二廣未有此異哉異哉又使人健行八百枚無一損者此尤異也 〔黄庭堅答安撫王補之〕寄餘甘荔子極荷遠意之重荔子雖肉薄甘味亦勝黔中細事憫高明辱垂意周旋曷勝愧感 〔再答王補之〕某所作荔支湯擘生荔支肉別貯其自然汁以水解白沙蜜漸入和合令味相得即并荔支肉上火煑減半以養合貯之計容數人一勺又令入湯小半盞煎沸用紗囊盛龍腦先撲熱盞乃

注湯謾錄上 〔與曹使君伯達〕某再拜啓伏承手誨分惠荔子色香動人眼鼻誠與山煙溪露俱來乃知夔峽荔支已勝嶺南珍重眷與之意無以爲喻 〔明王穉登答王侍御懋復〕用貽誇荔子之美甚盛欲以楊梅敵之乃施使君書云吳兒但解噉朱櫻不夏蟲我乎一騎紅塵何足驕異時僕得就公案頭日啖三百顆當決楚漢雌雄矣 〔答施觀察〕荔子之惠太黟名客噉之皆爲楊梅左袒詹餘君稍誇樹下時風味差勝然人要不相河漢如公云櫻挑者安敢當是欲射千而類芷耶 〔鄧慶宗與黄海鶴〕徐譜謂常選鮮紅者於竹林中擇巨竹鑿開一竅置荔子節中仍以竹籜裹泥固封其隙藉竹

生氣滋潤可藏至冬春色香不變此語頗異閩中不
好事未嘗見有鮮果至春時也記得阮堅之司理閩日
令人以棕包郡庭荔子至冬開視則已枯落作臭夫物
至熟時則已帶落安得久視況此至貴之物能以人力
奪之耶徐譜神其說更啓後世之惑〔徐𤊹與鄧道協
足下謂僕藏生荔支於巨竹中神其說啓後世之惑此
非僕之臆說也三山元宵最盛而神廟中各出珍奇生
荔留至春時往往目擊之家兄元夕詞有云閩山廟裏
賽靈神水陸珍羞滿案陳最愛鮮紅盤上果荔支如錦
色猶新此一證也足下居與閩山最近試詢之鄉長老
則知吾言之不誣矣

題跋〔增〕宋歐陽修書荔支譜後善爲物理之論者曰天
地任物之自然物生有常理斯之謂至神圓方刻畫不
以智造而力給然千狀萬態各極其巧以成其形可謂
任之自然矣而其醜好精麤壽夭多少皆有常分不有
尸之孰爲之限數由是言之又若有爲之者是皆不可
詰於有無之間故謂之神也牡丹花之絕而無甘實荔
支果之絕而非名花昔樂天有感於二物矣是孰尸其
賦予邪然斯二者惟不兼萬物之美故各得極其精此
於造化不可知而推之至理宜如此也予少遊洛陽花
之盛處也因爲牡丹作記君謨閩人也故能識荔支而
譜之因念昔人嘗有感於二物而吾二人者適各得其

一之詳故聊書其所以然而以附君謨譜之末〔元張
師夔題荔支圖後〕至正癸卯燕會於宋氏之庭庭有古
荔樹擅名宋香者世傳舊屬王氏黃巢兵過欲斧薪之
王媼抱樹號泣賊憫之斫樹一斧而止荔子迄今核有
斧痕蔡端明亦譜其畧時之相去五百餘年樹益向榮
根本蟠踞層陰蔽虧蔡政公移席其下慷慨懷古酹以
卮酒俾予摹寫詠歌之以紀良集〔明林環題荔支圖
後〕莆中名產稱荔支爲殊品而荔支之尤者惟陳紫宋
香爲特盛蔡公譜乘謂陳紫種出宋氏則宋香較之陳
紫又其尤也樹距作譜時已三百禩迄今又不知幾代
洪武間相繼奪於戎衛之官宋子孫不克復者二十餘

載迨永樂初年始返業於宋宋君文用者驟復而喜已
又戚然懼其復失也一日持蔡端明墨蹟及張氏師夔
所作畫圖來徵記於余永樂乙未嘉平月書
雜著〔增〕明徐𤊹紅雲社約清異錄云劉鋹每年於荔支
熟時設紅雲宴余恒想其風致吾閩荔子甲於嶺南巴
蜀今歲雨暘時若荔子花頭甚繁樹梢結果纍纍欲紅
自夏至以及中秋隨早晚有佳品今約諸君餐荔支會
善啖者許入不嗜食者請勿相溷先定勝地名品以告
同志平遠臺法雲寺白蜜二樹異品也必先半月向主
僧買其樹熟時往食本宗上人主之西禪中冠甲於城
內外馬恭敏賜葬之所極繁極美馬季聲主之尚榦滿

林香香倍衆品唯林氏有二三五樹非至親往求不得入城陳伯孺所居與林氏至近伯孺主之磨盤大如雞子高景倩東山別業有此種今歲生尤繁盛景倩主之鳳岡中冠爲福州第一品必至其地始得遐食但路隔一水非舟楫莫至謝在杭主之勝畫出長樂六都更有一種雞引子亦出六都同時而出在杭長樂産也再主之綠玉齋前新植一株楓亭種也今歲結實不甚多食畢足以他品余主之楓亭荔子名甲天下核小香濃一日一夜可達會城色香味未變周喬卿莆人也主之桂林一種味極甘美凌晨皆於萬壽橋貨鬻間有挑入城者吳元化鄭孟麟主之會只七八人太多則語喧荔約二

千顆太少則不飽會設清酒白飯苦茗及肴核數器而已不得沉湎濫觴混淆腸胃每會必覓清凉之地分題賦詩盡一日之遊願同志者守之 謝肇淛紅雲續約

余自壬辰離閩丙午始返十有五年未獲噉故園荔子每一思之常津津齒咽間也迨丁未夏無荔卽有一二僅慰足音未能果腹越歲戊申荔始大有年而社中諸子鱗次比集因思晉安此品甲於宇內幸而生長其地又幸而十七載始逢其熟也河清難俟髮且種種明年之馬首北矣可虛此日月乎於是社中諸子唱爲餐荔會而不佞復條所未盡者如左以與同志者共守焉一初出市則新香可愛勿嫌味酸勿憚價貴當集同志一噉以開勝會之端一正滿市則光景難虛勿畏性熱勿憚會頻當連數日共噉以極行樂之趣一將罷市則殘紅可惜勿厭冷落勿憚搜尋當倒筐筥盡噉以成美事之終一譜志記載甚多會城種類有限沿街擔負皆園林採拾之餘村落家藏多耳目罕見之種跬步所限終無染指之期一品未收已有遺珠之嘆凡我同志幸悉鄙懷或奇植異名傳乘弗載或家傳手蒔羔鴈所遺毋論遠近各採數顆以廣異聞兼闡幽鬱 宋珏雜紀

余刻荔支食譜成卽治越裝三月十五日也親朋相送北郭指荔子丹爲歸期與妻孥別亦曰墻東一樹留以待我若東埔陳紫二樹余每歲得飽噉者陳六郎書至謂

予未歸吾東西樹不摘也無端留滯柘浦至六月既望舟始泊姑蔑城下先一日爲寶陀大士現辰莆俗家有荔樹者届辰盡摘供養卽在村落亦必滿擔入城雖霞紫楓亭東埔諸名品未盡熟然供養之餘因而飽噉者蓋多至廿日外諸名種次第堪摘過此則松雷出千樹如晨星矣是一年得噉荔子者自五月晦前後造七月初旬僅可四十日耳無端客姑蔑復十餘日翹首故園數樹如白榆之在天上毎與同行翁君譚及輒夜分不能寐翁曰休矣如此說食還能飽否明日傳其語於孫不伐不伐新都人問荔支之狀何若余曰難言也子不讀君謨譜乎亦曰殼薄而平瓤厚而瑩剖之凝如水精

食之消如絳雪又曰暑雨初霽晚日照耀綠葉絳囊鮮明掩映數里之間焜如星火非名畫之可得而精思之可述然居易常爲之圖君謨亦令崔慤寫生無已吾亦貌陳紫宋香以示君於是舟中無事東坡所謂指如懸搥者每畫一枚孫生拍掌大叱以爲奇翁亦從傍嘆贊云咄咄逼眞余笑謂翁如此饑者亦復飽人耶於是且寫且畫共得四十五枚色澤膚理與生無別但不能有香味耳因憶壬寅夏日客建州僧舍亦不得歸噉荔支偶見新安程孟陽墨寫荔支間以素馨數朶一面書殷司馬坐上飲荔支酒歌畫雖不類而歌奇古有韻堪爲荔酒傳神且能以素馨相掩映此其人豈尋常也哉予

憐其意口占一歌附方求仲往今七年矣不知此扇已達孟陽及孟陽見歌以爲何如也今既寫圖并錄雜詩於左庶幾歸見親朋妻孥藉以解嘲或張之東埔樹下與六郎快讀一過不至穆文相譏〈荔社約〉生閩海者未必皆見此果得見此果熟時得啖啖又得飽飽又得偏嘗名品此直探驪人之寶入齊奴之室恣取其徑寸晶珠盈丈珊瑚以歸不吝易也此吳越好事一聞生荔支者以耳爲目復以耳爲口涎垂至蹠思褰裳濡足而無從也然世不乏好奇客竟未有越千里百里爲荔支而至者乃七人耳目所慣恬不知寶晶珠珊瑚視與甘桃甜李無異余故有濤福黑業之喻里中同好既稀食量亦罕每欲招數友結爲一社如蓮社梅社之類亦復參差不果暮春方次道見過余預及之次道喜曰吾去夏客雲間苦憶此物今當不輕放過遂於六月六日先集林謙伯受伯之雀園約曰一舉至荔謝而止夫以希有靈異之物而能珍惜之留護之結以同趣集以嘉辰幕以濃陰浴以冷泉披以快風照以凉月和以重碧解以寒漿徵以往牒紀以新詞雖跡溷塵壤而景界仙都身坐火城而神遊冰谷寧獨吳越好事遙想不得即曰儔驛紫綃於南賓蘇翁薦蚪珠於嶺表亦第無佛稱尊不能與我輩作敵明矣

頌【增】明韓上桂荔支頌并序果之美者曰荔支余友鄧

道協所著通譜詳矣往時閩粵各矜其勝余謂茲果何必此兩鄉即瀘戎間固儼然稱南面孤也因憶白香山評語而爲之頌頌曰歷稽羣植疇據奇觀果推香荔花後牡丹或憎炎熱或苦凝寒弗易厥性惟土是安牡丹新聞荔亦晚出風雅罕傳騷篇恨逸迨漢迄唐二物吐色丹賞其葩荔珍其實余長荒嶠未審姚黃撫斯玩斯特嗜瓊漿花僅肩玉果乃稱王星羅霞布蓋擁幬張入掌珠瑩漬牙雪釋乍嚼怡神飽餐資液香味兼妍姿顏最惜櫛比駢聯充盤映席種先南海次數增城龍牙犀角瓌瑋咸矜遙聞陳紫閩福尤名一經如笑瀘產爲輕扶荔宮崇側生賦重吾鄉九齡雄詞競諷亦有君謨譜

分伯仲道協後輿搜羅靡縱既操令品載省豪奴將離
旁挺後勁寧孤天然作對白老匪誣置華旌實猶歉盛
且 〔襲之辯荔支頌〕世珍鮮荔曰色味香五日盡去遠
曷能詳賴蚪卵解白鳳膏結裝車輿船筴聞芳澤爰考
載籍邈厥本始時損其膚未喧其美二紀而實功成合
抱冬夏青青松柏之操火德離明蟲不敢近待人而採
薑桂之性熱私其鄉根不踰域含章可貞匪枳其橘遷
樹而鮑亦得美蔭清和宜人蕉風竹韻旨曰圖爾比江
瑤柱想格之高豈惟甘故饞者所嗜蝤蠐誶雪詎知徹
酸偏滋禪悅濾戎下品猶津亥妃匊伊烏石殊族呈奇
嬙施之慕能不企而凡可以食鮮可以酒祿兮流液紅

乎吾友誰其致之酌以大斗
賦〔原〕〔漢王逸荔支賦〕暖若朝雲之興森如橫天之彗湛
若大厦之容鬱如峻岳之勢修榦紛錯綠葉蓁蓁灼灼
若朝霞之映日離離若繁星之著天皮似丹罽膚如明
璫潤侔和璧奇踰五黃仰歎麗表俯嘗嘉味口含甘液
腹受芳氣兼五滋而無常主不知百和之所出卓絕類
而無儔超衆果而獨貴 〔唐張九齡荔支賦有序〕南海
郡出荔支焉每至季夏其實乃熟狀甚瓌詭味特甘滋
百果之中無一可比余往在西掖嘗盛稱之諸公莫之
知而固未之信唯舍人彭城劉侯弱年邀累經屆南海
一聞斯談倍復嘉歎以為甘旨之極也又謂龍眼凡果

而與荔支齊名魏文帝方引蒲萄及龍眼相比是時二
方不通傳聞之大謬也每相顧閒議欲為賦述世務卒
卒此志莫就及理郡暇日追敘往心夫物以不知而輕
味以無味而疑遠不可驗終焉永屈況士有未效之用
而身在無譽之間苟無深知與彼亦何異也因導揚其
實遂作此賦云果之美者厥有荔支雖受氣於震方實
稟精於火離乃作酸於此裔爰負陽以從宜蒙休和之
所播涉寒暑而匪虧下合圍以擢本傍蔭畝而抱規紫
文絣理黛葉緗枝蓊鬱而霮䨴環合而䕺雜如蓋之張
如帷之垂雲烝沃若孔翠於斯靈根所盤不高不卑陋
下澤之沮洳惡層崖之嶮巇彼前志之或妄何側生之

見疵爾其勾芒在辰凱風入律肇氣含滋芬敷謐溢綠
穗靡靡青英蕤蕤不豐其華但旨其實如有意乎敦本
故微文而妙質蘀蒻房而攢萃皮龍鱗以駢比膚玉英
而含津色江蘺以吐日朱苞剖明瑤出炯然數寸猶不
可匹未玉齒而殆銷雖瓊漿而可軼彼衆味之有五此
甘滋之不一伊醇淑之無準非精言之能悉聞者歎而
竦企見者訝而驚佗心恚可以蠲忿口爽可以忘疾且
欲神於醴露何比數於甘橘援蒲萄以見擬亦古人之
深失若乃華軒洞開嘉賓四會時當燠煜客或煩憒而
斯果在焉莫不心侈而體泰信瑚盤之仙液實玳筵之
綺績有終食於累百愈益氣而理內故無厭於所甘雖

不食而必愛沉李美而莫取浮瓜甘而自退豈一座之所榮冠四時而爲最夫其貴可以薦宗廟珍可以羞王公亭十里而莫致門九重兮曷通山五嶠兮白雲江千里兮靑楓何斯美之獨遠嗟爾命之不逢每被銷於凡口罕獲知於貴躬柿何稱乎梨侯梨何幸乎張公亦因地之所遇孰能辨乎其中哉

【賦】宋李綱荔支賦并序

張曲江嘗賦荔支美則美矣然未盡善也余來閩中始得食其生者因感而賦之其辭曰伊天地之大美種火德於炎方結荔支之嘉實稟純氣於至陽含滋潤於雨露萃嚴凝於雪霜翠葉素榮縹蔕丹房膚如龍鱗顆如裹囊絳綃爲殼白玉爲瓤液貯甘露核藏丁香醞難言

之妙味吐自然之淸香此荔支之大略也全而觀之亘如丹鳳之方卵而未離破而窺之瑩如老蚌之既剖而見珠撥而出之粲如嬌嬈褪紅裳而露玉膚咀而嚼之靑如瓊醴吸沆瀣而羞醍醐淡辯莫及丹靑難圖百果退避孰敢爭腴至如厥包橘柚先薦含桃嶺表龍眼西域蒲萄邑沮情息遜美推高矧夫剝棗浮瓜來禽靑李張公大谷之梨梁侯烏椑之柿曾何足以比萬分之一二哉秋夏之交蒸暑歊然畏景馳至薰風入紘著花結實耀日合標一望萬株列於名園璀璨熒煌若繁星之麗天一食千顆置之華筵勻圓磊落若火齊之堆盤濫甘芳於齒頰貫元氣於丹田宿醒可解沈痾可痊若夫色味與香變於三日曝之爲乾漬之以蜜泛鯨海之巨航入金張之要室譬之神藥致仕人之尸千金市駿馬之骨氣格精神初不得其髣髴也昔者曲江嘗爲之賦寓意卒章惜其不遇殊不知草木之性各安其土玩物喪志亦所不取開元之末妃子最憐萬里驛致來自蜀川死百馬於山谷望一騎而嫣然荔支則遇而天下病焉爰有狷介之士負罪遠謫適丁其時偶得而食不煩傳送之勞以資口腹之適快平生之素願飽珍味而無歎正猶衛懿不可以好鶴而幽人得之適所以增其逸阮籍之徒得全於酒而羲和湎淫乃廢時而亂日且食荔支此非我力

荔支後賦并序

宣和己亥歲余謫官

沙陽次年夏始食荔支嘗爲之賦後十二年歲在辛亥寓居長樂於今又四夏矣備嘗佳品究見荔支本末作後賦以訂之其辭曰客謂梁谿病叟曰玉局翁以荔支比江瑤柱與河豚豈其然乎病叟曰否擬人必於其倫惟物亦爾彼河豚與瑤柱在海物而推美厥臭惟腥厥狀惟詭藉薑桂之餘滋薦樽罍之芳旨快一嚼而稱珍非鼎俎之正味何足以得荔支之髣髴也惟此荔支產於炎方綠蔕團團丹實煌煌香吐芝蘭液凝瓊漿色味兼美自然芬芳宛如佳人麗服靚妝冰肌玉骨錦衣繡裳又如明珠包裹絳囊煥彩外耀皓質內光其品則有陳紫方紅江綠宋香細若雞舌皺若琥黃虎皮斕斑龍

牙銳長蚶殼匾仄玳瑁文章皺玉豐膚星毬照江千類萬族不可殫詳夫豈瑤柱河豚之所能比方也客曰然則何物可以擬之病叟曰建溪臘茗仙草之英採掇以時製作惟精蒼璧忽破素塵乍驚甌洗霏霏之乳花湯候颼颼之松聲滌煩蠲渴愈病析酲此亦天下之至味也洛陽牡丹百卉之王鶴白鞓紅魏紫姚黃嫣然國色郁乎天香豔玉欄之流霞列錦幄之明釭價重千金冠乎椒房此亦天下之至色也相彼二物標格高奇名雖一槩種有多岐挈長度羨可並荔支永叔君謨序而譜之如三國之鼎峙各擅據於一隅角力爭勝未可以決其雄雌也客曰臘茗牡丹則吾旣得聞命矣敢問百果

之中孰與爲比魏帝方之蒲萄唐人推於綠李亦有謂乎病叟曰荔支之生厥土惟三西則巴蜀連亘嶠南肉薄漿多酸而不甘與閩粵之所産殆不可同日而談也漢貢南海唐驛西川皆荔支之下駟乃並騖於中原當時所見得其粗焉宜乎品藻之失而議論之偏試使閩粵者進則二果慙恧將遜美以推先而况其凡乎若夫洞庭之柑飄凝玉雪清香潠手累日不歇茗雪之芡實侔珠璣咀嚼不倦玉池生肥思其芡焉亦皆荔支之亞匹也然柑可食而不可多芡療飢而不療渴惟食多之益薪與飢渴之兼解微荔支吾誰與歸方將休影息蹤遺物離人倒冠落佩買山灌園植千種之陸離擇萬顆之勻圓上滋絳宮下灌丹田怡性養壽超然自得以盡吾之天年子能棄世事而從我遊乎客默然慙遜巡而辭退　范成大荔支賦并序紹興丙子夏有自行都餉貢餘新荔子者坐客稱歎窮山所未嘗有呼酒更酌鼓琴以侑之且爲之賦時爲新安掾吾聞南國之南水激而山蟠鍾具美於一物緊化工之所難擱絳綃以袪服襲蒨桃而中單湛冰明之漼漼粲玉粒之團團蓊生香之令芳泫仙液於微瀾走候置其萬里上玉宸與金鑾顧人間之流落纔千衾之一篚餉江南之病客索孤笑於犖嵩斥蜂蜜之黃膩謝佛桑之紅乾覺龍目之么麼哈蒲萄之甘酸藉以秋雲之巾薦以水晶之盤羞以燒

春之浮醅相以流水之清彈迨風月之溼麗耿星河其未翻予一嚼而三嚥豔玉池之清寒恍醉夢之劉飛掖九天之風翰望涪江與閩嶺麾八極於雷斛方冥濛其路暗儵浩蕩其天寬岌芳宮與繡戶窈玉聲之闌珊款荔支之仙人若平生之所歡謂客子其少留紛擘綠而破丹招王環於東虛御清空之雙鸞訪長生之舊曲有千載之遺歎悵三山之回風驚南斗之闌干亂梧竹之滿庭渺雲海之漫漫　明胡宗華荔子賦登尉陀之荒臺過無諸之故墟覽山川之奇勝覩草木之瓌殊緋桃朱柿之焜煌江橙盧橘之榮敷或叢生於炎麓或秀發於海區名與味兮駢美香與色兮洵都信南方之異果

或可貢於帝居惟荔子之佳品實中國之所無宜馳名於君謨之譜而見序於居易之圖也觀其氣受東震精稟南離陽明內蘊華采外施蟠蒼根於深固抱海氣之淋漓枝凝緗兮支暢葉染黛兮葳蕤遠而望兮如擎天之高蓋邇而矚兮若疊翠之重帷火流大地兮而清寒襲予霜凝絕壑兮而堅剛匪虧材孔大而合抱蔭低垂而從規揚芳聲於海嶼延清景於亭池寶之者無斧斤之及憩之者如雲庇之垂以側生而見毀何或者之罔知當其暴雨既霽凱風徽涼花霏霏兮綴密穗實靡靡兮垂青房如韞光以自斂迨有積而後彰林鍾戒辰心星正陽膚凝脂兮皺殼肌斂玉兮含漿如英華之既發

雖欲揜而難藏爛如彤雲之合歘如彩鳳之翔熚然疑火珠萬斛照金烏而晝見燴然訝神丹九轉射玄圃而流光堆於雕鳳之盤薦於晝錦之堂擘輕綃之絳膜吐明月之圓璫脣未沾而先嗑口既漱而尤香具甘滋之正味食雖饕而靡傷可以充席珍而娛賓客之奉可以薦籩實而格神祖之洋洋彼擬倫於甘橘徒以甜酸而見齒或比議於蒲萄信其謬說之荒唐也惜乎生於炎海之濱植於遐異之方去京華兮萬里瞻天門兮堂堂柳夾道兮江路遙桂倚巖兮天風長固末繇廁宸楓之列尚何能邊班筍之傍緊登薦之有時宜株守以自藏與娟妃嬪之笑兮寧培根枝於深固也與踏飛塵之騎兮寧分清蔭於草堂也務植德以滋身願托根於南荒沐雨露之嘉澤爛雲霞以成章隨榮瘁之所遇固生成於玄黃幸弗淪於凡草同腐滅於飛霜庶留名於譜牒垂百世而流芳（蔣德璟荔支賦）若夫金櫻栗玉虎斑龍牙麝囊椰鍾黑葉綠紗紺殼朱柿星毬雞肝霞墩松青金線冰團牛心鵲卵淨瓶蜜丸夫固亞僕乎瀘粵然猶閩閩之下丹也往者忠惠之書譴於方氏橋二百而爲讖竟淪淹於鐸里維鐸及奕誕降嘉禖延壽是孳祥井是汎移紫度緋法藍心恥流觀夫伏熷秋同百荔垂纖黛蓀扈雲形實射暹夜星晝燭圓蓋方陣譬若火烽其木不燼又若琅玕萬斛鳳丸離離芸風氣聞千步又

若洛媛含辭未吐寒泉三尺渫浴天芳又若合德初出蘭湯廣上圓下皓肪中沒又若宜主柔溫無骨霧綃半劈醴津斯曜龍猋斯落又若吉雲露珠一勺袒膜釀英又若水晶頹核焦封又若丁香應吸灰滅又若甜雪留芬射越弛服墜褫又若茵墀流汁入渠故其冬青春榮之性絳襦玉膚之狀駁犖蔚豔之妝蠲渴補髓之湩亮羣族之所伏嗟難得而覿況是以敘頭盛鬋雙髻奉禍王娘鄣袂將軍攬鐲服其實者抱膏漱甗爲荔美偓音扶荔之宮積草之池金剪搖風十不一易若乃洛陽置於嶺南長安盡於巴蜀法部初哇明駝暗翩撫酸苞而盧憐悵珠臙之已禿悝嬌環之解笑固以珹功爲結緣

忠惠之書檇二産汰閩江之畋齺未若茲種犇歷乎三
十二之外重日震氣五燕狎獵的纚生代巧兮荅遝蚌
胎誰其冠者緊延壽兮元鼎風堠宜和舫瓦珍非貿兮
皇穹連賓願登上林比禹橘兮　林古度荔支賦吾閩
佳果有荔支焉歷代稱美百莫能先産既炎土生復炎
天爲樹嘉蔭爲花細妍及其成實外赤中鮮纍纍若若
紅香滿前其品冏貴其質可憐衆彼名號後人强鐫雜
沓瑣屑荔不必然荔之爲物别有自全勿翦勿伐匪原
匪田厥根厥本亦風亦煙不知唐室取媚嬪娟致勞驛
騎反以爲忿非荔之過由人所牽君子終諒不倚不偏
既充甘食亦奉華筵一切種類畢莫能賢雖足珍兮未

敢自專世所尚兮桃棗成仙爾表爾裏色味相兼粤酸
蜀澀鼎足殊懸三都見侈萬古難捐漢王唐張兩賦爭
傳予曷能贊億萬斯年　黎遂球荔支賦粤客居吳食
其楊梅蘸裝度嶺不忘荔支吳儂請留荔脯當貽客謂
吳儂譬如蛻尸顏色既變滋味亦非於時設酒銅坑喧
相接客爲言其故遂子得發客曰吾家海上蓼水板橋
爲園數畝鑿池通潮上植嘉樹外被良苗晴氣如薰宿
雨既朝荔支垂垂自圍樹腰於是紅染鸞頸大倍龍目
重五小至蒸然盡熟外若火珠內足香玉核不煩鑽無
骨皆肉當吾睡起曳屐旋旋手摘目選坐樹似眠幼劬
就告似此必甜持以奉母自試果然飽能辟穀飫復垂

涎品允彈脫霞袋蟬連因占朱紱解以形鹽却老還童
顏芳色姸相如已渴留侯得仙飼鳥皆肥如花特鮮則
有爲圃之叟種樹之子異種新得乞鄰掠美提筐出袖
匾翠負紫好云更繼急或就採佳必待期異不入市名
類匪一有因而起而吾園之所植其名黑葉低枝濃暗
土膏屯結實不裹刺色若血塊瓊液內凝絳衣欲裂樽
肩壺腹龍鱗龜坼剝而吞之謝冰沃雪爾乃吾蓼還家
北堂之南新得一姬其名玉環體若荔膚社栽荔衫息
氣荔香嚼脣荔甘又善選擇手持荔籃長歌娛母祝荔
宜男則有麻姑仙女臨渡海水授吾古方餐花不死衆
卉可收獨離荔蘂蝶翅如飴蜂釀將醞繞樹護持設觴

祭醴如妾待年他花則妓又有羅浮仙伯愛吾詩牌來
惠丹粒和水噴滋遂令吾樹四時皆宜雪瓣紛郁朱實
參差日子之歸行不虞遲客語未竟吳儂爭言願貽子
蓼隨歸子園珊瑚小舌寄傾懸存四坐聞之涎湧泉源
亟賣楊梅贖客以錢

文賦散句　增　漢司馬相如上林賦隱夫薁棣荅遝離支
羅乎後宮列乎北園　魏文帝詔南方龍眼荔支寧比
西國蒲萄石蜜乎　晉左思蜀都賦卬竹緣嶺菌桂臨
崖旁挺龍目側生荔支布綠葉之萋萋結朱實之離離
迎隆冬而不凋常曄曄以猗猗　吳都賦其果則丹橘
餘甘荔支之林

佩文齋廣羣芳譜卷第六十二

果譜

荔支三

集藻 五言古詩 增 梁劉霽荔支 叔師貴其珍武仲稱斯美良由自遠致含滋不留齒 宋梅堯臣和荅韓奉禮餉荔支 韓盛人所希四海傀名物韓復未疎予分珍嘗不一莆陽荔子乾皺殼紅釘密存甘尚可嘉本味固已失遙思海樹繁帶露摘初日安得穆王駿能置萬里疾 原 劉攽荔支 南州積炎德嘉樹凌冬綠薰風海上來丹荔迎夏熟煌煌錦繡林亭亭翡翠屋鵲頭爛晨霞天酒瑩寒玉流聲感華夏採掇如不足開元百馬死漢堠

五里促君王玉食間此薦知不辱逆今糟粕餘猶足驚凡目憶初成上林四方會奇木使臣得安榴天馬來苜蓿擢身自幽遐託地幸滲漉我欲咨眞宰謂茲限荒服將非名實雄百果爲羞縮區區化工意聊爾存衆族 增 文同謝任瀘州師中寄荔支 有客來山中云附瀘南信開門得君書歡喜失鄙吝筠籠包荔子四角俱封印童穉瞥聞之羣來立如陣競言此佳果生眼不識認相煎求拆觀顆顆紅且潤衆手攫之去爭奪遞追趁貪多乃爲得廉恥嘗不論喧鬧俄頃間咀嚼一時盡空餘皮與核狼籍入煨燼 鄧肅看荔支 荔子有佳品乃在府城東我來方秀發紅雲幾萬重遙知香味色已具碎花中凭欄一念足不食意自充人世如夢耳當體色卽空謂是爲眞實便可侑千鍾謂是爲非實眞飽亦何從虛實兩無有樓高雨濛濛 元林士敏詠宋家香荔支 江南有嘉植託根在庭除扶持王母力珍重端明書君家忠孝門餘澤尚沾濡子孫貴封植慎勿忘厥初 明沐璘詠晉安荔支 建水夫何如厥土早而熱蠻花開佛桑候禽罷鶗鴂莽雲覆溟濛梅雨滋霧翳掞地茂緗枝遮空舒黛葉翠葆霞焜煌錦幄風掀揭香麝忌經過飛鶻防盜竊勁雛赤膚脫肥奢瓊瓤凸明瑠怪可餐冰丸訝許嚙眞珠堆綠雲玳瑁垂綵纈鳳爪天下奇龍牙衆中傑飽食慚素餐長吟望林樾 林垐饋高宗呂鳳池超

荔支 本非凡品類超出鳳池羣自恨所居僻遠在瘴海濆至性耐煩熱丘園絕垢氛中含冰雪姿外纈紅錦文雨沾日已滋林高爛紫雲龍牙尚莫敵蚶殼徒紛紜禽鳥不敢啄晨夕候之勤起盼草亭前日日來南薰故人邈難見愁思劇如焚縱有一尊酒獨酌未成醺新摘不滿筐持贈將微芹封之吟不就無奈正思君 謝肇淛五月十日初嘗火山荔支 五月猶未半輕紅已出市磊磊朱葳蕤作疑晨星墜雖無膏腴肪已勝醇酪味碧玉初破瓜珠胎尚含淚穠薄不禁風肌細還愁稱瑩然空谷音始知希者貴 鄧道協霧居園啖中冠荔支 火山出未久中冠繼其後裛露蒂猶青綠衫襯紅袖齒頰有

餘酸膏腴尚未厚措大性所宜挐攫不停手琴瑟雖未
調亦已勝瓦缶酸盡回微甘佳境漸入口岸幘發浩歌
孤月上高柳〔積芳亭啖蜜紅荔支分得藥名〕祖臥桂
枝林紅雲實已美酸漿猶孀人餘甘遂溢齒寒冰片片
飛丹液巨勝爾殘香附鈎籠擲地黃間紫劇談幸從容
天半夏雲起預知佳味深早當歸故里〔高景倩齋頭
啖鑛玉荔支賦得漢人名詩〕夏季布華筵鑛玉陳蕃枝
轉黃香四座殷朱浮青絲出井丹液凉雪竇融凝脂楊
盧橘上苑桃李廣西陂未若三伏生微寒朗侵肌吾曹
操彩筆揮霍光陸離餘甘寧可忘向子長相思〔買莆
田陳家紫一日夜直抵會城招諸子同賦〕閩海荔若雲

遝荅布山谷列品七十餘陳紫擅其獨未銳廣爾肩核
焦埋深綠此種出莆陽秘書閉門蠶寥寥五百載接枝
彌蕃育在山豐年玉出鄉荒年穀六月火雲蒸紅塵勞
急足朝採楓亭林暮走馬江濆旦起日初高葳甤爛盈
目翠籠未開椷流香已滿屋飛燕雪中膚太真風前浴
色味不可名但知果吾腹敗穠委芳草遊蜂尋殘馥中
冠慚後塵桂林甘雌伏勝晝淨江瓶三分堪角逐異品
固不常勝會亦難續何時從九仙飽啖壺山麓〔陳价
夫高景倩齋頭啖鑛玉荔支各賦漢人姓名〕垂楊修竹
下歌鍾會羣英門杜衆賓進壽張飛兕觥扶疎廣庭樹
顆顆垂黃瓊朱李固難並況乃高堂生在谷永殷繁出

郭太縱橫楚江乙萍實何足揚雄名〔徐𤊹五月十日
初食火山荔支〕仲夏氣鬱蒸輕紅綴荔子厥種名火山
早熟差足喜色香雖未全驟食亦清美不患甘傷脾且
愛冷沁齒已勝餐來禽猶堪敵青李聊爾爲先驅文第
飽陳紫欲結林下盟請從今日始〔十七日集鄧道協
新居食中冠荔支〕新居初落成荔子熟已半梢頭覓早
紅正品得中冠摘來悅我口彷彿明星爛始食味尚酸
浹背有微汗小者猶若珠大者已如彈嘗新頗不厭錦
殼堆几案輕風送晚凉清香迴鼻觀置堠無飛塵不作
蘇子歎〔高景倩齋中食鑛玉荔子賦得漢人名詩〕江
陳萬年種夏景丹顆垂檀欒布鑛玉香甘始當時千枚

乘露摘盆子盛纍纍諦審食其實核焦延壽宜楊盧植
太酢青李尋傷頤綺疏受殘照林高相蔽虧盤桓譚轉
劇三伏湛凉飈〔曹學佺石君亭啖荔嘲俞羡長〕纍纍
荔子實采采動盈抱漫論市上錢詎秘林間寶充茲石
君羞展彼山泉澡量腹受幾何百千恣傾倒齒牙沁甘
露毛羽生難老嘗聞丹經言効驗良可攷使人美顏色
長似少年好爲問羨門長何如瓜大棗

七言古詩〔原〕〔宋蘇軾四月十一日初食荔支〕南村諸楊
北村盧白華青葉冬不枯垂黃綴紫烟雨裏特與荔子
爲先驅海山仙人絳羅襦紅紗中單白玉膚不須更待
妃子笑風骨自是傾城姝不知天公有意無遣此尤物

生海隅雲山得伴松檜老霜雪自困楂梨䕺先生洗盞酌桂醑冰盤薦此赬虯珠似開江鰩斫玉柱更洗河豚烹腹腴我生涉世本爲口一官久已輕蓴鱸人間何者非夢幻南來萬里眞良圖

荔支歎十里一置飛塵灰五里一堠兵火催顚坑仆谷相枕藉知是荔支龍眼來飛車跨山鶻橫海風枝露葉如新採宮中美人一破顏驚塵濺血流千載永元荔支來交州天寶歲貢取之涪至今欲食林甫肉無人舉觴酹伯游我願天公憐赤子莫生尤物爲瘡痏雨順風調百穀登民不饑寒爲上瑞君不見武夷溪邊粟粒芽前丁後蔡相籠加爭新買寵各出意今年鬭品充官茶吾君所乏豈此物致養口體

何陋耶洛陽相君忠孝家可憐亦進姚黃花

【增】蘇轍奉同子瞻荔支歎蜀中荔支止嘉州餘波及眉半有否稻糠宿火却霜霰結子僅與黃金侔近聞閩尹傳種法移種成都出巴峽名園競擷絳紗苞蜜漬瓊膚甘且滑北遊京洛墮紅塵箬籠白曬稱最珍思歸不復爲蓴菜欲及炎風朝露勻平居著鞭苦不早東坡南竄嶺南道海邊百物非平生獨數山前荔支好荔支色味巧留人不管年來白髮新得歸使擬尋鄉路棗栗園林不須顧青枝丹實須十株丁寧附書老農圃

陳襄荔支歌番禺地僻嵐煙鎖萬樹纍纍產嘉果漢宮墜落金莖露秦城散起驪山火炎炎六月朱明天映日仙枝紅欲燃自古清芬不能還留得嘉名爲樝仙上皇西幸楊妃死蠻海迢迢千萬里華清宮闕無人南來不見紅塵起至今榮植徧閩州離離朱實繁星稠一日爲君空變色千里憑誰速置郵可憐錦幰神仙侶爲飲凝漿滌煩暑綺筵不惜十千錢酩酊秦樓桂花醑秦樓女子繡羅裳鳳簫嗚咽流宮商醉歌一曲荔支香席上少年皆斷腸

鄧肅風雨損荔子前日雨聲如隕石昨日風狂退六鷁荔子吐華浸如雲結實定知無十一南來無以慰愁煎端期一飽果中仙出頭看花日千轉默想香味空流涎事類翻羹愼勿恤風雨在天非人力要及豐年天下同那爲海邦私一物

【原】陳與義荔支歎炎精孕秀多靈

植荔子佳名聞自昔絳囊剖雪出瑚盤尋常百果無顏色閩天六月雨初晴星火熒熒耀川澤紱如彩鳳戲翱翔爛若彤雲堆翁嬌中郎裁品三十二陳紫方紅冠儔匹鹽蒸蜜漬尚絕倫啄瓊空羨南飛翼我聞政和全盛時貢輸不減開元日涪州距雍巳云遠況此奔馳來海側繡衣使者動輴車黃紙封稱徧阡陌浮航走轍空四郊妙品人間無復得上方供給只纖毫往往盡入公侯宅驪山廢苑狐兎靜艮嶽新宮鼙鼓急繁華今古共淒涼遶樹行吟悲對客西風刮地黃塵昏一聽悲笳雙淚滴

【增】朱松江彥允約遊東山作荔支詩次韻天工傾倒不餘力惟有荔支香味色君家桃李要爭妍腸斷鬢

絲禪榻客書生㓂俎天所支煮茗誇妓非良規腹饑衣
寒君不忍看詩嗅作東山嬉冰盤絳實光照市歸來香
滿巫陽袂明日人傳玉蘂仙絕勝空賦青龍柹〔楊萬
里荔支歌〕粵犬吠雪非差事粵人語冰夏蟲似北人冰
雪作生涯冰雪一窖活一家帝城六月日亭午市人如
炊汗如雨賣冰一聲隔水來行人未喫心眼開甘霜甜
雪如壓蔗年年窨子南山下去年藏冰減工夫山鬼失
守嬉西湖北風一夜動地惡盡吹北冰作南雹飛來嶺
外荔支梢絳衣朱裳紅錦包三危露珠凍寒泚火傘燒
林下成水北人藏冰天奪之却與南人消暑氣〔王十
朋詩史堂荔支歌〕君不見詩人以來一子美暮年流落

來夔子賦詩三百六十篇西瀼東屯客愁裏何人作堂
畫遺像收拾光芒榜詩史堂前何有有荔支樹猶未老
熟獨遲世人貴早不貴晚倘非我輩誰賞之涪陵昔遇
妃子汙萬顆包羞莫能訴瀘戎一經少陵筆至今傳誦
輕紅句少陵傷時淚成血一點丹心不磨滅散成朱實
滿炎方風味如詩兩奇絕樂天曾畫忠州圖自言香味
人間無君謨亦作閩中譜陳紫聲名重南土何如詩史
堂前株正是一飯孤忠餘人爲世重物亦重端如丈人
屋上烏巴圖閩譜合避路奚用品第紛錙銖攙先熟者
如楊盧但可與之作前驅閩娘十八婢妾爾將軍大樹
負譙奴我生四百餘年後來作先生游處守登堂三嘆

荔正丹聊效柳人祠子厚安得先生今復生添賦夔州
歌一首要使荔支之名長不朽〔詩史堂前荔支晚熟
而佳約同官共賞偶成叅差摘賞分餉用前韻〕詩史堂
前荔支晚尤美高壓瀘戎與妃子姓名猶未聞峽中風
味惟應僕皮裹試將遠况江瑤柱正似騷人擬良史我
來嘆息顚履支殊方爭獻惟恐遲汝今已晚何用好不
是少陵誰曰之貴妃遊魂遺血汚玉座悲懷何以訴惟
有雲安再拜人解悶夔州兩絕句遺像空存食不血滿
日煙霞明自滅何人種此星幾終一樹團團味奇絕君
不見南賓木蓮有華何足圖樂天過慮重看無又不見
洛陽牡丹妖艷何足譜六一區區記風土天生此果更

此株夏日之時見子餘畫疑炎方張火傘夕訝庭樹棲
赤烏雙頭瑩若玉一穀細骨輕于錢五銖陳江閩閱如
雀盧茲産于閩必爭驅大無中邊甜勝蜜醞釀不假蜂
爲奴永安宮西郡堂後折簡呼賓老太守時方炎熱會
苦稀事好乖違意徒厚手摘高枝贈丹實歌和前篇搔
白首嗟一餉之樂分天亦慳子老朽〔病中食火山荔
支〕前年夔州食荔支同條共賦輕紅詩妃子名園世所
貴不似詩史堂前奇去冬分符向南土半月身行荔支
國三州嘉木皆眼見更閱君謨向來譜臨漳一種名火
山品雖云下熟則先從今漸入荔佳境陳江未擘先流
涎老病餘生怯佳果日啗那能三百顆殷勤未破絳紗

囊心火驚添火山火（劉克莊和南塘食荔嘆）君欲和
詩無匆匆唱首天下文章公今年荔子況倍熟亭亭錦
蓋高張空猿偷鴉啄牧童采林間殘顆猶殷紅在昔唐
家尤歲貢吟諷何止杜陵翁南窮交州西蜀土快馬馱
送如飛龍絳裳冰肌初照眼玉環一笑恩光濃惟閩以
遠幸免瀕一顆不到溫泉宮自從陳紫無眞本皺玉晚
出尤稱雄邇來雜古揹瑰瑋贊香訾味萬喙同麟臺仙
人親題品天爲此果開遭逢乃知微物似有數聲價亦
與時汙隆列聖儉德被華戎微如淮白不敢供柰何置
驛奉私室安得木鐸觀民風山蹊谷塹日力窮血肩踠
足馳篛籠請公移此食荔嘆置在薰風殿閣中（楊朏

玉泉院荔支軒）曾觀荔支圖幾費丹青妝能紅能紫亦
能綠不能寫作天然香曾讀荔支譜品品堪第一較量
滋味論高低大抵聞名不聞實我疑眞宰推化工安排
百果分畨紅杏梅桃李不足數先教祿祿隨春風錦囊
玉液相渾淪百果讓作東南元别有眞香與色味一時
分付荔支軒（元吳萊荔支行寄王善父）炎雲六月光
陸離人在閩南餐荔支荔支日餐三百顆紅絲亞林欺
衆果絳羅繫樹蟻封蔕尚食擎盤獻青瑣涪州歲貢與
此同意欲移根來漢宮天生尤物不用世沾灑蜑雨吹
蠻風蠻風蜑雨振林藪西域葡萄秋壓酒勸君莫近楊
太眞傳說驪山塵汙人（明文徵明新荔篇幷序）常熟
顧氏自閩中移荔支數本經歲遂活石田使折枝驗之
翠葉芃芃然不敢信也以示閩人良是因作新荔篇命
壁同賦）錦苞紫膜白雪膚海南生荔天下無鹽蒸蜜漬
失眞性平生所見唯萎枯相傳尤物不離土畏冷那得
來三吳顧家傳來三四株桂林翠幄森森殊遠人無憑
未敢信持問閩士咸驚呼還聞纍纍生數子絳綃裏玉
分明是未論香色果如何只說形模已珍美千載空流
北客涎一朝忽落饞夫齒白圖蔡譜漫誇張文飾寧如
親目視飽啖只於鄉里足鮮嘗漸去京師邇不須更作
嶺南人只恐又無天下術朝來白詩還自疑事出非常
有如此雖云遠附商船達不謂滋培遂生活始知生物

無近遠故應好事能回斡有物聊占地氣遷造化竟爲
人事奪仙人本是海山姿從此江鄉亦萌蘖由來沃衍
說吾鄉異品珍嘗曾不乏不緣此物便增重無乃人心
貴希濶福山楊梅洞庭柑佳名久已擅東南風情氣味
不相下稱絕今兼荔子三（黃謙荔支篇）江南五月海
氣熱南國荔子垂堪折梟梟溪風散麝香冥冥山雨流
猩血飛樓清簟留衆賓屠羊貰酒酬芳辰黃頭奴摘登
君席四座果核雜爲鄰朱櫻非貴馬乳非珍頓令玉液
生門孫何怪驛騎飛紅塵紅塵赤日驪山路天梯石棧
年年度但博玉環嬌勝花寧問丁夫汗如注鸞旂西指
愁遠天斷腸回首各風煙馬嵬新魂忽寂滅涪州舊樹

空駢鮮君不見汴州艮嶽花石岡朝爲遊苑暮淒凉〔朱季和題宋氏荔支〕蔡公譜張老圖宋香品第世絕殊亭亭嘉植榮且敷巢兵欲斫炊行厨王嫗抱樹命與俱尤物幸爾留根株宋氏老人八十餘得之卽此曾世居五百餘禩枝葉舒清陰如幄垂庭除薰風時來蘭麝如赤日照耀珊瑚珠桃紅籠出白雪膚斧痕著核留滇模異香奇味天下無有孫文用美且都撫之愛護如瓊琚故家喬木多摧枯雲仍世守應無虞〔林希哲題宋氏荔支〕吾莆名果鮮荔支君謨有譜世所知陳紫方紅固爲貴宋香品藁尤珍奇六月炎歊日正長纍纍綠葉垂絳囊薰風微度疎林晚比鄰猶覺聞清香核上儼若斤

斧痕茲事奇怪難評論云是當年巢寇亂欲伐其枝投爨焚皤皤老嫗以身庇天然幻出斯靈異至今又歷數百年後人培植當留意〔謝肇淛食火山荔支次王龜齡韻〕天香國色奪燕支妝鏡臺前哦新詩纖纖素手爲君擘翠袖紅綃雙鬬奇吳中楊梅色如土仙種應須出懸圃冰雪曾看工史圖姓名盡入端明譜四月五月紅滿山未采百鳥不敢先先驛一出使壓市明珠已引饞龍涎投老甓裘計未果莫惜鋼錢沽百顆蘧然一覺心清涼臥看疎楊度螢火〔陳伯孺餉滿林香荔支同賦柏梁體〕六月七月苦煩蒸袒衣跣足頭鬅鬙病肺消渴同茂陵故人相遺玉壺冰函開未開香騰騰黃衣綠髮

嬌自矜廣顙豐頤薄如繒輕綃初解脂膚凝甘液沁口不可勝方山此種天下稱浮江百里青綠滕香色雖減猶崚嶒野人雄饕搤絶能斯須劈盡玉山崩敲詩莫厭挑殘燈浮生蹤跡殊無恒〔徐𤊹食火山荔支同用王梅溪韻〕昨夜聚首餐荔支狂來五字哦新詩今辰翠籠又擘到別有一種尤珍奇根株藝植同一土易熟離離滿園圃本支已識分廣南不待按圖翻舊譜異名嘉實難滿山定讓此品來爭先嘗新旣喜早一月冰盤擘啖流饞涎午食無多腹不果三百青銅沽百顆相期同到鳳凰岡天桂梢頭赤如火〔再次王梅溪前韻〕日長竹枕頭懶支飽食細誦龜齡詩四百年中幾人和句法難

比前賢奇粵南有種剗閩土栽種得宜摧老圖笑殺永嘉韓彥直如許不收亦作譜竊幸閒身居故山得食豈必論後先吾儕愛嗜同沆瀣俗輩忌食寧流涎今茲結盟訂已果更賽瓊九鬬珠顆陳紅江綠熟尚遲莫笑饞夫急如火〔過在杭積芳亭適伯孺送方山滿林香至〕積芳亭外將斜脊科頭箕踞當長松敲門傴僂來老農一肩翠籠遙函封蓋頭新葉青茸茸此種產自五虎峰纍纍千顆香氣濃剖開瓊液涼心胸桂林鐀玉井金鐘鳳稱異品今凡庸嬌如窺簾少女容黃衣綠裏光重重微風披拂林杪衝隔墻悞殺尋花蜂雄饕勇啖皆可供鼓腹不用營朝饔〔俞安期曹能始荔閣啖荔子歌〕曹

園古荔滿林逕中連雙樹如圓幕間葉紛疑火齊生垂
枝定道紅星落主人抗樹起高閣荔子環如桂瓔珞紲
紫纍纍高下懸朱丹點點東西錯千枚任摘離闌前金
盆沃浸靑瑤泉香觸何知饜嚥啞口饞便覺雙流涎須
臾裂却丹霞殼剖出氷肌皎于玉薄綃淺絳卸中衣滑
澤光瑩恣餐足牙後深甘玉女肪喉問不饜楊妃肉一
時遽盡三百枚通靈巳覺成仙胎毛髓初疑換丹藥洌
翰軀欲升瑤臺漳州大橘大如盎甘美不如何足想吳
楚楊梅豈之甘較之仙味寧不愁龍眼循令奴作匹其
餘瑣瑣安足述海內如推百果王鮮食荔支終第一
五言律詩 增 唐鄭谷荔支 平昔誰相愛驪山遇貴妃枉

教生處遠愁見摘來稀晚奪紅霞色晴欺瘴日威南荒
何所戀爲爾即忘歸 宋蘇軾食荔支并引 惠州太
守東堂祠故相陳文惠公堂下有公手植荔支一株郡
人謂之將軍樹今歲大熟賞啖之餘下逮吏卒其高不
可致者縱復取之永相祠堂下將軍大樹傍炎雲駢火
實瑞露酌天漿爛紫垂先熟高紅挂遠揚分甘偏鈴下
也到黑衣郎 增 戴復古謝趙景賢送荔支 荔子固多
種色香俱不同新來嘗小綠又勝擘輕紅大嚼思千樹
分甘僅一籠嘗觀蔡公譜夢想到莆中 明王恭詠荔
支 憶昔開元日繁華御裏看玉環天上去無復到長安
香沁瓊漿冷紅垂火齊團九重思玉食馳貢未來難

陳憲章錢塘荔圖 錢塘四月尾荔子正垂丹不異炎方
戲無因聖主看微風香井落細雨壓樓闌蔡老應憐汝
名家譜可刊 求荔支栽 貞節堂高榜近東濵朝光滿
北楹欲便清晝睡須待綠陰橫名木從誰假幽居賴毋
成君家多黑葉火急送雙莖 王世貞謝邵都閫惠荔
支 朝來逢驛騎香色滿雙函野老慙推食將軍為絕甘
瓢看澄露瀉枝憶紫雲酣寂寞華清在何人走劍南
郭子章荔支四首 榕樹環山郭離支列省衙妍姿當六
月神品壓三巴露炫金莖爛日融火齊斜誰評紅與綠
猶自說江家 凌冬還釀秀盛夏轉芳菲鬯吐千家色
熟看百鳥肥珠房朝采郁錦殼曉霞輝惟植炎荒遠徒

勞笑貴妃 鮮疑排鶴頂燦若謝雞冠詎謂薇垣紫翻
羅荔子丹低垂裝翠幌錯落襯金盤瓊漿堪入口頓令
頰齒寒 雨後光逾碧風中韻自玄著陰無隙地飛焰
欲橫天香沁琴書潤味爭醴酪妍忠州圖畫在靈美詎
能傳 閔齡咏荔支 避暑風軒下金盤劈荔支可憐分
寵日至是渥丹時香褪紅衣膩膚凝碧玉脂朱顏難自
固中赤向君披 陳仲琇荔支 果中稱異品色味世間
無過夏香尤盛經冬葉不枯楊梅真作僕龍眼合為奴
昔日宣和殿移根植幾株 纍纍蒸雨熟顆顆向陽酣
錦殼殊憨色清香蜜讓甘防偷揺夾竹分摘貯鈎籃此
地無名種猶堪勝嶺南 徐𤊹六月四日鏡瀾閣食桂

林結夏過高齋爽涼與客偕會尋訪荔勝品得桂林住
白傅圖珠顆閩娘落繡鞋閒來徵舊事半可續齊諧
曹學佺雨中望隔岸荔支驟雨來青嶂千枝蘸碧波却
驚流火駛已覺洗紅多沆瀣盤爲玉流蘇帳作羅薄言
將采采臨眺意如何 林叔學詠綠核荔支冰膚藏異
質佳品擅江南荳蔻輕霞護葡萄片雪含却疑金谷換
應使荔華慙剖出天然色江家映始堪 鄭紱詠小陳
紫紫本陳家勝齊名肯易降品雖稱第二質自擅無雙
清馥應欺宋芳姿已壓江冰盤時並薦霞彩射雕窓
詠皺玉佳品呈頳壁誰云巧製成痕疑風蹙細紋受露
溥明祇訝沾猶璞非關琢未瑩仙羣留不住掌上擘時

輕

七言律詩 增 唐白居易重寄荔支與楊使君時聞楊使
君欲種植故有落句戲之 摘來正帶凌晨露寄去須憑
下水船映我緋衫渾不見對公銀印最相鮮香連翠葉
眞堪畫紅透青籠實可憐聞道萬州方欲種愁君得喫
是何年 鄭谷荔支樹 二京曾見畫圖中數本芳菲色
不同孤棹今來巴徼外一枝煙雨思無窮夜郎城近含
香瘴杜宇巢低起暝風腸斷渝瀘霜霰薄不教葉似灞
陵紅 曹松南海陪鄭司空遊荔園荔支時節出旌斿
南國名園盡興遊亂結羅紋照襟袖別含瓊露爽咽喉
葉中新火欺寒食樹上丹砂勝錦州他日爲霖不將去

也須圖畫取風流 徐寅荔支二首朱彈星丸燦日光
綠瓊枝散小香囊龍綃殼綻紅紋粟魚目珠涵白膜漿
梅熟已過南嶺雨橘酸空待洞庭霜蠻山蹋曉和煙摘
拜捧金盤獻越王 日日薰風捲瘴煙南園珍果荔支
先靈鵶啄破瓊津滴寶器盛來蚌腹圓錦里只聞消醉
渴蘂宮惟合贈神仙何人刺出猩猩血深染羅紋徧殼
鮮 宋徽宗宣和殿荔支密移造化出閩山禁御新栽
荔子丹玉液乍凝仙掌露絳苞初結水晶丸酒酣國豔
非朱粉風泛天香轉蕙蘭何必紅塵飛一騎芬芳數本
座中看 趙抃詠提刑邢夢臣庋支連理荔支嘉陽天
遠被薰風荔子呈祥郡館中庇木莫將慈竹校媚時寧

與瑞蓮同並柯晝聳煙光動異幹宵空月影通奇木幸
逢眞賞筆誰誇丹實一庭紅 蔡襄和曹殿丞寄荔支
荔子凝丹摘曉鮮江南來路與雲連託根曾是三山下
結實應歸萬木先鄉國遠攜甘旨重宴堂分玩色香全
清才仍更傳新唱一一驪珠照眼圓 興化軍曹殿丞
荔支厚葉纖枝新絳囊使君分寄驛人忙彩毫封處曾
留意筠籠開時不減香風色祇家應少損路程差近得
分嘗閩州縱有千千樹未抵家園氣味長 謝宋評事
荔支齋館從容接燕巾每臨佳樹走觥巡兵鋒却後知
神物年壽高來況主人並賞昔聞思故友分甘今喜奉
慈親豈惟特祝公難老兼欲靈株比大椿 原 劉攽荔

支錦筵火齊滿金盤五月甘漿破齒寒南國已隨朱夏
熟北人猶指畫圖看煙嵐不續丹櫻獻玉座空悲羯鼓
殘相見任誇雙帶美多情莫唱水晶丸 增 文同和張
推官荔支長嗟珍果滯遐方好種華林奉帝王夏簟滿
風羅秀色曉梯乘露摘新香潑霞乍染愁將變烹玉纔
凝忍更嘗正在臨邛消渴甚忽蒙佳惠敢相忘 蘇軾
次韻曾仲錫承議食蜜漬生荔支 代北寒虀擣韭蓱奇
苞零落似晨星逢鹽久已成枯腊得蜜猶應是薄刑欲
就左慈求拄杖便隨李白跨滄溟攀條與立新名字兒
女稱呼恐不經 再和曾仲錫荔支 柳花著水萬浮萍
荔實周天兩歲星本自玉肌非鵠浴至今丹殼似猩刑

侍郎賦韻窮三峽妃子煙塵動四溟莫遣詩人說功過
且隨香草附騷經 又韻劉壽撫句蜜漬荔支 時新滿
座聞名字別久何人記色香葉似楊梅蒸霧雨花如盧
橘傲風霜每憐蓴菜下鹽豉肯與葡萄壓酒漿回首驚
塵卷飛雪詩情真合與君嘗 原 黃庭堅廖致平送綠
荔支為戎州第一王公權荔支綠酒亦為戎州第一王
公權家荔支綠廖致平家綠荔支試傾一杯重碧色快
擘千顆輕紅肌潑醅葡萄未足數堆盤馬乳不同時誰
能同此勝絕味唯有老杜東樓詩 增 唐庚和程大夫
荔支 家在岷峩飽荔支十年遊宦但神馳側生流落今
千載入貢稱珍彼一時定自不將凡果比如何偏與避

煙宜白頭莫作江南客辜負山中故友期 曾幾荔子
異方風物鬢成斑荔子嘗新得破顏蘭蕙香浮襟解後
雪冰膚在酒酣間絕知高韻壓瑤柱未覺豐肌病玉環
似是看來終不近寄聲龍目儘追攀 福帥張淵道送
荔支 豈無重碧實瓶罍難得輕紅薦一杯千里人從閩
嶺出三年公送荔支來玉為肌骨涼無汗霞作衣裳皺
不開莫訝關情向尤物厭看綠李與黃梅 劉子翬荔
支 挺秀窮荒嘆未遭昔賢吟賞著風騷縱班盧橘材非
偶不近長安價愈高煙雨萬株遂若畫塵埃一騎笑徒
勞瑚盤此日無遺選品格妍媸敢自逃 炎蒸午枕夢
滄浪落落星苞喜乍嘗筆下丹青千品色釵頭風露一

枝香雞冠借喻何輕許馬乳爭名固不量值得當時妃
子笑驪山千古事淒涼 楊萬里走筆謝吉守趙判院
分餉三山荔支 吾州五馬住閩山分我三山荔子丹甘
露落來雞子大曉風凍作水晶團西川紅錦無此色南
海綠羅猶帶酸不是今年天不著玉膚照得野人寒
王十朋拾荔支核欲種之戲成 海味正思瑤柱美夔門
又見荔支紅炎方入貢自妃子鄰圃欲栽如白公官滿
猶為十年計實成須待二星終不須更論何時喫前種
後收人我同 漳州石教授寄火山荔支 炎方摘實走
筠籠千顆遙遙寄病翁未啗吾州法石白且嘗鄰郡火
山紅攙先趁得楊盧雨珍重來從芹藻宮我欲細論香

色味一尊何日廣文同　〔文同傳景仁馬家綠荔支二首〕
涪陵妃子謾名園豈是閩南綠一盤最喜色同青玉案
不妨功並紫金丹晝看紅紫品流俗詩嚼冰霜牙頰寒
吟罷開觀右軍帖來禽青李可同餐　平生雅意在丘
園行矣歸尋隱者盤此日詩盟共君結明年荔子爲誰
丹欲移仙種栽中土只恐天賫不耐寒定向家鄉想風
味江瑤斫柱謾加餐　〔明楊慎詠荔支〕萍實楚江浮赤
日桃花秦嶺燦紅霞試將海內芳甡數敢並江陽荔子
誇雲液留香凝重錦冰丸映肉捲輕紗美人釵股雙雙
綴肯擲潘郎滿鈿車　〔姚鳳岡送荔支荅謝柏府〕薰風
荔子丹雕盤持贈下臺端絳紗囊裏冰肌滑火齊枝頭

水玉寒羅帕分珍慚逐客驛塵飛騎憶長安瓊瑤欲報
才應盡獨立蒼茫倚曲欄　〔洪遂初詠荔支〕五月閩南
荔子丹摘來宜薦水晶盤色欺鶴頂霞新染光奪龍精
露未乾曾得漢皇培上苑又隨星騎貢長安紫薇垣裏
分嘗處頓覺瓊漿溢齒寒　〔謝杰憶荔支〕江鄉六月火
雲飛萬顆纍纍落翠微赤露夜浮頳玉盌流霞朝染紫
羅衣妝成帝女脂猶濕浴罷楊妃乳正肥爲報相如消
渴甚金莖留待茂陵歸　〔陳煇荔支〕南州六月荔支丹
萬顆纍纍簇更團絳雪甑浮紅錦爛玉壺光瑩水晶寒
高名已許傳新曲芳味曾經薦大官烏府日長霜署靜
幾株斜覆石闌干　〔陳价鳳岡荔錦〕千株荔子植前岡

五月欣看錦作行翠幄幾重添暮雨絳霞一片絢朝陽
冰盤試薦驚心喜雪顆初嘗濺齒香清世更無妃子笑
紅塵一騎不須忙　〔張鼎思荔支〕到處娟娟映日紅綠
榕相傍似青楓枝頭含露驅炎瘴籠裏生香入暗風玳
瑁已堪誇嶺外薔薇那許說西戎歸時我欲攜千子遮
莫中州笑白公　〔任家相荔支〕嘉樹籠蔥翠蓋長炎天
如簇蘂珠囊枝枝承露排朱實葉葉吟風襲異香已勝
安期餐火棗疑從玉女乞瓊漿含桃何物堪春薦好置
郵傳達尚方　〔黃克晦涵虛閣觀摘荔支〕荔樹陰陰繞
水濱入門呼脫白綸巾林中仰面惟看鳥樹杪聞聲始
覺人傍手柯條初散彩離枝香色正含新玉盤冰水龍

珠滿虛閣高談不厭頻　〔謝肇淛賦荔支根〕仙種應從
閬苑傳孤根百尺老龍眠紅雲低映輪囷石絕壁深蟠
瘴癘煙唐騎未能馳繡嶺漢宮應得傍甘泉春風容易
朱顏換閱盡枝頭幾歲年　〔黃香荔支〕紛紛紅紫鬬濃
妝正色猶存一樹芳金屋正宜藏玉貌綠衣何用怨黃
裳棲枝鸞鳥渾無辨對酒鶯兒別有香若待三秋搖落
後千頭羞殺洞庭霜　〔陳价夫賦荔子漿〕紅綃初卸吸
精瑩幾點甘泉齒頰生漫向雲英求玉液疑從漢武咽
金莖溫柔未信雞頭美芳冽應兼馬乳清一自瀘戎飛
騎後不須花露解餘酲　〔徐𤊹積芳亭啖黃香荔支〕閩
海從來說荔香誰知異品有深黃楚江寒菊初凝露蜀

國秋葵作向陽玉貌隔簾窺賈女金丸滿地憶韓郎洞
庭莫詫柑三寸瓊液空含顆顆霜〔餞仔杭雙髻荔支〕
連理枝頭並蔕殷孿胎合浦蚌珠還月明漢水雙妃佩
花落天台二女鬟玉臂相聯嬌罷態香肩齊韓鬭朱顏
新承秦虢夫人寵妒殺華清舊阿環〔食鵲卵荔支〕乾
鵲填橋碧漢邊栗林遺卵綴蒼煙絳苞拖出星同燦玉
乳探來石共圓風動危巢驚彈過月明高樹儼珠聯莫
言三匝無枝繞孕得靈胎木杪懸〔集高景倩木山齋
食中冠伯禱作水墨荔支圖各賦〕萬顆纍纍日飽嘗一
枝偏帶墨痕蒼生來自有丹砂色寫出還疑黑葉香乍
浣臙脂嬌翠袖新添螺黛變紅妝冰肌絕類崑崙女不

是王家十八娘〔詠荔支膜〕曾向忠州畫裏描臙脂淡
掃醉容消盈盈荷瓣風前落片片桃花雨後嬌白玉薄
籠妖色映茜裙輕裼暗香飄嫣紅狼藉誰收拾十八閩
娘裂紫綃
五言排律〔原〕唐白居易題郡中荔支十八韻兼寄楊萬
州八使君〕奇果標南土芳林對北堂素華春漠漠丹實
夏煌煌葉捧低垂戶枝擎重壓墻始因風弄色漸與日
爭光夕訝條懸火朝驚樹點妝深於紅躑躅大較白檳
榔星綴連心朵珠排耀眼房紫羅裁襯縠白玉裹填瓤
早歲曾聞說今朝始摘嘗嚼疑天上味嗅異世間香潤
勝蓮生水鮮逾橘得霜燕支掌中顆甘露舌頭漿物少
尤珍重天高苦渺茫已教生暑月又使阻遐方粹液靈
難駐妍姿嫩易傷近南光景熱向北道途長不得充王
賦無由寄帝鄉唯君堪擲贈面白見潘郎〔宋陶弼荔
支〕五月南游渴欣逢荔子丹殼勻仙鶴頂肉露水晶丸
色應離爲火甘殊木作酸枝繁恐相染樹重欲成團赤
蚌遺珠顆紅犀露角端爽能消內熱潤可濯中乾桂嶺
無霜處梅天暴雨殘字闕十一簇冰蠶繭千苞火鳳冠隔
瓤銀葉嫩透膜玉漿寒〔增〕〔明謝肇淛嫩瀛洲荔支〕見
說瀛洲好濃陰十里堤香凝絲籠滿葉簇錦丸齊夾岸
雲猶濕浮江日未西肌豐埋穗核穠薄裂輕綈不分商
山橘還勝大谷梨紅釘金屈戌白乳玉玻瓈絳雪丹堪

餌芳塵路不迷會須乘興往斗酒聽黃鸝〔祝樹勳荔
支〕閩中新荔熟越客可休糧百谷成珠浦千林綴錦囊
鬟風須細摘帶露合多嘗消渴逢甘醴充飢得異漿青
英團翡翠丹實炫鵞黃霞臉仍蒸日冰膚倍膩霜建宮
遙自漢置驛廣于唐火齊綳枝綴珊瑚黛葉藏品多逾
別域名重表炎方飽噉爲名士頻呼十八娘
五言絕句〔原〕〔宋張舜民荔支〕火齊驪龍脫紅綃玉露團
謫居深不負沉醉亦何難〔增〕〔明陳憲章乞荔支〕逢春
思種樹垂老笑開齋未厭青紅在從君乞荔栽〔西艮
容倫饋荔支非桂州本色戲以是詩〕口溢桂州漿眼定
西艮色我是荔支仙何人漫解得〔馬森荔支〕不逐青

陽豔偏姸朱夏時摘來紅瑪瑙擘破白琉璃
六言絶句〔增〕宋曾幾荔支蕉子定成噲伍梅花應愧盧
前金谷危樓魂斷白州舊井名傳　紅皺解羅襦處清
香開玉肌時繡嶺堪憐妃子苧蘿不數西施　明鄭繼
銘荔支遠屋荔支未熟淡紅淺綠交香莫論楊梅伯仲
濃瞼若箇爭長

佩文齋廣羣芳譜卷第六十二

佩文齋廣羣芳譜卷第六十三

果譜

荔支四

〔集藻〕七言絶句〔原〕唐杜甫解悶憶過瀘戎摘荔支青楓隱映石逶迤京中舊見無顔色紅顆酸甜只自知　翠瓜碧李沉玉甃赤梨蒲萄寒露成可憐先不異枝蔓此物娟娟長遠生　側生江岸及江蒲不熟丹宮滿玉壺雲壑布衣駘背死勞生害馬翠眉須　〔增〕戴叔倫荔支紅顆珍珠誠可愛白鬚太守亦何癡十年結子知誰在自向中庭種荔支　白居易荔支樓對酒荔支新熟雞冠色燒酒初開琥珀香欲摘一枝傾一盞西樓無客共

誰嘗　〔原〕杜牧華清宮長安回首繡成堆山頂千門次第開一騎紅塵妃子笑無人知是荔支來　〔增〕薛能荔支顆如松子色如櫻未識蹉跎欲半生歲杪監州曾見樹時新入座久聞名　〔原〕韓偓荔支三首遐方不許貢珍奇密詔惟教進荔支漢武碧桃爭比得枉令方朔號偷兒　封開玉籠雞冠濕葉襯金盤鶴頂鮮想得佳人微啓齒翠釵先取一雙懸　巧裁霞片裹神漿崖蜜天然有異香應是仙人金掌露結成冰入蒨羅囊　〔增〕薛濤憶荔支傳聞象郡隔南荒絳實豐肌不可忘近有青衣連楚水素漿還得類瓊漿　〔原〕宋王溍宮詞昨日閩中進荔支君王親受幸龍池先將並蒂盛金盒密賜修

儀盡不知　增蔡襄七月二十四日食荔支絳衣仙子
過中元別葉空枝去不還應是天人知憶念再生朱實
慰衰顏　和龐公謝子魚荔支霜鱗分不登枯肆丹實
全應勝木奴欲效野芹羞獻去敢期佳什墜驪珠　浮
泉院嘗荔支霞樹珠林暑後新直疑天意別留春京華
百卉爭鮮貴誰識芳根著海濱　曾鞏荔支四首剖見
隋珠醉眼開丹砂緣手落塵埃誰能有力如黃犢摘盡
繁星始下來　玉潤冰清不受塵仙衣裁剪絳紗新千
門萬戶誰曾得只有昭陽第一人　絳縠囊收白露團
未曾封植向長安昭陽殿裏才聞得已道佳人不奈寒
金釵雙捧玉纖纖星宿光芒動寶奩解笑詩人誇博

物祇知紅顆味酸甜　韓維謝送妃子園荔支年年驛
使走紅塵貢入驪宮色尚新妃子園名猶未改一籠丹
實寄閒人　原蘇軾食荔支羅浮山下四時春盧橘楊
梅次第新日啖荔支三百顆不辭長作嶺南人　增蘇
轍毛君惠荔支荔子生紅無奈遠陳家驪白到猶難雖
無驛騎紅塵起尚得佳人一笑歡　乾荔支含露迎風
惜不嘗故將赤日損容光紅消白瘦香猶在想見當年
十八娘　黃庭堅謝陳正字送荔支三首十年梨棗雪
中看想見江城荔子丹贈我甘酸三百顆稍知身作近
南官　齋餘睡思生湯餅紅顆分甘愜下茶　如夢泊船
甘宿雨芭蕉林裏有人家　橄欖灣南遠歸客煩將嘉

果送蓬門紅衣襞積蠻煙潤白曬丁香之子孫　次韻
任道食荔支有感三首一錢不值程衛尉萬事稱好司
馬公白髮永無懷橘日六年惆悵荔支紅　今年荔子
熟南風莫愁留滯太史公五月臨江鴨頭綠六月連山
柘枝紅　舞女荔支熟雖晚臨江照影自惱公天與蹙
羅裝寶髻更按猩血染殷紅　郭祥正君儀惠莆田陳
紫荔乾即蔡君謨謂之老楊妃者莆田乾荔老楊妃誰
在開元得見之郤憶沉香亭北畔輕紅曾照赭黃衣
荔子二首暑館風沉睡眼醒荔支新熟暗香生玉纖爲
剝紅綃顆甘露初凝濕水晶　枝條相軋碧雲濃襯出
驪珠落照中未說甘香消酷熱且看纖手擘輕紅　范

成大涪陵妃子園露葉風枝驛騎傳華清天上一嫣然
當時若識陳家紫何處蠻村更有園　新荔支四絕荔
浦園林瘴霧中戎州沽酒擘輕紅五年食指無占處何
意相逢萬壑東　海北天西兩鬢蓬閩山猶欠一枝筇
鄞船荔子如新摘行腳何須更雪峰　甘露凝成一顆
冰露穠冰厚更芳馨夜涼將到星河下擬共嫦娥鬬月
明　趠船飛來不作難紅塵一騎笑長安孫郎皺玉無
消息先破潘郎玳瑁盤　陸游荔子絕句驛騎星馳亦
快哉鈞籠露濕手親開不應相與無平素曾忝戎州刺
史來　放翁游蜀十年回病眼茲蒞每嬾開怪底酒邊
光景別方紅江綠一時來　莆陽餉荔子江驛山程日

夜馳鈎籠初拆露猶滋星毬皺玉雖奇品終憶戎州綠荔支〔王十朋食荔支〕荔支初熟飣金盤手擘輕紅子細看風味由來太奇絕不教容易到長安　妃子園中荔子奇莫因名號起猜疑淸時入座非尤物一洗煙塵賴好詩　詩史堂前種幾時輕紅曾入少陵詩殊方競續櫻桃獻萬樹爭先爾獨遲〔陳紫〕端明品第首推陳花裏姚黃是等倫郡圃一株稱小紫故家風味自宜珍〔皺玉〕莆中皺玉價傾城品第吾何敢妄評只恐此非眞皺玉果然是玉亦虛名〔大將軍〕荔支名字太紛紛所見多應不逮聞別有深紅霸羣品郡人呼作大將軍〔玉堂紅〕天教尤物產閩中名字深奇自不同顧我素

稱田舍子如何敢啗玉堂紅　〔奪先紅〕閩中荔子說莆中闕下奇包又不同正向鈴齋想風味奪先人送奪先紅〔七夕紅〕宅堂荔子無名字自我呼爲七夕紅記得去冬初到日家人指樹語衰翁〔白蜜〕紛紛蜂采百花歸蜜在枝頭竟不知造物要令甜在後時人莫訝熟何遲〔戎州荔支〕錦荔戎州第一奇大如雞子壓枝垂金刀翦下三千顆對客從容把酒巵　錦殼中間玉一團樹高數丈實難攀瀘戎顆顆甜如蜜夔梓纍纍味薄酸〔劉克莊荔支〕却貢無因送上天漫山如錦但堪憐羅浮所產眞奴隸只爲曾逢玉局仙　十顆千錢品最眞北人騎背未濡唇若生京洛豪華土買斷丹林肯算緡

兼轂嘗新索價高土人棄擲等弁髦不嗔園客工偷竊絕喜天工饗老饕　原〔李劉題荔支〕絳衣摇曳綻冰肌依約華淸出浴時何物鴉兒驅不去前身恐是食酥兒　增〔方岳食荔支〕風枝露葉走筠籠玉潤冰寒擘綴紅自往胸中評史記久聞格調略相同〔曾惠洪初至崖州喫荔支〕口腹平生厭事治上林珍果亦嘗之天公見我流涎甚遣向崖州喫荔支　〔元楊維楨宮詞〕薰風殿閣日初長南貢新來荔子香西邸阿環方病齒金籠分賜雪衣娘〔張思廉題畫荔支嶂〕知味何人似蔡襄方紅陳紫與誰嘗七閩塵障南來使腸斷薰風十八娘〔柳應芳荔子曲〕白玉明肌裹絳囊中含仙露壓瑤漿

城南多少青絲籠競取王家十八娘〔明方孝孺謝蜀王賜荔支〕涪州丹荔擅時稱翠筐來庭色尚新獻罷未曾登玉案先教頒賜與羣臣　翠籠擎出殿門東受賜羣臣喜色同却笑開元恩未廣祇將異味悅深宮〔屠本畯荔支紀興〕五月閩天丹荔垂雨餘林日照離離火山松蕾元先熟萬顆新嘗玉滿匙　雲張翠幄子櫑星側出枝間曉露零城裏萬家相問遺筠籠爭買淨江瓶　瓊瓢甘露法門開湛目青蓮大士來帝網琉璃相映澈天台中觀放參回　弱歲曾嘗荔子丹一泓香水濯冰丸如今正是宋明日栗玉先堆瑪瑙盤　星毬鵲卵大於拳鏤玉金鐘品是仙別有桂林將勝畫小姬一見

一嫣然　蜜丸牛臙兩甖胦碧玉爲神顆顆殊兒女不
知瓤可啖錯疑耳後大秦珠　自汲清泉洗荔支吳娃
如意劈臙脂水晶簾下黃香熟錯落瑤光並玉肌　結
綠如榛小更幽齒牙蕭爽态宜搜怪來肌骨清涼甚六
月如從華頂遊　幻出龍牙變態奇晚涼雙髻侍兒持
自是拜來新月早非關剖出夜光遲　天柱高凌月窟
孤洞中紅艷裊珊瑚飽餐內熱渾忘却已貯冰心在玉
壺　尚餘鄉中錦作堆鳳池超出越王臺相如渴病今
應解不用金莖露一杯　絳囊公子綠羅嬌白水眞人
絳節朝欲向九仙通尺一倘能雲際坐相邀　黑葉人
傳自五羊最憐江綠出莆陽唐家妃子如相見不命涪

州驛騎將　可惜生來託瘴鄉瓊姿那得近君王大官
食品多如許只有乾枝達尚方　小君初學煎支法乳
酪宜浮玉椀看旋瀋荔花蜂釀蜜清香不減蔗漿寒
自起開籠揀荔魁半將白曬半烘焙故鄉朋舊應嘲我
不遺紅塵一騎回　〔謝杰狀元紅〕紫金香貯玉玲瓏點
綴薰風上綠叢一種丹甤三百品路人先看狀元紅
〔勝畫〕仙姬月下分靈丹乳實香凝白雪寒倦入絳帷知
睡去嬌姿絕勝畫中看　〔中觀〕一串摩尼湛錦波玉衣
童子曳緋羅炎光高護空中纈漆作祇園勝果多　〔金
鐘〕白水眞人鍊絳砂金鐘鑄就落誰家定應飛入梨園
去催出枝頭萬點霞　〔滿林香〕素娥嬌弄淡紅妝半幅

霞綃罩海棠夜合口脂勻玉露曉風吹度滿林香　〔山
支〕秋園涼雨洗林空更向青山枝上紅小結丁香隨錦
隊櫻桃擎出大明宮　〔蜜丸〕赤蚪山人蜂作房柘衣輕
惹蜜丸香波羅小斛黃金色長貯仙厨白玉漿　〔鵲卵〕
紫姑秋夜臨高臺瀉下金莖露一杯牛渚橋邊遺鵲卵
靈官拾作寶珠迴　〔蔣奕芳荔支〕枝頭裊裊露初乾絳
雪攜來好並看爲愛風姿誰得似楊妃沉醉倚闌干
紅塵一騎入華清大內遙聞笑語聲倘賜侍臣消渴病
不須承露問金莖　〔鄧原岳荔支曲〕鳳凰山下荔支園
擇日開林市子喧一百銅錢分一擔平明奔進合沙門
　纔交小暑日頻催一夜驚看錦繡堆早起香風徧城

郭人人都道荔支來　紅如鶴頂大如杯奪取頭籌滿
擔回更怕午前日色惡齊將青葉蓋頭來　荔支高樹
倒垂簷十丈長竿兩刃尖摘下但憑多少喫飽來還有
水晶鹽　梢頭狐鼠捷如風夜驚經過樹樹空高結茅
寮敲竹夾曉來漆得照山紅　麻繩高弔小筠籠上下
盤旋西復東且喜今年風雨少荔支箇箇不生蟲　千
株傍水各成行不是蔡家即宋莊最好五更乘露摘噉
時猶帶露華香　金杯瀲灩翠波妍一道霞光照眼鮮
何似婕妤初賜浴玉肌三尺浸寒泉　萬樹搖風點翠
苔不妨對客日千枚城中諸品垂垂盡猶有吳航勝畫
來　中秋摘盡荔支殘蜜漬鹽醃更曬乾不分側生能

指價可知輸却玉漿寒〔陳价夫詠荔支色〕千紅萬紫
轉葳蕤絳李朱櫻敢並奇繡嶺宮中含笑日承恩不獨
爲冰肌〔荔支味〕剖却紅香列蚌珠薦來玉液與醍醐
解酲不用花間露擬物何須塞上酥〔陳薦夫駝蹄〕朱
實西來驛路長明駝驕蹴滿蹄霜當時也合馳千里不
獨涪州馬足忙〔山中冠〕衫爭暈綠嘘爭紅散盡春風
滿六宮自笑朱顏生較晚只應隨分冠山中〔金線〕細
縷難銷舊釧金〔西紫〕千株萬樹錦成堆獨自西家衣
紫回寄語東君休用妬紅塵元自蜀中來〔綠核〕搖曳
微風火滿林驪山一顧主恩深胸中已化萇紅血莫訝

香肌少赤心〔皺玉〕羽騎參差出驛門空持朱實弔香
魂阿環墜地今千載猶有斑斑玉上痕〔一品紅〕千載
瀘戎驛騎飛出山猶著薜蘿衣傳呼野服休朝見勅賜
宮中第一緋〔玳瑁紅〕顆顆明珠貢嶺南還將玳瑁匣
輕函助嬌試插桃花鬢不數平原上客簪〔洞中紅〕洞
中丹實幾千年愁向長安一騎傳好似紅妝離洞去桃
花溪口戀塵緣〔勝江萍〕佳名久已動明皇不羨江萍
逐楚王料得一般甘似蜜令渠北面是濃香〔鄭驛新
綠荔支〕落花纔見飄空處結子初看出葉時山鳥啄殘
俄委地恍如金谷墜樓姿〔乍丹荔支〕萬點青螺未染
塵忽看半帶口脂勻羅衣開處肌如雪但少芬香遠襲

人〔正熟荔支〕朱夏南枝總若霞可憐一顆一丹砂名
園百果都難並火棗交梨未足誇〔摘露荔支〕園林曉
望火燒空摘下清香滿市風簾隔美人梳洗罷纖纖玉
指擘輕紅〔丘惟直詠雙髻〕枝頭連理散甘香紅錦囊
包白玉漿貯向冰盤誰得似昭陽姊妹鬬新妝〔星毬〕
離離丹實綴如毬燦爛紅光滿樹頭莫是宣和燈火夕
鰲山懸挂不曾收〔百步香〕六月閩鄉荔子懸綠雲堆
裏錦雲連幽香一種天然味不數潘妃步步蓮〔七夕
紅〕遙望雙星燭碧空一年一度鵲橋中誰知淚落凝成
血散作枝頭點點紅〔延壽紅〕華清一騎走紅塵中使
傳呼笑語頻此物若云延得壽馬嵬山下葬何人〔桂

林〕綠雲堆裏綴紅綃白玉囊中核子焦只此林間堪賦
隱淮南不待小山招〔勝畫〕錦雲香露萬枝紅恨不生
逢繡嶺宮莫訝崇龜圖未肖千金誰爲賂良工〔火山〕
品質殊生節序同偏誇早熟萬叢中只因一動妖妃笑
又惹驪山烈炬紅〔狀元紅〕瓊液丹膚白玉肌御筵香
透絳羅衣宮袍首賜何曾綠爲染霞光近紫薇〔十八
娘〕棣萼樓頭風露涼閩娘清曉競紅妝朱唇玉齒桃花
臉偏著天孫雲錦裳〔冰團〕太液池頭暑漸涼紅塵一
騎日南方寒漿不待嚴冬結滿坐齊看六月霜〔綠核〕
素質生來與衆殊冰肌玉液潤如酥相逢莫訝心無赤
祇恐前身是綠珠〔郭天親荔支詞〕樹下嘗新帶露濃

美人珠翠間釵紅却恨當年勞傳舍不教移入太真宮〔安國賢詠冰團荔支〕纍纍初貯水晶盤一啖爭禁齒頰寒南土由來饒暑氣誰知六月有冰團〔董傳策啖荔支〕鐵幹婆娑落子紅方苞剝出水晶籠炎荒正惹長卿渴却爲瓊漿半洗空〔張燮荔支詞〕長生殿上紫煙開妃子紅妝映酒杯小部新聲歌未了嶺南飛騎帶香來〔林叔學荔支花〕只向閩鄉說荔支荔支花發幾人知幽香陣陣微風裏苞蘂還分雄與雌〔徐𤊹江家綠〕芳樹離離徧海涯由來香味壓三巴火雲映出玻瓈綠舊說閩中第一家〔葡萄穗〕絕豔濃香滿路飛玉膚輕襯紫羅衣若逢漢代乘槎使不帶涼州馬乳歸〔雙髻〕

千年枝上並頭春斜結香雲縷縷新相倚明妝誰得似黃陵廟裏兩夫人〔眞珠〕孕出靈胎箇箇圓林中遙見夜光懸一枝臨水低相向不畏鮫人泣月年〔十八娘〕先朝舊事說閩王公主曾稱十八娘千載芳魂應化碧佳名猶自記紅香〔將軍〕林外森森翠幄高軍中不用醉葡萄只今十里雲如錦疑是當年舊戰袍〔釵頭〕雙雙珠顆錦如霞斜插金釵貼鬢鴉一種人間可憐色六宮羞殺步搖花〔粉紅〕深紅輕膩壓枝斜貌比桃花更染霞一自承恩天寶後溫泉宮裏洗鉛華〔綠羅袍〕輕盈初試越羅新不染人間紫陌塵百萬紅妝爭結綺隔墻遙看綠衣人〔勝畫〕紫膜紅綃白玉膚爭誇絳雪出仙都生來自有天然色却笑崇龜浪寫圖〔白蜜〕誰遣餘香沁齒牙美人纖手剖輕霞天生甘味如萍實不待遊蜂釀百花〔桂林〕樹色蕭森比桂叢青枝綠葉白芃芃月光夜照花如霞疑是天香落鏡中〔滿林香〕十里垂林錦繡堆更無驛使惹塵埃微風暗度幽香異韓壽才過賈女來〔狀元紅〕素質朱顏太絕倫風流先占曲江春只因賜得宮中錦爭看瓊林第一人〔星毬〕不待宮娃擲鼓催半空誰滚火星來山禽誤蹋雲中墜豈是三郎蹴踘回〔七夕紅〕滿樹渾疑大火流尚餘丹實報新秋繁星遙與雙星映半在佳人乞巧樓〔雞引子〕會食淮南九轉丹幻成仙果赤團團寄言山鳥休輕啄留

取猩紅頂上冠〔金鐘〕不見蒲牢伏上林紅爐烈火鑄黃金南風吹入蕭蕭葉如聽鈞天大呂音〔江陳〕紫說陳家綠說江佳名千載本無雙於今別有酣紅色鼎足三分未肯降〔天柱〕天柱巍巍出半空折來猶自綠成叢南風吹動枝頭火還似當年戰祝融〔大小江綠〕風捲香塵滿路飛絳綃新裼綠羅衣天生麗質誰堪並婉變江濱大小妃〔宋家香〕綠鬢如雲面似霞冰肌何用鬭鉛華隔墻一道薰風暖吹得餘香過宋家〔進貢子〕丹荔何年貢七閩宣和中使往來頻玉環只識涪江種空走驪山一騎塵〔延壽紅〕九轉丹砂貯絳囊剖開甘液勝瓊漿由來此物從延壽恨殺唐羌誤漢皇〔百步

香紫翠陰森映夕陽遙看一片錦雲鄉美人羅襪凌波
過踢碎紅塵滿路香 綠紗亭羅溪水綠如油浣出輕
紗翠欲流何代美人工翦綵結成佳果綴枝頭 麝囊
紅纍纍丹實似星懸萬綠陰中赤欲然日午餘芬生鼻
觀不緣林下麝香眠 中秋綠金風玉露仲秋時碩果
枝頭落較遲明月一輪流翠影青銅高照碧琉璃 松
紅莫以松枝比荔支翠濤聲裏露臙脂忽看琥珀生連
理不待千年長兎絲 丁香紅粉佳人獨倚樓雨中丹
實滿枝頭荔香元與丁香異只結團圓不結愁 郎官
紅甘液濃香似醁醽傳來佳種近楓亭誰將天上郎官
宿散作林中萬點星 紅繡鞋一片紅香落翠苔美人

林下蹋青回當年若使潘妃見貼地蓮花不敢開 綠
珠山禽偷取蹋枝翻錯落珍珠綠滿園臥地殘香吹不
起月明如照墜樓魂 洞中紅烏石山前暮雨凉幾番
風起散餘香洞中六月紅如錦不但桃花誤阮郎 冰
團六月閩天見鬱蒸忽驚寒氣座間凝水晶盤貯深紅
色白玉壺中映絳冰 何家紅炎夏深林雨氣收臙脂
片片落梢頭何郎粉向朱衣拭滿面桃花汗欲流 鵲
卵月明銀漢鵲驚枝風動寒巢欲半攲吹落人間完似
卵冰盤高累不愁危 滕江萍纍纍枝上火雲燒甘液
眞同絳雪消一片紅光如日赤兒童空有楚江謠 綠
羅滿林丹實夏煌煌一道炎風列燧光壯士緋袍都解

卸碧苔齊臥綠沉槍 火山迥望蒼梧是故鄉紫綃輕
颺麥風凉生來自信紅顏薄强向朱明鬭豔妝 原王
象晉題荔支絳袖冰肌畫本難騈肩含笑倚闌干清霜
且莫催相妒聞道佳人不耐寒
詩散 原唐杜甫憶昔南海使奔騰獻荔支 內分金
帶赤麟與荔支靑 宋蘇軾荔支幾時熟枝頭花正繁
增唐張籍錦江近西水更綠新雨山頭荔支熟 原
宋程敦厚綠幄翠籠文縠皺絳囊包就寸珠圓 汪藻
紅錦纔縫包玉液靑綃斜翦襯金丸 周必大白蓮近
揖三千女丹荔遐招十八娘 楊萬里臨水靚妝新雨
後出墻背向曉風西 龍眼初如菉豆肥荔支已似佛

螺兒 增朱子水精透膜輕含液絳縠離苞未變香
唐韓翃山舍荔支繁 薛能喧雨荔支深 李洞雨濕
荔支肥 皮日休紅荔懸纓絡 原宋黃庭堅蠻果餐
蕉荔 程敦厚一色鮮猩血 增孫覿丹荔擘輕圓
范成大綠肥新荔子 元馬祖常清香荔子懸 原宋
劉儆南賓佳實傳名久 增蘇軾梅雨脩脩荔子然
原晁冲之日落雲生荔子紅 增孫覿堆盤丹荔照人
光 范成大荔子天凉未肯紅 湛俞荔支秋映綺筵
紅 元馬祖常荔支千顆團團小 荔支囊蜜嫣嫣紫
王逢荔子凝漿赤露香 虞集荔子枝頭火齊紅
雅琥火齊然雲荔子香

詞原宋李芸子搗練子紅粉裹絳金裳一巵仙酒艷晨
妝醉溫柔別有鄉　清暑殿偶風涼雞頭擘破誤君王
泣梨花春夢長　張孝祥浣溪沙只說閩山錦繡帷忽
從團扇得生枝皺紅衫子映豐肌　春綫應憐壺漏永
夜深獨見燭花催塵飛一騎憶來時　蘇軾減字木蘭
花閩溪珍獻過海雲帆來似箭玉座金盤不貢奇葩四
十年　輕紅釅白雅稱佳人纖手擘骨瘦肌香恰似當
年十八娘　明徐𤊹減字木蘭花果航異品賜浴金盆
冰骨冷紫袷羅襦絕色輕盈未易圖　忠州白傅枉把
朱顏描竹素沛國崇龜益浪揮毫寫玉肌　又紅綃如
繭紙上容華應較淺玉液金莖香味從來畫不成　梢

頭懸火日啖何妨三百顆十八娘紅始信丹青妒入宮
宋康與之西江月名與牡丹聯譜南珍獨比江瑤閬
山入貢冠南朝露葉風枝裊裊　香玉滿苞仙液皺紅
圓蹙皺綃華清宮殿蜀山遙一騎紅塵失笑　歐陽修
浪淘沙五嶺麥秋殘荔子初丹絳紗囊裏水晶丸可惜
天教生處遠不近長安　往事憶開元妃子偏憐一從
魂散馬嵬關只有紅塵無驛使滿眼驪山　黃庭堅浪
淘沙憶昔謫巴蠻荔子親攀冰肌照映柘枝冠日擘輕
紅三百顆一味甘寒　重入鬼門關也似人間一雙和
葉插雲鬟賴得清湘燕玉面同倚欄杆　增明謝肇淛
浪淘沙異品出吳航翠袖紅妝溫柔何似白雲鄉縱有

丹青描不就國色天香　含笑解羅襦玉骨瓊漿臙脂
無色墨無光祇是紅顏多薄命雨妒風狂　又金井碧
梧飄殘暑初消桂林中冠雨蕭條獨步此時儂第一質
艷香嬌　豐肉核仍焦沁齒甘饒丁香輕吐暗魂消人
倚小樓春不住滿地紅綃　徐𤊹浪淘沙高樹錦蒸霞
朱實青華一丸寒玉裹紅紗萬顆纍纍閩海上不數三
巴　西域枉乘槎馬乳休誇剖開瓊液碎丹砂異品郎
今誰第一猶說江家　又丹實滿林稀耀日紅酣由來
佳品壓江南漢苑楊梅應避色盧橘香慚　沁齒有餘
甘玉液中涵釵頭一朶美人簪記得樂天曾有句映我
緋衫　又十里錦雲鄉傳粉凝妝紅裙爭看綠衣郎黑

葉梢頭朱柿小玳瑁丁香　延壽品非常尤勝陳江繡
鞋一種記閩娘風送瑞堂香百步結綠硫黃　又一品
狀元紅金線金鍾麝囊吹散桂林風黃玉紫瓊真勝畫
江綠叢叢　雙髻翠雲鬆蘭壽香濃綠珠魂在玉堂東
五嶺三巴無此種獨擅閩中　宋蘇軾南鄉子天與畫
工知賜得衣裳總是緋每向華堂深處見憐伊兩箇心
腸一片兒　自小便相隨綺席歌筵不暫離苦恨人人
分拆破東西怎得成雙似舊時　原韓元吉醉落魄霓
裳弄月冰肌不受人間熱分明蜜露枝枝結碧樹珊瑚
容易與君折　玉環舊事誰能說迢遙驛路香風徹故
人莫恨東南別不寄梅花千里寄紅雪　增黃庭堅定

風波晚歲炎州聞荔支赤英垂墜壓欄枝萬里來逢芳
意歇愁絶滿盤空憶去年時　澗草山花光照坐春過
等閒苦李又纍纍辜負寒泉浸紅皺消瘦有人妉病損
香肌　〔又〕準擬堦前摘荔支今年歇盡去年枝莫是春
光廝料理無比譬如痎瘧有休時　碧甃朱欄情不淺
何晚來年枝上報纍纍雨後園林坐清影蘇醒紅裳剝
盡看香肌　〔柳永〕滿庭芳青幄高張瓊枝巧綴萬顆香
染紅殷絳羅衣潤疑是火燃山白玉釵頭試簪黃金帶
奇巧工鑽題評處仙家異種分付在人間　年年輸帝
里歡呼內監裝點金盤況曾得真妃笑臉頻看炎嶺當
時奏曲風流命樂府名傳悪誰道移歸禁苑長使近天

顏　〔鄭域〕念奴嬌素肌瑩淨隔鮫綃貼襯猩紅妝束炎
傘飛空鎔不透一塊玲瓏冰玉破暑當筵褪衣剝帶凝
露真珠肉中心些子向人何太焦縮　應恨舊日楊妃
塵埃走徧南閩和西蜀困人筠籠消黯攪香色精神愁
殺賴有君謨為傳家譜不棄青黃綠到頭甜口是人都
要圖熟

〔別錄〕〔增〕〔種植〕〔夢溪筆談〕閩中荔支核有小如丁香者多
肉而甘土人亦能為之取荔支木去其宗根仍火燔令
焦復種之以大石抵其根但令傍根得生其核乃小種
之不復牙　〔徐𤊹荔支譜〕荔核入土種者氣薄不蕃雖
蕃不結實間有成樹者經十餘歲稍稍結顆肉酸澀無
味鄉人於清明前後十日內將枝梢刮去外皮一節上
加膩土用棕裹之至秋露枝上生根以細齒鋸從根處
截下植之他所勿令動搖三歲結子纍然矣　接枝之
法取種不佳者截去元樹枝莖以利刃微啓小隙將別
枝削鍼插固隙中皮肉相向用樹皮封繫寬緊得所㪷
酌裹之凡接枝必待時暄蓋欲藉陽和之氣一經接搏
二氣交通則轉惡為美也若近海魚鹽之處斥滷土鹹
其味微酸不佳縱奪接之終不能以彼易此也　〔鄧慶
寀荔支譜〕荔子原無用核種者皆用好枝刮去外皮以
土包裹待生白根如毛再用土覆一過以臘月鋸下至
春遂生新葉他木栽時皆去枝葉獨荔樹要留宿葉承

露若葉去露槁則無生機余嘗六七月鋸荔支蘆新根
方生無不存活最怕日曬必求稍陰涼處時時灌水方
易生葉嘗在水西嶺東黃氏見池塘植山支一顆云係
核種土人言山支皆用核種無有鋸蘆者蘆字之義果
木非核種者稱蘆蓋福州方言也　〔原〕〔護衛〕荔支性不
耐寒最難培植纔經繁霜枝葉枯死至春二三月再發
新葉初種五七年深冬覆蓋之以護霜霰福州之西三
舍曰水口地少加寒已不可植其花春生簇簇然白色
其實多少在風雨時與不時也有間歲生者謂之歇枝
有仍歲生者半生半歇也春花之際傍生新葉其色紅
白六七月時色已變綠此明年開花者也今年實者明

年歘枝也最忌麝香或遇之花實盡落其熟未更採摘蟲鳥皆不敢近或已取之蝙蝠蜂蟻爭來蠹食園家有名樹旁植四柱小樓夜栖其上以警盜者又破竹五七尺搖之答答然以逐蝙蝠之屬 【增】徐𤊹荔支譜荔性宜熱最畏高寒古樹歷數百年者枝柯詰屈根榦盤旋其陰可蔽數畝此歲久根深縱霜霰侵壓不過葉悴可無損於樹當春仍發新葉開花結實至於新種不歷十數年者樹穉根淺一遇霜霰隨卽枯萎明年不復花實鄉人有愛其樹者當極寒時樹下以稻草煨火溫之寒氣不侵葉無凋損秋冬之際壅壓其根仍伐去枯條不令礙樹逢春尤易發生更有歘枝之樹隔一年而實者

蔡譜引列仙傳本草經謂食荔有益於人可以得仙當盛夏時乘曉入林中帶露摘下浸以冷泉則殼脆肉寒色香味俱不變嚼之消如絳雪甘如醍醐沁心入脾蠲渴補髓啖可至數百顆或畏其飽點鹽少許啖之卽消鄉民鬻於市者積擔盈筐雜其本枝暑氣侵觸香色稍減較之就食林中者味亦不逮非必如白傳所云一日二日三日而後變也鄉人常選鮮紅者於竹林中擇巨竹鑿開一竅置荔節中仍以竹籜裹泥封固其隙藉竹生氣滋潤可藏至冬春色香不變若紅鹽火焙曬煎者俱失其味竟成二物矣 【原】製用本草綱目福唐歲貢白曝荔支蜜煎荔支皆爲上方珍果白曝須嘉實乃

堪市貨者多用雜色荔支入鹽梅曝成皮色雖紅味覺少酸殊失本真 【增】廣志荔支木性堅重可取爲阮咸槽彈棋局 蔡襄荔支譜紅鹽之法民間以鹽梅滷浸佛桑花爲紅漿投荔支漬之曝乾色紅味甘酸可三四年不蟲修貢與商人皆便之然絕無正味白曬者正爾烈日乾之以核堅爲止畜之甕中密封百日謂之出汗去汗耐久不然踰歲壞矣福州舊貢紅鹽蜜煎二種慶曆初大官問歲進之狀知州事沈邈以道遠不可致減紅鹽之數而增白曬者兼令漳泉二郡亦均貢焉蜜煎剝生荔支笮去其漿然後蜜煮之予前知福州用曬及半乾者爲煎色黃白而味美可愛其費荔支減常歲十

之六七然修貢者皆取於民後之主吏利其多取以責賂曬煎之法不行矣 徐𤊹荔支譜曬荔支占風日晴霽時摘下於烈日中朗曬至乾以核實爲準風味殊勝於焙用竹籠箬葉密封可致久遠若風雨暴至則肌肉潰爛反不如焙矣

焙荔支擇空室一所中燔柴數百斤兩邊用竹筠各十每筠盛荔三百斤密圍四壁不令通氣焙至二日一夜荔遂乾過焙傷火則肉焦苦不堪食乾者狀元香最佳鄉人多焙桂林金鐘以其實大美觀尤易於鬻糶仙收乾荔法藏於新磁瓮每鋪一層卽取鹽梅三五箇箬葉裹如粽子狀置其內密封甕口則不蛀壞誠意伯劉伯溫謂乾荔支變者先於殼上刺十

許孔用蜜水浸之以銀盂盛於湯罐頭上蒸透即肉滿可食　煎荔支荔初熟時乘露連帶摘下以黃蠟熬勻封點帶上勿令脫落盛之罐中將冬蜜煮熟得宜俟蜜冷浸之蜜過於荔始不泄氣藏至來春開視如鮮取蜜當以荔支花釀者爲第一臘仙謂臨熟時摘入瓮中澆蜜浸之以油紙封固瓮口勿令滲水投井中雖久不損　荔支漿取荔初熟者味帶微酸時榨出白漿將蜜勻煮蜜熟爲度置之磁瓶箬葉封口完固經月漿蜜結成香膏食之美如醴酪荔肉仍以白蜜緩火熬熟淨磁器收之最忌近鐵　又法取生荔曬至一日頻番令勻去殼取肉每一斤白蜜一斤半於砂銚內慢火熬百千沸又以文武火養一日磁鉢攤於日中曬至蜜濃爲度盛於磁瓶〈宋珏荔支譜〉嶺南好事作荔支醞頭取荔支肉榨之入酥酪辛辣以合醬又作簽肉以荔支作椰子花與酥酪同炒士人大嗜之　順昌雪花火酒以荔支投之浹旬而出濃艷幽沉如西施醉倚玉牀太眞溫泉出浴用泥頭封固至臘歲開之滿屋作新荔支香矣

附錄　隈枝

【增】〈益部方物畧記〉隈枝生邛州山谷中樹高丈餘枝修弱花白實似荔支肉黃膚味甘可食大若爵卵

【集藻】贊【增】宋宋祁隈枝贊　挺榦旣修結蘤茲白戴外澤中甘可以食

附錄　錦荔支

【原】錦荔支一名癩葡萄元時名紅姑娘即詩所云苦瓜也出南番今閩廣江南皆有之蔓生葉如葡萄有微刺蔓上有鬚莖葉皆柔七八月開小黃花五瓣如椀形結瓜有長短二種色青綠熟則黃紅皮上磥砢架作屏斑斑如錦紅綠陸離最爲可玩瓜味微苦小熟之調以薑醋可爲蔬清爽火和肉煮食亦佳其中肉赤如血味甘美春時種秋結實其子形扁如瓜子亦有痱瘤可入藥

【彙考】【增】〈元宮殿記〉椶毛殿前有野果名紅姑娘外垂絳囊中含赤子如珠甜酸可食盈盈繞砌與翠草同芳亦自可愛　【原】〈本草〉仁宗時陳堯佐母入宮太后賜以錦荔支遂連皮食之宮人多訕笑夫人對曰往年蒙食此物遂生堯佐後又蒙如初遂生堯叟時仁宗尚無皇嗣於是皇后及宮人相率競食後舉皇子二人　【增】〈星槎勝覽〉蘇門苔剌國一等瓜皮若荔支未剖時甚臭如爛蒜剖開如囊味如酥香甜可食疑即錦荔支也

龍眼

【原】龍眼一名益智〈廣雅云益智龍眼也〉一名比目〈見吳氏本草〉一名圓眼一名蜜脾一名燕卵一名繡水團一名海珠叢一名川彈子一名亞荔支一名荔支奴〈南方草木狀云荔支過即龍眼熟故謂之荔支奴〉　【增】〈本草〉一名鮫淚一名木彈　【原】閩廣蜀道出荔支處皆有之樹似荔支高一二丈枝葉微小葉似林

檎淩冬不凋春末夏初開細白花七月實熟大如彈丸肉薄於荔支白而有漿甘如蜜質味殊絕純甜無酸實極繁作穗如葡萄每穗五六十顆殼青黄色性畏寒白露後方可採摘性甘平無毒安志健脾補虛開胃除蠱毒去三蟲久服輕身不老禪益聰明故又名益智非今醫家所用之益智子食品以荔支爲貴而資益則龍眼爲良蓋荔支性熱而龍眼平和也

彙考 **增** 吳志士燮傳燮每遣使詣權致異物奇果蕉邪龍眼之屬無歲不至 三輔黄圖漢武帝破南越起扶荔宮以植所得奇草異木龍眼荔支皆百餘本 **原** 涪翁雜說左太沖蜀都賦云旁挺龍目側生荔支龍眼惟

閩中及南越有之太冲自言十年作賦三都所有皆責土物之貢至於言龍目亦不自知其失也 農政全書龍眼與荔支齊名味亦甚美登盤俎而充供御稱於魏文之詔詠於左思之賦豈凡果之可比哉 梧潯雜佩龍眼自尉陀獻漢高帝始有名見西京雜記左太冲賦旁挺龍目即此梧潯署中皆有之結實甚繁剖之色瑩白政如水晶丸核映於外味亦甘美但微覺草氣風韻遠遜荔支故謂之荔支奴蘇長公曰閩越人高荔子而下龍眼吾爲平之荔子如食蝤蛑大蟹斫雪流膏一啜可飽龍眼如食彭越石蟹嚼嚙久之了無所得然酒闌口爽饜飽之餘則咂啄之味石蟹有時勝蝤蛑也長公此語足爲荔奴解嘲 **增** 宋珏荔支譜側生見重於世詩賦歌詠連篇累牘獨旁挺寥寥何也豈以色香頓殊亦若金丸肉似玻璨核如黑漆補精益髓蠲渴扶飢美顏色潤肌膚種種功效不可枚舉至於寄遠廣販利反倍於荔子則龍目何可貶也至若耳食之夫以荔熱傷人龍目大補反欲昂此輕彼則嫫學夫人不覺膝自屈矣 荔支淨盡龍目叢生時則玉露流晨金風扇晚綏剝飽餐亦非人世所有譬梅花已殘忽有桃杏牡丹初謝重見芍藥幽蘭乍萎仍生蕙草皆不可無一不能有二者也 泉南雜志荔支才已龍眼始行荔支飽味之餘不堪咀嚼如膏梁子弟居常醲麗一旦家落餔糜

便不適口 廣東志澄海縣七夕酒集多用龍眼謂之結星

集藻 五言古詩 **原** 宋蘇軾廉州龍眼質味殊絕可敵荔支龍眼與荔支異出同父祖端如柑與橘未易相可否異哉西海濱琪樹羅玄圃纍纍似桃李一一流膏乳坐疑星隕空又恐珠還浦圖經未嘗說玉食遠莫數獨使皴皮生弄色映琱俎蠻荒非汝辱幸免妃子污 **增** 明宋珏秋日歸故園啜龍眼不肯輕旁挺不堪荔作奴今知奴有等賢蠢亦多途方回及陶侃自比常奴殊外裏黄金飾中懷白玉膚劈破皆走盤顆顆夜光珠更憐核如漆湛湛小兒驢龍目與虎目比喻何其愚但恨荔熟

時主在奴不俱安得共盤敦牀頭捉刀夫際此清秋候晶晶空滿玉盂尼父思伯玉使乎復使乎

七言律詩 原 宋劉子翬龍眼 幽姿傍挺綠婆娑啄咂雖微奈美何香割蜜脾知韻勝價輕魚目為生多左思賦詠名初出玉局揄揚論豈頗地極海南秋更暑登盤猶足洗沉痾 明王象晉龍眼 來從炎徼登堋俎滿案芳馨總莫逾崖蜜縱甘終帶酢江瑤雖美未全瑜騷人賦就芳名遠漢帝移來貝葉敷較烈側生應不忝何緣喚作荔支奴 何緣喚作荔支奴艷冶豐滋百果無琬液醇和羞沆瀣金丸的皪賽璣珠好將姑射仙人產供作瑤池王母需應共荔丹稱伯仲況兼益智策勳殊

七言絕句 原 宋張栻寄龍眼荔子 如今尚典刑秋林圓實著嘉名雖無顏玉南風面却願筠籠千里行 手自封題寄故人聊將風味付詩倚千年尚憶唐羌疏不污華清驛騎塵 增 王十朋龍眼 絕品輕紅拂地無紛紛萬木以龍呼實如益智本非樂木比荔支真是奴

詞 增 宋無名氏浣溪沙 酒拍臙脂顆顆新丹砂燃火藥精神著天秋杪錦春生 香味已驚櫻實淡絳衣還笑荔支皺美人偏喜破朱唇

製用 原 農政全書 白露後採用梅滷浸一宿取出曬乾用火焙之以核乾硬為度如荔支法收藏之成朶乾者名龍眼錦

附錄 山龍眼

原 山龍眼出廣中夏月熟色青肉如龍眼亦龍眼之野生者也見桂海虞衡志 增 閩部疏 山果中有枝葉畧似鳳尾蕉者曰山龍眼結實纍纍視龍眼小而味酸山僧取以供佛

附錄 龍荔

原 龍荔狀如小荔支而肉味似龍眼木之身葉亦似二果故名三月開小白花與荔支同熟但可蒸食不可生噉令人發癎見鬼物出嶺南見桂海虞衡志 增 徐氏筆精 交趾有龍荔實如小荔支元陳剛中使安南詩云龍荔綴如珠紀其實也謝在杭百粵風土記載廣西荔支如龍

眼豈即交趾之種歟

佩文齋廣羣芳譜卷第六十三

佩文齋廣羣芳譜卷第六十四

果譜

橘 花附見

原 橘 本草云橘從矞音鷸諧聲也又雲五色爲慶二色爲矞矞雲外赤內黃非煙非霧郁郁紛紛之象橘實外赤內黃剖之香霧紛郁有似乎矞雲橘之從矞又取此意也 一名木奴 詳見後襄陽耆舊傳 樹高丈許枝多刺生莖間葉兩頭尖綠色光面濶寸餘長二寸許四月生小白花清香可人結實如柚而小至冬黃熟大者如杯包中有瓣瓣中有核實小於柑味甘微酸種類不一有蜜橘 其味最甘 黃橘 扁小多香霧橘之上品 綠橘 紺碧可愛不待霜後色味已佳隆冬采之生意如新 朱橘 實小色赤如火 塌橘 狀大而扁外綠心紅巨瓣多液經春熟乃甘美 包橘 外薄內盈其脈瓣隔皮可數 綿橘 微小極軟美可愛而不多結 沙橘 細小甘美 凍橘 八月開花冬結春采 早黃橘 秋半已丹 穿心橘 實大皮光而心虛可穿 荔枝橘 膚理皺密如荔枝出衡陽 乳橘 狀似乳柑皮堅瓤多味絕酸芳 油橘 皮似油飾中堅外黑橘之下品 自然橘 他橘與柑必以枝接之惟此則以橘子下種故名自然味甚美 出蘇州台州西出荊州南出閩廣撫州皆不如溫州者爲上也王敬美曰閩中柑橘以漳州爲最福州次之樹多接成惟種成者氣味尤勝橘肉生痰聚飲不益人若煎以蜜充果食甚佳或蜜或蕉作餅尤妙亦可醬淹作葅花以之蒸茶向爲龍虎山進御絕品園中宜多種多收核葉皆苦平無毒可入藥

彙考 增 書禹貢 厥包橘柚錫貢 傳 小曰橘大曰柚 疏 橘柚二果其種本別以實相比則柚大橘小 原 史記貨殖列傳蜀漢江陵千樹橘其人與千戶侯等 謝承後漢書沛國桓嚴避地居揚州從事屈豫室中中庭有橘一株遇其實熟數垂室內嚴以竹籓樹四面風吹兩實墜地以繩縛繫樹枝 吳志陸績傳績年六歲於九江見袁術術出橘績懷三枚去拜辭墜地術謂曰陸郎作賓客而懷橘乎績跪答曰欲歸遺母術大奇之 增 宋書符瑞志晉成帝咸和六年鎮西將軍庾亮獻嘉橘一蔕十二實 孝武帝大明元年二月壬寅華林園雙橘樹連理 原 南齊書虞愿傳愿字士恭會稽餘姚人也祖賚中庭橘樹冬熟子孫競來取之愿年數歲獨不取賚及家人皆異之 增 梁書元帝本紀大寶元年正月

辛亥朔左衛將軍王僧辯獲橘三十子共蔕以獻 南史孝義傳王虛之居喪二十五年鹽酢不入口墓上橘樹一冬再實時人咸以爲孝感所致 原 舊唐書德宗本紀大曆十四年五月癸亥即位閏月戊寅詔江南甘橘歲一貢以供宗廟餘貢皆停 增 唐書地理志蘇州杭州溫州土貢柑橘撫州土貢朱橘 柳玭傳玭爲嶺南節度副使廨中橘熟既食乃納直於官 薛戎傳戎遷浙東觀察使所部橘未貢先鬻者死戎弛其禁 宋史五行志明道元年八月黃州橘木及柿木連枝 山海經荊山銅山葛山賈超之山洞庭之山其木多橘櫾 原 春秋運斗樞璇樞星散爲橘 晏子春秋晏子使

楚楚王進橘置削晏子併食不剖王曰橘當剖對曰臣聞賜人主前者瓜桃不削橘柚不剖今者萬乘無教故不敢剖臣非不知也〔莊子〕樝梨橘柚其味相反而皆可於口〔韓非子〕夫樹橘柚者食之則美嗅之則香【增】〔呂氏春秋〕果之美者有江浦之橘【原】〔淮南子〕橘柚有鄉橘凋於北徙榴鬱於東移【增】〔神異經〕東方裔外有建山其上多橘柚〔崔寔正論〕橘柚之實堯舜不常御〔鹽鐵論〕匹夫莫乘堅良而民厭橘柚　橘柚生于江南而民皆甘之于口者味同也〔三輔黃圖〕扶荔宮有甘橘百餘本【原】〔吳志〕吳王餽魏文帝大橘帝詔羣臣曰南方有橘酢正裂人牙時有甜耳【增】〔吳錄〕朱光祿為建安郡中庭有橘冬月于樹上覆裹之至明年春夏色變青黑味尤美【原】〔益都耆舊傳〕楊由為成都文學掾少治易曉占候忽有風起太守問由答曰南方有薦木實者色黃赤頃之五官掾獻橘數包〔襄陽耆舊傳〕吳李衡漢末為丹陽太守每欲治家事妻英習不聽後密遣客十人往武陵龍陽泛洲上作宅種橘千株臨死勑兒曰汝母每怒吾治家事故窮如是然吾州里有千頭木奴不責汝衣食歲上匹絹亦當足用爾〔南方草木狀〕漢武帝時交趾有橘官置長一人秩二百石主歲貢御橘　吳黃武中交趾太守士燮獻橘十七實同一蔕以為瑞異羣臣稱賀〔神仙傳〕蘇仙公者桂陽人也

漢文帝時得道當仙母曰汝去之後使我如何存活先生曰明年天下疾疫庭中井水簷邊橘樹可以代養井水一升橘葉一枚可療一人來年果有疾疫遠近悉求母療之皆以水及橘葉無不愈者【增】〔廣州記〕羅浮山有橘夏熟實大如李剝皮噉則酢合食極甘　南中八郡志交趾特出好橘大且甘而不可多噉令人下痢〔拾遺記〕岱陽山中有白橘花色翠而實白大如瓜香聞數里【原】〔後搜神記〕會稽鄮縣東野有女子姓吳字望子路忽見一貴人儼然端坐即蔣侯像也因擲兩橘與之數數形見遂隆情好　晉孝武世宣城人秦精常入武昌山中採茗忽遇一人長丈餘徧體皆毛從山北來探懷中二十枚橘與精甘美異常【增】〔述異記〕句漏縣有綠橘青柑　漢章帝元年上虞縣獻玉色橘　越多橘柚園越人歲出橘稅謂之橙橘戶亦曰橘籍吳闞澤表曰請除臣之橘籍〔水經注〕劉先主時巴郡結舫水居者五百家縣有橘官夏至則熟二千石常設廚膳命士大夫共會樹下【原】〔幽怪錄〕巴邛橘園中霜後見橘如缶剖開中有二老叟象戲一叟曰橘中之樂不減商山但不得深根固蔕爾一叟取龍脯食之食訖餘脯化為龍眾乘之而去【增】〔異聞錄〕柳毅見龍君即海岸橘樹名橘社〔三吳志〕孔安國開宅忽有二人來云自帝庭來一衣綠曰藤子一衣黃曰黃子語吳大帝時事歷

歷可聽及去遣人詩之入未央宮庭中衣綠者入於藤下衣黃者入於橘下 原〔風土記〕唐于蓬萊殿九月九日賜羣臣橘〔江淮異人錄〕陳允升好道術撫州危全諷迎賓郡中危夜坐謂之曰豐城橘美頗思之允升曰方有一船泊豐城港今爲取之港去城十五里少選即還攜一布囊有橘數百枚 增〔稽神錄〕僞吳兵部賈潭言其所知爲嶺南節度獲一橘其大如升將表獻之監軍中使以爲非常物不可輕進因取鍼微刺其葉下乃有蠕蠕而動者因破之中有一小赤蛇長數寸〔南唐近事〕鍾傅鎮江西日客有以覆射之法求謁傅以暦日包一橘致袖中使射之客口占一歌以揭之云太歲當

頭立諸神莫敢當其中有一物常帶洞庭香 原〔廣記〕劉晏在江淮名橘珍柑常與本道分貢競欲先至雖封山斷道以禁前發晏每厚貲致之爲諸道冠 增〔嘉祐雜志〕橘樹直竦枝葉不相妨蜀人謂之櫼木〔東坡楚頌帖〕吾性好種植能手自接果木尤好栽橘陽羨在洞庭上柑橘栽至易得當買一小園種柑橘三百本屈原作橘頌吾園若成當作一亭名之曰楚頌〔文昌雜錄〕國子朱司業言南方柑橘雖多然亦畏霜每霜時亦不甚收惟洞庭霜雖多仍無所損詢彼人云洞庭四面皆水也水氣上騰尤能辟霜所以洞庭柑橘最佳歲收不耗正爲此爾〔後山詩話〕韋蘇州詩云憐君臥病思新

橘試摘猶酸亦未黃書後欲題三百顆洞庭須待滿林霜余往以爲蓋用右軍帖中贈子黃甘三百者比見右軍一帖云奉橘三百枚霜未降未可多得蘇州蓋取諸此〔曲洧舊聞〕果中結實遲者莫如橘諺云立不踰膝好種橘言其不可待也〔行都紀事〕橘園亭在豐樂橋未建都之時此地皆種橘高宗欲親巡就此乘舟創亭其上前臨大河故至今街市傳爲橘園亭〔益公平園集〕洞庭楚之巨浸而山在震澤中其產橘柚皆足以冠天下世謂地脈潛通宜哉〔三柳軒雜識〕橘花爲雋客〔武夷山志〕峰山有仙橘小者如彈丸其皮可食大者如雞卵味尤甘 原〔蘇州府志〕太湖中洞庭山一名包

山道書第九洞天蘇子美記有峰七十二惟洞庭稱雄其間民俗淳樸以橘柚爲常產每秋高霜餘丹葩朱實與長松茂竹相映巖壑望之若圖畫〔嚴州府志〕城南十里有山險峻不易登上有羅浮橘一株熟時風飄墮地得者訛爲仙人橘 增〔長沙府志〕橘洲在善化縣產橘〔常德府志〕橘洲長二十里即李衡種橘處〔泉州府志〕宋寧宗嘉定間永春縣樂山之東有橘一株隨人所食不得持歸或竊懷之則袖中變爲蛇蝮〔延平府志〕南平縣衍仙山中產橘止可就食或欲攜歸即迷道不得出〔莆田縣志〕碧溪上有仙人巖巖上野橘其實無時得者爲瑞宋元祐間方亞夫薛蕃皆以九日遊巖

人得一橘並登第
集藻 表 增 唐劉禹錫為武中丞謝新橘表 臣某言中使
某至奉宣聖旨賜臣新橘若干顆特降恩光猥頒慶賜
珍踰百果榮比兼金臣伏以丹實初成包貢爰至芳馨
味重方列於御筵雨露恩深忽霑於賤品感同推食事
等絕甘豈惟適口為珍實負捐軀上答臣無任感戴之
至
啓 增 梁簡文帝謝勅賚城邊橘啓 結根龍首垂陰陽灘
甘踰石蜜味重金衣睥章標李豈止稱於晉世上林美
棗非獨高於漢日 劉潛謝東宮賜城傍橘啓 多置守
民晉為厚秩坐入縑素漢譬封君固以仰匹穰橙俯聯

楚柚寧似魏瓜借清泉而得冷豈如蜀食待飾蜜而成
甜重以倒影陽池垂華金𨻶信可珍石榴於式乾貴葡
萄於別館． 劉峻送橘啓 南中橙橘青鳥所食始霜之
旦採之風味照座劈之香霧噀人皮薄而味珍脈不粘
膚食不留滓甘踰萍實冷亞冰壺可以熏神可以芼鮮
可以漬蜜糟鄉之果寧有此耶 庾肩吾謝賚橘啓 光
分璇宿影拔銅峰大青鳥之遐遙服朱圍之爽塏楚原
洪筆頌記不遷陳王麗藻賦稱遙植
雜著 原 唐陸龜蒙蠹化 橘之蠹大如小指首負特角身
蹙蹙然類蝤蠐而青翳葉仰齧如饑蠶之速不相上下
人或棖觸之輒奮角而怒氣色桀驁一旦視之凝然弗
食弗動明日復往則蛻為蝴蝶矣力力拘拘其翎未舒
襜黑鞲蒼分朱間黃腹塡而橢綏纖且長久醉方寤羸
枝不揚又明日往則倚薄風露攀緣草樹聳空翅輕瞥
然而去或隱蕙隙或留篁端翩旋軒虛颺曳紛拂甚可
愛也須臾犯蟰網而膠之引絲環纏牢若桎梏人雖甚
憐不可解而縱矣噫秀其外類其文也黠其中類其德
也不朋而遊類潔也無嗜而食類廉也向使前不知為
橘之蠹後不見羅蟊之網人謂之鈞天帝居而來今復
還矣天下大橘也名位大神化也封略大蕙網也苟滅
德忘公崇浮飾傲榮其外而枯其內害其本而窒其源
得不為大蟊網而膠之乎觀吾之蠹化者可以惕已

樂仲子曰吾昔好種橘吾每輒前春而植私竊懼晚也
種而遂者十不得一二焉訊之老圃圃曰橘不可以前
春種也盡後之吾從而後之植而遂者十嘗得八九焉
又訊老圃圃曰冬榮之木其氣外周外周者非陽盛不
可活也冬謝之木其氣內固內固者雖陽未盛活也推
此則百種百活矣仲子俯然嘆曰吾益信枝葩繁者木
根慘周公曰冬日之閉凍也不固則春夏之長草木也
不茂天地不能常侈費而況於人乎是故君子貴斂其
真不豫其根萬類以生
頌 原 楚屈原橘頌 后皇嘉樹橘徠服兮受命不遷生南
國兮深固難徙更壹志兮綠葉素榮紛其可喜兮曾枝

剡棘圜果摶兮青黃雜揉文章爛兮精色內白類可任
兮紛縕宜修姱而不醜兮嗟爾幼志有以異兮獨立不
遷豈不可喜兮深固難徙廓其無求兮蘇世獨立橫而
不流兮閉心自慎不終失過兮秉德無私參天地兮願
歲並謝與長友兮淑離不淫梗其有理兮年歲雖少可
師長兮行比伯夷置以爲像兮　增宋孝武帝芳春琴
堂橘連理頌　列訪神祕詳觀瑞策通柯並秀實靈所錫
雜條別榦淹一榮戚道彼遐方承我正曆
贊增晉郭璞橘櫾贊　厥包橘櫾奇者維甘朱實金輝葉
蒨翠藍靈均是詠以爲美談
賦增魏曹植橘賦　有朱橘之珍樹於鶉火之遐鄉禀太

陽之烈氣嘉杲日之休光體天然之素分不遷徙於殊
方播萬里而遙植列銅雀之園庭背江洲之暖氣處玄
朔之肅清邦換壤殊爰用喪生處彼不凋在此先零朱
實不御焉得素榮惜寒暑之不均嗟華實之永乖仰凱
風以傾葉冀炎氣之可懷颺鳴條以流響希越鳥之來
栖夫靈德之所感物無微而不和神蓋幽而易激信天
道之不訛既萌根而弗幹諒結葉而不華漸玄化而不
變非彰德於邦家附微條以歎息哀草木之難化　晉
潘岳橘賦并序　余齋前橘樹冬夏再熟聊爲賦云爾嗟
嘉卉之芳華信氤氳而芬馥既蓊茸而葳蕤且參差而
橚蕭已鬱鬱而冬茂亦離離而夏熟至如廣命賓客歷

覽遊觀三清既設百味星爛炫煜乎玉案照耀於金盤
故成都美其家園江陵重其千樹既見稱於陸言亦標
名乎馬賦　宋謝惠連橘賦　園有嘉樹橘柚煌煌圓丹
可翫清氣芬芳受以玉盤升君子堂味既滋而事美實
厥包之最良　梁吳均橘賦　增枝之木既稱英於緣地
金衣之果亦委體於玉盤見雲夢之千樹笑江陵之十
蘭葉葉之雲共琉璃而並碧枝枝之日與金輪而共丹
若乃秋夜初露長郊欲素風賁寒而北來鳴衛霜而南
度方散藻於年深遂凝貞於冬暮　唐可頻瑜洞庭獻
新橘賦　洞庭之遠兮亘全楚而連巨吳路悠悠以窮塞
波森森而平湖遠國之奧壤中華之外區風土所宜兮

四方各異珍果斯出兮諸夏或無至於白商謝玄律改
風落瑤林寒生窮海枇杷落而將盡荔枝摘而不待然
後浮香外散美味中成照斜暉而金色帶曉潤而霜清
圓甚垂珠琪樹方而孰可味能適口玉果比而全輕在
禹貢非宅於周制則那充厥包於林下發使者於江沱
穰橙不得而雜楚柚不得而和所獻者皆歎其美所貴
者不以其多歲崢嶸而已晚路崎嶇而自遠齊萬物以
全入離本枝而不返其價可重其味可珍固緣帶而未
變施素錦而猶新茲夕發於南國已朝奉於北辰匪雕
飾以自媚實羽翼以因人獻芹者既非其匹敵獻桃者
何足以等倫豈比夫江北則枳江陵則洲隨櫨梨而莫

遂備職貢而無由同碩果而已矣望君門兮阻修美哉
植物斯多結實者衆斯橘也栽則隔乎淮浦生則王乎
雲夢獨專美於當年及歲時而入貢〔仲子陵洞庭獻
新橘賦〕皇帝垂衣裳而洽萬國舞干戚而來九區包之
橘柚至自江湖歲以爲常知方物之咸有時而後獻表
庭實之何無本其來則風秋洞庭霜落震海元侯布教
下吏旁採碧林冬生大小異名已去霜蕃初辭綠莖然
後盛以瀟湘之竹束以江淮之菁背楚塞以西走望秦
雲而北征上方端想玄默深居穆淸扇鴻鈞而不宰張
大樂而無聲闢彼要荒之貢得斯華實之英乃明四目
乃停九歌朱紱方來以彰其道泰碩果可食以表其時

和時和在乎務本道泰在乎柔遠一果熟知百果之不
荒一方來知萬方之來晚橘之名也則珍橘之熟也惟
新越彼千里獻於一人丹其實體南方之正酸其味含
木德之純足以附荔枝於末葉遺檳榔於後塵然出自
荒陬升聞莫由煙波無已歲月空流豈知夫湮沉可達
職貢可修辭草澤以孤往入金門而見收物之因人也
其則以衆人之象物也豈不或中儻草木之可儔希成
名於入貢〔李德裕瑞橘賦幷序〕淸霜始降聖上命中
使賜宰臣等朱橘各三枚蓋靈囿之所植也臣伏以渡
淮爲枳由地氣而不遷吹谷生黍信陽和之有感昔漢
武致石榴於異國靈根遐布此西域柔服之應也魏武

植朱橘於雀園華實不就乃吳人未格之兆也考於前
史昭晰可知豈非天地同和羣物效祉去蠻邪之陋獲
近太陽感王化之威更承膏露草木尚爾况乎人心漢
宣帝宮館山澤意有所感必使近臣賦之臣幼學爲文
忝列樞近敢稽首而獻賦曰美南州之嘉樹受烈氣於
炎德固一志於殊方遂不遷於上國貞枝凝碧蔚湘岸
之夕陰華實變黃動江潭之秋色雜丹楓於溪畔映綠
篠於巖側翡翠以之列巢鵷雛於焉栖息雖同霑於雨
露竊自得於雕飾終獲譽於皇明豈因人之羽翼感大
鈞之獨運輸造化之玄力思六合以同風採孤根而移
植播元氣以茂育諒英靈之不測逮乎霜飛文囿風落

秦川金莖炫焜於朝日玉樹菁蔥於霽天莪方壺之翠
島列靈沼之淸漣上蔚樛松下秀蓀荃耀朱草與屈軼
雕紫芝與賓連靈卉必植而嘉橘在焉碧葉獨潤金衣
更鮮天漢之華星焜燿閬風之珠樹粲然香若圓於野
露色疑炫於江煙既而大官獻新奇果列筵非厥包之
自遠何菲陋之莫傳樹隱方塘比丹萍之初實盤映皎
月與赤瑛而共妍東鄙孤臣謬塵三事既乏和羹之用
猶霑可口之味幷食不割竊愧晏嬰之知捧之以拜重
感桓榮之賜庶不朽於雪霜永酬恩於天地
〔文賦散句〕〔增〕〔漢東方朔七諫〕斬伐橘柚兮列樹苦桃
〔司馬相如上林賦〕橘柚芬芳 〔張衡南都賦〕穰橙鄧橘

李尤七歎金衣素裏斑理內充〔德陽殿賦〕橘柚含桃百果成叢〔晉杜預七規〕庶羞既異五味代臻𣚍以丹橘雜以芳鱗〔左思蜀都賦〕戶有橘柚之園〔傅巽七誨〕閩山朱橘〔陳周弘讓答王褒書〕江南燠熱橘柚冬青

五言古詩【增】漢無名氏古詩橘柚垂華實乃在深山側聞君好我甘竊獨自雕飾委身玉盤中歷年冀見食芳菲不相投青黃忽改色人儻欲我知因君為羽翼〔晉張華〕橘橘生湘水側菲陋人莫傳逄君金華宴得在玉几前〔梁簡文帝詠橘〕萎蕤映庭樹枝葉凌秋芳故條雜新實金翠共含霜攀枝折縹幹甘旨若瓊漿無假存雕飾玉盤余自嘗〔沈約園橘〕綠葉迎露滋朱苞待霜潤但令入玉柈金衣非所恡〔范雲園橘〕芳條結寒翠圓實變霜朱徙根楚洲上來覆廣庭隅〔徐摛詠橘〕麗樹臨江浦結翠似芳蘭焜煌玉衡散照耀金衣丹愧以無雕飾徒然登玉盤〔虞羲橘〕衝飆發隴首朔雪度炎洲摧折江南桂離披漢北楸獨有淩霜橘榮麗在中州從來自有節歲暮將何憂〔隋李孝貞詠橘樹〕嘉樹出巫陰分根徙上林白華如散雪朱實似懸金布影臨丹地飛香度玉岑自有凌冬質能守歲寒心〔唐孟浩然庭橘〕明發覽羣物萬木何陰森凝霜漸漸水庭橘似懸金女伴爭攀摘摘窺礙葉深並生憐共蔕相示感同心

骨刺紅羅被香黏翠羽簪擎來玉盤裏全勝在幽林

【原】〔杜甫病橘〕羣橘少生意雖多亦奚為惜哉結實小酸澀如棠梨剖之盡蠹蝕採掇爽所宜紛然不適口豈止存其皮蕭蕭半死葉未忍別故枝玄冬霜雪積況乃回風吹嘗聞蓬萊殿羅列瀟湘姿此物歲不稔玉食失光輝寇盜尚憑陵當君減膳時汝病是天意吾諗罪有司憶昔南海使奔騰獻荔枝百馬死山谷到今耆舊悲

【增】〔柳宗元南中榮橘柚〕橘柚懷貞質受命此炎方密林耀朱綠晚歲有餘芳殊風限清漢飛雪滯故鄉攀條何所歎北望熊與湘〔宋范成大手植綠橘十年不花〕綠橘生西山得自髯翁家云此接活根是歲當著花俛仰乃十霜垂羸紛相遮芳意竟寂寞枯枝謾槎牙風土諒非宜翁言豈予夸會令返故山高深謝汙邪石液滋舊根山英擢新葩黃團挂霜實大如崆峒瓜當有四老人來駐七香車〔橘園〕橘中有佳人招客巢下遊胡牀到何許坐我金碧洲沉沉翦綵山垂垂萬星球奇采日中麗生香風外浮折贈黃團雙珍逾桃李投拆開甘露囊快吸冰泉甌熱惱散五濁豈止沉痾瘳未知商山樂能如洞庭否〔元楊載橘中篇〕茲海無山林莽莽皆平疇右家擇地利削此營苑囿雜樹作藩屏青紅間綢繆其中植橘柚擁蔽枝葉稠盛夏開白華朱實懸高秋飛霜虐萬物寒風助飀颼凌晨察變候策杖巡維陬是何黃

金多暴露宜藏收採摘資衆力轉輸及他州子長傳貨殖謂此同列侯上充國家賦下貽饘筥謀千繼可坐致何必龍陽洲

【原】明孫齊之謝送橘美人有嘉樹結寶如黃金微霜降秋節芬芳滿中林采采不盈筐歲暮遠相尋緘以尺素書致以瑤華音開緘讀素書字字瑯與琳把玩不去手置我高堂陰恍行洞庭上秋色瀟湘深況此東南美橘頌步高吟橘柚匪芬芳荷君芬芳心

七言古詩

【增】宋李綱食橘洞庭一夜天雨霜橘林綠苞朝已黃遠題書後三百顆入手便覺秋風香黃金爲膚白玉瓤沆瀣深貯甘且芳雕盤初擘噀清露冰齒乍嚼流瓊漿色香氣味紛可喜下視衆果皆菹糠嗟余平生

愛種此木奴千樹粱籬傍只今蒿艾已埋沒豈敢向門爭熒煌蓬萊雲氣久寂寞漢殿無復羅瀟湘厥包縱有盡酸澀剖之蠹朽安足嘗乃知汝病是天意坐使玉食無輝光荒山乃爾飫佳品安得驛褭置錦堂君不見杜陵野老歌病橘蕭蕭半死誠可傷

范成大清江道中橘園正黟芳林不斷清江曲側影入江江水綠未論萬戶比封君瓦屋人家衣食足暑風汎花蘭茝香秋日離落明青黃客舟來遲佳景盡但見碧樹愁春霜

金党懷英題大理評事王元老雙橘堂朱橘復朱橘傳分包貢寶煌煌中堂榜奇畫照公堂前萱草碧公今致養豐祿食更取蠻珍奉顏色舉觴一笑三千秋坐看諸孫索梨栗

元謝應芳洞庭胡敬之以余父執之交歲饋新橘凡十有餘年感無以報是用作歌湖山淸氣鍾而翁生兒亦有古人風年年送橘拜牀下甚愧我非龐德公今年霜落洞庭早橘熟尤於豹田稻青衣童子黃金丸橘頭摘來霜未乾儂家食指百三十分甘喜得皆波及嬌癡與笑兩曾孫手弄金丸口欲吞阿翁老饕三嚥畢已教食之還自喫一枝一枝復一枝翁有笑聲孫亦咍枯腸久似長卿渴甘露遡從仙掌來楚江萍實不可得華峯藕亦無人識今比雪霜甘比蜜此句眞可題此橘韓子之詩今代無借作報章揮我筆懷哉故人家洞庭七十二峯環翠屏洛陽秋風塵滿城莫能污爾雙縠青

南山不爛黃河淸正須坐閱三千齡山中舊識諸耆英煩道老夫多寄聲

五言律詩

【增】唐李嶠詠橘萬里盤根植千株布葉繁既榮潘子賦方重陸生言玉蕊含霜動金衣逐吹翻願辭湘水曲長茂上林園

【原】宋楊萬里橘花花靜何須艷林深不隔香初聞何處覓小摘莫令長春落秋仍發梅兼雪未强縹姿汲寒砌淺浸一枝涼　不夜非關月無風也自香著花能許細落子不多長玉椽開猶半金鬚撚更長解愁何必醉遇暑却生涼

【增】明吳寬玉汝席上詠橘來從馬上郎猶帶洞庭霜香霧騰金掌淸冰貯赤囊曾聞書後寫宜向醉中嘗愛此非陳紫能留客滿

堂　申時行楚頌亭爲憐湘浦色聊借洞庭林有地容嘉樹無心利木奴綠苞含露潤朱實帶霜腴歲晚留芳潔還疑挹左徒

七言律詩〔增〕唐李紳橘園江城霧斂輕霜早園橘千株欲變金朱實摘時天路近素英飄處海雲深懼同枳棘愁遷徙每抱馨香委照臨憐爾結根宜自保不隨寒暑換貞心　白居易揀貢橘書情洞庭貢橘揀宜精太守勤王請自行珠顆形容隨日長瓊漿氣味得霜成登山敢惜駑駘力望闕難伸螻蟻情疎賤無由親跪獻願憑朱實表丹誠　張彤和揀貢橘凌霜遠涉太湖深雙卷朱旗望橘林樹樹籠煙疑帶火山山照日似懸金行看

採掇方盈手暗覺馨香已滿襟揀選封題皆盡力無人不感近臣心　周元範和揀貢橘離離朱實綠叢中似火燒山處處紅影下寒林沈綠水光搖高樹照晴空銀章自竭人臣力玉液誰知造化工看取明朝船發後餘香猶尚逐仁風　皮日休早春以橘子寄魯望箇箇和枝葉捧鮮彩疑猶帶洞庭煙不爲韓嫣金丸重直是周王玉果圓剖似日魂初破後弄如星髓未銷前知君多病仍中聖盡送寒苞向枕邊　陸龜蒙襲美以春橘見惠兼之雅篇因次韻酬謝到春猶作九秋鮮應自親封白帝煙良玉有漿須讓味明珠無類亦羞圓堪居漢苑霜梨上合在仙家火棗前珍重更過三十子不堪分付野人邊　〔原〕宋劉克莊橘花一種靈根有異芬初開尤勝結丹黃白於薝蔔林中見清似旃檀國裏聞淡月珠胎明璀璨微風玉屑撼繽紛平生荀令薰衣癖露坐花間至夜分

五言絕句〔增〕宋梅堯臣前以柑子詩酬行之既食乃綠橘也頃年襄陽人遺柑子辨是綠橘今反自笑之昔辨荊州悞今爲越叟迷黃柑與綠橘正似珷玞圭

七言絕句

御製盆中橘實甚繁詠此厥包禹貢自揚州作頌騷人楚澤留爭似青條朱實好移來滿樹洞庭秋

〔增〕宋韓琦次韻答滑州梅龍圖惠鼎州甘橘芳訊欣隨

客鯉開雅篇共付木奴來病翁逢酒惟憂過更使湘包下滑杯　曾鞏橘剖見隋珠醉眼開丹砂綠手落塵埃誰能有力如黃犢盡取繁星始下來　〔原〕范成大田園雜興新霜徹曉報秋深染盡青林作纈林惟有橘園風景異碧叢叢裏萬黃金　朱子次韻呂季克橘堤君家池上幾時栽千樹玲瓏亦富哉荷盡菊殘秋欲老一年佳處眼中來　〔增〕葉適橘枝詞蜜滿房中金作皮人家短日挂疏籬判霜翦露裝船去不唱楊枝唱橘枝　金劉著伯堅惠綠橘黃苞猶帶洞庭霜翠袖傳看綠葉香何待封題三百顆只今詩思滿江鄉　〔原〕明沈懋孝洞庭秋水接三江正美鱸魚橘柚香絲管家家明月夜儂

今何事不還鄉〔陳繼儒〕睡起難禁酒力加醉時隨臥
口鷗沙草堂位置新籬落蕉葉西邊橘試花
詩散何 增〔唐張九齡〕江南有丹橘經冬猶綠林〔杜甫〕
青惜峰巒過黃知橘柚來　此邦千樹橘不見比封君
〔張籍〕野路臨西浦門前有橘花〔白居易〕江陵橘似
珠宜城酒如餳〔宋劉敞〕森落蠟珠圓參差金壺裏
頌聲騷客誤錫貢禹書遲〔李覯〕嫩橘摘千苞肥魚斫
千尾〔司馬光〕楚岸橘花香偏舟泛渺茫〔張舜民〕彼
美出南國關山不常有〔晁冲之〕荆州特大橘亦名作
黃柑〔程敦厚〕春飛白雪花秋吐黃金實　香散風前
麝漿寒霜後蜜〔陸游〕西窗夕陽暖摘橘薦新醅〔金

吳激〕天南家萬里江上橘千頭〔唐杜甫〕秋日野亭千
橘香玉杯錦席高雲涼 原〔白居易〕楓林橘樹丹青合
複道崇樓錦繡懸 增〔白居易〕掩映橘林千點火泓澄
潭水一盆油　浸月冷波千頃練苞霜新橘萬株金
〔劉禹錫〕秋風門外旌旗動曉露庭中橘柚香〔曹唐〕閑
依碧海攀鸞駕笑就蘇君覓橘嘗〔張泌〕千里晚霞雲
夢北一洲霜橘洞庭南〔宋丁謂〕香於梔子細於梅柳
絮梨花向後開〔劉敞〕江南碧木映霜秋丹實秋香破
客愁〔李覯〕水仙坐下魚鱗赤龍女門前橘樹香〔曾
鞏〕入苞豈數橘柚賤芼鼎始足鹽梅和 原〔王珪〕黃欺
晚菊垂金砌圓並明珠落翠盤 增〔王安石〕浥霜火齊

纍橤熟嚩露金苞冉冉香〔蘇軾〕春夢屢尋湖十頃家
書新報橘千頭　水底笙歌蛙兩部山中奴婢橘千頭
〔孫覿〕酒傾白墮杯行玉橘破黃苞坐釘金〔徐似道〕
那堪富有千頭橘便可稱爲四老人〔陸游〕麴米春香
雖可醉瀼西新橘尚餘酸〔元李孝光〕池上小風花樹
午夜深疎雨橘林秋〔周庾信〕甘橘萬頭奴〔唐張九
齡〕數處橘爲洲〔周瑀〕寒深包曉橘〔孫逖〕霜多山橘
熟〔孟浩然〕金子耀霜橘〔岑參〕新橘香官舍　庭樹
純栽橘〔李白〕巖種朗公橘　人煙寒橘柚 原〔杜甫〕
橘井尚高騫　天寒橘柚垂　荒庭垂橘柚〔白居易〕
橘苞從自結　果擘洞庭橘〔劉禹錫〕星懸橘柚村

柳宗元〕橘柚當家僮〔韓翃〕縣道橘花裏　衣香楚山
橘〔孟郊〕橙橘金蓋檻〔李商隱〕青辭木奴橘　鄧橘
未全黃　喜客常留橘〔許渾〕寒橘帶霜甘〔韓偓〕手
香江橘嫩〔宋劉筠〕三江橘帶霜　江橘富霜秋　林
疎丹橘迥〔王珩彥〕霜重橘奴肥〔孫覿〕橘圃聚千奴
〔陸游〕橘包霜後美〔唐杜甫〕橘洲田土仍甘腴〔張
籍〕江南人家多橘樹〔韓翃〕把手閑歌香橘下〔姚合〕
橘村籬落香潛度〔杜牧〕楚香寒食橘花時〔方干〕橘
枝亞路黃苞重〔薛能〕纍果盤餐丹橘地〔秦韜玉〕橘
香深處釣船橫〔皮日休〕千株橘樹唯沽酒　橘爲風
多玉腐鮮〔韋莊〕滿岸秋風吹枳橘〔宋梅堯臣〕綠橘

黃柑帶葉收　〔蘇軾〕不容朱橘更論錢　一點黃金鑄
秋橘　〔黃庭堅〕君家秋實羅浮種　〔張耒〕清圜一洗黃
金團　〔元周權〕洞庭霜橘包黃銀　〔倪瓚〕山園細路橘
花香　〔顧瑛〕橘璫並帶黃金重
〔詞〕增〔宋蘇軾浣溪沙〕菊暗荷枯一夜霜新苞綠葉照林
光竹籬茅舍出青黃　香霧噀人驚半破清泉流齒怯
初嘗吳姬三日手猶香　〔李璧清平樂〕西江霜後萬點
暄晴書璀璨寄來光欲溜正值文君病酒　畫屏斜倚
窓紗睡痕猶帶朝霞為問清香絕韻何如欲語梅花
〔西江月〕昨夜十分霜重曉來千里書傳吳山秀處洞庭
邊不夜星垂初徧　好事寄來禪侶多情將送琴仙為

憐佳果稱嬋娟一笑聊同清宴
〔別錄〕增〔新論〕士有大趣不修容儀不惜小檢而謂之棄
人是見朱橘一子蠹因翦樹而棄之覩綉錦一寸黜乃
全匹而燔之　〔古今注〕蛺蝶大如蝙蝠者或黑色或青
斑名為鳳子一名鬼車生江南柑橘園中　〔寰宇記〕蒼
梧土諺曰郡中甘橘多被黑蟻所食人家買黃蟻投樹
上因相鬬黑蟻死甘橘遂成　原〔日用本草〕橘實同螃
蟹食令人患軟癱　〔日華本草〕口渴吐酒橘瓤上筋膜
炒熟煎湯飲甚效　〔種植〕種子及栽皆可以根樹截接
或貼接尤易成宜肥地至冬須以火糞壅培則來年花
實俱茂遇旱以米泔灌溉則實不損落根下埋死鼠則

結實加倍物類相感志云橘見尸而實繁涅槃經云如
橘見鼠其果實多　增〔避暑錄話〕橘極難種吾居山十
年凡三種而三橘其初移栽皆三四尺餘一歲便結實
纍然可愛未幾偶歲大寒多雪即立槁雖厚以苫覆草
擁不能救也蓋性極畏寒而吾居在山之半又面北多
北風與平地氣候絕不同今吳中橘亦惟洞庭東西兩
山最盛他處好事者園圃僅有之不若洞庭人以為業
也凡橘一畝比田一畝利數倍而培治之功亦數倍於
田橘下之土幾於用篩未嘗少以瓦甓雜之田自種至
刈不過一二耘而橘終歲耘無時不使見纖草地必面
南為屬級次第使受日每歲大寒則於上風焚糞壤以

溫之吾不如老圃信有之矣　〔學圃餘疏〕柑橘產於洞
庭然終不如浙溫之乳柑閩漳之朱橘有種紅而大者
云傳種自閩而香味徑庭矣余家東海上又不如洞庭
之宜橘乃土產蜺花甜蜜橘二種却不啻勝之橘性畏
寒值冬霜雪稍盛輒死植地須北藩多竹霜時以草裹
之又虞春枝不發　原〔灌培〕多能鄙事茅灰及羊矢壅
之多生實　十一月內將橘樹根寬作盤澆大糞三次
至春用水澆二次花實必茂　鋪乾松毛中不近酒處
多不壞　〔收藏〕便民圖纂十月後將金橘安錫器內或
芝蔴雜之經久不壞若橘之類藏菉豆中極妙弗近
米邊見米即爛　增〔橘錄〕有人用糖熬橘者謂之藥橘

入瓷灰於鼎間色乃黑可以將遠又橘微損則去皮以肉瓣安竈間用火薰之曰薰橘置之糖蜜中味亦佳物類相感志散緗橘用黃湯錫瓶收之經年不壞山家清供舊遊東嘉時在水心先生席上適淨居僧送餽至如錢大各合橘葉清香藹然如在洞庭左右先生詩曰不待滿林霜後熟蒸來便作洞庭香因謁寺僧曰采蓮與橘葉搗汁加蜜和米粉作餽各各以葉蒸之市有賣者特差大耳

附錄 橘皮

原 橘皮一名陳皮一名紅皮去白者名橘紅未熟而色青者名青皮凡使勿用柚皮柑子皮誤用有害橘皮乃

六陳之一日用所需不可不愼擇橘皮紋細色紅而薄內多筋脈其味苦辛溫柑皮紋粗色黃而厚內多白膜其味辛甘柚皮最厚而虛紋更粗色黃內多膜無筋其味甘多辛少橘皮性溫柑柚皮性冷柚皮更不可用橘皮治百病總是取其理氣燥濕之功苦能泄能燥辛能散溫能和同補藥則補同瀉藥則瀉同升藥則升同降藥則降寬膈利氣消痰極有殊功他藥貴新惟此貴陳又能治魚腥可作食料去白者以白酒入鹽洗潤透刮去筋膜曬乾用青皮色青氣烈味苦而辛治之以醋所謂肝欲散急食辛以散之以酸瀉之以苦降之也陳皮浮而升入脾肺氣分青皮沉而降入肝膽氣分一體而二用青皮最能發汗有汗者忌用二皮合用推陳致新大益人忌多用久服能損元氣

佩文齋廣羣芳譜卷第六十四

佩文齋廣羣芳譜卷第六十五

果譜

柑

【原】柑古作甘開寶本草云柑木經霜時猶酸霜後甚甜故名柑子梅溪詩注云他果非無甘者惟柑從甘言最甘也一名瑞聖奴詩見后清異錄生江南及嶺南閩廣溫台蘇撫荊爲盛川蜀次之樹似橘少刺實亦似橘而圓大霜後始熟味甘甜皮色生青熟黃比橘稍厚理稍粗而味不苦惟乳柑山柑皮可入藥橘實可久留柑實易腐敗柑樹畏冰雪橘樹畧可耐此柑橘之異也乳柑出溫州泥山爲最其味似乳酪故名其木婆娑其葉纖長其花香韻其實圓正其膚理如澤蠟其大六七寸其皮薄而味珍脈不黏瓣食不留滓一顆僅二三核亦有全無者擘之香霧噀人爲柑中絕品海紅柑樹小而實極大

有圍及尺者皮厚色紅可久藏今獅頭柑亦其類洞庭柑出洞庭山皮細味美其色如丹其熟最蚤甜柑類洞庭而大每顆八瓣未霜先黃比他柑加甜饅頭柑近蒂如饅頭尖味香美生枝柑色青膚粗味似石榴微酸可耐久霜時留之枝間候味變六帶葉而折新美可愛平蒂柑出成都大如升色蒼黃朱柑類洞庭而大色嫣紅味多酸以刀破之漬以鹽始可食木柑膚理堅頑瘠大而乏膏外澤中乾故名以木又有白柑沙柑之類【增】廣志黃柑出珠崖止一核北戶錄變柑出鼎州有竝大於升者其皮薄如洞庭之橘飽滿之所弗及傳云移植不百里形味俱變因以爲名雲南志獅頭柑狀如獅頭而色黃其大如碗味最甘美衡州志沅江出佛頭柑霜柑益部方物畧記柑生果渠嘉等州結實埒於江南味亦差爲薄云【原】橘錄柑別種有八橘別種爲十四橙別種爲五凡其類合二十有七而乳柑推第一故溫人謂乳柑爲眞柑謂他皆若假設者而獨眞柑爲稱爾且溫數邑俱種柑而出泥山者又傑然推第一【增】全芳備祖韓彥直橘錄但知乳柑出於泥山獨不知出於天台之黃巖出於泥山者固奇出於黃巖者尤天下奇也格城隨筆漳南產柑橘其種不一而顆皆碩大蘆柑爲最紅柑次之蘆柑色稍黃紅柑則正赤皆佳種也三衢所產似亦當稍讓連江一種差小而味亦甘當在武陵蜜橘之列【原】性大寒治腸胃熱毒解丹石止暴渴多食令人脾冷生痰發痼癖皮調中下氣核可作塗面藥

【彙考】【原】謝承後漢書丹陽張磐字子石爲廬江太守濤陽令嘗餉一奩甘其小男年七歲就取一枚磐奪其甘

外卒以兩枚與之磐奪兒甘鞭卒曰何故行賂於吾子【增】宋書符瑞志宋文帝元嘉十二年二月南郡江陵庾和園柑樹連理【原】宋書彭城王義康傳義康輔政四方獻饋皆以上品薦義康而以次者供御上嘗冬月啖甘嘆其形味並劣義康在坐曰今年甘殊有佳者遣人還東府取甘大供御者三寸梁書呂僧珍傳僧珍有大勳任總心膂恩遇隆密莫與爲比性甚恭慎每侍御座屏氣鞠躬果食未嘗舉箸嘗醉後取一柑食之高祖笑謂曰便是大有所進【增】南史張暢傳孝武鎮彭城暢爲安北長史魏太武求酒及甘橘暢宣孝武台并致螺杯雜粽太武遣送氊及九種鹽并胡豉又求黃甘

吝曰知更須黃甘誠非所吝但會不足周彼一軍向給魏王未應便乏故不復重付〔唐書地理志〕蘇州湖州溫州台州洪州土貢乳柑 原〔唐書蕭嵩傳〕荆州進黃柑帝以紫帉包賜之 增宋史五行志康定元年十月始興縣柑兩本連理〔南方草木狀〕交趾人以席囊貯蟻鬻於市者其窠如薄絮囊皆連枝葉蟻在其中並窠而賣蟻赤黃色大於常蟻南方柑樹若無此蟻則其實皆爲羣蠹所傷無復一完者矣今華林園有柑二株遇結實上命羣臣宴飲於旁摘而分賜焉 原〔搜神記〕南康郡南東望山有三人入山見山頂有果樹衆果畢植行列齊整如人行甘子正熟三人共食至飽乃懷二枚

欲出示人廻旋半日迷不得歸聞空中語云催放雙甘乃聽汝去〔荆州記〕枝江有宜都舊都江北有甘園名宜都甘〔湘州記〕州故大城內有陶侃廟其地是賈誼故宅誼時種甘猶有存者〔世說〕王丞相儉節帳下甘果盈溢不散涉春爛敗都督白之公令舍去曰愼不可令大郎知〔五代新說〕隋文帝嗜柑蜀中摘黃柑皆以蠟封蔕獻日久猶鮮〔大唐新語〕益州歲進柑子皆以紙裹之他時長史嫌不敬代以細布既而恐柑子爲布所損每常憂懼俄有御史甘子布至長吏以爲推布裹柑事懼曰果爲所推及子布到驛長吏敘以布裹柑子爲敬子布初不知之久而方悟聞者莫不大笑 增〔酉陽雜俎〕嶺南有蟻大於秦中馬蟻結窠於甘樹甘實時常循其上故甘皮薄而滑往往甘實在其窠中冬深取之味數倍於常者 原〔南越志〕開元中有神仙持羅浮柑子種於南樓寺其後常資進獻至幸蜀幸奉天之歲皆不結實〔零陵總紀〕李直方常第果實若貢士以柑爲四〔異聞錄〕宣宗時董元素自江南來上召見留於翰林中宿夜召與語曰聞公頗有神術今南中柑橘正熟公能致之否對曰請安一合於榻前數刻忽有微風入簾啓合柑滿其中奏云此江陵支縣柑也他處恐來遲上嘗之驚嘆〔開元天寶遺事〕明皇食柑千餘枚皆缺一瓣問進柑使者云途中有道士嗅之蓋羅公遠也

增〔清異錄〕天寶年內中柑樹結實帝日與貴妃賞御呼爲瑞聖奴〔太眞外傳〕開元末江陵進乳柑上以十枚種於蓬萊宮天寶十載九月結實宣賜宰臣曰朕於宮中種柑子數株今秋結實一百五十顆乃與江南及蜀道所進無別亦可謂稍異者乃頒賜大臣外有一合歡實上與妃子互相持翫上曰此果似知人意朕與卿固同一體所以合歡於是促坐同食焉因令畫圖傳之於後宰臣賀表云雨露所均混天區而齊被草木有性憑地氣而潛通故得茲江外之珍果爲禁中之華實云云〔續仙傳〕唐宣宗嘗食柑子軒轅集曰臣羅浮山下所植味踰於此上歎曰朕無緣得之集取御前碧玉甌

覆以寶盤頃得柑上食而甘之〔歸田錄〕韋皐鎮西蜀有黃柑一樹方熟衆實皆落惟樹杪一蔕獨存其大如椀枝葉滋茂皐曰此奇果也令去蔕尺餘折之其實蔕自落有善醫者殷曰凡木實未過時蔕自落乃實之病也請鍼驗之乃引鍼就蔕刺之其實應手而轉殷則連下一刺血濺盈袖皐大驚披之則兩頭蛇也〔燕翼貽謀錄〕承平時溫州鼎州廣州皆貢柑子尚方多不過千少或百數其後州郡苞苴權要負擔者絡繹又以易腐多其數以備揀擇重爲人害天聖六年四月庚戌詔三州不得以貢饋爲名餉遺近臣犯者有罰然終不能禁也今惟溫有歲貢歲饋鼎廣不復有之矣〔春渚紀聞〕

章申公父銀青公俞年七十集賓親爲慶會有餉柑者味甘而實極瑰大既食之嘉其種即令收核種之後圃後更食柑十年〔邵氏聞見後錄〕柑橘二物草木書各爲一條安定郡王以黃柑釀酒曰洞庭春色東坡之賦皆用橘事豈以橘條下云其類有朱柑乳柑黃柑石柑乎夫柑無故事名洞庭春色亦橘也〔原〕〔詩話〕唐上元夜宮人以黃羅包柑遺近臣謂之傳柑宴

〔集藻〕〔表〕〔增〕唐劉禹錫代武中丞謝新柑表臣某言中使至奉宣聖旨賜臣新柑若干顆猥降殊私再頒名果自遠稱貴以新爲榮伏以果實既成南方有貴瓊茅合貢中禁爲珍方外貢來人間永覩黃苞輝穎雕俎增華芬芳初佐於天庖慶賜忽霑於凡口甘踰萍實剖食既同於楚謠寒比柘漿析酲何慙於漢史恩光斯重尺素爾彰譬當捐軀以申上答無任感戴之至

〔啓〕〔增〕梁劉潛謝晉安王賜甘啓削彼金衣咽玆玉液甘踰萍實冷亞氷壺立消煩餶頓除酩酊追嗤齊相進不剖之實遠笑魏君逢裂牙之味〔賦〕〔增〕庾肩吾謝湘東王賚甘啓名傳地里遠自武陵之洲族茂神經遥聞建春之嶺王逸爲賦取對荔枝張衡製辭用連石蜜足使萍實非甜葡萄猶餶

〔傳〕〔原〕宋蘇軾黃甘陸吉傳黃甘陸吉者楚之二高士也黃隱於泥山陸隱於蕭山楚王聞其名遣使召之陸吉

先至賜爵左庶長封洞庭君尊寵在羣臣右久之黃甘始來一見拜溫尹平陽侯班視令尹吉起隱士與甘齊名入朝久尊貴用事一旦甘位居上吉心銜之羣臣皆疑之會秦遣蘇軫鍾離意使楚楚召燕章華臺羣臣皆與甘坐上坐吉咈然謂之曰請與子論事甘曰唯唯吉曰齊楚約西擊秦吾引兵踰關身犯霜露與枳棘最下者同甘苦率家奴千人戰季洲之上拓地至漢南而歸子功孰與甘曰不如也曰神農氏之有天下也吾剝膚剖肝怡顔下氣以固蔕之術獻上上嘉之命注記官陶弘景狀其方畧以付國史出爲九江守宣上德澤使童兒亦懷之子才孰與甘曰不如也吉曰是二者皆居吾

下而位吾上何也甘徐應之曰君何見之晚也每歲大守勸駕乘傳入金門上玉堂與虞茘申梠梅福棗嵩之徒列侍上前使數子者口呿舌縮不復上齒牙間當此之時屬之於子乎屬之於我乎吉默然良久曰屬之於子矣甘曰此吾之所以居子之上也於是羣臣皆服歲終吉以疾免更封甘子爲穰侯吉之子爲下邳侯穰侯遂廢不顯下邳以美湯藥官至陳州治中

雜著【原】明劉基賣柑者言杭有賣果者善藏柑涉寒暑不潰出之燁然玉質而金色置於市價十倍人爭鬻之予貿得其一剖之如有煙撲口鼻視其中則乾若敗絮予怪而問之曰若所市於人者將以實籩豆奉祭祀供

賓客乎將衒外以惑愚瞽也甚矣哉爲欺也賣者笑曰吾業是有年矣吾業賴是以食吾軀吾售之人取之未嘗有言而獨不足子所乎世之爲欺者不寡矣而獨我也乎吾子未之思也今夫佩虎符坐皐比者洸洸乎干城之具也果能授孫吳之略耶峩大冠拖長紳者昂昂乎廟堂之器也果能建伊皐之業耶盜起而不知禦民困而不知救吏姦而不知禁法斁而不知理坐糜廩粟而不知恥觀其坐高堂騎大馬醉醇醴而飫肥鮮者孰不巍巍乎可畏赫赫乎可象也又何往而不金玉其外敗絮其中也哉今子是之不察而以察吾柑予默然無以應退而思其言類東方生滑稽之流豈其憤世疾邪者耶而託於柑以諷耶

頌【增】梁宗炳甘頌煌煌嘉賓磊如景星南金其色隋珠其形

贊【增】晉王升之甘橘贊衛重巖險擽賞有恒二樹保榮四運齊能在質惟美於味斯弘與分南減北則枳橙

宋宋祁柑贊碧葉素葩擷包之珍丹裹既披香液飴津

賦【增】晉胡濟黃甘賦惟江南之奇果杳天地之正陽生殊方之妙域植朱鳥之遐鄉處漢之南背江之陰左協蘭皐右接桂林帶激水之清流向崇山之高岑三秋迭運初寒履霜照耀原隰蔭映林荒若菱華之緼綺井燭龍之銜金璫　劉璞甘樹賦伊宜造之綿綿兮纚成象

於成遇嗟卉草之森秀兮將歸美於甘樹誕寄生於南楚兮播萬里而東布浸冷泉以搖根兮竦逸條以承露結密葉以舒蔭兮滌纖塵以開素仰清氣以旭晨兮流惠飈於薄暮雖飛榮於閶治兮契鐙柎之貞趣時屢遷而彌貞兮凌寒暑而一度　宋謝惠連甘賦嘉寒園之麗木美獨有此貞芳質葳蕤而懷風性耿介而凌霜擬夕霞以表色指朝景以齊圓侔萍實乎江介超玉果於崑山傾子節兮湘之區承君玩兮堂之隅灌雨兮冒霜長無絕兮芬敷　宋蘇軾洞庭春色賦并序安定郡王以黃柑釀酒名之曰洞庭春色其猶子德麟得之以餉予戲作賦曰吾聞橘中之樂不減商山豈霜餘之不食

而四老人者游戲於其間悟此世之泡幻藏千里於一斑舉葉之有餘納芥子其何艱宜賢王之達觀寄逸想於人寰嫋嫋兮秋風匹天宇兮淸閒吹洞庭之白浪漲北渚之蒼灣攜佳人而往游勒霧鬢與風鬟命黃頭之千奴卷震澤而與俱還糅以二米之禾藉以三脊之菅忽雲蒸而冰解旋珠零而涕潸翠勺銀罌紫絡青綸隨屬車之鴟夷欵木門之銅鐶分帝觴之餘瀝幸公子之破慳我洗盞而起嘗散腰足之痺頑盡三江於一吸吞魚龍之神姦

五言古詩 增 陳徐陵詠柑 朱實挺江南苞品擅珍淑上林雜嘉樹江潭間修竹萬室擬封侯千株挺荊國綠葉

蓁以布素榮芬且郁得陳終宴歡良垂雲雨育 原 唐杜甫 阻雨不得歸瀼西甘林 三伏適已過驕陽化爲霖欲歸瀼西宅阻此江浦深壞舟百板坼峻岸復萬尋篙工初一棄恐泥勞寸心佇立東城隅悵望高飛禽草堂亂玄圃不隔崑崙岑昏渾衣裳外曠絕同層陰園柑長成時三寸如黃金諸侯舊上計厥貢傾千林邦人不足重所迫豪吏侵客居暫封殖日夜偶瑤琴虛徐五株態側塞煩胸襟焉得輟兩足杖藜出嶇嶔條流數翠實偃息歸碧潯拂拭烏皮几喜聞樵牧音令兒快搔背脫我頭上簪 宋梅堯臣 近有謝師厚寄襄陽柑子乃吳人所謂綠橘耳今王德言遺姑蘇者十枚此真物也因以詩答 荊州持大橘亦自名黃柑忽得洞庭美氣味何可參遂生吳洲思恨不羽翼南 和正月六日沈文通學士遺溫柑 禹貢書厥包未知黃柑美幾傳洞庭熟又莫永嘉比適觀隱侯詩獲此良可喜誦句肇露囊香甘冷熨齒明剪鎖體闇何暇醉鄰里 增 陸游 過林黃中食柑子有感學宛陵先生體 浦士得黃柑甚愛不忍擘持獻太夫人遠附海上船故山饒氛霧可使酒杯窄豈無荔枝好饜飫恐不摘相去三千里無異娛旁側乃知毋子意更遠未嘗隔我昨往見君從容弄書冊藥分臘劑香茶泛春芽白主意顧未厭篋笥自搜索敢謂甘旨餘亦及此下客霜包纔三四氣可壓千百重是慈孝物不

敢吐其核甘寒雖遠齒悲感已橫臆半生無歡娛初不爲酒阨

七言古詩 增 宋梅堯臣 吳太博遺柑子 太學先生歎綠橘吳興才士與黃柑黃柑似日勝崖蜜帶葉初擘翠竹籃還料楚王曾未識徒將萍實詫江南

五言律詩 原 唐杜甫 樹間 岑寂雙甘樹婆娑一院香交柯低几杖垂實礙衣裳滿歲如松碧同時待菊黃幾回霑葉露乘月坐胡牀 甘園 春日晴江岸千柑二頃田青雲羞葉密白雪避花繁結子隨邊使開筒近至尊後于桃李熟終得獻金門 增 宋司馬光 黃柑 黃金綴縹帶搖落楚江湄采助杯盤勝羞將橘柚儕時移香不變

物遠味尤佳欲種滄洲樹何年此意諧
七言律詩 原 唐柳宗元柳州城西北隅種甘樹 手種黃
柑二百株春來新葉徧城隅方同楚客憐皇樹不學荊
州利木奴幾歲開花聞噴雪何人摘實見垂珠若教坐
待成林日滋味還堪養老夫 增 宋楊億慎大詹以吳
柑見貺 龍陽休說木奴洲震澤黃柑占上流承露玉漿
仙掌曙亞霜金顆洞庭秋香黏素手吳娃麗冷滌朝酲
楚客愁應似荔支偕入貢隨河飛鳥遂鳴騶 韓維襄
柑分惠景仁以詩將之 荊州解綬十經春廻夢青林遠
漢濱霜氣輕寒催紺實渚波餘潤作甘津僧園採掇寧
論數客路奔馳竟占新雪意垂收高會缺分金聊助席

間珍 梅堯臣李廷老祠部寄荊柑子 蹋雪衝風馳小
吏帶霜連葉寄黃柑擘包欲咀牙全動舉盞逢衰酒易
酣書尾自題知遠意筆頭親答厭多談故人莫覓新詩
卷都似嵇康七不堪 蘇舜欽師黯以彭甘五子爲寄
因懷四明園中此果甚多偶成長句以爲謝 憶向江東
太守園猗猗甘樹蔽前軒風搖玉蘂霏微落霜發金衣
委墜繁枕畔冷香通醉夢齒邊餘味滌吟魂天彭路遠
無因得猶賴君心記舊恩 原 蘇軾食柑 一雙羅帕未
分珍林下先嘗愧逐臣露葉霜枝翦寒碧金盤玉指破
芳辛清泉蔌蔌先流齒香霧霏霏欲噀人坐客殷勤爲
收子千奴一掬奈吾貧 曾幾謝人分餉洞庭柑 黃柑

分似得嘗新坐我松江震澤濱想見霜林三百顆夢成
羅帕一雙珍流雲噀霧眞成酒帶葉連枝絕可人莫向
君家樊素口瓠犀微齩遠山顰 明陳憲章元眞送柑
溪園十月摘黃柑歲月將窮致小籃繞膝凝孫高起舞
百年乳酒正開罏色香本出梨之右風味眞無嶺以南
不惜霜根傳藥圃白頭還解荷長鑱
五言排律 增 宋韓琦召赴天章閣觀新柑 雲閣崇先重
霜柑薦瑞新臨觀紆法從趨召儼臣鄰曉實開天意重
榮浹上人不隨淮枳變自此禹包珍廟獻宸心格親頒
聖寵均從茲魁衆果仙府占長春 王十朋薛士昭寄
新柑分昭知宗提舶知宗有詩次韻書後 誰題字鄉人

遠寄柑薦新思起孝知味戒生貪羅帕分猶未金門獻
正堪命名聊別僞在果獨稱甘白雪初盈樹黃金忽滿
籃霜天欣始熟茅舍飽初嘗客重開須請兒癡食更婪
柳詩吟不厭謝賦讀常耽若蜜萍難比如拳栗有慚公
家安定法想見日酣酣 知宗柑詩用韻頗險予既和
之復取所未用之韻續賦一首三十韻 書閱揚州貢功
觀禹化覃香苞分橘柚秋色動江潭破暑花凝雪凌寒
葉染藍金衣丹日照珠實碧波涵未上諸侯計曾聞四
皓談顏歡陸績母業世李衡男送客愈吟桂記時披詠
儋洞庭誇浙右溫郡冠江南節物清霜重家山綠蔕含
青黃出籬落朱綠耀林嵐昔貢千金顆遙馳萬里函新

宜薦寢廟香可供瞿曇蔓子那能比羅浮未許參何人
傳黃陸端類列非聃在品寧爲四蒙恩或賜三鄉情寄
初熟旅況憶幽探嘉拜親開合珍藏淨洗甑行將解印
綬歸種當田蠶根向橫陽覓泥尋斥鹵撈荒蕪耘徑草
封植半溪栯不用千頭富聊資一餉湛茅齋闕杜甫仙
井汲蘇耽佳境妙餐蔗閒庭勝蒔苷膺行三峽荔奴視
四明蚶欲纔花爲譜應同柳駐驂禦侖離著棘愁凍灌
添泔掩映青雲葉光華碧玉簝釀成浮蟻熬辟蠹書
蟫護蔕朝存乳留皮欲去痰恨無親可遺松慘白巖庵
七言排律【原】唐杜甫寒雨朝行視園樹柴門雜樹向千
株丹橘黃柑此地無江上今朝寒雨歇籬中秀色畫屛

紆桃蹊李徑年雖古梔子紅椒艷復殊鏁石藤梢元自
落倚天松骨見來枯林香出實垂將盡葉蔕辭枝不重
蘇愛日恩光蒙借貸淸霜殺氣得憂虞衰顏動覓藜牀
坐緩步仍須竹杖扶散騎未知雲閣處猿啼辭在楚山
隅
七言絕句【增】宋梅堯臣酬裴直講水梨二顆言太學答
吳甘三顆以爲多走筆呈之綠橘似甘來太學大梨如
水出咸陽莫將多少爲輕重試擘霜包幾瓣香【原】蘇
軾戲答王都尉傳柑侍史傳柑玉座傍人間草木盡天
漿寄與維摩三十顆不知薝蔔是餘香【增】蘇轍毛君
惠温柑楚山黃橘彈丸小未識洞庭三寸柑不有風流

吳越客誰令千里送江南 黃庭堅王揚康園君家秋
實羅浮種巳是鼎彝半拂墻莫教兒童酸打盡要看霜
後十分黃 從人求柑包深林裏風霜下香著尊前指
爪間書後合題三百顆頻隨驛使未應慳 花蘂夫人
宮詞內人承寵賜新房紅紙泥窓繞畫廊種得海柑纔
結子乞求自進與君王
詩散句【增】宋張耒逢君金華宴正味百花先 蘇軾歸
來一點殘燈在猶有傳柑遺細君 黃庭堅燕南異事
眞堪紀三寸黃柑劈永嘉 陳師道磊落金盤薦糟蟹
纖柔玉指破霜柑 陸游黃甘磊落園三寸赤盤輪囷
可一斤 何限人間堪恨事黃柑丹荔不同時 唐杜

甫白露團甘子 甘子陰凉葉 登俎黃甘重 破甘
霜落指 李頎柑實萬家香 張籍夜月紅柑樹 宋
司馬光四郭柑垂蔭 蘇軾留客薦霜柑 孫覿黃甘
破芳辛 唐韋莊露和香帶摘黃柑 宋蘇軾聞道黃
柑常抵鵲 米芾玉破鱸魚霜破柑 孫覿飣坐黃甘
嗅手香 香霧噀手披黃苞 劉克莊柑花似雪鬬芳
新
詞【增】宋晁補之洞仙歌江陵種橘尚比封侯貴何况江
濤轉千里帶天香含洞乳宜人春盤紅荔子馳驛風流
僅比 齒疎潘令老怯嗤冰霜十顆金苞漫分遺記觴
前須細認別有餘甘從此去枉拋栽桃種李想相如酒

渴對文君洞不是人間等閒風味 〔又溫江異果〕惟有泥山貴驛送江南數千里半含霜輕噀霧曾憶吳姬親贈我綠橘黃柑怎比 雙親雲水外遊子空懷惆悵無人可歸遺報周郎須念我物少情多春酒醉獨勝甜桃醋李況燈火樓臺近元宵渾不減當年袖中風味

種植 **增**〔橘錄〕歲當重陽色未黃採之名曰摘青及經霜之二三夕遇天氣晴霽羣以小翦就枝間平蔕斷之輕置筐筥護之必謹懼其香霧之裂則易壞尤不便酒香凡採者竟日不敢飲 柑橘宜斥鹵之地種時高者畦壟溝以泄水每株相去七八尺歲四鋤冬月以泥壅根夏時以糞溉之 〔物類相感志〕藏柑子以盆盛用乾潮沙蓋之 〔梅溪詩注〕相橘花蒸之為香可辟衣書之蠹

附錄 佛手柑

增〔藝海洞酌〕佛手柑一名飛穰 晉鈕滔母與吳國夫人書云此中果有飛穰出自南州 **原** 佛手柑 本草云取象也 木似朱欒而葉尖長枝間有刺植之近水乃生其實狀如人手有指有尺餘者皮如橙柚而厚皺而光澤其色如瓜生綠熟黃其核細味不甚佳而清香襲人置衣笥中雖形乾而香不歇本草云南人雕鏤花鳥作蜜煎果食置之几案可供玩賞若安芋片於蔕而以濕紙圍護經久不癟或擣蒜罨其蔕上則香更充溢切片用滾湯衝飲極香美第二遍更佳浸汁洗葛紵絕勝酸漿

橙

原 橙 埤雅云橙柚屬可登而成故字從登又諧聲也 一名金毬一名鵠鷇 見韓愈孟郊城南聯句 樹似橘有刺實似柚而香晚熟耐久大者如盌經霜始熟葉大有兩刻缺如兩段皮厚甃皺如沸香氣馥郁可薰衣可芼鮮可和葅醢可為醬虀可蜜煎可糖製為橙丁可蜜製為橙膏可合湯待賓客可解宿酒速醒唐鄧間皆有江南尤多栽植與橘同多食傷肝氣發虛熱同獱肉食發頭旋惡心洗去瓤中酸汁和鹽蜜煎成貯食止惡心能去胃中浮氣惡氣皮消食下氣去胃中浮氣和鹽貯食止惡心

彙考 **增**〔西京雜記〕上林苑有橙十株 〔石湖集詩注〕燕城外遇數車載新橙云修貢種之汴京攝芳園也

集藻 〔文賦散句〕**增**〔漢張衡南都賦〕穰橙鄧橘 〔晉張協七命〕燀以秋橙 〔庾闡揚都賦〕黃柑朱橙

〔七言古詩〕**增**〔唐李頎照公院雙橙〕種橙夾階生得地細葉隔簾見雙翠抽條向長未及肩泉水遶根日三四青青何必楚人家帶雨凝煙新著花永願香爐灑甘露夕陽時映東枝斜南庭黃竹爾不敵借問何時堪挂錫 〔宋曾鞏橙子〕家林香橙有兩樹根纏鐵鈕凌坡陀鮮明百數見秋實錯綴衆葉傾霜柯翠羽流蘇出天仗黃金戲毬相蕩摩入包豈數橘柚賤芼鼎始足鹽梅和江湖苦遭俗眼慢禁籞尚覺凡木多誰能出口獻天子一致

人樹凌滄波
七言律詩【原】宋梅堯臣食橙寄謝舍人 洞庭朱橘未弄
色襄水錦橙巳變黃玉日鵠薤憐鱠美金盤按酒助杯
香雖生南土名猶重未信中州客賦嘗欲寄百苞憑驛
去只應佳味怯風霜
五言絕句【增】宋蘇轍和文與可洋州園亭金橙徑 葉如
石楠堅實比霜柑大穿徑得新苞令公憶鱸鱠
七言絕句【原】宋宋祁春日 故鄉寒食荼蘪發百合香醲
郢舍深漂泊江南春欲盡山橙髣髴慰人心 歐陽修
橙子 嘉樹團團俯可攀壓枝秋實漸斕斑朱欄碧瓦清
霜曉粲粲繁星綠葉間 蘇軾贈景文 荷盡已無擎雨

蓋菊殘猶有傲霜枝一年好景君須記正是橙黃橘綠
時 和文與可洋州園亭金橙徑 金橙縱復里人知不
見鱸魚價自低須是松江煙雨裏小船燒薤擣香虀
黃庭堅鄒松滋寄橙麴 天將金闕眞黃色借與洞庭霜
後橙松滋解作逡巡麴壓倒江南好事僧 劉子翬食
橙 橙橘甘酸各效能南包錫貢不同升果中亦抱遺才
嘆有客攀條氣拂膺 嘗懷細雨初移日著子巳見清
霜潛絕憐面有貴人色偶致吾儕樽俎間 橙薤細縷
風韻勝我不痛飲那知音何如金丸走衾枕三月夢遊
薝蔔林 自從天籞守吏散老樹零落煙雲淒今朝我
為作郊巳小摘秋風黃欲齊 花瓷泛蜜小劑供極有
痛快慶邪功生枝滋味雖可口流品故應甘下風
詩散句【增】唐李白青橙拂戶牖白水流園池 宋蘇軾
西風初作十分涼喜見新橙透甲香 陸游臥聽冰頭
壓酒聲起行籬下摘新橙 【原】唐杜甫細雨更移橙
霜橙壓香橘 【增】孟郊鵁鶄摘墜橙 張籍溪寺黃橙
熟 張蠙別島垂橙實 宋張耒霜橙共我鄉 戴復
古搓橙滿袖香 元周霆震園霜未破橙 宋陸游雨
餘橙子巳堪搓 醉歸懷袖有新橙 明李夢陽玉圃
新橙摘早霜
詞【增】宋史達祖齊天樂 屏紋隱隱鴛黃嫩籬落翠深偷
見細雨重移新霜試摘佳處一年秋晚荊江未遠想橘

友荒涼木奴嗟怨就說風流草泥來趁蟹螯健 并刀
寒映素手醉魂沉夜飲曾倩排遣沆瀣合酸金罌裏玉
鈹鈹吳鹽輕點瑤姬齒頰待借取團圓莫教分散入手
溫存帕羅香自滿
別錄【增】山家清供 橙大者截頂去瓤留少液以蟹膏納
其內仍以帶枝頂覆之入甑用酒醋水蒸熟加苦酒入
鹽既香而鮮使人有新酒菊花香橙螃蟹之興因記危
巽齋積贊蟹云黃中通理美在其中暢於四肢美之至
也此本諸易而與蟹得之矣今於橙蟹又得之矣
附錄 香櫞
【原】香櫞一名枸櫞柑橘之屬嶺南閩廣江西皆有之實

大如小瓜皮若橙而光澤可愛肉甚厚白如蘿蔔而鬆虛雖味短而香芬大勝置衣笥中經旬猶香古作五和糝用之

【彙考】【增】南方草木狀枸櫞子肉甚厚白如蘆菔女工競雕鏤花鳥漬以蜂蜜點以燕檀巧麗妙絕無與爲比泰康五年大秦貢十缶帝以三缶賜王愷助其珍味夸示於石崇　學圃餘疏香櫞花酷烈甚於山礬結實大而香山亭前及廳事兩墀皆可植　香櫞雖味酸濺齒以爲湯則大佳置實盤中盈室俱香實佳品也

【別錄】【增】物類相感志香圓去穰以大蒜搗爛醞穰上則滿室香更以濕紙圍蓋上　香櫞蒂上安芋片則不癆

養疴漫筆治嗽方甚多余得一方甚簡但用香櫞去核薄切作細片以時酒同入砂瓶內煮令熟爛自昏至五更爲度用蜜拌勻當睡中喚起用匙挑服甚效　山家清供謝益齋奕禮不嗜酒嘗自不飲但能看客之醉一日晝餘琴罷命左右剖香圓二杯刻以花溫上所賜酒以勸客清芬靄然使人覺金樽玉斝皆埃壒矣

金橘 花附見

【原】金橘一名金柑（橘錄云金柑在他柑特小大者如錢小者如龍目色似金）一名盧橘（本草云此橘生時青盧色黃熟則如金故有金橘盧橘之名盧黑色也或云盧酒器之名其形肖之故也）一名夏橘（本草云此橘冬夏相繼廣州志謂之夏橘）一名山橘（嶺表錄云山橘子大如土瓜次如彈丸金色薄皮而味酸）一名給客橙（本草云香芬如橙可供給客也魏王花木志云蜀中有給客橙似橘而非若柚而香亦名盧橘）一名小木奴（見元稹詩）生吳越江浙川廣間出營道者爲冠江浙者皮甘肉酸次之樹似橘不甚高大五月開白花結實秋冬黃熟大者徑寸小者如指頭形長而皮堅肌理細潤生則深綠熟乃黃如金味酸甘而芳香可愛糖造蜜煎皆佳廣人連枝藏之入膾醋尤香美

【彙考】【增】伊尹書箕山之東青鳥之所有盧橘夏熟　【原】歸田錄金橘産於江西以遠難致都人初不識明道景祐中始至京師香清味美置之樽俎光采的皪如金彈丸溫成皇后好食之由是價重京師　【增】湉翁雜說司馬相如上林賦曰黃甘橙楱玉藻曰君入門上介拂橙

楱音太簇之簇武陵有一種小橘名楱疑卽今之金橘　玉堂雜記東閣西偏植金橘迺城根株不能大花開時香滿院結實雖小而甘浙中未易得也　南村輟耕錄世人多用盧橘以稱枇杷按司馬相如游獵賦云盧橘夏熟黃柑橙楱枇杷燃柿夫盧橘與枇杷並列則盧橘非枇杷明矣郭璞注蜀中有給客橙冬夏花實相繼通歲食之謂卽盧橘也意者橙橘惟熟於冬而盧橘夏亦熟故舉以爲重歟

【集藻】雜著【增】漢李尤七欵奇宮閒館迴洞庭門井幹廣望重閣柘因夏屋渠渠嵯峨合連前連都街後據流川梁王青黎盧橘是生白華綠葉扶疎冬榮與時代序孰

不覽零黃景炫炫眩林曜封金衣素裏斑白內充滋味
偉異淫樂無窮副以芋柘豐弘誕節纖液玉津旨於飲
蜜
五言古詩【增】宋梅堯臣宋次道得廣南金橘爲餉且有
詩因和酬越橘如金丸爛然巳盈篋誰傳嶺外信尚帶
霜前葉莫嫌道路遠得與樽俎接主人無吝心懷歸予
敢輒
七言古詩【增】宋周必大曾無疑以長韻送金橘時已暮
春次韻荼蘼殿春枝滿霜盧橘熟夏今乃黃彈丸煌煌
照坐光老叟驚詫見未嘗客言採果孟冬月剖竹爲符
帶蒼雪包之赫蹏滿貯中纏以絲菜外合節或藏綠豆

飲醉翁或雜寸稾仍緘封三說未議將誰從但覺色香
新摘同分甘安能與衆樂祕方何惜都傳却巳誇指下
石化金仙指併求君勿嗦 楊萬里十月四日同諸弟
訪三十二叔祖於蓬萊酌酒摘金橘小集誠齋老子不
耐靜偶拄烏藤出苔徑獨遊無伴却成愁羣從同遊還
赴興每過一家添一人須臾保社如煙雲袞袞涉溪溪
水淺著屐渡橋橋柱新蓬萊一點出塵外南溪裏在千
花裏芙蓉照波上下紅琅玕繞屋東西翠樺籬竹石重
復重雞鳴犬吠靑霞中蓬萊老仙出迎客朱顏綠髮仍
方瞳餐菊爲糧露爲醑染霧作巾雲作屨欣然領客到
仙家幾盞蓬萊日未斜更傾山瓢酌仙酒酒外瓢邊亦

何有偶看小樹雙團欒碧琉璃葉黃金丸主人忍喫不
忍摘笑道未霜猶帶酸小童諳我勇過我不管仙翁惜
仙果手撓風枝揀霜顆爭獻滿盤來飣坐隔水蓬萊看
絕奇蓬萊看水海如池主人劭客對絕境不飲令儂坐
生瘦何如節下未盡瓢留待早梅伴疎影
五言律詩【增】宋梅堯臣劉元忠遺金橘南方生美果具
體橘包微韓彈有輕薄楚萍如是非甘香奉華俎咀嚼
破明璫欲破羞臨腹盈筐忽我歸 周必大內直以金
橘送七兄書卧玉堂嚴眼看金彈丸禹包經歲月鄭驛
助杯盤黃帶霜前綠甘移醉後酸江湖有兄弟此日憶
團圞

七言律詩【增】宋李清臣和賜後苑金橘苑臣初摘置彫
盤口勅宣恩賜近官氣味豈同淮枳變皮膚不作楚梅
酸參差翠葉藏珠琲錯落黃金鑄彈丸安得一株擎雨
露畫圖傳與世人看
七言絕句【增】唐王建宮詞叢叢洗手繞金盆旋拭紅巾
入殿門衆裏遙拋金橘子在前收得便承恩 宋司馬
光席君從於洛城種金橘今秋始結六實以其四獻開
府太師招三客以賞之留守相公賦詩紀事依韻繼成
五章宜春來結洛陽枝正遇耆朋會客時更引輕舟倚
蘆岸香稜鮮鱠雅相宜 圓小香黃珠顆垂結成洛邑
重霜時相公和氣陶羣物不是寒溫變土宜 君從好

事不知菝種子成林凡幾時橘獻帝師三取二自嘗兩
顆且隨宜　物不須多且賞奇樂寒想見結菴時江南
江北徒虛語盡信前書是不宜　敝居橘亦自南移愛
護栽培費歲時前此實成酸苦甚應由與德不相宜
黃庭堅獻陽從道許寄金橘以詩督之　羈客入秋無氣
息想依紅袖醉稜穗霜枝搖落黃金彈許送筠籠殊未
來　范成大燕堂後盧橘一株冬前先開極香盧橘花
殘細細飛滿枝晴日鬭蜂兒霜餘有此香無柰合與稱
題賦小詩　楊萬里詠蜜金橘風餐露飲橘中仙胸次
清於月樣圓仙客偶移金彈子蜂王撚作菊花鈿　王
十朋金橘黃柑綠橘未分珍瑣碎登盤輒獻新正可呼

爲木奴子不知誰是鑄金人
詩散句　增　唐元稹金丸小木奴　宋梅堯臣霜苞瓜瓣
香　元馬祖常秋高盧橘熟　盧橘閩金顆顆黃
別錄　原　歸田錄金橘若欲久藏須於菉豆中藏之可經
時不變蓋橘性熱菉豆性涼故也　便民纂要金橘將
枳棘接之八月移栽肥地灌以糞水

附錄　金豆

原　金豆一名山金柑一名山金橘　增　橘錄生山徑間
比金柑更小形色頗類結實繁多肉瓣不可分止一核
味酸不可食惟宜植之欄檻中園丁種之以鬻於市
原　木高尺許實如櫻桃生青熟黃形圓而光溜皮甜可
食味清而香美可蜜漬

柚　花附見

原　柚（與櫾同古作櫾博雅又謂之櫾七候反）一名條（爾雅云條柚注云似橙實酢）一名
壼甘（本草云狀如卣故名壼象形也古今注云甘實形如石榴者謂之壼甘）一名臭橙（桂海虞衡志謂之臭柑）又爾雅謂之櫠又曰椵（爾雅云櫠椵注云柚屬也大如盂）廣雅
謂之鐳柚（本草云鐳亦壼也廣州記云鐳柚實大如斗）柚實大而粗柑橘中
下品也三月開花奇大香甚馥郁實亦如橘有甘有酸
皮厚而臭樹葉皆類橙實有大小二種小者如柑如橙
俗呼爲蜜筩大者如升如瓜俗呼爲朱欒有圍及尺餘
者俗呼爲香欒閩中嶺外江南皆有之南人種其核云
長成以接柑橘甚良又有名文蛋名仁息者亦柚類也

彙考　原　列子吳越之國有大木焉其名爲櫾樹碧而冬
生實丹而味酸食其皮汁已憤厥之疾渡淮而北化而
爲枳焉　呂氏春秋果之美者有雲夢之柚　增　廣志
成都有柚大如斗
集藻　五言古詩　原　宋朱子柚花春融百卉茂素榮敷綠
枝淑郁麗芳遠悠颺風自遲南國富嘉樹騷人留恨詞
空齋對日夕愁絕鬢成絲
詩散句　增　宋范成大橫煙梟處雞豚社落日濃邊橘柚
山　楊萬里薰裏柚花偷觸鼻忽然將謂是燒香
別錄　增　橘錄朱欒作花比柑橘絕大而香就樹採之用
箋香細作片以錫爲甑入花一重則實香一重使花多

於香仍竅甑旁以溜汗液用器盛之然罷去花以液浸香再蒸凡三换花始暴乾入甆器蜜盛之他時焚之如在柑林中凡柑橘芉金柑皆可切瓣壓去核漬之以蜜金柑著蜜尤勝他品　取朱欒核洗淨下土中一年長名曰柑明年移而疏之又一年木大如小兒拳遇春月乃接取諸柑之佳與橘之美者經年向陽之枝以爲貼去地尺餘細鋸截之剔其皮兩枝對接揜土實其中以防水蒻護其外麻束之過時而不接則花實復爲朱欒矣〔桂海虞衡志〕廣南臭柚皮甚厚染墨打碑可代氈刷且不損紙

枳 花附見

增〔本草〕枳木如橘而小高五七尺葉如橙多刺春生白花至秋成實七八月采爲實九月十月采者爲殼今醫家以皮厚而小者爲枳實完大者爲枳殼〔草花譜〕枳殼花細而香聞之破鬱結籬傍種之實可入藥

彙考 增〔周禮考工記〕橘踰淮而北爲枳〔博物志〕橘渡江而北化爲枳今之江東甚有枳橘〔洛陽伽藍記〕正始寺衆僧房前高林對牖青松綠檉連枝交映多有枳樹而不中食

集藻 五言古詩 增 唐白居易有木詩 有木秋不凋青青在江北謂爲洞庭橘美人自移植上受顏盼恩下勤澆灌力實成乃是枳臭苦不堪食物有似是者眞僞何由

識美人默無言對之長歎　害物意外矯凌霜色仍向枝葉間潛生刺如棘

七言絕句 增〔唐朱慶餘商州王中丞留喫枳殼〕方物就中名最遠只應愈疾味偏佳若教盡乞人人與采盡商山枳殼花〔明陳憲章枳殼花〕枳殼枝頭春意長臥看蜂蝶往來忙不知今日開多少熏得先生枕席香

詩散句 增〔唐雍陶〕村園門巷多相似處處春風枳殼花〔宋陸游〕傍籬叢枳寒猶綠遶舍流泉夜有聲　老枳垂藤書尚黑雛鶯聲作嬰兒唬〔唐溫庭筠〕枳花明驛墻〔李商隱〕枳嫩栖鸞葉〔宋陸游〕門邊枳作籬〔元段成己〕奇花開芳枳〔王逢〕楓葉殷紅枳實肥

枸橘 附錄

增〔本草〕枸橘處處有之樹葉並與橘同但幹多刺三月開白花青蘂不香結實大如彈丸形如枳實而殼薄不香〔橘錄〕色青氣烈小者似枳實大者似枳殼近時難得枳實人多植枸橘於籬落間收其實剖乾之以之和藥味與商州之枳幾逼眞矣

佩文齋廣羣芳譜卷第六十五

佩文齋廣羣芳譜卷第六十六

果譜

蓮　荷花別見花譜

【增】爾雅荷芙蕖其實蓮〔註〕謂房也　其中菂〔註〕蓮中子也　菂中薏〔註〕中心苦〔疏〕蓮青皮裏白子為菂菂中有青為薏味甚苦　菂薂〔註〕即蓮實〔本草〕一名藕實一名澤芝〔埤雅〕花時即有實始而黃黃而青青而綠綠而黑中肉白內青心二三分為苦薏　【原】蓮房成菂菂在房如蜂子在窠六七月采嫩者生食脆美至秋房枯收之去黑殼謂之蓮肉黑而沉水者其堅如石謂之石蓮子其房大者謂之百子蓮味甘平濇無毒交心腎厚

腸胃固精氣強筋骨補虛損利耳目除寒熱治諸血病熟食良切碎可作粥飯生動氣易脹宜去心

【彙考】【原】拾遺記周穆王時西王母來共玉帳高會進幌流素蓮素蓮者一房百子凌冬而茂　【增】宋錄元嘉十九年揚州王濬州治後池有兩蓮駢生雙房分體　太始二年嘉蓮雙葩並實合跗同莖生豫州鯉湖　豫章志豫章雩都縣有瑞蓮池池產異蓮其葉曰雙捲劍脊其花曰雙頭了髻三萼二十四葉其實曰覆鐘金鋌移之他處輒類常種俗傳雩山倒影所致　【原】酉陽雜俎歷城北二里有蓮子湖魏袁翻曾在湖醼集參軍張伯瑜諮公言向為血羹頻不能就公曰取洛水必成也遂如公語果成時清河王怪而異焉乃諮公未審何義得爾公曰可思湖曰清河笑而然之而實未解坐散語主簿房叔道曰湖目之事吾實未曉叔道對曰藕能散血湖目蓮子故令公思清河歎曰人不讀書其猶夜行二毛之叟不如白面書生　【增】酉陽雜俎相傳櫞子落水為蓮　〔雲仙雜記〕三堂使宅有劍仙池一種蓮子一歲再結實子十雙其花時香兼桃梅黃菊郡人傳分香蓮不論錢　【原】續世說後唐馬郁為祕監時張承業權貴任事與客宴集陳列珍果客無敢先嘗者郁食之必盡承業私戒主者他日郁至惟以乾蓮子置前郁知不可啖鞾中出一鐵槌擿碎食之承業大笑遽為易之曰勿

敗吾案　【增】楊氏六帖補僧齊已與塑匠燕鐇曾于廬山瀑布見一蓮房房已乾其大如笠　【原】花史陳豐嘗以青蓮子十枚寄葛勃勃啗未竟墜一子於盆水中明晨有並蒂花開于水面大如梅花勃取置几間數日方謝剖其房各得實五枚如豐來數　國初金箔張嘗於臘月索乾石蓮子亂撒池中頃刻花開滿池香豔可愛剪紙為舫置水中踏而登焉鼓棹放歌往來花叢俄失所在

【集藻】賦散句【增】漢王逸魯靈光殿賦圓淵方井反植荷蕖發秀吐榮菡萏紛披綠房紫菂窋咤垂珠

五言古詩【原】宋黃庭堅贛上食蓮有感蓮實大如指分

甘念母慈其房頭㦸觳更深兒弟忌實中有薏荷拳如
小兒手令我憶諸雛迴門索棃棗蓮心政自苦食苦何
能甘甘食恐腊毒素食則懷慙蓮生淤泥中不與泥同
調食蓮誰不甘知味良獨少吾家雙井塘十里秋風香
安得同袍子歸製芙蓉裳〔明高啓蓮房聯句與宋璲
張孟兼同作〕露冷鏡湖秋 璲 波涼練塘曉盤翻綠雪稠
兼 錦破朱霞少新苞顆微綻 啓 餘莖尚嫋瘦齒綴寒
蠶 璲 尖喙啄青鳥下惟玉龍眠 兼 中有瓊絲裊擎重柄
欲折 啓 含深晴尚窅 璲 孤懸類覆杯 兼 雙立疑擢表 啓
初成欣雨滋 兼 漸老怯風掉 啓 多子同根榮 啓 獨婦專
房悄 璲 妝鄰失娉婷 啓 歌來逢窈窕 璲 剖心效諫忠 兼

並頭呈瑞兆 啓 褭蹄密敷刻 璲 魚目微光皎珠珥落盤
多 啓 瑤軫貯囊小 璲 空實外莫辨甘苦中自了剝殘香
滿地采盡香餘沼 啓 雕筵飣戢戢玉蟲攢擾擾送看出
小艇薦喜對清醥 兼 新嘗勝江芡遠覓逾水蓼摹芳想
夏初 啓 感物傷秋杪聊茲發吳詠一覽煙水渺 璲
七言古詩〔增〕唐張籍採蓮曲〕秋江岸邊蓮子多採蓮女
兒並船歌青房圓實齊戢戢爭前競折漾微波試牽綠
莖下尋藕斷處絲多刺傷手白練束腰袖半卷不插玉
釵妝梳淺船中未滿度前洲借問誰家家住遠歸時共
待暮湖上自弄芙蓉還蕩槳〔鮑溶采蓮曲〕弄舟朅來
南湖水蓮葉映身摘蓮子暑衣鮮淨鴛鴦驚作浪舞花

鴦不起殷勤護惜纖纖指水菱初熟多新刺
五言律詩〔增〕宋司馬光蓮房〕蓮房前後熟供啖不須舂
肉嫩山蜂子稜深天馬蹄尚憐餘蕊在深映綠荷低脃
美如新採近根猶帶泥
七言律詩〔增〕金張檝蓮實〕水妃擎出紺珠囊玉筍雖欒
熹午嘗膚白已攙新藕嫩心清猶帶小荷香鬭餘翠鳥
零珍羽飛盡黃蜂露蜜房口腹累人良可笑此身便欲
老江鄉
五言絕句〔增〕元宋无羅嗔曲〕玉井荷花碧中藏偶意深
絲房千萬菂多少可憐心
七言絕句〔增〕宋黃庭堅鄒松滋寄蓮子湯新收千百秋

蓮菂剝盡紅衣搗玉霜不假參同成氣味跳珠椀裏綠
荷香〔無名氏蓮實〕城中擔上賣蓮房未抵西湖泛野
航旋折荷花剝蓮子露爲風味月爲香　綠玉蜂房白
玉蟬折來帶露復含烟玻璃盆面冰漿底醉嚼新蓮一
百圓　蜂不禁人採蜜忙荷花蕊裏作蜂房不知玉蛹
甘於蜜又被詩人嚼作霜　山蜂愁雨擷蜂兒葉底安
巢更倒垂只有荷蜂不愁雨蠟房仰臥萬花枝　蜂兒
來自宛溪中兩翅雖無已是蟲不是荷花窠裏蜜方成
玉蛹未成蜂〔明徐賁折蓮子〕落盡紅衣見綠房折來
猶帶水雲香絲絲零落芳心苦未及秋風已斷腸〔原〕
孟淑卿題采蓮美人圖綠鬢蟬靜日偏長嬾爇金爐百

和香莫擿池中蓮子看个中多半是空房

詩散句 增 宋黄庭堅欲煩春筍手聊爲剝蓮蓬 唐王適湛湛江水見底清荷花蓮子傍江生 宋僧雲隱刺分玉蛹堆盤脆嚼破水丸繞齒寒 晉陸雲緣房含青實 唐李正封池蓮折秋房 白居易味苦蓮心小 溫庭筠採蓮蓮有子 晉鄭蓮子房房嫩 宋王琪蠶寒冰繭瘦 孫覿蓮房駢百子 唐杜甫露冷蓮房墜粉紅 宋蘇軾半脫蓮房露壓欹

詞 增 金王茂孫點絳唇折斷煙痕翠蓬初離鴛鴦浦玉纖相妒翻被專房誤 乍脫青衣猶著輕羅護多情處芳心一縷都爲相思苦 宋晏幾道漁家傲粉筆丹青

描未得金鍼綵線功難敵誰傍暗叢輕採摘風淅淅船頭觸散雙鸂鶒 夜雨染成天水碧朝陽烘出胭脂色又落又開人共惜秋風過盤中已見新蓮菂

別錄 原 種植 種蓮子法八九月取堅黑蓮子瓦上磨尖頭令皮薄取墐土作熟泥封三指長令帶頭泥多而重磨頭泥少而尖種時擲至池中重頭向下自能周正薄皮在上易生數日卽出不磨者卒不可生又一法雞子一枚開一小孔去青黄將蓮子塡滿紙糊孔三四層令雞抱之候小雞出取放煖處不拘時用天門冬末硫黄同肥泥或酒罈泥安盆底栽之仍用酒和水澆勿令乾自然生葉開花如錢可愛蓮子磨薄尖頭浸靛缸中明年清明取種開青蓮花

製用 酉陽雜俎石蓮入水必沉惟煎鹽滷能浮之 本草拾遺石蓮子居山石間經百年不壞者人得食之令髮黑不老 食療本草諸鳥猿猴取得石蓮子不食藏之石室內人得三百年者食之永不老又雁食之糞於田野山巖之中不逢陰雨經久不壞人得之每旦空腹食十枚身輕能登高涉遠服食不饑石蓮肉蒸熟去心爲末煉蜜丸桐子大日服三十丸此仙家方也 本草衍義清心寧神用石蓮子肉於砂盆中擦去赤皮留心同爲末入龍腦點湯服之 本草綱目蓮之味甘氣溫而性濇稟清芳之氣得稼穡之味乃脾之果也脾者黄宮所以交媾水火會合木

金者也土爲元氣之母母氣既和津液相成神乃自生久視耐老此其權輿也昔人治心腎不交有清心蓮子飲補心腎益精血有瑞蓮丸皆得此理 清供錄取嫩蓮房去蒂又去皮用井新水入灰煮沸一如芭蕉脯法焙乾以石壓令匾作片收之 蓮蘂鬚一名佛座鬚花開時采取陰乾亦可充果食 增 陸璣詩疏蓮菂可磨以爲飯如粟也輕身益氣令人强健又可爲糜幽州揚豫取備饑年

藕

增 爾雅荷芙蕖其本蔤其根藕 註 蔤乃莖下白蒻在泥中者 陸璣詩疏幽州謂之光旁爲光如牛角 埤雅

其生應月月生一節遇閏輒益一節〔本草綱目〕蓮藕荊揚豫諸處湖澤陂池皆有之以蓮子種者生遲以藕芽種者最易發其芽穿泥成白蒻即蔤也長者至丈餘五六月嫩時沒水取之可作蔬茹俗呼藕絲菜節生二莖一爲藕荷其葉貼水其下旁行生藕一爲芰荷其葉出水其旁莖生花冬月至春掘藕食之藕白有孔有絲大者如肱臂長六七尺凡五六節大抵野生及紅花者蓮多藕劣種植及白花者蓮少藕佳白花藕大而孔扁生食味甘煮則不美紅花及野藕生食味澀蒸煮則佳物類相感志云以鹽水供食則不損口同油煠麪米果食則無渣氣味甘平無毒消食解渴散血生肌蒸食

開胃補五臟實下焦壽浸澄粉服食輕身益年與蜜同食令人腹臟肥不生蟲亦可休糧

彙考

原〔北史羊敦傳〕敦爲衛將軍廣平太守雅性清儉屬歲饑家餽未至使人外尋陂澤採藕根食之朝廷以其清白賜穀一千斛絹一百匹

增〔拾遺記〕周穆王時西王母來共玉帳高會進千常碧藕鬱水在磅磄山東其水小流在大陂之下所謂沉流亦名重泉生碧藕長千常七尺爲常也

〔洛陽伽藍記〕光寶寺在西陽門外園中有一海號咸池葭菼被岸菱荷覆水青松翠竹羅生其傍京邑士子至於良辰美景來遊此寺雲車接軫羽蓋成陰或置酒林泉題詩花圃折藕浮瓜以爲興適

原〔國史補〕蘇州進藕其最上者名曰傷荷藕或云葉甘爲蟲所傷又云欲長其根則故傷其葉近多重臺荷花花上復生一花藕乃實中亦異也有生花異而其藕不變者

〔酉陽雜俎〕大曆中高郵百姓張存以踏藕爲業嘗於陂中見旱藕梢大如臂遂并力掘之深二丈大至合抱以不可窮乃斷之中得一劍長二尺色青無刃存不知寶邑人有知者以十束薪獲焉其藕無絲

增〔樹萱錄〕有碧衣女子詠詩曰藕隱玲瓏玉

〔清異錄〕北方蓮實狀長少味出藕頗佳然止三孔漢語轉譯其名曰省事三

崔遠家墅在長安城南就中禊池產巨藕貴重一時相傳爲禊寶又曰玉臂龍

〔續仙傳〕羅公遠謂中使輔仙玉曰主上列月華之藕

〔集仙錄〕花姑女道士黃靈徽也居石井山有野象中箭來投花姑姑爲拔之其後每齋則銜蓮藕以獻

〔孫氏談圃〕張舜民芸叟責郴州稅郴多碧蓮根大如椀張嘗以墨印於詩稿上以詫北人

〔養痾漫筆〕孝宗嘗患痢衆醫不效德壽憂之過宮偶見小藥肆遣中使詢之曰汝能治痢否對曰專科遂宣之至問得病之由語以食湖蟹多故致此疾遂令診脈曰此冷痢也其法用新采藕節細研以熱酒調服如其法杵細酒調數服即愈德壽大喜就以杵藥金杵臼賜之至今呼爲金杵臼嚴防禦家可謂不世之遇

散啓 增 梁劉孝威謝東宮賚藕啓 色華玉樹味奪瑤
藂根出楊池問之僮約子爲靈散得自莊篇楚后江萍
泰公海棗凡厥水羞莫敢相輩
賦散句 增 漢司馬相如上林賦 咀嚼菱藕 子虛賦 其
卑濕則生蓮藕觚盧
五言古詩 增 宋胡致隆山谷坐上分題賦藕 平生氷雪
姿七星羅心胸豈無有絲毫上裨天子聰而不自薦達
胡爲乎泥中沉痾正無賴安得君從容其子亦可憐風
味如乃翁 謝邁食藕 人憐淤泥上出此萬朶蓮須知
淤泥中有藕大如椽木清凝氷雪末艷方嬋娟玲瓏衆
竅通蚴蟉數節連甘寒固不數却暑最所便蔣奴來城

市負籠至我前開緘尚帶泥未嚼先垂涎霍霍摩霜刀
霤霤抱水泉切玉墮冷冽巳覺沉痾痊芰實園角紫鴻
頭剝珠圓秋盤薦此果頓使二物捐念此湼不緇餘品
莫爭妍而能銷憂思令我心歡然奇功更耐老合作飛
行仙
七言古詩 原 唐韓愈古意 太華峯頭玉井蓮開花十丈
藕如船冷比雪霜甘比蜜一片入口沉痾痊我欲求之
不憚遠青壁無路難夤緣安得長梯上摘實下種七澤
根株連 增 宋王安石過食新城藕 他年過食新城藕
枕藉船中載親友今年却到經行處獨坐昏烟對舞柳
甘酸向口無所適牢落盤餐與尊酒氷房玉節漫自好

欲御還休涕垂手曾參官學居常近陽城離別初不久
人間此願兩未能西風落日共回首
五言律詩 增 宋蘇轍踏藕 春湖柳色黃宿藕凍猶僵翻
沼龍蛇動撐船牙角長清泉浴泥滓粲齒碎氷霜莫使
新梢盡炎風翠蓋凉
七言律詩 增 宋劉克莊憶藕 昔過臨平邵伯時小舟就
買藕尤奇如拈玉麈凉雙手似齧金莖嚥上池好事染
紅無意思癡人蒸熟減風姿炎州地狹陂塘少渴殺相
如欠藥醫 元周霆震氷盤雪藕 清澈氷盤壓蔗漿酒
酣雪藕近華堂凝寒色映瑤華脆眞白絲連翠袖香金
掌曾聞承玉露瓊臺忽見擣玄霜文園近日眞消渴莫

種蓮根引恨長 明李東陽賜藕 祇向名花看畫圖忽
驚仙骨在泥塗輕同握雪愁先碎細比餐氷聽却無郭
北芳菲懷故里江南風味憶西湖渴塵此夜消應盡未
羨金莖與玉壺 于慎行紀賜鮮藕 芙蓉別殿曉風凉
玉井靈根出水香爲熟方聞開寢廟賜鮮已見布朝堂
氷絲欲斷鮫人縷瓊液疑含闔苑霜憶昨金鰲橋上望
紅衣翠蓋滿銀塘
五言排律 增 唐趙嘏秋日吳中觀黃藕 野艇幾西東清
泠映碧空褰衣來水上捧玉出泥中葉亂田田綠蓮餘
片片紅激波纔入選就日已生風御潔玲瓏膽人懷拔
擢功梯山漫多品不與世流同 原 宋陶弼藕 萬頃金

沙裏誰將玉節栽絲應皴乞與珠是蚌分來盤貯氷猶
絲切侵雪易摧防風骨外折混沌竅中開月寺僧家鉢
風亭酒客杯胸中秋氣入牙孙雨聲回自姚塵泥賤得
棠樽俎陪與君消酷暑瓜李莫相猜
五言絕句 增 宋楊萬里詠藕 比雪猶鬆在無絲可得飄
輕拈愁欲碎未嚼已先消
七言絕句 增 宋楊萬里藕 荷衣芰製雪爲容家住雲烟
太華峯外面看來眞璞玉胸中雕出許玲瓏
詩散句 增 唐杜甫 公子調氷水佳人雪藕絲 李賀 藕
花凉露濕花缺藕根澀 宋蘇軾 永懷江陽叟種藕春
滿湖 宋祁 自是天姿不汙著水深泥濁奈君何 陶

弼 綠房翠子暗相失紅藕白絲空自纏 宋謝朓 秋藕
折輕絲 隋殷英 藕絲牽作縷 唐白居易 暖踏泥中
藕 宋范成大 吳藕鏤氷寒 唐來鵬 藕穿平地生荷
葉 宋楊萬里 氷藕初凝雪一梢
別錄 原 製用 蜜煎藕 初秋取新嫩者渰半熟去皮切條
或片每斤用白梅四兩以沸湯一大碗浸一時撈控乾
以蜜六兩煎去水另取好蜜十兩慢火煎如琥珀色放
冷入罐收之 糖煎藕 每大藕五斤切碎日曬出水氣
沙糖五斤金櫻末一兩蜜一斤同入磁器內泥封閉慢
火煮一伏時待冷開用 製藕粉 取麤藕不限多少淨
洗截斷浸三宿數換水看極潔淨撈出碓中搗碎以新
布絞取汁重搗以汁盡爲度又以密布澄去麤惡物如
稠難澄以水攪之看水清卽瀉去一如造米粉法 製
藕蓑 嫩藕梢隨意切作方塊如骰子大就蟹眼湯內快
手渰上取牽牛花採汁淹染片時投冷熟水中滌過控
乾以馬芹鹽花泡湯入少醋加蜜作蓑澄冷澆供之
煮藕 老藕每節切作兩段竪鍋中下水一盞鹽少許蓋
燒之以熟爲度 嫩藕搗碎鹽醋拌勻可以醒酒 蒸
荳粉調沙糖灌孔中細紙扎定勿炎住煮熟用切藕須
斜片則不脫 收藏 好肥白嫩藕埋陰濕地可經久如
新欲致遠以泥裹之則不壞

蔗

原 甘蔗 齊民要術云雜書傳或爲芋蔗或干蔗或邯睹或都蔗所在不同 叢生莖似竹
內實直理有節無枝長者六七尺短者三四尺根下節
密以漸而疎葉如蘆而大聚頂上扶疎四垂八九月收
莖可留至來年春夏王灼糖霜譜云有數種曰杜蔗卽
竹蔗綠嫩薄皮味極醇厚專用作霜曰白蔗一名荻蔗
一名芳蔗一名蠟蔗可作糖曰西蔗作霜色淺曰紅蔗
亦名紫蔗卽崑崙蔗也止可生啖不堪作糖江東爲勝
今江浙閩廣蜀川湖南所生大者圍數寸高丈許又扶
風蔗一丈三節見日卽消遇風則折交趾蔗特醇厚本
末無厚薄其味至均圍數寸長丈餘取汁曝之數日成
飴入口卽消彼人謂之石蜜多食蔗衄血燒其滓煙入

目則眼暗
彙考原晉書文苑傳顧愷之每食甘蔗恒自尾至本人
或怪之云漸入佳境 增宋書張暢傳世祖鎮彭城虜
跋燾南侵至小市門曰魏主致意安北遠來疲乏若有
甘蔗及酒可見分世祖遣人答曰知行路多乏今付酒
二器甘蔗百梃 原南史宜都王鏗傳鏗善射常以堋
的太濶曰終日射侯何難之有乃取甘蔗插地百步射
之十發十中 增南史范雲傳永明十年雲使魏魏使
李彪宣命至雲所甚見稱美彪爲設甘蔗黄甘粽隨盡
絕益彪笑謂曰范散騎小復儉之一盡不可復得 孝
義傳庾僧彌母劉好食甘蔗母亡僧彌遂不食焉 唐

書南蠻傳閣婆有蔗大如脛 神異經南方有肝𤛓之
林其高百丈圍三尺八寸促節多汁甜如蜜咋囓其汁
令人潤澤可以節蚘蟲人腹中蚘蟲其狀如蚓此消穀
蟲也多則傷人少則穀不消是甘蔗能滅多益少凡蔗
亦然 典論嘗與奮威將軍鄧展共飲論劒良久謂言
將軍法非也余顧嘗好之又得善術因求與余對時酒
酣耳熱方食芋蔗便以爲杖下殿數交三中其臂 原
江表傳孫亮使黄門以銀椀并蓋就中藏吏取交州所
獻甘蔗餳黄門先恨藏吏以鼠矢投餳中啓言吏不謹
亮呼吏持餳器入問曰此器既蓋無緣有此若矢先在
餳中當濕今矢中燥黄門將有恨於汝耶吏叩頭曰嘗

從某求宮中莞蓆宮席有數不敢與亮曰必是此也覆
問黄門具首服 增齊民要術雩都縣土壤肥沃偏宜
甘蔗味及采色餘縣所無一節數寸長郡以獻御 原
清異錄湖南馬氏有雞狗坊卒長能種子母蔗 增清
異錄丘鵬南出甘蔗啖朝友云黄金顏 談藪甄龍友
雲卿永嘉人滑稽辨捷爲近世之冠樓宣獻自西掖出
守以首春觴客甄預坐席間謂公曰今年春氣一何太
盛公問其故甄曰以果奩甘蔗知之根在公前而末已
至此公爲罰掌吏衆訾其猥率 原野史盧絳中痁疾
疲瘵夢一白衣婦人謂之曰子之疾食蔗即愈詰朝見
鬻蔗者揣囊中無一錢惟有唐韻一冊請易之其人曰

吾負販者將此安用哀君欲之遂貽數梃絳食之旦而
疾愈 糖霜譜唐大曆間有僧號鄒和尚跨白驢登繖
山結茅以居須鹽米薪菜之屬書寸紙繫錢緡遣驢負
至市人知爲鄒也取平值挂物於鞍縱歸一日驢犯山
下黄氏蔗苗黄請償於鄒鄒曰汝未知因蔗糖爲霜利
當十倍吾語汝塞責可乎試之果信自此流傳其法至
末年北走通泉縣靈鷲山龕中其徒追及但見一文殊
石像始知爲大士化身而白驢者乃獅子也 增容齋
隨筆甘蔗只生於南方北人嘗之而不可得魏太武至
彭城遣人求酒及蔗於武陵王郭汾陽在汾上代宗賜
甘蔗二十條子虛賦所云諸柘也 原羣碎錄宋神宗

問呂惠卿曰蔗字從庶何也曰凡草木種之俱正生蔗獨橫生蓋庶出也故從庶　【增】瀛厓勝覽瓜哇國有甘蔗麤大長可二三丈　泉南雜志甘蔗幹小而長居民磨以煮糖泛海售商其地爲稻利薄蔗利厚往往有改稻田種蔗者故稻米益乏

【集藻】賦【增】魏文帝感物賦并序南征荊州還過鄉里種諸蔗於中庭涉夏歷秋先盛後衰悟興廢之無常既然永歎乃作斯賦云伊陽春之散節悟乾坤之交靈瞻玄雲之蓊鬱仰沉陰之杳冥降甘雨之豐霈垂長霤之泠泠掘中堂而爲圃植諸蔗於前庭涉炎夏而旣盛迄凛秋而將衰豈在斯之獨然信人物其有之　晉張協都

蔗賦若乃九秋良朝玄酎初出黃華浮觴酣飲累日挫斯蔗而療渴共漱醴而含蜜清津滋於紫梁流液豐於朱橘摶蘇妙而不逮何況沙棠與椰實

文賦散句【增】司馬相如子虛賦諸柘巴苴　張衡南都賦諸蔗薑蟠　晉左思蜀都賦甘蔗辛薑陽蓝陰敷　梁昭明太子七召蔗有盈丈之名

七言古詩【原】宋舒亶詠甘蔗瑤池宴罷王母還九芝飛入三仙山空餘絳節留人間雲封露洗無時閑節旄落盡何斕斑野翁提攜出茅菅吳刀戛戛鳴雙環截斷寒冰何潺潺相如賦就空上林倦遊渴病長相侵劉伶愛酒兵荒淫狂來欲倒滄溟深此時一嚼輕千金壚邊何用文君琴五斗一石安足斟坐想毛髮生青陰蕭瑟甘滋欲誰讓相棃橘柚紛綵狀冷氣相射杯盤上顧郞不見休惆悵佳境到頭還不妄詩成雖愧陽春唱全勝乞與將軍杖

詩散句【原】晉張載江南都蔗釀液豐沛　唐杜甫茗飲蔗漿攜所有瓷甖無謝玉爲缸　春雨餘甘蔗　偶然存蔗芋　【增】韋應物莫蔗傍湖田　韓愈初味猶噉蔗　【原】元稹甘蔗消殘醉　【增】白居易漿甜蔗節調　薛能壓春甘蔗冷　宋錢惟演蔗漿銷內熱　【原】唐王維大官還有蔗漿寒　【增】韓翃醒酒猶憐甘蔗熱　宋陸游蔗漿那解破餘酲　金麗鑄蔗蜜漿寒冰皎皎　【原】

元顧瑛蔗漿玉椀冰泠泠

【別錄】【原】種植穀雨內於沃土橫種之節間生苗去其繁冗至七月取上封壅其根加以糞穢俟長成收取雖常灌水但俾水勢流滿潤濕則已不宜久蓄　製用　石蜜卽白沙糖凝結作塊如石者輕白如霜者爲糖霜堅白如冰者爲冰糖以白糖煎化印成人物之形者爲饗糖以石蜜和牛乳酥酪作成餅塊爲乳糖以石蜜和諸色果融成塊爲糖纏糖煎總之皆自甘蔗出也　蔗糖以蜀及嶺南者爲勝江東雖有劣於蜀產會稽所作乳糖視蜀更勝　容齋隨筆糖霜之名唐以前無所見自古食蔗者始爲蔗漿宋玉招魂所謂臑鼈炮羔有柘漿些

是也其後爲蔗餳江表傳孫亮使黃門就中藏吏取交州所獻甘蔗餳是也後又爲石蜜南史郡志云榨甘蔗汁曝成飴謂之石蜜本草亦云煉糖如乳爲石蜜是也後又爲蔗酒唐書赤土國用甘蔗作酒雜以紫瓜根是也唐太宗遣至摩揭它國取熬糖法即詔揚州上諸蔗榨瀋如其劑色味愈西域遠甚然只是今之沙糖蔗之用盡于是不言作霜然則糖霜非古也歷世詩人模奇寫異亦無一章一句言之惟東坡公過金山寺作詩送遂寧僧圓寶云涪江與中泠共此一味水冰盤薦琥珀何似糖霜美黃魯直在戎州作頌荅梓州雍熙長老寄糖霜云遠寄蔗霜知有味勝於崔子水晶鹽正宗掃地

從誰說我舌猶能及鼻尖則遂寧糖霜見於文字者實始二公　甘蔗所在皆植獨福塘四明番禺廣漢遂寧有糖冰而遂寧爲冠四郡所產甚微而顆碎色淺味薄纔比遂之最下者亦皆起於近世唐大曆中有鄒和尚者始來小溪之繖山教民黃氏以造霜之法繖山在縣北二十里山前後爲蔗田者十之四糖霜戶十之三蔗有四色紅蔗止堪生噉芀蔗可作砂糖西蔗可作霜色淺不甚貴杜蔗綠嫩味極厚專用作霜凡蔗最困地力今年爲蔗田者明年改種五穀以滋息之霜戶器用曰蔗削曰蔗鎌曰蔗凳曰蔗碾曰榨斗曰枲甕各有制度凡霜一甕中品色亦自不同堆疊如假山者爲上團枝次之甕鑑次之小顆塊次之沙脚爲下紫爲工深琥珀次之淺黃又次之淺白爲下宣和初王黼創應奉司遂寧常貢外歲別進數千斤牆壁成方寸是時所產益奇應奉司罷乃不再見遂寧王灼作糖霜譜七篇具載其說予採取之以廣聞見

蔆

原 蔆一作蔆又作菱一名芰爾雅云蔆蕨攈註云今水中芰禮記疏云蔆芰也屈到嗜芰即蔆角者也武陵記云兩角者蔆三角四角者芰本草綱目云其葉支散故字從芰其角稜峭故謂之蔆而俗呼爲蔆角楊愼以芰爲雞頭者誤也一名水栗見風俗通一名沙角見本草一名薢茩說文云楚謂之芰秦謂之薢茩生水澤處處有之落泥中最易生種陂塘者爲家菱葉實俱大野生者小皆三月生蔓延浮

水上葉扁而有尖光面如鏡葉下之莖有股如蝦股一莖一葉兩兩相差如蝶翅狀五六月開花黃白色實更肥美有無角者其色嫩青老黑又有皮嫩而紫色者謂之浮菱食之尤美李時珍曰其實或三角四角兩角無角家蔆角軟而脆亦有兩角彎卷如弓形者其色有青有紅有紫嫩時剝食皮脆肉美老則殼黑而硬墜入水中謂之烏蔆冬月取之風乾爲果生熟皆佳野蔆其角堅直刺人其色嫩青老黑嫩時剝食甘美老則蒸煮食之野人曝乾剁米爲飯爲粥爲糕爲果皆可代糧其莖亦可暴收和米作飯以救荒歉蓋澤農有利之物也此物最不治病生食性冷利多食傷臟腑損陽氣痿莖生

燒蟲若過食腹脹瞋服薑酒即消含吳茱萸嚥津亦可
李惟熙言菱芡皆水物芡花開向日菱花開背日埤雅云芡花晝合宵炕隨月轉移猶葵之向日也故芡煖而菱寒
彙考 原 〔周禮天官〕加籩之實菱芡桌脯 〔註〕重言之者以四物爲八籩 〔國語〕屈到嗜芰有疾召宗老而屬之曰祭我必以芰及祥宗老將薦芰屈建命去之曰夫子不以私欲干國之典也 增 〔漢書循吏傳〕龔遂爲渤海太守秋冬課收斂益畜果實菱芡 〔南齊書孝義傳〕會稽人陳氏有三女無男祖父母年八九十老耄無所知父篤癃病母不安其室値歲饑三女相率於西湖採菱蓴更日至市貨賣未嘗虧怠鄉里稱爲義門多

欲取爲婦 原 〔南史魚弘傳〕弘爲湘東王鎭西司馬述職西上道中乏食緣路採菱作菱米飯給所部弘度之所後人覓一菱不得 〔列子〕杜厲叔事莒敖公自以爲不知已者居海上夏日則食菱芰冬日則食橡栗 〔洞冥記〕旦露池西有靈池方四百步有浮根菱根出水上葉沉波下實細薄皮甘香葉半青半黃霜降彌美因名青冰菱也 有玄都翠水水中有菱碧色狀如雞飛名翔雞菱仙人鳧伯子常游翠水之涯採菱而食之令骨輕舉身生毛羽也 增 〔列仙傳〕老萊子茹芰爲食 〔拾遺記〕昭帝元始元年穿菱池中有倒生菱莖如亂絲一花十葉根浮水上實沉泥中名紫菱食之不老 〔廣志〕鉅野大菱大於常菱 淮漢之南凶年以芰爲蔬 〔太康地記〕武昌南湖通江夏有水冬則涸於時靡所產植陶太尉立塘以遏水常自不竭因取瑯琊郡隔湖魚菱以著湖內菱甚甘美異於他所 〔續豫章記〕王鄰隱西山頂菱角巾又嘗就人買菱脫頂巾貯之歎曰此巾名實相副矣 〔酉陽雜俎〕瓜州紅菱 今人但言菱芰諸解草木書亦不分別惟王安貧武陵記言四角三角曰芰兩角曰菱今蘇州折腰菱多兩脚成式曾于荊州有僧遺一斗郢城菱三角而無傷可以節莎 〔廬陵詩註〕京師賣五岳宮菱 〔後山詩話〕某守與客行林下曰栢花十字裂顧客對其倅晩食菱方得對云菱角兩頭尖

皆俗諺全語也 〔石湖詩註〕蜀中無菱至蜀州西湖始見之 〔老學庵筆記〕芰菱也今人謂卷荷爲伎荷伎立也卷荷出水面亭亭植立故謂之伎荷或作芰非是白樂天池上早秋詩云荷芰綠參差新秋水滿池乃是言荷菱二物耳 〔三柳軒雜識〕菱花爲水客 〔楚辭芳草譜〕製芰荷以爲衣兮集芙蓉以爲裳蓋芰葉雜遝荷葉博大有爲衣之象而芙蓉若可緝者也 〔白嶽行記〕九月九日由謝村取餘杭道曲溪淺渚被水皆菱角有深淺紅及慘碧三色舟行掬手可取而不設藩籬地淳俗此亦可見余洒淘思解奴子康素工掠食偶一命之其脊咀嚼平生恥爲不義此其愧心者也 原 〔杭州志〕

東坡知杭州募民種菱於西湖收其利以備修隄

集藻

啓 增 梁庾肩吾謝賚菱啓上林紫水雜藴藻而俱浮雲菱清池開芙蓉而外發珍踰百味來薦書盤恩重千金遂沾菲席凌霜朱橘愧此開顏含露蒲桃慙其不館

論 增 晉孫楚屈建論加籩之品菱芡存焉楚多陂塘菱芡所生父自嗜之而抑按寧祀既毀就養無方之禮又失奉死如生之義舛乎素欲建何忍焉

辨 增 明楊慎菱芰辨武陵記四角三角曰芰兩角曰菱其字不一說文作蔆注曰楚謂之芰秦謂之薢茩芰菱也果也薢茩決明也菜也殊已混淆相如賦外發芙蓉

蔆華則芡實也又相如凡物篇云蔆从遴字作蘫爾雅蔆蕨攈郎決明也爾雅注作決光馬大年嬾真子錄誤作英光史繩祖已辨之黃公紹云許慎所注合是菜也又國語屈到嗜芰蓋決明之菜非水中芰也審矣爾雅既以水中之芰釋菜說文又以菜釋水中之芰由蔆名不一所以致惑今按菱今之菱角芰今之雞頭楚辭緝芰荷以為衣若是菱葉不可為衣也緣楚人名菱為芰所以致後世解二物不分又以決明參之愈益淆亂楚人名菱為芰見爾雅疏得此一解可破前數說之紛紛矣

文賦散句 增 漢司馬相如上林賦咀嚼菱藕 魏曹植九詠遇遊女于水裔採菱花而結詞 晉左思蜀都賦綠菱紅蓮 郭璞江賦鱗被菱荷攢布水蘼翹莖瀵蘂濯欵散裹流光潛映景炎霞火

五言古詩 原 梁簡文帝採菱曲菱花落復含桑女罷新蠶桂棹浮星艇徘徊蓮葉南 增 劉孝綽詠小兒採菱採菱非採菉日暮且盈舠踟蹰未敢進畏欲比殘桃 陸罩採菱曲參差雜荇枝田田競荷密轉葉在香風舒花影流日戲鳥波中蕩游魚菱下出不與文王嗜羞持比萍實 原 江洪和湘東王采菱曲風生綠葉聚波動紫莖開含花復含實正待佳人來

七言古詩 原 唐劉禹錫採菱行白馬湖平秋日光紫菱

如錦綵鴛翔盪舟游女滿中央採菱不顧馬上郎爭多逐勝紛相向時轉蘭橈破輕浪長鬟弱袂動參差釵影釧文浮蕩漾笑語哇哇顧曉暉蓼花緣岸扣舷歸歸來共到市橋步野蔓繫船萍滿衣家家竹樓臨廣陌下有連檣多估客攜觴薦芰夜經過醉踏大隄相應歌屈平祠下沅江水月照寒波白煙起一曲南音此地聞長安北望三千里 明王鴻漸題菱科圖采菱科采菱科小舟日日臨清波采得菱來餘幾何竟無人唱采菱歌風流無復越溪女但采菱科救饑餓

五言律詩 原 唐李嶠詠菱鉅野韶光暮東平春溜通影搖江浦月香引棹歌風日色翻池上潭花發鏡中五湖

多賞樂千里望無窮　增宋蘇轍食菱野沼漲清泉烏
菱不直錢蟹肥熬正滿不破髓方堅節物秋風早樽罍
夜月偏令人思淮上小舫藕如椽
七言律詩　增宋楊萬里食菱鷄頭吾弟藕吾兄頭角嶄
然也不爭白璧中藏煙水遊紅裳左袒雪花明一生子
木非知巳千載靈均是主盟每到炎官張火傘西山未
當聖之清
五言絶句　增唐錢起江行無題細竹漁家路晴陽看結
晉喜來邀客坐分與折腰菱　原宋梅堯臣和資政侍
郎採菱紫角菱實肥青銅菱葉老孤根未能定不及寒
塘草

七言絶句　原唐白居易看採菱菱池如鏡淨無波白點
花稀青角多時唱一聲新水調謾人道是采菱歌　增
宋范成大采菱戶采菱辛苦似天刑刺手朱殷鬼質青
休問揚荷涉江曲只堪聊誦楚詞聽　田園雜興采菱
辛苦廢犁鉏血指流丹鬼質枯無力買田聊種水近來
湖面亦收租　原楊萬里食老菱有感幸自江湖可避
人懷珠韜玉冷無塵何須抵死露頭角荇葉荷花老此
身　菱沼柄似蟾蜍股樣肥葉如蝴蝶翼相差蟾蜍翹
立蝶飛起便是菱花著子時
詩散句　增梁江淹相攜及嘉月採菱渡北渚　徐勉紫
菱亦可採聊以緩愁年　原費昶妾家五湖口采菱五

湖側　唐儲光羲濁水菱葉肥清水菱葉鮮　增李白
郎聽採菱女一道夜歌歸　杜甫況資菱芡足庶結茅
茨迥　錢起渚禽菱芡足不向稻粱爭　劉禹錫艷歌
呈幾曲江畔采新菱　原宋陶弼薄葉香隨風舒花影
凌日　梁武帝江南稚女珠腕繩桂棹容與歌採菱
唐李賀鴻酒木蘭椒葉蓋病容扶起種菱絲　宋陳堯
佐堆盤菱熟胭脂角蘋藻鱸鮮淡墨鱗　林逋舍機絲
錦翻新葉滿筱青銅瑩古花　陸游何時却泛耶溪路
臨聽菱歌四面聲　增唐儲光羲深灃菱葉疏　王維
菱蔓弱難定　原杜甫隔沼連香芰　增杜甫水果剝
菱芡　採菱寒刺土　韓愈菱葉故穿萍　孟郊菱翻

紫角利　柳宗元朵頤進芰實　張籍翻芰紫角稠
李益菱花覆碧渚　李賀菱科映青罩　白居易菱風
香散漫　宋司馬光光翻芰葉齊　楊萬里新菱剝釀
紅　唐萬齊融垂菱布藻如妝鏡　薛逢日中漸見菱
花舒　韋莊十畝菱花晚鏡清　曹唐碧花菱角滿灃
秋　宋王安石菱角蜻蜓翠蔓深　陸游深紅菱角密
覆水　元薩都剌酒渴氷盤破紫菱
詞　原宋張鎡鵲橋仙連汀接激縈蒲帶藻萬鏡香浮光
滿濕煙吹霽木蘭輕照波底紅嬌翠婉　玉纖採處銀
籠攜去一曲山長水遠彩鸞雙慣貼人飛恨南浦離多
夢短

【別錄】【增】風俗通殿堂象東井形刻爲荷菱荷菱皆水物所以厭火也 埤雅羣說鏡謂之菱花以其面平光影所成如此庾信鏡賦云照壁而菱華自生是也 爾雅翼昔人取菱花六觚之象以爲鏡 【原】種植秋間取熟黑者撒池中來春自生 【增】製用物類相感志菱煮過以礬湯綽之紅綠如生 煮菱要青用石灰水拌過先洗去灰煮則青

芡

【原】芡一名雞頭古今注云芡雞頭也一名芰方言云北燕謂之䓈青徐淮泗之間謂之芡南楚江湘之間謂之雞頭或謂之烏頭埤雅云其莖似雞首故曰雞頭一名雁喙一名雁頭一名鴻頭爾雅翼云葉有芒刺兼有萳若雞雁之頭故有諸名一名雞雍見莊子一

名卯菱見管子一名蔿子本草經註云芡實即今蔿子也圖經云其莖嫩者名蔿亦名蔆菜一名水硫黃孫公談圃云芡甘滑可食名爲水硫黃詳見東坡雜記生水澤中處處有之三月生葉貼水大於荷葉皺文如穀蹙衂如沸面青背紫俗名雞頭盤莖葉皆有刺莖長丈餘有孔有絲嫩者剝皮可作蔬茹五六月開紫花結苞外有刺如蝟花在苞頂如雞喙內有斑駁軟肉裹子纍纍如珠璣殼內白米狀如魚目薏苡大味甘平濇無毒補中强志聰耳明目開胃助氣止渴益腎除溼痺腰脊膝痛久服身輕不飢耐老莖止煩渴除虛熱生熟皆宜根狀如三稜煮熟如芋可食治心痛氣結病

【彙考】【增】周禮地官大司徒以土會之法辨五地之物生二曰川澤其植物宜膏物【注】玄謂膏當爲櫜字之誤也蓮芡之實有櫜韜【疏】蓮芡之實有櫜韜者以其是川澤所生故知是蓮芡之實皆有外皮櫜韜其實者也 【宋史禮志】太宗景祐三年禮官宗正請每歲夏季月薦果以芡以菱 【莊子】藥也其實堇也桔梗也雞廱也豕零也是時爲帝者也何可勝言【注】廱或作雍司馬云雞廱即雞頭也 【淮南子】雞頭已瘻【注】瘻頸腫疾雞頭水中芡 【東坡雜記】吳子野云芡實蓋温平爾本不能大益人然俗謂之水硫黃何也人之食芡也必枚囓而細嚼之未有多嘬而亟嚥者也舌頰唇齒終日囓嚅而芡無五味腴而不膩足以致上池之水故食芡者能使人華

液通流轉相挹注積其力雖過乳石可也

【集藻】七言古詩【原】唐無名氏雞頭湖浪參差疊寒玉水仙曉轉鉢盤綠淡黃根老栗皺圓染青刺短金罌熟紫羅小囊光緊蹙一掬真珠藏蝟腹叢叢引觜傍蓮洲滿川恐作天雞哭 【宋】歐陽修初食雞頭有感六月京師暑雨多夜夜南風吹芡觜凝祥池鎖會靈園僕射荒陂安可擬爭先園客採新苞剖蚌得珠從海底都城百物貴新鮮厥價難酬與珠比金盤磊落何所薦滑臺撥醅如玉醴自慚竊食萬錢廚萬口飄浮嗟病齒却思年少在江湖野艇高歌菱荇裏香新味全手自摘玉潔沙磨軟還美一瓢固不羨五鼎萬事適情爲可喜何時遂買

穎東田歸去結茅臨野水　〔文同〕采芡芡盤圓圓開碧
輪城東濠中如疊鱗漢南父老舊不識日日岸上多少
人駢頭鬅鬆露秋熟綠刺紅鍼割寒玉提籠當筵破紫
苞老蚌一開珠一掬吹臺北下凝祥池圃田東邊僕射
陂如今兩處盡湮沒異日此地名應馳物貴新成味尤
美可惜飄零還入水料得明年轉更多一匝清波流珠
子　〔蘇轍〕食雞頭芡葉初生縐如穀南風吹開輪脫轂
紫苞青刺攢蝟毛水面放花波底熟森然赤手初莫近
誰料明珠藏滿腹剖開膏液尚模糊大盎磨聲風雨速
清泉活火曾未久滿堂坐客分升掬紛然咀嚼惟恐遲
勢若羣雛方脫粟東都每憶會靈沼南國陂塘種尤足

東遊塵土未應嫌此物秋來日常食
五言律詩　增〔宋陶弼〕雞頭三伏池塘沸雞頭美可烹香
囊聯錦破玉指剝珠明葉蹙非蓮蓋根甘似竹萌不應
從適口炎帝亦曾名
七言律詩　增〔宋蘇轍〕食雞頭風開芡嘴鐵爲鬚斧砍沙
磨旋付厨細嚼徐收上池水徐嚥還成滄海珠佳客滿
堂須一斗閑居賴我近平湖多年不到會靈沼氣味宛
然初不殊　原〔楊萬里〕食雞頭江妃有訣煮真珠菰飯
牛酥軟不如手擘雞頭金五色盤傾驪頷珠千餘夜光
明月供朝嚼水府靈宮恐久虛好與藍田食玉法編歸
辟穀赤松書　三危瑞露凍成珠九轉丹砂鍊不如鼻

觀溫芳炊桂歇齒根軟熟剝胎餘半顆鷹爪中秋近一
牀龍涎丈室虛却憶吾廬野塘畔滿山柿葉正堪書
五言絕句　增〔宋姜特立〕芡實芡實徧方塘明珠截錦囊
風流熏麝氣包裹借荷香
七言絕句　增〔宋陸游〕建州絕無芡頗思之戲作鄉國雞
頭買早秋綠荷紅縷最風流建州城裏西風冷白菜堆
盤看却愁　原〔楊萬里〕雞頭龍宮失曉惱江妃也養鳴
雞報早暉要啄稻粱無半粒只教滿頷飽珠璣
詩散句　增〔唐溫庭筠〕繡領金鬚蕩倒光團圓皺綠雞頭
葉　〔宋陳堯佐〕風開黃觜鐵爲鬚斧斫砂磨旋出厨
宋祁〕磨沙漉水莘殼滑斫桂煮釜風波聲　原〔梅堯臣

吳雞鬪罷絳幘碎海蚌擘出真珠明　〔王巖叟〕水晶冷
浸碧玉叢琉璃湧出青毛蝟　〔鄭清之〕玉質欲藏如許
脆鐵芒何苦太尖生　增〔唐韓愈〕平池散芡盤　風能
拆芡觜　〔孟郊〕鴻頭排刺芡　原〔宋黃庭堅〕剝芡珠走
盤　增〔陸游〕芡觜拆秋風　〔元馬祖常〕沼綠芡盤鋪
〔宋黃庭堅〕千頭剖蚌明珠熟　明珠論斗煮雞頭　原
〔陸游〕雞頭纍纍如大珠　港種雞頭來滿船　明王象
明〕雞頭新劈驪頷顆
記〕原〔宋昭順老人〕荒溪沙的皪堆爲席上珍銀鐺百沸
麝臍熏蕭娘欲餌意中人　拈處玉纖籠蚌顆剝時瓊
齒嚼香津仙郎入口即身輕

【别錄】【原】種植秋間熟時取實之老者以蒲包包之浸水中三月間撒淺水內待葉浮水面移栽淺水每科離二尺許先以麻餅或豆餅拌勻河泥種時以蘆記其根十餘日後每科用河泥三四碗壅之【製用】蒸熟烈日中曝裂取仁亦可舂取粉用新者煮食良遠歲一斗防風四兩煎湯浸用甚軟美經久不壞

葧臍

【原】葧臍一名芍一名鳧茈（爾雅云芍鳧茈爾雅翼云一名為鳧茈當是鳧好食之）一名鳧茨（本草綱目云鳧茈音訛也）一名黑三稜一名地栗（皆形似也日用本草云小者爲葧臍大者爲地栗）舊名烏芋（以形似芋而色烏也）今皆名葧臍（又鳧茨音訛也）生淺水中其苗三四月出土一莖直上無枝葉狀如

龍鬚色正青肥田生者麤似細葱高二三尺其本白蒻秋後結根大者如山查栗子臍有聚毛纍纍下生入泥底野生者黑而小食之多滓種出者皮薄色淡紫肉白而大軟脆可食【增】本草衍義皮厚色黑肉硬而白者謂之猪葧臍皮薄澤色淡紫肉軟而脆者謂之羊葧臍

【原】味甘微寒滑無毒治消渴除胸實熱氣作粉食厚腸胃療膈氣消宿食黃疸治血痢下血血崩辟蠱毒消誤吞銅鐵種宜穀雨日

【集藻】七言古詩【增】明王鴻漸題野荸薺圖野荸薺生稻哇苦嬬不盡心力疲造物有意防民饑年來水患絕五穀爾獨結實何纍纍

五言絕句【增】明吳寬題荸薺畫四首纍纍滿筐盛大帶葑門土咀嚼味還佳地栗何足數

【别錄】【增】物類相感志荸薺煮銅則軟

慈姑

【原】慈姑（或作茨菰）一歲根生十二子如慈姑之乳衆子故名爾雅翼云歲有閏則生十三子一名藉姑一名水萍一名河鳧茈一名白地栗（根苗似鳧茈故有二名）苗名翦刀草一名翦搭草一名燕尾草一名槎丫草（本草綱目云象葉形也）莖幹似嫩蒲又似三稜苗甚軟其色深青綠每叢十餘莖內抽出一兩莖上分枝開小白花四瓣蘂深黃色根大者如杏小者如栗色白而瑩滑五六七月采葉正二月采根

煮熟味甘甜時人以作果

【集藻】七言律詩【增】宋楊東山茨菰花折來趁得未晨光清露晞風帶月凉長葉翦刀廉不割小花茉莉淡無香稀疏畧糝瑤臺雪升降常涵翠管漿恰恨山中窮到骨茨菰也遣入詩囊

詩散句【增】唐元稹小片慈姑白

【别錄】【原】種植慈姑豫於臘月間折取嫩芽種於水田來年四月盡如種秧法種之離尺許田最宜肥每顆花挺一枝上開數十朵色香俱無惟根至秋冬取食甚佳

【增】製用本草嫩莖可煠食取汁可製粉霜雌黃

佩文齋廣羣芳譜卷第六十六

佩文齋廣羣芳譜卷第六十七

果譜

甜瓜

【原】甜瓜一名甘瓜本草綱目云味甜於諸瓜故得甘甜之稱 一名果瓜農書云供果者爲果瓜以別於菜瓜也 北土中州種蒔甚多二三月下種蔓生葉大數寸五六月花開黃色六七月熟其類甚繁有團者長者尖者扁者大而徑尺者小而一捻者稜之或有或無色之或青或綠或黃斑糝斑白路黃路種種不同甘肅甜瓜大如枕皮瓤皆甘勝於蜜以皮曝乾杂朝甘美而有味浙中一種陰瓜種宜陰處秋熟色黃如金皮膚稍厚藏至春食之如新 【增】廣志瓜之所出以遼東

廬江燉煌之種爲美有烏瓜魚瓜貍頭瓜蜜筩瓜女臂瓜龍蹄瓜羊髓瓜蠊瓜瓜州大瓜如斛御瓜也有青登瓜大如三斗魁有桂枝瓜長二尺餘蜀地溫良瓜冬熟有春白瓜細小小瓣宜藏正月種三月熟有秋泉瓜秋種十月熟形如羊角色蒼黑 農政全書以狀得名則有龍肝虎掌兔頭貍首之稱以色得名則有白團黃瓤白瓤小青大斑之別其味總以甘美爲上 【原】凡瓜大曰瓜小曰瓞玉篇云瓞瓞小瓜也 子曰瓣肉曰瓤玉篇云瓣瓠瓤瓜實也 跗曰環農書云謂脫花處也 蒂曰疐農書云謂繫蔓處也 其畏麝諸瓜皆同 凡食瓜過多但飲酒或水服麝或食鹽花即消化性寒滑無毒少食止渴除煩熱利小便通三焦壅塞夏月不中暑多食動宿冷病破腹手足無力沉水及雙頂雙蒂者有毒不可食

【彙考】【原】詩豳風七月食瓜 大雅緜緜瓜瓞 【增】爾雅瓞瓝其紹瓞注俗呼瓝瓜爲瓞紹者瓜蔓緒亦著子但小如瓝 【原】禮記曲禮爲天子削瓜者副之巾以絺爲國君者華之巾以綌爲大夫者累之士疐之庶人齕之 注副析也既削又四析之乃橫斷之而巾覆焉華中裂之不四析也累倮也謂不巾覆也疐之不中裂橫斷去疐而已齕之不橫斷 郊特牲天子樹瓜華不斂藏之種也 玉藻瓜祭上環注上環橫切之圓如環也 夏小正五月乃瓜注乃者急瓜之辭也瓜也者始食瓜也

史記蕭相國世家召平者故秦東陵侯秦破爲布衣貧種瓜於長安城東瓜美故世俗謂之東陵瓜從召平以爲名也 前漢書地理志注燉煌杜林以爲古瓜州地生美瓜師古曰即春秋左氏傳所云允姓之戎居於瓜州者也其地今猶出大瓜長者狐入瓜中食之首尾不出 晉書孝友傳桑虞有園在宅北數里瓜果初熟有人踰垣盜之虞以園援多刺恐偷見人驚走而致傷損乃使奴爲之開道及偷負瓜將出見道通利知虞使除之乃送所盜瓜叩頭請罪虞乃懽然盡以瓜與之 【增】宋書符瑞志漢安帝元初三年二月東平陵有瓜異處其生八瓜同蒂 漢桓帝建和二年七月河東有嘉

瓜兩體其蔕 晉武帝太康三年六月嘉瓜異體同蔕生河南洛陽輔國將軍王濬園 宋孝武帝大明五年五月嘉瓜生建康蔣陵里 明帝太始二年八月嘉瓜生南豫州 南齊書竟陵王子良傳子良禮才好士傾意賓客天下才學皆遊集焉善立勝事夏月客至爲設瓜飲及甘果 原 南齊書到撝傳宋世上數遊會撝家同從明帝射雉郊野渴倦撝得早青瓜與上對剖食之上懷其舊德意眄良厚 孝義傳韓靈敏早孤與兄靈珍並有孝性母尋又亡家貧無以營凶兄弟共種瓜半畝朝採瓜子暮已復生以此遂辦葬事 增 陳書儒林傳鄭灼常蔬食講授多苦心熱若瓜時輒偃臥以瓜鎮心起便誦讀其篤志如此 魏書宋瓊傳瓊字普賢少以孝行稱母曾病季秋之月思瓜不已瓊夢想見之求而遂獲時人稱異 原 魏書郭祚傳郭祚領太子少師曾從世宗幸東宮肅宗幼弱祚懷一黃𤬏出奉焉時人號爲黃𤬏少師 增 北齊書蘇瓊傳瓊遷南清河太守郡民趙頴曾爲樂陵太守八十致仕歸五月初得新瓜一雙自來送頴恃年老苦請遂便爲留仍致於聽事梁上竟不剖人遂競貢新果至門間知頴瓜猶在相顧而去 原 南史任昉傳昉爲新安太守卒於官武帝聞問方食西苑綠沉瓜投之於盤悲不自勝 增 南史郭祖深傳祖深常服故布襦素木案食不過一肉有姥餉一

早青瓜祖深報以匹帛 孝義傳郭平原以種瓜爲業大明七年大旱瓜瀆不復通船縣令劉僧秀愍其窮老下瀆水與之平原曰普天大旱百姓俱困豈可減溉田之水以通運瓜之船乃步從他道往錢塘貨賣 北史齊宗室傳蘭陵武王長恭爲將躬勤細事每得甘美雖一瓜數果必與將士共之 原 北史王羆傳羆性儉率不事邊幅客與羆食瓜客削瓜皮侵肉稍厚羆意嫌之及瓜皮落地乃引手就地取而食之客甚愧色 唐書杜如晦傳如晦既葬帝他日食瓜美輟其半奠焉 武儒衡傳儒衡遷中書舍人時元稹因宦官知制誥儒衡鄙厭之會公堂食瓜蠅集其上儒衡揮以扇曰適從何處來遂集於此一座皆失色 陸贄傳陸贄隨帝幸梁道有獻瓜果者帝嘉其意欲授以試官贄曰爵位天下公器不可輕也今獻瓜一器果一盛則授之彼忘軀命者有以相謂矣曰吾之軀命乃同瓜果瓜果草木也若草木然人何勸哉 方技傳四月帝憶瓜明崇儼索百錢須臾以瓜獻曰得之緱氏老人圃中帝召老人問故曰埋一瓜失之土中得百錢 西域傳木祿國有尋支瓜大者十人食乃盡 春秋元命苞織女星主瓜果 龍魚河圖瓜有兩蔕兩鼻者殺人 洞冥記有龍肝瓜長一尺花紅葉素生於冰谷所謂冰谷素葉之瓜仙人瑕丘仲採藥得此瓜食之千歲不渴瓜上恒如霜雪刮

嘗如蜜滓及武帝封泰山從者皆餳冰谷素葉之瓜
〔吳越春秋〕越王伐吳吳王率羣臣遁去因得生瓜已熟
吳王掇而食之謂左右曰何冬而生瓜近道人不食何
也左右曰謂糞種之物人不食也吳王曰何謂糞種左
右曰盛夏之時人食生瓜起居道傍子復生秋霜惡之
故不食 〔漢武外傳〕西王母告上元夫人曰共造朱火
丹陵食靈瓜味甚好憶此未久而已七千歲矣 〔新序〕
梁大夫有宋就者嘗爲邊縣令與楚隣界梁之邊亭與
楚之邊亭皆種瓜各有數梁之邊亭人劬力數灌其瓜
瓜美楚人窳而稀灌其瓜瓜惡楚令因以梁瓜之美怒
其亭瓜之惡也楚亭人惡梁亭之賢已因往夜竊搔梁

亭之瓜皆有死焦者矣梁亭覺之因請其尉亦欲竊往
報搔楚亭之瓜尉以請宋就就曰人惡亦惡何褊之甚
也若我教子必毎暮令人往竊爲楚亭夜善灌其瓜弗
令知也於是梁亭乃毎暮夜竊灌楚亭之瓜楚亭旦而
行瓜則又皆以灌矣瓜日以美楚亭怪而察之則乃梁
亭也楚令聞之大悅因具以聞楚王楚王曰此梁之陰
讓也乃謝以重幣而請交於梁王故梁楚之歡由宋就
始 〔列仙傳〕谿父者南郡鄜人居山間有仙人常止
其家從買瓜教之煉瓜子與桂附枳實共藏而對分食
之二十餘年能飛走昇山入水 服閭者往來海邊諸
祠中見一仙人博賭瓜使擔黃瓜數十頭令瞑目乃上

方丈山 【增】〔博物志〕人以冷水自漬至膝可頓啖數十
枚瓜漬至腰啖轉多至頸可啖百餘枚所漬水皆作瓜
氣 〔神仙傳〕葛玄冬中能爲客設生瓜夏致冰雪 介
象常爲吳王種瓜菜百果皆立生可食 〔祭法〕夏祠秋
祠皆用瓜 〔搜神記〕吳時有徐光者常行術於市里從
人乞瓜其主勿與便從索瓣杖地種之俄而瓜生蔓延
生花成實乃取食之因賜觀者鬻者反視所出賣皆亡
耗矣 〔拾遺記〕漢明帝陰貴人夢食瓜甚美帝使求諸
方國時燉煌獻異瓜種瓜名穹隆長三尺而形屈曲味
美如飴父老云昔道士從蓬萊山得此瓜云是崆峒靈
瓜四劫一實西王母遺於此地世代遐遠其實頗在

須彌山有瓜如桂 【原】〔孝子傳〕焦華西秦時人父病甚
仲冬思瓜求之不得忽夢一人黃冠謂曰聞子父病思
瓜故送瓜以助子華拜受之及寤瓜在手馨香非常父
食而愈 【增】〔晉錄〕成寧中嘉瓜同蔕生於成都 【原】〔異
苑〕晉武帝太康八年王濬園生瓜三莖一實 孫鍾富
春人堅父也與母居至孝篤性種瓜爲業忽有三年少
容服妍麗詣鍾乞瓜鍾爲設食出瓜禮敬慇懃三人臨
去曰我等司命郎感君接見之厚欲連世封侯欲數世
天子鍾曰數世天子故當所樂因爲鍾定葬地出門悉
化成白鵠 【增】〔述異記〕漢章帝元年上虞縣獻二蔕瓜
一實二蔕 瓜步在吳中吳人賣瓜於江畔用以名焉

吳桓王時會稽生五色瓜今吳中有五色瓜歲充貢
伏獻〔列異傳〕遼東丁伯昭自說有客字次節既亡常
為本家致奇物試臘月中從索瓜得美瓜數枚 原〔黃
庭經〕大霍山下有洞臺司命君之府也中有神盤靈
瓜食之心通至玄 增〔南岳夫人內傳〕夫人姓魏名華
存性樂神仙季冬夜半有眞人至靜室陳玄室紫柰絳
實靈瓜 〔經行記〕大食國瓜大者名尋支十餘人食一
顆輒亦足越瓜長四尺以上 〔廣異記〕謝玄卿見東華
丈人為設容同靈瓜 原〔白帖〕漢哀帝二年瓜異本同
蔕共生一實時以為嘉瓜 積石山有瓜三年一實
〔酉陽雜俎〕瓜惡香香中尤忌麝鄭注太和初赴職河中

姬妾百餘盡騎香氣數里逆於人鼻是歲自京至河中
所過路瓜盡死一蔕不獲 衞國縣西南有瓜穴冬夏
常出水望之如練時有瓜葉出焉相傳苻秦時有李班
者頗好道術入穴中行可三百步廓然有宮宇牀榻上
有經書見二人對坐鬚髮皓白班前拜於牀下一人顧
曰卿可還無宜久住班辭出至穴口有瓜數個欲取乃
化為石尋故道得還至家家人云班去來已經四十年
矣 增〔杜陽雜編〕滄浪洲產分蔕瓜瓜長二尺其色如
椹一顆二蔕 原〔清異錄〕洛南會昌中瓜圃結五六實
長幾尺而極大者類蛾綠其上皺文酷似蟬形圃中人
連蔓移土檻貢上命之曰御蟬香挹腰綠 果中子繁
者惟夏瓜冬瓜石榴故嗜果者目瓜為百子甕 遼東
一處有瓜若澆沃之則以酒代水實成破為十段每段
中止有一子而長數寸食一顆可作十日糧國人珍之
名獨子青 吳越稱雪上瓜錢氏子弟逃暑取一瓜各
言子之的數言定剖觀負者張宴謂之瓜戰 瓜最盛
者無踰齊趙車擔列市道路濃香故彼人云未至舌交
先以鼻選 〔續仙傳〕馬湘有道術嘗於江南刺史馬植
坐上以酒盃盛土種瓜須臾引蔓生實食之甚美 增〔
集仙錄〕花姑女道士黃靈微也昇化之後座中奠瓜數
日生蔓結實如桃者二焉 〔國老談苑〕趙世長以宗正
卿北使時九月既宴薦瓜主客謂世長曰此方氣候誠

早彼想未也世長對曰本朝來歲季夏此味方盛故知
其節物晚也 〔揮麈前錄〕宣和中蔡居安提舉祕書省
夏日會館職於道山食瓜居安令坐上徵瓜事各疏所
憶每一條食一片坐客不敢盡言居安所徵為優欲畢
校書郎董彥遠連徵數事皆所未聞悉有據依咸歎服
之識者謂彥遠必不能安後數日果補外 原〔聞見錄〕
呂文穆文正在龍門讀書一日行伊水見賣瓜者意欲
得之苦無錢其人遺一枚公悵然食之後作相買園洛
城東南下直伊水起亭名饐瓜不忘舊也 〔道學傳〕褚
雅與人共居常取水灑掃夏月種瓜忿人來取 〔明通
紀〕洪武五年六月句容縣民獻嘉瓜二同蔕而生禮部

尚書陶凱奏曰禎祥實由聖德上曰朕寡德不敢當且草木之祥生於其土亦惟其土人應之與朕何與若盡天地間時和歲豐乃王者之禎祥也 【增】學圃餘疏甜瓜以香而小者爲第一作黃綠二色豈邵平所種五色子母瓜耶今凉州塞外作乾條遺遠人味極甘當是此種 帝京景物畧京師七夕以瓜雕刻成花謂之花瓜

西湖志杭州月塘皆沙田土宜瓜未有周姓者善種之號周家瓜

【集藻】啓【增】梁元帝謝東宮賚瓜啓金榮始薦瓊藥載珍味奪蔗漿甘踰石蜜

表【增】唐柳宗元禮部賀嘉瓜表臣某等今日內出浙東

觀察使賈全所進越州山陰縣移風鄉百姓王獻朝園內產嘉瓜二實同蔕圖示百寮者實祚維新嘉瑞來應式彰聖德更表天心臣某等誠慶誠賀頓首頓首伏惟皇帝陛下保合太和緝熙庶類德馨上達神化旁行嘉瓜發祥來自侯服質惟同蔕見車書之永均地則移風知化育之方始雖七月而食聊士歌王業之難五色稱珍東陵咏佳賓之會永聞感逼若斯昭著者也臣等遭逢聖運親仰珍圖忭躍之誠倍百恒品

賦【增】魏劉楨瓜賦並序在曹植坐廚人進瓜植命爲賦促立成其辭曰布象牙之席薰玳瑁之筵憑彤玉之几酌縹碧之尊三星在隅溫風節暮枕翹於藤流美遠布黃花炳曄潛實獨著豐細異形圓方殊務揚暉發藻九采雜糅厥初作苦終然允甘應時湫熟含蘭吐芳藍皮密理素肌丹瓤乃命圃師貢其最良投諸清流一浮一藏析以金刀四剖三離承之以雕盤羃之以纖絺甘逾蜜房冷亞冰圭 晉傅玄瓜賦調土下種播之有經應運候時貢甲徐生遂日就而月將旣成實而盛榮次落英之密葉兮交透迤之修莖敷碧綠之純朱金華炳其朗明育之以人功養之以六氣黃逾金細青侔含翠雖貍首之甘美兮未若東門之奇偉蓄有密筩及青括蔞嘉味溢口鮮類寡儔一嚌之頃至三搖頭選美芳園重簡其珍披以吳刀承以朱盤中割而破雖分若完質兼

五味氣美芳蘭愈得冷而益甘兮怡神爽而解煩細肌密理多瓤少瓣豐旨絕異食之不䱇 【原】陸機瓜賦佳哉瓜之爲德邈衆果而莫賢殷中和之淳祜播滋榮於甫田背芳春以初載迎朱夏而自延奮修系之莫莫延秀柎之綿綿赴廣武以長蔓粲烟接以雲連感嘉時而促節蒙惠露而增鮮若乃紛敷雜錯鬱悅婆娑發彼適此迭相經過熙朗日以熠燿扇和風其如波有葛藥之罩及相椒聊之衆多發金榮於秀翹結玉實於柔柯歛華影以自育綴修莖而星羅夫其種族類數則有括蔞定陶黃甀白搏金文密筩小青大斑玄骭素椀貍首虎蹯東陵出於秦谷桂髓起於巫山五色比象殊形異端

或濟貌以表內或惠心而醜顏或擄文而抱綠或披素
而懷丹氣淇細而俱芬體修短而必圓芳郁烈其充堂
味窮理而不餌德弘濟於饑渴道殷流乎貴賤若夫濯
以寒水淬以夏凌越氣外歛溫液密凝體猶握虛離若
剖氷 增張載瓜賦羊骹虎掌桂枝蜜筩玄表丹裏呈
素含紅豐膚外偉綠瓤內醲甘柤夏熟丹柰冬芳朱李
零於桂圃蒲萄潰於椒林雖玆肴之孤起莫斯瓜之允
臧超椰子於南海越橘柚於衡陽若乃檳榔櫛實龍眼
荔枝徒以希珍難致爲奇論實比德孰大於斯〔嵇含
瓜賦〕世云三芝瓜則處全焉故植根玉巖潤葉飛泉攬
之者壽食之者仙是謂雲芝芙蕖振采擢莖玄瀨闕二字

葩暎莫此爲最是謂木芝甘瓜普植用薦神祇其名龍
膽其味亦奇是謂土芝乃剖甘瓜既淳且馨荒者饗之
忘困解醒流味通其五臟冷氣反其逆精〔梁張纘瓜
賦〕惟玆瓜之實茂體太素之純精翁玄潤於浮霄含皇
澤於夏庭於是蒼春發歲天地交和乃啓沃壤是殖是
播納佳種於畦畹應時運而芽剖褈萌散蘖我葉負柯
蓊茸鬱蒼茱蓴婆娑晞慶雲以吐蘂仰旭日之敷花朝
晞重陽夕承朗月清露湛而宵降翔風穆以晨發振柯
翹之繞若顧惠風以滋悅感靈化而絪縕覩佳實之並
結始懷徵而若發終感宮而甘通信不和而自馨與九
鼎乎齊功蔓草是籍密葉是蔽潛湫獨熟墮莖落蔕芬

馥醑烈氣暢雲際申狄不能詳其味隸首不能爲之計
昔東陵之甘瓜美顯名於中古彼服閒之攸擔乃衆仙
之所賭美人神之同好何歟用之弘普惟令實於無窮
永可殖於靈圃 原唐康子玉瓜賦巫山之岡泰川之
陽垂條引蔓布綠敷黃彌皋被野含芬吐芳轉晨風之
穆穆湛宵露之瀼瀼花葉則熠熠煒煒文彩則焜焜煌
煌錦繡爲之失色霞日爲之奪光遠而望之粲兮燭繁
星列兮曜長漢光色連延遙相燎炤而察之䀹兮縣明
璣盈蚌娟重泉大鱗巨介近相連細雨流風舞飄飄兮
葉上遊蜂戲蝶時歷亂於花前爾其大則三尺二升美
則金瓤玉實狸頭羊骹之字黃𤬪白摶之質感仙貴於

孫鍾避世資於芸隴異蔕表於前代同心彰乎襲日既
而橫綺席會嘉賓琴樽逸賞海陸具陳香分四座氣雜
八珍既取類於母子亦取辨乎君臣猗哉彼美流玩不
已何以剖之金錯刀何以澆之玉英水邵平固植以著
業阮籍托辭而興已非但留怨於戎夫抑亦取誡於君
子
文散句 增魏文帝與吳質書浮甘瓜於清泉〔晉左思
蜀都賦〕瓜疇芋區〔梁昭明太子七召〕瓜稱素腕之美
〔唐柳宗元賀嘉瓜表〕神瓜合形式表綢繆之慶
五言古詩 增唐張說寄姚司馬共君采種瓜本期清夏
暑瓜成人已去失望將誰語衰露滴香園感味懷心許

偶逢西風便因之寄鄂渚　原杜甫園人送瓜　江間雖
炎瘴瓜熟亦不早栢公鎮夔國滯務茲一掃食新先戰
士其少及溪老傾筐蒲鴿青滿眼顔色好竹竿接嵌竇
引注來鳥道沉浮亂水玉愛惜如芝草落刃嚼氷霜開
懷慰枯槁許以秋蔕除仍看小童抱東陵跡蕪絶楚漢
休征討園人非故侯種此何草草
五言律詩　原唐李嶠咏瓜　欲識東陵味青門五色瓜龍
蹄遠珠履女臂動金花六子方呈瑞三仙實可嘉終期
奉絺綌諧帝佇非賖　增孟浩然南山下與老圃期種
瓜　樵牧南山近林閭北郭賖先人留素業老圃作鄰家
不種千株橘惟資五色瓜邵平能就我開徑剪蓬麻

宋楊萬里謝人餉新瓜　病骨那禁暑衰年更作愁有風
依舊熱初伏幾時秋瓜葉誰新餉饞涎小忍休金盆井
花水且看玉雙浮　風露盈籃至甘香隔壁聞綠團罷
一捏白裂玉平分鮮鑿開氷段梅山失火雲老夫供晚
酌不用辦羶葷
七言律詩　原宋黄庭堅食瓜有感　暑軒無物洗煩蒸百
果凡材得我憐蘚井筠籠浸蒼玉金盤碧筯薦寒氷田
中誰問不納履坐上適來何處蠅此理一盃分付與我
思明哲在東陵　增劉子翬謝人送瓜　瓜疇暑雨亂花
飛美實獨煩喜及時蘚井筠籠香發越金刀玉手翠離
披侯家昔見連阡盛貫肆徒誇厚貌奇珍重故人分送

意臨風宛似對奇姿　呼兒急走送筠籃敵暑惟應此
物堪一握青瑤含秀潤滿襟寒雪沍清甘擕園底用供
鄰怨剪棘聊應益盜衡他日倘收遺瓣種離離虎掌遍
南山
五言絶句　原宋范成大題甘瓜圖　夏膚粗已皴秋蔕熟
將脱不辭抱蔓歸聊慰相如渇　增趙山臺甘瓜　氷泉
浸綠玉霜刃破黄金凉冷消晚暑清甘洗渇心
七言絶句　原宋劉子翬致中惠瓜成二絶　故人夙有分
瓜約走送筠籃百里間翠鯢瓊罌纔一握極知風味勝
黄斑　柘漿溜溜香浮玉蘇水沉沉色弄金那似甘瓜
能破暑一盤霜雪洗清襟　范成大田園雜興　畫出耘

田夜績麻村莊兒女各當家童孫未解躬耕織也傍桑
陰學種瓜　增劉宰謝送瓜　碧團到眼舌生津三載深
慙拜賜頻莫怪尊前最知味東陵自是種瓜人　花蘂
夫人宮詞　沉香亭子傍池斜夏日巡遊歌翠華簾畔越
瓮盛淨水玉人手裏剖銀瓜　明李東陽畫瓜　玉盤秋
露水精寒氷齒餘香嚼未殘暑月爲君清到骨不知身
在畫中看　原張楷題畫瓜　翠實離離引蔓秋西風凉
露滿林丘東陵尚有閒田地千載無人說故侯　周艮
金吾園亦在東門外昨日清明手種瓜不信邵平能五
色吾園兼有武陵花
詩散句　原晉阮籍昔聞東陵瓜近在東門外連畛距阡

陌子母相鈎帶五色曜朝日嘉賓四面會　陶潛邵生
瓜田中寧似東陵時　唐杜甫青門種瓜人舊日東陵
侯　增宋楊萬里獨酌聖賢酒新嘗子母瓜　宋李待
制清冷氷有味甘潤玉無漿　唐王建內園分得溫湯
水三月中旬已進瓜　曹唐路尋故舊過西谷因得氷
園一尺瓜　宋楊億銅盤瓊蕊三危露素綆寒漿五色
瓜　明王寵山田犖确苦多沙學種東陵五色瓜　周
庾信破瓏夕瓜熟　甘瓜開蜜筩　原唐李嶠破甘霜
落瓜　增王灣新味瓜初剖　蕭穎士隴瓜香早熟
原杜甫瓜嚼水晶寒　王維金盤五色瓜　韓愈瓜畦
爛文具　秋瓜未落蔕　潑澈甘瓜濯　柳宗元霜蔓

縋寒瓜　增白居易晚瓜有餘馨　宋王安石破瓜青
玉美　原唐杜甫青門瓜地新凍裂　豈傍青門學種
瓜　李頎玉盆貯水割甘瓜　宋陸游新瓜落刃氷盤
裏　元耶律楚材午風涼處剖新瓜
詞　原宋馬莊父青門引手種闌國玉香起日晴初熟金
刀錯落聽霜寒十分風味獨向暑天足　唐君去後雲
空谷異事傳流俗刀圭倘是神仙藥地皮捲盡猶飛肉
肉　增鄭域百字令東陵美景有輕烟和月斜風吹雨一
種龍鬚隨地轉不學松蘿兒女結實圓青收來掌握猶
帶金盤露拍浮金井水花零亂飛舞　誰信六月飄霜
破開落刃散銀絲金縷冷碧凄香縈齒頰洗我塵襟煩

暑村老吟詩已公留客此典無今古安期非誕世間有
棗如許
別錄　原種植二月上旬爲上時三月上旬爲中時四月
上旬爲下時至五六月止可種藏瓜耳預將生數葉便
結瓜者爲本母子候熟蔕自落取來截去兩頭其中段
子淘淨曬乾收作種臨種時用鹽水洗之取熟糞土種
之仍將洗子鹽水澆之得鹽氣則不籠死坑深五寸大
如斗納瓜子大豆各四粒瓜生數葉將豆掐去瓜生至
初花鋤三四次勿令生草但鋤不可傷根傷根則瓜苦
候秧拖時掐去蔓心再用熟糞培根下勤澆灌摘瓜勿
令踏蔓及翻覆之踏則瓜爛翻則瓜死若生蟻置骨其

旁引而棄之　製用瓜蔕一名瓜丁一名苦丁香凡使
勿用白瓜蔕要取青綠色闊而短者良瓜氣足時其蔕
自然落在蔓上采得繫屋東有風處吹乾用　本草云乃
陽明經除濕熱之藥也

西瓜

原西瓜一名寒瓜蔓生花如甜瓜葉大多椏缺面深青
背微白葉與莖皆有毛如刺微細而硬其稜或有或無
其色或青或綠或白其形或長或圓或大或小其瓤或
白或黃或紅紅者味尤勝其子或黃或紅或黑或白白
者味更劣其味或甘或淡或酸酸者爲下舊傳種來自
西域故名西瓜今處處有之蔫瓤瓜出蘇州城南二十

里蔣市瓜牌樓市瓜出太倉州一種陽溪瓜秋生冬藏
形畧長扁而大瓤色如胭脂味最美可留至次年云是
異人所遺之種味甘淡寒無毒除煩止渴消暑熱療喉
痺口瘡解酒毒子取仁可薦茶皮可蜜煎糖煎醬醃食
瓜後食其子卽不噫瓜氣以瓜劃破曝日中少頃食之
頗涼收藏得法可至來年春夏近糯米及酒氣則易爛
猫踏之其瓤便沙

彙考 **原**〔梁書孝行傳〕勝曇恭年五歲母楊氏患熱思食
寒瓜土俗所不産曇恭歷訪不能得銜悲哀切俄値一
桑門問其故曇恭具以告桑門曰我有兩瓜分一相遺
曇恭拜謝因捧瓜還以薦其母舉室驚異尋訪桑門莫

知所在 **增**〔五代史〕蕭翰北歸有胡嶠爲翰掌書記隨
入契丹周廣順三年亡歸中國畧能道其所見云自上
京東去四十里至眞珠寨始食菜明日東行地勢漸高
西望平地松林鬱然數十里遂入平川多草木始食西
瓜云契丹破回紇得此種以牛糞覆棚而種大如中國
冬瓜而味甘 〔松漠紀聞〕西瓜形如扁蒲而圓色極青
翠經歲則變黃其瓞類甜瓜味甘脆中有汁尤冷洪皓
出使攜以歸今禁圃鄉圃皆有亦可留數月但不能經
歲仍不變黃色鄱陽有久苦目疾者曝乾服之而愈蓋
其性冷故也 〔事物紀原〕中國初無西瓜洪忠宣使金
貶遞陰山得食之其大如斗絶甘冷可蠲暑疾 〔石湖
詩註〕西瓜味淡而多液本燕北種今河南皆種之 〔眞
臘風土記〕蔬菜有西瓜 〔丹鉛總錄〕余嘗疑本草瓜類
中不載西瓜後讀五代郃陽令胡嶠陷北記云嶠於回
紇得瓜種以牛糞種之結實大如斗味甘名曰西瓜是
西瓜至五代始入中國也文選浮甘瓜於清泉蓋指黃
瓜甜瓜也 〔本草〕陶弘景註瓜蔕云永嘉有寒瓜甚大
可藏至春者卽西瓜也則五代之先瓜種已入浙東但
無西瓜之名及徧於中國耳 〔瀛厓勝覽〕蘇門荅剌國
有西瓜緑皮紅子長二三尺 靺鞨國西瓜甜瓜一枚
用二人舉之 古里國西瓜四時皆有 〔蜀都雜抄〕金
王子可南云咏西瓜云一片冷裁潭底月六灣斜捲隴

頭雲又在元世祖前矣

集藻〔七言律詩〕**增**元方夔〔食西瓜〕恨無纖手削驪峰醉
嚼寒瓜一百筩縷縷花衫沾唾碧痕痕丹血掐膚紅香
浮笑語牙生水涼入衣襟骨有風從此安心師老圃青
門何處問窮通 明李東陽〔汝賢饋西瓜及檳榔〕漢使
西還道路賒至今中國有靈瓜香浮碧水清先透片逐
鸞刀巧更斜飽德未忘嘗正饎爲園慚愧老樊家因君
解取南閩俗更說檳榔可代茶
〔七言絶句〕**增**宋范成大〔西瓜園〕碧蔓凌霜臥軟沙年來
處處食西瓜形模濩落淡如水未可蒱萄苜蓿誇

別錄 **原**〔種植〕秋月擇其瓜之嘉者留子曬乾收作種欲

種瓜地耕熟加牛糞至清明時先以燒酒浸瓜子少時取出漉淨拌灰一宿相離六尺起一淺坑用糞和土壅之於四周中留鬆土種子其中不得復移瓜易活而甘美栽宜稀澆宜頻糞宜多蔓短時作綿九每朝取蟲恐食蔓長則已頂蔓長至六七尺則掐其頂心令四旁生蔓欲瓜大者每科揀其端正旺相者止留一瓜餘蔓花皆掐去則實大而味美性畏香尤忌麝麝觸之乃至一顆不收〔防害〕紀明齋任汝寧園戶獻一瓜甚大公異之園戶曰從未有此大公曰吾聞物之異常者有毒令一隸往觀之根下有蛇虺數十遂棄其瓜　延壽書云陳逢原避暑食瓜過多至秋忽腰腹痛不能舉動商助教療之乃愈大抵瓜性寒北人秉壯食之無害南人秉弱食之遂成瀉痢寒胃忌之

附錄　北瓜

〔原〕北瓜形如西瓜而小皮色白甚薄瓤甚紅子亦如西瓜而微小狹長味甚甘美與西瓜同時想亦西瓜別種也

附錄　石瓜

〔彙〕烏撒軍民府土產石瓜樹生堅如石善治心痛　〔增〕益部方物畧記石瓜生蛾眉山中樹端挺葉肥滑如冬青甚似桑花色淺黃實長不圓殼解而子見以其形似瓜故里人名之煮爲液黃能治痒

〔集藻〕〔贊〕〔增〕宋宋祁石瓜贊〔修幹澤葉結實如綴膚解核零可用治痒

劉子

〔增〕〔爾雅〕劉劉杙〔注〕劉子生山中實如梨酢甜核堅出交趾〔南方草木狀〕劉樹子大如李實味酢煮蜜藏之仍自好〔荊揚異物志〕劉子樹生交廣武平興古諸郡山中三月著花結實如梨七八月熟色黃味甘酢而核甚堅

不周山果

〔增〕〔山海經〕不周之山有嘉果子如棗葉如桃黃花赤樹食之不飢

如何樹實

〔增〕〔神異經〕南方大荒有樹焉名曰如何三百歲作華九百歲作實華色朱其實正黃高五十丈敷張如蓋葉長一丈廣二尺餘似菅苧色青厚五分可以絮如厚朴材理如支九子味如飴實有核形如棗子長五尺圍如長金刀剖之則酸蘆刀剖之則辛食之者地仙不畏水火不畏白刃

〔彙考〕〔增〕〔啓蒙記〕如何隨刀而改味或曰此即仙經所謂火棗

平仲

〔增〕〔漢書注〕枰平仲木也亦云火棗木一云玉精食其子

得爲神仙也

【集藻】賦散句【增】漢司馬相如上林賦 華楓枰櫨 晉左思吳都賦 平仲之木實白如銀

詩散句【增】唐沈佺期 芳春平仲綠清夜子規啼

繫彌子

【增】廣志 繫彌子狀圓而細赤如軟棗其味初苦後甘可食

都咸子

【增】南方草木狀 都咸樹出日南三月生花仍連著實大如指長三寸七八月熟其色正黑 南州記 其樹如李子大如指取子及皮葉曝乾作飲極香美 本草綱目 陳藏器曰子及皮葉氣味甘平無毒主治火乾作飲止渴潤肺去煩除痰李珣曰去傷寒清涕欬逆上氣宜煎服之

千歲子

【增】南方草木狀 千歲子有藤蔓出土子在根下鬚綠色交加如織其子一苞二百餘顆皮殼青黃色殼中有肉如栗味亦如之乾者肉殼相離撼之有聲似肉荳蔻出交趾

【彙考】【增】三輔黃圖 漢武帝元鼎六年破南越起扶荔宮以植所得奇草異木龍眼荔支檳榔橄欖千歲子甘橘皆百本

人面子

【增】南方草木狀 人面子樹似含桃結子如桃實無味核正如人面故以爲名以蜜漬之稍可食其核可翫出南海 寰宇記 人面木春花夏實秋熟皮味甘酸實有核如胡桃兩邊似人面

【集藻】七言絕句【增】宋楊萬里 人面子 喜時能笑醉能歌看映青山眼映波舊日美如濡騎省只今瘦似病維摩

夫編子

【增】南方草木狀 夫編樹野生三月花仍連著實五六月成子及熟煮投下魚雞鴨羹中好亦中鹽藏出交趾武平

五斂子

【增】南方草木狀 五斂子大如木瓜黃色皮肉脆軟味極酸上有五稜如刻出南人呼稜爲斂故以爲名以蜜漬之甘酢而美出南海 本草 閩中人呼爲陽桃形甚詭異其核如柰五月熟一樹可得數石十月再熟蜜漬之美俗亦曬乾以充果食

都昆子

【增】南方草木狀 都昆樹野生二月花仍連著實八九月熟如雞卵里民取食之皮核滋味酢出九眞交趾

椰子

【增】本草 椰子一名胥餘 司馬相如上林賦作胥餘一作胥耶 一名越王頭

其核有兩眼故俗謂之越王頭〔南方草木狀〕椰樹葉如栟櫚高六七丈無枝條其實大如寒瓜外有粗皮皮次有殼圓而且堅剖之有白膚厚半寸味似胡桃而極肥美有漿飲之得醉 〔寰宇記〕椰子樹似檳榔而高大葉長一尺無陰結實一房生三十餘子如瓜其殼中有白如熊白內有漿一升清如水甜如蜜飲之愈渴疾殼堪為酒壺皮堪縛船土人多種之 〔本草〕蘇頌曰椰子嶺南州郡皆有之寇宗奭曰椰子開之有汁白色如乳如酒極香別是一種氣味强名為酒中有白瓤形圓如栝樓上起細壠亦白色而微虛其紋若婦人裙褶味亦如汁與著殼一層白肉皆可糖煎為果其殼為酒器如酒中有毒則酒

沸起或裂破李時珍曰木至斗大方結實大者三四圍高五六丈二月開花成穗出於葉間長二三尺大如五斗器仍連著實一穗數枚六七月熟其殼磨光有斑纈點紋橫破之可作壺爵縱破之可作瓢杓

彙考 增 〔唐書南蠻列傳〕環王取椰葉為席 〔神異經〕東南荒中有邪木高三十丈或十餘圍或七八尺其枝喬直上不可那也葉如甘瓜二百歲葉落而生花花形如甘瓜花復二百歲落盡而生萼萼下生子三歲而成熟成熟之後不長不減子形如寒瓜長七八寸徑四五尺萼復覆生頂此不取萬世如故若取子而留萼萼復生子如初年月復成熟復二年則成萼而復生子其子如甘瓠少親甘美食之令人身澤不可過三升令人冥醉半日乃醒木高人取不能得惟木下有多羅之人緣能得之一名無葉世人後生不見葉故謂之無葉也一名倚驕 〔南方草木狀〕昔林邑王與越王有故怨遣俠客刺得其首懸之於樹俄化為椰子林邑王憤之命剖以為飲器南人至今效之當刺時越王大醉故其漿猶如酒云 〔齊東野語〕今人以椰子漿為椰子酒而不知椰子花可以釀酒唐殷堯封寄嶺南張明府詩云椰花好為酒誰伴醉如泥 〔廣東志〕茂名縣高力士宅在縣西力士縣人馮盎之孫故有宅嘗手植枯椰子二株高百尺宋時尚存 〔廣東新語〕瓊人每以檳榔代茶椰代酒

以欵賓客謂椰酒久服可以烏鬚

集藻 賦散句 增 〔漢司馬相如上林賦〕留落胥餘 〔晉左思吳都賦〕椰葉無陰

五言古詩 增 〔宋梅堯臣李獻甫於南海魏侍郎得椰子見遺〕魏公番禺歸遂子蕪江口贈以越王頭還同月支首割解為飲器沖漿若美酒我獨愧先生餽致崇師友應知愈饑渴况是懷思久 〔張于翔椰子樹〕矮胡生南方托生碧山崖採擇供貢使扶杖上天街愧此愿慤姿欲售久未諧道旁麴先生風味因自佳逢渠即傾蓋輸寫能開懷刮削出光采規繩去欹衺金玉豈足貴膠漆眞吾儕客來有嘉招一士往必偕婆娑止坐隅共饋頻

金釵矮頭雖木强臍德眞無涯虛心實其腹居然外形骸微物幸見用棄置理則乖毛穎有封國陶匏薦禋柴大藥起世痾炮燔及根荄願子自洗濯勿受塵埃埋暇日肯相從醉經生高齋

五言律詩增〔唐沈佺期題椰子樹〕日南椰子樹香裊出風塵叢生調木首圓實檳榔身玉房九霄露碧葉四時春不及涂林果移根隨漢臣

七言絕句增〔宋黃庭堅椰子〕漿成乳酒醺人醉肉截鵞肪上客盤有核如匏可雕琢道裝宜作玉人冠

詩散句增〔元何中〕歸馬駝椰子蔓落瓠瓠垂匏華殼初剖濯濯膾玉肥〔宋黃庭堅〕碩果不食寒林梢剖而器之如懸匏〔唐張謂〕椰子日南枝〔張籍〕椰葉瘴雲濕

別錄增〔海槎餘錄〕椰子樹初栽時用鹽一二斗先置根下則易發

附錄 青田核

增〔古今注〕烏孫國有青田核狀如桃核不知其樹核大如數斗剖之盛水則變酒味甚醇美飲盡隨即注水隨盡隨成但不可久久則苦澁謂之青田酒漢末蜀王劉璋得之〔酉陽雜俎〕一名青田壺

附錄 嚴樹

增〔一統志〕瓊州有嚴樹搗其皮葉浸以淸水和以粳醸或入石榴花葉數日成酒能醉人

州樹子

增〔南州記〕州樹野生二月花連著實如李子五月熟剝核食之味甜出武平

國樹子

增〔南州記〕國樹子如鴈卵野生三月花連著實九月熟曝乾剝殼取食之味似栗出交趾

前樹子

增〔南州記〕前樹野生二月花仍連著實如手指長三寸五六月熟以湯滴之削去核食以糖鹽藏之味辛可食出交趾

都桷子 按南方草木狀廣志交州記俱作都桷子本草拾遺又作構子與楮構之構名同實異

增〔南州記〕都桷子生廣南山谷樹高丈餘二月開花連著實大如雞卵七月熟〔魏王花木志〕都桷樹出九眞交趾野生花赤色子似木瓜里民取食之味酢以鹽酸漚食或蜜藏皆可

権樹子

增〔南州記〕権樹子如桃實長寸餘二月花連著實五月熟色黃鹽藏味酸似白梅出九眞

韶子

增〔廣州記〕韶葉如栗赤色子大如栗有刺棘破其皮內有肉如猪肪着核不離味甘酢核如荔枝〔桂海虞衡志〕山韶子夏熟色紅肉如荔枝藤韶子秋熟大如鳧卵

柿

五子

增廣州記五子樹實如梨裏有五核因名五子

白緣子

增交州記白緣樹高丈餘實味甘美於胡桃

多感子

增交州記多感子黃色圍一寸

蔗子

增交州記蔗子如瓜大亦似柚

彌子

增交州記彌子圓而細其味初苦後甘

梅桃

增臨海異物志梅桃子生晉安侯官縣一小樹得數拾石實大三寸可蜜藏之

揚搖子

增臨海異物志揚搖有七脊子生樹皮中其體雖異味則無奇長四五寸色青黃味甘

冬熟

增臨海異物志冬熟如指大正赤味甘勝梅

猴闥子

增臨海異物志猴闥子如指頭大其味小苦可食

闕桃子

增齊民要術闕桃子其味酸

士翁子

增齊民要術士翁子如漆子大熟時甜酸其色青黑

枸槽子

增齊民要術枸槽子如指頭大正赤其味甘

猴總子

增齊民要術猴總子如小指頭大與柿相似其味不減於柿

多南子

增齊民要術多南子如指大其色紫味甘與梅子相似出晉安

王壇子

增齊民要術王壇子如棗大其味甘出侯官越王祭太乙壇邊有此果無知其名因見生處遂名王壇其形小於龍眼有似木瓜

梂子

增荆揚異物志梂子樹南越丹陽諸郡山中皆有之其實如梨冬熟味酢 本草拾遺梂子似梨生江南左思吳都賦梂榴禦霜是也

都念子

增大業拾遺錄南海郡送都念子樹一百株勅付西苑十六院內種此樹高一丈許葉如白楊枝柯長細花心

金色花葉正赤似蜀葵而大其子小於柹子甘酸至美蜜漬爲粽益佳　嶺表錄異倒捻子花似蜀葵小而深紫南中婦女多用染色子如軟柹外紫內赤無核頭上有四葉如柹蔕食者必捻其蔕故謂之倒捻子或訛呼都念子今又訛念爲撚（又或作粘）　東坡雜記吾謫居南海以五月出陸至滕州自滕至儋野花夾道如芍藥而小紅鮮可愛樸樕叢生土人云倒粘子花也至儋則已結子爛紫可食殊甘美中有細核嚼之瑟瑟有聲亦頗苦澀童兒食之使大便難野人夏秋痢下食葉輒已海南無柹剝浸揉擱之以代柹油蓋愈於柹也因名之曰海漆

侯騷

增 酉陽雜俎侯騷蔓生子如雞卵既甘且冷輕身消酒

仙樹實

增 酉陽雜俎祁連山有仙樹實行旅得之止饑渴一名西味木其實如棗以竹刀剖則甘鐵刀剖則苦木刀剖則酸蘆刀剖則辛

彙考 增 西河舊事祁連山有仙樹人行山中以療飢渴者輒得之飽不得持去平居亦不得見

蠡齊子

增 酉陽雜俎蠡齊子如彈丸魏武帝常啖之

無石子

增 酉陽雜俎無石子出波斯國波斯呼爲摩賊樹長六七丈圍八九尺葉似桃葉而長三月開花白色花心微紅子圓如彈丸初青熟乃黃白蟲食成孔者正熟皮無孔者入藥用其樹一年生無石子一年生跋屢子人如指長三寸上有殼中仁如栗黃可噉

婆羅婆

增 酉陽雜俎婆羅婆樹其實如甕

磐砮穡樹

增 酉陽雜俎磐砮穡樹出波斯國亦出拂林國拂林呼爲羣漢樹長三丈圍四五尺葉如細榕經寒不凋花似橘白色子綠大如酸棗其味甜膩可食西域人壓爲油以塗身可去風痒

齊暾

增 酉陽雜俎齊暾樹出波斯國亦出拂林國拂林呼爲齊虛樹長二三丈皮青白花似柚極芬香子似楊桃五月熟西域人壓爲油以煮餅菓如中國之用巨勝也

那核婆

增 北戶錄那核婆果出印度大如冬瓜熟則果赤剖之中有十小果大如雞卵更又破之其汁黃赤其味甘美或在樹枝如衆果之結實或在樹根如茯苓之在土

猪肉子

增 寰宇記瀘溪縣有樹冬榮其子號曰猪肉子大如杯

其肉如肪炙而食之味似猪肉至美故名

黎檬子

增〔桂海虞衡志〕黎檬子形如大梅復似小橘味極酸

彙考增〔東坡雜記〕黎錞字希聲爲人質木遲緩劉貢父戲之爲黎檬子以謂指其德不知果木中眞有此也一日聯騎出聞市人有唱是果鬻之者大笑幾落馬

櫓罟子

增〔桂海虞衡志〕櫓罟子大如半升椀數十房攢聚成毬每房有縫冬生青至夏紅破其瓣食之微甘

槎㯺子

增〔桂海虞衡志〕槎㯺子如錐栗肉甘而微澁

火炭子

增〔桂海虞衡志〕火炭子如烏李

部蹄子

增〔桂海虞衡志〕部蹄子色黃如大石榴

木賴子

增〔桂海虞衡志〕木賴子如淡黃大李

羅晃子

增〔桂海虞衡志〕羅晃子如橄欖其皮七重

古米子

增〔桂海虞衡志〕古米子殼黃中有肉如米粒

殼子

增〔桂海虞衡志〕殼子如青梅味甘

藤核子

增〔桂海虞衡志〕藤核子生白藤上如小蒲桃

木連子

增〔桂海虞衡志〕木連子如胡桃紫色

蘿蒙子

增〔桂海虞衡志〕蘿蒙子黃如大橙柚

特乃子

增〔桂海虞衡志〕特乃子狀似榧而圓長端正

羊矢子

增〔桂海虞衡志〕羊矢子色狀全似羊矢味亦不佳

日頭子

增〔桂海虞衡志〕日頭子狀如櫻桃纍纍如蒲桃穗

秋風子

增〔桂海虞衡志〕秋風子色狀俱似楝子

黃皮子

增〔桂海虞衡志〕黃皮子如小棗

朱圓子

增〔桂海虞衡志〕朱圓子正圓深紅狀如楝子

粉骨子

增〔桂海虞衡志〕粉骨子皮黃色如粉

搭子

增桂海虞衡志塔骨子區如大橘皮裹空虛

布衲子

增桂海虞衡志布衲子似李而黃

黃肚子

增桂海虞衡志黃肚子如小石榴

鹽麩子

增本草鹽麩子一名五構一名鹽膚子一名鹽梅子一名鹽梂子一名天鹽生吳蜀山谷蜀人謂之酸桶戎人謂之木鹽樹狀如椿七月子成穗粒如小豆上有鹽似雪可爲羹用南人取子爲末食之酸鹹止渴

彙考增山海經槖山多構木注今蜀中有構木七八月中吐穗穗成如有鹽粉著狀可以酢羹

胡頹子

增本草胡頹子一名雀兒酥雀兒喜食之也越人呼爲蒲頹子南人呼爲盧都子吳人呼爲半含春言早熟也襄漢人呼爲黃婆嬭象乳形也樹高丈餘冬不凋葉色白冬花春熟最早小兒食之當果又有一種大相似冬凋春花立夏時熟圓如櫻桃人呼爲木半夏吳越人呼爲四月子亦曰野櫻桃

附錄山茱萸

增本草山茱萸一名蜀酸棗一名肉棗一名鬾實一名雞足一名鼠矢樹高丈餘葉似榆花白色子亦色如胡頹子亦可啖與茱萸絕不相類

醋林子

增本草醋林子生四川邛州山野林箐中木高丈餘枝葉繁茂三月開白花四出九月十月子熟纍纍數十枚成朵生青熟赤畧類櫻桃而帶短土人以鹽醋收藏充果食其葉味醋夷獠人采得入鹽和魚鮓食云勝用醋也

蓬蓬柰

增廣東志蓬蓬柰猶言破肚子蓋果實也產於暹羅如大棗而青島人日乾以致遠漬以沸湯其皮自脫圓滿如大李肉潤膩如紅酥甘美可啖

抹猛果

增雲南志抹猛果樹高丈餘大如掌熟於夏月味甘出元江府

枸柰子

增盛京志枸柰子味酸色紅而實小俗呼狗嬭子

棡梨子

增盛京志棡梨子實黑而澁士人珍之間以作麪暑月調水服之云可止瀉

桃花水

增盛京志桃花水實紅而味甘質輕脆烏喇寧古塔有之

法佛吟

增盛京志法佛吟實如小杏酸甜寧古塔所出

米孫烏什吟

增盛京志米孫烏什吟實味酸出寧古塔

烏喇柰

增烏喇柰塞外紅果也烏喇帶之地尤多一名歐李實似櫻桃而大味甘微酸然不可多食

烏沙爾器

增烏沙爾器生塞外樹高數尺秋結紅果一枝纍纍千百顆狀如櫻桃而小可食其味酸苦

無花果

原無花果一名映日果一名優曇鉢一名阿驵酉陽雜俎云波斯人呼為阿驵拂林人呼為底珍樹一名蜜果最易生插條即活在處有之三月發葉樹如胡桃葉如楮子生葉間五月內不花而實狀如木饅頭生青熟紫味如柿而無核人家宅園隨地種數百本收實可備荒其利有七實甘可食多食不傷人且有益尤宜老人小兒一也乾之與乾柿無異可供籩實二也六月盡取次成熟至霜降有三月常供佳實不比他果一時採擷都盡三也種樹十年取效桑柘最速亦四五年此果截取大枝扦插本年結實次年成樹四也葉為醫痔勝藥五也霜降後未成熟者採之可作糖蜜煎果六也得上即活隨地可種廣植之或鮮或乾皆可濟饑以備歉歲七也

彙考增倦游錄木饅頭京師亦有之謂之無花果狀類小梨中空既熟色微紅味頗甘酸食之大發瘴嶺南尤多州郡待客多取為茶牀高飣故云公筵多飣木饅頭或謂嶺南諸州刻木作饅頭狀底刻字云大中祥符年一牒造三十隻談者之誤也

別錄原扦插春分前取條長二三尺者插土中上下相半常用糞水澆葉生後純用水忌糞恐枝葉大盛易摧折結實後不宜缺水當置瓶其側出以細霤日夜不絕果大如甌製用採青果用鹽漬壓扁日乾可充果實小者用糖煎蜜煎可以久留

文光果

原文光果形如無花果肉味如栗五月成熟出景州

天仙果

原天仙果樹高八九尺無花其葉似荔枝而小子如櫻桃纍纍綴枝間六七月熟味至甘

集藻贊增宋宋祁天仙果贊有子孫枝不蘤而實薄言采之味埒蜂蜜

槃多樹

原槃多樹不花而結實實從皮中出自根著子至杪如橘大

古度子

增古度子樹葉如栗不花而實從枝中出大如石榴與
楂子色赤味酸煮爲粽食若數日不煮化作飛蟻穿皮
飛去出交廣諸州

彙考 增 廣州記 熙安縣有孤古度樹俗人無子於祠炙
其乳則生男以金帛報之

波羅蜜

增 桂海虞衡志 波羅蜜大如冬瓜外膚礧砢如佛髻削
其皮食之味極甘 本草 安南人名曩伽結波斯人名
婆那娑拂林人名阿薩嚲生交趾南番諸國今嶺南滇
南亦有之樹高五六尺樹類冬青而黑潤倍之葉極光
淨冬夏不凋樹至斗大方結實不花而實出於枝閒多

者十數枚少者五六枚大如冬瓜外有厚皮裹之若栗
毬上有軟刺五六月熟時顆重五六觔剝去外皮殼內
肉層疊如橘囊食之味至甜美如蜜香氣滿室一實凡
數百核核大如棗其中仁如栗黃煮炒食之甚佳果中
之大者惟此與椰子而已

優曇鉢

增 一統志 優曇鉢出肇慶府似琵琶無花而實

無患子

增 博物志 無患子葉似柳核堅正黑可作香纓 酉陽
雜俎 無患木燒之極香辟惡氣一名噤婁一名桓 通
雅 櫰子實可去垢核黑如瑿一名無患子 本草 無患
子一名肥珠子一名油珠子釋家取爲經珠謂之菩提
子生高山中樹甚高大枝葉皆如椿特其葉對生五六
月開白花結實大如彈丸狀如銀杏及苦楝子生青熟
黃老則文皺黃時肥如油煠之形味辛氣膻且硬其蔕
下有二小子相粘承之實中一核堅黑似肥皂莢之核
而正圓如珠殼中有仁如榛子仁亦辛膻可炒食十月
采實煮熟去核擣和麥麪或豆麪作澡藥去垢同於肥
皂用洗眞珠甚妙

彙考 增 山海經 秩周之山其木多桓 崔豹古今注 拾
櫰木一名無患者昔有神巫名曰寶眊能符劾百鬼得
鬼則以此爲棒殺之世人相傳以此木爲衆鬼所畏競

取爲器用以却厭邪鬼故號曰無患也 九域志 象州
歲貢櫰子念珠十串

集藻 贊 增 齊下敬宗無患桄贊 爰茲素朴名爲吉始匠
人斯製以獻君子

五言律詩 增 唐包何同李郎中淨律院櫰子樹 木櫰稀
難識沙門種則生葉殊經寫字子爲佛稱名滬水澆新
長燃燈暖更榮亭亭無別意只是勸修行

菩提子 與木欒菩提樹前木櫰子名同物異

增 天台志 山有菩提樹相傳西天梵僧遊化遺此種樹
如柹花亦大同未結蘂先乃别抽一葉長指半許濶兩
指色白而光潤乃結蘂於葉下日則覆子以蔽熾夜則

捀子以承露秋社後取子爲珠十百中必有一二如羅漢者謂之佛頭他處所生則無之

不納子

增 桂海虞衡志不納子似黃熟小梅絕易爛爛卽破肉附核可爲經珠似菩提子

鬼見愁

增 本草鬼見愁出武當山中是樹莢之子其形正如刀豆子而色褐彼人以穿數珠

欒華

增 本草欒華樹葉似木槿而薄細花黃似槐而稍長大子殼似酸漿其中有實如熟豌豆圓黑堅硬堪爲數珠五月六月花可收南人以染黃甚鮮明

附錄 念珠樹

增 雲南志念珠樹出大理府每穗結實一百八枚

文官果

源 文官果樹高丈餘皮粗多磥砢木理甚細堪作器物葉似榆而尖長周圍鉅齒紋深春開小白花成穗花五瓣每瓣當中微凹有紅筋貫之蔕下有小靑托花落結實大者如拳一實中數隔間以白膜仁如馬檳榔無二裏以白軟皮大如指頂去白皮食其仁甚淸美多雨及灌溉則實成者多若遇旱則實粃小而不成 增 其果一苞中藏多子子多白色紋旋轉如卷蕉味甘香如栗

蓮菂

廣羣芳譜卷第六十七